Tscherne Unfallchirurgie

# Becken und Acetabulum

H. Tscherne · T. Pohlemann (Hrsg.)



Springer
*Berlin*
*Heidelberg*
*New York*
*Barcelona*
*Budapest*
*Hongkong*
*London*
*Mailand*
*Paris*
*Singapur*
*Tokio*

**Tscherne Unfallchirurgie in 13 Bänden**

**Trauma-Management** H. Tscherne, G. Regel

**Kopf und Körperhöhlen** O. Trentz

**Wirbelsäule** H. Tscherne, M. Blauth

**Becken und Acetabulum** H. Tscherne, T. Pohlemann

**Schulter, Oberarm** N. Südkamp

**Ellenbogen, Unterarm, Hand**
K.-P. Schmit-Neuerburg, R. Letsch, H. Towfigh

**Hüfte, Oberschenkel** N. Haas

**Knie** L. Gotzen

**Unterschenkel** R. Szyszkowitz

**Fuß** H. Zwipp

**Knochen- und Gelenkverletzungen** G. Muhr

**Weichteilverletzungen und Infektionen**
M. Nerlich, A. Berger

**Unfallchirurgie im Kindesalter** G. Muhr

H. Tscherne · T. Pohlemann
(Hrsg.)

Tscherne Unfallchirurgie

# Becken und Acetabulum

Unter Mitarbeit von
F. Baumgaertel · U. Bosch · K. Dickson
A. Gänsslen · T. Hüfner · W. Kasperczyk
Ph. Lobenhoffer · J. Matta · H. Müller-Vahl
M. Prokop · G. Regel · M. Reilly · H. Reilmann
Ch. Stief · A. Weinberg · B. Wippermann

Zeichnungen von J. Kühn und B. Zimmerman

Mit 282 zum Teil farbigen Abbildungen
in 800 Einzeldarstellungen
und 30 Tabellen

Springer

Prof. Dr. med. Harald Tscherne
Direktor der Unfallchirurgischen Klinik
Medizinische Hochschule Hannover
30623 Hannover

Prof. Dr. med. Tim Pohlemann
Unfallchirurgische Klinik
Medizinische Hochschule Hannover
30623 Hannover

ISBN 3-540-62481-3 Springer-Verlag
Berlin Heidelberg New York

Die Deutsche Bibliothek – CIP-Einheitsaufnahme
[Unfallchirurgie]
Tscherne Unfallchirurgie : in 13 Bänden. – Berlin ; Heidelberg ; New York ; Barcelona ; Budapest ; Hongkong ; London ; Mailand ; Paris ; Singapur ; Tokio : Springer
Literaturangaben
Becken und Acetabulum/H. Tscherne; T. Pohlemann (Hrsg.). – 1998
ISBN 3-540-62481-3



Wissenschaftliche Zeichnungen: Jörg Kühn, Heidelberg, Bernard Zimmerman, Kraichtal
Computergraphiken: Günther Hippmann, Nürnberg
Einbandgestaltung: de'blik, Berlin
Reproduktion der Abbildungen:
Hans Durst Reprotechnik GmbH, Wiesloch
Gesamtherstellung: Appl, Wemding

SPIN 10555154 24/3135 – 5 4 3 2 1 0
Gedruckt auf säurefreiem Papier

# Vorwort

Der dritte Band des Gesamtwerkes *Unfallchirurgie* ist den Verletzungen des Beckens und des Acetabulums gewidmet. Schon in frühesten medizinischen Aufzeichnungen nahmen derartige Verletzungen eine besondere Bedeutung ein; sie waren aufgrund einer hohen Letalität und der im Falle des Überlebens häufig bestehenden Behinderungen wie Schmerzzuständen, Lähmungen und invalidisierenden Fehlstellungen gefürchtet.

Schon seit der Mitte des letzten Jahrhunderts führte eine Vielzahl von Autoren umfangreiche Untersuchungen zur Verletzungsmechanik, Klassifikation und Therapie der Beckenringverletzungen, seltener der Acetabulumfrakturen, durch. Obwohl schon diese Pioniere eine recht exakte Vorstellung von der Verletzungsmechanik hatten und teilweise moderne Operationsverfahren um Jahrzehnte vorausnahmen (z. B. die transpubische Schraube und die Sakralstäbe 1913 durch *Lambotte,* die Drahtnaht der Symphyse 1919 durch *Hirschberg,* die transiliosakrale Verschraubung 1934 durch *Lehmann*), konnte sich erst in letzter Zeit eine einheitliche, weitgehend akzeptierte Sichtweise der Verletzungsmechanik, der Frakturformen und auch der Indikationsstellungen und Therapieverfahren der Becken- und Acetabulumfrakturen durchsetzen. Den Acetabulumfrakturen wurde dabei schon früh eine Sonderstellung beigemessen. Hier waren es neben den Untersuchungen von *Böhler,* die wie in vielen anderen Bereichen auch bei der Behandlung der Gelenkpfannenbrüche zu einer ausgefeilten Technik der konservativen Behandlung führten, vor allem die systematischen, radiologischen Untersuchungen von *Judet* und *Letournel,* die optimierte Operationsverfahren und damit ein verbessertes Behandlungsergebnis zur Folge hatten.

Zwischenzeitlich hat sich die Becken- und Acetabulumchirurgie zu einem eigenen »Spezialgebiet« innerhalb der Unfallchirurgie entwickelt, eine Vielzahl von Veranstaltungen zeugt von einem hohen Interesse an diesen Verletzungen. Es darf aber nicht vergessen werden, daß trotz der Seltenheit von Beckenfrakturen der praktisch tätige Traumatologe jederzeit und überall mit einem akut lebensbedrohlichen Zustand nach instabilen Beckenringverletzungen oder dem Problem einer komplizierten Acetabulumfraktur konfrontiert werden kann. In vielen Fällen wird dann nur durch unmittelbares Handeln das Leben des Patienten zu retten sein bzw. können unkorrigierbare Folgezustände abgewendet werden.

Das ausgesprochene Ziel der Herausgeber und Autoren war es deswegen, in einer aktuellen Abhandlung des gesamten Themenbereiches immer den praktischen Aspekt voranzustellen. Durch klare Darstellungen sollen auch dem »Nichtspezialisten« leicht verständliche und praktisch vielfach bewährte Konzepte an die Hand gegeben werden, um die bestehenden Probleme sicher zu erkennen, daraus folgend für den Patienten vorteilhafte Entscheidungen treffen und zumindest die Notfallsituation therapeutisch zuverlässig bewältigen zu können. Daneben erlauben die drucktechnisch abgesetzten Anmerkungen, Analysen und Kommentare eine weitere Vertiefung des Themas und geben die »Hintergründe« wieder, die zu der einen oder anderen Entscheidung führten.

Aufgrund der unterschiedlichen Anforderungen, die Beckenring- und Acetabulumfrakturen stellen, ist der vorliegende Band in zwei Abschnitte gegliedert.

Beckenringfrakturen sind häufiger von einem akut lebensbedrohlichen Zustand geprägt, einer Notfallsituation, die eine erhebliche Dynamik entwickeln kann. Das sichere Erkennen dieser Situationen und die Durchführung zielgerichteter therapeutischer Maßnahmen bilden einen Schwerpunkt dieses Abschnitts. Zusätzlich wurde darauf Wert gelegt, daß grundlegende Aspekte der Anatomie, der Bio- und Pathobiomechanik und darauf aufbauend der Klassifikation ebenfalls »verständlich« und praxisorientiert dargestellt werden. Diese Kapitel sind wichtig und bilden die Basis für die in der Beckenchirurgie häufig über Erfolg oder Mißerfolg entscheidende Indikationsstellung und Verfahrenswahl. Die Maßnahmen der konservativen Therapie – mehr noch die Operationsverfahren – sind bewußt ausführlich dargestellt, wobei großer Wert darauf gelegt wurde, nur erprobte und im eigenen Vorgehen langjährig bewährte Methoden auszuwählen. Alternative Verfahren oder derzeitig noch strittige Vorgehensweisen werden diskutiert und anhand eigener Erfahrungen gewertet. Alle den Autoren bekannten Gefahren, Komplikationsmöglichkeiten und deren Prävention bzw. Therapie sind eingeschlossen, um eine sichere Umsetzung in die Praxis zu gewährleisten.

Bei den Acetabulumfrakturen tritt der Aspekt der Notfallbehandlung meist in den Hintergrund. Die Prognose des Hüftgelenks wird wesentlich von einer sorgfältigen Analyse, korrekten Entscheidungsfindung und Therapieplanung bestimmt. Im zweiten Abschnitt des Buches wird daher der Einführung in die Röntgenanalyse, der Klassifikation und Entscheidungsfindung ein größerer Rahmen eingeräumt. Diese Kenntnisse sind unerläßlich, um die eigenen Fähigkeiten und lokalen Ressourcen realistisch einschätzen zu können und damit zu einer für den Patienten optimalen Entscheidung zu kommen. Hier kann es bei komplizierten Fällen durchaus günstiger sein, frühzeitig eine Verlegung in ein »Zentrum« zu veranlassen. Die dargestellten Zugangswege und Repositions- und Stabilisierungstechniken sind ausführlich dargestellt und ebenfalls im eigenen Vorgehen langjährig bewährt. Die Vor- und Nachteile alternativer Operationstechniken werden jeweils diskutiert.

In beiden Abschnitten finden sich zusätzliche Kapitel, die über seltene Verletzungssituationen – wenn möglich basierend auf eigenen Erfahrungen –, Komplikationen und das derzeit erreichbare »Ergebnis« informieren. Bewußt wurden dabei die aktuellen Kriterien und Untersuchungsergebnisse der Arbeitsgruppe Becken der AO und DGU eingeschlossen. In den Kapiteln Spätkorrekturen zeigen ausgewiesene Autoren die derzeit möglichen Behandlungsoptionen bei Pseudarthrosen und Fehlheilungen nach Becken- und Acetabulumverletzungen auf, verschweigen aber nicht die Grenzen der operativen Korrekturmöglichkeiten. Diese Kapitel sollen helfen, die Patienten kompetent beraten zu können. Die Durchführung derartiger Operationen sollte sicherlich weiterhin »Spezialisten« vorbehalten bleiben.

Wir hoffen, daß es mit dem vorliegenden Band und der gewählten Darstellungsweise gelingt, die derzeitig verfügbaren Möglichkeiten der Behandlung des komplizierten Verletzungsbildes Becken- und Acetabulum weiter zu verbreiten und die im eigenen Vorgehen gewonnenen Erfahrungen mit dem Leser zu teilen. Insbesondere bei einer derart komplizierten, andererseits aber seltenen Verletzung, die trotz aller therapeutischen Fortschritte immer noch zu häufig zum Tode oder zu dauerhaften Spätschäden führt, läßt nur eine Synergie aller gesammelten Erfahrungen die Prognose langfristig verbessern. Kritische Anmerkungen, Verbesserungsvorschläge und persönliche Meinungen zu dem vorliegenden Text sind somit nicht nur willkommen, sondern in besonderem Maße erwünscht!

Hannover im März 1998

Prof. Dr. H. Tscherne
Prof. Dr. T. Pohlemann

# Danksagung

Ein umfassendes Werk wie das vorliegende ist nur durch eine gemeinsame, lang andauernde gemeinschaftliche Anstrengung zu realisieren. Neben den direkt Beteiligten ist vor allem dem gesamten Team der Unfallchirurgischen Klinik der Medizinischen Hochschule Hannover zu danken, die sowohl in den vergangenen Jahren, als auch der derzeitigen täglichen Arbeit eine Atmosphäre geschaffen haben, die die Entstehung eines derartigen »Projektes« erst ermöglicht.

Bedanken möchten wir uns bei allen beteiligten Autoren und Koautoren für die zeitgerechte Abgabe der Manuskripte und für die vielfältigen Anregungen sowohl bei der Erstellung des Gesamtkonzeptes als auch bei den Korrekturen.

Ganz besonders möchten wir uns bei Herrn Kühn und seinem Zeichnerteam bedanken. Die in langen Arbeitssitzungen gewonnene freundschaftliche Beziehung hat die Umsetzung der teilweise sehr komplexen Anforderungen der Autoren zu eindrucksvollen und instruktiven Darstellungen erst ermöglicht, Herr Kühn hat durch profunde Kenntnisse der spezifischen Anatomie eine Vielzahl von Anregungen einfließen lassen.

Bedanken möchten wir uns auch bei der Photoabteilung der Unfallchirurgischen Klinik, namentlich bei Herrn H. Wesche, Frau I. Grube und Herrn R. Beck, die eine Vielzahl von Vorlagen zu den Zeichnungen photographisch erstellt und die die Abbildungen der Instrumente und »Livesituationen« inklusive deren computertechnische Umarbeitung ermöglicht haben.

Weiterhin gilt der Dank den Sekretärinnen der Unfallchirurgischen Klinik, die einen Großteil des Rohtextes »zu Papier« gebracht haben, sowie bei Frau A. Abrahamczyk für die unermüdliche Beschaffung der Literatur.

Ein besonderer Dank gilt dem Springer-Verlag, der das Werk in der vorliegenden Ausstattung möglich machte, und insbesondere den Mitarbeitern des Verlagshauses Heidelberg, die die Entstehung immer kooperativ und konstruktiv begleitet haben. Allen voran Herrn Dr. U. Schiller und Frau G. Schröder, die es verstanden haben, durch ihr Entgegenkommen in der Ausstattung und im Umfang des Werkes die notwendige Motivation zu erhalten und eine zeitgerechte Herstellung zu ermöglichen. Dank gilt auch dem Lektorat für die Durchsicht des Textes. Ganz besonderer Dank gilt Frau L. Prodehl vom Copy-Editing für die konstruktive Bearbeitung des Textes, sowie Frau U. Pfaff, die es hervorragend verstanden hat, alle Schwierigkeiten bei der Herstellung des Buches aus dem Wege zu räumen und die vorliegende Form zu realisieren.

# Herausgeber- und Autorenverzeichnis

Professor Dr. Harald Tscherne
Unfallchirurgische Klinik
Medizinische Hochschule Hannover
Carl-Neuberg-Straße 1
D-30625 Hannover

Professor Dr. Tim Pohlemann
Unfallchirurgische Klinik
Medizinische Hochschule Hannover
Carl-Neuberg-Straße 1
D-30625 Hannover

Privatdozent Dr. Friedel Baumgaertel
Klinik für Unfall- und
Wiederherstellungschirurgie
Krankenhaus Evangelisches Stift
Sankt Martin GmbH
Johannes-Müller-Straße 7
D-56068 Koblenz

Professor Dr. Ulrich Bosch
Unfallchirurgische Klinik
Medizinische Hochschule Hannover
Carl-Neuberg-Straße 1
D-30625 Hannover

Kyle Dickson, M. D.
Dept. of Orthopedic Surgery
Tulane University Medical Center
1430 Tulane Avenue
New Orleans, LA 70112-2699, USA

Axel Gänsslen
Unfallchirurgische Klinik
Medizinische Hochschule Hannover
Carl-Neuberg-Straße 1
D-30625 Hannover

Dr. Tobias Hüfner
Unfallchirurgische Klinik
Medizinische Hochschule Hannover
Carl-Neuberg-Straße 1
D-30625 Hannover

Professor Dr. Werner Kasperczyk
Unfallchirurgische Klinik
Medizinische Hochschule Hannover
Carl-Neuberg-Straße 1
D-30625 Hannover

Professor Dr. Philipp Lobenhoffer
Chirurgisches Zentrum
Klinik für Unfall- und
Wiederherstellungschirurgie
Henriettenstift-Krankenhaus
Marienstraße 72–90
D-30171 Hannover

Joel Matta, M. D.
637 South Lucas Avenue
Suite 605
Los Angeles, CA 90017, USA

Professor Dr. Hermann Müller-Vahl
Neurologische Klinik
Medizinische Hochschule Hannover
Carl-Neuberg-Straße 1
D-30625 Hannover

Dr. Matthias Prokop
Abt. Diagnostische Radiologie I
Medizinische Hochschule Hannover
Carl-Neuberg-Straße 1
D-30625 Hannover

Professor Dr. Gerd Regel
Abt. Unfallchirurgie
Klinikum Rosenheim
Pettenkoferstraße 10
D-83022 Rosenheim

Mark Reilly, M.D.
637 South Lucas Avenue
Suite 605
Los Angeles, CA 90017, USA

Professor Dr. Heinrich Reilmann
Unfallchirurgische Klinik
Städtisches Klinikum Braunschweig
Holwedestraße 16
D-38118 Braunschweig

Professor Dr. Christian Stief
Urologische Klinik
Medizinische Hochschule Hannover
Carl-Neuberg-Straße 1
D-30625 Hannover

Dr. Annelie Weinberg
Unfallchirurgische Klinik
Städtisches Klinikum Braunschweig
Holwedestraße 16
D-38118 Braunschweig

Privatdozent Dr. Burkhard Wippermann
Unfallchirurgische Klinik
Medizinische Hochschule Hannover
Carl-Neuberg-Straße 1
D-30625 Hannover

# Inhaltsverzeichnis

# Teil I Beckenringfrakturen

# Kapitel 1

# Einführung



H. Tscherne und T. Pohlemann

Beckenfrakturen sind in den letzten 10 Jahren zunehmend in das Zentrum des traumatologischen Interesses gerückt. Eine große Anzahl von experimentellen und klinischen Untersuchungen erlaubt zwischenzeitlich eine ganz andere Betrachtungsweise als dies noch vor 20 Jahren denkbar gewesen wäre. Während damals das Überleben des Patienten das Hauptziel der Behandlung war – spätere Schmerzen und funktionelle Einbußen mußten zwangsläufig hingenommen werden –, ist heute auch nach schweren Beckenverletzungen die vollständige Wiederherstellung und Reintegration des Patienten ausgesprochenes Ziel der Behandlung. Obwohl durch erhebliche Fortschritte in der Indikationsstellung und der Technik der operativen Behandlung auch nach instabilen, dislozierten Beckenfrakturen ein hoher Prozentsatz von Ausheilungen des Beckenrings in anatomischer Stellung erreicht wird, zeigen aktuelle Nachuntersuchungsergebnisse, daß trotz anatomischer Heilung immer noch mit einer hohen Rate von permanenten Behinderungen gerechnet werden muß.

Als knöcherne Ringstruktur und Verbindung zwischen den unteren Extremitäten und dem Stamm hat der knöcherne Beckenring wichtige statische und dynamische Aufgaben zu erfüllen. Eine Vielzahl von pelvinen Organen sowie die räumliche Nähe zu wichtigen Leitungsbahnen lassen die Komplexität von Verletzungsfolgen leicht erkennen. Das breite Spektrum der Verletzungen erklärt auch die Schwierigkeiten, die es bei der Interpretation der vorhandenen Literatur gibt. Vielfach sind nicht vergleichbare Verletzungsformen zusammengefaßt worden, die Ergebnisse sind nicht standardisiert, ein valider Vergleich scheitert. Erst in letzter Zeit wurden Anstrengungen unternommen, eine Unterteilung entsprechend der Prognose vorzunehmen und somit eine bessere Grundlage für den Vergleich der Verletzungscharakteristik, der Komplikationen und des Langzeitergebnisses zu erhalten.

Aus diesen Gründen erscheint es sinnvoll, bei der Abhandlung des Themas Beckenringverletzungen zunächst eine Einteilung unter Einschluß der Gesamtverletzungsschwere am Becken und damit einer generellen Prognose vorzunehmen.

Die zahlenmäßig weitaus größte Gruppe umfaßt einfache Beckenfrakturen, die in der Regel folgenlos ausheilen. Etwas seltener sind Beckenverletzungen, bei denen eine verletzungsbedingte »Instabilität« im Vordergrund steht, ohne daß zusätzliche pelvine Begleitverletzungen vorliegen. Hauptziel der Behandlung dieser Patienten ist eine möglichst weichteilschonende Wiederherstellung der mechanischen Stabilität des Beckenringes. Dazu ist eine exakte Diagnostik mit klarer Analyse des Verletzungsmechanismus und des resultierenden Instabilitätsgrades und darauf aufbauend eine sicher reproduzierbare Indikationsstellung nötig. Da Beckenfrakturen an sich seltene Verletzungen sind, gibt es für den behandelnden Chirurgen außerhalb eines Schwerpunktzentrums in der Regel wenig Möglichkeiten, auf größere, eigene Erfahrungen in der Osteosynthesetechnik zurückzugreifen. Es ist deswegen nötig, für die einzelnen Verletzungsregionen verläßliche Osteosyntheseverfahren auszuwählen, die klinisch erprobt sind und die neben einer weichteilschonenden Osteosynthesetechnik eine ausreichende mechanische Stabilität zur Realisierung der wichtigen Frühmobilisation bieten. In einigen Regionen am Beckenring, wie z. B. an der Symphyse oder am Sakroiliakal-(SI-)Gelenk haben sich zuverlässige, risikoarme Osteosynthesetechniken (z. B. Plattenosteosynthesen) bewährt und weitgehend durchgesetzt. In anderen Regionen, wie z. B. am Os sacrum, sind die Entwicklungen noch nicht abgeschlossen.

Eine zahlenmäßig deutlich kleinere Gruppe umfaßt die sog. »komplexen Beckenfrakturen«, bei denen zusätzlich zu der osteoligamentären Verletzung des Beckenrings eine schwerwiegende peripelvine Weichteilschädigung besteht. Diese Patienten befinden sich aufgrund der erlittenen und zu erwartenden hohen Blutverluste in akuter Lebensgefahr. Entscheidend für die Prognose ist ein zielgerichtetes Primärmanagement, um zunächst primär das Überleben des Patienten zu sichern, aber auch schon in der Frühphase optimale Voraussetzungen für eine spätere anatomische Ausheilung der Verletzung und letztendlich der kompletten Restitutio des Patienten zu gewährleisten. Die Versorgungstaktik ist von erfolgreicher, oft interdisziplinärer »Teamarbeit« geprägt, wobei eine umfassende traumatologische Erfahrung notwendig ist, um zum *richtigen* Zeitpunkt das *richtige* Ausmaß an chirurgischer Intervention durchzuführen, ohne damit den Patienten zusätzlich zu gefährden.

Dem gesamten Aspekt des »outcome«, d. h. der Beurteilung der Wiederherstellung des Patienten, einschließlich seiner Reintegration in seine soziale und berufliche Situation, ist ein eigener Abschnitt gewidmet. Auch hier haben neue Methoden zu wesentlichen kritischeren Betrachtungsweisen geführt. Diese lassen erkennen, daß trotz zunehmend optimierter chirurgischer Therapie nach Becken- und Acetabulumfrakturen bleibende Behinderungen leider noch häufig sind. Durch eine interdisziplinäre Betrachtung von neurologischen, urologischen und gynäkologischen Begleitverletzungen und deren Verletzungsfolgen sollen die Grenzen der derzeitigen Behandlungsmöglichkeit aufgezeigt werden.

Heilungsstörungen und Heilungen in Fehlstellung werden aufgrund verbesserter Therapiekonzepte seltener, stellen aber für die Patienten lebenslange, erhebliche Behinderungen dar. Die chirurgische Korrektur von Fehlstellungen am Beckenring ist nur mit sehr hohem Aufwand und Risiko möglich und sollte aufgrund der Komplikationsraten hochspezialisierten Zentren vorbehalten bleiben. Die Grundprinzipien der Beurteilung und chirurgischen Therapie müssen aber bekannt sein, um einerseits eine entsprechende Prävention betreiben und andererseits betroffene Patienten ausreichend beraten zu können.

Unabhängig davon sind die Acetabulumfrakturen zu betrachten. Das Hüftgelenk nimmt aufgrund der auftretenden hohen mechanischen Belastung und seiner chirurgisch nur schwer erreichbaren Lage eine Sonderstellung ein. Die vollkommene anatomische Wiederherstellung der Gelenkfläche ist gleichzeitig Ziel und Problematik der Behandlung. Da lebensbedrohliche Situationen nach Acetabulumfrakturen in der Regel nur in Verbindung mit komplexen Beckenfrakturen oder schweren allgemeinen Begleitverletzungen auftreten, spielt der Zeitfaktor zunächst eine untergeordnete Rolle. Anhand einer umfangreichen Frakturanalyse und individuellen Therapieplanung wird unter Berücksichtigung aller Begleitumstände zusammen mit dem Patienten eine Therapieentscheidung gefällt. Aufgrund dieser sehr speziellen Problematik wird der Analyse, der Entscheidungsfindung und der Therapie der Acetabulumfrakturen ein eigener Abschnitt des Buches gewidmet.

# Chirurgische Anatomie



T. Pohlemann



Anatomische Untersuchungen am Beckenring wurden schon früh durchgeführt. Nach Luschka wurde der Begriff »Becken« schon 1543 von Vesalius geprägt [31]. Das Interesse der Anatomen und Chirurgen galt v.a. dem weiblichen Becken und den Untersuchungen der Geburtswege. Verletzungen des Beckenrings wurden zu dieser Zeit selten als Folge eines Unfalls, häufiger aber im Rahmen von Problemgeburten mit chirurgischen oder geburtstraumatischen Beckenringunterbrechungen beobachtet (transpubische Osteotomie und Symphysendurchtrennungen). Besonderes Interesse fanden demgemäß die gelenkigen Verbindungsstellen des Beckenrings, die SI-Gelenke und die Symphyse.

Über die Natur dieser gelenkigen Verbindungen herrschte lange Zeit Unklarheit. Bei Untersuchungen der SI-Gelenke hatte Meckel schon 1816 auf das Vorhandensein von knorpeligen Gelenkflächen hingewiesen [32]. Luschka beschrieb 1854 ausführlich den Charakter dieser »echten« Gelenke mit ihrer Gelenkbeweglichkeit [30, 31]. Aber erst Untersuchungen aus der neueren Zeit konnten realistischere Vorstellungen von der komplexen Bewegungsmechanik im dorsalen und ventralen Beckenring vermitteln [6, 9, 16, 33, 34, 51, 54, 61, 62, 69]. Im Rahmen der folgenden anatomischen Betrachtung sollen im wesentlichen Strukturen und Zusammenhänge Beachtung finden, die für das Verständnis der statischen und dynamischen Aufgaben des Beckenrings, der Verletzungsmechanik und der pelvinen Begleitverletzungen von Bedeutung sind. Zur systematischen Abhandlung der einzelnen pelvinen Strukturen wird auf die umfangreiche Darstellung in anatomischen Standardwerken verwiesen [1, 4, 7, 20, 29, 43, 45, 47, 49, 53, 55, 57, 59, 66].

Speziellere Ausführungen zur Anatomie und hier insbesondere zur topographischen Anatomie finden sich noch in Kap. 9.2.

## 2.1 Knöcherner Beckenring

Der knöcherne Beckenring, auch Beckengürtel genannt, setzt sich aus den beiden Hüftbeinen, den Ossa coxae, und dem Os sacrum zusammen. Der Ring wird ventral über die Symphysis pubica elastisch geschlossen, dorsal ist das Os sacrum über die beiden straff bandgeführten, nur minimal beweglichen SI-Gelenke eingebunden (Abb. 2.1).

Die Kraftübertragung von den unteren Extremitäten über die Hüftgelenke auf das Sakrum und weiter zur Wirbelsäule erfolgt durch die Ossa coxae. Neben diesen statischen Funktionen bietet das Os coxae für den aufrechten Gang des Menschen sehr kräftig ausgebildeten Muskulatur des Oberschenkels und Rumpfes Ansatzflächen. Anatomisch betrachtet läßt sich im kranialen Anteil des Beckenrings das nur teilweise von den Darmbeinschaufeln umschlossene »große Becken« (»false pelvis«) vom distal liegenden »kleinen Becken« (»true pelvis«) unterscheiden. In dieser Ebene sind die Beckenorgane nahezu vollständig von kräftigen, lastübertragenden Knochenstrukturen umgeben.

### Os coxae

Os ilium, Os ischii und Os pubis sind in der Kindheit und Jugend als einzelne knöcherne Strukturen nachzuweisen. Diese stehen im Bereich des Acetabulums über die sog. »Y-Fuge«, eine Epiphysenfuge, miteinander in Verbindung. Der Zeitpunkt des synostotischen Fugenschlusses ist großen Schwankungen unterworfen. Normalerweise ist aber im 14. bis 16. Lebensjahr die Umbildung zu einer gemeinsamen knöchernen Struktur,

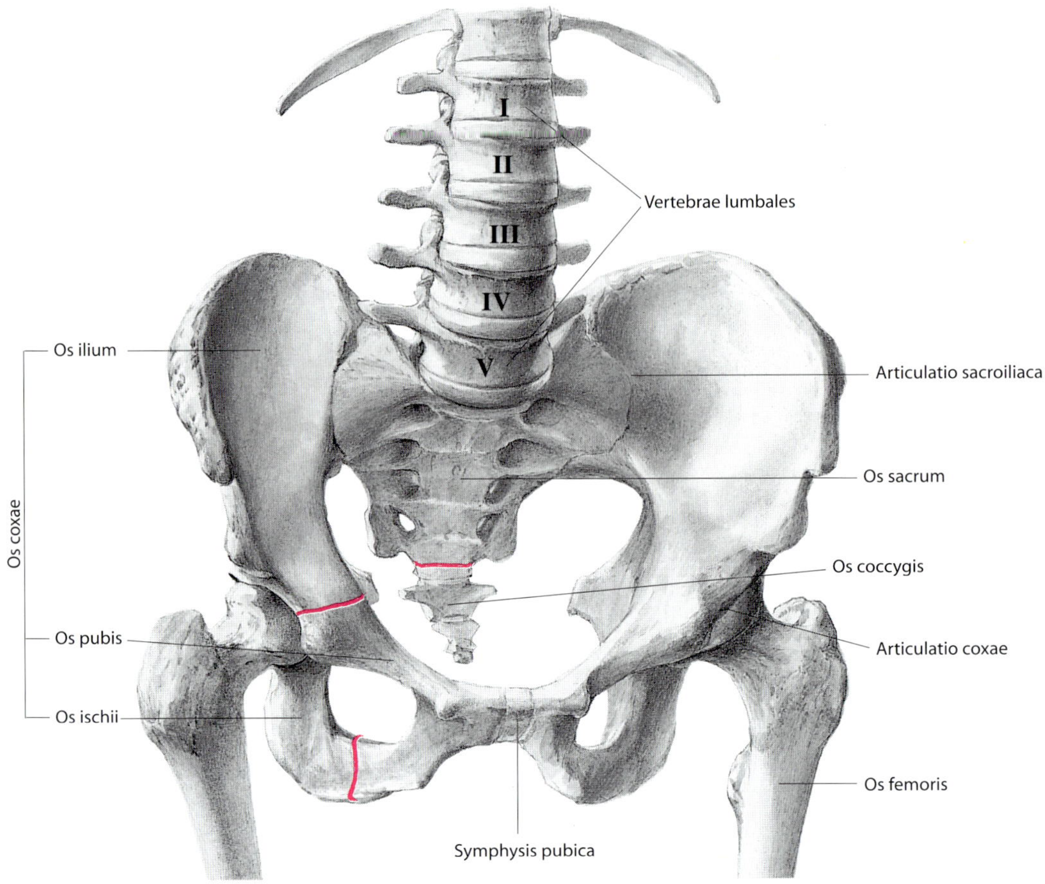


**Abb. 2.1.** Knöcherner Beckenring mit LWS und Femur im »aufrechten Stand«. Die Darstellung zeigt den knöchernen Beckenring mit Wirbelsäule und proximalem Femur in einer Position, die etwa dem aufrechten Stand entspricht. Die anatomischen Grenzen der das Os coxae bildenden Einzelknochen *(rechte Beckenhälfte)* sind nur beim Kind als Wachstumsfugen nachweisbar, beim Erwachsenen dagegen sind sie knöchern fest verschmolzen und chirurgisch nicht mehr zu identifizieren

dem Hüftbein (Os coxae) weitestgehend abgeschlossen (Abb. 2.2). Innerhalb dieser Y-Fuge treten zwischen dem 9. und 12. Lebensjahr zusätzliche, eigenständige Knochenbildungszentren als sog. »Schaltknochen« auf, das »Os acetabuli posterius« und das »Os acetabuli anterius« . Am Ende des 2. Dezenniums sind alle Anteile sicher zum Os coxae vereinigt.

**Klinischer Hinweis**

Die großen interindividuellen Schwankungen erschweren die radiologische Diagnostik kindlicher und jugendlicher Acetabulumverletzungen erheblich. Diese lassen sich vielfach erst durch den radiologischen Nachweis von Heilungsreaktionen (»Periostzeichen«) 2 bis 4 Wochen nach der Verletzung belegen.

Das weitere Wachstum des Beckens wird durch Epiphysen und Apophysen realisiert. Die Crista iliaca ist in der Jugend eine Epiphyse, das Erscheinen von Knochenkernen ist zwischen dem 13. und 15. Lebensjahr zu beobachten. Die Spina iliaca anterior inferior und das Tuber ischiadicum sind Apophysen, entsprechende Knochenkerne erscheinen von Anfang bis Mitte des 2. Lebensjahrzehnts und schließen sich in der Regel zwischen dem 16. und 20. Lebensjahr [25].

**Klinischer Hinweis**

Die Epiphysenfuge und die Apophysen stellen auch am Becken anatomische Schwachpunkte dar. Sie erklären, warum Abrißfrakturen bevorzugt bei Jugendlichen zu beobachten sind: Bei Maximalanspannung der z. T. schon sehr kräftig ausgebildeten Muskulatur kann es zum Überschreiten des Haltepotentials der Wachstumsfuge kommen. Mit dem knöchernen Schluß der Apophysen, d. h. etwa ab dem 20. bis 22. Lebensjahr, tritt dieser Mechanismus nicht mehr auf.

Betrachtet man das ausgereifte Os coxae morphologisch, so entspricht es nach Mollier [39] der Form einer in sich um etwa 90° gewundenen Ziffer 8 (Abb. 2.3). Innerhalb und unterhalb des Kreuzungspunktes der »Ziffer 8« ist das »hufeisenförmige« Acetabulum eingesetzt. Wesentliche, stabilitätsgebende knö-

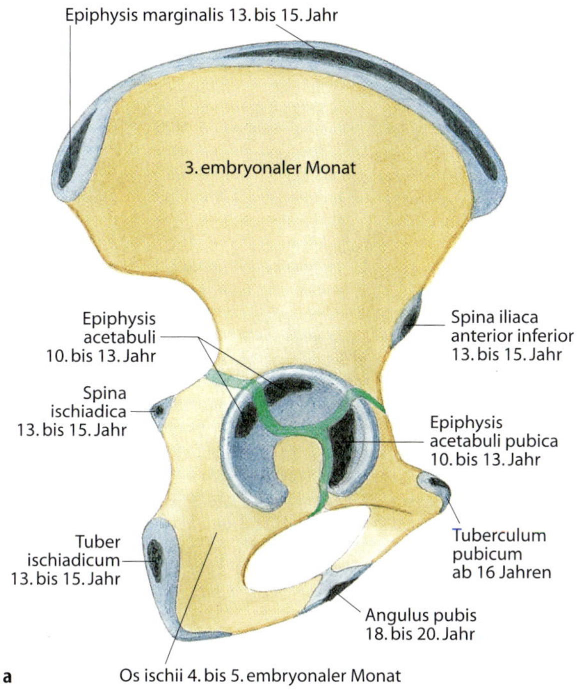


a

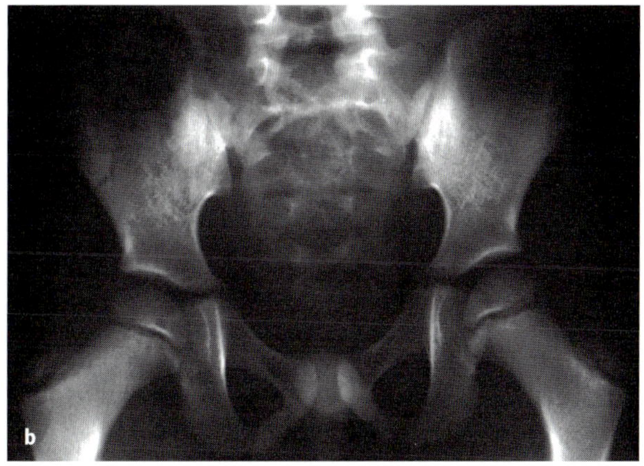

b

**Abb. 2.2 a, b.** Kindliches Becken. **a** Ansicht des Os coxae von lateral im Alter von etwa 12 Jahren. Deutlich erkennbar sind die Wachstumsfugen, die sich im Bereich des Acetabulums als sog. Y-Fuge darstellen. Das unregelmäßig auftretende Os centrale acetabuli kann in dieser Altersgruppe Verletzungen vortäuschen. Die schematische Darstellung der Apophysen (nach Lanz-Wachsmuth [25]) zeigt die nach Schluß der Y-Fuge noch bestehenden Wachstumsregionen am Becken an. Durch plötzlichen Muskelzug kann es zu Abrißverletzungen kommen, ein Verletzungsbild, das typischerweise mit Schluß der Apophysen zwischen dem 20. und 22. Lebensjahr nicht mehr beobachtet wird. **b** Die Röntgenübersicht eines kindlichen Beckens im Alter von etwa 5 Jahren läßt auch die Y-Fuge erkennen. Zu beachten ist ebenfalls die im Vergleich zum Erwachsenen relativ verbreiterte Weite der SI-Gelenke und des Symphysenspaltes

cherne Strukturen finden sich jeweils am Rand der »Kreise«; im Zentrum fehlt der Knochen im Bereich des Foramen obturatum vollständig, oder er ist im Bereich der Fossa iliaca nur millimeterdünn bzw. kann bei muskelschwachen Personen auch vollkommen fehlen. Die Kenntnis dieser dreidimensionalen Ausrichtung und knöchernen Strukturverteilung ist wesentlich für die »traumatologische Anatomie«. Diese Vorstellungsweise erleichtert die Orientierung und läßt die zur Implantatverankerung nötigen »sicheren« Schraubenrichtungen besser bestimmen.

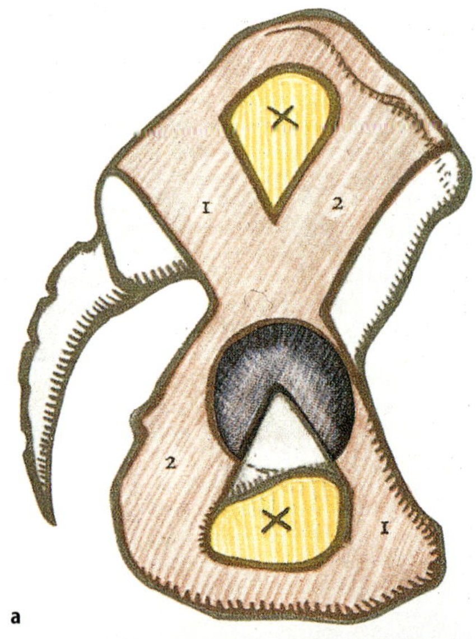

a

b

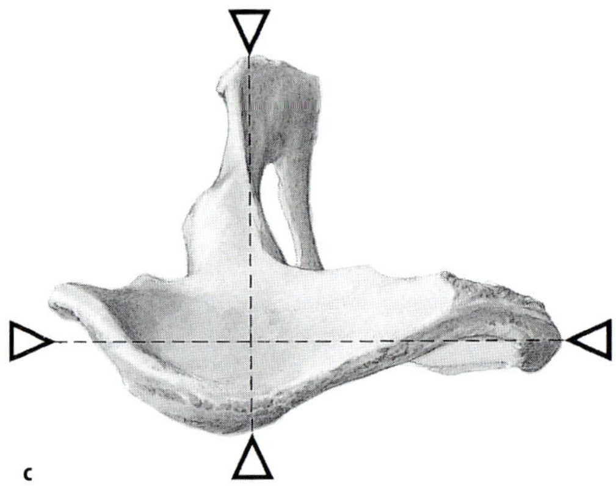


c

**Abb. 2.3 a–c.** Morphologie der räumlichen Ausrichtung des Os coxae. **a** Mollier gab 1924 an, daß die abstrahierte Form des Os coxae der Form der Ziffer 8 entspricht, die im Kreuzungspunkt um etwa 90° verdreht ist. Etwas distal des Kreuzungspunktes ist die Hüftpfanne eingebettet, innerhalb der randständigen festen Knochenstruktur findet sich entweder kein Knochen (Foramen obturatum) oder eine nur sehr dünne Knochenlamelle (Darmbeinschaufel). **b** Die Dichteverteilung im Os ilium läßt sich am Knochenpräparat in der Durchleuchtung von hinten verdeutlichen. **c** Die Ansicht eines Os coxae *von oben* verdeutlicht, daß die Ebene des Os ilium und die Ebene des Foramen obturatum 90° zueinander stehen. Diese Besonderheit ist für die Interpretation der verschiedenen Röntgenprojektionen bedeutsam (Ala- und Obturatoraufnahmen). Weiterhin erleichtert die Kenntnis dieser Orientierung die teilweise schwierige, intraoperative Orientierung bei der Implantatpositionierung

**Abb. 2.4 a, b.** Os coxae in der Sicht von außen (a) und innen (b) (mit Darstellung der Bandverbindungen). Diese Darstellung verdeutlicht teilweise eine »Aufhängung« von Wirbelsäule und Os sacrum im Becken

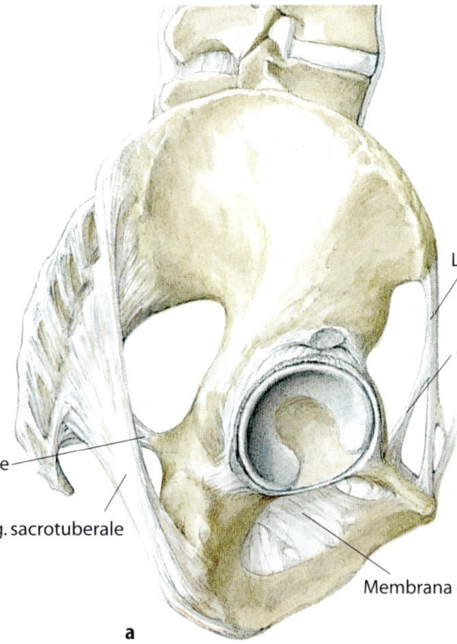


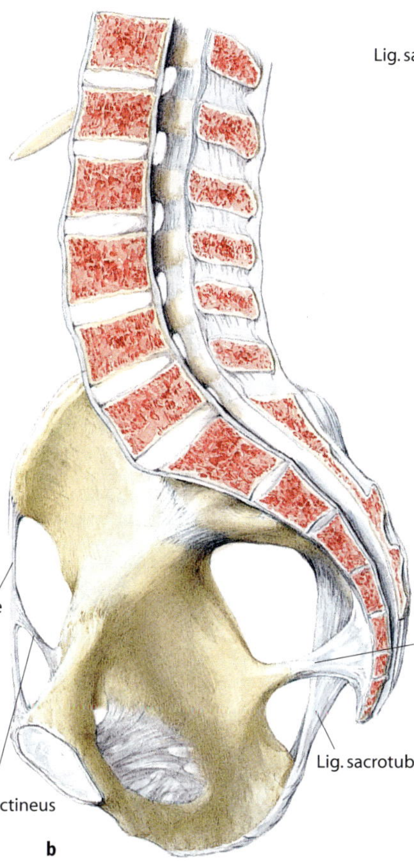


**Os ilium** (Abb. 2.4)

In der anatomischen Literatur werden am Darmbein 2 Hauptstrukturen unterschieden:

- das Corpus ossis ilii, welches das »Dach« des Acetabulums bildet,
- die Ala ossis ilii (Darmbeinschaufel), die einerseits die lastübertragende Struktur zum Os sacrum darstellt und andererseits wesentlichen Muskelgruppen zur Bewegung des Beines als Ursprung dient (Abduktoren, M. glutaeus maximus, M. iliacus).

Corpus und Ala ossis ilii bilden in der Frontalebene auf der Innenseite des Beckens einen Winkel von etwa 60° zueinander (Scheitelpunkt: Linea arcuata oder Linea terminalis); auf der Außenseite verringert sich dieser Winkel aufgrund der weiter ausladenden Hinterwand und des hinteren Pfeilers des Acetabulums auf etwa 20–30° (vgl. auch Abb. 7.13 b). Die Betrachtung von Schnittbildern, insbesondere in Verbindung mit CT-Ansichten, erleichtert das Verständnis der dreidimensionalen Beziehungen und insbesondere auch der topographischen Verhältnisse zu den Nachbarstrukturen (Abb. 2.5).

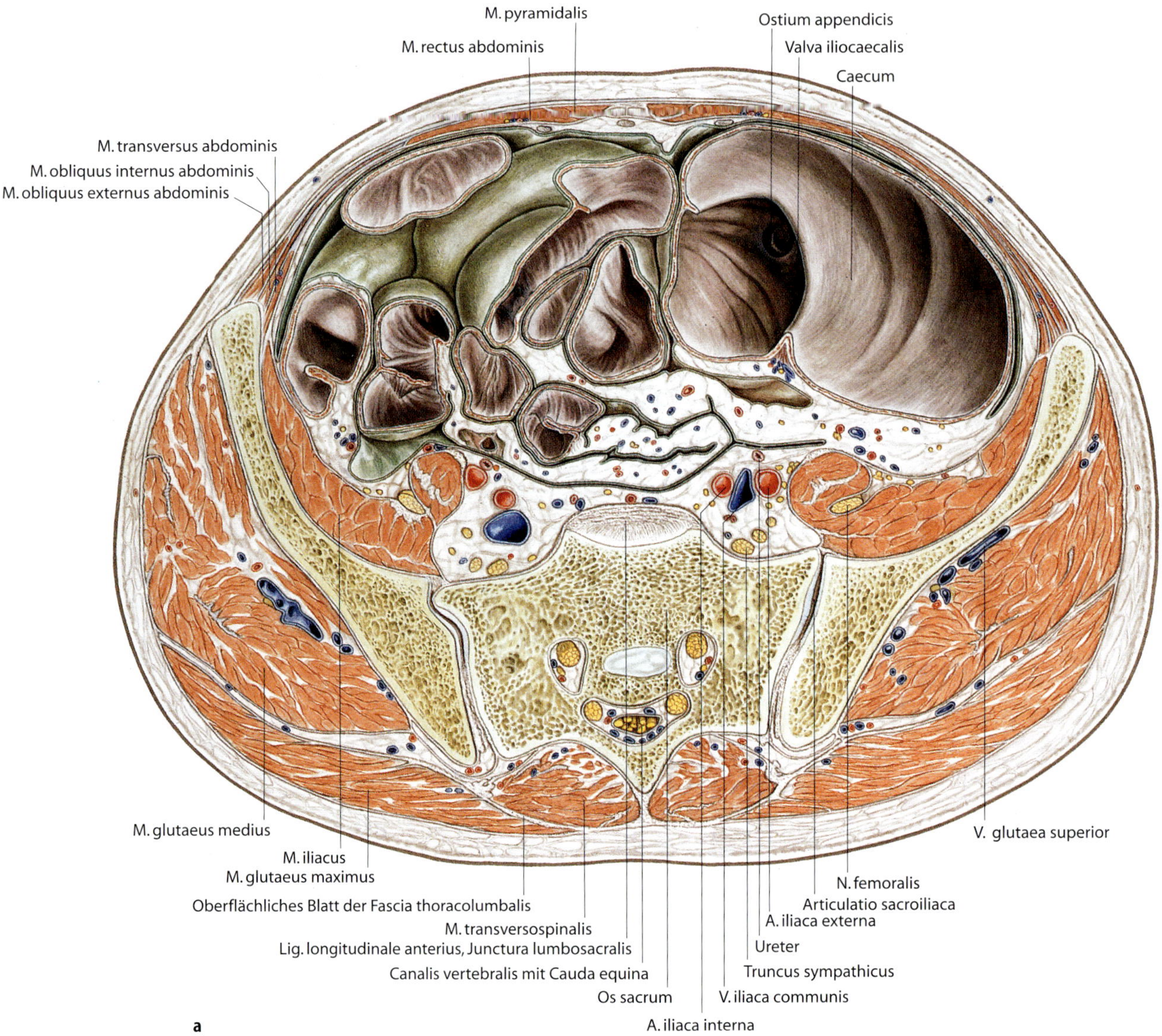


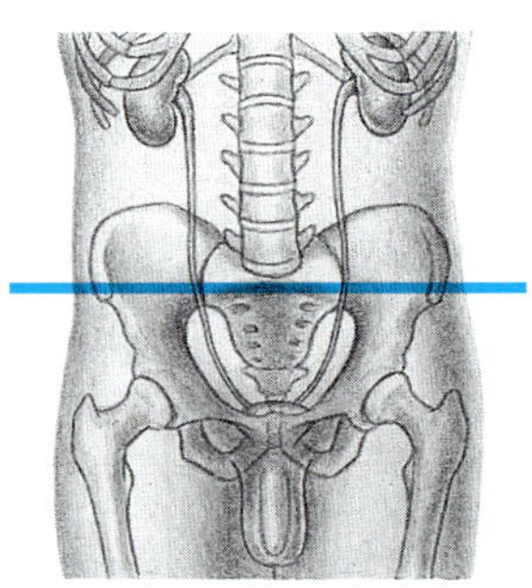

**Abb. 2.5 a, b.** Beckenquerschnitt in Höhe des Os sacrum (**a**) und des Hüftgelenkes (**b**) (aus Lanz u. Wachsmuth [25]). Beide Querschnitte demonstrieren die innige Beziehung der großen Leitungsbahnen zu den osteoligamentären Beckenstrukturen. Derartige Schnittbilder sind heutzutage durch die Fortschritte in der Computertomographie auch kurzfristig nach dem Unfall erhältlich; sie erlauben neben der Feindiagnostik der osteoligamentären Verletzungen in vielen Fällen auch die Darstellung von pelvinen Weichteilverletzungen

Die mächtige Knochenmasse, die die knöcherne Begrenzung der Incisura ischiadica major bildet und biomechanisch eine wesentliche Struktur zur Lastübertragung darstellt, ist in der anatomischen Literatur nicht spezifisch benannt. Sie umfaßt aufgrund der synostotischen Verschmelzung des Os coxae Teile des Corpus ossis ilii und des Corpus ossis ischii und damit große Anteile der klinisch als »hinterer Pfeiler« bezeichneten Region. In der chirurgischen Nomenklatur wurde diese Struktur als Os innominatum oder »innominate bone« angegeben [24].

Weitere wichtige Strukturen zur chirurgischen Orientierung an der Außenseite des Os ilium sind die Li-

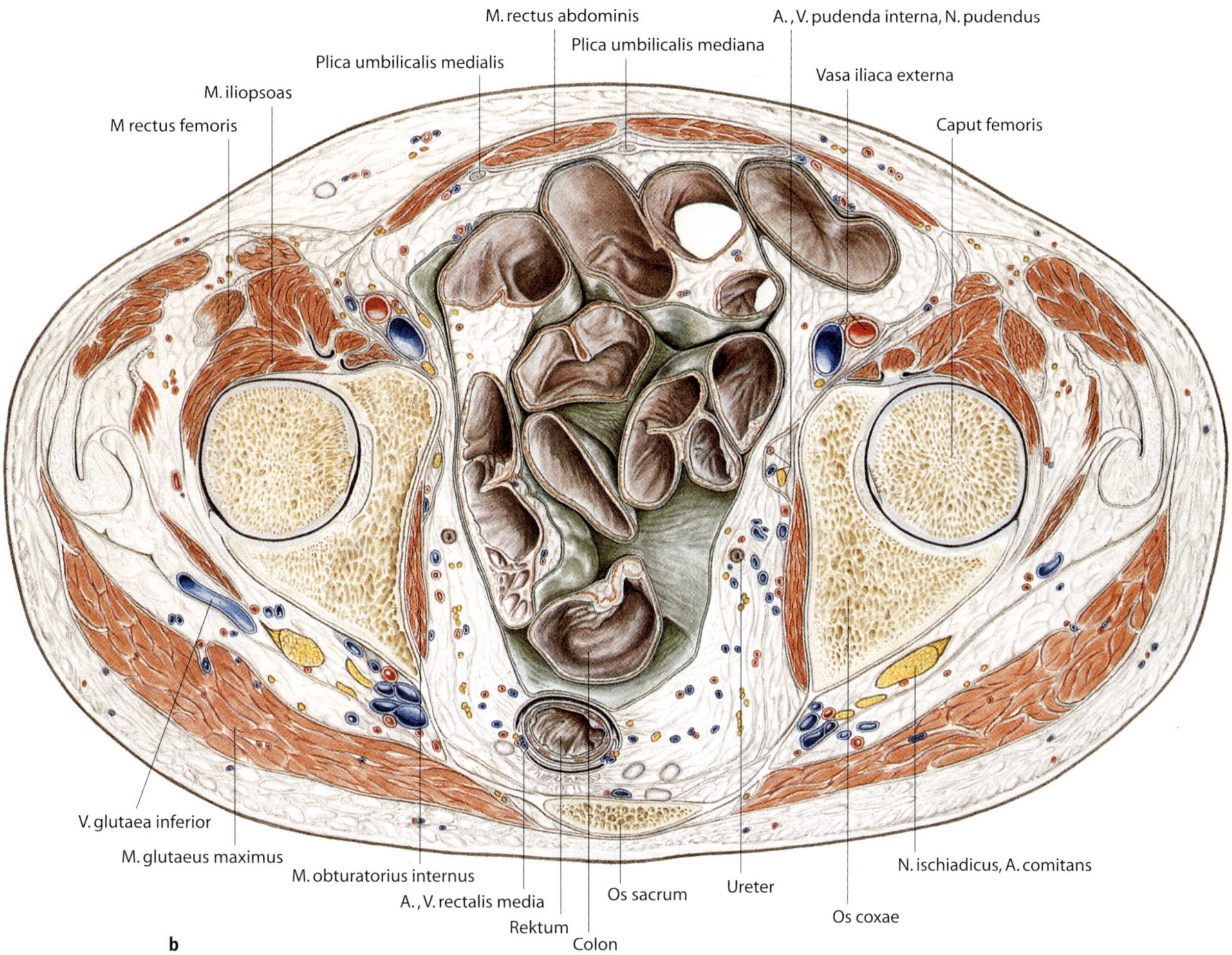


**b**

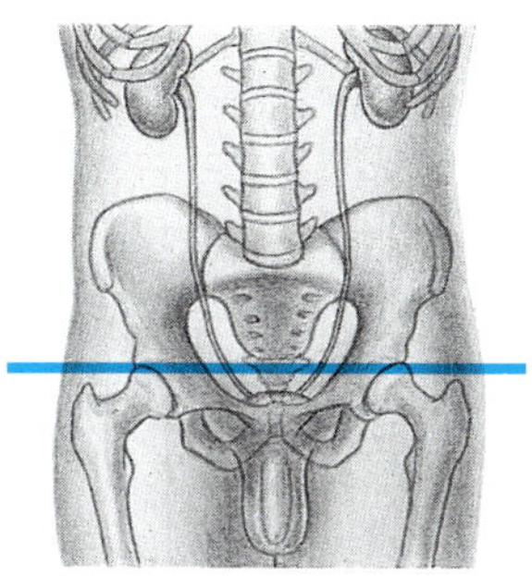

neae glutaeae. Die Abduktoren der Hüfte entspringen entlang der Linea glutaea anterior et inferior, der M. glutaeus maximus zu einem großen Teil entlang der Linea glutaea posterior.

Auf der Innenseite bildet die markante Kante der Linea arcuata, die klinisch synonym als Linea terminalis bezeichnet wird, die Grenze zwischen »kleinem« und »großem« Becken.

## Os ischii

Das nach Abschluß der Knochenentwicklung nicht mehr einzeln differenzierbare Os ischii umfaßt mit seinem Corpus ossis ischii etwa 2/5 der Acetabulumfläche unter Einschluß der Fossa acetabuli. Kranial geht es etwa im Mittelpunkt der Incisura ischiadica major in das Os ilium über.

Nach kaudal setzt es sich in das Tuber ischiadicum fort, der R. ossis ischii schließt sich an und stellt die dorsokaudale Begrenzung des Foramen obturatum dar.

Durch den Ansatz des Lig. sacrospinale an der Spina ischiadica und des Lig. sacrotuberale am Tuber ischiadicum hat das Os ischii eine wesentliche Funktion für die statische Integrität des Beckens. Die am Tuber ischiadicum entspringende ischiokrurale Muskulatur (Hüftstrecker) und der M. adductor magnus übernehmen zusätzliche dynamische Stabilisationsfunktionen im Hüftgelenk.

Das Os ischii hat wesentliche Bedeutung für die Lasteinleitung beim Sitzen. Einwirkende Kräfte werden über die Tubera ischiadica entlang des »hinteren Pfeilers« zum Stammskelett übergeleitet.

## Os pubis

Das Os pubis umfaßt, zusammen mit dem R. ossis ischii, die Regionen, die klinisch als »vorderer Beckenring« zusammengefaßt werden. Das Corpus ossis pubis bildet den ventralen Anteil des Acetabulums (»vordere Wand«) und geht im Bereich der Eminentia iliopectinea in den R. superior ossis pubis über. Dieser umfaßt zusammen mit dem R. inferior ossis pubis und dem R. ossis ischii das Foramen obturatum.

Am lateralen oberen Rand des Foramen obturatum läßt sich eine knöcherne Rinne, der Sulcus obturatorius, nachweisen. Er bildet die knöcherne, kraniale Begrenzung des Canalis obturatorius mit der darin verlaufenden A. obturatoria, V. obturatoria und dem N. obturatorius.

Aufgrund der besonderen und chirurgisch bedeutsamen Beziehung zum knöchernen Skelett werden schon hier wichtige ligamentäre »Verstärkungsstrukturen« des vorderen Beckenrings genannt. An der medialen Vereinigung beider Schambeinäste bildet die Facies symphysialis den Übergang zur Symphysis pubica Weitere klinisch wesentliche Strukturen sind das Pecten ossis pubis, das sich als scharfe knöcherne Leiste vom R. superior ossis pubis abhebt. Auf diese Knochenkante lagert sich das sich vom Tuberculum pubicum bis zur Eminentia iliopubica reichende kräftige Lig. pectinale (»Cooper-Ligament«) auf (Abb. 2.6). Als

**Abb. 2.6 a–c.** Besondere topographische Beziehungen im vorderen Beckenring. Große Bedeutung für die Beckenchirurgie hat die Leistenregion, da hier die großen Gefäßbahnen für die untere Extremität den Beckenraum verlassen. Die Topographie der einzelnen Strukturen ist insbesondere bei der Ausführung von vorderen Zugängen zum Becken von Wichtigkeit. Zur Stabilitätsbeurteilung des vorderen Beckenrings sind v. a. die anatomischen Beziehungen des Leistenbandes mit seinen in das Periost des oberen Schambeinastes verlaufenden Umschlagsfalten in das Periost zu berücksichtigen. Auch bei Frakturen der Scham- und Sitzbeinäste muß nicht zwangsläufig eine Instabilität des Beckenringes resultieren (**c** aus Lanz u. Wachsmuth [25 a])

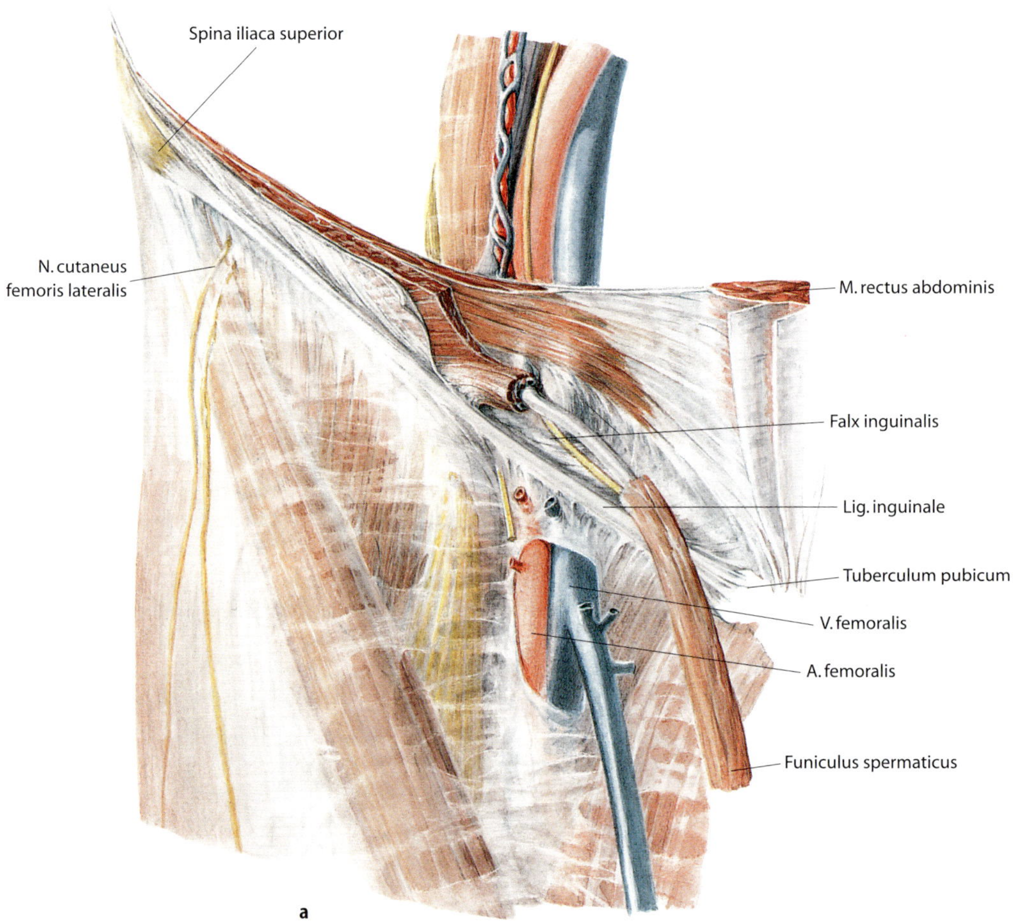


a

Abspaltung vom Lig. inguinale trennt der an der Eminentia iliopectinea ansetzende Arcus iliopectineus die Lacuna musculorum von der Lacuna vasorum und verstärkt distal-medial das Lig. pectineale. Lateral der Eminentia iliopectinea schließt das fest mit dem Os pubis verwachsene hintere Blatt der Faszie des M. iliopsoas den Eingang in das kleine Becken ab.

Das Tuberculum pubis bildet einen leicht vorspringenden Erker am R. superior ossis pubis. Die ventrale Begrenzung des Tuberculum pubis stellt die recht genau in der Frontalebene liegende sehnige Ansatzfläche des M. rectus abdominis dar.

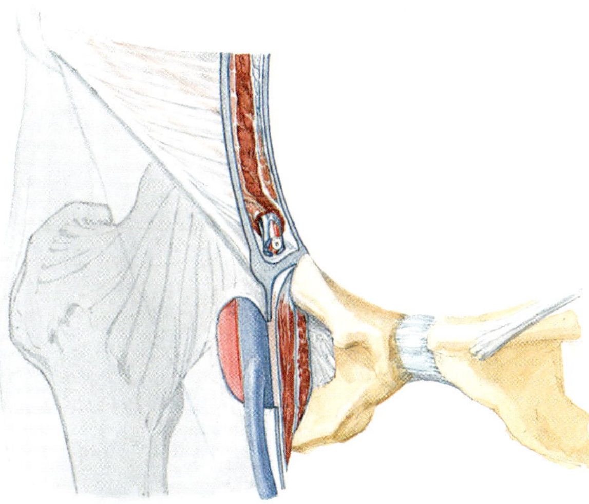

2.6 b

### Klinischer Hinweis

Das Lig. pectineale (Cooper-Ligament) ist eine wichtige, stabilisierende Struktur. Zusätzlich ist die »transpubische« Region noch von der Membrana interossea und dem breitflächigem Ursprung der Mm. obturatorii »geschient«. Das bedeutet, daß bei Frakturen der Schambeinäste nicht unbedingt eine »Instabilität des vorderen Beckenringes« vorliegen muß. Lediglich wenn deutliche Diastasen bestehen oder intraoperativ Bewegungen (»Instabilität«) der Schambeinäste nachweisbar sind, ist eine operative Stabilisierung angezeigt. Ein intaktes Band, die muskuläre Schienung und die Membrana interossea können eine Fraktur ausreichend stabilisieren, um trotz »Belastung« des Patienten eine weitergehende Fehlstellung zu verhindern. Diese ausgezeichnete Weichteildeckung erklärt auch die gute Frakturheilungstendenz in diesem Bereich, ein belastungsstabiler Kallus ist in der Regel schon nach 3 Wochen zu erwarten.

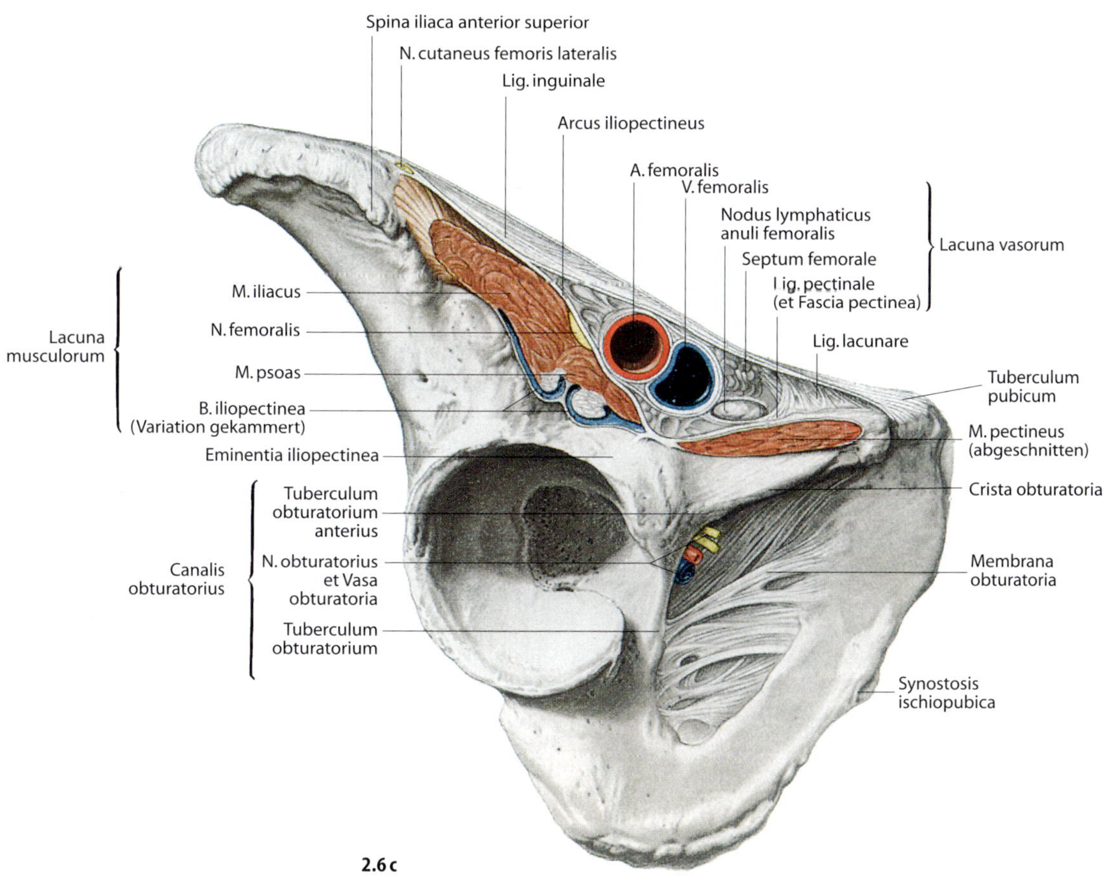


2.6 c

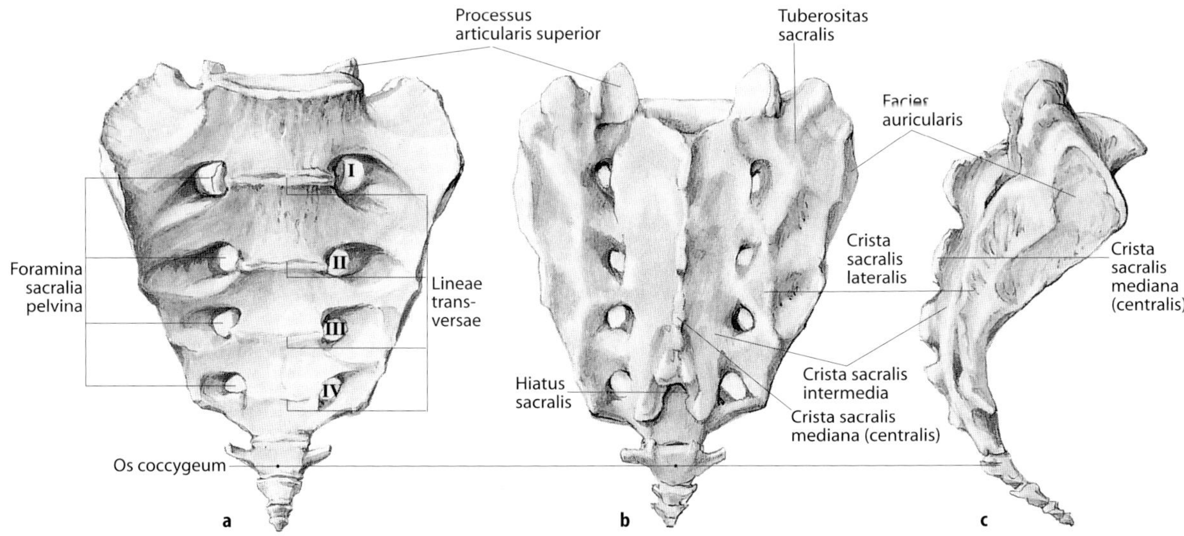


**Abb. 2.7 a–c.** Knöcherne Anatomie des Os sacrum, Ansicht von **a** ventral, **b** von dorsal, **c** von der Seite. Das Os sacrum hat eine sehr unregelmäßige Struktur und eine innige Beziehung zu dem aus dem Spinalkanal austretenden Plexus sacralis. Zur Durchführung von Osteosynthesen am Os sacrum ist die Kenntnis der Orientierung und der Knochendichte von wesentlicher Bedeutung. Prinzipiell findet sich im Os sacrum kranial und ventral eine gute Kortikalis zur Schraubenverankerung, während die dorsale Kortikalis dünn ist und nur über dem Zentralkanal eine ausreichende »Härte« aufweist

### **Os sacrum** (Abb. 2.7)

Das Kreuzbein (Os sacrum) ist aus der Verschmelzung von 5 Wirbeln und deren Rippenresten entstanden. Es ist sowohl als Verbindungsstruktur zwischen Beckenring und Wirbelsäule, aber auch als wichtiger, stabilisierender Anteil des knöchernen Beckenrings zu betrachten.

Von dreieckiger Form, deren Basis nach kranioventral zeigt, verjüngt sich das Sakrum nach kaudal dorsal. Nach Staubesand beträgt die durchschnittliche Neigung der Basis des Os sacrum zur Senkrechten recht konstant 47°, während die Verlaufsrichtung der Kreuzbeinachse große interindividuelle Unterschiede aufweist [55]. Im Bereich des 3. Sakralwirbels ändert sich die Orientierung der Sakrumebene von dorsal kaudal nach ventral kaudal. Ausmaß und Radius dieser »Kreuzbeinkrümmung« können von Person zu Person sehr unterschiedlich sein. Kaudal endet das Kreuzbein mit dem Apex ossis sacri. Das sich distal anschließende, aus 3–4 Wirbelrudimenten gebildete Os coccygis kann sowohl gelenkig, synchondrotisch oder aber auch synostotisch mit dem Os sacrum verbunden sein.

Die ventral gelegene Facies pelvina stellt die hintere Begrenzung des kleinen Beckens dar. Die Verschmelzungslinien der ehemaligen Wirbelkörper sind als Lineae transversae erkennbar, dazwischen liegen paarig angeordnet, paramedian die 4 ventralen Sakralforamina. Die Oberfläche der ventralseitig kräftig angelegten Kortikalis ist ansonsten glatt begrenzt.

Die Facies dorsalis ist rauh und unregelmäßig begrenzt. Kaudalwärts bilden die verschmolzenen ehemaligen Wirbelbögen den sich nach distal öffnenden Canalis sacralis. Dieser sog. Hiatus sacralis beginnt etwa in Höhe des 4. Sakralwirbels und wird durch membranartig ausgebildete Bandstrukturen abgedeckt (Ligg. sacrococcygea dorsalia).

Die rudimentär vorhandenen ehemaligen Dornfortsätze sind als Crista sacralis mediana, die Gelenkfortsätze in den niedrigeren Cristae sacrales intermediae verschmolzen. Den Querfortsätzen entspricht die Crista sacralis lateralis. Auf der Rückseite bedeckt nur eine dünne Kortikalis die locker angelegte Spongiosa des Os sacrum, von der Ebene der Foramina nach lateral entspringen hier die dorsal sehr kräftig ausgebildeten, sakroiliakalen Bandverbindungen.

Die Foramina sacralia pelvina et dorsalia erlauben den Durchtritt der Nervenwurzeln nach ventral und dorsal. Sie entsprechen entwicklungsgeschichtlich den Zwischenwirbellöchern der Wirbelsäule.

Die als Pars lateralis, Massa lateralis oder klinisch auch als »Ala ossis sacri« bezeichnete laterale Begrenzung des Os sacrum leitet sich aus verschmolzenen Rippenrudimenten und Querfortsätzen ab. Sie trägt beidseits die Facies auricularis, welche die gelenkige Verbindung zu den Darmbeinschaufeln herstellt. Die Gelenkfläche ist »nieren-« oder auch »ohrenförmig« ausgebildet und nach ventral gekrümmt.

## 2.2 Gelenke (Abb. 2.8 und 2.9)

**Eine klarere Vorstellung von der Morphologie und der Funktion der Bandverbindungen am Becken erhält man, wenn man über die isolierten, in der Regel halbschrägen räumlichen Ansichten des Beckenrings hinausgeht und sich die räumliche Lage des Beckens im Funktionszustand (Stand, Gang oder Sitz) vergegenwärtigt (s. Abb. 2.8). Wegen der unregelmäßigen Form des Beckenrings ist es schwierig, standardisierte Bezugsebenen anzugeben. Als zuverlässige Meßgröße hat sich die »Spina-Symphysen-Ebene erwiesen. Ihre Abweichung von der Frontalebene beträgt im Stand relativ konstant lediglich 2°, und auch im Liegen weicht sie im Schnitt nur 2° von der Horizontalebene ab [12].**

### Articulatio sacroiliaca

Eine Vielzahl von Untersuchungen beschäftigt sich mit Form und Funktionsweise der SI-Gelenke [1–3, 5, 8, 9, 14, 18, 20, 21, 26, 30–36, 40, 45, 48, 50–52, 60, 63, 66]. Die Gelenkflächen sind in ihrer Oberfläche unregelmäßig geformt und weisen eng ineinandergreifende Ausbuchtungen und Vertiefungen auf. Waldeyer beschreibt eine bogenförmige Vorwölbung mitten in der iliakalen Gelenkfläche, den sog. Bogenwulst, der sich in einer entsprechenden Vertiefung der sakralen Gelenkfläche abstützt [60]. Dem in seiner Ausprägung variablen Bogenwulst kann nach neueren Auffassungen keine direkt stabilisierende und lastaufnehmende Funktion mehr zugeordnet werden, eine entsprechend der »Schlußsteintheorie« knöcherne Einkeilung des Sakrums in den Beckenring im aufrechten Stand findet nicht statt [56]. Vielmehr würde das Sakrum im aufrechten Stand nach Durchtrennung sämtlicher Ligamentverbindungen aus dem Beckenring »fallen« (s. auch Kap. 3). Die Gelenkflächen der SI-Gelenke sind primär knorpelig angelegt und am Sakrum durchschnittlich 1–4 mm, am Os ilium nur 0,3–0,6 mm stark. Sowohl hyaliner Knorpel als auch Faserknorpel wurde gefunden [17, 31, 46].

Die morphologische Erscheinung des SI-Gelenkes wird stark von Alter und Geschlecht bestimmt:

- Die Weite des Gelenkspaltes nimmt im Alter ab: Während zwischen dem 50. und 70. Lebensjahr 1–2 mm Gelenkspalt gemessen wurde, beträgt er in der Altersgruppe über 70 Jahre nur noch in Ausnahmefällen 1 mm [48].
- Auch die Beweglichkeit des Gelenkes variiert mit Alter und Geschlecht: Sie nimmt bei beiden Geschlechtern bis zum 14. Lebensjahr ab, um bei den Frauen bis zu einem Maximum im 3. Lebensjahrzehnt stark anzusteigen, während beim männlichen Geschlecht eine kontinuierliche Abnahme im Bewegungsumfang gemessen wurde [8]. Auch im Rahmen der Schwangerschaft erweitert sich das SI-Gelenk.

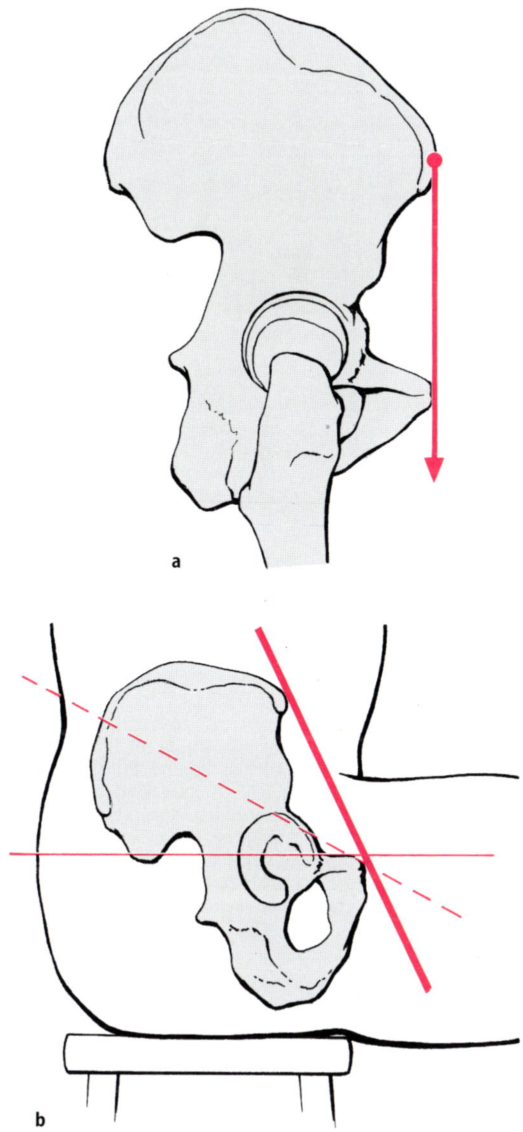

a b

**Abb. 2.8 a, b.** Stellung des Beckens im Raum bei Einnahme von verschiedenen Positionen. **a** Aufrechter Stand von der Seite gesehen, **b** Situation beim Sitzen. Die Lagevariationen des Beckens werden hier in verschiedenen Funktionsstellungen verdeutlicht. Dies erleichtert die Auswahl und das Verständnis der spezifischen Implantatpositionen zur Stabilisierung von Becken- und Acetabulumfrakturen

Da die einzelnen Beobachtungen in der Literatur stark variieren und teilweise nur mittelbare Bedeutung für die chirurgische Behandlung des Beckenrings aufweisen, soll hier auf die zusammenfassende Literatur verwiesen werden [66].

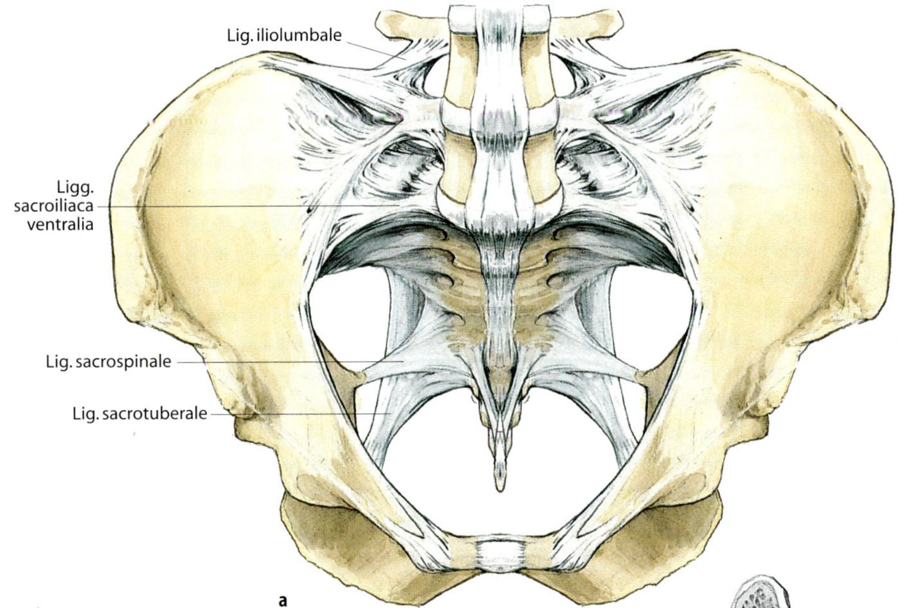


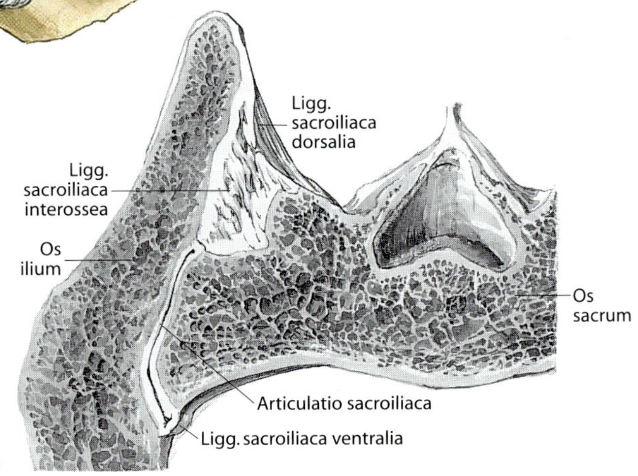


**Abb. 2.9 a–e.** Ligamentäre Bandverbindungen am Becken. **a** Ansicht von vorne. **b** Detail SI-Gelenk: Im Bereich des dorsalen Beckenringes sind die sakroiliakalen Bandverbindungen unterschiedlich ausgeprägt. Sehr kräftige Bänder finden sich dorsal, die ventral das SI-Gelenk überquerenden Verbindungen sind nur schwach ausgebildet. Es entsteht somit, besonders im aufrechten Stand, eine »Aufhängung« des Os sacrum und eine »dorsale Zuggurtung«. Den unter Last einwirkenden Dislokationskräften wirken diese Bandverbindungen in spezifischer Weise entgegen. **c** Ansicht von hinten

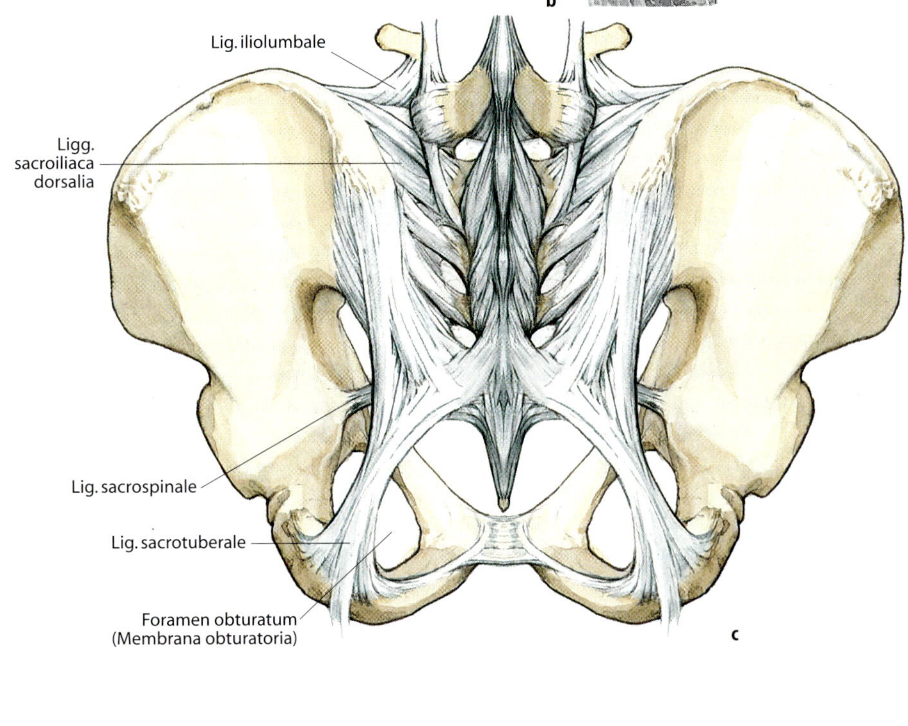

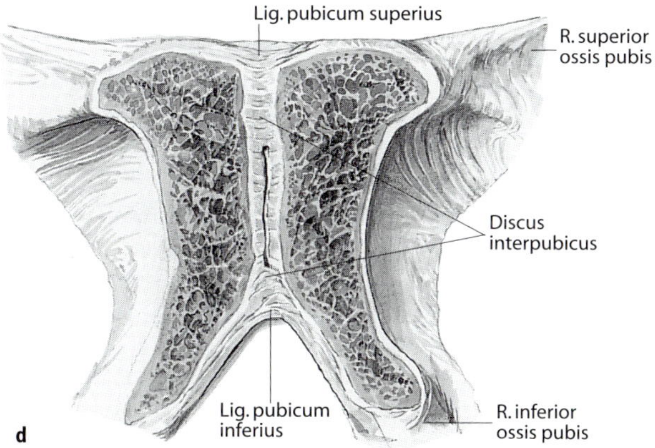


d

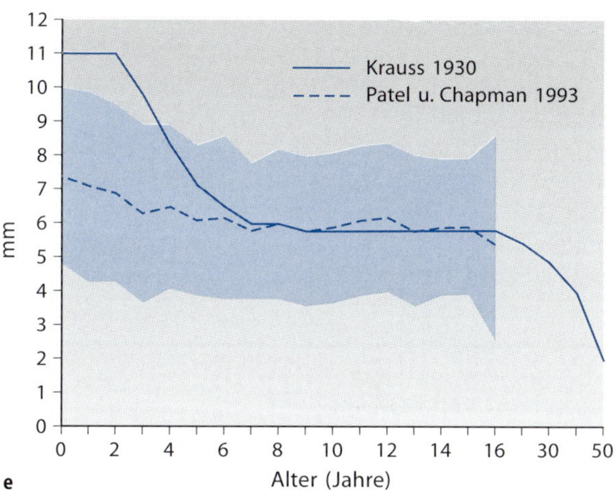


e

**Abb. 2.9** (Forts.) **d** Detail der Symphyse (Schnittbild). Die Darstellung der Bandverbindung am kompletten Beckenring verdeutlicht, daß die wesentlichen ligamentären Strukturen dorsal und im Bereich des Beckenbodens liegen. Der vordere Beckenring ist insgesamt wesentlich schwächer ausgebildet. Im Bereich der Symphyse hat der Discus interpubicus die wesentliche stabilisierende Funktion, die vorhandenen Bandverbindungen sind sehr schwach ausgebildet. **e** Altersabhängige Weite der Symphyse. Die klassischen Untersuchungen von Kraus (1930) [22] wurden durch umfangreiche Studien von Patel u. Chapman [42] ergänzt. Es zeigt sich, daß die Symphysenweite im Lauf des Lebens langsam abnimmt, wobei im Kindesalter durchschnittlich mit Weiten zwischen 7,5 und 5,5 mm zu rechnen ist

### Symphysis pubica

Auch über die »Natur« der Symphysis pubica herrschte lange Zeit Unklarheit. Bis in jüngere Zeit wurde ihr die Eigenschaft einer »Knorpelhaft« zugeordnet. Neuere Untersuchungen zeigen dagegen, daß alle Elemente eines synovialen Gelenkes nachweisbar sind [33, 34].

Zwischen der Pars symphysialis beider Schambeine befindet sich ein größtenteils aus Faserknorpel bestehender Discus interpubicus. Dieser Diskus überlappt kranial den oberen Schambeinrand und erstreckt sich bis zum Tuberculum pubicum. Im Discus interpubicus ist vertikal verlaufend ein Cavum articulare (Spatium symphyiale) nachweisbar. Feingewebliche Untersuchungen zeigten neben direkt dem Knochen anliegenden hyalinknorpeligen Anteilen ein komplexes System von Faserbündeln, einer Struktur, die auf das Auftreten von Druck-, Zug- und Scherkräften schließen läßt [52]. Das Perichondrium wird zusätzlich durch Periost, Sehnenanteile der Bauchmuskeln, des M. gracilis sowie des M. adductor longus, aber ebenso durch kleinere Bandverbindungen verstärkt. Dabei ist allerdings darauf hinzuweisen, daß kein Muskel die Symphyse überbrückt!

Das Lig. pubicum superius liegt dem oberen Schambeinast fest auf und erstreckt sich zwischen den Tubercula pubica. Kaudal rundet das etwa 1 cm hohe Lig. arcuatum pubicum den Schambogen ab. Die Weite der Symphyse ist alters- und geschlechtsabhängig (Abb. 2.9 e). Nach Krauss nimmt die Symphysenweite vom Kleinkindesalter (≈10 mm) bis in das höhere Alter von 50 Jahren (≈2 mm) kontinuierlich ab [22]. Neuere Messungen von Patel u. Chapman geben anhand einer großen Untersuchungsreihe Weiten von 7,4 mm in den ersten Lebensmonaten an, die bis zum 16. Lebensjahr auf 5,4 mm abnehmen [42].

## 2.3 Ligamentäre Verbindungen

### Dorsaler Beckenring

Der dorsale Beckenring ist speziell im dorsalen Bereich von kräftigen Bändern überzogen. Das im aufrechten Stand bis z. T. zur Waagerechten nach ventral geneigte Sakrum [55] wird im wesentlichen durch die sich direkt zwischen Os ilium und sacrum, die die Articulatio sacroiliaca umgebenden Ligg. sacroiliaca interossea, sowie die sehr kräftige, sich zwischen der Crista iliaca dorsalis und der dorsalen Sakrumfläche ausspannende Bandplatte, den Ligg. sacroiliaca dorsalia, gehalten. In umfangreichen Untersuchungen konnte Weisl diese Bandstrukturen weiter unterteilen und der Bewegungsmechanik zuordnen [63, 64]. Er unterscheidet neben der Gelenkkapsel des SI-Gelenkes dorsale akzessorische Bandstrukturen, deren kraniale Gruppe aus dorsal und lateral verlaufenden Bandfasern besteht, während in der kaudalen Gruppe nach kranial verlaufende Fasern angeordnet sind. Diese Faserverläufe wirken den im aufrechten Stand entstehenden Kräften entgegen. Interessanterweise sind beim fetalen Skelett die sakroiliakalen Bandverbindungen schon erkennbar, allerdings ist die angegebene räumliche Orientierung der Bandfasern erst im Erwachsenenalter nachweisbar [63].

Die Ursprungsgebiete sind wie die sakroiliakalen Bänder selbst schichtweise angeordnet und umfassen neben der retroaurikulären Fläche im wesentlichen die verschiedenen Höcker der Cristae laterales. Medial davon sind allenfalls noch schwache »fasciculi« nachweisbar, die sich bis zur Crista intermedia erstrecken, d.h. die Ebene der Sakralforamina wird nicht von mechanisch relevanten Bandverbindungen überbrückt. Die sakroiliakalen Bänder setzen in der stark gefurchten Region der Tuberositas iliaca an.

**Klinischer Hinweis**

Mechanisch relevante Bandverbindungen, die das Sakrum dorsalseitig über die Ebene der Foramen hinaus überspannen, gibt es nicht. In diesem Bereich ist das Sakrum dorsalseitig lediglich von den nur noch spärlichen, außerdem längs verlaufenden Fasern der autochthonen Rückenmuskulatur zusammen mit der dünnen Fascia lumbosacralis, von Subkutangewebe und Haut überzogen. Aus diesem anatomischen Grund muß eine vollständige Längsfraktur des Os sacrum, die medial bis in die Zone der Foramen zieht, immer als potentiell instabil angesehen werden. Frakturen, die lateral der Foramen liegen und wenig verschoben sind (wie z.B. im Rahmen von lateralen Kompressions- oder auch Außenrotationsverletzungen des Beckens), sind durch die kräftige darüberliegende Bandplatte der Ligg. sacroiliacalia dorsalia stabilisiert, falls diese unverletzt bleibt oder nur partial einreißt (vgl. auch Abb. 2.5).

Zusätzliche, für die Gesamtstabilität weniger bedeutende Bandverbindungen stabilisieren die Verbindung zwischen dem 5. Lendenwirbelkörper und dem Becken. Ihnen wird eine stabilisierende Funktion besonders bei der seitlichen Beugung zugemessen [69].

- Das Lig. iliolumbale verbindet als Verdickung der Faszie des M. quadratus lumborum den Querfortsatz L5 mit dem dorsalen Beckenkamm.
- Das Lig. lumbosacrale laterale verbindet den Querfortsatz L5 mit der Pars lateralis des Os sacrum und kann bei Verletzungen zu Einklemmungen des Truncus lumbosacralis führen, der besonders im ventralen Anteil in direkten Kontakt zur Sakrumoberfläche tritt.

**Klinischer Hinweis**

Die räumliche Nähe zur Pars lateralis des Sakrums sowie die Bandansätze machen den Querfortsatz L5 zu einem wichtigen Indikator bei der Analyse von Beckenfrakturen. Querfortsatzabbrüche, besonders wenn sie disloziert sind, sind immer verdächtig auf eine dorsale Beckenringinstabilität!

Ventralseitig überspannen die schwächer ausgebildeten Bandverbindungen der Ligg. sacroiliaca ventralia das IS-Gelenk. Sie entspringen aus dem Periost und verstärken mit quer über den Gelenkspalt verlaufenden Fasern die Gelenkkapsel.

### Beckenboden

An der kaudal gelegenen Dorsalfläche des Sakrums entspringt fächerförmig das Lig. sacrotuberale und setzt leicht schräg nach lateral verlaufend am Tuber ossis ischii an. Dazu nahezu senkrecht verlaufend entspringt das Lig. sacrospinale weiter distal an der Dorsalseite des Sakrums, das sich bis zur Spina ischiadica ausspannt. Besonders dem Lig. sacrospinale wird eine wesentliche Funktion in der Beckenstabilisation zugeordnet, das Lig. sacrotuberale soll sich in gleichsinniger Wirkungsweise mit dem M. glutaeus maximus ergänzen [55]. Anatomische Überlegungen und biomechanische Versuche konnten belegen, daß diese beiden Bandstrukturen besonders den Rotationsbewegungen der Ossa coxae, aber auch Rotationen des Sakrums entgegenwirken [24, 40]. Die klinisch zu beobachtenden knöchernen Bandausrisse, z.B. am sakralen Ursprung, bestätigen diese Annahme.

Das exakte Zusammenspiel der Strukturen ist aber noch nicht endgültig geklärt. In neuesten Untersuchungen wurde nach isolierter Durchtrennung der Beckenbodenbänder zwar nur eine Abnahme der Steifigkeit des Beckenrings um 5% gemessen, in der gleichen Untersuchung wurden aber auch Nervenkörper in den Bändern als Ausdruck einer propriozeptiven Funktion der Beckenbodenbänder nachgewiesen [58].

### Vorderer Beckenring

Im Vergleich zum hinteren Beckenring sind die Bandverbindungen am vorderen Beckenring nur schwach ausgeprägt. Ein direkt dem Pecten ossis pubis aufgelagertes Lig. pectineale verstärkt den oberen Schambeinast und kann bei Frakturen »stabilisierend« wirken (s. auch Abb. 2.6). Die Symphyse wird nur durch zarte übergreifende Bandverbindungen (Lig. arcuatum pubis und Lig. superius pubicus) verstärkt (s. auch Abb. 2.9c).

## 2.4 Muskulatur und Faszienräume

Eine Vielzahl von Muskeln und Muskelgruppen setzt am Beckenring an oder hat hier ihren Ursprung (Abb. 2.10).

Von kranial, ventral und seitlich einstrahlend, setzen die Muskeln der vorderen und seitlichen Bauchwand am Beckenring an; dorsal setzen die Muskelzüge des M. erector spinae (M. multifidus und M. longissimus dorsi) im wesentlichen an der Rückfläche des Os sacrum an.

Aus der Gruppe der Bauchwandmuskulatur sind orientierend 5 einzelne Strukturen zu unterscheiden:

- Der M. obliquus externus abdominis setzt lateral an der Crista iliaca an und beteiligt sich mit aponeurotischen Anteilen am Leistenband und der »äußeren Wand« des Leistenkanals.
- Der M. obliquus internus setzt intermediär an der Crista iliaca an und wird entwicklungsgeschichtlich in den Leistenkanal »vorgestülpt«. Seine Aponeurose beteiligt sich an der Bildung der Rektusscheide.
- Der M. transversus abdominis setzt an der medialen Begrenzung der Crista iliaca an und bildet u.a. die »hintere Wand« des Leistenkanals.
- Der M. rectus abdominis setzt ventral des Os ischii im Bereich der Crista pubica an.
- Der M. pyramidalis setzt ventral des M. rectus abdominis an und strahlt in die Linea alba ein.

Der M. erector spinae setzt mit nach kaudal abnehmendem Muskelquerschnitt an der dorsalen Oberfläche des Os sacrum an.

Einen deutlich größeren Querschnitt haben die Hüftmuskeln, die zum größten Teil vom Beckenring ent-

**Abb. 2.10 a–e.** SI-Gelenk und hüftgelenkübergreifende Muskulatur. Die Gegenüberstellung der Muskelverläufe und der Ansatzflächen demonstriert den Verlauf der wesentlichen Muskelgruppen, die am Becken ansetzen bzw. dort ihren Ursprung haben. Zu beachten ist insbesondere, daß im Bereich der Hüftgelenke ein mächtiger Muskelmantel besteht. Im Bereich der Mittellinie des Beckens gibt es keine Muskelzüge, eine stabilisierende Funktion nach Verletzungen in der Mittellinie (z. B. Symphyse) besteht damit nicht. **a, b** Innenseite des Beckens, **c, d** Außenseite des Beckens, **e** vorderer Beckenring. (**a, c** aus Lanz u. Wachsmuth [25])

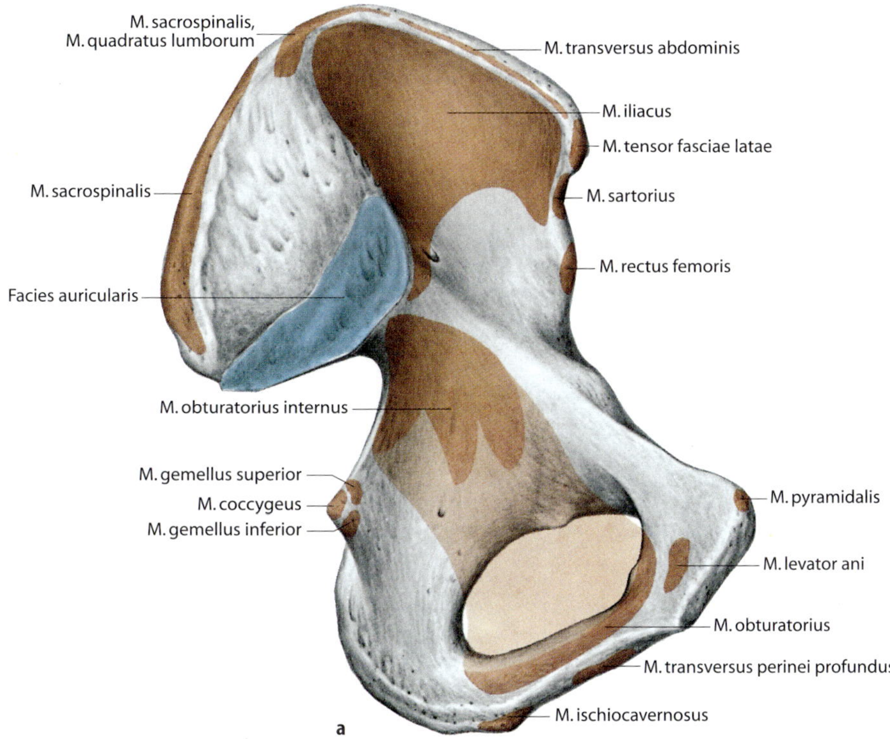


a

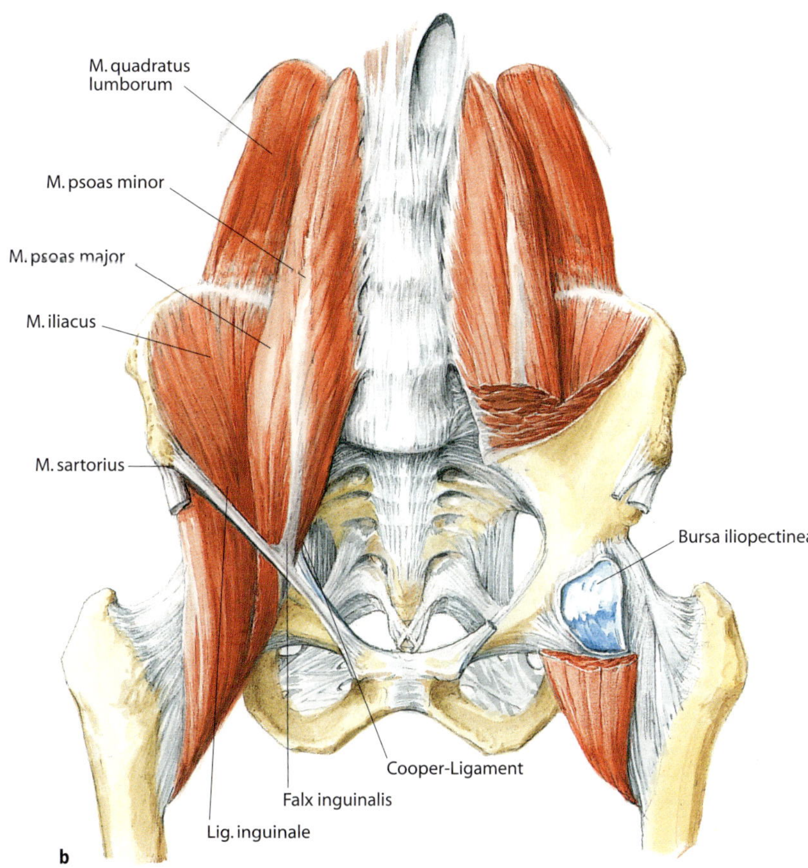


b

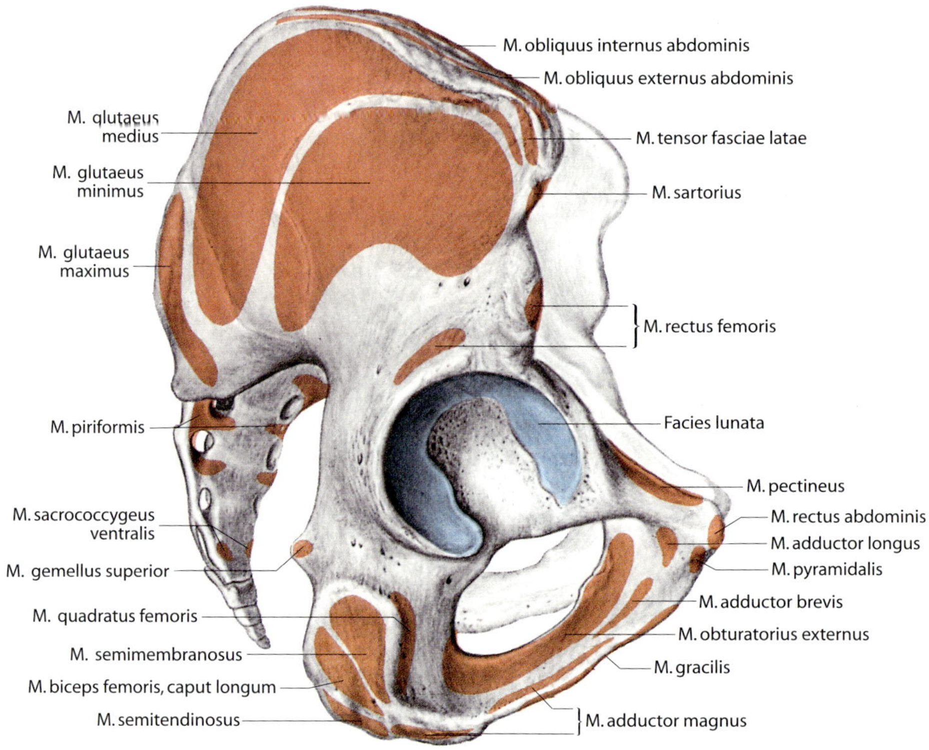
M. obliquus internus abdominis
M. obliquus externus abdominis
M. glutaeus medius
M. tensor fasciae latae
M. glutaeus minimus
M. sartorius
M. glutaeus maximus
M. rectus femoris
M. piriformis
Facies lunata
M. pectineus
M. sacrococcygeus ventralis
M. rectus abdominis
M. adductor longus
M. gemellus superior
M. pyramidalis
M. adductor brevis
M. quadratus femoris
M. obturatorius externus
M. semimembranosus
M. gracilis
M. biceps femoris, caput longum
M. semitendinosus
M. adductor magnus

**2.10 c**

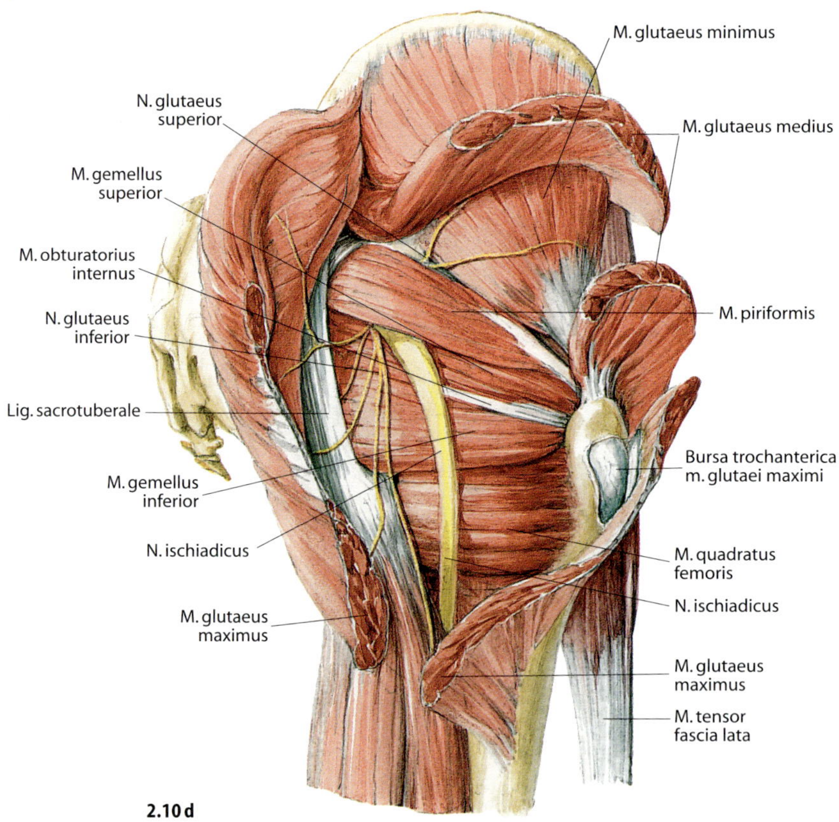
M. glutaeus minimus
N. glutaeus superior
M. glutaeus medius
M. gemellus superior
M. obturatorius internus
M. piriformis
N. glutaeus inferior
Lig. sacrotuberale
Bursa trochanterica m. glutaei maximi
M. gemellus inferior
N. ischiadicus
M. quadratus femoris
N. ischiadicus
M. glutaeus maximus
M. glutaeus maximus
M. tensor fascia lata

**2.10 d**

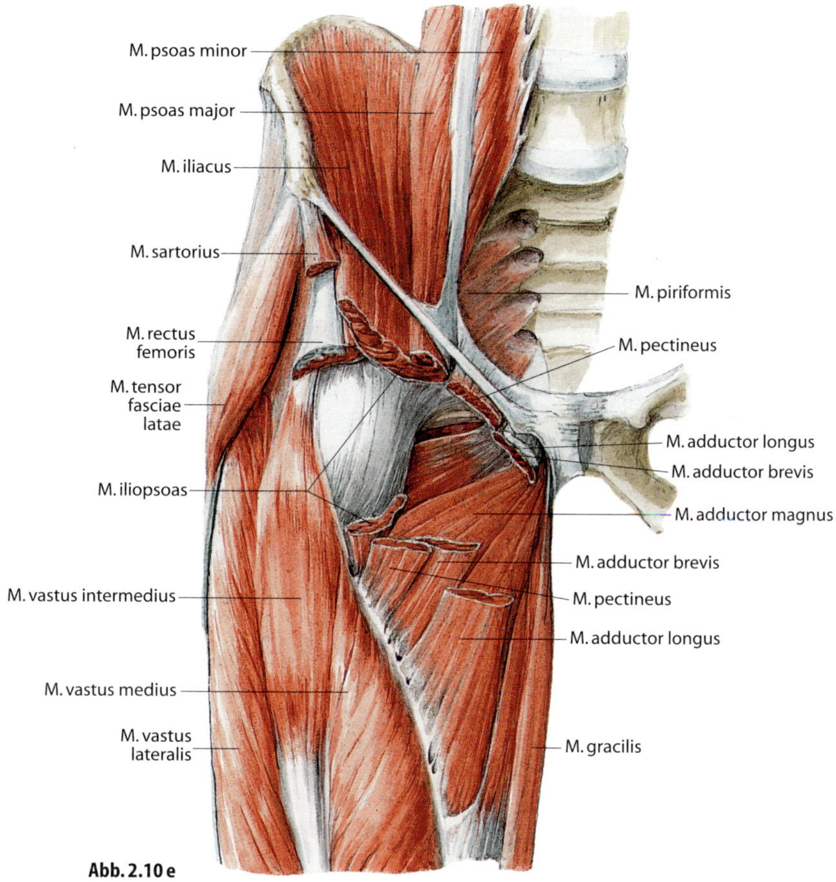


**Abb. 2.10 e**

springen. Der Funktion nach sind Beuger, Strecker, Abduktoren, Adduktoren und Rotatoren zu unterscheiden, wobei die Funktion je nach Hüftgelenkstellung variieren kann.

Es soll hier nur ein orientierender Überblick über die einzelnen Muskelgruppen gegeben werden. Zur genauen Morphologie und Funktion wird auf die anatomische Literatur verwiesen.

- Hüftbeuger
  - M. iliopsoas, zusammengesetzt aus M. psoas major und M. iliacus (Innervation: N. femoralis, Plexus lumbalis)
  - M tensor fasciae latae (Innervation: N. glutaeus superior)
- Hüftstrecker
  - M. glutaeus maximus, der aber aufgrund seiner Ausdehnung zusätzliche Wirkungen auf das Hüftgelenk aufweist (Adduktion/Abduktion, Außenrotation) (Innervation: N. glutaeus inferior)
- Abduktoren
  - M. glutaeus medius (Innervation: N. glutaeus superior)
  - M. glutaeus minimus (Innervation: N. glutaeus superior)
- Außenrotatoren
  - M. piriformis (Innervation: N. ischiadicus, Plexus sacralis)
  - M. obturatorius internus (Innervation: Plexus sacralis)
  - Mm. gemelli superiores et inferiores (Innervation: Plexus sacralis)
  - M. quadratus femoris (Innervation: N. ischiadicus)
  - M. obturatorius externus, auch zu den Adduktoren zählend (Innervation: N. obturatorius)
- Adduktoren
  - M. pectineus (Innervation: N. femoralis und N. obturatorius)
  - M. adductor longus (Innervation: N. obturatorius)
  - M. gracilis (Innervation: N. obturatorius)
  - M. adductor brevis (Innervation: N. obturatorius)
  - M. adductor magnus (Innervation: N. obturatorius, teilweise N. tibialis)

Weitere Bedeutung haben die Muskeln des Beckenbodens, die den Beckenring nach kaudal abschließen und wesentliche Funktionen in der Kontinenzerhaltung haben. Diese sog. »Beckenbodengurtung« läßt sich in ein Diaphragma pelvis (M. levator ani mit M. puborectalis, M. pubococcygeus und M. iliococcygeus) und ein Diaphragma urogenitale (M. transversus perinei profundus et superficialis, Sphinktermuskulatur der Urethra) unterteilen. Diese Muskelsysteme sind von Faszien umgeben, so daß Bindegeweberäume entstehen, die nach Verletzungen von Bedeutung sein können:

Die Fossa ischiorectalis liegt zwischen M. levator ani und M. obturatorius internus und öffnet sich von der Symphyse beginnend weit nach dorsal bis zum Diaphragma urogenitale. In einer Faszienduplikatur des M. obturatorius internus verlaufen A. und V. pudenda sowie der N. pudendus (»Alcock-Kanal«).

## 2.5 Topographie der Leitungsbahnen

**Im folgenden soll nur auf die Strukturen innerhalb des Beckens eingegangen werden, die einerseits einem besonderen Verletzungsrisiko unterliegen, andererseits aber im Rahmen der topographischen Orientierung bei chirurgischen Zugängen von Bedeutung sind.**

### Gefäßanatomie

Das Becken ist von einem dichten Netz von arteriellen und venösen Gefäßen durchzogen. Neben den arteriellen Endarterien der Aa. iliacae externae zur Versorgung der Beine befindet sich überall im Becken ein ausgeprägtes Anastomosennetz. Dieses gewährt zwar bei chirurgischen Unterbindungen im Rahmen von Elektivoperationen in der Regel eine ausreichende Kollateralversorgung der pelvinen Organe, erschwert aber im akuten Verletzungsfall eine gezielte chirurgische Blutstillung erheblich. Noch ausgeprägter ist die Kollateralisierung der sehr dicht gelegenen venösen Plexus. Eine direkte Blutstillung gelingt kaum, lediglich durch »Tamponaden« lassen sich die diffus auftretenden venösen Blutungen beherrschen.

■ **Arterielles Gefäßsystem** (Abb. 2.11)
Die gesamte untere Extremität wird von der A. iliaca communis als Stammgefäß versorgt. Vor dem SI-Gelenk teilt sie sich in die A. iliaca interna (Versorgung der Beckenorgane) und in die A. iliaca externa (Endarterie für das Bein) auf. Die A. iliaca externa verläuft in lockerem Bindegewebe medial der Faszie des M. iliopsoas. Vor dem Durchtritt durch die Lacuna vasorum gibt sie die A. epigastrica inferior und die A. ilium profunda als Kollateralgefäße ab. Durch die Lacuna vasorum verläßt das Gefäß als A. femoralis den Beckenraum. Zur vertiefenden Betrachtung der großen Zahl von Gefäßvariationen und Anastomosensystemen wird auf die anatomische Literatur verwiesen [25, 49, 57].

> *Anmerkung.* Chirurgisch bedeutsam ist Gefahr von Gefäßverletzungen, wenn es bei Beckenverletzungen zu starken Dislokationen kommt. Im Rahmen von Translationsverletzungen kann es zum »Ausriß einer Beckenhälfte« mit Unterbrechungen der A. iliaca communis oder der A. iliaca externa mit ihren Nebenästen kommen. Die gesamte Extremität ist gefährdet (s. auch Kap. 7). Bei Verletzungen der Vasa iliaca interna ist eine Ischämie der Beckenorgane aufgrund der ausgezeichneten Kollateralisierung nicht zu erwarten. Im Vordergrund stehen Blutverluste durch Verletzungen der Venen, seltener der Arterien. Prädilektionsstellen für arterielle Verletzungen sind die Glutäalgefäße, die dem Os innominatum in der Incisura ischiadica major direkt anliegen, oder Stammausrisse der Seitenäste der A. iliaca interna.

Alle Beckenorgane, mit Ausnahme der Hoden, die entwicklungsgeschichtlich einen anderen Versorgungsursprung haben, werden arteriell durch Äste der A. iliaca interna versorgt. In Höhe der Linea terminalis teilt sie sich in einen hinteren und einen vorderen Hauptstamm.

Der hintere Hauptstamm gibt Äste zur Versorgung der Rumpfwand ab:
- *A. iliolumbalis* (M. psoas major, M. iliacus, M. quadratus lumborum)
- *A. sacralis lateralis* (ventrale Sakrumoberfläche, lateral der Foramen nach distal)
- *A. glutaea superior* (Foramen suprapiriforme, versorgt die Abduktoren in Anastomose mit Ästen der A. femoralis)

Der vordere Hauptstamm gibt Eingeweideäste zur Blase, zum Rektum, und zu den Geschlechtsorganen ab. Chirurgische Bedeutung können folgende Äste haben:
- *A. glutaea inferior.* Diese verläuft vor dem M. piriformis nach distal und tritt zusammen mit dem N. ischiadicus durch die Pars infrapiriformis des Foramen ischiadicum majus aus dem Beckenraum.
- *A. pudenda interna.* Sie verläßt zusammen mit dem N. pudendus den Beckenraum durch die Pars infrapiriformis des Foramen ischiadicum majus und tritt in den Canalis pudendalis (Alcock-Kanal) ein, der um die Spina ischiadica herumziehend durch die Incisura ischiadica minor wieder in das kleine Becken eintritt. Endäste sind beim Mann die A. profunda penis und die A. dorsalis penis, bei der Frau die Rr. labiales posteriores und die A. bulbi vestibuli.
- *A. obturatoria.* Diese zieht an der Seitenwand des Beckens, knapp unterhalb der Linea terminalis unter der Abgabe von Seitenästen in den Canalis obturatorius, entsprechend der lateralen, kranialen Begrenzung des Foramen obturatum.

Eine für die chirurgische Versorgung des vorderen Beckenrings oder von Acetabulumfrakturen bemerkenswerte Gefäßverbindung stellt die sog. »Corona mortis« dar (Abb. 2.12). Sie entspricht entweder erweiterten Anastomosen zwischen dem Stromgebiet der A. iliaca externa und interna über Seitenäste der Aa. epigastricae inferiores und der Art. obturatoria, oder aber einer Variation des Ursprungs der A. obturatoria. Nach Lanz-Wachsmuth ist in 22–28 % der Fälle mit einem Ursprung aus der A. epigastrica inferior, in 1,2–2 % mit einem Ursprung aus der A. iliaca externa zu rechnen [25].

Allerdings gibt Letournel an, im Rahmen von 178 Operationen über einen ilioinguinalen Zugang lediglich in einem Fall eine chirurgisch »bedeutsame« Gefäßanomalie gefunden zu haben [27].

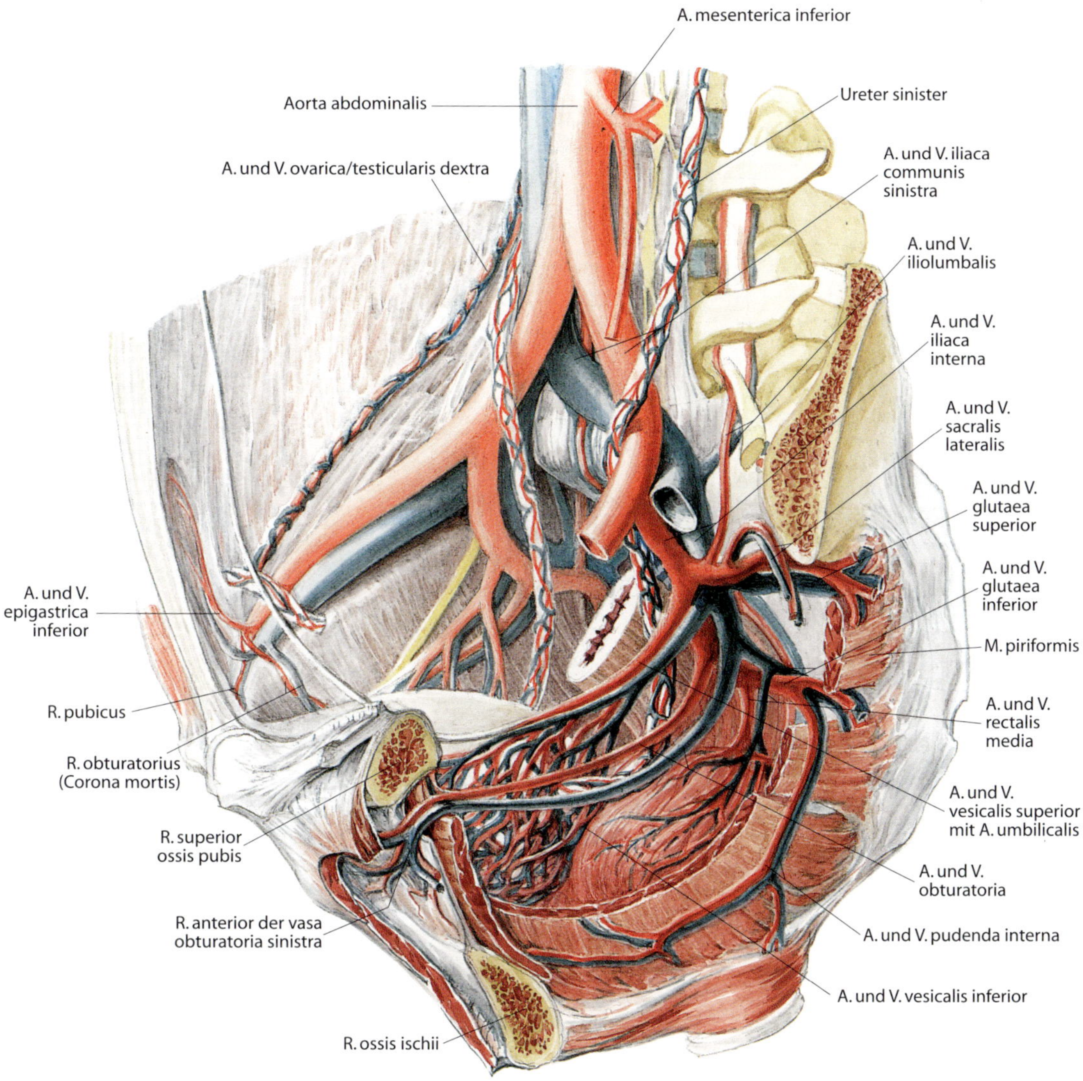


**Abb. 2.11.** Arterielles Gefäßsystem am Becken. Idealisierte Darstellung der arteriellen Versorgung des kleinen Beckens sowie der Leitungsbahnen zur unteren Extremität

**Abb. 2.12 a–c.**
Legende S. 25

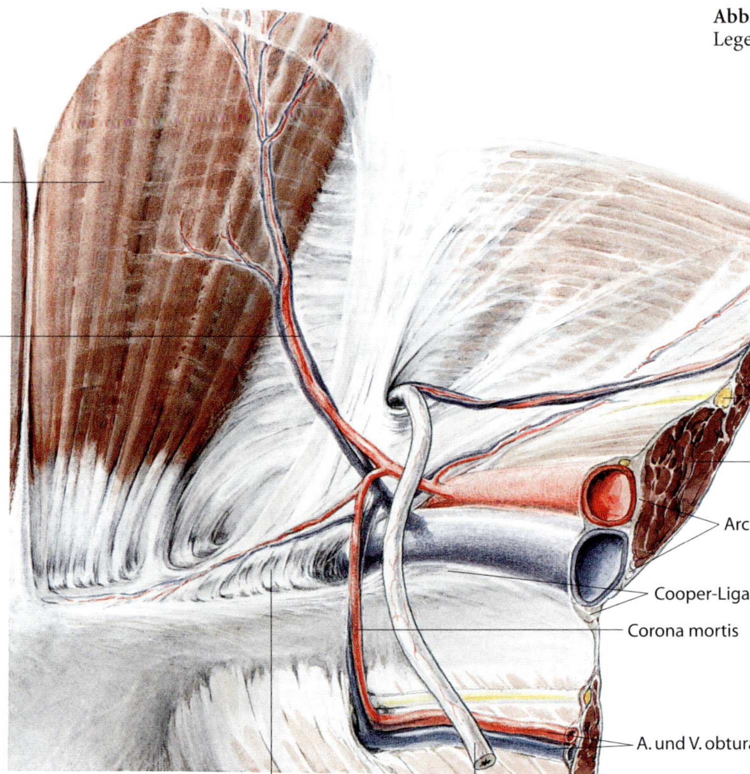


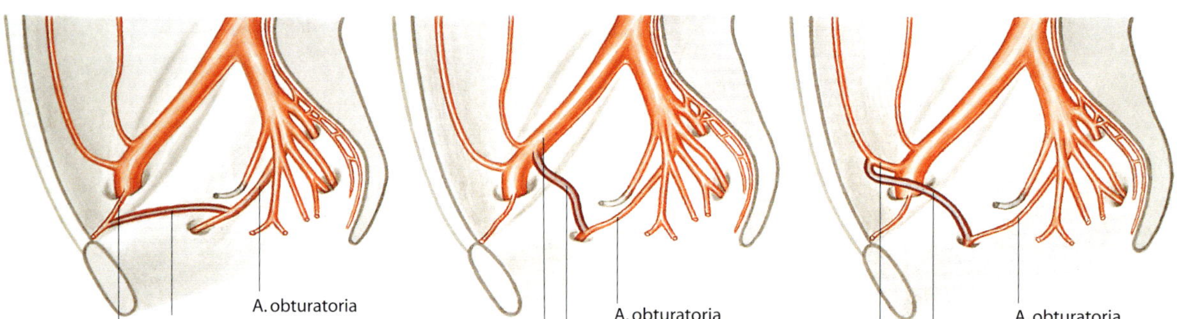


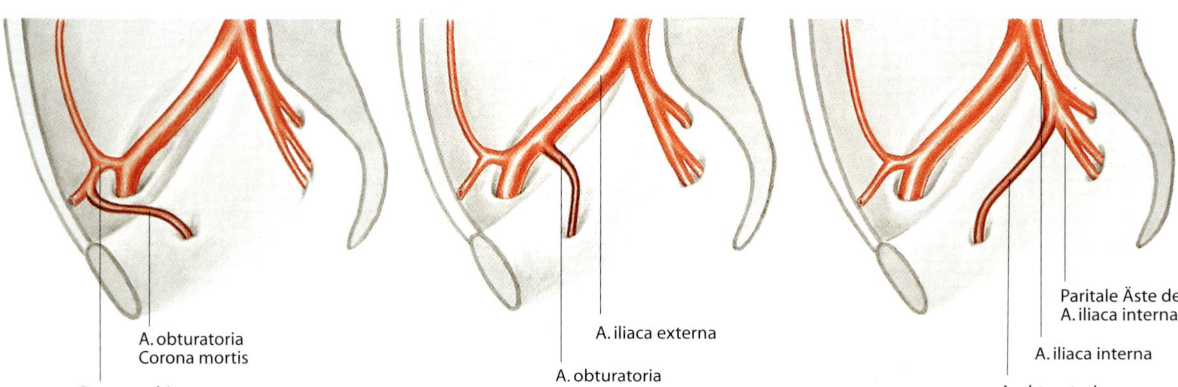

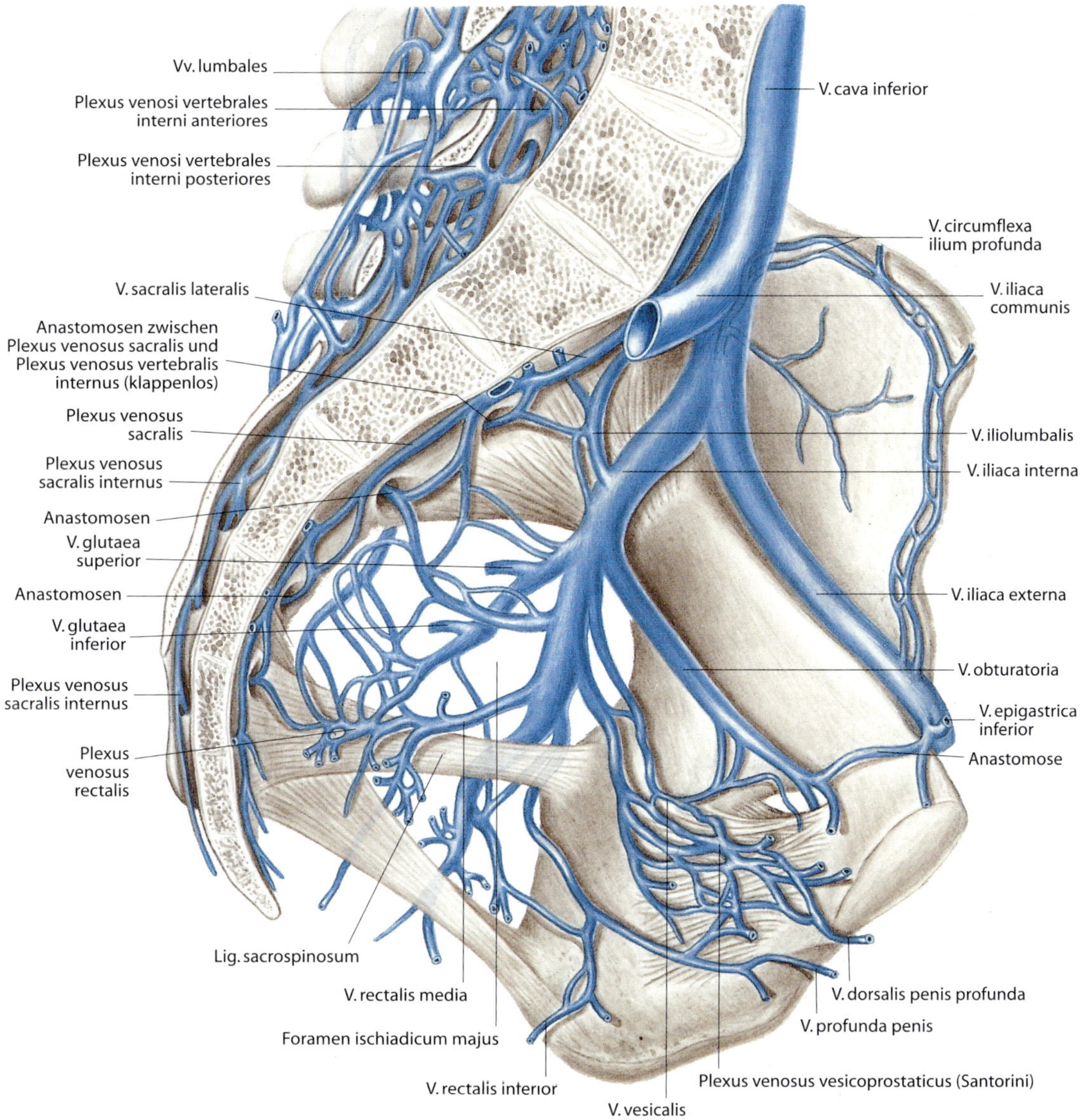


◁ **Abb. 2.12 a–c.** Variationen des Verlaufs der A. obturatoria. Zwischen dem Stromgebiet der A. iliaca interna und externa bestehen über Äste der A. obturatoria regelmäßig Anastomosen. Ihr Verlauf ist erheblichen Variationen unterworfen; ihr individueller Verlauf kann bei Operationen über anteriore Zugänge bedeutsam werden. **a** Ansicht von innen, **b** Variationen des R. obturatorius, **c** Variationen des Ursprungs der A. obturatoria mit beobachteter Häufigkeit. (**b, c** nach Lanz u. Wachsmuth [25])

△
**Abb. 2.13.** Venöses Gefäßsystem am Becken. Die Darstellung der venösen Hauptstämme demonstriert das im Beckenbereich bestehende äußerst dichte venöse Anastomosennetz. Bei Beckenfrakturen können aus diesen Venengeflechten lebensbedrohliche Blutungen entstehen. Besonders dichte Venenkonglomerate finden sich um die Blase als Plexus paravesicalis und ventral des Os sacrum als Plexus sacralis. (Aus Lanz u. Wachsmuth [25])

■ **Venöses Gefäßsystem** (Abb. 2.13)

Das Venensystem im Becken ist hauptsächlich in ausgedehnten Plexus angelegt, die sich in die V. iliaca interna entleeren. Zusätzliche portokavale Anastomosen bestehen über die Rektalvenen.

Namentlich benannte und chirurgisch bedeutsame Plexus in der Beckenetage:

- *Plexus venosus vesicalis* zwischen Symphyse, Harnblase und Blasengrund (»Cavus rezii«),
- *Plexus venosus rectalis,*
- *Plexus venosus uterinus* bei der Frau,
- *präsakraler Venenplexus* (anatomisch unbenannt, aber chirurgisch bedeutsam, enthält im wesentlichen einen venösen Abfluß aus der Rumpfwand).

### Lymphbahnen

Ein dichtes System von Lymphwegen und Lymphknoten sorgt im Bereich des Beckens für den lymphatischen Abfluß. Prinzipiell ist zwischen den Abflußbahnen der oberflächlichen Schichten der Haut und Unterhaut und denen der tiefen Schichten zu unterscheiden.

Wesentliche Lymphknotenstationen sind:

- *Nodi lymphatici inguinales superficiales et profundi.* Sie sammeln den Lymphabfluß aus der unteren Extremität sowie aus der Leisten-, Gesäß und Dammregion. Über den Leistenkanal wird bei der Frau über diese Lymphknotenstation auch Lymphe aus dem Fundus und Corpus uteri abgeleitet.
- *Nodi lymphatici sacrales.* Sammelstationen für den Lymphabfluß aus Muskel, Knochen und Gelenken des hinteren Beckenrings.

Über die iliakalen und lumbalen Lymphknotenstationen wird dann die gesamte Lymphe aus der Bein- und Beckenetage nach zentral weitergeleitet.

Traumatologisch bedeutsam sind die Lymphwege entlang der Femoralgefäße, welche die wesentlichen Lymphabflußbahnen der unteren Extremität darstellen. Bei chirurgischer »Skelettierung« der Gefäße kann es zu langdauernden lymphatischen Abflußstörungen mit hartnäckigen Schwellungen des Beines kommen. Auch im Rahmen von ausgedehnten Décollementverletzungen, den sog. »Morell-Lavallé Läsionen«, können hartnäckige Lymphabflußstörungen auftreten (s. auch Kap. 7).

### Nervenbahnen (Abb. 2.14)

Die für neurologische Begleitverletzungen nach Beckenring- und Sakrumfrakturen bedeutsamen anatomischen Strukturen sind der Plexus lumbalis, der Plexus sacralis und der Plexus coccygeus.

#### ■ Plexus lumbalis

Der Plexus lumbalis entspringt aus den ventralen Wurzel von Th 12 sowie teilweise aus Wurzeln von L 1–L 4. Für chirurgische Eingriffe am Becken bedeutsame Einzeläste sind:

- Der *N. cutaneus femoris lateralis* (L 2, 3) gelangt unter dem Seitenrand des M. psoas major unter die Fascia iliaca und über- oder unterkreuzt das Leistenband medial, oder er verläßt sogar lateral der Spina iliaca anterior superior mit großer Variabilität das Becken. Er versorgt den lateralen Oberschenkel sensibel.
- Der *N. obturatorius* (L 2–L 4) verläuft unterhalb des M. psoas major über dem M. iliacus und tritt dann hinter der A. iliaca interna, seitlich des Ureters, in den Canalis obturatorius ein. Er versorgt die Adduktoren motorisch und die Haut medial am distalen Oberschenkel sensibel.
- Der *N. femoralis* (L 2–L 4) verläuft am Seitenrand des M. psoas major in einer Rinne zwischen M. iliacus und M. psoas durch die Lacuna musculorum zum Oberschenkel und innerviert die Extensoren des Oberschenkels sowie mehrere Hautareale am Bein sensibel.

#### ■ Plexus ischiadicus

Nach Mummenthaler empfiehlt sich eine weitere Aufteilung des Plexus sacralis in den Plexus ischiadicus, der sich aus den Wurzeln L 4–S 3 zusammensetzt und Beckengürtel und untere Extremität versorgt, und in den Plexus pudendus, der aus den Wurzeln S 2–S 4 gebildet wird und Haut und Muskulatur des Beckenbodens, des Dammes und der äußeren Genitale innerviert [41]. Zusätzlich führt der Plexus pudendus Fasern des sakralen Parasympathikus zu den Beckeneingeweiden.

Von den ventralen Sakralforamen nach medial heraustretend vereinigen sich vor der ventralen Sakrumkortikalis die Fasern des sakralen Truncus sympathicus. Über Rr. communicantes steht er mit dem Plexus sacralis in Verbindung.

Der *Plexus ischiadicus* gliedert sich in eine ventrale und dorsale Schicht, welche beide Fasern aus allen beteiligten Wurzeln L 4–S 3 enthalten und als größten Hauptast den *N. ischiadicus* abgeben. Aus dem ventralen Anteil des N. ischiadicus bildet sich der N. tibialis, aus dem dorsalen der N. peronaeus communis; beide Hauptstämme teilen sich in der Regel erst nach Verlassen des Foramen ischiadicus majus, gelegentlich erfolgt die Aufteilung jedoch schon weiter proximal. In diesen Fällen durchbohrt der N. peronaeus communis in fast allen Fällen den M. piriformis.

Weitere Einzelnerven sind:

- Der *Truncus lumbosacralis* (L 4, 5) setzt sich aus den Rr. ventrales der Wurzeln L 4 und L 5 zusammen. Verbunden durch die Nervenschlinge der Ansa lumbalis ventralis liegt er im Bereich der Pars lateralis des Sakrums der Knochenoberfläche eng an und verbindet sich, nachdem er das SI-Gelenk im Bereich der Linea terminalis des Beckens nach lateral hin überkreuzt hat, auf der Vorderfläche des M. piriformis mit den Sakralnerven zum Plexus sacralis.
  - Der *N. piriformis* (S 1, 2) tritt von vorne in den M. piriformis ein.
  - Der *N. obturatorius internus* (L 5–S 2) verläßt durch die Pars infrapiriformis des Foramen ischiadicum majus das Becken und versorgt den M. obturatorius internus und den M. gemellus superior.
  - Der *N. musculi quadrati femoris* (L 4–S 2) verläßt ebenfalls durch das Foramen infrapiriforme das Becken und versorgt den M. quadratus femoris und den M. gemelli inferior sowie die Hüftgelenkkapsel sensibel.
- Der *N. glutaeus superior* (L 4–S 1) verläßt das Becken durch das Foramen *supra*piriforme und innerviert die Mm. glutaeus medius, minimus und tensor fasciae latae.

**Abb. 2.14.** Plexus lumbosacralis. Die halbschematische Ansicht demonstriert die einzelnen Äste des Plexus lumbosacralis und ihren topographischen Verlauf in Beziehung zum knöchernen Becken

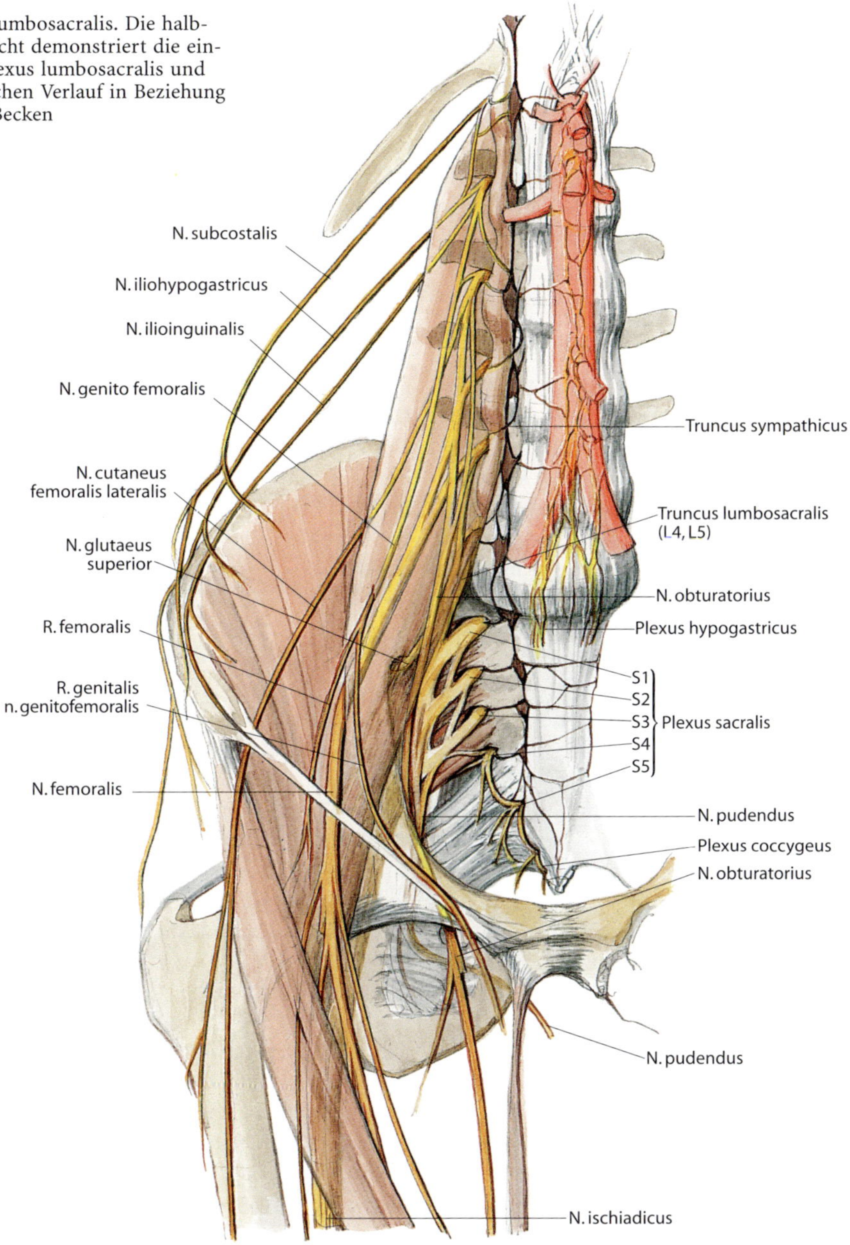


- Der *N. glutaeus inferior* (L5–S2) verläßt das Becken durch das Foramen infrapiriforme und versorgt den M. glutaeus maximus sowie sensibel Teile der Hüftgelenkkapsel.

Der *Plexus pudendus* führt neben den Fasern der Wurzeln S2–S4 auch parasympathische und sympathische Anteile. Er innerviert mit seinen kurzen Ästen den M. levator ani und den M. coccygeus. Als Hauptast geht aus dem Plexus pudendus der N. pudendus hervor, der nach dem Austritt durch das Foramen infrapiriforme um die Spina ischiadica herum durch das Foramen ischiadicum minus wieder in das kleine Becken einbiegt und an der lateralen Wand der Fossa ischiorectalis nach ventral zieht. Muskeläste innervieren den M. sphincter ani externus, die Mm. transversi perinei superficialis et profundus sowie den M. ischiocavernosus.

Sensible Äste versorgen die Haut der Analregion, des Damms und Skrotums bzw. der Labia majoria. Als weiterer Endast tritt der N. dorsalis penis bzw. clitoridis durch das Diaphragma urogenitale am unteren Schambeinast entlang zur sensiblen Versorgung.

Aus den ventralen Wurzeln S3–S5 bildet sich abschließend der Plexus coccygeus. Er ist an der Innervation des M. coccygeus und eines Teils des M. levator ani beteiligt und gibt sensible Äste zur Versorgung der Haut über Os coccygis und Anus ab.

## 2.6 Pelvine Organe

Eine detaillierte Betrachtung aller pelvinen Organsysteme bleibt der anatomischen Standardliteratur vorbehalten. Hier soll nur auf die Besonderheiten eingegangen werden, die im Rahmen von Beckenverletzungen häufig zu Problemen führen.

### Colon sigmoideum und Rektum

Für die Traumatologie des Beckens ist im wesentlichen der fälschlicherweise als »Rectum mobile« bezeichnete, mit einer mesoartigen Aufhängung versehene Endabschnitt des Colon sigmoideum sowie das in Höhe des 3. Sakralwirbels beginnende Rektum relevant. Das Rektum besitzt kein freies Mesenterium mehr und tritt damit in direkte Beziehung zum Os sacrum; es folgt ihm direkt anliegend der sagittalen und frontalen Krümmung (Flexura sacralis). Der kraniale Anteil des Rektums liegt retroperitoneal (Pars pelvina). Die von Peritoneum überzogene Vorderwand des Rektums stellt bei der Frau die dorsale Begrenzung der Excavatio rectouterina (»Douglas-Raum«), beim Mann der Excavatio rectovesicalis dar. Im Anschluß folgt die extraperitoneal gelegene Flexura perinealis, in deren Endabschnitt das Rektum durch den M. levator ani tritt, um sich abschließend zum Analkanal zu verengen. Im extraperitonealen Anteil tritt das Rektum bei der Frau in direkte Beziehung zur ventral davon gelegenen Vagina und zur Cervix uteri, beim Mann zu Blasengrund, Prostata, Samenblasen, Ductus deferens und Ureter.

### Ableitende Harnwege

Blase und Urethra sind bei Beckenverletzungen häufig mitbetroffen, während Ureterverletzungen selten vorkommen. Topographisch gesehen verlaufen die Ureteren in Projektion auf die Querfortsätze der LWS und auf die SI-Gelenke. In ihrem Verlauf unterkreuzen sie die Vasa testicularia bzw. ovarica, überkreuzen die Vasa iliaca (meist Vasa iliaca communia links und Vasa iliaca externa rechts) und unterkreuzen Ductus deferens bzw. A. uterina. Danach verlaufen sie schräg durch die Harnblasenwand und münden im Bereich des Trigonum vesicae in die Blase.

Die Blase selbst ist nur im Bereich des Blasendachs von Peritoneum überzogen. Der Fundus der Blase ist nach distal hin zum Diaphragma urogenitale hin fixiert. Blasenkörper und Scheitel der Blase sind von lockerem, gefäßreichem Bindegewebe umgeben und entsprechend dem wechselnden Füllungszustand der Blase sehr gut verschieblich. Bei den häufigeren extraperitonealen Blasenrupturen kann sich Urin über das Spatium praevesicale (»Retzii«) in die subserösen Bindegeweberäume des Beckens bis hin zu Peniswurzel und Hodensack ausbreiten. Die dorsal gelegene Fossa ischiorectalis bleibt allerdings durch die Fascia perinei superficialis und den Beckenboden abgegrenzt.

Insbesondere die Urethra des Mannes ist bei Beckenverletzungen gefährdet. Die Harnröhre beginnt in der Wand der Blase (Pars intramuralis), durchläuft die Prostata (Pars prostatica), um etwa 1,5 cm distal der Symphyse das Diaphragma urogenitale (Pars membranacea) zu durchqueren. In dieser Lokalisation besteht die höchste Verletzungsgefahr. Der weitere Verlauf durch Bulbus und Corpus spongiosum penis (Pars spongiosa) ist weniger verletzungsgefährdet.

Bei der Frau sind Harnröhrenverletzungen nach Beckenfrakturen aufgrund des kurzstreckigen Verlaufes der Urethra selten und an sich nur im Rahmen von direkten perinealen Weichteilverletzungen zu beobachten.

### Uterus/Vagina

Uterus und Vagina sind topographisch nach ventral von Blase und Urethra nach dorsal vom Rektum abgegrenzt. Verletzungen bei Beckenfrakturen kommen deswegen selten vor, und wenn, dann meist als Folge einer Knochendurchspießung (Schambeinäste) oder im Rahmen einer direkten perinealen Weichteilverletzung.

## 2.7 Retroperitonealraum

Der Retroperitonealraum (Abb. 2.15) erstreckt sich anatomisch gesehen vom Zwerchfell bis zum Beckenboden; er besteht im »Normalzustand« aus einem sehr schmalen Bindegeweberaum, zwischen dem dorsalen Peritoneum und den dorsalen Rumpfmuskeln und enthält eine Reihe von Organen und Leitungsbahnen (Tabelle 2.1).

Dieser Raum gewinnt besonders nach schweren Beckenverletzungen an Bedeutung, da sich Blutungen aus der Beckenetage nahezu ohne Widerstand weit nach kranial »vorwühlen« können. Dieses Phänomen wird zusätzlich durch die traumabedingten Gewebezerreißungen begünstigt, die Faszienräume als »Kompartmentgrenzen« sind zerstört. Diese topographische Beziehung erklärt, warum schon kurz nach einer schweren Beckenfraktur sonographisch schnell zunehmende Mengen an retroperitonealem Hämatom nachweisbar sind. Diese Hämatommassen perforieren nahezu regelhaft im späteren Verlauf in die freie Bauchhöhle und können zur klinischen Fehldeutung einer intraperitonealen Blutung führen. Daraus erklärt es sich auch, warum nach rein beckenbedingten Blutungen retroperitoneale Explorationen und Tamponaden in Höhe des Abdomens wirkungslos bleiben müssen. Nur die Blutstillung am Ursprungsort, d.h. in der Beckenetage, kann die weitere Ausbreitung eindämmen.

**Abb. 2.15.** Retroperitonealraum. Der an sich virtuelle Raum des Retroperitoneums enthält die gesamten großen Leitungsbahnen zur unteren Extremität. Insbesondere bei pelvinen Blutungen kommt diesem Raum eine besondere Bedeutung zu, da sich die Blutungen durch das Fehlen von anatomischen Grenzen in kurzer Zeit nach kranial bis hin zum abdominellen Retroperitonealraum vorwühlen können

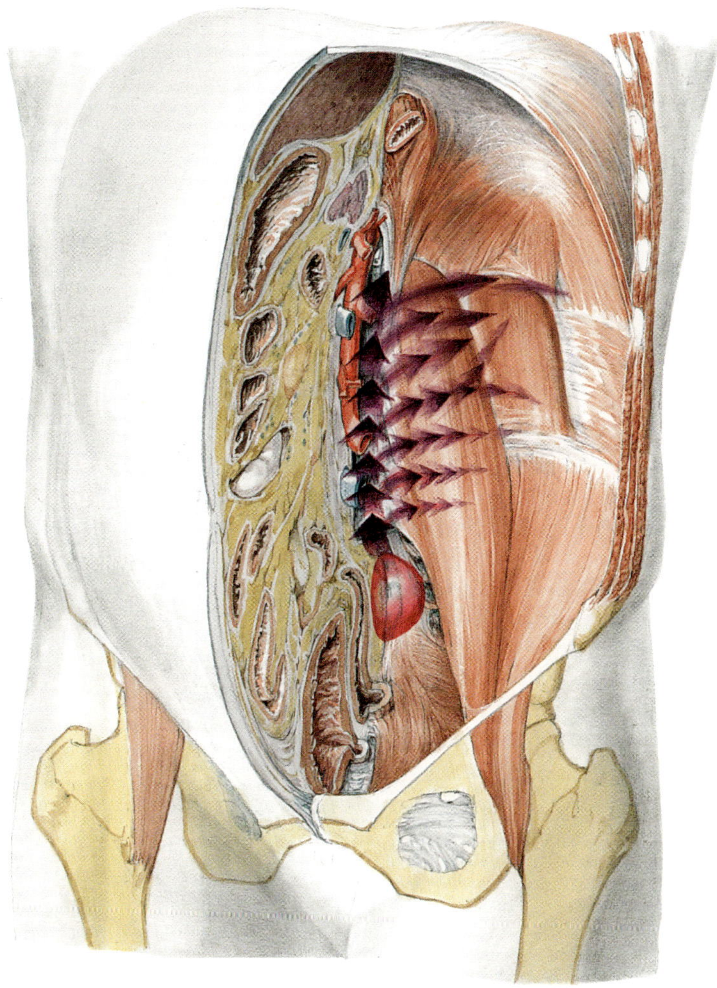

**Tabelle 2.1.** Inhalt des Retroperitonealraums. (Modifiziert nach Rohen 1977 [49])

| | Pelvine Etage | Abdominelle Etage |
|---|---|---|
| **Organe** | Rektum, Samenblasen, Prostata, Harnblase, Ureteren | Nebennieren, Nieren, Ureteren, Pankreas, Pars descendens und inferior duodeni |
| **Gefäße** | A. und V. iliaca communis, externa, A. und V. iliaca interna mit pelvinen und sakralen Ästen | Aorta abdominalis, V. cava inferior, V. portae (teilweise) |
| **Nerven** | Plexus lumbalis (N. ilioinguinalis, N. iliohypogastricus, N. genitofemoralis, N. cutaneus femoris lateralis, N. femoralis), Truncus sympathicus und vegetative Gangliengeflechte | Plexus lumbalis (N. ilioinguinalis, N. iliohypogastricus, N. genitofemoralis, N. cutaneus femoris lateralis, N. femoralis), Truncus sympathicus und vegetative Gangliengeflechte |
| **Lymphgefäße** | Sakrale und iliakale Lymphknotengruppen | Prä- und retroaortale Lymphknotengruppen, Verbindungen zu den Trunci lumbales und zur Cysterna chyli |

## 2.8 Spezielle topographische Beziehungen am hinteren Beckenring

**Durch die innige Beziehung zum Nervensystem und die direkte Nähe zu großen Gefäßen und pelvinen Organen erfordert die chirurgische Therapie von Sakrumfrakturen und Verletzungen des SI-Gelenkes eine genaue Kenntnis der speziellen Anatomie. Die zur Implantatverankerung notwendigen Grundlagen der topographischen Anatomie wurden teilweise erst in den letzten Jahren chirurgisch verwertbar quantifiziert. Wichtige Besonderheiten sollen zunächst zusammenfassend dargestellt werden, für die operative Technik wichtige Details werden im Rahmen der Operationsverfahren (Kap. 9) abgehandelt.**

### Nervenbahnen

Der lumbale und sakrale Spinalkanal enthält beim Erwachsenen keine Rückenmarkanteile mehr. Der Conus medullaris des Rückenmarks liegt am Übergang vom 12. Brustwirbel zum 1. Lendenwirbelkörper [19]. Im Bereich des sakralen Spinalkanals verlaufen die Spinalnerven der Nn. sacrales und Nn. coccygei und bilden nach Verlassen des Sakrums durch die Foramina sacralia ventralia den sakralen Anteil des Plexus lumbosacralis. Über die Foramina sacralia dorsalia werden die kleineren Äste der Rr. dorsales der Nn. sacrales abgegeben. Die Abgänge 1–3 werden auch als Nn. clunei medii zusammengefaßt [53].

Die Lagebeziehung zwischen den sakralen Nervenwurzeln und dem umgebenden Sakrum wurden von Denis et al. an 39 anatomischen Präparaten untersucht [10]. Der Duralsack endete bei 6 von 39 Patienten (14%) in der Höhe des Sakralkörpers S1, bei 84% in Höhe S2 und in 2% in Höhe S3. Der Durchmesser der Nervenwurzeln S1 und S2 betrug 1/3 bis 1/4 des Durchmessers des umgebenden knöchernen Foramens. In der Höhe S3 und S4 verschob sich dieses Verhältnis weiter, hier betrug der Durchmesser der Nervenwurzeln nur 1/6 des Foramendurchmessers. Der Durchmesser der Nervenwurzeln zeigte geschlechtsspezifische Unterschiede, bei Männern betrug die Querschnittsfläche der Nervenwurzel S1 durchschnittlich 99 mm$^2$, bei Frauen 90 mm$^2$. Der Querschnitt der folgenden Wurzeln S2 – S5 verringerte sich auf 80%, 60%, 20% und 15% des Querschnitts S1.

Die Autoren schlossen daraus, daß bei Verletzungen, die das Foramen S1 und S2 betreffen, mit höherer Wahrscheinlichkeit mit Nervenschäden zu rechnen sei als bei weiter distal gelegenen Frakturen.

Diese spezielle Lagebeziehung in der Sakrumanatomie war schon 1982 von Whelan u. Gold anhand von computertomographischen Serienschnitten des Sakrums in vivo beschrieben worden [65].

Xu et al. führten Untersuchungen über die Geometrie der ventralen Sakrumforamen im Vergleich zu den dorsalen Foramen durch [68]. Diese geometrischen Beziehungen sind wichtig, um bei rein dorsaler Exposition der Sakrumoberfläche Anhaltspunkte über die intraossäre Lage des Plexus sacralis zu erhalten (Abb. 2.16). Die größeren ventralen Foramina übertrafen die Ausdehnung der dorsalen Foramina im Schnitt um 6 mm nach kranial, 10 mm nach lateral, 3 mm nach kaudal und 3 mm nach medial.

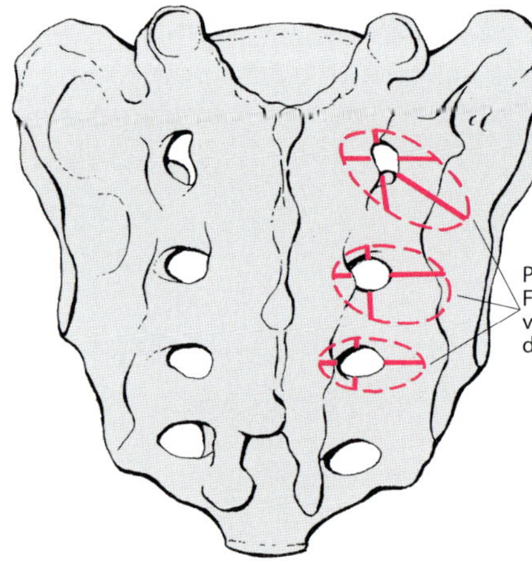


**Abb. 2.16.** Projektion der ventralen Sakralforamina auf die dorsale Sakrumkortikalis. Die Kenntnis der Beziehung zwischen der Geometrie der dorsalen und der ventralen Sakralforamina erleichtert die Implantatpositionierung bei Operationen von dorsal her, da intraoperativ keinerlei Anhaltspunkte über diese Beziehung zu gewinnen ist. (Nach Xu u. Ebraheim [68])

### Topographische Beziehung der Leitungsbahnen zum Os sacrum

Neben den Strukturen des Plexus lumbosacralis treten weitere wichtige Strukturen in unmittelbare Nähe des Os sacrum und können bei Verletzungen betroffen sein (s. auch Abb. 2.11–2.14). Die A. und V. iliaca interna liegen neben dem beschriebenen Truncus lumbosacralis an der sakralen Kante der Linea terminalis direkt der sakralen Kortikalis an. Im Bereich des Promontoriums befinden sich die A. und V. sacralis mediana und das sympathische sakrale Nervengeflecht in Knochennähe. Der dorsokraniale Anteil des IS-Gelenkes wird vom N. obturatorius in Sakrumnähe gekreuzt.

Neben den unfallbedingten Schädigungen sind die genannten Strukturen aber auch in hohem Maß durch evtl. posttraumatisch notwendige operative Eingriffe gefährdet. Die Stabilisierung von Sakrumfrakturen setzt deswegen eine genaue Analyse von »sicheren« Regionen voraus.

Mircovic et al. führten Messungen über den Abstand dieser Strukturen von der ventralen Sakrumoberfläche in Höhe der verlängerten Linea terminalis durch [38]. Diese Messungen zeigten, daß sich die V. iliaca interna und der Truncus lumbosacralis bis zu 5 mm der ventralen Kortikalis nähern.

Betrachtet man die linke ventrale Sakrumoberfläche, so liegt hier das Mesenterium des rektosigmoidalen Übergangs direkt dem Sakrum an. Das Mesenterium nimmt bis in Höhe des 3. ventralen Sakrumforamens an Ausdehnung ab, die Darmwand selbst nähert sich erst distal dieser Höhe weiter der Sakrumkortikalis.

In 2 Studien wird diese Lagebeziehung des knöchernen Sakrums zu den umgebenden Strukturen näher untersucht. Ziel war es, »sichere« Zonen für die Verankerung von Implantaten für lumbosakrale Fusionen zu evaluieren [11, 38].

Beide Autoren konnten sog. »sichere« Zonen identifizieren (Abb. 2.17). Eine Zone liegt medial des neurovaskulären Bündels, gebildet aus A. und V. iliaca interna und Truncus lumbosacralis.

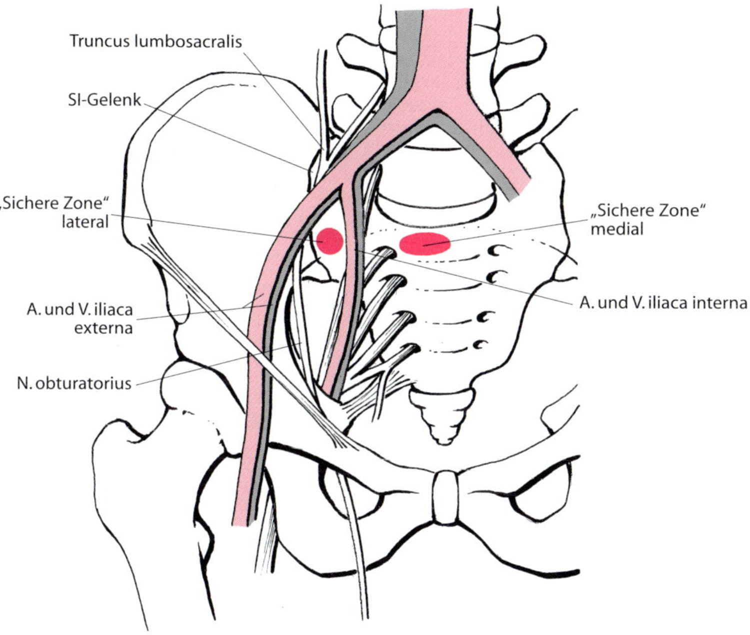


**Abb. 2.17.** »Sichere Zonen« am Os sacrum. Die Analyse der topographischen Beziehungen am Os sacrum zeigt, daß in einigen Bereichen die neurovaskulären Strukturen einen engen Kontakt zur ventralen Sakrumkortikalis besitzen, während in anderen Bereichen sog. »sichere Zonen« bestehen. In diesem Bereich kann die Kortikalis von dorsal her mit Bohrer oder Schrauben in »Maßen« perforiert werden, ohne daß eine Verletzung wichtiger Strukturen zu befürchten ist

Eine kleinere »sichere« Zone liegt lateral des neurovaskulären Bündels und wird lateral vom SI-Gelenk begrenzt.

Dohring et al. geben zusätzlich noch eine weitere unsichere Zone im Bereich des Promontoriums an, die mediale »sichere« Zone wird dadurch verkleinert. Innerhalb dieser »sicheren« Zonen kann ohne Gefahr mit einem Implantat die ventrale Kortikalis des Sakrums zur verbesserten Verankerung penetriert werden [11]. Nach Mircovic erreicht eine in Höhe des Sakralkörpers S1 von dorsal her durch den sakralen Pedikel nach medial hin eingebrachte Schraube in jedem Fall die »sichere« mediale Zone. Zum Erreichen der lateralen oder alaren »sicheren« Zone geben Dohring et al. einen Winkel von durchschnittlich 37,1° nach lateral von der Sagittalebene weggeneigt, und 22,1° nach kaudal (bezogen auf die Sakrumschulter) geneigt an.

## Projektion des SI-Gelenkes auf die Außenseite des Os ilium

Ebraheim und Xu [13, 67] führten Untersuchungen zur Projektion des nur indirekt zugänglichen SI-Gelenkes auf die Außenseite des Os ilium durch. Bedeutsam sind diese topographischen Beziehungen bei der Durchführung von transiliosakralen Zugschraubenosteosynthesen nach SI-Sprengungen und zum transossären Zugang zum SI-Gelenk. Diese Untersuchungen zeigten, daß die »Schenkel« der Gelenkfläche des SI-Gelenkes nahezu einen rechten Winkel zueinander bilden und daß die Achse des »kaudalen Schenkels« leicht schräg in 1,2–1,7 cm Abstand zur dorsalen Begrenzung der Incisura ischiadica major verläuft (Abb. 2.18).

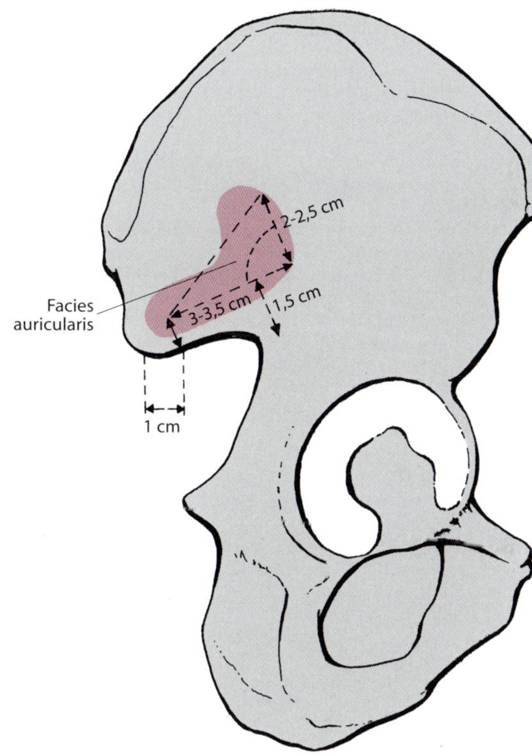


**Abb. 2.18.** Projektion des SI-Gelenkes auf die Außenseite des Os ilium. Zur operativen Versorgung von sakroiliakalen Instabilitäten mit Zugschrauben ist die Kenntnis der genauen topographische Beziehung des SI-Gelenkes und der lateralen Begrenzung des Os sacrum zur Außenseite des Os ilium notwendig. Eine zumindest orientierende Richtungsbestimmung der Implantate ist somit schon möglich (nach [67])

## Literatur


1. Agur A (1991) Grant's atlas of anatomy, 9th edn. William & Wilkins, Baltimore
2. Albee F (1909) A study of the anatomy and the clinical importance of the sacroiliac joint. JAMA 53: 1273–1276
3. Athanasiou K, Agarwal A, Dzida F (1994) Comparative study of the intrinsic mechanical properties of the human acetabular and femoral head cartilage. J Orthop Res 12: 340–349
4. Benner K-U (1988) Klinische Anatomie, 1. Aufl. Atlantis, Herrsching
5. Berner W (1986) Biomechanische Untersuchungen am Sakroiliakalgelenk, Topographie, Beanspruchung und operative Stabilisierung. Habilitationsschrift, Universität Hannover
6. Berner W, Rothkötter H, Hoyer H, Tscherne H (1985) Biomechanische Untersuchungen am Ileosacralgelenk. In: Stelzner F (Hrsg) Chirurgisches Forum 85 g. experms. u. klinische Forschung. Springer, Berlin Heidelberg New York Tokyo, S 1–4
7. Braus H (1954) Bewegungsapparat. In: Elze C (Hrsg) Anatomie des Menschen, Bd 1. Springer, Berlin Göttingen Heidelberg
8. Brooke R (1924) The sacro-iliac joint. J Anat Physiol 58: 299–305
9. Chow DH, Luk KD, Leong JC, Woo CW (1989) Torsional stability of the lumbosacral junction. Significance of the iliolumbar ligament. Spine 14(6): 611–615
10. Denis F, Steven D, Comfort T (1988) Sacral fractures: an important problem, retrospective analysis of 236 cases. Clin Orthop 227: 67–81
11. Dohring E, Krag M, Johnson C (1991) Sacral screw fixation: a morphologic, anatomic and mechanical study. AAOS Scientific Exhibition
12. Dörr W, Oest W (1981) Die klinische Messung der Spinen-Symphysenebene und ihre Bedeutung zur Beurteilung der menschlichen Beckenstellung. Z Orthop 119: 806–808
13. Ebrahaim N, Lu J, Biyani A, Yeasting A (1996) Anatomic considerations for posterior approach to the sacroiliac joint. Spine 21: 2709–2712
14. Feneis H (1939) Experimentelle Beiträge zur Beckenmechanik. Anat Anz 88: 187–197
15. Finlay J, Bourne R, Landsberg R, Andreae P (1986) Pelvic stresses in vitro – 1. Malsizing of endoprotheses. J Biomech 19(9): 703–714
16. Gamble JG, Simmons SC, Freedman M (1986) The symphysis pubis. Anatomic and pathologic considerations. Clin Orthop 203: 261–72
17. Haslhofer L (1931) Die Untersuchungen über die Gelenke des Beckenrings mit besonderer Berücksichtigung ihrer Veränderungen durch Schwangerschaft und Geburt. Arch Gynäkol 147: 169–303
18. Helbling R (1978) Das Iliosacralgelenk nach Hüftarthrodese. Z Orthop 116: 113–123
19. Kahle W (1991) Nervensystem und Sinnesorgane. In: Kahle W, Platzer L (Hrsg) Taschenatlas der Anatomie, Bd. 3. Thieme, Stuttgart New York, S 80
20. Kapandji I (1985) Funktionelle Anatomie der Gelenke, Bd III: Rumpf und Wirbelsäule. Enke, Stuttgart
21. Klein G (1891) Zur Biomechanik des Iliosakralgelenkes. Z Geburtshilfe Gynäkol 21: 74–118
22. Krauss F (1930) Über Symphysensprengung. Zentralbl Chir 3: 134–135
23. Krüger P, Euler E, Raderschadt M, Wischhöfer E, Hartge S, Weimann E (1986) Vergleichende experimentelle und klinische Untersuchungen verschiedener stabilisierender Osteosynthesetechniken im dorsalen Beckenbereich. Hefte Unfallheilkd 181: 625–626
24. Kusmin W (1882) Ueber Beckenfracturen – Experimentelle Untersuchung. Wiener Med Jahrbücher 1: 105–141
25. Lanz, J, Wachsmuth W (Hrsg) (1984) Praktische Anatomie, Bd. II 8 A: Becken. Springer, Berlin Heidelberg New York, S 1–96

25a. Lanz, J, Wachsmuth W (Hrsg) (1972) Praktische Anatomie, Bd. I B 4: Bein und Statik. Springer, Berlin Heidelberg New York, S 1–96

26. Lavignolle B, Vital J, Senegas J, Destandau J, Toson B, Bouyx P (1983) An approach to the functional anatomy of the sacroiliac joints in vivo. Anat Clin 5: 169–176
27. Letournel E, Judet R (1993) Fractures of the acetabulum, 2nd edn. Springer, Berlin Heidelberg New York Tokyo
28. Lierse W (1984) Becken. In: Lanz J, Wachsmuth W (Hrsg) Praktische Anatomie. Springer, Berlin Heidelberg New York Tokyo
29. Lippert H (1979) Anatomie, Text und Atlas, 3. Aufl. Urban & Schwarzenberg, München Wien Baltimore
30. Luschka H (1854) Die Kreuzdarmbeinfuge und die Schambeinfuge des Menschen. Arch Pathol Anat Physiol Klin Med 7: 299–316
31. Luschka H (1864) Die Anatomie des menschlichen Beckens. Verlag der Laupp'schen Buchhandlung, Tübingen
32. Meckel J (1816) Handbuch der menschlichen Anatomie. Buchhandlung des hallischen Waisenhauses, Halle
33. Meißner A, Breyer H, Ramanzadeh R (1986) Experimentelle Untersuchungen zur Beweglichkeit in der Symphyse. Hefte Unfallheilkd 181: 79–82
34. Meißner A, Fell M, Wilk R, Boenick U, Rahmanzadeh R (1996) Zur Biomechanik der Symphyse. Welche Kräfte führen zur Mobilität der Symphyse unter physiologischen Bedingungen? Unfallchirurg 99(6): 415–421
35. Metz B (1970) Arthrose des Iliosakralgelenks und Indikation für seine Arthrodese (eigene operative Technik). Z Orthop 107: 315–334
36. Meyer G (1878) Der Mechanismus der Symphysis sacro-iliaca. Arch Anat Physiol 2: 1–19
37. Meyer H (1873) Lehrbuch der Anatomie des Beckens. Engelmann, z
38. Mirkovic S, Abitol J, Steinmann J, Edwards J, Schaffler M, Massie J (1991) Anatomic consideration for sacral screw placement. Spine 16(6): 289–294
39. Mollier S (1938, 1967) Plastische Anatomie, 2. Aufl. Bergmann, München (unveränd Neudr 1967)
40. Müller K, Witzel U (1986) Biomechanik des Beckenrings und Verletzungsformen. Hefte Unfallheilkd 181: 557–565
41. Mumenthaler M (Hrsg) (1990) Plexus lumbosacralis. In: Neurologie. Thieme, Stuttgart New York, S 441–448
42. Patel K, Chapman S (1993) Normal symphysis width in children. Clin Radiol 47: 56–57
43. Pauwels F (1965) Gesammelte Abhandlungen zur funktionellen Anatomie des Bewegungsapparates. Springer, Berlin Heidelberg New York
44. Pogenfürst J (1972) Beckenbrüche. In: Nigst H (Hrsg) Spezielle Frakturen- und Luxationslehre. Thieme, Stuttgart, S 141–228
45. Putschar W (1931) Entwicklung, Wachstum und Pathologie der Beckenverbindungen des Menschen mit besonderer Berücksichtigung von Schwangerschaft, Geburt und ihren Folgen. Fischer, Jena
46. Putz R, Müller-Gerbl M (1992) Anatomische Besonderheiten des Beckenrings. Unfallchirurgie 95: 165–167
47. Rauber-Kopsch (1940) Lehrbuch und Atlas der Anatomie des Menschen. Thieme, Leipzig
48. Resnik D, Niwayama G, Georgen T (1975) Degenerative deseases of the sacroiliac joint. Invest Radiol 10: 608–621
49. Rohen J (1977) Topographische Anatomie, 6. Aufl. Schattauer, Stuttgart New York
50. Sashin D (1930) A critical analysis of the anatomy and the pathologic changes of the sacroiliac joints. J Bone Joint Surg (Am) 28: 891–910
51. Schlickewei W, Gimpel S (1994) Anatomie und Biomechanik des Sakroiliakalgelenkes. Hefte Z Unfallchir 241: 409–413
52. Schmidt H (1956) Die funktionelle Struktur der Symphyse im Erwachsenenalter. Anat Anz 102: 135–152
53. Sobotta J, Becher H (1973) Zentralnervensystem, autonomes Nervensystem, Sinnesorgane, periphere Leitungsbahnen, Bd III. In: Ferner H, Staubesand J (Hrsg) Atlas der Anatomie des Menschen. Urban & Schwarzenberg, München Berlin Wien

54. Solonen K (1957) The sacroiliac joint in the light of anatomical, roentgenological and clinical studies. Acta Orthop Scand Suppl 27: 1–127
55. Staubesand J (1975) Allgemeine Anatomie, Cytologie und Bewegungsapparat. In: Ferner H, Staubesand J (Hrsg) Benninghoff/Goerttler, Lehrbuch der Anatomie des Menschen. Urban & Schwarzenberg, München Berlin Wien
56. Tile M (1995) Fractures of the pelvis and acetabulum, 2nd edn. Williams & Wilkings, Baltimore
57. Töndury G (1981) Angewandte und topographische Therapie, 5. Aufl. Thieme, Stuttgart
58. Varga E, Dudás B, Hearn T, Tile M (1996) Are there any proprioceptive functions of the pelvic ligaments? Biomechanical and histological studies. Swiss Surg Suppl 2: 42
59. Waldeyer A (1976) Anatomie des Menschen, 13. Aufl, Bd I. De Gruyter, Berlin
60. Waldeyer W (1899) Das Becken. In: Joessel G (Hrsg) Lehrbuch der apographisch-chirurgischen Anatomie. Cohen, Bonn, S z
61. Walheim G, Selvik G (1984) Mobility of the pubic symphysis. In vivo measurements with an electromechanic method and a roentgen stereophotogrammetric method. Clin Orthop 191: 129–135
62. Walheim G, Olerud S, Ribbe T (1984) Mobility of the pubic symphysis. Measurements by an electromechanical method. Acta Orthop Scand 55: 203–208
63. Weisl H (1954) The ligaments of the sacro-iliac joint examined with particular reference to their function. Acta Anat 20: 201–213
64. Weisl H (1955) The movements of the sacro-iliac joint. Acta Anat 23: 80–91
65. Whelan M, Gold R (1982) Computed tomography of the sacrum: 1. normal anatomy. AJR 139: 1183–1190
66. Winkel D (1992) Das Sakroiliakalgelenk. Fischer, Stuttgart Jena New York
67. Xu R, Ebraheim N, Douglas K, Yeasting R (1996) The projection of the lateral sacral mass on the outer table of the posterior ilium. Spine 21(7): 790–795
68. Xu R, Ebraheim N, Robke J, Huntoon M, Yeasting R (1996) Radiologic and anatomic evaluation of the anterior sacral foramens and nerve grooves. Spine 21(4): 407–410
69. Yamamoto I, Panjabi M, Oxland T, Crisco J (1990) The role of the iliolumbar ligament in the lumbosacral junktion. Spine 15(11): 1138–1141

# Kapitel 3

# Biomechanik und Pathobiomechanik

T. Pohlemann, A. Gänsslen und T. Hüfner



## 3.1 Lastübertragung

### Funktion der einzelnen Strukturen

Der Beckenring des Erwachsenen ist eine relativ starre Ringstruktur. Bis auf minimale Bewegungsmöglichkeiten in den SI-Gelenken und der Symphyse sind somit Bewegungen lediglich innerhalb des Elastizitätsmoduls des Knochens möglich. Eine Schlüsselrolle bei der Lastübertragung von den Hüftgelenken zum Rumpf kommt dabei dem hinteren Beckenring zu.

Eine Vielzahl von Untersuchungen beschäftigte sich mit den morphologischen Besonderheiten der ossären und ligamentären Anatomie dieser Region [23, 46, 48, 52, 53, 55, 66, 70]. Entwicklungsgeschichtlich wird der hintere Beckenring sogar als »Problemzone« beim Übergang vom Vierfüßlergang zum aufrechten Gang des Menschen angesehen [53, 61].

Die anatomische Betrachtung zeigt, daß eine mechanische Formkongruenz der knöchernen Strukturen im Sinne eines »Schlußsteins« im hinteren Beckenring nicht vorliegt. Im aufrechten Stand entspricht die Form des Os sacrum sogar einem »umgekehrten Schlußstein«, der ohne ligamentäre Verbindungen spontan »herausfallen« würde. Lediglich in der sitzenden Position kann durch die in der Längsachse bestehende Keilform des Os sacrum eine knöcherne »Verklemmung« angenommen werden.

Im Stand ist das Os sacrum dagegen wie in einer Brückenkonstruktion zwischen die beiden »Pfeiler« der Crista iliaca posterior »eingehängt« [66]. Diese Betrachtungsweise läßt sich noch weiterführen, wenn man den »Bogen der Brücke« auf den Hüftköpfen enden läßt (Abb. 3.1). In der Auffassung von Pauwels entspricht die Bogenführung sog. »Pendelstützen«, wobei dem vorderen Beckenring in diesem Modell die Funktion einer »Untergurtung« oder nach Pauwels einer »Zugstange« zukäme, die ein Auseinanderweichen des Bogengewölbes verhindert [48]. Diesen theoretischen Betrachtungen widerspricht allerdings die klinische Beobachtung, daß bei Patienten, denen bei einer Blasenektrophie oder nach Tumoroperationen der gesamte vordere osteoligamentäre Beckenring fehlt, der hintere Beckenring ausreichend dimensioniert ist, um auch ohne diese »Untergurtung« beschwerdefrei und ohne Einschränkungen zu »funktionieren« (Abb. 3.2).

Eine besondere Rolle bei der Lastübertragung im Becken nimmt das SI-Gelenk ein. Morphologische Besonderheiten weisen auf stark wechselnde Beanspruchungen hin. Die höchsten subchondralen Knochendichten wurden am Rand des Gelenkes gemessen, und korrespondierend dazu nimmt die Dicke des hyalinen Knorpels nach zentral ab und geht in faserknorpelige Umbauzonen über [53]. Es wird daraus geschlossen, daß die Lastübertragung im wesentlichen in den Randbereichen des Gelenkes erfolgt, während das unregelmäßige, zentrale Relief des Gelenkes zusätzlich stabilitätserhöhend wirkt [74].

Die dynamische Betrachtungsweise im hinteren Beckenring wird nochmals kompliziert, wenn man über die bisher ausschließlich analysierte Frontalebene herausgeht. Von der Seite betrachtet liegen zwar Hüftgelenk und Körperachse in etwa lotrecht übereinander, aber die imaginäre Drehachse des SI-Gelenkes und die »Achse der Wirbelsäule« sind versetzt. Aus dieser Distanz, verstärkt durch die »umgekehrte Schlußsteinform« des Os sacrum sowie seiner in Sagittalebene »schrägen« Lage, entsteht im Stand ein Drehmoment um eine imaginäre Achse durch beide SI-Gelenke. Der dabei auftretenden Torsionsbewegung des Kreuzbeines (»Nutation« genannt, Gegenrichtung »Kontranutation«) wirken die Bandverbindungen des Beckenbodens entgegen (Lig. sacrotuberale, Lig. sacrospinale) (Abb. 3.3). Zusätzlich bremsen die hier ansetzenden Muskeln (M. glutaeus maximus, M. piriformis, Caput longum des M. biceps femoris) die Nutationsbewegung ab. Der Beckenboden muß somit zusammen mit dem Gesamtkomplex des SI-Gelenks als funktionelle Einheit angesehen werden [53].

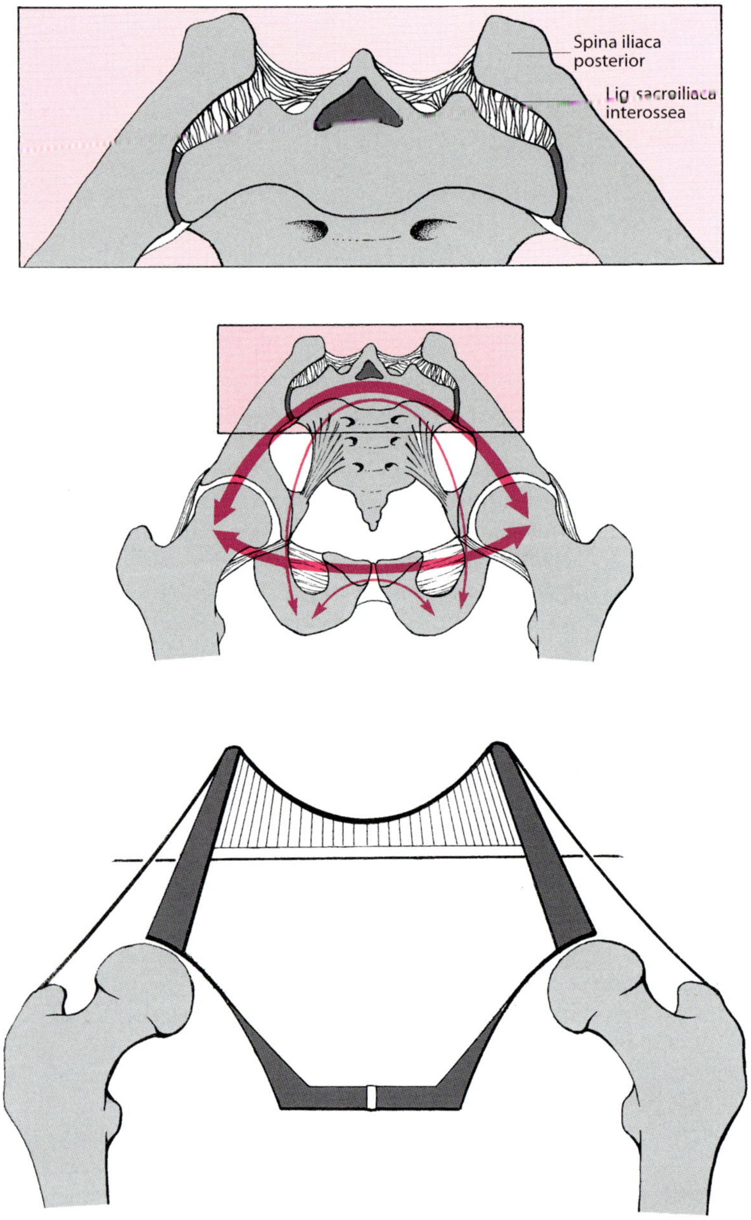


**Abb. 3.1.** Schematische Darstellung der Brückenfunktion am hinteren Beckenring. Ergänzend zu dem bisherigen Modell der Brückenkonstruktion (Tile [65]), bei dem das Os sacrum »hängebrückenartig« rein ligamentär in den hinteren Darmbeinkamm eingefügt ist, wird die Betrachtung durch den Begriff der »Pendelstützen« nach Pauwels [48] erweitert. In einem derartigen Modell würden die Abduktoren eine weitere Zuggurtungsfunktion übernehmen, während der vordere Beckenring eine Schubstangenfunktion erhält

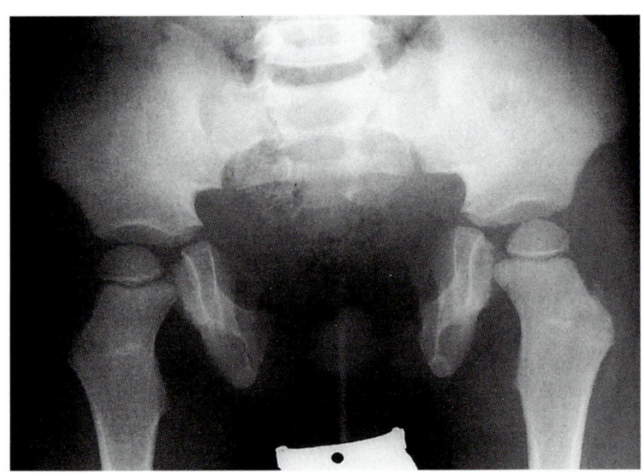

**Abb. 3.2.** Bedeutung des vorderen Beckenrings am Beispiel einer Fehlbildung. Die nur geringe statische Bedeutung des vorderen Beckenringes wird bei dieser Röntgenaufnahme eines Kindes mit einer Blasenektrophie deutlich. Auch ohne osteoligamentären Schluß des vorderen Beckenrings war der Junge vollkommen beschwerdefrei mobilisiert. (Die Abbildung wurde freundlicherweise durch Herrn Dr. Fuchs, Kinderchirurgische Klinik der Medizinischen Hochschule Hannover, Direktor Prof. Dr. med. Mildenberger, zur Verfügung gestellt.)

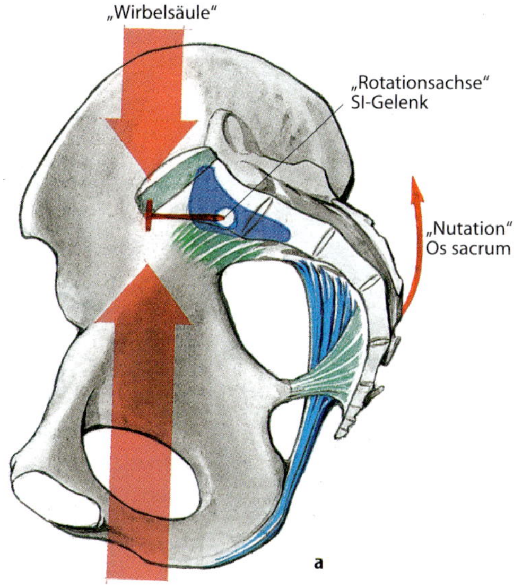


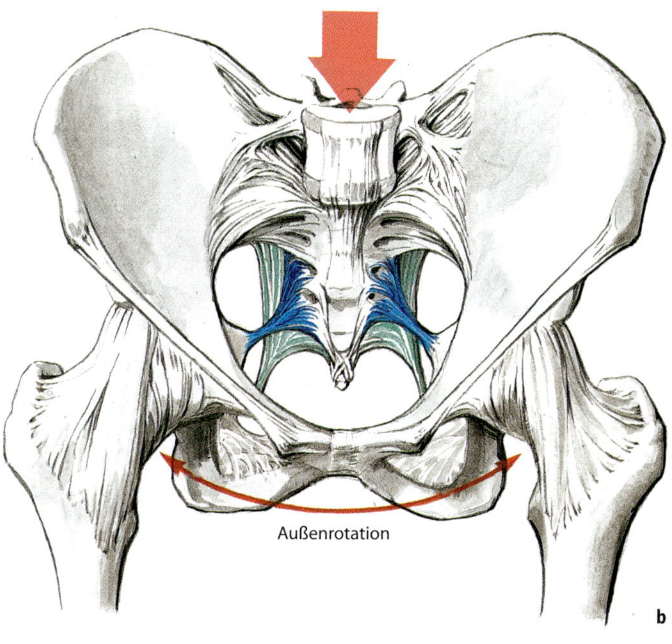


**Abb. 3.3 a, b.** Schematische Darstellung der Kraftüberleitung im hinteren Beckenring. Die Kraftübertragung mit Annahme eines idealisierten Drehpunktes im Bereich des SI-Gelenkes zeigt in der seitlichen Ansicht (**a**), daß im Moment der Belastung ein Drehmoment auf das Os sacrum ausgeübt wird. Dieses Moment wird im wesentlichen durch das Lig. sacrotuberale kompensiert. Gegen die in a.-p.-Ansicht unter der Belastung resultierende Außenrotationsbewegung (**b**) läßt sich eine »bremsende« Wirkung des Lig. sacrospinale ableiten

Die lastaufnehmenden Strukturen des weniger stark belasteten vorderen Beckenrings sind die »Symphyse« und die das Foramen obturatum umschließenden Anteile der Scham- und Sitzbeinäste. Dem Discus interpubicus der Symphyse wird dabei die Funktion eines »bandscheibenartigen« Druckkissens zugeordnet [20, 53]. Sein inhomogener Aufbau mit dicht gelagerten kollagenen Fasern, einer zentralen, spaltförmigen Höhle und einer aus hyalinem Knorpel aufgebauten Grenzfläche gegen die Schambeine wird dabei als funktionelle Anpassung an wechselnde Belastungsrichtungen interpretiert. Da auch verflochtene Faserstrukturen vorhanden sind, ist die Symphyse zusätzlich in der Lage, vertikale Scherkräfte zu kompensieren [56].

Das Ausmaß, aber auch die Richtung der Belastung im vorderen Beckenring wird immer noch diskutiert. Während der hintere Beckenring in verschiedenen Lastformen (Stand auf beiden Beinen, Einbeinstand) zwar unterschiedlichen, aber im wesentlichen gleichgerichteten Kräften ausgesetzt ist, ändert sich nach den Berechnungen von Pauwels im vorderen Beckenring die Richtung der Kraft von Zugspannungen im Zweibeinstand zu Druckbeanspruchungen im Einbeinstand [48, 49]. Dieser Annahme wird zwar auch widersprochen [32, 45, 64], in experimentellen Untersuchungen konnten die Belastungsrichtungen im Zweibeinstand zwischenzeitlich jedoch nachvollzogen werden [12].

Dagegen werden den Muskelkräften am Beckenring eine wesentlich geringere »stabilitätserhöhende Wirkung« beigemessen als in anderen Körperregionen. Als Ursache wird angeführt, daß die hauptsächlichen Muskelmassen v.a. das Hüftgelenk überspannen [14, 45]. Grundlegende Untersuchungen zur Rolle der Muskulatur in der Beckenstatik und Dynamik fehlen allerdings.

## Kraftübertragungen im Beckenring

In radiologischen Untersuchungen und Messungen am Lebenden konnten die Relativbewegungen der Beckenstrukturen weitgehend analysiert werden [4, 8, 15, 21, 33, 58, 74]. Die Lastübertragung von den unteren Extremitäten über das Becken auf die Wirbelsäule ist als dynamischer Vorgang anzusehen. Dem Aufbau des Beckenrings wird dabei eine stoßdämpfende Funktion mit Abbau von Lastspitzen zugeordnet [53]. Die nach Übertragung durch die Unter- und Oberschenkel schon wesentlich gedämpften Laststöße werden über das Hüftgelenk in das Os ilium eingeleitet. Über das kräftige »Os innominatum«, besonders über die Strukturen des hinteren Pfeilers, werden die einwirkenden Kräfte auf die SI-Gelenke [34] und das Os sacrum weitergegeben. Bedingt durch den spezifischen Aufbau des hinteren Beckenrings wirkt dabei auf das Kreuzbein sowohl eine Translationskomponente als auch ein Drehmoment. Es kommt dabei zu einer »Verschiebung« mit gleichzeitig beginnender Rotationsbewegung um eine imaginäre Achse in der Frontalebene. Diese Bewegung führt zunächst über eine Anspannung der Ligg. sacroiliaca dorsalia zu einer Kompression der sakroiliakalen Gelenkflächen, das Sakrum wird sozusagen dynamisch zwischen den beiden Darmbeinen »festgeklemmt«. Die begonnene Rotationsbewegung wird durch Anspannung des Lig. sacrospinale und auch des Lig. sacrotuberale endgültig abgebremst.

## Bewegungen in den einzelnen Beckengelenken

### ■ SI-Gelenk

Die exakte Bewegungsmechanik des SI-Gelenkes ist bisher nur annähernd bekannt. Untersuchungen an Beckenpräparaten und theoretische Überlegungen ließen erkennen, daß der Bewegungsablauf komplexer Natur ist und mit einer einzelnen horizontal verlaufenden Achse nicht ausreichend beschrieben ist [1, 5, 13, 16, 17, 23, 29, 36, 41, 43, 54]. Eine angenäherte Drehachse liegt dorsal der SI-Gelenke am Übergang vom 1. zum 2. Sakralkörper, und sie ändert ihre Position während der Bewegung [76]. Das Os sacrum führt unter

**Abb. 3.4 a, b.** Belastungssituation Zweibein- und Einbeinstand. ▷ Nach den Berechnungen von Pauwels verändern sich die Belastungsrichtungen im Becken in Abhängigkeit vom Einbein- und Zweibeinstand wesentlich. **a** Während im Zweibeinstand von Zugbelastungen im vorderen Beckenring ausgegangen wird, muß der vordere Beckenring im Einbeinstand **b** im wesentlichen Schubbewegungen kompensieren. In der dreidimensionalen Betrachtung machen sich diese im wesentlichen als Scherbewegungen bemerkbar

Last eine kombinierte Rotations- und Translationsbewegung (»Nutation«) durch, wobei die kranialen Sakrumanteile sich nach ventral kaudal bewegen. Die Angaben über das Ausmaß dieser Bewegungen schwankt und hängt neben der aufgebrachten Last auch von morphologischen Parametern wie Geschlecht, Alter und »Verzahnungsgrad« des SI-Gelenkes ab [68]. Die Beweglichkeit ist beim weiblichen Geschlecht höher und nimmt während einer Schwangerschaft noch zu. Im Alter nimmt die Beweglichkeit ab. Die Dimension der Rotationsbewegungen wird zwischen 2° und 12° angegeben, Translationsbewegungen zwischen 2 und 26 mm [15, 33].

Eigene biomechanische Untersuchungen im Einbeinstandmodell mit Muskelsimulation und dreidimensionalem Meßsystem ergaben eine Nutationsbewegung von 1,3° und maximale Translationen von bis zu 1,6 mm [22].

Berner führte umfangreiche Messungen an isolierten IS-Gelenken durch, um die Zerreißkräfte und Gelenkbewegungen zu bestimmen [2]. Dislokationen bis zu 2,7 mm waren als elastische Deformationen reversibel, darüber hinausgehende Verschiebungen führten zu einer bleibenden Dislokation mit einer Zerstörung der Bandstruktur. Die durchschnittliche Dislokationen bis zur Bandruptur betrug nach Translationen 5,1 mm, bei Winkelbewegungen traten vor der Bandzerstörung Rotationen bis zu 11° auf.

### ■ Symphyse

Anatomische Untersuchungen und biomechanische Überlegungen ließen schon früh erkennen, daß neben den angenommenen Zugbelastungen auch Druck- und Scherkräfte von der Symphyse aufgenommen werden [35, 44, 48, 49, 56] (Abb. 3.4). Die genaue Richtung und das Ausmaß dieser Bewegungen unter Last konnte jedoch erst in jüngster Zeit in experimentellen Untersuchungen gemessen werden.

Wahlheim stellte bei In-vivo-Messungen bei jungen Probanden unter verschiedenen Belastungen Translationen in der Symphyse von 2 mm und Rotationen von 3° fest, ohne daß geschlechtsspezifische Unterschiede erkennbar waren [71, 72].

Aus Belastungsuntersuchungen an Leichen folgerte Meißner, daß bereits ohne Last eine Distraktionskraft auf die Symphyse wirkt, während sowohl während des Zweibein- als auch des Einbeinstandes Distraktions- und Scherkräfte auftreten [39, 40]. Druckkräfte konnten in diesen Untersuchungen nicht nachgewiesen werden.

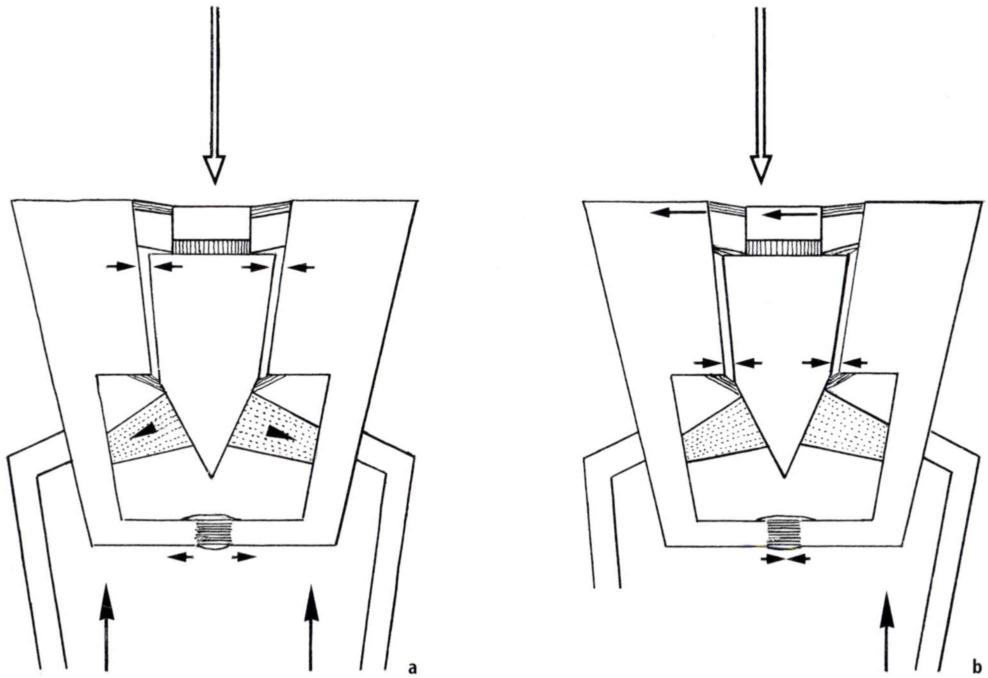


Abb. 3.4 a, b

## 3.2 Pathobiomechanik und Unfallmechanismus

Eine Vielzahl von Unfallmechanismen kann dazu führen, daß die elastischen Kompensationsmöglichkeiten des Beckenrings überschritten werden. Je nach Ausmaß und Richtung des Kraftvektors, zusätzlich beeinflußt durch die »biologische Situation« des Patienten, entstehen relativ einheitliche Verletzungsmuster. Da sich Richtung und Ausmaß des Kraftvektors während des Unfallgeschehens ändern können (Extrembeispiel: Überrolltrauma) und auch das Verformungsverhalten von schützenden Elementen, wie z. B. Kleidung und PKW-Teilen, nicht immer quantifizierbar ist, läßt sich eine Detailkorrelation im Einzelfall häufig nicht mehr durchführen. Prinzipiell ist es zum besseren Verständnis der Beckenverletzung aber immer sinnvoll, anhand der Röntgenaufnahmen, ggf. ergänzt durch Angaben zum Unfallmechanismus, einen »Hauptkraftvektor« festzulegen.

Die »Kraftübertragung« erfolgt sowohl durch indirekte Krafteinleitung durch das Femur bzw. Hebelbewegungen des Femurs bei Anprall von vorne, als auch durch direkten Anprall von den Seiten, seltener durch indirekte Luxationsmechanismen, wie z. B. extreme Hyperflexionsbewegungen der LWS. Die Einschätzung des Instabilitätsgrades und möglicher Begleitverletzungen innerhalb des Beckenrings wird durch diese systematisierte Betrachtungsweise erleichtert.

Im folgenden sollen die verletzungsmechanischen Grundlagen zu einer einfachen Einteilung der Beckenverletzungen gegeben werden. Sinnvoll ist die Gliederung in Verletzungen, die die Stabilität des Beckenrings nicht beeinträchtigen, in Verletzungen, die eine wenigstens partielle Stabilität des hinteren Beckenrings hinterlassen, und in Verletzungen, die zu einer kompletten Lösung einer oder beider Beckenhälften vom Stammskelett führen. Bei diesen Betrachtungen darf allerdings nicht vergessen werden, daß zwischen »Stabilität« und »Instabilität« ein fließender Übergang besteht und daß gerade in den Grenzbereichen der 3 angegebenen Gruppen immer Interpretationsprobleme auftreten können (Abb. 3.5). Schwierigkeiten bereitet besonders die Differenzierung zwischen Kraftvektor und der resultierenden »Instabilität«.

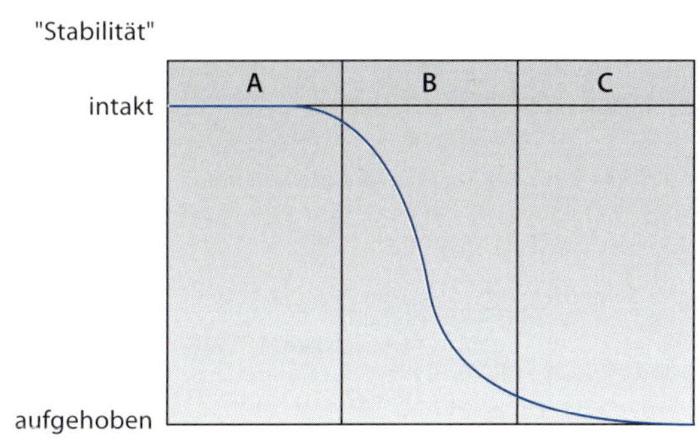


**Abb. 3.5.** Der Übergang von der Stabilität zur Instabilität (Isler [27b]) am Beckenring ist fließend. Alle Einteilungen nehmen hierbei eine im wesentlichen willkürliche Graduierung dieses zusätzlich auch individuell unterschiedlichen Überganges vor

**Prinzipiell können auch Verletzungsmechanismen, die in der Regel zu stabilen Einstauchungen im Beckenring führen, instabile Beckenringfrakturen hervorrufen, wenn die übertragene Energie hoch genug ist.**

**Das primäre klinische Ziel muß deswegen immer darin bestehen, aus der Kenntnis aller Befunde den Grad der »Stabilität« oder »Instabilität« zu bestimmen. Diese Einschätzung muß anhand des klinischen und radiologischen Verlaufes überprüft und ggf. revidiert werden.**

Das Ausmaß der Energie, die im Einzelfall zu einer Unterbrechung der Ringstruktur des Beckens führt, ist weiterhin unklar. Die durchgeführten Untersuchungen ergaben eine hohe Varianz der gemessenen Werte. Bei der folgenden Betrachtung sollen pathologische Frakturen und Beckenringinstabilitäten ausgeschlossen werden, da durch Schwächung der Beckenringstruktur schon physiologische Kräfte zu abnormen Dislokationen führen [7, 9, 10, 24, 26, 57, 60, 63]. Auch geburtstraumatische Verletzungen unterliegen anderen Mechanismen und werden hier nicht näher untersucht [30, 50].

### Klinische Beobachtungen zur Verletzungsmechanik

Schon sehr früh wurden vielfältige Überlegungen zum Entstehungsmechanismus von Beckenfrakturen angestellt. Die Basis dazu war in der Regel die genaue Analyse des Unfallmechanismus und des klinischen, später auch radiologischen Bildes. Insbesondere die gut dokumentierten Unfälle im Bergbau trugen schon früh zur Klärung der Richtung der zum Entstehen spezifischer Beckenverletzungen erforderlichen »Kraftvektoren« bei. Neuere Untersuchungen, die auf den zitierten aufbauen und zu den heute gebräuchlichen Klassifikationssystemen führten, werden an anderer Stelle angegeben (Kap. 4).

*Malgaigne* beschreibt 1847 in einer Abhandlung von Luxationen und Frakturen auch 10 Beckenfrakturen als Folge schwerer Traumen [37, 38]. Er identifiziert folgende Mechanismen:

- Kräfte in frontaler Richtung führen zu vorderen und hinteren Beckenringfrakturen,
- Kräfte in sagittaler Richtung führen zu Schambeinfrakturen und Beckenluxationen.

*Messerer* führte 1880 experimentelle Untersuchungen zur Verletzungsmechanik am Becken durch und konnte die von Malgaigne beschriebenen Verletzungsmechanismen im wesentlichen bestätigen [42].

*Katzenelson* versuchte 1895, die in den experimentellen Untersuchungen von Kusmin beschriebenen Frakturmechanismen anhand eigener Fälle und einer umfangreichen Literaturauswertung nachzuvollziehen [28]. Er unterscheidet folgende Unfallmechanismen:

- Frakturen durch Krafteinwirkung in der Frontalebene,
- Frakturen in sagittaler Richtung (1. von vorne nach hinten, 2. auf eine Beckenhälfte, 3. von hinten nach vorne).

*Fischer* beschreibt 1909 einen Rodelunfall, bei dem 6 hintereinander sitzende Personen mit hoher Geschwindigkeit frontal auf einen Baum aufprallten und Sprengungen und Verletzungen der Beckenfugen in nach hinten abnehmender Intensität erlitten [18]. 3 Patienten verstarben bei diesem Unfall.

1921 analysierte *Haumann* Beckenluxationen und Luxationsfrakturen bei 18 Patienten aus dem Bergbau und konnte anhand detaillierter Unfallbeschreibungen posterior-anteriore Kompressionen und Schermechanismen zuordnen, selten seitliche Kompressionen [27].

*Hirsch* analysierte 1924 schon 102 eigene Patienten aus Bergbauunfällen mit stereographischen Röntgenaufnahmen [27a]. Er konnte nachweisen, daß Richtung und Größe der einwirkenden Kräfte die Verletzungscharakteristik bestimmen. Direkte, lokalisierte Krafteinwirkung führte zu Randbrüchen, anterior-posteriore Kompressionen führten zu Unterbrechungen des vorderen Beckenrings, gelegentlich mit inkompletten SI-Beteiligungen. Höhere Kräfte in Sagittal- oder Frontalrichtung riefen vordere Ringunterbrechungen hervor, kombiniert mit Kreuzbein- und Iliumfrakturen. Interessanterweise beschreibt Hirsch zusätzlich schon sehr genau den Mechanismus der Entstehung einer Acetabulumfraktur aufgrund einer Sprengung der Gelenkpfanne durch Druckübertragung des Hüftkopfes.

*Watson-Jones* führte eine klinische und radiologische Analyse von 18 instabilen Fällen aus einer Serie von 148 Beckenfrakturen durch [73]. Er beschreibt folgende Mechanismen:

- isolierte Beckenfrakturen ohne Angabe eines Mechanismus,
- vordere Beckenringunterbrechungen durch laterale Kompressionen,
- kombinierte vordere und hintere Ringunterbrechungen durch a.-p.-Kompressionen.

### Pathoanatomische Beobachtungen bei Beckenfrakturen

Weitere Aufschlüsse über den Mechanismus der Frakturentstehung ließen sich aus der Sektion von Unfallopfern gewinnen.

*Voigt* (1965) fand in einer Untersuchung von 71 Sektionspräparaten mit Beckenfrakturen 27 verschiedene Frakturtypen. Er schließt aus den Frakturformen auf verschiedene »Rotationsachsen« bei Beckenverletzungen [69].

*Buchholz* analysierte 1981 die Ergebnisse aus der Sektion von 150 polytraumatisierten Verkehrstoten mit 47 Beckenverletzungen [6]. Er gibt 3 Verletzungsgruppen an:

- I) ausschließlich ventrale Verletzung, dorsaler Beckenring intakt,
- II) zusätzlicher Abriß des Lig. sacroiliacale und Lig. sacrotuberale, aber ansonsten dorsale Stabilität,
- III) alle dorsalen sakroiliakalen Bänder komplett zerrissen.

### Experimentelle Untersuchungen zur Verletzungsmechanik

#### ■ Stabilität der Strukturen bei »statischen« Belastungen

Experimentelle Untersuchungen an osteoligamentären Präparaten des Beckenrings lassen annäherungsweise die zum Erzeugen einer Beckenfraktur erforderlichen Kräfte erkennen:

*Kusmin* führte 1882 in umfangreichen experimentellen Untersuchungen zur Verletzungsmechanik statische und Stoßbelastungen von Leichen und Beckenpräparaten in verschiedenen Positionen durch. In dieser Arbeit sind schon die Prinzipien des heutigen

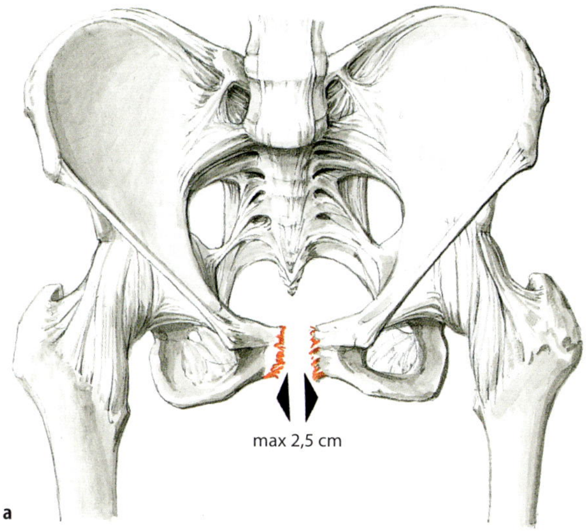


a

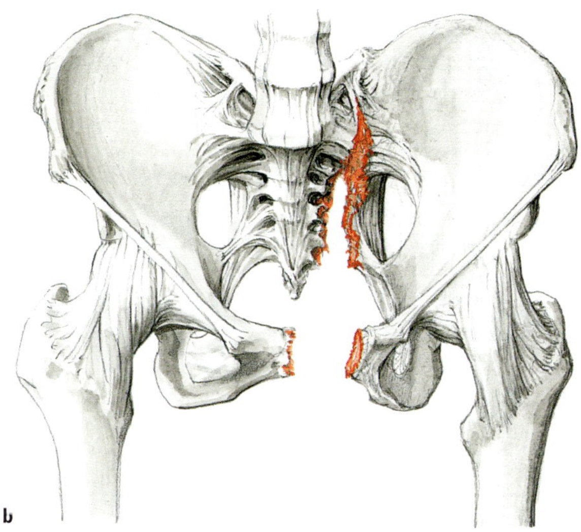

b

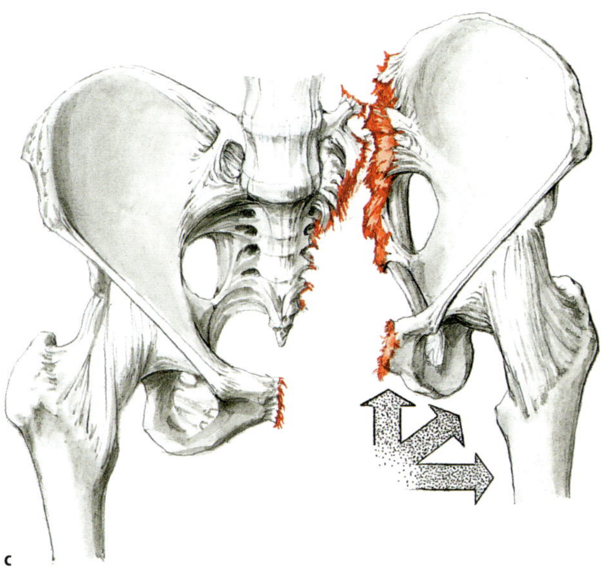

c

Verständnisses der Verletzungsmechanik dargestellt. Es werden spezifische Verletzungskombinationen nach anterior-posteriorer und seitlicher Krafteinwirkung niedergelegt. Ebenso wird zwischen Verletzungsmechanismen unterschieden, die zur Kraftüberleitung im gesamten Beckenring, und solchen, die lediglich zu Beckenrandfrakturen führen [31].

*Berner* untersuchte isolierte Präparate des hinteren Beckenrings [2, 3]:

- Translationsbewegungen führten zu Bandzerreißungen bei einer Bruchlast von 4933 ± 1038 N, Frakturen entstanden bei einer Bruchlast von 3313 ± 469 N.
- Bei Rotationsbewegungen führte ein Drehmoment von 120 Nm zu Bandrupturen, während Sakrumfrakturen bei einem maximalen Drehmoment von 149 Nm entstanden.

*Stuhler* führte anterior-posteriore Belastungen von Beckenringpräparaten verschiedener Altersgruppen weit über die Belastungsgrenzen durch [62]. Er beobachtete folgende Veränderungen:

- Alter 1 Jahr: rein plastische Deformationen ohne Frakturen bis 10 000 N,
- Alter 12 Jahre: Sprengung der Y-Fugen des Acetabulums bei 2300 N, des SI-Gelenkes bei 8000 N und der Symphyse bei 10 000 N, aber keine Fraktur.
- Alter 14 Jahre: Hüftpfannenverletzung und SI-Sprengung bei 2000–3000 N, transpubische Verletzungen bei 4000 N, Symphysenruptur bei 6000 N.

## ■ Stabilisierende Funktion der Bandstrukturen

Belastungsversuche unter selektiver Durchtrennung oder Sprengung der ligamentären Strukturen lassen die graduelle Abnahme der Stabilität der Ringstruktur des Beckens erkennen (Abb. 3.6). Die Funktion des Lig. sacrospinale, dem bisher eine Hemmfunktion der Außenrotation der Beckenhälfte zugeschrieben wird, ist dabei noch nicht endgültig geklärt.

**Abb. 3.6 a–c.** Stabilisierende Funktion anatomischer Strukturen im Beckenring. In pathoanatomischen Versuchen ließ sich die Funktion der einzelnen Strukturen auf den Stabilitätsgrad des Beckens nachweisen. **a** Während bei der reinen Durchtrennung der Symphyse sich diese bis zu maximal 2,5 cm aufspreizen läßt, bleibt die Funktion der Ringstruktur des Beckens unverändert erhalten. **b** Aus dem weitergehenden Auseinanderspreizen des Beckenrings bzw. Durchtrennen der Beckenbodenbänder und der ventralen sakroiliakalen Bänder resultiert eine Rotationsbewegung der Beckenhälfte oder Beckenhälften um die noch anhängenden Anteile der dorsalen Sakroiliakalbänder. Diese wirken dabei als »Scharnier«. Auch die Rotation um eine zusätzliche, quer verlaufende Achse würde noch nicht zur vollständigen Abtrennung der Bandverbindungen im hinteren Beckenring führen. **c** Erst eine Translationsbewegung der Beckenhälfte führt unabhängig von der Richtung dieser Bewegung zur kompletten Unterbrechung aller ligamentären oder osteoligamentären Strukturen des vorderen und hinteren Beckenringes. In dieser Situation ist die betroffene Beckenhälfte osteoligamentär vollkommen vom Stammskelett abgelöst

Grundlegende Untersuchungen wurden von *Tile* durchgeführt [65, 67]:

- Eine alleinige Durchtrennung der Symphyse führte zu einer maximalen Diastase von 2,5 cm. Sowohl weitergehende Rotationsbewegungen als auch Translationskräfte wurden von den verbleibenden Strukturen kompensiert.
- Die zusätzliche Durchtrennung der Beckenbodenbänder (Ligg. sacrospinalia et sacrotuberalia) erhöhte die »Instabilität« erheblich, lediglich die schwach ausgebildeten ventralen sakroiliakalen Bänder setzten den Rotationskräften noch leichten Widerstand entgegen. Wurden auch sie durchtrennt, war eine vollständige Rotation der Beckenhälfte um das »Scharnier« der dorsalen sakroiliakalen Bandverbindungen möglich. Translationsbewegungen im hinteren Beckenring wurden durch die verbliebenen Bandstrukturen weiterhin verhindert.
- Erst nach vollständiger Durchtrennung der dorsalen sakroiliakalen Bandverbindungen waren Translationsbewegungen im hinteren Beckenring möglich.

*Dolati* führte an 15 osteoligamentären Beckenpräparaten nach Symphysendurchtrennung eine langsam fortschreitende Außenrotationsbewegung bis zu 18 cm Diastase durch und konnte 4 Instabilitätsgrade beschreiben [11]:

- Bei Symphysendiastasen von 3–4 cm blieb das SI-Gelenk intakt.
- Diastasen von 5 cm führten zur Zerreißung des Lig. sacroiliacum ventrale.
- Bei Diastasen von 8 cm begann die Zerreißung des Lig. sacroiliacum interosseum, eine Rotationsbewegung um eine Querachse wird möglich, es bestehen aber noch elastische Rückstellkräfte.
- Diastasen über 13 cm führen zur Zerreißung des Lig. iliolumbale, die Elastizität geht verloren, das »Becken bleibt offen«. Auch in der Endstellung waren die Ligg. sacroiliaca et sacrotuberalia nicht zerrissen, ihre Spannung nahm in Extremstellung sogar ab.

### ■ Unfallsimulationen

Verkehrsunfalltechnische Untersuchungen mit Leichen in Unfallsituationen zeigten große Streubreiten und interindividuelle Unterschiede bei den zur Frakturerzeugung benötigten Kräften und den entstehenden Frakturtypen:

*Nußholz* führte 1986 zur Frakturerzeugung Pendelversuche mit lateralem Anprall auf Beckenpräparate durch. Beckenfrakturen traten erst bei Belastungen >45 kN auf. Unter 26 kN waren keine Beckenverletzungen festzustellen [47]. Einen wesentlichen Einfluß hatte auch die Polsterung des »Stempels«.

*Fleischer* et al. publizierten 1995 Daten zur quantitativen Traumatomechanik der Beckenfraktur. Bei seitlicher Belastung wurden Toleranzgrenzen zum Erleiden einer Fraktur von 7,8–14,9 kN ermittelt, Kraftspitzen von 6,5–11 kN waren bei einer Dauer von 3 ms ausreichend zur Brucherzeugung. Anterior-posteriore quasistatische Belastungen führten ab 4,7–10 kN zu Beckenringbrüchen [19].

## Verkehrstechnisch-medizinische Untersuchungen zur Verletzungsmechanik

Durch umfangreiche unfalltechnische Untersuchungen von Realunfällen, kombiniert mit der Analyse des medizinischen Befundes lassen sich zusätzliche Informationen über »Grenzwerte« gewinnen (Abb. 3.7).

*McCoy* et al. untersuchten 1989 40 zu Beckenfrakturen führende Verkehrsunfälle [38a]. Bei Frontalzusammenstößen wurden Scherverletzungen des Beckenrings und Acetabulumfrakturen (mit hinterer Luxation) beobachtet, während ein seitlicher Anprall zu »lateralen Kompressionsverletzungen« führte. Bei einer Relativgeschwindigkeit von mehr als 35 Meilen/h (56 km/h) stieg die Wahrscheinlichkeit, als unangeschnallter PKW-Insasse auf den Vordersitzen eine Beckenfraktur oder Hüftluxation zu erleiden, auf über 40%.

*Siegel* et al. berichteten 1993 über ein prospektive Studie mit 121 Patienten, die sich nach frontalen und seitlichen Zusammenstößen von Pkw Mehrfachverletzungen zugezogen hatten (Injury Severety Score 16) [59]. Im Rahmen dieser umfangreichen Studie wurde ein signifikant höheres Risiko für das Erleiden einer Beckenfraktur nach Seitenanprall errechnet (56%). Die häufigsten Frakturtypen nach Seitenanprall waren transpubische Frakturen, Sakrumfrakturen und Acetabulumfrakturen, während der Frontalanprall am häufigsten zu Acetabulumfrakturen führte. Die Unfallmechanismen und die beobachteten Beckenfrakturen waren nicht ganz eindeutig zu korrelieren: Die Beckenringfraktur nach Seitenanprall entsprach in 20% der Fälle dem Bild einer »anterior-posterioren Kompressionsfraktur«, während nach Frontalaufprall ausschließlich »anterior-posteriore Beckenringkompressionsfrakturen« sowie Acetabulumfrakturen zu beobachten waren.

In eigenen Untersuchungen wurden Realunfälle in Rahmen der Unfallforschung untersucht. 75,5% der Beckenfrakturen traten bei einer Relativgeschwindigkeit zwischen 20 und 59 km/h auf. Bei C-Verletzungen erhöhte sich dieser Wert auf 40–79 km/h. Ebenfalls 75% aller Beckenfrakturen waren bei einem berechneten Energieniveau bis maximal 5000 kJ zu beobachten, ohne Korrelation zum Frakturtyp [51].

**Abb. 3.7 a–d.** Unfallmechanismus und Klassifikation. **a** Ansicht des Unfallfahrzeuges: Die aus der klinischen Beobachtung gewonnenen Vorstellungen vom Unfallmechanismus lassen sich in Grenzen auch anhand der Unfallrekonstruktion nachvollziehen. In dem vorliegenden Fall bestand eine Seitkollision mit einem Baum. **b** In der Rekonstruktion des Unfallgeschehens läßt sich die weite Impression im Bereich des Vordersitzes erkennen. Unfallmechanisch ist es auch möglich, den genauen Kraftsektor und die Höhe der einwirkenden Energie zu berechnen. **c, d** Die entstandene Verletzung entspricht der Theorie einer lateralen Kompressionsverletzung. Im vorliegenden Fall resultierte aus der Höhe der einwirkenden Energie trotz des vorliegenden Kompressionsmechanismus allerdings eine komplette Durchtrennung des hinteren und vorderen Beckenringes. Die entstandene Verletzung wird daher trotz des Mechanismus der »lateralen Kompression« dem Instabilitätsgrad C zugeordnet ▷

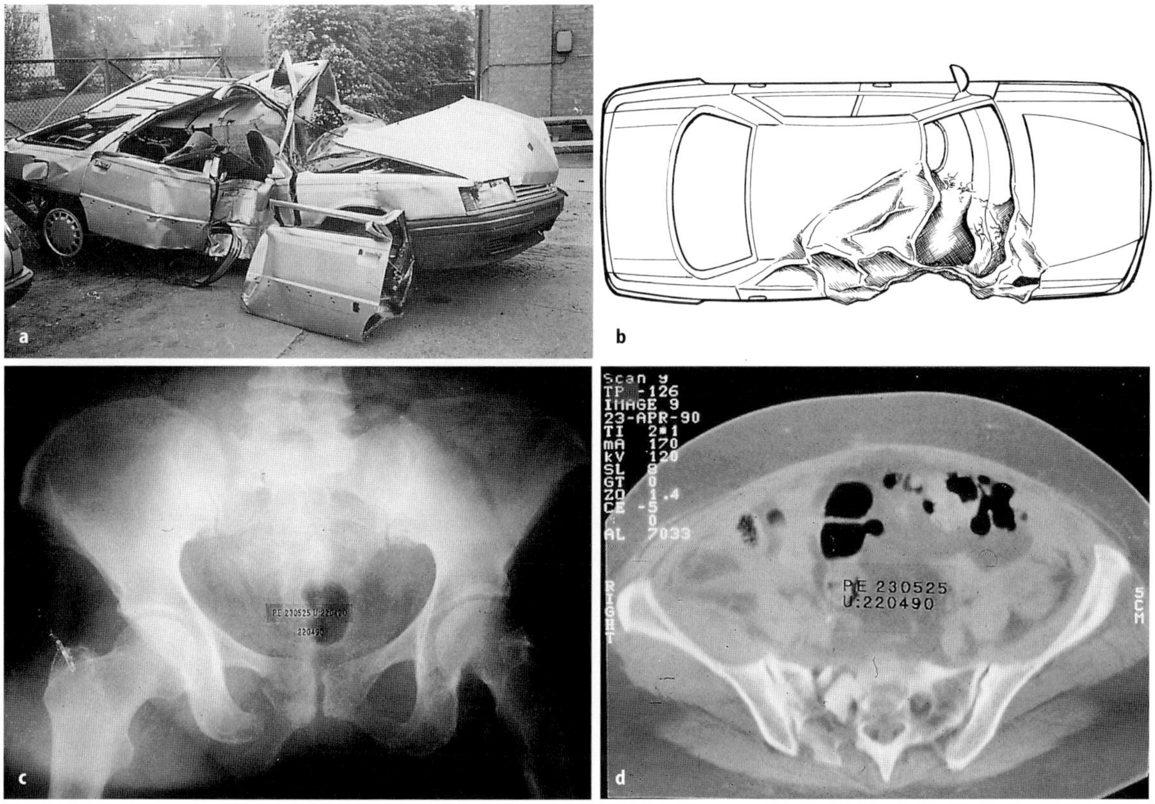


Abb. 3.7 a–d

## 3.3 Zusammenfassende Wertung der Unfallmechanismen

Basierend auf diesen beispielhaft angeführten Beobachtungen läßt sich schließen, daß die Richtung und das Ausmaß der einwirkenden Kraft zu verschiedensten Formen der Beckenfrakturen führen kann. Bei dieser Betrachtung ist zu berücksichtigen, daß der Übergang von der »Stabilität« zur »Instabilität« immer kontinuierlich ist. Während der wissenschaftlich exakte Unfallmechanismus in vielen Fällen nicht mehr genau nachvollziehbar ist, lassen sich anhand der Verletzungsanalyse im wesentlichen 3 unterschiedliche, für die klinische Behandlung bedeutsame »Instabilitätsgrade« unterscheiden. Gelegentlich läßt sich aber erst anhand des weiteren klinischen Verlaufs die primär getroffene Einschätzung endgültig bestätigen, oder es wird eine primäre Fehleinschätzung deutlich.

### Verletzungen mit stabilem Beckenring

Der Beckenring bleibt stabil, wenn die wesentlichen kraftübertragenden Strukturen des hinteren Beckenrings mechanisch nicht geschwächt werden. Dies ist bei den sog. »Beckenrandbrüchen«, bei Abrißfrakturen der Muskelansätze, oder aber auch bei wenig verschobenen Frakturen der Scham- oder Sitzbeinäste der Fall. Diesen Verletzungen liegen in der Regel lokalisierte, direkte Krafteinwirkungen zugrunde. Die einwirkende Kraft reicht nicht aus, um die Ringstruktur des Beckens zu unterbrechen. Die Übergänge sind aber auch hier fließend, szintigraphische Untersuchungen konnten nachweisen, daß auch bei scheinbar isolierten Verletzungen des vorderen Beckenrings im dorsalen Beckenring immer mehr oder minder ausgeprägte Mehranreicherungen als Zeichen einer »Distorsion« der hinteren Strukturen zu finden waren [25, 75].

Bei der Verletzungsanalyse ist es wesentlich, sich zu verdeutlichen, daß das Becken als relativ »starre« Ringstruktur nie an einer Stelle unterbrochen sein kann, ohne daß eine zweite Läsion im Ring vorliegt, auch wenn diese sich der konventionellen Diagnostik entzieht. Für die Indikationsstellung spielt diese zweite Läsion allerdings keine Rolle, da die mechanische Stabilität erhalten geblieben ist. Sie kann aber in seltenen Fällen Ursache von posterioren Schmerzen nach scheinbar isolierten Frakturen der Scham- oder Sitzbeinäste sein.

### Verletzungen mit teilweise erhaltener dorsaler Stabilität

Bei diesem Verletzungsmuster bekommt die Richtung des Kraftvektors eine größere Bedeutung für das Auftreten von spezifischen Läsionen im Beckenring. Die Energie reicht nicht aus, um den Beckenring an 2 Stellen komplett zu unterbrechen. Durch anatomische Besonderheiten, wie z. B. die sakroiliakalen Bandverbindungen, können »Scharnierwirkungen« entstehen. Als Folge einer gerichteten Krafteinwirkung kommt es zu Rotationsbewegungen einer oder beider Beckenhälften um eine imaginäre Drehachse, die je nach Verletzungsart wechselt. Inwieweit es sich um rein ossäre, rein ligamentäre oder kombinierte Verletzungstypen handelt, ist bei dieser Betrachtungsweise von untergeordneter Bedeutung, allein entscheidend ist die »Stabilität« der noch vorhandenen Strukturen.

Klinisch bedeutsam lassen sich Kraftvektoren aus 2 Richtungen unterscheiden:

- Die anterior-posteriore Kompression führt zu einer »Außenrotationsbewegung«, die wesentlichen »Scharnierstrukturen« sind die dorsalen sakroiliakalen Bandverbindungen.
- Laterale Kompressionen führen zu »Innenrotationsbewegungen«. Je nach spezifischer Morphologie des Beckenrings liegt das »Scharnier« entweder »in« den intakten dorsalen sakroiliakalen Bändern – dann ist eine Sakrumkompressionsfraktur nötig, um eine Innenrotation zu erreichen –, oder im Bereich der ventralen sakroiliakalen Bandverbindungen – dann ist eine posteriore Erweiterung des sakroiliakalen Raumes notwendig. Da diese Verletzungen häufig nur mit geringen Verschiebungen der Beckenhälfte nach »innen« einhergehen, sind sie nicht selten »stabil eingestaucht«. Je nach Frakturmorphologie muß aber immer die »potentielle Instabilität« für den weiteren Verlauf beachtet werden.

Liegt der Kraftvektor schräg, kann es in seltenen Fällen zu kombinierten Rotationsbewegungen kommen, die zu nahezu kompletten Unterbrechungen der dorsalen Strukturen führen. Diese Fälle müssen als Übergangstypen sicher von der klinisch bedeutsamen, kompletten dorsalen Instabilität differenziert werden.

### Verletzungen mit kompletter dorsaler Instabilität

Reicht die Energieeinwirkung aus, um eine »Translationsbewegung« einer oder in Extremfällen auch beider Beckenhälften hervorzurufen, müssen alle stabilisierenden Strukturen des hinteren Beckenrings (knöchern oder ligamentär) unterbrochen sein. Der Richtungsvektor der einwirkenden Kraft ist dann nur noch von untergeordneter Bedeutung, entscheidend ist die resultierende »komplette« dorsale Instabilität.

*Klinische Anmerkung zur »vertikalen Instabilität«.* Der Begriff »vertikale Instabilität« wurde aus dem Begriff der vertikalen Scherverletzung (englisch »vertical shear«) zur Bezeichnung einer dorsal instabilen Beckenverletzung abgeleitet. Dieser Begriff, der auf der Beurteilung der Beckenübersichtsaufnahme mit erkennbarem »Höhertreten« einer Beckenhälfte beruht, ist irreführend. Nicht die »vertikale« oder »kraniale« Richtung der Verschiebung führt zur »Instabilität«, sondern eine Translationsbewegung. Diese kann sowohl in anterior-posteriorer, oder kraniokaudaler, meist aber in schräger Richtung stattfinden, und sie führt zur kompletten Unterbrechung der Bandstrukturen. Da es für den Patienten zu sehr erheblichen klinischen Fehlinterpretationen kam, wenn auf einer a.-p.-Röntgenaufnahme bei fehlender »vertikaler Verschiebung« eine Translation nicht erkannt wurde, wird dringend empfohlen, den Begriff »vertikale Instabilität« durch den der »Translationsinstabilität« zu ersetzen.

## Literatur


1. Balandic (1871) Über die Beweglichkeit in den Gelenken des schwangeren Beckens. Tageblatt der 44. Vers. dtsch. Naturforscher und Ärzte, 118–120
2. Berner W (1986) Biomechanische Untersuchungen am Sakroiliakalgelenk, Topographie, Beanspruchung und operative Stabilisierung. Habilitationsschrift, Hannover
3. Berner W, Rothkötter H, Hoyer H, Tscherne H (1985) Biomechanische Untersuchungen am Iliosacralgelenk. In: Stelzner F (Hrsg) Chirurgisches Forum 85 g. experim. u. klinische Forschung. Springer, Berlin Heidelberg New York Tokyo, S 1–4
4. Borell U, Fernström I (1957) The movements at the sacro-iliac joints and their importance to changes in the pelvic dimensions during parturition. Acta Obstet Gynecol Scand 36: 42–57
5. Brooke R (1924) The sacro-iliac joint. J Anat Physiol 58: 299–305
6. Bucholz R (1981) The pathological anatomy of malgaigne fracture-dislocations of the pelvis. J Bone Joint Surg Am 63: 400–404
7. Burri C, Mutschler W, Schulte J (1979) Pathologische Frakturen im Becken- und Hüftgelenksbereich. Hefte Unfallheilkd 140: 27–38
8. Colachis SJ, Worden R, Bechtol C, Strohm B (1963) Movement of the sacro-iliac joint in the adult male; a preliminary report. Arch Phys Med Rehabil 44: 490–498
9. Coventry M, Tapper M (1972) Pelvic instability, a consequence of removing iliac bone for grafting. J Bone Joint Surg (Am) 54 (1): 83–101
10. Davies A, Evans NS, Struthers GR (1988) Parasymphyseal and associated insufficiency fractures of the pelvis and sacrum. Br J Radiol 61: 103–108
11. Dolati B (1993) Becken- und Acetabulumchirurgie. In: Weller S, Hierholzer G (Hrsg) Traumatologie aktuell, Bd 10. Thieme, Stuttgart New York, S 1–160
12. Draijer F, Egbers H, Simnacher M (1996) Die dreidimensionale Kraftmessung in der Symphyse und im Iliosakralgelenk bei axialer Lastaufnahme des Beckens im Ein- und Zweibeinstand. Swiss Surg Suppl 2: 43
13. Duncan J (1854) The behaviour of the pelvic articulations in the mechanism of parturition. Dublin quarterly Journal of Medical Science 18: 60–69
14. Ecke H, Hofmann D, Patzak H (1990) Die Rupturen der Amphiarthrosen am Beckenring. Unfallchirurgie 16: 311–321
15. Egund N, Olson T, Schmid H, Srelvik G (1978) Movements in the sacroiliac joints demonstrated with roentgen stereophotometry. Acta Radiol Diag 19: 833–846
16. Feneis H (1939) Experimentelle Beiträge zur Beckenmechanik. Anat Anz 88: 187–197
17. Fick R (1911) Spezielle Gelenk- und Muskelmechanik (3. Teil). In: Handbuch der Anatomie und Mechanik der Gelenke unter Berücksichtigung der bewegenden Muskeln. Fischer, Jena, S 443

18. Fischer A (1909) Über schwere Beckenluxationen und Verletzungen der umgebenden Weichteile: Typische Rodelverletzungen. Zentralbl Chir 36: 1313–1319
19. Fleischer G, Kallieris D, Käppner R, Schmidt G (1995) Zur quantitativen Traumatomechanik der Beckenfraktur. Unfallchirurg 98: 398–405
20. Franceschini M (1957) Ricerce sul'architettura collagene dell'apparecchio capsulolegamentoso dell'apparecchio capsulolegamentoso dell'articolazione interpubica, nell'Uomo (Nota II a: Dalla puberta alla senilia). Z Anat 120: 211–225
21. Frigerio N, Stowe R, Howe J (1974) Movement of the sacroiliac joint. Clin Orthop 100: 370–377
22. Gänsslen A, Pohlemann T, Culemann U, Krettek C, Samson F von, Tscherne H (1996) Vergleichende dreidimensionale Stabilitätsprüfung verschiedener Osteosynthesen zur SI-Gelenks-Stabilisierung. Swiss Surg Suppl 2: 43
23. Gerlach U, Liese W (1992) Functional construction of the sacroiliac ligamentous apparatus. Acta Anat 144: 97–102
24. Gersoff W, Burkus J (1986) Dislocation of the sacroiliac joint associated with rheumatoid arthritis. A case report. Clin Orthop 209: 219–223
25. Gertzbein S, Chenoweth D (1977) Occult injuries of the pelvic ring. Clin Orthop 128: 202–207
26. Gondolph-Zink B (1992) Aktueller Stand der diagnostischen und operativen Hüftarthroskopie. Orthopäde 21: 249–256
27. Haumann W (1921) Ueber die halbseitige Beckenverrenkung. Bruns Beitr Klin Chir 123: 278–307
27a. Hirsch L (1924) Über Beckenfrakturen. Bruns Beitr klin Chir. 132: 441–465
27b. Isler B, Ganz R (1990) Klassifikation der Beckenringverletzung. Unfallchirurg. 93: 289–302
28. Katzenelson M (1895) Ueber die Fracturen des Beckenringes. Dtsch Z Chir 41: 473–512
29. Klein G (1891) Zur Biomechanik des Iliosakralgelenkes. Z Geburtshilfe Gynäkol 21: 74–118
30. Kowalk D, Perdue P, Burgeois F, Whitehill R (1996) Disruption of the symphyses pubis during vaginal delivery. J Bone Joint Surg Am 78: 1746–1748
31. Kusmin W (1882) Ueber Beckenfracturen – Experimentelle Untersuchung. Wiener Med Jahrbücher 1: 105–141
32. Labitzke R, Witzel U (1986) Biomechanische Grundlagen und Technik der elastischen Hülsen-Seil-Verspannung der Beckenruptur. Hefte Unfallheilkd 181: 622–624
33. Lavignolle B, Vital J, Senegas J et al. (1983) An approach to the functional anatomy of the sacroiliac joints in vivo. Anat Clin 5: 169–176
34. Letournel E, Judet R (1981) Fractures of the acetabulum. Springer, Berlin Heidelberg New York
35. Lühken H (1935) Die Statik des menschlichen Beckens. Anat Entwickl Gesch 104: 729–738
36. Luschka H (1854) Die Kreuzdarmbeinfuge und die Schambeinfuge des Menschen. Arch Pathol Anat Physiol Klin Med 7: 299–316
37. Malgaigne J (1847) Traites des fractures et des luxations. J. B. Balliere, Paris
38. Malgaigne J (1850) Die Knochenbrüche und Verrenkungen für praktische Aerzte, Wundärzte und Studirende, Erster Band: Knochenbrüche. (deutsche Übersetzung der französischen Ausgabe von 1847). Rieger'sche Verlagsbuchhandlung, Stuttgart
38a. McCoy GF, Johnstone RA, Kenwright J (1989) Biomechanical aspects of pelvic an hip injuries in road traffic accidents. J Orthop Trauma 3: 118–123
39. Meißner A (1989) Biomechanik und Stabilisierung der Symphyse. Habilitationsschrift, Berlin
40. Meißner A, Breyer H, Ramanzadeh R (1986) Experimentelle Untersuchungen zur Beweglichkeit in der Symphyse. Hefte Unfallheilkd 181: 79–82
41. Merk A (1880) Die Veränderlichkeit der Beckenmasse und deren Ursache. Habilitationsschrift, Universität Würzburg
42. Messerer O (1880) Über Elasticität und Festigkeit der menschlichen Knochen. Verlag der J. G. Cotta'schen Buchhandlung, Stuttgart
43. Meyer G (1878) Der Mechanismus der Symphysis sacro-iliaca. Arch Anat Physiol 2: 1–19
44. Meyer H (1873) Lehrbuch der Anatomie des Beckens. Engelmann, Leipzig
45. Müller K, Witzel U (1986) Biomechanik des Beckenrings und Verletzungsformen. Hefte Unfallheilkd 181: 557
46. Müller-Färber J, Müller K (1984) Die verschiedenen Formen der instabilen Beckenringverletzungen und ihre Behandlung. Unfallheilkd 87: 441–455
47. Nusholtz G, Kaiker P (1986) Pelvic stress. J Biomech 19: 1003
48. Pauwels F (1965) Gesammelte Abhandlungen zur funktionellen Anatomie des Bewegungsapparates. Springer, Berlin Heidelberg New York
49. Pauwels F (1973) Atlas zur Biomechanik der gesunden und kranken Hüfte. Springer, Berlin Göttingen Heidelberg New York
50. Philipp E (1934) Typische Geburtsverletzung des Sakroiliakalgelenks. Rontgenpraxis 6: 291–295
51. Pohlemann T, Otte D, Bartram H, Tscherne H (1995) The relevance of accident mechanisms in »real accidents« for fracture pattern and classification of pelvis fractures. International Conference on Pelvic and Lower Extremity Injuries: 329
52. Poigenfürst J (1972) Beckenbrüche. In: Nigst (Hrsg) Spezielle Frakturen- und Luxationslehre, I/2. Thieme, Stuttgart, S 141–228
53. Putz R, Müller-Gerbl M (1992) Anatomische Besonderheiten des Beckenrings. Unfallchirurgie 95: 165–167
54. Sashin D (1930) A critical analysis of the anatomy and the pathologic changes of the sacroiliac joints. J Bone Joint Surg (Am) 28: 891–910
55. Schlickewei W, Gimpel S (1994) Anatomie und Biomechanik des Sakroiliakalgelenkes. Hefte Z Unfallchir 241: 409–413
56. Schmidt H (1956) Die funktionelle Struktur der Symphyse im Erwachsenenalter. Anat Anz 102: 135–152
57. Schröder A (1958) Schwere Beckenfrakturen bei Tabes. Zentralbl Chir 83: 977–982
58. Schubert E v (1929) Röntgenuntersuchung des knöchernen Beckens im Profilbild. Exakte Messung der Beckenneigung beim Lebenden. Zentralbl Gynakol 53: 1064–1088
59. Siegel J, Mason-Gonzalez S, Dischinger P et al. (1993) Safety belt restraints and compartment intrusions in frontal and lateral motor vehicle crashes: mechanism of injury, complications and acute care costs. J Trauma 34: 736–758
60. Spier W, Krischak G, Burri C (1974) Pathologische Frakturen des Azetabulums. Hefte Unfallheilkd 124: 281
61. Staubesand J (1975) Allgemeine Anatomie, Cytologie und Bewegungsapparat. In: Ferner H, Staubesand J (Hrsg) Benninghoff/Goerttler, Lehrbuch der Anatomie des Menschen. Urban & Schwarzenberg, München Berlin Wien
62. Stuhler T, Stankovic P, Krauss P, Koch A (1977) Kindliche Beckenfrakturen: Klinik, Spätergebnisse, Biomechanik. Arch Orthop Unfallchir 90: 187–198
63. Tauber C, Geltner D, Noff M, Malkin C (1987) Disruption of the symphyses pubis and fatigue fractures of the pelvis in patients with rheumatoid arthritis. A case report. Clin Orthop 215: 105–108
64. Teubner E, Gerstenberger F (1992) Die Kinematik des Beckens. Graduierung und pathomechanische Einflüsse der Beckenfugenverletzungen und die kinematischen Konsequenzen ihrer operativen Versorgung. Unfallchirurg 95: 50–57
65. Tile M (1984) Fractures of the pelvis and acetabulum. Williams & Wilkins, Baltimore
66. Tile M (1995) Fractures of the pelvis and acetabulum, 2nd edn. Williams & Wilkins, Baltimore
67. Tile M, Pennal G (1980) Pelvic disruptions: principles of management. Clin Orthop 151: 56–64
68. Vleeming A, Stoeckart R, Volkers A, Snijders C (1990) Relation between form and function in the sacroiliac joint, Part I: Anatomical aspects. Spine 15: 130–132
69. Voigt G (1965) Untersuchungen zur Mechanik der Beckenfrakturen und Luxationen. Hefte Unfallheilkd 85: 1–92
70. Vukicevik S, Marusik A, Stavljenic A, Vujicic G, Skavic J, Vukicevik D (1991) Holographic analyses of the human pelvis. Spine 16: 209–214

71. Walheim G, Selvik G (1984) Mobility of the pubic symphysis. In vivo measurements with an electromechanic method and a roentgen stereophotogrammetric method. Clin Orthop 191: 129–135
72. Walheim G, Olerud S, Ribbe T (1984) Mobility of the pubic symphysis. Measurements by an electromechanical method. Acta Orthop Scand 55: 203–208
73. Watson-Jones R (1938) Dislocations and fracture-dislocations of the pelvis. Br J Surg 25: 773–781
74. Weisl H (1955) The movements of the sacro-iliac joint. Acta anat 23: 80–91
75. Wetzel E, Strauss L, Göpfrich M, Oellers B (1985) Möglichkeiten der radiologischen Diagnostik bei Verletzungen des dorsalen Beckenrings. Fortschr Röntgenstr 142: 291–295
76. Winkel, D (1992) Das Sakroiliakalgelenk. Fischer, Stuttgart Jena New York

# Kapitel 4

# Klassifikation und Begriffsbestimmungen

4

T. Pohlemann, G. Regel und H. Tscherne



*Eine Klassifikation ist nur dann nützlich,*
*wenn sie die Schwere der Verletzung darstellt,*
*als Basis für die Behandlung dient*
*und später zum Vergleich der Resultate*
*herangezogen werden kann.*
*(M. E. Müller 1988)*

**Diese von M. E. Müller im Rahmen von jahrzehntelangen Bemühungen um ein einheitliches Klassifikationssystem der Frakturen aufgestellte These faßt die Problematik in der Diskussion um Einteilungen verschiedener Verletzungen, insbesondere aber der von Becken- und Acetabulumverletzungen, in treffender Weise zusammen. Aus den letzten 150 Jahren sind uns weit über 50 Beckenklassifikationen oder -modifikationen bekannt, über 20 allein aus den letzten 15 Jahren (s. Tabelle 4.1).**

**Im wesentlichen spiegeln die Klassifikationen die Therapiemöglichkeiten des jeweiligen Zeitabschnittes wider. Im letzten Jahrhundert reichte es aus, instabile von stabilen Frakturformen zu unterscheiden, um die erheblichen Unterschiede in den Überlebensraten zu berücksichtigen. Mit den zunehmend verfeinerten Möglichkeiten der Intervention (Extensionen, Gipsbehandlungen, vereinzelt auch operative Stabilisierungen) wurden die Einteilungen auf detaillierte anatomische Beschreibungen erweitert und durch Angabe zugrundeliegender Unfallmechanismen ergänzt.**

**Erst in den 80er Jahren dieses Jahrhunderts wurden die vorliegenden Erkenntnisse zum Verletzungsmechanismus systematisiert und generell in die Klassifikation der Beckenringverletzung übernommen. Die schnellen Fortschritte in der Diagnostik und die zunehmenden therapeutischen Möglichkeiten führten zu immer komplexeren Klassifikationen, mit dem Ziel, alle nur denkbaren Verletzungsformen in einem einzelnen System erfassen zu können. Die 1996 von der AO vorgestellte »Comprehensive Classification of Fractures 1996« kommt diesem Ziel schon sehr nahe, sie ist derzeit die einzige Klassifikation, die alle derzeit für die wissenschaftliche Auswertung benötigten Parameter berücksichtigt. Da die Bedeutung der »alphanumerisch« notierten Verletzungsgruppen am Becken stark von der bei der Klassifikation der Extremitätenfrakturen bekannten Bedeutung abweicht und aufgrund der speziellen anatomischen Gegebenheiten auch abweichen muß, bereitet die tägliche Anwendung, gerade dem »Nichtspezialisten«, erfahrungsgemäß Probleme. Da die »chirurgische Denkweise« eher anatomisch orientiert ist und eine »alphanumerische Umsetzung« dieser »Vorstellung« leicht durch das Hilfsmittel der elektronischen Datenverarbeitung erreichbar ist, wird in der eigenen klinischen Arbeit seit vielen Jahren ein einfaches, »bildlich« aufgebautes Klassifikationssystem benützt, das neben der Einteilung in die 3 klinisch bedeutsamen Instabilitätsgrade die systematische, anatomisch orientierte Beschreibung der Einzelverletzungen beinhaltet.**

**Im folgenden sollen in einem kurzen geschichtlichen Überblick nur die wesentlichen »Eckpunkte« der Entwicklung der Klassifikationen dargestellt werden, die zum Verständnis der aktuellen Beckenringklassifikationen erforderlich sind. Näher ausgeführt werden die »AO-Klassifikation«, die eigene Einteilung sowie wichtige Definitionen und Begriffsbestimmungen.**

## 4.1 Entwicklung der Beckenringklassifikationen

Erste Einteilungen der Beckenfraktur stützten sich im wesentlichen auf die Beschreibung der anatomischen Frakturkonfiguration. Malgaigne gebührt das Verdienst schon 1847 das Becken als Ringstruktur erkannt und auf die prinzipielle Bedeutung einfacher und doppelter Ringunterbrechungen hingewiesen zu haben (Abb. 4.1) [32]. Alle folgenden, im wesentlichen anatomisch orientierten Klassifikationen hatten die Schwierigkeit, der hohen Variabilität der Frakturverläufe im Becken gerecht zu werden. So unterschied z. B. Voigt in einer Untersuchung von 71 Sektionspräparaten mit Beckenfrakturen allein 27 verschiedene Frakturtypen [64]. Allerdings wurde schon früh von einzelnen Autoren auf die Notwendigkeit der Analyse des Unfallmechanismus hingewiesen [20, 25, 26, 59].

Weitere Klassifikationen unterschieden in Frakturen mit direktem und indirektem Frakturmechanismus. Bei komplexeren Unfallmechanismen mit multidirektionaler Krafteinwirkung auf das Becken ist damit allerdings eine sicher nachvollziehbare Einteilung häufig nicht möglich [11, 21].

Eine andere Gruppe von Klassifikationen unterteilte die Beckenverletzung nach der Fähigkeit des Beckenrings, noch Last zu tragen. Die Hauptgruppen dieser Unterteilung sind Beckenrandfrakturen und Beckenringfrakturen [44, 67, 68]. Diese Unterteilung wurde von Conolly et al. erneut angegeben [7].

Watson-Jones erweiterte die Einteilungen in 3 Gruppen. Er beschreibt Abrißfrakturen, einfache und kombinierte Beckenringfrakturen [66]. Nach einer Unterteilung der Beckenringfrakturen in *stabil* und *instabil* gab Pick 1955 zur Unterscheidung der instabilen Beckenfrakturen zusätzlich noch Kompressionsfrakturen, Rotationsfrakturen und Vertikalfrakturen [44].

Auch Rothenberger et al. unterteilten in Beckenrandbrüche, einfache und doppelte Beckenringunterbrechungen [54]. Looser u. Crombie differenzierten in vordere und hintere Beckenringunterbrechungen [30].

Durch biomechanisch funktionelle Analysen konnte allerdings gezeigt werden, daß die Betrachtungsweise der isolierten Ringunterbrechungen des Beckens nicht realistisch sein kann [16, 43, 57, 69]. Anhand von knochenszintigraphischen Untersuchungen konnten Gertzbein u. Chenoweth nachweisen, daß der hintere Beckenring bei Unterbrechungen des vorderen Beckenringes immer mitbetroffen ist, wobei das Ausmaß der Beteiligung schwankt [16].

Eine funktionelle Betrachtungsweise wählte Peltier mit der Unterscheidung der lasttragenden dorsalen Beckenanteile im Gegensatz zu den Anteilen des vorderen Beckenringes, die primär nicht an der Lastübertragung beteiligt sind [41].

Müller-Färber u. Müller gaben 1978 eine funktionell orientierte Beckenklassifikation an. Sie unterscheiden in: Typ I: stabile Beckenringfrakturen, Typ II: dislozierte, inkomplette Beckenringfrakturen und -luxationen, und Typ III: instabile Beckenringfrakturen und -luxationen [40]. Diese Klassifikation erlaubt die direkte Ableitung eines therapeutischen Konzeptes (Typ I und II: konservativ, Typ III: operativ). In einer späteren Modifikation wird diese Klassifikation aufgrund biomechanischer Untersuchungen weiter entwickelt [37].

Huittinen verbindet den funktionellen und klinischen Aspekt. Neben der Unterteilung in stabile und instabile Frakturen weist er den Frakturen der sakroiliakalen Region eine besondere Bedeutung für die Stabilität des Beckenrings zu [21, 22]. Die Relevanz diese Einteilung wird durch die hohe Komplikationsrate bei Verletzungen der sakroiliakalen Region begründet.

Pennal u. Tile basieren ihre Klassifikation auf die Analyse des einwirkenden Kraftvektors. Eine genauere Ausführung erfolgt im Anschluß [43].

Buchholz konnte durch eine Untersuchung bei 47 verstorbenen Beckenverletzten das anatomische Korrelat des von Pennal u. Tile beschriebenen Verletzungsmechanismus nachvollziehen [5].

Die Arbeitsgruppe aus Baltimore präzisierte die auf dem Verletzungsmechanismus basierende Klassifikation des Beckens und führte weitere Untergruppen für die anatomische Lokalisation der dorsalen Verletzung ein [6, 69]. Diese Klassifikation erlaubt in Grenzen die Vorhersage von zu erwartenden Begleitverletzungen.

Isler u. Ganz kombinieren die Unterteilung des Instabilitätsgrades mit der genauen anatomischen Lokalisation der anterioren und posterioren Verletzung [23]. Die durch die Vermittlung von Helfet zustandegekommene aktuelle »AO-Klassifikation« schließt die Klassifikation der Acetabulumfrakturen mit ein und erweitert die Beschreibung der Beckenringverletzung durch getrennte Beurteilung des Instabilitätsgrades beider Beckenhälften sowie durch die Einführung von zusätzlichen »Modifikatoren« erheblich [38].

**Tabelle 4.1.** Entwicklung der Beckenklassifikation. Übersicht über wesentliche, seit 1847 angegebene Klassifikationssysteme für den Beckenring

| Autor | | Jahr |
|---|---|---|
| Malgaigne | [32] | 1847 |
| Rose | [53] | 1865 |
| Messerer | [35] | 1880 |
| Kusmin | [26] | 1882 |
| Katzenelson | [25] | 1885 |
| Tillmanns | [59] | 1905 |
| Hirsch | [20] | 1924 |
| Westerborn | [67] | 1928 |
| Wakely | [65] | 1930 |
| Magnus | [31] | 1931 |
| Watson-Jones | [66] | 1938 |
| Wilenius | [68] | 1943 |
| Dommisse | [11] | 1960 |
| Pennal u. Sutherland | [42] | 1961 |
| Poigenfürst | [49–51] | 1962/72/79 |
| Peltier | [41] | 1965 |
| Voigt | [64] | 1965 |
| Froman u. Stein | [15] | 1967 |
| Conolly u. Hedberg | [7] | 1969 |
| Huittinen u. Slätis | [21] | 1972 |
| Trunkey et al. | [62] | 1974 |
| Ecke u. Kraus | [12] | 1975/76 |
| Kane | [24] | 1984 |
| Monahan u. Taylor | [36] | 1975 |
| Looser u. Crombie | [30] | 1976 |
| Reed | [52] | 1976 |
| Letournel | [29] | 1978 |
| Müller-Färber u. Müller | [37, 40] | 1978/84 |
| Bryan u. Tullos | [4] | 1979 |
| Vasey | [63] | 1979 |
| Pennal et al. | [43] | 1980 |
| Buchholz | [5] | 1981 |
| Eid | [13] | 1983 |
| Hierholzer u. Gras | [19] | 1984 |
| van Laer | [27, 28] | 1984/91 |
| Tile | [55, 56] | 1984/88 |
| Heller u. Jend | [18] | 1984 |
| Torode u. Zieg | [60] | 1985 |
| Young et al. | [70, 71] | 1986/90 |
| Cryer et al. | [8] | 1988 |
| Flint et al. | [14] | 1990 |
| Isler u. Ganz | [23] | 1990 |
| Tile et al. | [58] | 1991 |
| »Hannover« | [1, 36] | 1992 |
| Helfet | [17] | 1992 |
| Mears u. Gordon | [34] | 1992 |
| Dolati | [10] | 1993 |
| Mayr et al. | [33] | 1994 |
| »CCF« AO | [32] | 1996 |

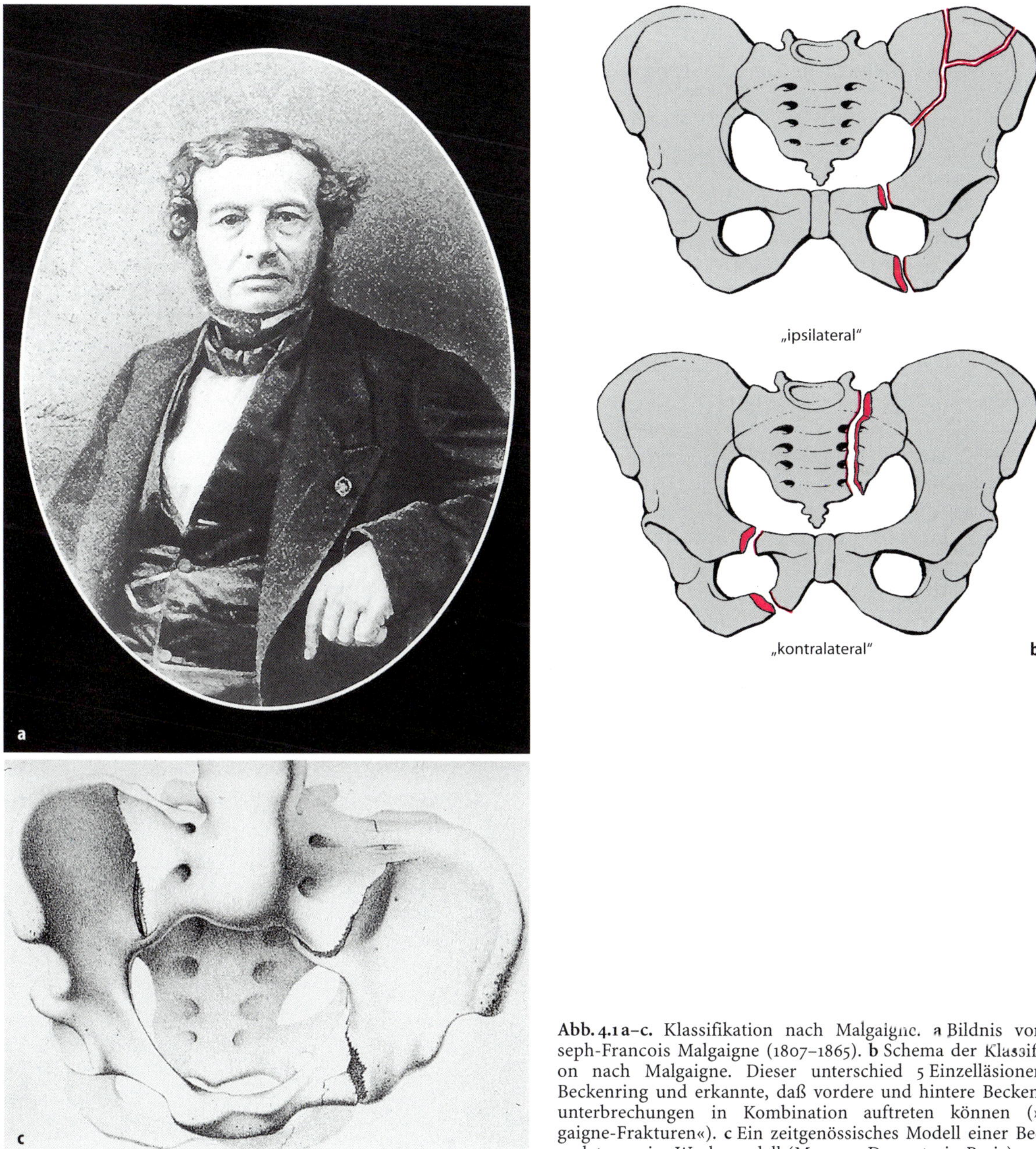


**Abb. 4.1 a–c.** Klassifikation nach Malgaigne. **a** Bildnis von Joseph-Francois Malgaigne (1807–1865). **b** Schema der Klassifikation nach Malgaigne. Dieser unterschied 5 Einzelläsionen im Beckenring und erkannte, daß vordere und hintere Beckenringunterbrechungen in Kombination auftreten können (»Malgaigne-Frakturen«). **c** Ein zeitgenössisches Modell einer Beckenverletzung im Wachsmodell (Museum Dupuytrain Paris)

## 4.2 Klassifikation nach Verletzungsmechanismus

1961 stellten Pennal u. Sutherland ihre Überlegungen zu verschiedenen Unfallmechanismen am Becken in einem Film im Rahmen der Jahrestagung der »American Acadamy of Orthopedic Surgeons« (AAOS) vor [42]. Aufgrund der in der Analyse von 359 eigenen Patienten nach Beckenfrakturen beobachteten Frakturtypen kamen sie zu der Auffassung, daß im wesentlichen 3 Kraftvektoren zu reproduzierbaren Läsionen im Ring führen müssen. Sie unterschieden eine *»anterior-posteriore«* Kraftrichtung, eine *»laterale Kompression«* und eine sog. *»vertikale Scherverletzung«* (Abb. 4.2) (s. auch Kap. 3).

Dieses System der Verletzungsmechanismen erweiterte die Betrachtungsweise der Beckenverletzungen erheblich und ist als Grundlage aller derzeitigen Klassifikationen anzusehen. Nachteile bestanden darin, daß der für die klinische Entscheidungsfindung wesentliche Aspekt der »Stabilität« nicht erhalten war. So kann z. B. eine laterale Kompression bei geringer Energieeinwirkung klinisch harmlose Iliumrandabbrüchen oder ebenfalls unkritische impaktierte Scham- und Sitzbeinfrakturen mit geringer Sakrumkompression hervorrufen. Der gleiche Mechanismus führt aber bei höherer Energieübertragung beispielsweise zu einer kompletten Zerreißung der anterioren Beckenringstrukturen zusammen mit einer transforaminalen Sakrumtrümmerfraktur, einem Zustand, der vom klinischen Bild und der »Instabilität« her einer Translationsverletzung entspricht.

Burgess u. Young lösten dieses Problem durch Einführung von jeweils 3 Instabilitätsgraden innerhalb der »anterior-posterioren« und »lateralen« Kompressionsverletzungen [6]. Mechanismus und Instabilitätsgrad lassen sich zwar nun kombinieren, die Klassifikation ist aber nun nicht mehr linear »schweregradorientiert«, da in jeder Gruppe nun »stabil«, »rotationsinstabil« und »translationsinstabil« nebeneinander vorkommen.

In Abänderung des ursprünglichen Pennal-Klassifikation ordnete Tile den Mechanismus dem Instabilitätsgrad unter und erreichte so eine Integration in das »A-B-C« der »AO-Klassifikation« [58].

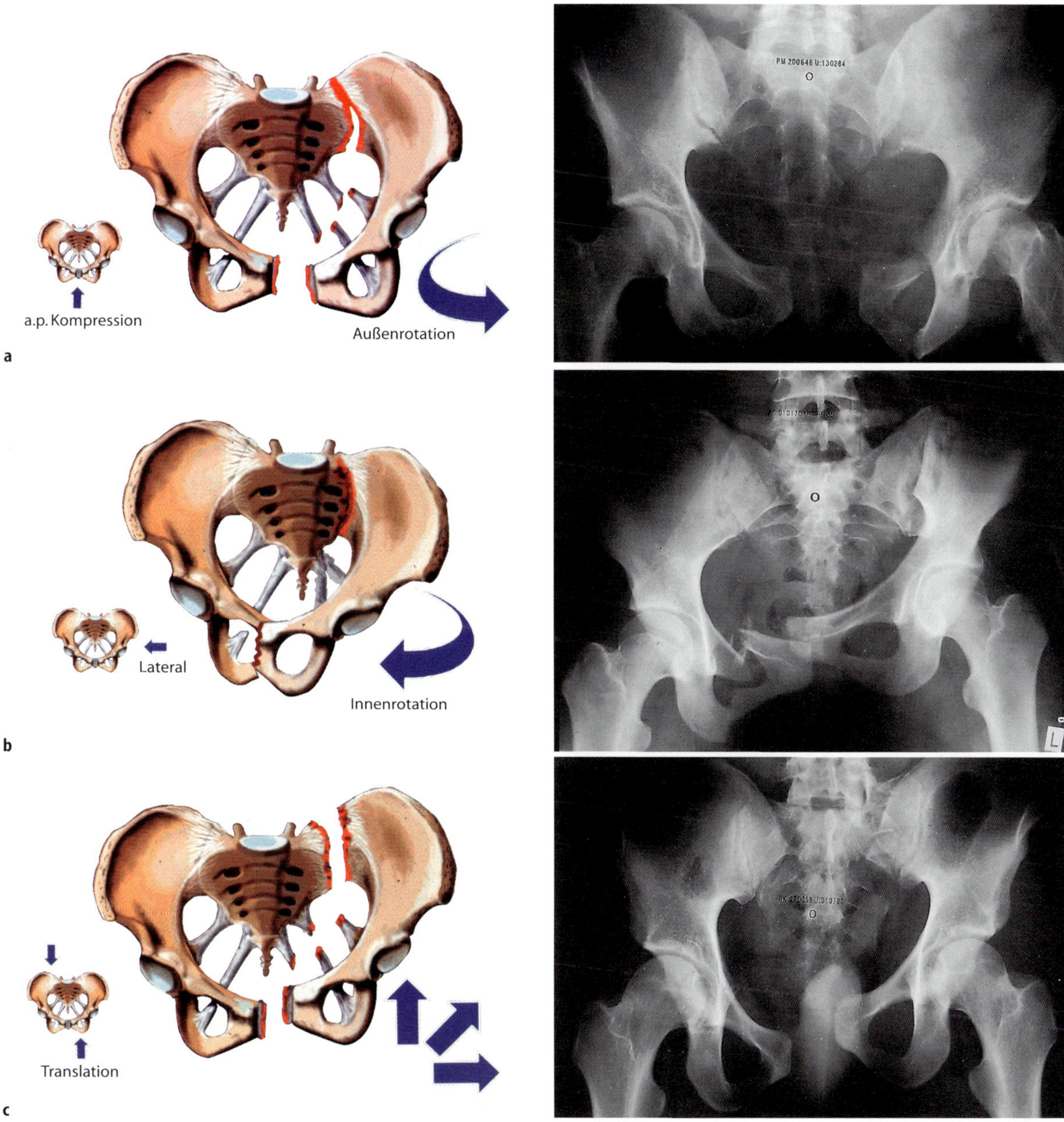


**Abb. 4.2 a–c.** Klassifikation nach Pennal, Sutherland und Tile. Die Vielzahl der zum damaligen Zeitpunkt bekannten Unfallmechanismen wurde zu 3 wesentlichen »Verletzungsvektoren« zusammengefaßt. Dem Schema der Verletzungsentstehung ist jeweils ein Röntgenbeispiel gegenübergestellt. **a** Mechanismus der anterior-posterioren Kompression, **b** Mechanismus der lateralen Kompression, **c** Mechanismus der vertikalen Scherverletzung, derzeit besser als Translationsmechanismus bezeichnet

## 4.3 AO-Klassifikation (1996) (s. Abb. 4.3 und Tab. 4.2)

Das System der Klassifikation der Frakturen (»AO-Klassifikation«, »CCF«) wurde in den Segmenten 6.1 (Becken) und 6.2 (Acetabulum) komplettiert und zwischenzeitlich leicht modifiziert durch die Orthopedic Trauma Association (OTA) als Grundlage publiziert (1996).[1]

Das System ist wie bei der Klassifikation der langen Röhrenknochen hierarchisch gegliedert und erlaubt die Unterteilung in 3 Frakturtypen (A,B,C) mit jeweils 3 Gruppen (1, 2, 3) und wiederum jeweils 3 Untergruppen (. 1, . 2, . 3).

Da im Gegensatz zu den langen Röhrenknochen der Entscheidungsbaum über »extraartikuläre«, »partiell artikuläre« und »artikuläre« Frakturtypen mit der weiteren Unterteilung »intraartikulär einfach« oder »artikulär mehrfragmentär« am Beckenring nicht zu verwertbaren Ergebnissen führt, mußte das System durch die Einschaltung von »Qualifikatoren« erweitert werden.

Die Frakturtypen sind:

- *Typ A:* Die osteoligamentäre Integrität des hinteren Beckenrings ist gewahrt. Es handelt sich um eine stabile Beckenläsion, der Beckenboden ist intakt, das Becken kann physiologischen Belastungen ohne Dislokation widerstehen.
- *Typ B:* Der hintere Beckenring ist inkomplett unterbrochen. Dadurch wird eine Rotationsinstabilität um eine vertikale oder auch quere Achse möglich. Die Verletzung ist partiell instabil mit teilweise erhaltener osteoligamentärer Integrität des hinteren Beckenrings und in einzelnen Fällen auch des Beckenbodens.
- *Typ C:* Der hintere Beckenring ist komplett unterbrochen, die Kontinuität zwischen allen osteoligamentären Elementen des hinteren Beckenrings ist verloren und damit ist eine dreidimensionale translatorische und rotatorische Instabilität vorhanden. Die Beckenringverletzung ist instabil, alle posterioren Strukturen und auch der Beckenboden sind unterbrochen.

**Abb. 4.3.** Die Klassifikation der Beckenringverletzungen im System der AO (»CCF Classification«, Comprehensive Classification of Fractures). Systematische Darstellung der Verletzungstypen A, B und C mit Darstellung eines beispielhaften Falles aus einer Untergruppe mit Röntgenbeispiel. Zur exakten Klassifikation muß die Einteilung anhand der genauen Frakturbeschreibung erfolgen (s. Tabelle 4.2) ▷

[1] J Orthop Trauma 10 (Suppl 1): 66–70.

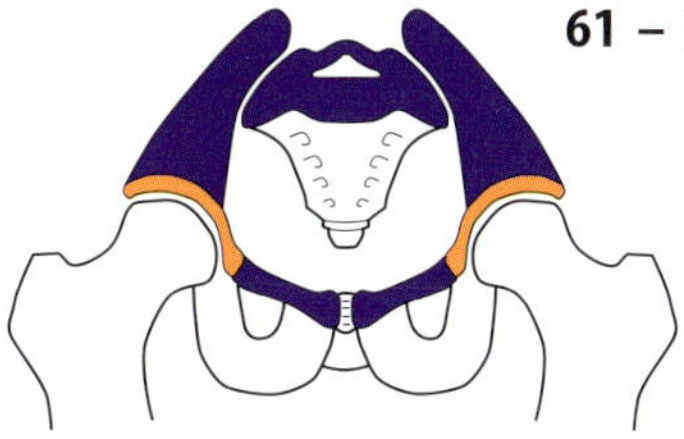

## 61 – Becken, Beckenring

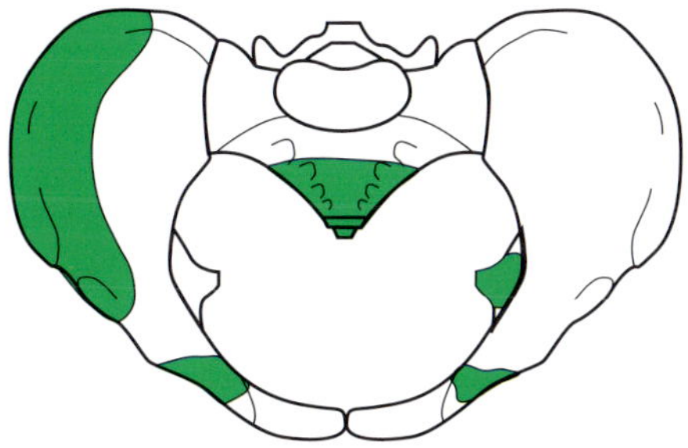

**A**

**A1**

**A1.1**
**A1.2**
**A1.3**

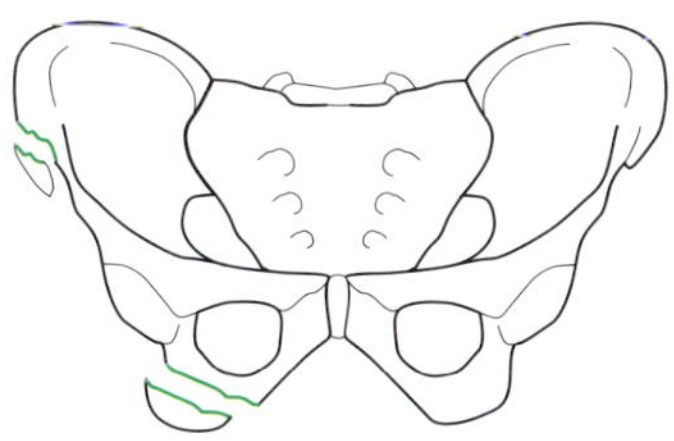

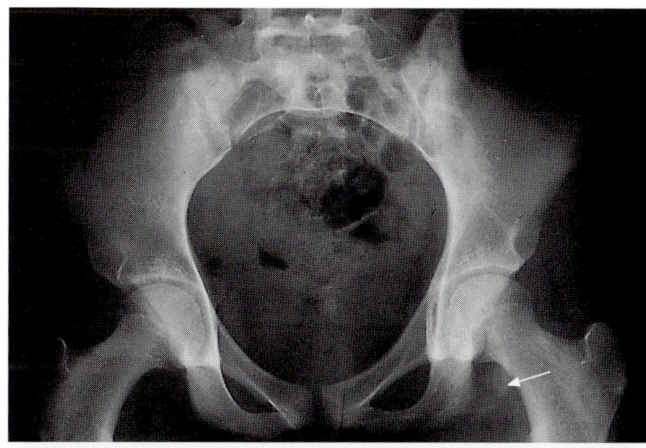

A1.3

**A2**

**A2.1**
**A2.2**
**A2.3**

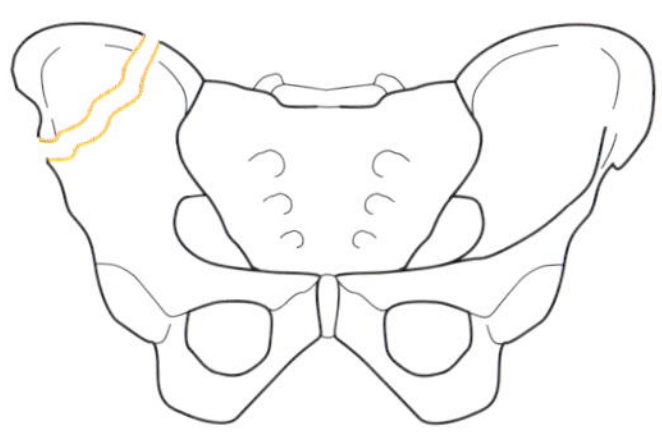

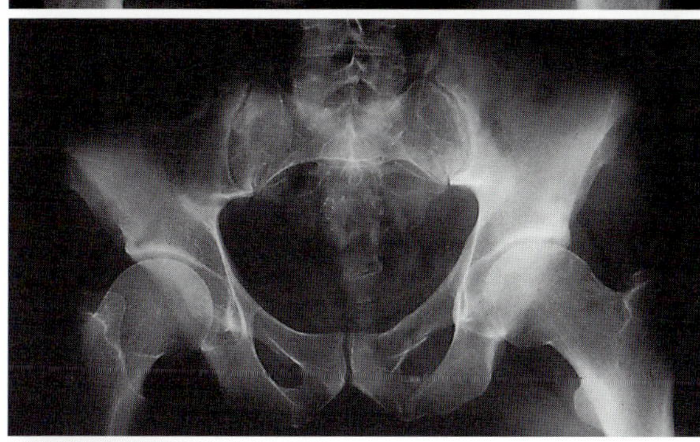

A2.2

**A3**

**A3.1**
**A3.2**
**A3.3**

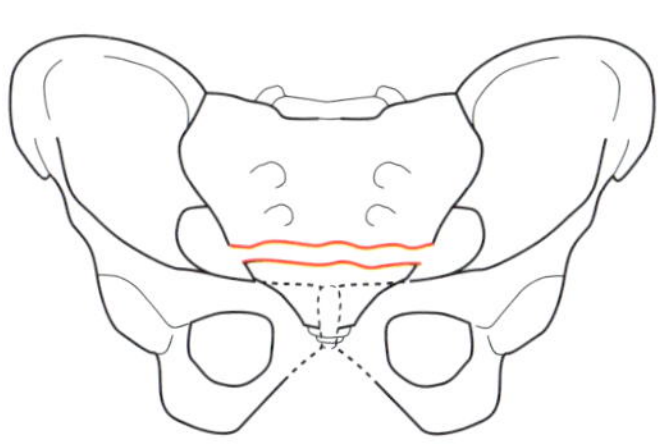

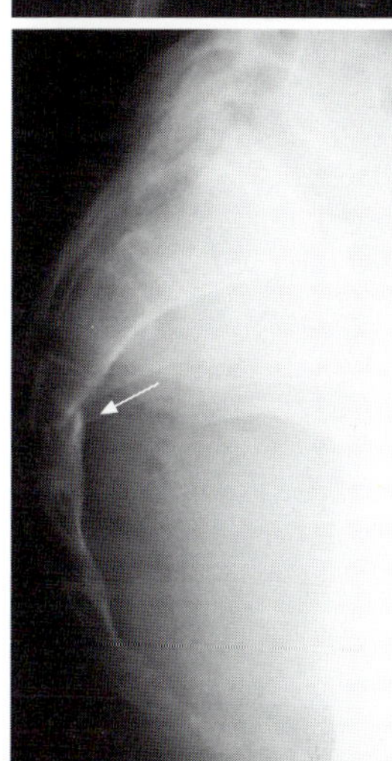

A3.3

**Abb. 4.3** (Forts.)

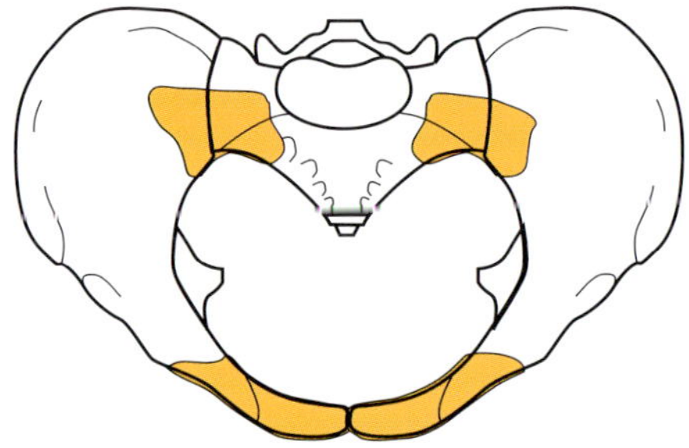

**B**

**B 1**

**B 1.1**
**B 1.2**
**B 1.3**

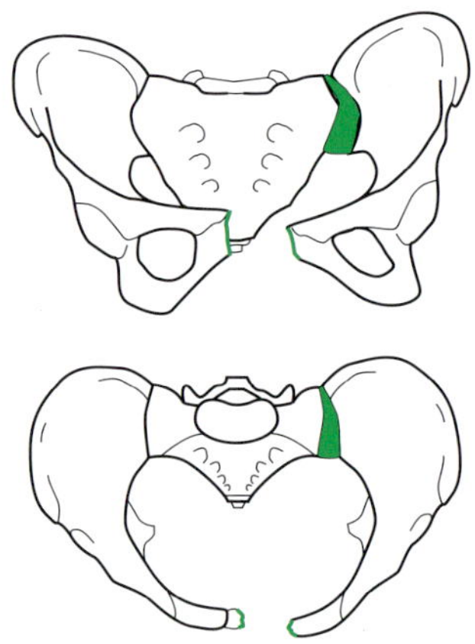

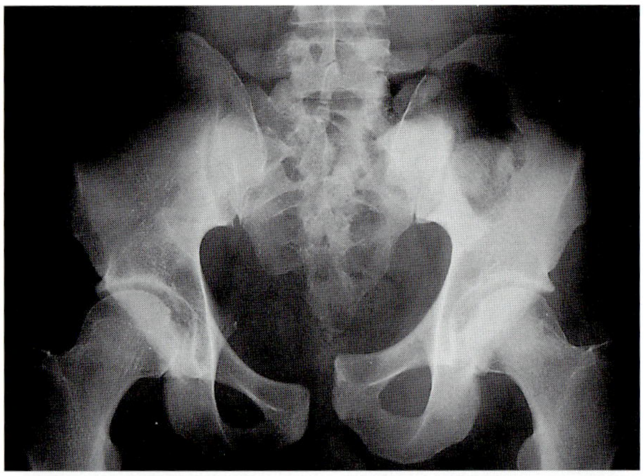

**B 1.1**
**(c 4)**

**B 2**

**B 2.1**
**B 2.2**
**B 2.3**

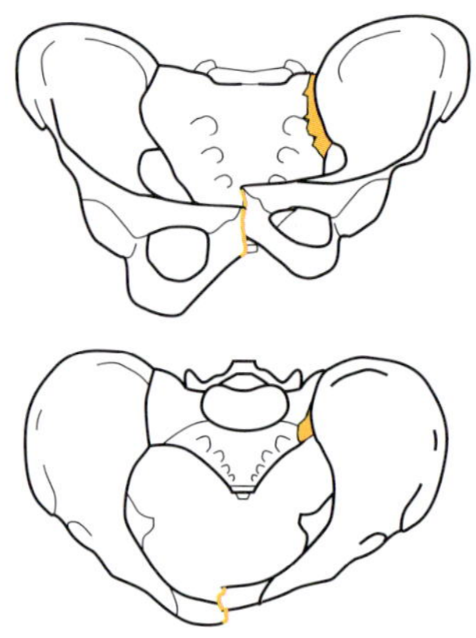

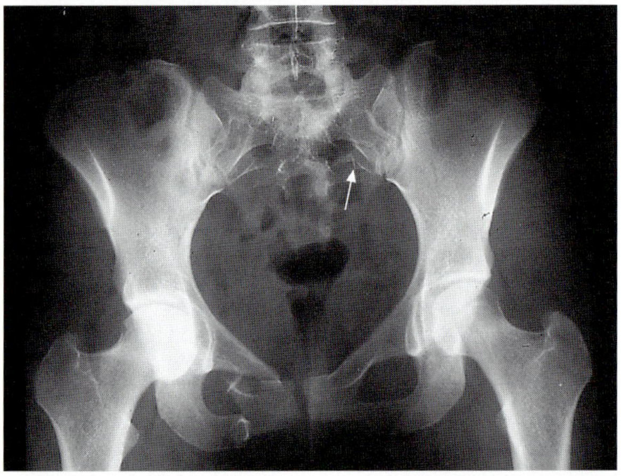

**B 2.1**
**(b 2)**
**(c 2)**

**B 3**

**B 3.1**
**B 3.2**
**B 3.3**

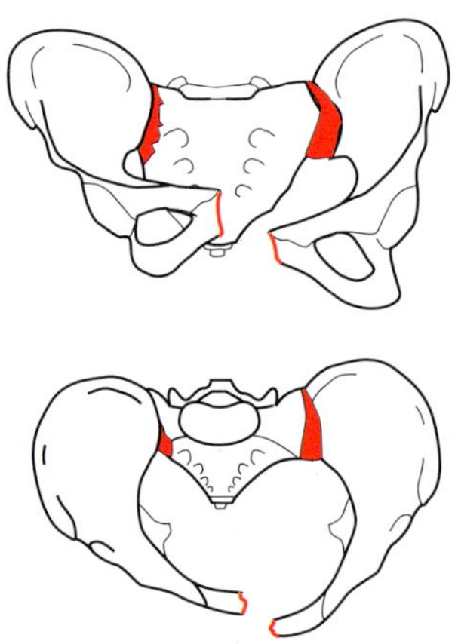

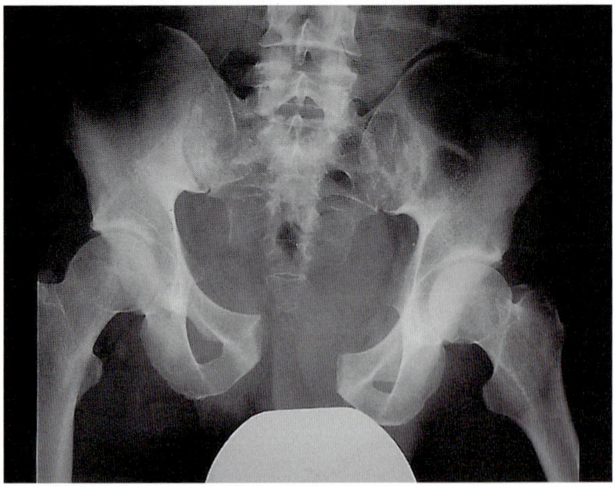

**B 3.1**
**(a 1)**
**(b 2)**
**(c 5)**

**Abb. 4.3** (Forts.)

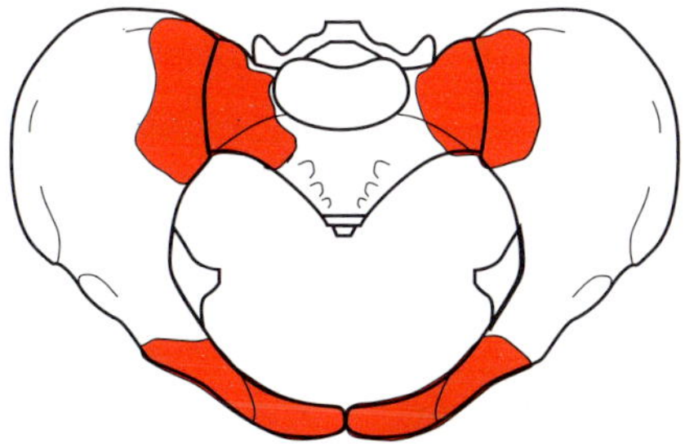

**C**

**C 1**

**C 1.1**
**C 1.2**
**C 1.3**

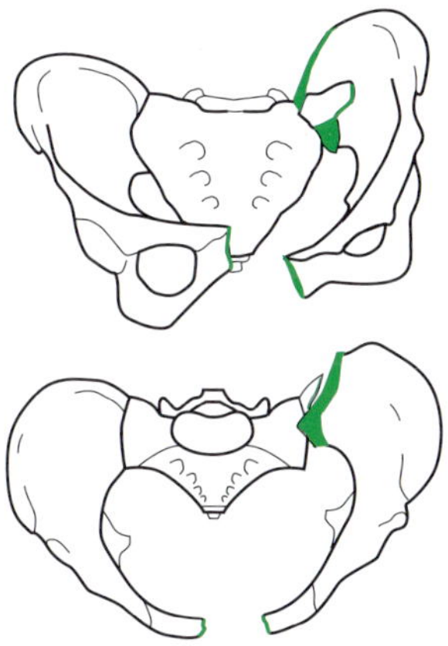

**C 1.2**
**(a 2)**
**(c 2)**

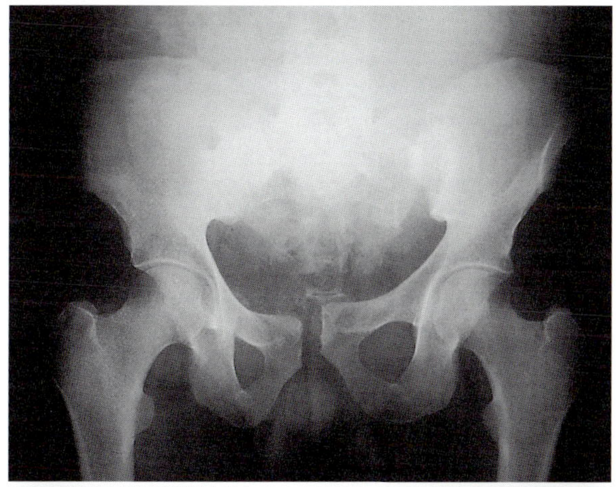

**C 2**

**C 2.1**
**C 2.2**
**C 2.3**

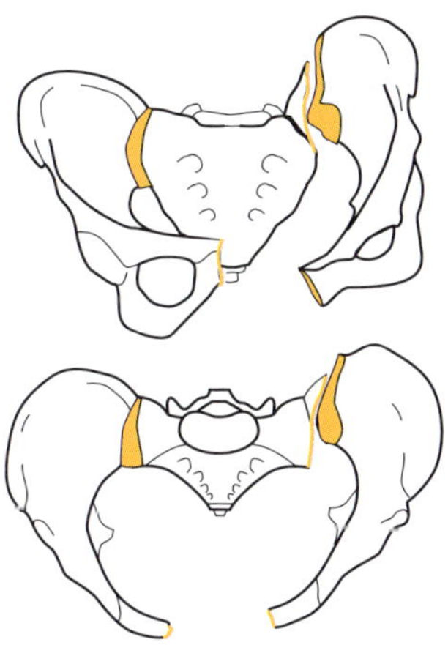

**C 2.2**
**(a 1)**
**(b 1)**
**(c 8)**

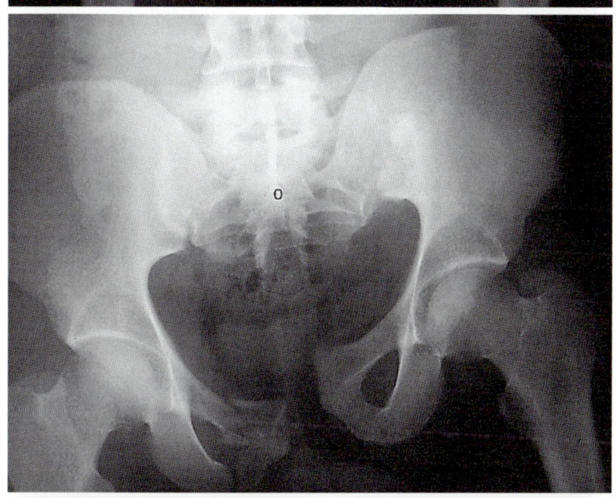

**C 3**

**C 3.1**
**C 3.2**
**C 3.3**

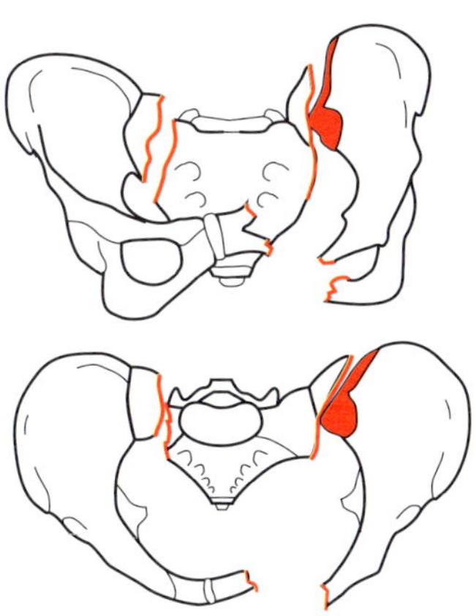

**C 3.3**
**(a 2)**
**(b 2)**
**(c 3)**

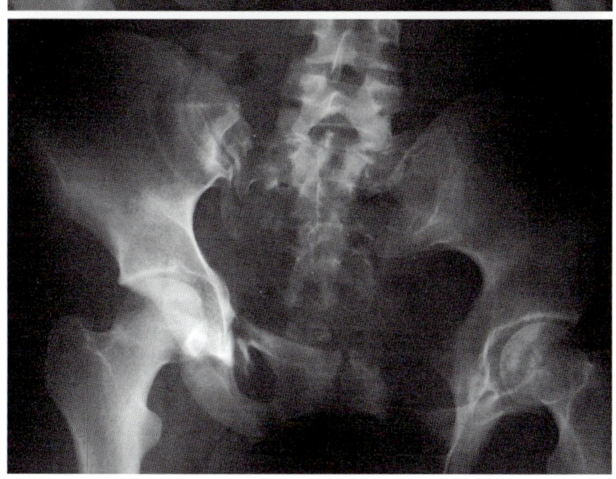

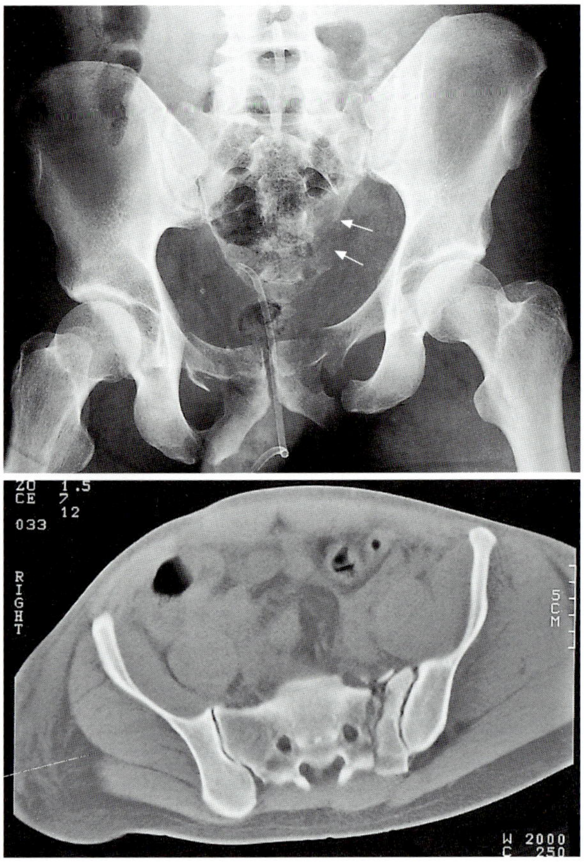


**Abb. 4.4.** Beispiel zur Klassifikation im System der AO. Durch wenige systematische Entscheidungen läßt sich ein Frakturtyp und die Frakturgruppe schnell und zielsicher klassifizieren. Die Entscheidungsschritte zu dem hier dargestellten Fall sind unten aufgeführt. Die weitere Kodierung der Detailinformationen (Untergruppe und Modifikatoren) erfolgt durch Auswahl aus entsprechenden Listen (s. Tabelle 4.2)

Folgende Fragen sind bei der Klassifikation zu beantworten (beispielhafte Antworten unterstrichen)

**Frakturtyp**

a) ist der hintere Ring intakt
oder unterbrochen
Auswahlmöglichkeit: B oder C

b) ist die Unterbrechung inkomplett
oder komplett
Auswahl: C

**Frakturgruppe**

a) ist die komplette Unterbrechung unilateral
oder komplett bilateral
Auswahlmöglichkeit: $C_1$ oder $C_2$

b) ist die Gegenseite intakt
oder inkomplett unterbrochen
Auswahl: $C_1$

Bei Schwierigkeiten, die Fragen zur Frakturgruppe eindeutig zu beantworten, ist eine CT-Untersuchung notwendig.

Mit Hilfe der Klassifikationsbroschüren kann man durch Beantwortung einfacher »binärer Fragen« schnell den Frakturtyp und die Gruppe bestimmen. [38]. Dieses Vorgehen soll anhand eines einfachen Beispiels verdeutlicht werden (Abb. 4.4).

Zur wissenschaftlich exakten Einteilung in die Untergruppen ist man in der Regel auf die exakten, in den Broschüren festgelegten Definitionen angewiesen (Tabelle 4.2). Durch ein elektronisches Medium (»Klassifikations-CD«) läßt sich dieser kompliziert wirkende Prozeß anhand von beispielhaften Röntgenverläufen sehr anschaulich darstellen oder im Einzelfall sogar zur Klassifikation nutzen [39].

Die im Vergleich zu anderen Klassifikationen erheblich erweiterten Einteilungsmöglichkeiten ergeben sich dadurch, daß jeder Untergruppe spezifische Auswahlmöglichkeiten {+a), +b) +c)} zugeordnet sind innerhalb derer, weitere für die Verletzungsbeschreibung notwendige »Qualifikationen« gefunden werden können.

- Für den Typ A beschränkt sich diese Auswahl auf eine spezifische Liste »a)«.
- Für den Typ B läßt sich die Verletzung des hinteren Beckenrings durch Auswahl aus einer spezifischen Liste mit den Qualifikationen »a)« und »b)« weiter unterteilen, die Beschreibung der Verletzung des vorderen Beckenrings erfolgt aus einer für B- und C-Typen gemeinsamen Liste »c«.
- Für den Typ C wird die Verletzung des hinteren Beckenrings durch Auswahl der Qualifikatoren »a)« und »b)« aus einer nun für den Typ C spezifischen Liste klassifiziert, die Beschreibung der Verletzung des vorderen Beckenrings erfolgt wiederum aus der für B- und C-Typen gemeinsamen Liste »c«.

**Tabelle 4.2.** CCF-Klassifikation: Beckenring

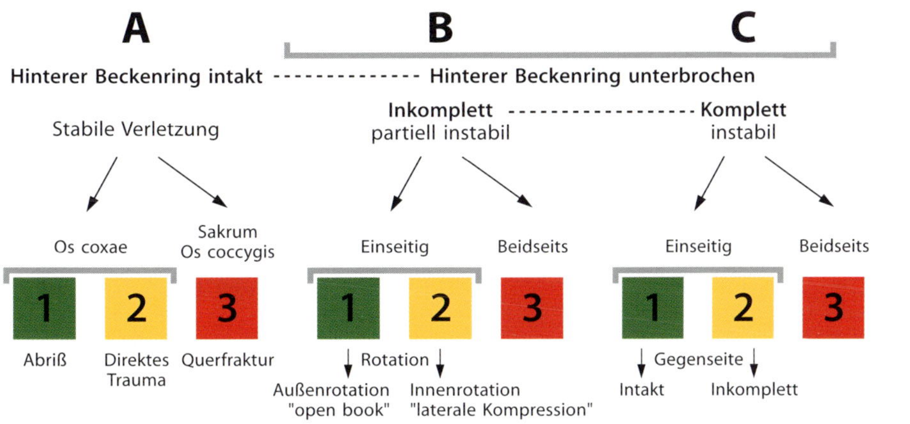


## Vollständige Diagnose

| A | B | C |
|---|---|---|
| **A1 Hinterer Beckenring intakt,** Fraktur Os coxae, Abrißfrakturen | **B1 Unvollständige Läsion Hinterer Beckenring,** einseitig, Außenrotationsverletzung ("open book") | **C1 Komplette Unterbrechung Hinterer Beckenring,** einseitig |
| .1: Spina iliaca + a)<br>.2: Beckenkamm<br>.3: Tuber ischiadicum | .1: Anteriore SI-Verletzung + c)<br>.2: Sakrumfraktur + c) | .1: Durch das Ilium + c)<br>.2: Durch das SI-Gelenk + a) + c)<br>.3: Durch das Sakrum + a) |
| **A2 Hinterer Beckenring intakt,** Fraktur Os coxae, Direkter Anprall | **B2 Unvollständige Läsion Hinterer Beckenring,** einseitig, Innenrotation ("laterale Kompression") | **C2 Komplette Unterbrechung Hinterer Beckenring,** einseitig komplett, gegenseitig inkomplett |
| .1: Beckenschaufel + a)<br>.2: Einseitige Unterbrechung vorderer Beckenring (transpubisch) + a)<br>.3: Beidseitige Unterbrechung vorderer Beckenring (transpubisch) + a) | .1: Ventrale Impressionsfraktur Sakrum + b) + c)<br>.2: Partielle SI-Luxation oder Luxationsfraktur + b) + c)<br>.3: Inkomplette posteriore Iliumfraktur + b) + c) | .1: Komplett durch das Ilium + b) + c)<br>.2: Komplett durch das SI-Gelenk + a) + b) + c)<br>.3: Komplett durch das Sakrum + a) + b) + c) |
| **A3 Hinterer Beckenring intakt,** Tiefe Querfraktur Os sacrum | **B3 Unvollständige Läsion Hinterer Beckenring,** beidseits | **C3 Komplette Unterbrechung Hinterer Beckenring,** bilateral |
| .1: Luxation Os coccygeum<br>.2: Unverschobene Sakrumfraktur<br>.3: Verschobene Sakrumfraktur | .1: Bilaterale "B1"-Verletzung ("open book") + a) + b) + c)<br>.2: "B1" + "B2" + a) + b) + c)<br>.3: Bilaterale "B2"-Verletzung ("laterale Kompression") + a) + b) + c) | .1: Beidseits extrasakral + a) + b) + c)<br>.2: Einseits transsakral, gegenseitig extrasakral + a) + b) + c)<br>.3: Beidseits transsakral + a) + b) + c) |

**Qualifikatoren:**
a) Hauptläsion b) Gegenseitige Läsion c) Läsion des vorderen Beckenrings

Fortsetzung S. 58, 59

## 61 – Qualifikatoren für die Untergruppen

Tabelle 4.2 (Forts.)

(identisch für alle Untergruppen der Typen B und C)
a) Beschreibt die Hauptläsion näher
b) Definiert die begleitende kontralaterale posteriore Läsion
c) Legt die begleitende Läsion des vorderen Ringsegmentes fest

**Typ A: Qualifikatoren a)**

**A1.1** a1) anterior superior
a2) anterior inferior
a3) Tuber ischiadicum
**A2.1** a1) ein einzelnes Fragment
a2) mehr als ein Fragment
**A2.2** a1) Fraktur durch die Schambeinäste oder den Sitzbeinast
a2) Fraktur durch die Schambeinäste mit Beteiligung der Symphyse
**A2.3** a1) bilateral transpubisch
a2) transpubisch auf einer Seite mit Symphysenruptur

**Typ B: Qualifikatioren a) und b)**

**B1.1, B1.2:**
ausschließlich Qualifikator c) benötigt
**B2.1, B2.2, B2.3:**
b1) "Bucket-handle-Verletzung"
b2) keine "Bucket-handle-Verletzung"

**B3.1** a1) anteriore Verletzung SI-Gelenk
a2) Sakrumfraktur
b1) anteriore Verletzung SI-Gelenk
b2) Sakrumfraktur
**B3.2** als "B1-Verletzung" klassifiziert = die Hauptläsion ist eine Open-book-Verletzung:
a1) anteriore Verletzung SI-Gelenk
a2) Sakrumfraktur
Eine B2-Läsion ("laterale Kompression") ist daher die gegenseitige Läsion:
b3) ventrale Impressionsfraktur Sakrum
b4) partielle SI-Luxation oder Luxationsfraktur
b5) inkomplette posteriore Iliumfraktur
**B3.3** a1) ventrale Impressionsfraktur Sakrum
a2) partielle SI-Luxation oder Luxationsfraktur
a3) inkomplette posteriore Iliumfraktur
b3) ventrale Impressionsfraktur Sakrum
b4) partielle SI-Luxation oder Luxationsfraktur
b5) inkomplette posteriore Iliumfraktur

**Typ C: Qualifikatoren a) und b)**

**C1.2** a1) transiliakale Luxationsfraktur
a2) reine Luxation
a3) transsakrale Luxationsfraktur
**C1.3** a1) lateral
a2) foraminal
a3) zentral

**C2.1** Falls die inkomplette Läsion eine Open-book-Verletzung der Gruppe B1 ist (Außenrotation):
b1) anteriore Verletzung SI-Gelenk
b2) Sakrumfraktur
Falls die inkomplette Läsion eine "laterale Kompression" der Gruppe B2 ist ("Innenrotation"):
b3) ventrale Impressionsfraktur Sakrum
b4) partielle SI-Luxation oder Luxationsfraktur
b5) inkomplette posteriore Iliumfraktur

**C2.2** a1) transiliakale Luxationsfraktur
a2) reine Luxation
a3) transsakrale Luxationsfraktur
b) identisch zu b1) bis b5) von **C2.1**
**C2.3** a1) lateral
a2) foraminal
a3) zentral
b) identisch zu b1) bis b5) von **C2.1**

**C3.1** a1) Ilium
a2) SI-Gelenk, transiliakale Luxationsfraktur
a3) SI-Gelenk, transsakrale Luxationsfraktur
a4) SI-Gelenk, reine Luxation
b1) Ilium
b2) SI-Gelenk, transiliakale Luxationsfraktur
b3) SI-Gelenk, transsakrale Luxationsfraktur
b4) SI-Gelenk, reine Luxation
**C3.2** a1) Sakrum, lateral
a2) Sakrum, foraminal
a3) Sakrum, zentral
b1) Ilium
b2) SI-Gelenk, transiliakale Luxationsfraktur
b3) SI-Gelenk, transsakrale Luxationsfraktur
b4) SI-Gelenk, reine Luxation
**C3.3** a1) Sakrum, lateral
a2) Sakrum, foraminal
a3) Sakrum, zentral
b1) Sakrum, lateral
b2) Sakrum, foraminal
b3) Sakrum, zentral

Tabelle 4.2 (Forts.)

**Die Qualifikatoren für die Läsion des vorderen Beckenrings c1) bis c9) sind identisch für alle Untergruppen der Typen B und C:**

| | |
|---|---|
| c1) | einseitige Fraktur Os pubis/Scham-/Sitzbeinäste, gleichseitig zur posterioren Läsion |
| c2) | einseitige Fraktur Os pubis/Scham-/Sitzbeinäste, gegenseitig zur posterioren Läsion |
| c3) | beidseitige Fraktur Os pubis/Scham-/Sitzbeinäste |
| c4) | Symphysenruptur, alleinig, ≤ 2,5 cm |
| c5) | Symphysenruptur, alleinig, > 2,5 cm |
| c6) | Symphysenruptur, alleinig, verkeilt |
| c7) | Symphysenruptur und ipsilaterale Fraktur Os pubis/Scham-/Sitzbeinäste ("tilt-fracture") |
| c8) | Symphysenruptur und kontralaterale Fraktur Os pubis/Scham-/Sitzbeinäste |
| c9) | Symphysenruptur und bilaterale Frakturen Os pubis/Scham-/Sitzbeinäste |
| c10) | keine anteriore Läsion |

**Zusätzliche Begriffsdefinitionen für die Becken- und Acetabulumklassifikation**

| | |
|---|---|
| Bilateral: | Hinterer Beckenring beidseits betroffen |
| Hohe Variante: | kraniale Frakturbegrenzung erreicht den Beckenkamm |
| Ipsilateral: | Seite der schweren Läsion |
| Tiefe Variante: | kraniale Frakturbegrenzung erreicht die ventrale Begrenzung der Beckenschaufel |
| Stabil: | Läsionen, die den hinteren Beckenring nicht betreffen, Beckenboden intakt, normale, physiologische Belastungen werden toleriert und führen nicht zu einer weiteren Verschiebung |
| Partiell stabil: | Die Kontinuität der hinteren osteoligamentären Strukturen ist teilweise erhalten, der Beckenboden ist intakt oder zerrissen |
| Instabil: | Kompletter Verlust der dorsalen osteoligamentären Integrität, Beckenboden zerrissen |
| Unilateral: | Der dorsale Beckenring ist nur einseitig betroffen |

## 4.4 »Kombinierte Klassifikation« (Mechanismus und Lokalisation)

Da Beckenfrakturen insgesamt selten sind und eine hohe Anzahl von Verletzungsmöglichkeiten aufweisen, erweist sich für die tägliche klinische Kommunikation die komplette alphanumerische Einteilung als nicht anschaulich und praktikabel genug.

Im eigenen Vorgehen wird deswegen während der klinischen Arbeit eine einprägsamere, kombinierte Einteilung verwendet:

Zunächst erfolgt die übliche Beurteilung des Stabilitätsgrades in die Verletzungstypen A, B und C. Aus dem Frakturtyp läßt sich die Indikation zur operativen Stabilisierung ableiten:

- *A:* Operative Stabilisierung nur in Ausnahmefällen (z. B. dislozierte Beckenrandfrakturen, Abrißfrakturen bei Leistungssportlern)
- *B:* Operative Stabilisierung des vorderen Beckenrings
- *C:* Operative Stabilisierung des hinteren und vorderen Beckenrings

Die weitere Klassifikation der Verletzung erfolgt durch Beschreibung der vorliegenden Läsionen innerhalb der anatomischen Regionen im Beckenring (Abb. 4.5).

Zur Systematisierung wird in Abwandlung eines Vorschlags von Letournel eine Unterteilung des Beckenrings in »Sektoren« oder »Verletzungsregionen« vorgenommen [29]. Dadurch wird insbesondere der Unerfahrene zu einer lückenlosen Röntgenbildanalyse angeleitet.

Die einzelnen Verletzungsregionen sind die:

- *transsymphysäre Region,*
- *transpubische Region,*
- *transazetabuläre Region,*
- *transiliakale Region,*
- *transiliosakrale Region* mit
  - reinen SI-Luxationen,
  - transiliakalen Luxationsfrakturen,
  - transsakralen Luxationen,
- *transsakrale Region.*

Die transsakrale Region wird einem Vorschlag von Denis folgend in 3 weitere Zonen unterteilt, die prognostische Aussagen über die Rate der zu erwartenden Nervenschäden erlauben [9] (Abb. 4.6)

- Zone I: transalare Frakturen,
- Zone II: transforaminale Frakturen,
- Zone III: zentrale Frakturen.

**!** Während Denis in seiner Analyse von 236 Sakrumfrakturen eine Abnahme der Frakturhäufigkeit von lateral nach zentral mit deutlich zunehmendem Risiko für einen begleitenden Nervenschaden feststellte, konnte in eigenen Untersuchungen gezeigt werden, daß das Risiko für eine neurologische Komplikation in erster Linie vom »Instabilitätsgrad« des Beckens und erst sekundär von der Frakturlokalisation abhängt [46] (Abb. 4.7).

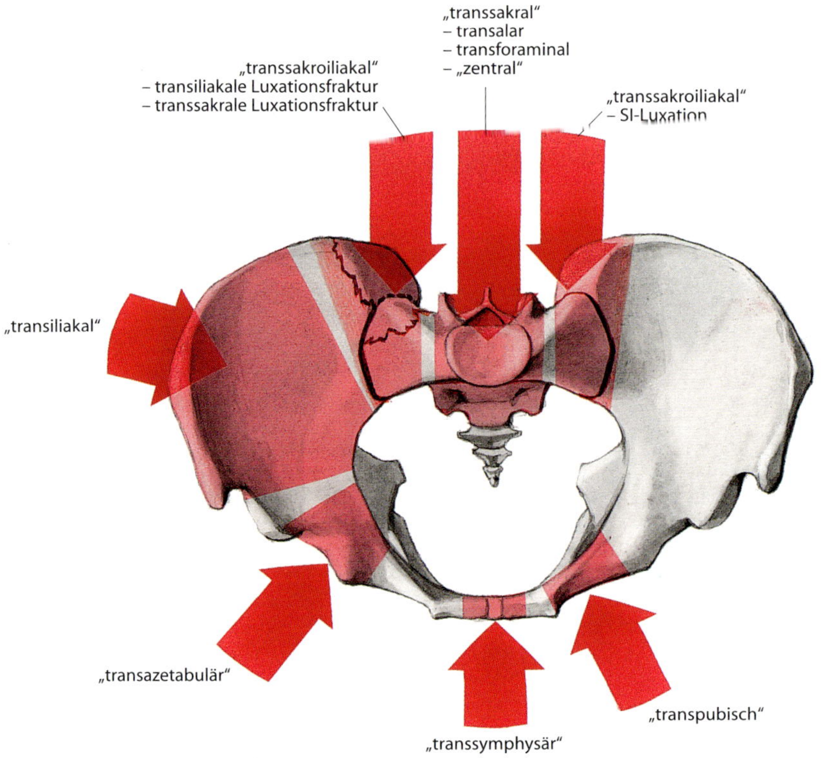


**Abb. 4.5.** Verletzungsregionen (Instabilitätsrichtungen) am Beckenring. Im eigenen Vorgehen wird zur Klassifikation der Beckenringverletzung zunächst nur der Frakturtyp (A-B-C) bestimmt. Die anatomische Lokalisation der Verletzung wird durch die in Anlehnung an Letournel erweiterten »Verletzungsregionen« oder »Instabilitätsrichtungen« systematisch analysiert und im Klartext beschrieben. Dieses System bewährt sich aufgrund der allgemeinen Verständlichkeit im klinischen Alltag, erlaubt aber auch später noch eine exakte »Nachdokumentation« in einem computergerechten »alphanumerischen« Klassifikationssystem (z. B. »CCF-System«)

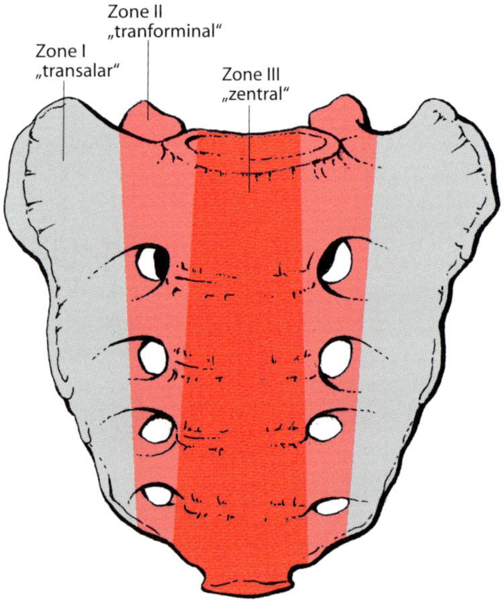


**Abb. 4.6.** Klassifikation der Sakrumfrakturen nach Denis (1988 [9]). Dieser gibt eine Unterteilung des Os sacrum in 3 Zonen an: Pars lateralis (Zone I), transforaminal (Zone II) und zentral (Zone III). Jeweils der zentralste Anteil des Frakturverlaufes definiert die Verletzung. Die Relevanz dieser Einteilung liegt in der von Zone I zu Zone III stark zunehmenden Rate von begleitenden Nervenschäden (s. auch Abb. 4.7)

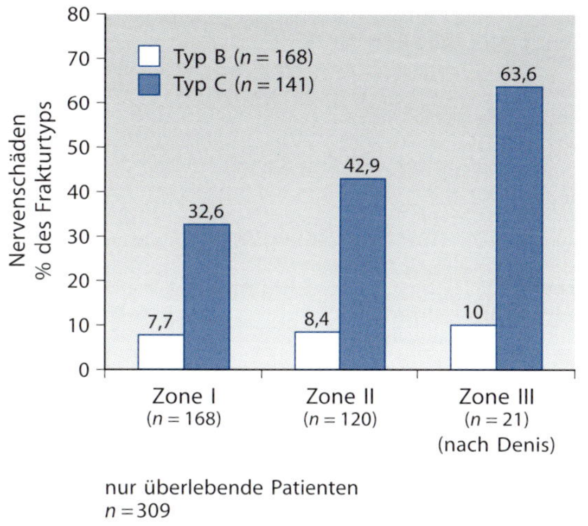


**Abb. 4.7.** Häufigkeit von Nervenschäden nach Sakrumfrakturen in Beziehung zu der Beckenringinstabilität und der Frakturzone im Os sacrum (Pohlemann 1992 [46]). Anhand der Gegenüberstellung der Analyse von 309 überlebenden Patienten aus einer Serie von 377 Sakrumfrakturen läßt sich ableiten, daß die Rate des beobachteten Nervenschadens in erster Linie vom Instabilitätsgrad des Beckenrings abhängt und erst in zweiter Linie vom spezifischen Frakturverlauf innerhalb des Kreuzbeines

## 4.5 Weitere Definitionen

Da für die Prognose der Beckenfrakturen neben der osteoligamentären Verletzung insbesondere die begleitenden Weichteilschäden von größter Bedeutung sind, hat es sich bewährt, einige Definitionen festzulegen, die die Nomenklatur der Beckenverletzungen vereinheitlichen.

### »Einfache« oder »unkomplizierte Beckenfraktur«

Hierunter fällt der überwiegende Anteil der Verletzungen (etwa 90%). Es handelt sich um eine osteoligamentäre Beckenverletzung ohne wesentlichen, d.h. die Therapie beeinflussenden Weichteilschaden. Die Verletzung selbst kann aber durchaus »instabil« im Sinne einer C-Verletzung sein.

### »Komplexe Beckenfraktur«

Sie umfaßt Beckenfrakturen, die durch zusätzliche peripelvine Verletzungen des Haut-Muskel-Mantels, des Urogenitalsystems, des Darmes, der großen Gefäße oder der großen Nervenbahnen kompliziert sind [2, 3]. Diese Verletzungstypen umfassen zwar nur 10% des Krankengutes, haben aber eine signifikant erhöhte Letalität und Komplikationsrate im Vergleich zu »unkomplizierten« osteoligamentären Verletzungen. Eine weitere Graduierung und für wissenschaftliche Auswertungen verwertbare Einteilung des Weichteilschadens kann durch die »Hannover Fracture Scale« Becken erfolgen, [2].

### Instabile Beckenverletzung mit »instabilem Kreislauf«

Hierunter fallen Patienten, bei denen aufgrund einer schweren beckenbedingten Blutung akute Lebensgefahr besteht. Dazu gehören Patienten der Blutungsschwere III nach Trunkey (>150 ml/min) [61] oder des Schweregrades III und IV nach Bone (>2000 ml Blutverlust) [1]. Da es in Notfallsituationen in der Regel zu lange dauert, bis der Blutverlust abschätzbar ist, wird aushilfsweise ein primärer, d.h. direkt bei Aufnahme bestimmter Hämoglobingehalt von unter 8 g/% als Kriterium gewählt [47] (s. auch Kap. 7).

### Traumatische Hemipelvektomie

Diese »schwerste« der komplexen Beckenverletzungen beinhaltet eine weite osteoligamentäre Abtrennung einer oder beider Beckenhälften vom Stammskelett. Der Hautmantel kann geschlossen, wesentlich häufiger ist er aber durchtrennt. Das wesentliche Kriterium ist jedoch die komplette Durchtrennung der großen vaskulären *und* neurogenen Strukturen in der Beckenetage [48]. Besonders durch die komplette Nervendurchtrennung ist eine Restitutio des Beines auch beim Überleben der Verletzung nach derzeitigem Wissenstand ausgeschlossen.

## Literatur


1. Bone L (1992) Emergency treatment of the injured patient. In: Browner B, Jupiter JB, Levine AM, Trafton PG (eds) Skeletal trauma. Saunders, Philadelphia London Toronto Montreal Sydney Tokyo, pp 127–145
2. Bosch U, Pohlemann T, Haas N, Tscherne H (1992) Klassifikation und Management des komplexen Beckentraumas. Unfallchirurg 95: 189–196
3. Bosch U, Pohlemann T, Tscherne H (1992) Strategie bei der Primärversorgung von Beckenverletzungen. Orthopade 21: 385–392
4. Bryan W, Tullos H (1979) Pediatric pelvic fractures: review of 52 patients. J Trauma 19(11): 799–805
5. Bucholz R (1981)The pathological anatomy of malgaigne fracture-dislocations of the pelvis. J Bone Joint Surg Am 63(3): 400–404
6. Burgess A, Eastridge B, Young J, Ellison T, Ellison P, Poka A (1990) Pelvic ring disruption: effective classification systems and treatment protocols. J Trauma 30(7): 848–856
7. Connolly W, Hedberg E (1969) Observations on fractures of the pelvis. J Trauma 9(2): 104–111
8. Cryer HM, Miller FB, Evers BM, Rouben LR, Seligson DL (1988) Pelvic fracture classification: correlation with hemorrhage. J Trauma 28(7): 973–980
9. Denis F, Steven D, Comfort T (1988) Sacral fractures: an important problem, retrospective analysis of 236 cases. Clin Orthop 227: 67–81
10. Dolati B (1993) Becken- und Acetabulumchirurgie. In: Weller S, Hierholzer G (Hrsg) Traumatologie aktuell, Bd 10. Thieme, Stuttgart New York, S 1–160

11. Domisse G (1960) Diametric fractures of the pelvis. J Bone Joint Surg Br 42: 432–443
12. Ecke H, Kraus J (1975) Die mehrfachen Verletzungen des Beckenrings. Unfallchirurgie 1: 81–87
13. Eid A (1983) Fractures of the pelvis. J Postgrad Med 59: 560–565
14. Flint L, Babikian G, Anders M, Rodriguez J, Steinberg S (1990) Definitive control of mortality from severe pelvic fracture. Ann Surg 211(6): 703–706
15. Froman C, Stein A (1967) Complicated crushing injuries of the pelvis. J Bone Joint Surg Br 49(1): 24–32
16. Gertzbein S, Chenoweth D (1977) Occult injuries of the pelvic ring. Clin Orthop 128: 202–207
17. Helfet D (1992) Alpha-numeric classification for pelvic fractures. In: Surgery of the pelvis and acetabulum: an international consensus. Conference Proceeding, Pittsburgh
18. Heller M, Jend H (1984) Beckenverletzungen. In: Heller M, Jend H (Hrsg) Computertomographie in der Traumatologie. Thieme, Stuttgart New York, S 92 ff.
19. Hierholzer G, Gras U (1984) Verletzungen des Beckens und seiner Bandverbindungen. Hefte Unfallheilkd 164: 181–187
20. Hirsch L (1924) Ueber Beckenfrakturen. Bruns Beitr Klin Chir 132: 441–465
21. Huittinen V, Slätis P (1972) Fractures of the pelvis: trauma mechanism, types of injury and principles of treatment. Acta Chir Scand 138: 563–569
22. Huittinen V, Slätis P (1972) Nerve injury in double vertical pelvic fractures. Acta Chir Scand 138: 571–575
23. Isler B, Ganz R (1990) Klassifikation der Beckenringverletzung. Unfallchirurg 93: 289–302
24. Kane W (1984) Fractures of the pelvis. In: Rockwood C, Green D (eds) Fractures in adults, 2[nd] edn. Lippincott, Philadelphia, pp 1093–1196
25. Katzenelson M (1895) Ueber die Fracturen des Beckenringes. Dtsch Z Chir 41: 473–512
26. Kusmin W (1882) Ueber Beckenfracturen – Experimentelle Untersuchung. Wiener Med Jahrbücher 1: 105–141
27. Laer L v (1991) Die Beckenfraktur im Kindesalter. Zentralbl Chir 116(3): 215
28. Laer L v, Bittel M (1984) Die Prognose knöcherner und ligamentärer Beckenverletzungen im Wachstumsalter. Hefte Unfallheilkd 164: 203–206
29. Letournel E (1978) Annotation to pelvic fractures. Injury 10: 145–148
30. Looser K, Crombie H (1976) Pelvic fractures: an anatomic guide to severety of injury. Review of 100 cases. Am J Surg 132: 638–645
31. Magnus G (1931) Über Beckenbrüche, Behandlung und Resultate. Mitteilung von 1210 Fällen. Arch Klin Chir: 667–670
32. Malgaigne J (1847) Traites des fractures et des luxations. Balliere, Paris
33. Mayr E, Braun W, Rüter A (1994) Gibt es eine Klassifikation der Beckenringverletzungen, die Unfallmechanismus, Morphologie und Stabilitätsverhältnisse berücksichtigt und damit Hinweise auf die einzuschlagende Therapie gibt? Zentralbl Chir 119: 597–607
34. Mears D, Gordon R (1992) The results of treatment of two hundred pelvic malunion/nonunions. Annual meeting OTA, October 1–3, Minneapolis/MS
35. Messerer O (1880) Über Elasticität und Festigkeit der menschlichen Knochen. Verlag der J. G. Cotta'schen Buchhandlung, Stuttgart
36. Monahan P, Taylor R (1975) Dislocation and fracture dislocation of the pelvis. Injury 6: 325–333
37. Müller K, Witzel U (1986) Biomechanik des Beckenrings und Verletzungsformen. Hefte Unfallheilkd 181: 557–565
38. Müller M (1996) CCF Comprehensive Classification of Fractures. M. E. Müller Foundation, Bern
39. Müller M (1994) The comprehensive classification of fractures, part 2: Pelvis and acetabulum. Springer, Berlin Heidelberg New York Tokyo (CD-ROM)
40. Müller-Färber J, Müller K (1978) Stabile und instabile Beckenfrakturen. Arch Orthop Trauma Surg 93: 29–41
41. Peltier L (1965) Complications associated with fractures of the pelvis. J Bone Joint Surg Am 47: 1060–1069
42. Pennal G, Sutherland G (1961) Fractures of the pelvis (motion picture). American Academy of Orthopedic Surgeons (AAOS) Film Library: Park Tidge IL
43. Pennal G, Tile M, Waddell J, Garside H (1980) Pelvic disruption: assessment and classification. Clin Orthop 151: 12–21
44. Pick M (1955) A classification of fractures of the pelvis. Proc R Soc Med 48: 96–98
45. Pohlemann T, Gänsslen A, Kiessling B, Bosch U, Haas N, Tscherne H (1992) Indikationsstellung und Osteosynthesetechniken am Beckenring. Unfallchirurg 95: 197–209
46. Pohlemann T, Gänsslen A, Tscherne H (1992) Die Problematik der Sakrumfraktur, klinische Analyse von 377 Fällen. Orthopade 21: 400–412
47. Pohlemann T, Culemann U, Gänsslen A, Tscherne H (1996) Die schwere Beckenverletzung mit pelviner Massenblutung: Ermittlung der Blutungsschwere und klinische Erfahrung mit der Notfallstabilisierung. Unfallchirurg 99(10): 734–743
48. Pohlemann T, Paul C, Gänsslen A, Regel G, Tscherne H (1996) Die traumatische Hemipelvektomie. Erfahrungen aus 11 Fällen. Unfallchirurg 99(4): 304–312
49. Poigenfürst J (1962) Symphysenzerreißungen, Erfahrungen an 76 Fällen. Hefte Unfallheilkd 70: 1–46
50. Poigenfürst J (1972) Beckenbrüche. In: Nigst H (Hrsg) Spezielle Frakturen- und Luxationslehre. Thieme, Stuttgart, S 141–228
51. Poigenfürst J (1979) Beckenringbrüche und ihre Behandlung. Unfallheilkunde 82: 309–319
52. Reed M (1976) Pelvic fractures in children. J Can Assoc Radiol 27: 255–261
53. Rose E (1865) Zur Diagnostik der einfachen Beckenfrakturen. Charité Annalen 13: 19–66
54. Rothenberger D, Fischer R, Strate R, Velasco R, Perry J (1978) The mortality associated with pelvic fractures. Surgery 84(3): 356–359
55. Tile M (1984) Fractures of the pelvis and acetabulum. Williams & Wilkins, Baltimore
56. Tile M (1988) Pelvic ring fractures: should they be fixed? J Bone Joint Surg Br 70: 1–12
57. Tile M, Pennal G (1980) Pelvic disruptions: principles of management. Clin Orthop 151: 56–64
58. Tile M, Burri C, Poigenfürst J (1991) Pelvis. In: Müller M (Hrsg) Manual of internal fixation. Springer, Berlin Heidelberg New York, S 485–500
59. Tillmanns RH (1905) Die Verletzungen und chirurgischen Krankheiten des Beckens. Die Deutsche Chirurgie Lief. 62 a, Stuttgart
60. Torode I, Zieg D (1985) Pelvic fractures in children. J Pediatr Orthop 5(1): 76–84
61. Trunkey D (1983) Trauma. Sci Am 249: 28–35
62. Trunkey D, Chapman M, Lim R, Dunphy J (1974) Management of pelvic fractures in blunt trauma injury. J Trauma 14: 912–923
63. Vasey H (1979) Frakturtypen des Beckenrings. Hefte Unfallheilkd 140: 7–12
64. Voigt G (1965) Untersuchungen zur Mechanik der Beckenfrakturen und Luxationen. Hefte Unfallheilkd 85: 1–92
65. Wakeley C (1930) Fractures of the pelvis: an analysis of 100 cases. Br J Surg 22–29
66. Watson-Jones R (1938) Dislocations and fracture-dislocations of the pelvis. Br J Surg 25: 773–781
67. Westerborn A (1928) Beiträge zur Kenntnis der Beckenbrüche und Beckenluxationen. Acta Chir Scand Suppl 8
68. Wilenius R (1943) Über Beckenbrüche. Acta Chir Scand Suppl 79
69. Young J, Resnik C (1990) Fracture of the pelvis: current concepts in classification. AJR 155: 1169–1175
70. Young JW, Burgess AR, Brumback RJ, Poka A (1986) Lateral compression fractures of the pelvis: the importance of plain radiographs in the diagnosis and surgical management. Skeletal Radiol 15(2): 103–109
71. Young JW, Burgess AR, Brumback RJ, Poka A (1986) Pelvic fractures: value of plain radiography in early assessment and management. Radiology 160(2): 445–451

# Kapitel 5

# Epidemiologie der Beckenringverletzungen 5

T. Pohlemann und A. Gänsslen



**Die Inzidenz und der Schweregrad von Verletzungen folgen den Veränderungen der gesellschaftlichen und technischen Rahmenbedingungen. Die Beckenverletzung als Ausdruck einer schweren Allgemeinverletzung nahm während der letzten 100 Jahre stetig zu, bleibt aber insgesamt selten. Da auch in Schwerpunktkliniken größere, eigene Patientenzahlen nur über einen langen Zeitraum gesammelt werden können, ist man zur statistisch validen, epidemiologischen Analyse auf Daten angewiesen, die aus einem kurzen Beobachtungsraum stammen und die sich auf ein ausreichend großes Kollektiv stützen. Solche Untersuchungen sind nur durch Feldstudien und multizentrische Untersuchungen zu verwirklichen. Ein Großteil der hier angegebenen Daten basiert deswegen auf Auswertungen der multizentrischen Studie der Arbeitsgruppe Becken der DGU und der Deutschen Sektion der AO-International[1] [14]. Da an der Erhebung 10 traumatologische Schwerpunktkliniken in den Jahren 1991–1993 mitgewirkt haben, können die angegebenen Verteilungen als derzeit aktuell und repräsentativ für Schwerpunktkliniken angesehen werden. Es darf dabei allerdings nicht übersehen werden, daß in Einrichtungen der Grund- und Regelversorgung die Inzidenz, gerade der schweren Beckenverletzung, sicherlich nochmals niedriger liegt.**

[1] *Beteiligte Kliniken:* Städtische Schwerpunktkliniken: Augsburg, Braunschweig, Celle; Unfallchirurgische Universitätskliniken: Berlin, Klinikum Benjamin Franklin; Freiburg, Hannover, Kiel, Marburg, München Innenstadt, Tübingen Dokumentation: AG Becken (H. Tscherne), Pohlemann T, Gänsslen A, Hartung S (1998) Beckenverletzungen/Pelvic injuries, Results of the German Multicenter Study Group. Hefte Unfallchirurg 266, S. 1–402

## 5.1 Häufigkeit der Beckenverletzungen

Die Beckenverletzung nimmt über die letzten 150 Jahre an Häufigkeit zu. Während im letzten Jahrhundert ihr Anteil noch mit teilweise weit unter 1% bei Patienten mit Frakturen angegeben wurde, ist derzeit ein Anteil von 3–8% anzunehmen [1, 10, 11].

Eine aktuelle Feldstudie aus Schweden gibt 1992 eine Inzidenz von 37 Beckenverletzungen pro 100 000 Einwohner und Jahr [15] an, eine ähnliche Studie aus Dänemark ergibt 1996 eine Inzidenz von 19 Beckenfrakturen pro 100 000 Einwohner und Jahr [5].

Aus 22 616 Frakturfällen des Londoner Hospitals aus den Jahren 1842–1862 gibt Gurlt einen Anteil von 0,3% Beckenfrakturen an (zitiert nach [6]).

In einer anderen Übersicht berichtet Gurlt 1861 aus einer multizentrischen Zusammenstellung von 13.041 Frakturen aus 8 Kliniken über 108 Beckenbrüche (0,8%) (zitiert nach [6]).

Ecke gibt 1975 unter 5515 stationär behandelten Unfallpatienten 168 (3%) Beckenfrakturen an [2].

Eine Analyse des eigenen Krankengutes wies unter 40 730 Frakturen der Jahre 1972–1994 einen Anteil von 1939 Beckenfrakturen, entsprechend 4,8% auf.

Einen weiteren wesentlichen Einfluß auf die Inzidenz der Beckenfrakturen hat der Schweregrad der Gesamtverletzung: Während die Inzidenz im Krankengut aller Verletzten derzeit mit etwa 3% anzunehmen ist, nimmt ihr Anteil bei den Schwerverletzten auf über 25% zu [13]. Ist das Ausmaß der einwirkenden Energie so hoch, daß die Verletzung nicht überlebt wird, steigt auch die Inzidenz der beobachteten Beckenverletzungen: Voigt fand bei der Sektion von 189 Unfallopfern 76 Beckenverletzungen (42%) [18].

## 5.2 Alters- und Geschlechtsverteilung

Die Beckenverletzung, und hier insbesondere die schwere, instabile Verletzung, ist v. a. eine Verletzung der aktiven, jungen Bevölkerung. Ein deutlicher Häufigkeitsgipfel mit Betonung des männlichen Geschlechtes ist zwischen dem 20. und 35. Lebensjahr zu beob-

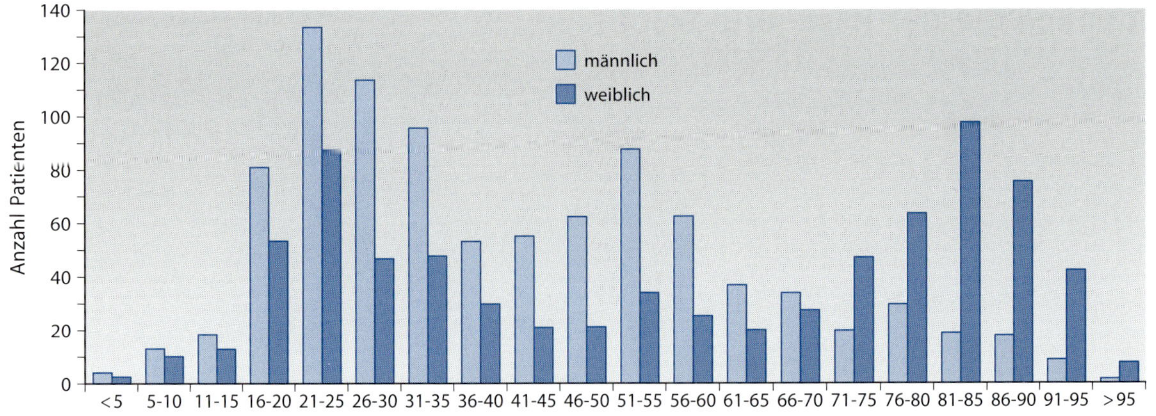


**Abb. 5.1.** Alters- und Geschlechtsverteilung nach Beckenfrakturen. Darstellung aus den Ergebnissen der multizentrischen Studie der Arbeitsgruppe Becken der DGU und AO (nach Pohlemann et al. [14])

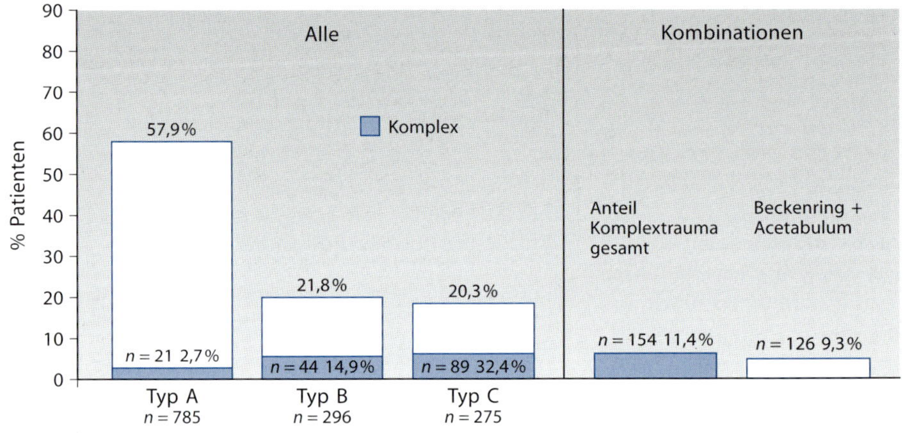


**Abb. 5.2.** Klassifikation der Beckenfrakturen ohne isolierte Acetabulumfrakturen (n = 1356). Darstellung aus den Ergebnissen der multizentrischen Studie der Arbeitsgruppe Becken der DGU und AO (nach Pohlemann et al. [14])

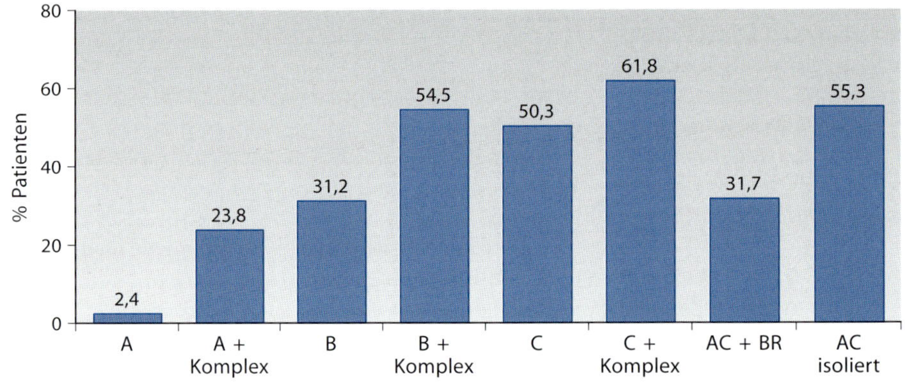


**Abb. 5.3.** Anteil der operativen Stabilisierung innerhalb der einzelnen Klassifikationsgruppen der Beckenringverletzungen. Darstellung aus den Ergebnissen der multizentrischen Studie der Arbeitsgruppe Becken der DGU und AO (nach Pohlemann et al. [14])

achten um danach wieder abzufallen (Abb. 5.1). Ein deutlicher zweiter »Gipfel« ist um das 85. Lebensjahr zu beobachten, nahezu ausschließlich ist hier das weibliche Geschlecht betroffen. In diesen Fällen handelt es sich im wesentlichen um Scham- und Sitzbeinastfrakturen bei stabilem Beckenring als Ausdruck einer zunehmenden knöchernen Insuffizienz (»Altersfrakturen«).

## 5.3 Häufigkeit der einzelnen Frakturtypen (Abb. 5.2)

Am weitaus häufigsten tritt die Beckenfraktur als stabile Typ-A-Verletzung auf (56% der Beckenfrakturen). Der Anteil der komplexen Beckenfrakturen an allen Beckenverletzungen liegt bei 9,3%, der der isolierten

**Abb. 5.4 a, b.** Darstellung aus den Ergebnissen der multizentrischen Studie der Arbeitsgruppe Becken der DGU und AO (nach Pohlemann et al. [14]. **a** Gesamtverletzungsschwere nach Beckenfrakturen, ausgedrückt in Durchschnittspunktzahl aus dem Polytraumaschlüssel (PTS). **b** Prozentuale Häufigkeit begleitender Verletzungen anderer Körperregionen in Beziehung zur Klassifikation der Beckenringverletzung

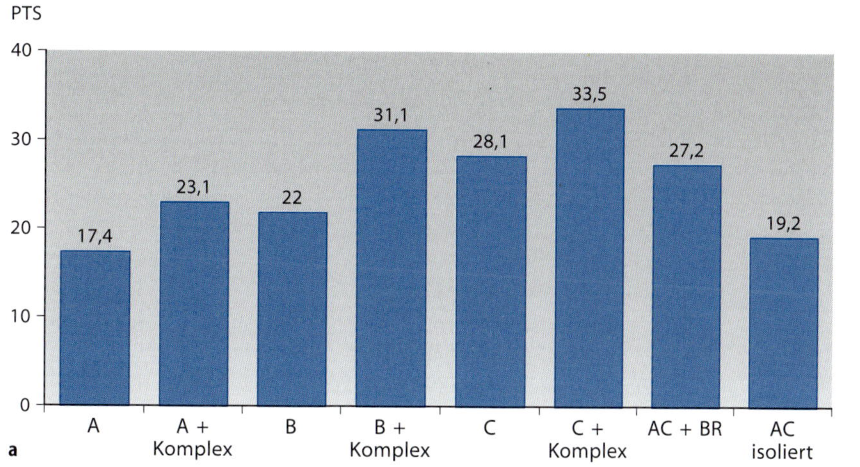


a

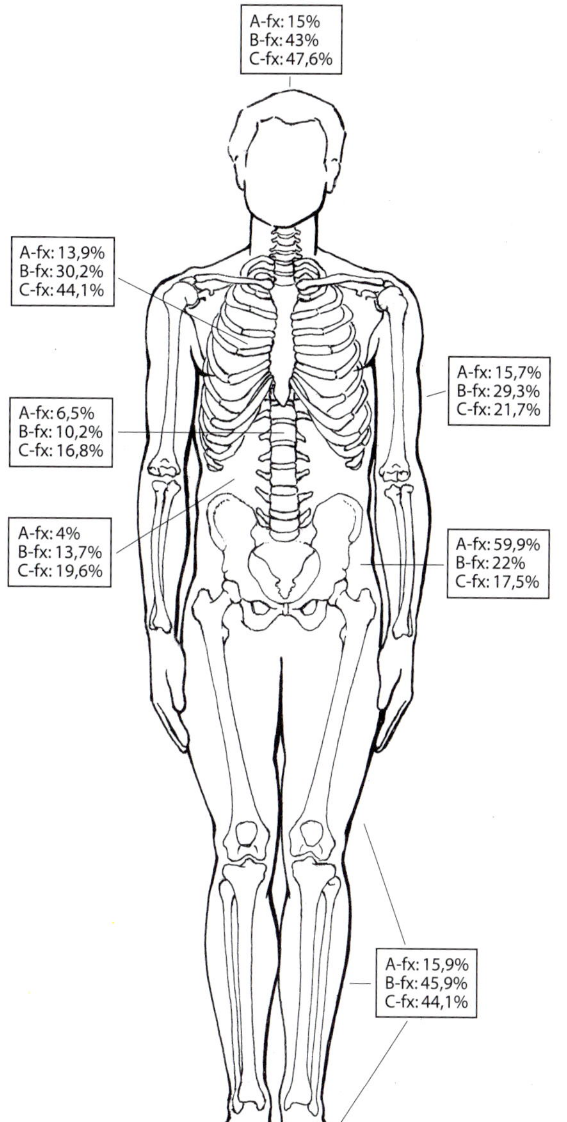


b

Acetabulumfrakturen bei 20,9%. 9,3% der Acetabulumfrakturen treten als Kombinationsverletzungen mit Beckenringfrakturen auf. Wie eingangs erwähnt handelt es sich bei dieser Analyse um das Patientengut von traumatologischen Schwerpunktkliniken mit einem erhöhten Anteil an »schwereren« Verletzungen.

## 5.4 Rate der operativen Stabilisierungen bei verschiedenen Frakturtypen

Die Indikation zur operativen Stabilisierung wird natürlich zunächst im wesentlichen durch den Frakturtyp, ausgedrückt durch die Klassifikation der Verletzung, bestimmt. Darüber hinaus beeinflußt aber eine Vielzahl von zusätzlichen Faktoren die endgültige Therapieentscheidung (Allgemeinzustand, Alter des Patienten, Begleitverletzungen, Patientenwunsch etc.). In der multizentrischen Erhebung der Arbeitsgruppe Becken betrug der Anteil der operativen Stabilisierungen auch bei Typ-C-Verletzungen lediglich 50% (Abb. 5.3).

Eine etwas höhere Rate an chirurgischen Beckenstabilisierungen wurde nach komplexen Beckentraumen festgestellt. Selbst bei den an sich nicht »versorgungspflichtigen« Typ-A-Verletzungen wurde bei Vorliegen eines »Komplextraumas« in 23,8% die Beckenfraktur operativ stabilisiert.

## 5.5 Rate und Schweregrad der Begleitverletzungen

Die Gesamtverletzungsschwere bei Beckenfrakturen ist hoch (Abb. 5.4a). Schon bei den »unkomplizierten« Beckenfrakturen des Typs A lag der durchschnittliche Punktwert des Polytraumaschlüssels (PTS) bei 17,4 Punkten und stieg bis auf 33,5 Punkte in der Gruppe der Komplextraumen mit Typ-C-Verletzungen an.

Daraus folgend ist mit einer hohen Zahl von Begleitverletzungen zu rechnen (Abb. 5.4b). Lediglich Typ-A-Verletzungen treten in 59,9 % als isolierte Verletzung auf. Demgegenüber haben lediglich 5,6 % der komplexen Beckenverletzungen vom Typ C keine Begleitverletzung.

## 5.6 Letalität der einzelnen Beckenverletzungen

Die Gesamtletalität kann derzeit mit 7,9 % aller Patienten mit Beckenverletzungen angegeben werden (Abb. 5.5). Die Letalität des Gesamtkollektivs aller Beckenfrakturen ist damit leicht sinkend, obwohl es schwierig ist vergleichbare Daten heranzuziehen. Patterson gibt 1973 eine Letalität von 13,9 % in einem Kollektiv von 633 Beckenfrakturen an [12]. Im eigenen Krankengut mit einer deutlichen Prävalenz von schweren Allgemeinverletzungen ergab sich bei 1.254 Beckenfrakturen zwischen 1972 und 1992 eine Gesamtletalität von 18,1 % [13].

Wesentlich höhere Letalitätsraten werden beobachtet, wenn die Beckenfraktur durch begleitende pelvine Zusatzverletzungen kompliziert ist. Die Vergleichbarkeit dieser Patienten ist aufgrund der sehr individuellen Verletzungscharakteristik sehr erschwert. Bei »komplexen« Beckenverletzungen, bei der Verletzung großer Gefäße oder wenn insgesamt ein Blutersatz notwendig war, wird in der Literatur von Letalitätsraten zwischen 26 % und 83 % berichtet [3, 4, 7–9, 16, 17].

Aus den aktuellen Daten der multizentrischen Studie der Arbeitsgruppe Becken läßt sich erkennen, daß auch die komplexen Beckenverletzungen mit einer Letalität von 21,3 % zwischenzeitlich eine leicht verbesserte Prognose haben, die Letalität aber immer noch unakzeptabel hoch liegt.

Eine besondere Bedeutung haben komplexe Beckenfrakturen, bei denen bei Aufnahme im Krankenhaus ein »instabiler Kreislauf« vorliegt. Zur Verdeutlichung wurden in Abb. 5.5 Patienten aus dem eigenen Krankengut gegenübergestellt, bei denen der erste Hb-Wert bei Aufnahme unter 8 g% lag. Mit 55,2 % liegt ihre Letalität nahezu so hoch wie bei den Patienten, bei denen die Kriterien einer traumatischen Hemipelvektomie erfüllt waren.

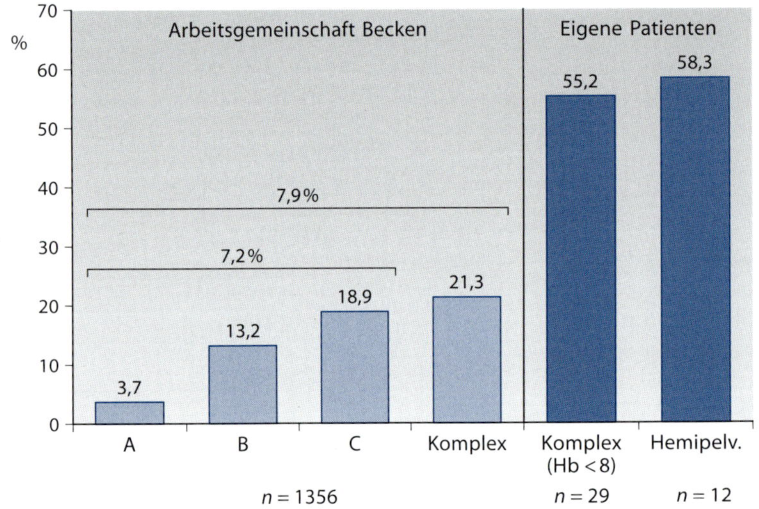


**Abb. 5.5.** Letalität nach Beckenringverletzungen in Beziehung zur Gesamtverletzungsschwere. Darstellung aus den Ergebnissen aus der multizentrischen Studie der Arbeitsgruppe Becken der DGU und AO (nach Pohlemann et al. [14]). Zusätzlich dargestellt sind Daten aus dem eigenen Krankengut. Die Gruppe der »Komplextraumen mit instabilem Kreislauf« umfaßt die Analyse von 29 komplexen Beckentraumen der eigenen Klinik aus den Jahren 1984–1994 mit einem Hb-Wert in der im Rahmen der Notfallbehandlung durchgeführten Blutanalyse von unter 8 g%

## Literatur


1. Brooker A, Edwards C (1979) External fixation: The current state of the art. Williams & Wilkins, Baltimore
2. Ecke H, Kraus J (1975) Die mehrfachen Verletzungen des Beckenrings. Unfallchirurgie 1: 81
3. Froman C, Stein A (1967) Complicated crushing injuries of the pelvis. J Bone Joint Surg Br 49: 24
4. Jonas A, Wruhs O (1975) Verletzungen des Brust- und Bauchraumes bei Beckenbrüchen. Hefte Unfallheilkd 124: 177
5. Kjaer I, Jansen J, Rotwit L, Hansen B, Hansen L, Freund K (1996) Epidemiology of pelvic fractures in a Danish county. Surgery of the Pelvis and Acetabulum: The Third International Consensus. Pittsburgh 1996
6. Kusmin W (1882) Ueber Beckenfracturen – Experimentelle Untersuchung. Wiener Med Jahrbücher 1: 105
7. Linke E (1966) Die Verletzung großer Gefäße als Komplikation der Beckenfrakturen. Monatsschr Unfallheilkd 69: 430
8. McMurtry R, Walton D, Dickinson D, Kellam J, Tile M (1980) Pelvic disruption in the polytraumatized patient: a management protocol. Clin Orthop 151: 22
9. Moreno C, Moore EE, Rosenberger A, Cleveland HC (1986) Hemorrhage associated with major pelvic fracture: a multispecialty challenge. J Trauma 26: 987
10. Mucha P, Farnell M (1984) Analysis of pelvic fracture management. J Trauma 24: 379
11. O'Malley KF, Ross SE (1990) Pulmonary embolism in major trauma patients. J Trauma 30: 748
12. Patterson F, Morton K (1973) The cause of death in fractures of the pelvis: With a note on treatment by ligation of the hypogastric (internal iliac) artery. J Trauma 13: 849
13. Pohlemann T, Bosch U, Gänsslen A, Tscherne H (1994) The Hannover experience in management of pelvic fractures. Clin Orthop 305: 69
14. Pohlemann T, Tscherne H, Baumgärtel F et al. (1996) Beckenverletzungen: Epidemiologie, Therapie und Langzeitverlauf. Übersicht über die multizentrische Studie der Arbeitsgruppe Becken. Unfallchirurg 99: 160
15. Ragnarsson B, Jacobsson B (1992) Epidemiology of pelvic fractures in a swedish county. Acta Orthop Scand 63: 297
16. Rothenberger D, Fischer R, Strate R, Velasco R, Perry J (1978) The mortality associated with pelvic fractures. Surgery 84: 356
17. Rothenberger D, Velasco R, Strate R, Fischer R, Perry J (1978) Open pelvic fractures: a lethal injury. J Trauma 18: 184
18. Voigt G (1965) Untersuchungen zur Mechanik der Beckenfrakturen und Luxationen. Hefte Unfallheilkd 85: 1

# Kapitel 6

# Diagnostik

6

T. Pohlemann, H. Müller-Vahl, M. Prokop und Ch. Stief



**Im Vergleich zu anderen Körperregionen ist die Diagnostik bei Verletzungen des Beckens deutlich schwieriger. Die Beckenregion stellt mit der großen physikalischen Nähe verschiedener Organstrukturen eine komplexe Einheit dar. Der über den osteoligamentären Strukturen liegende ausgedehnte Weichteilmantel kompliziert die klinische Untersuchung. Die radiologische Darstellbarkeit ist durch die räumlich komplexe Anordnung der Beckenringstruktur zusätzlich behindert.**

**Das diagnostische Management nach Beckenverletzungen muß sich deswegen auf 2 Zielbereiche konzentrieren:**

**Zunächst müssen ohne Zeitverzögerung lebensbedrohliche Beckenverletzungen mit mechanischer und hämodynamischer Instabilität erkannt werden. Hierbei spielt die exakte Feindiagnostik eine untergeordnete Rolle, wesentlich ist die Feststellung von Unterbrechungen und groben Fehlstellungen der Beckenringstruktur, sowie die Diagnose von pelvinen Blutungen und intrapelvinen Organverletzungen.**

**Bei stabilem oder stabilisiertem Allgemeinzustand des Patienten wird in einem zweiten Schritt die Detailgenauigkeit der Diagnostik erweitert, um eine möglichst exakte Vorstellung vom gesamten Ausmaß der Verletzung zu erhalten. Nur mit kompletten Befunden ist eine eindeutige Indikationsstellung und Planung evtl. benötigter Osteosynthesen möglich.**

**Da die Notfalluntersuchung unter erheblichem Zeitdruck erfolgen muß, ist die Einbindung der einzelnen Maßnahmen in einen sog. Notfallalgorithmus sinnvoll. Bei lebensbedrohlichen Verletzungen sind Diagnostik und Notfalltherapie eng miteinander verflochten. Diese spezifischen diagnostischen Maßnahmen werden daher im Rahmen von Kap. 7 besprochen. Dieses Kapitel konzentriert sich auf die detaillierte Darstellung diagnostischer Einzelmaßnahmen.**

## 6.1 Klinische Diagnostik

Die klinische Diagnostik ist weiterhin die Grundlage der Evaluation von Beckenverletzungen. Obwohl der knöcherne Beckenring von einem kräftigen Weichteilmantel umgeben ist, läßt sich durch die sorgfältige manuelle Untersuchung in Verbindung mit der Kenntnis des Unfallmechanismus in der Regel schon in kürzester Zeit die für die Prognose entscheidende Differenzierung zwischen »stabilen« und »instabilen« Verletzungen treffen. Die zwar immer notwendige, aber sekundäre apparative Diagnostik bestätigt oder widerlegt die ursprünglichen Verdachtsdiagnosen!

### Unfallmechanismus und Begleitumstände

#### Anamnese und Unfallmechanismus

Grundsätzlich sollte sofort bei Aufnahme ein zumindest grober Überblick über die Unfallanamnese und den Unfallmechanismus erreicht werden. Allein damit läßt sich schon ein Anhaltspunkt über das Ausmaß der zu erwartenden Verletzungen gewinnen. Ist die Eigenanamnese nicht möglich, darf auf keinen Fall auf die kurze Befragung des Rettungsdienstpersonals verzichtet werden! Nach Hochenergietraumen wie PKW- und Motorradunfällen sowie Absturztraumen steigt die Gefahr schwerwiegender Beckenverletzungen.

**Praktischer Hinweis**

Der genaue Unfallmechanismus ist insbesondere bei kindlichen Verletzungen von großer Bedeutung. Der kindliche Beckenring absorbiert durch seine Elastizität hohe Energiemengen, ohne daß Frakturen auftreten müssen. Lebensbedrohliche Begleitverletzungen können somit »hinter einem unauffälligen« Röntgenbild versteckt sein. Besonders *Überrolltraumen* müssen aufgrund der erheblichen Scherbewegungen im pelvinen Gewebe immer als potentiell lebensbedrohlich angesehen werden!

■ **Allgemeinzustand des Patienten**

Der Allgemeinzustand des Patienten ist entscheidend für die weiteren diagnostischen Maßnahmen am Becken. Bei Schwerverletzten wird idealerweise schon durch rechtzeitig begonnene präklinische Maßnahmen eine Stabilisierung des Allgemeinzustandes erreicht. Zu den Grundlagen der klinischen Evaluation und Notfalltherapie des Mehrfachverletzten s. *Tscherne u. Regel* [50 a].

Bei isolierten Beckenverletzungen kann das Vorliegen unfallunabhängiger (internistischer, neurologischer, seltener chirurgischer) Begleiterkrankungen die primäre Diagnostik und Therapie am Becken behindern oder aber eine erweiterte Diagnostik notwendig machen. Über die Prioritäten muß im Einzelfall entschieden werden.

■ **Alter**

Das Patientenalter beeinflußt die Knochenstruktur und damit auch die Charakteristik der auftretenden Frakturen. Schon ab dem 40. bis 50. Lebensjahr muß mit einer deutlichen Verringerung der Knochensubstanz gerechnet werden. Insbesondere die spongiösen Anteile des Knochens sind betroffen, so daß in diesen Fällen schon nach geringeren Energieeinwirkungen mit instabilen Beckenfrakturen gerechnet werden muß. Auf der anderen Seite deutet eine in Dislokation stehende Beckenringunterbrechung beim jugendlichen Erwachsenen oder Kind immer auf einer hohe Gewalteinwirkung hin. Das Risiko für pelvine Begleitverletzungen ist in diesen Fällen deutlich erhöht.

■ **Geschlecht**

Geschlechtsspezifische Besonderheiten (Osteoporose, höhere Lebenserwartung) führen dazu, daß bei Frauen im höheren Alter eine erhöhte Inzidenz von wenig verschobenen Frakturen der Scham- und Sitzbeinäste, sowie Ermüdungsfrakturen des Os sacrum beobachtet wird [22, 32, 38, 39]. Prognostische Bedeutung für den Heilungsverlauf hat das Geschlecht allerdings nicht.

Von größerer Bedeutung ist die spezifische Lage der Geschlechts- und Ausscheidungsorgane bei instabilen Beckenverletzungen:

- Der typische Verlauf der männlichen Harnröhre erklärt die besondere Gefährdung im Rahmen von Verletzungen des vorderen Beckenrings, während Harnröhrenverletzungen bei Frauen als »Raritäten« gelten.
- Vaginalverletzungen bei Beckenfrakturen werden häufig übersehen. Sie sind problematisch, da definitionsgemäß bei einer offenen Beckenfraktur ein entsprechend hohes Infektionsrisiko besteht.
- Stark dislozierte Scham- und Sitzbeinfrakturen, insbesondere im Rahmen von Innenrotationsverletzungen des Beckens, führen unabhängig vom Geschlecht zu einer erhöhten Rate von Blasenrupturen.

## Klinische Untersuchung

Die klinische, manuelle Untersuchung des Beckenverletzten ist eine wesentliche Grundlage in der Diagnostik und Entscheidungsfindung! Sie kann durch keine Methode der operativen Diagnostik ersetzt werden und gibt bei entsprechender Erfahrung schon in innerhalb kürzester Zeit einen umfangreichen Überblick über das Ausmaß der Beckenverletzung.

■ **Inspektion**

Der Patient wird zur Untersuchung vollkommen entkleidet. Es erfolgt grundsätzlich eine Inspektion von allen Seiten. Beim Schwerverletzten wird zunächst eine Inspektion in Rückenlage durchgeführt, nach Ausschluß von instabilen Wirbelsäulenverletzungen und erheblichen Beckenringinstabilitäten werden zum Abschluß der Primärevaluation in Seitenlage die dorsalen Partien inspiziert und untersucht. Folgende Befunde können erhoben werden:

**Beckenasymmetrie.** Asymmetrien in der Beckenkontur sind nur in den seltensten Fällen primär zu erkennen. Bestehen beckenbedingt erhebliche Fehlstellungen, muß immer mit Blutverlusten in lebensbedrohlichem Ausmaß gerechnet werden! Bei Beinverkürzungen mit Rotationsfehlstellungen besteht der hochgradige Verdacht auf eine Luxation oder eine Luxationsfraktur des Hüftgelenkes (Abb. 6.1).

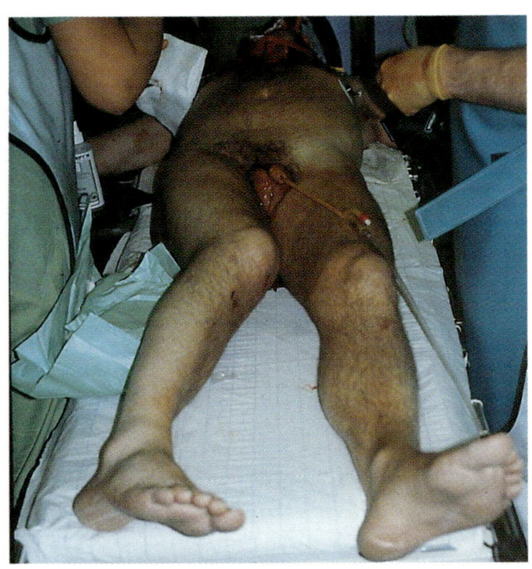

**Abb. 6.1.** Klinische Fehlstellung nach Becken- bzw. Acetabulumfraktur. Selten gibt schon der klinische Aspekt offensichtliche Hinweise für das Vorliegen einer Beckenring- oder Acetabulumverletzung. In dieser Situation bestand eine Beckenfraktur mit Acetabulumfraktur rechts. Zum Zeitpunkt der Aufnahme ist eine hintere Luxationsstellung der rechten Hüfte festzustellen, erkenntlich an der Innenrotations- und Verkürzungsfehlstellung des rechten Beines

**Wunden.** Alle Wunden werden sorgfältig inspiziert und ihre Lage und Größe dokumentiert (Abb. 6.2). Wurde allerdings schon präklinisch ein Wundverband angelegt, so wird dieser erst unmittelbar vor der Versorgung unter sterilen Kautelen abgenommen (s. Tscherne u. Regel [50 a] »Behandlungsprinzip offene Frakturen«). Eine eventuelle Lagebeziehung der Wunden zu großen Gefäß- oder Nervenbahnen muß beachtet werden. Läßt sich durch den Wundverband keine ausreichende Blutstillung erreichen, muß ggf. nach dem Notfallalgorithmus zur Primärbehandlung komplexer Beckenfrakturen vorgegangen werden (Notfallstabilisierung, chirurgische Blutstillung durch direkte Maßnahmen oder Tamponade) (s. auch Kap. 7).

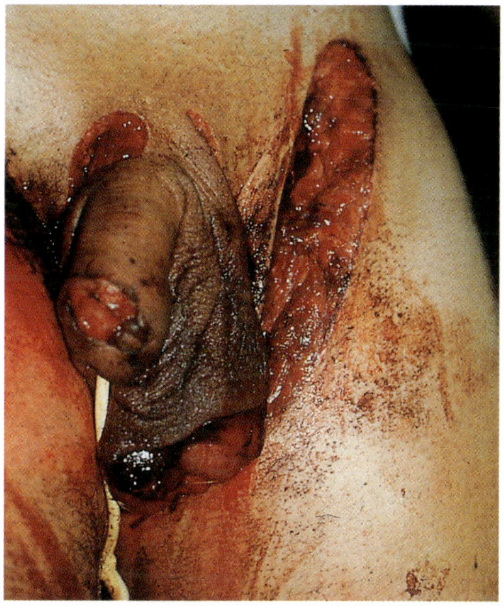

**Abb. 6.2.** Klinischer Aspekt der Wundverhältnisse bei einem »komplexen Beckentrauma«. Ausgedehnte Wunden führen leicht zur Diagnose einer komplexen Beckenverletzung, wie hier am Beispiel einer offenen Beckenfraktur. Sehr viel schwieriger wird die Diagnose bei geschlossenen Hautverhältnissen oder bei »okkult offenen Beckenfrakturen«, wie z. B. bei Rektumperforationen oder Vaginalverletzungen

**Prellmarken und Schürfungen.** Die Lage von Prellmarken und Schürfungen wird primär sorgfältig dokumentiert, ihre genaue Lagebeziehung kann häufig nur primär korrekt erfaßt werden. Das Verhalten der Hämatome muß im Verlauf beobachtet werden: Bei schnell zunehmenden Schwellungen im Bereich der Leiste oder über einer Beckenhälfte muß mit einer hochgradig instabilen Beckenverletzung oder der Verletzung eines großen Gefäßes gerechnet werden. Auch in diesen speziellen Fällen wird nach dem Notfallalgorithmus vorgegangen (Abb. 6.3).

Ausgedehnte Hämatome oder Kontusionsmarken können Hinweise für die Entwicklung eines *Kompartmentsyndroms* oder das Vorliegen einer *»Morel-Lavallé-Läsion«* sein (s. Kap. 7). Insbesondere bei fluktuierenden Hämatomen muß mit einer derartigen Décollementverletzung gerechnet werden.

Hämatome im Bereich des Genitales (große Labien, Skrotum und Penis) können nach Beckenfrakturen erhebliche, teilweise entlastungsbedürftige Ausmaße annehmen.

**Körperöffnungen.** Die Inspektion der Körperöffnungen auf Blutaustritte oder Auflagerungen gibt schon früh Hinweise auf prognostisch schwerwiegende Begleitverletzungen:

- Vor der bei Schwerverletzten routinemäßig vorgenommenen Blasenkatheterisierungen muß auf Blutaustritt aus der Urethra geachtet werden. Blutaus-

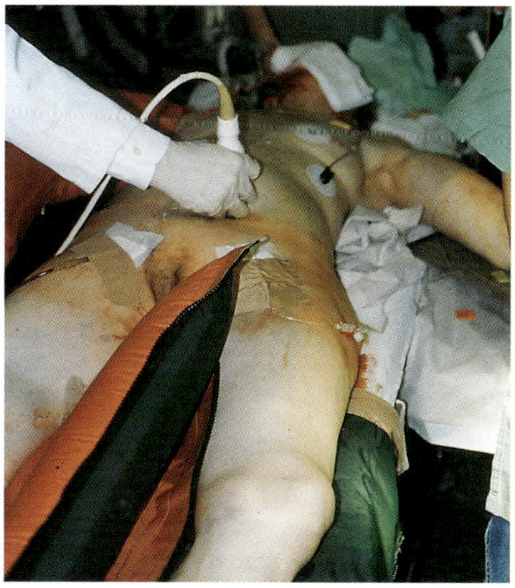

**Abb. 6.3.** Beckenfraktur, Notfallsonographie. Im Rahmen der Notfallbehandlung der Beckenfraktur erfolgt immer die sonographische Kontrolle auf freie Flüssigkeit, die Kontrolle der Blasenfüllung und ggf. der Nachweis eines retroperitonealen Hämatoms. Die Notfallsonographie ist ein fester Bestandteil der Primärevaluation von Schwerverletzten (s. auch Tscherne u. Regel [50 a])

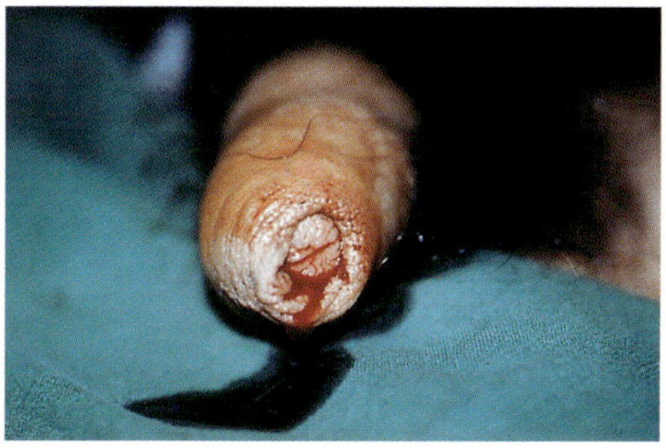

**Abb. 6.4.** Blutaustritt aus der Harnröhre. Die Körperöffnungen werden sorgfältig auf mögliche Verletzungen oder einen Blutaustritt untersucht. Tritt aus dem Meatus urethrae Blut aus, besteht immer der hochgradige Verdacht auf eine Harnröhrenverletzung. In diesem Fall wird auf eine transurethrale Katheterisierung der Harnblase verzichtet und zunächst eine Kontrastdarstellung der Harnröhre durchgeführt

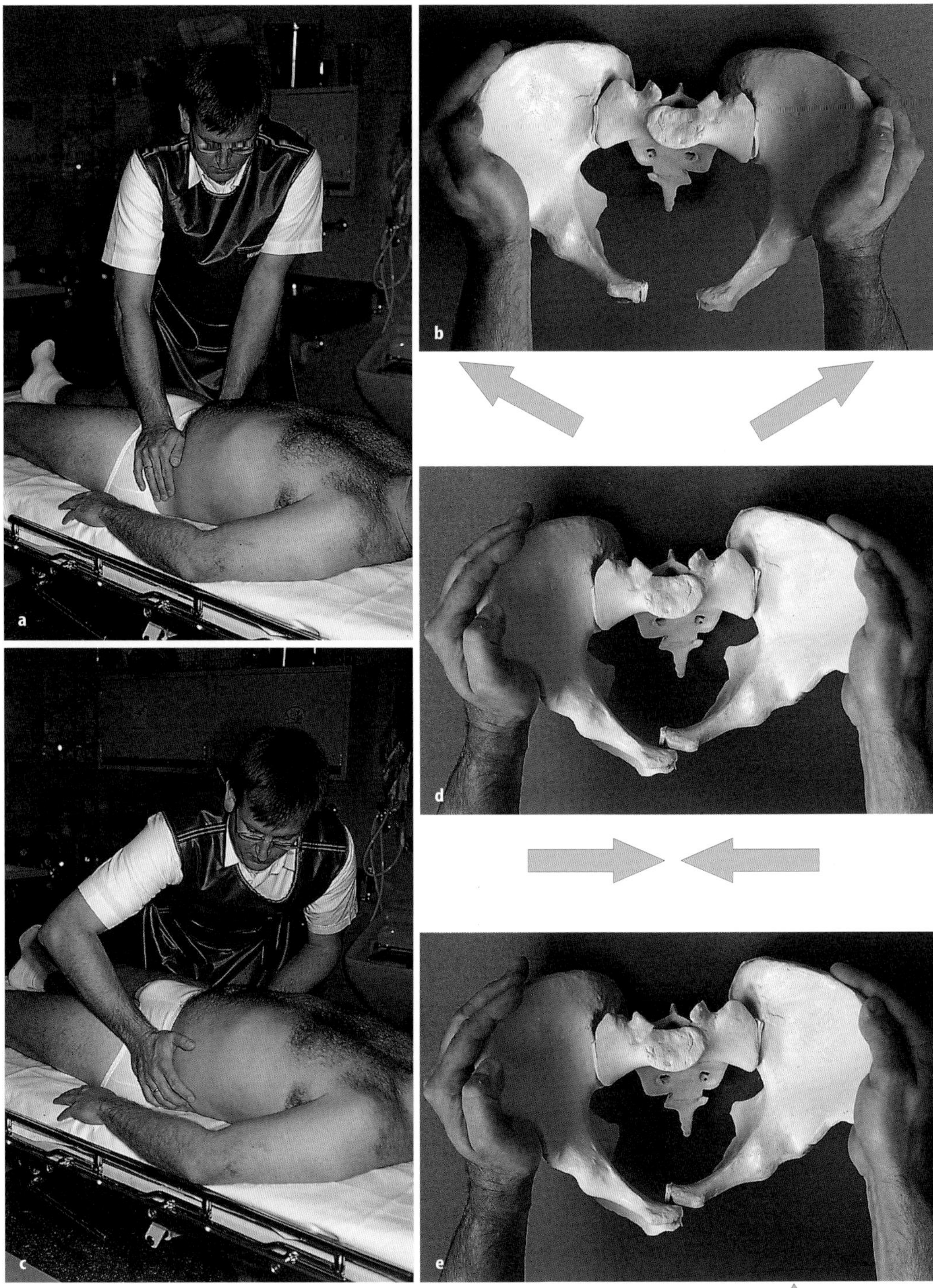


**Abb. 6.5 a–e.** Manuelle Untersuchung der Beckenstabilität. Die klinische Stabilitätsprüfung des Beckens gibt sofort einen recht exakten Anhalt über die Schwere der vorliegenden Beckenverletzung. Zu prüfen sind insbesondere die a.-p.-Kompression zur Diagnose einer Außenrotationsverletzung (**a**, **b**) und die seitliche Kompression zur Diagnose einer Innenrotationsverletzung (**c**, **d**). Ist bei der klinischen Prüfung die eine Beckenhälfte sehr mobil und vollkommen unabhängig vom Stammskelett zu bewegen, ist eine Translationsverletzung vom Verletzungstyp C weitestgehend gesichert (**e**)

tritte oder aber blutiger Urin sind immer Verdachtssymptome für das Vorliegen einer Urethra- oder Blasenverletzung (Abb. 6.4). In diesen Fällen muß vor der Katheterisierung eine Harnröhrendarstellung erfolgen (s. Abschn. 6.3).

- Eine genaue Inspektion des Dammes läßt perineale Verletzungen und Blutaustritte aus Rektum und Vagina erkennen. Vaginale Verletzungen dürfen nicht mit Menstrualblutungen verwechselt werden!

CAVE

Bestehen Verdachtsmomente, wird immer eine rektale bzw. zusätzlich vaginale Untersuchung angeschlossen, um Knochenfragmente, innere Wunden und die Lage der Prostata tasten zu können. Durchspießungen in Darmwand und Vagina sind offene Beckenfrakturen und können bei verzögerter Diagnosestellung zu tödlichen pelvinen Infektionen führen!

**Palpation.** Beim wachen, ansprechbaren Patienten läßt sich durch eine gezielte Palpation die Verletzungsregion, z. B. Symphyse, Scham- und Sitzbeinäste, Beckenkamm, SI-Gelenke oder Sakrum, oft schon präzise eingrenzen. Symphysendiastasen (Außenrotationsverletzungen!) lassen sich besonders bei schlanken Patienten gut tasten.

Die Palpation und manuelle Prüfung der Beckenstabilität ist die erste Möglichkeit, einen direkten Anhaltspunkt für das Vorliegen einer instabilen Beckenverletzung zu bekommen bzw. eine grobe Instabilität auszuschließen (Abb. 6.5).

In der präklinischen Phase stellt die manuelle Prüfung die einzige Möglichkeit dar, »Beckenringinstabilitäten« zu diagnostizieren. Bestätigt sich die Diagnose einer »Beckenringinstabilität« bei der primären Untersuchung nach Klinikaufnahme, muß auf wiederholte Prüfungen verzichtet werden, um keine zusätzlichen Blutungen zu provozieren!

### ■ Grade der Beckenstabilität in der klinisch manuellen Prüfung

**Stabiler Beckenring.** Sowohl bei der anterior-posterioren Kompression auf den Beckenkamm als auch bei der seitlichen Kompression der Beckenkämme läßt sich keinerlei Bewegung auslösen (»der Beckenring ist knöchern fest«).

**Federnd instabil.** Bei Instabilitäten des Typ B, oft bei Innenrotationsverletzungen. Hier läßt sich bei anterior-posteriorer und seitlicher Kompression eine federnde Bewegung innerhalb des Beckenringes feststellen. Dieser Befund ist besonders bei adipösen Patienten leicht zu übersehen und benötigt Erfahrung in der Interpretation. Die Stabilität des Beckenringes ist nicht wesentlich beeinträchtigt.

**Ausgeprägte Rotationsinstabilität.** Besonders bei anterior-posteriorer Kompression »klappen« die Beckenhälften weit auseinander und lassen sich bei seitlicher Kompression wieder schließen bzw. sogar überkomprimieren. Eine Translation der Beckenhälfte im Sinne einer Verschiebung nach posterior oder kranial läßt sich aber nicht auslösen. Dieser Tastbefund entspricht einer massiven Außenrotationsverletzung, wie sie häufig nach sog. Open-book-Verletzungen (a.-p.-Kompressionsmechanismus) vorkommen kann. Bei diesem Befund ist mit schweren Blutungskomplikationen zu rechnen.

**Komplette Instabilität (»Translationsinstabilität«).** Hier läßt sich bei anterior-posteriorer Verschiebung, bei seitlicher Kompression und bei Zug oder Stauchungsbewegungen am Bein eine zum Stammskelett unabhängige Bewegung der Beckenhälfte provozieren. Dieser Tastbefund entspricht einer Typ-C-Verletzung mit translatorischer Instabilität des hinteren Beckenringes. Dieser Befund muß immer als potentiell lebensbedrohlich gewertet werden, die klinische Untersuchung darf aufgrund des Blutungsrisikos nicht wiederholt werden!. Gegebenenfalls sind Notfallstabilisierungsmaßnahmen erforderlich (s. Kap. 7).

**Pulsstatus.** Fehlende Fußpulse (A. dorsalis pedis, A. tibialis posterior) können Ausdruck einer Gefäßläsion, aber auch eines schweren Schockzustandes sein. Ist auch die Palpation in der Knie und Beckenetage negativ, wird die Untersuchung durch Dopplersonographie, ggf. Angiographie, erweitert. Ergibt sich aus dem primären Befund der Verdacht auf die Läsion eines großen Gefäßes in der Beckenetage, wird nach dem »Notfallalgorithmus Becken« (s. Kap. 7) verfahren.

## Neurologische Untersuchung

H. MÜLLER-VAHL

### ■ Grundlagen für die Entstehung und Diagnostik von Nervenschäden

Unter den Begleitverletzungen von Beckenfrakturen verdienen Nervenschäden wegen ihrer Häufigkeit und der funktionellen Bedeutung ihrer Folgen besondere Beachtung. Während bei A-Frakturen Nervenschäden nur ausnahmsweise vorkommen, ist nach instabilen Beckenring- und Acetabulumfrakturen in etwa 50 % mit Nervenschäden zu rechnen [16, 34, 47a]. Die Schäden betreffen den Plexus lumbosacralis (am häufigsten die Segmente L 4–S 2) (s. auch Abb. 2.14) oder bei Frakturen des Os sacrum auch mittlere und untere sakrale Nervenwurzeln.

Die Nervenschäden können infolge Druckeinwirkung, seltener aufgrund Einklemmung durch dislozierte Knochenfragmente, entstehen, in diesen Fällen stimmt der Sitz von Fraktur und von Nervenschaden überein. Ein beträchtlicher Anteil der Nervenschäden bei instabilen Beckenfrakturen hingegen entsteht durch Überdehnung [25, 26]. In diesen Fällen können Nervenstrukturen auch in einiger Entfernung von der Fraktur geschädigt werden; es kann gleichzeitig in unterschiedlicher Höhe zu Zerrungsschädigungen von Anteilen des Plexus lumbosacralis und von Nervenwurzeln kommen. Hieraus ergeben sich Schwierigkeiten, die bei Patienten mit Beckenfrakturen feststellbaren neurologischen Ausfälle topisch zu definieren.

Als Faustregel gilt, daß alle Muskeln und Hautbezirke unterhalb des Knies von den Segmenten L4–S2 innerviert werden. Besondere Beachtung verdienen die bei Frakturen des Os sacrum auftretenden Schäden mittlerer und unterer sakraler Nervenwurzeln. Sie äußern sich in Störungen der Blasen-, Mastdarm- oder Sexualfunktion oder in sensiblen Ausfällen in der Perianal- oder Genitalregion und werden leicht übersehen, wenn nicht gezielt nach ihnen gesucht wird.

## ■ Neurologische Untersuchung

Eine orientierende neurologische Untersuchung sollte so früh wie möglich erfolgen. Die mit Beckenverletzungen verbundenen schweren Begleiterscheinungen erfordern oft eine Frühintubation und Intensivbehandlung, und in diesen Fällen kann der vorher erhobene neurologische Befund der einzige Anhaltspunkt für eine schwere neurologische Begleitverletzung sein. Diese orientierende Untersuchung sollte zumindest

- die Prüfung der Fuß- und Zehen- (Großzehen-)heber und -senker und der Kniestrecker, sowie
- die Sensibilitätsprüfung am Unterschenkel (Vorder- und Innenseite!), Fußrücken (Großzehe) und an der Fußsohle

umfassen. Liegen Verdachtsmomente für eine instabile Beckenringverletzung oder eine Sakrumfraktur vor (Schmerzen, klinischer Befund, Röntgenbefund) und ist der Patient ansprechbar, werden zusätzlich die perianale Sensibilität sowie der Tonus und die aktive Kontraktion des Analsphinkters untersucht.

Bald nach der stationären Aufnahme sollte eine neurologische Konsiliaruntersuchung erfolgen, um pe-

**Tabelle 6.1.** Ausfälle bei Nervenläsionen unterschiedlicher Lokalisation

| Nerv | Muskeln | Reflex | Sensibilität |
|---|---|---|---|
| *Wurzeln* | | | |
| L4 | M. quadriceps<br>Adduktoren | PSR | L4-Dermatom |
| L5 | M. glutaeus medius<br>M. tibialis anterior<br>M. tibialis posterior<br>Zehenheber<br>Mm. peronaei | Tibialis-posterior-Reflex | L5-Dermatom |
| S1 | M. glutaeus maximus<br>M. triceps surae<br>Fußsohlenmuskeln | ASR | S1-Dermatom |
| Plexus lumbalis | M. iliopsoas | | Oberschenkel (außer Rückseite) |
| | M. quadriceps<br>Adduktoren | PSR<br>AddR | Unterschenkelinnenseite |
| Truncus lumbosacralis | M. tibialis anterior<br>M. tibialis posterior<br>Mm. glutaei<br>Zehenheber | Tibialis-anterior-Reflex | Vorwiegend L5-Dermatom |
| Plexus sacralis | Alle Beinmuskeln, außer: M. iliopsoas, M. quadriceps, Adduktoren | ASR | Gesäß, Damm, Oberschenkelrückseite<br>Unterschenkel (außer Innenseite)<br>Fuß |
| *Nerven* | | | |
| N. femoralis | M. quadriceps | PSR | Oberschenkel (vorn)<br>Unterschenkel (innen) |
| N. obturatorius | Adduktoren | AddR | Oberschenkel (innen) |
| N. ischiadicus | Kniebeuger, alle Unterschenkel- und Fußmuskeln | ASR | Unterschenkel (außer Innenseite),<br>Fuß |

**Abb. 6.6 a–d.** Sensible Segmente der unteren Extremität. Von vorne gesehen (**a**), von hinten gesehen (**b**), sakrale Segmente (**c, d**)

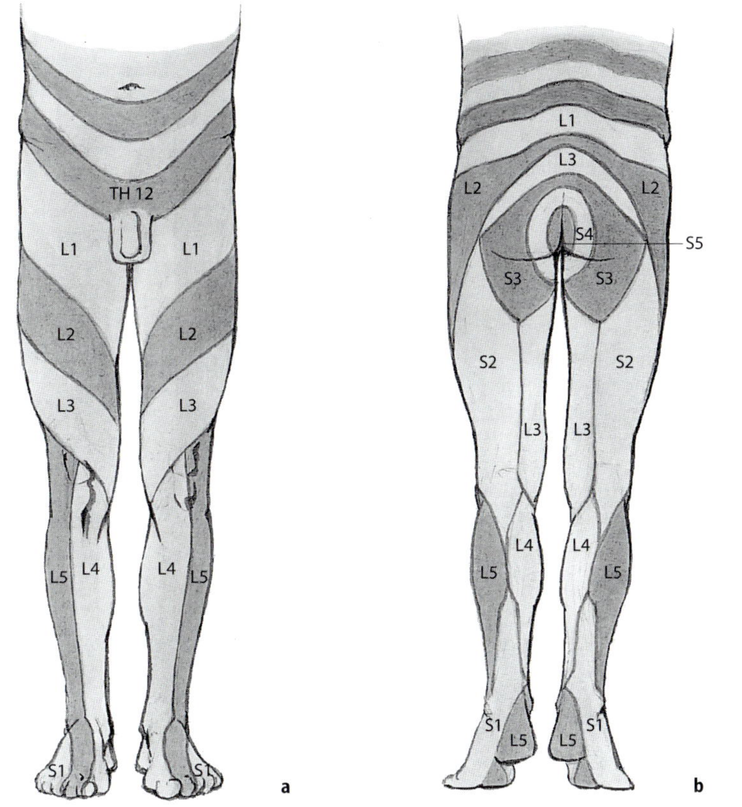


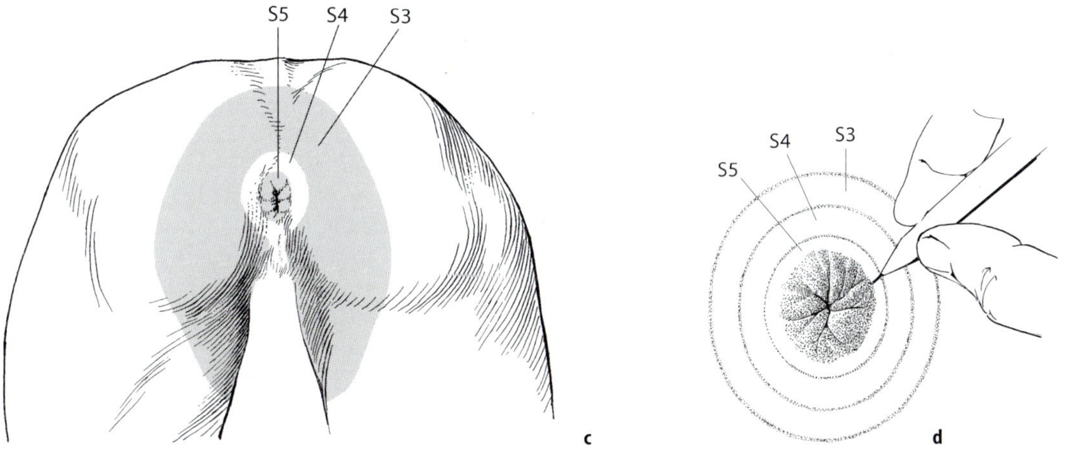


riphere Nervenverletzungen möglichst exakt festzustellen. Die neurologische Untersuchung umfaßt eine systematische Untersuchung der

- motorischen Funktionen (grobe Kraft),
- Muskeldehnungsreflexe,
- Sensibilität,
- vegetativen Funktionen (einschließlich Prüfung der Sphinkterfunktionen).

Die Zuordnung der motorischen Ausfälle geht aus Tabelle 6.1 hervor. Die Abb. 6.6 zeigt die Hautsensibilität (radikuläre und periphere sensible Innervation), Abb. 6.7 gibt einen Überblick über die segmentale Versorgung.

Die klinische Untersuchung ist bei bewußtseinsgetrübten Patienten schwierig. Hinweise auf periphere Nervenschäden ergeben bei Bewußtlosen

- das Fehlen von Spontanbewegungen,
- die fehlende oder abgeschwächte Abwehrreaktion auf Schmerzreize,
- die Abschwächung bzw. das Fehlen von Muskeldehnungsreflexen,

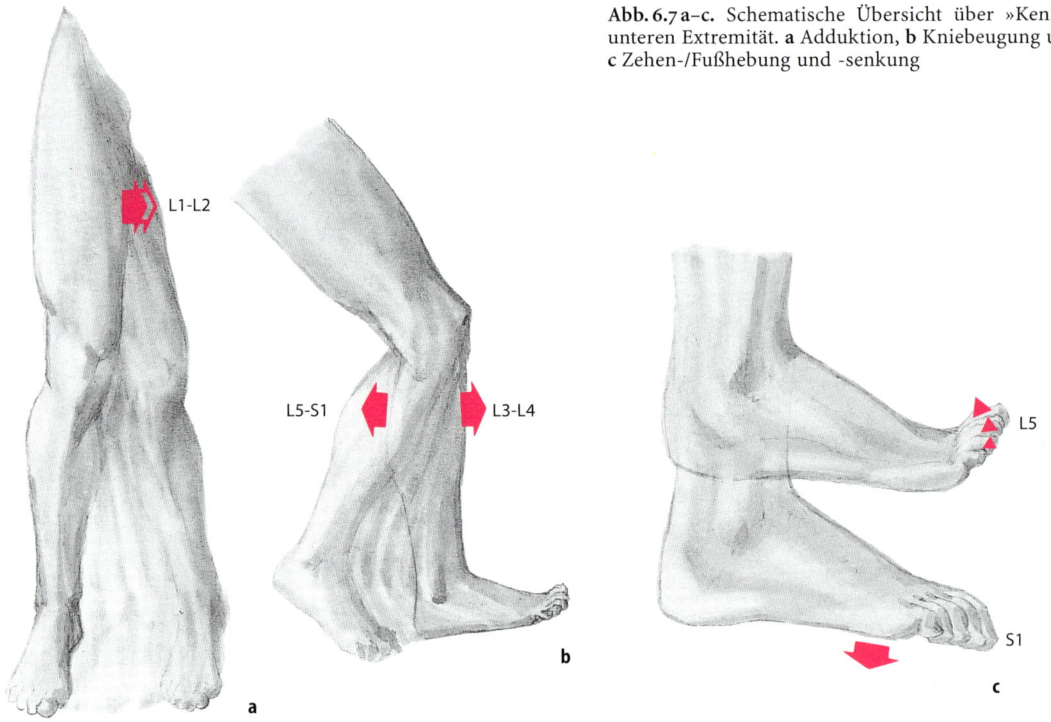


**Abb. 6.7 a–c.** Schematische Übersicht über »Kennmuskeln« der unteren Extremität. **a** Adduktion, **b** Kniebeugung und -streckung, **c** Zehen-/Fußhebung und -senkung

- vegetative Funktionsstörungen (Anhidrosis, Vasomotorenlähmung mit Überwärmung und rötlich-livider Verfärbung der Haut).

Hilfreich bei der Bewertung dieser Befunde ist der Seitenvergleich.

## Neurophysiologische Untersuchung

Läsionen peripherer Nerven sind durch die folgenden neurophysiologischen Untersuchungen objektivierbar:

- Elektromyographie (EMG),
- motorische und sensible Nervenleitgeschwindigkeit (NLG),
- motorisch evozierte Potentiale (MEP),
- somatosensorisch evozierte Potentiale (SEP).

Die größte Bedeutung in der neurophysiologischen Diagnostik von Nervenschäden infolge Beckenverletzungen hat die EMG, bei der in Ruhe und unter abgestufter Willkürinnervation die elektrische Aktivität aus Muskeln abgeleitet wird. Der für eingreifende Schädigungen der Nervenfasern charakteristische Befund, die sog. pathologische Spontanaktivität, ist erst 2–3 Wochen nach der Verletzung nachweisbar. Deshalb sollte die elektromyographische Untersuchung erst nach dieser Frist vorgenommen werden.

Aus naheliegenden Gründen ist die klinische Beurteilung der Hüftgelenkmotorik im akuten Verletzungsstadium außerordentlich schwierig und oftmals unmöglich. Die EMG erlaubt eine Differenzierung zwischen Nervenlähmungen und anders verursachten motorischen Funktionsbeeinträchtigungen (etwa schmerzbedingte Mangelinnervation). So ist auch nur durch die EMG eine verläßliche Differenzierung zwischen der Lähmung des N. glutaeus superior und der funktionellen Insuffizienz der Glutäalmuskeln möglich. Die EMG ist auch von wesentlicher Bedeutung bei der Unterscheidung von Nervenschäden als Folge einer Beckenfraktur oder als Folge von Begleitverletzungen an den Beinen.

## Weiterer Verlauf

Bei Nachweis eines peripheren Nervenschadens sollte der Heilungsverlauf durch neurologische Kontrolluntersuchungen in etwa 6- bis 8wöchigen Abständen überwacht werden. Die klinische Untersuchung ist ggf. durch neurophysiologische Untersuchungen zu ergänzen. Die Prognose ist für proximale Muskelgruppen günstiger als für distale. Schädigungen tibialer Anteile des Plexus lumbosacralis bzw. des N. ischiadicus haben eine günstigere Prognose als die peronäalen Funktionen. Ein Endzustand ist i. allg. nach 2 Jahren erreicht. Gelegentlich kommen jedoch auch danach noch leichte Besserungen des Nervenschadens vor.

### Laboruntersuchungen

Blutuntersuchungen werden nach Beckenfrakturen im wesentlichen zur Diagnostik von Blutverlusten eingesetzt. Bei allen Beckenringunterbrechungen sollten zumindest Hämoglobingehalt, Hämatokrit und die Gerinnungswerte bestimmt werden. Die Auswahl weiterer Parameter wird durch das Gesamtverletzungsmuster bestimmt.

Insbesondere bei instabilen Kreislaufverhältnissen hat sich eine Schnellbestimmung des Hämoglobingehaltes durch eine photometrische Methode bewährt. Damit steht innerhalb 1 min nach der Blutabnahme (Kapillarblut reicht aus) ein zur Entscheidungsfindung ausreichend genauer Wert zur Verfügung [44].

### Sonographie des Abdomens

Die Notfallsonographie hat die Peritoneallavage in der Primärdiagnostik nach stumpfem Bauchtrauma zumindest im deutschen Sprachraum nahezu vollständig abgelöst. Vielfache Untersuchungen bestätigen ihren hohen Aussagewert in der Notfalldiagnostik [14, 23, 28, 35, 50, 53, 55]. Ihr Einsatz im Rahmen der Notfallversorgung des Schwerverletzten wird ausführlich in Tscherne u. Regel [50a] »Polytraumaversorgung« abgehandelt.

Auch bei Beckenverletzungen ist Sonographie die Standardmethode zum Erkennen von freier intraperitonealer Flüssigkeit. Zusätzliche Untersuchungsmöglichkeiten am Becken ergeben sich durch den sonographischen Nachweis retroperitonealer Hämatome und insbesondere zur Beurteilung der Dynamik ihrer Größenzunahme durch wiederholte Kontrolluntersuchungen.

Im Rahmen der Primäruntersuchung wird immer eine orientierende Untersuchung beider Nieren eingeschlossen. Werden intrarenale bzw. perirenale Hämatome erkannt, muß die urologische Diagnostik entsprechend erweitert werden. Die sofortige Hinzuziehung eines Urologen wird dringend empfohlen.

Sich schnell ausbreitende pelvine retroperitoneale Hämatome können in das Peritoneum »durchbrechen« und eine intraperitoneale Blutung vortäuschen. Eine genaue Verlaufskontrolle ist deswegen zur Differenzierung der Blutungsquelle notwendig.

## 6.2 Radiologische Diagnostik

M. Prokop

**Die Röntgendiagnostik ist die Basis für die Klassifikation, die Indikationsstellung und die Auswahl der Osteosynthesen am Beckenring. Zu unterscheiden ist die radiologische Standarddiagnostik, die zum Erkennen lebensbedrohlicher Zustände immer im Rahmen der primären Notfallevaluation durchführbar sein sollte und die erweiterte Röntgendiagnostik. So läßt sich z. B. schon mit Hilfe der ersten Beckenübersichtsaufnahme in etwa 90% der Fälle eine korrekte Diagnose stellen. Die erweiterte Röntgendiagnostik erfolgt in der Regel zeitversetzt nach Stabilisierung des Allgemeinzustandes des Patienten und dient somit der Sicherung und Präzisierung der Diagnose, sie festigt die Indikationsstellung und erleichtert die Verfahrenswahl.**

### Konventionelle Röntgendiagnostik

#### ■ Beckenübersichtsaunahme

Die Beckenübersichtsaufnahme im a.-p.-Strahlengang ist bei allen Beckenverletzten und bei allen Polytraumatisierten durchzuführen [3, 4, 30, 31, 48, 51] (Abb. 6.8). Sie ist als wesentlicher Bestandteil der Primärdiagnostik anzusehen und zu Beginn des Behandlungsalgorithmus für die Behandlung von Schwerverletzten anzusiedeln [30, 31, 45, 46].

In einer Serie von 142 Patienten geben Young et al. die Rate der schon auf der Übersichtsaufnahme primär korrekt erhobenen Diagnosen mit 94% an [56].

Edeiken-Monroe et al. konnten in einer Analyse von 154 Patienten mit Beckenverletzungen zeigen, daß in 88% der Fälle schon anhand der primären Beckenübersichtsaufnahme die korrekte Diagnose zu stellen war, die in der weitergehenden Diagnostik bestätigt wurde [17].

Die Übersichtsaufnahme läßt aber nur begrenzte Aussagen über eine Verschiebung der Fragmente in anterior-posteriorer oder kraniokaudaler Richtung zu [48, 49].

Sie ist aber neben der klinischen Untersuchung die am schnellsten verfügbare diagnostische Maßnahme, um zwischen stabilen und instabilen Beckenverletzungen zu differenzieren [56].

#### ■ Schrägaufnahmen

Da eine streng seitliche Röntgenprojektion am Beckenring aufgrund von Überlagerungen keine verwertbare Abbildung erlaubt, lassen sich nur mit Hilfe der Schrägprojektion senkrecht zueinander stehende Abbildungsebenen mit verwertbarer Aufnahmequalität realisieren. Diese sog. *Inlet-* und *Outlet*projektionen wurden von Pennal zur Routinediagnostik von Beckenfrakturen eingeführt [33].

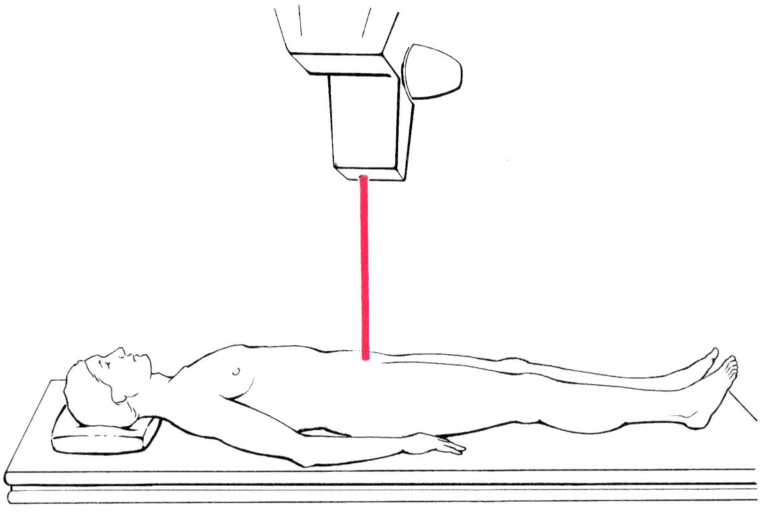

a

**Abb. 6.8 a–c.** Einstelltechnik der Standardröntgenaufnahmen: Becken a.-p. oder Beckenübersicht. **a** Einstelltechnik am liegenden Patienten, **b** Phantomansicht im a.-p.-Strahlengang, **c** Röntgenprojektion der a.-p.-Aufnahme

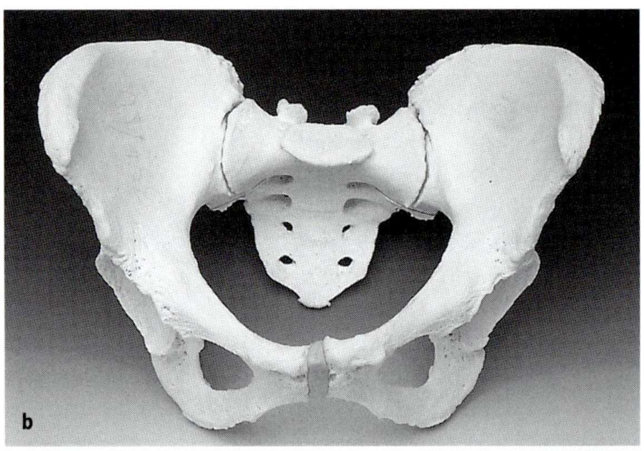

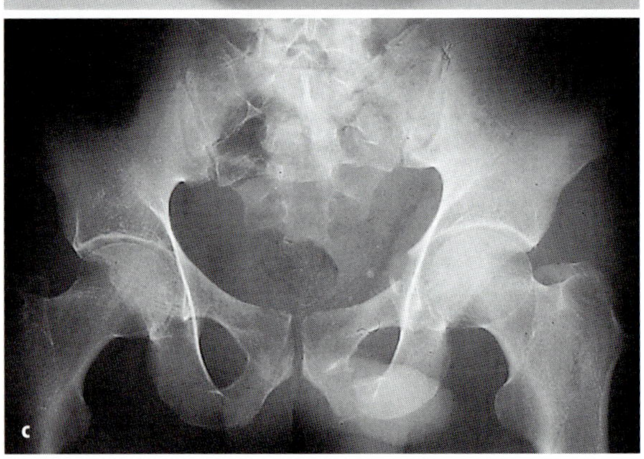

**Inletprojektion.** Der Patient liegt auf dem Rücken, der Röntgenstrahl wird senkrecht auf die Beckeneingangsebene gerichtet (Einstellwinkel zwischen 40° und 60° zum Film) (Abb. 6.9).

**Outletprojektion.** Der Röntgenstrahl sollte im wesentlichen senkrecht auf die ventrale Kortikalis des Os sacrum gerichtet sein. Dies entspricht in Rückenlage einer Einstellung zwischen 30° und 45° zur Filmebene (Abb. 6.10).

Da bei den Schrägaufnahmen der Zentralstrahl den Röntgenfilm schräg trifft, sind bei der Interpretation der Aufnahmen die teilweise erheblichen Verzerrungen insbesondere im Randbereich zu berücksichtigen! **!**

## ■ Spezialaufnahmen

Eine Reihe von Spezialaufnahmen ist für die Röntgenuntersuchung des Beckenrings und des Hüftgelenks angegeben worden (z. B. Risser-Aufnahmen, Symphysenzielaufnahmen etc.). In der Regel bleibt ihre Anfertigung ganz speziellen Indikationen vorbehalten und soll an dieser Stelle nicht näher besprochen werden.

Zur Beurteilung von Sakrumfrakturen ist die Durchführung einer seitlichen Sakrumaufnahme sinnvoll, um die insbesondere bei zentralen Frakturen oder dislozierten, distalen Querfrakturen vorkommende Fehlstellung im Sinne einer »Abknickung« in der Sagittalebene besser beurteilen zu können (Abb. 6.11).

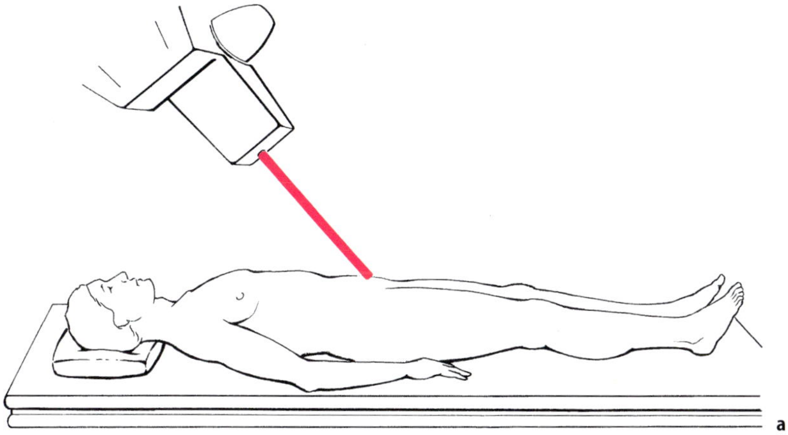

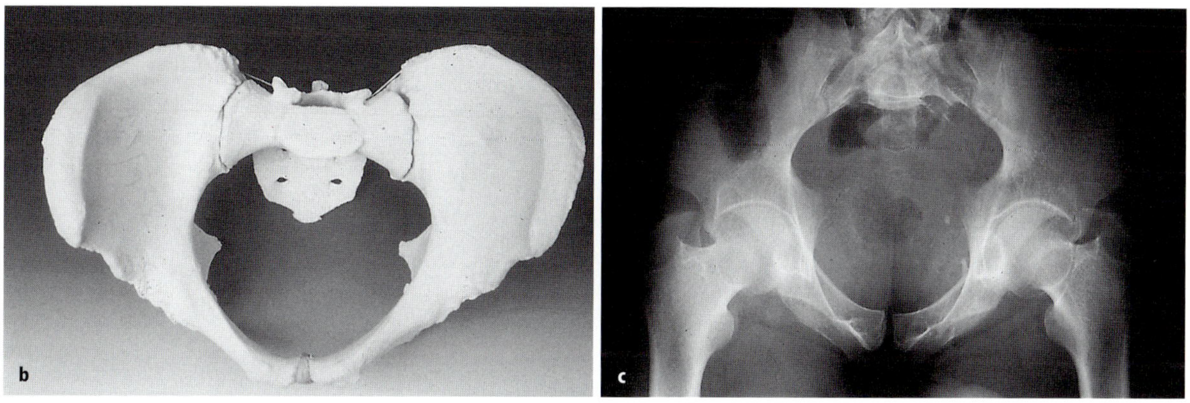

**Abb. 6.9 a–c.** Einstelltechnik der Standardröntgenaufnahmen: »Inletaufnahme«. **a** Einstellwinkel am liegenden Patienten, **b** Phantomansicht im Strahlengang der Inletaufnahme, **c** Röntgenansicht einer Inletaufnahme

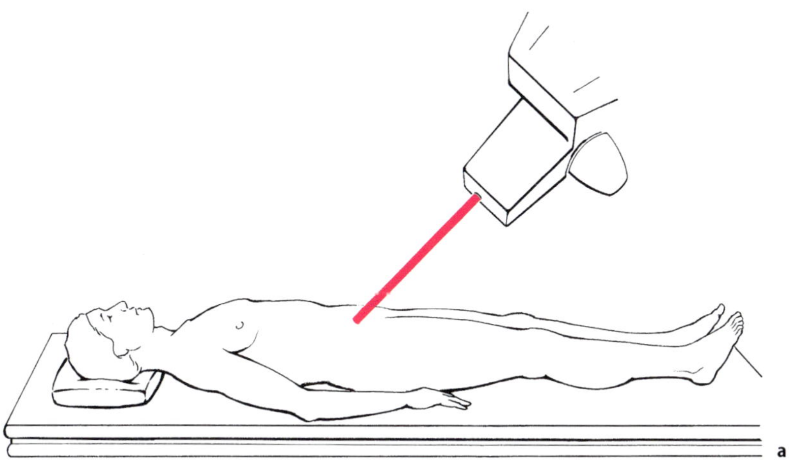

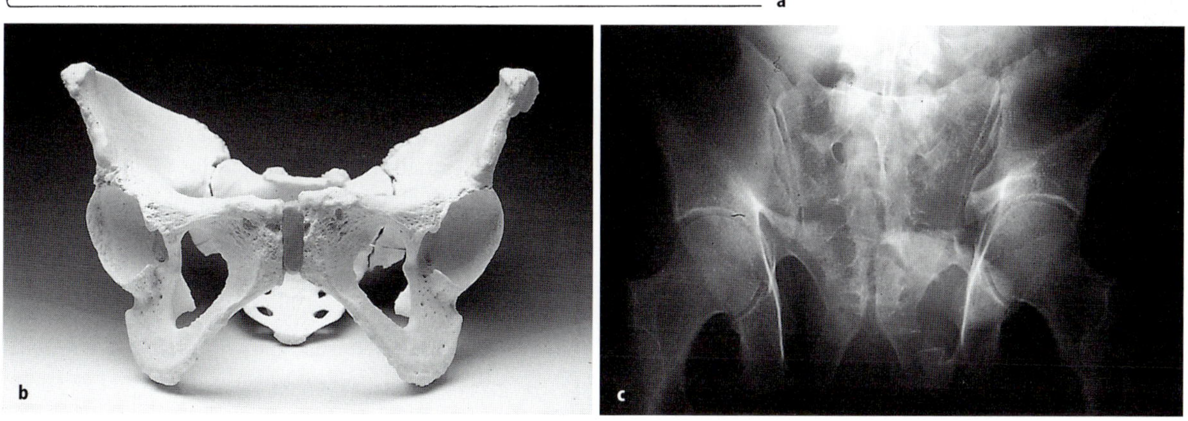

**Abb. 6.10 a–c.** Einstelltechnik der Standardröntgenaufnahmen: »Outletaufnahme«. **a** Einstellwinkel am liegenden Patienten, **b** Phantomansicht im Strahlengang der Outletaufnahme, **c** Röntgenansicht einer Outletaufnahme

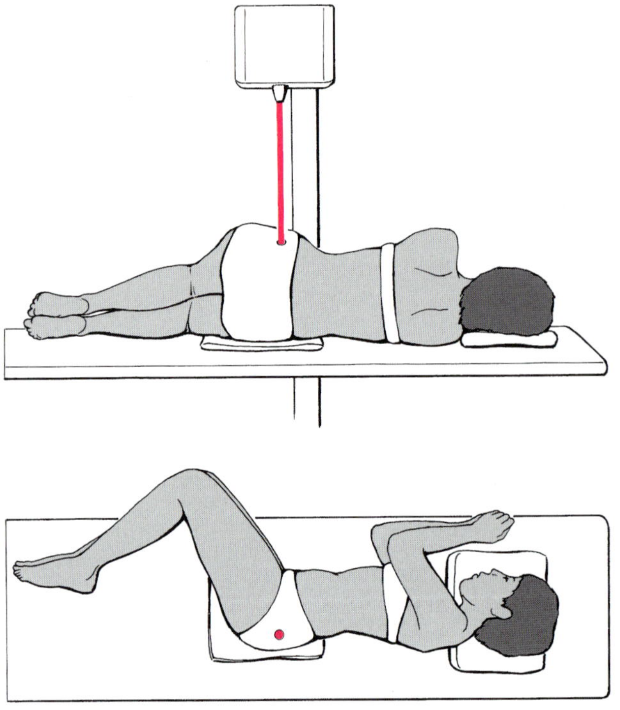
a

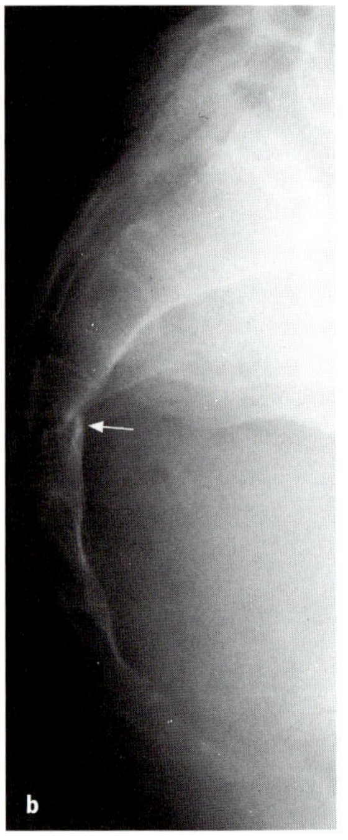
b

**Abb. 6.11 a, b.** Einstelltechnik der Standardröntgenaufnahmen: seitliche Sakrumaufnahme. **a** Röntgeneinstellung beim seitlich liegenden Patienten, **b** seitliche Röntgenaufnahme des Os sacrum

## Erweiterte Röntgendiagnostik

### ■ Konventionelle Tomographie

Die konventionelle Tomographie erlaubt eine verbesserte Beurteilbarkeit der Knochenstruktur in verschiedenen Ebenen. Besonders die Beurteilung von Veränderungen des SI-Gelenkes ist im Detail möglich (Abb. 6.12). Die Bedeutung der Tomographie nimmt insgesamt ab, und sie wird zunehmend durch die Computertomographie ersetzt. Nur noch wenige hochwertige Geräte mit einer ausreichenden Auflösung stehen zur Verfügung. Bei frischen Beckenfrakturen kann die zur Anfertigung einer 2. Projektionsebene notwendige Umlagerung des Patienten oft nicht durchgeführt werden.

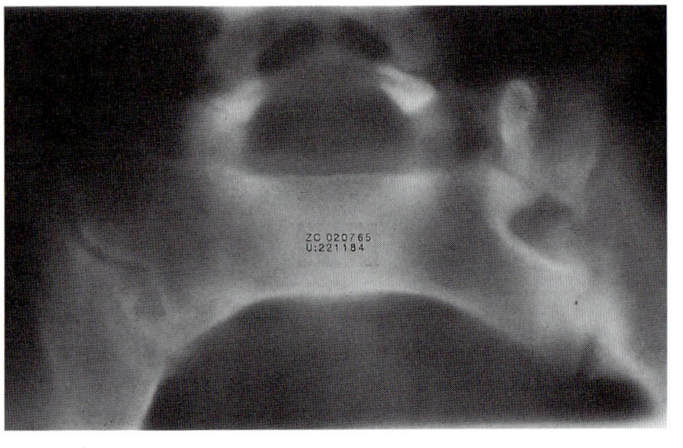


**Abb. 6.12.** Konventionelle Tomographie am SI-Gelenk. Die konventionelle Tomographie des hinteren Beckenringes, wie hier z. B. des SI-Gelenkes, erlaubt eine genauere Beurteilung von Details. Sie ist allerdings derzeit schon weitestgehend von der Computertomographie abgelöst

### ■ Computertomographie

Die Computertomographie (CT) stellt heutzutage das Standardverfahren zur Detaildiagnostik von Beckenring und Acetabulum dar. Ihre Überlegenheit hinsichtlich der konventionellen bildgebenden Verfahren wurde in vielen Studien dargestellt [6, 15, 19, 24, 41, 52]. Insbesondere bei Verletzungen des hinteren Beckenrings (z. B. Kompressionsfrakturen und zentralen Frakturen des Os sacrum, Luxationsfrakturen des SI-Gelenkes etc.) ist die Information, die zur differenzierten Indikationsstellung und Implantatauswahl notwendig ist, häufig nur durch die Interpretation der CT-Schichten zu gewinnen. Die Möglichkeit, sekundär rekonstruierte Schnittebenen und dreidimensionale Darstellungen zu generieren, erhöht die räumliche Vorstellbarkeit des Befundes erheblich.

Um die Strahlenbelastung zu reduzieren, sollte eine geringere Aufnahmedosis als für die abdominelle CT verwendet werden (etwa 100–150 mAs). Bei der Verwendung der konventionellen CT werden deswegen enge Schichtdicken von 2 mm lediglich zur Darstellung des SI-Gelenkes und des Acetabulums eingesetzt. Die übrigen anatomischen Regionen des Beckens sind auch meist mit weiteren Schichtabständen (10 mm) für die chirurgische Versorgung ausreichend gut zu be-

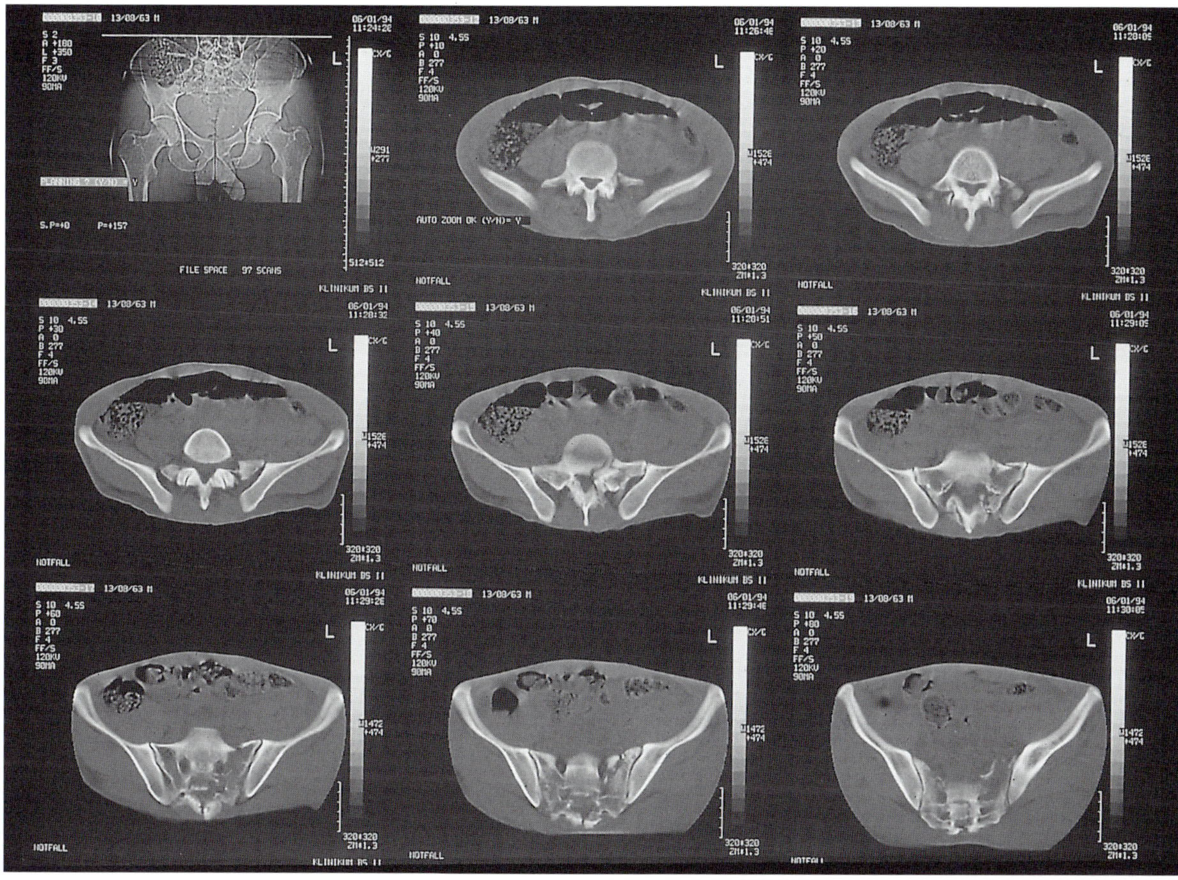

**Abb. 6.13.** Computertomographie des Beckens. Darstellung des Os sacrum in mehreren axialen CT-Schichten

urteilen (Abb. 6.13). Durch die zunehmende Verbreitung und weitere Verbesserung des »Spiral-CT« wird die bisher immer noch kritisch beurteilte Strahlenbelastung für den Patienten weiter abnehmen. In einer kürzlich publizierten Untersuchung wird von Jurik et al. die Strahlenbelastung einer »Beckenspirale« mit der Durchführung von 5 konventionellen Beckenübersichtsaufnahmen gleichgesetzt [27]. Da bei einigen Frakturtypen die gesamte Darstellbarkeit in der CT besser war, fordern die Autoren sogar eine Einschränkung der konventionellen Diagnostik.

Die CT-Untersuchung sollte möglichst frühzeitig erfolgen, um rasch die endgültige Diagnose und den definitiven Therapieplan erstellen zu können (konservative Therapie, operative Therapie im Hause bzw. Weiterverlegung in eine Schwerpunktklinik). Ist allerdings schon nach der konventionellen Diagnostik eine Weiterverlegung des Patienten geplant, sollte die weiterführende CT-Diagnostik nach Rücksprache mit dem aufnehmenden Krankenhaus geplant werden, um Doppeluntersuchungen zu vermeiden!

Idealerweise erfolgt die Untersuchung direkt nach Aufnahme des Patienten, was allerdings organisatorisch häufig nicht realisierbar ist. *Nicht* indiziert ist die CT in einer beckenbedingten Blutungssituation mit instabilen Kreislaufverhältnissen. Hier verzögert die erweiterte Diagnostik die notwendigen Maßnahmen zur Blutstillung, alle benötigten Informationen lassen sich in der Regel aus der 1. Beckenübersichtsaufnahme gewinnen (s. Kap. 7)!

Resnik et al. untersuchten anhand von 162 mit der CT gesicherten Frakturen und Luxationen des Beckenrings die Darstellbarkeit auf den konventionellen Primäraufnahmen [40]. Lediglich 9 % der Verletzungen waren übersehen worden, in keinem Fall kam es durch die Fehldiagnose zu einer Änderung des Primärmanagements.

Ist der Allgemeinzustand vollkommen stabil und ist keine sofortige operative Therapie geplant, wird die CT-Diagnostik im Routineprogramm durchgeführt.

## ■ Erweiterte CT-Diagnostik

Im Rahmen der sich schnell entwickelnden Technologie der digitalen Bildverarbeitung stiegen die Möglichkeiten der sekundären Darstellung der bei der CT-Untersuchung gewonnenen Bilddaten kontinuierlich an. Die optimierten Visualisationsmöglichkeiten haben das Verständnis der Becken- und Acetabulumverletzungen in den letzten Jahren erheblich erweitert [1, 13, 15, 21, 37]. Da eine Reihe dieser Programmerweiterungen zwischenzeitlich als Ergänzung der Standardsoftware der CT auch in vielen kleinen Einrichtungen verfügbar sind, kann nahezu überall auf die anschauliche Darstellung auch von komplizierten Frakturen zurückgegriffen werden. Die Rate der »Fehldiagnosen« (stabil oder instabil?) oder »intraoperativen Überraschungsbefunde« sollte daher in Zukunft drastisch abnehmen.

**Sekundäre Schichten.** Aus dem Bilddatensatz lassen sich sekundäre Schnittebenen berechnen. Diese Schnittebenen können frei im Raum definiert werden. Besonders die hohe räumliche Auflösung des Spiral-CT ergibt eine deutlich verbesserte Abbildungsqualität der sekundären Reformationen. Insbesondere bei folgenden Indikationen hilft die Anfertigung spezifischer Schichtebenen bei der Interpretation (Abb. 6.14):

- bei der sagittale Darstellung von Sakrumfrakturen (insbesondere zentraler Sakrumfrakturen), zur Analyse der »Abknickung« und damit entstehenden Einengungen des Zentralkanals,
- bei frontalen und gekippten Rekonstruktionen zur Suche von komprimierenden Fragmenten im Bereich des Zentralkanals und der Foramina,
- bei frontale und gekippten Rekonstruktionen zur Untersuchung des SI-Gelenkes auf Inkongruenzen.

Die reformierten Schichten werden durch den Radiologen erstellt. Günstig ist es, für häufige Fragestellungen gemeinsam »Standardreformationen« festzulegen.

**Dreidimensionale computertomographische Darstellung.** Durch Umrechnung des Datensatzes über einen 3D-Oberflächenalgorithmus (»shaded surface display«, SSD) ist es möglich, die Grenze zwischen Knochen und Weichteilen dreidimensional darzustellen. Diese Ansichtsweise erlaubt eine ausgezeichnete anatomische Orientierung mit guter räumlicher Zuordnung der einzelnen Fragmente (Abb. 6.15). Die Richtung der Dislokation von Fragmenten ist direkt erkennbar. Nachteile entstehen bei dieser Sichtweise bei der Feinbeurteilung. Durch den Oberflächenalgorithmus werden sehr nahe zusammenliegende Fragmente, wie sie z. B. bei Trümmerzonen oder unverschobenen Frakturen bestehen, gelegentlich zu Einzelfragmenten zusammengefaßt. Das bedeutet, daß die Beurteilung der Knochenqualität und die Entscheidung, inwieweit spezifische Implantatlagen möglich sind, nur in Kombination mit den axialen Schichten erfolgen kann.

Das CT-Gerät erlaubt in der Regel eine freie Auswahl der Ansicht des rekonstruierten Beckens, teilweise sogar mit dynamischen Ansichten von allen Seiten. Für die Dokumentation ist es allerdings sinnvoll, auch hier Standardansichten zu wählen. Empfohlen werden

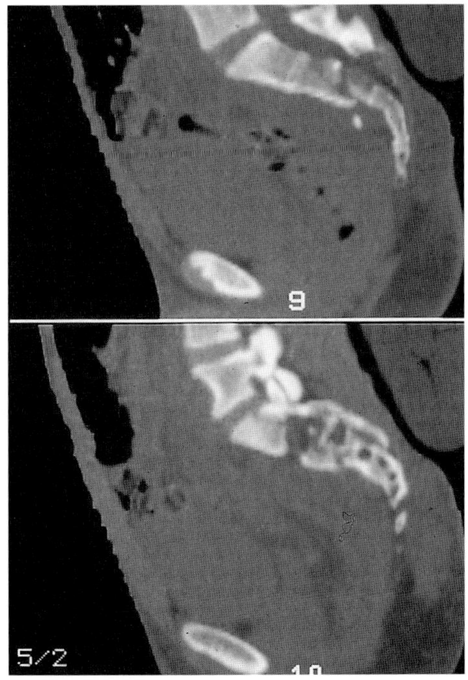


**Abb. 6.14.** Rekonstruierte CT-Schichten. Die der Computertomographie angeschlossene Bildverarbeitung erlaubt es, aus den bei der Untersuchung gewonnenen Daten Sekundärebenen zu berechnen. Diese sekundären Rekonstruktionen sind insbesondere zur Analyse des unregelmäßig geformten Beckens hilfreich. In Zusammenarbeit mit dem Radiologen lassen sich zur Klärung auch spezieller Sachverhalte ideale Schnittebenen auswählen

die a.-p.- sowie die p.-a.-Ansichten, die Inlet- und Outletansichten sowie eine seitliche Ansicht von rechts und links, sowie von oben und unten. Die Interpretation wird dadurch erleichtert, und gleichzeitig wird eine Rückkopplung zur primären Interpretation der Standardröntgenaufnahmen erreicht.

## ■ Skelettszintigraphie

Die Skelettszintigraphie hat z. Z. keine Bedeutung bei der Beurteilung von frischen Beckenfrakturen. Sie kann hilfreich sein, wenn nach geringfügigen Verletzungen am Becken chronische Beschwerden im Bereich des hinteren Beckenringes auftreten. Eine Durchführung wird etwa 2 Wochen nach Trauma empfohlen. Anreicherungen in den subchondralen Bereichen des SI-Gelenkes zeigen an, daß zumindest eine »Distorsion» des SI-Gelenkes im Rahmen der Verletzung vorgekommen war. Eine weitere Indikation ist die Diagnose von Ermüdungsfrakturen des Os sacrum [2, 8, 10–12, 18, 47]. Unter der gleichen Indikationsstellung wird allerdings auch die Aussagekraft einer CT-Untersuchung als gleichwertig beurteilt, wobei die CT den zusätzlichen Vorteil der verbesserten Detaildiagnostik bietet [54].

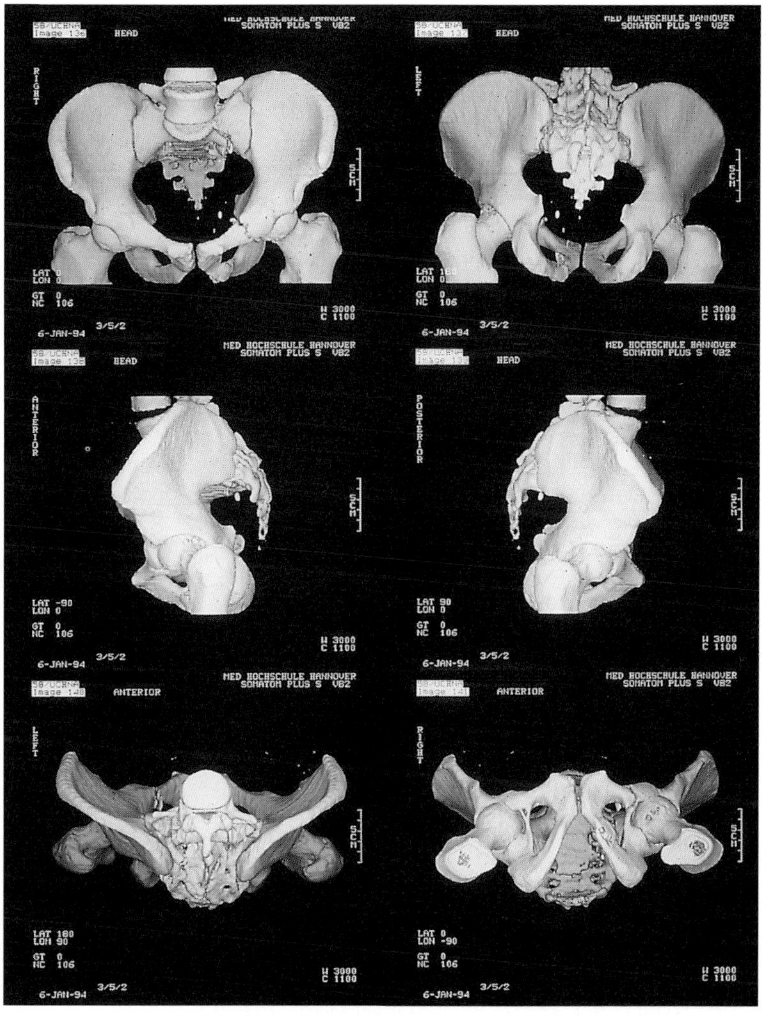


**Abb. 6.15.** Dreidimensionale CT-Ansicht. Aus dem CT-Datensatz werden über einen Algorithmus Oberflächenansichten des knöchernen Beckens gefertigt. Diese sind insbesondere zur schnellen Orientierung bei der Operationsplanung und der -durchführung hilfreich. Es empfiehlt sich, zur Dokumentation aus den prinzipiell frei wählbaren Perspektiven zunächst Standardansichten, wie z. B. die Ansicht von vorne, von hinten, von der Seite, von oben und von unten, auszuwählen. Zur Darstellung besonderer Zusammenhänge werden Spezialansichten ausgewählt. In manchen Fällen ist es vorteilhaft, einzelne Skelettstrukturen, wie z. B. den Hüftkopf oder eine unverletzte Beckenhälfte, aus der Ansicht »herauszurechnen«

## ■ Kernspindiagnostik

Die Wertigkeit der kernspintomographischen Untersuchung frischer Verletzungen am Becken läßt sich z. Z. noch nicht abschätzen. Derzeitige Indikationen sind insbesondere die Beurteilung von Weichteilverletzungen (z. B. Plexus lumbosacralis) (Abb. 6.16) sowie die von Ermüdungsfrakturen des Os sacrum [5, 43]. Weitere Indikationen werden sich sicherlich in Zukunft bei der Beurteilung kindlicher Beckenverletzungen ergeben.

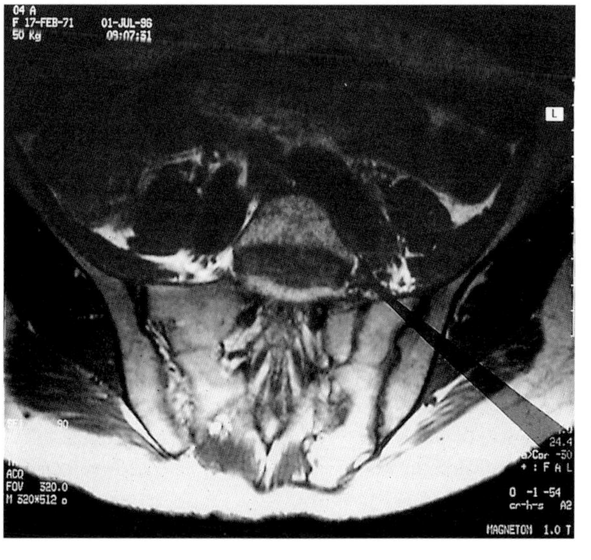


**Abb. 6.16.** Kernspintomographische Darstellung. Die Kernspintomographie wird zur Diagnostik osteoligamentärer Verletzungen am Beckenring noch nicht routinemäßig eingesetzt. Sie hat derzeit ihren Stellenwert bei der Beurteilung von Weichteilveränderungen. Hier ist die Diagnostik zur Lagebestimmung des Truncus lumbosacralis als Vorbereitung auf eine Beckenkorrekturoperation dargestellt

## 6.3 Urologische Diagnostik

Ch. Stief

Bei Verletzungen des Beckenringes, insbesondere bei instabilen Verletzungen sowie dislozierten Frakturen im Bereich des vorderen Beckenringes, aber auch bei stumpfen Unterbauchtraumen, muß mit einer Begleitverletzung des Urogenitalsystems gerechnet werden. Bestehen bei der klinischen Untersuchung Verdachtsmomente für das Vorliegen einer Harnröhren-, Blasen- oder Nierenverletzung, erfolgt eine bildgebende Darstellung des Urogenitalsystems. Aufgrund der vielfältigen Komplikationsmöglichkeiten bei Urogenitalverletzungen muß hier schon in der Primärphase das Behandlungsteam durch einen Urologen ergänzt werden. Als Screeningmaßnahme erfolgt im Rahmen der Notfallsonographie des Abdomens immer eine zusätzliche sonographische Darstellung der Nieren sowie der Blase inklusive des paravesikalen Raumes [7, 9, 20, 36].

Eine bildgebende Diagnostik des Urogenitalsystems ist somit indiziert bei

- klinischen Verdachtsmomenten (Blutaustritt aus dem Meatus urethrae, Mikro- oder Makrohämaturie, Anurie; Hämatombildung oder starker Druckschmerz im Bereich des Perineums, des Penisschafts oder der suprasymphysären Region),
- radiologischen Verdachtsmomenten (stark dislozierte Frakturen des vorderen Beckenrings),
- sonographischen Verdachtsmomenten (Nierenparenchymverletzungen, paravesikale freie Flüssigkeit).

Entsprechend der klinischen Situation wird anschließend abgestuft vorgegangen:

### Retrograde Uretrographie

Urethraverletzungen betreffen nahezu ausschließlich das männliche Geschlecht. Traumata im Bereich des Perineums oder Penisschafts führen zu anterioren Rupturen der Urethra mit typischer Hämatomausbildung im perinealen, skrotalen und penilen Bereich (Abb. 6.17). Beckenringfrakturen oder schwere stumpfe Unterbauchtraumata bedingen durch die feste bindegewebige Verankerung von Prostata und Blase eine Ruptur der Urethra im prostatischen Segment oder ein Zerreißen des Beckenbodens mit Ruptur der Urethra an dieser Stelle (»posteriore Ruptur«) (Abb. 6.18).

Bei Blutungen aus dem Harnröhrenausgang wird noch im Schockraum vor dem Legen eines Blasenkatheters eine Kontrastdarstellung der Harnröhre durchgeführt (Abb. 6.19) [20, 36].

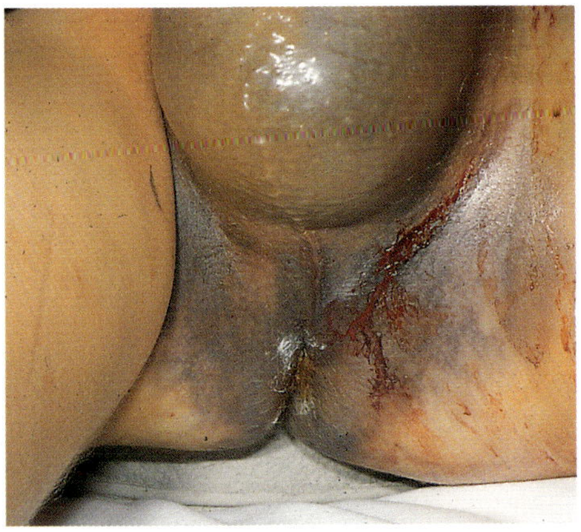

**Abb. 6.17.** Hämatom am Perineum als Hinweis auf eine urogenitale Verletzung. Schwellungen und Hämatomverfärbungen im Bereich des Damms sind immer verdächtig auf das Vorliegen einer urogenitalen Begleitverletzung. Werden solche Veränderungen erkannt, muß eine urogenitale Verletzung durch erweiterte diagnostische Maßnahmen ausgeschlossen werden (Sonographie, Kontrastdarstellungen)

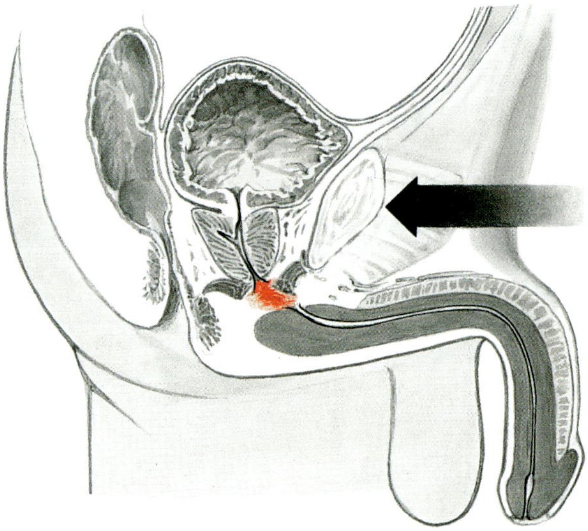

**Abb. 6.18.** Durch die feste bindegewebige Verankerung von Prostata und Blase kann es bei starken Gewalteinwirkungen auf den Unterbauch zu einer Ruptur der Urethra im prostatischen Segment oder zu einem Zerreißen des Beckenbodens mit Ruptur der Urethra an dieser Stelle (»posteriore Ruptur«) kommen

**Praktischer Hinweis**

**Durchführung der retrograden Urethrographie:** Etwa 20 ml wasserlösliches Kontrastmittel (Solutrast oder Ultravist) werden mittels eines speziellen Katheters oder einer Olive in den Meatus urethrae appliziert, dann wird eine seitliche Aufnahme unter Streckung des Penis (mäßiger Zug in der Längsachse) angefertigt. Kontrastaustritte oder -abbrüche zeigen die Lokalisation der Läsion.

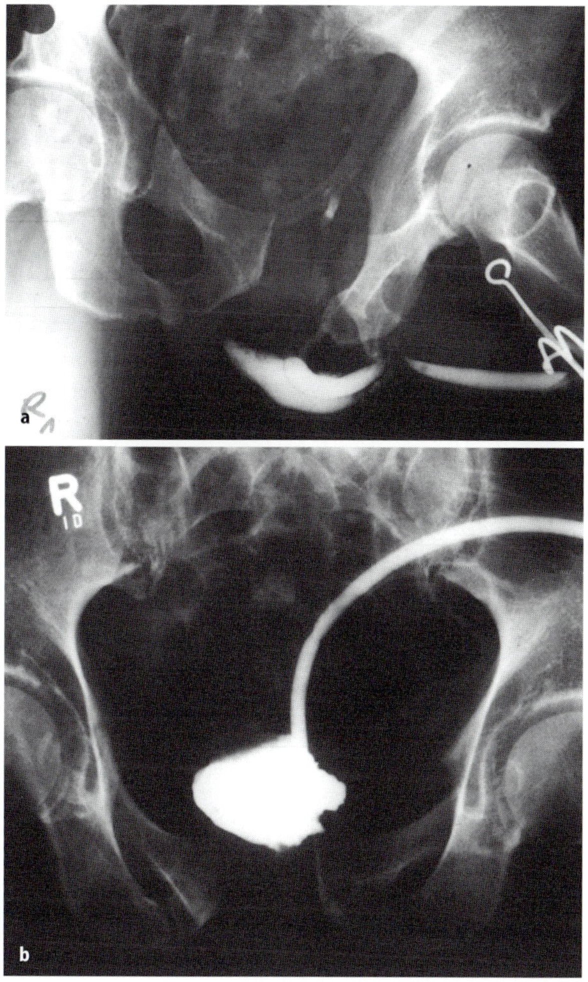

**Abb. 6.19.** **a** Urethrogramm einer kompletten Harnröhrenruptur mit diffusem Kontrastmittelaustritt aus der Rupturstelle. **b** Das Zystogramm dieses Patienten zeigt die kraniale Dislokation des Blase mit kompletter Kontinuitätsunterbrechung zur Urethra

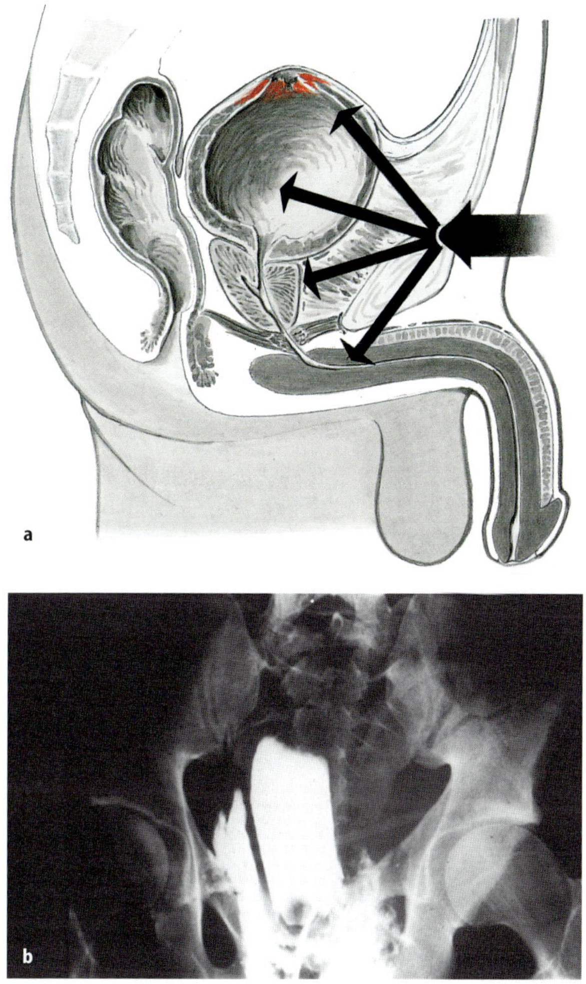

**Abb. 6.20 a, b.** Blasenruptur. **a** Schematische Übersicht über die Auswirkung der auftreffenden Kräfte mit angedeuteter intraperitonealer Blasenruptur. **b** Extraperitoneale Blasenruptur mit diffusem Kontrastmittelaustritt in das perivesikale Gewebe

Ist die Urethra bis zum Blasenhals ohne Kontrastaustritt oder -abbruch darstellbar, wird ein Blasenkatheter eingelegt.

## Zystogramm

Durch stumpfe Gewalteinwirkung auf den Unterkörper kann die gefüllte Blase zerreißen. Je nach Lage der Blasenruptur entleert sich der Blaseninhalt intra- oder extraperitoneal (Abb. 6.20).

Nach Ausschluß einer Urethraverletzung erfolgt bei den oben angegebenen Verdachtsmomenten die Untersuchung der Integrität der Harnblase. Durch den eingelegten transurethralen Blasenkatheter wird eine Kontrastdarstellung durchgeführt. Intraperitoneale Rupturen und Blasenzerreißungen lassen sich leicht erkennen. Bei den häufigeren extraperitonealen Blasenrupturen kommt es zu einer diffusen Kontrastmittelverteilung im präperitonealen Raum. Bei Kompression durch ein perivesikales Hämatom wird in den meisten Fällen die Blase erheblich nach lateral verdrängt, gelegentlich aber auch nach kranial.

Wichtig ist, daß in allen Fällen neben der a.-p.- und seitlichen Blasenfüllungsaufnahme zusätzlich eine Entleerungsaufnahme angeschlossen wird, um dorsal oder ventral liegende kleinere Kontrastmittelaustritte erkennen zu können. Diese würden ansonsten vom intravesikal liegenden Kontrastmittel überdeckt und könnten so übersehen werden. Diese Zystogramme sind einer CT-Untersuchung zur Diagnostik von Blasenrupturen überlegen [29, 42].

**Praktischer Hinweis**

**Durchführung der Zystographie:**
Nach Einlage des transurethralen Verweilkatheters wird die Blase mit 200 ml wasserlöslichem Kontrastmittels (Solutrast oder Ultravist) aufgefüllt; dann wird der Katheter abgeklemmt und eine Beckenübersichtsaufnahme sowie eine seitliche Blasenaufnahme angeschlossen. Danach wird der Katheter geöffnet, und nach vollständiger Entleerung der Blase folgt eine erneute Beckenübersichtsaufnahme.

### Ausscheidungsurogramm

Läßt sich trotz Makrohämaturie auch nach retrograder Urethrographie und Zystogramm noch keine Blutungsquelle erkennen, werden die oberen ableitenden Harnwege und das Nierenkelchsystem mit einer i.v.-Pyelographie dargestellt. Diese Untersuchung ist ebenfalls indiziert, wenn sich aufgrund des Unfallmechanismus oder von Prellmarken der Verdacht einer Nierenbeteiligung ergibt. Weiterhin dient das Ausscheidungsurogramm der Abklärung eines fraglichen Sonographiebefundes.

**Praktischer Hinweis**

**Durchführung der Ablaufurographie:**
100 ml eines wasserlöslichen, zur i.v.-Applikation geeigneten Kontrastmittels werden infundiert, nachdem eine Leeraufnahme des Abdomens und Beckens angefertigt wurde. Erneute Aufnahmen 5 und 15 min post injectionem erlauben meist eine suffiziente Aussage über die renale und ureterale Morphologie sowie über die Ausscheidungsdynamik.

Ist aufgrund anderer Indikationen eine CT-Untersuchung geplant, so kann auf das i.v.-Pyelogramm heutzutage weitestgehend verzichtet werden. Im Rahmen der CT-Untersuchung erfolgt dann die Darstellung der Nieren vor und nach Kontrastmittelgabe; in besonders dringenden Fällen kann man sich sogar auf wenige wichtige CT-Schichten der Nieren beschränken.

## Literatur


1. Albrechtsen J, Hede J, Jurik A (1994) Pelvic fractures – assessment by conventional radiography and CT. Acta Radiol 35(5): 420–425
2. Bethke R, Wetzel E, Göpfrich M (1984) Prospektive Studie zur Diagnostik der Iliosakralfugensprengungen. Hefte Unfallheilkd 164: 196–199
3. Bollow M, Braun J, Taupitz M, Häberle J, Reißhauer B, Paris S (1996) CT-guided intraarticular corticosteroid injection into the sacroiliac joints in patients with spondylarthropathy: indication and follow-up with contrast-enhanced MRI. J Comput Assist Tomogr 20(4): 512–521
4. Bosch U, Pohlemann T, Tscherne H (1992) Strategie bei der Primärversorgung von Beckenverletzungen. Orthopade 21: 385–392
5. Brahme S, Cervilla V, Vint V, Cooper K, Kortmann K, Resnick D (1990) Magnetic resonance appearance of sacral insufficiency fractures. Skeletal Radiol 19: 489–493
6. Buckley SL, Burkus JK (1987) Computerized axial tomography of pelvic ring fractures. J Trauma 27(5): 496–502
7. Carr L, Webster G (1996) Genitourinary trauma. Curr Opin Urol 6: 140–143
8. Carter S (1987) Stress fracture of the sacrum: brief report. J Bone Joint Surg Br 69(5): 843–844
9. Cass A (1984) Urethral injury in the multiple injured patient. J Trauma 24: 901–905
10. Chenoweth D, Cruickshand B, Gertzbein S, Goldfarb P, Janosick J (1980) A clinical and experimental investigation of occult injuries of the pelvic ring. Injury 12: 59–65
11. Cherin P, Ziza J, Laredo J, Bletry O, Godeau P (1990) Un diagnostic à connaître: la fracture de contrainte du sacrum. Rev Med Interne 11(2): 163–164
12. Cotty P, Fouquet B, Mezenge C, De Toffol B, Beaulieu F, Valat J (1989) Insufficiency fractures of the sacrum. Ten cases and a review of the literature. J Neuroradiol 16(2): 160–171
13. Dalinka MK, Arger P, Coleman B (1985) CT in pelvic trauma. Orthop Clin North Am 16(3): 471–480
14. Dock W, Grabenwöger F, Pinterits F, Ittner G (1988) Sonographie des Abdomens beim Polytraumatisierten, Wert der Methode. Unfallchirurg 91: 185–188
15. Dock W, Grabenwöger F, Schratter M, Farres MT, Kwasny O (1989) Diagnostik von Beckenfrakturen: Beckenübersichtsaufnahmen versus CT. Rofo Fortschr Geb Rontgenstr Neuen Bildgeb Verfahr 150(3): 280–283
16. Donaghy M (1993) Lumbosacral plexus lesions In: Dyck P, Thomas P, Griffin J, Low P, Poduslo J (eds) Peripheral neuropathy. Saunders, Philadelphia, pp 951–960
17. Edeiken-Monroe B, Browner BD, Jackson H (1989) The role of standard roentgenograms in the evaluation of instability of pelvic ring disruption. Clin Orthop 240: 63–76
18. Gertzbein S, Chenoweth D (1977) Occult injuries of the pelvic ring. Clin Orthop 128: 202–207
19. Gill K, Buchholz R (1984) The role of computerized tomographic scanning in the evaluation of major pelvic fractures. J Bone Joint Surg Am 66(1): 34–39
20. Goldmann S, Sandler C, Corriere J, McGuire E (1997) Blunt urethral trauma. J Urol 157: 85–89
21. Guy R, Butler-Manuel P, Holder P, Brueton R (1992) The role of 3D CT in the assessment of acetabular fractures. Br J Radiol 65: 384–389
22. Hauge MD, Cooper KL, Litin SC (1988) Insufficiency fractures of the pelvis that simulate metastatic disease. Mayo Clin Proc 63(8): 807–812
23. Hoffmann R, Pohlemann T, Wippermann B, Reimer P, Milbradt H, Tscherne H (1989) Management der Sonographie beim stumpfen Bauchtrauma. Unfallchirurg 92: 471–476
24. Howie JL (1985) Computed tomography of the bony pelvis: a protocol for multiplanar imaging, Part II: Trauma. J Can Assoc Radiol 36(4): 287–295
25. Huittinen V (1972) Lumbosacral nerve injury in fracture of the pelvis. Acta Chir Scand Suppl 429: 1–43

26. Huittinen V, Slätis P (1972) Nerve injury in double vertical pelvic fractures. Acta Chir Scand 138: 571–575
27. Jurik A, Jensen L, Hansen J (1996) Total effective radiation dose from spiral CT and conventional radiography of the pelvis with regard to fracture classification. Acta Radiol 37: 651–654
28. Langendorff H-U (1993) Diagnostik und Erstversorgung bei Beckenfrakturen In: Gahr R (Hrsg) Entwicklungen in der Unfallchirurgie. Springer, Berlin Heidelberg New York Tokyo, S 105–111
29. Mee SL, McAninch JW, Federle MP (1987) Computerized tomography in bladder rupture: diagnostic limitations. J Urol 137(2): 207–209
30. Nerlich M, Maghsudi M (1996) Algorithms for early management of pelvic fractures. Injury Suppl 1 (Part 1): 29–37
31. Nerlich M, Tscherne H (1987) Der Trauma-Algorithmus – Entscheidungshilfe bei der Erstversorgung Schwerverletzter. Zentralbl Chir 112: 1465–1472
32. Newhouse K, El-Khoury G, Buckwalter J (1992) Occult sacral fractures in osteopenic patients. J Bone Joint Surg Am 74(10): 1472–1477
33. Pennal G, Tile M, Waddell J, Garside H (1980) Pelvic disruption: assessment and classification. Clin Orthop 151: 12–21
34. Pohlemann T, Gänsslen A, Weber U, Müller-Vahl H, Paul C (1996) Neurologisches Langzeitergebnis nach instabilen Beckenring- und Acetabulumfrakturen: eine prospektive 2-Jahres Untersuchung. Hefte Z Unfallchir (Abstr) 262: 70
35. Pohlemann T, Wippermann B, Haubitz B, Reilmann H (1986) Der Stellenwert der Sonographie beim stumpfen Bauchtrauma in der Notfalldiagnostik. Hefte Unfallheilkd 189: 347–350
36. Pokorny M, Pontes J, Pierce J (1979) Urological injuries associated with pelvic trauma. J Urol 121: 455–457
37. Rafii M, Firooznia H, Golimbu C, Waugh T, Naidich D (1983) The impact of CT in clinical management of pelvic and acetabular fractures. Clin Orthop 178: 228–235
38. Ragnarsson B, Jacobsson B (1992) Epidemiology of pelvic fractures in a swedish county. Acta Orthop Scand 63(3): 297–300
39. Rawlings C, Wilkins RH, Martinez S, Wilkinson RJ (1988) Osteoporotic sacral fractures: a clinical study. Neurosurgery 22: 72–76
40. Resnik C, Stackhouse D, Shanmuganathan K, Young J (1992) Diagnosis of pelvic fractures in patients with acute pelvic trauma: efficiency of plain radiographs. AJR 158: 109–112
41. Rommens P, Gielen J, Broos P (1992) Die Bedeutung der CT für Diagnostik und Therapie der Frakturen des Beckenrings. Unfallchirurgie 95: 168–173
42. Sandler CM, Hall JT, Rodriguez MB, Corriere JJ (1986) Bladder injury in blunt pelvic trauma. Radiology 158(3): 633–638
43. Savolaine E, Ebraheim N, Rusin J, Jackson W (1991) Limitations of radiography and computed tomography in the diagnosis of transverse sacral fracture from a high fall. Clin Orthop 272: 122–126
44. Schenck H v, Falkenson M, Lundberg B (1986) Evaluation of HemoCue, a new device for determining hemoglobin. Clin Chem 32: 562–569
45. Schmidt A (1974) Diagnostik, Therapie und Spätfolgen bei Beckenfrakturen. Monatsschr Unfallheilkd 77: 73–82
46. Schmidt H, Hofmann S (1974) Die Problematik schwerer Beckenfrakturen im Wachstumsalter. Hefte Unfallheilkd 124: 286–288
47. Spitz J, Becker C, Tittel K, Weigand H (1992) Die klinische Relevanz der Ganzkörperskelettszintigraphie bei mehrfachverletzten und polytraumatisierten Patienten. Unfallchirurgie 18: 133–147
47a. Stöhr M (1978) Traumatic and postoperative lesions of the lumbosacral plexus. Arch Neurol 35: 757
48. Tile M (1995) Fractures of the pelvis and acetabulum, 2nd edn. Williams & Wilkins, Baltimore
49. Tile M, Pennal G (1980) Pelvic disruptions: principles of management. Clin Orthop 151: 56–64
50. Towfigh H, Sauerwein W, Obertacke U (1986) Stellenwert der Sonographie bei Mehrfachverletzten. Hefte Unfallheilkd 181: 357
50a. Tscherne H, Regel G (Hrsg) (1977) Trauma-Management. Springer, Berlin Heidelberg New York Tokyo (Tscherne Unfallchirurgie)
51. Tscherne H, Regel G, Sturm J, Friedl H (1987) Schweregrad und Prioritäten bei Mehrfachverletzungen. Chirurg 58: 631–640
52. Vas W, Wolverson M, Sundaram M, Heiberg E, Pilla T, Shields J (1982) The role of computed tomography in pelvic fractures. J Comput Assist Tomogr 6(4): 796–801
53. Wenz W, Hauenstein K, Reinbold W (1988) Bildgebende Verfahren. Hefte Unfallheilkd 200: 336
54. Wetzel E, Strauss L, Göpfrich M, Oellers B (1985) Möglichkeiten der radiologischen Diagnostik bei Verletzungen des dorsalen Beckenrings. Fortschr Röntgenstr 142: 291–295
55. Wilker D, Schweiberer L (1984) Abdominopelvine Begleitverletzungen. Hefte Unfallheilkd 164: 187–191
56. Young JW, Burgess AR, Brumback RJ, Poka A (1986) Pelvic fractures: value of plain radiography in early assessment and management. Radiology 160(2): 445–451

# Kapitel 7

# Notfallbehandlung und Komplextrauma



T. Pohlemann, G. Regel, U. Bosch, Ch. Stief und H. Tscherne



**Die Schwere einer Beckenverletzung wird während der Notfallversorgung eines Patienten leider häufig erst mit Verzögerung erkannt. Lediglich die insgesamt extrem seltenen, offenen Beckenzerreißungen führen zu »spektakulären« klinischen Bildern mit externer Massenblutung und grotesken Fehlstellungen. Häufiger ist jedoch das äußere Erscheinungsbild der hochgradig instabilen, lebensbedrohlichen Beckenverletzungen eher unauffällig und der Weichteilmantel geschlossen. Erst ausgedehnte Einblutungen führen zu erkennbaren Veränderungen der äußeren Kontur. Da instabile Beckenringverletzungen in über 80 % der Fälle mit weiteren schweren Begleitverletzungen kombiniert sind, wird das komplette Ausmaß der Beckenverletzung oft erst dann erkannt, wenn der Blutverlust Ausmaße erreicht hat, die zum unmittelbaren Eingreifen zwingen.**

**Die komplexe Beckenverletzung (Beckenfraktur mit komplizierendem peripelvinem Weichteilschaden) ist eine seltene Verletzung, nur in etwa 10 % aller Beckenfrakturen muß damit gerechnet werden. Und sogar nur 1–2 % aller Beckenfrakturen gehen mit akut lebensbedrohlichen Blutungen einher. In diesen Fällen kann aber nur eine sofortige Intervention unter Anwendung eines prioritätenorientierten Diagnostik- und Therapiekonzeptes das Leben dieser schwerstverletzten Patienten retten. Selbst bei einer ausgezeichnet funktionierenden Rettungskette mit optimaler Therapie am Unfallort, auf dem Transport und im Schwerpunktzentrum liegt die Letalität nach komplexen Beckenverletzungen noch bei 20 %, bei Transfusionspflichtigkeit sogar bei 33 % [100].**

## 7.1 Präklinische Versorgung

Die präklinische Versorgung von Beckenverletzungen stützt sich im wesentlichen auf die Kenntnis des Unfallmechanismus und die klinischen Verdachtsdiagnosen. Offensichtliche Verletzungszeichen sind selten. Nach Hochrasanztraumen und bei Mehrfachverletzten muß immer mit Beckenfrakturen gerechnet werden. Bei polytraumatisierten Patienten finden sich in etwa 1/4 der Fälle zusätzliche Beckenverletzungen [12, 95].

### ■ Unfallmechanismen, die häufig zu Beckenfrakturen führen

- Verkehrsunfälle im hohen Geschwindigkeitsbereich (Relativgeschwindigkeit über 40 km/h) [46, 75].
- Seitenanprall bei stoßzugewandten Insassen. Besonders gefährdend ist der Anprall an »schmale Strukturen«, wie z. B. Bäume oder Laternenmasten. Der großflächige Seitenanprall, z. B. PKW-Front gegen PKW-Seite führt seltener zu schwerwiegenden Beckenverletzungen [87].
- Absturz aus großer Höhe, bei dem sowohl ein seitlicher Aufprall des Körpers als auch eine kaudokraniale Gewalteinwirkung über das gestreckte Bein zu Beckenzerreißungen führen können.
- Hochrasanztraumen von »ungeschützten Verkehrsteilnehmern«, wie z. B. Motorradfahrern. Hier kann es durch Anprall oder Verhakung eines Beines zu kompletten Ausrißverletzungen einer Beckenhälfte kommen (»traumatische Hemipelvektomie«).
- Ein Überrolltrauma ist immer ein als potentiell lebensbedrohlich anzusehender Unfallmechanismus. Bei Überrollungen durch Reifen eines LKW und durch Kettenfahrzeuge kommt es durch kombinierte Kompressionsbelastungen und Scherbewegungen zu ausgedehnten inneren Weichteilzerreißungen.

Die Versorgung des Schwerverletzten erfolgt nach den allgemeinen Regeln der präklinischen Notfallversorgung (»Notfall ABC«). Ist der Patient primär noch ansprechbar, wird er zu Schmerzen im Beckenbereich befragt; und in jedem Fall wird ein zumindest orientierender neurologischer Status erhoben, da es sich bei den meisten Schwerverletzten oftmals um die letzte Möglichkeit handelt, neurologische Begleitverletzungen vor der Intubation zu erkennen. An klinischen Untersuchungen erfolgt nach orientierender Inspektion

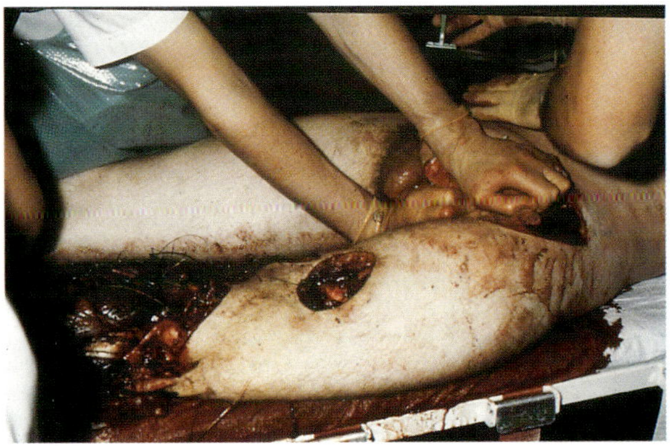

**Abb. 7.1.** Manuelle Kompression einer pelvinen Massenblutung. Pelvine Massenblutungen werden in der Regel nur dann überlebt, wenn eine manuelle Kompression der Blutungsstelle schon am Unfallort suffizient durchgeführt wurde und bis zur definitiven chirurgischen Blutstillung beibehalten werden kann

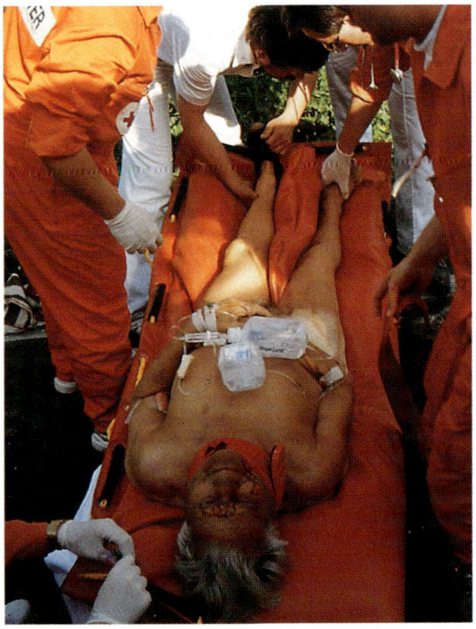

**Abb. 7.2.** Präklinische Lagerung auf der Vakuummatratze. Schon präklinisch sollte nach der ersten manuellen Untersuchung das Becken möglichst vollständig immobilisiert werden. Im zentraleuropäischen Raum mit in der Regel nur kurzen Rettungszeiten hat sich hierzu die Lagerung auf einer gut anmodellierten Vakuummatratze bewährt

die Stabilitätsprüfung durch manuelle Kompression des Beckenringes in a.-p.- und seitlicher Richtung (s. auch Kap. 6).

Bei einer externen Massenblutung wird durch direkte manuelle Kompression auf die Wunde eine Reduktion der Blutungsstärke bzw. ein Blutstillung erreicht (Abb. 7.1). Diese Patienten müssen auf schnellstem Wege unter forcierter Schocktherapie in das nächstgelegene, operationsbereite, traumatologische Schwerpunktzentrum gebracht werden (»load and go«).

Bei nachgewiesener klinischer Beckeninstabilität ohne erkennbare Massenblutung wird eine forcierte, prophylaktische Schocktherapie eingeleitet. Auch bei geschlossenen, instabilen Beckenringverletzungen können Blutverluste von ca. 2–5 l auftreten [12, 15, 28, 67, 80, 98].

Für den Transport wird der Beckenverletzte auf der Vakuummatratze gelagert (Abb. 7.2). Besteht eine hochgradig instabile Außenrotationsverletzung mit sichtbarer Fehlstellung und in der manuellen Prüfung feststellbarer Instabilität, wird schon primär unter Längszug des betroffenen Beines mit Innenrotation und seitlicher manueller Kompression eine Reposition durchgeführt. Dadurch wird das Volumen im kleinen Becken verringert und so eine gewisse Blutstillung erreicht. Diese Stellung wird durch Anformen der Vakuummatratze gesichert. Aushilfsweise kann das Becken auch mit einem Tuch umschlungen und komprimiert werden. Die Beine sind in Adduktion zu sichern.

Schon beim klinischen Verdacht auf eine Beckenringinstabilität sollte eine erweiterte Schocktherapie begonnen und der Patient auf der Vakuummatratze gelagert werden.

Der Transport des beckenverletzten Patienten erfolgt möglichst schonend, bevorzugt im Rettungshubschrauber und immer mit Arztbegleitung. Die Einlieferung erfolgt in das nächste traumatologische Schwerpunktkrankenhaus mit entsprechenden Kapazitäten zur Schwerverletztenversorgung. Insbesondere bei instabilen Kreislaufverhältnissen muß möglichst die Primärversorgung in einer Klinik der Maximalversorgung angestrebt werden, damit ggf. lebensrettende Sofortoperationen unverzüglich durchgeführt werden können. Eine rechtzeitige Voranmeldung über Funk ist obligat, um eine lückenlose Weiterbetreuung nach Aufnahme zu gewährleisten. (Zu weiteren Details s. auch Tscherne u. Regel [131a], Kap. 3.)

Nach eigener Auffassung sind die in der amerikanischen Literatur weitverbreiteten »Schockhosen« (military antishock-trousers: Mast, s. auch Abb. 7.3) im zentraleuropäischen Raum aufgrund der realisierten sehr kurzen Rettungszeiten nicht angezeigt. Ihr Einsatz ist zeitaufwendig und der Zugang zum Patienten wird deutlich eingeschränkt. Schwere Komplikationen bis zu Kompartmentsyndromen mit Extremitätenverlust wurden beschrieben [38, 129, 134]. In dünn besiedelten Gebieten, in denen Rettungszeiten über mehrere Stunden ohne Arztbegleitung zu erwarten sind – wie in den USA –, ist ihr Einsatz jedoch erwägenswert.

Ein von Baumgärtel kürzlich vorgestellter pneumatischer »Notfallbeckengürtel« wirkt durch lokale Kompression und ist leichter anzulegen [5] (Abb. 7.4). Praktische Erfahrungen liegen noch nicht vor.

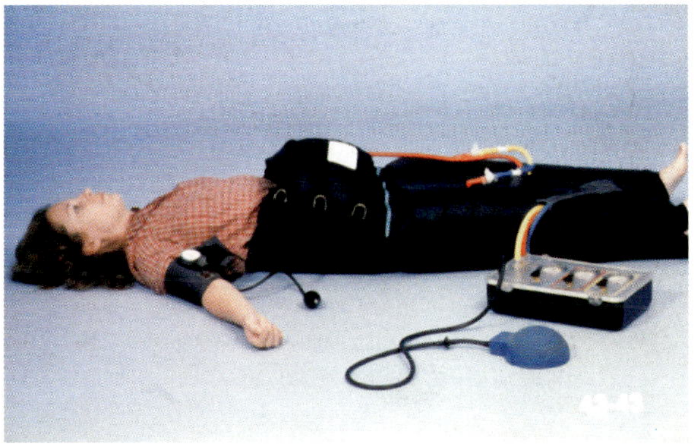

Abb. 7.3. Military-Antischock-Trousers (MAST)

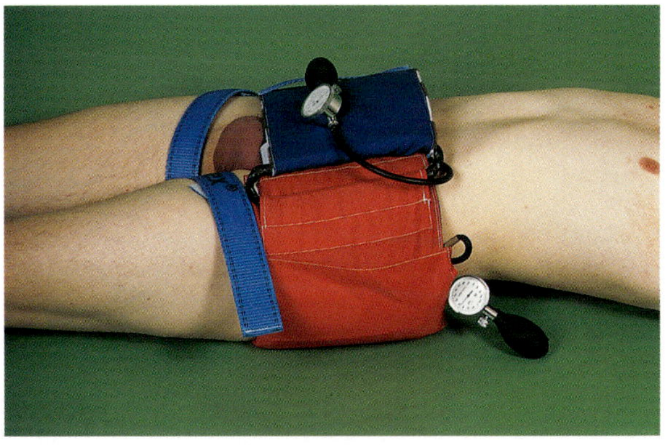

Abb. 7.4. Der Notfallbeckengürtel nach Baumgaertel ist einfach einzusetzen und wirkt ausschließlich im Bereich des Beckens. Experimentelle Untersuchungen zeigen eine gute Kompressionswirkung mit Verkleinerung des pelvinen Volumens. Der Gürtel selbst befindet sich derzeit in der klinischen Erprobung

## 7.2 Klinische Notfallversorgung

**Ein standardisierter Ablaufplan (»Algorithmus«) erleichtert und verbessert die primäre Evaluation und Therapie von Schwerverletzten (s. auch Tscherne u. Regel [131a], Kap. 11). Durch seine Anwendung läßt sich für den einzelnen Patienten ein prioritätenorientiertes Behandlungskonzept finden und gleichzeitig wird ein erhöhter Ausbildungseffekt für das gesamte Team erreicht (s. auch Tscherne u. Regel [131a]). In der Literatur sind zur Primärversorgung der schweren Beckenverletzung verschiedene Maßnahmen und Algorithmen angegeben worden. Die Effektivität einzelner Konzepte läßt sich nur schwer überprüfen, da kaum vergleichbare Daten vorliegen. Während sich der Grad der Beckenringinstabilität aus der Klassifikation ableiten läßt, bleiben die Schwere der Blutung und das Ausmaß des Weichteilschadens und des Blutverlustes bei den zu vergleichenden Patienten weitgehend unklar. Berechnungen im eigenen Krankengut zeigten, daß eine akute vitale Bedrohung bei Blutverlusten über 2000 ml, entsprechend eines bei Aufnahme bestimmten Hämoglobingehaltes von 8 g%, vorliegt [98]. Die vorgestellten Notfallmaßnahmen beziehen sich deswegen im wesentlichen auf diese kleine, aber akut vital bedrohte Patientengruppe.**

**Die einzelnen, derzeit verfügbaren Maßnahmen zur klinischen Notfallbehandlung der schweren Beckenverletzung sollen zunächst kritisch gewürdigt werden. Alle Maßnahmen konzentrieren sich auf die Reduktion des Blutverlustes, entweder durch frühzeitiges Wiederherstellen der mechanischen Beckenstabilität oder durch gedeckte oder direkte, offene Maßnahmen zur Blutstillung.**

**Im Anschluß an diese Einzeldarstellung wird der im eigenen Vorgehen klinisch bewährte, einfach aufgebaute Entscheidungsbaum zur Primärversorgung schwerer Beckenverletzungen besprochen. Dieser »Beckenalgorithmus« ergänzt den Ablaufplan zur Primärversorgung des Schwerverletzten (s. auch Tscherne u. Regel [131a]).**

### Einzelmaßnahmen bei beckenbedingter Kreislaufinstabilität

#### ■ »Eigentamponade«

Unter der Vorstellung, daß Blutungen im retroperitonealen Raum durch eine blutungsbedingte Druckerhöhung spontan sistieren (»Eigentamponade«), wurde nach älteren Therapiekonzepten unter »chirurgischem Nihilismus oder Minimalismus« abgewartet .

**Vorteile.** Bei der Mehrzahl der Beckenfrakturen *ohne* Kreislaufinstabilität ist dieser Mechanismus wirksam, nicht aber bei beckenbedingter Kreislaufinstabilität. Nach heutigem Verständnis der Pathophysiologie der Beckenblutung sind keine Vorteile bei schwerer Blutung erkennbar.

**Nachteile.** Da bei instabilen Beckenfrakturen verletzungsbedingt alle Kompartmentgrenzen zerrissen sind, entsteht ein sog. »Kamineffekt« [129, 130] (s. auch Abb. 7.5 u. 2.15). Blutungen aus dem kleinen Becken wühlen sich nahezu ungehindert über dem M. psoas major nach kranial vor und sind bei entsprechender Blutungsschwere schon kurze Zeit nach dem Unfall sonographisch in Höhe des Zwerchfells nachweisbar (s. auch Kap. 2). Da sich die Hämatome auch in die Muskulatur der Außenseite des Beckens (M. glutaeus maximus, medius, minimus) sowie nach distal ausbreiten können, entsteht im Endzustand das Bild eines Becken- und abdominellen »Kompartmentsyndroms« (s. unten) [11]. Neben schwersten peripelvi-

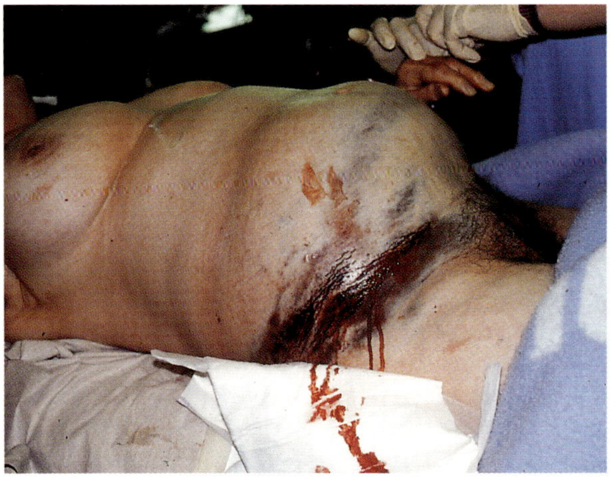

**Abb. 7.5.** Versagen des Mechanismus der »Selbsttamponade«. Während der Mechanismus der Selbsttamponade im Rahmen der stabilen und nur »mäßig instabilen« Beckenverletzungen in der Regel eine Verblutung verhindert, kann er bei instabilen Verletzungen oft nicht wirksam werden. Instabile Beckenverletzungen sind häufig durch ein vollständiges Zerreißen der nur schwach ausgeprägten »Kompartmentgrenzen« des Retroperitonealraumes gekennzeichnet (s. auch Abb. 2.15). Blutungen aus dem Beckenbereich können sich dann nahezu ohne Widerstand weit nach kranial »vorwühlen«. Dieses klinische Bild demonstriert, daß der Mechanismus der Selbsttamponade in diesen Fällen versagen muß, eine sofortige chirurgische Blutungskontrolle ist notwendig

nen Gewebezerstörungen mit ausgedehnten Hautnekrosen kann über die massive Erhöhung des intraabdominellen Drucks zusätzlich eine Behinderung der Lungenexkursion auftreten.

### Schockhose

Bei der Schockhose handelt es sich um eine pneumatische Schiene, die sowohl beide Beine als auch das Becken bis zum Abdomen zirkulär umschließt (s. Abb. 7.3). Durch gezieltes Aufblasen der einzelnen Kammern läßt sich eine äußere Schienung und Kompression der unteren Extremitäten und der Beckenregion erreichen.

**Vorteile.** Die Schockhose ist schon präklinisch auch ohne notärztliche Intervention einsetzbar. Es wird eine direkte Kompression des Beckenrings und der unteren Extremitäten erreicht. Dadurch kommt es neben der Immobilisation des Beckens zu einer Volumenumverteilung in den zentralen Kreislauf [4, 16, 22, 80, 82, 103, 116].

**Nachteile.** Der Patient ist nur noch sehr eingeschränkt zugänglich, die Beurteilung und Versorgung von Begleitverletzungen wird deutlich eingeschränkt. Besonders nach langen Liegezeiten wurden schwere Komplikationen, wie z. B. das Auftreten von Kompartmentsyndromen und Durchblutungsstörungen bis zum Extremitätenverlust, beschrieben [39, 130, 134].

Das Anlegen der Schockhose ist relativ umständlich und zeitaufwendig und erscheint in der eigenen Erfahrung für die klinische Therapie instabiler Beckenfrakturen als wenig geeignet.

### Pneumatischer Notfallbeckengürtel (nach Baumgaertel)

In Abwandlung der »Schockhose« wird nur noch ein schmaler pneumatischer Gürtel um den verletzten Beckenring gelegt (s. Abb. 7.4). Durch Aufblasen wird eine zirkuläre Kompression erreicht.

**Vorteile.** Dieses Hilfsmittel ist schnell anzulegen und führt zu einer gezielten Beckenkompression, ohne die Zugänglichkeit zum Patienten wesentlich zu beeinträchtigen [5].

**Nachteile.** Über den erst kürzlich entwickelten Notfallbeckengürtel liegen bisher noch keine klinischen Erfahrungsberichte vor. Ein adjuvanter Einsatz im Rahmen der präklinischen Schwerverletztenversorgung erscheint jedoch erwägenswert.

### Notfallangiographie und Embolisation (Abb. 7.6)

Nachdem schon 1972 von der Embolisationsbehandlung von beckenbedingten Blutungen berichtet wurde [73], liegt zwischenzeitlich eine große Anzahl von Publikationen zur Effektivität dieser Methode vor [3, 7, 8, 10, 16, 21, 28, 35, 38, 44, 49, 52, 58, 65, 80–82, 89, 114, 123, 124]. Ihr Einsatz zur Blutstillung in der Beckenetage wird allerdings weiter sehr kontrovers diskutiert. Ein valider Vergleich aus der Literatur ist kaum möglich, da sowohl die primäre Blutungsschwere nicht oder nicht vergleichbar angegeben ist, Angaben zum zeitlichen Ablauf fehlen und auch die Gesamtverletzungsschwere der Patienten nicht verglichen werden kann.

**Vorteile.** Eine Eröffnung des Retroperitonealraumes ist nicht notwendig. Isolierte arterielle Blutungen können ohne chirurgische Intervention (Operationstrauma!) gestoppt werden. Befürworter der Methode geben an, daß zwischen 3 % und 5 % der Patienten mit instabilen Beckenringverletzungen einer Embolisation bedürfen oder von ihr profitieren [9, 37, 82].

**Nachteile.** Nur *arterielle* Blutungen sind embolisierbar, und deren Anteil als Blutungsursache bei schweren Beckenverletzungen wird auf lediglich 10–20 % der Fälle geschätzt [12, 61, 97, 98, 108]. Das aufwendige Verfahren ist nur bei hoher radiologischer Qualifikation effektiv und daher nur in wenigen Zentren rund um die Uhr verfügbar. Aber auch hier werden Durchschnittszeiten von 2,5 h für die Durchführung der Intervention angegeben [89]. Die begleitende Versorgung des Patienten oder auch Parallelversorgungen während

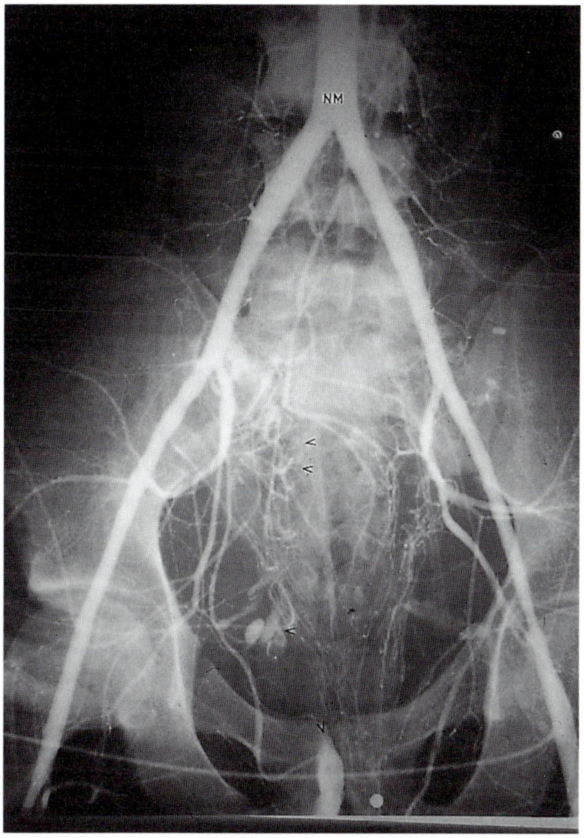

**Abb. 7.6.** In der Notfallangiographie lassen sich arterielle Blutungen erkennen und ggf. embolisieren. Da arterielle Blutungen bei lediglich 10–20% der Beckenverletzten mit einer hämodynamischen Instabilität die Hauptblutungsquelle darstellen, wird im eigenen Vorgehen die Angiographie und Embolisation erst als zweitrangige Methode eingesetzt

der Embolisation sind eingeschränkt. Ergebnisberichte mit 50% Letalität zeigen keine Vorteile dieser Methode [58].

### ■ Ligatur der A. iliaca interna

Unter der Vorstellung der Unterbindung der Blutzufuhr zum kleinen Becken wird zur Blutstillung die ein- oder beidseitige Ligatur der A. iliaca interna diskutiert [40, 130].

**Vorteile.** Nach heutigem Verständnis keine.

**Nachteile.** Bedingt durch die ausgezeichnete Kollateralisierung in der Beckenetage führt auch die beidseitige Ligatur der A. iliaca interna nicht zu einer chirurgisch bedeutsamen Verringerung der arteriellen Blutung, d.h. auch nach Durchführung dieses Manövers blutet es unverändert weiter! Da zusätzlich in 80–90% der Fälle von venösen Blutungen ausgegangen werden muß, deren Kollateralversorgung noch ausgeprägter ist als die des arteriellen Systems, muß diese Maßnahme insuffizient bleiben. Eine Vielzahl von negativen Erfahrungen in der Literatur bestätigt diese Beobachtung [55, 84, 91, 93, 101, 102, 105, 108, 122, 131].

### ■ Passagerer Aortenverschluß

Als passagere Maßnahme zur Blutungskontrolle wird die Okklussion der Aorta entweder durch direktes Ausklemmen, das »cross clamping« [13, 32, 105, 113], oder durch transkutan oder intraoperativ eingeführte Ballonkatheter angegeben [18].

**Vorteile.** Als passagere adjuvante Maßnahme gelingt es in verzweifelten Fällen in der Regel, intraoperativ die Übersicht zurückzugewinnen, um Massenblutungen gezielt angehen zu können.

**Nachteile.** Bei kurzzeitiger, intraoperativer Anwendung in Extremfällen sind keine Nachteile zu erwarten.

### ■ Notfallstabilisierung mit dem Fixateur externe (Abb. 7.7)

Es handelt sich hierbei um die am weitesten verbreitete klinische Maßnahme, um operativ eine Notfallstabilisierung des Beckenrings zu erreichen [2, 9, 13, 14, 19, 20, 31, 32, 42, 45, 51, 64, 84, 106, 119, 128, 132, 133]. Im englischen Sprachraum wird die Anlage eines Notfallfixateur externe im Rahmen des *A*dvanced-*T*rauma-*L*ife-*S*upport-(ATLS-)Protokolls bei instabilen Beckenfrakturen schon im Schockraum empfohlen.

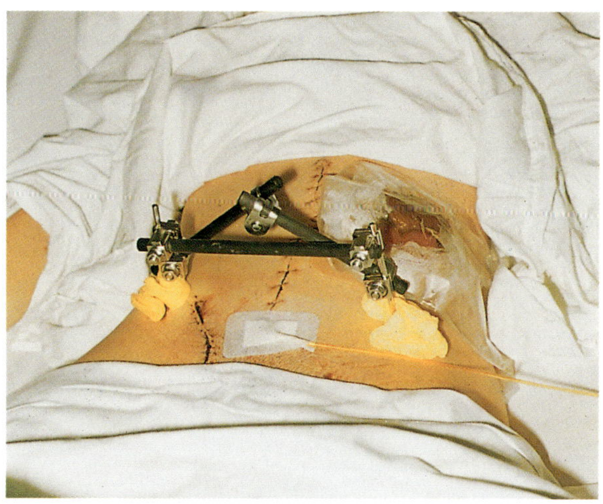

**Abb. 7.7.** Notfallfixateur externe am ventralen Beckenring. In der Notfallsituation sollten nur einfache Fixateur-externe-Konstruktionen eingesetzt werden, die nicht zu einer wesentlichen Verzögerung des Gesamtablaufes der Notfallversorgung führen (10–20 min). Im eigenen Vorgehen wird in diesen Fällen lediglich beidseits je eine supraazetabuläre Schanz-Schraube plaziert. Die Stabilität eines derartigen Fixateurs ist limitiert. Wenn aber andere Stabilisierungstechniken, wie z.B. die Beckenzwinge, nicht zur Verfügung stehen, ist die Notfallfixateurbehandlung immer noch die Methode der ersten Wahl

**Vorteile.** Vorteilhaft ist die relativ einfache Handhabung und die Verfügbarkeit in allen traumatologischen und chirurgischen Kliniken.

**Nachteile.** Die biomechanische Stabilität von einfachen Montagen – und nur diese sind in Notfallsituationen zeitgerecht einsetzbar – ist bei Verletzungen vom Typ C selbst für die Lagerungsstabilität auf der Intensivstation als kritisch zu bewerten [96]. Komplexere Montagen sind nur mit relativ großem Zeitaufwand zu realisieren. Der Zugang zum Patienten ist behindert. Insbesondere bei der häufig notwendigen Laparotomie stören nahezu alle Montageformen.

### ■ Beckenzwinge

Das schon früh vereinzelt eingesetzte Prinzip einer zwingenförmigen Stabilisierung am Beckenring [72, 103a, 132a] wurde 1989 von Ganz und später von Browner aufgegriffen und zur Notfallstabilisierung modifiziert [17, 43] (Abb. 7.8). Zwischenzeitlich finden die Beckenzwingen in der Notfallversorgung von Beckenfrakturen mit instabilen Kreislaufverhältnissen eine zunehmende Verbreitung (Abb. 7.9).

**Vorteile.** Diese »Stabilisatoren« haben den biomechanischen Vorteil einer direkten, am dorsalen Beckenring angreifenden Kompressionswirkung. Dieser Mechanismus führt bei den Beckenverletzungen vom Typ C zu einer verbesserten Stabilisation des hinteren Beckenrings, verglichen mit dem Fixateur externe [98, 135]. Ihre Anwendung über Stichinzisionen erlaubt den sofortigen Einsatz schon in der Notaufnahme. Nach eigenen Untersuchungen war, eine entsprechende Indikation vorausgesetzt, die Zwinge innerhalb von 10 min nach der Einlieferung angelegt [98]. Die Zugänglichkeit zum Patienten wird nicht behindert. Da die Zwinge »herumgeschwenkt« werden kann, wird weder die Diagnostik der unteren Extremitäten noch eine Laparotomie behindert. Die Beckenzwinge ist auch »CT-gängig« (Abb. 7.10).

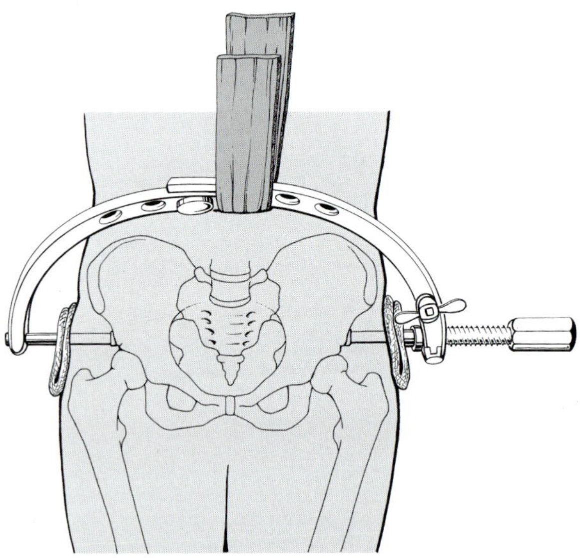

**Abb. 7.8.** Tübinger Beckenzwinge. Schon sehr früh wurde das Prinzip einer direkten posterioren Kompression von außen am Beckenring eingesetzt, wie z. B. bei der in den 60er Jahren in Tübingen entwickelte Beckenzwinge. (Nach Schmelzeisen u. Weller [112a])

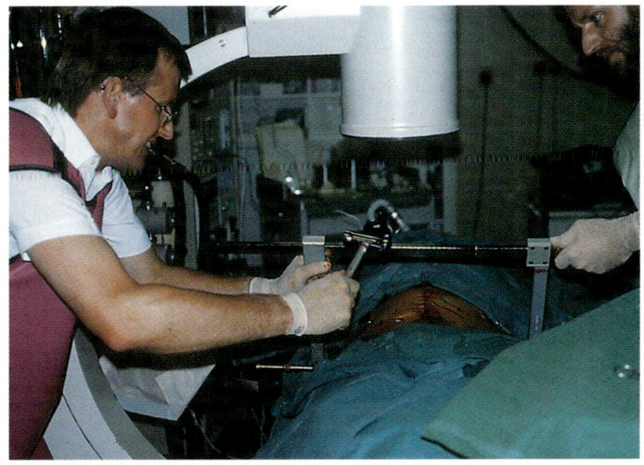

**Abb. 7.9.** Zur Notfallbehandlung wurde das Prinzip der Beckenzwinge weiterentwickelt. Sie erlaubt eine notfallmäßige, suffiziente Stabilisierung des hinteren Beckenringes schon während der Reanimationsphase im Schockraum. Diese Beckenzwinge der AO (nach Ganz) wird im eigenen Vorgehen bevorzugt, da sie durch ihre einfache Konstruktion relativ sicher in der Anwendung ist

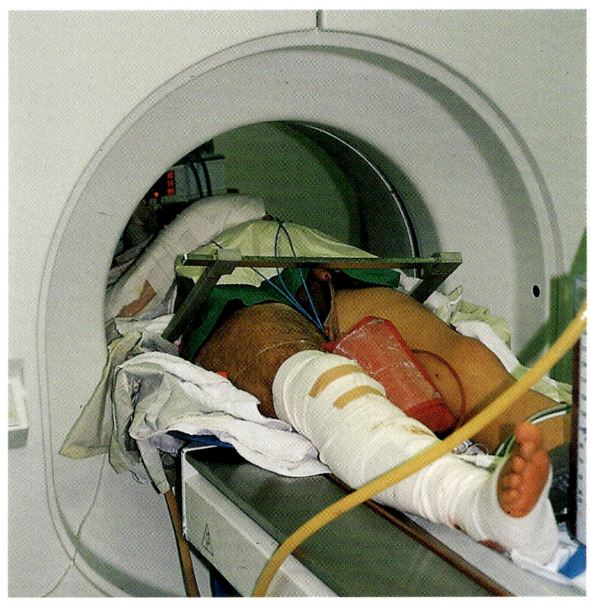

**Abb. 7.10.** Beckenzwinge im CT. Die angelegte Beckenzwinge kann so weit verkleinert werden, daß sie weder die Diagnostik, wie hier z. B. in der Computertomographie, noch notwendige operative Eingriffe, wie z. B. eine Laparotomie oder auch die Versorgung einer Oberschenkelfraktur, behindert

**Nachteile.** Die Beckenzwingen sind nicht bei Ilium- und transiliakalen Luxationsfrakturen einsetzbar. Der notfallmäßige Einsatz bedarf fundierter anatomischer Kenntnisse, Komplikationsmöglichkeiten bei zu ventraler Anlage sind eine Iliumperforation mit der Gefahr von Organverletzungen. Bei zu dorsaler Anlage kann das glutäale Gefäß- und Nervenbündel verletzt werden. Bei Sakrumfrakturen mit Dislokationen oder Trümmerzonen muß mit einem sekundären Nervenkompressionsschaden gerechnet werden. Diese Gefahr tritt in Anbetracht des kritischen Allgemeinzustandes des Patienten in den Hintergrund, und ausschließlich in diesem Zustand ist die Applikation der Zwinge indiziert.

### ■ Definitive interne Stabilisierung

**Vorteile.** Aus verschiedenen biomechanischen Untersuchungen ist bekannt, daß interne Osteosynthesen am Beckenring eine um den Faktor 10–20 höhere Stabilität aufweisen als eine externe Fixation [127]. Die Qualität der Reposition ist in der Regel besser, und da es sich um definitive Verfahren handelt, ist ein Verfahrenswechsel nicht nötig.

**Nachteile.** Interne Stabilisierungen sind in der Regel zeitaufwendige und technisch anspruchsvolle Operationen, so daß in der Notfallsituation nur wenige Lokalisationen und Verfahren in Frage kommen:

- Symphysenverplattung im Anschluß an eine Laparotomie,
- transperitoneale SI-Verplattung in Ausnahmefällen, wenn eine externe Stabilisierung mit Beckenzwinge oder Fixateur externe nicht möglich oder insuffizient ist,
- ventrale SI-Verplattung über einen anterolateralen Zugang bei transiliakalen Luxationsfrakturen, bei denen der Einsatz der Beckenzwinge kontraindiziert ist.

Die ebenfalls mögliche perkutane, transiliosakrale Verschraubung in Rückenlage [111, 112] wenden wir nicht an. Die geschlossene Reposition erscheint bei dislozierten Verletzungen nur unbefriedigend möglich, bei unverschobenen Verletzungen oder dorsalen Instabilitäten vom Typ B ist in der eigenen Erfahrung in der Primärsituation keine dorsale Notfallstabilisierung notwendig.

### ■ Tamponade

Insbesondere zur Kontrolle von diffusen Blutungen ist die Tamponade ein weit verbreitetes chirurgisches Grundprinzip. Insbesondere im europäischen Raum wird die Tamponade häufig als Bestandteil des primären Behandlungskonzeptes angesehen. Entscheidend für die Beurteilung der »Wirksamkeit« der Methode ist die korrekte Positionierung am Ursprung der Blutung im kleinen Becken [97].

**Vorteile.** Schnell einsetzbare und überall verfügbare Methode. Keine »Spezialkenntnisse« erforderlich [32, 40, 80, 94, 135].

**Nachteile.** Wirksamkeit nur in Verbindung mit ausreichendem Widerlager, d.h. eine zumindest notfallmäßige Stabilisierung, besonders des hinteren Beckenrings, muß vorher durchgeführt worden sein.

### ■ Chirurgische Blutstillung

Die direkte chirurgische Blutstillung ist das Ziel jeden Eingriffs zur Blutstillung am Becken. Aufgrund der »unübersichtlichen« Verhältnisse gerade in Notfallsituationen ist sie allerdings nicht immer sicher zu realisieren. Während bei Außenrotationsverletzungen eine Exposition relativ »einfach« zu erreichen ist (die Beckenhälften können entsprechend dem Unfallmechanismus »aufgeklappt« werden, der Beckenraum ist gut zugänglich), muß bei Innenrotationsverletzungen erst eine Lösung und Reposition der Beckenhälften vorgenommen werden. Als Methoden kommen die Ligatur, die Umstechung sowie eine Blutstillung mit Clips in Frage, in Einzelfällen auch die Rekonstruktion großer Gefäße (s. unten).

**Vorteile.** Definitive chirurgische Versorgung der Blutungsquelle.

**Nachteile.** Die Übersicht bleibt meist eingeschränkt, nur die »größten« Blutungsquellen sind lokalisierbar. Die häufigeren Blutungen aufgrund von Zerreißungen der venösen Plexus lassen sich nicht immer und dann nur unter erheblichen Zeitaufwand, mit weiteren erheblichen Blutverlusten direkt chirurgisch stillen. »Massenumstechungen« und ungezielte »Clipmanöver« können insbesondere im Bereich der Stammabgänge zu Nervenschäden (Nn. glutaei superiores et inferiores) führen.

## Notfallalgorithmus »Becken«

**Zur Erleichterung der Entscheidungsfindung bei Beckenfrakturen, die mit einer hämodynamischen Instabilität einhergehen, wurden verschiedene Entscheidungsbäume vorgestellt [33, 35, 76–78, 80, 83, 104]. Durch die Berücksichtigung einer Vielzahl von möglichen Konstellationen und Maßnahmen können Notfallalgorithmen allerdings so komplex werden, daß sie in der Praxis nicht als konkrete Entscheidungshilfe einsetzbar sind.**

**Aus eigener Erfahrung müssen deswegen verschiedene Anforderungskriterien an einen Notfallalgorithmus Becken gestellt werden:**

- **klare Eingangskriterien,**
- **möglichst wenige und klare Entscheidungsmöglichkeiten,**
- **Berücksichtigung der Begleitverletzungen durch Integration in den Polytraumaalgorithmus.**

**Basierend auf diesen Kriterien wurde die Entscheidungsfindung bei instabilen Beckenverletzungen mit instabilen Kreislaufverhältnissen auf 3 Entscheidungen innerhalb der ersten 30 min nach der Einlieferung reduziert. Die wichtigsten Ziele sind die Lokalisation der Blutungsquelle, die Bestätigung der Beckenringinstabilität und die Beurteilung der Reaktion des Kreislaufs auf Volumensubstitution und Beckenstabilisierung.**

**Es werden zunächst Maßnahmen beschrieben, die im Schockraum der Notaufnahme durchführbar sind, danach Entscheidungen bei einem evtl. notwendigen Notfalleingriff.**

**Das Gesamtkonzept der Polytraumaversorgung ist im Detail in Tscherne u. Regel [131a] dargestellt; bei der Durchführung der einzelnen Maßnahmen ist jeweils auf die individuell zu adaptierenden Prioritäten zu achten!**

■ **Maßnahmen in der Notaufnahme** (Abb. 7.11)
Die erste Entscheidung fällt direkt nach Einlieferung. Liegt eine externe pelvine Massenblutung vor, wie z. B. bei traumatischer Hemipelvektomie oder nach schwerem Überrolltrauma im Sinne einer »Crushverletzung«, wird der Patient unverzüglich unter forcierter Blutsubstitution zur operativen Blutstillung in den Operationssaal gebracht (Abb. 7.12).

In allen anderen Situationen werden die therapeutischen und diagnostischen Maßnahmen entsprechend des Polytraumaalgorithmus (s. Tscherne u. Regel [131a]) durchgeführt. Die Schocktherapie wird mit mindesten 3 l Kristalloiden innerhalb der ersten 10 min ergänzt. Im gleichen Zeitrahmen ermöglicht es die Basisdiagnostik, bestehend aus klinischem Check, a.-p.-Röntgenaufnahme des Thorax, der Ultraschalluntersuchung des Abdomens und der Beckenübersichtsaufnahme, eine Blutungsquelle auf den Beckenbereich zu fokussieren.

In einer Untersuchung von Cryer konnte gezeigt werden, daß schon allein aus der Tatsache, daß auf dem primären Beckenübersichtsbild eine instabile Beckenverletzung (Typ C) erkennbar ist, mit 90 %iger Wahrscheinlichkeit geschlossen werden kann, daß zwischen 50 und 70 % der Patienten mehr als 4 Blutkonserven und zwischen 30 und 50 % der Patienten mehr als 10 Blutkonserven benötigen werden [26].

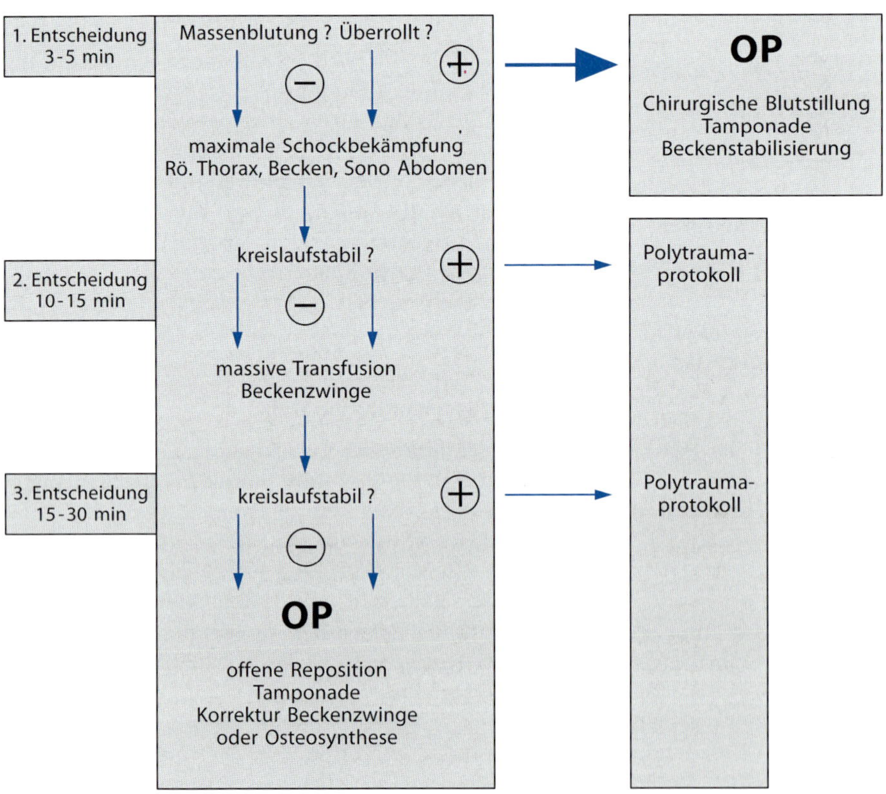


**Abb. 7.11.** Der »Notfallalgorithmus Becken« ist ein »Modul« der Polytraumaerstbehandlung. Zur schnellen zielsicheren Orientierung wurde er auf 3 Entscheidungen innerhalb der ersten 30 min nach Einlieferung des Patienten reduziert

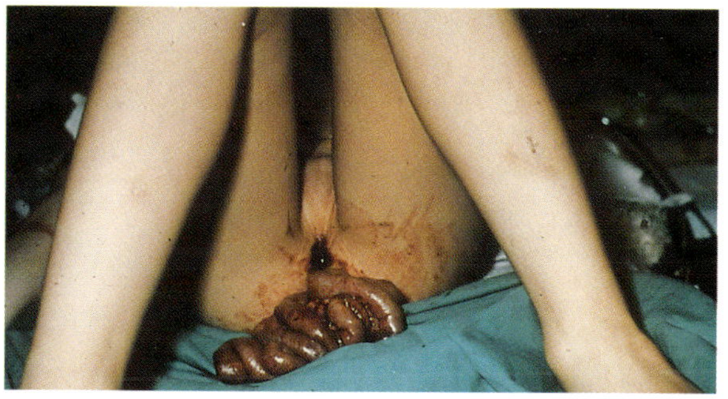

**Abb. 7.12.** Die erste Entscheidung unmittelbar nach Einlieferung: In Fällen, in denen eine pelvine Massenblutung besteht oder wenn der Patient im Rahmen einer Überrollverletzung ein massives Crushtrauma erlitten hat, ist eine sofortige operative Intervention mit chirurgischer Blutstillung indiziert. Es ist dafür Sorge zu tragen, daß sofort die Operationsbereitschaft hergestellt wird und zwischenzeitlich die maximale Schockbehandlung weitergeführt wird

Ist damit bis etwa 10–15 min nach der Einlieferung der Kreislauf stabilisierbar, wird die Diagnostik erweitert. Der Zeitpunkt eventueller operativer Interventionen am Beckenring orientiert sich dann am allgemeinen Behandlungskonzept.

Bei weiter instabilem Kreislauf wird die Massivtransfusion von notfalls ungekreuztem Blut eingeleitet, der Beckenring durch Zug und manuelle Kompression reponiert und eine Notfallstabilisierung des Beckenrings schon im Schockraum durchgeführt. Insbesondere bei Verletzungen vom Typ C hat sich die Beckenzwinge nach Ganz bewährt, alternativ wird eine Notfallstabilisation mit dem Fixateur externe durchgeführt (s. Kap. 9). Bei Außenrotationsverletzungen vom Typ B wird schon im Reanimationsraum ein einfacher ventraler Fixateur externe angelegt, um den Beckenring zu »schließen«.

## ■ Technik der Anlage der Notfallbeckenzwinge

Die Notfallzwinge sollte möglichst als steriles Komplettset im Reanimationsraum einsatzbereit gelagert werden. Die Orientierungspunkte im Beckenbereich des Verletzten können verletzungsbedingt unklar sein. Bestehen Unsicherheiten über die anatomischen Beziehungen, muß der Einsatz der Verankerungsdorne im Bildwandler kontrolliert werden, bevor die Zwinge eingesetzt wird!

Bei starker Fehlstellung wird die Reposition durch manuellen Zug am Bein, Innenrotation und ggf. laterale Kompression verbessert und manuell gehalten, bis die Beckenzwinge anliegt.

### 1) Vorbereitung:

- Desinfektion proximaler Oberschenkel und Gesäß und Abdecken mit sterilen Tüchern
- Zusammenbau der Zwinge auf sterilem Tisch:
  - Gewindespindeln in die Spannarme einsetzen und verschrauben
  - Schienenteile verbinden

### 2) Identifikation der Eintritts- und Ansatzpunkte (Abb. 7.13 a):

- Inzision an der Kreuzung zwischen
  - Verlängerung der Femurachse über die Trochanterspitze
  - Senkrechte von der Spina iliaca anterior superior
- Bei Schwierigkeiten erfolgt die Orientierung mit Bildwandler, ansonsten:

### Anatomische Orientierung ohne Bildwandler (Abb. 7.13 b):

Die Flächenorientierung der Außenseite des Os ilium ändert sich in Höhe der SI-Gelenke. Die dadurch entstehende »Grube« kann in Notfallsituationen als relativ sichere Orientierungshilfe genutzt werden: Die zur Notfallstabilisierung eingesetzte Beckenzwinge muß zur sicheren Verankerung möglichst in Höhe der SI-Gelenke plaziert werden. Durch Palpation mit einem stumpfen Instrument, wie z. B. einer Klemme, ist diese Stelle auch bei stark angeschwollenem Weichteilmantel gut zu identifizieren.

### 3) Montage der Beckenzwinge:

- Einführen eines Spannarms, Einschlagen der Spitze und Fixation durch Assistenten (Abb. 7.13 c)
- Einbringen des 2. Spannarms und Einschieben des Schienenteils
- Manuelle Kompression an den Spannarmen und endgültige Fixation durch Andrehen der Spindeln, bis es zur Vorbiegung des Schienenteils kommt

### 4) Nachbereitung:

- Röntgenkontrolle a.-p.
- Verkürzen des Schienenteils (CT-Diagnostik)
- Abpolstern der Beckenzwinge

Ist damit der Kreislauf 20–30 min nach Einlieferung stabilisierbar, wird nach dem allgemeinen Polytraumaprotokoll weiterverfahren.

Bleibt der Kreislauf bedingt durch die Beckenblutung instabil oder ist er nur durch Massivtransfusionen stabil zu halten, wird die operative Blutstillung eingeleitet und der Patient unverzüglich in den Operationssaal gebracht.

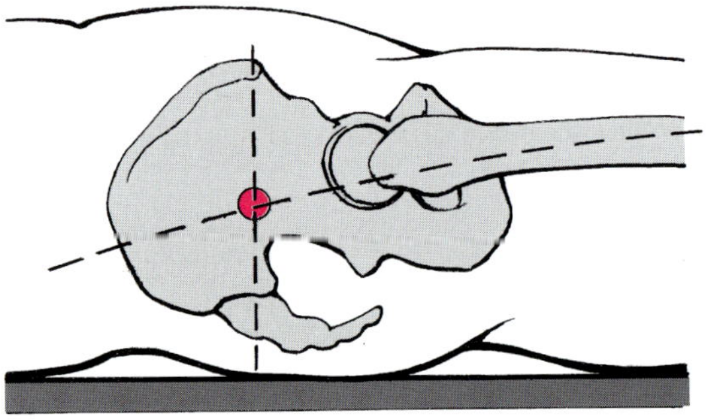
a

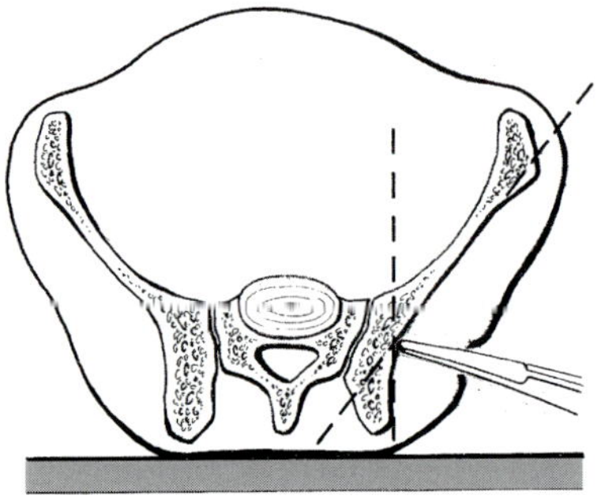
b

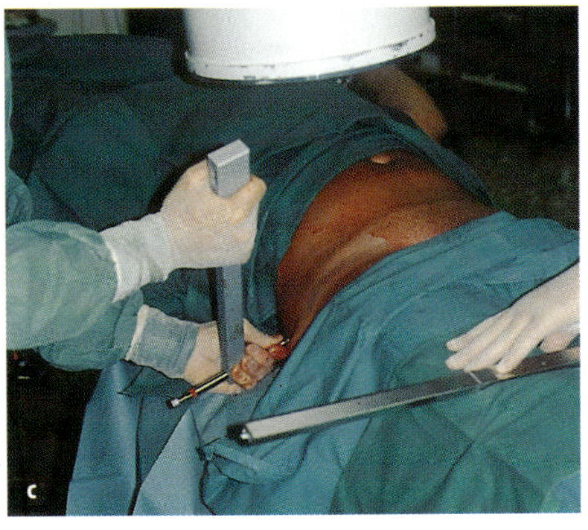


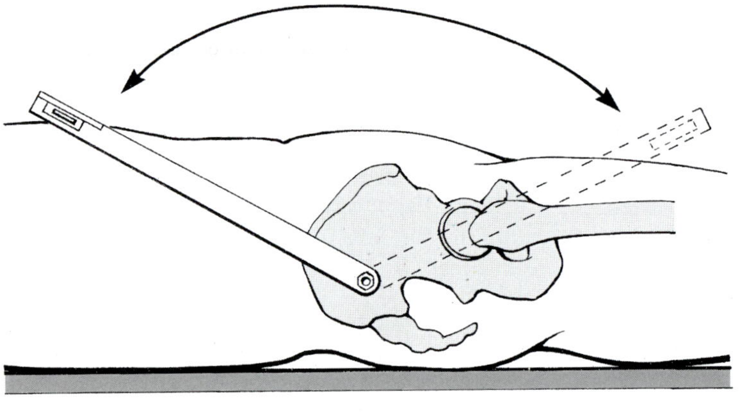
d

**Abb. 7.13 a–d.** Zweite Entscheidung: Notfallstabilisierung Beckenring (etwa 10 min nach Aufnahme). **a** Bei klinisch und radiologischer Sicherung der dorsalen Beckenringinstabilität, weiterbestehender Kreislaufinstabilität und fehlenden Kontraindikationen wird die Beckenzwinge angelegt. Die Insertionspunkte der Dorne werden in der Kreuzung der Linie in der Verlängerung der Oberschenkelachse und dem Lot von der Spina iliaca anterior superior angegeben. Bei stärkeren Verschiebungen und Schwellungen, wie sie nach Beckentraumen häufig vorkommen, gibt dieser Eintrittspunkt einen nur ungefähren Anhalt. **b** Es hat sich daher im eigenen Vorgehen bewährt, nach der großzügigen Inzision der Haut (3–4 cm) im angegebenen Eintrittspunkt zunächst mit einem stumpfen Instrument (Klemme) Wunde und Muskulatur bis zum Knochenkontakt zu spreizen. Mit der Spitze des Instruments wird die Orientierung der Außenfläche des Os ilium getastet. Der Übergang zwischen der schrägen Orientierung der Beckenschaufel zum senkrechten Verlauf des dorsalen Os ilium ist gut zu tasten. In dieser »Rinne« liegt der ideale Eintrittspunkt. Nahezu »automatisch« setzt der Dorn in der Projektionsfläche des SI-Gelenkes auf dem Os ilium an. **c** Der vorbereitete Spannarm mit Spindel wird eingeführt und die Spitze wird im Knochen verankert (Hammerschlag). Der gegenseitige Spannarm wird auf die zuvor eingeschobene Verbindungsschiene aufgesetzt und vorsichtig auf der gegenseitigen Beckenhälfte in Position gebracht. Die Zwinge wird zunächst manuell vorgespannt, wobei bei stärkerer Dislokation ein Zug- und eine Innenrotationsbewegung am verletzten Bein ausgeübt werden sollten. Das Andrehen der Spindel und das Verkürzen der Verbindungsschiene beendet die Beckenzwingenanlage. **d** Die Zwinge kann um die Dorne frei gedreht werden (Diagnostik etc.)

■ **Maßnahmen im Operationssaal** (Abb. 7.14)

Die Lagerung zum Eingriff erfolgt in Rückenlage auf einem Standardoperationstisch. Eine Wärmematte sollte verwendet werden. Die Extremitäten, wenn möglich auch der Thorax, werden gegen Wärmeverlust mit Tüchern oder Goldfolie eingehüllt. Das Abdomen wird von der Symphyse bis zum Xiphoid, in Zweifelsfällen auch einschließlich Thorax, steril abgewaschen und abgedeckt (Abb. 7.15).

Die Wahl der Inzision hängt vom sonographischen Befund ab:

- Sind keine oder nur geringe Mengen intraperitonäaler Flüssigkeit sonographisch erkannt worden, wird eine mediane Hautinzision von der Symphyse bis knapp unterhalb des Nabels durchgeführt.
- Bei großen Mengen bzw. schnell zunehmender Menge an intraperitonealer freier Flüssigkeit, wird eine mediane Laparotomie durchgeführt. Die Schnittführung sollte dann ausgedehnt werden, in der Regel vom Xiphoid bis zur Symphyse.

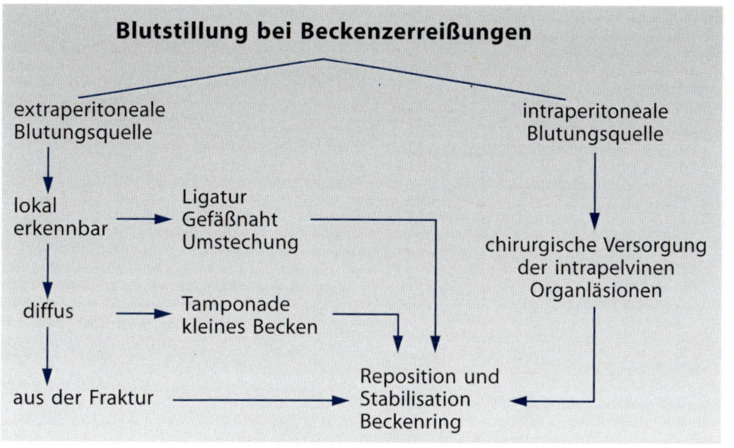


**Abb. 7.14.** Entscheidungsfindung bei der Notfallexploration des Beckens. Auch bei der Notfallexploration des Abdomens und des Beckenraumes wird standardisiert vorgegangen. Die wesentlichen Maßnahmen zur Blutungskontrolle am Becken sind Stabilisierung und Tamponade

Die Versorgung von intraperitonealen Organverletzungen erfolgt nach allgemeinen chirurgischen Regeln. Das Hauptziel sollte die möglichst schnelle Blutstillung sein. Bestehen simultan mehrere »Massenblutungen«, wird zunächst überall tamponiert; bei schwersten Blutungen aus dem Beckenraum wird die Aorta komprimiert oder vorübergehend ausgeklemmt. Nachdem Übersicht gewonnen wurde, werden die Organverletzungen schrittweise versorgt. Aufwendige rekonstruktive Verfahren im Abdomen sind in Notfallsituationen, bei denen zusätzliche Blutungen aus dem Beckenbereich bestehen, nicht angezeigt.

- Bei Milzverletzungen größeren Ausmaßes ist somit in der Regel eine Splenektomie nicht zu vermeiden.
- Bei Leberverletzungen wird nach gezielter Versorgung großer Gefäß in der Regel auf die Tamponade zurückgegriffen.
- Darmverletzungen werden ausgeklemmt und abgestopft und erst nach Kontrolle der hämodynamischen Situation definitiv versorgt.

Liegt keine sonographisch nachweisbare intraperitoneale Blutung vor, wird die mediane Inzision lediglich vom Nabel bis zur Symphyse durchgeführt. Nach Durchtrennung der Faszie in der Linea alba stößt man insbesondere bei den Außenrotationsverletzungen oder bei Verletzungen vom Typ C auf eine große Hämatomhöhle, aus der es erheblich blutet (Abb. 7.16). Durch die komplette Zerreißung der Kompartmentgrenzen ist es möglich, mit der Hand zumindest einseitig, oft auch beidseits die Blase zu umgreifen und direkt bis in den präsakralen Bereich vorzustoßen. Die Bereiche des präsakralen sowie des paravesikalen Venenplexus sind durch die Verletzung erheblich traumatisiert, die venösen Plexus sind weit aufgerissen. In dieser Situation ist i. allg. primär keine Übersicht zu gewinnen. Es wird deshalb zunächst mit Bauchtüchern tamponiert. Dazu werden jeweils 2–3 Bauchtücher oder große Rollen rechts und links der Blase eingelegt (Abb. 7.17). Diese werden unter manueller Kontrolle gezielt mit der Pinzette schichtweise, dorsal beginnend, eingestopft. Die Tamponade ist bei korrekter Applikation auch in der Lage, arterielle Blutungen zu unter-

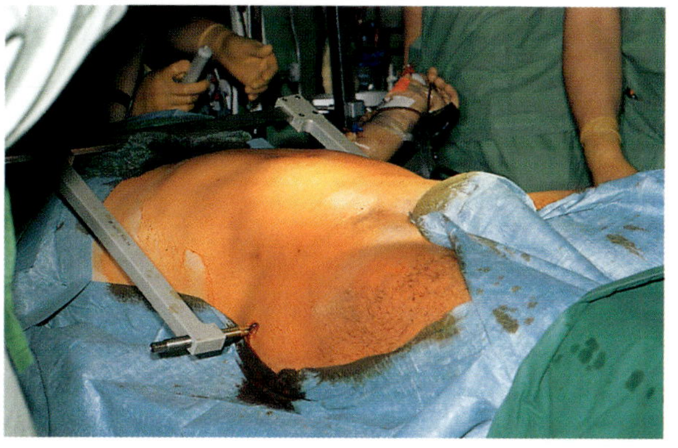

**Abb. 7.15.** Zur Notfallexploration des Beckens wird die Beckenzwinge nach kranial geschwenkt, der gesamte Abdominalraum bis cranial des Xiphoids ist damit unbehindert zugänglich

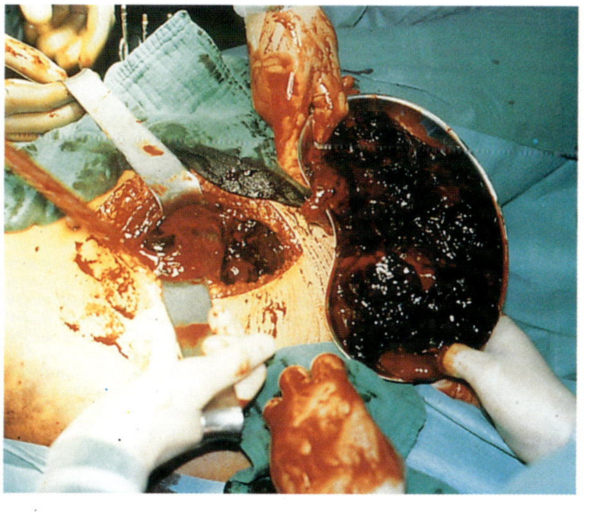

**Abb. 7.16.** Bei starken pelvinen Blutungen, bei denen sonographisch zunächst keine freie intraperitoneale Flüssigkeit nachgewiesen werden konnte, wird zunächst nur eine mediane Inzision im Unterbauch durchgeführt. Nach Eröffnen der Faszie findet sich nahezu regelhaft eine große Hämatomhöhle, durch die sich das kleine Becken ohne weitere Präparation austasten und explorieren läßt

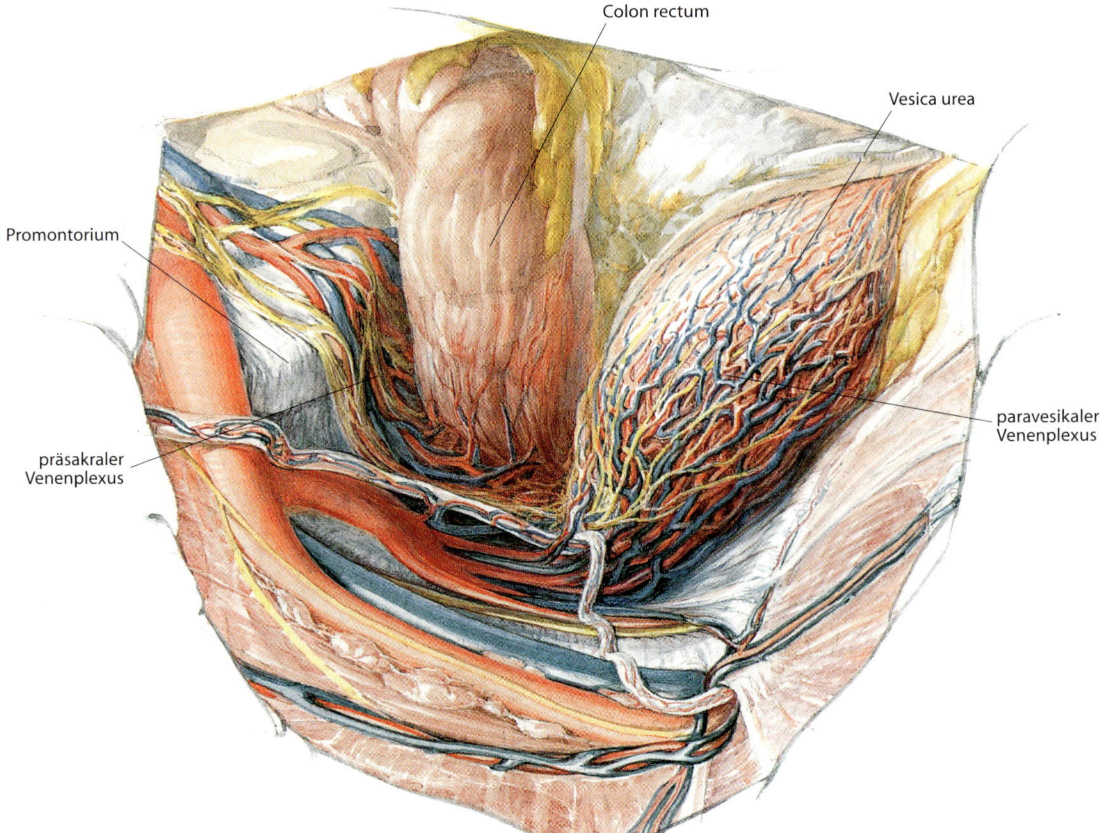


a

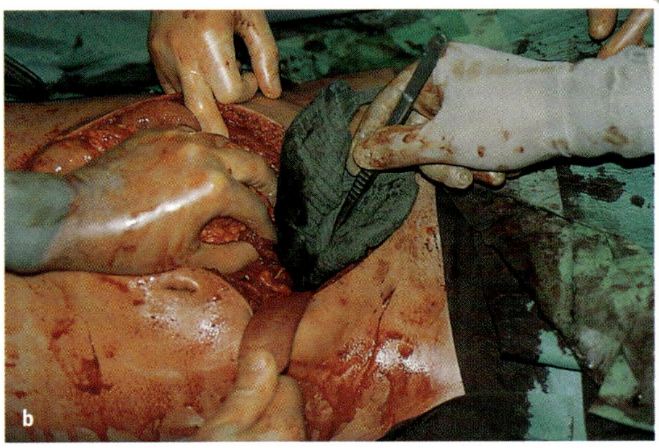

b

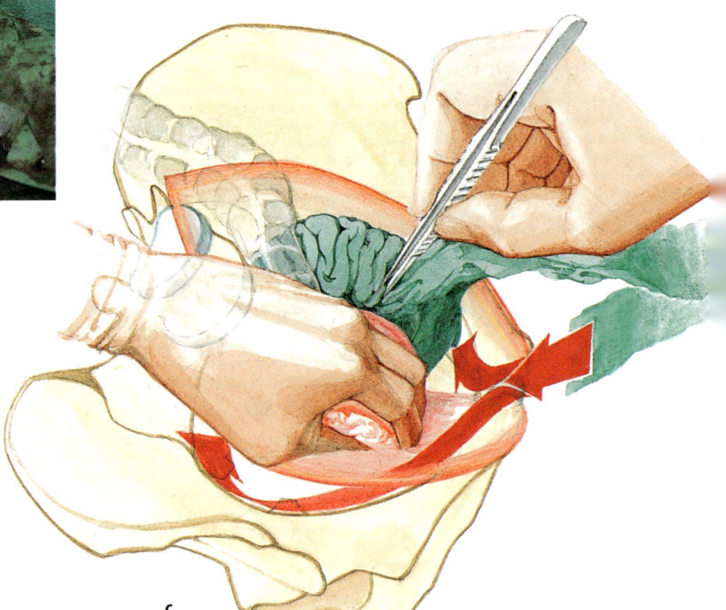

c

**Abb. 7.17 a–c.** Durchführung der pelvinen Tamponade. **a** Blutungsquellen sind v. a. der präsakrale und der paravesikale Venenplexus. **b, c** Es wird mit der Hand in die Hämatomhöhle eingegangen und das Os sacrum palpiert. Zur notfallmäßigen Blutungskontrolle wird zunächst der präsakrale Raum, danach der paravesikale Raum auf beiden Seiten fest mit Rollen tamponiert drücken, v.a. aber den Blutzustrom in das kleine Becken wesentlich zu verringern (Abb. 7.18).

Nach kurzer Wartezeit werden zunächst die Tücher einer Seite entfernt, um unter jetzt gezielter Einstellung des Wundgebietes einen besseren Überblick zu gewinnen. Größere arterielle Blutungsquellen oder offensichtliche Gefäßstümpfe lassen sich so erkennen und gezielt verschließen. Bei dem überwiegenden Teil der Patienten verbleiben aber teilweise erhebliche, nicht lokalisierbare venöse Blutungen, die durch erneute gezielte Tamponaden kontrolliert werden.

Bei Innenrotationsverletzungen ist es manchmal nötig, die Beckenhälften vorsichtig manuell zu »lösen«, um eine ausreichende Übersicht und Zugangsmöglichkeit zu gewinnen. Danach werden auch hier die Tamponaden eingelegt (s. oben).

Bei Zerreißungen der großen Gefäße (A. und V. iliaca communis, externa oder A. femoralis) werden zunächst die Rupturstellen unter manueller Kompression des proximalen Gefäßstumpfes freipräpariert und ausgeklemmt. Die Entscheidung, ob eine Gefäßrekonstruktion sinnvoll ist, hängt im wesentlichen vom Ausmaß der pelvinen Verletzung ab (s. auch Hemipelvektomie, S. 108). Ist der lumbosakrale Nervenplexus ausgerissen und besteht eine ausgedehnte Weichteilzerreißung, kann eine Gefäßrekonstruktion das Leben des Patienten gefährden. Bei begrenztem Weichteilschaden und intaktem Nervenplexus wird die Gefäßrekonstruktion (Naht, häufiger Interponat) durchgeführt, um die Extremität zu retten.

Wurde bei der manuellen Austastung eine größere Stufenbildung im Bereich des knöchernen hinteren Beckenringes bemerkt, so wird die zuvor angelegte Beckenzwinge durch einen Helfer gelöst und die Reposition durch Längszug am Bein und direkte Manipulation am Os ilium optimiert. Danach wird die Zwinge wieder fest angezogen. Nach dieser Korrektur muß ggf. die Tamponade nochmals optimiert werden.

Eine Verletzung im vorderen Beckenring wird abschließend durch eine einfache Osteosynthese stabilisiert:

- Bei Symphysenrupturen erfolgt eine Plattenosteosynthese, ggf. nur 2-Loch-Platte (s. Kap. 9).
- Bei alleinigen transpubischen Instabilitäten erfolgt die Stabilisierung durch einen einfachen ventral supraazetabulär eingebrachten Zuggurtungsfixateur (s. Kap. 9). Stark dislozierte Fragmente (»Schambeinstachel«) werden manuell reponiert und bei Redislokationstendenz durch Minimalosteosynthese gehalten (z. B. Spickdraht).
- Bei der Kombination von Symphysenruptur mit Scham- und Sitzbeinfrakturen wird durch Palpation entlang der Linea terminalis überprüft, ob eine echte transpubische »Instabilität« vorliegt oder ob durch noch anhängendes Periost bzw. die bestehenden Bandverbindungen der Knochen ausreichend geschient ist. In diesem Fall muß der Schambeinast nicht zusätzlich stabilisiert werden, der »Schluß« der Symphyse ist ausreichend.

Die Stabilisierung der Verletzung des hinteren Beckenrings wird bei schlechtem Allgemeinzustand allein durch die Beckenzwinge vorgenommen, in Einzelfällen kann bei guter Stabilisierung des Allgemeinzustandes des Patienten im Rahmen der Primäroperation das SI-Gelenk von ventral verplattet werden. Sakrumfrakturen werden bei komplexen Beckentraumen aufgrund der anspruchsvollen Operationstechnik in der Notfallsituation *nicht* intern stabilisiert. Hier verbleibt immer die Beckenzwinge, aushilfsweise der Fixateur externe, bis der Allgemeinzustand des Patienten verläßlich stabilisiert werden konnte.

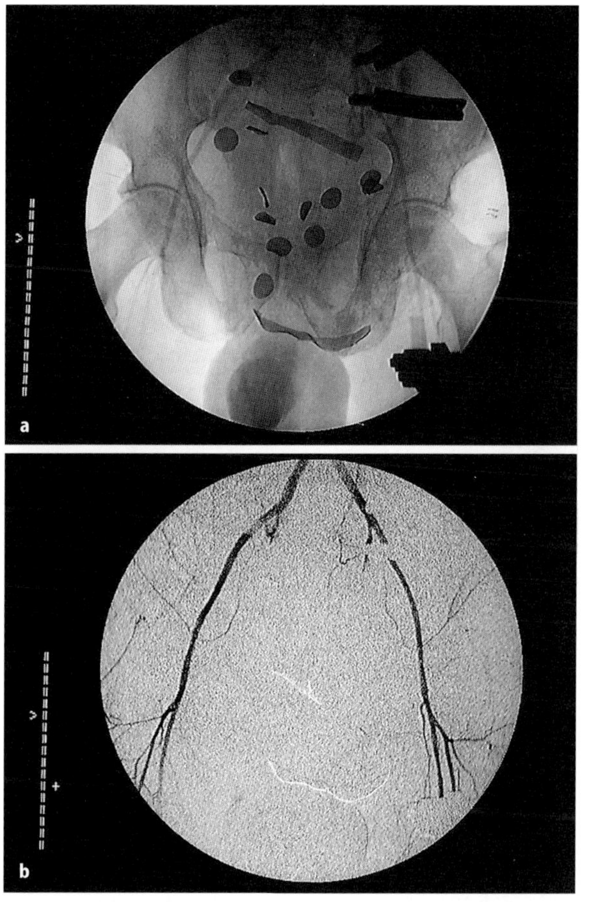


**Abb. 7.18.** **a** Radiologische Darstellung des Beckens bei einem polytraumatisierten Patienten mit instabiler Beckenringfraktur (transiliakale Luxationsfraktur des SI-Gelenkes links) mit instabiler Kreislaufsituation. Bei Kontraindikation zur Beckenzwinge erfolgte die notfallmäßige Verplattung des SI-Gelenkes und anschließend die Tamponade des kleinen Beckens. **b** Bei unabhängig bestehenden Verletzungen der unteren Extremitäten mit fraglicher Gefäßläsion wurde eine Digitale Subtraktionsangiographie (DSA) angeschlossen, die eine komplette »Tamponade« des Stromgebietes der internen Iliakalgefäße bestätigt. Die Hämodynamik des Patienten bleibt stabil

Bei den meist ausgekühlten Patienten kommt es häufig zu einem weiteren Durchsickern von Blut durch die Tamponade. Eine langwierige, den Patienten durch zusätzliche Blutverluste und Abkühlung weiter gefährdende, in der Regel sogar frustrane Suche nach einzelnen Blutungsquellen sollte unterbleiben. Ggf. wird die Tamponade nochmals erneuert und ihre Effektivität durch teilweisen Verschluß der Abdominalfaszie bis zum Nabel verbessert.

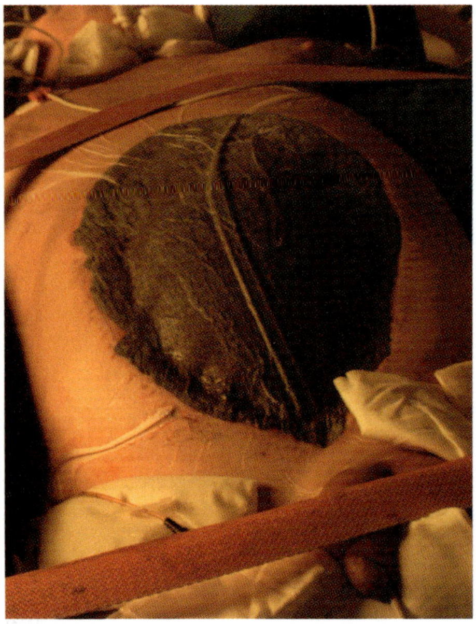

**Abb. 7.19.** Bauchdeckenverschluß bei Abdomen apertum. Starke oder verspätet behandelte pelvine Blutungen führen häufig zu derartig ausgedehnten retroperitonealen Hämatomen, daß einerseits die Durchwanderung in die freie Bauchhöhle eine Viszeralverletzung vortäuscht, andererseits die Atemexkursion behindert ist. In diesen Fällen wird das Abdomen nur provisorisch mit einer Folie oder einem resorbierbaren Netz abgedeckt (Abdomen apertum). Im Bereich der pelvinen Tamponade, d.h. im distalen Bereich der medianen Inzision, wird die Faszie verschlossen, um den Kompressionseffekt zu verstärken

Intraperitoneale Verletzungen werden jetzt endgültig versorgt. Die Effektivität der zuvor durchgeführten Blutstillung im Bereich von Leber und Milz wird kontrolliert. Darmverletzungen werden endgültig versorgt, und/oder es wird eine ableitende Kolostomie angelegt.

Bei perinealen Verletzungen wird die Indikation zur Anlage eines doppelläufigen Anus praeter großzügig gestellt. Dieser ist möglichst beckenfern, in der Regel als links- oder rechtsseitiger Anus praeter transversalis anzulegen, um eine sekundäre Kontamination der Beckenwunden zu vermeiden. Der abführende Schenkel wird ganz zum Abschluß des Eingriffs ausgespült (»prograder wash out«).

Das Abdomen bleibt in der Regel offen, um nicht durch die schwellungsbedingte, massive, intraperitoneale Druckerhöhung die Ventilationssitutation des Patienten zu verschlechtern und das Risiko von druckbedingten, intraperitonealen Durchblutungsstörungen einzugehen (»abdominelles Kompartmentsyndrom«). Der Verschluß erfolgt passager durch Abdecken der Darmschlingen und des großen Netzes mit feuchten Bauchtüchern. Nach Auflage einer Drainage auf die Bauchtücher wird eine große Inzisionsfolie luft- und wasserdicht aufgeklebt (Abb. 7.19). Unter leichtem Dauersog wird ein »Durchnässen« und damit die weitere Auskühlung vermieden. Alternativ kann der Bauchdeckenverschluß durch Einlage oder Annähen eines resorbierbaren Netzes (»Vicrylnetz«) oder eines Reißverschlusses (»Ethizip«) durchgeführt werden.

Nach der Akutversorgung wird der Patient möglichst umgehend auf die Intensivstation gebracht und aufgewärmt. Dazu haben sich neben Wärmematten insbesondere »Warmluftdecken« bewährt. Es ist auf alle Fälle darauf zu achten, daß der Patient trocken liegt, um weitere Wärmeverluste zu vermeiden. Ein evtl. Sekretaustritt aus den Wunden muß durch seitlich am Patienten angeklebte wasserundurchlässige Folien vom Körper abgeleitet werden. Andernfalls sind die Wärmeverluste nicht zu kompensieren.

Besteht trotz dieser Maßnahmen weiterer Transfusionsbedarf, sollte, wenn vertretbar, die Aufwärmung abgewartet werden, bevor man erneute interventionelle Maßnahmen ergreift. Meist sistieren die Blutverluste mit Erwärmung spontan.

Bei nicht tolerierbaren Blutverlusten wird je nach Einzelbefund entschieden, ob eine erneute Revision und Tamponadenoptimierung angeschlossen wird oder ob bei effektiver Tamponade eine Angiographie mit evtl. selektiver Embolisation vorzuziehen ist.

Bei stabiler Hämostase wird für 24 h – besser noch 48 h – abgewartet und danach die Tamponade, wie geplant, entfernt. In der Regel lassen sich jetzt noch kleinere arterielle oder venöse Blutungsquellen gezielt unterbinden. Ist die Situation weiterhin unübersichtlich und nehmen die diffusen Blutungen nach Entfernung wieder zu, wird die Tamponade erneut eingelegt. Die Faszie wird erneut verschlossen. Diese Revisionen werden im Abstand von 24–48 h so lange fortgeführt, bis Bluttrockenheit besteht.

## Versorgung von Begleitverletzungen

### ■ Urologische Begleitverletzungen (Blase und Urethra)

Ch. Stief

**Blasenverletzungen.** Eine Blasenbeteiligung wird bei komplexen Beckenverletzungen mit 15–25% angegeben [12]. Bei Mitbeteiligung des Blasenhalses können Prostatazerreißungen unterschiedlichsten Ausmaßes auftreten; hierüber liegen keine epidemiologischen Daten vor. Ergibt sich aufgrund der oben genannten Röntgendiagnostik ein hinreichender Verdacht auf eine Blasenruptur, so ist diese nach Stabilisierung der Vitalfunktionen operativ zu versorgen. Eine isolierte extraperitoneale Ruptur kann in Ausnahmefällen (instabiler Patient, sehr kleine Läsion) bei nichtinfiziertem Urin und engmaschiger Kontrolle des Patienten konservativ durch transurethrale Kathetereinlage therapiert werden [24, 36, 126].

In allen anderen Fällen erfolgt, insbesondere im Rahmen der operativen Versorgung anderer Verletzungen, die möglichst rasche offene Revision. Wird die Abdominalhöhle aufgrund weiterer Verletzungen exploriert, sollte die Blase bei intra- und extraperitonealen Rupturen im Bereich des Blasendachs eröffnet und die Ruptur von intravesikal versorgt werden (um die perivesikale Blutung nicht weiter zu fördern). Üblicherweise wird der Urin für 10–12 Tage suprapubisch (Cystofix) und mittels Dauerkatheter abgeleitet. Bei einer ausgeprägten Zerreißung der Blasenwand mit subsequenter Gefahr der Urinextravasation werden zusätzlich Jonassplints (6–10 Charr) retrograd von der Blase aus in die Ureteren geschoben, mit Vicryl Rapid im Bereich der Ostien fixiert und dann aus der Bauchdekke abgeleitet. Nach 10–12 Tagen wird vor Entfernung der Ureterensplints ein Zystogramm durchgeführt, um die Dichtigkeit der Blase zu überprüfen.

Extraperitoneale Blasenrupturen ohne größere retrosymphysäre oder perivesikale Blutungen werden möglichst über einen Unterbauchmittelschnitt ohne Eröffnung der Abdominalhöhle freigelegt, ggf. debridiert und von extravesikal doppelschichtig vernäht [24, 36, 126].

**Urethraverletzungen.** Urethrale Lazerationen werden bei komplexen Beckenverletzungen in einem ähnlichen Ausmaß beobachtet wie Blasenrupturen. Posteriore urethrale Traumatisierungen werden durch die bei Bekkenfrakturen auftretenden Zug- und Scherkräfte bedingt, die oft gegensätzlich an der prostatischen und der membranösen Urethra ansetzen. Anteriore Urethraverletzungen sind zumeist durch stumpfe Gewalteinwirkung auf das Perineum oder den Penis verursacht [66].

Bei Verdacht auf eine Urethraverletzung (insbesondere Blut am Meatus urethrae) muß ein retrogrades Urethrogramm angefertigt werden [47]; ist dies aus technischen oder situativen Gründen nicht möglich, sollte kein Versuch einer Harnröhrenkatheterisierung durchgeführt, sondern ein suprapubischer Katheter eingelegt werden.

Bestätigt sich röntgenologisch eine partielle oder komplette Urethraverletzung, so verbietet sich jede transurethrale Manipulation und eine suprapubische Harnableitung ist indiziert. Bei einer partiellen Läsion wird nach 2–3 Wochen die Urethra erneut röntgenologisch untersucht; üblicherweise sind diese nun abgeheilt. Findet sich eine (in den meisten Fällen kurzstreckige) Striktur, so kann diese endoskopisch mittels Urethrotomia interna therapiert werden.

Die operative Versorgung kompletter Urethrarupturen kann prinzipiell primär oder sekundär erfolgen. Eine abschließende Beurteilung dieser beiden konkurrierenden Verfahren ist aufgrund fehlender prospektiver Studien nicht möglich, doch scheint die verzögerte, und wahrscheinlich auch die sekundäre operative Versorgung sowohl unmittelbare (keine langdauernde Operation mit möglichem signifikantem Blutverlust in der ohnehin kritischen Phase für den Patienten; durch Blutungen und Einblutungen schlechte Darstellbarkeit und damit die Möglichkeit, die vulnerablen autonomen kavernösen Nerven zu schonen) als auch langfristige Vorteile (geringere Rate an erektiler Dysfunktion und Rezidivurethrastrikturen) gegenüber der primären Operation zu besitzen [66, 68].

Aufgrund unserer Erfahrungen sowohl in der Akutversorgung von Patienten mit komplexen Beckentraumen und kompletten Urethrarupturen, als auch in der Betreuung der Spätkomplikationen, haben wir ein integriert-adaptiertes Vorgehen entwickelt. Dieses berücksichtigt die Vitalfunktionen des Patienten, weitere knöcherne und Weichteilverletzungen, das Ausmaß der Blutung im retrosymphysären und perivesikalen Raum sowie die Notwendigkeit einer operativen Revision im Bereich oder in der anatomischen Nähe der Urethraläsion aus anderen Indikationen:

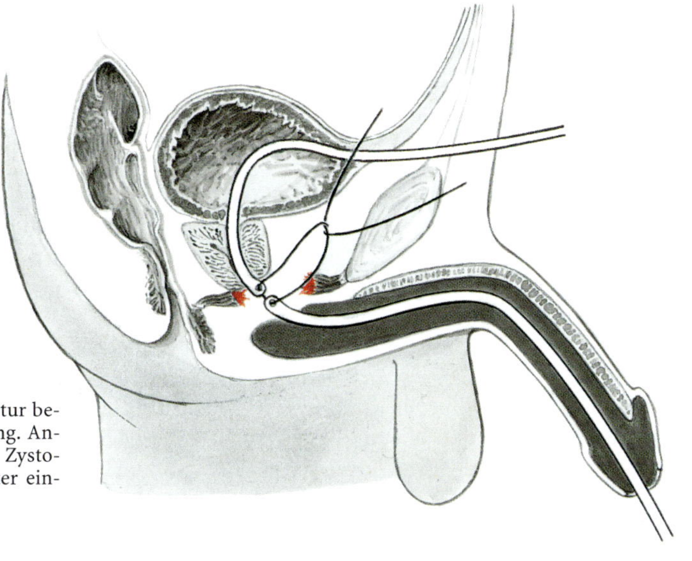

**Abb. 7.20.** Die notfallmäßige Behandlung einer Urethraruptur besteht in einer Schienung und suprapubischen Harnableitung. Ansonsten wird im Rahmen der Blutstillung über eine kleine Zystostomie im Durchzugsverfahren ein transurethraler Katheter eingelegt

- Liegt eine komplette Urethraverletzung bei instabilen oder kritischen Patienten vor und/oder besteht ein ausgedehntes retrosymphysäres oder perivesikales Hämatom, erfolgt die suprapubische Harnableitung. Auch bei Patienten mit geringer Dislozierung zwischen Urethrastumpf und Blasenhals wird dieses Vorgehen gewählt (häufig).
- Erfolgt bei einem Patienten mit kompletter Urethraruptur eine operative Revision in der Nachbarschaft (z.B. Osteosynthese), so streben wir die primäre operative Versorgung an (seltener). Dies geschieht entweder nach ventraler Blaseneröffnung durch antegrades Einlegen eines Katheters durch die prostatische Harnröhre nach distal; nach dem Herausführen aus dem Apex prostatae wird dieser nun mit einem zweiten, retrograd vom Meatus aus gelegten verknotet, und dann werden beide aus dem Meatus urethrae zurückgezogen (Abb. 7.20). Gelingt dies nicht, kann versucht werden, einen Katheter retrograd einzulegen, während man gleichzeitig den Zeigefinger über eine ventrale Blaseninzision in die prostatische Harnröhre führt, die Spitze des Katheters ertastet und diesen dann in die Blase lenkt.
- Liegt eine komplette Urethraverletzung bei stabilem Patienten vor mit ausgedehntem Defekt zwischen Harnröhrenstumpf und Blasenhals, oder hat sich ein primär instabiler Patient mit einem solchen Rupturmuster nach einigen Tagen stabilisiert, so kann versucht werden, die Kontinuität der Urethra offen wiederherzustellen, oder es wird ein Vorgehen mittels eines Katheters mit magnetischer Spitze versucht. Hierzu wird über eine Miniunterbauchlaparotomie und Eröffnung der Blasenvorderwand eine Sonde mit magnetischer Spitze in die prostatische Harnröhre geführt. Gleichzeitig erfolgt die retrograde Sondierung der Urethra mittels des Spezialkatheters. Unter Röntgendurchleuchtung werden nun die beiden magnetischen Spitzen zusammengeführt und der Harnröhrenkatheter anschließend in die Blase zurückgezogen. Diese Verfahren befindet sich z.Z. noch im klinisch-experimentellen Stadium, so daß eine Bewertung bei fehlender Langzeitbeobachtung noch aussteht.

Wurde die Urethra nicht primär oder verzögert in ihrer Kontinuität wiederhergestellt, wird der Urin über mindestens 3 Monate suprapubisch abgeleitet. Die sekundäre operative Kontinuitätswiederherstellung der Urethra erfolgt nach Abheilung der knöchernen Verletzungen und evtl. vorliegender entzündlicher Prozesse. Betrug nach primärer Reanastomosierung die Rate von Harnröhrenstrikturen 50% und die Inzidenz der erektilen Dysfunktion etwa 60–80%, so belaufen sich diese Zahlen nach sekundärer Versorgung auf 90% bzw. 15–20% [66, 68].

### ■ Gynäkologische Begleitverletzungen

Gynäkologische Begleitverletzungen werden in der Regel als Folge einer direkten Gewalteinwirkung beobachtet (Sturz auf einen Gegenstand, Pfählung etc.). Im Rahmen einer Beckenfraktur sind diese Verletzungen selten, auch dabei kommt es häufig zu direkten Verletzungen des äußeren Genitales, seltener zu Vaginalverletzungen [56, 62, 86]. Verletzungen des nongraviden Uterus sind Raritäten [121]. Bei Schwangeren werden Beckenverletzungen sehr selten beobachtet, sie haben allerdings oft schwere Folgen. Massivtraumen können in Abhängigkeit von der Schwere der Allgemeinverletzung sofort oder früh sekundär den Tod von Mutter und Kind verursachen [25, 29, 115]. Aber auch geringgradige Verletzungen der Mutter können zu Störungen der Gravidität bis hin zum Kindstod führen [25, 41, 90, 107]. Pearlman gibt nach einer prospektiven Studie nach Verletzungen der Mutter eine Rate von 6,7% an tödlichen Verläufen für das Kind an [92]. In sehr seltenen Fällen können auch nach geringgradigen Verletzungen der Mutter schwere, direkte Schädigungen des Fetus, wie z.B. Schädelfrakturen, auftreten [54].

Im eigenen Krankengut wurden von 1972–1996 insgesamt 903 Frauen nach Beckenverletzungen behandelt:

- Bei Frauen ohne bestehende Schwangerschaft wurden 8 Vaginalverletzungen (0,3%), 5 Vulvaverletzungen (0,6%) und 4 ausgedehnte perineale Wunden (0,4%) beobachtet. In 3 Fällen lagen ursächlich Pfählungsverletzungen vor, ansonsten bestand der Unfallmechanismus in schweren Überroll- oder Anpralltraumen mit hoher Geschwindigkeit.
- Bei 6 Patientinnen (0,7%) bestand eine Schwangerschaft, in 2 Fällen verstarben Mutter und Kind an den Folgen der Verletzung, in 2 Fällen kam es zum Abort, in 2 Fällen überlebten Mutter und Kind. Vaginalverletzungen lagen zusätzlich bei 2 Frauen vor. In einem Fall führte eine Uterusruptur zum Tod von Mutter und Kind.

**Primärbehandlung.** Während der Primärbehandlung dürfen v.a. okkulte Verletzungen, wie z.B. Vaginalperforationen, nicht übersehen werden. Eine komplette klinische Untersuchung mit vaginaler Palpation und Inspektion ist deswegen zumindest bei allen Verdachtsmomenten (Blutungen, Schwellungen, Unfallmechanismus) obligat. Im Zweifelsfall ist immer eine konsiliarische, gynäkologische Untersuchung und Mitbetreuung zu veranlassen.

Bei den in der Regel sehr schweren Allgemeinverletzungen muß sich das Ausmaß der primären Rekonstruktion von Vaginal und Vulvaverletzungen am Allgemeinzustand der Patientin orientieren. Im eigenen Vorgehen wird in diesen Fällen in Zusammenarbeit mit den Gynäkologen entschieden, ob der Allgemeinzustand eine längerdauernde Rekonstruktion erlaubt, oder ob in der Primärphase lediglich eine Blutstillung, ein Débridement und ein adaptierender Wundverschluß durchgeführt wird. Bei ausgedehnten Dammverletzungen wird ein doppelläufiger Anus praeter angelegt und der abführende Schenkel gespült (»prograder wash-out«).

Frühsekundär wird dann die Weichteilrekonstruktion in Zusammenarbeit mit einem Gynäkologen und ggf. einem plastischen Chirurgen geplant und entsprechend dem Allgemeinzustand der Patientin durchgeführt.

Besteht eine Schwangerschaft, wird möglichst noch vor Eintreffen der Patientin ein erfahrener Gynäkologe, idealerweise auch ein Perinatologe hinzugezogen, um einerseits sofort Informationen über die Vitalität des Kindes zu erhalten und andererseits ggf. eine Notsektio und fachgerechte Weiterbetreuung des Kindes vornehmen zu können. Allgemeine Richtlinien können aufgrund der Seltenheit dieser Verletzungen nicht gegeben werden, es muß im Einzelfall entschieden werden.

### Prioritäten bei lebensbedrohlichen Begleitverletzungen

Die Behandlungspriorität bei Mehrfachverletzten wird ausführlich in Tscherne u. Regel [131a] dargestellt. Es sollen deswegen hier nur beispielhaft einige Verletzungskombinationen angeführt werden, die bei schweren Beckenverletzungen zu Entscheidungskonflikten führen können. Patienten mit diesen Verletzungskombinationen müssen als »Patienten in extremis« bezeichnet werden, generelle Richtlinien gibt es deshalb nicht, die Prioritäten müssen vom Einzelfall abhängig gemacht werden. Neben der persönlichen Erfahrung spielen aufgrund des erheblichen Zeitdrucks auch die momentan verfügbaren Ressourcen bei der Entscheidungsfindung ein große Rolle.

#### ■ Aortenruptur

Bei frei rupturierter Aorta hat die Versorgung der Aortenruptur Priorität, bei gedeckter Perforation sollte zunächst eine Beckenstabilisierung (Beckenzwinge) und Tamponade durchgeführt werden. Es wird auf eine eher »hypotone« Kreislaufsituation geachtet, ohne die generelle Perfusion zu gefährden (RR < 120 syst).

#### ■ Leberzerreißung

Die ausgedehnte Leberzerreißung hat Behandlungspriorität. Mit Hilfe der Beckenzwinge gelingt die Notfallstabilisierung des Beckens schon in der Notaufnahme parallel zur primären Schocktherapie. Vor der definitiven Versorgung der Leberruptur sollte eine Tamponade im Becken durchgeführt werden, bei massiven Blutungen wird ggf. die Aorta komprimiert bzw. ausgeklemmt (**cave** Ischämiezeit).

#### ■ Massivtraumen der unteren Extremitäten

Es ist von ausgedehnten Gewebezerstörungen auszugehen. Diese Verletzungen sind häufig Folge von Überrollungen (auch mit Schienenfahrzeugen) oder Hochgeschwindigkeitsunfällen von Motorradfahrern. Prinzipiell ist die Indikation zur Amputation bei diesen schwerstverletzten Patienten großzügig zu stellen.

Lassen sich Blutungen aus den unteren Extremitäten durch Druckverbände nicht kontrollieren (ausgedehnte Weichteilzerreißungen, seltene Situation), wird bei gleichzeitiger pelviner Massenblutung eine Blutsperre an der betreffenden oder an beiden Extremitäten angelegt und die Manschetten bis zum Sistieren der Blutung erhöht. Notfallstabilisierung des Beckens mit Zwinge und Tamponade des Beckens (**cave** Ischämiezeit). Danach erneute Evaluation der Gesamtsituation und sehr kritische Prüfung, ob ein Extremitätenerhalt möglich ist; in der Regel ist er nicht sinnvoll.

### Spezielle Verletzungsbilder

#### ■ Offene Beckenfrakturen

Offene Beckenfrakturen stellen eine Sonderform der komplexen Beckentraumen dar. Besonders die Kombination einer instabilen Beckenfraktur mit ausgedehnten Weichteilzerstörungen wird als prognostisch kritisch angesehen [53]. Die Letalität der offenen Beckenfrakturen wird in einzelnen Studien mit über 50 % angegeben [74, 93, 107, 108–110]. Todesursache ist neben der Verblutung v. a. die Sepsis, deren Anteil an den Todesfällen von Rothenberger mit 15 % angegeben wird [108]. Der Autor weist insbesondere darauf hin, daß die Todesfälle nach Beckenfrakturen bei geschlossenen Verletzungen in 30 % der Fälle im wesentlichen auf die Beckenverletzung zurückgeführt werden konnten, während dies bei offenen Verletzungen in 70 % der Fall war. Neuere Untersuchungen konnten an kleineren Serien zeigen, daß durch ein konsequentes Verletzungsmanagement die Letalität auf unter 15 % zu senken ist [27, 48, 53, 117].

Die chirurgischen Behandlungsgrundsätze unterscheiden sich prinzipiell nicht von denen nach geschlossenen pelvinen Komplextraumen. Nach der Blutungskontrolle muß das Hauptaugenmerk auf die Vermeidung einer pelvinen Infektion und Sepsis gerichtet werden.

Frühzeitig durchgeführte chirurgische Maßnahmen minimieren dieses Risiko:

- Gezielte Suche und Diagnose von Rektum-, Vaginal- oder urogenitalen Verletzungen mit entsprechender Versorgung
- Großzügige Indikation zur Anlage eine Anus praeter und prograder Ausspülung des abführenden Schenkels bei ausgedehnten Damm- und Rektumverletzungen
- Ausreichendes Débridement von traumatisch zerstörtem Gewebe, offene Wundbehandlung und

Durchführung von Second-look-Revisionen zur Behandlung von sich sekundär entwickelnden Muskelnekrosen (Mm. glutaei, M. psoas)

- Frühzeitiges Erkennen und Behandlung von drohenden Kompartmentsyndromen (Glutäalmuskulatur, Iliopsoasloge und Bein)

### Traumatische Hemipelvektomie

Die traumatische Hemipelvektomie ist als ein- oder beidseitiger Abriß des knöchernen Hemipelvis in Kombination mit der Zerreißung der großen intrapelvinen Nerven- und Gefäßbahnen zu definieren. Durch das Ausmaß der Weichteilzerreißung kann die traumatische Hemipelvektomie in traumatisch komplett (s. Abb. 7.1) oder traumatisch inkomplett (Abb. 7.21) unterteilt werden. Der Hautmantel kann hierbei offen oder geschlossen sein [99].

Durch Optimierung der Rettungskette erreichen vermehrt Patienten nach diesen schwersten Verletzungen lebend die Klinik. Da aber die Gesamthäufigkeit im Rahmen von Beckenfrakturen mit lediglich 0,19–0,6 % angegeben wird [20, 80, 100, 118], beschränken sich Literaturangaben im wesentlichen auf Einzelfallbeschreibungen.

> Anläßlich der Aufarbeitung von 11 eigenen Fällen wurde eine Literaturdurchsicht vorgenommen: Zwischen 1915 und 1995 wurden lediglich 48 überlebende Patienten identifiziert [99]. Es handelte sich dabei in 26 Fällen um Einzelfallbeschreibungen. In zunehmendem Maße wird in den letzten Jahren über das Überleben dieser extremen Verletzung berichtet.

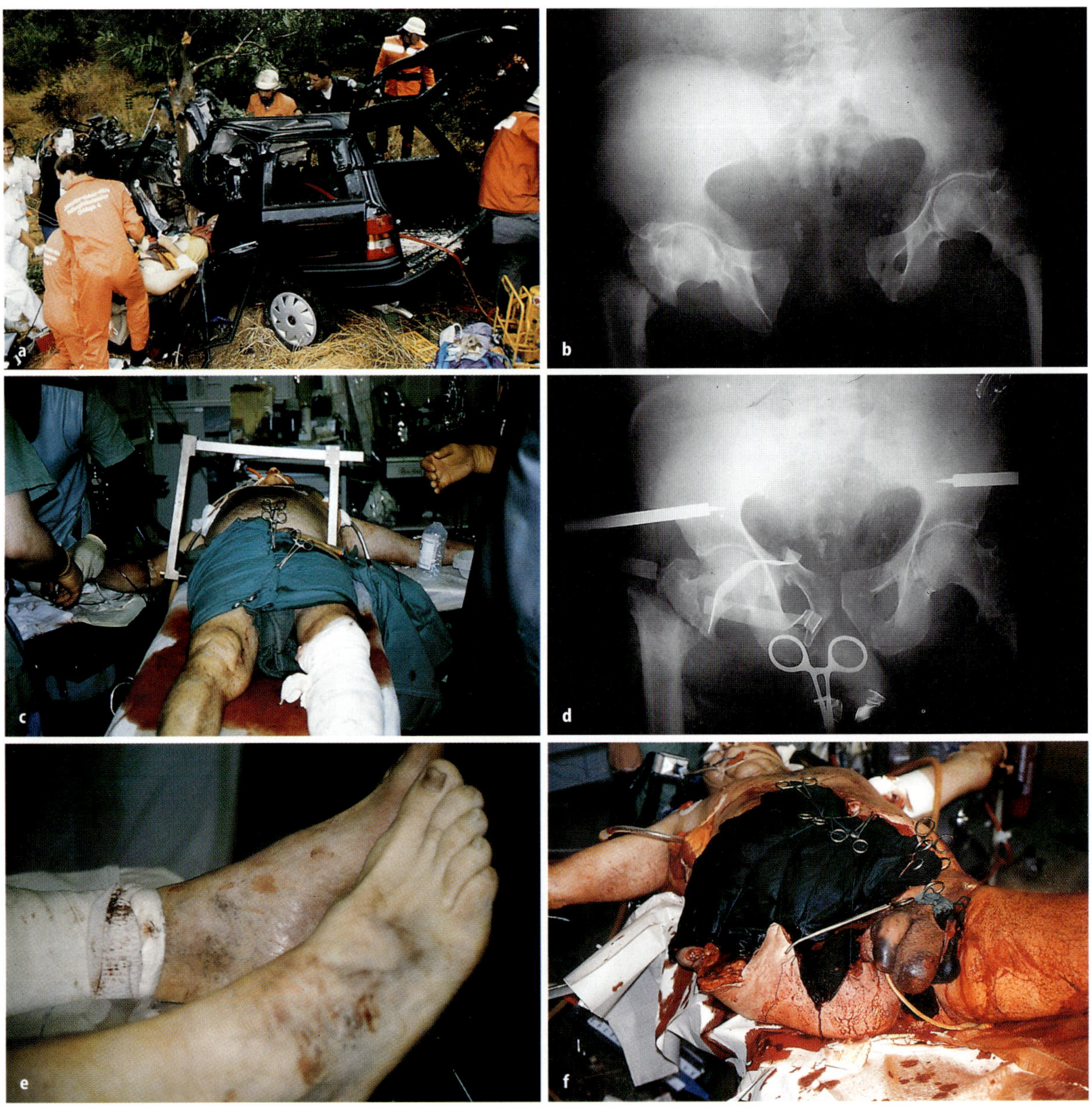

Aus den Fallberichten und den eigenen Erfahrungen läßt sich erkennen, daß die Verletzung nur überlebt wird oder daß die Überlebenschancen nur steigen, wenn:

- schon präklinisch, im Idealfall schon durch Laienhelfer, eine sofortige direkte Wundkompression und damit zumindest die Einschränkung der Blutung realisiert wurde,
- eine qualifizierte präklinische Versorgung schnell erfolgte und eine maximale Volumensubstitution beinhaltete,

> Bei den eigenen Patienten wurden im Durchschnitt 36,6 Konserven (6 bis zu 142) transfundiert, wobei in diesem Krankengut auch 3 Kinder unter 7 Jahre enthalten sind [99].

- die primär klinische Therapie neben umfassender Blutsubstitution die sofortige Entscheidung zur operativen Blutstillung beinhaltete und wenn diese effektiv war (Tabelle 7.1),
- bei erfüllten Kriterien der »traumatischen Hemipelvektomie« (komplette Durchtrennung der großen neurovaskulären Bahnen in der Beckenetage) diese auch chirurgisch komplettiert wurde (Erhaltungsversuche gefährden das Leben des Patienten [120]!),

> Die Diagnose der Nervenläsion ist nur schwer zu stellen. Im eigenen Vorgehen wird eine intraoperative Inspektion des im Rahmen der Verletzung »offen« liegenden Plexus lumbosacralis vorgenommen. Durchtrennungen sind klar zu erkennen, Elongationen der Wurzeln weisen auf Wurzelausrißverletzungen hin, die prognostisch ungünstig und der Wurzeldurchtrennung gleichzusetzen sind [60].

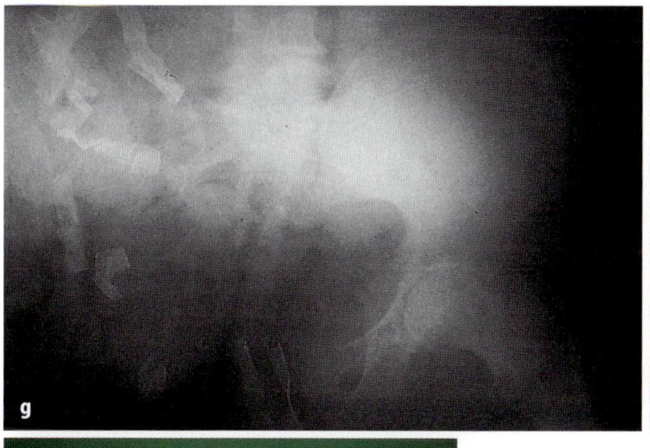
g

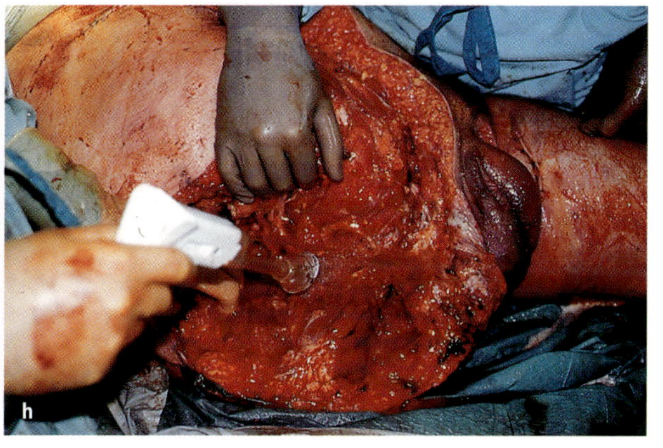
h

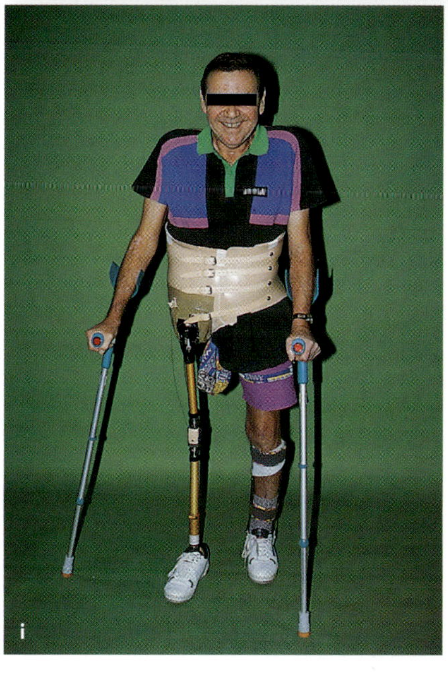
i

**Abb. 7.21 a–i.** Klinisches Beispiel einer traumatischen Hemipelvektomie. **a** Ein 45jähriger PKW-Fahrer wurde im Rahmen eines schweren Unfalles mit dem rechten Bein zwischen einem Baum und seinem PKW eingeklemmt. **b** Bedingt durch die Einklemmung wird er erst 1 h nach der Verletzung mit einem Hb von 3 g/%, aber einem Blutdruck über 100 mmHg systolisch intubiert und beatmet in die Klinik eingeliefert. Neben einem Thoraxtrauma und Extremitätenverletzung besteht eine weit offene Zerreißung der SI-Fugen rechtsseitig sowie eine Außenrotationsverletzung der linken SI-Fuge mit Symphysenzerreißung und perinealer Wunde. **c, d** Im Rahmen des Notfallalgorithmus wird eine Beckenzwinge angelegt und damit eine nahezu anatomische Reposition des Beckens erreicht. **e** Klinisch und dopplersonographisch ist das rechte Bein pulslos, so daß hochgradiger Verdacht auf das Vorliegen einer traumatischen Hemipelvektomie besteht. Im Rahmen der intraoperativen Exploration zeigt sich eine komplette Durchtrennung der A. und V. iliaca communis rechts, mit Einrissen der V. cava, sowie einer Ausrißverletzung des Plexus lumbosacralis. **f** Die Diagnose ist damit gesichert, es fällt die Entscheidung zur chirurgischen Komplettierung der Hemipelvektomie. Zum Ende der Operation – der Kreislauf ließ sich unter Massivtransfusionen aufrechterhalten und blieb nach Absetzung des Hemipelvis stabil – wird ein Anus praeter transversalis angelegt und das Abdomen mit einem Netz verschlossen, die Wundflächen werden mit Tüchern abgedeckt und der abführende Darmschenkel wird gespült. **g** Postoperatives Röntgenbild. **h** Im weiteren Verlauf werden zunächst zweitägig, dann in größeren Abständen Revisionsoperationen mit Nekrosendébridement durchgeführt. **i** Das klinische Bild nach 6 Monaten zeigt den Patienten mit einer Interimsprothese gehfähig. (Aufnahme »i« verdanken wir PD Dr. Maurer, BG-Klinik Tübingen)

| Chirurgische Maßnahme | Anzahl | Überlebt | Verstorben |
|---|---|---|---|
| Primäres Verbluten, keine weitergehende chirurgische Intervention | 3 | – | 3 |
| Erhaltungsversuch der Extremität | 4 | 1[a] | 3 |
| Primäre oder frühe chirurgische Komplettierung der Hemipelvektomie | 5 | 4 | 1 |
| **Gesamt** | **12** | **5** | **7** |

[a] Sekundäre Hemipelvektomie bei chronischer Osteomyelitis und Funktionslosigkeit notwendig, klinisches Ergebnis schlecht, sozial desintegriert.

**Tabelle 7.1.** Letalität bei Erfüllung der Kriterien »traumatische Hemipelvektomie« in Beziehung zu den durchgeführten Primärbehandlungsmaßnahmen (eigene Patienten)

- auch nach primärer Stabilisierung des Allgemeinzustandes des Patienten ein konsequentes chirurgisches Weichteilmanagement mit geplanten Revisionsoperationen und Nachdébridement von sich häufig entwickelnden Muskelnekrosen erfolgt. Dies führt zu teilweise sehr langwierigen stationären Weichteilbehandlungen. Häufig sind auch interdisziplinäre Weichteilrekonstruktionen notwendig, um einen Wundverschluß zu erreichen.

Die weitere Therapie erfolgt nahezu immer multidisziplinär, um den verschiedenen pelvinen Begleitverletzungen Rechnung zu tragen. Eine frühzeitige psychologische Betreuung von Patient und Familie muß eingeleitet werden. Nach optimaler Primärbehandlung und Rehabilitation kann auch nach traumatischer Hemipelvektomie eine akzeptable Restitutio erreicht werden [6, 99].

## Praktische Hinweise

■ **Vorgehen bei Verdacht auf traumatische Hemipelvektomie** (Abb. 7.22)

Die Verdachtsdiagnose »traumatische Hemipelvektomie« basiert auf folgenden Befunden:

- Es besteht eine hochgradige klinische Beckeninstabilität (»Translationsinstabilität«)
- Die Extremität ist pulslos und die Gefäßläsion liegt in der Beckenetage (keine weiteren Verletzungen des Beines, evtl. unter Schocktherapie schnell zunehmender Schwellung der Leiste, oder zunehmender Blutaustritt aus Wunden)
- Die Beckenübersichtsaufnahme zeigt eine weite posteriore Abtrennung der Beckenhälfte

**Therapie**

- Manuelle Kompression, Notfalloperation vorbereiten, ggf. Tuchumschlingung des Beckens, ausreichend Transfusionen bestellen
- Komplette Abdeckung von Abdomen und Becken, bei Massenblutung Beibehaltung der Kompression beim Transport in den Operationssaal und Weiterführung der Kompression unter sterilen Kautelen

**Weiteres Vorgehen entsprechend dem Befund:**

- Offene Wunde, Abdomensonographie negativ oder nur minimal positiv:
  - Wunde erweitern, A. iliaca communis aufsuchen und komprimieren, Läsionsstelle darstellen, ausklemmen, ggf. große Venen komprimieren oder klemmen
  - Plexus lumbosacralis inspizieren
- Offene Wunde, Abdomensonographie massiv positiv:
  - Laparotomie, Erweiterung zur Beckenwunde, Kompression der Aorta und Präparation von proximal auf die Läsionsstelle, Gefäß klemmen, ggf. große Venen komprimieren oder klemmen
  - Plexus lumbosacralis inspizieren
- Hautmantel geschlossen, Abdomensonographie negativ oder nur minimal positiv:
  - Unterbauchlängsschnitt, extraperitoneale Präparation, Tamponade; bei arterieller Massenblutung Erweiterung der Inzision nach lateral (das Gewebe ist zerrissen, oft kann direkt manuell auf die Gefäße eingegangen werden. Aufsuchen der A. iliaca externa, manuelle Tamponade und Präparation bis proximal der Läsion. Ausklemmen der Arterie, ggf. große Venen komprimieren oder klemmen
  - Plexus lumbosacralis inspizieren
- Hautmantel geschlossen, Abdomensonographie massiv positiv:
  - Laparotomie, Kompression der Aorta und Präparation von proximal auf die Läsionsstelle, Inzision in die Leiste erweitern, Gefäß klemmen, ggf. große Venen komprimieren oder klemmen
  - Plexus lumbosacralis inspizieren

**Entscheidung**

- Plexus lumbosacralis ausgerissen oder stark elongiert, hintere Beckenstrukturen komplett zerrissen, A. iliaca communis oder A. iliaca externa durchtrennt oder langstreckig zerstört (»kein Blutfluß«), bedeutet: **Definition Hemipelvektomie erfüllt:** Hemipelvektomie chirurgisch vervollständigen

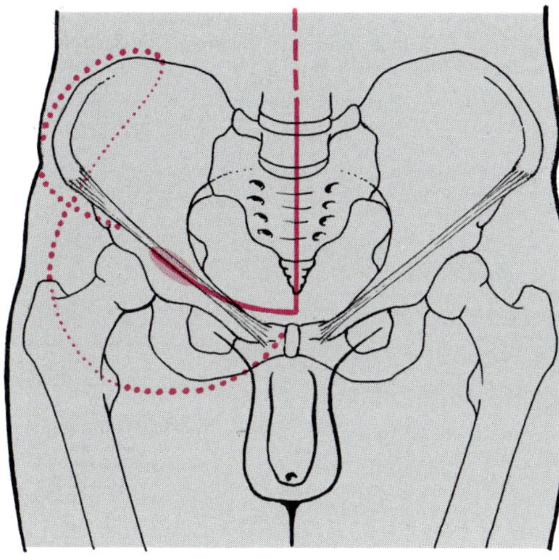

a

**Abb. 7.22 a–c.** Traumatische Hemipelvektomie. Sind die Kriterien der traumatischen Hemipelvektomie erfüllt, d.h. neben der teilweisen Amputation einer Beckenhälfte auch die großen Gefäß- und Nervenbahnen unterbrochen, wird unter Ausnutzung der Komplikationswunden die Inzision zunächst über den Beckenkamm nach lateral-dorsal erweitert (**a**) und die großen Gefäße chirurgisch sicher abgesetzt (**b**). Da bei dieser Verletzung die Beckenhälfte vollkommen mobil ist, läßt sich die weitere Präparation in der Regel leicht von ventral her durchführen, die Absetzung erfolgt zunächst durch die vorhandene osteoligamentäre Läsion (**c**). Es ist darauf zu achten, daß ein möglichst großer dorsaler Hautmuskellappen (M. glutaeus maximus) belassen wird. Der M. psoas muß in der Regel weit kranial gekürzt werden, im weiteren Verlauf ist mit größeren sekundären Muskelnekrosen zu rechnen. Die Wundflächen werden tamponiert, der Hautmuskellappen wird locker aufgelegt und ein Kompressionsverband angelegt

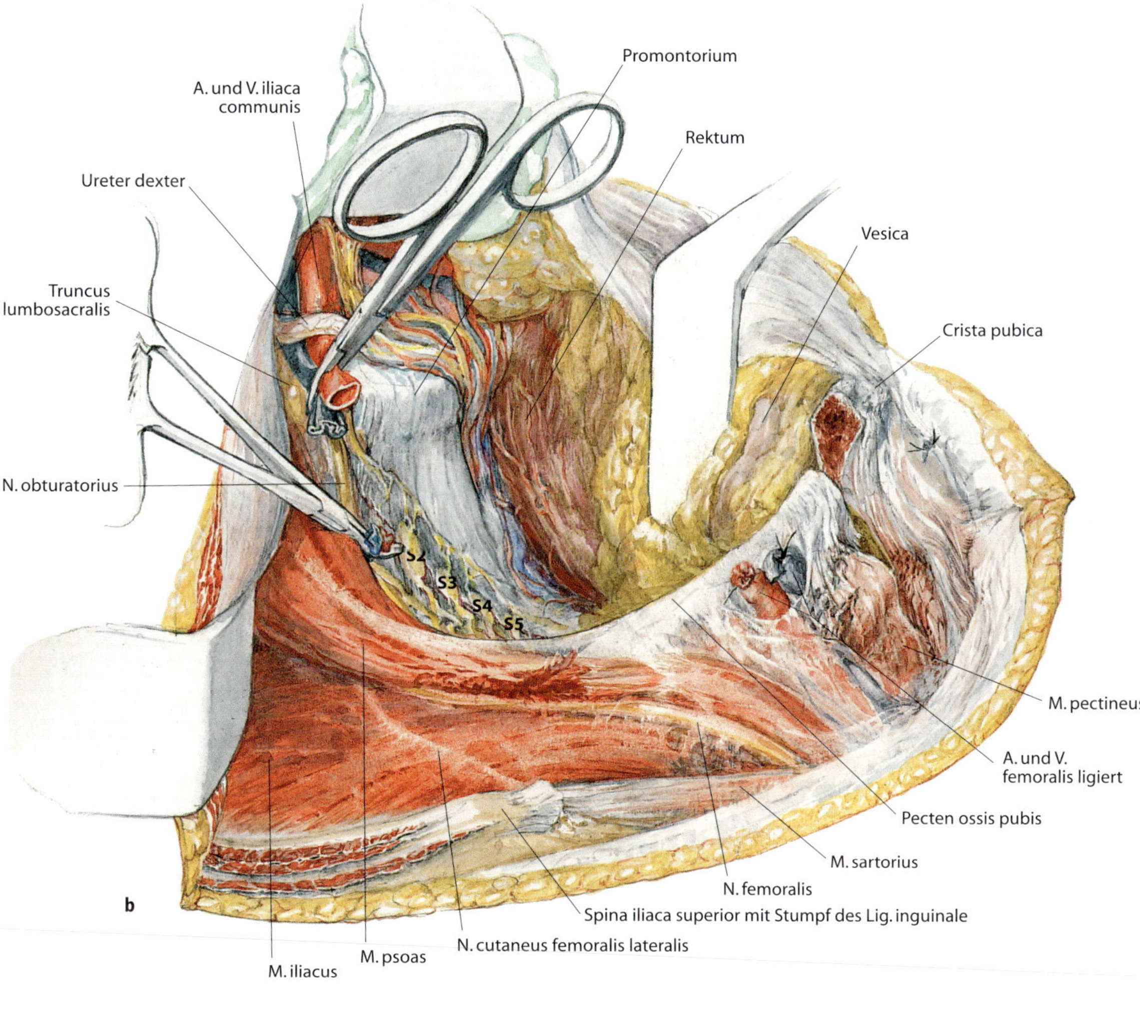


b

Abb. 7.22 c
Legende s. S. 109

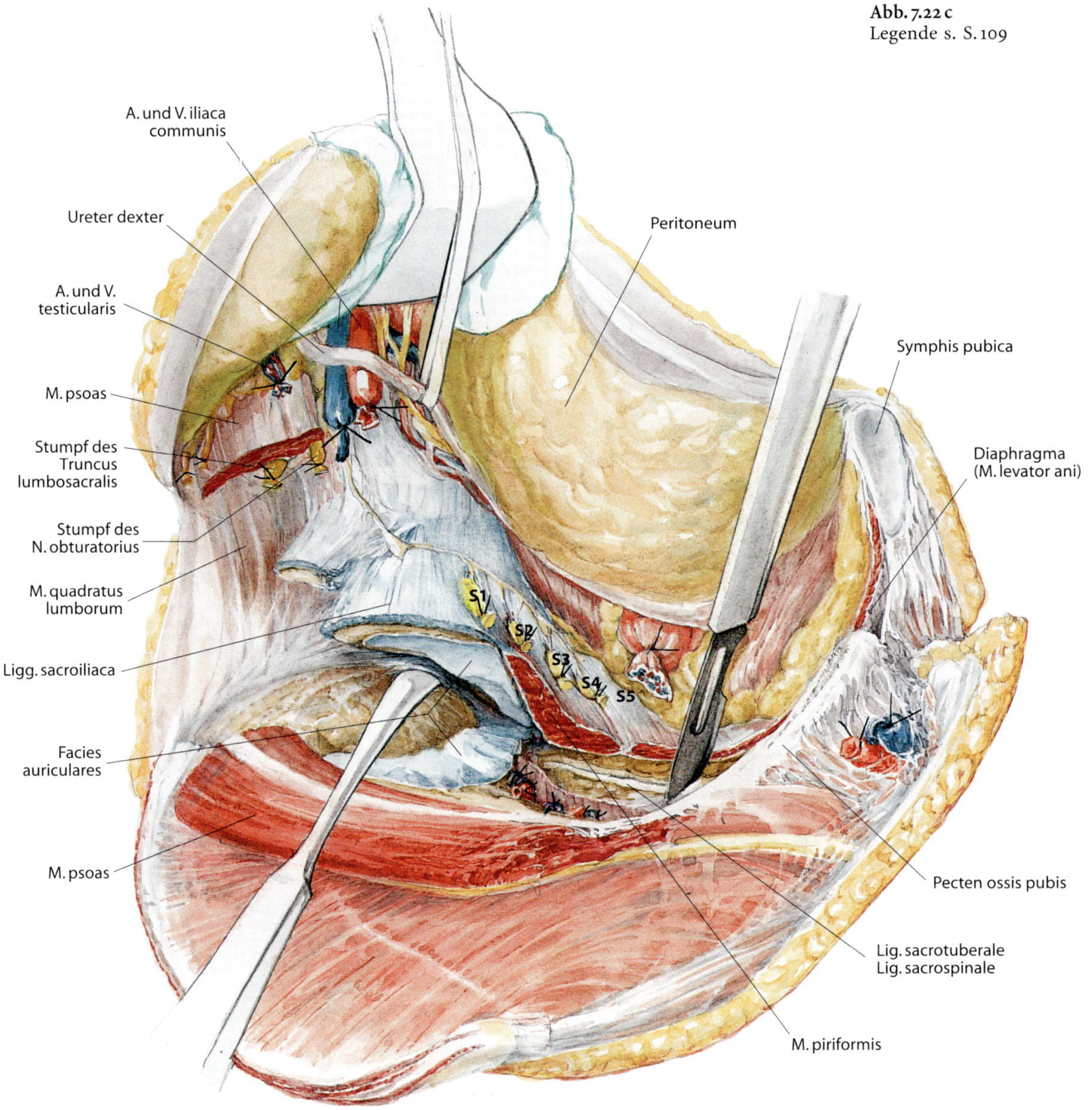

- Plexus lumbosacralis intakt, mäßiger pelviner Weichteilschaden, Gefäßläsion ist nur kurzstrekkig oder sogar »scharf«, bedeutet: »nur« komplexe Beckenverletzung mit Gefäßschaden: Gefäßrekonstruktion und Beckenstabilisierung (Zwinge, Osteosynthese)

**Durchführung der Hemipelvektomie**

- Gefäße in der Regel in Höhe der A. iliaca communis absetzen (die bei Tumoreingriffen empfohlene Erhaltung der A. glutaea superior zur Versorgung der Glutäalmuskulatur läßt sich nach Verletzungen meist nicht realisieren)
- Präparation von »innen nach außen«, d.h. Außenrotation der Extremität in der Läsion und schrittweise Ablösung der Weichteile (die sonst schwierige Lösung der Bandstrukturen ist bei der vorliegenden Gewebezerreißung nicht nötig)
- Dorsal bleibt ein möglichst großer Haut-Muskel-Lappen (M. glutaeus maximus) bestehen
- Abtrennen der Extremität, Blutstillung und Nachdébridement
- Anus praeter transversalis (prograde Darmspülung nach Wundabdeckung)

**Wundverschluß**

- Peritoneum verschließen, bei starker Spannung Abdomen apertum (Netz, Tücher)
- Wunde mit feuchten Tüchern auslegen, Hautlappen mit Situationsnähten sichern
- Wunde gut abdecken (Sekretion, Wärmeverlust)

### ■ Kompartmentsyndrom des Beckens

Das Kompartmentsyndrom am Becken ist eine seltene Komplikation (Abb. 7.23 a). Am Becken stehen ausgedehnte Weichteilräume zur Verfügung und bieten sich ausbreitenden Hämatomen und Schwellungen in der Regel ausreichend Platz. Es wurden verschiedene Ursachen beschrieben, die zur Entwicklung eines Beckenkompartmentsyndroms beitragen [1, 11, 30, 34, 63, 85, 88, 125]. Eine Verletzung des Beckens als Ursache ist allerdings eher selten, da bei entsprechender Gewalteinwirkung durch die dislozierten Beckenfrakturen eine spontane Zerreißung und damit eine Entlastung der »Kompartmentgrenzen« eintritt. Erhebliche Weichteilschäden können aber zu solchen Hämatomen und Schwellungszuständen führen, daß die gesamte pelvine Region im Sinne eines Kompartmentsyndroms aufschwillt. Besteht die Hautspannung zu lange, entstehen ausgedehnte Hautnekrosen und nachfolgende Weichteilinfekte (s. auch Morell-Lavallé-Läsion, S. 112).

Im Gegensatz zum »klassischen Kompartmentsyndrom«, bei dem pathophysiologisch die Mikrozirkulationsstörung als wesentlicher Auslöser der Druckerhöhung im »Kompartment« anzusehen ist, muß beim posttraumatischen Beckenkompartment zunächst mit einer blutungsbedingten Druckerhöhung im Faszienraum gerechnet werden, die über sekundär auftretende Mikrozirkulationsstörungen zu weiterer Zellschädigung und Druckerhöhung führt.

Auch das »klassische Kompartmentsyndrom« am Becken mit »geschlossenen« Faszienräumen tritt häufig im Rahmen von spontanen Muskeleinblutungen,

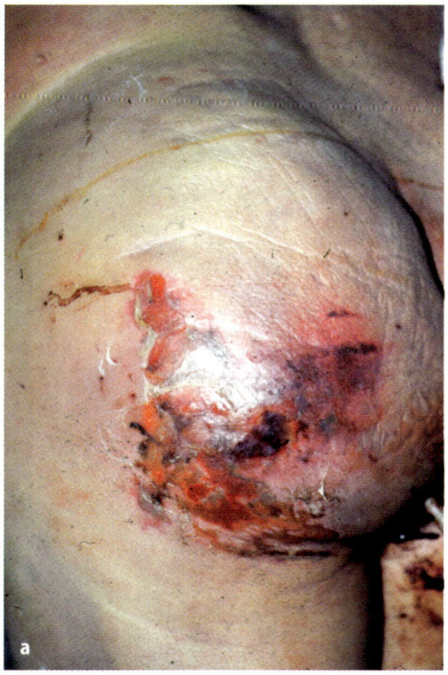


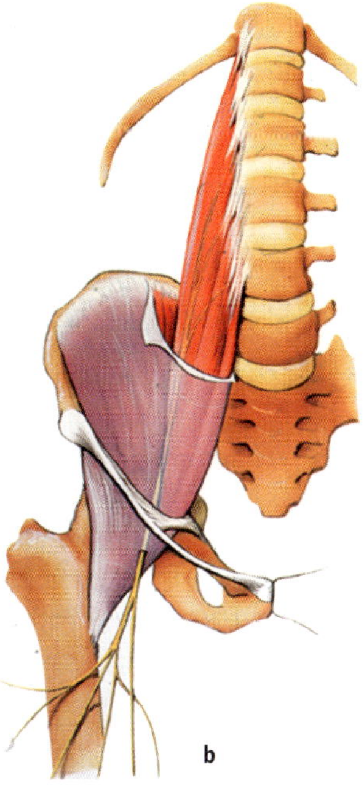


**Abb. 7.23.** **a** Ausgedehnte pelvine Blutungen können zu einem Kompartmentsyndrom sowohl in der glutäalen Gefäß- als auch in der Iliopsoasloge führen. **b** Im klinischen Bild sind die Weichteile stark gespannt, nicht selten liegen sogar schon Hautnekrosen vor. Zur Entlastung wird in der Regel eine dorsale Inzision unter Einschluß des Maximums der Hautschädigung angelegt. Diese Inzision entspricht im wesentlichen der Haut- und Faszieninzision des Kocher-Langenbeck-Zugangs (s. auch Kap. 6). Zu der seltener notwendigen Entlastung eines Kompartmentsyndroms der Iliopsoaslage wird ein anterolateraler Zugang zur Fossa iliaca angelegt

z. B. bei Hämophiliepatienten oder nach Antikoagulanzientherapie, auf, seltener bei Blutungen nach Hyperextensionstraumen von Rumpf und Hüfte.

Klinisch bedeutsame »Kompartmenträume« am Becken sind dabei:

- das Iliopsoaskompartment (Abb. 7.23 b),
- das Kompartment der Mm. glutaei medius und minimus,
- das Kompartment des M. glutaeus maximus mit Abtrennung des M. tensor fasciae latae.

Eine besondere Bedeutung für die Langzeitprognose erlangt das Kompartmentsyndrom bei Auftreten von ischämischen Schädigungen der großen Nerven (N. ischiadicus, N. femoralis, N. obturatorius), oder aber durch systemische Auswirkungen des Gewebeuntergangs großer Muskelmassen (»Crushsyndrom«).

**Diagnostik.** Während beim wachen Patienten, in der Regel bei nichttraumatischen Ursachen, der Schmerz das führende Symptom ist, ist man nach schweren Beckenverletzungen im wesentlichen auf verletzungsbedingte Verdachtsmomente (Überrolltrauma, »Crushtrauma«, instabile Beckenverletzung, beckenbedingte Blutung), die klinische Beobachtung (Schwellung, Hautverfärbung) und die Palpation (»gespannte Haut«, »prall«) angewiesen, seltener auf die direkte Kompartmentdruckmessung (s. auch Tscherne u. Regel [131 a]).

**Therapie.** Die Therapie besteht in unverzüglicher Entlastung, wobei die Inzision bei schon bestehenden Hautnekosen zentral durch den geschädigten Bereich gelegt wird.

Bei posttraumatischen Kompartmentsyndromen oder einem blutungsbedingten Gesäßkompartmentsyndrom erfolgt die Inzision über dem Punctum maximum der Schwellung als Teilinzision des Kocher-Langenbeck-Zugangs (s. Kap. 18 Zugänge zum Acetabulum).

Entscheidende Operationsschritte sind

- die Entlastung und vollständige Ausräumung des Hämatoms,
- die Identifikation und Unterbindung der Blutungsquelle,
- die vollkommene Entlastung der Muskulatur, die aufgrund der anatomischen Gegebenheiten in der Regel als Epimysiotomie durchzuführen ist,
- das sorgfältige Débridement von schon nekrotischen Gewebeanteilen.

Bei einem Kompartmentsyndrom der Iliopsoasloge wird der anterolaterale Zugang am Beckenkamm gewählt (s. Kap. 9) und extraperitoneal die Psoasfaszie gespalten.

Für beidseitige »intrapelvine« Kompartmentsyndrome bietet sich eine transperitoneale Ausräumung des retroperitonealen Hämatoms an [11].

Die Wunden werden je nach Ausmaß der verbliebenen Retraktion der Wundränder spannungsfrei mit Hautersatz (z. B. Epigard) gedeckt und steril verbunden. Auf eine gute Verbandstechnik zum Auffangen der teilweise erheblichen Sekretmengen ist zu achten.

**Weiterbehandlung.** Die Weiterbehandlung wird vom Ausmaß der Weichteilzerstörung bestimmt. Im Rahmen von posttraumatischen Kompartmentsyndromen sind nahezu regelhaft mehrfache, geplante Revisionen (»second look ») durchzuführen. Dabei werden im Rahmen des Débridements neu entstandene Muskelnekrosen abgetragen und ausgedehnte Wundspülungen zur Infektionsprophylaxe vorgenommen (»Jetlavage«). Mit nachlassender Gewebespannung wird der Hautersatz kontinuierlich verkleinert, im Regelfall ist eine sekundäre Wundnaht möglich.

In einer eigenen Serie von 6 Kompartmentsyndromen am Becken wurden 4 Patienten im Mittel 29 Monate nach der Kompartmentspaltung nachuntersucht [11]. 3 der 4 Patienten klagten über Beschwerden und hatten neben einer sichtbaren Verschmächtigung der Abduktoren eine meßbare Minderung der Kraftentfaltung.

## Die »Morel-Lavallé-Verletzung«

Ein ausgedehntes Décollement am Becken wird nach seinem Erstbeschreiber als »Morel-Lavallé-Läsion« bezeichnet [79]. Die Ursache der Läsion ist eine kombinierte Druck- und Scherbewegung, wie sie z. B. bei Überrollungen auftreten kann. Dabei kommt es zu einer Ablösung des Unterhautfettgewebes von der Faszie. Besonders die anterolaterale Region des Oberschenkels und Beckens ist aufgrund anatomischer Besonderheiten prädestiniert.

Frühe Untersuchungen zeigten, daß sich an der unteren Extremität proximal der Faszie ein oberflächliches Arteriengeflecht befindet [71]. Cormack u. Lamberty konnten allerdings nachweisen, daß besonders das anterolaterale Drittel des Oberschenkels im Vergleich zu den anderen Regionen eine deutlich verminderte arterielle Versorgung aufweist [23].

Zusätzlich ziehen wichtige lymphatische Abflüsse der Glutäalregion und des lateralen Oberschenkels durch die Region des anterolateralen Oberschenkels zu Lymphknoten im Bereich der V. saphena [50]. Ihr Verletzungsrisiko ist naturgemäß bei Scherbewegungen groß.

Die Kombination von traumatischer Abhebung des Unterhautfettgewebes mit nachfolgendem Einstrom von Lymphflüssigkeit in die Wundhöhle, sowie die mangelhafte Heilungstendenz dieser spezifischen Gewebeschicht führen zu ausgedehnten Seromhöhlen. Auch bei geschlossenem Hautmantel wurden sekundäre Infekte beschrieben [70]. Die klinische Bedeutung der Morel-Lavallé-Läsion liegt darin, daß spontane Heilungen nur selten auftreten, daß sich aufgrund der ausgedehnten Hautablösungen zentrale Hautnekrosen und Infekte entwickeln können und dadurch notwendige chirurgische Eingriffe behindert werden.

**Diagnostik.** Die Diagnostik erfolgt im wesentlichen klinisch. Es zeigt sich ein typisches Bild mit ausgedehnten Einblutungen in das Subkutangewebe und einer gut palpablen großflächigen tastbaren Fluktuation (Abb. 7.24 a). Die sonographische Untersuchung bestätigt die Flüssigkeitsansammlung und die Ausdehnung der Läsion (Abb. 7.24 b). Häufig wird insbesondere in den zentralen Anteilen über der Läsion über einen Verlust oder eine Abschwächung der Oberflächensensibilität geklagt.

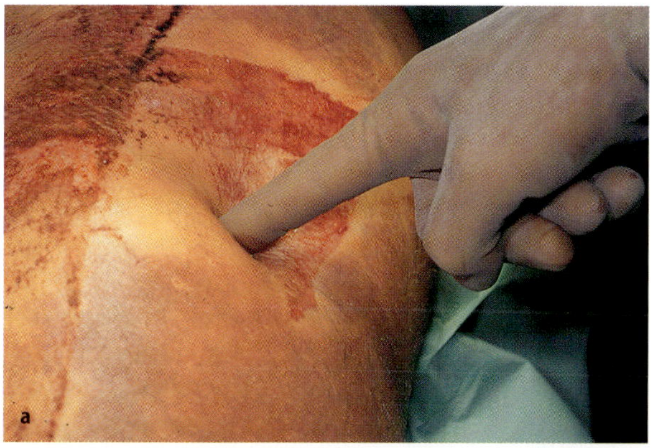

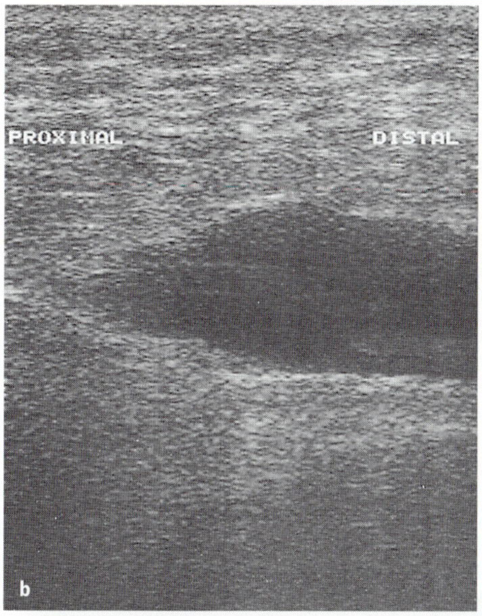


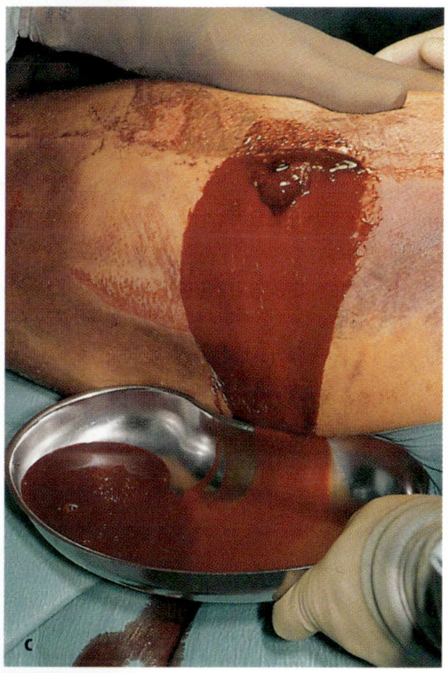

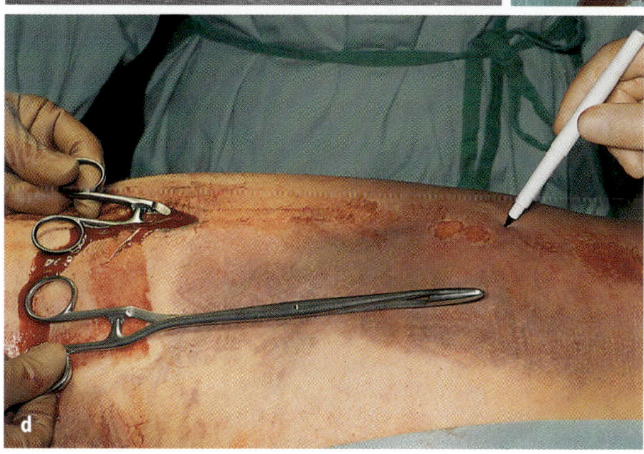

**Abb. 7.24 a–d.** Morell-Lavallé-Läsion. Eine besondere Form der pelvinen Weichteilverletzungen ist ein ausgedehntes subkutanes Décollement, das durch Scherbewegungen zwischen Subkutis und Faszie entsteht. Typischerweise besteht eine ausgedehnte Fluktuation (**a**). Die Sonographie bestätigt die Ausdehnung der subkutanen Ablösung (**b**). Die Therapie ist operativ, es wird eine Inzision über dem Punctum maximum der Hautschädigung ausgeführt, das Hämatom entleert und das Subkutangewebe gespült (**c**). Die Ausdehnung der subkutanen Ablösung ist deutlich zu erkennen (**d**). Die Weiterbehandlung erfolgt mit offener Wundbehandlung unter ausreichender Drainage

**Therapie.** Während frühe Untersuchungen nur zu kleinen Inzisionen und Drainagen rieten [59], wird in Verbindung mit der chirurgischen Versorgung von Beckenfrakturen eine offene Wundbehandlung empfohlen [69].

Hierzu wird eine Längsinzision zentral in der Läsion durchgeführt (Abb. 7.24 c). Die Länge des Schnitts orientiert sich an der Ausdehnung der Wundhöhle, über die Wunde sollte eine gute Wunddrainage erfolgen (Abb. 7.24 d). Subkutane Nekrosen und ggf. vorliegende Faszienzerreißungen werden debridiert, eine Spülung mit der Jetlavage vorgenommen und die Wundhöhle locker mit »Rollen« ausgelegt.

**Nachbehandlung.** Je nach Ausdehnung der Weichteilschädigung werden geplante Revisionsoperationen durchgeführt. Bei guter Granulationstendenz kann die Wunde sekundär über einer Saugdrainage verschlossen werden.

Eine geplante Beckenstabilisierung sollte möglichst früh, idealerweise direkt nach Aufnahme, erfolgen, da die Möglichkeiten der operativen Stabilisierung bei Auftreten eines sekundären Infektes limitiert sind.

Besteht ein Infekt bei instabiler Beckenringverletzung, müssen ggf. alternative, »reduziert invasive« Fixationsmöglichkeiten eingesetzt werden (s. Kap. 11).

### Pfählungsverletzungen

Unter diesem Begriff werden direkte Traumen des Perineums und der angrenzenden Organe zusammengefaßt. In der Frühphase komplizieren Blutungen und pelvine Infekte das Verletzungsbild, in der Spätphase stehen chronische Infekte, Osteomyelitiden und v.a. Störungen der Kontinenzorgane im Vordergrund. Die Versorgung der Rektumverletzungen wird in Tscherne u. Trentz (in Vorbereitung) dargestellt.

Im Rahmen der Primärbehandlung besteht das Hauptziel darin, das gesamte Ausmaß der Verletzung zu erkennen, ein ausreichendes Débridement durchzuführen und eine offene Wundbehandlung einzuleiten. Neben der Anlage eines doppelläufigen Anus praeter und der Spülung des abführenden Schenkels dienen v.a. geplante Revisionsoperationen mit Wunddébridement und Wundspülung (Jetlavage) der Infektionsprophylaxe. Eine antibiotische Therapie ist von Beginn an einzuleiten (Cephalosporin 1. Generation, später entsprechend der Austestungen der lokalen Abstriche) (s. auch Tscherne u. Regel [131a]).

Eine oftmals notwendige, sekundäre Weichteilrekonstruktion muß häufig interdisziplinär erfolgen (plastische Chirurgie, Urologie, Gynäkologie, Allgemeinchirurgie). Eine entsprechende Planung ist frühzeitig einzuleiten.

## Literatur


1. Al-Zamil A, Christenson J (1988) Psoas muscle hematoma – an acute compartment syndrome. Vasa 17: 141
2. Albrecht F, Brug E (1982) Indikation und Verfahrenswahl bei der Osteosynthese dislozierter Beckenringverletzungen. Unfallheilkunde 85: 431–440
3. Barlow B, Rottenberg R, Santulli T (1975) Angiographic diagnosis and treatment of bleeding by selective embolization following pelvic fracture in children. J Pediatr Surg 10(6): 939–942
4. Batalden D, Wickstorm P, Ruiz E, Gustilo R (1974) Value of the G suit in patients with severe pelvic fracture. Arch Surg 109: 326–328
5. Baumgärtel F, Wilke M, Gotzen L (1996) Experimentelle Erprobung eines pneumatische Gürtels zur äußeren Beckenkompression. Hefte Z Unfallchir 257: 386–387
6. Beal SL, Blaisdell FW (1989) Traumatic hemipelvectomy: a catastrophic injury. J Trauma 29(10): 1346–1351
7. Ben-Menachem Y (1988) Pelvic fractures: diagnostic and therapeutic angiography. Instr Course Lect 37(139): 139–141
8. Ben-Menachem Y (1995) Exploratory angiography and transcatheter embolization for control of arterial hemorrhage in patients with pelvic ring disruptions. Tech Orthop 9(4): 271–274
9. Ben-Menachem Y, Coldwell D, Young J, Burgess A (1991) Hemorrhage associated with pelvic fractures: causes, diagnosis and emergent management. AJR 157: 1005–1014
10. Berger H, Hilbertz T, Dienemann H, Lob G (1991) Diagnostik vaskulärer Begleitverletzungen beim Polytrauma – Katheterembolisation in der Akutsituation. Hefte Unfallheilkd 220: 166
11. Bosch U (1991) Das Kompartmentsyndrom am Becken. Unfallchirurg 94: 244–248
12. Bosch U, Pohlemann T, Haas N, Tscherne H (1992) Klassifikation und Management des komplexen Beckentraumas. Unfallchirurg 95: 189–196
13. Bosch U, Pohlemann T, Tscherne H (1992) Strategie bei der Primärversorgung von Beckenverletzungen. Orthopade 21: 385–392
14. Broos P, Vanderschot P, Craninx L, Rommens P (1992) The operative management of unstable pelvic fractures. Int Surg 77: 303–308
15. Brotman S, Soderstrom C, Oster-Granite M, Cisternino S, Browner B, Cowley R (1981) Management of severe bleeding in fractures of the pelvis. Surg Gynecol Obstet 153: 823–826
16. Brown J, Greene F, McMillin R (1984) Vascular injuries associated with pelvic fractures. Am Surg 50: 150–154
17. Browner B (1994) The use of the pelvic stabilizer in the emergency management of pelvic ring disruption for the controll of associated hemorrhage. Surgery of the Pelvis and Acetabulum: The Second International Consensus, Pittsburgh, October 21–27, 1994
18. Bühren V, Trentz O (1989) Intraluminäre Ballonblockade der Aorta bei traumatischer Massivblutung. Unfallchirurg 92: 309–313
19. Bühren V, Marzi I, Trentz O (1990) Indikation und Technik des Fixateur externe in der Akutversorgung von Polytraumen. Zentralbl Chir 115: 581–591
20. Burgess A, Eastridge B, Young J, Ellison T, Ellison P, Poka A (1990) Pelvic ring disruption: effective classification systems and treatment protocols. J Trauma 30(7): 848–856
21. Canarelli JP, Collet LM, Ricard J, Boboyono JM (1988) Complications vasculaires des traumatismes pelviens chez l'enfant. Chir Pediatr 29(5): 233–241
22. Clarke G, Mardel S (1993) Use of MAST to control massive bleeding from pelvic injuries. Injury 24(9): 628–629
23. Cormack G, Lamberty B (1985) The blood supply of the thigh skin. Plast Reconstr Surg 86: 342–354
24. Corriere JJ, Sandler CM (1988) Mechanisms of injury, patterns of extravasation and management of extraperitoneal bladder rupture due to blunt trauma. J Urol 139(1): 43–44
25. Crosby W, Costiloe J (1971) Safety lap-belt restraint for pregnant victims of automobile collisions. N Engl J Med 284: 632
26. Cryer HM, Miller FB, Evers BM, Rouben LR, Seligson DL (1988) Pelvic fracture classification: correlation with hemorrhage. J Trauma 28(7): 973–980
27. Davidson B, Simmons G, Williamson P, Buerk C (1993) Pelvic fractures associated with open perineal wounds: a survivable injury. J Trauma 35(1): 36–39
28. Downs AR, Dhalla S (1988) Hemorrhage and pelvic fractures. Can J Surg 31(2): 89–90
29. Drost T, Rosemurgy A, Sherman H, Scott L, Williams J (1990) Major trauma in pregant women: maternal/fetal outcome. J Trauma 30(5): 574–578
30. Echtermeyer V (1985) Das Kompartmentsyndrom. Springer, Berlin Heidelberg New York Tokyo (Hefte z.Z.schrift »Der Unfallchirurg«, Bd 169)
31. Egbers H, Schroeder L, Havemann D, Bömer H (1984) Indikationen für die äußere Stabilisation von Beckenringfrakturen. Hefte Unfallheilkd 164: 292–293
32. Ertel W, Lüdinghausen M v, Trentz O (1997) Becken. In: Platzer W, Trentz O (Hrsg) Posttraumatische Defekt- und Weichteilsanierung. Schädel, Wirbelsäule, Becken. Thieme, Stuttgart New York, S 414–557
33. Euler E (1996) Beckenverletzungen im Rahmen eines Polytraumas. Handout Fortbildungskurs Beckenverletzungen, 60. Jahrestagung der DGU, S 87–90
34. Evanski P, Waugh T (1977) Gluteal compartment syndrome: case report. J Trauma 17: 323
35. Evers BM, Cryer HM, Miller FB (1989) Pelvic fracture hemorrhage: Priorities in management. Arch Surg 124(4): 422–424
36. Fabozzi S, Schlossberg S, Jordan G (1995) Urological trauma. Curr Opin Urol 5: 127–132
37. Failinger M, McGanity P (1992) Unstable fractures of the pelvic ring. J Bone Joint Surg Am 74(5): 781–791

38. Flint L, Brown A, Richardson D, Polk H (1979) Definitive control of bleeding from severe pelvic fractures. Ann Surg 189: 709–716
39. Flint L, Babikian G, Anders M, Rodriguez J, Steinberg S (1990) Definitive control of mortality from severe pelvic fracture. Ann Surg 211(6): 703–706
40. Flory P, Trentz O, Bühren V, Seiler H, Potulski M (1985) Management der komplexen Beckenverletzung. Akt Traumatol 15: 139–144
41. Fort A, Harlin R (1970) Pregnancy outcome after concatastrophic maternal trauma during pregnancy. Obstet Gynecol 35: 912
42. Fox MA, Mangiante EC, Fabian TC, Voeller GR, Kudsk KA (1990) Pelvic fractures: an analysis of factors affecting prehospital triage and patient outcome. South Med J 83(7): 785–788
43. Ganz R, Krushell R, Jakob R, Küffer J (1991) The antishock pelvic clamp. Clin Orthop 267: 71–78
44. Gilliland M, Ward R, Flynn T, Miller P, Ben-Menachem Y, Duke J (1982) Peritoneal lavage and angiography in the management of patients with pelvic fractures. Am J Surg 144: 744–747
45. Goins W, Rodriguez A, Lewis J, Brathwaite C (1992) Retroperitoneal hematoma after blunt trauma. Surg Gynecol Obstet 174: 744–777
46. Gokcen E, Burgess A, Siegel J, Mason-Gonzales S, Dischinger P, Ho S (1994) Pelvic fracture mechanism of injury in vehicular trauma patients. J Trauma 36(6): 789–796
47. Goldmann S, Sandler C, Corriere J, McGuire E (1997) Blunt urethral trauma. J Urol 157: 85–89
48. Govender S, Sham A, Singh B (1990) Open pelvic fractures. Injury 21: 373–376
49. Grabenwöger F, Dock W, Ittner G (1989) Perkutane Embolisation von retroperitonealen Blutungen bei Beckenfrakturen. Rofo Fortschr Geb Rontgenstr Neuen Bildgeb Verfahr 150(3): 335–338
50. Gray H (1985) Anatomy of the Human body, The lymphatic system. Lea & Febinger, Philadelphia, pp 913–917
51. Gylling SF, Ward RE, Holcroft JW, Bray TJ, Chapman MW (1985) Immediate external fixation of unstable pelvic fractures. Am J Surg 150(6): 721–724
52. Haag C, Wagner G, Blum U (1994) Angiographischer Nachweis und Embolisation einer hämodynamisch wirksamen Blutung aus der rechten Arteria dorsalis penis bei Symphysenruptur. Unfallchirurgie 20(3): 169–173
53. Hanson P, Milne J, Chapman M (1991) Open fractures of the pelvis: review of 43 cases. J Bone Joint Surg Br 73: 325–329
54. Härtl R, Ko K (1996) In utero skull fracture: case report. J Trauma 41(3): 549–552
55. Hawkins L, Pomerantz M, Eisemann B (1970) Laparatomy at the time of pelvic fracture. J Trauma 10(8): 619–623
56. Heinrich SD, Sharps CH, Cardea JA, Gervin AS (1988) Open pelvic fracture with vaginal laceration and diaphragmatic rupture in a child. J Orthop Trauma 2(3): 257–261
57. Hölting T, Ruf W, Buhr H, Teller P, Kretzschmar U (1988) Lebensbedrohliche Blutungen bei Beckenfrakturen polytraumatisierter Patienten. Chirurg 59(8): 547–551
58. Hölting T, Buhr H, Richter G, Roeren T, Friedl W, Herfarth C (1992) Diagnosis and treatment of retroperitoneal hematoma in multiple trauma patients. Arch Orthop Trauma Surg 111(6): 323–326
59. Hudson, Knottenbelt J, Krige J (1992) Closed degloving injuries: results following conservative surgery. Plast Reconstr Surg 89: 853–855
60. Huittinen V (1972) Lumbosacral nerve injury in fracture of the pelvis. Acta Chir Scand Suppl 429: 1–43
61. Huittinen V, Slätis P (1973) Postmortem angiography and dissection of the hypogastric artery in pelvic fractures. Surgery 73: 454–462
62. Ikpeme J, Morison C (1970) Vaginal avulsion complicating pelvic fracture. Br J Surg 57(4): 317–318
63. Kaufman G, Choi B (1972) Ischemic necroses of muscles of the buttock. J Bone Joint Surg Am 54: 1079
64. Kellam J (1989) The role of external fixation in pelvic disruptions. Clin Orthop 241: 66–82
65. Klein S, Saroyan M, Baumgartner F, Bongard F (1992) Management strategy of vascular injuries associated with pelvic fractures. J Cardiovasc Surg 33: 349–357
66. Klostermann P, McAnnich J (1989) Urethral injuries. AUA Update Series 7: 250–255
67. Knoch M, Stosiek C, Link W (1984) Die Prognose des Bekkentraumas in Abhängigkeit von den vorliegenden Begleitverletzungen. Hefte Unfallheilkd 164: 258–264
68. Koratim M, Marzouk M, Atta M, Orabi S (1996) Risk factors and mechanism of urethral injury in pelvic fractures. Br J Urol 77: 876–880
69. Kottmeier S, Wilson S, Born C, Hanks G, Iannacone W, DeLong W (1996) Surgical management of soft tissue lesions associated with pelvic ring injury. Clin Orthop 329: 46–53
70. Letournel E, Judet R (1993) Fractures of the acetabulum, 2nd edn. Springer, Berlin Heidelberg New York Tokyo
71. Manchot C (1889) Die Hautarterien des menschlichen Körpers. Vogel, Leipzig
72. Manner G, Knapp U (1975) Die Behandlung von Beckenringfrakturen mit dem Beckenkompressionsbügel. Hefte Unfallheilkd 124: 288–291
73. Margolies M, Ring E, Waltman A, Kerr W, Baum S (1972) Arteriography in the management of hemorrhage from pelvic fracture. N Engl J Med 287: 317–321
74. Maull K, Sachatello C, Ernst C (1977) The deep perineal laceration-an injury frequently associated with open pelvic fractures. J Trauma 17: 685–688
75. McCoy GF, Johnstone RA, Kenwright J (1989) Biomechanical aspects of pelvic and hip injuries in road traffic accidents. J Orthop Trauma 3(2): 118–123
76. McMurtry R, Saibil E (1984) General assessment and management of the polytraumatized patient. In: Tile M (ed) Fractures of the pelvic and acetabulum. Williams & Wilkins, Baltimore, pp 41–55
77. McMurtry R, Walton D, Dickinson D, Kellam J, Tile M (1980) Pelvic disruption in the polytraumatized patient: a management protocol. Clin Orthop 151: 22–30
78. Mears D, Rubash H (1984) External and internal fixation of the pelvic ring. AAOS Instr Course Lect 33: 144–158
79. Morel-Lavallé (1948) Traumatismes fermes aux membres inferieurs. Hauquelin, Paris
80. Moreno C, Moore EE, Rosenberger A, Cleveland HC (1986) Hemorrhage associated with major pelvic fracture: a multispecialty challenge. J Trauma 26(11): 987–994
81. Mucha P, Farnell M (1984) Analysis of pelvic fracture management. J Trauma 24(5): 379–386
82. Mucha PJ, Welch TJ (1988) Hemorrhage in major pelvic fractures. Surg Clin North Am 68(4): 757–773
83. Muhr G, Buchholz J, Josten C (1993) Visceral-urologische Verletzungen beim Beckentrauma. Chirurg 64: 874–879
84. Müller-Färber J, Decker S (1979) Das stumpfe Bauchtrauma als Komplikation der Beckenfraktur. Unfallheilkunde 82: 89–100
85. Neal W, Schmalzried T, Eckardt J (1989) Diagnoses and treatment of buttock compartment syndromes. 56th Annual Meeting AAOS. American Acadamy of Orthopedic Surgeons, Las Vegas
86. Niemi TA, Norton LW (1985) Vaginal injuries in patients with pelvic fractures. J Trauma 25(6): 547–551
87. Pohlemann T, Otte D, Bertram H, Tscherne H (1995) The relevance of accident mechanisms in »road accidents« for fracture pattern and classification of pelvis fractures. International Conference on Pelvic and Lower Extremity Injuries Proceedings. NHTSC, Washington, pp 329–340
88. Owen M, Woody P, Mubarak S, Hargens A (1978) Posttraumatic gluteal compartment syndrome. Clin Orthop 231: 57
89. Panetta T, Sclafani S, Goldstein A, Phillips T, Shaftan G (1985) Percutaneous transcatheter embolisation for massive bleeding from pelvic fractures. J Trauma 25: 1021–1029
90. Parkinson E (1964) Perinatal loss due to external trauma to the uterus. Am J Obstet Gynecol 90: 30

91. Patterson F, Morton K (1973) The cause of death in fractures of the pelvis: With a note on treatment by ligation of the hypogastric (internal iliac) artery. J Trauma 13: 849–856
92. Pearlman M, Tintinally J, Lorenz R (1990) A prospective controlled study of outcome after trauma during pregnancy. Am J Obstet Gynecol 162: 1502
93. Perry J (1980) Pelvic open fractures. Clin Orthop 151: 41–45
94. Platz A, Friedl H, Kohler A, Trentz O (1991) Chirurgisches Management bei schweren Beckenquetschverletzungen. Helv Chir Acta 58(6): 925–929
95. Pohlemann T, Bosch U, Gänsslen A, Tscherne H (1994) The Hannover experience in management of pelvic fractures. Clin Orthop 305: 69–80
96. Pohlemann T, Krettek C, Hoffmann R, Culemann U, Gänsslen A (1994) Biomechanischer Vergleich verschiedener Notfallstabilisierungsmaßnahmen am Beckenring. Unfallchirurg 97(10): 503–510
97. Pohlemann T, Gänsslen A, Bosch U, Tscherne H (1995) The technique of packing for control of hemorrhage in complex pelvic fractures. Tech Orthop 9(4): 267–270
98. Pohlemann T, Culemann U, Gänsslen A, Tscherne H (1996) Die schwere Beckenverletzung mit pelviner Massenblutung: Ermittlung der Blutungsschwere und klinische Erfahrung mit der Notfallstabilisierung. Unfallchirurg 99(10): 734–743
99. Pohlemann T, Paul C, Gänsslen A, Regel G, Tscherne H (1996) Die traumatische Hemipelvektomie. Erfahrungen aus 11 Fällen. Unfallchirurg 99(4): 304–312
100. Pohlemann T, Tscherne H, Baumgärtel F, Egbers H, Euler E, Maurer F (1996) Beckenverletzungen: Epidemiologie, Therapie und Langzeitverlauf. Übersicht über die multizentrische Studie der Arbeitsgruppe Becken. Unfallchirurg 99(3): 160–167
101. Raithel D (1983) Diagnostisches und therapeutisches Konzept bei Gefäßverletzungen der Beckenetage. Langenbecks Arch Chir 361: 205–208
102. Ravitch M (1964) Hypogastric artery ligation in acute pelvic trauma. Surgery 56: 601–602
103. Richardson JD, Harty J, Amin M, Flint LM (1982) Open pelvic fractures. J Trauma 22(7): 533–538
103a. Richter H (1964) Die transacetabuläre Beckensprengung und ihre Behandlung mittels percutaner Schraubenzugkompression. Monatsschr Unfallheilkd 3: 109
104. Rieger H, Penning D, Brug E, Bünte H, Krings W (1991) Spezielle diagnostische Aspekte abdominopelviner Läsionen bei instabiler Beckenringverletzung. Hefte Unfallheilkd 220: 488–489
105. Riska E, Bonsdorff H v, Hakkinen S, Jaroma H, Kiviluato O, Paavilainen T (1979) Operative control of massive haemorrhage in comminuted pelvic fractures. Int Orthop 3: 141–144
106. Rommens P, Vanderschot P, De Boodt P, Broos P (1992) Surgical management of pelvic ring disruptions: indications, techniques and functional results. Unfallchirurg 95: 455–462
107. Rothenberger D, Fischer R, Perry J (1978) Major vascular injuries secondary to pelvic fractures: an unsolved clinical problem. Am J Surg 136: 660–662
108. Rothenberger D, Fischer R, Strate R, Velasco R, Perry J (1978) The mortality associated with pelvic fractures. Surgery 84(3): 356–359
109. Rothenberger D, Quattlebaum F, Perry JJ (1978) Blunt maternal trauma: A review of 103 cases. J Trauma 18: 173
110. Rothenberger D, Velasco R, Strate R, Fischer R, Perry J (1978) Open pelvic fractures: a lethal injury. J Trauma 18(3): 184–187
111. Routt M, Simonian P (1996) Closed reduction and percutaneous skeletal fixation of sacral fractures. Clin Orthop 329: 121–128
112. Routt M, Kregor P, Simonian P, Mayo K (1995) Early results of percutaneous iliosacral screws placed with the patient in the supine position. J Orthop Trauma 9(3): 207–214
112a. Schmelzeisen H, Weller S (1980) Becken. In: Baumgartl F, Kremer K, Schreiber H (Hrsg) Spezielle Chirurgie für die Praxis. Thieme, Stuttgart
113. Schmit-Neuerburg K, Hölter H (1983) Therapeutische Prioritäten beim Polytrauma mit Beckenverletzungen. Langenbecks Arch Chir 361: 189–195
114. Sclafani S, Cooper R, Shaftan G, Goldstein A, Glanz S, Gordon D (1986) Arterial trauma: diagnostic and therapeutic angiography. Radiology 161(161): 165–172
115. Scorpio R, Esposito T, Smith L, Gens DR (1992) Blunt trauma during pregnancy: factors affecting fetal outcome. J Trauma 32: 213
116. Seibel RW, Flint L (1986) Management of complicated pelvic fractures. Curr Probl Surg 43(5): 391–394
117. Sinnott R, Rhodes M, Brader A (1992) Open pelvic fractures: an injury for trauma centers. Am J Surg 163: 283–287
118. Slätis P, Huittinen V (1972) Double vertical fractures of the pelvis: a report on 163 patients. Acta Chir Scand 138: 799–807
119. Slätis P, Kraharju E (1980) External fixation of unstable pelvic fractures: experiences in 22 patients treated with a trapezoid compression frame. Clin Orthop 151: 73–79
120. Smejkal R, Izant T, Born C, Delong W, Schwab W, Ross SE (1988) Pelvic crush injuries with occlusion of the iliac artery. J Trauma 28(10):1479–1482
121. Smith RJ (1989) Avulsion of the nongravid uterus due to pelvic fracture. South Med J 82(1): 70–73
122. Soderstrom C (1982) Severe pelvic fractures. Problems and possible solutions. Am Surg 48: 441–446
123. Stock J, Harris W, Athanasoulis A (1980) The role of diagnostic and therapeutic angiography in trauma to the pelvis. Clin Orthop 151: 31–40
124. Sundaram M, Patel B, Wolverson M, Riaz M (1981) Superior gluteal artery haemorrhage following pelvic fracture controlled by embolisation. Clin Radiol 32: 187–190
125. Szyszkowitz R, Reschauer R (1982) Ätiologie, Pathophysiologie und Lokalisation des Kompartment-Syndroms. Unfallheilkunde 85: 126
126. Thomas C, McAnnich J (1989) Bladder trauma. AUA Update Series 8: 242–247
127. Tile M (1995) Fractures of the pelvis and acetabulum, 2nd edn. Williams & Wilkins, Baltimore
128. Trafton P (1990) Pelvic ring injuries. Surg Clin North Am 70(3): 655–669
129. Trentz O (1987) Chirurgische Tätigkeit bei stumpfen Verletzungen: Becken. Hefte Unfallheilkd 189: 261–267
130. Trentz O, Bühren V, Friedl H (1989) Beckenverletzungen. Chirurg 60: 639–648
131. Trojan E (1979) Gefäß- und Nervenverletzungen bei Frakturen und Luxationen im Beckenbereich. Hefte Unfallheilkd 140: 44–48
131a. Tscherne H, Regel G (Hrsg) (1997) Trauma-Management. Springer, Berlin Heidelberg New York Tokyo (Tscherne Unfallchirurgie)
132. Varney M, Fisher I, Becker H, Derra E, Röher H (1990) Intraabdominelle Zusatzverletzungen bei Polytraumatisierten mit Beckenfrakturen. Akt Traumatol 20: 226–230
132a. Vorschütz (1937) Schraubenzwingenbehandlung bei Symphysenspaltung. Zentralbl Chir 48: 2755
133. Wild J, Hanson G, Tullos H (1982) Unstable fractures of the pelvis treated by external fixation. J Bone Joint Surg Am 64(7): 1010–1019
134. Williams T, Knopp R, Ellyson J (1982) Compartment syndrome after anti-shock trouser use without lower-extremity trauma. J Trauma 22: 595–597
135. Witschger P, Heini P, Ganz R (1992) Beckenzwinge zur Schockbekämpfung bei hinteren Beckenringverletzungen. Orthopade 21: 393–399

# KAPITEL 8

# Entscheidungsfindung und Indikationsstellung zur Beckenstabilisierung

8

T. POHLEMANN, A. GÄNSSLEN und H. TSCHERNE



**Nur die zusammenfassende Wertung aller zugänglichen Befunde läßt eine exakte Beurteilung der Beckenverletzung zu. Sie ist die Grundlage für die Entscheidungsfindung und Therapieplanung und hat gleichzeitig prognostische Bedeutung. Klinische Untersuchungsbefunde sowie charakteristische Befunde und standardisierte Vorgehensweisen bei komplexen Beckentraumen wurden in den vorangegangenen Kapiteln dargestellt. Das folgende Kapitel konzentriert sich auf Details der Röntgeninterpretation am Beckenring, die einerseits häufig übersehen werden, andererseits aber wichtige Hinweise auf Verletzungsmechanismus und den Schweregrad der Verletzung geben können.**

**Weiterhin werden die Voraussetzungen, die Zeitplanung und notwendige Prophylaxen bei der Durchführung von Beckenoperationen besprochen.**

## 8.1 Interpretation der Röntgenaufnahmen

### Nativaufnahmen (a.-p., Inlet, Outlet)

Die radiologische Beurteilung einer Beckenverletzung beginnt mit der Analyse der a.-p.-Übersichtsaufnahme. Bei sorgfältiger Durchsicht läßt sich schon in 90 % der Fälle anhand dieser einzelnen Aufnahme die endgültige Diagnose stellen oder zumindest mit hoher Sicherheit vermuten [8, 30]. Die weiterführende Diagnostik dient also im wesentlichen der Befundsicherung und der Ergänzung der Detailgenauigkeit. Nur in Ausnahmefällen sollten dabei noch »Überraschungsbefunde« erhoben werden!

Die »Schrägaufnahmen« (Inlet- und Outletprojektion) bestätigen die Verdachtsbefunde und dienen insbesondere dazu, eine Fehlstellung im Beckenring genauer zu beurteilen. Sie sind meist ausreichend, um die für die Indikationsstellung wichtige Differenzierung zwischen den Verletzungstypen »B« und »C« zu machen. Die Schrägaufnahmen dienen ebenfalls dazu, auf der a.-p.-Aufnahme erkannte Frakturlinien in anderer Projektion zu beurteilen und damit den exakten Frakturverlauf zu erkennen.

Eine systematisierte Bildanalyse vereinfacht das Vorgehen und vermeidet das »Übersehen« wichtiger Befunde. Eine im eigenem Vorgehen angewendete »Reihenfolge« wird vorgestellt, wobei zwangsläufig nur wichtige Einzelbefunde ohne Anspruch auf Vollständigkeit dargestellt werden können.

- **Allgemeine Beurteilung der Aufnahme**

Zunächst wird die Aufnahme auf ihre Belichtungsqualität und Zentrierung überprüft (Abb. 8.1). Lassen sich aufgrund von Weichteilüberlagerungen oder Belichtungsfehlern einzelne Regionen des Bildes nicht beurteilen, werden diese Teilbereiche sofort oder ggf. später erneut radiologisch untersucht. Nur bei einer guten Abbildungsqualität der Knochenstruktur lassen sich knöcherne oder ligamentäre Verletzungen mit ausreichender Sicherheit ausschließen.

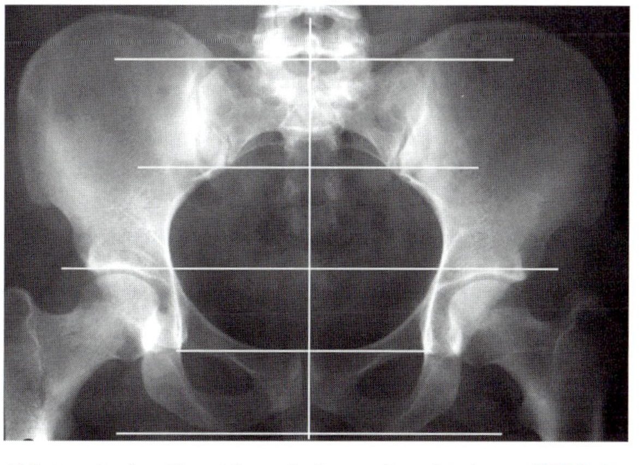

**Abb. 8.1.** Beckenübersichtsaufnahme. Verschiedene *Hilfslinien* werden verwendet, um die Interpretation des a.-p.-Röntgenbildes zu erleichtern. Sie dienen einerseits dazu, Fehlstellungen zu quantifizieren, andererseits erlaubt ihre Interpretation die Unterscheidung zwischen projektionsbedingten Asymmetrien und unfallbedingten Fehlstellungen

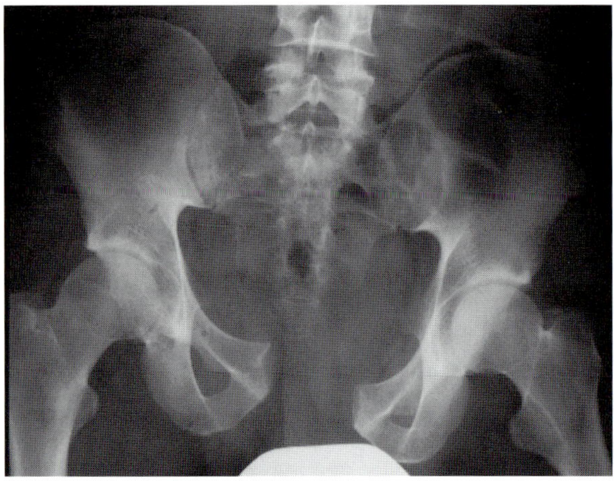

**Abb. 8.2.** Rotationsfehlstellung am Becken. Die Darmbeinschaufeln stellen sich trotz orthograder Projektion unterschiedlich rotiert dar. Eine Verschiebung im Sinne einer Translation läßt sich im hinteren Beckenring nicht feststellen

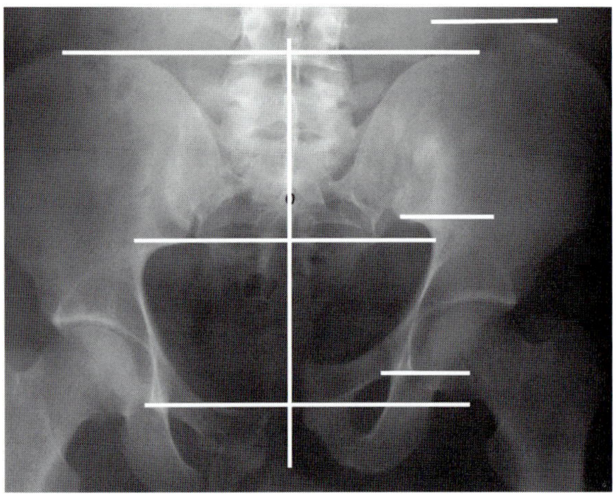

**Abb. 8.3.** Translationsfehlstellungen. Alle *Hilfslinien* sind gegeneinander verschoben. Die Translationsfehlstellung imponiert in diesem Fall als Höhenversatz in der a.-p.-Aufnahme

Ein wichtiges Kriterium ist die Unterscheidung von »Rotations- oder Translationsfehlstellungen« im Beckenring. Fehlinterpretationen können durch »verdrehte« Aufnahmen entstehen. Die »Zentrierung« wird durch Überprüfung der Lotlinie von den Dornfortsätzen L5 und L4 auf die Symphyse untersucht.

Besteht bei *korrekter* Zentrierung eine unterschiedliche Darstellung der Darmbeinschaufeln (eine Beckenhälfte »Ala-«, die andere Seite »Obturatorprojektion«, s. auch Kap. 17) können Rotationsverletzungen bestehen (Abb. 8.2). Horizontale Hilfslinien zum Achsenlot lassen translatorische Verschiebungen erkennen (Abb. 8.3).

So gelingt es häufig schon primär, zwischen Innenrotations-, Außenrotations- und Translationsverletzungen zu unterscheiden. Anhand dieser »Verletzungsrichtung« kann nach Young und Burghess die Wahrscheinlichkeit von Begleitverletzungen prognostiziert werden [4, 30].

Dalal et al. analysierten 1989 eine Gruppe von 343 polytraumatisierten Patienten mit Beckenfrakturen [5]. Die verwendete Klassifikation nach Young u. Burghess teilt streng nach dem Verletzungsvektor ein und unterscheidet »a.-p.-Kompressionen« und »laterale Kompressionen« mit jeweils 3 Schweregraden, sowie »vertikale Scherverletzungen« und »komplexe Traumamechanismen« [30].

- a.-p.-Kompressionen (»Außenrotationsverletzungen«) hatten eine deutlich erhöhte Inzidenz von vaskulären Verletzungen (6,4%–22,2%) und blutungsbedingten Komplikationen (retroperitoneales Hämatom bis zu 51,9%).
- Laterale Kompressionen (»Innenrotationsverletzungen«) hatten ein deutlich erhöhtes Risiko für Urogenitalverletzungen, intraabdominelle Organläsionen sowie Darmrupturen (bis 20%).
- Vertikale Scherverletzungen und »komplexe Mechanismen« wiesen eine hohe Komplikationsrate mit vermehrten vaskulären Komplikationen *und* Organverletzungen auf.

Diese für die Primäreinschätzung der Beckenverletzungen sehr wichtigen und hilfreichen Beobachtungen müssen etwas eingeschränkt werden, da der Schweregrad III der »a.-p.-Kompressionen« und der »lateralen Kompressionen« im eigenen Verständnis als »translatorisch instabil« anzusehen und damit der Gruppe der »C-Verletzungen« zuzuordnen ist (s. Kap. 4).

## Röntgenbefunde in den einzelnen Verletzungsregionen

**Symphysenregion.** Analysiert werden die Weite der Symphyse und ein eventueller Höhenversatz (Abb. 8.4a, b).

- Die Weite der Symphyse ist altersabhängig und beträgt beim Erwachsenen etwa 10 mm [16, 19].
- Ein »Höhenversatz« ist auf der a.-p.-Aufnahme, bei der das Becken ja schräg getroffen ist, teilweise schwierig zu beurteilen. Hinter einer sichtbaren, minimalen Verschiebung kann sich eine erhebliche Dislokation senkrecht zur Filmebene verbergen. In Zweifelsfällen werden ergänzend Inlet- und Outletaufnahmen angefertigt.
- Röntgenaufnahmen sind Momentaufnahmen! Geringe Symphysendislokationen können Folgen einer spontanen Reposition sein. Die ursprüngliche »Unfalldiastase« kann ein Vielfaches betragen haben (klinische Stabilitätsprüfung!).
- Die kindliche Symphysenruptur ist radiologisch schwer zu beurteilen, die Röntgenbefunde müssen durch eine klinische Stabilitätsprüfung gesichert werden (s.a. Abb. 2.9e).

**Transpubische Verletzungen.** Frakturen eines einzelnen Schambein- oder Sitzbeinastes sind Folgen einer geringen Gewalteinwirkung auf das ganze Becken oder eines direkten Traumas. In der Regel sind aber beide Strukturen betroffen. Typische Befunde:

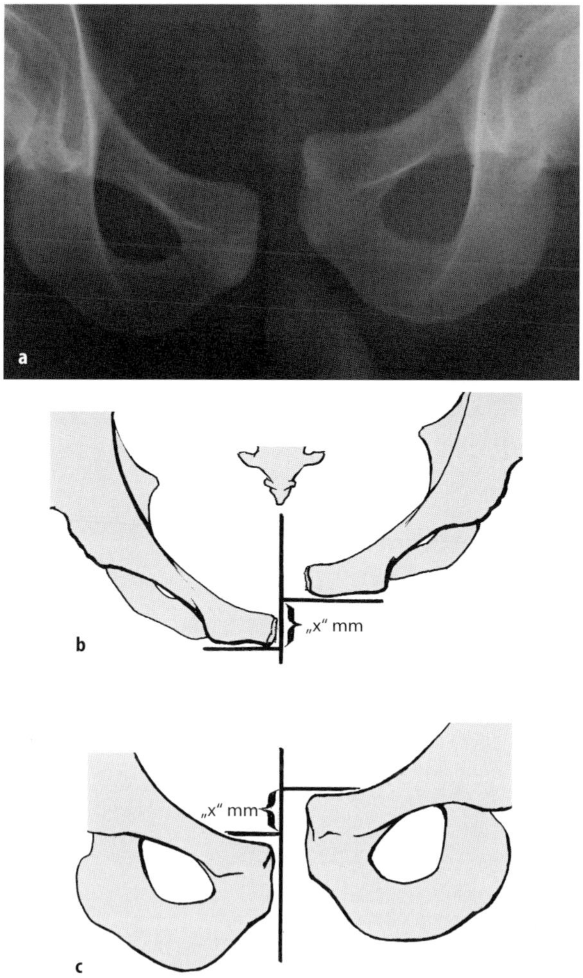


**Abb. 8.4 a–c.** Analyse der Symphysenruptur. **a** Jede Erweiterung, insbesondere aber jeder Höhenversatz im Bereich der Symphyse, ist nahezu beweisend für eine Symphysenruptur. Da die Fehlstellung auf der a. p. Aufnahme gelegentlich verdeckt sein kann, wird das Ausmaß der Fehlstellung zusätzlich an der **b** Inlet- und **c** Outletaufnahme beurteilt und ausgemessen

- Es besteht eine Diastase der Fragmente: Häufig Zeichen einer Außenrotationsverletzung, es besteht eine »transpubische Instabilität« (Abb. 8.5 a).
- Die Fragmente »überlappen«: Zeichen einer Kompressionsverletzung (»Innenrotationsverletzung«), die Fragmente sind oft eingestaucht und stabil, häufig Kombination mit Blasenverletzungen (Abb. 8.5 b).
- Es bestehen Trümmerzonen:
  - Folge eines direkten Traumas?
  - Prüfung der Instabilität?
  - Begleitende Urogenital- oder Gefäßverletzungen?
- Es bestehen verkippte Fragmente (»tilt fracture«, »pubic spike«): Gefahr der Blasenverletzung! (Abb. 8.5 c).
- Die Frakturlinie im oberen Schambeinast liegt sehr weit lateral:
  - Vortäuschung einer Acetabulumfraktur?
  - Frakturlinie läuft durch das Vorderhorn der vorderen Wand des Acetabulums?

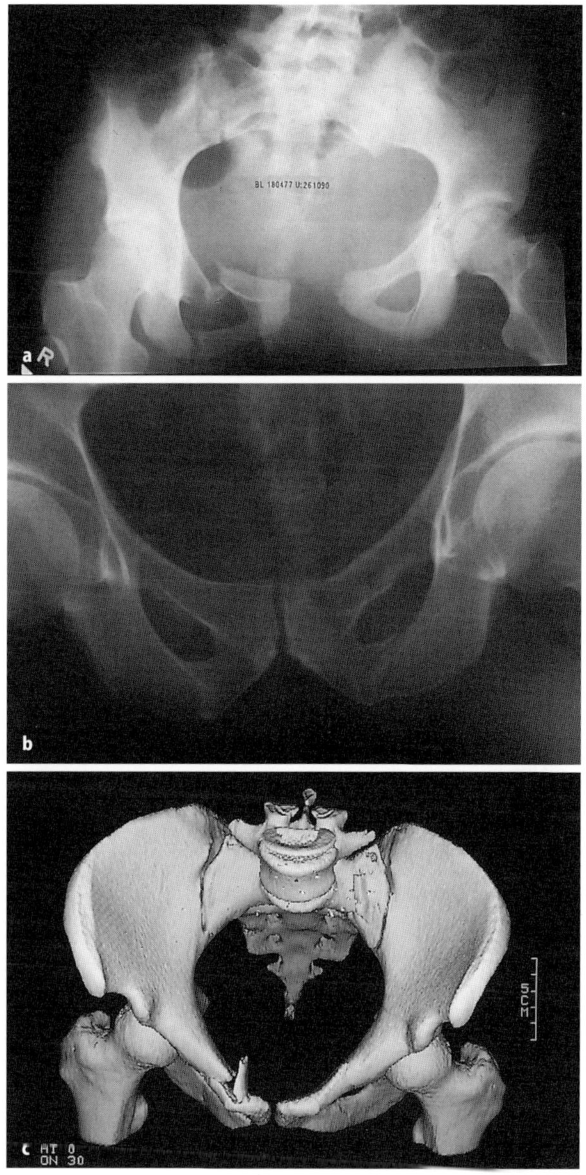


**Abb. 8.5 a–c.** Transpubische Instabilitäten können bei allen Dislokationsrichtungen auftreten. Nach Außenrotationsverletzungen (**a**) sind in der Regel alle Bandstrukturen zerrissen. Diese Verletzungen haben daher einen höheren Grad der Instabilität als die Innenrotationsverletzungen (**b**), bei denen es häufig zu einer mehr oder weniger stabilen Einstauchung der Schambeinäste kommt. Eine Sonderform stellt der sog. »Schambeinstachel« (»tilt fracture« oder »pubic spike«) dar (**c**). Bei diesen Verletzungen ist ein ganzes Segment des Schambeinastes ausgebrochen, und es muß immer eine begleitende Blasenruptur ausgeschlossen werden

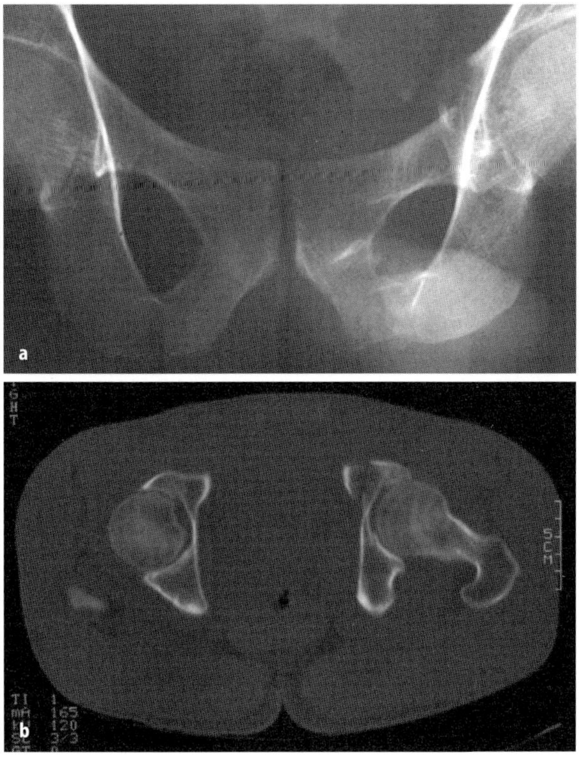


**Abb. 8.6 a, b.** Lateral gelegene transpubische Verletzung. **a** Sehr lateral gelegene Schambeinastfrakturen können zu der Verdachtsdiagnose einer Acetabulumfraktur führen. Eine Beteiligung des Hüftgelenkes wird zunächst mit Ala- und Obturatoraufnahmen ausgeschlossen. **b** Ist auch damit die Interpretation nicht mit letzter Sicherheit möglich, wird eine CT angeschlossen

Zur Diagnosesicherung werden Inlet- und Outletprojektionen sowie die Obturatorprojektion (s. Kap. 16) angefertigt, bei weiterbestehender Unklarheit eine CT (Abb. 8.6 a, b).

**TransazetabuläreVerletzungen.** Als Gelenkfrakturen unterliegen Acetabulumverletzungen einer speziellen Systematik. Sie werden im Teil II ausführlich dargestellt.

**Transiliakale Verletzungen.** Die Beurteilung der transiliakalen Region bereitet häufig Schwierigkeiten, da erhebliche Dichteunterschiede zwischen dem zentralen Beckenring (Linea terminalis) und dem Beckenkamm die Aufnahmequalität mindern können. Die Frakturverläufe sind sehr variabel, multiple Frakturlinien kommen vor (Abb. 8.7 a, b).

- Frakturlinien ziehen im Bereich der Linea terminalis nach dorsal oder ventral: Beteiligung des Acetabulums oder des SI-Gelenkes? Weitere Untersuchung durch Schrägaufnahmen (Ala/Obturator), ggf. CT.
- Der Verlauf einer Beckenrandfraktur kann nicht sicher beurteilt werden: Die radiologische Darstellbarkeit läßt sich in einer »Ala-Aufnahme« häufig verbessern.

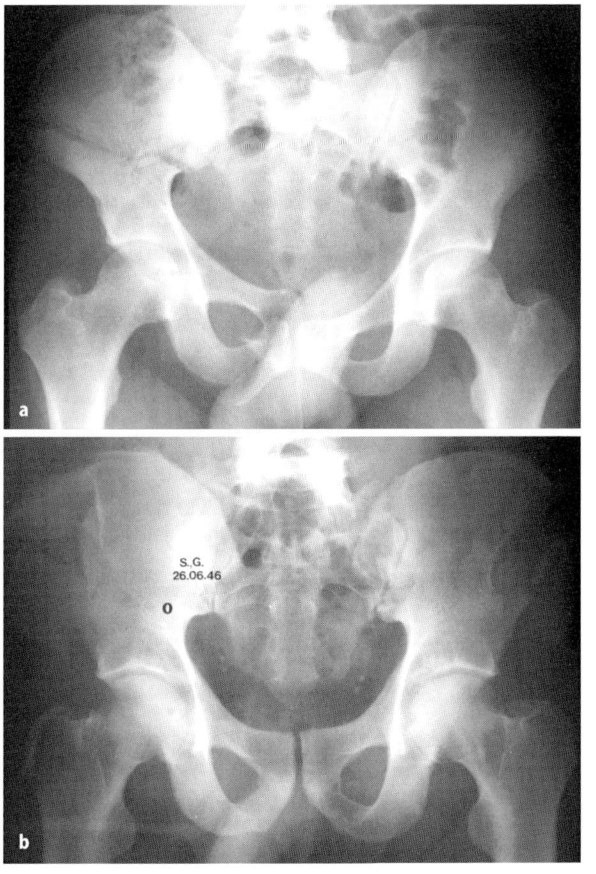


**Abb. 8.7 a, b.** Transiliakale Frakturen. **a** Transiliakale Frakturen haben sehr variable Frakturverläufe. Der exakte Frakturverlauf ist häufig erst nach Interpretation der Schrägaufnahmen oder ggf. in der CT zu erkennen. **b** Als Sonderform gilt die Duverney-Fraktur, bei der es zur ein- oder beidseitigen Zertrümmerung der Beckenschaufel kommt. Bei diesem Frakturtyp muß immer mit erheblichen begleitenden Weichteilverletzungen gerechnet werden. Es besteht die Gefahr zusätzlicher Organläsionen und der Ausbildung eines Kompartmentsyndroms

**Transiliosakrale Verletzung.** Durch seinen schrägen Verlauf ist die radiologische Beurteilbarkeit des SI-Gelenkes erschwert. Vorteilhaft ist immer die Beurteilung im Seitenvergleich. Untersuchungsparameter sind die Weite des Gelenkspaltes, der parallele Verlauf der iliakalen und sakralen Gelenkkontur sowie ein »Höhenversatz«. Zu unterscheiden sind die reinen Luxationen und die Luxationsfrakturen. Zusätzliche Frakturlinien (Os ilium und Os sacrum) weisen auf Luxationsfrakturen hin. Die transiliakale Luxationsfraktur wird auch als »crescent fracture« (Halbmondfraktur) bezeichnet (Abb. 8.8) [3].

- Die Beurteilung von Verschiebungen erfolgt immer in den Inlet- und Outletprojektionen, um sicher beide Ebenen beurteilen zu können (Abb. 8.9).

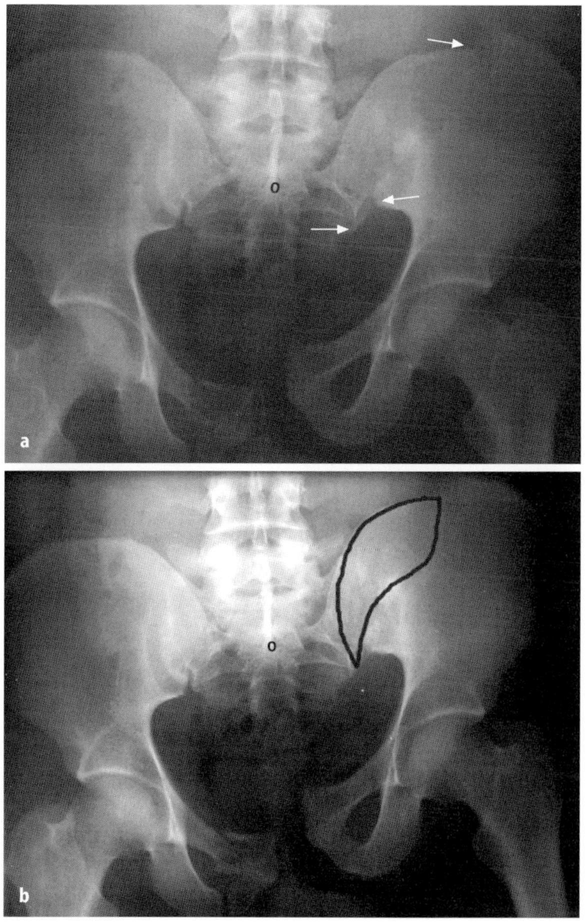


**Abb. 8.8 a, b.** Transiliakale Luxationsfrakturen des SI-Gelenkes werden als sog. »Halbmondfraktur« (crescent fracture) bezeichnet, da eine in der Röntgenaufnahme halbmondförmige Darstellung des am Os sacrum verbleibenden Iliumfragmentes auffällt

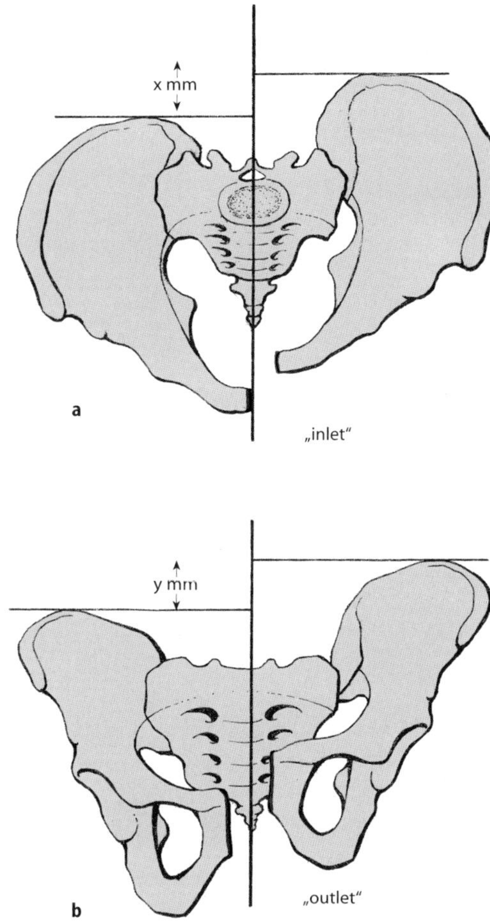


**Abb. 8.9 a, b.** Auch zur Beurteilung des hinteren Beckenringes ist es sinnvoll, Hilfslinien zu benutzen. Das Ausmaß der Fehlstellung läßt sich nach Festlegung einer zentralen Lotlinie und nach dem Einzeichnen der senkrecht dazu verlaufenden Hilfslinien direkt ausmessen. Diese Messung wird sowohl in der Inlet- (**a**) als auch in der Outletaufnahme (**b**) durchgeführt, um die genaue Richtung der Dislokation im Raum zu bestimmen

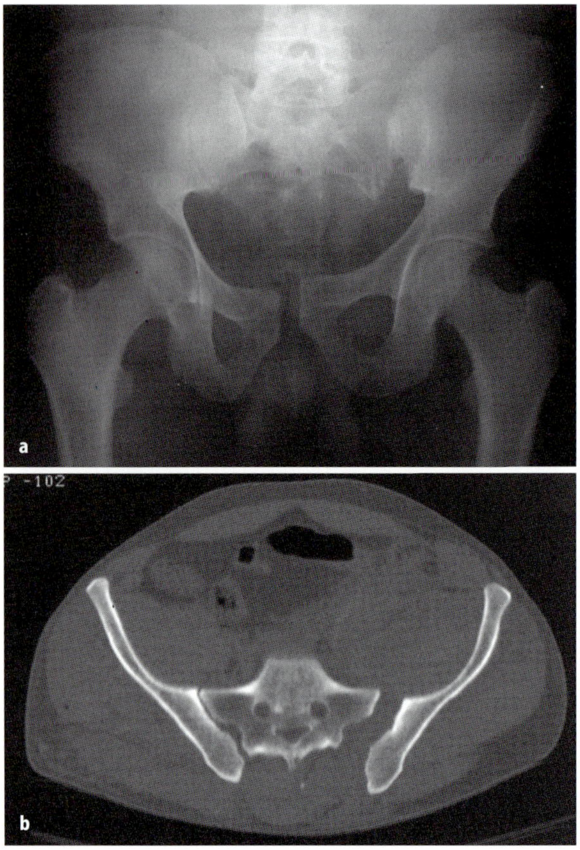


**Abb. 8.10 a, b.** Beurteilung des SI-Gelenkes. Die Differenzierung zwischen dem Verletzungstyp B und C ist oftmals schwierig, für die Indikationsstellung aber von entscheidender Bedeutung. Auch wenn keine eigentliche »Vertikalverschiebung« einer Beckenhälfte festzustellen ist, kann eine komplette Unterbrechung des hinteren Beckenringes vorliegen. Verdächtig hierfür sind neben Frakturlinien immer Diastasen des SI-Gelenkes im Sinne einer Parallelverschiebung (**a**, **b**)

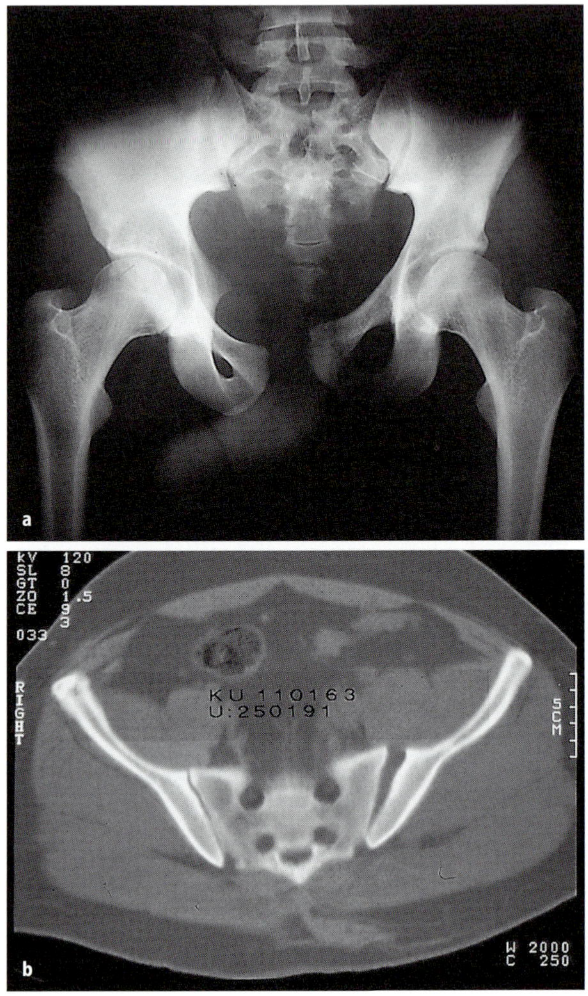


**Abb. 8.11 a, b.** Differentialdiagnose der Typ-B- oder C-Verletzung. Bei einer Erweiterung des SI-Gelenkes (**a**) kann häufig erst die CT (**b**) eine endgültige Unterscheidung zwischen den Rotations- und Translationsinstabilitäten herbeiführen. Stellt sich in der axialen CT eine winkelige Öffnung der Gelenkanteile dar, spricht dies eher für eine Typ-B-Verletzung, eine parallel verlaufende Erweiterung des gesamten Gelenkspaltes ist in der Regel beweisend für eine Typ-C-Verletzung

- Der Gelenkspalt ist einseitig erweitert: Dieses Phänomen kann gelegentlich durch Rotation des Beckens vorgetäuscht sein. Besteht zusätzlich ein Höhenversatz oder ist das SI-Gelenk in der ganzen Ausdehnung über etwa 10 mm erweitert, ist die Diagnose einer Translationsverletzung relativ sicher (Abb. 8.10). Ohne Translation kann der Typ C (Translationsverletzung) vom Typ B (Rotationsverletzung) nur durch Inlet- und Outletaufnahmen, ggf. durch die CT, sicher unterschieden werden (Abb. 8.11). Eine Erweiterung über die gesamte Ausdehnung des Gelenkspaltes entspricht einer »Translationsverletzung«, bei »Aufklappen« des Gelenkes (Gelenkflächen bilden einen Winkel zueinander) besteht häufiger eine »Rotationsverletzung« (Typ B). Gelegentlich lassen sich die dorsalen sakroiliakalen Bänder in der CT direkt beurteilen.
- Es besteht eine Luxationsfraktur: Der genaue Frakturverlauf wird durch Inlet- und Outletaufnahmen und die CT gesichert.
- Es besteht eine Innenrotationsverletzung und die Kontur des SI-Gelenkes ist nicht oder nur minimal verändert: Es kann eine Impressionsfraktur der sakralen Gelenkfläche vorliegen. Die genaue Beurteilung erfolgt durch die CT (Abb. 8.12).

**Sakrumverletzungen.** Die Beurteilung des Os sacrum ist auf der Übersichtsaufnahme eingeschränkt, da sich die ventrale und dorsale Sakrumoberfläche schräg zur Filmebene befindet. Zur Interpretation ist man deswegen im wesentlichen auf die sorgfältige Untersuchung der Lineae arcuatae (seitliche Begrenzung der Sakralforamina) und des freien Sakrumrandes angewiesen (Abb. 8.13).

- Die Lineae arcuatae sind einseits nicht erkennbar, unterbrochen oder im Vergleich zur Gegenseite unregelmäßig: Es besteht hochgradiger Frakturverdacht; Erweiterung der Diagnostik durch Schrägaufnahmen (v. a. Outletaufnahme) und CT (Abb. 8.14).

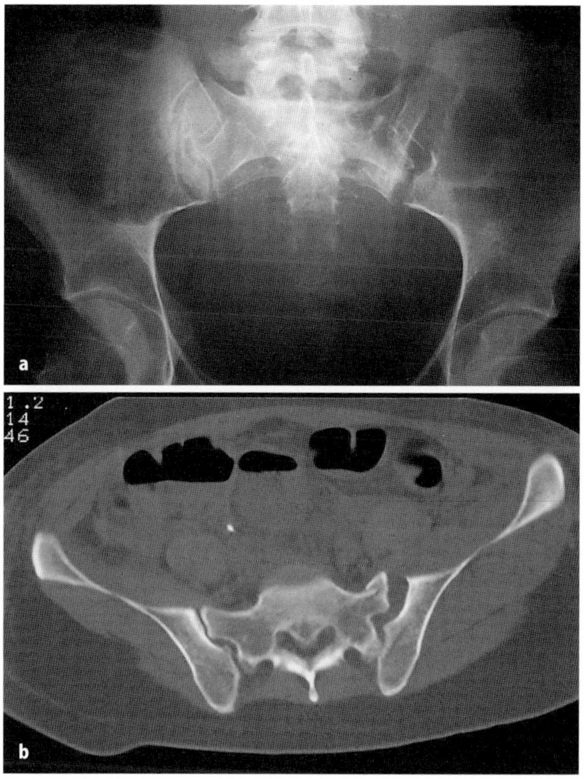


**Abb. 8.12 a, b.** Erkennen von Innenrotationsverletzungen. Gelegentlich können anhand der Nativaufnahmen keine Einzelverletzungen im hinteren Beckenring sicher dargestellt werden und das SI-Gelenk erscheint nur wenig verändert. Bei der Beurteilung der Gesamtansicht des Beckens und der Hilfslinien erscheint der Beckenring allerdings im Sinne einer Innenrotationsverletzung verformt (**a**). Die ergänzende CT (**b**) bestätigt eine Sakrumkompressionsfraktur als posteriore Läsion

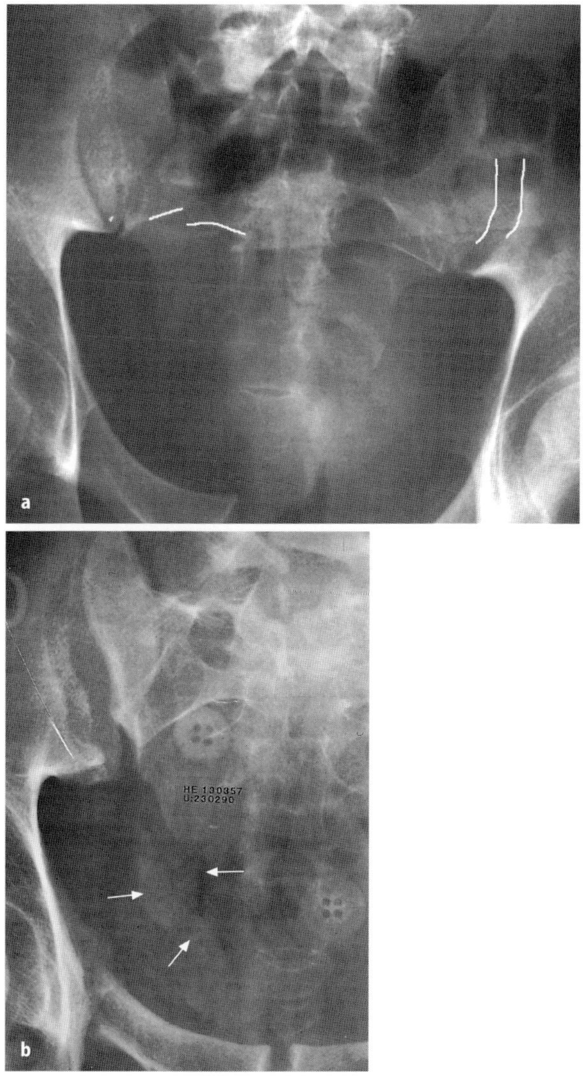


**Abb. 8.14 a, b.** Frakturzeichen am Os sacrum. Typische, häufig übersehene Frakturzeichen am Os sacrum sind Unterbrechungen der Lineae arcuatae (**a**) und knöcherne Ausrißverletzungen der sakroiliakalen Bänder (**b**) (häufig bei instabilen Beckenringverletzungen)

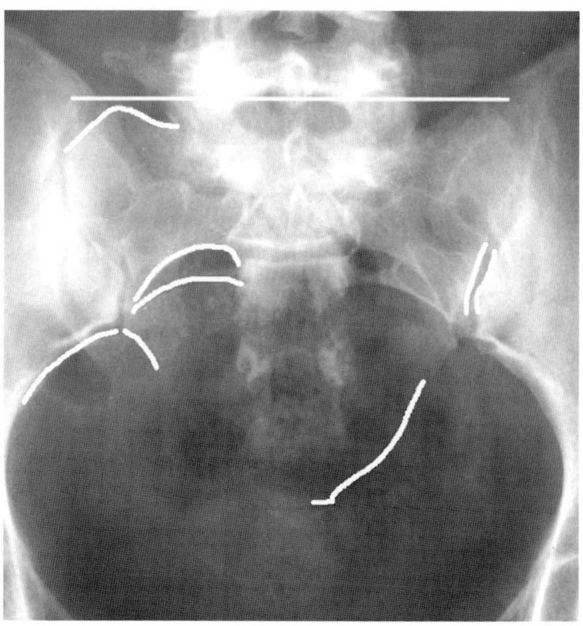

**Abb. 8.13.** Die Beurteilung des Os sacrum anhand der Nativaufnahmen ist durch Überlagerungen und den ungünstigen Projektionswinkel häufig schwierig. Es ist deswegen notwendig, systematisch vorzugehen und die dargestellten Kennlinien jeweils im Seitenvergleich zu beurteilen. Sind Kennlinien unterbrochen oder im Seitenvergleich nicht zu finden, besteht der Verdacht auf das Vorliegen einer Sakrumverletzung

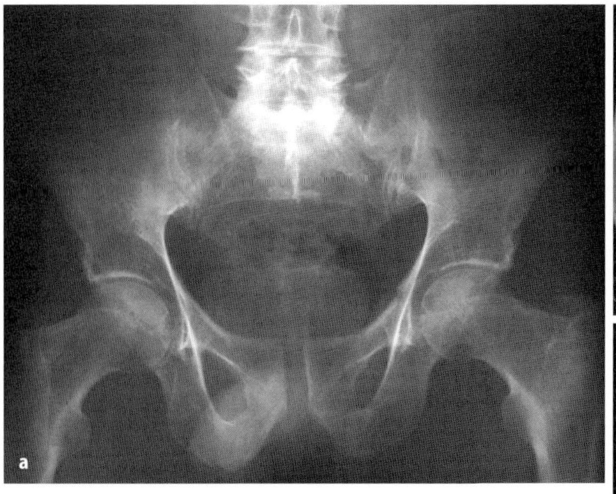

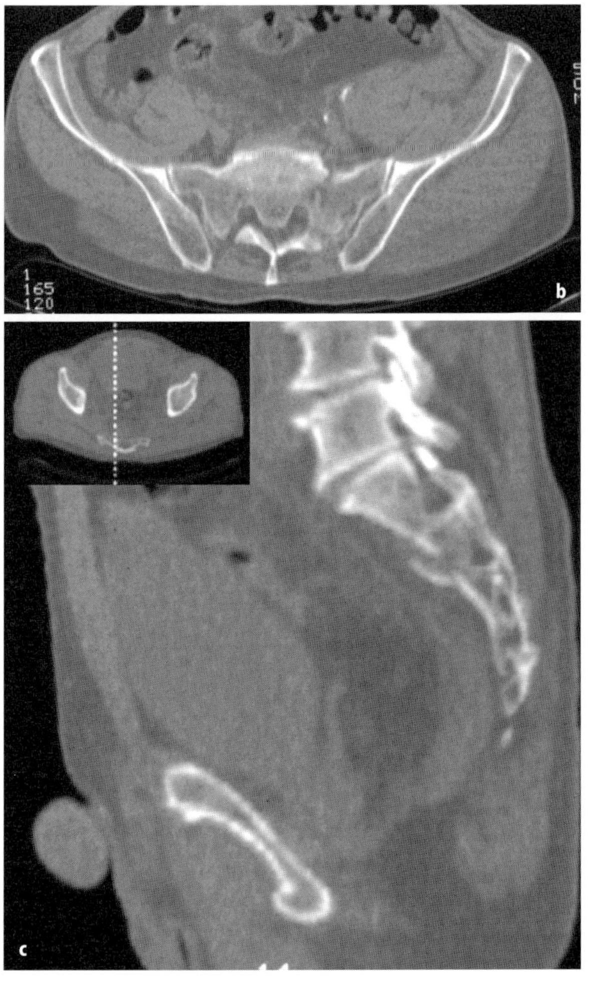

**Abb. 8.15 a–c.** Beurteilung des Frakturverlaufs im Os sacrum. Besonders bei zentralen Sakrumfrakturen ist der genaue Frakturverlauf häufig nicht sicher zu erkennen. Er ist allerdings aufgrund der oft vorhandenen Nervenschäden für die Prognose sehr wichtig. Besteht anhand der Nativaufnahmen ein Frakturverdacht oder wurde eine Fraktur im Sakrum erkannt (**a**), sollte immer eine genaue Feinanalyse durch die CT erfolgen (**b, c**)

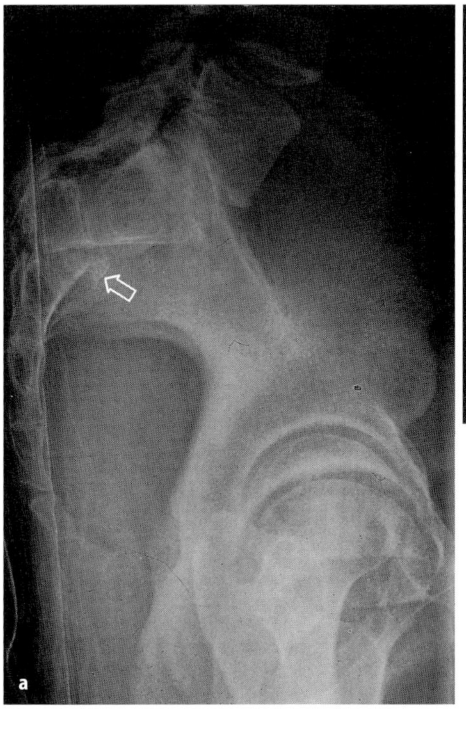

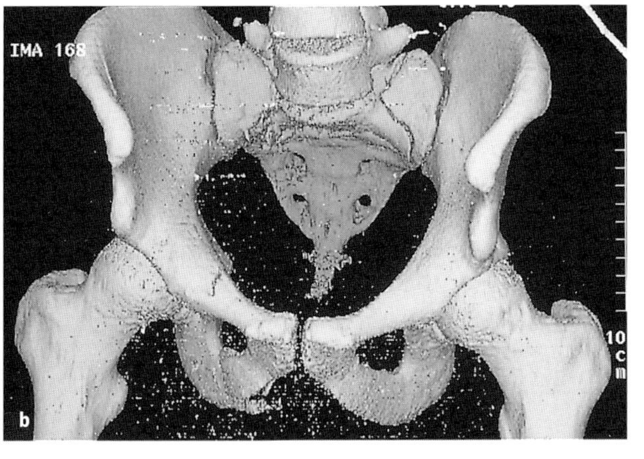

**Abb. 8.16 a, b.** Eine Sonderform der Sakrumfrakturen stellt die sog. Ausbruchverletzung dar. Der Korpus von S1, teilweise auch von S2, verbleibt im Verbund mit der LWS, bricht aber in der Gesamtheit aus dem Os sacrum heraus. Entsprechende Verletzungen werden im Nativbild häufig übersehen, erst die CT und hier insbesondere die sagittalen Reformationen oder die 3D-Ansicht sichern die Diagnose

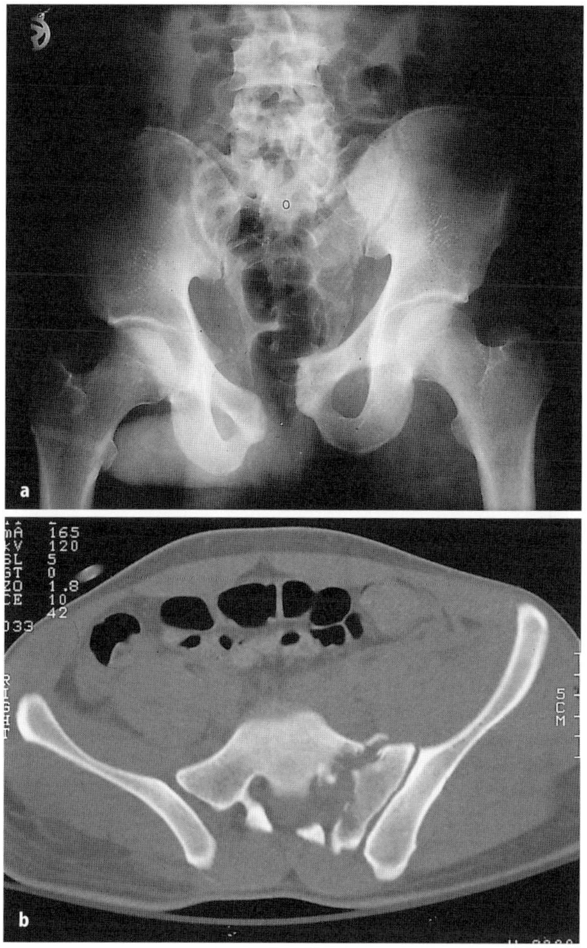

**Abb. 8.17 a, b.** Typ-B- oder -C-Verletzung nach Sakrumfraktur? Auch Sakrumfrakturen, bei denen keine Fehlstellung vorliegt, können potentiell instabile Verletzungen sein (**a**). Erst die Analyse in der CT (**b**) zeigt, daß eine komplette Frakturlinie vorliegt, die im Bereich der sakralen Foramina liegt. Da dorsalseitig in diesem Bereich keine stabilisierenden Bandverbindungen die Frakturlinie überqueren, kommt es bei der Frühmobilisation einer derartigen Verletzung zu einer sekundären Dislokation. In diesem Fall muß eine prophylaktische Stabilisierung bzw. eine langfristige Immobilisation (4–6 Wochen) erfolgen

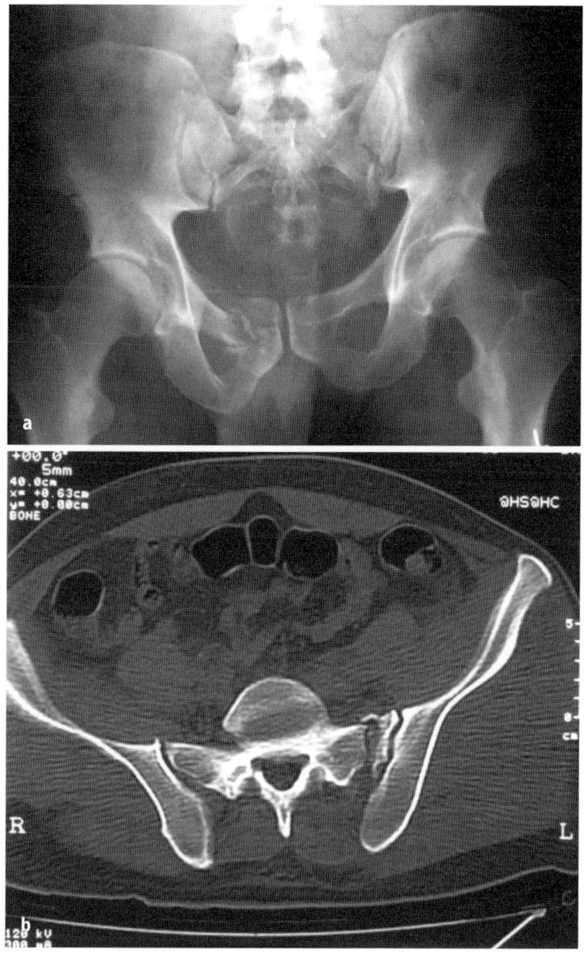


**Abb. 8.18 a, b.** Typ-B- oder -C-Verletzung? Bei der in der Übersichtsaufnahme dargestellten Frakturlinie im Os sacrum (**a**) läßt sich ebenfalls erst anhand der CT-Untersuchung (**b**) der Instabilitätsgrad festlegen. Da die Verletzung »transalar« ausläuft, wirken die noch vorhandenen sakroiliakalen Bänder als Zuggurtung. Diese Verletzung ist damit dem Instabilitätsgrad B zuzuordnen, eine alleinige Stabilisierung des vorderen Beckenringes reicht aus, um die Gesamtstabilität wiederherzustellen. Aber auch hier ist eine kurzfristige Röntgenkontrolle nötig

- Es bestehen kleinere Fragmente im Bereich der distalen Sakrumbegrenzung: knöcherne Bandausrisse? (Lig. sacrospinale, sacrotuberale). Dieser Befund ist hochgradig verdächtig für instabile Verletzungen: erweiterte Diagnostik notwendig (Schrägaufnahmen, CT).
- Die Frakturlinie läuft nach zentral aus: Besteht eine Sakrumquerfraktur? Sicherung der Diagnose durch eine seitliche Sakrumaufnahme oder CT mit sagittaler Reformation (Abb. 8.15, 16).

CAVE

Zentrale Sakrumfrakturen und »Ausbruchverletzungen S1/2« werden leicht übersehen (Abb. 8.16).

Zur endgültigen Diagnosesicherung und Interpretation einer Sakrumfraktur kann auf das CT nicht verzichtet werden. Nur damit ist der genaue Frakturverlauf, das Vorliegen von Trümmerzonen und eine eventuelle Beteiligung der Sakralforamina oder des Zentralkanals zu erkennen. Insbesondere die prognostisch und therapeutisch wichtige Differenzierung der Sakrumfraktur als dorsaler Anteil einer Beckenringverletzung vom Typ B oder C ist gerade bei minimal dislozierten Vertikalfrakturen nur durch eine genaue Analyse des Frakturverlaufs möglich (Abb. 8.17). Liegt eine komplette, sagittale oder schräge Konturunterbrechung vor, die dorsal im Bereich oder medial der Foramina endet, besteht immer eine potentiell »instabile« Situation, da die Fraktur anatomisch nicht von Bandverbindungen überbrückt sein kann (s. auch Kap. 2). Endet die Frakturlinie allerdings lateral der Foramenebene, so können die übergreifenden Bandverbindungen eine zur funktionellen Therapie ausreichende Stabilität – bei Fixation des ventralen Beckenrings – bieten (Abb. 8.18).

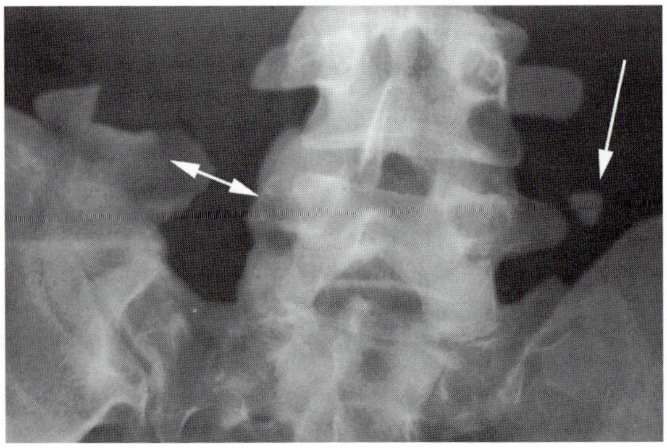

**Abb. 8.19.** Abbruchfraktur des LWK-5-Querfortsatzes. Auch extrapelvine Röntgenbefunde können Hinweise auf Beckenringinstabilitäten geben. Insbesondere der isolierte Abbruch eines Querfortsatzes vom Lendenwirbel L5 muß immer verdächtig auf eine Beckenringverletzung vom Typ C sein

### Extrapelvine Befunde

Frakturen der Querfortsätze der LWS und hier insbesondere die des 5. Lendenwirbelkörpers, weisen auf das Vorliegen einer Translationsverletzung vom Typ C hin (Abb. 8.19). Zu dieser Verletzung kommt es entweder durch Anprall des dislozierenden Iliumrandes oder durch Zug am Lig. iliolumbale.

## CT-Diagnostik

Die CT hat sich zwischenzeitlich in der »Feindiagnostik« der Beckenringverletzungen durchgesetzt. Eine Vielzahl von Untersuchungen demonstriert ihre Überlegenheit gegenüber der Standardaufnahmen bei der Darstellung von Verletzungen des hinteren Beckenrings [1, 2, 6, 7, 12, 13, 15, 23–25, 29]. Der wesentliche Vorteil ist in der überlagerungsfreien Darstellung von Frakturlinien zu sehen, teilweise kommen auch Frakturen zur Darstellung, die auf den Nativbildern noch nicht oder nur unvollständig erkennbar waren.

Warmuth-Metz et al. untersuchten 62 Patienten mit Verletzungen des hinteren Beckenrings und geben für die konventionelle Diagnostik eine »Trefferquote« von 70% gegenüber der CT als Referenzmethode an [29].

Dock et al. geben an, daß erst durch die Beurteilung der CT in allen Fällen eine sichere Klassifikation des hinteren Beckenrings möglich war [7].

Rommens et al. verglichen konventionelle und CT-Befunde bei 90 Patienten mit Beckenfrakturen. Nur 49,5% der knöchernen oder ligamentären Läsionen wurden auf den konventionellen Aufnahmen erkannt. 10,5% erwiesen sich als Fehldiagnosen. Das ergänzende CT wurde in 14,5% als »sehr brauchbar«, in 65,5% als »brauchbar« und in 20% der Fälle als »nicht brauchbar« eingestuft [25].

Die zusätzliche Anfertigung von »multiplanaren« Rekonstruktionen erleichtert insbesondere die Interpretation von SI-Gelenk und Sakrum, da individuell »optimale« Schnittebenen zur Darstellung ausgewählt werden können [9]. Die dreidimensionale Darstellungsweise hat sich insbesondere zur Verdeutlichung der räumlichen Beziehungen bewährt und dient derzeit als fakultative Ergänzung der zweidimensionalen CT-Darstellung. Weitere, derzeit nur im experimentellen Stadium verfügbare Techniken versuchen durch stereographische Darstellung oder Darstellung in »Hologrammen«, die »Realität der Darstellung« noch weiter zu erhöhen [10, 22]. Eine abschließende Beurteilung der klinischen Relevanz ist derzeit noch nicht möglich.

Während die genaue Charakteristik des Frakturverlaufs besonders für die Osteosynthesetechnik von Bedeutung ist, sollen im folgenden ausgewählte Einzelbefunde dargestellt werden, die die Indikationsstellung und Entscheidungsfindung vereinfachen.

### Untersuchung des SI-Gelenkes

Die CT des SI-Gelenkes dient dazu, Fehlstellungen darzustellen, den Instabilitätsgrad des SI-Gelenkes zu beurteilen und Frakturlinien, die in das SI-Gelenk hineinlaufen, zu sichern oder auszuschließen.

- Die »Parallelität« der sakroiliakalen Gelenkflächen im Seitenvergleich läßt Rotations- von Translationsverletzungen unterscheiden (s. Abb. 8.11).
- Eine Impressionsfraktur der sakralen Gelenkfläche kann eine »Erweiterung« des SI-Gelenkes vortäuschen (s. Abb. 8.12).

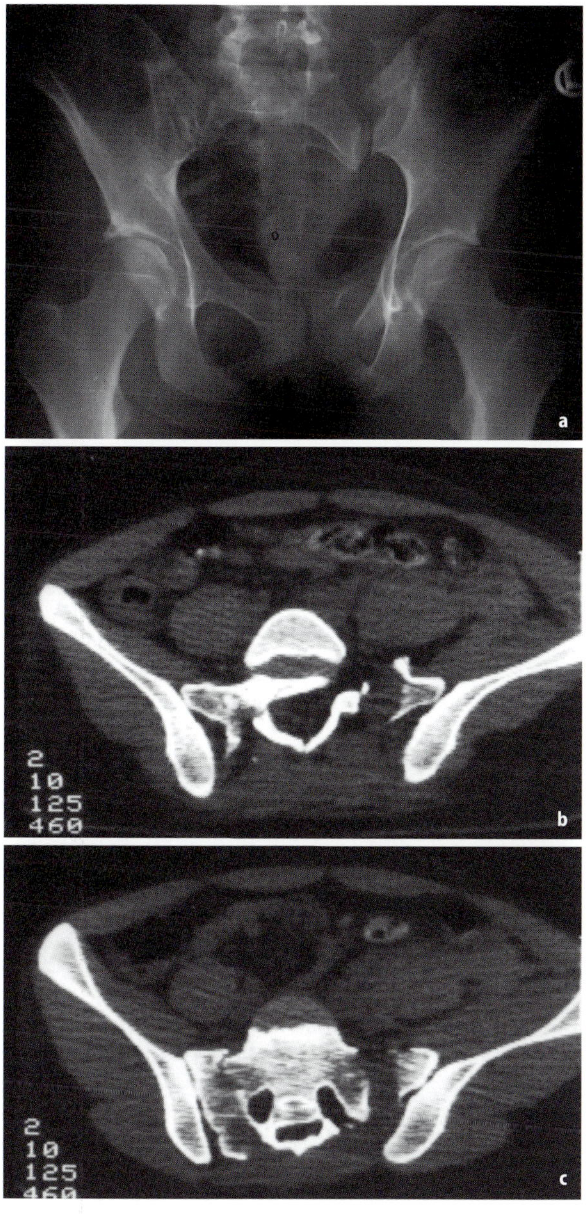


**Abb. 8.20 a–c.** Größe des sakralen Fragmentes nach SI-Luxationsfrakturen. Zur Auswahl des geeigneten Osteosyntheseverfahrens ist bei transsakralen SI-Luxationsfrakturen die Größe des sakralen Fragments entscheidend. Diese Unterscheidung läßt sich anhand der Nativaufnahmen (**a**) in der Regel nicht treffen. Erst die CT-Analyse (**b, c**) bestätigt ein sehr großes sakrales Fragment. In diesem Fall ist eine Versorgung mit einer anterioren SI-Verplattung nicht möglich, die Versorgung erfolgt nach den Prinzipien der Sakrumstabilisierungen

- Der genaue Frakturverlauf bei transiliosakralen Luxationsfrakturen wird dargestellt (Abb. 8.20).
- Eine kurz nach dem Unfall als »Vakuumphänomen« nachweisbare, intraartikuläre »Gasblase« bei ansonsten erhaltenen Gelenkstrukturen ist als Hinweis für eine stattgehabte Distorsion des SI-Gelenkes zu werten [14].

## ■ Untersuchung des Os sacrum

Auf die aufgrund des Frakturverlaufs erkennbare Unterscheidung von »rotationsinstabilen« und unverschobenen, aber potentiell »translationsinstabilen« Sakrumfrakturen wurde schon hingewiesen.

- Die Computertomographie erleichtert die Darstellung des exakten Frakturverlaufs im Os sacrum. Durch multiplanare Rekonstruktionen wird die Darstellung insbesondere der zentralen Sakrumfrakturen zusätzlich verbessert (s. Abb. 8.15).
- Sakrumfrakturen führen in einem hohen Prozentsatz zu begleitenden Nervenschäden. Die CT läßt Fragmente in Zentralkanal und in Beziehung zu den Foramina ventralia erkennen, die zu einer Kompression der Nervenwurzeln führen können. Ihre Identifikation ist wichtig, um eine operative Dekompression und Stabilisierung des Sakrums planen zu können (s. auch Kap. 9, Abb. 9.20 b, c)
- Die Versorgungstaktik von transsakralen SI-Luxationsfrakturen hängt wesentlich von der Größe des sakralen Knochenfragmentes ab (ventrale oder dorsale Versorgung). Erst in der CT ist die genaue Ausdehnung zu erkennen und die Osteosynthese festzulegen (Abb. 8.20).

## 8.2 Indikationsstellung

**Die Indikationsstellung zur konservativen oder operativen Therapie orientiert sich generell an der verbliebenen Stabilität im Beckenring. Da der Übergang vom »stabilen« zum instabilen Zustand fließend ist, kann die primäre Beurteilung schwierig sein. In Zweifelsfällen wird eine kurzfristige Röntgenkontrolle, spätestens nach Mobilisation des Patienten, durchgeführt, um nach primärer Fehleinschätzung die sekundäre Dislokation frühzeitig reponieren und stabilisieren zu können.**

**Prinzipiell werden stabile Verletzungstypen konservativ behandelt, während bei instabilen Verletzungen eine operative Stabilisierung empfohlen wird. Die konservative Therapie instabiler Frakturen wies aufgrund der schwierigen Reposition und unsicheren Retention sowie den erforderlichen langen Immobilisationszeiten eine erhebliche Komplikationsrate auf.**

### Konservative Therapie

Im wesentlichen können 3 Entscheidungen zur konservativen Therapie führen:

- Stabiler Frakturtyp (frakturbedingte Indikation zur konservativen Therapie): Im wesentlichen die Frakturen vom Typ A (z. B. unverschobene oder minimal dislozierte vordere Beckenringbrüche, Beckenrandbrüche, Abrißfrakturen). Stark verschobene Fragmente oder Frakturschmerzen die eine Mobilisation längerfristig behindern, z. B. bei Scham- und Sitzbeinastfrakturen, sollten eher zur operativen Behandlung führen (z. B. interne Stabilisierung von Beckenrandfrakturen, externe Fixation des vorderen Beckenrings).
- Grenzindikationen zur konservativen Therapie:
  - Rotationsinstabile Verletzungen vom Typ B im Sinne einer Innenrotationsverletzung (B 2) (bei stabiler Einstauchung der Fragmente kann funktionell behandelt werden). Ausnahmen bestehen auch hier bei starken Schmerzen des Patienten, die eine Mobilisation längerfristig behindern.
  - Besteht als dorsale Komponente der Verletzung eine nicht oder nur minimal verschobene transforaminale oder zentrale Sakrumfraktur, dann ist der Beckenring potentiell instabil. Bei der Entscheidung zur konservativen Therapie wird nach der Mobilisation kurzfristig eine Röntgenkontrolle durchgeführt, um Fehleinschätzungen noch rechtzeitig korrigieren zu können.
- Frakturbedingte Indikation zur operativen Therapie, allgemeine Kontraindikationen:
  Aufgrund spezieller äußerer Umstände (Begleiterkrankungen und Begleitverletzungen, Alter, Allgemeinsituation, Wunsch des Patienten) ist die bei der instabilen Frakturform an sich indizierte operative Therapie nicht durchführbar. Es wird eine konsequente konservative Therapie eingeleitet (Extension) (s. Kap. 9).

Bei den letztgenannten Patienten sollte, wenn möglich, eine sekundäre Operation, z. B. nach Stabilisation des Allgemeinzustandes, angestrebt werden. Eine wiederholte Überprüfung des Allgemeinzustandes des Patienten ist deswegen notwendig (s. auch Tscherne u. Regel [28], Teil III).

### Operative Therapie

Instabile Beckenfrakturen werden operativ stabilisiert, um dem Patienten die Vorteile der früh-funktionellen Behandlung zu bieten und das anatomische Ausheilungsergebnis zu verbessern. Die Indikationsstellung orientiert sich zunächst am Instabilitätsgrad des Beckens. Zusätzliche, seltenere Indikationen können bei komplexen Beckenfrakturen oder offenen Beckenfrakturen gegeben sein, bei denen im Zuge einer Weichteilversorgung auch Beckenrandfrakturen stabilisiert werden.

Die Entscheidung, ob eine Stabilisierung des vorderen Beckenrings ausreicht oder ob eine kombinierte dorsale und ventrale Stabilisierung durchgeführt werden muß, orientiert sich allein am Instabilitätsgrad des Beckens.

#### ■ Typ-B-Verletzungen

Die dorsale Stabilität ist zumindest so weit erhalten, daß unter »physiologischen Belastungen« keine weitere Dislokation eintritt. Durch Stabilisierung des vorderen Beckenrings ist die Kontinuität der gesamten Ringstruktur des Beckens wiederhergestellt. Eigene Untersuchungen zeigten, daß bei den Typ-B-Verletzungen der Osteosynthesemethode am vorderen Beckenring nur eine sekundäre Rolle zukommt. Wurde der Instabilitätsgrad des hinteren Beckenrings korrekt eingeschätzt, heilten nach vorderer Stabilisierung alle Verletzungen anatomisch oder nahezu anatomisch aus [21].

Wenig Schwierigkeiten in der Indikationsstellung ergeben sich bei den Außenrotationsverletzung vom Typ B 1. Bei Sprengung der ventralen sakroiliakalen Bänder ist davon auszugehen, daß die sehr stabilen dorsalen sakroiliakalen Bandverbindungen einen ausreichenden Zuggurtungseffekt besitzen.

Schwieriger ist die Indikationsstellung bei Verletzungen, bei denen mehrere »Rotationsachsen« angenommen werden müssen (vertikale und sagittale Achse). Dieser Typ wurde von Pennal als »Bucket-handle-Typ« bezeichnet [20] (AO B2.-b1). Auch durch erweiterte Diagnostik kann in Einzelfällen eine komplette Durchtrennung der stabilisierenden Strukturen im Sinne einer Translationsverletzung vom Typ C nicht ausgeschlossen werden. Im Zweifelsfall wird eine zusätzliche dorsale Stabilisierung durchgeführt.

■ **Verletzung des Typs C**
Bei der kompletten dorsalen und ventralen Unterbrechung des Beckenringes (Typ-C-Verletzung) wird eine kombinierte Stabilisierung des hinteren und vorderen Beckenringes durchgeführt. Eigene Untersuchungen zeigten, daß nur mit dieser Methode in allen Fällen anatomische oder nahezu anatomische Ausheilungen zu erreichen waren [21]. Nach rein dorsalen Osteosynthesen, viel häufiger noch nach rein ventralen Stabilisierungen, kam es zu sekundären Dislokationen und Ausheilungen in Fehlstellung. Diese sekundären Dislokationen traten unabhängig vom am vorderen Beckenring gewählten Stabilisierungsverfahren auf (Fixateur externe, Plattenosteosynthese).

## 8.3 Voraussetzungen, Zeitplanung und Prophylaxen

**Operative Stabilisierungen von Beckenringverletzungen sind potentiell komplikationsträchtige Eingriffe. Gute strukturelle Voraussetzungen und eine detaillierte Planung sind deswegen zur Durchführung einer Operation notwendig. Diese Voraussetzungen sind in der Regel in traumatologischen Schwerpunktkliniken gegeben. Eine umfassende Darstellung der Infrastruktur, der Ausrüstung sowie der standardisierten perioperativen Maßnahmen findet sich in Tscherne u. Regel [28] (Kap. 7).**

**Im folgenden sollen deswegen nur einige für die Versorgung von Beckenfrakturen spezifische Anforderungen besprochen werden.**

**Zur Vermeidung von Komplikationen nach Beckenfrakturen ist neben einer guten Zeitplanung und einer adäquaten Operationstechnik auch die konsequente Durchführung von Prophylaxen notwendig (Thromboembolie, Infektion, heterotope Ossifikationen). Auch hierzu finden sich ausführliche Angaben im Tscherne u. Regel [28], so daß an dieser Stelle nur für die Behandlung von Beckenfrakturen wesentliche Anmerkungen gemacht werden.**

### Infrastruktur

■ **Blutbank**
Eine leistungsfähige Blutbank sollte im Haus verfügbar sein oder es sollte zumindest die Bereitstellung einer ausreichenden Menge von Blutkonserven möglich sein. Es ist damit zu rechnen, daß ggf. während der Operation noch zusätzliche Blutkonserven benötigt werden. Im eigenen Vorgehen werden bei Operationen am Beckenring 4 Blutkonserven, bei kombinierten anterior-posterioren Stabilisierungen 6 Konserven bereitgestellt.

■ **Operationsteam**
Das Operationsteam muß mit den Schwierigkeiten und Gefahren des Eingriffes vertraut sein. Wenn kein Extensionstisch eingesetzt wird, muß ausreichende Assistenz vorhanden sein. Insbesondere Repositionsmanöver können durch Hilfe einer 2., ggf. 3. Assistenz erleichtert werden.

■ **Instrumentarium und Ausstattung**
Zur Versorgung von Beckenfrakturen sind spezielle Instrumente und Implantate nötig. Neben dem Standard-AO-Instrumentarium (Standard- und Kleinfragmentinstrumentarium) sollte möglichst ein Beckeninstrumente- und Implantatset vorhanden sein, das alle nötigen Instrumente beinhaltet (s. Abb. 8.21).

- Spezielle Instrumente: Beckenrepositionszangen (nach Matta, nach Farabeuf, nach Jungbluth)
- Spezielle Implantate: Lange und extralange 3,5-mm-Schrauben (bis 150 mm), bevorzugt als Beckenschrauben mit vergrößertem Kopf sowie Beckenrekonstruktionsplatten (gebogen, steifer als gerade Platten)
- Der Einsatz des oszillierenden Bohraufsatzes ist am Becken grundsätzlich zu empfehlen

Obwohl die intraoperative Durchleuchtung bei den bevorzugten Osteosynthesetechniken nur in Ausnahmen notwendig ist, sollte die Möglichkeit bestehen, im Zweifelsfall intraoperativ eine Durchleuchtung durchführen zu können. Alternativ muß der Patient so gelagert werden, daß zumindest intraoperative Röntgenaufnahmen möglich sind.

■ **Intensivstation**
Eine leistungsfähige Intensivstation, die mit der postoperativen Betreuung von Schwerverletzten und Patienten nach großen und größten Eingriffen vertraut ist, ist obligat (s. Tscherne u. Regel [28]).

### Zeitplanung

Bei instabilen Beckenringfrakturen wird, auch bei stabilen Kreislaufverhältnissen, möglichst eine sofortige operative Stabilisierung empfohlen. Wie aus der Versorgung der langen Röhrenknochen bekannt, haben Schmerz und Frakturmobilität einen negativen Einfluß auf den Gesamtzustand des Patienten [26].

- Insbesondere eignen sich Symphysenrupturen und transpubische Instabilitäten bei Außenrotationsverletzungen vom Typ B für die Sofortversorgung.
- Bei Typ-C-Verletzungen eignen sich insbesondere transiliakale Instabilitäten und SI-Sprengungen für die Sofortversorgung. Hier ist es möglich, in Rückenlage des Patienten den vorderen und hinteren Beckenring simultan zu exponieren und zu stabilisieren.
- Eine gedeckte transiliosakrale Zugschraubenosteosynthese in Rückenlage ist möglich, wird im eigenen Vorgehen aufgrund mangelhafter Repositionsmöglichkeiten jedoch nicht eingesetzt.

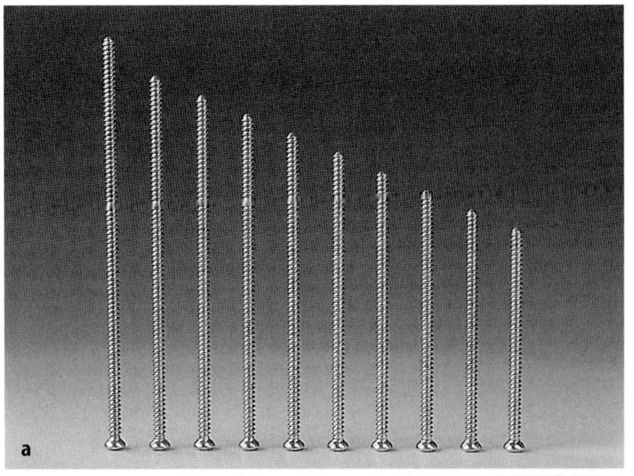

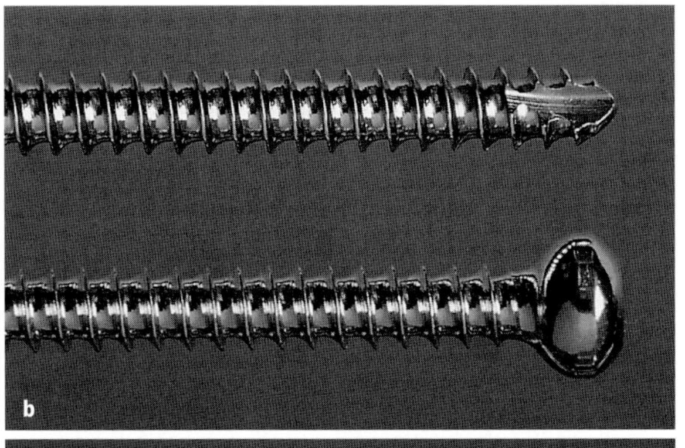

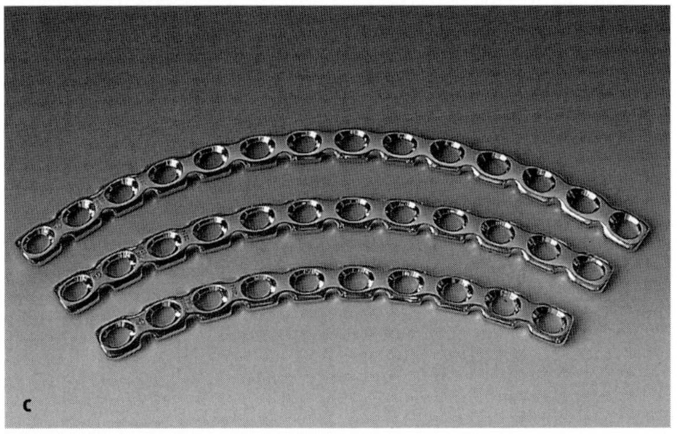

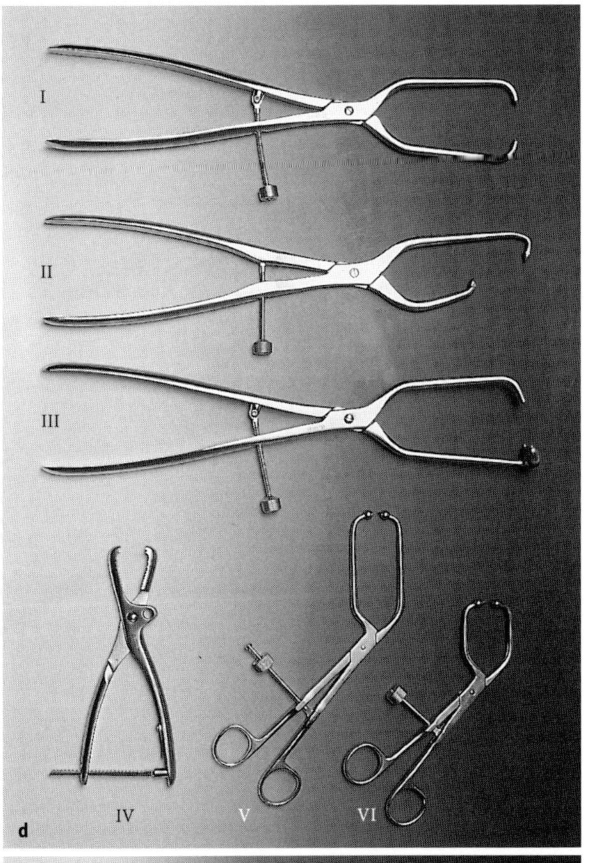


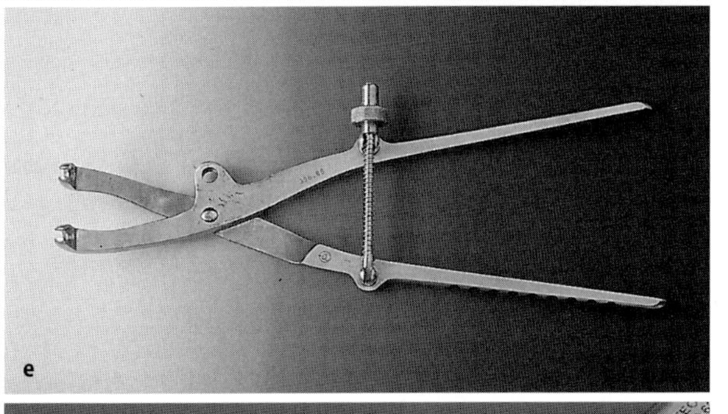

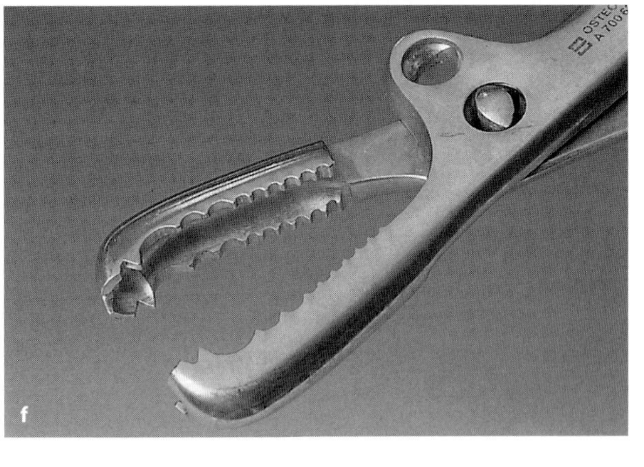

**Abb. 8.21 a–f.** Instrumente zur Becken- und Acetabulumchirurgie. Beckensieb der AO mit den zur Beckenstabilisierung erforderlichen Einzelinstrumenten:

- a Extralange 3,5-mm-Beckenschrauben
- b Diese sind selbstschneidend mit vergrößertem Kopf ausgeführt, um den Kontakt im Schraubendreher zu verbessern
- c Vorgebogene Beckenrekonstruktionsplatten verschiedener Länge (Kleinfragmentplatten)
- d Repositionszangen
  - I Große Repositionszange nach Matta (»King-Tong«)
  - II Asymmetrische Repositionszange nach Mayo (besonders Acetabulumchirurgie)
  - III Große Repositionszange nach Matta mit verbreiteter Branche
  - IV Modifizierte Lambotte- oder Faraboeuf-Zange
  - V Gekröpfte Repositionszange groß (Matta)
  - VI Gekröpfte Repositionszange klein (Matta)
- e Beckenrepositionszange nach Jungbluth
- f Detailansicht der Faraboeuf-Zange mit Möglichkeit zum Ansatz an Hilfsschrauben (3,5 und 4,5 mm) sowie veränderbarer Spannweite

Bevor allerdings eine ausgedehnte Operation während des Bereitschaftsdienstes begonnen wird, sollte unbedingt der Patientenzustand und die eigene akute infrastrukturelle Lage genau geprüft werden, um Komplikationen zu vermeiden! Bei kritischem Allgemeinzustand sind ggf. Notfallstabilisierungstechniken vorzuziehen (Beckenzwinge, Fixateur externe) (s. auch Kap. 7).

Bei stabilen Kreislaufverhältnissen des Patienten, mäßiger Dislokation der Fragmente und für den Patienten tolerablen Schmerzen ist in vielen Fällen eine elektiv geplante, frühsekundäre Stabilisierung vorzuziehen. Die Diagnostik kann ergänzt werden, und der Eingriff wird unter optimalen strukturellen Bedingungen durchgeführt.

Allerdings sollte die Stabilisierung frühzeitig, d. h. möglichst innerhalb der ersten 7 Tage, spätestens jedoch nach 14 Tagen erfolgen. Danach wird aufgrund der beginnenden Kallusbildung die Reposition erheblich schwieriger.

## Gefahren und Prophylaxen

### ■ Thromboembolie

! Patienten nach Beckenfrakturen haben ein deutlich erhöhtes Thromboserisiko. In einer prospektiven Studie an mehrfach verletzten Patienten konnten Geerts et al. bei 61 von 100 Patienten mit Beckenfrakturen Thromben in den tiefen Beinvenen nachweisen [11]! Eine konsequente, frühzeitig einsetzende medikamentöse und physikalische Prophylaxe ist notwendig. Insbesondere bei Patienten, bei denen Risikofaktoren bestehen (Alter, Raucher, orale Kontrazeptiva, Übergewicht etc.), oder bei denen die Durchführung der primären Prophylaxe nicht sicher nachvollzogen werden kann, ist präoperativ ein Screening auf venöse Thromben nötig (Duplexsonographie, MRT, Phlebographie).

**Thromboembolieprophylaxe.** Im eigenen Protokoll wird sofort bei Aufnahme des Patienten eine intravenöse Heparintherapie begonnen. Diese Therapie wird zur Operation ausgesetzt und direkt postoperativ weitergeführt.

Alle derzeitig vorliegenden Untersuchungen belegen, daß nach Beckenfrakturen ein ausgesprochen *hohes Risiko für thromboembolische Komplikationen* besteht (s. auch Kap. 10). Neben allgemeinen Risikofaktoren wirkt sich auch die zunehmende Zeitdauer vom Unfall, insbesondere wenn keine Thromboseprophylaxe durchgeführt wurde, risikoerhöhend aus. Da im Einzelfall aus dem Vorliegen oder Fehlen einzelner Risikofaktoren keine behandlungsrelevanten Therapieentscheidungen abgeleitet werden können (nach Beckentrauma ist das Gesamtrisiko für das Auftreten einer tiefen Venenthrombose derart erhöht, daß zusätzliche Risikofaktoren allenfalls eine untergeordnete Rolle spielen!), muß durch die konsequente Anwendung eines standardisierten Screening- und Behandlungsprotokolls eine »Hochrisikoprophylaxe« realisiert werden.

Da verschiedene Prophylaxeprotokolle derzeit noch in der Diskussion sind, soll an dieser Stelle exemplarisch das im eigenen Vorgehen langjährig bewährte Konzept des Thrombosescreenings und der Thromboseprophylaxe dargestellt werden. Es wird unterschieden zwischen Patienten, die primär von der Unfallstelle in die Klinik eingeliefert wurden (lückenlose Betreuung), und Patienten, die sekundär aus anderen Kliniken zuverlegt wurden:

- Primär eingelieferte Patienten: Im eigenen Vorgehen wird bei allen Patienten nach Beckenfrakturen *sofort nach Aufnahme eine intravenöse Thromboembolieprophylaxe (Heparinisierung) eingeleitet.*

- Hochrisikopatienten – kalkulierte Heparinprophylaxe (z. B. Tibiakopfluxationsfrakturen, Beckenringfrakturen)
  - Präoperativ
    - bis 12 h präoperativ: 150 IE Heparin/kg KG/24 h i. v. (Perfusor)
    - 2 h präoperativ: 1 mal 5000 IE Heparin s. c.
  - Postoperativ
    - Tag 0–2: 150 IE/kg KG/24 h i. v. (Perfusor) PTT 37–42″
    - Tag 3–4: 300 IE/kg KG/24 h i. v. (Perfusor) PTT 37–42″
    - ab Tag 4: überlappend Phenprocoumon bzw. niedermolekulares Heparin
- Intensivstation
  Unfraktioniertes Heparin:
  10 000 IE/24 h i. v. (Perfusor), ca. 150 IE Heparin/kg KG/24 h

Treten *klinische Zeichen einer Beinvenenthrombose* auf, wird zunächst eine Duplexsonographie der Bein- und Beckenvenen durchgeführt. Eine noch höhere Spezifität zeigt neuerdings die MRT-Untersuchung. In einer Untersuchungen von Montgomery wurden ohne klinische Symptomatik in 30 % der Fälle Thrombosen der Oberschenkel- und Beckenetage gefunden [17, 18].

Bei *tiefen Oberschenkel und Beckenvenenthrombosen* wird eine therapeutische Heparinisierung unter angiologischer Kontrolle durchgeführt. Die Indikation für operative Eingriffe am Becken wird nochmals streng überprüft. Bei stark dislozierten Beckenfrakturen ist eine operative Stabilisierung unter Einsatz eines passageren Cavafilters zu erwägen [17, 18].

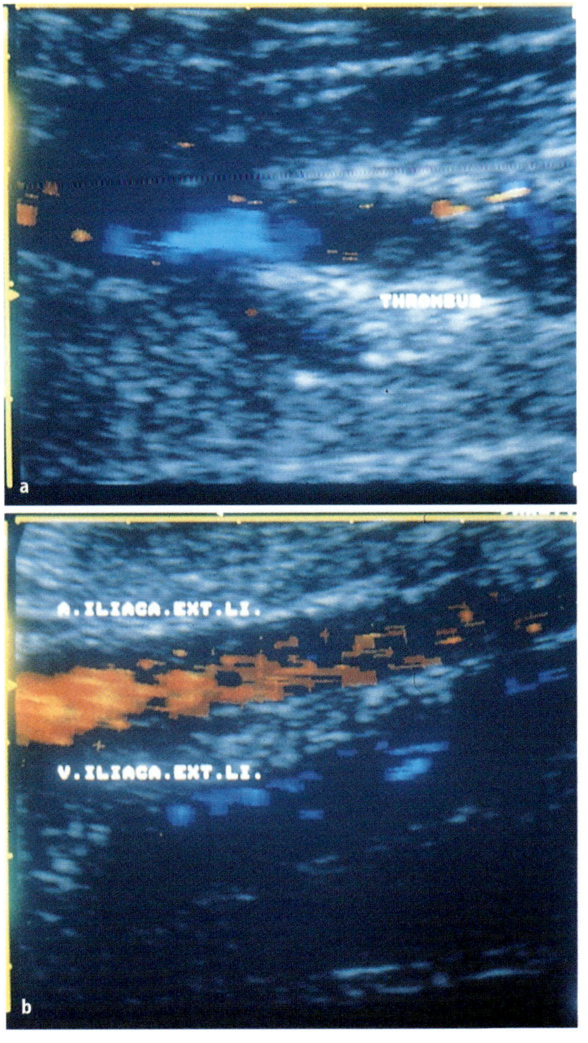


**Abb. 8.22 a, b.** Thrombose in der Farbdopplersonographie: **a** Ein in das Becken hineinreichender Thrombus in der V. femoralis, **b** Vergleich mit der Gegenseite

- Sekundär zuverlegte Patienten: Bei allen Patienten, bei denen die angegebene Hochrisikoprophylaxe nicht durchgeführt wurde (z. B. bei Sekundärverlegungen), wird die Prophylaxe bei Aufnahme sofort eingeleitet und präoperativ ein MRT-*Screening auf okkulte Beckenvenenthrombosen* durchgeführt. Andere Autoren empfehlen die Durchführung einer Dopplerultraschalluntersuchung und erst danach bei positiven oder nicht sicher beurteilbaren Befunden die Durchführung einer MRT-Untersuchung [18] (Abb. 8.22 und 8.23).
  Bei *klinischem Verdacht auf eine Lungenembolie* ist besonders beim Schwerverletzten der Nachweis noch schwierig zu führen, da szintigraphische Ventilations-Perfusionsuntersuchungen nicht oder nur eingeschränkt durchführbar sind. In diesen Fällen ist derzeit die CT-Untersuchung überlegen [27].

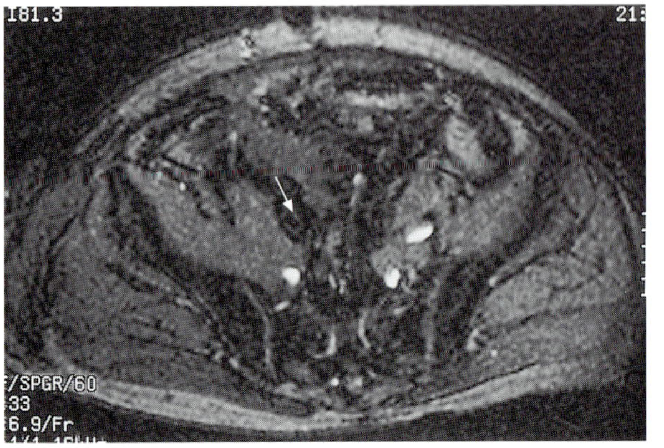


**Abb. 8.23.** Venenthrombose der V. iliaca externa rechts im MRT

- Adjuvante Maßnahmen: Adjuvante Maßnahmen werden möglichst sofort nach Aufnahme bei allen Patienten begonnen. Sie bestehen v. a. in der Anleitung zu aktiven, eigenständigen Anspannungsübungen, dem Tragen von Antithrombosestrümpfen bzw. elastischem Wickeln der Beine und der Bewegungstherapie. Eine wesentliche Bedeutung hat auch die Möglichkeit einer Frühmobilisation nach Stabilisierung des Beckenrings.

### ■ Heterotope Ossifikationen

Heterotope Ossifikationen spielen bei der Versorgung von Beckenfrakturen nur eine untergeordnete Rolle, lediglich bei ausgedehnter Präparation auf der Außenseite des Os ilium können funktionsbeeinträchtigende Ossifikationen vorkommen. Die Prophylaxe heterotoper Ossifikationen nach Beckenfrakturen liegt in schonender operativer Technik mit Exzision aller nekrotischen oder kontusionierten Gewebeanteile. Die medikamentöse Prophylaxe mit Indometazin wird bei alleinigen Beckenfrakturen nicht durchgeführt.

### ■ Infektionen

Aufgrund der guten Weichteildeckung treten Infekte nach »unkomplizierten« Beckenfrakturen selten auf. Im Rahmen von Komplextraumen besteht allerdings aufgrund der Schwere der Weichteilverletzung ein deutlich erhöhtes Infektrisiko. Ein gewisses Infektrisiko geht auch von der räumlichen Nähe zu den Ausscheidungsorganen aus.

Im eigenen Vorgehen wird bei einfachen Eingriffen, wie z. B. Symphysenverplattung oder ventraler SI-Verplattung, eine perioperative Einzeldosis eines Cephalosporinpräparates der zweiten Generation verabreicht, bei ausgedehnten Eingriffen wird eine weitere Dosis 4 h nach Operationsbeginn verabreicht (s. Tscherne u. Regel [28]).

## Literatur


1. Albrechtsen J, Hede J, Jurik A (1994) Pelvic fractures – assessment by conventional radiography and CT. Acta Radiol 35(5): 420–425
2. Bethke R, Wetzel E, Göpfrich M (1984) Prospektive Studie zur Diagnostik der Iliosakralfugensprengungen. Hefte Unfallheilkd 164: 196–199
3. Borelli J, Koval K, Helfet D (1996) The crescent fracture: a posterior fracture dislocation of the sacroiliac joint. J Orthop Trauma 10(3): 165–170
4. Burgess A, Eastridge B, Young J, Ellison T, Ellison P, Poka A (1990) Pelvic ring disruption: effective classification systems and treatment protocols. J Trauma 30(7): 848–856
5. Dalal S, Burgess A, Siegel J, Young J, Brumback R, Poka A (1989) Pelvic fracture in multiple trauma: classification by mechanism is key to pattern of organ injury, resuscitative requirements, and outcome. J Trauma 29(7): 981–1000
6. Dalinka MK, Arger P, Coleman B (1985) CT in pelvic trauma. Orthop Clin North Am 16(3): 471–480
7. Dock W, Grabenwoger F, Schratter M, Farres MT, Kwasny O (1989) Diagnostik von Beckenfrakturen: Beckenübersichtsaufnahmen versus CT. Rofo Fortschr Geb Rontgenstr Neuen Bildgeb Verfahr 150(3): 280–283
8. Edeiken-Monroe B, Browner BD, Jackson H (1989) The role of standard roentgenograms in the evaluation of instability of pelvic ring disruption. Clin Orthop 240: 63–76
9. Fishmann E, Magid D, Brooker A, Siegelman S (1988) Fractures of the sacrum and sacroiliac joint: evaluation by computerized tomography with multiplanar reconstruction. South Med J 81(2): 171–177
10. Gautsch T, Johnson E, Seeger L (1994) True three dimensional stereographic display of 3D reconstructed CT scans of the pelvis and acetabulum. Clin Orthop 305: 133–151
11. Geerts W, Coren K, Jay R, Chen E, Szalai J (1994) A prospective study of venous thromboembolism after major trauma. N Engl J Med 331(24): 1601–1606
12. Gill K, Buchholz R (1984)The role of computerized tomographic scanning in the evaluation of major pelvic fractures. J Bone Joint Surg Am 66(1): 34–39
13. Heare MM, Heare TC, Gillespy T (1989) Diagnostic imaging of pelvic and chest wall trauma. Radiol Clin North Am 27(5): 873–889
14. Heller M, Jend H, Kötter D (1984) Computertomographische Untersuchungen posttraumatischer Läsionen der Sakroiliakalgelenke. Hefte Unfallheilkd 164: 201–203
15. Heuck F, Schneider R (1985) Nachweis maskierter Frakturen des Beckenskelettes mit der Röntgen-Computer-Tomographie Radiologe 25(3): 114–120
16. Krauss F (1930) Über Symphysensprengung. Zentralbl Chir 3: 134–135
17. Montgomery K, Potter H, Helfet D (1995) Magnetic resonance venography to evaluate the deep venous system of the pelvis in patients who have an acetabular fracture. J Bone Joint Surg Am 77(11): 1639–1650
18. Montgomery K, Geerts W, Potter H, Helfet D (1996) Thromboembolic complications in patients with pelvic trauma. Clin Orthop 329: 68–87
19. Patel K, Chapman S (1993) Normal symphysis width in children. Clin Radiol 47: 56–57
20. Pennal G, Tile M, Waddell J, Garside H (1980) Pelvic disruption: assessment and classification. Clin Orthop 151: 12–21
21. Pohlemann T, Kiessling B, Gänsslen A, Bosch U, Tscherne H (1992) Standardisierte Osteosynthesetechniken am Beckenring. Orthopade 21: 373–384
22. Robertson D, Sutherland C, Chan B, Hodge J, Scott W, Fishmann E (1995) Depiction of pelvic fractures using 3-D volumetric holography: comparison of plain X-ray and CT. J Comput Assist Tomogr 19(6): 967–974
23. Rommens P, Hartwig T, Wissing H, Schmit NK (1986) Diagnosis and treatment of unstable fractures of the pelvic ring. Acta Chir Belg 86(6): 352–359
24. Rommens P, Gielen J, Broos P (1992) Die Bedeutung der CT für Diagnostik und Therapie der Frakturen des Beckenrings. Unfallchirurgie 95: 168–173
25. Rommens P, Vamderschot P, Broos P (1992) Conventional radiography and CT examination of pelvic ring fractures. A comparative study of 90 patients. Unfallchirurg 95: 387–392
26. Ruchholtz S, Nast-Kolb D, Waydhas C, Schweiberer L (1996) Das Verletzungsmuster beim Polytrauma. Stellenwert der Information über den Unfallhergang bei der klinischen Akutversorgung. Unfallchirurg 99(9): 633–641
27. Teigen C, Maus T, Sheedy P, Stanson A, Johnson C, Breen J (1995) Pulmonary embolism: diagnosis with contrast-enhanced electron-beam CT and comparison with pulmonary angiography. Radiology 194: 313–319
28. Tscherne H, Regel G (1997) Trauma-Management. Springer, Berlin Heidelberg New York Tokyo (Tscherne Unfallchirurgie)
29. Warmuth-Mertz M, Schmitt R, Schindler G, Gay B (1988) Die Computertomographie in der traumatologischen Diagnostik des hinteren Beckenringes. Rofo Fortschr Geb Rontgenstr Neuen Bildgeb Verfahr 148(3): 289–294
30. Young JW, Burgess AR, Brumback RJ, Poka A (1986) Pelvic fractures: value of plain radiography in early assessment and management. Radiology 160(2): 445–451

# KAPITEL 9

# Therapie



T. POHLEMANN, PH. LOBENHOFFER und H. TSCHERNE



**Die Therapie von Beckenverletzungen, insbesondere der instabilen Beckenringverletzung erfordert eine differenzierte Indikationsstellung, um nachteilige Spätfolgen für den Patienten möglichst zuverlässig zu verhindern. Während noch bis in die 70er Jahre auch nach instabilen Frakturen die konservative Therapie die Standardbehandlung war, wurde zwischenzeitlich die Indikation zur operativen Stabilisierung wesentlich erweitert. Es steht eine große Anzahl von externen und internen Stabilisierungstechniken in den einzelnen Verletzungsregionen und bei verschiedenen Verletzungskombinationen zur Verfügung.**

**Da die Inzidenz von Beckenfrakturen insgesamt gering ist, wird der einzelne Traumatologe außerhalb von spezialisierten Zentren in der Regel nur wenig persönliche Erfahrung in der Osteosynthesetechnik erlangen. Es ist deshalb sinnvoll, für die einzelnen Verletzungsregionen im Beckenring bewährte Standardverfahren anzugeben, die sich zuverlässig einsetzen lassen und mit denen mit hoher Sicherheit ein anatomisches Ausheilungsergebnis erreicht werden kann. Durch den konsequenten Einsatz dieser Verfahren konnte im eigenen Krankengut die Rate der Implantatversagen (osteosynthesebedingte sekundäre Dislokationen) nahezu vollständig eliminiert werden. In einzelnen Bereichen des Beckenrings, wie z. B. am Os sacrum, sind die Stabilisierungstechniken noch in der Entwicklung. Hier sollte entsprechend dem eigenen Kenntnisstand jeweils das sicherste Verfahren gewählt werden, um eine anatomische Einrichtung und stabile Fixation zu erreichen und damit die Frühmobilisation des Patienten zu gewährleisten.**

**Dieses Kapitel geht insbesondere auf die technische Durchführung der operativen Stabilisierung ein.**

## 9.1 Konservative Therapie

Die überwiegende Anzahl der Beckenfrakturen wird auch weiterhin konservativ behandelt [41, 97, 100]. Prinzipiell zu unterscheiden sind dabei die Fälle, bei denen sich die Indikation zur konservativen Therapie aus der Frakturcharakteristik ableitet, wie z. B. alle stabilen und wenig dislozierten Frakturtypen, von den Fällen, bei denen eine nichtoperative Therapie aus anderen Umständen »erzwungen« wird. Während in der erstgenannten Gruppe mit einer rein funktionellen Therapie nach kurzer Zeit nahezu immer eine komplette Restitutio erreicht wird, ist in der zweiten Gruppe eine »aktive« konservative Therapie nötig, um eine Reposition zu erreichen oder wenigstens zu verbessern, und um diese bis zur ausreichend stabilen Heilung zu halten.

### Funktionelle Therapie

Eine rein funktionelle Therapie ist indiziert bei Verletzungen vom Typ A sowie bei ausgewählten Fällen vom Typ B (laterale Kompressionsfrakturen) mit fester Einstauchung.

#### ■ Typ-A-Verletzungen

Je nach Schmerzausprägung hält der Patient für wenige Tage Bettruhe. Unterstützend wird sofort eine medikamentöse antiphlogistische Therapie eingeleitet (z. B. Diclofenac 2 × 50 mg). Neben der sofortigen Thromboseprophylaxe (Monoembolex) wird möglichst bald, bevorzugt schon am 1. Tag nach dem Unfall, eine ergänzende Physiotherapie zur Thromboseprophylaxe begonnen (isometrische Spannungsübungen der unteren Extremitäten, Eigenbewegungen der Füße und Unterschenkel).

Die Mobilisation kann sofort erfolgen, und sie wird lediglich durch das Ausmaß der Schmerzen limitiert. Auch die betroffene Seite kann vollständig belastet werden, bei stärkeren Schmerzen werden kurzfristig bis zum Sistieren der Beschwerden Unterarmgehstützen verordnet. Eine Röntgenkontrolle (Beckenübersichtsaufnahme) ist nur notwendig, wenn Schmerzen über 3–4 Wochen anhalten.

■ **Typ-B-Verletzungen, stabil eingestaucht**
Unter Beibehaltung der Thromboseprophylaxe und Weiterführung der antiphlogistischen Therapie wird auch bei eingestauchten Typ-B-Verletzungen eine Sofort- oder zumindest Frühmobilisation angestrebt. Da bei diesem Verletzungstyp prinzipiell die Gefahr einer sekundären Dislokation besteht, wird eine Teilbelastung der betroffenen Seite an Unterarmgehstützen für die Dauer von 6 Wochen verordnet. Eine erste Röntgenkontrolle wird 1 Woche nach Mobilisationsbeginn, bei zunehmenden Beschwerden im Rahmen der Mobilisation sofort durchgeführt. Bei einer sekundären Verschiebung wird der Befund sofort durch Schrägaufnahmen (Inlet und Outlet), besser durch eine CT, gesichert, um eine »instabile« Verletzung zu diagnostizieren (s. auch Kap. 10.3). Eine sekundäre Dislokation, die besonders im hinteren Beckenring zu erheblichen Funktionsstörungen führen kann, wird damit frühzeitig erkannt. Eine ggf. dann sekundär notwendige offene Einrichtung und Stabilisierung kann so innerhalb der ersten 2–3 Wochen nach dem Unfall erfolgen. Operative Schwierigkeiten aufgrund der beginnenden Heilung werden auf diese Weise verringert.

Eine abschließende Röntgenkontrolle erfolgt nach 6 Wochen. Gleichzeitig wird neben der klinischen Untersuchung ein neurologisches und urologisches »Screening« vorgenommen, um Störungen frühzeitig erkennen zu können (s. auch Kap. 12).

### Konservative Therapie instabiler, aber unverschobener Frakturen

Bei unverschobenen oder nur minimal dislozierten knöchernen Beckenringverletzungen, die aufgrund ihrer Morphologie den instabilen Typ-C-Verletzungen zuzuordnen sind, wie z. B. komplette transforaminale Sakrumfrakturen in Kombination mit einer Unterbrechung des vorderen Beckenrings (s. auch Kap. 8), wird eine prophylaktische Stabilisierung empfohlen, da es unter der Mobilisation zu sekundären Dislokationen kommen kann. Da in diesen Fällen im posterioren Beckenring perkutane, »reduziert invasive« Techniken, wie z. B. die transiliosakrale Verschraubung oder die posteriore Gewindestangenosteosynthese eingesetzt werden können, sind Kontraindikationen zur internen Stabilisierung heute nur noch in Ausnahmefällen zu erwarten.

Bestehen Kontraindikationen zur Operation oder lehnt der Patient den Eingriff ab, muß für 4–6 Wochen Bettruhe eingehalten werden. Es ist auf intensive Bewegungsübungen im Bett zu achten. Durch wöchentliche Röntgenkontrollen werden sekundäre Dislokationen frühzeitig erkannt. Bei sekundärer Dislokation erfolgt zumindest eine Extensionsbehandlung, besser aber eine geschlossene Reposition und Stabilisierung mit dem Fixateur externe. Auch mit liegendem Fixateur externe reicht die Stabilität nicht für eine Frühmobilisation aus!

### Konservative Therapie instabiler Frakturen und von Beckenluxationen

Dislozierte Beckenringverletzungen vom Typ C sollten so schnell wie möglich eingerichtet und stabilisiert werden. Aufgrund der heute verfügbaren Methoden der externen Fixation (Fixateur externe, Beckenzwinge) ist es auch bei schwersten Begleitverletzungen möglich – und im Hinblick auf die Gesamtprognose des Patienten meist sogar lebensnotwendig –, den Beckenring sofort zu stabilisieren (s. Kap. 7).

Eine Vielzahl von Berichten belegt eine hohe Rate an Komplikationen und Heilungsstörungen bei der konservativen Therapie instabiler Beckenringverletzungen [4, 12, 34, 48, 49, 76, 92, 97, 104, 105, 131, 132, 135, 139, 143]. Eine reine Extensionsbehandlung ist somit nur noch in seltenen Ausnahmefällen, wie z. B. bei Verweigerung der operativen Therapie durch den Patienten, indiziert.

Die Reposition der verschobenen Beckenhälfte gelingt besser, wenn sie möglichst sofort, d. h. innerhalb der 1. Stunde nach dem Unfall durchgeführt wird. Zu diesem Zeitpunkt läßt sich die dislozierte Beckenhälfte oftmals durch einfachen manuellen Zug am Bein mit Innenrotation in der Hüfte nahezu anatomisch einrichten. Später wird durch das zunehmend auftretende Hämatom die Einrichtung erheblich schwieriger. Die Retention erfolgt in der Technik nach Böhler mit Zug und Gegenzug durch das Körpergewicht [7, 8, 57]. »Repositionsmanöver« im eigentlichen Sinne sind nur bei lateraler Kompressionsverletzung mit »Überlappung« der Symphyse notwendig [103, 104]. Ansonsten kann nach Poigenfürst bei sorgfältiger Lagerung und richtiger Gewichtswahl i. allg. durch reinen Längszug eine Einrichtung erreicht werden [104]. Bei knöchernen Verletzungen muß die Retention für 6–8 Wochen aufrechterhalten werden [103, 104].

Die sog. »Beckenluxationen«, d. h. Symphysensprengungen mit SI-Luxationen, sind im Sinne der Verletzungsmechanik »Gelenkzerreißungen«, d. h. nach der Reposition fehlt die ansonsten nach Reposition von Luxationen anderer Gelenke meist bestehende Stabilität [38, 47, 74]. Eine Retention dieser bindegewebigen Verletzung muß deswegen für 12 Wochen aufrecht erhalten werden [58, 104]!

Abb. 9.1. Darstellung des Prinzips der Extensionsbehandlung bei Beckenringverletzungen durch Zug und Gegenzug im Extensionsbett. Um den »Gegenzug« zu realisieren, wird das Fußende des Bettes etwa 20° angehoben

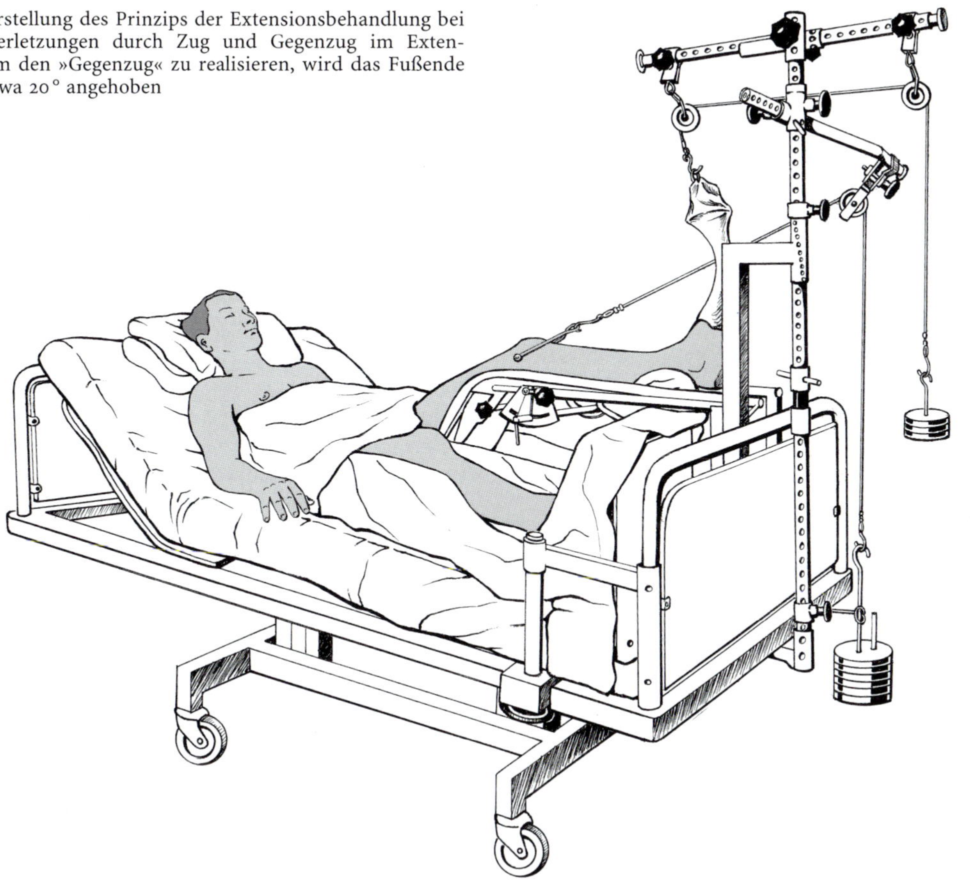

Der Einsatz der »Hängematte« (Beckenschwebe) zur lateralen Kompression des Beckens wird aufgrund der erschwerten Pflege, besonders des mehrfachverletzten Patienten, zwischenzeitlich als obsolet angesehen [135]. In diesen Fällen ist zumindest eine externe Fixation, ggf. in Kombination mit Extensionsbehandlung, vorzuziehen [132], besser ist die interne Stabilisierung.

### ■ **Technik der Extensionsbehandlung** (Abb. 9.1)

*Zur Behandlung wird eine suprakondyläre Extension mit Steinmann-Nagel der Tibiakopfextension vorgezogen. Liegt nach Oberschenkelfraktur ein Fixateur externe am Oberschenkel, wird an diesem extendiert. Das Extensionsgewicht wird von Böhler mit 1/7 des Körpergewichtes, von Jahna und Poigenfürst mit 1/5 angegeben [1, 6, 57, 104]. Als Gegenzug wird das Fußende des Bettes etwa 50 cm hochgestellt. Eine Überextension ist zu vermeiden. Röntgenkontrollen sind nach der Reposition in 2wöchigem Abstand zur Stellungskontrolle bis zur Heilung durchzuführen. Während der Behandlung ist auf eine konsequente Bewegungstherapie zu achten, um das hohe Komplikationsrisiko zu minimieren!*

## 9.2 Operative Therapie

**Die operative Therapie instabiler Beckenringverletzungen ist heute der konservativen Therapie vorzuziehen. Ein Vielzahl von Studien belegt geringere Komplikationsraten und deutlich höhere Raten von anatomischen Ausheilungen [4, 12, 34, 48, 49, 76, 92, 97, 104, 105, 131, 132, 135, 139, 143]. Aber auch die Auswahl des Stabilisierungsverfahrens hat einen entscheidenden Einfluß auf das zu erwartende Ausheilungsergebnis. Die optimistische Beurteilung der alleinigen externen Fixation auch von Typ-C-Verletzungen ließ sich nicht bestätigen, vielfältige Untersuchungen zeigten Probleme mit der Frakturretention, Infekte an den Eintrittsstellen der Schanz-Schrauben und eine im Vergleich zur internen Osteosynthese deutlich geringere biomechanische Stabilität (Faktor 10–20!) [3, 9–11, 14, 17, 31, 32, 39, 45, 46, 56, 61, 84, 85, 106, 108, 115, 118, 126, 131, 138, 143]. Lediglich bei der vereinzelt angegebenen, aber nur von Remiger u. Magerl im klinischen Einsatz beschriebenen Kombination einer ventralen *und* dorsalen externen Fixation ließen sich die biomechanischen Nachteile unter Inkaufnahme eines wesentlich**

**höheren Pflegeaufwandes umgehen [107]. Inwieweit neue, vom biomechanischen Standpunkt her günstigere Fixateurkonstruktionen zur definitiven Therapie instabiler Verletzungen vom Typ C einsetzbar sind, bleibt abzuwarten [30, 32].**

**In der Notfallbehandlung dagegen hat der Fixateur externe weiterhin seine uneingeschränkte Berechtigung behalten (s. Kap. 7).**

**Im folgenden Kapitel wird zunächst die externe Fixation dargestellt, gefolgt von den Techniken der internen Stabilisierung. Diese wird in Stabilisierungen des vorderen Beckenrings und Stabilisierungen des hinteren Beckenrings über ventrale bzw. dorsale Zugänge gegliedert. Den im eigenen Vorgehen bewährten Osteosynthesetechniken sind jeweils die bevorzugten Standardzugänge vorangestellt.**

## 9.2.1 Biomechanische Untersuchungen zur Verfahrenswahl

Biomechanische Untersuchungen am Beckenring unterliegen vielfältigen Einflüssen. Bei der Beurteilung der Ergebnisse ist zu berücksichtigen, daß ein »ideales« Modell derzeit noch nicht gefunden wurde, und daß die einzelnen Arbeiten, sowie die Übertragung der Ergebnisse auf die klinische Situation nur sehr begrenzt verglichen werden können. Während sich frühere Untersuchungen auf isolierte Teilbereiche des Beckenrings [3a, 80, 109a] oder eine eher »statische Belastung« von fixierten Beckenringpräparaten mit linearen Messungen in unabhängigen Ebenen [3, 11, 17, 28, 32, 43, 53, 72, 108, 115, 122, 125, 137] beschränkten, wird in neueren Untersuchungen versucht, durch Simulation von Muskelkräften und den Einsatz von dreidimensionalen Meßsystemen klarere Vorstellungen von der Bewegungsdynamik unter Last zu erhalten [21, 96, 99, 101, 128].

Die Ergebnisse dieser Untersuchungen werden teilweise noch diskutiert, so daß an dieser Stelle lediglich eine kurze Übersicht über die Daten gegeben werden soll, die einen Einfluß auf die klinische Auswahl von Osteosyntheseverfahren haben.

### Externe oder interne Fixation

Untersuchungen der 70er und 80er Jahre beschäftigten sich im wesentlichen mit der Verbesserung der biomechanischen Eigenschaften der externen Fixation. Durch die Vergrößerung des Durchmessers der Schanz-Schrauben, durch die Vergrößerung der Zahl der Einzelschrauben und Schraubencluster sowie durch Modifikation des Fixateuraufbaus zu einem »Kompressionsrahmen« gelang es, die Haltekräfte zu erhöhen [3, 11, 17, 32, 43, 75, 77, 109, 123, 137, 140]. Tile wies allerdings schon 1984 auf prinzipielle Unterschiede zwischen Typ-B- und Typ-C-Verletzungen hin [130]. Während nach Typ-B-Verletzungen Belastungsgrenzen bis etwa 1000 N gemessen wurden, ließ sich trotz aller Modifikationen die Belastungsgrenze bei Typ-C-Verletzungen nicht über 300–350 N steigern (Abb. 9.2). Dagegen führten kombinierte anteriore und posteriore interne Stabilisierungen zu deutlich erhöhten Haltekräften, wobei Versagensgrenzen von nahezu 2000 N gemessen wurden, ein Bereich, der deutlich über der Belastung durch das Körpergewicht liegt. Alle nachfolgenden Untersuchungen konnten diese prinzipiellen Unterschiede zwischen der internen und externen Fixation im wesentlichen bestätigen.

Weitere Untersuchungen befaßten sich mit den biomechanischen Eigenschaften von Notfallstabilisatoren am Beckenring (Beckenzwinge, Fixateur externe). In der Notfallsituation sind aus Zeitgründen nur sehr einfache Fixateurkonstruktionen einsetzbar. Diese einfachen Rahmen zeigten allerdings in biomechanischen Tests bei Typ-C-Verletzungen eine zu vernachlässigende »Haltekraft«. Durch Applikation der Beckenzwinge konnte die Fixation deutlich verbessert werden, die Stabilität liegt aber immer noch weit unter der einer internen Fixation [101, 123].

■ **Zusammenfassung**
Zur Indikationsstellung am Beckenring lassen sich die Ergebnisse der biomechanischen Untersuchungen folgendermaßen zusammenfassen:

- Typ-B-Verletzungen (»rotationsinstabil«) lassen sich durch externe und interne Fixation des vorderen Beckenrings ausreichend stabilisieren (Belastungsgrenzen entsprechen nahezu dem »unverletzten« Becken).
- Typ-C-Verletzungen sind durch externe Fixation allein nur ungenügend stabilisiert. Eine zusätzliche dorsale interne Stabilisierung erhöht die Belastungsgrenzen signifikant, Belastungen mit einfachem Körpergewicht werden sicher kompensiert.
- Zur Notfallstabilisierung nach Typ-C-Verletzungen ist die Beckenzwinge dem einfachen ventralen Fixateur externe überlegen. Aber auch mit der »Zwinge« läßt sich lediglich eine Lagerungsstabilität erreichen.

### Interne Stabilisierungen

Eine Reihe biomechanischer Untersuchungen beschäftigt sich mit dem Vergleich von internen Osteosynthesen in den verschiedenen Regionen am Beckenring. Bei kombinierter Stabilisierung des vorderen und hinteren Beckenrings waren klinisch bedeutsame »Stabilitätsunterschiede« nur in Einzelfällen zu beobachten.

Abb. 9.2 a, b. Biomechanische Untersuchung zur Stabilität der Beckenosteosynthesen (modifiziert nach Tile [130]). **a** Typ-C-Verletzung, stabilisiert durch rein ventrale Verfahren. **b** Typ-C-Verletzung, stabilisiert durch verschiedene ventrale oder kombinierte dorsoventrale Verfahren

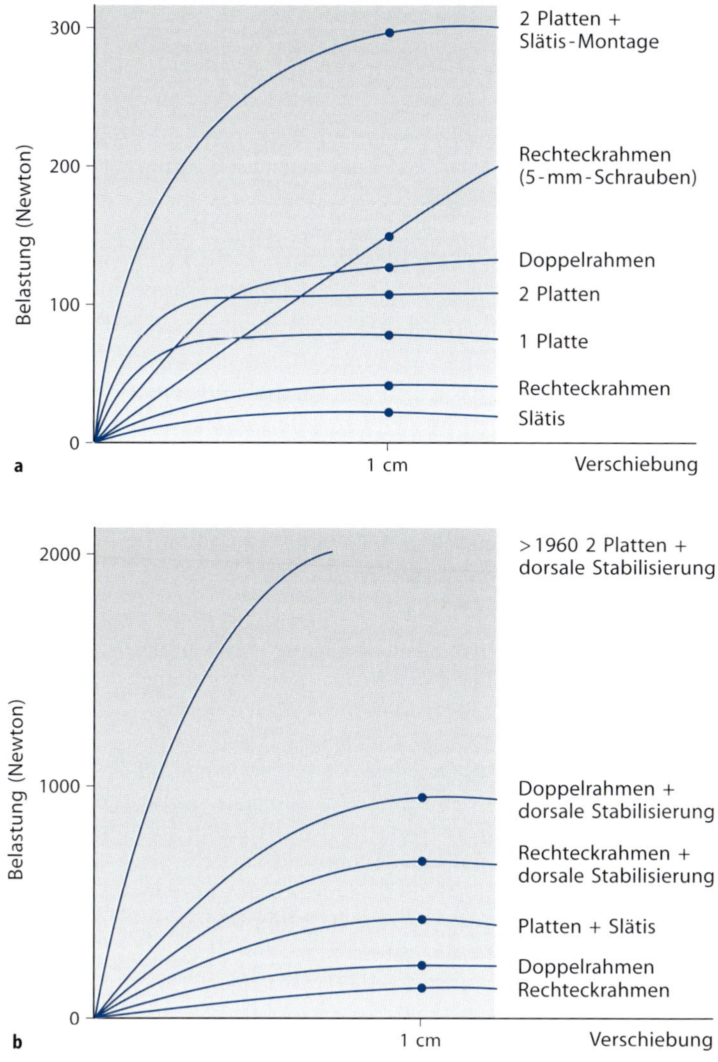


Im folgenden werden daher nur beispielhaft einige Untersuchungen in den einzelnen Regionen angeführt, die zum Verständnis der Wertigkeit einzelner Osteosynthesetechniken beitragen:

**Symphyse.** Meißner untersuchte verschiedene Symphysenosteosynthesen in einem »Gangsimulator« und folgerte, daß nur die Plattenosteosynthese ausreichende Stabilität für die Frühmobilisation bietet [79, 80].

Lehmann untersuchte verschiedene Plattenosteosynthesen und konnte die höchsten Stabilitätswerte bei der Verwendung der schmalen 4-Loch-DCP feststellen (4,5-mm-Platte) [70].

Schopfer u. Tile zeigten, daß eine »Doppelplattenosteosynthese« der Symphyse die Gesamtstabilität einer Beckenringversorgung deutlich erhöht [132].

**SI-Gelenk.** Mehrere Autoren zeigten, daß einige Osteosynthesetechniken am hinteren Beckenring (transiliosakrale Zugschraube, ventrale Plattenosteosynthese und ilioiliakale Plattenosteosynthese, Gewindestabosteosynthese) prinzipiell gleichwertig sind [15, 72, 128, 132].

Eigene dreidimensionale Bewegungsanalysen bestätigten etwa gleichwertige Belastungsgrenzen, zeigten aber osteosynthesespezifische »Bewegungsmuster« [102]. Mit solchen Analysen lassen sich »Schwachpunkte« der Osteosynthese, wie z. B. bisher nicht gemessene Rotationen um die Schraubenachse nach transiliosakraler Zugschraubenosteosynthese, schon vor Erreichen einer Belastungsgrenze erkennen.

**Sakrum.** Eigene Untersuchungen zeigten, daß nach Sakrumfrakturen auch Kleinimplantate, die ausschließlich im Sakrum fixiert sind, eine vergleichbare Stabilität bieten, wie eine SI-Gelenk-übergreifende Osteosynthese mit Zugschrauben oder Gewindestäben [96, 99].

## 9.2.2 Externe Fixation

Im Rahmen der Standardverfahren am Beckenring gibt es für den Fixateur externe zur Beckenstabilisierung derzeit 3 Indikationsgebiete:

- 1. Notfallversorgung bei instabilen Frakturen, auch vom Typ C
- 2. Definitive Versorgung von Typ-B-Verletzungen, mit transpubischen Instabilitäten als Außenrotationsverletzung, seltener nach Innenrotationsverletzungen (nicht zu empfehlen bei Symphysenrupturen! Aufgrund langer Ausheilungszeiten von 12 Wochen wird die Plattenosteosynthese bevorzugt!)
- 3. Nach interner Stabilisierung des hinteren Beckenrings bei Typ-C-Verletzungen zur Versorgung einer ventralen, transpubischen Instabilität (nicht einsetzbar bei Symphysenrupturen, hier ist die Plattenosteosynthese zu bevorzugen!)

Mit Ausnahme der Notfallstabilisierung wird unter dieser Indikationsstellung der Fixateur externe lediglich dazu benutzt, die Reposition im vorderen Beckenring zu halten und damit bei erhaltener (Typ-B-Verletzungen) oder wiederhergestellter posteriorer Stabilität (Typ-C-Verletzungen) den »Ring zu schließen«. Dafür reicht in der Regel eine einfache Konstruktion des Rahmens mit jeweils nur einer Schanz-Schraube in jeder Beckenhälfte aus (Abb. 9.3). Aufgrund der wesentlich besseren Haltekräfte und der besseren Weichteildeckung wird die technisch etwas anspruchsvollere supraazetabuläre Plazierung gegenüber der Plazierung im Darmbeinkamm bevorzugt [90, 117].

### Technik der Schanz-Schrauben-Plazierung

Der Eingriff wird in Rückenlage des Patienten im Operationssaal durchgeführt. Präoperativ wird geprüft, ob eine Bildwandlereinstellung der beiden Hüftgelenke a.-p. möglich ist. Die Beckenregion wird abgewaschen und steril abgedeckt, so daß Spina iliaca anterior superior und Symphyse palpabel bleiben. Die Femoralgefäße werden markiert. Ungefähr 2 cm distal und medial der Spina iliaca anterior superior wird eine etwa 2 cm lange Inzision entlang der Spaltlinien der Haut durchgeführt, das Gewebe mit einer Klemme gespreizt und die Spina iliaca anterior inferior palpiert (Abb. 9.4a). Bei weniger Erfahrung ist es einfacher, die Inzision auf etwa 5 cm zu verlängern und die Spina iliaca anterior inferior offen darzustellen. Einführen einer dreiteiligen Bohrhülse mit Trokar und Festlegen von Eintrittspunkt und Richtung (Spina iliaca anterior inferior in Richtung auf das SI-Gelenk). Die korrekte Lage wird unter Bildwandlerkontrolle überprüft, um eine sicher extraartikuläre Lage der Schanz-Schraube zu gewährleisten. Danach Entfernen des Trokars und Durchführen der Bohrung. Es reicht, den Knochen etwa 3–5 cm tief anzubohren, den weiteren Weg »findet« die Schanz-Schraube zwischen den Kortikalisblättern des Iliums. Entfernung der inneren Bohrhülse und Einführen der Schanz-Schraube, geführt über die äußere Bohrhülse. Die Schanz-Schraube sollte bis zum festen Halt so weit wie möglich nach dorsal vorgedreht werden.

**Richtung der Schanz-Schrauben-Applikation** (Abb. 9.4b, c)

Die Bohrrichtung ist in Rückenlage des Patienten etwa 20° nach kranial sowie 30° nach innen geneigt. **!**

Gerade in dieser Richtung rutscht der Bohrer leicht von der Spina iliaca anterior inferior ab. Der Eintrittspunkt kann deswegen durch leichte Hammerschläge auf den Trokar »angekörnt« werden. Bei Schwierigkeiten wird zunächst in Sagittalrichtung die Kortikalis perforiert und danach die endgültige Bohrerrichtung eingenommen.

Entsprechendes Vorgehen auf der Gegenseite, geschlossene Einrichtung der Fraktur mit Hilfe von Zug und Innenrotation des Beines sowie Benutzung der Schanz-Schraube als »Joy-stick«. Die Position wird nun durch die Verbindungsstäbe gesichert. Im Beckenbereich hat sich die Anwendung von gebogenen Karbonstäben bewährt, die kein Verbindungsgelenk benötigen und evtl. notwendige radiologische Kontrollen nicht behindern. Durch ihre Form stören sie außerdem den Patienten nur wenig. Zum Abschluß wird der spannungsfreie Hautdurchtritt der Schanz-Schrauben kontrolliert (Lageveränderung durch die Reposition!), ein partieller Hautverschluß erfolgt nur nach großen Inzisionen.

Muß ausnahmsweise eine 4-Pin-Fixation durchgeführt werden, so wird die 2. Schanz-Schraube ebenfalls supraazetabulär oder aber in die Crista iliaca eingebracht. Insbesondere das ventrale Drittel des Beckenkamms ist aufgrund der besseren Knochenstruktur des Darmbeinkamms zur Verankerung geeignet. Eine Insertion im Bereich der Spina iliaca anterior superior (bis zu 15 mm nach dorsal) sollte vermieden werden, um den N. cutaneus femoris lateralis nicht zu verletzen. Das Einbringen erfolgt offen über eine etwa 1–2 cm lange Inzision entlang des Beckenkamms. Die Orientierung der Darmbeinschaufel wird durch Palpation mit einem Instrument oder dem Finger bestimmt. Mit dem Bohrer wird nur die Kortikalis perforiert, die Schanz-Schraube wird dann stumpf zwischen die beiden Laminae des Os ilium eingebracht (Abb. 9.4d, e).

Auch in der beschriebenen offenen Technik sind besonders in Notfallsituationen erhebliche Fehllagen und komplett extraossäre Positionen beschrieben worden [132]. Eine frühzeitige Perforation nach dorsal verringert die Haltekraft der Schanz-Schraube erheblich.

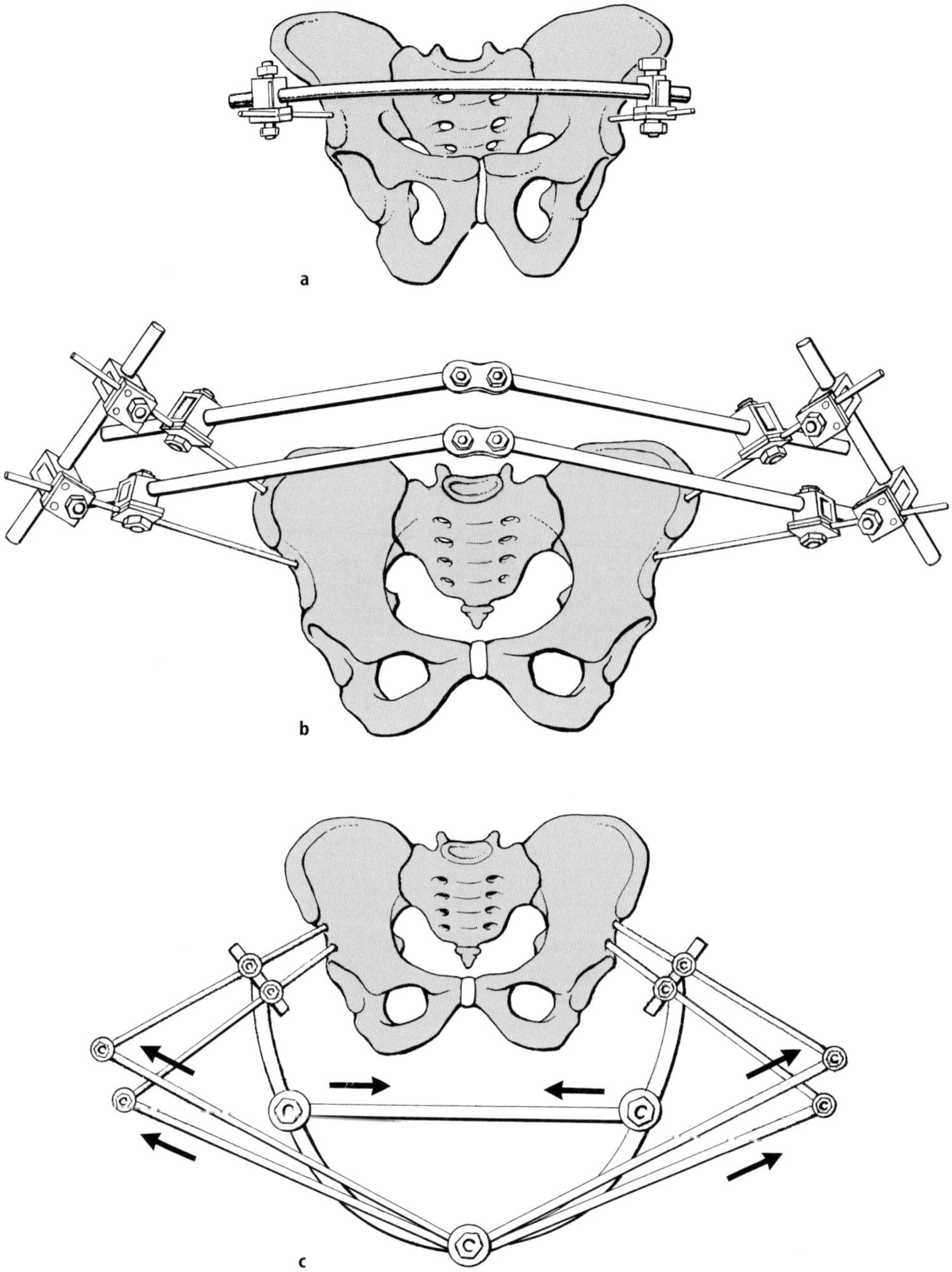


**Abb. 9.3 a–c.** Fixateur-externe-Montagen am Beckenring. **a** Einfache supraazetabuläre Konstruktion mit jeweils 1 Schanz-Schraube und Verbindung durch die gebogene Karbonstange. **b** Doppelpinkonstruktion. Eine leicht erhöhte Stabilität wird durch Einbringen von jeweils 2 supraazetabulären Schanz-Schrauben oder der Kombination einer supraazetabulären Schanz-Schraube und einer Schanz-Schraube am Beckenkamm erreicht. **c** Kieler Modifikation des Kompressionsfixateurs (nach Egbers et al. [32 a]). Durch sehr lange, supraazetabulär eingebrachte Schanz-Schrauben und einen speziellen Spannbügel lassen sich Kompressions- und Distraktionskräfte gezielt aufbringen, die Stabilität der Gesamtmontage wird dadurch erheblich gesteigert. Allerdings steigt auch der operative Aufwand zur Applikation des äußeren Spanners erheblich

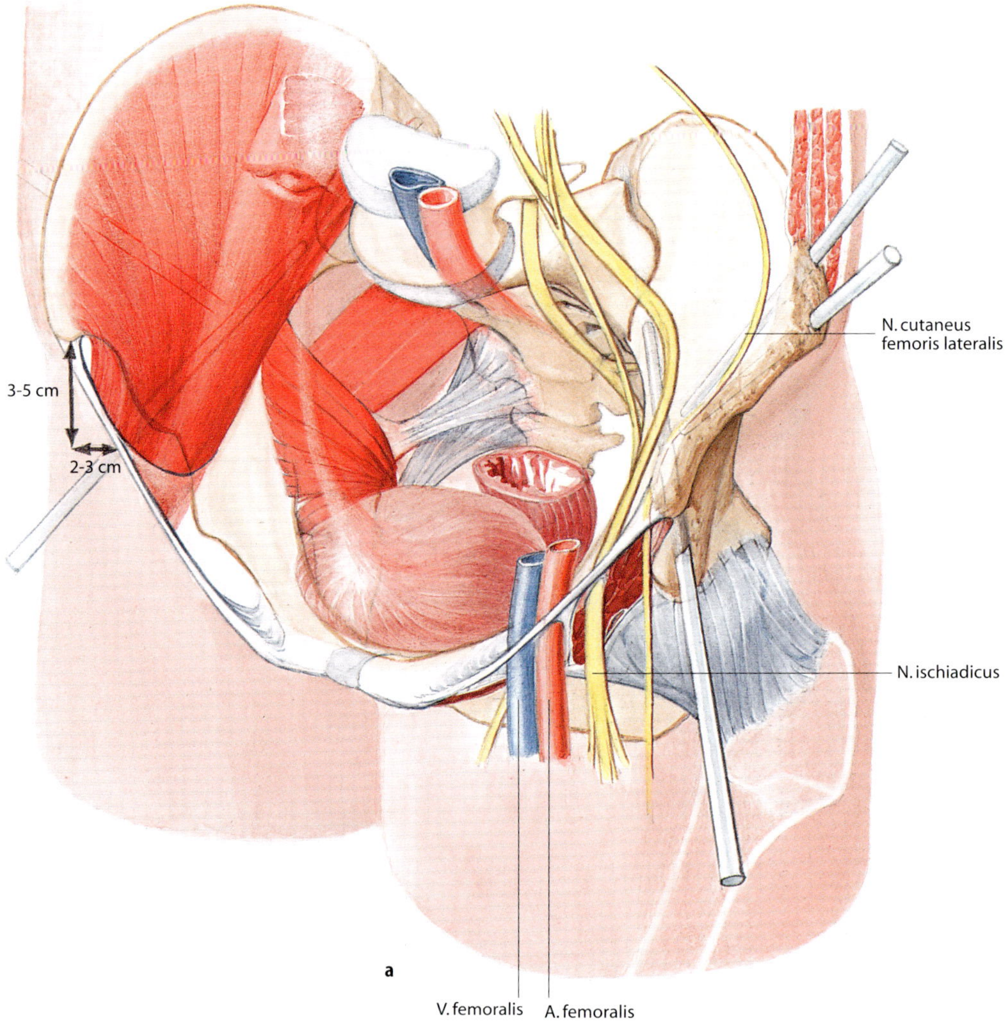


**Abb. 9.4 a–e.** Schanz-Schrauben-Plazierung für Beckenfixateure. **a** Darstellung der Eintrittsstellen für die Schanz-Schrauben am Beckenring und Darstellung der topographischen Verhältnisse der Leistenregion. Bestehen Unsicherheiten bei der supraazetabulären Pinplazierung, wird über eine etwa 3–4 cm lange Inzision eine offene Präparation der Spina iliaca anterior inferior vorgenommen. **b, c** Orientierung der Bohrer bzw. Schanz-Schrauben-Richtung bei der supraazetabulären Fixation. **d** Bei der Plazierung am Beckenkamm wird die Orientierung durch Palpation des Beckenkamms oder Einbringen eines Spickdrahtes vereinfacht. **e** Allerdings läßt der dünne Beckenkamm nur wenig Raum für eine intraossäre Verankerung

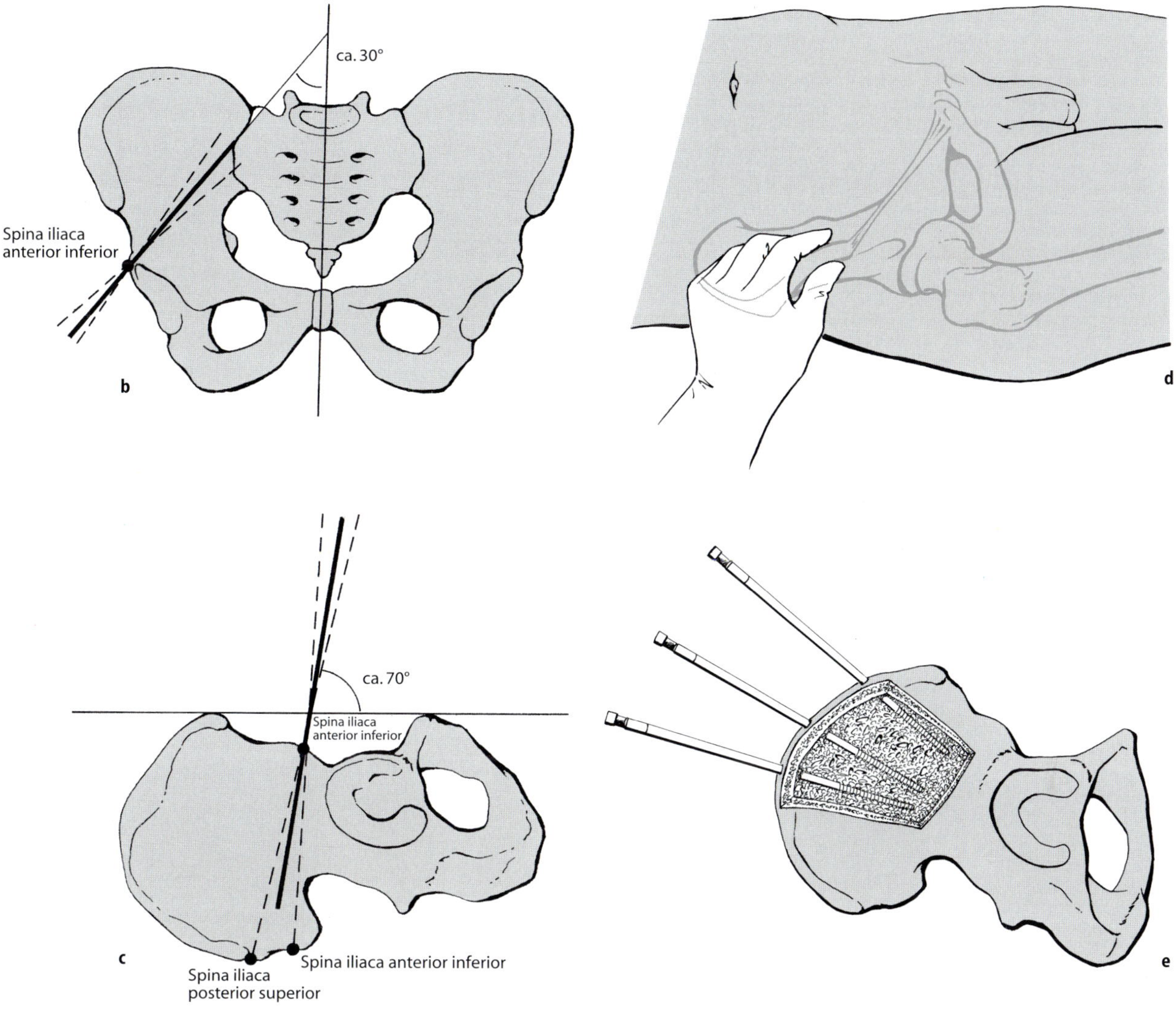


### 9.2.3 Stabilisierung des vorderen Beckenrings

Die Stabilisierung des vorderen Beckenrings erfolgt in Rückenlage des Patienten. Die innere Stabilisierung beschränkt sich in der Regel auf die Versorgung einer Symphysenruptur. Eine Stabilisierung der »transpubischen Region« ist nur nötig, wenn eine »Instabilität« (in der Regel erkennbar durch erhebliche Fehlstellung bzw. Diastase) vorliegt. Bei Translationsverletzungen vom Typ C sollte die Versorgung mit dem hinteren Beckenring beginnen (s. Abschn. 9.2.6); idealerweise können vorderer und hinterer Beckenring in Rückenlage simultan dargestellt und eingerichtet werden. Lediglich im Rahmen von Laparotomien wird zunächst eine Notfallstabilisierung des vorderen Beckenrings durchgeführt und der Zeitpunkt der Stabilisierung des hinteren Beckenrings vom Allgemeinzustand des Patienten abhängig gemacht.

#### Zugang zur Symphyse

**■ Orientierung und Hautinzision**

Der Patient liegt auf dem Rücken. Das Bein der verletzten Seite wird zur leichteren Reposition beweglich abgedeckt. Auf eine gute Abdeckung gegen den Genitalbereich ist zu achten! Bei isolierten Beckenverletzungen wird die kosmetisch günstigere Querinzision (Pfannenstielschnitt) gewählt, bei begleitendem Bauchtrauma mit Laparotomieindikation wird die Versorgung durch eine distale Längserweiterung der medialen Laparotomiewunde nach der intraperitonealen Versorgung durchgeführt.

**Abb. 9.5 a–e.** Zugang zur Symphyse. **a** Hautinzision. Bei elektiv durchgeführten Operationen erfolgt sie als Querinzision, bei Notfalloperationen als Längsinzision. **b** Faszienpräparation. Nach Durchtrennung des Subkutangewebes wird in der Mittellinie die Faszie eröffnet und beide Bäuche des M. rectus abdominis auseinandergedrängt. **c** Der M. rectus abdominis wird möglichst gar nicht oder nur sehr sparsam an seinem Ansatz im Bereich des Tuberculum pubicum eingekerbt. In der Regel ist der Muskel bei Symphysensprengungen allerdings einseitig ab- oder eingerissen. Deshalb muß der verbliebene Ansatz geschont werden, um eine sichere Refixation zu gewährleisten. Die vollständige Darstellung erfolgt mit stumpfen Wundhebeln, die die Blase retrahieren, und spitzen Hohmann-Hebeln, die den M. rectus abdominis beidseits nach lateral drängen. **d** Die retrosymphysäre Region wird stumpf mit dem Finger präpariert. Eine Blasenverletzung muß unbedingt vermieden werden. **e** Die Wunde muß sorgfältig verschlossen werden. Insbesondere ist darauf zu achten, daß die abgerissenen oder abgelösten Anteile des M. rectus abdominis fest, wenn nötig transossär, gegen das Tuberculum pubicum fixiert werden. Eine sorgfältige Fasziennaht vereinigt die abgerissenen Anteile zusätzlich stabil mit dem noch in situ befindlichen Rektusmuskel

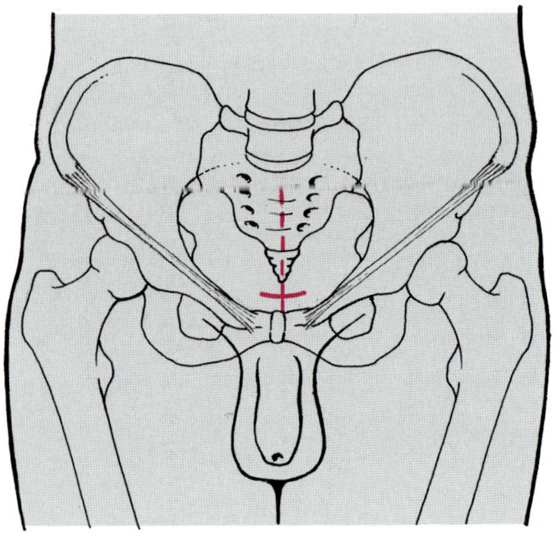
a

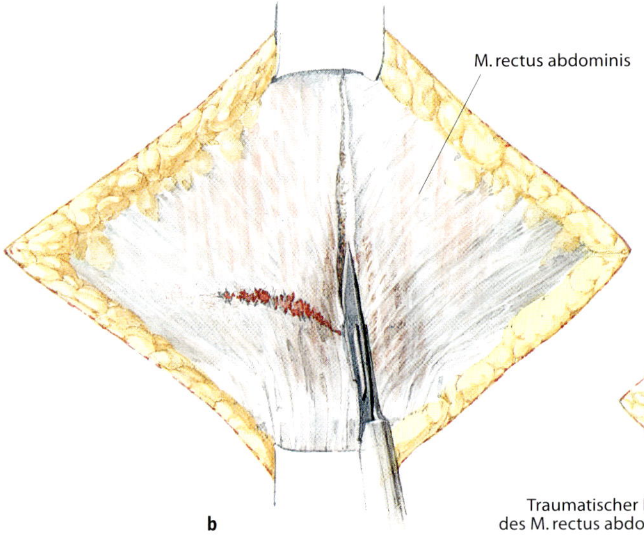

b

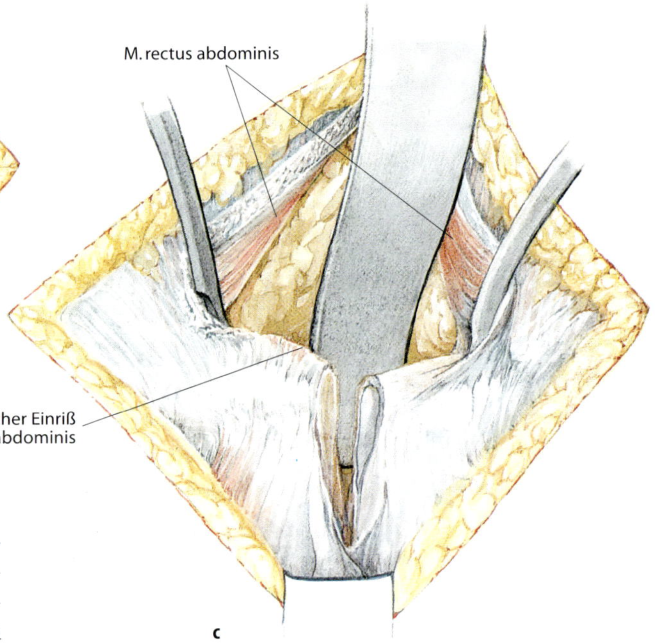

c

Die Querinzision wird 1 cm proximal der in der Regel gut tastbaren Tubercula pubica angelegt. Nach lateral braucht das Tuberculum pubicum nicht überschritten werden (Inzisionslänge ca. 7–10 cm) (Abb. 9.5 a). In dieser Technik ist die Darstellung des Samenstrangs nicht notwendig, da im wesentlichen von der Mittellinie aus »unterhalb« des M. rectus abdominis sparsam nach lateral präpariert wird.

## ■ Tiefe Präparation

Nach Durchtrennung des Subkutangewebes wird die Linea alba aufgesucht und in der Mittellinie längs gespalten (Abb. 9.5 b). Beide Bäuche des M. rectus abdominis werden nach außen gedrängt. Durch Palpation wird sichergestellt, daß es keine narbigen Verwachsungen mit der Blase gibt. Durch Palpation der traumatisch erweiterten Symphyse läßt sich oftmals die Mittellinie mit größerer Sicherheit bestimmen.

Der distale Ansatz des M. rectus abdominis ist auf der verletzten Seite regelhaft zumindest teilweise eingerissen. Prinzipiell sollte versucht werden, den Muskelansatz nur sparsam abzulösen, um eine spätere Hernienbildung zu vermeiden. In der Regel reicht es aus, wenn man einen schmalen Hohmann-Hebel mit der Spitze schräg über dem Tuberculum pubicum ansetzt und damit den M. pyramidalis und den distalen Anteil des M. rectus abdominis für die Osteosynthese ausreichend retrahiert (Abb. 9.5 c). Ist damit noch keine ausreichende Übersicht zu erreichen, wird der sehnige Ansatz des M. rectus abdominis etwa 5–10 mm proxi-

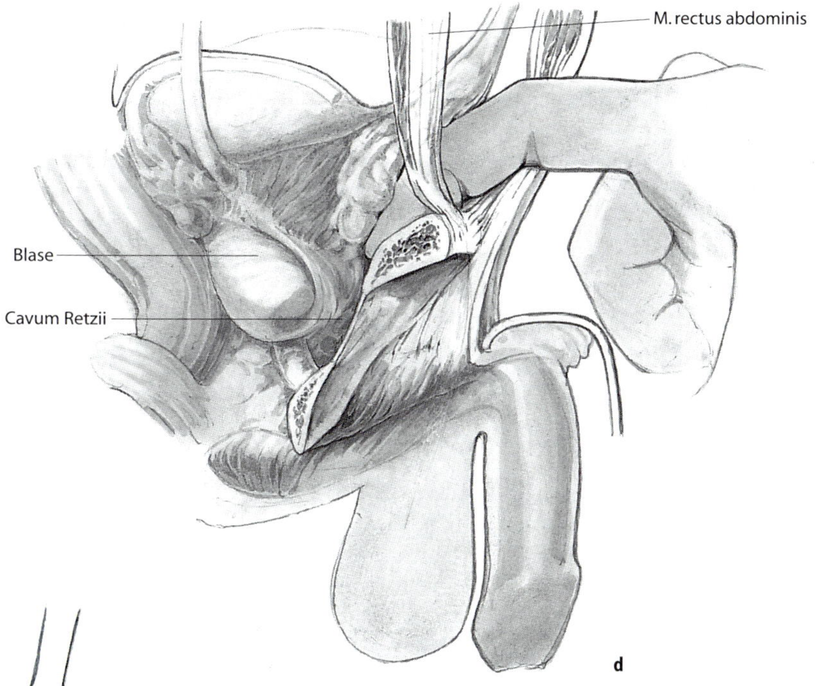

d

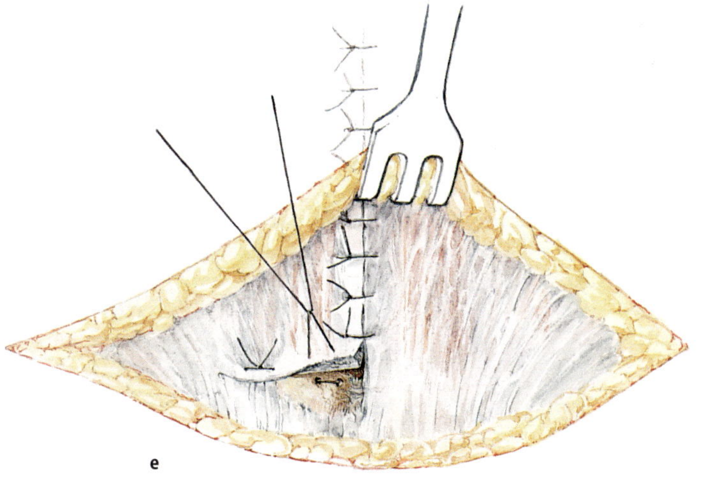
e

mal seines Ansatzes auf eine Länge von 1 bis maximal 3 cm eingekerbt. Eine komplette Ablösung ist immer vermeidbar!

Jetzt besteht eine gute Sicht in den Symphysenspalt mit einseitig ausgerissenem Discus interpubicus. Zur späteren Repositionskontrolle (Rotationsfehlstellungen) und zur Orientierung bei der Schraubenpositionierung muß allerdings auch die dorsale Begrenzung der Regio symphysis dargestellt oder zumindest ertastet werden. Dazu wird das prävesikale Bindegewebe stumpf nach dorsal gedrängt und mit einem Spatel oder 2 runden Hohmann-Hebeln retrahiert (Abb. 9.5 d).

## ■ Wundverschluß

Der Wundverschluß beginnt mit einer Refixation der abgerissenen bzw. abgelösten Anteile des M. rectus abdominis, wobei bei ausgedehnten Ausrissen zusätzlich transossäre Nähte, bevorzugt mit nichtresorbierbarem Nahtmaterial, gelegt werden. Zusätzliche Stabilität verleiht die sorgfältige Naht der Rektusbäuche im Bereich der Linea alba (Abb. 9.5 e). Durch die Fixation des ausgerissenen Anteils des M. rectus abdominis an die verbliebene Gegenseite läßt sich die Gefahr der Hernienbildung verringern.

## ■ Erweiterungsmöglichkeiten

In seltenen Fällen ist bei stark dislozierten Segmentfrakturen der Schambeinäste eine Erweiterung nach der Schnittführung nach lateral notwendig. Die Inzision wird in Richtung auf die Spina iliaca anterior superior erweitert. In der ersten Erweiterungsstufe wird ein Rektusansatz komplett abgelöst (s. Kap. 19.2 »Erweiterter Pfannenstielzugang), ggf. kann eine zusätzliche Erweiterung entsprechend des »2. und 3. Fensters« des ilioinguinalen Zugangs durchgeführt werden (s. Kap. 19.2 »Ilioinguinaler Zugang«).

■ **Kombination**
Bei der klinisch häufigen Kombination von SI-Luxation und Symphysensprengung im Rahmen einer Typ-C-Verletzung wird zusätzlich zur Exposition der Symphyse ein anterolateraler Zugang zum SI-Gelenk durchgeführt (s. Abschn. 9.2.4). Diese Kombination ermöglicht eine simultane Repositionskontrolle in beiden Verletzungsregionen.

■ **Gefahren**
Bei zu ausgedehnter Inzision und unkontrolliertem Hakenzug können Samenstrang und Femoralgefäße verletzt werden. Die Gefahr der iatrogenen Blasenverletzung ist insbesondere bei Verwachsungen im Rahmen von Implantatentfernungen gegeben. Bei frischen Verletzungen läßt sie sich durch stumpfe Präparation des Cavum Retzii mit dem Finger minimieren. Wird die retrosymphysäre Darstellung zu weit nach distal fortgeführt, besteht das potentielle Risiko einer Urethraverletzung. Es ist deswegen hilfreich, sich durch Palpation der Schambeinäste und des Arcus pubis über die genaue Lage der Symphyse zu orientieren.

## Symphysenstabilisierung

Die Plattenosteosynthese der Symphyse hat sich als Standardverfahren bei Symphysenrupturen weitestgehend durchgesetzt [4, 36, 50, 62, 64, 68, 91, 100, 121, 133, 141]. Eine externe Fixation kommt bei diesen Verletzungen als definitives Verfahren nicht in Betracht, da bei den notwendigen langen Ausheilungszeiten von 12–16 Wochen mit fixateurspezifischen Komplikationen (Schanz-Schrauben-Infekte, Schraubenlockerung) gerechnet werden muß und die Patienten diesen Zeitraum nur schwer akzeptieren. Andere Stabilisierungsverfahren wie Cerclagenfixation über Schrauben [19, 20], resorbierbare Kordeln [27–29, 55] oder Stahlseilstabilisierungen [65, 66] kommen im eigenen Vorgehen nur in Ausnahmesituationen (z. B. kindliche Verletzungen) in Betracht.

> ■ **Entwicklung der Osteosynthesetechnik an der Symphyse**
>
> ! Die Osteosynthese der Symphysenruptur war eine der ersten am Beckenring angegebenen Stabilisierungen: Finsterer führt 1911 die Naht einer veralteten Symphysensprengung durch [37]; Lambotte beschreibt 1913 die Technik der Drahtstabilisierung [67]; Hirschberg führt 1919 eine Silberdrahtnaht nach kindlicher Symphysenruptur durch [51].

■ **Indikationen zur Symphysenverplattung**
- Typ-B-Verletzungen (Faustregel: >2,5 cm Diastase, klinische »Instabilität«)
- Typ-C-Verletzungen, adjuvant zur posterioren Stabilisierung

■ **Gefahren**
Blasenverletzung, paravesikale Blutung, Infekt, Rektushernien; *seltener:* Urethraverletzung, Verletzung des Samenstrangs und »Vaginalimpingement« durch zu lange Schrauben.

■ **Vorbereitung**
Transurethraler Blasenkatheter, perioperative Antibiotikaprophylaxe, operative Lagerung mit intraoperativer Durchleuchtungsmöglichkeit a.-p.-, Inlet- und Outletaufnahme (notwendig nur bei Schwierigkeiten); das Bein der verletzten Seite wird beweglich abgedeckt.

■ **Repositionstechnik**
Schluß des Beckenrings durch Repositionszange und Innenrotation der verletzten Seite, Ausgleich eines »Höhenversatzes« durch »Verkanten« der Repositionszange, ggf. indirekt über die Platte.

PRINZIP

Nach Freilegung der Symphyse Inspektion des Befundes, in der Regel ist der Discus interpubicus einseitig vom Knochen abgeschert. Er wird belassen und zur Repositionskontrolle benutzt. Eine große Repositionszange mit Spitzen wird beidseits im Corpus ossis ischii eingesetzt (Abb. 9.6 a). Gelingt dies nicht, so werden die Branchen der Repositionszange vorsichtig in den kranialen medialen Anteil des Foramen obturatum eingeführt (Canalis obturatorius verläuft kranial *lateral*!). Schließen der Zange unter digitaler Repositionskontrolle, bei »Höhenversatz« unter gleichzeitigen Scher- und Rotationsbewegungen. Ist die verletzte Beckenhälfte zusätzlich in der Sagittalebene rotiert (Typ-C-Verletzung, »Bucket-handle-Verletzung«), erleichtert Zug am Bein und Innenrotation die Einrichtung.

Besteht bei Typ-C-Verletzungen eine SI-Luxation, wird das SI-Gelenk gleichzeitig freigelegt und der vordere und der hintere Beckenring simultan reponiert (s. unten). Die Repositionsmöglichkeiten werden durch Einbringen einer Schanz-Schraube im Beckenkamm erleichtert (»Joy stick«).

**Alternative.** Verwendung der Faraboeuf oder Jungbluth-Zange über Hilfsschrauben (insbesondere bei veralteten Fällen) (Abb. 9.6 b). Problematisch sind die geringen Haltekräfte der Hilfsschrauben im Knochen.

Wesentlich ist es, einen guten »Schluß« der Symphyse zu erreichen. Ein »Höhenversatz« ist mit den Repositionszangen gelegentlich nur unvollständig auszugleichen. Dann wird die endgültige Reposition indirekt über das Eindrehen der Plattenschrauben erreicht (Abb. 9.6 c). Voraussetzung dazu ist allerdings, daß durch eine lange intraossäre Schraubenlage eine suffiziente Schraubenverankerung erreicht wurde.

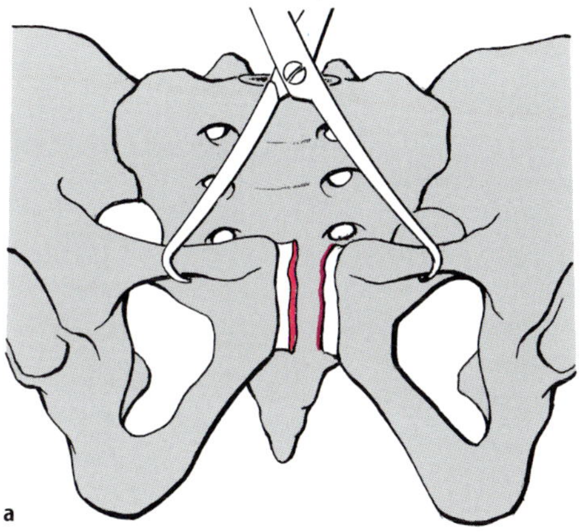

a

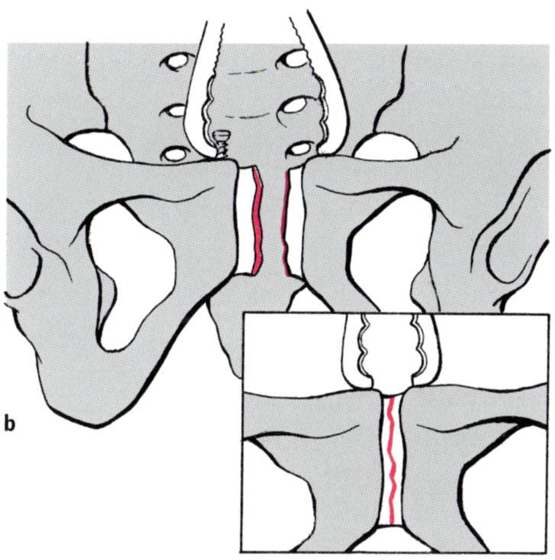

b

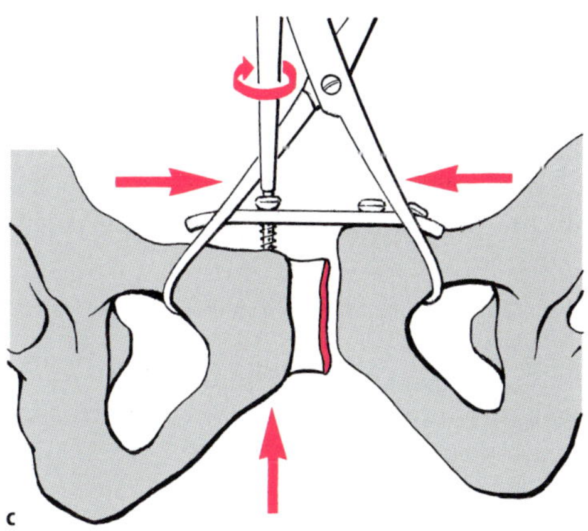

c

**Abb. 9.6 a–c.** Repositionstechniken an der Symphyse. **a** Reposition mit der großen Repositionszange mit Spitzen. Diese wird von ventral her in das Schambein eingesetzt. Alternativ wird sie auch in das Foramen obturatum eingehakt, allerdings nur am kranialen medialen Rand, um sicher eine Verletzung der lateral kranial verlaufenden Obturatorgefäße zu vermeiden. **b** Reposition mit Hilfsschrauben. Alternativ läßt sich auch eine Reposition mit der Beckenrepositionszange (Jungbluth- oder Faraboeuf-Zange) über eingebrachte Hilfsschrauben erreichen. **c** Indirekte Reposition über die Platte. Gelegentlich können Höhenverschiebungen mit den Repositionszangen nicht komplett ausgeglichen werden. Bei guter Knochenstruktur kann in diesen Fällen der Schluß der Symphyse zunächst durch das Schließen der Repositionszange erreicht werden. Die unter DC-Wirkung aufgebrachte Platte erhöht die Kompression und nivelliert den Höhenversatz

### ■ Osteosynthesetechnik

Die Stabilisierung erfolgt im eigenen Vorgehen mit der schmalen 4-Loch-DC-Platte. Bei kleinen Personen kann auch eine Kleinfragment-DC-Platte oder die gebogene 6-Loch-Beckenrekonstruktionsplatte verwendet werden. Aufgrund der physiologischen Symphysenbewegung kommt es bei diesem Implantat nach Ausheilung relativ bald zu einem Plattenbruch, während bei den DC-Platten in der Regel nur eine leichte Schraubenlockerung zu beobachten ist.

Die Diskussion um das Symphysenimplantat ist noch nicht endgültig abgeschlossen. Wird das generelle Prinzip der Beckenringstabilisierung beachtet (anteriore Stabilisierung bei Typ-B-Verletzungen, kombinierte posteriore und anteriore Stabilisierung bei Typ-C-Verletzungen), hat u. E. das gewählte Verfahren nur eine untergeordnete Bedeutung. Bei alleiniger anteriorer Versorgung von Typ-C-Verletzungen läßt sich zwar durch Modifikationen der Implantate (Spezialimplantate, Doppelplatten) in biomechanischen Untersuchungen eine erhöhte Stabilität nachweisen [91, 132, 136], eine klinisch verläßliche Stabilisierung des hinteren Beckenrings wird aber nicht erreicht [98].

Entscheidend für eine ausreichende Stabilität der Osteosynthese ist die Position der Platte dorsal des Tuberculum pubicum, »hinter« dem Ansatz des M. rectus abdominis (Abb. 9.7 a). In dieser Position läßt sich die gesamte kraniokaudale Ausdehnung des Corpus ossis pubis zur Schraubenverankerung ausnützen. Um die Platte mittig zentrieren zu können, muß die genaue Ausdehnung des Discus interpubicus erkannt werden. Der Übergang zum Knochen ist insbesondere bei jugendlichen Patienten nur schwer zu erkennen, oftmals muß man hier mit einem dünnen Spickdraht »palpieren«.

Bei Verwendung der schmalen 4,5-mm-DC-Platte (4-Loch) werden die lateralen Plattenenden um etwa 10°–15° nach unten gebogen, um die Schraubenrichtung zu optimieren (Abb. 9.7 b). Die medialen Schrauben werden parallel zur Symphyse unter Zugwirkung eingebracht. Beim Bohrvorgang wird mit dem Zeigefinger die innere Kortikalis des Corpus ossis pubis und der Discus interpubicus palpiert, um die Bohrerrichtung kontrollieren zu können (Abb. 9.7 c). Die lateralen Schrauben werden ebenfalls parallel zur inne-

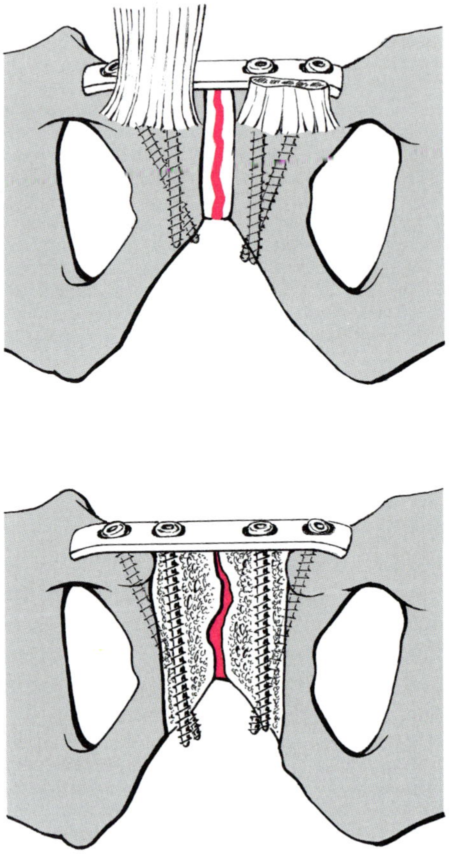

a

b

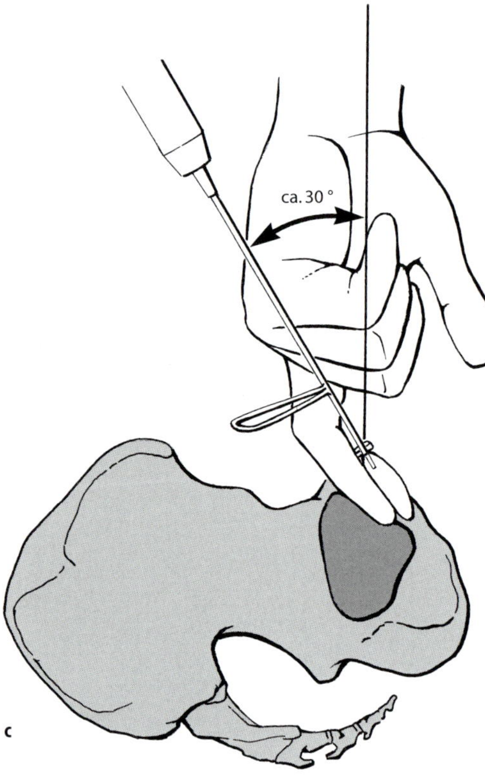


c

**Abb. 9.7 a–c. a** Die Plattenlage ist dorsal des Ansatzes des M. rectus abdominis. Sie kann nach Retraktion des Muskels nach lateral gut in diese Position eingebracht werden, eine weitergehende Ablösung kann unterbleiben. **b** Diese Plattenposition erlaubt das Einbringen von langen Schrauben (50–70 mm), die in der weichen Knochenstruktur im vorderen Beckenring eine gute Haltekraft erreichen. Bei Verwendung der 4,5-mm-Platte sind die lateralen Enden ggf. etwas anzubiegen, um die Schraubenrichtung optimieren zu können. **c** Der Bohrvorgang selbst wird durch Palpation im Bereich der retrosymphysären Knochenoberfläche »gesteuert«

ren Kortikalis des Corpus ossis pubis und dabei schräg in Richtung auf die Spitze der medialen Schraube eingebracht. Auf diese Weise können Schraubenlängen zwischen 50 und 70 mm realisiert werden (Abb. 9.8).

## ■ Weitere Stabilisierungstechniken

**Doppelplatte (»Bumper plate«, »Stoßstangenplatte«).** Von Tile et al. wird in Fällen, bei denen nicht abschätzbar ist, ob eine Typ-C-Verletzung aufgrund des Allgemeinzustandes des Patienten noch dorsal versorgt werden kann, die Verwendung einer zusätzlichen, von ventral eingebrachten Platte empfohlen (Abb. 9.9 a) [132].

Wird im eigenen Vorgehen nicht eingesetzt, da die Haltekräfte durch die kurzen Schraubenlängen begrenzt erscheinen, eine weitere Weichteilfreilegung notwendig und nach klinischer Erfahrung und biomechanischen Tests [72] eine Typ-C-Verletzung damit auch nicht ausreichend versorgt ist.

**Zusätzliche intraossäre Platte (»box-plate«).** Routt et al. geben zur Versorgung von Symphysenrupturen bei starker Osteoporose das »Einfalzen« einer zweiten Platte in den Knochen an, um die Stabilität zu erhöhen (Abb. 9.9 b) [124].

Diese Technik mußte im eigenen Krankengut noch nicht angewendet werden.

**Cerclagen und Bandstabilisierungen.** In Anlehnung an die klassische »Symphysennaht« wurde eine Reihe von elastischen Stabilisierungstechniken mit Cerclagen [19], resorbierbaren Cerclagen [28, 29, 145] oder Seilen [65] erprobt. Bei korrekter Indikationsstellung sind die klinischen Ergebnisse gut, die Stabilität der Platte wird aber insgesamt als höher beurteilt [53, 54, 80].

Im eigenen Vorgehen wird die Cerclagentechnik bei Kindern eingesetzt. Aufgrund der anatomischen Gegebenheiten ist eine Platte häufig zu groß (Abb. 9.9 c). In beschriebener Richtung wird zunächst beidseits der Symphyse in das Corpus ossis ischii je eine 3,5-mm-Kortikalisschraube eingebracht. Die Reposition gelingt leicht durch Festziehen eines zunächst provisorisch um die Schraubenköpfe gelegten nichtresorbierbaren Fadens. Die end-

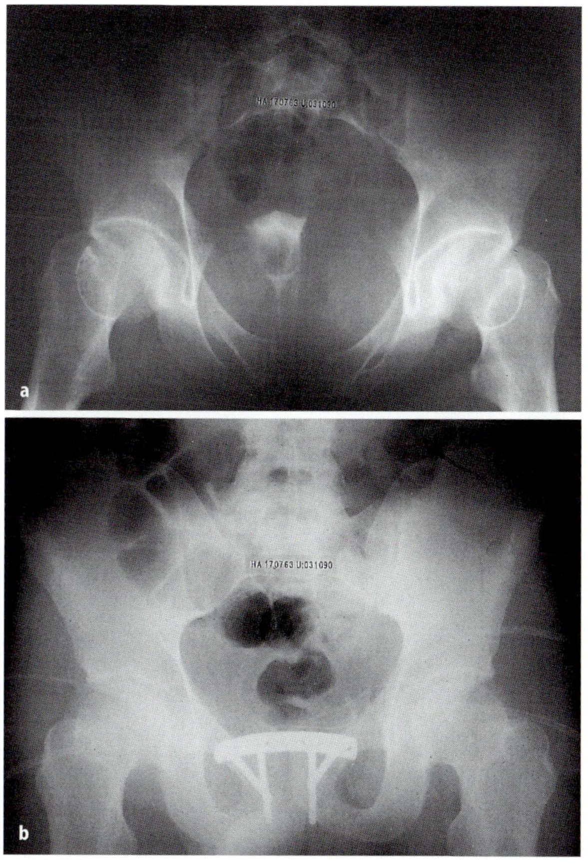


**Abb. 9.8 a, b.** Operative Versorgung einer Symphysenruptur. **a** Präoperativ: Röntgendarstellung einer Symphysensprengung. **b** Postoperativ: Röntgenkontrolle nach Plattenosteosynthese

gültige Stabilisierung erfolgt mit Cerclagenschlinge (1,2 mm). Bei sehr kleinen Kindern ist der Schraubenhalt in dem noch sehr weichen Knochen gering. Durch eine resorbierbare Kordel (PDS), die durch Bohrungen transossär außen um den Schraubenschaft geführt wird, läßt sich die Stabilität erhöhen (s. auch Kap. 11.1).

## ▪ Implantatentfernung

Da in der Symphyse physiologische Bewegungen auftreten und auch erwünscht sind, wird eine Implantatentfernung vorgesehen. Diese wird 6–12 Monate nach der Verletzung durchgeführt.

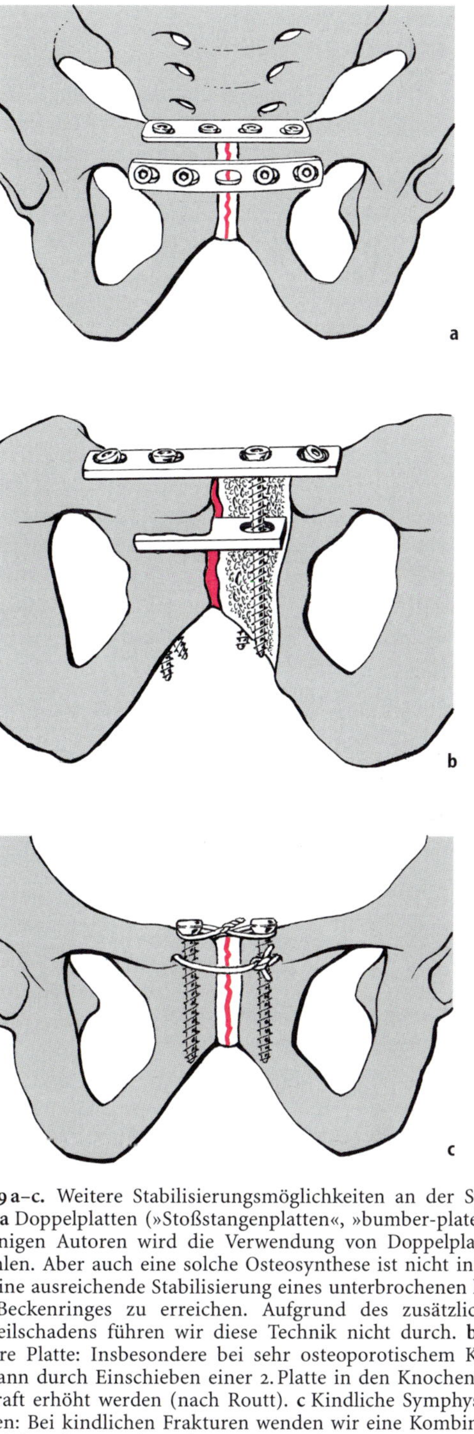


**Abb. 9.9 a–c.** Weitere Stabilisierungsmöglichkeiten an der Symphyse. **a** Doppelplatten (»Stoßstangenplatten«, »bumber-plates«): Von einigen Autoren wird die Verwendung von Doppelplatten empfohlen. Aber auch eine solche Osteosynthese ist nicht in der Lage, eine ausreichende Stabilisierung eines unterbrochenen hinteren Beckenringes zu erreichen. Aufgrund des zusätzlichen Weichteilschadens führen wir diese Technik nicht durch. **b** Intraossäre Platte: Insbesondere bei sehr osteoporotischem Knochen kann durch Einschieben einer 2. Platte in den Knochen die Haltekraft erhöht werden (nach Routt). **c** Kindliche Symphysenrupturen: Bei kindlichen Frakturen wenden wir eine Kombination von Schrauben- und Cerclagenosteosynthese mit einer zusätzlichen Naht mit resorbierbarer Kordel um die Schraube herum an

### Scham- und Sitzbeinäste (»transpubische Instabilität«)

Die transpubische Region weist im Vergleich zur Symphyse einige Besonderheiten auf. Scham- und Sitzbeinäste sind von einem ausgezeichneten Muskelmantel umgeben (M. obturatorius externus und internus, Adduktoren). Weiterhin führt eine dicke Schicht von Periost und Ligamentverstärkungen (»*Cooper-Ligament*, s. Kap. 2) zu einer zusätzlichen Schienung. Das bedeutet, daß eine operative Stabilisierung nur angezeigt ist, wenn eine durch die transpubische Fraktur bedingte »Instabilität« des Beckenrings besteht (erhebliche Dislokation und Diastase) oder erheblich dislozierte Fragmente zu sekundären Komplikationen führen können (»tilt fracture«, »pubic spike« »Schambeinstachel«) [63, 131]. Bei der Verfahrenswahl ist zu berücksichtigen, daß aufgrund der guten Weichteilschienung eine schnelle Knochenheilung zu erwarten ist. In der eigenen Erfahrung ist regelhaft schon nach 3, maximal 4 Wochen von einer belastungsfähigen Kallusschienung des vorderen Beckenrings auszugehen.

#### ■ Entwicklung der Osteosynthesetechnik »transpubisch«

Lambotte schlägt 1913 in seiner Monographie eine intrapubische Schraubenfixation vor: von einem klinischen Einsatz wird nicht berichtet [67]. Die externe Fixation am Beckenring durch Carambolona schließt den vorderen Beckenring ein. Eine Vielzahl von Publikationen über die externe Fixation folgt [13]. Aus Hannover wird 1990 über eigene Erfahrungen mit der transpubischen Schraube berichtet [95]. Routt gibt 1995 die transkutane Technik zur Schraubenapplikation an [112].

#### ■ Indikationen zur Stabilisierung in der transpubischen Region

- Typ-B1-Verletzungen (Außenrotation mit Diastase) (Abb. 9.10)
- Typ-B2-Verletzungen mit erheblicher Innenrotation: Bei erheblichen Fehlstellungen oder Einengungen des Geburtskanals bei jungen Frauen ist eine Distraktion und Stabilisierung zu erwägen (Abb. 9.11)
- Typ-C-Verletzungen, adjuvant zur posterioren Stabilisierung
- Bei der transpubischen Instabilität als einzige Läsion im vorderen Beckenring Stabilisierung durch Fixateur externe, bei begleitender Symphysenruptur Stabilisierung durch Symphysenplatte und transpubische Schraube (bei Schwierigkeiten alternativ: zusätzlich Fixateur externe)

#### ■ Gefahren

Blasenverletzung, paravesikale Blutung, Verletzung von A., V. und N. femoralis, Verletzung der »corona mortis«, Verletzung des Samenstrangs, intraartikuläre Implantatlage (Hüftgelenk), Infekt, Rektushernien; *seltener:* Urethraverletzung.

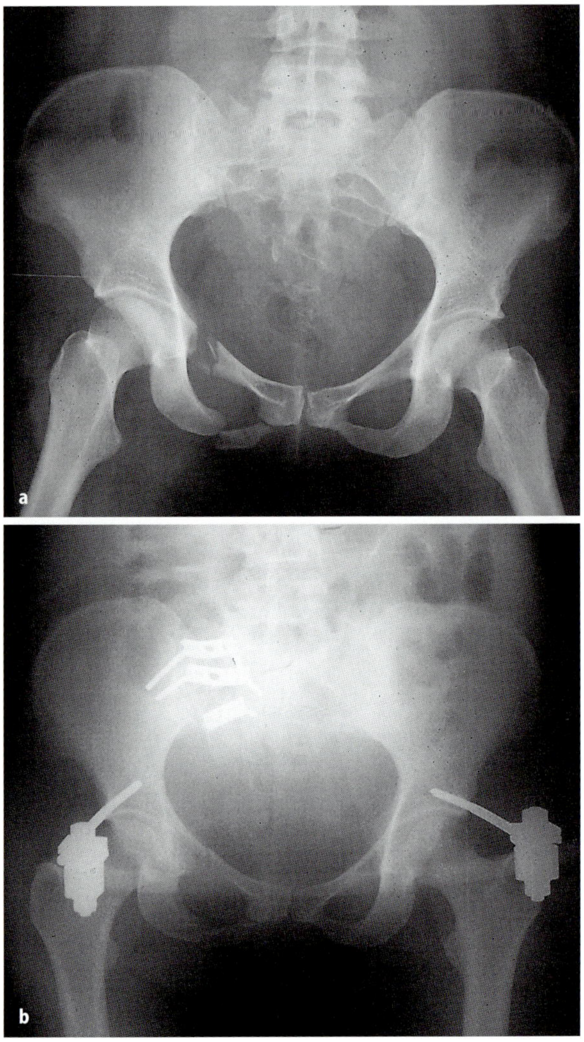

**Abb. 9.10 a, b.** Transpubische Verletzung. Röntgenaufnahmen einer transpubischen Verletzung als Teil einer Typ-C-Verletzung (mit Sakrumfraktur). **a** Diese Verletzung ist als instabil zu betrachten, d. h. es muß eine Stabilisierung des dorsalen *und* ventralen Beckenrings erfolgen. **b** Nach Versorgung der Sakrumfraktur Stabilisierung des vorderen Beckenrings mit Fixateur externe

#### ■ Vorbereitung

Transurethraler Blasenkatheter, perioperative Antibiotikaprophylaxe, operative Lagerung mit intraoperativer Durchleuchtungsmöglichkeit, a.-p.-, Inlet- und Outletaufnahme sowie Ala- und Obturatoraufnahme bei der transpubischen Schraube, Bein der verletzten Seite beweglich abdecken.

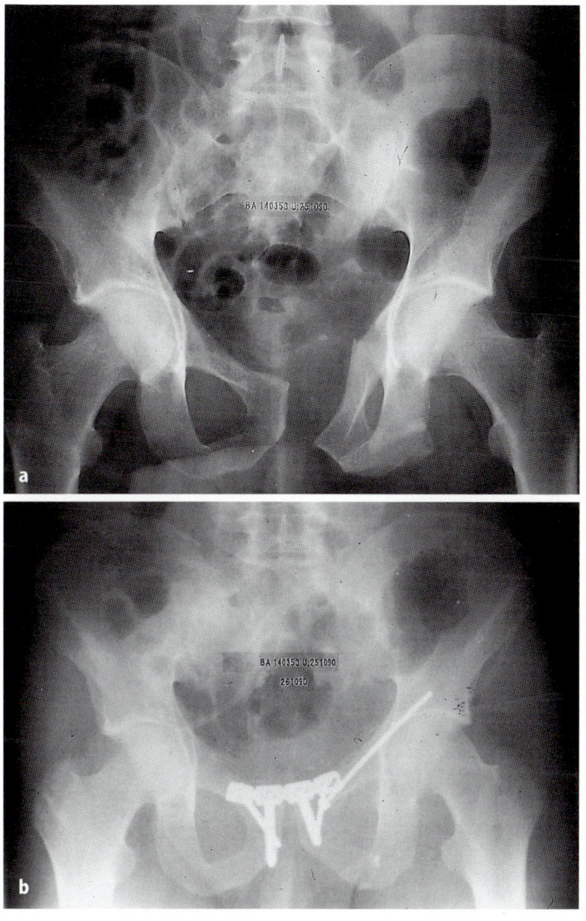

**Abb. 9.11 a, b.** **a** Verletzung des vorderen Beckenrings links durch direkten Anprall. Trotz Stabilität der »Ringstruktur« des Beckens besteht bei erheblicher Dislokation die Indikation zur Reposition und Stabilisierung. **b** Offene Einrichtung über Pfannenstielschnitt. Fixation mit Symphysenplatte und transpubischer Schraube

### ■ Repositionstechnik

PRINZIP

- Bei Fixateurstabilisierung geschlossene Reposition durch Manipulation an den Schanz-Schrauben unter Bildwandlerkontrolle
- Bei Schraubenosteosynthese digitale Einrichtung der Fragmente des oberen Schambeinastes und »intramedulläre« Schienung durch die Schraube

### ■ Technik der »transpubischen Schraubenosteosynthese«

PRINZIP

Die transpubische Schraube, auch »Kriechschraube« genannt, verläuft intramedullär im oberen Schambeinast entlang der Linea terminalis. Sie entspricht einer in umgekehrter Richtung eingebrachten Zugschraube in den vorderen Pfeiler (s. auch Kap. 20.2 »Osteosynthesetechniken«).

### ■ Lagerung

Wie bei der Symphysenverplattung; präoperative Prüfung der Einstellungsmöglichkeit des Bildwandlers (alle Schrägprojektionen müssen möglich sein, um eine Gefäßläsion oder Perforation der Schraube in das Hüftgelenk sicher zu vermeiden).

### ■ Orientierungspunkte

Eintrittspunkt ist die distale, ventrale Schräge des Tuberculum pubicum an der »Außenseite« des vorderen Beckenrings (Abb. 9.12 a). Er sollte in Abhängigkeit von der Frakturlinie möglichst weit nach lateral gelegt werden, um einen günstigeren Winkel zum Acetabulum zu erreichen. Der Schraubenverlauf liegt parallel zum Pecten ossis pubis und geht in die Linea terminalis über. Der verfügbare Knochenquerschnitt im Bereich der Eminentia iliopectinea ist dreieckig mit einer Seitenlänge von etwa 10 mm (Abb. 9.12 b). Nur durch eine gute Bildwandlereinstellung und exakte Bohrtechnik ist die Gelenkperforation zu vermeiden (Abb. 9.12 c, d). Klinisch wird der Bohrvorgang durch Palpation entlang der Linea terminalis »gesteuert«. Zu beachten ist dabei, daß in Rückenlage die Beckeneingangsebene nach dorsal »absinkt« und die A. und V. femoralis dem Schambeinast sehr dicht aufliegen. Die Bohrung wird mit einem langen 2,5-mm-Bohrer mit oszillierendem Bohraufsatz durchgeführt. Die Bohrerspitze sollte dabei im wesentlichen zwischen den Kortikalisblättern »vorgeschoben« werden. Nach Überprüfung der Bohrerlage kann bei sehr hartem Knochen das distale Fragment als Gleitloch überbohrt werden. Bei weicher Knochensubstanz ist dies nicht nötig. Hier ist aber teilweise die Verwendung einer Unterlegscheibe notwendig, um das Einsinken des Schraubenkopfes zu vermeiden. Je nach Frakturlokalisation werden Schraubenlängen von 50–120 mm erreicht.

**Hinweis**

Sollten bei der Schraubenpositionierung Schwierigkeiten auftreten und ist die Darstellung in der Durchleuchtung nicht einwandfrei bzw. die Schraubenlage unsicher, sollte das Stabilisierungsverfahren gewechselt werden. Mit einem einfachen supraazetabulären »Überbrückungsfixateur« kann in jedem Fall eine ausreichende Fixation erreicht werden!

### ■ Implantatentfernung

Eine routinemäßige Schraubenentfernung wird nicht vorgenommen, da die Schraube komplett intraossär liegt. Der Fixateur externe wird nach 3 Wochen gelockert und die Stabilität durch Manipulation an den Schanz-Schrauben geprüft. Gibt der Patient bei diesem Manöver noch Schmerzen im Frakturbereich an, wird der Fixateur für eine weitere Woche belassen, ansonsten wird er entfernt.

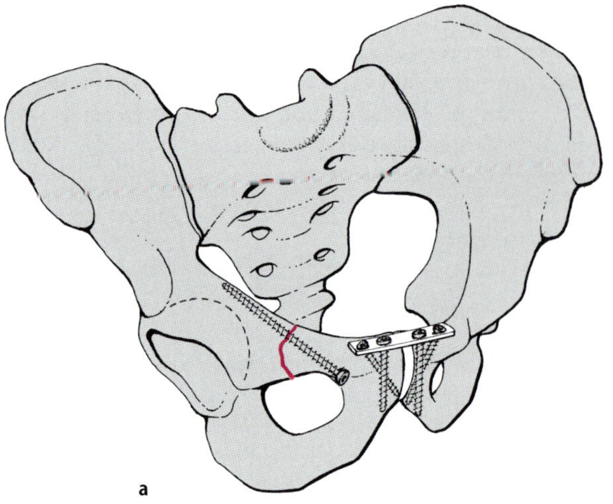

a

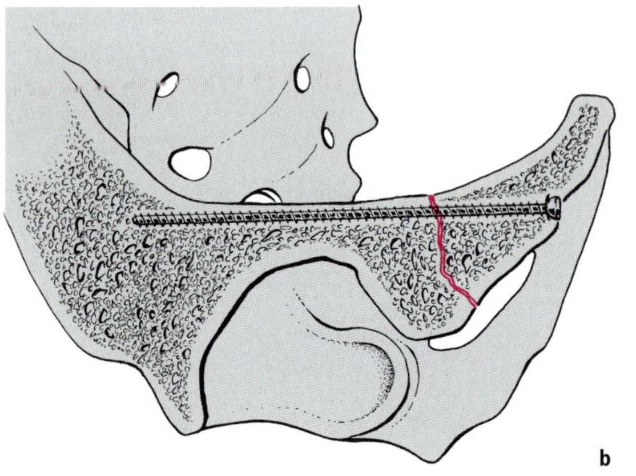

b

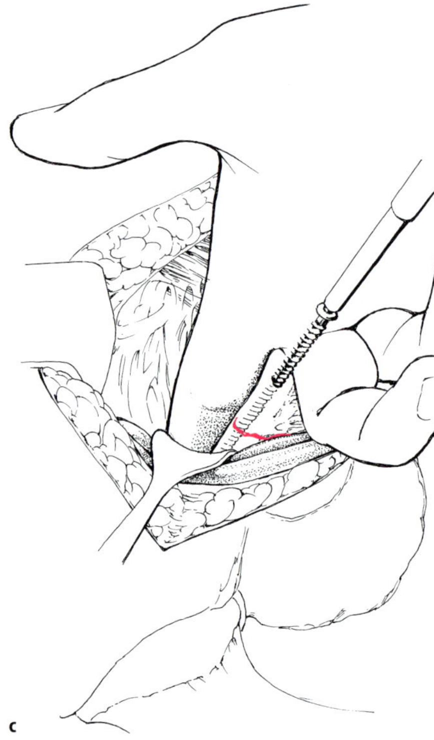

c

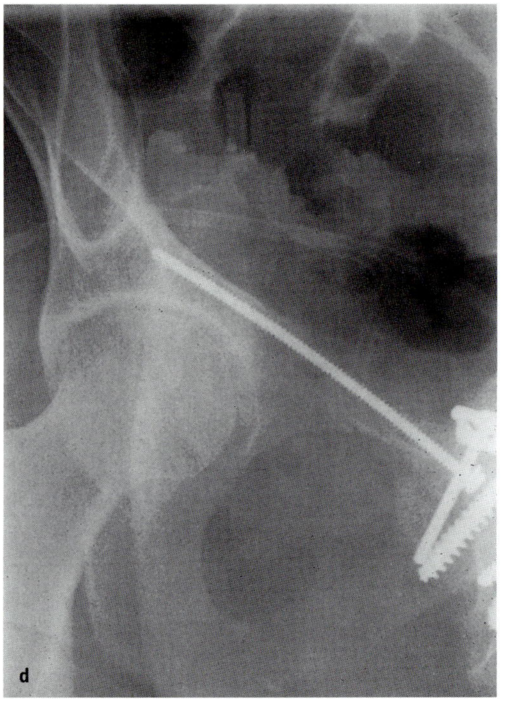

d

**Abb. 9.12 a–d.** Technik der transpubischen Schraubenosteosynthese. **a** Eine transpubische Schraube wird eingesetzt, wenn eine Symphysenruptur mit einer transpubischen Instabilität kombiniert ist. Der Eintrittspunkt liegt möglichst weit lateral vom Tuberculum pubicum. Die Richtung entspricht der vorderen Pfeilerschraube der Acetabulumchirurgie (s. auch Kap. 7). **b** Es ist zu beachten, daß die Schraube in direkter Nähe zum Acetabulum verläuft. Ihre Einbringung ist daher potentiell riskant. **c** Die Richtung der Schraube wird zunächst orientierend durch die Palpation entlang des oberen Schambeinastes gesteuert. **d** Die Lagebeziehung zum Acetabulum muß aber auf alle Fälle durch intraoperative Durchleuchtung in a.-p.-, Ala- und Obturatorprojektion gesichert werden, um eine intraartikuläre Implantatlage sicher zu vermeiden

■ **Weitere Verfahren**

**Beckenrekonstruktionsplatte entlang der Linea terminalis.** Von einer Reihe von Autoren wird diese Stabilisierung über einen ilioinguinalen oder modifizierten ilioinguinalen Zugang angegeben [33, 35, 52, 77, 87, 135].

Im eigenen Vorgehen wurde diese Osteosynthese weitestgehend verlassen, da der Aufwand und die Risiken der Präparation in keinem Verhältnis zu der »gutartigen Heilungstendenz« der Verletzung stehen. Ausnahmen sind lediglich bei stark dislozierten Stückbrüchen mit drohender Organperforation gegeben und wenn eine Retention der Fragmente mit den vorgestellten Verfahren nicht erreicht werden kann.

**Transkutane Verschraubung.** Von Routt wird die transkutane Applikation von »transpubischen« Schrauben angegeben [112].

Dieses Verfahren wird im eigenen Vorgehen nicht angewendet, da eine Indikation zur Fixation des Os pubis nur bei »Instabilitäten« besteht und bei alleinigen transpubischen Unterbrechungen des vorderen Beckenrings die kurzfristige Stabilisierung mit dem Fixateur externe sicherer erscheint. Ist die Verletzung mit Symphysenrupturen kombiniert, muß zur Plattenosteosynthese der Symphyse ohnehin offen vorgegangen werden.

## 9.2.4 Stabilisierung des hinteren Beckenrings in Rückenlage

**In Rückenlage des Patienten lassen sich transiliakale und transiliosakrale Beckeninstabilitäten versorgen. Lediglich transsakrale SI-Luxationsfrakturen mit einem großen sakralen Fragment werden wie auch die »reinen« Sakrumfrakturen von dorsal versorgt. Zur offenen Einrichtung wird der anterolaterale Zugang als Standard eingesetzt. Die in zunehmendem Maße angegebenen perkutanen transiliosakralen Zugschraubenosteosynthesen in Rückenlage werden im eigenen Vorgehen aufgrund der noch mangelhaften indirekten Repositionsmöglichkeiten von dislozierten Beckenringverletzungen nicht angewendet.**

### Vorderer (anterolateraler) Zugang zum SI-Gelenk

Der anterolaterale Zugang zum SI-Gelenk entspricht dem 1. Fenster des ilioinguinalen Zugangs nach Letournel (s. Kap. 19). Dieser ist ein einfacher und sicherer Zugangsweg zum SI-Gelenk und bietet, insbesondere bei schlanken Patienten, eine ausgezeichnete Übersicht über das gesamte SI-Gelenk und große Teile der Darmbeinschaufel. Er kann somit zur Versorgung von Iliumfrakturen, transiliakalen Luxationsfrakturen des SI-Gelenkes, sowie reinen SI-Luxationen eingesetzt werden; bei transsakralen SI-Luxationen allerdings nur, wenn das sakrale Knochenfragment sehr klein ist (präoperative CT-Kontrolle!) und wenn eine sichere Schraubenfixation im Sakrum unabhängig von diesem Fragment erreicht werden kann.

■ **Lagerung**

Der Patient wird in Rückenlage auf dem Standardtisch gelagert. Das Unterlegen eines Keils unter das Gesäß kann bei sehr adipösen Patienten notwendig sein, sollte aber in der Regel nicht erfolgen, um die Orientierung im Beckenring nicht zu erschweren. In der Regel ist der intraoperative Einsatz eines Bildwandlers nicht nötig. Sind Schwierigkeiten zu erwarten (starke Dislokation, verspätet operierte Verletzungen), wird präoperativ die Bildwandlereinstellung (a.-p.- und Inlet- sowie Outletprojektionen) überprüft. Die betroffene untere Extremität wird frei beweglich abgedeckt, um intraoperativ Repositionsmanöver durch Bewegungen am Bein durchführen zu können.

■ **Orientierungspunkte und Hautinzision**

Orientierungspunkte sind die Spina iliaca anterior superior sowie der Verlauf des Darmbeinkamms (Abb. 9.13a u. b). Die Inzision beginnt etwa 2–3 cm dorsal der Spina iliaca anterior superior und verläuft ca. 1–2 cm lateral der Crista iliaca über den Apex des Darmbeinkamms nach dorsal.

■ **Tiefe Präparation**

Nach Präparation durch das Subkutangewebe wird der sehnige Ansatz des M. obliquus externus dargestellt. Der Muskelbauch überragt die Crista iliaca in der Regel etwas nach lateral, so daß die Präparation eher von lateral distal beginnen muß, um den sehnigen Ansatz von der Crista iliaca sicher abzulösen und eine transmuskuläre Präparation zu vermeiden (Abb. 9.13c). Der gesamte Muskelansatz sollte dabei möglichst mit dem Periost in einer Einheit verbleiben, um später eine sichere Refixation zu erhalten. Sobald der kraniale Rand der Fossa iliaca erreicht ist, wird der M. iliacus mit einem breiten Raspatorium zusammen mit dem Periost vom Ilium abgehoben (Abb. 9.13d). In der Regel stößt man schon nach kurzer Präparationsstrecke auf die Hämatomhöhle der Verletzung. Zur besseren Übersicht kann nun nach erneuter Orientierung die Schnittführung am Beckenkamm verlängert werden. Meist reicht eine Verlängerung nach dorsal aus, in seltenen Fällen muß auch ventral nachinzidiert werden, wobei die Lage des N. cutaneus femoris lateralis zu beachten ist (bis maximal 15 mm dorsal der Spina iliaca anterior superior).

Die Lage des N. cutaneus femoris lateralis ist sehr variabel: Williams gibt Lagevariationen von lateral der Spina iliaca anterior superior bis in die direkte Nachbarschaft zum N. femoralis an [144]. De Ridder et al. untersuchten 100 Leichen und fanden eine Lage lateral der Spina iliaca anterior superior in 7% [18]. Traub et al. führten 68 ilioinguinale Dissektionen durch und fanden den Nerv im Durchschnitt 20, 4 mm (3–46 mm) medial der Spina iliaca anterior inferior, in keinem Fall lateral davon [134].

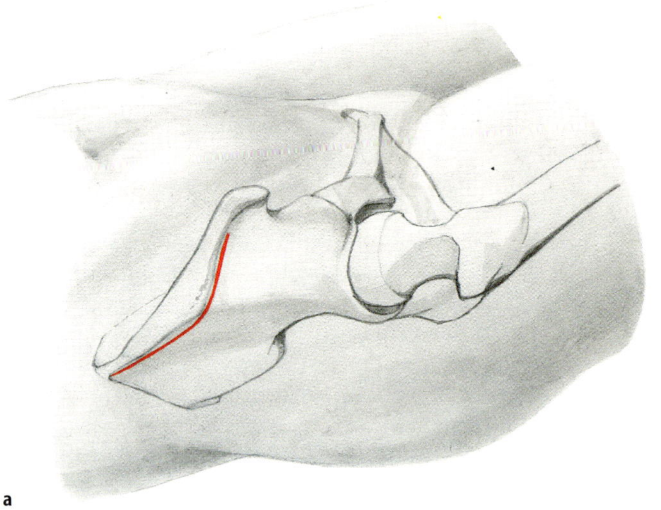

a

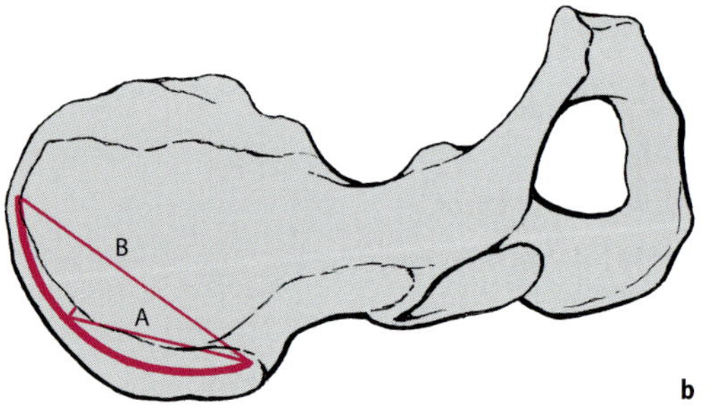


b

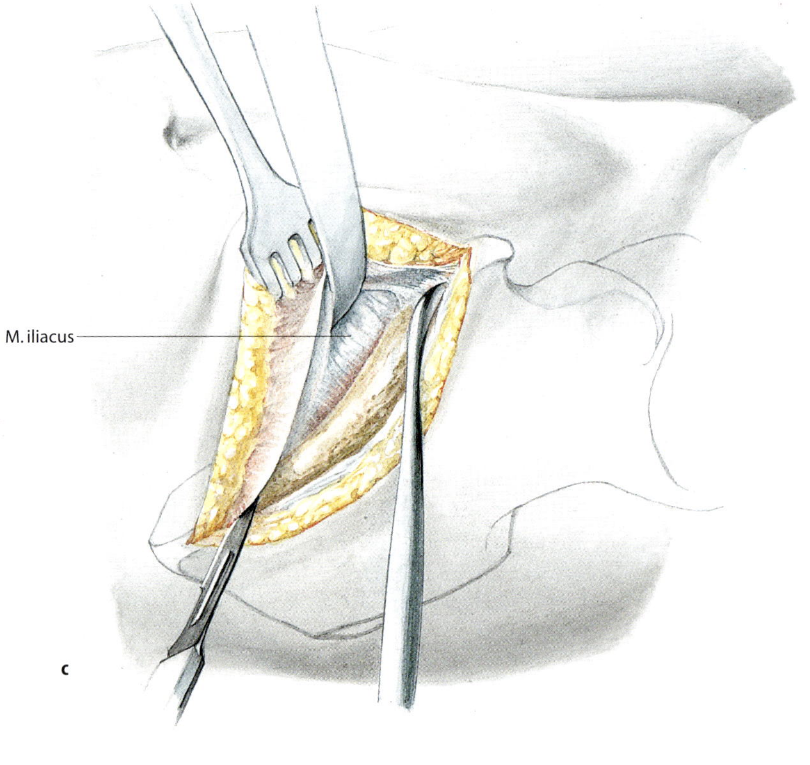


c

**Abb. 9.13 a–g.** Anterolateraler Zugang zum SI-Gelenk. **a** Hautinzision. **b** Darstellungsmöglichkeit im Verhältnis zur Inzisionslänge. Eine »kurze« Inzision (A) erlaubt nur eine begrenzte Retraktion der Muskulatur. Wird die Inzision weit nach dorsal verlängert (B), erweitert sich die »Zugangsfläche« erheblich. **c** Präparation der im Bereich des Beckenkammes leicht »überhängenden« Bauchwandmuskulatur. **d** Präparation der Pars lateralis des Os sacrum. **e** Endgültiger Hakeneinsatz und Einsicht in das SI-Gelenk. **f** Lage des Truncus lumbosacralis und seine Beziehung zur medialen Begrenzung des SI-Gelenkes. **g** Lage von N. obturatorius und Truncus lumbosacralis im CT-Schnittbild

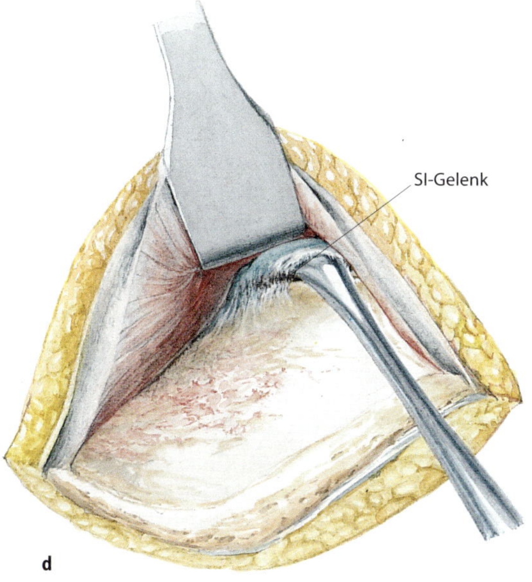
SI-Gelenk

d

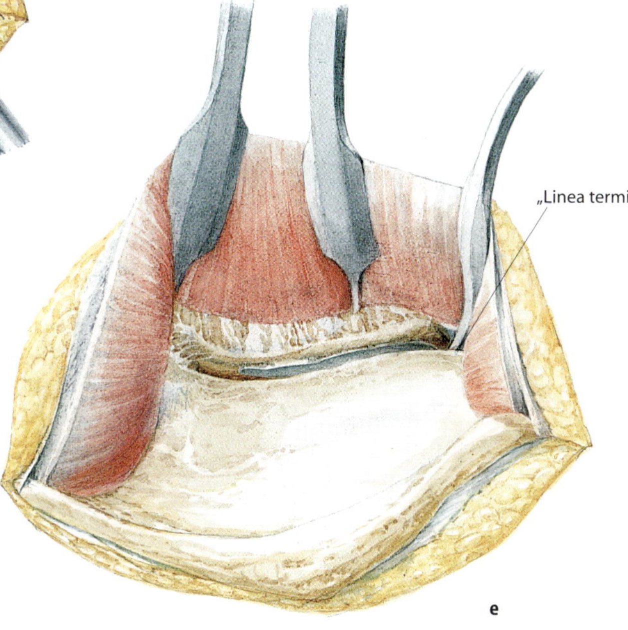
„Linea terminalis"

e

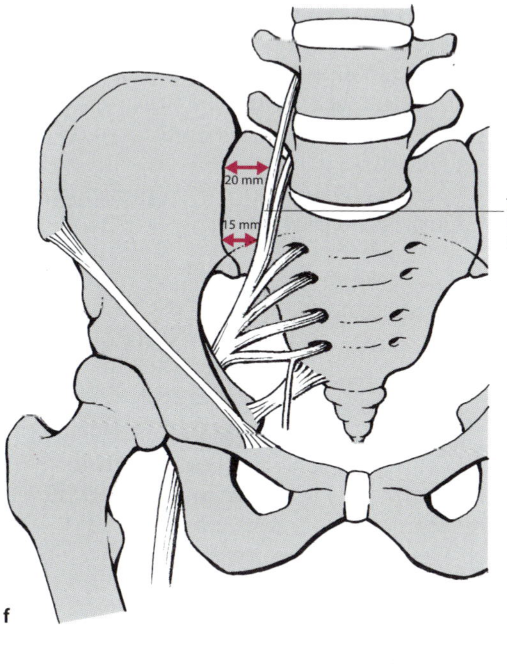
20 mm
15 mm
Truncus
lumbo-
sacralis

f

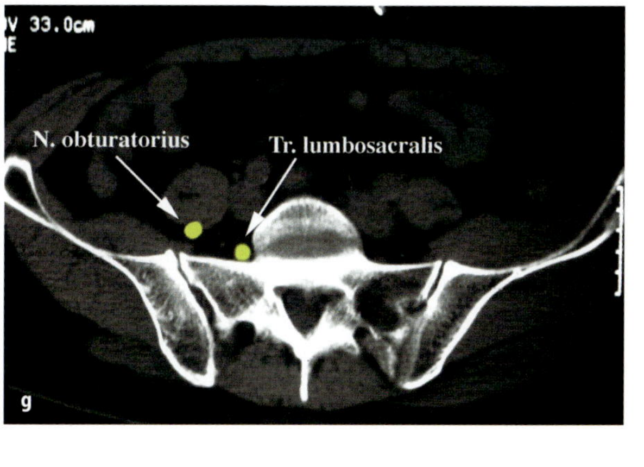
V 33.0cm
N. obturatorius
Tr. lumbosacralis
g

Nach Ausspülung des Hämatoms gewinnt man Einsicht in das zerrissene SI-Gelenk. Der M. iliacus, der M. psoas und die Baucheingeweide werden zunächst mit langen Langenbeck-Haken nach medial gehalten, und die Pars lateralis des Os sacrum wird mit dem Zeigefinger palpiert. In diesem Bereich sind bei reinen SI-Luxationen noch die Stümpfe der ventralen SI-Bänder angeheftet. Unter digitaler Kontrolle werden diese zusammen mit dem Periost vorsichtig mit dem Raspatorium von der Pars lateralis des Sakrums abgehoben. Diese etwas mühsame Präparation muß sorgfältig erfolgen, um ein Abrutschen sicher zu vermeiden. Die Exposition wird verbessert, sobald zunächst dorsal ein Hohmann-Hebel mit der Spitze in die Pars lateralis des Sakrums gesetzt wird. Nach Anziehen ist nun auch das SI-Gelenk und die Pars lateralis des Sakrums einzusehen, so daß jetzt in der Regel ohne Schwierigkeiten auch distal ein 2. Hohmann-Hebel eingeschlagen werden kann (Abb. 9.13e). Es ist weiterhin darauf zu achten, daß der Truncus lumbosacralis nicht verletzt wird. Zur größeren Sicherheit wird die Spitze des Hakens ausschließlich in die Bereiche des Knochens eingesetzt, die vollständig vom Periost befreit sind. Weichteilgewebe und im Zweifelsfall der Truncus lumbosacralis werden bei diesem Vorgehen allenfalls »angehoben«, aber nicht verletzt!

Eine weitere Verbesserung der Übersicht erhält man, wenn »distal« der Linea terminalis ein runder Hohmann-Hebel eingesetzt wird. Dieser befindet sich etwa in einem Winkel von 60°–80° zur Ebene des SI-Gelenkes und ermöglicht die Einsicht in den ventralen Anteil des SI-Gelenkes. Da die Ebene des SI-Gelenkes schräg ist, ist über diesen Zugang eine ausgezeichnete Einsicht direkt in die Gelenkfläche zu erhalten; ggf. ist auch ein Gelenkdébridement unter Sicht möglich.

! **Gefahren.** In Gefahr ist der Truncus lumbosacralis, der sich von dorsal-medial nach distal-lateral bis auf 10 mm dem SI-Gelenk annähert [25, 82] (Abb. 9.13f). Der potentiell ebenfalls gefährdete N. obturatorius liegt in der SI-Region tief intramuskulär zwischen M. iliacus und M. psoas major und ist deswegen bei einer subperiostalen Präparation in der Fossa iliaca nicht gefährdet (Abb. 9.13 g).

### ■ Wundverschluß

Der Wundverschluß ist einfach, da die Weichteile von selbst in die Ursprungsposition »zurückfallen«. Die abgelöste Bauchwandmuskulatur muß sorgfältig refixiert werden. Im abgelösten sehnigen Ansatz mit anhängendem Periost findet die Naht guten Halt. Nach distal wird U-förmig knochennah am Ursprung der Abduktoren gestochen. Sowohl fortlaufende Naht (z.B. mit PDS® 1) als auch Einzelnahttechnik (z.B. mit Dexon® 1) ist möglich.

### ■ Erweiterungsmöglichkeit

Eine komplette Erweiterung zum ilioinguinalen Zugang (s. Kap. 19.2) erlaubt die vollständige Exposition der Linea terminalis und des vorderen Pfeilers des Acetabulums, ist aber zur Versorgung von Beckenringinstabilitäten nicht notwendig. Bei der Versorgung von Typ-C-Verletzungen erfolgt eine Symphysenverplattung über einen zusätzlichen Pfannenstielschnitt (s. S. 143). Eine »transpubische Instabilität« wird durch zusätzliche externe Fixation stabilisiert oder über einen Pfannenstielschnitt mittels »transpubischer Schraube« versorgt (s. S. 150).

## Transiliakale Instabilitäten

Reine transiliakale Instabilitäten sind relativ selten und durch eine große Variabilität der Frakturlinien gekennzeichnet (Abb. 9.14). Zu unterscheiden sind Ilium- mit begleitenden Hüftpfannenfrakturen: Diese häufig als »Zweipfeilerfrakturen« auftretenden Acetabulumverletzungen werden als Gelenkfrakturen getrennt besprochen (s. Teil II).

Vielfach weisen die Iliumfrakturen multiple Fragmente, teilweise mit Trümmerzonen am Beckenkamm auf. Das Stabilisierungsverfahren muß sich am spezifischen Frakturverlauf orientieren. Prinzipiell kommen Kombinationen zwischen Platten- und Zugschraubenosteosynthesen in Frage.

Nach ihrem Erstbeschreiber ging die Trümmerfraktur des Os ilium als »Duverney-Fraktur« schon 1751 in die Literatur ein – im beschriebenen Fall als komplexe Beckenfraktur allerdings mit letalem Ausgang (vgl. auch Abb. 8.7b) [22]. Die Zertrümmerung des Os ilium muß als Zeichen einer hohen Gewalteinwirkung gewertet werden. Immer ist mit Begleitverletzungen, in seltenen Fällen bis hin zu Darmperforationen, zu rechnen!

### ■ Indikationen zur Stabilisierung der Iliumfraktur

Komplette Iliumfrakturen sind dem Frakturtyp C und damit den translatorisch instabilen Frakturen zuzuordnen. Prinzipiell bestehen Osteosyntheseindikationen bei allen dislozierten Frakturen. Ist die Fraktur undisloziert oder fest eingestaucht, ist eine nichtoperative Behandlung vorzuziehen.

### ■ Zugang

Der anterolaterale Zugang zur Fossa iliaca in Rückenlage wird im eigenen Vorgehen als Standard eingesetzt.

**Weitere Zugangsmöglichkeit.** Lateraler Zugang mit Darstellung der Außenfläche des Os ilium in Rücken- oder auch Seitenlage: Nur Ablösung der Abduktoren vom Beckenkamm [76] bei der Versorgung von transiliakalen SI-Luxationsfrakturen oder mit einer erweiterten lateralen Freilegung [88] zur Versorgung begleitender Acetabulumfrakturen.

Im eigenen Vorgehen wird nur noch in Ausnahmefällen zur Versorgung von transiliakalen Luxationsfrakturen mit kleinem Iliumfragment die limitierte Zugangsform eingesetzt. Die erweiterte Variante wird aufgrund der ausgedehnten Muskelablösungen mit einem hohen Risiko für heterotope Ossifikationen [83], den Nachteilen der Seitenlage beim polytraumatisierten Patienten und der nur unzureichenden Exposition zur Versorgung von Acetabulumfrakturen nicht mehr angewandt.

## ■ Gefahren

**Anterolateraler Zugang (in die Fossa iliaca).** Verletzung des Truncus lumbosacralis bei zu medialer Präparation, Durchtrennung oder Traktionsschaden des N. cutaneus femoris lateralis, Blutungen aus dem präsakralen Venengeflecht und aus Frakturflächen, Schraubenperforation in das Hüftgelenk bei falscher Implantatlage. Kellam beobachtete späte Beschwerden, wenn Platten im Bereich der Crista iliaca eingesetzt wurden [62].

*Selten:* N. obturatorius bei falscher, intramuskulärer Präparation.

**Lateraler Zugang (Außenfläche des Os ilium).** Verletzung des glutäalen Gefäß-Nerven-Bündels bei zu dorsaler Präparation mit sekundärer Abduktionsschwäche, heterotope Ossifikationen.

## ■ Lagerung

In Rückenlage, die betroffene Extremität ist frei beweglich abgedeckt. Die intraoperative Bildwandlerkontrolle sollte bei Schwierigkeiten möglich sein.

## ■ Repositionstechnik

Direkte Reposition unter Sicht. Eine Schanz-Schraube im Beckenkamm erleichtert die Rotationskontrolle. Wenn Anteile der Fraktur verkeilt sind, kann die Lösung und Reposition unter vorsichtiger Hebelwirkung des Raspatoriums, ggf. unter Zuhilfenahme des Arthrodesespreizers und der »Farabeuf Zange«, erfolgen. »Dichte Knochenstrukturen« zum Ansatz der Instrumente beachten (s. Kap. 2).

## ■ Osteosynthesetechnik bei der »Iliumfraktur«

Die Stabilisierung erfolgt im Bereich der Linea terminalis mit Platten, am Beckenkamm werden Zugschrauben eingesetzt (Abb. 9.14c).

Da die Implantate im Bereich der Linea terminalis im aufrechten Stand im wesentlichen als »Abstützplatten« oder »Antigleitplatten« wirken, werden im eigenen Vorgehen die steiferen 3,5-mm-DC-Platten bevorzugt, aber auch Rekonstruktionsplatten sind einsetzbar. Im Beckenkamm reichen 3,5-mm-Zugschrauben aus, allerdings sollte die längstmögliche Implantatlänge im Knochen angestrebt werden. Bei mehreren Frakturlinien wird der Beckenkamm von dorsal nach ventral »abschnittsweise« rekonstruiert. In den zentralen Anteil der Fossa iliaca werden aufgrund des fehlenden

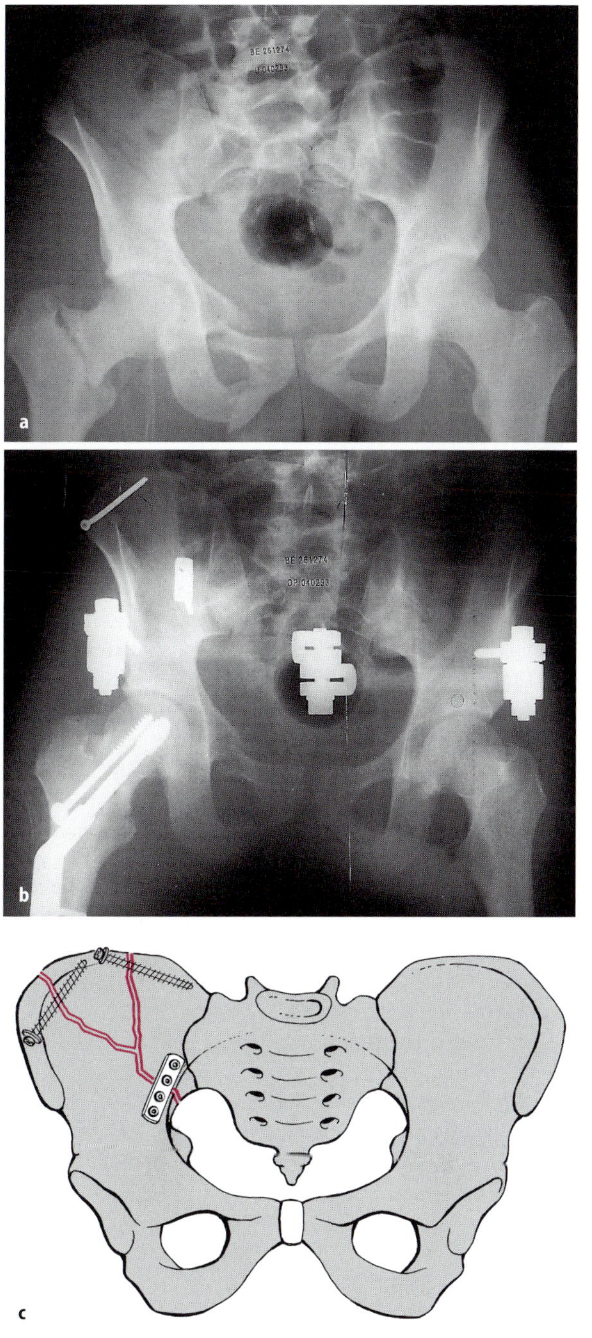

**Abb. 9.14 a–c.** Versorgung der transiliakalen Instabilität. **a, b** Versorgung einer transiliakalen Fraktur durch Zugschrauben- und Plattenosteosynthese. **c** Im Bereich des Beckenkammes werden bevorzugt Zugschrauben eingesetzt, im Bereich der Linea terminalis werden Platten verwendet (Zugänglichkeit)

Haltes in der papierdünnen Knochenstruktur keine Implantate plaziert.

### ■ Implantatentfernung

Eine Implantatentfernung ist prinzipiell nicht notwendig, da kein Gelenk überbrückt wird und die Implantate entweder intraossär oder mit ausgezeichneter Weichteildeckung liegen. Sie ist indiziert, wenn Beschwerden, z. B. am Beckenkamm, auftreten.

## Transiliosakrale Instabilitäten

Transiliosakrale Instabilitäten stellen die häufigsten Verletzungen des hinteren Beckenringes im Rahmen der Typ-C-Verletzungen dar. Sie werden unterteilt in die »reinen iliosakralen Luxationen« (etwa 60 % der Fälle) sowie in die »transiliakalen« (auch »Halbmondfraktur«, etwa 30 % der Fälle) und »transsakralen« Luxationsfrakturen (etwa 10 % der Fälle) [97].

Es gibt eine Vielzahl von operativen Stabilisierungen sowohl in Rückenlage als auch in Bauchlage des Patienten: ventrale Verplattung über den anterolateralen Zugang [91, 130], seltener den transperitonealen Zugang [33], die transiliosakrale Verschraubung über den dorsalen Zugang [116] oder auch die gedeckte transiliosakrale Zugschraubenosteosynthese unter Bildwandler- [111] oder CT-Kontrolle [23, 24].

Im eigenen Vorgehen ist die ventrale Plattenosteosynthese der Standard zur Versorgung der SI-Sprengung. Sie erlaubt als offenes Verfahren eine sichere Reposition und Implantatpositionierung und vereinfacht durch die Rückenlage das Patientenmanagement (Polytrauma) und die Repositionsmöglichkeiten (simultane Exposition des vorderen Beckenrings).

Bei Luxationsfrakturen orientiert sich die Implantatewahl individuell am Frakturverlauf und der Fragmentgröße, besonders im Sakrum. Es wird die zur Versorgung der transiliakalen Instabilität beschriebene Technik ggf. mit der gelenkübergreifenden Plattenosteosynthese kombiniert.

### ■ Entwicklung der Osteosynthesetechnik bei SI-Sprengungen

Smith Peterson gibt 1921 eine neue Technik zur SI-Arthrodese bei chronischen Zuständen an [127]. Lehmann berichtet 1934 über die offene Reposition und Zugschraubenosteosynthese einer C1-Verletzung mit SI-Luxation einer Reiterin mit anatomischem Ausheilungsresultat [69]. Meyer-Burgdoff beschreibt 1936 einen weiteren ähnlichen Fall [81]. Terbrüggen et al. geben 1974 eine dorsale Verplattung des SI-Gelenkes an [129 a]. Schweiberer empfiehlt 1978 die offene Einrichtung und Plattenstabilisierung von irreponiblen SI-Sprengungen und Nervenschäden. Tile beschreibt 1984 die ilioiliakalen Gewindestäbe als Standardverfahren für dorsale Instabilitäten [130]. Olerud gibt 1984 eine ventrale SI-Verplattung mit Spezialimplantat an [91]. Berner, Oestern und Tscherne empfehlen 1984 aufgrund von Nachuntersuchungsergebnissen die operative Stabilisierung des SI-Gelenkes mit Platten und Schrauben [5]. Ruedi beschreibt 1986 die Technik der transiliosakralen Verschraubung mit digitaler Kontrolle [116]. Matta kann 1989 durch standardisierte intraoperative Bildwandlereinstellungen die Länge der zur transiliosakralen Zugschraubenosteosynthese eingesetzten Schrauben vergrößern und damit die Indikation der transiliosakralen Verschraubung auf Sakrumfrakturen ausweiten [76]. Routt gibt 1995 umfangreiche Erfahrungen mit der transiliosakralen Zugschraubenosteosynthese in Rückenlage an [112].

### ■ Indikationen zur SI-Verplattung von ventral

- SI-Sprengungen im Rahmen von Typ-C-Verletzungen
- Transiliakale Luxationsfrakturen des SI-Gelenkes mit unbedeutend kleinem Fragment

### ■ Gefahren

Verletzung des Truncus lumbosacralis bei zu medialer Präparation am Os sacrum, Verletzung des N. cutaneus femoris lateralis bei zu ventraler Präparation am Bekkenkamm, Verletzungen des N. obturatorius bei falscher, intramuskulärer Präparation, Blutungen aus dem präsakralen Venenplexus, Verletzung sakraler Nervenwurzeln bei falscher (zu medialer) Schraubenrichtung im Os sacrum.

### ■ Vorbereitung und Lagerung

Transurethraler Blasenkatheter (insbesondere bei kombinierter Symphysenstabilisierung), perioperative Antibiotikaprophylaxe, operative Lagerung mit intraoperativer Durchleuchtungsmöglichkeit, a.-p.-, Inlet- und Outletaufnahme (notwendig nur bei Schwierigkeiten), Bein der verletzten Seite beweglich abdecken.

### ■ Repositionstechnik

Nach Präparation des SI-Gelenkes wird zunächst das Gelenk aufgespreizt und die Gelenkfläche inspiziert; ggf. werden Repositionshindernisse (Knorpel- oder Knochenfragmente) entfernt (Abb. 9.15 a). Bei ausgedehnten Knorpelzerstörungen wird eine komplette Ausräumung im Sinne einer Arthrodese durchgeführt. Bei frischen Verletzungen gelingt die Reposition in der Regel leicht durch Anziehen des in der Pars lateralis des

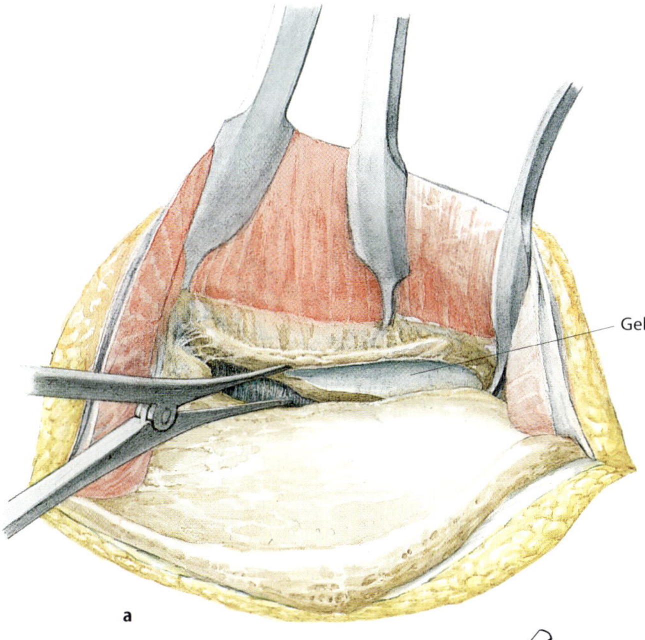


**Abb. 9.15 a, b.** Repositionstechnik bei SI-Gelenk-Sprengungen. **a** Nach Darstellung des SI-Gelenkes wird dieses zunächst aufgespreizt und die Gelenkfläche inspiziert, um Schäden festzustellen und ggf. freie Knorpelfragmente entfernen zu können. **b** Die Reposition erfolgt zunächst durch manuelle Kompression von lateral, ggf. unter Zuhilfenahme einer Schanz-Schraube im Beckenkamm. Insbesondere bei veralteten Verletzungen kann es notwendig sein, über eine Hilfsschraube eine direkte Kompression über eine eingesetzte Faraboeuf-Zange zu erreichen

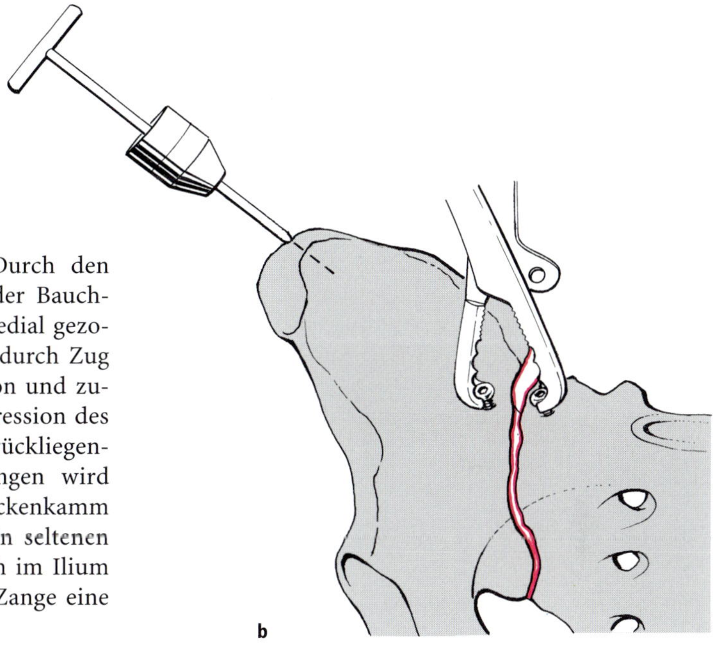


Sakrums eingesetzten Hohmann-Hebels. Durch den dadurch erzeugten Zug über die Ansätze der Bauchwandmuskulatur wird das Os ilium nach medial gezogen. Ggf. kann diese Repositionsbewegung durch Zug am Bein, kombiniert mit einer Innenrotation und zusätzlicher direkter manueller laterale Kompression des Beckens, unterstützt werden. Bei länger zurückliegenden Verletzungen und Rotationsfehlstellungen wird eine Schanz-Schraube mit T-Griff in den Beckenkamm und als Steuerungsinstrument verwendet. In seltenen Fällen ist es notwendig, über eine zusätzlich im Ilium gebohrte Hilfsschraube und die Faraboeuf-Zange eine Reposition zu erreichen (Abb. 9.15 b).

## ■ Osteosynthesetechnik

Die Exposition wird so erweitert, daß 2 schmale 3-Loch-DC-Platten in einem Winkel von 70°–90° zueinander aufgebracht werden können (Abb. 9.16 a und 9.17). Die Löcher zur sakralen Schraubenfixation werden vor der endgültigen Reposition mit direkter Einsicht in das SI-Gelenk gebohrt. Bei schwierigen Sichtverhältnissen erleichtert ein in das SI-Gelenk eingesteckter langer Spickdraht die Orientierung. Die Eintrittspunkte der Schrauben in der Pars lateralis des Os sacrum müssen so gewählt sein, daß sie direkt juxtaartikulär medial des SI-Gelenkes zu liegen kommen, um die dort sehr feste Knochensubstanz auszunützen und eine Verletzung des Truncus lumbosacralis zu vermeiden. Die Schraubenlöcher müssen einen ausreichenden Abstand zueinander haben, um eine nahezu rechtwinklige Plattenlage zu erlauben. Die Ausrichtung des Bohrers in der 2. Ebene orientiert sich in etwa an der ventralen Sakrumkortikalis (Palpation mit der Fingerspitze).

Bei der dorsalen Bohrung müssen zunächst die beiden Kortizes des dorsal ausladenden Anteils der Pars lateralis des Sakrums durchbohrt werden. Nach Durchquerung der dorsalen sakroiliakalen Bandansätze taucht der Bohrer wieder in den spongiösen Kno-

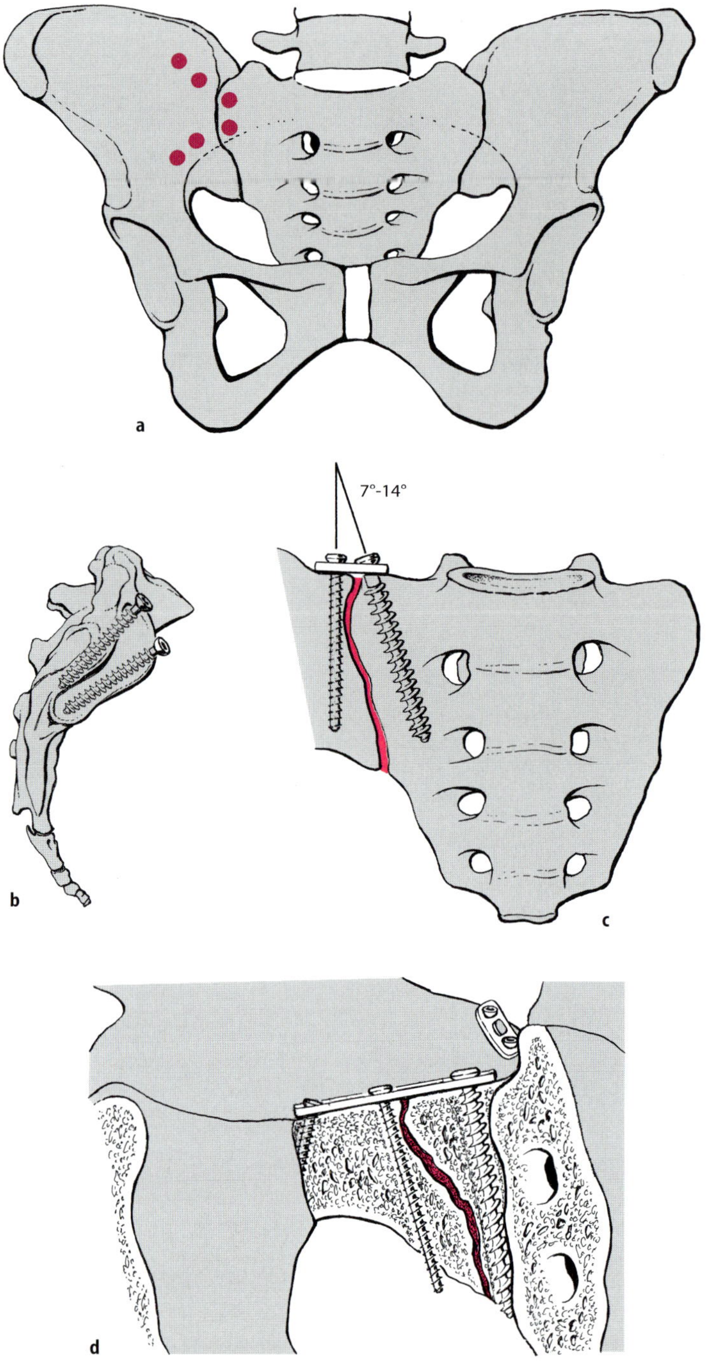


**Abb. 9.16 a–d.** Implantatlage bei ventraler SI-Verplattung. **a** Die Implantate sollten einen Winkel von etwa 60°–90° zueinander einnehmen, um die dichte Knochenstruktur im hinteren Beckenring ausnützen zu können. **b–d** Die Schraubenlage im Os sacrum ist parallel und möglichst nahe am Gelenkspalt (Knochenqualität), im Os ilium wird der extrem dichte Knochen im Bereich der Incisura ischiadica major bzw. die dichten spongiösen Strukturen der Crista iliaca posterior ausgenützt

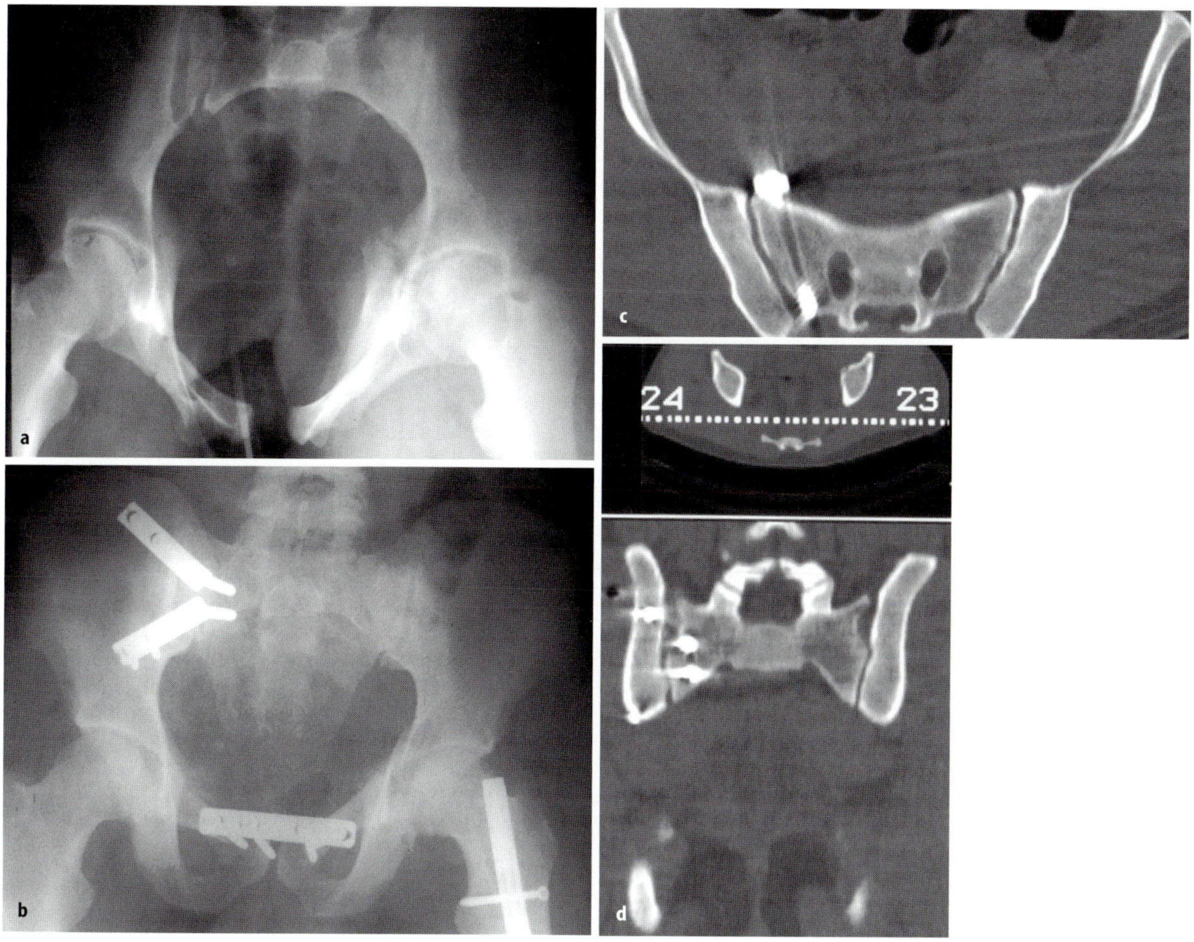


**Abb. 9.17 a–d.** **a** Klinisches Beispiel der Versorgung einer Beckenringinstabilität vom Typ C, bestehend aus einer Symphysensprengung und SI-Luxation. **b** Die Reposition erfolgte in Rückenlage unter simultaner Eröffnung der Symphysenregion und der Region des SI-Gelenkes. Die Stabilisierung wurde durch eine Symphysenverplattung und ventrale Verplattung des SI-Gelenkes durchgeführt. **c, d** Das postoperative CT demonstriert die Implantatlage in Beziehung zum SI-Gelenk

chen der Pars lateralis des Sakrums ein. Das Gewinde für 6,5-mm-Spongiosaschrauben wird allenfalls angeschnitten, Schraubenlängen von 50–65 mm sind realisierbar (Abb. 9.16 d).

Nach endgültiger Reposition werden nun die Platten angeformt, wobei sie in einem Winkel von etwa 70°–90° zueinander positioniert werden, um die ausgezeichnete Knochenstruktur der dorsalen und ventralen Iliumanteile auszunutzen.

Die sakrale Schraube muß aufgrund des durchgehenden Spongiosagewindes vollständig in das Plattenloch eingedreht werden. Platte und Schraube werden mit angesetztem Schraubendreher eingeführt und lassen sich so auch in der Tiefe der Wunde problemlos plazieren. Die sakralen Schrauben werden zunächst noch nicht komplett angezogen. Zunächst erfolgt die Feinreposition, das Ausrichten der Platten und das Besetzen der iliakalen Schraubenlöcher unter dynamischer Kompressionswirkung mit DC-Schrauben. Besonders im Bereich der Linea terminalis befindet sich am Becken sehr harter Knochen, der einen ausgezeichneten Halt für Kortikalisschrauben bietet. In der dorsalen Platte wird die Schraube parallel zum SI-Gelenk eingebracht, die laterale Schraube wird in der größtmöglichen Länge schräg durch die Crista iliaca posterior gesetzt. Alle Schrauben werden wechselweise komplett angezogen.

**Hinweis**

Reicht die Repositionskontrolle durch direkte Sicht nicht aus, wird mittels Bildwandler in a.-p.-, Inlet- oder Outletprojektion die Reposition kontrolliert.

Bei Rotationsinstabilitäten mit Symphysenverletzungen wird die Feinreposition im Bereich der Symphyse kontrolliert. Schon bei geringen Fehlstellungen im SI-Gelenk treten aufgrund der großen Entfernung im Symphysenbereich signifikante Stufenbildungen und Rotationen auf.

**Modifikationen der Osteosynthesetechnik.** Trentz gibt den transperitonealen Zugang zur Verplattung im »Rückzug« nach Laparotomie an [33].

Im eigenen Krankengut wurde diese Methode nicht angewendet, in entsprechenden Notfallsituationen wurde eine zuverlässige primäre Stabilisierung mit der Beckenzwinge erreicht und die Verplattung sekundär durchgeführt.

Zur Implantatewahl werden mehrere Modifikationen der Implantate angegeben:

- 3,5-mm-DC-Platten parallel [130],
- »Quadratplatten« [91],
- große oder kleine Rekonstruktionsplatten [33, 62, 87, 120],
- modifizierte Quadratplatte [71, 72].

Im eigenen Vorgehen werden die schmalen 3-Loch-DC-Platten bevorzugt, da sie eine erhöhte Steifigkeit aufweisen und die Verankerung im weichen sakralen Knochen mit 6,5-mm-Spongiosaschrauben möglich ist. Die Plattenposition selbst spielte in biomechanischen Untersuchungen nur eine untergeordnete Rolle, sowohl in paralleler als auch gewinkelter Position lag die Belastungsgrenze bei etwa 100% des Körpergewichtes [40]. Der Einsatz von Stahlimplantaten wird dringend empfohlen, da bei Titanimplantaten im eigenen Krankengut bei Implantatentfernungen Schraubenbrüche (sakral, schwierige Überbohrung!) vorkamen.

### ■ Implantatentfernung

Da im SI-Gelenk physiologische Bewegungen auftreten, wird grundsätzlich beim jungen Patienten eine Implantatentfernung 6–12 Monate nach der Verletzung empfohlen. Kommt es zur Arthrodese, wird bei Beschwerdefreiheit auf die Plattenentfernung verzichtet.

### ■ Weitere Versorgungsmöglichkeiten in Rückenlage

**Gedeckte transiliosakrale Verschraubung unter Bildwandlerkontrolle.** Bei unverschobenen SI-Sprengungen oder in Notfallsituationen ist die transiliosakrale Zugschraubenosteosynthese auch in einem gedeckten Verfahren in Rückenlage einsetzbar [111, 112]. Die exakte radiologische Darstellbarkeit muß unbedingt gewährleistet sein, sonst ist die Methode als »unsicher« zu bewerten [113]. Des weiteren ist darauf zu achten, daß bei der geschlossenen Technik aufgrund des »schmaleren Zielkorridors« die Bandbreite zur Einbringung der Schrauben schmaler ist als bei der offenen Technik [129] (s. auch Abb. 9.27 c).

Im eigenen Vorgehen wird diese Technik zur Versorgung frischer SI-Sprengungen nicht eingesetzt:

- Die Möglichkeiten einer exakten, geschlossenen Reposition des SI-Gelenkes bei Typ-C-Verletzungen – und ausschließlich bei diesen ist nach eigenem Verständnis eine Stabilisierung erforderlich – erscheinen unbefriedigend.
- Die Rate der angegebenen Schraubenfehllagen liegt bei Routt bei 3% [110], bei weniger spezialisierten Autoren zwischen 10 und 17% [42, 142]. Diese Rate ist u. E. gerade bei einer Methode, die in Notfallsituationen sicher einsetzbar sein muß, nicht akzeptabel.

**Gedeckte transiliosakrale Verschraubung unter CT-Kontrolle.** Als relativ neue Technik wird die Kontrolle der Schraubenapplikation durch CT-Untersuchungen angegeben [23, 89].

In der eigenen Einschätzung erscheinen die auch bei dieser Methode mangelhaften Repositionsmöglichkeiten und relativ lange CT-Nutzungszeiten bei eingeschränkten Sterilitätsbedingungen als derzeit wesentliche Nachteile dieser Methode.

**Gedeckte transiliosakrale Verschraubung mit »Navigationssystemen«.** In der Entwicklung sind sog. »Navigationssysteme«, die sich schon in der Wirbelsäulenchirurgie zur bildwandlerfreien Besetzung von Pedikelschrauben bewährt haben. Sie erhöhen die Sicherheit auch bei der Applikation von transiliosakralen Zugschrauben [2].

Da bisher die sichere Identifikation von sich auf einander zubewegenden Fragmenten noch nicht gelöst ist und damit eine Reposition z. Z. noch nicht zuverlässig »gesteuert« werden kann, bleiben für den Einsatz bei dislozierten Verletzungen noch weitere Entwicklungen abzuwarten.

### Transiliakale Luxationsfrakturen (»Halbmondfraktur«, crescent fracture«)

Die Versorgungstaktik hängt von der Größe des anhängenden iliakalen Fragmentes ab:

- Ist das Fragment groß genug und ist es fest mit den dorsalen sakroiliakalen Bändern verbunden (Kontrolle im CT), reicht in der Regel eine nicht gelenkübergreifende Osteosynthese aus:
  - Anterolateraler Zugang mit Kombination von Platten- und Schraubenosteosynthese: Eine Kleinfragment-DC-Platte (4- oder 6-Loch) stabilisiert die Fraktur im Bereich der Linea terminalis parallel zum SI-Gelenk. Im Bereich des Beckenkamms wird mit 1 oder 2 3,5-mm-Zugschrauben stabilisiert (Abb. 9.18 a, b).
  - Dorsaler Zugang und direkte Zugschraubenosteosynthese (Abb. 9.18 c–e).
- Ist das verbliebene Fragment nur sehr klein, wird gelenkübergreifend in der Technik der ventralen SI-Verplattung vorgegangen. In Einzelfällen kann eine ventrale SI-übergreifende Platte mit einer Zugschraube am dorsalen Beckenkamm kombiniert werden.

### Transsakrale Luxationsfrakturen

Bei sehr kleinem sakralem Fragment kann das SI-Gelenk gelenkübergreifend von ventral in der oben angeführten Standardtechnik stabilisiert werden. Bei einem großen Fragment, das wesentliche Anteile der kranialen Pars lateralis des Sakrums beinhaltet, erfolgt die Stabilisierung wie bei einer transalaren Sakrumfraktur (s. S. 170).

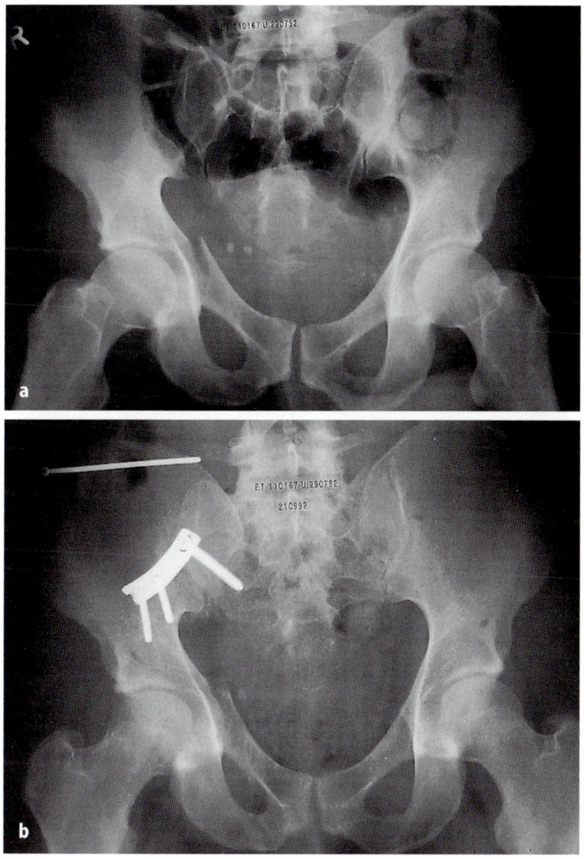


Abb. 9.18 a, b. a Klinisches Beispiel der Versorgung einer transiliosakralen Luxationsfraktur. b Ausheilungsergebnis nach Versorgung mit SI-Gelenk übergreifender Platte und Zugschraube am Beckenkamm. Je nach Größe des verbliebenen Iliumfragmentes kann auch auf eine gelenkübergreifende Stabilisierung vollständig verzichtet werden. Ein ventraler Fixateur externe wurde nach 3 Wochen entfernt

## 9.2.5 Stabilisierung des hinteren Beckenrings in Bauchlage

**Im eigenen Vorgehen wird lediglich die Versorgung der Sakrumfrakturen in Bauchlage durchgeführt, nur in Ausnahmefällen die Verschraubung einer transiliakalen SI-Luxationsfraktur. Es wird deswegen zunächst die Versorgung der Sakrumfraktur besprochen, gefolgt von weiteren Stabilisierungsmöglichkeiten für SI-Verletzungen und Sakrumfrakturen.**

### Versorgung der Sakrumfraktur durch »lokale Osteosynthese«

In der Behandlung der Sakrumfrakturen hat sich in den letzten Jahren ein Wandel vollzogen. Während noch vor 10 Jahren weder genaue Zahlen über ihre Inzidenz im Rahmen des Beckentraumas, noch über die Rate der begleitenden Nervenschäden vorlagen, werden derzeit verschiedene Osteosynthesetechniken entwickelt. Da die Problematik der Sakrumfrakturen neben der bestehenden Beckenringinstabilität auch eine hohe Rate an begleitenden Nervenschäden beinhaltet, muß das Behandlungsziel in der Beseitigung von Nervenwurzelkompressionen und in einer übungsstabilen Fixation in anatomischer Stellung liegen. Zur Stabilisierung sind prinzipiell die früher häufig eingesetzten ilioiliakalen »Überbrückungsosteosynthesen« wie Gewindestäbe und ilioiliakale Plattenosteosynthesen möglich. Allerdings gelingt es in vielen Fällen, bei genauer Kenntnis der Sakrumanatomie allein auf die Verankerung im Sakrum beschränkte Osteosynthesen durchzuführen. Diese von uns bevorzugte Osteosynthesetechnik erlaubt es, über eine direkte Einsicht in die Fraktur eine sehr sorgfältige Nervendekompression durchzuführen und auf die »Transfixation« der an sich unverletzten SI-Gelenke zu verzichten.

### Zugang zum Os sacrum

Dieser Zugang ist eine Modifikation und wird im eigenen Vorgehen als 3. Standardzugang bei der Versorgung von Beckenringverletzungen eingesetzt.

#### ■ Prinzip und Lagerung

Über eine mediane oder seitlich versetzte Längsinzision wird das Sakrum ein- oder beidseitig freigelegt, wobei der Bauch des M. multifidus seitlich, nach lateral oder medial weggedrängt, in der Regel aber durch proximal gestielte Lappenbildung nach kranial angehoben wird. Dadurch kann die komplette dorsale Lamina des Os sacrum ein- oder beidseitig eingesehen werden.

Der Patient wird in Bauchlage gebracht, mit Kissenunterpolsterung im Becken- und Thoraxbereich mit frei hängendem Abdomen. Abdeckung von der Rima ani bis zur mittleren LWS.

#### ■ Orientierungspunkte und Hautinzision

Orientierungspunkte sind die Crista iliaca, die Spina iliaca posterior superior und inferior, die Dornfortsätze L 4/L 5 sowie die Crista centralis und die kraniale Begrenzung der Rima ani. Die Inzision richtet sich nach der Frakturcharakteristik (Abb. 9.19 a):

**Transforaminale Sakrumfraktur.** Hier ist die Darstellung der Sakrumrückfläche nur einseitig erforderlich (Schnittführung A: Längsschnitt in der Mitte zwischen der Crista sacralis mediana und dem dorsalen Beckenkamm von L 4–S 4.

**Transalare und zentrale Sakrumfrakturen.** Wenn eine bilaterale Exposition der Sakrumrückfläche nötig ist, medianer Längsschnitt knapp neben der Crista sacralis mediana, um Narbenschmerzen beim Aufliegen zu vermeiden (Schnittführung B).

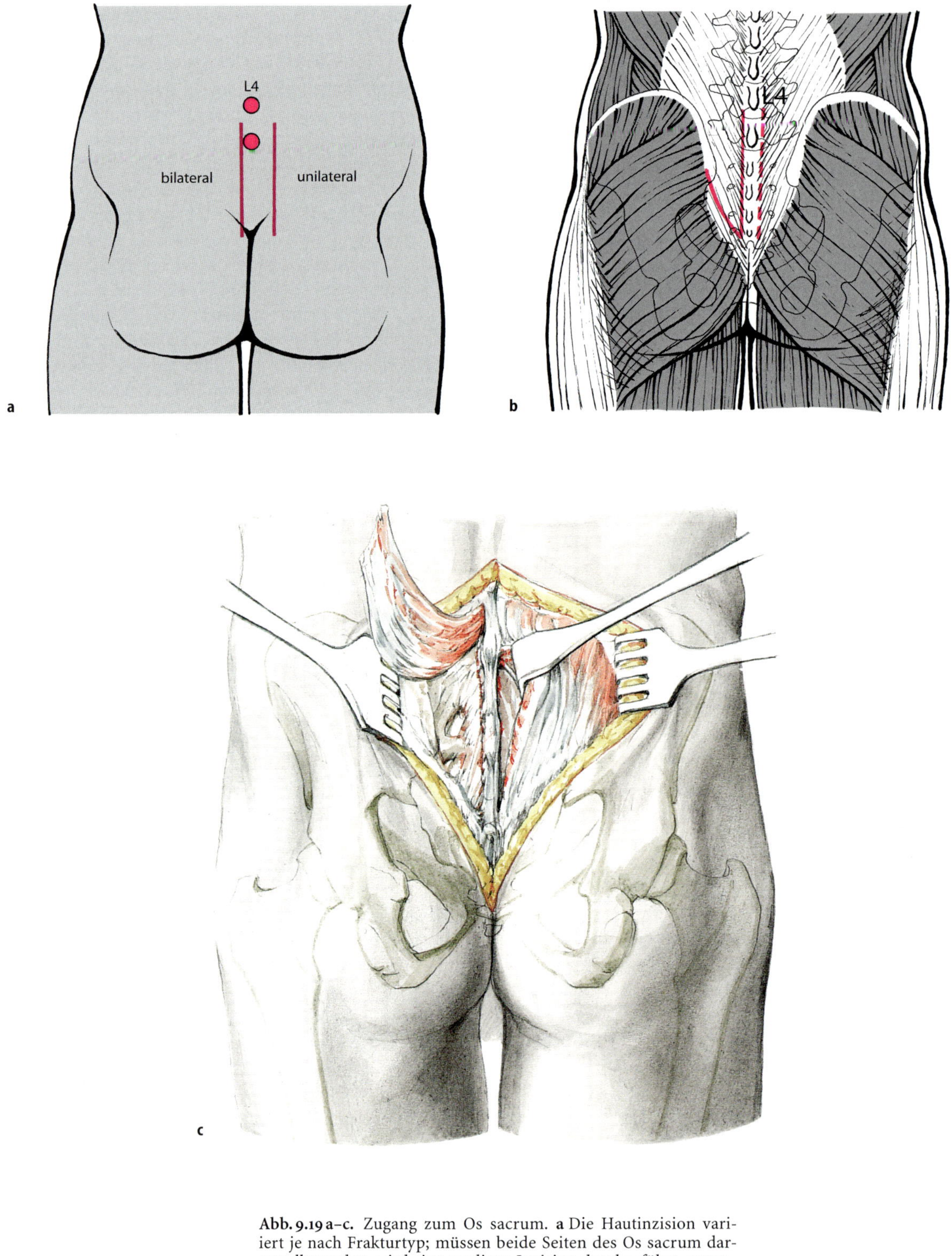


**Abb. 9.19 a–c.** Zugang zum Os sacrum. **a** Die Hautinzision variiert je nach Frakturtyp; müssen beide Seiten des Os sacrum dargestellt werden, wird eine mediane Inzision durchgeführt, ansonsten wird diese in die Mitte zwischen die Crista centralis und den Beckenkamm verschoben. **b** Je nach dem Ausmaß der Darstellung wird die Fascia lumbosacralis entlang der Crista centralis inzidiert oder lappenförmig zum Beckenkamm hin abgelöst. **c** Die Ausläufer des M. erector trunci (M. multifidus) werden zur Seite gehalten oder bei der Notwendigkeit einer kompletten Exposition angeschlungen und komplett lappenförmig abgehoben

■ **Tiefe Präparation**
Nach der Hautinzision wird die Fascia lumbosacralis scharf von den Dornfortsätzen und der Crista centralis gelöst, und mit dem Raspatorium wird der M. multifidus von der dorsalen Lamina des Sakrums abgehoben. Lateral proximal wird die Fascia lumbosacralis scharf von der Spina iliaca posterior inferior und der Crista iliaca abgelöst (Abb. 9.19 b). Nach distal hin müssen in der Regel nach medial übergreifende Fasern des M. glutaeus maximus gelöst werden, um auch hier die Fascia lumbosacralis inzidieren zu können. Durch vorsichtiges Unterfahren mit dem Raspatorium kann nun ein proximal gestielter, von proximal nach distal konisch zulaufender Muskellappen angehoben werden (Abb. 9.19 c). Ist nur eine begrenzte Darstellung der Rückfläche des Os sacrum nötig, wird der Muskel nach medialer oder lateraler Inzision nur zur Seite gedrängt. Die Präparation nach kranial erfolgt bis zum Querfortsatz L5. Zwischen dem Dornfortsatz und der Pars lateralis des Sakrums läßt sich ein abgerundeter Hohmann-Hebel einsetzen. In diesem Bereich kann ebenfalls durch Palpation die Orientierung des Sakrums überprüft werden.

■ **Erweiterungsmöglichkeiten**
Die Darstellung ist auch bilateral in entsprechender Vorgehensweise möglich.

Bei zusätzlicher Verletzung der LWS oder des lumbosakralen Überganges läßt sich der Zugang zur Darstellung der dorsalen Wirbelsäule erweitern (s. Tscherne u. Blauth [135 a]).

■ **Kombinationsmöglichkeiten**
Aufgrund der Bauchlage des Patienten ist dieser Zugang nur isoliert anwendbar und eine gleichzeitige Stabilisierung des vorderen Beckenrings ist nicht möglich.

■ **Gefahren**
Blutungen aus dem präsakralen Venenplexus, insbesondere im Rahmen von brüsken Repositionsmanövern bei dislozierten Frakturen und Trümmerfrakturen. Wundheilungsstörungen bei ausgedehnter Weichteilkontusion oder lagerungsbedingten Druckschäden bei verzögerter Versorgung.

■ **Wundverschluß**
Die Faszie des abgehobenen Muskellappens wird sorgfältig, fortlaufend oder in Einzelknopftechnik refixiert. Es ist darauf zu achten, daß möglichst keine »Taschen« entstehen. Ältere Patienten und Patienten mit Weichteilkontusionen sollten postoperativ in einem Antidekubitusbett gelagert werden.

## Osteosynthesetechnik am Sakrum

■ **Operationsprinzip**
PRINZIP
Dorsale Stabilisierung einer instabilen Sakrumfraktur als Teil einer translatorisch instabilen Beckenringverletzung mit Osteosynthesematerial aus dem AO-Kleinfragmentset, wie z. B. DC-Platten, H-Platten und Drittelrohrplatten. Die Implantate wirken als Zuggurtung für den hinteren Beckenring. Nach Umlagerung des Patienten muß eine Läsion des vorderen Beckenrings immer zusätzlich fixiert werden, um ausreichende Stabilität zu erreichen.

Zu den anatomischen Besonderheiten im Os sacrum, insbesondere auf die sehr »engen« topographischen Beziehungen, s. Kap. 2.

■ **Indikationen**
- Sakrumfrakturen als Teil instabiler Beckenringfrakturen vom Typ C
- Sakrumfrakturen mit neurologischen Ausfällen im Bereich des Plexus sacralis und mit nachgewiesenen Fragmenten im Zentralkanal oder in den Foramina sacralia

■ **Kontraindikationen**
CAVE
- Nicht stabilisierter Allgemeinzustand, kein Notfalleingriff!
- Ausgeprägte Osteoporose.
- Lokale Weichteilschäden (z. B. Dekubitus)

■ **Vorbereitung und Gefahren**
Umfassender neurologischer Status einschließlich EMG (bei polytraumatisierten Patienten nur eingeschränkt möglich); intensive CT-Analyse, dabei Suche nach Knochenfragmenten im Bereich des Zentralkanals und der Foramina.

Blutungsrisiko bei Verletzung des präsakralen Venenplexus, verbleibende oder zunehmende Nervenwurzelläsionen bei Wurzelausrißverletzungen oder durch intraoperative Manipulation, Gefäßläsionen und Nervenläsionen durch falsche Schraubenlagen, erhöhtes Wundinfektionsrisiko durch dorsalen Zugang.

■ **Zugang**
Dorsaler Zugang zum Sakrum, Bauchlage.

■ **Nervendekompression und Repositionstechnik**
Bei starker Dislokation: Einsetzen von 2 5-mm-Schanz-Schrauben im Bereich der Spinae iliacae posteriores superiores über Stichinzisionen. Der große AO-Distraktor wird angelegt (Abb. 9.20 a). Das Einsetzen von 2 langen Spickdrähten der Stärke 1,8 oder 2,0 mm in die SI-Gelenke erleichtert die Orientierung und den Bohrvorgang zur Positionierung der Schanz-Schrauben, aber auch die späteren Bohrungen im Sakrum.

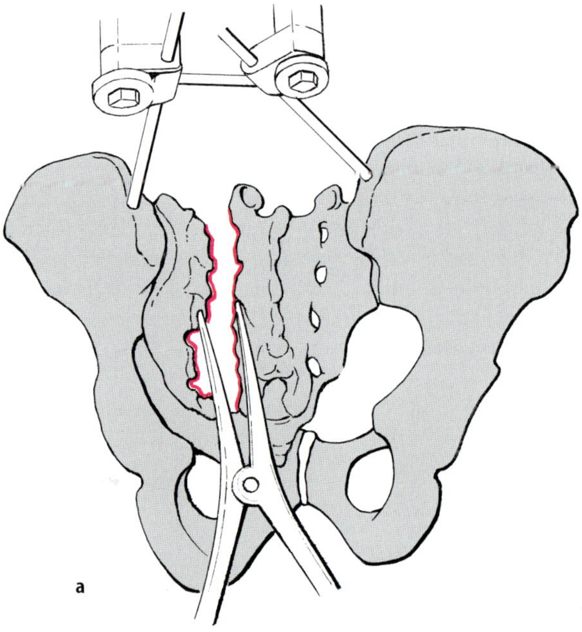

a

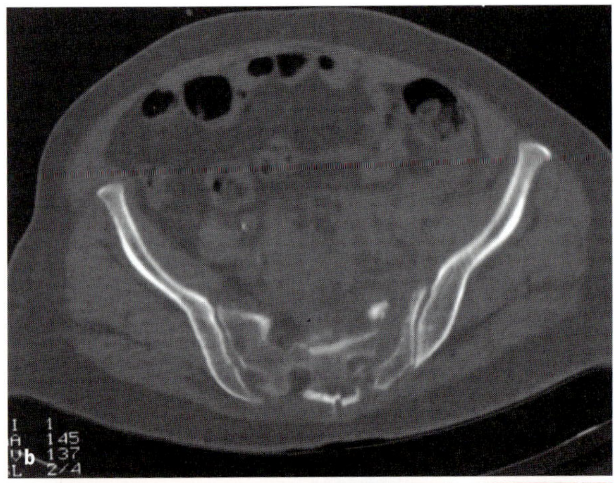

b

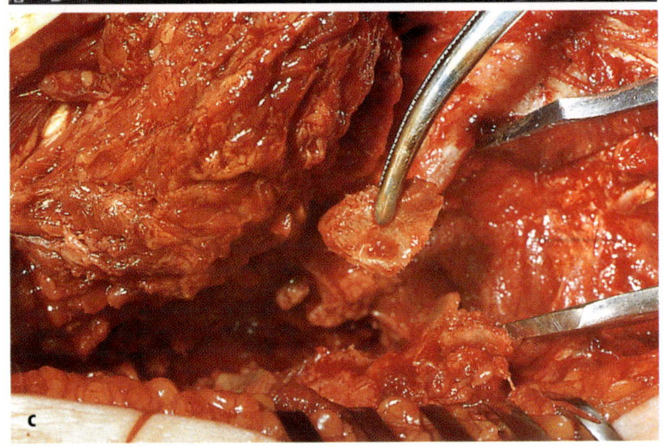

c

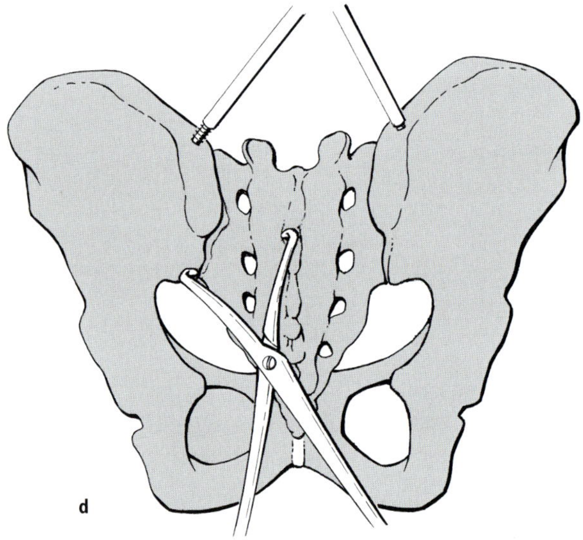

d

**Abb. 9.20 a–d.** Repositionstechnik am Os sacrum. **a** Eine Mobilisation der Sakrumhauptfragmente gelingt durch den beidseitigen Einsatz von Schanz-Schrauben in das Os ilium. Läßt sich manuell keine definierte Lösung und Reposition erreichen, wird der große AO-Distraktor aufgesetzt. Durch »Verkippung«, »Verwindung« und »Anheben« des Distraktors läßt sich nahezu jede Fehlstellung zumindest größtenteils ausgleichen. Die Übersicht über die Frakturfläche wird ggf. mit Hilfe eines Arthrodesenspreizers noch verbessert. **b, c** Die zuvor in der CT-Diagnostik erkannten Knochenfragmente, die in Beziehung zu den Nervenwurzeln liegen, müssen im Rahmen der »Dekompression« unbedingt identifiziert und extrahiert werden. **d** Nach kompletter Ausräumung der störenden Fragmente erfolgt die Reposition. Sie läßt sich insbesondere im Bereich der interforaminalen Frakturlinie kontrollieren, da Einzelfragmente häufig am Rand der Foramina ausbrechen, während die primäre Frakturlinie zwischen den Foramina erhalten bleibt. Die präliminäre Stabilisation erfolgt mit der großen Repositionszange mit Spitze

Durch Distraktion Spreizen der Frakturflächen, durch Verkanten Ausgleichen des Höhenversatzes, durch Anheben der einen oder anderen Seite Ausgleich der anteroposterioren Verschiebung (ggf. durch »Einrütteln der Fraktur«).

Das Aufspreizen kann durch Einsetzen eines großen Arthrodesenspreizers in die Frakturfläche unterstützt werden. Diese kann so mit dem scharfen Löffel vorsichtig von Hämatom befreit werden. Knochenfragmente im Zentralkanal und insbesondere im Bereich der Foramina, die zu einer Kompression der Nervenwurzeln führen, werden extrahiert (Abb. 9.20 b, c).

Die reponierten Fragmente werden durch Einsetzen von 2 Repositionszangen mit Spitze gesichert (Abb. 9.20 d). Trümmerzonen liegen meist um die Foramina, in den dazwischenliegenden Bereichen ist die Fraktur »einfach«, hier läßt sich die Reposition sehr genau kontrollieren.

CAVE

Der venöse Plexus sacralis liegt der ventralen Sakrumkortikalis direkt an. Verletzungen durch brüskes Aufspreizen der Frakturflächen müssen aufgrund starker Blutungsgefahr unbedingt vermieden werden. Blutungen lassen sich in der Regel durch eine sofortige Reposition und Kompression der Frakturflächen zum Stehen bringen.

### Technik der »lokalen Plattenosteosynthese« am Os sacrum

Nach Darstellung der dorsalen Sakrumkortikalis müssen zunächst die folgenden wichtigen Orientierungspunkte sicher identifiziert werden (s. Abb. 9.22):

- Querfortsatz L5 und kraniale Begrenzung der Pars lateralis des Os sacrum. Direkt distal des Querfortsatzes L5 wird durch Palpation mit dem Zeigefinger die Orientierung der »Sakrumschulter«, d.h. der kranialen Begrenzung der Pars lateralis, bestimmt.
- Das Facettengelenk L5/S1 definiert den wichtigen Eintrittspunkt für die mediale Implantatverankerung im Körper von S1.
- Die Crista sacralis intermedia zeigt »sichere« knöcherne Zonen des zentralen Sakrums an. Die Crista sacralis mediana markiert die Mittellinie.
- Die Crista iliaca dorsalis begrenzt den Ansatz der Ligg. sacroiliaca dorsalia und damit den dorsalen Zugang zum SI-Gelenk. Die Ligamente verhindern aber gleichzeitig den direkten Einblick in das SI-Gelenk und müssen teilweise abgelöst werden, wenn laterale Schrauben eingebracht werden. Durch Einsetzen eines Spickdrahtes läßt sich der räumliche Verlauf des SI-Gelenkes in der Regel gut feststellen.

### Schraubenlage im Os sacrum

**Darstellung im Schnittmodell des Sakrums.** Ein Sagittalschnitt am Knochenmodell durch die Foramenebene läßt erkennen, daß sich genau im Mittelpunkt zwischen den Foramina eine feste Knochensubstanz darstellt. Hier können Schrauben sicher, d.h. ohne Gefahr der Perforation des Zentralkanals, eingedreht werden (Abb. 9.21 a, b).

In der Darstellung von CT-Schnitten lassen sich die Regionen zur Verankerung von Schrauben im Sakrum darstellen (Abb. 9.21 c). Da bei fehlerhafter Bohrerrichtung die Gefahr der Perforation des Zentralkanals, der Foramina sowie der Verletzung von ventral des Sakrums liegenden vaskulären Strukturen besteht, wird die ausschließliche Verwendung des oszillierenden Bohraufsatzes in Verbindung mit dem Dreilippenbohrer dringend empfohlen.

Im CT-Schnittbild läßt sich die Schraubenlage präoperativ planen.

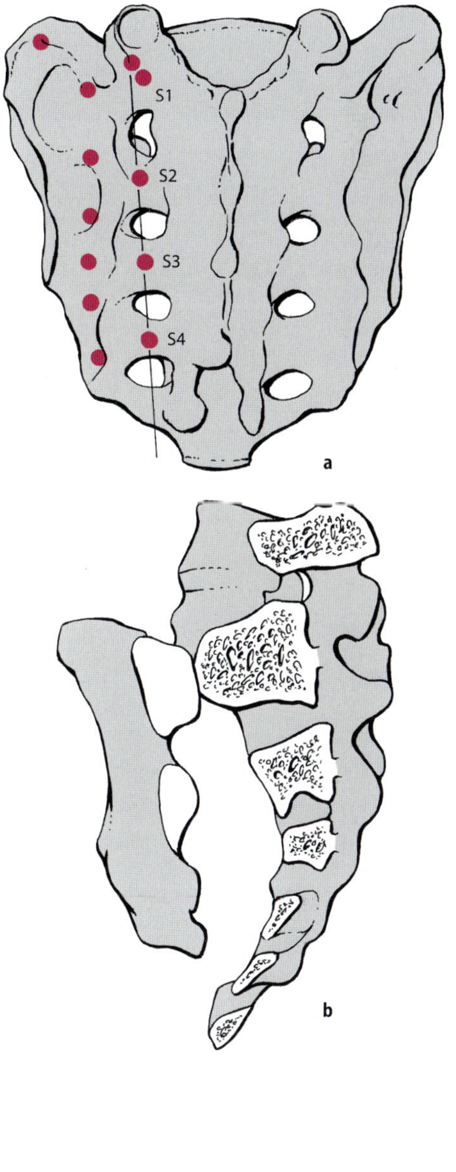


**Abb. 9.21 a–e.** Schraubenfixation am Os sacrum. **a** Die Eintrittspunkte für Schrauben können im Bereich der Pars lateralis des Os sacrum frei gewählt werden. **b** In der Zone der Foramina befinden sich sichere Schraubenpositionen lediglich in einer Richtung senkrecht auf die dorsale Sakrumkortikalis in Sagittalebene, ausgehend von einer Stelle exakt im Mittelpunkt zwischen 2 benachbarten Foramina.
c–e s. S. 168

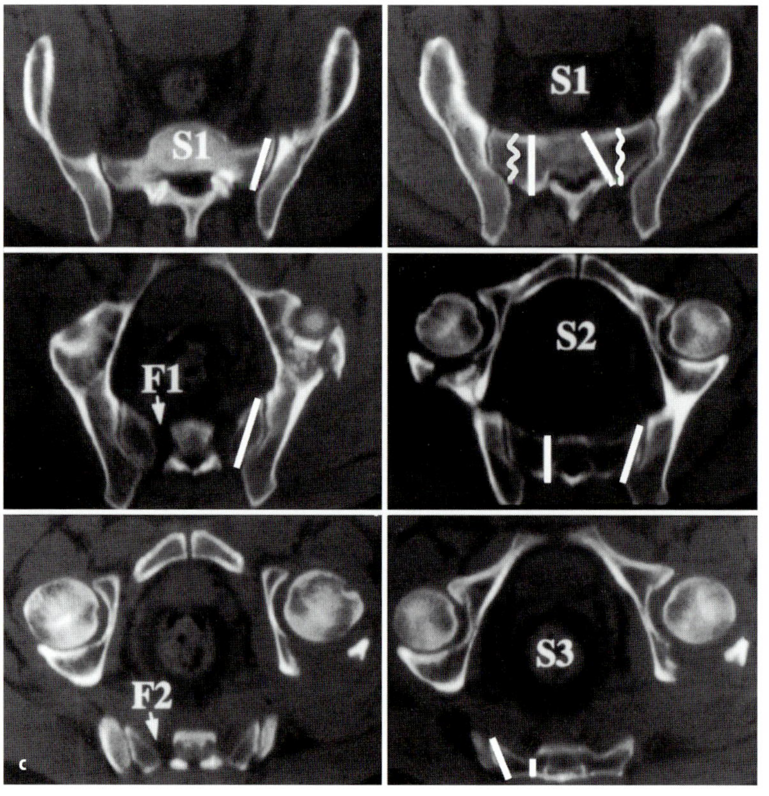


Abb. 9.21 (Forts.) c Die CT-Schnitte verdeutlichen die sicheren Schraubenpositionen. In Höhe von S1 wird die Schraubenrichtung durch den genauen Verlauf der Fraktur bestimmt. Lateral liegende Frakturlinien können durch in Sagittalebene gebohrte Schrauben stabilisiert werden.
d, e Liegt die Frakturlinie weiter medial, muß eine »transpedikuläre Schraubenlage« realisiert werden und die Schraubenrichtung etwa 20° nach medial zeigen

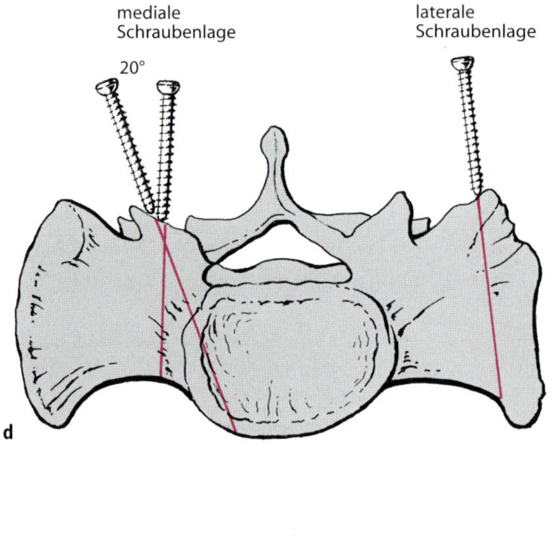


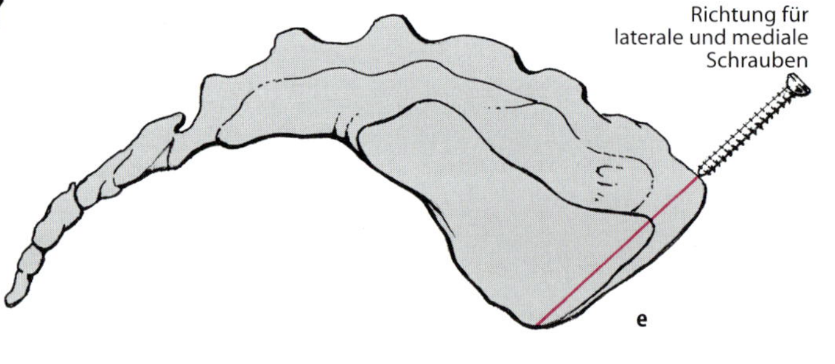

**Laterale Schraubenlage** (Abb. 9.21 d, e). Der Eintrittspunkt wird so weit lateral wie möglich gewählt, um die fester werdende Knochensubstanz in der Region nahe des SI-Gelenkes auszunutzen. Die Orientierung der Schraubenrichtung ist grundsätzlich parallel zum SI-Gelenk. In Höhe von S1 muß zusätzlich die Orientierung der kranialen Sakrumbegrenzung beachtet werden. Innerhalb des Sakrums ist die Bohrung gefahrlos; eine weite ventrale Perforation durch den Bohrer kann die Vasa iliaca interna gefährden!

**Mediale Schraubenlage** (Abb. 9.21 d, e). *S2–S4:* Die Eintrittspunkte liegen auf der Verbindungslinie der Foramina exakt in der Mitte zwischen 2 Foramina. Von dieser Position aus wird in der Sagittalebene senkrecht zur dorsalen Sakrumkortikalis gebohrt

*S1:* In Höhe S1 liegt der Eintrittspunkt der Schrauben direkt distal der Begrenzung des Processus articularis superior. Die Schraubenrichtung wird entsprechend des Frakturverlaufes variiert: a) Frakturlinie lateral des Foramens (transalare Fraktur): Die Schraubenrichtung liegt genau in der Sagittalebene und senkrecht zur dorsalen Sakrumkortikalis. Die kraniokaudale Inklination wird parallel zur kranialen Sakrumbegrenzung ausgerichtet. b) Transforaminale Frakturlinie: Es wird eine »transpedunkuläre« Schraubenlage angestrebt. Eine Neigung des Bohrers um maximal 20° nach lateral ermöglicht eine transpedunkuläre Schraubenrichtung bis zum Promotorium. Eine weitere Neigung birgt die Gefahr der Perforation des Zentralkanals.

■ **Frakturstabilisierung und Implantatewahl**

Die vorhandenen »Fixationspunkte« werden identifiziert und dann individuell durch Implantate aus dem Kleinfragmentset überbrückt:

**Transforaminale Sakrumfraktur** (Abb. 9.22). Die Frakturlinie wird an mindestens 2 Stellen überbrückt (S1 sowie S3 oder S4). Zugeschnittene H-Platten bieten ausreichend Möglichkeiten zur Besetzung mit Schrauben auf engem Raum und werden entsprechend den individuellen anatomischen Gegebenheiten angepaßt. Die Platte versteift die im Bereich der Dorsalseite des 1. und 2. Sakralkörpers sehr dünne Kortikalis und verhindert ein Einsinken der Schrauben. Wir verwenden hier einen Prototyp mit 2 eng beieinander liegenden medialen Schraubenlöchern und einer erhöhten Plattensteifigkeit.[1]

Schraubenlängen von 50–70 mm geben einen ausgezeichneten Halt.

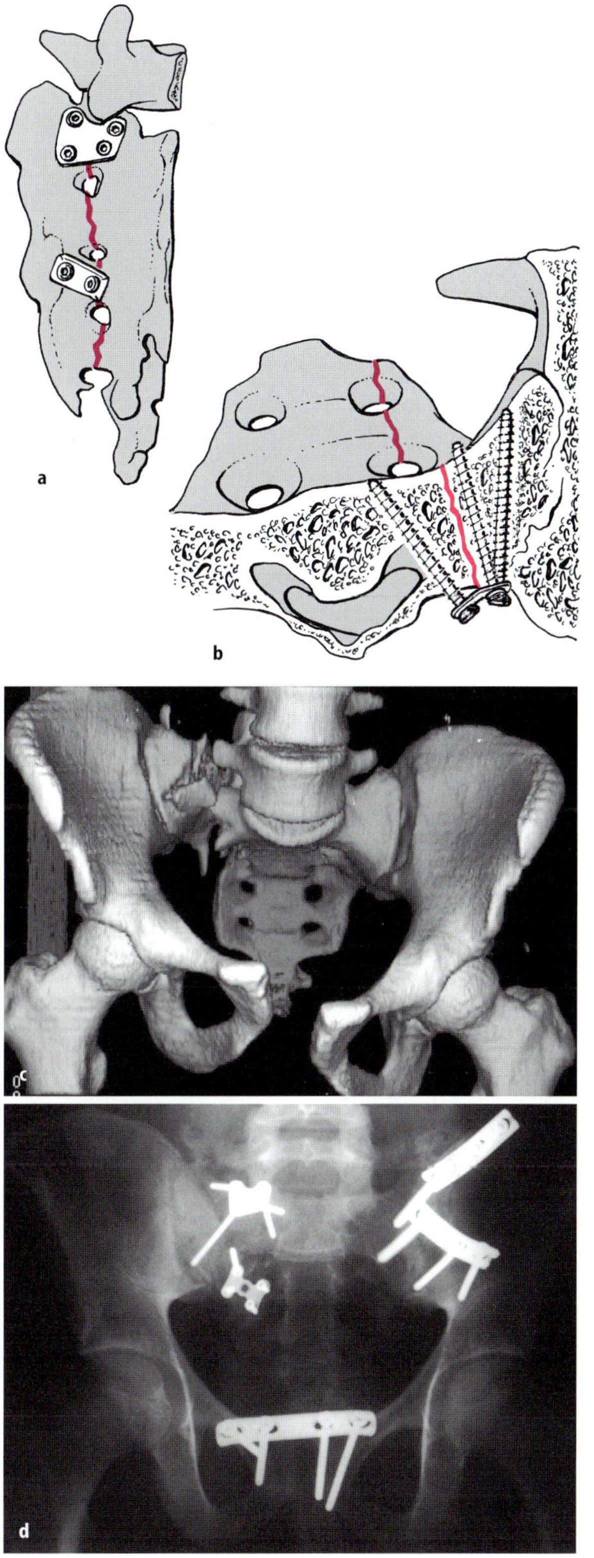


**Abb. 9.22 a–d.** Versorgung einer transforaminalen Sakrumfraktur. **a, b** Implantatlage am Modell, hier mit dem Prototyp einer Sakrumplatte im Bereich von S1. **c, d** Röntgenbeispiel: In diesem Fall wurde eine Außenrotationsverletzung der gegenseitigen SI-Gelenke zusätzlich durch eine ventrale Verplattung stabilisiert, um eine Frühmobilisation des Patienten unter Vollbelastung des linken Beines möglich zu machen

[1] Fa. Stratec Medical, Waldenburg, Schweiz.

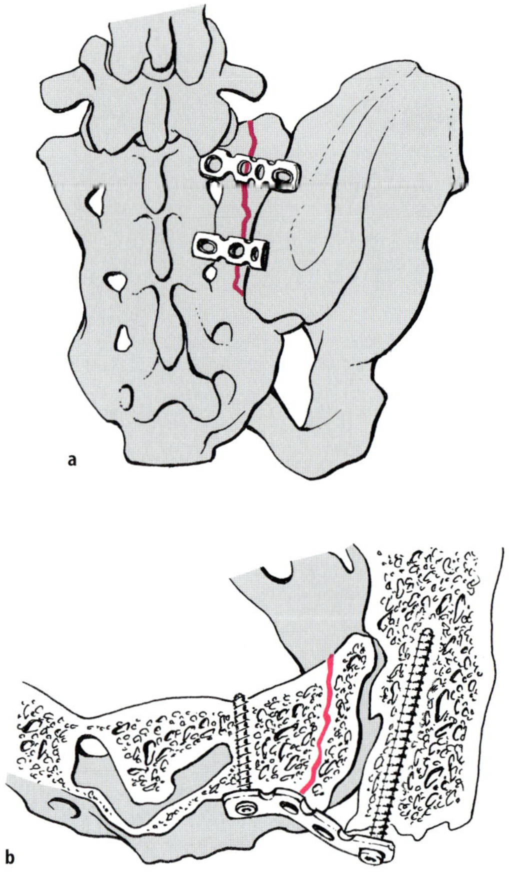

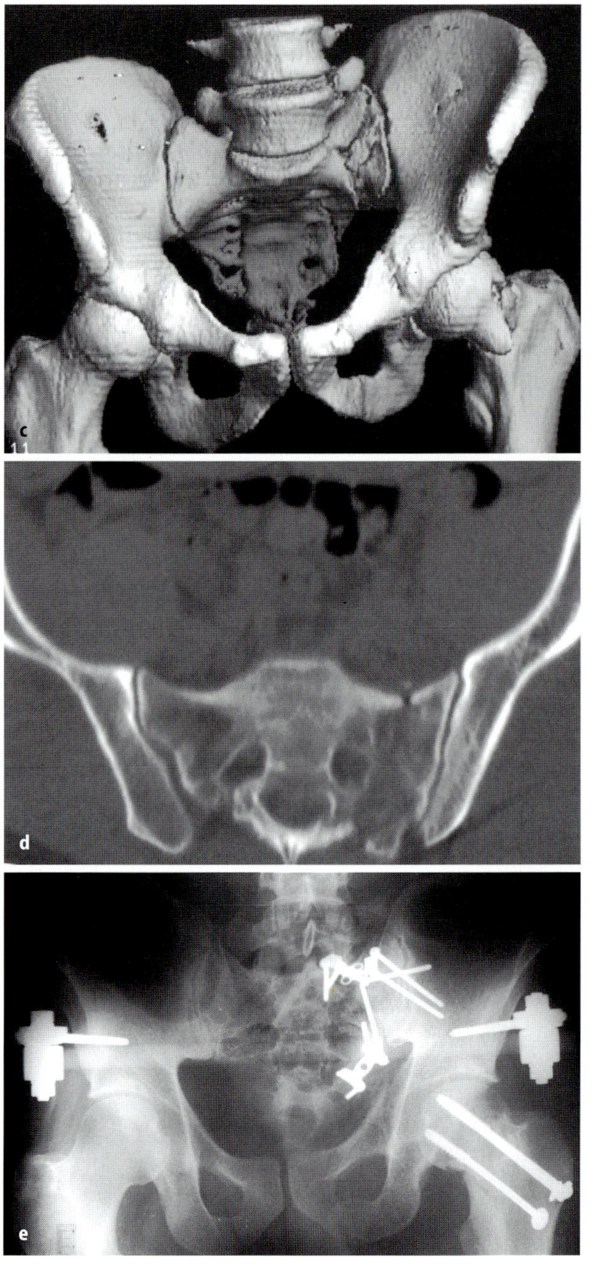

Abb. 9.23 a–e. Versorgung einer transalaren Fraktur. **a, b** Implantatlage am Modell. **c–e** Versorgungsbeispiel: Die zusätzlich bestehende transpubische Instabilität wird mit einem einfachen, supraazetabulär eingebrachten ventralen Fixateur stabilisiert. Da die dorsale Plattenosteosynthese als »Zuggurtung« wirkt, ist eine zusätzliche Stabilisierung des vorderen Beckenringes obligat

Die zusätzliche distale Überbrückung der Frakturlinie ist unerläßlich, da es sich in biomechanischen Untersuchungen gezeigt hat, daß es unter Belastung besonders distal zum Aufspreizen der Fraktur kommt. An mindestens einer zusätzlichen Position werden Drittelrohrplatten, oder besser H-Platten, angebracht, bevorzugt in Höhe von S 3 und S 4.

**Transalare Frakturen mit kleinem Pars lateralis Fragment und transalare Trümmerfrakturen** (Abb. 9.23). In diesen Fällen läßt sich in der Pars lateralis des Os sacrum kein Implantat verankern. Die Transfixation des SI-Gelenkes läßt sich nicht vermeiden, die Implantate werden lateralseitig im Os ilium fixiert. Die Platten (H-Platten, Rekonstruktionsplatten) werden an die mediale Iliumseite angeformt. Sie sollten die dorsale Crista iliaca mit mindestens einem Plattenloch erreichen. Zwischen den beiden Kortikalisblättern des Os ilium sind extrem lange Schraubenlängen mit ausgezeichneter Haltekraft möglich. Die Außenseite des Iliums muß nicht freigelegt werden.

Zur medialen Fixation wird eine unilaterale Fixation in der oben beschriebenen Technik angestrebt. Ist diese aufgrund der Frakturcharakteristik (Trümmerzo-

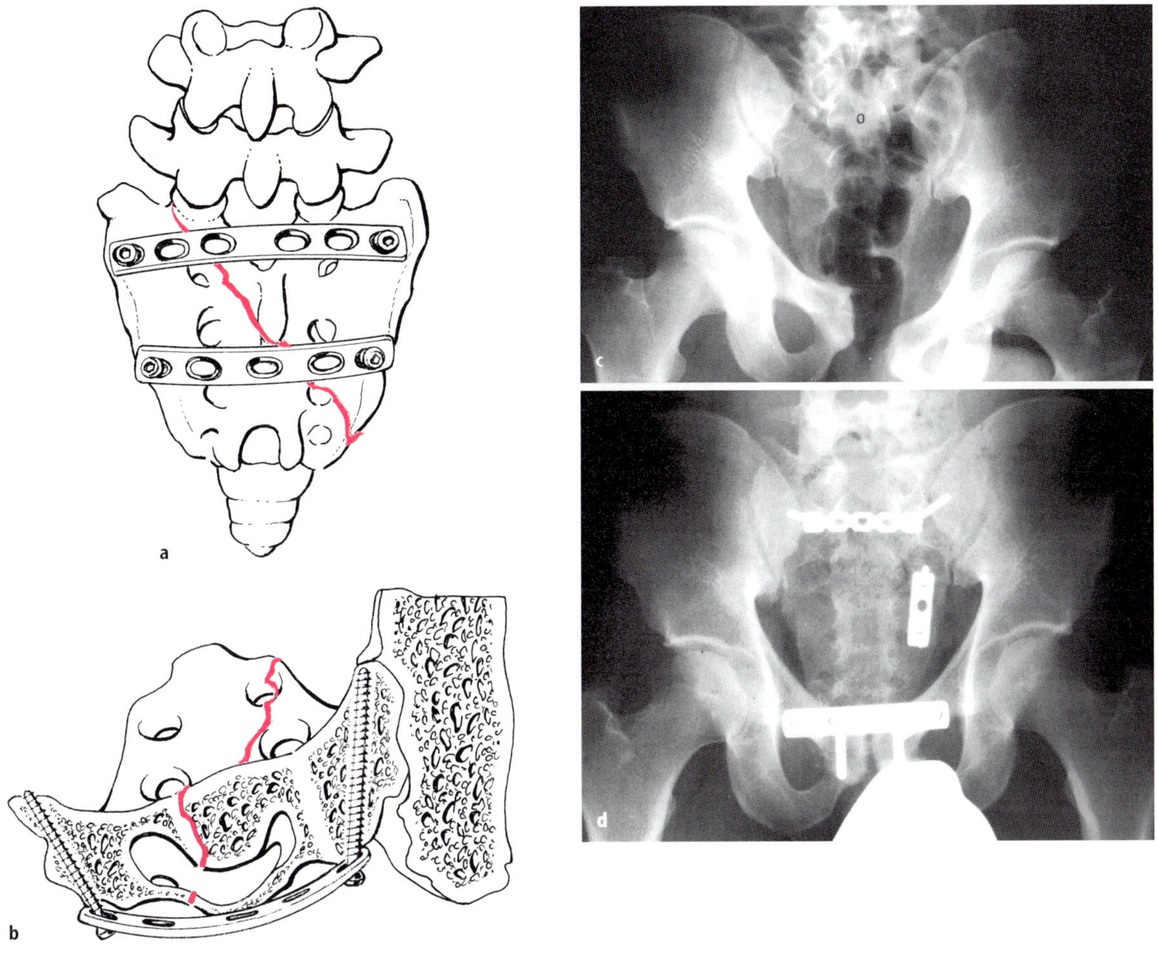

**Abb. 9.24 a–d.** Versorgung einer zentralen Sakrumfraktur. **a, b** Implantatlage am Modell. Bei einem zentralem Frakturtyp muß die Fixation der Implantate auf der Gegenseite des Sakrums erfolgen. Die Stabilisation wird bevorzugt mit DC- oder Rekonstruktionsplatten durchgeführt, wobei möglichst zusätzliche Schrauben in sicheren Zonen eingebracht werden. **c, d** Versorgungsbeispiel

nen, Frakturlinien medial des Processus articularis superior) nicht möglich, werden die Implantate auf der Gegenseite in der Pars lateralis des Sakrums verankert. Durch weitere mediale Schrauben kann ggf. zusätzliche Stabilität erreicht werden. Als Implantate haben sich kleine DC-Platten oder Rekonstruktionsplatten bewährt.

**Transforaminale Sakrumfrakturen mit Trümmerzonen und ausreichend großem lateralem Fragment sowie zentrale Frakturen** (Abb. 9.24). Hier läßt sich nur durch Übergreifen der Mittellinie eine ausreichende Stabilisierung erreichen. 2 3,5-mm-Kleinfragment-DC-Platten werden in Höhe von S 1 und S 3 an die Sakrumoberfläche angeformt. Die Dornfortsätze werden eingekerbt oder besser »getunnelt«. Die Platten werden mit jeweils einer Schraube parallel zum SI-Gelenk in der Pars lateralis des Sakrums fixiert. Im Bereich der Crista sacralis intermedia können zusätzliche Schrauben plaziert werden.

Auf einen guten Schraubenhalt auch in der ventralen Sakrumkortikalis ist unbedingt zu achten! **!**

Bei zentralen Frakturen wird durch die schräge Lage der Schrauben ein guter Kompressionseffekt erzielt. Bei Trümmerzonen muß eine Kompression der Frakturzone vermieden werden. Die Platte wirkt als »Distanzosteosynthese«. Die Platten werden entsprechend länger gewählt, um den Kompressionseffekt zu vermeiden. In diesen Fällen muß die Platte besonders gut in die Crista sacralis mediana eingefalzt werden.

**Hinweis**

Ist auch in den angegebenen Fixationsarealen kein *sicherer* Schraubenhalt zu realisieren, droht Implantatausriß mit sekundärer Dislokation. Im Zweifelsfall muß das Verfahren gewechselt und eine das SI-Gelenk übergreifende Osteosynthese gewählt werden (Sakralstäbe, ilioiliakale Platten)!

### Postoperative Behandlung

Frühzeitige neurologische Kontrolluntersuchung, in der Regel nach Abnahme der Verbände und Rückbildung der Schwellung.

Sofortige Teilbelastung der Extremität mit etwa 10–15 kg unter Abrollen des Fußes. Bei einfachen Frakturtypen wird die Teilbelastung für 6 Wochen, bei komplizierten Frakturtypen (Trümmerzonen, bilaterale Frakturen) für 12 Wochen beibehalten. Danach Steigerung der Belastung innerhalb von 2 Wochen bis zur Vollbelastung. Während der Teilbelastung wird krankengymnastische Bewegungstherapie verordnet.

Vor Entlassung Anfertigung einer Beckenübersichtsaufnahme sowie von Inlet- und Outletaufnahmen. Hierbei Beurteilung von residualen Fehlstellungen (kranial-kaudal sowie a.-p.) und ggf. Implantatlageänderungen nach Mobilisation. Wiederholung der Röntgenkontrollen nach 6 und 12 Wochen.

Bei manifesten Nervenausfällen langfristige neurologische Kontrollen und entsprechende Physiotherapie, ggf. urologische Therapie.

Implantatentfernung bei gelenkübergreifenden Osteosynthesen nach 12 Monaten; bei »lokalen« Stabilisierungen und bei älteren Patienten (physiologische Beweglichkeit des SI-Gelenks nahezu aufgehoben!) werden die Implantate belassen.

### Intra- und postoperative Komplikationen

Da es sich bei der »lokalen Sakrumosteosynthese« um ein neues Verfahren handelt, werden an dieser Stelle nochmals spezifische Komplikationsmöglichkeiten und ihre Therapie genannt. Einen allgemeinen Überblick über Komplikationen nach Beckenosteosynthesen gibt Kap. 10.

**Blutungen aus dem präsakralen Venenplexus.** Ursache kann die zu starke Distraktion bei der Reposition sein oder unvorsichtiges Vorgehen beim Débridement der Frakturflächen. In der Regel läßt sich durch sofortige Kompression der Frakturflächen eine Blutstillung erreichen. Notfalls ist eine Tamponade durchzuführen. Vermeidung durch sorgfältiges Vorgehen und kontrollierte Repositionsversuche.

**Schraubenlage im Zentralkanal.** Ursache sind die fehlende Darstellung der Eintrittspunkte und falsche Bohrerrichtungen. Ein Verlassen des Knochens ist durch sorgfältiges Bohren mit oszillierendem Bohrer in der sog. »Schlagbohrtechnik« zu verhindern. Im Zweifelsfall muß die Bohrerorientierung durch Aufsuchen der »Landmarks« überprüft werden. Zusätzliche Sicherheit gibt die Überprüfung mit dem Bildwandler.

**Schrauben geben keinen Halt.** Ursache kann eine falsche Schraubenlage oder eine Trümmerzone sein, die primär nicht diagnostiziert wurde. Bestehen Zweifel an der Stabilität der Osteosynthese, ist das Verfahren zu wechseln. Mit einer ilioiliakalen Verplattung läßt sich in jedem Fall eine stabile Osteosynthese erreichen. Die Stabilität der Versorgung hat Vorrang vor dem Ziel der Verankerung der Implantate nur im Sakrum.

**Postoperativ zunehmende neurologische Ausfälle.** Ursache können Fehllagen der Schrauben oder eine Überkompression von Trümmerzonen sein. Eine sofortige CT-Untersuchung muß die Ursache der Nervenkompression klären helfen. Im Anschluß daran unverzügliche operative Revision.

**Pseudarthrose.** Pseudarthrosen im Sakrum sind extrem selten und werden nur bei fehlender Stabilität beobachtet. Im eigenen Krankengut kamen sie nach interner Stabilisierung nicht vor.

### Ergebnisse

Die 13 ersten Patienten der Jahre 1989–1994 wurden einer umfassenden klinischen und radiologischen Nachuntersuchung unterzogen. Bei 11 Patienten konnten primäre neurologische Untersuchungen durchgeführt werden; bei 2 Patienten war dies aufgrund des erlittenen Polytraumas primär nicht möglich. Neurologische Ausfälle wurden bei 6 Patienten festgestellt.

Lokale Komplikationen waren nicht zu beobachten. Alle Wunden heilten primär; weder signifikante Hämatome waren zu verzeichnen noch ein Infekt. Die 12 überlebenden Patienten wurden im Durchschnitt 4,6 Tage nach der operativen Versorgung (4–6 Tage) mobilisiert. Eine Teilbelastung an Unterarmgehstützen wurde für 6 Wochen eingehalten.

**Kontrolluntersuchungen.** Von 12 überlebenden Patienten wurden mindestens 10 12 Monate nach der Operation kontrolliert (12–52 Monate, durchschnittlich 28 Monate).

**Nachuntersuchungsergebnis.** 4 der 10 Patienten gaben noch Schmerzen an, die als »tiefe Rückenschmerzen« und/oder als Schmerzen im hinteren Beckenring zu charakterisieren waren. 2 Patienten bemerkten diese Beschwerden erst nach längerer Belastung, einer nach leichter Belastung, ein weiterer auch in Ruhe beim Sitzen. Bei keinem dieser Patienten war die Gehdauer unter 1 h eingeschränkt.

Radiologisch waren die Frakturen in allen Fällen knöchern verheilt. Ein Implantatversagen war nicht zu beobachten. In 3 Fällen kam es zu Schraubenlockerungen, in 2 Fällen verblieb die Reposition unverändert, in einem Fall kam es zu einer sekundären Dislokation von 3 mm. Diese blieb ohne klinisch faßbare Folgen. Implantatbrüche oder Ausrisse kamen nicht vor. Eine Implantatentfernung wurde zwischenzeitlich bei 7 Patienten durchgeführt.

Die Gesamtbeurteilung des »Ergebnisses Bekken« war somit in 3 Fällen »sehr gut«, in 3 Fällen »gut« und in 4 Fällen »befriedigend«, in keinem Fall »schlecht«.

**Weitere Erfahrungen**
Zwischenzeitlich wurden weitere 27 Versorgungen durchgeführt, bei denen die Indikationen auf ältere Patienten und auch auf Patienten mit Sakrumtrümmerfrakturen ausgeweitet wurden. Dabei waren 3 lokale Infekte zu beobachten, 2 heilten nach Revision aus. In dem Fall einer 59jährigen polytraumatisierten Patientin mit vorbestehendem Dekubitus mußte eine Muskellappenplastik durchgeführt werden, danach Ausheilung. In 2 Fällen (1 Osteoporose, 1 Trümmerfraktur) kam es bei primär insuffizientem Schraubenhalt zu sekundären Dislokationen (maximal 10 mm). In einem Fall wurde dann eine erneute Reposition und eine zusätzliche Stabilisierung mit Gewindestangen durchgeführt.

### ■ Weitere Fixationsmethoden am Os sacrum

Käch u. Trentz geben 1994 eine sog. »Distraktionsspondylodese« des Os sacrum an [60]. Dabei erfolgt neben einer transiliosakralen Verschraubung mittels einer Spongiosastellschraube eine zusätzliche Abstützung des Beckens zur Wirbelsäule durch überbrückenden Fixateur interne vom Ilium auf L5 oder L4.

Josten et al. geben 1994 eine sog. »trianguläre Osteosynthese« bei instabilen Sakrumfrakturen an. Hierbei wird ähnlich wie bei der »Distraktionsspondylodese« nach Stabilisierung des Os sacrum durch transiliosakrale Verschraubung oder ilioiliakale Verplattung eine spinopelvine Abstützung durch Fixateur externe oder Kerbplatten durchgeführt [59, 119].

Die zusätzlichen »spinopelvinen« Überbrückungen werden im eigenen Vorgehen nicht als notwendig erachtet, da »lokale Stabilisierungen« im Os sacrum sowohl in biomechanischen Untersuchungen als auch in der klinischen Anwendung eine zur Frühmobilisation ausreichende Stabilität zeigten und eine zusätzliche Überbrückung von unverletzten Bewegungssegmenten der LWS kritisch bewertet wird [93, 94, 99].

## Stabilisierung des SI-Gelenkes von dorsal

Auch in Bauchlage wurde eine Reihe von Verfahren zur Stabilisierung von SI-Gelenk und Sakrum angegeben (die transiliosakrale Zugschraubenosteosynthese, die offen oder durch Bildwandlerführung [69, 73, 76, 116] bzw. CT-kontrolliert wurde [23], ilioiliakale Überbrükkungsplatten [78], Gewindestabosteosynthese [16, 130] oder auch elastische Zuggurtungen mit resorbierbaren Materialien [26, 139] oder Stahlseilen [65]).

## Dorsaler Zugang zum SI-Gelenk

Der angegebene Zugang kann sowohl zur transiliosakralen Verschraubung der SI-Sprengung, zur Versorgung von transiliakalen SI-Luxationsfrakturen und in der Erweiterung nach zentral als auch zur Versorgung von Sakrumfrakturen eingesetzt werden. Wir selbst setzen ihn nur in Ausnahmefällen bei der Versorgung von transiliakalen SI-Luxationsfrakturen ein.

### ■ Lagerung
Die Lagerung erfolgt in Bauchlage mit Kissenabpolsterung im Bereich des Thorax und des Beckens mit frei »hängendem« Abdomen.

### ■ Orientierungspunkte und Hautinzision
Orientierungspunkte sind die Crista iliaca und die Spina iliaca posterior superior und inferior. Die Inzision erfolgt entweder bogenförmig entlang der Crista iliaca oder als Längsinzision etwa 2 cm lateral der Spina iliaca posterior superior (Abb. 9.25a).

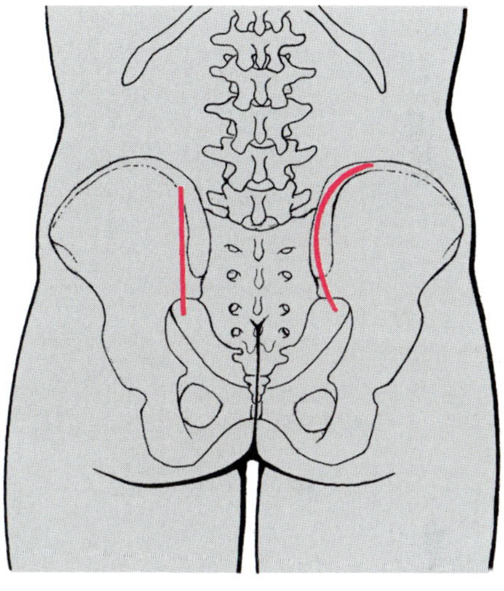

a

**Abb. 9.25a–d.** Dorsaler Zugang zum SI-Gelenk. **a** Inzisionsmöglichkeiten.
**b–d** s. S. 174, 175

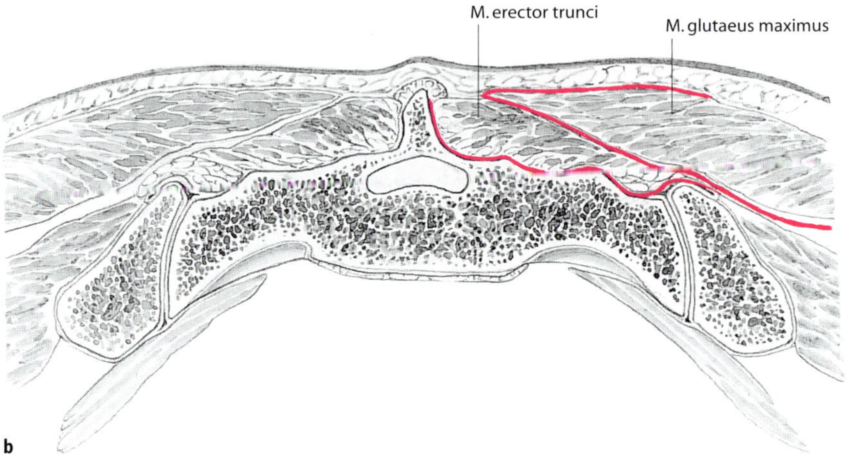


b

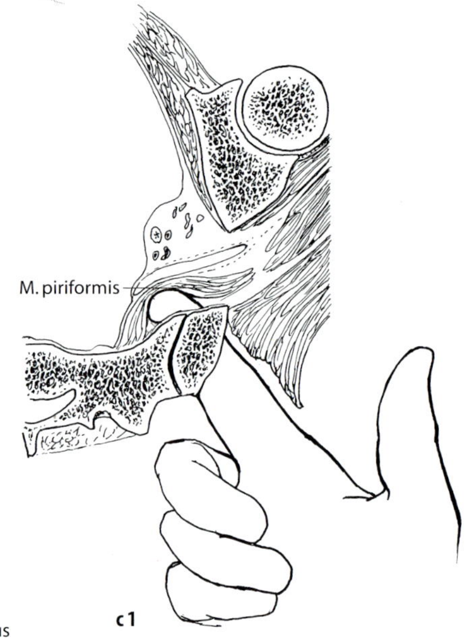


c1

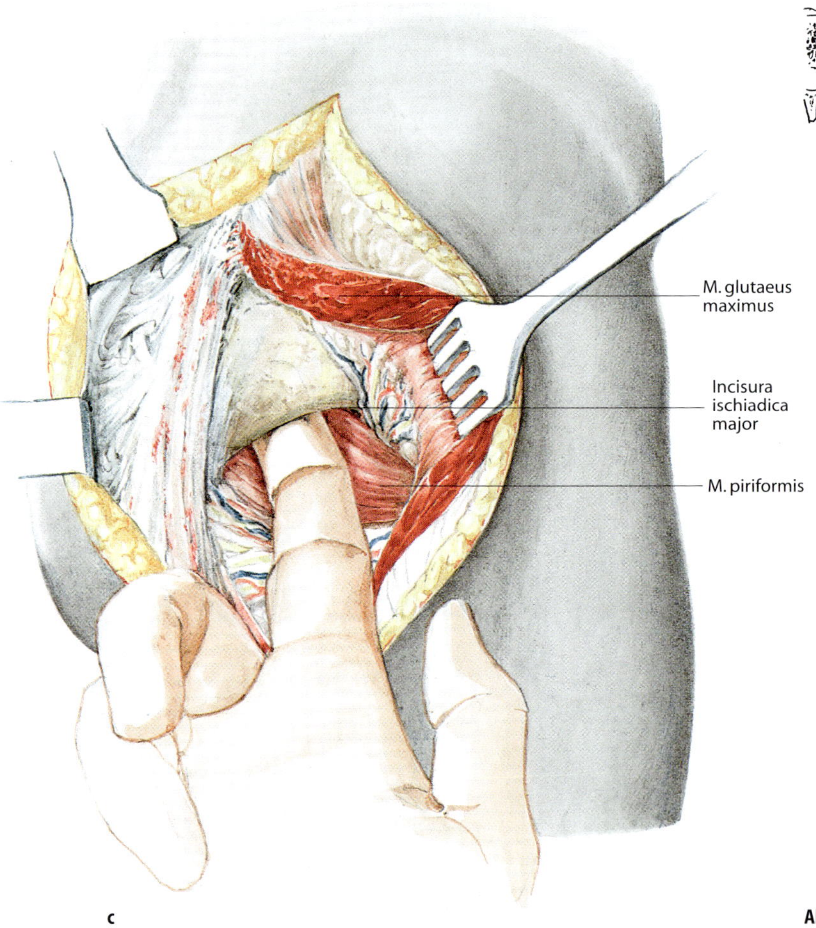


c

Abb. 9.25 b, c

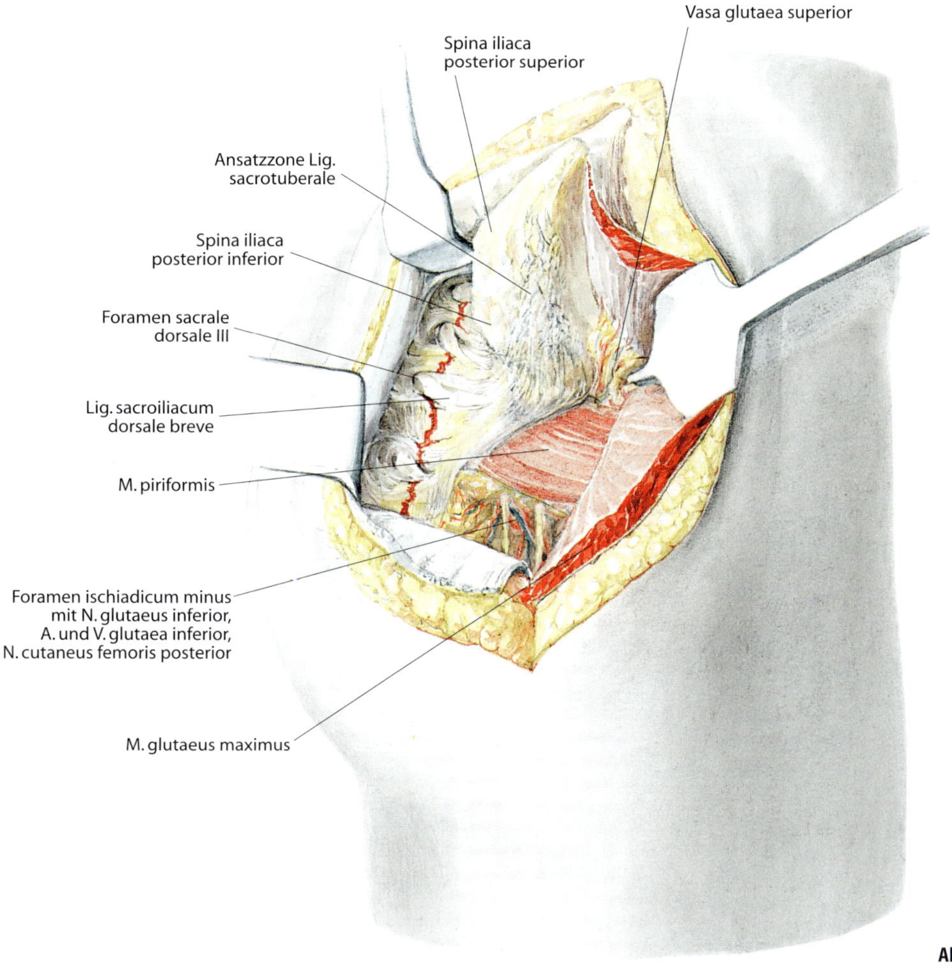


**Abb. 9.25 d**

**Abb. 9.25** (Forts.) **b** Besonders im distalen Anteil überragt der M. glutäeus maximus leicht die Ausläufer des M. erector trunci. Es erfolgt je nach Verletzungstyp entweder eine Ablösung des M. glutaeus maximus über der Fascia lumbosacralis oder aber die zusätzliche Abhebung des M. erector trunci von der Sakrumrückfläche. **c** Durch die weitergehende Präparation nach distal läßt sich die Incisura ischiadica major darstellen und durch Palpation die Innenseite des SI-Gelenkes sowie die Pars lateralis des Os sacrum tasten. **d** Darstellung der maximal möglichen Exposition

## ■ Tiefe Präparation

Der M. glutaeus maximus wird scharf von seinem Ansatz im Bereich der Crista iliaca sowie sehnig von der Verbindung zu den sakralen Ausläufern des M. multifidus abgelöst und nach lateral gehalten (Abb. 9.25 b). Nach ventral reicht in der Regel eine Präparation bis zur Linea glutaea. Ist eine transiliosakrale Verschraubung mit rein digitaler Kontrolle ohne Bildwandlereinsatz geplant, wird die Incisura ischiadica major freigelegt. Der Hauptstamm der A. und V. glutaea superior einschließlich des N. glutaeus superior ist unbedingt zu schonen. Mit dem Zeigefinger läßt sich durch die Inzisur das SI-Gelenk von ventral tasten und damit die Reposition und die Schraubenrichtung kontrollieren (Abb. 9.25 c).

Zur Versorgung einer Sakrumfraktur wird die tiefe Exposition nach medial erweitert. Dazu wird der Ansatz des M. multifidus vom dorsalen Beckenkamm abgelöst, um in den Frakturbereich sehen zu können. Ist ein solches Vorgehen geplant, ist eine längsverlaufende, gerade Hautinzision vorzuziehen.

## ■ Erweiterungsmöglichkeiten

Zur Darstellung der gesamten Außenseite des Os ilium kann die bogenförmige Inzision nach ventral verlängert werden. Der Ursprung der Abduktoren und des M. glutaeus maximus muß dazu weitreichend abgelöst werden. Gefährdet ist dabei v. a. das glutäale Gefäß-Nerven-Bündel. Langfristig besteht bei ausgedehnter Muskelablösung die Gefahr der Ausbildung heterotoper Ossifikationen.

Bei zusätzlichen Verletzungen der Wirbelsäule kann die Inzision zur Darstellung der dorsalen Wirbelsäule erweitert werden (s. Tscherne u. Blauth [135 a]).

■ **Kombinationsmöglichkeiten**
Aufgrund der Bauchlage des Patienten kann eine gleichzeitige Stabilisierung des vorderen Beckenrings nicht durchgeführt werden.

■ **Gefahren**
Gefahren liegen in der Verletzung des glutäalen Gefäß-Nerven-Bündels (A. und V. glutaea sowie N. glutaeus superior) und in Blutungen bei Verletzungen des präsakralen Venenplexus, insbesondere im Rahmen von Sakrumfrakturen.

### Offene transiliosakrale Verschraubung in Bauchlage

PRINZIP

SI-Gelenk übergreifende Zugschraubenosteosynthese mit 1–2 6,5-mm-Spongiosaschrauben oder kanülierten Spongiosaschrauben.

Diese Technik läßt sich in »klassischer Weise« mit digitaler Repositions- und Richtungskontrolle durchführen. Da die Schrauben in der Pars lateralis des Os sacrum zu liegen kommen, können sie nur kurz sein; zur Verringerung der Ausreißgefahr wurde eine Kombination mit kurzen dorsalen iliosakralen Platten empfohlen [64]. Zur Erhöhung der Stabilität der Osteosynthese und der Sicherheit der Schraubenplazierung wird unbedingt die intraoperative Bildwandlerkontrolle in der Technik nach Matta empfohlen [76].

■ **Indikation**
- SI-Sprengungen, auch transsakrale SI-Luxationen mit kleinem Fragment, die im Rahmen von Typ-C-Verletzungen vorkommen
- Laterale und transforaminale Sakrumfrakturen (Technik schwieriger, da lange »Strecken« bis zur Frakturebene sicher intraossär zu durchqueren sind)

■ **Gefahren**
Bei dorsalem Zugang Verletzung des glutäalen Gefäß-Nerven-Bündels, Verletzung der sakralen Nervenwurzeln bei Perforation in Foramen oder Zentralkanal, Verletzung des Truncus lumbosacralis bei zu medialer Schraubenlage, Verletzung der Iliakalgefäße bei falscher Bohrerrichtung, sekundäre Dislokation und Schraubenbrüche bei Schraubenfehllagen und unzureichender Reposition.

■ **Lagerung und Vorbereitung**
Bauchlage, betroffene Extremität beweglich abgedeckt, ggf. Extensionstisch (Abb. 9.26 a).

Präoperativ genaue Kontrolle der Einstellmöglichkeiten des Bildwandlers. In der a.-p.-, Inlet- und Outletprojektion müssen die Sakrumkonturen zweifelsfrei erkennbar sein! Bei schlechter Darstellbarkeit durch Adipositas, Darmgasüberlagerung oder ggf. noch vorhandene Kontrastmittelüberlagerungen sollte besser einen Verfahrenswechsel angestrebt werden!

Zusätzlich muß die seitliche Projektion möglich sein, auf dieser kann man die typische Kontur des »S 1-Pedikels« erkennen und die sicher intraossäre Bohrerlage gewährleisten (Abb. 9.26 b). Es ist darauf zu achten, daß der »Zielkorridor«, d. h. die Projektionsfläche des »Pedikels« S 1, nur eine geringe Ausdehnung hat (Abb. 9.26 c) und durch die Überprojektion der Strukturen eine extraossäre Schraubenlage nur durch exakt zentrale Plazierung vermieden werden kann.

■ **Zugang**
Posteriorer Zugang, bei starker Dislokationsstellung dorsale Darstellung des SI-Gelenkes sowie Palpation der ventralen SI-Begrenzung durch die Incisura ischiadica major. Bei exakter geschlossener Reposition nur Darstellung der Schraubeneintrittspunkte. Die Reposition kann durch Einsatz einer Beckenrepositionszange durch die Incisura ischiadica major vor der Verschraubung gesichert werden (Abb. 9.27 a).

■ **Orientierung und Schraubenrichtung**
Zur Bestimmung der Schraubeneintrittsstelle werden folgende Strukturen aufgesucht:

- Linea glutaea posterior (regelmäßig vorhandene knöcherne Leiste zwischen den Ansatzflächen des M. glutaeus medius und M. glutaeus maximus) (Abb. 9.27 b).
- Der Entrittspunkt der Schraube liegt auf einer Linie, die in etwa 15 mm Abstand ventral und parallel zur Crista glutaea posterior verläuft, und dort im Mittelpunkt zwischen dem Schnittpunkt von Crista iliaca und Incisura ischiadica major.
- Die Bohrerrichtung ist genau senkrecht zur Oberfläche des Os ilium.

Die Feinausrichtung erfolgt durch digitale Kontrolle und v. a. durch die Durchleuchtungskontrolle. Aufgrund der besseren taktilen Eigenschaften wird der Bohrer einem Spickdraht (z. B. für kanülierte Schrauben) vorgezogen. Nachdem der Bohrer in der anatomisch bestimmten Richtung etwa 10 mm eingebracht wurde, wird die Richtung in allen Bildwandlerebenen kontrolliert und nun ggf. die Richtung des Bohrers korrigiert (s. Abb. 9.26 a). Besonders wichtig ist dabei die seitliche Projektion, bei der der Bohrer axial getroffen durch die Facies auricularis in Projektion auf den 1. Sakralkörper dargestellt sein muß [113].

Je nach persönlicher Erfahrung wird der Bohrer nun in mehr oder weniger großen Schritten bis in den 1. Sakralkörper vorgebohrt. Es ist zu beachten, daß der Bohrer dabei 3 Kortizes durchquert (Ilium außen und innen, Sakrum außen).

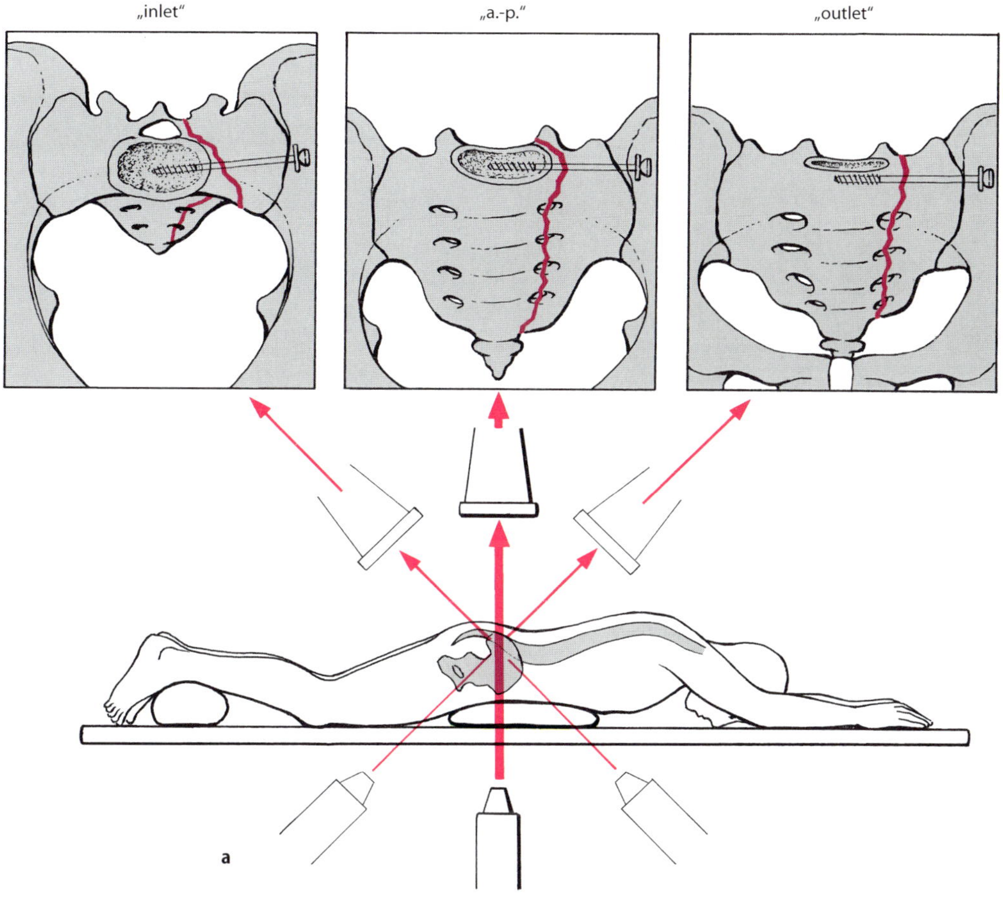


a

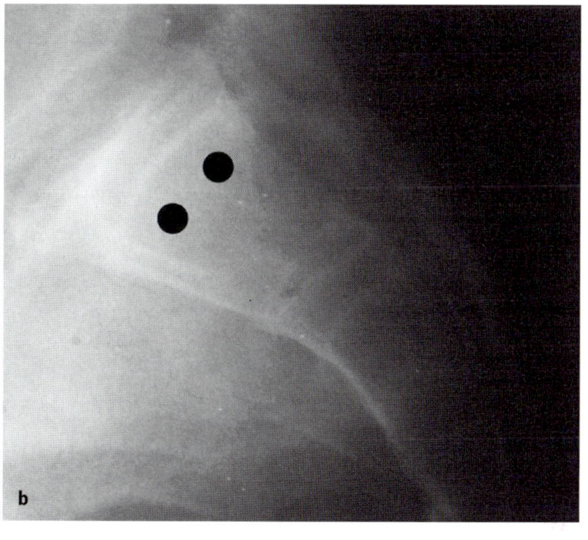

b

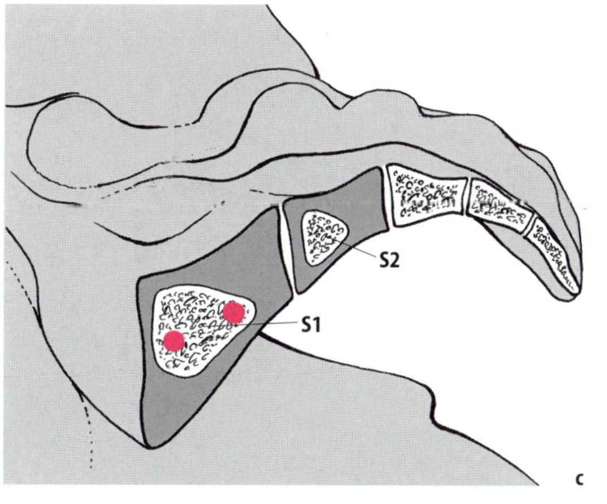


c

**Abb. 9.26 a–c.** Verschraubung des SI-Gelenkes in Bauchlage. **a** Prüfung der intraoperativen Bildwandlereinstellung und damit erreichte Darstellung der Schraubenlage. **b** Eine höhere Sicherheit wird durch die seitliche Durchleuchtung erzielt. Es ist darauf zu achten, daß die äußere Kontur des Os sacrum (»alar slope«) nicht dem Pedikelquerschnitt entspricht. **c** Für die Schraubenplazierung muß der Querschnitt des Pedikels S 1 beachtet werden. Nur wenn er radiologisch einwandfrei darstellbar ist, kann die Implantatlage gesichert werden. Von der Besetzung des Pedikels S 2 wird aufgrund der variablen Form und des kleinen Querschnittes allgemein abgeraten

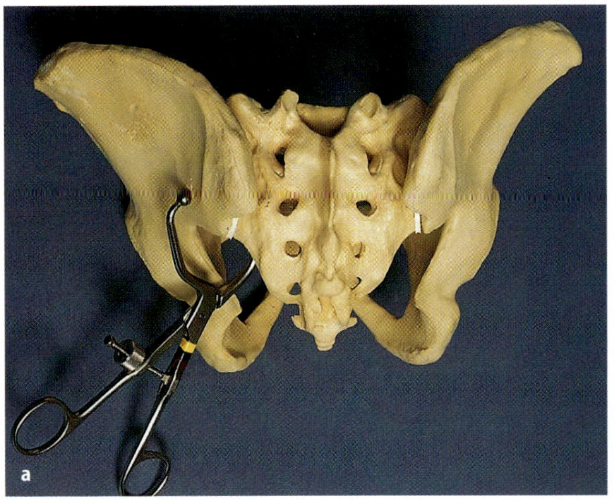

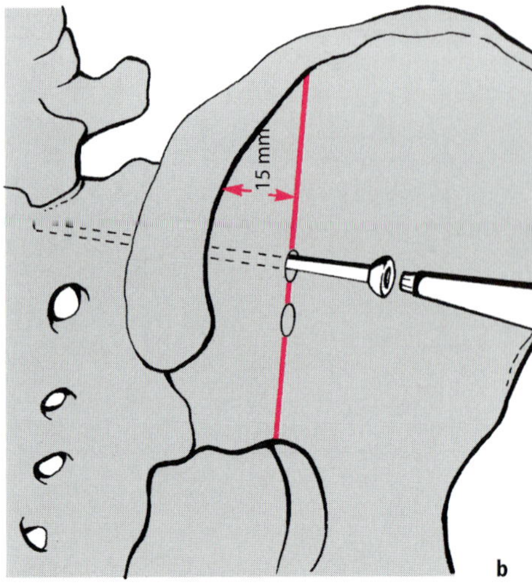


Abb. 9.27 a–d. Technik der manuell gesteuerten SI-Verschraubung. **a** Einsatz der Repositionszange bei der offenen transiliosakralen Verschraubung. **b** Eintrittspunkt in Beziehung zur Linea glutaea. **c** Angestrebte Schraubenlage im Schnittbild. **d** Eine perkutane Schraubenapplikation muß mit einer wesentlich höheren Präzision erfolgen, da aufgrund der größeren Entfernung vom Zielkorridor nur geringe Winkelabweichungen toleriert werden können. (Nach Tempelman [129])

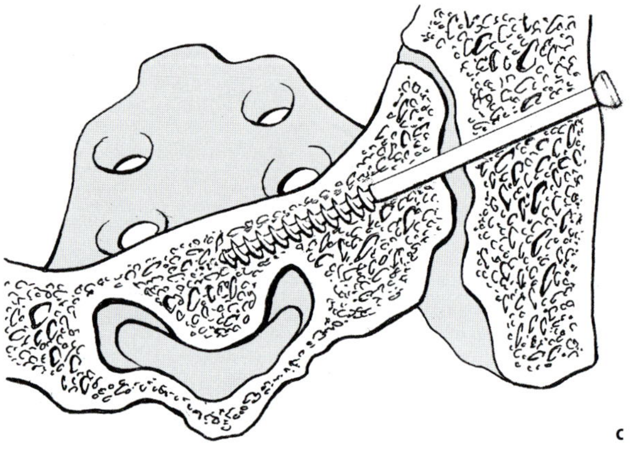

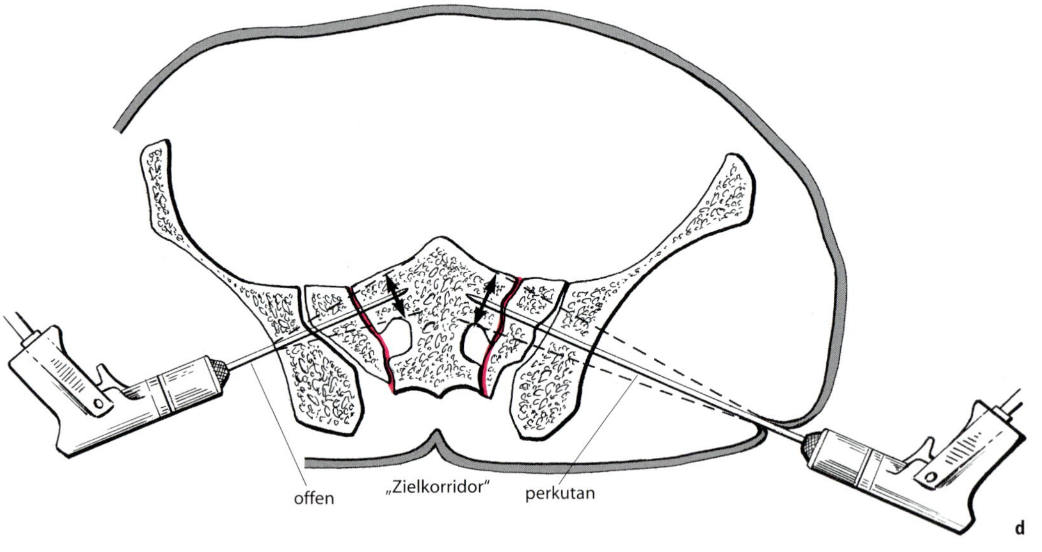

Nach Längenmessung Einbringen einer 6,5-mm-Zugschraube, wobei Matta aufgrund beobachteter Schraubenbrüche ausschließlich die Verwendung von 16 mm Gewindelänge empfiehlt.

Parallel zur 1. Schraube läßt sich eine 2. Zugschraube in den Corpus S1 einbringen, vom Einsatz einer Schraube in den 2. Sakralkörper wird aufgrund der sehr variablen Anatomie mit minimalen »Pedikelquerschnitten« abgeraten [129].

## Weitere Stabilisierungsmöglichkeiten am hinteren Beckenring

### Sakralstäbe

Eine ilioiliakale Überbrückung mit Gewindestäben ist aus der Skoliosebehandlung zu Fixation auf das Bekken bekannt [44], sie wird aber auch zur Stabilisierung von dorsalen Beckenringfrakturen eingesetzt [130]. Hierbei werden Gewindestäbe dorsal des Os sacrum durch die Cristae iliacae posteriores gedreht und durch Anziehen von Muttern und Kontermuttern wird eine Überbrückung und Kompression des hinteren Beckenrings erreicht.

■ **Vorteile**

Die Implantate stehen nicht unmittelbar in Beziehung zu den neurogenen Strukturen des Os sacrum liegen, d.h. die iatrogenen Verletzungsmöglichkeiten sind gering.

■ **Nachteile**

- Bei der Notwendigkeit einer offenen Reposition muß der dorsale Beckenring weit freigelegt werden.
- Da die Sakralstäbe dorsal des Os sacrum liegen, kann es durch »Überkompression« zu einer Außenrotation (»Erweiterung«) des vorderen Beckenrings kommen, die eine spätere Reposition des vorderen Beckenrings unmöglich macht.
- Bei Sakrumtrümmerfrakturen kann ein starkes Anziehen der Muttern zur Kompression von Nervenwurzeln führen.

Im eigenen Vorgehen werden die Sakralstäbe nur zur prophylaktischen, gedeckten Fixation von unverschobenen Sakrumfrakturen und ggf. adjuvant nach Sakrumosteosynthese bei zweifelhaftem Schraubenhalt eingesetzt.

■ **Indikationen**

- Unverschobene Sakrumfrakturen vom Typ C (s. Kap. 4 und 8)
- Sakrumfrakturen nach »lokaler Osteosynthese« mit »unsicherem Schraubenhalt«

■ **Lagerung**

Bauchlage mit Kissenunterpolsterung von Thorax und Becken. Bildwandlereinstellungen in a.-p.-, Inlet- und Outletprojektionen müssen möglich sein, um die Lage der Sakralstäbe zu überprüfen und zu bestätigen, daß die Fraktur weiterhin unverschoben ist.

■ **Zugang**

In der Regel reichen 2 ca. 3–4 cm lange Inzisionen, ca. 1–2 cm lateral und parallel zu den Cristae iliacae posteriores in Höhe von S1–S2, aus (Abb. 9.28 a). Bei sehr schlanken Patienten gelingt auch die Fixation über Stichinzisionen. Abschieben von Anteilen des Ursprungs des M. glutaeus maximus bis zur Linea glutaea. Der Eintrittspunkt wird so gewählt, daß die Sakralstäbe die Crista centralis des Sakrums tangieren

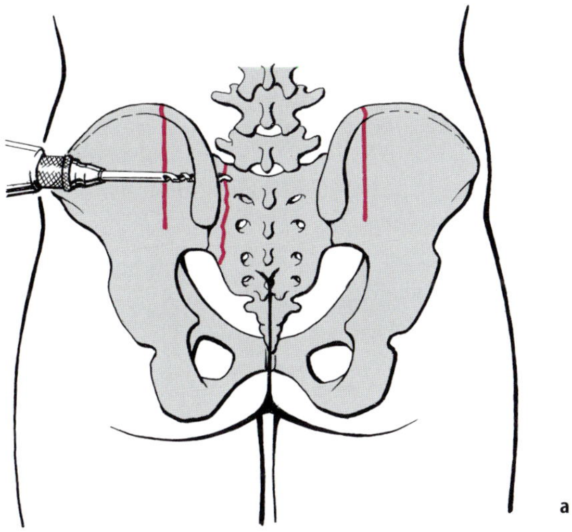

a

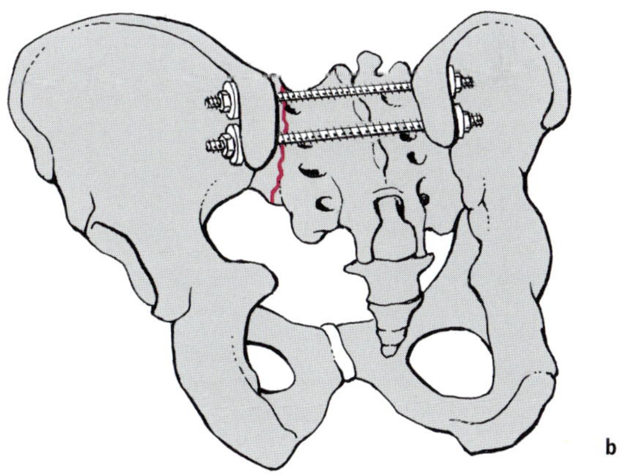

b

**Abb. 9.28 a, b.** Technik der Stabilisierung mit Sakralstäben (auch perkutan möglich). Sakralstäbe können perkutan eingeführt werden und sollten der dorsalen Lamina des Os sacrum möglichst direkt anliegen. Bei der perkutanen Applikation ist eine seitliche Durchleuchtung notwendig, um die Implantatlage zu sichern und eine Perforation der dorsalen Sakrumkortikalis zu vermeiden oder auch perforieren, aber sicher dorsal der dorsalen Lamina des Os sacrum zu liegen kommen (Kontrolle in der seitlichen Durchleuchtung).

### Osteosynthesetechnik

Bei Verwendung von »Sakralstäben« wird das Ilium einseitig auf 6,5 mm aufgebohrt, um einen »Zugschraubeneffekt« zu erreichen. Die Gewindestäbe werden manuell oder vorsichtig mit der Bohrmaschine vorgedreht, mit ihrer Spitze perforieren sie das gegenseitige Ilium von selbst.

Nach Aufsetzen der Muttern erfolgt ein wechselseitiges Anziehen unter Vermeidung einer Überkompression (Abb. 9.28 b).

**Hinweis**

Da das Einsetzen der Muttern in der Tiefe der Wunde mühsam ist, ist es sinnvoll, auf der Seite, von der der Gewindestab eingebracht wird, Mutter und Kontermutter schon zu arretieren und den Stab bis zum »Anschlag« vorzudrehen. Erleichterung bringt zusätzlich die Verwendung von passenden Steckschlüsseln zum Anziehen der Muttern.

Der zweite Stab wird in etwa 2–4 cm Abstand parallel zum ersten eingebracht. Mit dem großen Bolzenschneider werden nach endgültiger Fixation die überstehenden Gewindeenden bis zu den Muttern gekürzt, um Weichteilirritationen zu minimieren (Abb. 9.29).

### Nachbehandlung

Da die Weichteilverhältnisse über dem Os sacrum kritisch sind, muß eine sorgfältige Dekubitusprophylaxe erfolgen, in Zweifelsfällen wird im »Luftkissenbett« gelagert.

Bei einseitigen Läsionen und zusätzlicher Stabilisierung im vorderen Beckenring (immer zu empfehlen, da die Gewindestäbe nur als »Zuggurtung« des hinteren Beckenrings dienen) ist eine Frühmobilisation unter Teilbelastung der betroffenen Seite möglich.

Bei beidseitigen Läsionen (z. B. Ausbruchverletzungen, s. unten) kann eine Frühmobilisation nur bei zusätzlicher spinopelviner Fixation empfohlen werden.

### Implantatentfernung

Da beide SI-Gelenke überbrückt sind, wird eine Implantatentfernung 6–12 Monate nach der Verletzung durchgeführt.

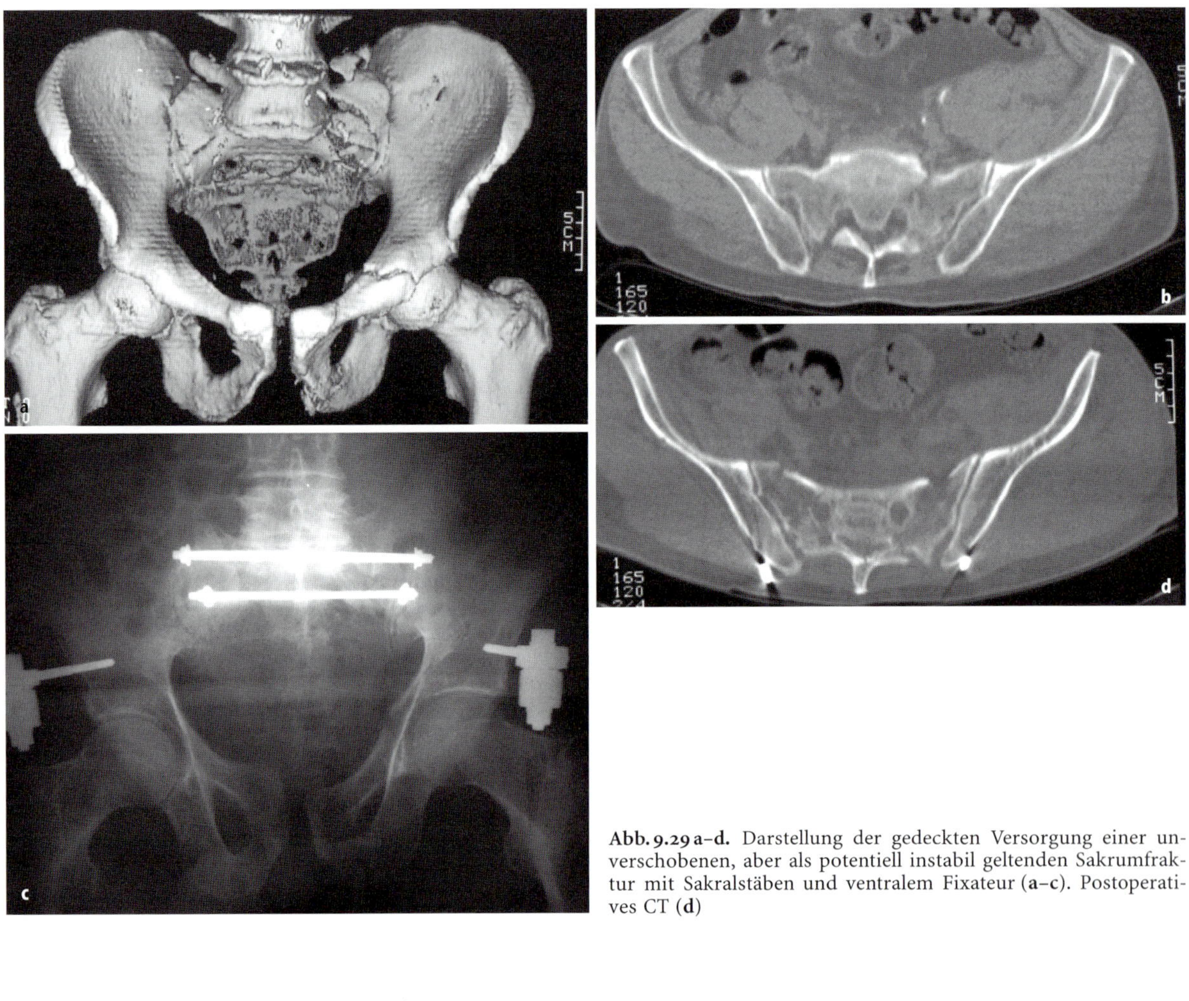


**Abb. 9.29 a–d.** Darstellung der gedeckten Versorgung einer unverschobenen, aber als potentiell instabil geltenden Sakrumfraktur mit Sakralstäben und ventralem Fixateur (**a–c**). Postoperatives CT (**d**)

### Ilioiliakale Plattenosteosynthese

Eine weitere Osteosynthesemöglichkeit stellt die ilioiliakale Plattenosteosynthese dar. Ihr Vorteil liegt in der rigiden Fixation von Ilium zu Ilium, wobei auch Trümmerzonen gut überbrückt und auf Distanz gehalten werden (»Distanzosteosynthesen«). Neben Spezialplatten wie der »double cobra plate«, die aufgrund ihrer erheblichen Ausmaße und der zur Implantation nötigen weiten Freilegung des dorsalen Beckenrings die lokalen Weichteile erheblich gefährdete [78], werden in letzter Zeit v.a. Überbrückungsosteosynthesen mit Standard-AO-Platten (schmale DCP) empfohlen [86] (Abb. 9.30).

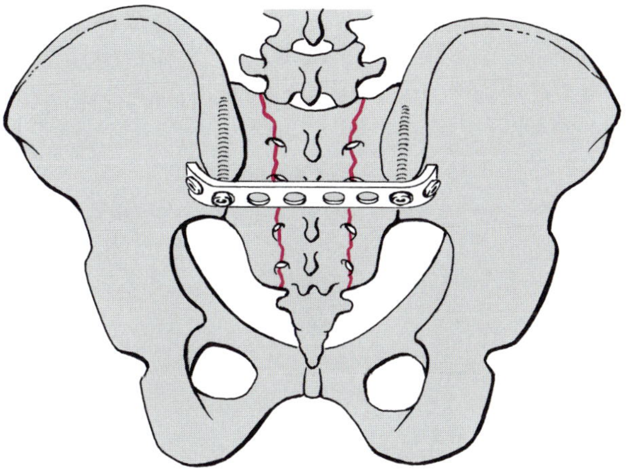

**Abb. 9.30.** Ilioiliakale Plattenosteosynthese. Bei ausgeprägten Trümmerfrakturen, die mit keinem der genannten Verfahren stabil zu versorgen sind, erfolgt die Stabilisierung mit einer übergreifenden ilioiliakalen Platte. Diese wird je nach Frakturverlauf mit zusätzlichen Schrauben in sicheren Zonen des Os sacrum verankert

■ **Indikation**
Die ilioiliakale Verplattung wird im eigenen Vorgehen bei Versagen anderer Osteosynthesetechniken oder ausgedehnten Trümmerfrakturen eingesetzt, bei denen es insbesondere darauf ankommt, eine spezifische »Distanz« zu halten.

■ **Lagerung**
Bauchlage mit Kissenunterpolsterung von Thorax und Becken.

■ **Zugang**
In der Regel Doppelinzisionen über den Cristae iliacae posteriores mit Darstellung der Sakrumrückfläche und der Außenseite des Os ilium.

■ **Osteosynthesetechnik**
Die Platte kreuzt das Os sacrum etwa zwischen dem 2. und 3. Foramen. In dieser Region ist es möglich, die Platte niveaugleich zwischen Ilium und Sakrum anzuformen. Beidseits sollte möglichst ein Plattenloch über der Spina iliaca posterior inferior zu liegen kommen, um durch lange, zwischen den Kortizes des Os ilium vorgebrachte Schrauben eine gute Fixation zu erreichen. Auf beiden Seiten werden noch 2–3 zusätzliche Plattenlöcher besetzt. Wenn möglich sollten zusätzliche Schrauben in die »sicheren Zonen« am Os sacrum eingebracht werden, um die Stabilität zu erhöhen (s. S. 167).

■ **Nachbehandlung**
Da die Weichteilverhältnisse über dem Os sacrum kritisch sind und eine ausgedehnte Exposition erfolgte, wird zur Dekubitusprophylaxe im »Luftkissenbett« gelagert.

Bei einseitigen Läsionen und zusätzlicher Stabilisierung im vorderen Beckenring ist eine Frühmobilisation unter Teilbelastung der betroffenen Seite möglich. Bei ausgedehnten Trümmerfrakturen ist Bettruhe von 4–6 Wochen zu empfehlen.

■ **Implantatentfernung**
Da beide SI-Gelenke überbrückt werden, wird das Implantat 6–12 Monate nach der Verletzung entfernt.

### Ausbruchverletzung S 1/2

Eine seltene Sonderform der Sakrumfrakturen sind die sog. »Ausbruchverletzungen«. Im Rahmen eines Flexions- bzw. Stauchungsmechanismus, wie z. B. bei Abstürzen, kommt es zu beidseitigen transforaminalen Frakturlinien, die durch eine zusätzliche querverlaufende Frakturlinie H-förmig in Höhe von S 1–3 verbunden sind. Damit sind die Sakralkörper S 1, ggf. auch S 2, aus dem Sakrum »ausgebrochen«. Dieser Verletzungstyp wird häufig im Rahmen eines Suizids erlitten, daß Roy-Camille sogar von der »suicidal jumpers fracture« spricht [114].

■ **Problematik**
- Diese Verletzungen werden auf den Beckenübersichtsaufnahmen häufig übersehen, da die Richtung der Dislokation in der Sagittalebene liegt und Fehlstellungen im Beckenring selbst nicht auftreten.
- Die Dislokation quer zum Zentralkanal führt häufig zu Nervenschäden.
- Die Stabilisierung muß eine Fixation zur LWS einschließen.

■ **Diagnostik**
Bei Verdachtsmomenten bedingt durch den Unfallmechanismus (Suizid durch Sprung, Fallschirmsprungverletzungen etc.), die Klinik (Schmerzen im dorsalen Beckenring, Nervenausfälle bis zur Lähmung des Beins) oder die Beckenübersichtsaufnahme (nicht si-

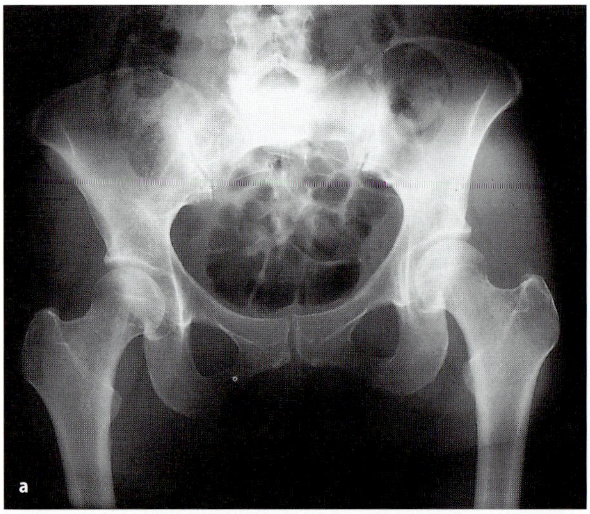

a

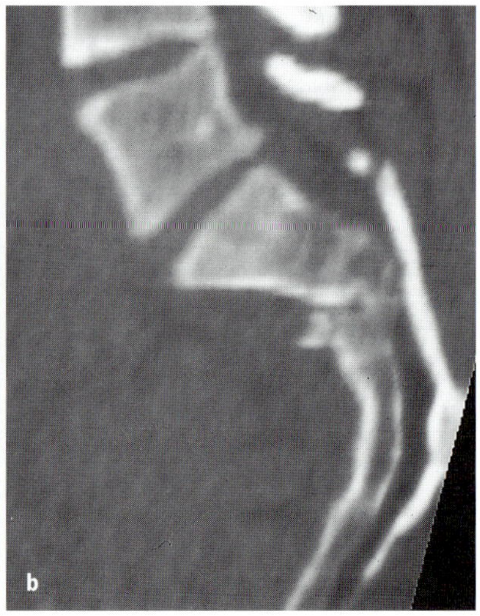

b

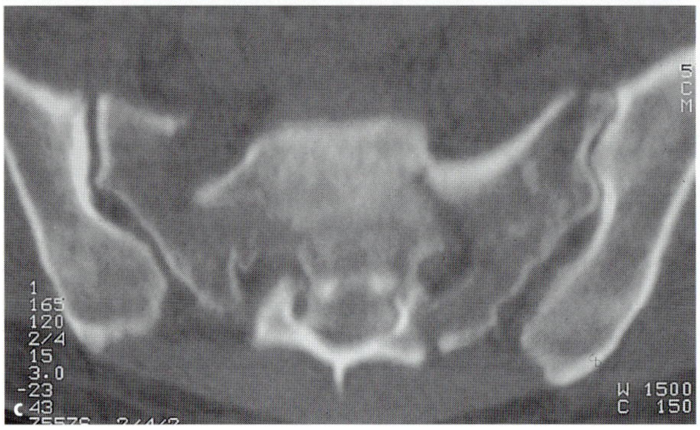


c

**Abb. 9.31 a–g.** Versorgung der Ausbruchverletzung S1/2. Bei Vorliegen einer Ausbruchverletzung reicht eine alleinige Beckenstabilisierung nicht aus. Hier muß eine Transfixation zur lumbalen Wirbelsäule erfolgen. Im eigenen Vorgehen wird diese bevorzugt durch Einbringen eines Fixateur-interne-Systems von LWK 4 und 5 auf den Beckenkamm erreicht. Querstabilisatoren schließen den hinteren Beckenring (**a–e**). Kontrolle nach Implantatentfernung (11 Monate) (**f** u. **g**)

cher beurteilbare Strukturen im Os sacrum) wird zunächst eine seitliche Sakrumaufnahme, ansonsten eine CT mit sagittalen Rekonstruktionen angefertigt. Das Ausmaß der Verletzung ist dann in der Regel gut zu erkennen (Abb. 9.31).

■ **Dekompression**

Einengungen des Zentralkanals können zu Nervenkompressionen führen. Das erste Ziel besteht in einer Dekompression des Plexus sacralis. Bei frischen Verletzungen erfolgt in Bauchlage ein geschlossener Repositionsversuch unter Hyperextension der Hüftgelenke bei gleichzeitiger Extension (Anheben der gestreckten Beine unter seitlicher Durchleuchtung des Os sacrum). Gelingt eine Reposition, was unter seitlicher Durchleuchtung zu kontrollieren ist, erfolgt eine Stabilisierung in situ.

Gelingt die geschlossene Reposition nicht, muß offen reponiert werden. Die Nervendekompression erfolgt nach dorsaler Laminektomie des Os sacrum. Bei veralteten, schon verheilten Fällen ist zumindest eine chirurgische Dekompression des Plexus sacralis im Zentralkanal erforderlich.

■ **Zugang** (s. Tscherne u. Blauth [135a])

Es wird eine mediane Längsinzision von L3 bis zur Rima ani durchgeführt. Die Präparation erfolgt entsprechend einem dorsalen Zugangs zur Wirbelsäule unter Abdrängung des M. erector trunci nach lateral. Über dem Sakrum kann durch Anheben der Ausläufer des M. erector trunci die gesamte Rückfläche des Os sacrum dargestellt werden (Laminektomie zur Dekompression). Bei ausreichender geschlossener Reposition genügt es, über die mediane Inzision den dorsalen Beckenkamm beidseits freizulegen, um die Pedikelschrauben verankern zu können.

■ **Stabilisation**

Zur Retention der erreichten Repositionsstellung muß eine übergreifende spinopelvine Stabilisation erfolgen. Als Osteosynthesematerial kommen derzeit v. a. Fixateursysteme zur internen Stabilisierung der Wirbelsäule in Frage (z. B. USS). Im eigenen Vorgehen wird versucht, von einer transpedunkulären Verankerung in L4 und L5 aus eine Überbrückung zu weiteren, in der Crista iliaca verankerten Pedikelschrauben zu erreichen. Der hintere Beckenring (transforaminale Frakturlinien!) wird durch Anbringen von 1–2 verlängerten Querstabilisatoren stabilisiert und komprimiert.

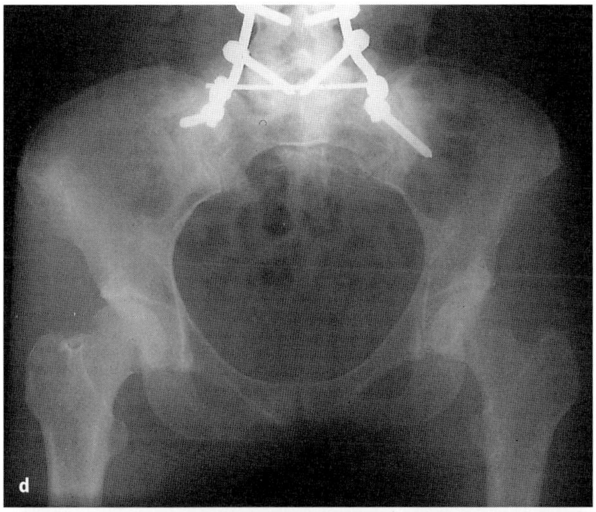


■ **Nachbehandlung**

Auf die Osteosynthese wirken erhebliche Hebelkräfte. Eine vorsichtige Mobilisation unter Vermeidung von Flexionsbewegungen im lumbosakralen Übergang ist zu empfehlen. Die Teilbelastung des vorwiegend betroffenen Beines wird für 12 Wochen durchgeführt, bei sehr instabilen Frakturen wird im Gehwagen mobilisiert.

Aufgrund der Prominenz der Implantate ist eine sorgfältige Dekubitusprophylaxe erforderlich, ggf. durch Unterlegen von ausgeschnittenen Schaumstoffmatratzen.

Aufgrund der Druckbeschwerden wird eine Implantatentfernung schon 6–9 Monate nach der Verletzung durchgeführt.

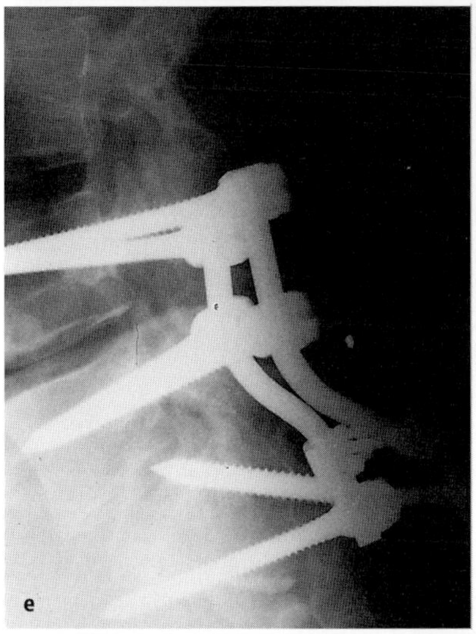


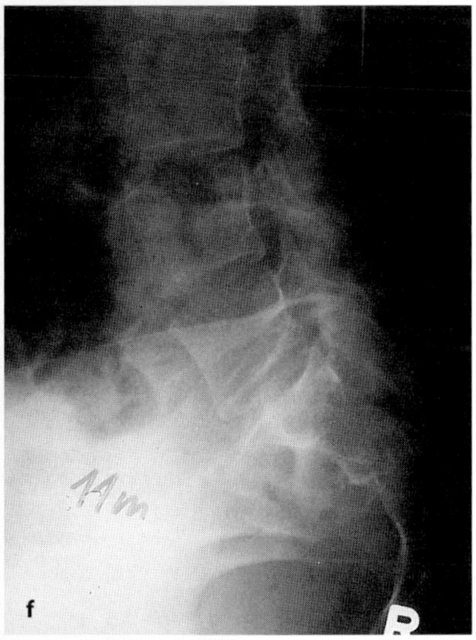


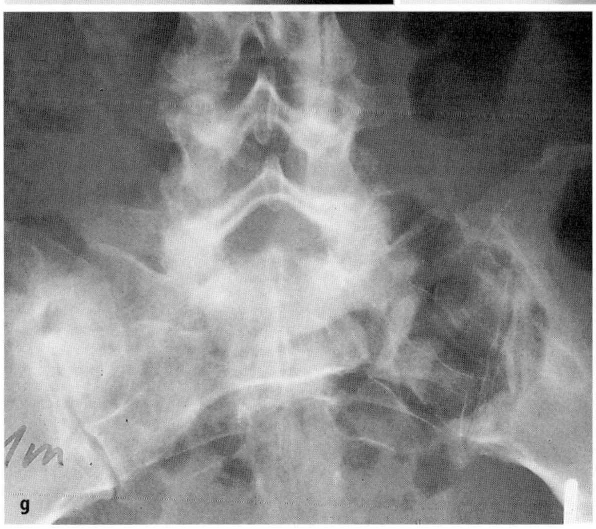


**Abb. 9.31 d–g**

### 9.2.6
### Besonderheiten bei kombinierten Instabilitäten

Bei instabilen Verletzungen, die eine Kombination von Unterbrechungen des vorderen und hinteren Beckenrings beinhalten (Typ-C-Verletzung), wird versucht, beide Verletzungsregionen gleichzeitig darzustellen, um die Reposition zu vereinfachen. Dies gelingt v.a. in Rückenlage des Patienten. Bei einer Verletzung, die von ventral her nicht versorgt werden kann (Sakrum- und transsakrale Luxationsfrakturen), wird prinzipiell zunächst die dorsale Verletzung reponiert und stabilisiert, und dann nach Umlagern des Patienten eine Stabilisierung des vorderen Beckenrings durchgeführt. Diese Vorgehensweise ist günstiger, da die Reposition im dorsalen Beckenanteil schwieriger ist und weil nach vorangegangener Fixation des Beckenrings schon in geringer Fehlstellung oftmals dorsal keine anatomische Reposition mehr zu erreichen ist.

Ausnahmen sind die Fälle, bei denen im Zuge des Verletzungsmusters Laparotomien durchgeführt werden mußten. Hier sollte auf jeden Fall im Anschluß an die Laparotomie der vordere Beckenring stabilisiert werden. Bei von ventral nicht reponierbaren Rotationsfehlstellungen und Symphysenverletzungen ist in diesem Fall ein einfacher Schluß der Symphyse durch Versorgung mit einer 2-Loch-DC-Platte vorzuziehen. Damit sind auch bei liegender Platte noch leichte Rotationsbewegungen möglich, die die dorsale Reposition vereinfachen.

### 9.2.7
### Postoperative Behandlung

Instabile Beckenfrakturen sind in einem hohen Prozentsatz mit schweren Allgemeinverletzungen kombiniert. In der überwiegenden Zahl der Fälle bestimmen diese Begleitverletzungen die postoperative Behandlung und limitieren eine Mobilisation der Patienten. Das Ziel jeder operativen Stabilisierung des Beckenringes sollte eine übungsstabile Osteosynthese sein, die eine frühere Mobilisation des Patienten mit Vollbelastung von mindestens einer Seite erlaubt. Da Beckenfrakturen mit einer hohen Rate von Komplikationen vergesellschaftet sind, sollte ein striktes prä- und postoperatives Behandlungs- und Prophylaxeprotokoll eingehalten werden (s. auch Kap. 8).

#### Wundbehandlung

Eingelegte Redon-Drainagen werden nicht angenäht, sondern in regelmäßigen Abständen mehrfach am Tag gedreht und leicht angezogen, um ein Verkleben zu vermeiden. Sie werden am 2. postoperativen Tag endgültig entfernt, bei ausgedehnter Sekretion am 3. Tag; danach wird die Wunde offen gelassen.

Werden Serombildungen im Wundbereich erkannt, so wird speziell im Bereich der Symphyse oder des Os sacrum frühzeitig eine Revision mit Wundausspülung durchgeführt, um Infektionen vorzubeugen.

#### Mobilisation

Mit Hilfe der angegebenen Osteosyntheseverfahren ist prinzipiell eine Frühmobilisation unter Teilbelastung der betroffenen Seite ab dem 2. postoperativ Tag möglich.

Diese Teilbelastung wird bei wenig verschobenen Sakrumfrakturen für 6–8 Wochen, ansonsten bei allen Verletzungen des hinteren Beckenringes für 12 Wochen beibehalten.

Ist der Patient aufgrund von Begleitverletzungen nicht mobilisierbar, wird frühzeitig eine Physiotherapie mit Übungen im Bett mit besonderem Augenmerk auf die Thromboseprophylaxe und die Mobilitätserhaltung der großen Gelenke durchgeführt.

#### Kontrollen und Implantatentfernungen

Bei allen Osteosynthesen am Beckenring wird postoperativ eine Beckenübersichtsaufnahme zur Repositionskontrolle und Ausgangsdokumentation angefertigt.

Eine weitere a.-p.-Röntgenkontrolle erfolgt nach Mobilisation des Patienten, sowie nach 6 und 12 Wochen zur Darstellung der Ausheilung. Um eventuelle Spätveränderungen, insbesondere bei Kindern und Jugendlichen, auszuschließen oder zu erkennen, wird eine Abschlußkontrolle 1–2 Jahre nach dem Unfall dringend empfohlen.

Eine neurologische Kontrolle folgt bei bewußtseinsklaren Patienten direkt nach dem Unfall, auf alle Fälle aber vor einer Operation, ansonsten spätestens postoperativ beim wieder ansprechbaren Patienten. Werden nach dorsaler Beckenringosteosynthese neu aufgetretene Nervenstörungen bemerkt, wird notfallmäßig eine CT-Untersuchung zur Kontrolle auf Schraubenfehllage im Bereich der sakralen Foramina des Zentralkanals oder Plattenfehllage im Bereich des Truncus lumbosacralis durchgeführt und ggf. eine sofortige Revision veranlaßt.

Werden primär Nervenausfälle bemerkt, so erfolgt eine elektrophysiologische Objektivierung 3–4 Wochen nach der Verletzung. Weitere Verlaufskontrollen werden je nach Entwicklung und Prognose des Nerven-

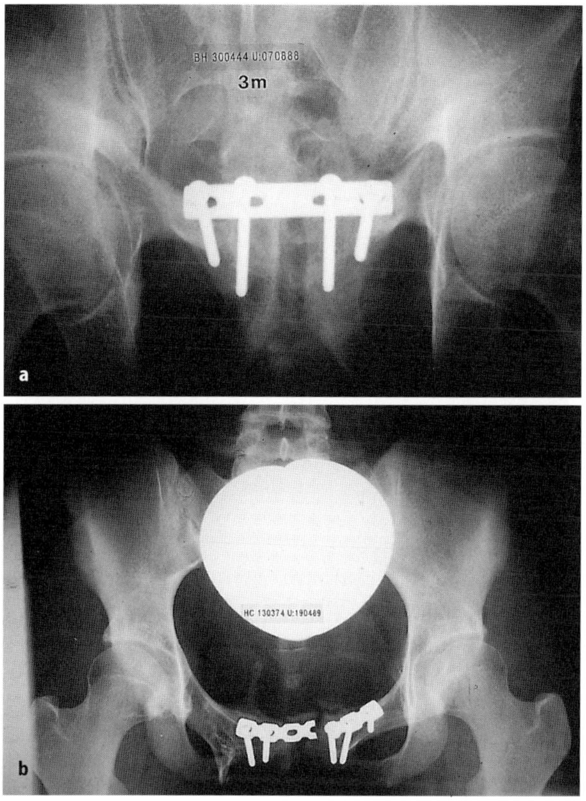


**Abb. 9.32 a, b.** **a** Die Lockerung von gelenkübergreifenden DC-Platten oder **b** der Bruch von Rekonstruktionsplatten ist nicht als Komplikation zu werten, sondern als Ausdruck einer normalen Funktionsfähigkeit des Gelenkes. Implantatentfernungen werden daher bei Symphysen- und SI-Versorgungen nach 6–12 Monaten empfohlen

schadens vereinbart, auf alle Fälle sollte 1–2 Jahre nach dem Unfall nochmals ein endgültiger neurologischer Status erhoben werden.

Alle gelenkübergreifenden Implantate, d.h. die die Symphyse oder das SI-Gelenk überbrücken, werden prinzipiell entfernt (Abb. 9.32). Der Zeitpunkt der Entfernung liegt zwischen 6 und 12 Monaten nach der Versorgung.

## Literatur


1. Bachmann G, Pfeifer T, Spies H, Katthagen B (1993) 3D-CT und Angiographie an Ausgußpräparaten von Beckengefäßen: Darstellung der arteriellen Durchblutung der Hüftgelenkspfanne. Rofo Fortschr Geb Rontgenstr Neuen Bildgeb Verfahr 158(3): 214–220
2. Barrick E, O'Mara J, Lane H (1997) Computer assisted CT image guided insertion of iliosacral screws. 64$^{th}$ meeting of the Ammerican Acadamy of Orthopedic Surgeons (AAOS), San Francisco
3. Bell A, Smith R, Brown T, Nepola J (1988) Comperative study of the Orthofix and Pittsburgh frames for external fixation of unstable pelvic ring fractures. J Orthop Trauma 2(2): 130–138

3a. Berner W, Tscherne H (1986) Biomechanik der dorsalen und ventralen Osteosynthese des Sacroiliacalgelenks. Hefte Unfallheilk 181: 627–631

4. Berner W, Oestern H-J, Sorge J (1982) Ligamentäre Beckenringverletzungen: Behandlung und Spätergebnisse. Unfallheilkunde 85: 377–387
5. Berner W, Oestern H, Tscherne H (1984) Die hintere Bekkenringluxation – eine Indikation zur Operation. Hefte Unfallheilkd 164: 286–291
6. Böhler J (1953) Experimentelle Untersuchungen über die Ursache der sog. Kopfnekrose nach Verrenkungen und Verrenkungsbrüchen des Hüftgelenkes. Chirurg 24: 344–349
7. Böhler L (1954) Die Technik der Knochenbruchbehandlung, 12. –13. Aufl. Maudrich, Wien
8. Böhler L (1963) Die Technik der Knochenbruchbehandlung, Ergänzungsband, 12. –13. Aufl. Maudrich, Wien
9. Bonnel F (1974) Biomechanische Betrachtungen und die klinische Anwendung des Fixateur externe bei den Brüchen der Hüftgelenkspfanne. Hefte Unfallheilkd 124: 50–53
10. Bonnel F (1975) Biomechanische Betrachtungen über Bekkenverletzungen und die Anwendung des Fixateur externe bei Zerreißungen der Symphyse und des Sakro-Iliakalgelenkes. Hefte Unfallheilkd 124: 161–163
11. Brown T, Stone J, Schuster J, Mears D (1982) External fixation of unstable pelvic ring fractures: comparative rigidity of some current frame configurations. Med Biol Eng Comput 20: 727–733
12. Browner BD, Cole JD, Graham JM, Bondurant FJ, Nunchuck BS, Colter HB (1987) Delayed posterior internal fixation of unstable pelvic fractures. J Trauma 27(9): 998–1006
13. Carabalona P, Rabichong P, Bonnel F, Peruchon E, Peguret F (1973) Apports du fixateur externe dans le disjonctions du pubis and de l'articulation sacro-iliaque. Montpell Chir 19: 61–70
14. Chevalley F, Husmann O, Genton A, Blanc C (1995) Le fixateur externe dans les lesions traumatiques graves du bassin: resultats à propos de 21 cas consecutifs de 1991 à 1994 et revue de la litterature. Swiss Surg Suppl 2: 30
15. Comstock C, Meulen M, Goodman S (1994) Biomechanical comparison of posterior internal fixation techniques for unstable pelvic fractures. Surgery of the Pelvis and Acetabulum: The Second International Consensus. Pittsburgh, October 21–27, 1994
16. Dabezies E, Millet C, Murphy C, Acker J, Robicheaux RD, Ambrosia R (1989) Stabilization of sacroiliac joint disruption with threated compression rods. Clin Orthop 246: 165–171
17. Dahners L, Jacobs R, Jayraman G, Cepulo A (1984) A study of external skeletal fixation system for unstable pelvic fractures. J Trauma 24(10): 876–881
18. De Ridder V, De Lange S, Popta J (1996) The anatomical variations of the lateral femoral cutaneus nerve and its consequences for surgery. Surgery of the Pelvis and Acetabulum: The Third International Consensus. Pittsburgh
19. Dolati B (1985) Die operative Versorgung der Symphysenruptur. Unfallchirurgie 11: 223–227
20. Dolati B, Spiss R (1994) Results of 120 operated symphysis by tension-band wiring. Surgery of the Pelvis and Acetabulum: The Second International Consensus. Pittsburgh, Oct 21–27, 1994

21. Draijer F, Egbers H, Simnacher M (1996) Die dreidimensionale Kraftmessung in der Symphyse und im Iliosakralgelenk bei axialer Lastaufnahme des Beckens im Ein- und Zweibeinstand. Swiss Surg Suppl 2: 43
22. Duverney J (1751) Traité de maladies des os, vol 1. Bure l'Aiine, Paris, p 285
23. Duwelius P, Van Allen M, Bray T, Nelson D (1992) Computed tomography-guided fixation of unstable posterior pelvic ring disruptions. J Orthop Trauma 6(4): 420–426
24. Ebraheim N, Coombs R, Jackson W, Rusin J (1994) Percutaneous computed tomography-guided stabilization of posterior pelvic fractures. Clin Orthop 307: 222–228
25. Ebraheim N, Padanilam T, Waldrop J, Yeasting R (1994) Anatomic consideration in the anterior approach to the sacro-iliac joint. Spine 19(6): 721–725
26. Ecke H, Hagen P (1984) Operative Möglichkeiten zur Behandlung von Verletzungen des Beckenrings. Krankenhausarzt 53: 346–352
27. Ecke H, Völkel W (1984) Operative Maßnahmen und Ergebnisse bei Verletzungen des knöchernen Beckenringes mit Ausnahme der Acetabulumfraktur. Hefte Unfallheilkd 164: 234–239
28. Ecke H, Burger H, Hofmann D, Nazari P, Maier K (1984) Stabilitätsprüfung verschiedener Osteosyntheseverfahren nach Symphysenruptur und Sprengung der Ileosacralfuge. Langenbecks Arch Chir: 195–199
29. Ecke H, Patzak H, Hofmann D (1991) Überbrückungszuggurtungen zur Wiederherstellung rupturierter Amphiarthrosen am Beckenring. Unfallchirurgie 17: 335–342
30. Egbers H (1994) Stabilisierung mit dem Fixateur externe. Hefte Z Unfallchir 241: 420–425
31. Egbers H, Schroeder L, Havemann D, Bömer H (1984) Indikationen für die äußere Stabilisation von Beckenringfrakturen. Hefte Unfallheilkd 164: 292–293
32. Egbers H, Draijer F, Havemann D, Zenker W (1992) Stabilisierung des Beckenrings mit Fixatuer externe: biomechanische Untersuchungen und klinische Erfahrungen. Orthopade 21: 363–372
32a. Egbers HJ, Siebels W, Steinhauser E (1997) Biomechanische Untersuchungen zur externen Fixation am Becken. In: Egbers HJ, Rieger H (Hrsg) Die äußere Stabilisierung des Bekkens. Marseille, München
33. Ertel W, Lüdinghausen M v, Trentz O (1997) Becken. In: Platzer W, Trentz O (Hrsg) Posttraumatische Defekt- und Weichteilsanierung. Schädel, Wirbelsäule, Becken. Thieme, Stuttgart New York, S 414–557
34. Failinger M, McGanity P (1992) Unstable fractures of the pelvic ring. J Bone Joint Surg Am 74(5): 781–791
35. Felenda M, Dittel K (1993) Instabile Beckenringverletzungen: Klassifikation – Behandlungsstrategie. Akt Traumatol 23: 263–271
36. Fink D, Möseneder H (1974) Offene Symphysensprengung mit primärer Verplattung. Hefte Unfallheilkd 124: 292–293
37. Finsterer H (1911) Über Beckenluxationen. Dtsch Z Chir 110: 191–210
38. Fischer A (1909) Über schwere Beckenluxationen und Verletzungen der umgebenden Weichteile: Typische Rodelverletzungen. Zentralbl Chir 36: 1313–1319
39. Fröhlich P, Barnbeck F (1987) Fixateur externe am Becken. Indikation, Montage und Ergebnisse. Zentralbl Chir 112: 1501–1507
40. Gänsslen A, Pohlemann T, Culemann U, Krettek C, Samson F v, Tscherne H (1996) Vergleichende dreidimensionale Stabilitätsprüfung verschiedener Osteosynthesen zur SI-Gelenks-Stabilisierung. Swiss Surg Suppl 2: 43
41. Gänsslen A, Pohlemann T, Paul C, Lobenhoffer P, Tscherne H (1996) Epidemiology of pelvic ring injuries. Injury Suppl 1 (Part 1): 13–20
42. Gorczya J, Conner J (1996) A beginners experience with percutaneous iliosacral screws. Fractures of the Pelvis and Acetabulum: The Third International Consensus. Pittsburgh
43. Gunterberg B, Goldie I, Slätis P (1978) Fixation of pelvic fractures and dislocations. Acta Orthop Scand 49: 278–286
44. Harrington K (1992) The use of hemipelvic allografts or autoclaved grafts for reconstruction after wide resections of malignant tumors of the pelvis. J Bone Joint Surg Am 74(3): 331–341
45. Havemann D, Schroeder L (1980) Stabilisierung von Beckenfrakturen mit dem Fixateur externe. Hefte Unfallheilkd 148: 538–541
46. Havemann D, Schroeder L (1982) Behandlung von Beckenringfrakturen mit Fixateur externe. Akt Traumatol 12: 83–85
47. Heinemann, Siedamgratzky (1914) Zur Kasuistik der Bekkenluxationen. Langenbecks Arch Chir 103: 927–939
48. Henderson R (1989) The long-term result of nonoperatively treated major pelvic disruption. J Orthop Trauma 3(1): 41–47
49. Henderson R, Nepola J, Claverle JG (1986) Anterior-posterior traumatic pelvic disruption: an evaluation of the long-term orthopedic complications. Orthop Trans 10: 440
50. Hierholzer G, Gras U (1984) Verletzungen des Beckens und seiner Bandverbindungen. Hefte Unfallheilkd 164: 181–187
51. Hirschberg O (1919) Isolierte Luxation einer Beckenhälfte und Technik der Reposition. Dtsch Med Wochenschr 33: 904
52. Hirvensalo E, Lindahl J, Böstman O (1993) A new approach to the internal fixation of unstable pelvic fractures. Clin Orthop 297: 28–32
53. Hofmann D (1991) Vergleichende Untersuchung verschiedener Stabilisierungsverfahren bei der Luxation der Beckenhalbgelenke. Unfallchirurgie 17(5): 247–252
54. Hofmann D, Ecke H, Burger H, Nazari P, Maier K, Pabst W (1985) Festigkeitsuntersuchung verschiedener Osteosyntheseverfahren bei Symphysenruptur und Sprengung der Iliosacralfuge. Hefte Unfallheilkd 174: 75–78
55. Hofmann D, Ecke H, Burger H, Nazari P, Maier K (1986) Die Stabilisierung von Rupturen der Beckenhalbgelenke mit resorbierbarem Material. Hefte Unfallheilkd 181: 108–111
56. Hofmann G, Bredow J (1986) Spätergebnisse der Beckenringverletzungen – Behandlung mit dem Fixateur externe. Hefte Unfallheilkd 181: 612–618
57. Jahna H, Wittich H (1985) Konservative Methoden in der Frakturbehandlung. Urban & Schwarzenberg, Wien München Baltimore
58. Josten C, Muhr H (1987) Konservative Frakturbehandlung der Wirbelsäule und des Beckens. In: Schweiberer L (Hrsg) Breitner Chirurgische Operationslehre. Urban & Schwarzenberg, Wien München Baltimore, S 65–78
59. Josten C, Schildhauer T, Muhr G (1994) Therapie instabiler Sacrumfrakturen bei Beckenringbrüchen. Chirurg 65: 970–975
60. Käch K, Trentz O (1994) Distraktionsspondylodese des Sakrums bei »Vertical-shear-Läsionen« des Beckens. Unfallchirurg 97(1): 28–38
61. Kellam J (1989) The role of external fixation in pelvic disruptions. Clin Orthop 241: 66–82
62. Kellam JF, McMurtry RY, Paley D, Tile M (1987) The unstable pelvic fracture – Operative treatment. Orthop Clin North Am 18(1): 25–41
63. Kiefer S, Kleinfeld F (1994) Die ungewöhnliche Komplikation nach Schambeinastfraktur: traumatische Dünndarmperforation. Akt Traumatol 24(3): 81–82
64. Kinzl L, Burri C, Wörsdörfer O (1984) Operative Therapie bei Beckenfugenzerreißungen. Hefte Unfallheilkd 164: 222–223
65. Labitzke R (1982) Drahtseile und intraossäre Druckverteilungshülsen in der Chirurgie. Chirurg 53: 741–743
66. Labitzke R, Witzel U (1986) Biomechanische Grundlagen und Technik der elastischen Hülsen-Seil-Verspannung der Beckenruptur. Hefte Unfallheilkd 181: 622–624
67. Lambotte A (1913, répité 1948) Chirurgie opératoire des fractures. Société Franco-Belge D'Editions Scientifiques, Bruxelles, pp 126–144
68. Lange R, Hansen S (1985) Pelvic ring disruptions with symphysis pubis diastasis – Indications, technique and limitations of anterior internal fixation. Clin Orthop 201: 130–137
69. Lehmann J (1934) Luxation einer Beckenhälfte. Zentralbl Chir 37: 2149–2152

70. Lehmann U (1990) Belastungsmessung an der Symphysis pubis, normale Belastung und Plattenosteosynthese. Inaugural Dissertation, Hannover
71. Leighton R, Waddell J (1996) Techniques for reduction and posterior fixation through the anterior approach. Clin Orthop 329: 115–120
72. Leighton R, Waddell J, Bray T, Chapman M, Simpson L, Martin R (1991) Biomechanical testing of new and old fixation devices for vertical shear fractures of the pelvis. J Orthop Trauma 5(3): 313–317
73. Letournel E (1978) Annotation to pelvic fractures. Injury 10: 145–148
74. Linser P (1902) Ueber Beckenluxationen. Beitr Klin Chir 35: 94–103
75. Liu J, Lai K, Chou Y (1995) Strength of the pin-bone interface of external fixation pins in the iliac crest. Clin Orthop 310: 237–244
76. Matta J, Saucedo T (1989) Internal fixation of pelvic ring fractures. Clin Orthop 242: 83–97
77. Mears D, Capito C, Deleeuw H (1988) Posterior pelvic disruptions managed by the use of the double cobra plate. AAOS Instr Course Lect 37: 143–150
78. Mears D, Rubash H (1984) External and internal fixation of the pelvic ring. AAOS Instr Course Lect 33: 144–158
79. Meißner A (1989) Biomechanik und Stabilisierung der Symphyse. Habilitationsschrift, Freie Universität Berlin
80. Meißner A, Breyer H, Ramanzadeh R (1986) Experimentelle Untersuchungen zur Beweglichkeit in der Symphyse. Hefte Unfallheilkd 181: 79–82
81. Meyer-Burgdorff G (1936) Über Beckenbrüche. Zentralbl Chir 63: 1016
82. Mirkovic S, Abitol J, Steinmann J, Edwards C, Schaffler M, Massie J (1991) Anatomic consideration for sacral screw placement. Spine 16(6): 289–294
83. Muhr G (1979) Zugänge zur Versorgung von Beckenfrakturen. Hefte Unfallheilkd 140: 77–83
84. Müller K, Müller-Färber J (1978) Die Osteosynthese mit dem Fixateur externe am Becken. Arch Orthop Trauma Surg 92: 273–283
85. Müller K, Müller-Färber J (1984) Die Indikation externer und interner Stabilisationsverfahren bei der operativen Versorgung der Beckenringfrakturen. Hefte Unfallheilkd 164: 216–221
86. Müller M, Allgöwer M, Schneider R, Willenegger H (eds) (1991) Manual of internal fixation, chapt 9, 3rd edn. Springer, Berlin Heidelberg New York Tokyo
87. Müller-Färber J (1993) Beckenverletzungen. In: Kinzl L (Hrsg) Breitner Chirurgische Operationslehre. Urban & Schwarzenberg, München Wien Baltimore, S 37–63
88. Müller-Färber J, Müller K (1984) Die verschiedenen Formen der instabilen Beckenringverletzungen und ihre Behandlung. Unfallheilkunde 87: 441–455
89. Nelson D, Duwelius P (1991) CT-guided fixation of sacral fractures and sacroiliacal joint disruptions. Radiology 180: 527–532
90. Noordeen M, Taylor B, Briggs T, Lavy C (1993) Pin placement in pelvic external fixation. Injury 24(9): 581–584
91. Olerud S, Walheim G (1984) Symphysiodesis with a new compression plate. Acta Orthop Scand 55: 315–318
92. Pennal G, Massiah K (1980) Nonunion and delayed union of fractures of the pelvis. Clin Orthop 151: 124–129
93. Pohlemann T (1992) Klinische und biomechanische Untersuchungen zur operativen Stabilisierung der Sakrumfraktur und Vorstellung eines neuen Osteosyntheseprinzips. Habilitationsschrift, Medizinische Hochschule Hannover
94. Pohlemann T, Tscherne H (1996) Die operative Therapie von Sakrumfrakturen. Operat Orthop Traumatol 8(1): 55–72
95. Pohlemann T, Bosch U, Haas N, Tscherne H (1990) Internal stabilization of pelvic ring fractures. XVIII World Congress SICOT, Société Internationale de Chirugie Orthopédique et de Traumatologie. Montreal, Kanada
96. Pohlemann T, Culemann U, Tscherne H (1992) Vergleichende biomechanische Untersuchungen zur internen Stabilisierung der transforaminalen Sakrumfraktur. Orthopade 21: 413–421
97. Pohlemann T, Gänsslen A, Kiessling B, Bosch U, Haas N, Tscherne H (1992) Indikationsstellung und Osteosynthesetechniken am Beckenring. Unfallchirurg 95: 197–209
98. Pohlemann T, Kiessling B, Gänsslen A, Bosch U, Tscherne H (1992) Standardisierte Osteosynthesetechniken am Beckenring. Orthopade 21: 373–384
99. Pohlemann T, Angst M, Schneider E, Ganz R, Tscherne H (1993) Fixation of transforaminal sacrum fractures: a biomechanical study. J Orthop Trauma 7(2): 107–117
100. Pohlemann T, Bosch U, Gänsslen A, Tscherne H (1994) The Hannover experience in management of pelvic fractures. Clin Orthop 305: 69–80
101. Pohlemann T, Krettek C, Hoffmann R, Culemann U, Gänsslen A (1994) Biomechanischer Vergleich verschiedener Notfallstabilisierungsmaßnahmen am Beckenring. Unfallchirurg 97(10): 503–510
102. Pohlemann T, Gänsslen A, Culemann U, Hüfner T, Tscherne H (1996) Dreidimensionale Computersimulation verschiedener Stabilisierungstechniken am dorsalen Beckenring. Swiss Surg Suppl 2: 43
103. Poigenfürst J (1972) Beckenbrüche. In: Nigst H (Hrsg) Spezielle Frakturen – und Luxationslehre. Thieme, Stuttgart, S 141–228
104. Poigenfürst J (1979) Beckenringbrüche und ihre Behandlung. Unfallheilkunde 82: 309–319
105. Probst J (1979) Beckenfrakturen – Spätfolgen und Begutachtung. Unfallheilkunde 82: 340–348
106. Reff R (1984) The use of external fixation devices in the management of severe lower-extremity trauma and pelvic injuries in children. Clin Orthop 188: 21–33
107. Remiger A, Blatter G, Magerl F (1994) Die kombinierte ventrale und dorsale Fixateur externe-Osteosynthese bei Typ C-Beckenringfrakturen. Z Unfallchir Vers Med 87(4): 249–258
108. Rieger H, Overbeck J, Schröder-Schluter J, Heinecke A (1994) External fixation of the pelvis: a biomechanical study of some old and new devices. Surgery of the Pelvis and Acetabulum: The Second International Consensus. Pittsburgh, October 21–27, 1994
109. Rieger H, Wetterkamp D, Schröder-Schlüter J (1994) Osteotaxis bei Beckenringverletzung. Hefte Z Unfallchir 241: 241–248
109a. Rothkötter H, Berner W (1988) Failure load and displacement of the human sacroiliac joint under in vitro loading. Arch Orthop Trauma Surg 107: 282–287
110. Routt M (1994) Complications of percoutaneous iliosacral screw fixation. Surgery of the Pelvis and Acetabulum: The Second International Consensus. Pittsburgh, October 21–27, 1994
111. Routt M, Kregor P, Mayo K (1992) 103 supine percutaneous iliosacral screws for fixation of the disrupted posterior pelvic ring after indirect reduction: indications, techniques, errors and results. Annual meeting OTA. Mineapolis/MN, October 1–3, 1992
112. Routt M, Kregor P, Simonian P, Mayo K (1995) Early results of percutaneous iliosacral screws placed with the patient in the supine position. J Orthop Trauma 9(3): 207–214
113. Routt M, Simonian P, Agnew A, Mann F (1996) Radiographic recognition of the sacral alar slope for optimal placement of iliosacral screws: a cadaveric and clinical study. J Orthop Trauma 10(3): 171–177
114. Roy-Camille R, Saillant G, Gagana G, Mazel C (1985) Transverse fracture of the upper sacrum suicidal jumper's fracture. Spine 10(9): 838–845
115. Rubash H, Brown T, Nelson D, Mears D (1983) Comparative mechanical performance of some new devices for fixation of unstable pelvic ring fractures. Med Biol Eng Comput 21: 657–663
116. Rüedi T (1986) Osteosyntheseverfahren am dorsalen Bekkenring Schraubentechnik. Hefte Unfallheilkd 181: 579–580
117. Rupp R, Ebraheim N, Jackson W (1994) Anatomic and radiographic considerations in the placement of anterior pelvic external fixator pins. Clin Orthop 302: 213–218
118. Rüter A, Braun W (1986) Die Verwendung des Fixateur externe bei Beckenringverletzungen. Hefte Unfallheilkd 181: 582–589

119. Schildhauer T, Josten C, Muhr G (1996) Komplikationen im Rahmen der triangulären Osteosynthese instabiler Sakrumfrakturen bei Typ C Beckenringbrüchen. Hefte Z Unfallchir (Abstr) 262: 189
120. Schmit-Neuerburg K, Hartwig T (1986) Osteosyntheseverfahren am dorsalen Beckenring-Plattentechnik. Hefte Unfallheilkd 181: 566–579
121. Schwarzkopf W, Ahlers J, Weigand H (1984) Beckenverrenkungen mit Verletzung des Rektums. Hefte Unfallheilkd 164: 267–268
122. Shaw J, Eng M, Mino D, Werner F, Murray D (1985) Posterior stabilisation of pelvic fractures by use of threated compression rods. Clin Orthop 192: 240–254
123. Simonian P, Routt M, Harrington R, Tencer A (1994) Biomechanics of acute resuscitation fixators. Surgery of the Pelvis and Acetabulum: The Second International Consensus Pittsburgh, October 21–27, 1994
124. Simonian P, Routt M, Harrington R, Tencer A (1994) Box plate fixation of the symphysis pubis: biomechanical evaluation of a new technique. J Orthop Trauma 8(6): 483–489
125. Slätis P, Karaharju E (1975) External fixation of the pelvic girdle with a trapezoid compression frame. Injury 7: 53–56
126. Slätis P, Kraharju E (1980) External fixation of unstable pelvic fractures: experiences in 22 patients treated with a trapezoid compression frame. Clin Orthop 151: 73–79
127. Smith-Peterson M (1921) Arthrodeses of the sacroiliac joint. A new method of approach. J Orthop Surg 3: 400–405
128. Stocks G, Gablel D, Noble P, Hanson G, Tullos H (1991) Anterior and posterior internal fixation of vertical shear fractures of the pelvis. J Orthop Res 9: 237–245
129. Templeman D, Schmidt A, Freese J, Weismann I (1996) Proximity of iliosacral screws to neurovascular structures after internal fixation. Clin Orthop 329: 194–198
129a. Terbrüggen D, Dieterich H, Müller J (1974) Instabile Bekkenringfrakturen, Problematik der inneren Fixation mit Osteosynthesematerial. Hefte Unfallheilkd 124: 215–219
130. Tile M (1984) Fractures of the pelvis and acetabulum. Williams & Wilkins, Baltimore
131. Tile M (1988) Pelvic ring fractures: should they be fixed? J Bone Joint Surg Br 70: 1–12
132. Tile M (1995) Fractures of the pelvis and acetabulum, 2nd edn. Williams & Wilkins, Baltimore
133. Tile M, Burry C, Poigenfürst J (1991) Pelvis. In: Müller M, Allgöwer M, Schneider R, Willenegger H (eds) Manual of internal fixation. Springer, Berlin Heidelberg New York Tokyo, pp 485–500
134. Traub J, Ashman E, Hospodar P (1996) Anatomy of the lateral femoral cutaneous nerve with respect to the ilioinguinal surgical dissection. 12th Annual Meeting Orthopedic Trauma Association (OTA), Boston
135. Trentz O, Bühren V, Friedl H (1989) Beckenverletzungen. Chirurg 60: 639–648
135a. Tscherne H, Blauth M (1997) Wirbelsäule. Springer, Berlin Heidelberg New York Tokyo, S 177 (Tscherne Unfallchirurgie)
136. Varga E (1994) Comparison of different methods of internal symphyseal fixations in unstable pelvic ring injuries: a biomechanical study. Surgery of the Pelvis and Acetabulum: The Second International Consensus. Pittsburgh, October 21–27, 1994
137. Vécsei V (1988) Ergebnisse biomechanischer Untersuchungen verschiedener F.-e.-Montagen am Becken. Akt Traumatol 18: 261–264
138. Véscei V, Kuderna H, Grosse A, Hofmann G (1984) Indikationen und Ergebnisse bei der Anwendung des Fixateur externe zur Versorgung von Beckenbrüchen und -verrenkungen. Hefte Unfallheilkd 164: 228–233
139. Völkel W (1983) Operative Maßnahmen und Ergebnisse bei Verletzungen des knöchernen Beckenrings. Unfallchirurgie 9(4): 197–201
140. Walheim G (1984) Stabilization of the pelvis with the Hoffmann frame. Acta Orthop Scand 55: 319–324
141. Webb L, Gristina A, Wilson J, Rhyne A, Meredith J, Hansen S (1988) Two-hole plate fixation for traumatic symphysis pubis diastasis. J Trauma 28(6): 813–817
142. Webb L, DeAraujo W, D'Onfofrio P, Santos C, Walher F, Zaccarro D (1996) Continous EMG monitoring for placement of percutaneous iliosacral screws. Fractures of the Pelvis and Acetabulum: 3rd International Consensus. Pittsburgh
143. Weiß H, Eyssel M (1984) Folgezustände instabiler Beckenfrakturen nach operativer und konservativer Behandlung. Hefte Unfallheilkd 164: 293–297
144. Williams P, Trzil K (1991) Management of meralgia paresthetica. J Neurosurg 74: 76–80
145. Zimmermann T, Patzak H, Kelm C, Flechsenhar K, Kunze K (1992) Treatment of ruptures of the symphysis and iliosacral joint in pediatric patients. Eur J Pediatr Surg 2: 348–351

# Kapitel 10

# Komplikationen

# 10

T. Pohlemann, T. Hüfner und A. Gänsslen



**Die Darstellung von Komplikationen am Beckenring wird durch eine Vielzahl von Begleitproblemen erschwert. Weder die Rate der allgemeinen, noch die der spezifischen, nach Osteosynthesen auftretenden Komplikationen kann isoliert betrachtet werden. Sowohl die Gesamtverletzungsschwere als auch der Grad des pelvinen Weichteilschadens und der der Beckeninstabilität beeinflussen u.a. die zu erwartende Komplikationsrate. Es ist deswegen in dieser Körperregion nahezu unmöglich, Komplikationsraten einzelner Stabilisierungstechniken isoliert anzugeben. Ein Großteil der beobachteten »Osteosyntheseversagen« beruht auf primären Fehleinschätzungen des Ausmaßes der Beckenringinstabilität oder aber auch auf der fehlerhaften Auswahl der zur Verfügung stehenden Osteosyntheseverfahren.**

**Es wird deswegen im folgenden versucht, zunächst einen Überblick über die am Beckenring beobachtete Rate von allgemeinen Komplikationen, wie thromboembolischen Komplikationen und Infekte, zu geben. Probleme einzelner Stabilisierungstechniken schließen sich an. In einer abschließenden Betrachtung werden exemplarisch einige Komplikationen anhand von konkreten Fällen dargestellt, die auf primären Fehleinschätzungen oder fehlerhaften Stabilisierungstechniken beruhen, um die insbesondere in der Beckenchirurgie schwierige Problematik der Indikationsstellung näher zu beleuchten.**

**Dem Langzeitergebnis nach Beckenverletzungen ist Kap. 12 gewidmet.**

## 10.1 Allgemeine Komplikationen

### Letalität

Die Letalität nach Beckenfrakturen hängt im wesentlichen von der Rate der Begleitverletzungen und den lokalen peripelvinen Weichteilschäden ab. Wie schon in Kap. 5 ausgeführt, läßt sich durch die Einteilung in Frakturen *ohne* und *mit* Weichteilschäden (»Komplextrauma«) schon primär eine prognostische Wertung durchführen. Nach eigenen Untersuchungen war die Beckenfraktur selbst lediglich in 1,3% der Fälle die führende Todesursache [61]. Bei allen anderen Todesfällen waren die Begleitverletzungen zumindest wesentliche Teilursache.

Zusätzliche pelvine Risikofaktoren sind der Grad der Beckenringinstabilität und der Blutverlust. Da diese Parameter sich aber auch gegenseitig beeinflussen und in der Regel synergistisch wirken, kann die nachfolgende Einzeldarstellung jeweils nur Anhaltspunkte geben, die helfen sollen, die Gesamtsituation besser einzuschätzen.

Im Rahmen der pelvinen Gesamtverletzung ist der *Grad der Beckenringinstabilität* ein wichtiger prognosebestimmender Faktor [16, 80, 93].

Die Verletzung des dorsalen Beckenringes ist mit einer erhöhten Rate von pelvinen Begleitverletzungen und im Vergleich zu Verletzungen des vorderen Beckenrings häufiger mit einer hämodynamischen Instabilität verbunden [18, 46].

Looser u. Crombie fanden, daß bei gleicher Verletzungsschwere ausgedrückt durch den Injury Severity Score (ISS), Patienten mit dorsaler Beckenringunterbrechung eine deutlich erhöhte Rate von pelvinen Begleitverletzungen, mehr Komplikationen, einen höheren Blutbedarf und eine höhere Letalität aufwiesen als Patienten mit »rein ventralen Beckenringfrakturen« [42]. Die Letalität bei dorsalen Ringunterbrechungen lag bei 14%, bei ventralen 8.8%.

Wie bei allen schweren Verletzungen hat das *Ausmaß des Blutverlustes* eine entscheidende prognostische Bedeutung. Zur Abschätzung ist der Einfluß pelviner oder extrapelviner Blutungsquellen nicht immer sicher festzustellen [3, 9, 15, 18, 20, 23, 50, 51, 58, 64, 70, 74, 75, 90].

Liegen neben der Beckeninstabilität auch Verletzungen der großen Blutgefäße vor, steigt die Letalität in einzelnen Serien bis zu 75% an [79].

Neben der Quantität des Blutverlustes hat auch die *Dynamik der Blutung* eine prognostische Bedeutung. Die Quantifizierung dieser Größe bereitet Probleme, da der wissenschaftliche Nachweis dieses Zusammenhangs erst nach Kenntnis des benötigten Blutersatzes möglich ist [18, 46, 52, 56, 58, 64, 80, 87]. Es gilt als gesichert, daß eine schon bei Einlieferung des Patienten bestehende »Kreislaufinstabilität« die Überlebenschancen des Patienten deutlich verringert (s. Kap. 7). Zur schnellen Abschätzung läßt sich recht genau ein sofort nach Aufnahme bestimmter Hämoglobinwert von unter 8 g% als sicherer Indikator eines signifikant erhöhten Letalitätsrisikos annehmen [18, 64].

Zusätzlichen Einfluß auf die Letalität nehmen auch die sich im Laufe der Zeit ändernden *allgemeinen Randbedingungen* [72]. Neben strukturellen Verbesserungen der präklinischen und klinischen Versorgung (Rettungsmedizin, Intensivmedizin) haben sicherlich auch verbesserte Managementkonzepte einen positiven Einfluß. Günstige Faktoren sind ein standardisiertes Frühbehandlungskonzept, die aktive chirurgische Blutungskontrolle und eine frühzeitige Notfallstabilisierung bzw. definitive Stabilisierung des Beckens.

Damit ist insgesamt ein Rückgang der Letalität auch bei schweren Beckenverletzungen festzustellen, wobei aber immer wieder einschränkend zu bemerken ist, daß derzeit noch sichere Kriterien fehlen, die einen statistisch validen Vergleich komplexer Beckentraumen zweifelsfrei erlauben.

Aus den aktuellen Daten der Arbeitsgruppe Becken (1991–1993) läßt sich derzeit eine Gesamtletalität nach Beckenfrakturen von 7,9% annehmen, nach komplexen Beckenfrakturen von 21,3% [65].

Im eigenen Krankengut war der Schweregrad der komplexen Beckenverletzung recht genau zu bestimmen. Bei vergleichbarem Alter, Gesamtverletzungsschwere und Schwere des komplexen Beckentraumas sank die Letalität von 46% (1977–1984) auf 25% (1985–1992), und derzeit liegt sie bei knapp 20% [63].

Einen zusätzlich prognoseverbessernden Einfluß hat die immer weiter optimierte »Polytraumaversorgung«, die neben der standardisierten Primärversorgung (z. B. abgestufte Managementkonzepte zur Frakturversorgung) auch durch die sich schnell entwickelnden Fortschritte in der Intensivtherapie Traumafolgen und Komplikationen beherrschen hilft (s. auch Tscherne u. Regel [93a]).

## Thrombose/Embolie

Beckenfrakturen sind mit einer hohen Rate von thromboembolischen Komplikationen vergesellschaftet. Eine wesentliche Ursache dafür liegt sicherlich darin, daß alle 3 Forderungen der Virchow-Trias nach Beckenfrakturen im besonderen Maße erfüllt sind:

- direkte Gewebeschäden und venöse Verletzungen führen zu einer *Schädigung des Endothels*,
- Schwellungen und lokale Hämatome führen zusammen mit der Immobilisation zu einer *venösen Stase*,
- bei den in der Regel Mehrfachverletzten besteht eine allgemeine *Hyperkoagulabilität* [9, 13, 25, 26, 67].

Die in klinischen Untersuchungen beobachteten Raten von 3% an tiefen Venenthrombosen nach Beckenfrakturen sind nach dem heutigen Kenntnisstand sicherlich als deutlich zu gering anzusehen und durch ein retrospektives Studiendesign zu erklären [4]. Mit verbesserten Screeningmethoden wurden wesentlich höhere Raten von Venenthrombosen erkennbar.

White et al. führten Untersuchungen mit der Duplexsonographie bei 60 Patienten nach instabilen Beckenfrakturen durch und fanden in 12% tiefe Venenthrombosen [96].

Gruen et al. fanden eine Rate von 10% von tiefen, proximalen Venenthrombosen nach Beckenfrakturen, ebenfalls mit Duplexsonographie [22].

Geerts et al. führten eine umfassende, prospektive Studie an mehrfachverletzten Patienten durch. Darunter waren auch 100 auswertbare Patienten nach Beckenfrakturen, bei denen mittels Phlebographie in 61% tiefe Beinvenenthrombosen diagnostiziert wurden, in 29% waren sogar Beckenvenenthrombosen nachweisbar [17].

Eine neue Methode zur Untersuchung von Beckenvenenthrombosen ist die Kernspintomographie, die insbesondere Vorteile bietet, wenn aufgrund der lokalen Situation (Schwellung, Schmerzen, Wunden) sowohl die Duplexsonographie und die Phlebographie nur eingeschränkt beurteilbar sind. In Studien von Montgomery und Helfet wurden in 34% der Patienten nach Becken- und Acetabulumfrakturen tiefe Venenthrombosen diagnostiziert, wobei 45% der nachgewiesenen Thrombosen Beckenvenenthrombosen waren [48, 49].

**!** Nach dem derzeitigen Kenntnisstand muß nach Beckenfrakturen in etwa 35–60% mit tiefen Venenthrombosen gerechnet werden! Die Rate der klinisch weitaus gravierenderen proximalen Venenthrombosen muß mit 25–35% angenommen werden, wobei die Hälfte dieser Venenthrombosen sogar in der »Beckenetage« liegen kann und damit das höchste Risiko des Auftretens von Lungenembolien aufweist!

### Lungenembolien

Da bei verunglückten Patienten Thrombosen schon kurz nach dem Unfall entstehen können, ist zu jedem Zeitpunkt der Behandlung das Risiko von perioperativen oder postoperativen Lungenembolien erhöht. Ähnlich wie bei den Thrombosen schwanken die Angaben über die Inzidenzen erheblich und hängen sowohl vom Untersuchungsverfahren als auch vom untersuchten Patientengut ab.

Poole et al. fanden klinische Zeichen einer Lungenembolie bei 2,1% von 236 Patienten mit Beckenfrakturen [71]. Keiner dieser Patienten wies klinische Zeichen einer tiefen Venenthrombose auf!

McCartney gibt 1934 im Sektionsgut nach tödlich verlaufenen Beckenfrakturen eine Rate von 3,2% Lungenembolien an [45].

In einer ähnlichen Studie geben Sevit u. Gallagher in 28% eine Lungenembolie als Todesursache nach Beckenfrakturen an [88].

Coon konnte bei Todesfällen nach Beckenfrakturen in 27% Hinweise für eine Lungenembolie finden [7, 8].

O'Malley u. Ross führten bei 1.300 Unfallpatienten ein kontinuierliches $O_2$-Monitoring durch [55]. Bei allen Patienten, bei denen ein unerwarteter Abfall in der $O_2$-Sättigung auftrat, wurde eine pulmonale Angiographie angeschlossen. Bei 8,3% der Patienten nach Beckenfrakturen konnte eine Lungenembolie nachgewiesen werden, die Rate bei den Unfallverletzten ohne Beckenfrakturen betrug dagegen lediglich 2,3%.

! Nach Beckenverletzungen muß bei 2–10% der Fälle mit einer symptomatischen Lungenembolie gerechnet werden. Es ist dabei zu bedenken, daß sicherlich eine erheblich höhere Anzahl von klinisch inapperenten Lungenembolien auftritt. Das Risiko, nach Beckenverletzungen eine tödliche, fulminante Lungenembolie zu erleiden, muß je nach Ausmaß der Beckenverletzung derzeit mit etwa 0,5–2% eingeschätzt werden.

## Risikofaktoren für das Auftreten von thromboembolischen Komplikationen

Neben der Beckenfraktur kann eine Reihe von zusätzlichen Risikofaktoren das Auftreten von thromboembolischen Komplikationen begünstigen. Zu nennen sind das Alter der Patienten (>60 Jahre), eine vererbte oder erworbene Hyperkoagulabilität, vorangegangene tiefe Venenthrombosen oder Lungenembolien, Nikotingenuß, Übergewicht, die Einnahme von Östrogenpräparaten oder ein Tumorleiden.

Die Bedeutung dieser Risikofaktoren bei Beckenfrakturen muß allerdings relativiert werden. Nach derzeitiger Einschätzung ist nach Unfallverletzungen die Thromboseneigung derart erhöht, daß die anderen Einflüsse in den Hintergrund treten [12, 17, 33, 34, 89]. Für einzelne Parameter wie Begleitverletzungen, Zeitraum nach dem Unfall, Alter des Patienten und begleitende Frakturen der unteren Extremitäten wurde aber auch nach Beckenfrakturen eine Risikoerhöhung nachgewiesen [17].

Die Identifikation von Risikofaktoren gibt im klinischen Alltag Anhaltspunkte zur Risikoabschätzung, auf der anderen Seite hat der Ausschluß von Risikofaktoren im Einzelfall keine Bedeutung. Alle Patienten nach insbesondere instabilen Beckenfrakturen müssen als hochgradig gefährdet gelten. Auch ohne zusätzliche Risikofaktoren können nach Beckenfrakturen tödliche Lungenembolien auftreten.

In der schon angeführten, von Geerts et al. [17] durchgeführten, phlebographisch kontrollierten prospektiven Studie wurden durch eine Multivarianzanalyse 5 unabhängige Risikofaktoren für das Auftreten einer posttraumatischen tiefen Venenthrombose identifiziert: das Alter, die Notwendigkeit einer Bluttransfusion, ein durchgeführter chirurgischer Eingriff, eine Femur- oder Tibiafraktur und das Vorliegen einer Rückenmarkverletzung.

- Die Rate der proximal gelegenen, tiefen Venenthrombosen hing signifikant von dem Vorliegen einer weiteren Verletzung der unteren Extremität ab. Während nach isolierten Beckentraumen in 40% tiefe Venenthrombosen auftraten, stieg das Risiko bei einer zusätzlichen Femur- oder Tibiafraktur auf 83% an.
- Eine alleinige Weichteilverletzung der Extremitäten erhöhte das Risiko für Venenthrombosen nicht signifikant, hier lag die Rate bei 43%.
- Ein Alterszusammenhang wurde deutlich bei der Betrachtung des Altersdurchschnitts der Patienten *ohne* Venenthrombose mit 32 Jahren gegenüber von 48 Jahren in der Gruppe *mit* Venenthrombose.
- Es konnte weiterhin ein Einfluß der Therapie auf die Thromboserate gefunden werden: Während nach alleiniger externer Fixation in 46% Thrombosen auftraten, stieg diese Rate nach interner Fixation auf 56% und bei konservativer Therapie auf 66%.

Die Schwere der Allgemeinverletzung, ausgedrückt durch den ISS, korrelierte in dieser und anderen Studien nicht mit dem Auftreten von Thrombosen.

Buerger et al. diagnostizierten durch kernspintomographische Untersuchung bei Beckenfrakturen innerhalb der ersten 10 Tage nach Unfall in 28% proximale, tiefe Venenthrombosen [4]. Wurde diese Untersuchung später als 10 Tage nach dem Unfall durchgeführt, erhöhte sich die Rate der Venenthrombosen auf 48%. In der gleichen Studie wurde gezeigt, daß die Rate der tiefen Venenthrombose bei den unter 30jährigen 14% betrug, im Gegensatz zu 50% bei den über 30jährigen.

## Embolieschutz

Da insbesondere im Rahmen von operativen Eingriffen am Becken das Embolierisiko steigt, wurden verschiedene Konzepte zum Schutz vor Lungenembolien untersucht. Eine große Bedeutung wird dabei den »Filtern« in der V. cava beigemessen, die zunächst als permanente, in letzter Zeit auch zunehmend als passagere Filter prophylaktisch und therapeutisch eingesetzt werden. Die Bedeutung der Filter kann derzeit noch nicht abschließend beurteilt werden. Bei nachgewiesenen Thrombosen, besonders in der Beckenetage, haben sie sicherlich eine gute Schutzwirkung, auf der anderen Seite müssen die beobachteten, teilweise gravierenden filterbezogenen Komplikationen zu einer restriktiven Indikationsstellung der Filterapplikation und ggf. auch zur Überprüfung der Indikation zur Beckenstabilisierung führen. Eine prophylaktische Applikation vor *jeder* Beckenoperation [31] wird im eigenen Vorgehen abgelehnt und die Entscheidung zur Filterapplikation vom Einzelfall abhängig gemacht. Dabei wird ein passager zu applizierendes Filtermodell bevorzugt [35], der Filter wird maximal 14 Tage nach dem Eingriff wieder entfernt.

Eine Reihe von filterbedingten Komplikationen wurde beschrieben, wobei diese v.a. bei den dauerhaft plazierten Systemen beobachtet wurden [21, 53, 54]. Die Komplikationsmöglichkeiten variierten und bestanden in Fehlplazierungen, Migrationen, sekundären Dislokationen, Ermüdungsbrüchen, Thrombosen der V. cava, sekundären Duodenalperforationen durch Anteile des Filters und retroperitonealen Blutungen.

! Die derzeitig vorliegenden Untersuchungen belegen, daß nach Beckenfrakturen ein ausgesprochen hohes Risiko für thromboembolische Komplikationen besteht. Neben den zusätzlichen Risikofaktoren wirkt sich auch der zunehmende zeitlich Abstand vom Unfall, insbesondere wenn keine Thromboseprophylaxe durchgeführt wird, risikoerhöhend aus. Da im Einzelfall aufgrund des nach dem Trauma insgesamt stark erhöhten Thromboembolierisikos aus dem Vorliegen oder Fehlen einzelner Risikofaktoren keine unmittelbar relevanten therapeutischen Schlüsse gezogen werden können, muß versucht werden, durch die konsequente Durchführung eines standardisierten Screening- und Behandlungsprotokolls eine »Hochrisikoprophylaxe« zu realisieren (s. auch Kap. 8).

## 10.2 Behandlungsbezogene Komplikationen

Die Therapie der Beckenverletzungen kann durch eine Reihe von Komplikationen beeinflußt werden. Neben prinzipiellen Fehlern in der Indikationsstellung können dies natürlich auch Komplikationen im Rahmen der operativen Versorgung sein. Vielfach lassen sich keine »spezifischen« Komplikationsraten angeben, da

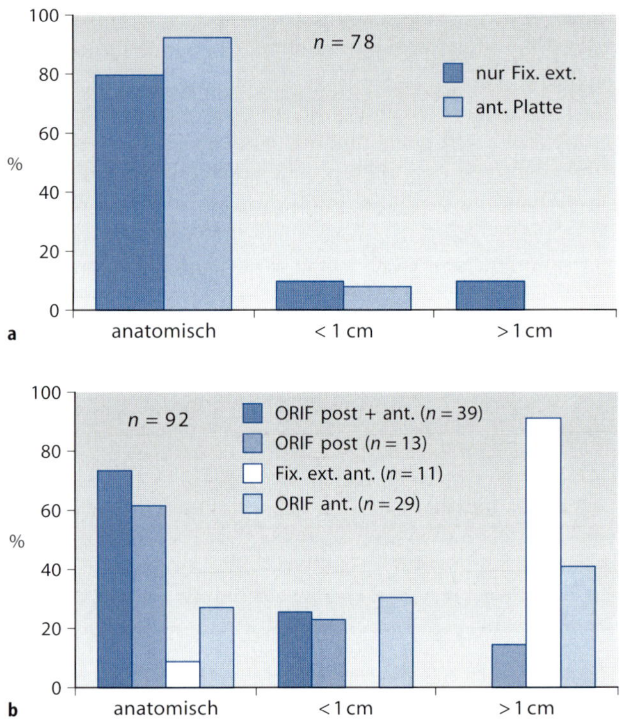


**Abb. 10.1 a, b.** Ausheilungsergebnis nach Beckenfraktur. **a** In einer eigenen retrospektiven Untersuchung von 190 operativ behandelten Beckenfrakturen konnte gezeigt werden, daß eine alleinige anteriore Stabilisierung nach Typ-B-Verletzung unabhängig vom Stabilisierungsverfahren in fast allen Fällen ausreichte, um eine anatomische oder nahezu anatomische Ausheilung zu gewährleisten. **b** Bei Typ-C-Verletzungen erbrachte nur eine kombinierte anteriore und posteriore Stabilisierung in allen Fällen eine anatomische oder nahezu anatomische Ausheilung

sich im Rahmen der Beckenverletzung der Weichteilschaden, die Indikationsstellung und die operative Technik gegenseitig beeinflussen und es dadurch trotz »korrekter« Durchführung einer Einzelosteosynthese durchaus zum »Versagen« kommen kann. In der Literatur sind diese Komplikationen oftmals nicht exakt genug dargestellt, um sie eindeutig dem Osteosyntheseverfahren, technischen Fehlern oder der Indikationsstellung zuordnen zu können.

### Indikationsstellung

Es kann derzeit als gesichert gelten, daß die alleinige Fixation des ventralen Beckenrings (extern oder intern) als definitive Stabilisierung von Typ-C-Verletzungen nicht ausreicht, während Typ-B-Verletzungen mit einer Osteosynthese des vorderen Beckenrings immer ausreichend stabilisiert werden können, um eine anatomische oder nahezu anatomische Ausheilung zu gewährleisten [92].

Die Literaturdurchsicht belegt diese These im Grundsatz. Die Rate der beobachteten »sekundären Dislokationen« nach Beckenringosteosynthesen ist sehr variabel und wird mit bis zu 65% der Fälle angegeben [25, 83, 84, 91, 94, 97]. In den meisten Fällen läßt sich die Ursache für die sekundäre Verschiebung eher in einer falschen Indikationsstellung, als im Verfahren selbst finden:

Wild findet bei der Behandlung von 32 Typ-B-Verletzungen mit dem Hoffmann-Fixateur keine sekundäre Dislokation, während bei 4 von 11 (36%) Patienten nach Typ-C-Verletzungen sekundäre Dislokationen auftraten [97].

Hofmann u. Bredow beobachteten bei der Behandlung von Beckenverletzungen vorwiegend vom Typ C mit dem ventralen Fixateur externe in 65,5% sekundäre Dislokationen, dabei 17,2% Verschiebungen von mehr als 2 cm [25].

Lange u. Hansen untersuchten Symphysenverplattungen und stellten fest, daß nach Typ-B-Verletzungen auch bei Verwendung von 2-Loch-Platten immer anatomische Ausheilungen resultierten, während nach Typ-C-Verletzungen zusätzliche Stabilisierungen des hinteren Beckenrings nötig waren [37].

In einer eigenen Untersuchung wurde die operative Versorgung von 170 Patienten nach Beckenringfrakturen vom Typ B und C untersucht [62]. Während nach Typ-B-Verletzungen nahezu alle Frakturen unabhängig vom Verfahren der anterioren Stabilisierung (extern/intern) mit maximal 10 mm Fehlstellung ausheilten, war bei Typ-C-Verletzungen nur bei kombinierter anteriorer und posteriorer Stabilisierungen in allen Fällen eine Ausheilung mit einer maximalen Fehlstellung von 1 cm zu beobachten (Abb. 10.1).

Zusammenfassend hat die korrekte Indikationsstellung mit Auswahl der adäquaten Lokalisation der Stabilisierung die größte Bedeutung für die postoperativ zu erwartende »Gesamtstabilität« des Beckenrings. Die Einzelosteosynthese spielt dabei eine nur untergeordnete Rolle. Sie kann auch bei der besten Durchführung Fehler im Gesamtkonzept der Wiederherstellung der Ringstruktur des Beckens nicht kompensieren.

### Osteosyntheseversagen

Die Definition eines »Osteosyntheseversagens« ist schwierig. Im eigenen Vorgehen wird immer dann von einem dem Verfahren anzulastenden »Versagen« ausgegangen, wenn trotz korrekter Indikationsstellung Implantatlockerungen oder Brüche auftreten, die mit einer sekundären Dislokation einhergehen. Die Definition dieser sekundären Dislokation ist wichtig, da die nach Überbrückung der Beckengelenke häufig beobachteten Implantatlockerungen als Ausdruck der »wiederkehrenden Funktion« der Gelenke zu werten sind und keine »Komplikation« im engeren Sinne bedeuten.

Da das »Osteosyntheseversagen« nur in seltenen Fällen durch eine Strukturschwäche eines Implantates, dagegen sehr viel eher auf operationstechnische Fehler, wie z.B. falsche Schraubenlagen, ungenügender Schraubenhalt etc., zurückzuführen ist, wird klar, daß solche Komplikationen kaum eindeutig zugeordnet werden können.

#### ■ Symphysenversorgung

Bei korrekter Indikationsstellung kommt der Verfahrenswahl zur Symphysenstabilisierung nur eine sekundäre Bedeutung zu. Sekundäre Dislokationen sind, eine korrekte Indikationsstellung vorausgesetzt, allenfalls bei technischen Fehlern, wie z.B. Schraubenfehlplazierungen (in den Symphysenspalt, in ungünstiger Richtung mit unzureichendem Halt im Knochen), ungünstiger Implantatlage (anteriore Plattelage), oder nach Infekten zu beobachten.

Alle weiteren angegebenen implantatbedingten Komplikationen sind auf Fehler in der Indikationsstellung bzw. bei sekundären Implantatlockerungen ohne Dislokation auf die physiologische Symphysenbeweglichkeit zurückzuführen.

Ecke gibt »sekundäre Dislokationen« bei der derzeit nur noch selten angewendeten sog. »Schnürsenkelosteosynthese« nach einer kombinierten anterioren und posterioren Stabilisierung von kombinierten Symphysen- und SI-Sprengungen (»C-Verletzung«) mit 3,2% von 126 operierten Patienten an [13].

Berner beobachtet 1982 im eigenen Krankengut bei 37 Symphysenverplattungen eine Rate von Implantatlockerungen von 18,9% [2]. Lediglich in einem Fall kam es zur sekundären Dislokation. Allerdings waren auch nach Typ-C-Verletzungen nicht in allen Fällen posteriore Osteosynthesen durchgeführt worden.

Lange u. Hansen stellen in ihrem Patientengut von operativ versorgten Typ-B- und -C-Verletzungen in insgesamt 13,6% Implantatlockerungen bzw. Ermüdungsbrüche nach Symphysenverplattungen fest [37]. Sekundäre Dislokationen traten bei korrekter Indikation (Typ-C-Verletzungen mit posteriorer Stabilisierung) nicht auf.

Matta gibt nach der operativen Versorgung von 29 Patienten mit Typ-C-Verletzungen in einem Fall den Ausriß einer Symphysenplatte an, da eine posteriore Sakrumfraktur nicht stabilisiert wurde [44]. In einem weiteren Fall kam es zu einem Ausriß einer 2-Loch-Platte, einer Komplikation, die dem Verfahren anzulasten ist.

Aufgrund der anatomischen Nachbarschaft können die Blase, bei zu ausgedehnten Zugängen auch der Samenstrang und ggf. die Femoralgefäße gefährdet werden. Hernienbildungen kommen vor und sind auf traumatische Abrisse oder ausgedehnte Ablösungen des M. rectus abdominis zurückzuführen.

#### ■ Stabilisierungen der transpubischen Region

Aufgrund der ausgezeichneten Heilungstendenz sind interne Stabilisierungen in der transpubischen Region nur selten indiziert. Nur wenige Komplikationen wurden beschrieben. Diese sind im wesentlichen operationstechnisch bedingt: Es handelt sich entweder um Schraubenfehllagen (»transpubische Schrauben« im Hüftgelenk oder Gefäßperforationen) [82] oder um Verletzungen der Weichteile nach ausgedehnten Plattenosteosynthesen des oberen Schambeinastes (Gefäßverletzungen, Thrombosen und Hernienbildung).

#### ■ Stabilisierung transiliakaler Frakturen

Auch in dieser Region ist die Heilungstendenz ausgezeichnet, »Osteosyntheseversagen« sind nicht zu erwarten.

#### ■ Stabilisierung der SI-Verletzungen

Auch bei den Stabilisierungen des SI-Gelenkes muß zwischen den »Osteosyntheseversagen« und den »physiologischen« Implantatlockerungen oder -brüchen aufgrund einer wiederkehrenden Gelenkfunktion unterschieden werden. Im eigenen Vorgehen hat sich insbesondere die ventrale Plattenosteosynthese als verläßliches, komplikationsarmes Verfahren bewährt.

**Ventrale Verplattung.** Bei korrekter Implantatlage wurden im eigenen Krankengut nach der ventralen Verplattung des SI-Gelenkes keine sekundären Dislokationen verzeichnet. Auch in der Literatur wird lediglich von späten Implantatlockerungen bei wiederkehrender Gelenkfunktion des SI-Gelenkes berichtet.

Ragnarsson findet nach Versorgung von 23 Patienten nach SI-Sprengungen mittels anteriorer SI-Verplattung in einem Fall (4,3%) einen Schraubenbruch [73].

Potentielle Risiken beinhaltet v.a. die Technik des Zugangs und die Auswahl der Implantatlage. In Gefahr sind der Truncus lumbosacralis (Plattenlage!), weniger der N. obturatorius, bei grob falscher Schraubenrichtung die sakralen Nervenwurzeln.

**Transiliosakrale Verschraubung.** Diese an sich sehr elegante Methode ist wesentlich von der Qualität der Reposition und der intraoperativen Bildgebung (Bildwandler, ggf. CT) und insbesondere von der persönlichen Erfahrung abhängig. Schraubenfehllagen können zu erheblichen neurologischen Schäden führen, aber auch die Haltekraft der Osteosynthesen derart vermindern, daß sekundäre Dislokationen beobachtet wurden.

Ward et al. beobachteten eine sekundäre Dislokation im Rahmen von 11 in offener Technik durchgeführten transiliosakralen Zugschraubenosteosynthesen. [95].

Routt et al. untersuchten 68 transiliosakrale Verschraubungen in Rückenlage in transkutaner Technik und beobachteten 3 (4,4%) sekundäre Dislokationen [81]. In 2 Fällen war dabei keine zusätzliche Osteosynthese am vorderen Beckenring erfolgt.

Nelson beschreibt im Rahmen der bei 8 Patienten durchgeführten CT-gesteuerten transkutanen Verschraubung des SI-Gelenkes eine Schraubenlockerung (12,5%) [52a].

Eine besondere Bedeutung spielt die Erfahrung in der operativen Technik. Gorczyka u. Conner untersuchten die ersten 13 transiliosakralen Verschraubungen (»beginners experience«) und geben jeweils 2 (15%) iatrogene Nervenschäden, Sekundärdislokationen und Schraubenfehllagen an [19].

**Sakrumosteosynthesen.** Sakrumosteosynthesen sind derzeit noch in der Entwicklung begriffen, größere Serien liegen noch nicht vor. Einen ganz wesentlichen Einfluß auf die Stabilität der Osteosynthese hat die Qualität der Schraubenverankerung im Os sacrum. Ist diese unsicher, können sekundäre Dislokationen auftreten [59, 60]. Aber auch durch zusätzliche Abstützungen zur unteren LWS [28, 29] können Redislokationen nicht sicher vermieden werden [85].

Weitere Komplikationsmöglichkeiten ergeben sich aus der direkten Beziehung der Fraktur zum Plexus sacralis.

**Übergreifende dorsale ilioiliakale Osteosynthesen.** Ilioiliakal übergreifende Verfahren (Sakralstäbe, ilioiliakale Plattenosteosynthesen) gelten als stabil und waren bis vor kurzem vielfach der Standard zur Fixation des posterioren Beckenrings. Probleme sind v.a. aufgrund der zur exakten Reposition notwendigen weiten Weichteilfreilegung zu erwarten. Bei geschlossenen Repositionen steigt die Gefahr der Fixation in Fehlstellung oder Diastase und damit der sekundären Dislokation.

Dabezies et al. berichten über die Versorgung von 11 Patienten mit Gewindestäben [10]. In keinem Fall kam es zur sekundären Dislokation, eine Lockerung der Muttern wurde bei 3 Patienten (27,3%) beobachtet.

**Fixateur-externe-Behandlung.** Komplikationen im Rahmen einer Stabilisierung des Beckenrings mit dem Fixateur externe sind v.a. auf die fehlerhafte Indikationsstellung, weniger auf eine fehlerhafte Osteosynthesetechnik zurückzuführen. Insbesondere bei der Applikation am Beckenkamm können Fehllagen der Schanz-Schrauben leicht vorkommen. Die Lockerungsrate nimmt mit der Dauer der Behandlung zu: Insgesamt muß in 3%–10% mit Lockerungen gerechnet werden (Folge von Fehlplazierungen im Os ilium?) [24, 25, 94].

### Osteosynthesebezogene Infekte

Die Rate der nach Beckenstabilisierungen angegebenen Infekte schwankt stark und ist aufgrund von teilweise niedrigen Patientenzahlen und nicht immer klar definierten Kriterien der Infektion nur schwer vergleichbar. Einen wesentlichen Einfluß auf die Infektionsrate hat sicherlich das Ausmaß des begleitenden Weichteilschadens.

In eigenen Untersuchungen konnte gezeigt werden, daß die Rate von Infekten nach Beckenstabilisierung im wesentlichen vom begleitenden Weichteilschaden abhängt [62]. Die Rate der »oberflächlichen«, d.h. nach Revision ausheilenden Infekte betrug ohne Weichteilschaden 7,2%, beim Vorliegen eines Komplextraumas 21,5%. Tiefe Infekte mit nachfolgender Osteomyelitis wurden ausschließlich nach Komplextraumen mit einer Inzidenz von 1,1% beobachtet.

Zusätzlich können wiederum Indikationsprobleme negative Auswirkungen haben. Eine ausschließlich anteriore Stabilisierung einer Typ-C-Verletzung kann durch eine erhöhte Mobilität im Osteosynthesebereich die Ausbildung eines Infektes begünstigen.

Zusätzlich beeinflußt auch die Nähe zu den Ausscheidungsorganen die Infektentstehung in nicht zu vernachlässigendem Ausmaß.

#### ■ Symphysenosteosynthesen

Nach Symphysenstabilisierung schwankt die Rate der angegebenen Infekte zwischen 2,9% und 13,3% [1, 32, 66].

Im Rahmen der multizentrischen Studie der Arbeitsgruppe Becken wurden 118 Symphysenosteosynthesen dokumentiert, die Infektrate lag bei 3,4% [66].

Im eigenen Krankengut wurden 175 Symphysenosteosynthesen durchgeführt, bei Vorliegen eines Komplextraumas kam es in 7 von 61 Fällen (11,5) zu einem Infekt. Ohne Komplextrauma wurden in 6% Wundrevisionen bei infizierten Hämatomen oder lokalen Infekten durchgeführt [61].

#### ■ Versorgung des SI-Gelenkes über anteriore Zugänge

Die angegebenen Infektraten schwanken stark, nicht immer kann zwischen »Wundheilungsstörungen« und tiefen Infekten unterschieden werden. Die Rate der »Wundheilungsstörungen und oberflächlichen Infekte« wird mit 1,7% bis zu 2,7% angegeben [2, 66].

»Tiefe Infekte« wurden in 4,3% und 4,5% beobachtet [37, 73].

Im eigenen Krankengut kam es bei 37 Fällen in einem Fall zu einem oberflächlichen Infekt. 2 Patienten entwickelten tiefe Infekte; bei beiden waren Erhaltungsversuche bei Vorliegen einer »traumatischen Hemipelvektomie« durchgeführt worden.

#### ■ Versorgungen des hinteren Beckenrings über dorsale Zugänge

Nach dorsalen Zugängen zum Beckenring wurden Wundheilungsstörungen und oberflächliche Infekte in 3,3–9,1% angegeben [40, 44, 76, 78, 95].

Matta gibt zusätzlich einen tiefen Infekt an, der allerdings im Rahmen der Versorgung eines Komplextraumas aufgetreten war [44].

Im Rahmen der multizentrischen Studie der Arbeitsgruppe Becken wurden nach Sakrumosteosynthesen in 5,7% Wundinfekte festgestellt [66].

### ■ Infekte im Rahmen der Behandlung mit dem Fixateur externe

Spezifische Prädilektionsstellen zur Infektentwicklung im Rahmen der Fixateur-externe-Behandlung am Bekken sind v.a. die Eintrittsstellen der Schanz-Schrauben. Aufgrund der sehr unterschiedlichen Patientengruppen schwankt die Angabe derartiger Infekte in der Literatur stark; sie bewegt sich zwischen 0 und 33% [14, 24, 25, 27, 30, 38, 40, 41, 43, 47, 66, 77, 83, 84, 94, 97]. Diese lokalen Infekte sind in nahezu allen Fällen durch lokale Maßnahmen beherrschbar.

In seltenen Fällen wird eine weiterschreitende Infektion bis zur Osteomyelitis angegeben, die im ungünstigen Fall auch zu einer pelvinen Sepsis führen kann [24, 25]. Bei Fehlplazierungen der Schanz-Schrauben mit Perforation des Hüftgelenkes wurden Gelenkempyeme und Ankylosen beobachtet [40, 86].

! Zusammenfassend muß nach Osteosynthesen im Bekkenbereich in nicht unerheblichem Maße mit postoperativen Infekten gerechnet werden. Die Rate hängt vom ausgewählten Stabilisierungsverfahren, aber auch ganz wesentlich vom Ausmaß des begleitenden Weichteilschadens ab.

Strategien zur Infektbehandlung werden in Kap. 11 dargestellt.

## Iatrogene Nervenschäden

Im Beckenbereich ist die Gefahr iatrogener Schädigungen von Hautnerven und motorischen Nerven besonders groß. Die Differenzierung iatrogener Schädigungen von den posttraumatischen kann nur durch eine sorgfältige präoperative neurologische Untersuchung erfolgen, welche aber aufgrund der Allgemeinsituation in vielen Fällen nicht möglich ist. Im Rahmen der operativen Versorgung denkbare Nervenschäden betreffen v.a. den sehr variabel verlaufenden N. cutaneus femoris lateralis, den Truncus lumbosacralis bei ventralen SI-Versorgungen sowie den Plexus sacralis im Rahmen operativer Versorgungen von Sakrumfrakturen oder auch SI-Sprengungen.

### ■ N. cutaneus femoris lateralis

Der N. cutaneus femoris lateralis ist aufgrund seiner Lagevarianten immer bei ventralen Zugängen zum Becken gefährdet, die sich bis etwa 3–4 cm der Spina iliaca anterior superior nähern [11]. Je nach Lokalisation der Beckenosteosynthese, die Applikation eines Fixateur externe eingeschlossen, werden Schädigungsraten von 1,3–11,1% angegeben. Bei Durchführung des kompletten ilioinguinalen Zugangs (Acetabulumversorgung) kann diese Rate noch erheblich ansteigen.

Vescei et al. [94] beschreiben bei 75 Patienten, die einen Fixateur externe erhielten, in einem Fall (1,3%) eine Schädigung des N. cutaneus femoris lateralis.

Jeanneret u. Ruflin [27] beobachten 2 Nervenschäden (11,1%) nach ventralem Fixateur externe an 18 Patienten.

Ragnarsson [73] findet unter 23 ventralen SI-Verplattungen 1 Schädigung (4,3%) des N. cutaneus femoris lateralis.

Goldstein [18a] beschreibt sogar nach 33 Symphysenverplattungen in 2 Fällen (6,1%) eine Schädigung des N. cutaneus femoris lateralis.

### ■ Plexus lumbosacralis

Für die Langzeitprognose bedeutender ist eine Schädigung im Bereich des Plexus lumbosacralis. Diese kann durch direkte Verletzung des Truncus lumbosacralis bei anteriorer SI-Verplattung, aber auch bei Schraubenfehllagen im Rahmen von transiliosakralen Schraubenosteosynthesen oder Sakrumversorgungen hervorgerufen werden. Aufgrund der kleinen Stichprobenumfänge ist die Angabe von Komplikationsraten nahezu unmöglich.

Im Rahmen der anterioren SI-Verplattung kann der Truncus lumbosacralis in seltenen Fällen direkt geschädigt werden:

Ragnarsson beschreibt nach 23 anterioren Verplattungen des SI-Gelenkes eine permanente postoperative Läsion des Truncus lumbosacralis [73].

Leighton u. Waddell führten eine prospektive Studie zum Vergleich der ventralen SI-Verplattung (42 Fälle) und der perkutanen transiliosakralen Schraubenosteosynthese (12 Fälle) durch [39]. Es wurden insgesamt nur 2 leichte Nervenstörungen angegeben, die keiner Osteosynthese zugeordnet wurden. In keinem Fall kam es zum Implantatversagen.

Häufiger können iatrogene Nervenschäden im Rahmen der transiliosakralen Zugschraubenosteosynthese durch fehlplazierte Schrauben entstehen. Als wichtigster Hinweis muß ein postoperativ vom Patienten geäußerter starker Schmerz im hinteren Beckenring zu einer sofortigen Abklärung Anlaß geben (Bildwandler, besser CT).

Pattee gibt nach Schraubenfehllage einen Fall einer isolierten Wurzelläsion S1 an [57].

Routt gibt unter 103 transiliosakralen Verschraubungen (Rükkenlage, meist transkutane Technik) in 5 Fällen eine Schraubenfehllage, in einem Fall eine Verletzung des Truncus lumbosacralis an [81].

Gorczyka u. Conner berichten bei 2 von 13 Verschraubungen über iatrogene Nervenschäden [19].

## Weitere und seltene Komplikationen

Beckenosteosynthesen sind z.T. technisch sehr anspruchsvolle Operationen; sie müssen in einer anatomischen Region durchgeführt werden, die sich durch eine große »Dichte« von Leitungsbahnen und Organen auszeichnet. Eine Vielzahl von Komplikationsmöglichkeiten ist dadurch gegeben, von denen hier nur einzelne, in der Literatur besonders hervorgehobene, exemplarisch genannt werden.

■ **Hernien**
Nach Beckenfrakturen können prinzipiell suprapubische, inguinale und lumbale Hernien auftreten [67].

Sie können sich aber auch durch die Fraktur oder den Symphysenspalt bilden. Durch sekundäre Einklemmungen von Blase oder Darm können schwere Komplikationen entstehen.

Mehrere Autoren beschreiben Hernienbildungen mit Vorfall von Blase und Darm durch die Fraktur oder die Symphysendiastase [5, 6, 26, 69].

Hernien im Rahmen von operativen Versorgungen oder nach konservativer Therapie sind seltene Komplikationen, die am häufigsten als direkte Bauchwandhernien nach einem traumatischem Abriß oder einer zu ausgedehnten chirurgischen Ablösung des Ansatzes des M. rectus abdominis vorkommen. Über ihre Häufigkeit gibt es nur wenige Angaben. Im eigenen Krankengut wurden ausgeprägte Hernien nur im Rahmen von komplexen Beckentraumen und hier besonders bei Zustand nach Abdomen apertum beobachtet.

Nach konservativer Therapie vorderer Beckenringverletzungen geben Zotter u. Titze in 3 von 34 Fällen (8,8%) das Auftreten von Leistenhernien an [98].

■ **Seltene Komplikationen**
Eine Reihe von seltenen Komplikationen ist möglich, alle Organe und Leitungsbahnen können prinzipiell durch das Trauma, aber auch im Rahmen einer operativen Therapie gefährdet sein.

Poigenfürst gibt die Einklemmung der Blase mit Blasenwandnekrose unter einer Symphysenverplattung an, in deren Verlauf es zur Blasenwandnekrose kam, die erst bei der Autopsie festzustellen war [68].

Lamer et al. beschreiben eine aufsteigende Meningitis nach instabiler Beckenfraktur mit Sakrumtrümmerfraktur [36].

! Solche Beobachtungen belegen die außerordentliche Vielfalt der Komplikationsmöglichkeiten nach Beckenverletzungen. Neben der Wahrung der gebotenen intraoperativen Sorgfalt ist besonders im postoperativen Verlauf genau auf Heilungsstörungen zu achten. Sie müssen nicht unbedingt offensichtlich sein und sind vielfach nur durch den Operateur frühzeitig korrekt zu deuten. Nach Abklingen des Wundschmerzes sollte auf alle Fälle nochmals eine genaue klinische Untersuchung mit neurologischem Screening erfolgen, um ggf. aufgetretene iatrogene Schäden frühzeitig diagnostizieren zu können.

## 10.3 Fehlerhafte Entscheidungen und Techniken

**Nachfolgende Darstellung soll mögliche Entscheidungsfehler aufzeigen, um die Problematik der Indikationsstellung und der Osteosynthesetechnik bei der Behandlung von Beckenringfrakturen zu verdeutlichen. Die Aufstellung hat exemplarischen Charakter und kann deswegen in keiner Weise vollständig sein!**

### Entscheidungsfindung bei Komplextraumen

Die primäre Behandlung komplexer Beckenverletzungen findet unter erheblichem Zeitdruck statt, da sich bei weitergehenden Blutverlusten die Prognose der Patienten erheblich verschlechtert. Es müssen deswegen prioritätenorientiert Entscheidungen getroffen werden. Die Gesamtsituation des Patienten darf dabei in keinem Fall außer acht gelassen werden. Die Effektivität der durchgeführten Maßnahmen am Becken muß ständig überprüft und ggf. ergänzt werden. Die frühe Behandlung eines komplexen Beckentraumas muß als kontinuierlicher Prozeß, nicht als eine operative Einzelmaßnahme angesehen werden!

! Ein häufiger Fehler ist es, die Primärbehandlung der Beckenverletzung nach gelungener Frühstabilisierung des Beckens zu beenden, ohne auf fortdauernde Blutungen zu achten (Abb. 10.2). Weitergehende Blutverluste bedürfen eines aktiven chirurgischen Vorgehens. Eine mechanische Stabilisierung muß immer in einer Einheit mit der hämodynamischen Stabilisierung gesehen werden.

Die einzelnen Techniken der Blutungskontrolle (z. B. Tamponade) wurden in Kap. 7 dargestellt.

Die chirurgische Behandlung nach dem Trauma sollte sich auf den Ort der Läsion konzentrieren. Diese an sich triviale Forderung wird nach Beckentraumen häufig durchbrochen, da sich aufgrund der anatomischen Besonderheiten (s. Kap. 2) pelvine Blutungen aus dem Beckenbereich in kurzer Zeit über den Retroperitonealraum ausbreiten und damit im Sinne einer

**Abb. 10.2 a–g.** Komplextrauma: **a** Ein 45jähriger Bahnarbeiter ▷ wurde in einer Gleisbaumaschine direkt im Beckenbereich eingeklemmt. Er erleidet eine isolierte Beckenverletzung vom Typ C, bestehend aus einer transforaminalen Sakrumfraktur links, einer transsymphysären Instabilität sowie einer transpubischen Instabilität rechts. **b** Es wird zunächst eine geschlossene Reposition und Stabilisierung mit dem ventralen Fixateur externe durchgeführt. Diese zeigte ein gutes Repositionsergebnis. **c** 6 h später ist der Patient weiterhin kreislaufinstabil und substitutionspflichtig, er wird zur weiteren Therapie verlegt. Schon der klinische Aspekt zeigte eine ausgedehnte Blutung im Beckenbereich mit monströser Hämatomeinlagerung im Bereich des Skrotums. **d** Zur Vereinfachung der operativen Exploration wird ein Verfahrenswechsel zur Beckenzwinge durchgeführt, und ausgedehnte paravesikale und präsakrale venöse Blutungen werden mit Tamponaden ge-

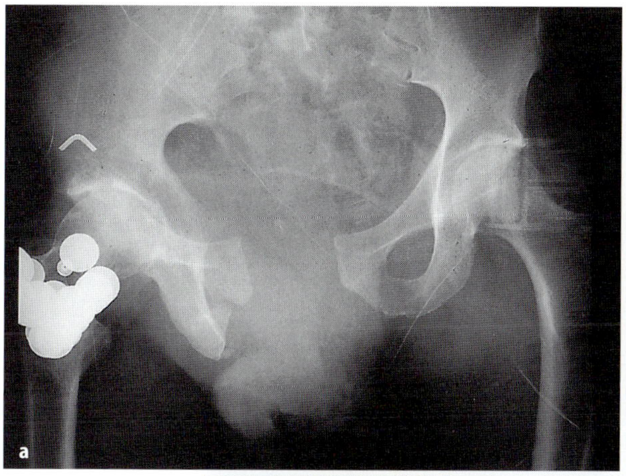
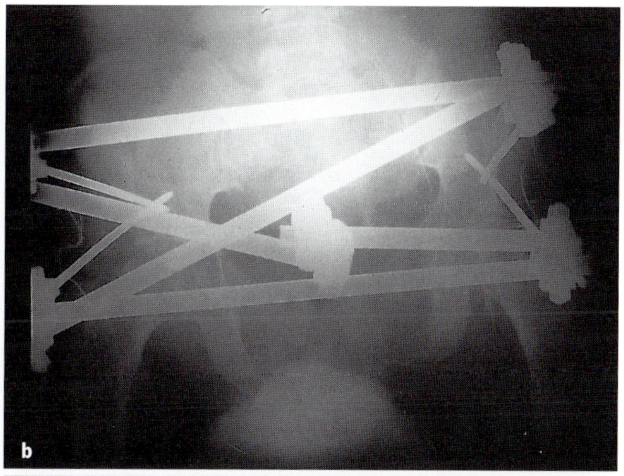
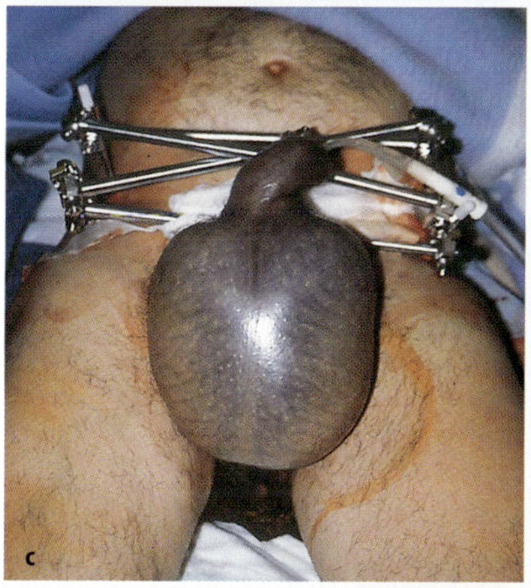
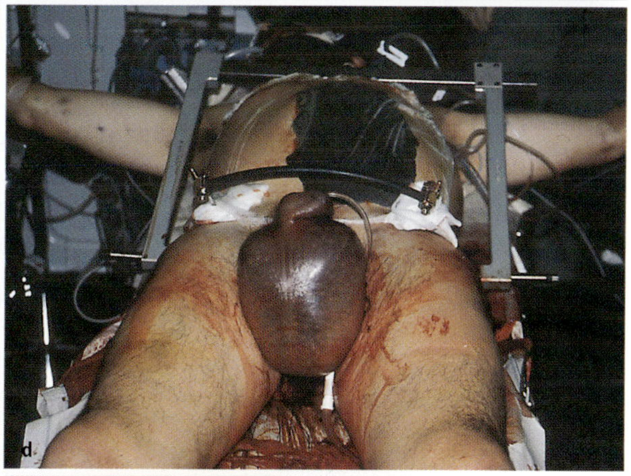
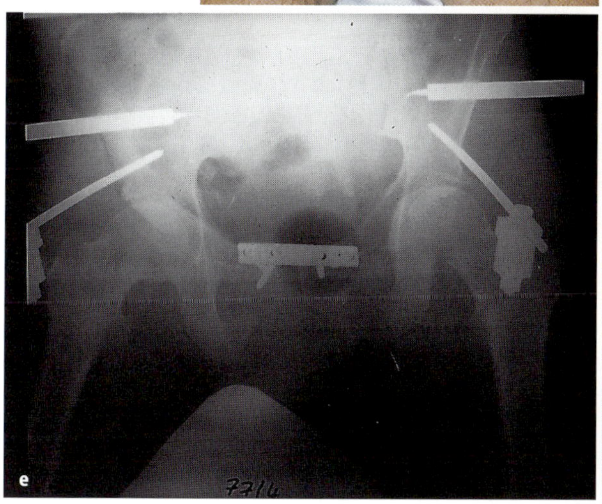
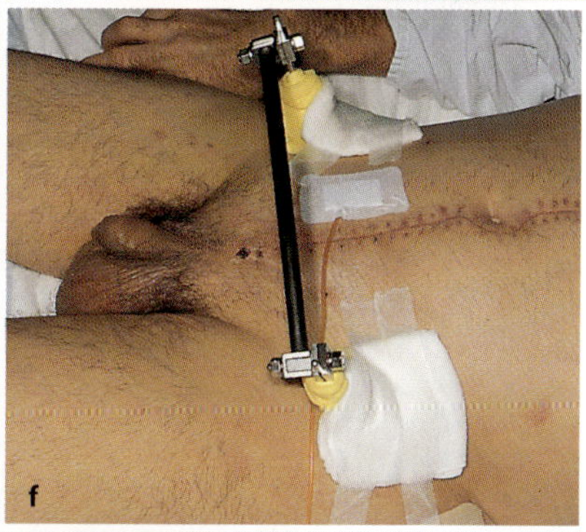

stillt. Zum Abschluß der Operation wird die Symphyse verplattet und ein einfacher ventraler Fixateur auf die belassenen Schanz-Schrauben gesetzt. Aufgrund des ausgeprägten retroperitonealen Hämatoms mit Durchwanderung in die Bauchhöhle wurde laparotomiert und das Abdomen nicht verschlossen, um den Beatmungsdruck in Grenzen zu halten. **e** Postoperative Röntgenansicht. **f** Es kommt zur raschen Stabilisierung der Hämodynamik. Im Rahmen der 1. Revision können alle Tamponaden entfernt werden, im Rahmen der 2. Revision wird auch das Abdomen verschlossen. **g** 2 Wochen nach dem Unfall wird abschließend eine dorsale Sakrumstabilisierung in Bauchlage durchgeführt

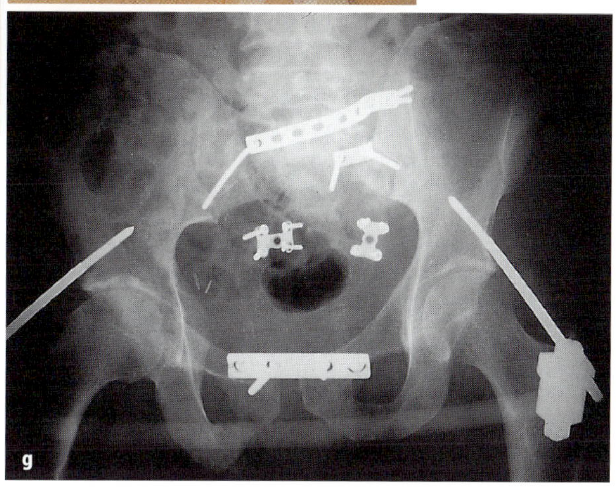

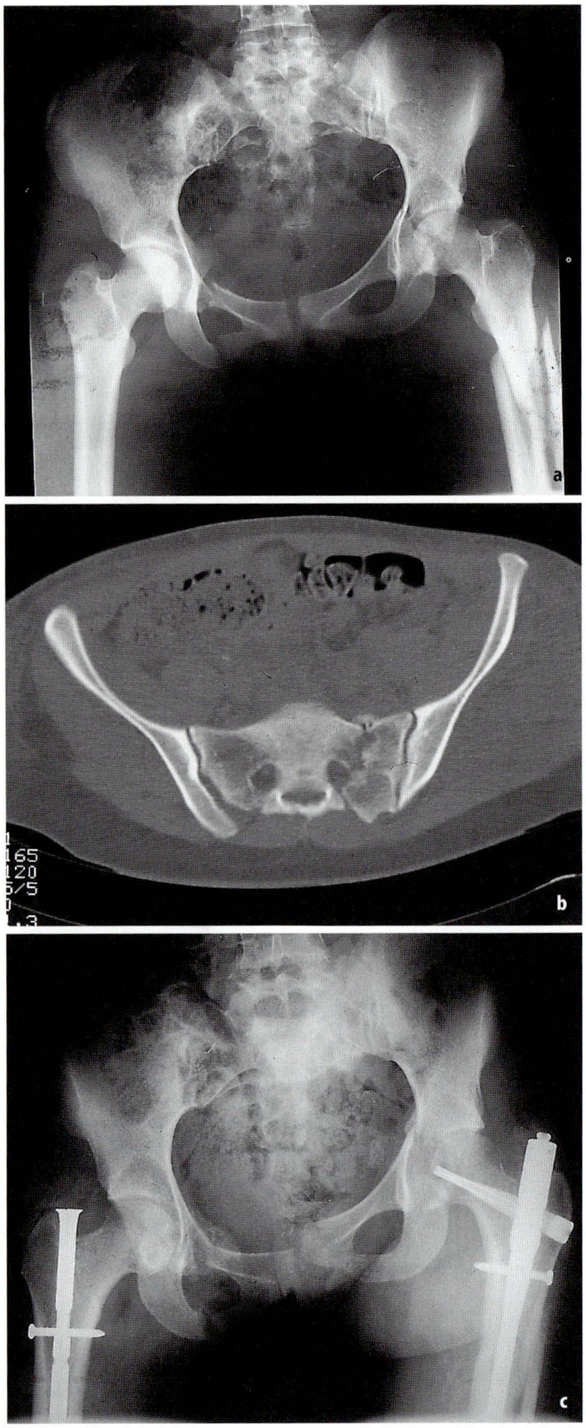

**Abb. 10.3 a–c.** Klassifikationfehler: **a** Eine 27jährige psychiatrische Patientin erleidet nach suizidalem Sturz u.a. eine Beckenfraktur mit transpubischer Instabilität rechts, Acetabulumquerfraktur links und transforaminaler Sakrumfraktur. **b** Nach operativer Versorgung der Oberschenkelfrakturen beidseits zeigt die CT-Kontrolle 6 Tage nach dem Unfall eine nahezu unverschobene, aber komplett transforaminale Sakrumfraktur. Es wird eine konservative Therapie eingeleitet und die Patientin nach 3 Wochen in eine psychiatrische Abteilung verlegt. **c** Eine Kontrolle nach 6 Wochen ergibt eine erhebliche Dislokation nach sekundärem Abrutschen der Fraktur. Dieser Zustand bleibt bei erheblicher psychischer Störung der Patientin und subjektiver Beschwerdefreiheit ohne weitere Konsequenz

Durchwanderung intraperitoneal sichtbar werden können.

**!** Der sekundäre Nachweis von freier intraperitonealer Flüssigkeit im Rahmen von Beckenfrakturen, nachdem primär ein unauffälliger Ultraschallbefund des Abdomens vorgelegen hatte, kann auf eine weiter bestehende Blutung im Beckenbereich hinweisen. Eine »negative« Probelaparotomie mit Nachweis eines retroperitonealen Hämatoms trägt nicht zur Blutstillung bei! Erst die Exploration der »Beckenetage« führt zur Blutungsquelle, mit der Möglichkeit, eine chirurgische Blutstillung vornehmen zu können (s. Kap. 7).

Wird diese »pelvine Exploration« frühzeitig durchgeführt, kann häufig sogar auf eine nachfolgende Laparotomie verzichtet werden.

## Fehler in der Klassifikation und Indikationsstellung

Gerade nach Sakrumfrakturen im Rahmen einer »lateralen Kompressionsverletzung« ist die Unterscheidung in einen Verletzungstyp B oder C häufig schwierig (Abb. 10.3). Weitere Beurteilungsschwierigkeiten ergeben sich bei Sprengungen des SI-Gelenkes, bei denen nur noch ein sehr kleiner Anteil der dorsalen sakroiliakalen Bändern intakt ist und deren mechanische Qualitäten zu Beginn der Behandlung noch nicht gesichert sind (»bucket handle«, Typ der Verletzung nach Tile [92]).

**!** Wird die Verletzung zunächst als dorsal zumindest partiell stabil eingeschätzt, kann die Klassifikation nur als »Arbeitsdiagnose« gelten, d.h. sie wird anhand des weiteren Frühverlaufes kontrolliert und ggf. revidiert. Auf keinen Fall dürfen diese Patienten »außer Kontrolle« geraten, da Fehlstellungen nach einem Ablauf von 3 Wochen nur noch sehr aufwendig im Rahmen von komplikationsreichen Korrekturoperationen zu beheben sind.

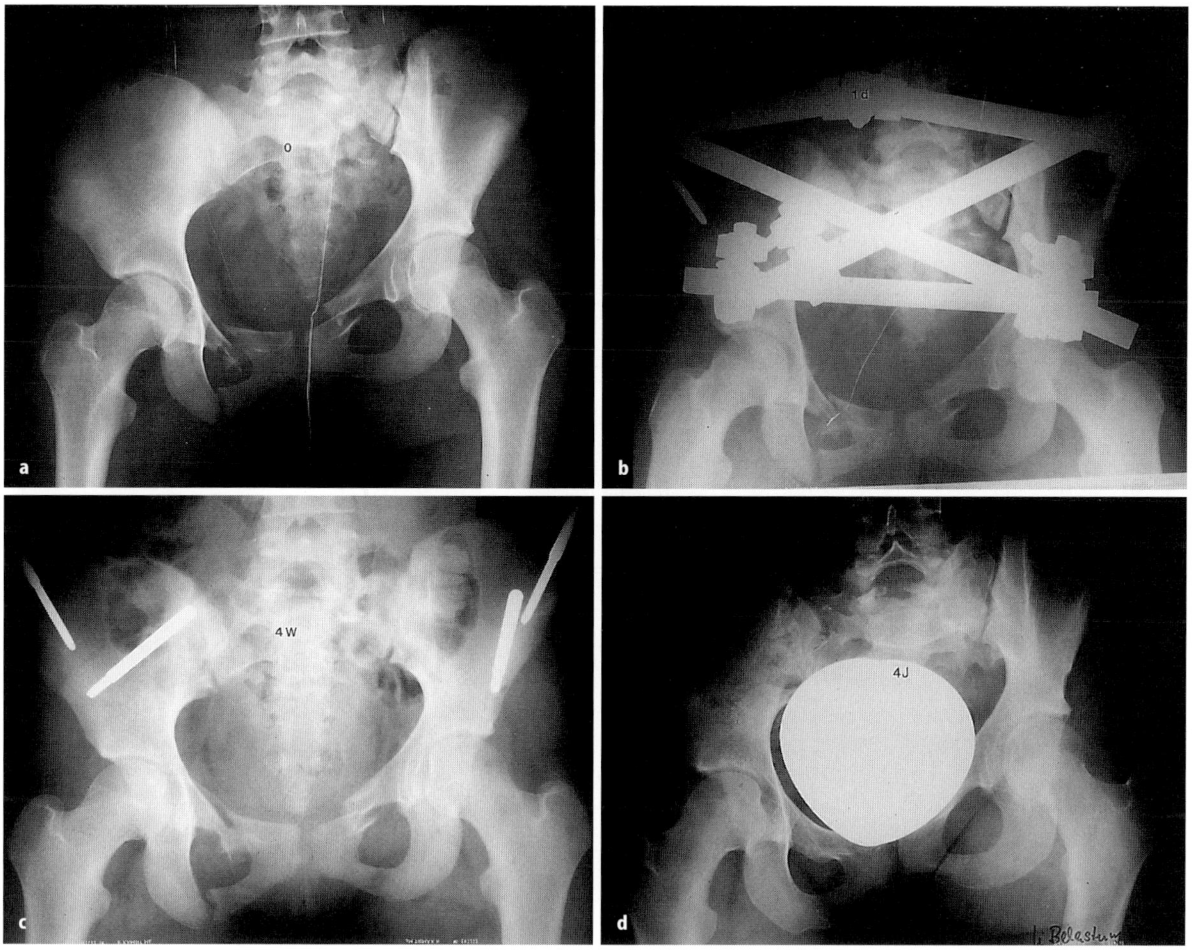


Abb. 10.4 a–d. Stabilisierungsverfahren: Eine 14jährige Patientin erleidet eine instabile Beckenringverletzung mit transforaminaler Sakrumfraktur links und transpubischen Instabilitäten beidseits (**a**). Es erfolgt zunächst die geschlossene Einrichtung und Stabilisierung mit dem Fixateur externe (**b**). Im Rahmen der Mobilisation kommt es zu einer sekundären Dislokation, die nach 2 Wochen und partiell erneut nach 4 Wochen geschlossen eingerichtet wird (**c**). Schließlich aber Ausheilung in erheblicher Kranial- und Dorsalversetzung (**d**)

### Fehler in der Verfahrenswahl

Bei Typ-C-Verletzungen ist nur durch kombinierte vordere und hintere Stabilisierung die Voraussetzung für eine weitgehend uneingeschränkte Frühmobilisation gegeben. Kann dieses Prinzip aus verschiedenen Gründen (Allgemeinzustand, lokale Weichteilsituation, Wunsch des Patienten etc.) nicht oder nur unvollständig (z.B. alleiniger ventraler Fixateur externe bei Typ-C-Verletzungen) realisiert werden, muß das Therapiekonzept durch »Elemente der konservativen Therapie« ergänzt werden (z.B. Extensionsbehandlung oder Bettruhe), um eine primär erreichte gute Stellung des Beckenringes zu einer anatomischen Ausheilung zu bringen. Eine Frühmobilisation führt in diesen Fällen häufig zum Repositionsverlust und zur Heilung in Fehlstellung bzw. Pseudarthrose (Abb. 10.4).

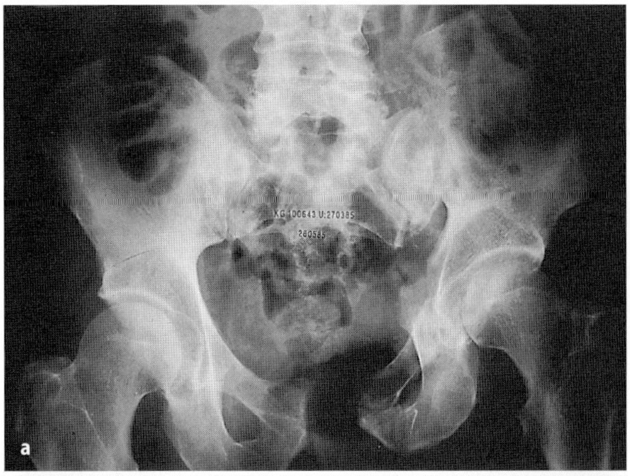


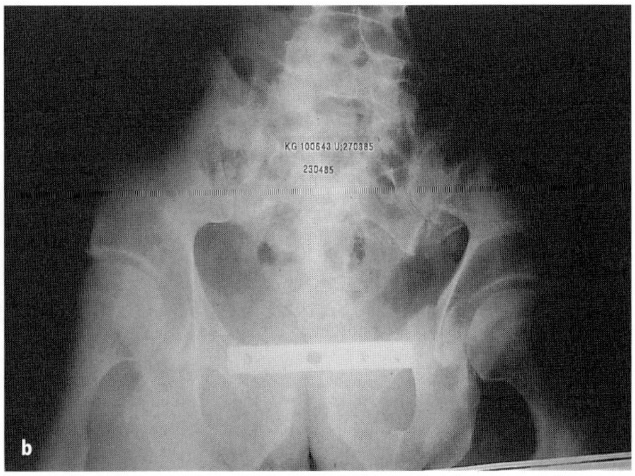


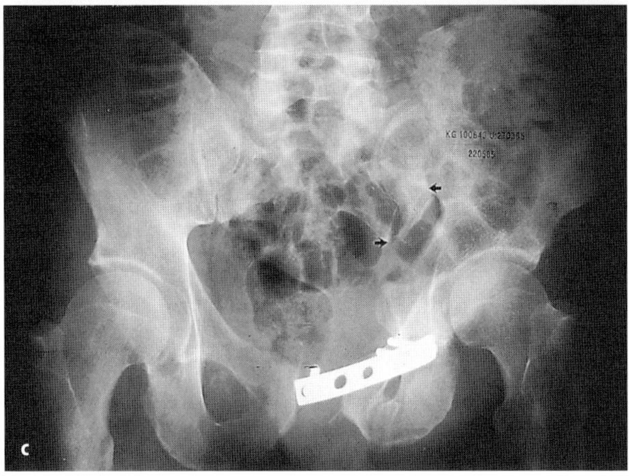


**Abb. 10.5 a–c.** Osteosyntheselokalisation: Es besteht eine instabile Beckenringverletzung vom Typ C mit einer transiliakalen SI-Luxationsfraktur links, einer transsymphysären und transpubischen Instabilität (**a**). Durch eine alleinige ventrale Osteosynthese ist es unmöglich, eine ausreichende Reposition und v. a. Stabilisierung des hinteren Beckenrings zu erreichen (**b**). Der nachfolgende Ausriß der Symphysenplatte muß im wesentlichen auf die verbliebene dorsale Instabilität, weniger auf ein »Versagen« der Symphysenplatte zurückgeführt werden (**c**)

Kommt es nach Durchführung einer Osteosynthese im vorderen Beckenring zu einer sekundären Dislokation, läßt sich auch durch Einsatz von zusätzlichem Osteosynthesematerial im vorderen Beckenring keine ausreichende Stabilität einer hinteren Ringunterbrechung herstellen (Abb. 10.5). Das bedeutet, daß ein Implantatausriß im vorderen Beckenring im Rahmen einer Typ-C-Verletzung durch die Instabilität im hinteren Beckenring bedingt ist und in der Regel nicht auf einem »Versagen« der Osteosynthese im vorderen Beckenring beruht. In diesen Fällen besteht daher die konsequente Behandlung nicht in der Reosteosynthese des vorderen Beckenringes, sondern v. a. in der Reposition und internen Stabilisierung des hinteren Beckenringes.

## Fehler in der Osteosynthesetechnik

Eine Reihe von technischen Fehlern kann zum Versagen von korrekt indizierten inneren und äußeren Stabilisierungen führen. Es ist besonders darauf zu achten, daß alle Läsionen im Beckenring korrekt erkannt und auch jeweils von Implantaten stabil überbrückt werden (Abb. 10.6). Lediglich Einzelläsionen, die als stabil befundet werden, können bei der Stabilisierung des Beckenrings unberücksichtigt bleiben.

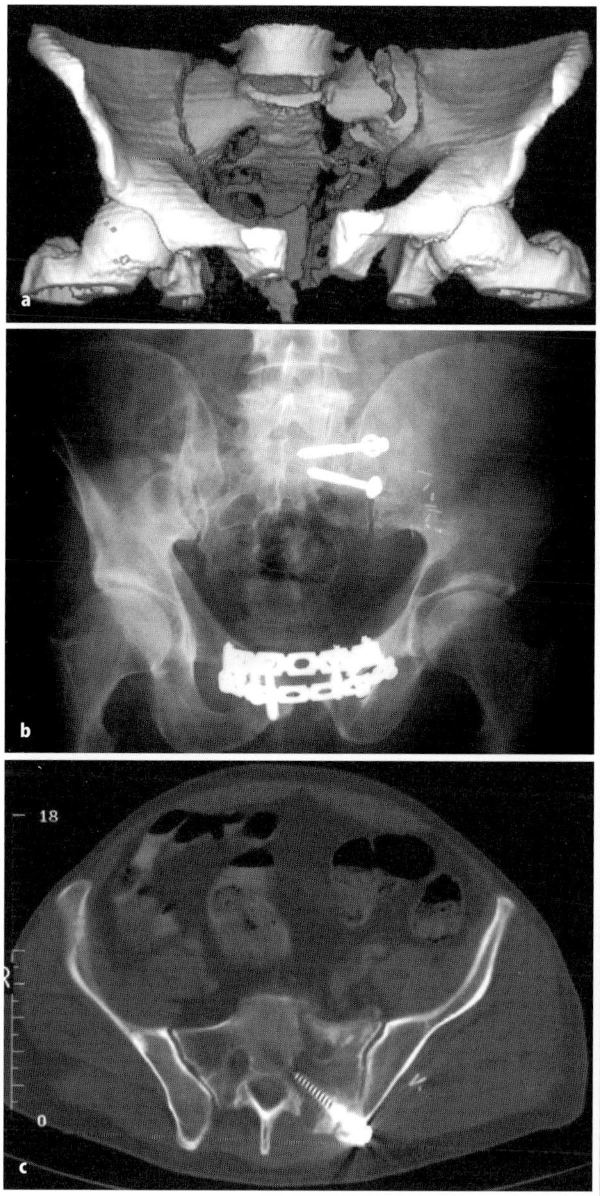


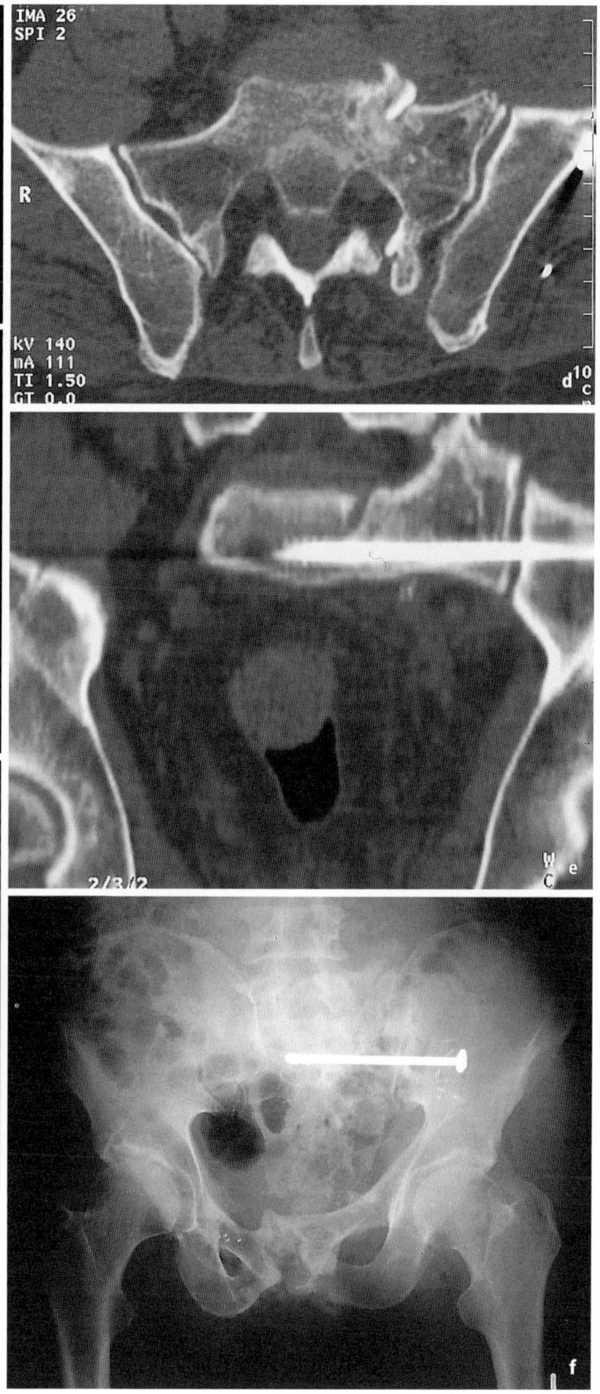


**Abb. 10.6 a–f.** Osteosynthesetechnik: Ein 54jähriger Dachdecker stürzt durch ein Dach und erleidet eine instabile Beckenringverletzung, bestehend aus einer transforaminalen Sakrumtrümmerfraktur, einer Symphysensprengung und einer transpubischen Fraktur (**a**). Die primäre Versorgung erfolgt mit Symphysenverplattung und transiliosakraler Verschraubung (**b**). Aufgrund eines Infektes muß die Symphysenplatte vorzeitig entfernt werden. Im weiteren Verlauf kommt es zu einer Sakrumpseudarthrose. Die genaue Analyse zeigt, daß die primäre Schraubenrichtung und Länge nicht ausreichend gewählt war, um eine Überbrükkung und Kompression beider sakralen Hauptfragmente zu gewährleisten. Während die laterale Fraktur geheilt ist, besteht medial eine Pseudarthrose (**c**). Die Versorgung erfolgt durch Freilegung von ventral mit Ausräumung der Pseudarthrose und Einbolzung eines Spanes vom Beckenkamm (**d**) sowie Überbrückung und Kompression durch eine transiliosakrale Zugschraubenosteosynthese (**e**). Es kommt zur knöchernen Ausheilung der Fraktur und Schmerzfreiheit im dorsalen Beckenring, aber auch partieller L5-Symptomatik (**f**)

## Literatur


1. Becker R, Bouillon B, Lefering R, Tiling T (1996) Outcome nach Beckenfrakturen – Wie geht es Patienten nach Versorgung einer traumatischen Symphysenruptur ? Hefte Z Unfallchir (Abstr) 262: 74
2. Berner W, Oestern H-J, Sorge J (1982) Ligamentäre Beckenringverletzungen: Behandlung und Spätergebnisse. Unfallheilkunde 85: 377–387
3. Bosch U, Pohlemann T, Haas N, Tscherne H (1992) Klassifikation und Management des komplexen Beckentraumas. Unfallchirurg 95: 189–196
4. Buerger P, Peoples J, Lemmob G, McCarty M (1993) Risk of pulmonary emboli in patients with pelvic fractures. Am Surg 59:505–508
5. Catsikis B, French W, Norcus G, Brotman S, Smith J, Harris R (1989) CT diagnosis of bowel herniation at pelvic fracture site. J Comput Assist Tomogr 13(1): 148–149
6. Cespedes R, Roettger R, Peretsman S (1995) Herniation of the urinary bladder: a complication of traumatic pubic symphyses diastasis. South Med J 88(8): 849–850
7. Coon W (1976) Risk factors in pulmonary embolism. Surg Gynecol Obstet 143: 385–390
8. Coon W (1977) Epidemiology of venous thromboembolism. Ann Surg 186: 149–164
9. Cryer HM, Miller FB, Evers BM, Rouben LR, Seligson DL (1988) Pelvic fracture classification: correlation with hemorrhage. J Trauma 28(7): 973–980
10. Dabezies E, Millet C, Murphy C, Acker J, Robicheaux R, D'Ambrosia R (1989) Stabilization of sacroiliac joint disruption with threated compression rods. Clin Orthop 246: 165–171
11. De Ridder V, De Lange S, Popta J (1996) The anatomical variations of the lateral femoral cutaneus nerve and its consequences for surgery. Surgery of the Pelvis and Acetabulum: The 3rd International Consensus, Pittsburgh
12. Dennis J, Menawat S, Von Thron J et al. (1993) Efficiacy of deep venous thrombosis prophylaxis in trauma patients and identification of high risk groups. J Trauma 35: 132–139
13. Ecke H, Patzak H, Hofmann D (1991) Überbrückungszuggurtungen zur Wiederherstellung rupturierter Amphiarthrosen am Beckenring. Unfallchirurgie 17: 335–342
14. Egbers H, Schroeder L, Havemann D, Bömer H (1984) Indikationen für die äußere Stabilisation von Beckenringfrakturen. Hefte Unfallheilkd 164: 292–293
15. Evers BM, Cryer HM, Miller FB (1989) Pelvic fracture hemorrhage: Priorities in management. Arch Surg 124(4): 422–424
16. Fox MA, Mangiante EC, Fabian TC, Voeller GR, Kudsk KA (1990) Pelvic fractures: an analysis of factors affecting prehospital triage and patient outcome. South Med J 83(7): 785–788
17. Geerts W, Coren K, Jay R, Chen E, Szalai J (1994) A prospective study of venous thromboembolism after major trauma. N Engl J Med 331(24): 1601–1606
18. Gilliland M, Ward R, Barton R, Miller P, Duke J (1982) Factors affecting mortality in pelvic fractures. J Trauma 22(8): 691–693

18a. Goldstein A, Phillips T, Sclafani S, Scalea T, Duncan A, Goldstein J (1986) Early open reduction and internal fixation of the disrupted pelvic ring. J Trauma 26(4): 325–333

19. Gorczya J, Conner J (1996) A beginners experience with percutaneous iliosacral screws. Fractures of the Pelvis and Acetabulum: The 3rd International Consensus. Pittsburgh
20. Govender S, Sham A, Singh B (1990) Open pelvic fractures. Injury 21: 373–376
21. Greenfield L (1984) Vena cava interruption and pulmonary embolectomy. Clin Chest Med 5(3): 495–505
22. Gruen G, McClain E, Gruen R (1995) The diagnosis of deep vein thrombosis in the multiply injured patients with pelvic ring or acetabular fractures. Orthopedics 18: 253–257
23. Hanson P, Milne J, Chapman M (1991) Open fractures of the pelvis: review of 43 cases. J Bone Joint Surg Br 73: 325–329
24. Havemann D, Schroeder L (1982) Behandlung von Beckenringfrakturen mit Fixateur externe. Akt Traumatol 12: 83–85
25. Hofmann G, Bredow J (1986) Spätergebnisse der Beckenringverletzungen-Behandlung mit dem Fixateur externe. Hefte Unfallheilkd 181: 612–618
26. Jaques L, Gloviczki P, Patterson D, Sarr M (1988) Successful repair of an unusual hernia associated with traumatic pubic diastasis. Mayo Clin Proc 63(5): 492–495
27. Jeanneret B, Ruflin G (1988) Eine technische Variante des geschlossenen Fixateur externe am Becken. Z Unfallchir Vers Med Berufskr 81(2): 120–125
28. Josten C, Schildhauer T, Muhr G (1994) Therapie instabiler Sacrumfrakturen bei Beckenringbrüchen. Chirurg 65: 970–975
29. Käch K, Trentz O (1994) Distraktionsspondylodese des Sakrums bei »Vertical-shear-Läsionen« des Beckens. Unfallchirurg 97(1): 28–38
30. Karaharju E, Slätis P (1978) External fixation of double vertical pelvic fractures with a trapezoid compression frame. Injury 10: 142–145
31. Khansarinia S, Dennis J, Veldez H, Butcher J, Hartland L (1995) Prophylactic Greenfield filter placement in selected high-risk trauma patients. J Vasc Surg 22(3): 231–235
32. Kinzl L, Burri C, Wörsdörfer O (1984) Operative Therapie bei Beckenfugenzerreißungen. Hefte Unfallheilkd 164: 222–223
33. Knudson M, Collins J, Goodmann S, McCrory D (1992) Thromboembolism following multiple trauma. J Trauma 32: 1–11
34. Kudsk K, McQuenn M, Voeller G, Fox M, Mangiante E, Fabian T (1990) Management of complex perineal soft-tissue injuries. J Trauma 30(9): 1155–1160
35. Kunisch M, Rauber K, Bachmann G, Rau W (1995) Temporärer Kavafilter: Effektive Prophylaxe von Lungenembolien bei venösen Thrombosen im Bereich der Beckenstrombahn und der Vena cava inferior. Fortschr Röntgenstr 163(6): 523–526
36. Lamer V, Letournel-Glomaud C, Le Guillou J, Moulinie J, Letournel E (1995) Nosocomial meningitis caused by multiresistant enterococcus as a life-threatening complication of pelvic injury: case report. J Trauma 39(3): 609–611
37. Lange R, Hansen S (1985) Pelvic ring disruptions with symphysis pubis diastasis – Indications, technique and limitations of anterior internal fixation. Clin Orthop 201: 130–137
38. Lansinger O, Karlsson J, Berg U, Mare K (1984) Unstable fractures of the pelvis treated with a trapezoid compression frame. Acta Orthop Scand 55: 325–329
39. Leighton R, Waddell J (1996) Techniques for reduction and posterior fixation through the anterior approach. Clin Orthop 329: 115–120
40. Leung K, Chien P, Shen W, So W (1992) Operative treatment of unstable pelvic fractures. Injury 23(1): 31–37
41. Liebergall M, Whitelaw G, Wetzler M, Segal D (1992) The floating hip: ipsilateral pelvic and femoral fractures. J Bone Joint Surg Br 74(1): 93–100
42. Looser K, Crombie H (1976) Pelvic fractures: an anatomic guide to severety of injury. Review of 100 cases. Am J Surg 132: 638–645
43. Majeed SA (1990) External fixation of the injured pelvis – the functional outcome. J Bone Joint Surg Br 72(4): 612–614
44. Matta J, Saucedo T (1989) Internal fixation of pelvic ring fractures. Clin Orthop 242: 83–97
45. McCartney J (1935) Pulmonary embolism following trauma. Surg Gynecol Obstet 61: 369–379
46. McMurtry R, Walton D, Dickinson D, Kellam J, Tile M (1980) Pelvic disruption in the polytraumatized patient: a management protocol. Clin Orthop 151: 22–30
47. Mears D, Fu F (1980) Modern concepts of external skeletal fixation of the pelvis. Clin Orthop 151: 65–72
48. Montgomery K, Potter H, Helfet D (1995) Magnetic resonance venography to evaluate the deep venous system of the pelvis in patients who have an acetabular fracture. J Bone Joint Surg Am 77(11): 1639–1650
49. Montgomery K, Geerts W, Potter H, Helfet D (1996) Thromboembolic complications in patients with pelvic trauma. Clin Orthop 329: 68–87
50. Moreno C, Moore EE, Rosenberger A, Cleveland HC (1986) Hemorrhage associated with major pelvic fracture: a multispeciality challenge. J Trauma 26(11): 987–994

51. Mucha P, Farnell M (1984) Analysis of pelvic fracture management. J Trauma 24(5): 379–386
52. Naam N, Brown W, Hurd R, Burdge R, Kaminski D (1983) Major pelvic fractures. Arch Surg 118: 610–617
52a. Nelson D, Duwelius P (1991) CT-guided fixation of sacral fractures and sacroiliacal joint disruptions. Radiology 180: 527–532
53. Neuerburg J, Günther R (1994) Developments in inferior vena cava filters. A european viewpoint. Semin Intervent Radiol 2: 349–357
54. Neuerburg J, Günther R, Rasmussen D, Vorwerk K, Tonn S, Handt W (1993) Non retrievable percutaneous vena cava filter: experimental in vitro and in vivo evaluation. Cardiovasc Intervent Radiol 16: 224–229
55. O'Malley KF, Ross SE (1990) Pulmonary embolism in major trauma patients. J Trauma 30(6): 748–750
56. Panetta T, Sclafani S, Goldstein A, Phillips T, Shaftan G (1985) Percutaneous transcatheter embolisation for massive bleeding from pelvic fractures. J Trauma 25: 1021–1029
57. Pattee G, Bohlmann H, McAfee P (1986) Compression of a sacral nerve as complication of screw fixation of the sacro iliac joint. J Bone Joint Surg Am 68(5): 769–771
58. Perry J (1980) Pelvic open fractures. Clin Orthop 151: 41–45
59. Pohlemann T, Tscherne H (1995) Fixation of sacral fractures. Tech Orthop 9(4): 315–326
60. Pohlemann T, Tscherne H (1996) Die operative Therapie von Sakrumfrakturen. Operat Ortho Traumatol 8(1): 55–72
61. Pohlemann T, Gänsslen A, Kiessling B, Bosch U, Haas N, Tscherne H (1992) Indikationsstellung und Osteosynthesetechniken am Beckenring. Unfallchirurg 95: 197–209
62. Pohlemann T, Kiessling B, Gänsslen A, Bosch U, Tscherne H (1992) Standardisierte Osteosynthesetechniken am Beckenring. Orthopade 21: 373–384
63. Pohlemann T, Gänsslen A, Bosch U, Tscherne H (1995) The technique of packing for control of hemorrhage in complex pelvic fractures. Tech Orthop 9(4): 267–270
64. Pohlemann T, Culemann U, Gänsslen A, Tscherne H (1996) Die schwere Beckenverletzung mit pelviner Massenblutung: Ermittlung der Blutungsschwere und klinische Erfahrung mit der Notfallstabilisierung. Unfallchirurg 99(10): 734–743
65. Pohlemann T, Tscherne H, Baumgärtel F, Egbers H, Euler E, Maurer F (1996) Beckenverletzungen: Epidemiologie, Therapie und Langzeitverlauf. Übersicht über die multizentrische Studie der Arbeitsgruppe Becken. Unfallchirurg 99(3): 160–167
66. Pohlemann Z, Gänsslen A, Hartung S, Arbeitsgruppe Becken (1997) Ergebnisse einer multizentrischen Studie. Springer, Berlin Heidelberg New York Tokyo
67. Poigenfürst J (1972) Beckenbrüche. In: Nigst H (Hrsg) Spezielle Frakturen- und Luxationslehre. Thieme, Stuttgart, S 141–228
68. Poigenfürst J, Ender H, Zadra A (1992) Komplikationen der operativen Versorgung von Beckenfrakturen. Unfallchirurg 95: 210–213
69. Ponka J, Obeid F (1983) Posttraumatic hernia of the bladder. Henry Ford Hop Med J 31(3): 173–176
70. Poole G, Ward E, Muakkassa F, Hsu H, Griswold J, Rhodes R (1991) Pelvic fracture from major blunt trauma: outcome is determined by associated injuries. Ann Surg 213(6): 532–538
71. Poole G, Ward E, Griswold J, Muakkassa F, Hsu H (1992) Complications of pelvic fractures from blunt trauma. Am Surg 58(4): 225–231
72. Ragnarsson B, Jacobsson B (1992) Epidemiology of pelvic fractures in a swedish county. Acta Orthop Scand 63(3): 297–300
73. Ragnarsson B, Olerud C, Olerud S (1993) Anterior square-plate fixation of sacroiliac disruption. Acta Orthop Scand 64(2): 138–142
74. Richardson JD, Harty J, Amin M, Flint LM (1982) Open pelvic fractures. J Trauma 22(7): 533–538
75. Rieger H, Pennig D, Brug E, Bünte H, Krings W (1991) Beckenringverletzung und Bauchtrauma. Unfallchirurg 94: 110–115
76. Rieger H, Winkler S, Klein W, Brug E (1993) Ergebnisse der dorsalen Beckenringstabilisierung. Unfallchirurg 96: 363–366
77. Riska E, Bonsdorff H v, Hakkinen S, Jaroma H, Kiviluato O, Paavilainen T (1979) Operative control of massive haemorrhage in comminuted pelvic fractures. Int Orthop 3: 141–144
78. Rommens P, Vanderschot P, De Boodt P, Broos P (1992) Surgical management of pelvic ring disruptions: indications, techniques and functional results. Unfallchirurg 95: 455–462
79. Rothenberger D, Fischer R, Perry J (1978) Major vascular injuries secondary to pelvic fractures: an unsolved clinical problem. Am J Surg 136: 660–662
80. Rothenberger D, Fischer R, Strate R, Velasco R, Perry J (1978) The mortality associated with pelvic fractures. Surgery 84(3): 356–359
81. Routt M, Kregor P, Simonian P, Mayo K (1995) Early results of percutaneous iliosacral screws placed with the patient in the supine position. J Orthop Trauma 9(3): 207–214
82. Routt M, Simonian P, Grujic L (1995) The retrograde medullary superior pubic ramus screw for the treatment of anterior pelvic ring disruptions: a new technique. J Orthop Trauma 9(1): 35–40
83. Rüter A, Braun W (1986) Die Verwendung des Fixateur externe bei Beckenringverletzungen. Hefte Unfallheilkd 181: 582–589
84. Rüter A, Braun W (1988) Die Osteosynthese mit dem Fixateur externe bei frischen Beckenringverletzungen. Hefte Unfallheilkd 200: 260–264
85. Schildhauer T, Josten C, Muhr G (1996) Komplikationen im Rahmen der triangulären Osteosynthese instabiler Sakrumfrakturen bei Typ C Beckenringbrüchen. Hefte Z Unfallchir (Abstr) 262: 189
86. Seiler H (1992) Zeitpunkt der Osteosynthese bei Beckenringverletzungen. Unfallchirurg 95: 181–184
87. Semba R, Yasukawa K, Gustillo R (1983) Critical analysis of results 53 Malgaigne fractures of the pelvis. J Trauma 23(6): 535–537
88. Sevitt S, Gallagher N (1961) Venous thrombosis and pulmonary embolism: a clinico-pathological study in injured and burned patients. Br J Surg 48: 475–489
89. Shackford S, Davis J, Hollingworth-Friedlund P et al. (1988) Venous thromboembolism in major trauma. Am J Surg 159: 87–98
90. Sinnott R, Rhodes M, Brader A (1992) Open pelvic fractures: an injury for trauma centers. Am J Surg 163: 283–287
91. Slätis P, Kraharju E (1980) External fixation of unstable pelvic fractures: experiences in 22 patients treated with a trapezoid compression frame. Clin Orthop 151: 73–79
92. Tile M (1995) Fractures of the pelvis and acetabulum, 2nd edn. Williams & Wilkins, Baltimore
93. Trunkey D, Chapman M, Lim R, Dunphy J (1974) Management of pelvic fractures in blunt trauma injury. J Trauma 14: 912–923
93a. Tscherne H, Regel G (1997) Trauma-Management. Springer, Berlin Heidelberg New York Tokyo (Tscherne Unfallchirurgie)
94. Vécsei V, Kuderna H, Grosse A, Hofmann G (1984) Indikationen und Ergebnisse bei der Anwendung des Fixateur externe zur Versorgung von Beckenbrüchen und -verrenkungen. Hefte Unfallheilkd 164: 228–233
95. Ward E, Tomasin J, Griend R van der (1987) Open reduction and internal fixation of vertical shear pelvic fractures. J Trauma 27(3): 291–295
96. White R, Goulet J, Bray T (1990) Deep-vein thrombosis after fracture of the pelvis: assessment with serial duplex-ultrasound screening. J Bone Joint Surg Am 72: 495–499
97. Wild J, Hanson G, Tullos H (1982) Unstable fractures of the pelvis treated by external fixation. J Bone Joint Surg Am 64(7): 1010–1019
98. Zotter K, Titze A (1974) Welche Schambeinast- und Sitzbeinbrüche machen Beschwerden. Hefte Unfallheilkd 124: 203–204

# KAPITEL 11

# Besondere Situationen am Beckenring 11

A. GÄNSSLEN, T. HÜFNER, H. REILMANN, T. POHLEMANN,
A. WEINBERG und B. WIPPERMANN



## 11.1 Kindliche Beckenringfrakturen

A. GÄNSSLEN und T. POHLEMANN

**Kindliche Beckenfrakturen sind seltene Verletzungen. Im eigenen Krankengut der letzten 25 Jahre fanden sich bei mehr als 2000 Patienten mit Beckenfrakturen nur in 5,8% kindliche Verletzungen im Alter bis zu 14 Jahren, eine Zahl, die im wesentlichen auch von anderen Autoren bestätigt wird [24, 40, 114].**

**Trotz dieser Seltenheit muß den kindlichen Bekkenverletzungen ein eigener Abschnitt gewidmet werden. Die kindliche Anatomie und hier insbesondere die hohe Elastizität des kindlichen Beckenrings führt zu teilweise anderen Verletzungsmustern als bei Erwachsenen. Die früher weit verbreitete Ansicht, daß alle kindlichen Beckenverletzungen aufgrund der wachstumsbedingten Kompensationsmechanismen folgenlos ausheilen, wurde zwischenzeitlich in mehreren Untersuchungen widerlegt. Insbesondere nach den zwar glücklicherweise seltenen instabilen kindlichen Beckenringverletzungen muß mit teilweise erheblichen Langzeitfolgen gerechnet werden. Die Osteosynthesetechnik, besonders für die Kleinkinder, befindet sich noch in der Entwicklung. Die hier angegebenen Operationstechniken wurden zwar insgesamt nur selten eingesetzt, sie haben sich im eigenen Vorgehen aber praktisch bewährt.**

### Besonderheiten des kindlichen Beckenrings

Der kindliche Beckenring ist durch eine sehr hohe Elastizität charakterisiert, eine Eigenschaft, die sich aus dem hohen Knorpelanteil der Ringstruktur und der noch »weichen« Knochenmatrix erklärt [11]. Dadurch kann der kindliche Beckenring im Vergleich zum Erwachsenen eine wesentlich höhere Energie aufnehmen, bevor er bricht. Bei kleinen Kindern kann eine Fraktur gelegentlich trotz massivster Gewalteinwirkung ganz ausbleiben [104]. Selbst nach eingetretener Fraktur wird durch die elastische Gesamtstruktur noch weiter Energie aufgenommen [17, 75].

Im Gegensatz zum Erwachsenen resultiert daraus eine wesentlich geringere Schutzwirkung für die inneren Organe. Die klinische und radiologische Einschätzung wird dadurch schwieriger, da schwere Organläsionen auch ohne klinisch offensichtliche Instabilität und ohne radiologisch erkennbare Frakturen auftreten können [75]. Umgekehrt bedeuten klinische oder radiologische Verletzungszeichen immer, daß hohe Kräfte eingewirkt haben müssen. Eine isolierte Schambeinastfraktur, die beim Erwachsenen als »einfache« Verletzung gilt, kann besonders beim Kleinkind schon zu erheblichen inneren Verletzungen geführt haben.

Legt man die Definition des komplexen Beckentraumas zugrunde (s. auch Kap. 4), lag im eigenen Krankengut die Inzidenz bei Kindern bis zu 14 Jahren bei 18,3%, verglichen mit nur 10,7% in der Gruppe von älteren Patienten [69]. Beim Auftreten mehrerer Frakturen im kindlichen Beckenring muß deswegen nahezu immer mit intraabdominellen und pelvinen Begleitverletzungen gerechnet werden [8]. Kindliche Beckenfrakturen sind somit, zumindest in der Primärphase, als lebensbedrohliche Verletzungen einzustufen, die ein primäres Managementprotokoll erfordern (s. Kap. 7). Erst der sichere Ausschluß von Begleitverletzungen bekräftigt die »Harmlosigkeit« einer kindlichen Beckenverletzung.

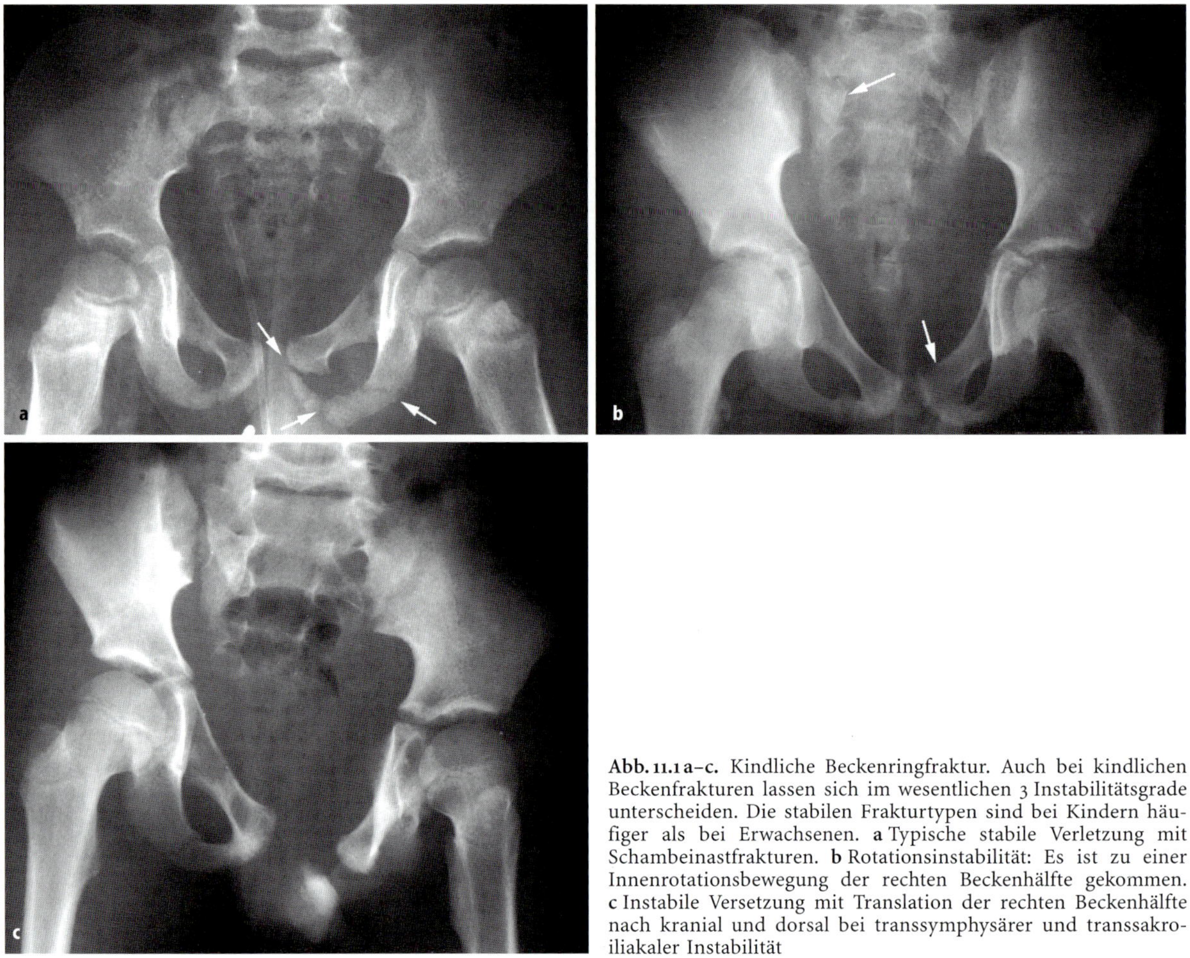

**Abb. 11.1 a–c.** Kindliche Beckenringfraktur. Auch bei kindlichen Beckenfrakturen lassen sich im wesentlichen 3 Instabilitätsgrade unterscheiden. Die stabilen Frakturtypen sind bei Kindern häufiger als bei Erwachsenen. **a** Typische stabile Verletzung mit Schambeinastfrakturen. **b** Rotationsinstabilität: Es ist zu einer Innenrotationsbewegung der rechten Beckenhälfte gekommen. **c** Instabile Versetzung mit Translation der rechten Beckenhälfte nach kranial und dorsal bei transsymphysärer und transsakroiliakaler Instabilität

## Notfallbehandlung

Die Notfallbehandlung der kindlichen Beckenverletzung entspricht ebenfalls dem im Kap. 7 ausführlich dargestellten Ablaufschema. Im Vergleich zum Erwachsenen ist insbesondere die Befunderhebung schwierig. Es ist deswegen darauf zu achten, daß die Untersuchungen immer komplett und sorgfältig durchgeführt werden:

- Klinische Stabilitätsprüfung (sehr wichtig, da die Interpretation radiologischer Befunde erschwert ist)
- Prüfung der Körperöffnungen und der lokalen Weichteilsituation
- Sonographie von Abdomen und Becken (retroperitoneales Hämatom, Blase)
- Suffiziente Röntgendiagnostik (a.-p., im Verdachtsfall immer Inlet- und Outletaufnahmen, sekundär CT)

Die Entscheidungsfindung orientiert sich wie beim Erwachsenen im wesentlichen an der Kreislaufsituation und dem Grad des Stabilitätsverlustes des Beckenrings. Dabei ist zu beachten, daß besonders beim Kind die hämodynamische Instabilität nicht immer mit der mechanischen Instabilität des Beckenrings korreliert, d. h. es können operative Blutstillungsmaßnahmen erforderlich werden, obwohl der Beckenring selbst als »federnd stabil« befundet wird.

Aufgrund der guten Kompensationsmechanismen des kindlichen Organismus wird der schlechte Allgemeinzustand häufig erst spät (leider oft *zu* spät) offensichtlich.

## Befundinterpretation und Klassifikation (Abb. 11.1)

Der hohe Knorpelanteil, Epiphysenfugen mit variabel auftretenden akzessorischen Ossifikationszentren, Apophysen und die je nach Lebensalter variable Weite der gelenkigen Beckenverbindungen erschweren die radiologische Diagnostik erheblich. Eine kritische Analyse von eigenen Patienten zeigte, daß eine hohe Anzahl von Frakturen im Beckenring initial nicht erkannt wurde [69]. Schwierigkeiten ergeben sich, wie auch von anderen Autoren beschrieben, besonders bei der Interpretation von Acetabulumverletzungen (Verletzungen der Y-Fuge) [110] und beim Erkennen von Sakrumfrakturen. Eine konsequentere, systematische initiale Diagnostik der kindlichen Beckenverletzungen ist deswegen unumgänglich. Sollte die Beckenübersichtsaufnahme nicht sicher als negativ zu befunden sein, so wird sie durch Schrägaufnahmen (Inlet- und Outletaufnahmen) ergänzt [63]. In unklaren Fällen wird bei vermuteten Verletzungen des hinteren Beckenrings oder des Acetabulums eine CT, ggf. ergänzend auch eine MRT-Untersuchung, angeschlossen [60].

Anhand der Röntgendiagnostik wird in Kenntnis des Befundes der klinischen Stabilitätsprüfung die Verletzung klassifiziert. Die beim Erwachsenen bewährte Klassifikation läßt sich aufgrund der nicht immer eindeutigen Befunde häufig nicht vornehmen. Allgemein wird nur zwischen »stabilen« und »instabilen« Verletzungen differenziert [86, 87]. Andere Autoren bevorzugen eine Einteilung in Verletzungen »ohne« oder »mit« potentiellen Langzeitfolgen [56, 109]. Im Hinblick auf die Beckenringverletzungen führt aber auch diese Einteilung zwangsläufig wieder auf die Differenzierung zwischen »stabilen« und »instabilen« Verletzungstypen hin.

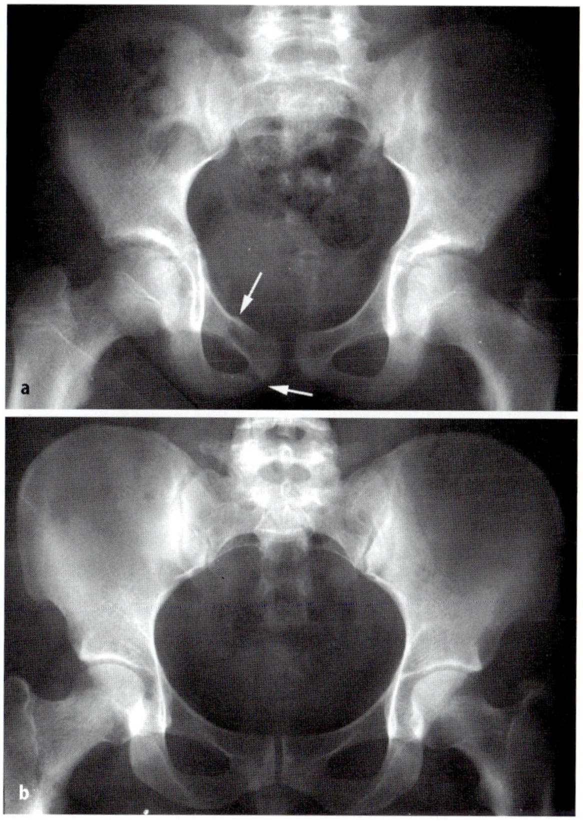


**Abb. 11.2 a, b.** Stabile kindliche Verletzungen heilen unter funktioneller Therapie in der Regel problemlos und ohne Langzeitfolgen aus. **a** Beckenübersicht eines 5jährigen Jungen mit Fraktur des oberen Schambeinastes rechts, **b** Nach 20 Jahren anatomischer Beckenring

## Therapie

Bei der Behandlung der kindlichen Beckenfraktur ist aufgrund der angesprochenen Elastizität und der damit verbundenen hohen Stabilität des kindlichen Beckenrings die nichtoperative Therapie wesentlich häufiger indiziert als beim Erwachsenen. Für die konservative Therapie sprechen das insgesamt gute Heilungsvermögen des kindlichen Skeletts und die ausgeprägte Korrekturfähigkeit [55]. Stabile Beckenringfrakturen werden deshalb v.a. konservativ behandelt (Abb. 11.2). Nur bei stärkeren Dislokationen einzelner Fragmente oder bei Repositionsproblemen wird eine offene Einrichtung erwogen [107]. Eine andere Situation stellen instabile Verletzungen dar, die beim Erwachsenen den »Typ-C-Verletzungen« entsprechen. Ist es im Rahmen der Verletzung zu deutlichen Fehlstellungen gekommen, ist auch der kindliche Beckenring nicht mehr in der Lage, diese auszugleichen.

### ■ Konservative Therapie

In den weitaus meisten Fällen liegt ein allenfalls geringer Stabilitätsverlust des kindlichen Beckenrings vor, eine nichtoperative Therapie führt zu einer folgenlosen Ausheilung.

Im eigenen Krankengut von 115 kindlichen Frakturen bei Patienten 14 Jahren wurden in lediglich 15 Fällen Osteosynthesen durchgeführt.

Die Indikation zur konservativen Behandlung besteht bei:

- Beckenrandfrakturen und Apophysenabrissen, die wenig disloziert sind,
- Beckenringverletzungen mit Unterbrechung der transpubischen Region bei gesichert fehlender dorsaler Ringunterbrechung.

Es wird eine funktionelle Therapie angestrebt und das Kind nach Maßgabe seiner Schmerzen mobilisiert. Häufig erzwingen schwere allgemeine Begleitverletzungen (z.B. SHT) ohnehin eine längerfristige Immobilisation. Klinische und radiologische Nachkontrollen erfolgen nach 6 Wochen und zur Sicherung eines normalen Wachstums nach 1 Jahr. Bei Deformitäten wird langfristig bis zum Abschluß des Wachstums kontrolliert.

### ■ Operative Therapie

Auch wenn bisher nur eine kleine Anzahl von kindlichen Beckenringverletzungen operativ behandelt wurde, zeigen aktuelle Untersuchungen, daß bei stark verschobenen und instabilen Beckenringverletzungen die Korrekturpotenz des kindlichen Beckens überschritten ist und mit Langzeitfolgen im Sinne von Fehlstellungen, hypoplastischen Knochenarealen und Schmerzen zu rechnen ist [56, 69].

Die Indikation zur operativen Stabilisierung wird nach Verletzungen des Beckenrings in folgenden Situationen gesehen:

- bei klinisch instabilem Beckenring mit radiologisch nachgewiesener anteriorer und posteriorer Unterbrechung,
- bei ausgeprägter Rotationsinstabilität,
- bei stabilem Beckenring, aber stark dislozierten Fragmenten, die eine Perforationsgefahr bedeuten (Blasenperforation bei verdrehtem Schambeinastfragment, dem sog. »Schambeinstachel«, Hautperforation bei dislozierten Iliumrandbrüchen),
- bei den sehr seltenen Ausnahmefällen nach Abrißfrakturen (s. auch Abschn. 11.3)

**Technik der Stabilisierung.** Die Operationstechnik bei kindlichen Beckenringverletzungen ist noch nicht standardisiert, eine Reihe von verschiedenen Techniken wird angegeben.

Schmidt schlägt eine exakte Wiederherstellung des hinteren Beckenrings mit internen Osteosynthesen vor, gibt aber keine Techniken an [95].

Tile empfiehlt »minimale« Techniken mit Kirschner-Draht-Fixationen des SI-Gelenks und bei anderen Verletzungen des hinteren Beckenrings [107].

Eine Reihe von Autoren favorisiert die Anwendung des Fixateur externe [56, 88, 96].

Im eigenen Vorgehen werden folgende Techniken eingesetzt:

Bei Kindern von etwa 12–14 Jahren, bei denen die anatomischen Verhältnisse weitgehend dem Erwachsenen entsprechen (Abb. 11.3): Gleiche Indikationsstellung und Osteosynthesetechnik wie beim Erwachsenen (s. Kap. 9), ggf. modifizierte Implantatwahl zur Anpassung an die anatomischen Verhältnisse (z. B. Kleinfragmentplatten zur Symphysen- und SI-Gelenkstabilisierung).

Bei Kindern bis etwa 11 Jahren, bei denen die anatomischen Verhältnisse erheblich von denen der Erwachsenen abweichen (Abb. 11.4):

- Verletzungen mit »alleiniger« Unterbrechung des anterioren Beckenrings:
  - Symphysenruptur: Bei Kleinkindern offene Reposition und Stabilisierung mit Schrauben und Cerclage sowie transossärer Naht, bei größeren Kindern Plattenosteosynthese (1/3-Rohrplatte, Kleinfragment-DC-Platte),
  - transpubische Instabilität: Fixateur externe (supraazetabulär), bei dislozierten Schambeinastfragmenten (Blasenruptur!) offene Reposition. Falls die Fixation des Fragmentes durch den Fixateur nicht ausreicht, Stabilisierung durch Spickdraht, bei älteren Kindern ggf. auch Kleinfragmentschraube,

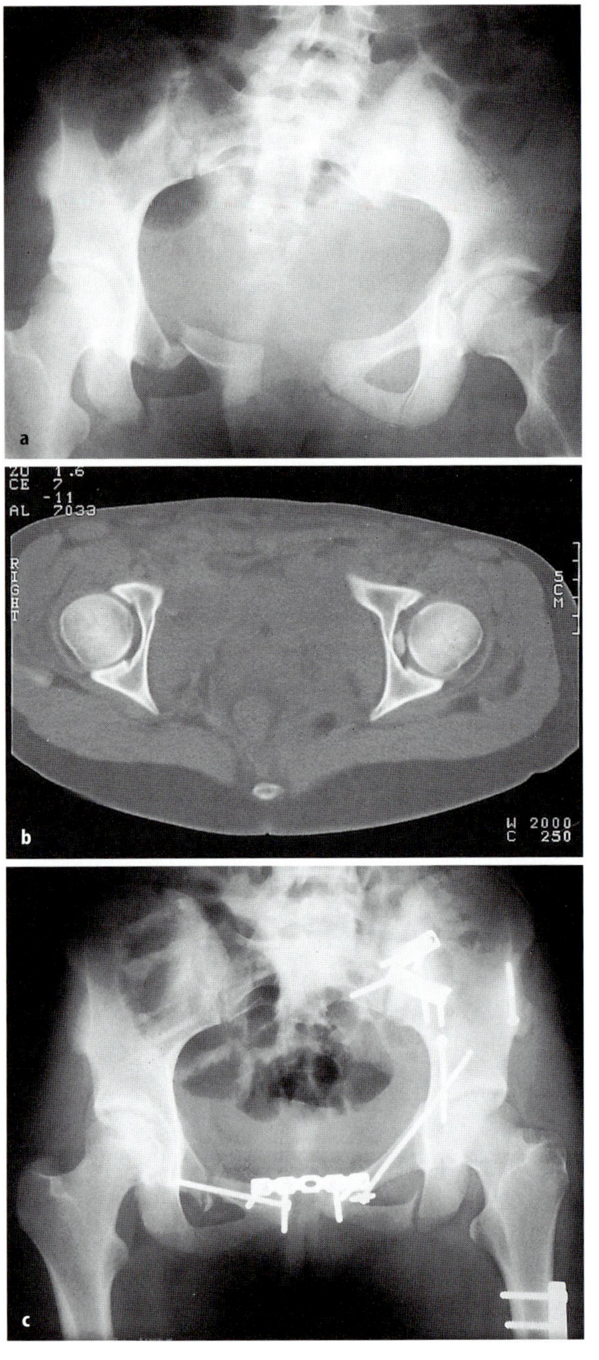


**Abb. 11.3 a–c.** Instabile Verletzungen älterer Kinder. Bei älteren Kindern (ab etwa 10 Jahren) bestehen nahezu identische anatomische Verhältnisse wie bei Erwachsenen. In diesen Fällen werden die bei Erwachsenen angewendeten Stabilisationsmethoden lediglich in der Dimension angepaßt. **a, b** Eine 13 jährige Schülerin erleidet eine instabile Beckenringverletzung, bestehend aus einer SI-Sprengung, einer Acetabulumquerfraktur mit Fragmentinterposition, einer transpubischen Instabilität beidseits und Symphysensprengung. **c** Es erfolgte eine komplette Versorgung am Verlegungstag mit ventraler SI-Verplattung, Reposition, Entfernung des Fragmentes und Verschraubung des Acetabulums linksseitig, sowie Symphysenverplattung und transpubischer Schraubenosteosynthese beidseits

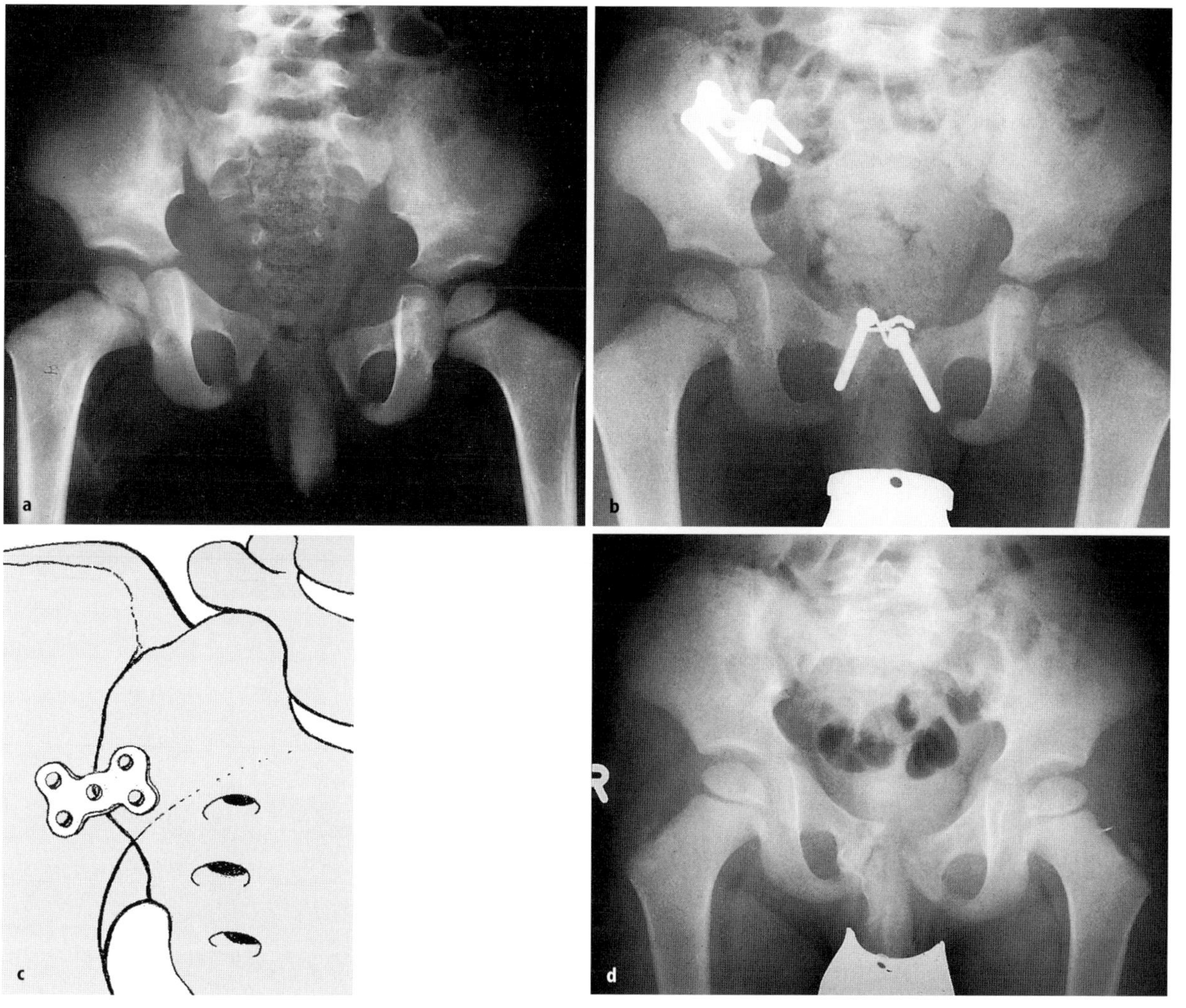

Abb. 11.4 a–d. Instabile Verletzungen kleiner Kinder. Für sehr kleine Kinder sind die Stabilisierungsverfahren noch in Diskussion. Aufgrund der auch in dieser Altersgruppe nach instabilen Verletzungen auftretenden Dislokationen und den daraus resultierenden nachteiligen Langzeitfolgen muß eine anatomische Reposition und stabile Fixation angestrebt werden. **a** Ein 2jähriger Junge wurde unter der Last eines Gabelstaplers eingequetscht und erlitt eine instabile Beckenverletzung mit Symphysen- und SI-Sprengung und instabiler Kreislaufsituation. **b, c** Es wurde eine Primärstabilisierung durchgeführt, wobei Symphyse und SI-Gelenk simultan exponiert wurden. Die Fixation erfolgte mit Schrauben und Zuggurtung sowie PDS-Kordelnaht im Bereich der Symphyse s. Abb. 9.9 c und einer SI-Verplattung mittels H-Plättchen. **d** Die Implantate wurden nach 6 Monaten entfernt, die weitere Beckenentwicklung war unauffällig. Aufnahme nach 12 Monaten

- Verletzungen mit dorsaler und ventraler Ringunterbrechung:
  - transiliakale Instabilität: Diese wurde in dieser Altersgruppe nur als Beckenrandfraktur beobachtet. Bei starker Dislokation offene Reposition und Spickdraht- oder Schraubenosteosynthese,
  - SI-Sprengung: ventrale Plattenosteosynthese mit »Miniimplantaten« z. B. H-Platte,
  - Sakrumfrakturen: In dieser Altersgruppe werden häufig nur mechanisch »stabile« Einstauchungen beobachtet, hier ist keine Osteosynthese notwendig,

Instabile, dislozierte Sakrumfrakturen sind sehr selten. Als Optionen der operativen Therapie wäre bei fehlenden neurologischen Ausfällen eine geschlossene Einrichtung und die Stabilisierung mit dem ventralen Fixateur externe sowie nachfolgende Immobilisation (je nach Alter 3–4 Wochen) denkbar. Bei Nervenkompressionssyndromen und entsprechenden Verschiebungen müßte eine operative Dekompression des Plexus sacralis erfolgen.
Im eigenen Krankengut waren derartige Eingriffe bisher nicht notwendig.

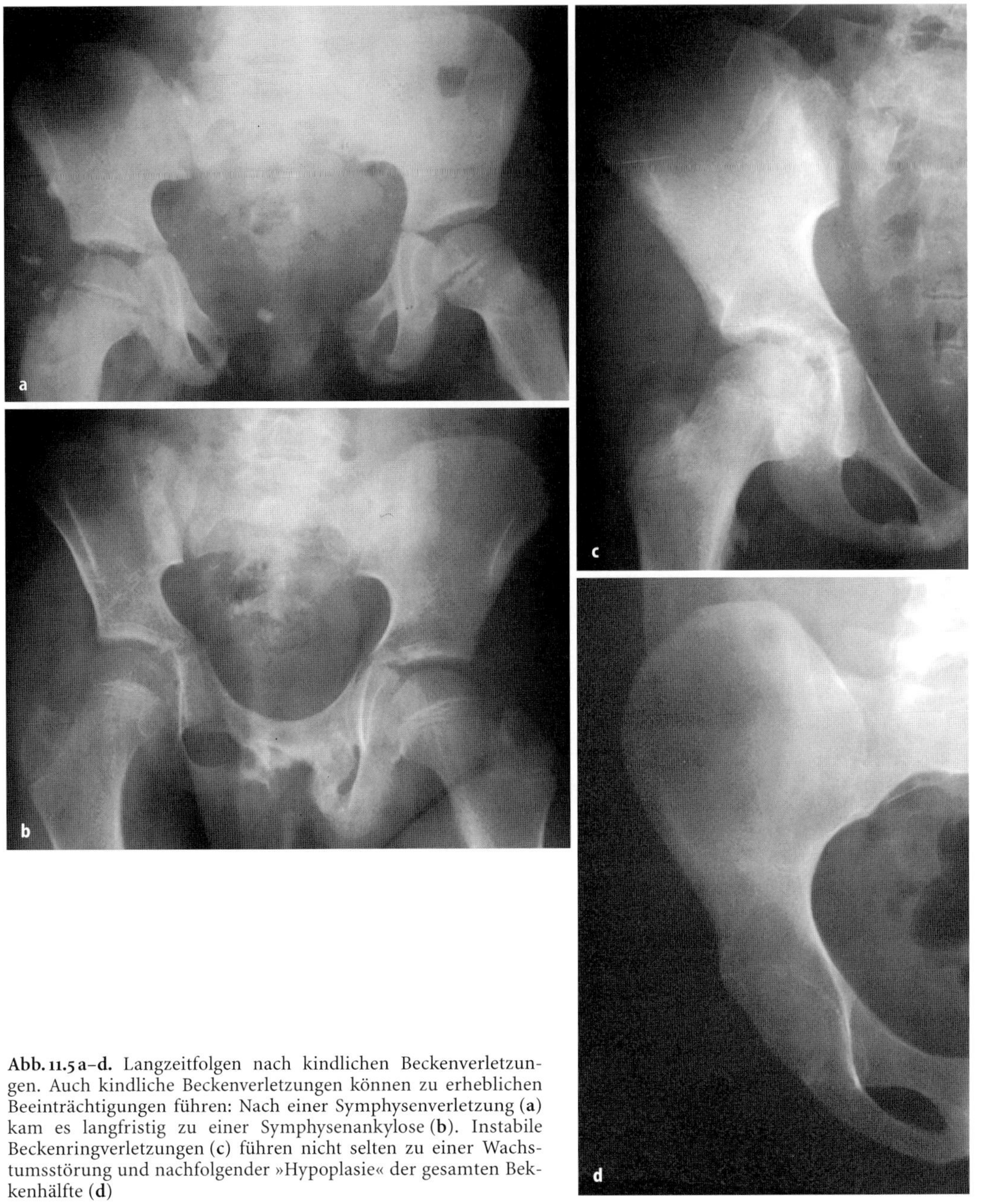

**Abb. 11.5 a–d.** Langzeitfolgen nach kindlichen Beckenverletzungen. Auch kindliche Beckenverletzungen können zu erheblichen Beeinträchtigungen führen: Nach einer Symphysenverletzung (**a**) kam es langfristig zu einer Symphysenankylose (**b**). Instabile Beckenringverletzungen (**c**) führen nicht selten zu einer Wachstumsstörung und nachfolgender »Hypoplasie« der gesamten Bekkenhälfte (**d**)

- zusätzlich Stabilisierung des vorderen Beckenrings entsprechend der Verletzungsregion.

Die Nachbehandlung erfolgt nach instabilen Verletzungen mit Bettruhe für 3–4 Wochen. Diese Immobilisationszeit ist aufgrund der oft schweren Begleitverletzungen meist ohnehin gegeben. Danach erfolgt Mobilisation entsprechend des Beschwerdebildes. Eine Implantatentfernung wird nach 3–6 Monaten durchgeführt.

### Langzeitfolgen

In den meisten Fällen heilen kindliche Beckenfrakturen und auch Beckenringfrakturen ohne Schmerzen oder Fehlstellungen aus [73]. Allerdings ist nach instabilen Frakturtypen auch bei Kindern die Korrekturpotenz des Skeletts deutlich limitiert, so daß bei »unbehandelt« gebliebenen Beckenringverletzungen Fehlstellungen, Pseudarthrosen und Beinlängendifferenzen angegeben wurden [85].

Auch im eigenen Krankengut der letzten 25 Jahre konnten erhebliche Langzeitfolgen erkannt werden.

Eine eigene Nachuntersuchung von 16 Kindern aus einer Gruppe von 21 Komplextraumen durchschnittlich 7 Jahre nach dem Trauma ergab bei 3 Patienten noch erhebliche Schmerzen [69]. Urologische Störungen lagen bei 2 Patienten vor. Allerdings wies kein Patient neurologische Spätschäden auf.

Radiologisch fand sich bei 10 Patienten ein anatomisch ausgeheilter Beckenring. Je 2 Patienten wiesen eine Hypoplasie einer Beckenhälfte bzw. eine Ankylose der Symphyse auf (Abb. 11.5). Bei weiteren 2 Patienten war es nach initial nicht erkannter Acetabulumverletzung zu einer posttraumatischen Dysplasie gekommen, die klinisch allerdings nur geringe Beschwerden machte.

Diese Beobachtungen sollten dazu führen, daß den kindlichen Beckenverletzungen eine höhere Aufmerksamkeit geschenkt wird, als vielfach heute noch üblich. Zumindest muß, wie beim Erwachsenen selbstverständlich, eine äußerst sorgfältige Primärdiagnostik durchgeführt werden, da auch instabile Verletzungen des kindlichen Beckenrings oftmals nur schwer zu diagnostizieren sind. Aufgrund der zu erwartenden Langzeitfolgen sollte die Therapie der instabilen Beckenringverletzungen aktiv chirurgisch erfolgen, kindgerechte Osteosynthesetechniken sind derzeit noch in der Entwicklung. Mit Wachstumsstörungen muß gerechnet werden, die Eltern sind darüber aufzuklären; zumindest nach 1 Jahr muß eine klinische, bei Verdachtsmomenten auch eine radiologische Nachkontrolle erfolgen. Gegebenenfalls werden die Kontrollen bis zum Abschluß des Wachstums fortgeführt.

## 11.2 Beckenfrakturen im Alter

T. Pohlemann

**Die Altersverteilung bei Beckenfrakturen zeigt deutliche geschlechtsspezifische Unterschiede. Wie schon in Kap. 5 im Rahmen der epidemiologischen Darstellung gezeigt wurde, ist nach dem »Abklingen« des ersten Häufigkeitsgipfels um das 30. Lebensjahr ein erneuter, deutlicher, ausschließlich beim männlichen Geschlecht auftretender Anstieg der Häufigkeit der Beckenfrakturen um die Mitte des 5. Lebensjahrzehnts zu beobachten (s. Abb. 5.1) Unfallursachen sind hier im wesentlichen im Straßenverkehrsunfall zu suchen. Während beim männlichen Geschlecht die Häufigkeit im weiteren Altersverlauf stetig abnimmt, steigt sie beim weiblichen Geschlecht zwischen dem 70. und dem 85. Lebensjahr steil an, um danach wieder langsam abzufallen. In dieser Altersgruppe muß in zunehmenden Maße mit osteoporosebedingten pathologischen Frakturen gerechnet werden. Eine hohe Komorbidität kompliziert häufig die Behandlung dieser an sich »harmlosen« Verletzungen.**

**Insgesamt gelten natürlich auch im Alter die gleichen Behandlungsgrundsätze wie bei allen übrigen Beckenfrakturen. Unterschiede liegen in der insgesamt eingeschränkten Kompensationsfähigkeit des alternden Organismus bei Mehrfachverletzungen, in osteosynthesetechnischen Schwierigkeiten bei altersbedingten Veränderungen der Weichteil- und Knochenstruktur (Osteoporose, Arteriosklerose etc.), sowie in alterstypischen Frakturtypen wie den osteoporosebedingten Frakturen. Im folgenden sollen lediglich die Unterschiede dargestellt werden, die Modifikationen des Therapiekonzeptes beinhalten.**

### Epidemiologie der Altersfrakturen

Die Inzidenz der Altersfrakturen steigt insgesamt deutlich an, wobei insbesondere die sog. osteoporosebedingten Frakturen«, also die Frakturen, die nach Minimaltrauma auftreten, deutlich häufiger beobachtet werden. Im Zuge der sich verändernden Altersstrukturen wird dieser Trend auch weiterhin anhalten.

Instabile Beckenringfrakturen sind in dieser Altersgruppe ausgesprochen selten (s. auch Kap. 5), haben aber aufgrund der reduzierten Kompensationsfähigkeit des alternden Organismus eine äußerst schlechte Prognose.

Melton et al. untersuchten die Inzidenz von Beckenfrakturen in Rochester/USA in einen Zehnjahreszeitraum [66]. Zwischen 1968 und 1977 betrug die Gesamtinzidenz 37 Beckenfrakturen pro 100 000 Einwohner und Jahr. Die Inzidenz war in den einzelnen Altersgruppen unterschiedlich und erreichte ihr Maximum in der Altersgruppe über 85 Jahre, hier waren 446,3 Verletzte pro 100 000 Einwohner und Jahr zu beobachten.

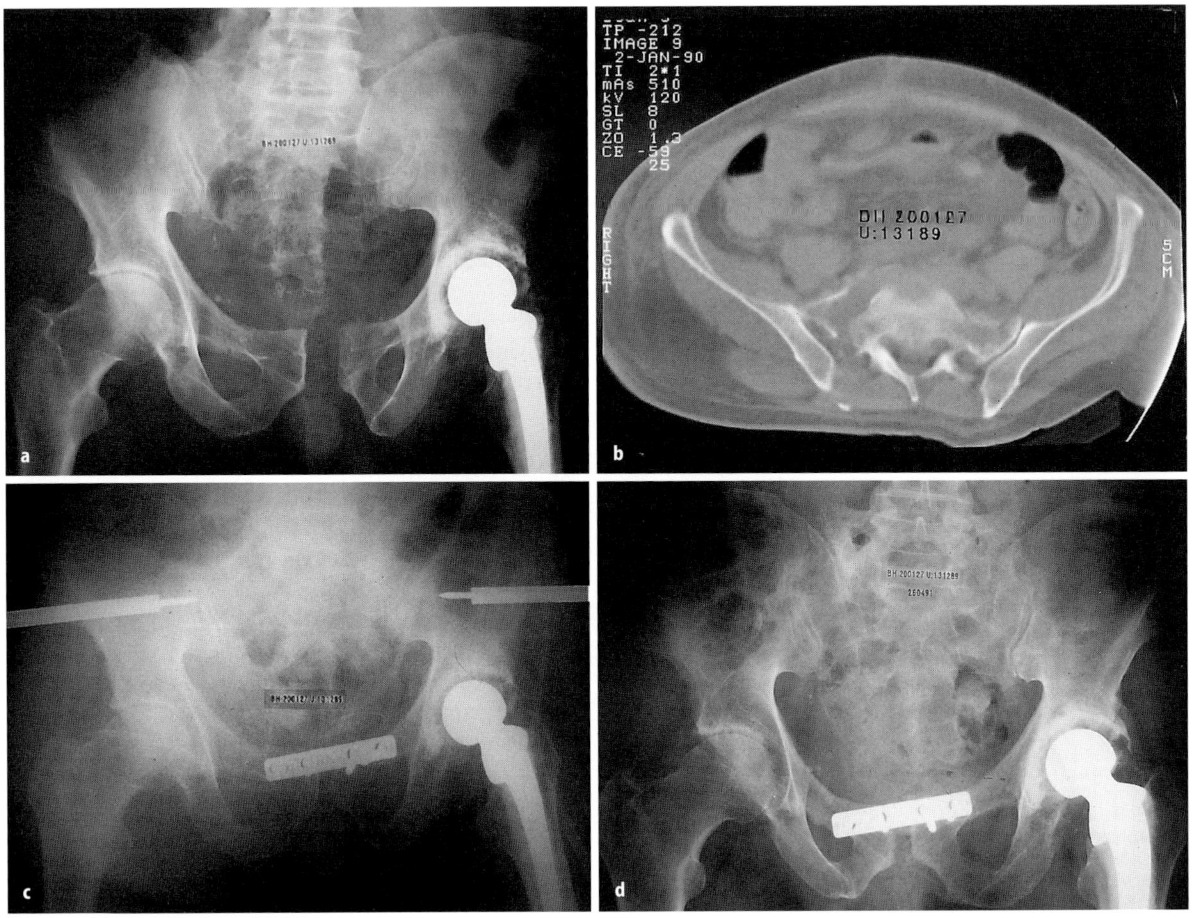


**Abb. 11.6 a–d.** Instabile Beckenringverletzung im Alter. Bei instabilen Beckenringverletzungen müssen auch im Alter prinzipiell die gleichen Behandlungsgrundsätze wie bei jüngeren Patienten beachtet werden. Allerdings ist in dieser Altersgruppe insbesondere die hämodynamische Kombinationsfähigkeit erheblich reduziert, so daß eine frühzeitige, besser noch sofortige stabile Versorgung anzustreben ist. Im vorliegenden Fall eines 73jährigen Patienten mit instabiler Beckenringfraktur erfolgt die Notfallversorgung mit der Beckenzwinge und Symphysenplatte (**a–c**). Aufgrund der schlechten Allgemeinsituation wird die Verletzung in der Beckenzwinge ausbehandelt (**d**)

Parkkari et al. konnten in einer in Finnland durchgeführten epidemiologischen Studie zeigen, daß sich die Inzidenz der pelvinen altersbedingten Frakturen der über 60jährigen von 20 pro 100 000 Einwohner im Jahre 1970 auf 63 pro 100 000 Einwohner im Jahre 1991 mehr als verdreifachte [76]. Der Anstieg war insbesondere durch einen Anstieg der Verletzungen in der Altersgruppe über 80 Jahre verursacht. Der Anteil der osteoporosebedingten Frakturen an allen Beckenfrakturen stieg dadurch von 18 % auf 52 %. Gleichsinnig änderte sich die Altersverteilung der Beckenverletzten mit einem Anstieg der über 60jährigen von 28 % auf 62 %. 1991 betrafen 78 % der osteoporosebedingten Beckenfrakturen Frauen.

Browner et al. untersuchten die Sterbewahrscheinlichkeit von über 65jährigen Frauen mit osteoporoseinduzierten Becken- und Hüftfrakturen und fanden eine um das 2,4fach erhöhte Mortalität der Frauen nach Fraktur im Vergleich zu einem Vergleichskollektiv ohne Fraktur [10]. Allerdings war nur in 14 % der Fälle die Becken- oder Hüftfraktur als mittelbare oder unmittelbare Todesursache anzusehen, während in den anderen Fällen Begleiterkrankungen die Todesursache darstellten oder sogar die Fraktur eine Folge der Begleiterkrankung war.

## Instabile Beckenfrakturen im Alter

Bei instabilen Beckenringfrakturen im Alter muß immer von akuter Lebensgefahr ausgegangen werden. Die Kompensationsmöglichkeiten des alternden Organismus sind deutlich eingeschränkt, Blutverluste können sehr viel früher als beim Jugendlichen oder jungen Erwachsenen zu einem irreversiblen Schockgeschehen führen. Die Letalität in der Altersgruppe ab 65 Jahren ist deutlich erhöht.

Bei der Analyse des eigenen Krankengutes finden sich im Alter ab 65 Jahre 18 Beckenringverletzungen vom Typ C, die nur von 5 Patienten überlebt wurden (Letalität 72 %!). Dagegen verstarben von 313 unter 50jährigen mit Beckenringverletzungen vom Typ C 71 Patienten (Letalität 23 %). Ab 73 Jahren überlebte im eigenen Krankengut lediglich eine ansonsten gesunde 80jährige Patientin eine Typ-C-Verletzung des Beckenrings (isolierte Beckenverletzung mit Sakrumfraktur und transpubischer Instabilität).

■ **Therapie instabiler Frakturen**

Die in Kap. 7 genannten Therapieprinzipien der Notfallversorgung gelten uneingeschränkt, wobei der für die Diagnostik und Notfalltherapie zur Verfügung stehende Zeitraum jedoch deutlich kürzer ist (Abb. 11.6). Der Blutverlust muß unter allen Umständen niedrig gehalten werden. Für die instabile Beckenverletzung bedeutet dies:

- sofortige mechanische Stabilisierung (Beckenzwinge, Fixateur externe, ggf. interne Symphysenstabilisierung),
- effektive Blutstillung (frühzeitige Exploration, Tamponade), da okkulte Blutungen in dieser Altersgruppe nur kurze Zeit kompensiert werden und plötzlich zu einer irreversiblen Schocksituation führen können.

Bestand eine primäre Kreislaufinstabilität, wird vor einer definitiven, d.h. mit weiteren Blutverlusten einhergehenden Stabilisierung des Beckenrings, abgewartet, bis sich der Allgemeinzustand des Patienten stabilisiert hat (Intensivtherapie bei liegender Beckenzwinge und/ oder Fixateur).

Steht der Blutverlust nicht im Vordergrund, wird nach instabilen Beckenringverletzungen eine Sofort- oder Frühstabilisierung angestrebt, damit die weitere Behandlung (Lagerung, Mobilisation) vom stabilisierten Beckenring profitieren kann.

Die Techniken der operativen Stabilisierung gleichen denen von jungen Patienten. Es ist auf eine besonders schonende Operationstechnik zu achten, da das Gewebe altersbedingt verletzlicher ist und somit leicht iatrogene Gefäßverletzungen entstehen können.

Bei der technischen Durchführung einer Osteosynthese muß jeweils die maximal mögliche Schraubenlänge ausgenützt und versucht werden, die Implantate immer in die Regionen der dichtesten Knochenstruktur zu plazieren (Kap. 2). Dort lassen sich auch bei reduzierter Knochendichte noch Schrauben mit einer recht guten »Haltekraft« verankern.

## Osteoporosebedingte Frakturen

Dabei handelt es sich um pathologische Frakturen, die im Rahmen einer geschwächten Knochenstruktur bei inadäquaten Traumen (leichte Stürze, Anstoß) auftreten. In der Regel sind Schambeinäste oder Sitzbeinast betroffen (Abb. 11.7).

Die Diagnose ist in der Regel aus der typischen Anamnese, dem Alter und Allgemeinzustand des Patienten und Schmerzangaben in der Leiste schon klinisch recht sicher zu stellen (>65 Jahre, weiblich, Allgemeinzustand reduziert, oft nur noch eingeschränkt gehfähig). Die Beckenübersichtsaufnahme sichert die Diagnose.

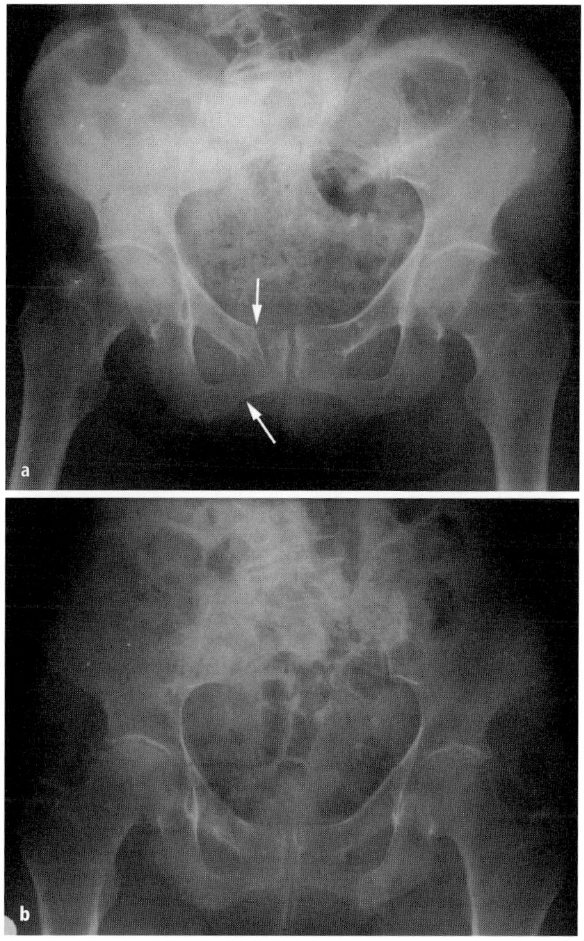


**Abb. 11.7 a, b.** Die typische transpubische Altersfraktur heilt problemlos unter funktioneller Therapie aus. **a** Unfalltag, **b** nach 6 Wochen. Lediglich bei langandauernden, sehr starken Schmerzen sind zur Verbesserung der Mobilisation einfache Fixationsmaßnahmen, wie z. B. der Fixateur externe, anzuraten

Wichtig ist, daß eine signifikante Verletzung des hinteren Beckenrings sicher ausgeschlossen wird. Verdachtsmomente dafür sind die Angabe von tiefen Rückenschmerzen, ein dorsaler Kompressionsschmerz bei der lateralen Kompression des Beckenrings oder aber radiologische Zeichen einer Sakrumfraktur (s. Kap. 8). Derartige, verschieden stark ausgeprägte dorsale Verletzungen müssen aufgrund der Ringstruktur des Beckens immer vorhanden sein. In der Regel bleiben sie unerkannt und heilen folgenlos aus. In seltenen Fällen können aber chronische Schmerzen im hinteren Beckenring resultieren, die dann erst sekundär auf das Unfallgeschehen zurückgeführt werden können.

Geertz u. Chenoweth führten bei »isolierten« vorderen Beckenringfrakturen Szintigraphien durch und fanden in allen Fällen Mehranreicherungen des hinteren Beckenrings als Ausdruck einer Verletzung [36].

Sollten sich klinisch oder radiologisch Anhaltspunkte für eine dorsale Verletzung ergeben, wird die Diagnostik durch Schrägaufnahmen (Inlet- und Outletaufnahmen) ergänzt und ggf. auch eine CT-Untersuchung angeschlossen. Bei länger anhaltenden Beschwerden im hinteren Beckenring ist die CT der eher unspezifischen Skelettszintigraphie in der Detaildiagnostik überlegen.

## Therapie der osteoporosebedingten Frakturen

Die Therapie der pelvinen osteoporosebedingten Frakturen hängt im wesentlichen vom Beschwerdebild der Patienten ab:

- Undislozierte Frakturen und eingestauchte Frakturen werden funktionell behandelt (kurzfristige Bettruhe bis zum Rückgang der Beschwerden, danach Mobilisation unter Analgetikaeinnahme mit Gehwagen oder Unterarmgehstützen).
- Sind die Beschwerden nicht rückläufig, wird nach spätestens 1 Woche die Diagnostik wiederholt, um sekundäre Dislokationen auszuschließen (instabile Verletzung?). Verstärkt sich der Schmerz unter lateraler und a.-p.-Kompression des Beckenrings noch deutlich, wird die Anlage eines Fixateur externe vorgeschlagen, um die Schmerzen zu reduzieren und die Liegezeit abzukürzen (supraazetabulär, eine Schanz-Schraube in jeder Seite).
- Ist die Außenrotationsprüfung des Beckenrings von vornherein sehr schmerzhaft, besteht eine federnde Instabilität (s. Kap. 6) und zeigt die Röntgenaufnahme eine Diastase der Frakturenden im vorderen Beckenring, liegt eine Außenrotationsverletzung vom Typ B vor. In diesen Fällen wird die unmittelbare Stabilisierung mit einem Fixateur externe empfohlen, um die Immobilisationzeit abzukürzen (einfach, supraazetabulär).

Es muß berücksichtigt werden, daß die Therapie der pathologischen Altersfrakturen des Beckens zusätzlich wesentlich durch die unabhängigen Begleiterkankungen beeinflußt wird. Trotz der allgemein als »harmlos« und »unkompliziert« eingestuften Verletzungen sind erhebliche stationäre Liegezeiten wahrscheinlich. Die Patienten, die rehabilitiert werden können, haben zwar insgesamt eine gute Prognose hinsichtlich der Gehfähigkeit und Mobilität, in über 20% muß aber auch 1–2 Jahre nach der Verletzung mit Schmerzen gerechnet werden.

Koval et al. untersuchten 63 Patienten im Alter über 55 Jahre, die mit isolierten Schambeinastfrakturen in ein orthopädisches Krankenhaus in den USA eingeliefert wurden [52]. 95% der Patienten mußten schmerzbedingt stationär aufgenommen werden, die durchschnittliche Liegezeit betrug 14 Tage. Bestanden 3 oder mehr Begleiterkrankungen oder wurde schon vor dem Sturz eine Gehhilfe benützt, war das Risiko, daß die stationäre Behandlung über 14 Tage dauern würde, signifikant erhöht. Zwar war bei 95% der nach 1 Jahr nachuntersuchten Patienten der gleiche Aktivitätsgrad wie vor dem Sturz erreicht, aber 16% der Patienten klagten über mehr als leichte Schmerzen, und 26% wiesen noch ein unfallbedingtes Hinken auf.

In der Zweijahresnachuntersuchung der Arbeitsgruppe Bekken der deutschen AO und DGU klagten noch 45% der Patienten über 60 Jahre nach Verletzungen des vorderen Beckenrings über Schmerzen [80].

## Nachbehandlung nach Altersfrakturen

Im Hinblick auf die hohe Komorbidität dieser Altersgruppe muß das Hauptziel der Behandlung die Frühmobilisation sein, um den geriatrischen Patienten möglichst bald nach dem Unfall wieder in die gewohnte Umgebung entlassen zu können. Muß der Patient schmerzbedingt immobilisiert werden, ist auf eine ausreichende Thromboembolieprophylaxe zu achten (möglichst Hochrisikoschema, **Cave:** Antikoagulanzieneinnahme, Gerinnungsstörungen!).

- Bei stabilen Fraktursituationen wird, eine ausreichende häusliche Versorgung vorausgesetzt, nach sicherem Ausschluß von Begleitverletzungen die Therapie ambulant durchgeführt.
- Bei starken Schmerzen erfolgt die kurzfristige stationäre Aufnahme, um unter stationären Bedingungen die Mobilisation bzw. bei ausbleibender Schmerzreduktion eine Stabilisierung durchführen zu können.
- Die Nachbehandlung nach operativer Versorgung instabiler Verletzungen gleicht der bei jungen Patienten, dauert aber oftmals länger. Ein stationärer Rehabilitationsaufenthalt ist dringend zu empfehlen.

## 11.3
## Sportmedizinische Probleme am Becken

H. Reilmann und A. Weinberg

**Sportverletzungen an Becken und Hüfte betreffen meist nur die Weichteile, d.h. Muskeln, Bänder, Sehnen und Schleimbeutel. Das Spektrum reicht von Prellungen über Zerrungen bis zu Rupturen, Tendinitiden und Bursitiden [102]. Frakturen sind selten und in der Regel unkomplizierter Art [93]. Diese entstehen entweder durch Rasanztraumen und kommen somit bei Sportarten mit hoher Geschwindigkeit, wie z.B. dem Skifahren und im Automobil- und Motorradsport, vor [48]. Weitere Ursachen sind der Sturz aus großer Höhe, wie z.B. beim Fallschirmspringen, Paragleiten, Bergsteigen oder aber Reitunfälle [6]. Die Behandlung der schweren Beckenfraktur richtet sich nach den Kriterien der vorangegangenen Kapitel und wird dort erläutert.**

### Knöcherne Läsionen

Die Frakturen können durch direktes oder indirektes Trauma entstehen. Überwiegend treten beim Sport Typ-A-Verletzungen auf, die den knöchernen Beckenring nicht unterbrechen, wie Frakturen der vorderen Schambeinäste, Iliumfrakturen oder quere sakrale bzw. kokzygeale Frakturen. Bei Frakturen durch indirektes Trauma unterscheidet man die Abrißfraktur von der Streßfraktur, die als Folge einer chronischen Überlastung auftritt [68, 113].

#### ■ Abrißfrakturen

Abrißfrakturen im Bereich des Beckens sind typische Verletzungen von jugendlichen Sportlern, finden sich aber auch bei Adoleszenten als Apophysenabrisse. Apophysen stellen sekundäre Ossifikationszentren dar (s. auch Abb. 2.2). Apophysen haben im Gegensatz zu den Epiphysen keinen Einfluß auf das Längenwachstum, sondern sie wirken an der Formgestaltung des Knochens mit. Morphologisch finden sich keine Unterschiede zwischen den Epi- und den Apophysenfugen. Daher gibt es auch an den Apophysen reine Lysen, wesentlich häufiger sind jedoch die partiellen Apophyseolysen mit knöchernen Fragmenten [44, 57, 97].

Entstehungsursache eines Ausrisses des Knochens bzw. der Apophyse ist eine plötzliche unerwartete Belastung eines bereits kontrahierten Muskels entweder in der Phase der Beschleunigung oder beim Abbremsen einer Bewegung [3]. Dies ist darauf zurückzuführen, daß die Bänder beim Jugendlichen und jungen Erwachsenen einer größeren Kraft standhalten können als die ossären Bestandteile des Beckens. Bei den Apophysenverletzungen am Becken steht die Verletzung der Spina iliaca anterior inferior (Ansatz des M. rectus femoris) im Vordergrund. Jungen sind häufiger betroffen als Mädchen. Bei den Abrißfrakturen jugendlicher Sportler ist dagegen die Spina iliaca anterior superior häufiger betroffen [3, 97]. Eine sehr seltene Verletzung stellt die Abrißfraktur der ischiokruralen Muskulatur mit der Apophyse des Tuber ischiadicum dar. Auch hier wird nahezu immer funktionell behandelt.

#### ■ Streßfrakturen (Ermüdungsbruch)

Die Ursache der Streßfrakturen am Becken ist nur unzureichend geklärt. Neben statischen Fehlbelastungen scheinen Hormone insbesondere das Östrogen, eine Rolle zu spielen. Normalerweise führt die sportliche Aktivität zu einer Zunahme des Knochendickenwachstums. Es kann aber im Rahmen von Übertraining und unangepaßter Nahrungsaufnahme zum Absinken der Hormonspiegel kommen. Dieser Pathomechanismus kann dann das Auftreten von Streßfaktoren begünstigen [18, 47, 74, 106].

Problematisch ist die Diagnose der Streßfrakturen, da sie in den ersten 4–6 Wochen auf den konventionellen Röntgenbildern nicht oder nur unzureichend zur Darstellung kommen. Erst die Skelettszintigraphie führt zur richtigen Diagnose. Wenn Langstreckenläufer(innen) über chronische Leistenschmerzen klagen, muß differentialdiagnostisch an eine Streßfraktur der vorderen Schambeinäste gedacht werden [74, 106]. Therapeutisch heilen Streßfrakturen unter Schonung und anschließender stufenweise aufbauender Rehabilitation immer aus [119].

### Weichteilverletzungen

Weichteilverletzungen am Becken entstehen durch akute Überdehnung (inadäquate Bewegungsmomente), chronische Überlastung oder seltener durch ein direktes Trauma.

Die Behandlung stützt sich auf die Kenntnis des Pathomechanismus und der funktionellen Anatomie [21, 53].

#### ■ Muskelverletzungen

Muskeln werden in verschiedene Gruppen unterteilt. Man unterscheidet zwischen der tonischen [rote Muskulatur, Haltemuskulatur, Typ-I-Fasern, Slow-twitch-(ST-)Fasern] und der phasischen Muskulatur [weiße Muskulatur, Bewegungsmuskulatur, Typ-II-, -II a-, -II b-Fasern, Fast-twitch-(FT-)Fasern]. Die tonische Muskulatur hat gegenüber der phasischen Muskulatur eine bessere Durchblutung, ist weniger ermüdbar und atrophiert langsamer. Sie neigt jedoch zur Verkürzung. Die phasische Muskulatur ist schneller ermüdbar, neigt kaum zur Verkürzung, atrophiert jedoch schnell. Bei muskulären Dysbalancen kommt es zur Verstärkung dieser Gegensätze und zur zunehmenden Verletzungsbereitschaft des Muskels. Bei einer Verletzung reichen

Anamnese und klinische Untersuchung zur Diagnosestellung meist aus. Falls die Beurteilung des Ausmaßes der Verletzung notwendig erscheint bzw. erst wenn therapeutische Maßnahmen keinen Effekt erzielen, ist die Durchführung einer speziellen Diagnostik indiziert [50, 65, 117].

■ **Sehnenverletzungen**
Für die Becken-Hüft-Region ist die Tendopathie (Sehnenreizung) die häufigste Verletzungsform. Sie kann verschiedene Stellen der Sehne betreffen. Man unterscheidet Verletzungen am Ursprung oder Ansatz (Insertionstendopathie), Affektionen der Sehne selbst oder Verletzungen am Muskel-Sehnen-Übergang.

Auslösender Faktor sind chronische Überbelastungen mit stereotypen Bewegungsabläufen. Durch plötzliche akute Mehrbeanspruchung kommt es rasch zu einer arteriellen Ischämie mit daraus resultierender Gewebeazidose. Bei langsamer Degeneration reicht eine Alltagsbelastung zum Riß der Sehne aus [65].

■ **Bursitiden (Schleimbeutelreizungen)**
Schleimbeutel schützen Sehnen und Muskulatur vor übermäßiger Reibung an knöchernen Strukturen. Die tiefen Bursen sind von Geburt an bereits angelegt, während die subkutanen oberflächlichen Bursen sich erst als Folge einer ständigen mechanischen Reizung entwickeln.

Die Entstehungsursache der Bursitis ist entweder traumatisch, dann müssen knöcherne Läsionen ausgeschlossen werden, oder sie ist Folge einer chronischen Überbelastung. Selten können sie auch Ausdruck einer generalisierten Erkrankung sein.

### Klinische Diagnostik

Die klinische Untersuchung setzt sich aus Inspektion, Palpation und einer funktionellen Untersuchung zusammen. Sie reicht oft aus, um eine korrekte Diagnose zu stellen.

Bei der Inspektion ist auf Schwellungen, die zur Verstreichung von Falten und Assymmetrien der Beckenkonfiguration führen, zu achten. Hämatome können für die Lokalisation der Verletzung richtungsweisend sein. Bei der Palpation findet sich ein Druckschmerz, bei Muskelverletzungen sind u. U. Dellen bzw. Verhärtungen zu tasten. Rötungen und Überwärmungen sind typisch für entzündliche Weichteilveränderungen und sollten nur im Seitenvergleich als pathologisch beurteilt werden. Bei Frakturen kann es zur Krepitation, aber auch zu Verschiebungen des Beckens kommen. Bei der funktionellen Untersuchung ist die Kenntnis der am Becken ansetzenden Muskeln und deren Zugrichtung die Grundlage, um Bewegungseinschränkungen entsprechend den Muskelverläufen sicher klassifizieren zu können [42].

### Radiologische Diagnostik

Für die Diagnose der knöchernen Läsionen reichen die konventionellen Röntgenaufnahmen (a.-p.-, Inlet-, Outletaufnahme) meist aus [117]. Früher wurde zur Diagnosesicherung der Abrißfraktur zusätzlich eine Durchleuchtung durchgeführt. Heute wird die Abrißfraktur sonographisch nachgewiesen. Die Knochenszintigraphie, die nur im Seitenvergleich als pathologisch zu beurteilen ist, weist Streßfrakturen und Verletzungen am Ursprung und Ansatz von Muskeln und Sehnen nach. Eine 72 h nach dem Trauma durchgeführte negative Knochenszintigraphie schließt eine akute knöcherne Läsion aus [89]. Bei Streßfrakturen können neben der Knochenszintigraphie auch Schichtaufnahmen zur radiologischen Darstellung der Fraktur indiziert sein. Weichteilverletzungen sind eine Domäne der Sonographie. Am Becken hat sich zusätzlich das MRT bewährt, da es spezifischere Daten über die Lokalisation und die Größe sowie das Ausmaß von Verletzungen bieten kann. Vorteil dieser Methode ist in Anbetracht des jungen Patientengutes die Vermeidung der Strahlenbelastung [30, 41, 106]. Die Durchführung von 2 Schnittebenen ist obligat.

Um das Ausmaß einer schweren Beckenfraktur zu beurteilen, ist ein CT bzw. 3D-CT notwendig (s. auch Kap. 6).

### Therapie

Generell reicht bei Sportverletzungen am Becken die konservative Therapie aus [90]. Dabei gibt es einige Grundsätze, die zu beachten sind:

- Teilbelastung bis zur Schmerzfreiheit.
- Durchführung von Kryotherapie in den ersten 72 h nach dem Trauma [68] sowie intermittierend während der Rehabilitation.
- Unterstützend können medikamentös abschwellende Maßnahmen indiziert sein [19, 61].
- Bei Schmerzfreiheit ist eine 2–6 Wochen – je nach Verletzungsausmaß und Lokalisation – dauernde rehabilitative Phase anzuschließen. Diese wird nach der klinischen Untersuchung, dem Bewegungsumfang, der Muskelkraft, dem Aktivitätslevel und dem Schmerz des Patienten individuell angepaßt.
- Die Wiederaufnahme der vollen sportlichen Aktivität ist erst bei absoluter Schmerzfreiheit und entsprechendem Aktivitätslevel möglich.
- Eine operative Therapie wird nur in Ausnahmefällen durchgeführt (s. die entsprechenden Absätze bei den einzelnen Verletzungsformen) [42].

## Komplikationen

### ■ Knöcherne Verletzungen

Posttraumatische Verletzungen der Apophysen werden ähnlich wie bei der Osteochondrosis dissecans beschrieben. Diese wurde am Becken bei den Knochenkernen des Os ischii bzw. Os ilium beschrieben. Die Patienten klagen über Schmerzen, die i. allg. nach sportlicher Betätigung auftreten. Die Beschwerden lassen sich durch Trainingspause und Eisbehandlung vermindern, klingen jedoch nicht völlig ab. Die Röntgenaufnahmen können eine normale, aber auch eine Zerteilung der Ossifikationszentren ähnlich dem M. Osgood-Schlatter zeigen.

Offene Verletzungen können zu einer akuten hämorrhagischen Osteomyelitis des Beckens führen. Dominanter Keim ist der Staphylococcus aureus. Gewebebiopsien können in 95% den Keimnachweis erbringen.

### ■ Weichteile

Im Muskelverlauf tastbare Knotenbildungen (Myegelosen), die auch bei kontrahierten Muskeln zu tasten sind, lassen sich im Gegensatz zum Muskelhartspann auch in Narkose nicht entspannen. Die Ursachen liegen in einer histologisch nachgewiesenen hyalinen Degeneration. Die Therapie besteht sowohl in Massage und Elektrotherapie, als auch in der Injektion eines langanhaltenden Lokalanästhetikums. Wichtig ist die Prävention, d.h. Auslaufen und Dehnung nach Belastung.

Bei der Myositis ossificans handelt sich um eine Knochenbildung in der Muskulatur. Diese tritt auf, wenn akute traumatische Verletzungen unsachgemäß mit zu früh einsetzenden, zu harten Massagen und Dehnübungen über die Schmerzgrenze hinaus behandelt werden. Die Therapie wird kontrovers diskutiert. Röntgenreizbestrahlungen haben die größten Erfolgsaussichten, sind aber mit einer hohen Strahlenbelastung verbunden. Indometacin in Dosierungen zwischen 3 × 25 mg und 3 × 50 mg täglich wird verordnet. Bei funktionellen Einbußen ist eine operative Therapie indiziert. Da der Verlauf der Ossifikation im wesentlichen der Knochenheilung entspricht, wird im eigenen Vorgehen eine operative Entfernung der Ossifikation früh, d.h. nach etwa 4 Monaten, durchgeführt.

## Spezifische Syndrome am vorderen Beckenring

### ■ Abrißfraktur der Spina iliaca anterior superior (Abb. 11.8 a)

Die Knochenkerne werden zwischen dem 13. und 15. Lebensjahr sichtbar, der Fugenschluß liegt zwischen dem 21. und 25. Lebensjahr.

**Ursache.** Plötzliche Kontraktionen des M. sartorius, sowie Hyperextensionen des Rumpfes (Bogenspannung) führen zum Abriß [33, 34].

**Sportart.** Lauf, Sprung, Wurfdisziplinen [97, 98].

**Symptome.** Der Sportler unterbricht die gerade ausgeübte Tätigkeit. Stehen ist oft schmerzfrei möglich, daher sucht der Sportler den Arzt erst 1–2 Tage später auf. Passive Hüftextension und aktive Beugung sind schmerzhaft eingeschränkt [51]. Die Spina iliaca anterior superior ist gegenüber der Gegenseite angeschwollen.

**Diagnostik.** Ultraschall, gezielte Schrägaufnahme (Patient wird um 30° zur verletzten Seite gedreht).

**Therapie.** Konservativ, Teilbelastung bis zur Schmerzfreiheit. Nachfolgende aufbauende Übungsbehandlungen bringen eine folgenlose Ausheilung der Fraktur [41, 97, 98].

**Operative Therapie.** Ausnahme: Stark dislozierte Frakturen (>2 cm) bzw. Hochleistungssportler, die unter konservativer Therapie mit einem Funktionsdefizit bzw. einer Minimierung der optimalen Muskelkraft rechnen müssen; des weiteren bei überschießendem, funktionell störendem Kallus mit anhaltender Schmerzhaftigkeit. Das abgerissene Fragment ist mit einer Zugschraubenosteosynthese oder Cerclage zu refixieren. !

### ■ Abrißfraktur der Spina iliaca anterior inferior (Abb. 11.8 b)

**Ursache:** Die Knochenkerne erscheinen zwischen dem 13. und 15. Lebensjahr und fusionieren zwischen dem 16. und 18. Betroffen ist der M. rectus femoris. Anamnestisch wurde zum Unfallzeitpunkt ein Sprint durchgeführt, dies bewog Whitelocke, bereits 1893 von der »sprinter-fracture« zu sprechen (zitiert nach [51]).

**Sportart.** Typische Sprintverletzung (Start), die aber auch bei Ballspielern auftritt (Fußball, Hockey) [44, 97, 98].

**Symptome.** Das Leitsymptom ist die schmerzhafte Extension des Kniegelenkes gegen Widerstand.

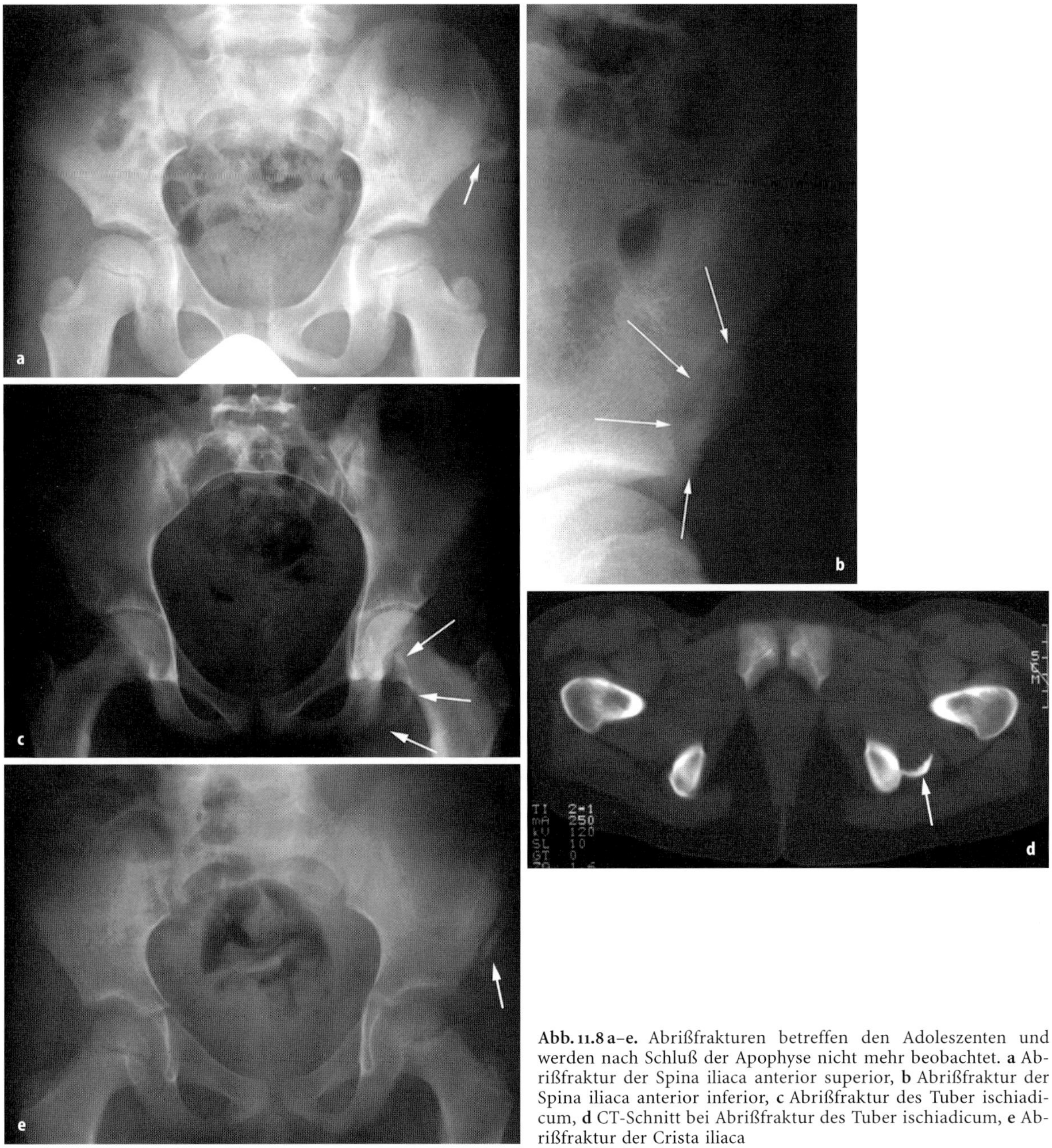


**Abb. 11.8 a–e.** Abrißfrakturen betreffen den Adoleszenten und werden nach Schluß der Apophyse nicht mehr beobachtet. **a** Abrißfraktur der Spina iliaca anterior superior, **b** Abrißfraktur der Spina iliaca anterior inferior, **c** Abrißfraktur des Tuber ischiadicum, **d** CT-Schnitt bei Abrißfraktur des Tuber ischiadicum, **e** Abrißfraktur der Crista iliaca

**Diagnostik.** Ultraschall, a.-p.-Beckenaufnahme.

**Therapie.** Sie entspricht der der Spina iliaca anterior superior.

### ■ Abrißfrakturen am Tuber ischiadicum (Abb. 11.8 c, d)

Die Knochenkerne des Os ischii erscheinen zwischen dem 14. und 16. Lebensjahr und fusionieren im Alter von 18–25 Jahren.

**Ursache.** Am Tuber ischiadicum findet sich der Ansatz der ischiokruralen Muskulatur und auch der Ansatz des M. adductor magnus.

**Sportart.** Sprints bei Laufdisziplinen, Sprung, z. B. Hochsprung, Hürdenlauf, Längsspagat beim Turnen, Gewichtheben, Fechten [33].

**Symptome.** Funktionseinschränkungen werden bei Hüftbeugung (verstärkt durch gestrecktes Knie) und Rotation angegeben. Das Längsspagat kann schmerzhaft eingeschränkt sein. Die passive Dehnung der Hüftstrecker und Adduktoren sind schmerzhaft. Das Lasègue-Zeichen fällt oft positiv aus. Der Sportler gibt subjektiv Schmerzen beim Sitzen an.

**Diagnostik.** Sonographie, rektale Untersuchung, a.-p.-Beckenaufnahme.

**Therapie.** Konservativ, Teilbelastung bis zur Schmerzfreiheit, Trainingsreduktion, anschließend aufbauende Übungsbehandlung.

*Eine Ausnahme ist die operative Therapie:* Bei extremer Dislokation und großer Kallusbildung mit persistierenden Schmerzen, sowie persistierenden Einschränkungen beim Sitzen [44].

CAVE

Ausrißfrakturen des Tuber ischiadicum können mit Läsionen des N. ischiadicus einhergehen. Posttraumatische pseudotumoröse Kallusbildungen können zu Sensibilitätsstörungen führen [51].

### ■ Abrißfrakturen am Beckenkamm (Abb. 11.8 d)

**Ursache.** Die Knochenkerne tauchen zwischen dem 13. und 15. Lebensjahr auf und fusionieren mit dem 25. Lebensjahr. Die Crista iliaca ist dorsal der Ursprung der Glutäalmuskeln, ventral setzen die Bauchmuskeln (M. obliquus abdominis externus, M. obliquus abdominis internus und M. transversus abdominis) an. Da die Verknöcherung in Stufen (von medial nach lateral und von dorsal nach ventral) verläuft, ist die Abgrenzung gegen echte Ossifikationsstörungen schwierig. Hormonelle Störungen (insbesondere die Hypothyreose) sind aufgrund der Seltenheit der Verletzung auszuschließen.

**Sportart.** Diese Frakturen entstehen beim Läufer als Abrisse, beim Football durch ein direktes Trauma, sie können aber auch Ausdruck von Überlastungssyndromen (Streßfraktur) beim Mittel- und Langstreckenläufer sein.

**Symptome.** Die Kontraktion der Bauchmuskulatur in Verbindung mit Rotationsbewegungen (ventral) bzw. die Anspannung der Glutäalmuskeln (dorsal) kann schmerzhaft eingeschränkt sein.

**Diagnostik.** a.-p.-Beckenaufnahme.

**Therapie.** Diese entspricht der der Spina iliaca anterior superior.

### ■ Abrißfraktur des Schambeinastes

**Ursache.** Der Abriß ist ventral entweder auf den Ansatz des M. adductor magnus oder symphysennah auf den M. adductor longus oder den M. gracilis zurückzuführen. Dorsal setzt die ischiokrurale Muskulatur an.

**Sportart.** Gymnastik, Eiskunstlauf, Skifahren (Querspagat).

**Symptome.** Oberschenkelschmerzen, meist medial gelegen, die in das Kniegelenk ausstrahlen. Die Anamnese mit dem plötzlichen Schmerzbeginn läßt den Abriß sicher gegenüber der Überlastungsapophysitis differenzieren. Die Abduktion der Beine, verbunden mit einer Hyperextension der Hüfte, ist schmerzhaft bei Verletzung des M. adductor magnus. Bei Verletzung der ischiokruralen Muskulatur ist der Längsspagat nicht mehr durchführbar [61].

**Diagnostik.** a.-p.-Beckenaufnahme, rektale Untersuchung.

**Therapie.** Konservativ.

### ■ Adduktorenverletzung

Der M. adductor longus ist häufiger betroffen als der M. adductor magnus.

**Ursache.** Die Verletzung entsteht durch kräftige Kontraktion nach vorangegangener Überbelastung.

**Sportart.** Fußballspieler, Reiter, aber auch Ballettänzer und Turner.

**Symptome.** Schmerzen werden an der Oberschenkelinnenseite oder in die Leiste projiziert.

**Diagnostik.** Die Funktionsuntersuchung reicht aus, wobei sich zwischen den beiden Muskeln kaum Unterschiede zeigen. Die Differenzierung der beiden Muskeln gelingt höchstens palpatorisch, manchmal auch sonographisch. Bei chronischen Zuständen kann es im Röntgenbild zu Veränderungen der Symphyse und des Sitzbeines kommen.

**Therapie.** Dehnungstherapie, da durch die Lokalisation nur wenig therapeutische Möglichkeiten bestehen. Liegt eine Reizung der Insertion vor, so können eine Querfriktionsmassage und eine Injektionsbehandlung durchgeführt werden.

### ■ Verletzungen des M. iliopsoas

**Ursache.** Entweder handelt es sich um eine direkte Verletzung des Muskels, oder es besteht durch falsche Bauchmuskelübungen eine Verkürzung, die zu statischen und funktionellen Veränderungen der Lenden-Becken-Hüft-Region mit dementsprechenden Triggerpunkten führt.

**Sportart.** Überbelastung beim Sprint und Sprung.

**Symptome.** Der Sportler leidet unter Schmerzen in der Leiste. Differentialdiagnostisch muß eine Abrißfraktur bzw. ein Leistenbruch ausgeschlossen werden. Meist findet sich ein Druckschmerz im Bereich des Trochanter minor.

**Diagnostik.** Funktionsuntersuchung.

**Therapie.** Massage, Ultraschall, Dehnung und Sitzbäder.

### ■ Grazilissyndrom

**Ursache.** Meist Ausdruck einer chronischen Überlastung und nur in wenigen Fällen einer akuten Überdehnung. Das »sliding tackling« beim Fußball, aber auch abrupte Spreizbewegungen werden als Ursache angenommen.

**Sportart.** Diese Verletzung tritt besonders bei Fußballern auf, findet sich aber auch bei Eishockeyspielern, Leichtathleten und Volleyballspielern.

**Symptom.** Subjektiv gibt der Sportler Schmerzen in der Leiste an. Der objektive Befund ergibt sich aus einer schmerzhaften aktiven isometrischen Adduktion bei passivem Abduktionsschmerz bei gestrecktem Knie.

**Diagnostik.** a.-p.-Beckenaufnahme.

**Therapie.** Massage, Ultraschall, ggf. Injektionsbehandlung. Bei Versagen der konservativen Therapie kann evtl. operativ eine Einkerbung in der Sehne vorgenommen werden.

**Komplikation.** Bei längerer Reizung kann es zu einer Entzündung der Knochenhaut kommen, die dann als Insertionstendopathie des M. rectus abdominis imponiert.

### ■ Überlastungssyndrom des M. rectus abdominis

**Ursache.** Reizung und chronische Überbelastung besonders bei Rückschlagspielen mit entsprechender muskulärer Dysbalance.

**Sportart.** Tennis, Badminton, Squash.

**Symptome.** Imponiert häufig als Ansatztendopathie am Os pubis mit entsprechendem Triggerpunkt. Wird vom Sportler u. U. auch als Schmerzen in der Leiste angegeben. Bestehen die Beschwerden länger, kann es auch zu pathologischen Veränderungen am Knochen kommen. Die dynamische Stabilisation der Bauchmuskulatur ist eingeschränkt.

**Diagnostik.** Zunächst nur klinisch, in zweiter Linie Beckenübersicht oder MRT.

**Therapie.** Trainingsreduktion, Massage, warme Sitzbäder oder ggf. Injektionstherapie.

### ■ Coxa saltans

**Ursache.** Der Tractus iliotibialis gleitet nach vorne über den Trochanter major, oder die Iliopsoassehne springt über den vorderen Schambeinast.

**Sportart.** Sprint- und Sprungdisziplinen.

**Symptome.** Vom Sportler wird ein Schnappen in der Leiste oder am Trochanter major bemerkt.

**Diagnostik.** Der Patient berichtet über ein ruckartiges, schnappendes Phänomen beim Gehen, der Tractus iliotibialis gleitet unregelmäßig über den Trochanter major.

Eine spezifische Untersuchungstechnik wurde von Weyer u. Tönnis angegeben: In Rückenlage wird die Hüfte etwa 30°–40° gebeugt und adduziert. Unter Innen- und Außenrotation ist auch ein leichtes Hüftschnappen sicher nachweisbar.

**Therapie.** Meist nicht erforderlich. Es kann in seltenen Fällen zu einer schmerzhaften Bursitis trochanterica kommen.

Bei erheblichen Beschwerden ist eine operative Therapie indiziert. Die immer noch weit verbreitete Traktopexie wurde im eigenen Vorgehen zwischenzeitlich vollständig verlassen. Als operative Technik wird die Z-Plastik nach Dederich durchgeführt, sie hat in der eigenen Erfahrung im Gegensatz zu anderen Methoden immer den erwarteten Erfolg erbracht [22].

**Praktischer Hinweis zur Technik**

In Rückenlage wird die Trochanterregion durch eine etwa 15 cm langen Längsschnitt freigelegt. Die Faszie wird freipräpariert und über dem Trochanter in etwa 10–12 cm Länge gespalten. Die Z-Plastik wird durch einen Schrägschnitt beginnend in der kranialen Ecke der Inzision im Winkel von 60° nach dorsal kaudal begonnen. Vom distalen Schnittende erfolgt eine entsprechende Inzision von gleicher Länge im Winkel von 60° nach ventral kranial (Abb. 11.9). Präparation der Faszienenden und Naht der Z-Plastik in typischer Weise. Eine Bursektomie ist nicht nötig, da sich die Bursa in der Regel unter den Entlastung zurückbildet. Die Frühmobilisation ist vom 1. Tag an möglich.

Sollte das Schnappen durch den M. iliopsoas verursacht sein, so ist eine Dehnungstherapie durchzuführen, da dem Krankheitsbild eine Verkürzung des M. iliopsoas zugrunde liegt. In Ausnahmefällen ist eine operative Spaltung des Tractus iliotibialis indiziert.

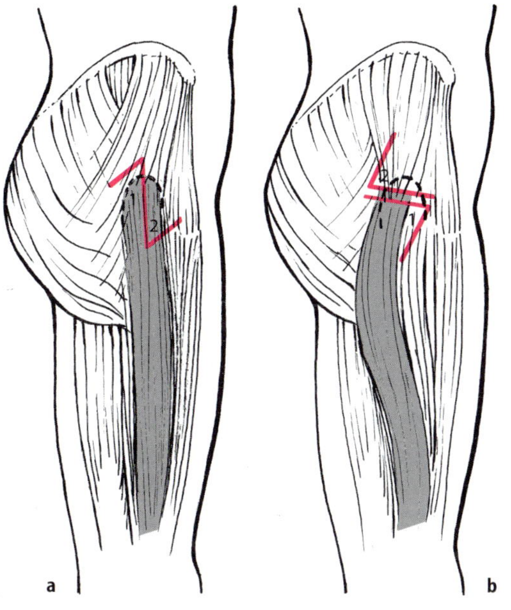


**Abb. 11.9 a, b.** Operationstechnik bei Coxa saltans. Die Traktopexie wurde im eigenen Vorgehen vollständig verlassen. Es wird die Erweiterung des Tractus iliotibialis durch Z-Plastik nach Dederich angewendet. Sie führte in allen Fällen zu einem guten Ergebnis

## Meralgia paraesthetica (»Jeanssyndrom«)

**Ursache.** Kompression des N. cutaneus femoris lateralis am Durchtritt unter dem Lig. inguinale. Die Beschwerden können verschiedene Ursachen haben, wie ein direktes Trauma, chronische Reizung durch Druck des M. sartorius oder zu enge Kleidung (Jeanssyndrom).

**Sportart.** Gymnastik, Bodybuilder.

**Symptome.** Schmerzen an der Vorder- und Außenseite des Oberschenkels, evtl. kombiniert mit Dysästhesien. Druckschmerzhaftigkeit der Durchtrittsstelle des N. cutaneus femoris lateralis etwa 2 cm medial der Spina iliaca anterior superior.

**Diagnostik.** Messung der Nervenleitgeschwindigkeit.

**Therapie.** Injektionsbehandlung in Höhe des Kompressionspunktes. Bei Persistenz chirurgische Dekompression. Bei anhaltenden Beschwerden trotz Dekompression Resektion des Nervs.

## Psoasschleimbeutelreizung

**Ursache.** Überbelastung des M. iliopsoas mit Reibung über dem Schambeinast.

**Sportart.** Sprintdisziplinen.

**Symptome.** Der Sportler gibt beim Laufen und in Ruhe Schmerzen in der Leiste an, die in den Oberschenkel ausstrahlen können. Ist die Bursa groß, kann sie in der Leiste getastet werden. Richtungsweisend für die Diagnose sind Schmerzen bei der passiven Streckung der Hüfte aus der Bauchlage heraus. Typischerweise treten die Schmerzen beim Sprint auf, besonders bergauf, da das Schwungbein bei Oberkörpervorlage extrem angebeugt werden muß. Statische Deformitäten sind als Ursache auszuschließen.

**Diagnostik.** Sonographie.

**Therapie.** Schonung, Ultraschallbehandlung, medikamentöse antiinflammatorische Therapie, Eis. Ggf. sonographisch gesteuerte Punktion (Gefäße!), evtl. mit Injektion eines Lokalanästhetikums oder eines Kristallkortikoids.

## Spezifische Syndrome am hinteren Beckenring

### ■ Verletzungen am SI-Gelenk

**Ursache:**
- 1. hypermobiles Gelenk,
- 2. Blockierung des SI-Gelenkes.

**Sportart.** Leichtathletik, Tennis.

**Symptome.** Die Schmerzen werden selten über dem Gelenk angegeben; man diagnostiziert Verspannungen in der Beugemuskulatur der Oberschenkelseite, deren Schmerzempfindungen und Intensität im Gegensatz zu Zerrungen wechseln. Zusätzlich findet sich eine muskuläre Dysbalance mit einer Verkürzung des M. piriformis und des M. latissimus dorsi, während die Glutäalmuskeln zumeist geschwächt sind.

**Diagnose.** Die klinische Diagnose kann anhand des Menell-Tests, des Vorlaufphänomens oder durch Triggerpunkte verifiziert werden (s. auch Kap. 12) (**Cave:** Beinlänge!).

**Therapie.** Bei Hypermobilität sind stabilisierende krankengymnastische Übungen indiziert. Bei Blockaden dagegen ist zunächst die Mobilisation und Manipulation die Therapie der Wahl. Sie sollte jedoch immer in Kombination mit einem gezielten Muskelaufbautraining und entsprechenden Dehnübungen durchgeführt werden.

## Weitere Syndrome

### ■ Kompressionssyndrom des N. pudendus

**Ursache.** Die Beschwerden werden durch Druck des Nervs beim Durchtritt durch den Alcock-Kanal an der Innenseite des Sitzbeines verursacht.

**Sportart.** Bekannte Verletzung beim Radfahren durch den Druck des Sattels.

**Symptome.** Es kommt zu einer passageren Sensibilitätsstörung über der Gesäßregion sowie der Leistengegend, die von Blasenentleerungsstörungen mit Harnverhalt und Erektionsschwierigkeiten begleitet sein kann.

**Diagnostik.** Neurologisch.

**Therapie.** Belastungspause, selten operatives Vorgehen.

### ■ Syndrom des M. piriformis

**Ursache.** Muskuläre Dysbalancen und Beinlängendifferenzen sind für die Reizung verantwortlich zu machen.

**Sport.** Laufdisziplinen

**Symptome.** Dieser Muskel neigt zur Verkürzung und kann durch Druck auf den N. ischiadicus Schmerzen in der Wade verursachen. Der hypertone Muskel ist in der Gesäßmuskulatur gut zu tasten.

**Diagnostik.** Keine.

**Therapie.** Im Vordergrund steht die Dehnungstherapie, in deren Verlauf es zu ischalgiformen Symptomen kommen kann. Kräftigung der Glutäalmuskulatur, Beseitigung statischer Störungen.

### ■ Bursitis ischiadica

**Ursache.** Mechanische Reizung der Bursa ischiadica

**Sportart.** Eine typisches Syndrom der Ruderer und Radfahrer.

**Symptome.** Schmerzen im Sitzen, die beim Stehen geringer werden. Druckschmerz über dem Tuber ischiadicum.

**Diagnostik.** Sonographie.

**Therapie.** Konservativ, evtl. Injektionstherapie.

### ■ Überlastungssyndrom des Tractus iliotibialis

**Ursache.** Direktes Trauma, Zerrung. Begünstigende Faktoren: O-Beine, Joggen nur auf einer Straßenseite.

**Sportart.** Ballettänzer, Sprung.

**Symptome.** Bei Dehnung Schmerzen oberhalb des Trochanter major.

**Diagnostik.** Funktionsuntersuchung, Sonographie.

**Therapie.** Schonung, Elektrotherapie, Querfriktionsmassage. Bei längerer Reizung kann es zu einer Bursitis trochanterica kommen.

## 11.4 Pathologische Frakturen

B. Wippermann und T. Pohlemann

**Eine Reihe von primären Knochen- oder Weichteiltumoren kann die Beckenregion betreffen. Zusätzlich kann die Beckenregion auch Manifestationsort metastatischer Absiedelungen einer Vielzahl von Primärtumoren sein. Eine systematische Abhandlung der Tumorbehandlung am Becken würde aufgrund der Prinzipien der Tumorchirurgie und der Vielzahl der möglichen chirurgischen Eingriffe am Becken den Rahmen des vorliegenden Bandes sprengen.**

**Primäre Knochen- und Weichteiltumoren, insbesondere im Beckenbereich, sind sehr seltene Erkrankungen. Ihre Prognose hängt ganz wesentlich von einer exakten interdisziplinären Therapieplanung und -durchführung ab. Es wird deswegen dringend empfohlen, derartige Befunde im Rahmen von interdisziplinären »Tumorkonferenzen« zu diskutieren und die Therapie einschließlich evtl. notwendiger Probeexzisionen ggf. in einem Zentrum durchführen zu lassen.**

**An dieser Stelle sollen daher lediglich die Durchführung einer externen Hemipelvektomie beschrieben und chirurgische Möglichkeiten dargestellt werden, um nach – v. a. metastasenbedingten – pathologischen Frakturen im Becken- und Acetabulumbereich Schmerzen zu lindern und die Mobilität zu erhalten. Bei diesen Eingriffen handelt es sich um Palliativeingriffe, die bei der kurativen Tumorchirurgie nicht einzusetzen sind.**

**Die ebenfalls mögliche »interne Hemipelvektomie«, also die Resektion einer Beckenhälfte mit künstlichem Beckenersatz unter Erhalt der unteren Extremität, wird an dieser Stelle nicht behandelt, da sie bei pathologischen Frakturen nicht indiziert ist. Für eine weitergehende Vertiefung wird auf die umfangreiche Auswahl von Standardwerken der Chirurgie der Tumoren des Stützgewebes verwiesen [13, 25, 105, 116].**

### Diagnostische Strategien

Bei Beckentumoren gelten in Bezug auf die Diagnostik dieselben Strategien wie an der Wirbelsäule. Das diagnostische Management ist bei Tscherne u. Blauth [110 a] dargelegt und dort nachzulesen; es wird hier daher nicht näher darauf eingegangen.

### Externe Hemipelvektomie (Abb. 11.10)

Mit dem Ausdruck »externe Hemipelvektomie« wird die Amputation der unteren Extremität inklusive Hüftgelenk und komplettes Os coxae bezeichnet. Unterschieden werden kann die untere Hemipelvektomie, bei der die Resektionslinie durch das Os ilium verläuft, von der oberen Hemipelvektomie, bei der das Os coxae im SI-Gelenk oder sogar Os sacrum abgesetzt wird.

Aus onkologischer Sicht sind primäre Knochentumoren des Beckens eine besondere Herausforderung. Da hier die Knochen besonders gut von Weichteilen bedeckt sind, werden die Tumoren oftmals erst sehr spät symptomatisch, so daß sie zum Zeitpunkt der Diagnose oft schon eine beträchtliche Größe erreicht haben. Andererseits macht die tiefe Lage der Knochentumoren und ihre unmittelbare Nachbarschaft zu den Gefäß-Nerven-Bündeln und den Beckeneingeweiden extremitätenerhaltende Operationen technisch sehr schwierig und oftmals unmöglich. Deshalb sind die onkologischen Ergebnisse von Patienten, insbesondere mit hochmalignen Tumoren, im Vergleich zu den peripheren Tumoren eher schlecht. So fanden Shin et al. für Patienten mit hochmalignen primären Beckentumoren eine Überlebenswahrscheinlichkeit von 25% [27, 99]. Daraus ergibt sich, daß diese technisch schwierigen, komplikationsträchtigen und prognostisch ungünstigen extremitäten-erhaltenden Eingriffe nur an Zentren mit besonderer Erfahrung durchgeführt werden sollten.

Die äußere Hemipelvektomie kann dagegen als Standardeingriff betrachtet werden. Die folgende Darstellung beschränkt sich auf die prinzipielle Technik einer »externen, unteren Hemipelvektomie«, wobei je nach geplanter Resektionshöhe entsprechend modifiziert werden muß. Besonders die zusätzlichen Weichteilresektionen müssen je nach individuellem Befund teilweise erheblich erweitert werden. Standardmäßig wird die sog. »Posterior-flap-Hemipelvektomie« durchgeführt. Bei diesem Verfahren dient die Gesäßmuskulatur zur Weichteildeckung. Alternativ kann aber auch bei v. a. glutäalem Befall oder gar Exulzeration in diesem Bereich die »Anterior-flap-Hemipelvektomie« erwogen werden. Hier wird mit der Quadrizepsmuskulatur ein fasziokutaner Lappen gebildet und so der Defekt gedeckt, der durch Amputation des Beckens einschließlich der Gesäßmuskulatur entsteht [1].

Die äußere Hemipelvektomie kann als die ausgedehnteste Standardamputation gelten. Für viele Patienten ist es sehr schwer, sich mit einem derart verstümmelnden Eingriff abzufinden. Oftmals befinden sie sich in einer aus ihrer Sicht ausweglosen Lage, und sie empfinden es als besonders belastend, einen so großen Teil ihres Körpers zu verlieren. Eine besonders einfühlsame Vorbereitung und Aufklärung des Patienten ist daher geboten.

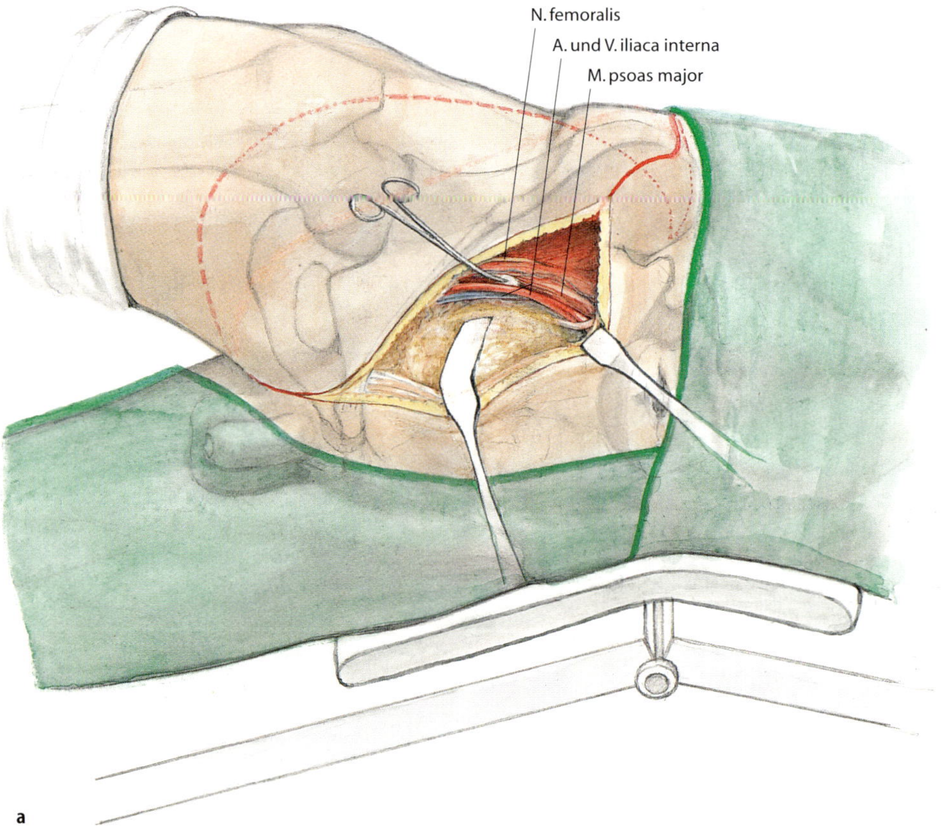


a

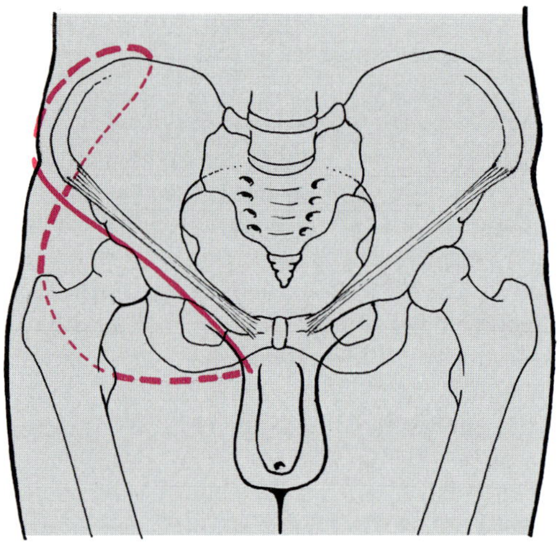

a 1

**Abb. 11.10 a–d.** Technik der externen Hemipelvektomie (s. Text)

■ **Indikation**

- Ausgedehnt maligne Tumoren im Bereich des proximalen Femurs mit Hüftgelenkbeteiligung, insbesondere bei multizentrischem Befall und bei Rezidiven
- Maligne Tumoren des gesamten Os coxae
- Maligne Tumoren in diesem Bereich mit infiltrativem Wachstum in den N. ischiadicus
- Exulzerierende malignen Tumore in diesem Bereich

■ **Operationsvorbereitung**

Die Patienten sollten einige Tage vor der Operation stationär aufgenommen werden. In dieser Zeit kann zur besseren postoperativen Mobilisation das Gehen an Unterarmgehstützen geübt werden. Routinemäßig bereiten wir den Darm mit einer anterograden Spülung vor, um den Patienten für einige Tage die Notwendigkeit des Stuhlgangs zu ersparen. Bei Tumoren, die in das kleine Becken wachsen oder den Ureter verdrängen, lassen wir Ureterenkatheter legen, um die Präparation zu erleichtern.

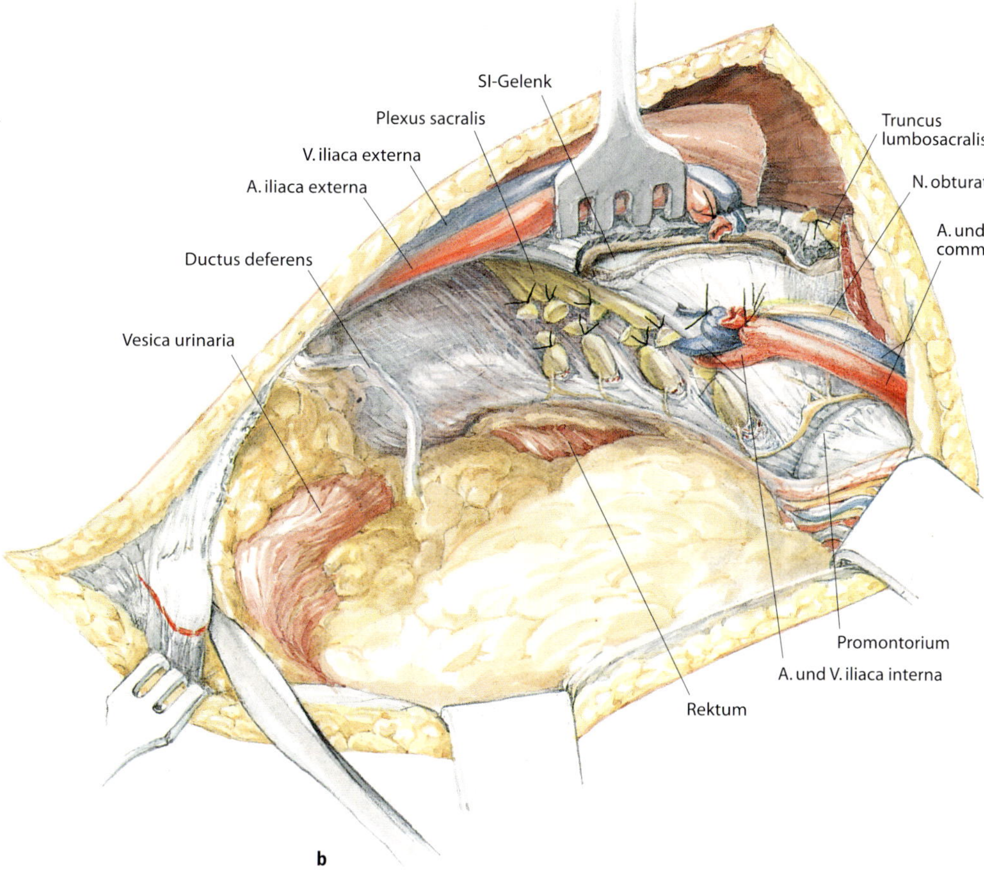


b

## ■ Lagerung

Instabile Seitenlage.

> *Anmerkung.* Im eigenen Vorgehen wird der Patient auf einer flachen, belüfteten Vakuummatratze in Seitenlage gebracht (Abb. 11.10 a) und lediglich im Bereich des Thorax abgestützt. Nach der sterilen Abdeckung, die den Zugang zum kompletten Hemipelvis von mindestens der Symphyse bis zur Analfalte ermöglichen muß, kann der Patient relativ frei gedreht werden. Die gewünschte Position wird dadurch gesichert, daß die belüftete Vakuummatratze durch die Abdeckung hindurch von den Operateuren an den Patienten herangeschoben und dann evakuiert wird. Wird eine Lageänderung erforderlich, wird die Matratze erneut belüftet und die Position korrigiert.

## ■ Schnittführung

Der Schnitt folgt vorne dem Verlauf des Leistenbandes und der Crista iliaca bis zur Spina iliaca posterior superior. Von dort ändert sich die Richtung des Schnitts bogenförmig nach distal, um dorsal des Trochanter major parallel zur Gesäßfalte über die Adduktoren zum Anfang des Schnitts zu kommen. Der Scheitelpunkt kann entsprechend der geplanten Ausdehnung der Resektion auch in die Mitte der Crista iliaca gelegt werden.

**1. Präparationsschritt.** Nach Ablösen der Bauchwandmuskulatur vom Beckenkamm wird der Peritonealsack nach medial weggedrängt, um die Iliakalgefäße zu exponieren. Darstellung der Vasa iliaca externa bis zum Abgang der Vasa iliaca interna. Absetzen der Vasa iliaca externa distal dieser Aufzweigung (Abb. 11.10 b). Die Vasa iliaca interna werden möglichst distal des Abgangs der Vasa glutaeae abgesetzt, um die Durchblutung der Abduktoren zu sichern. Es wird von hier aus nach medial präpariert. Das Leistenband wird an der Spina abgesetzt und so der Leistenkanal mit seinem Inhalt nach medial mobilisiert. Auf diese Weise kommen die Femoralgefäße zur Darstellung. Der M. rectus abdominis wird am Os pubis abgesetzt und die Symphyse durchtrennt.

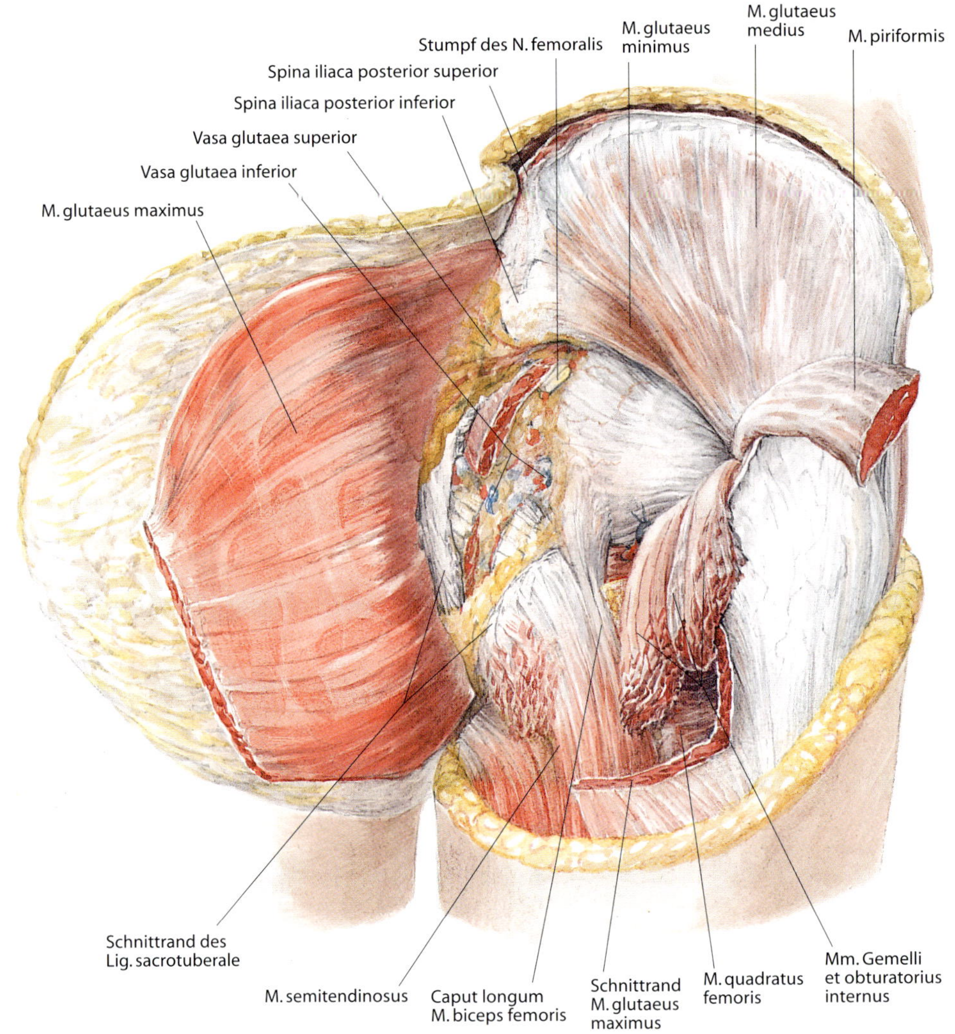


**Abb. 11.10 c**

**2. Präparationsschritt.** Sparsame Ablösung des Ursprungs von M. tensor fasciae latae und der Abduktoren vom Beckenkamm. Abschieben der Muskeln von der Außenseite des Os ilium, bis das Foramen ischiadicum majus erreicht ist, Absetzen des N. ischiadicus in dieser Höhe. Umfahren des Os ilium und Durchführung der Osteotomie in der vorbestimmten Höhe.

Bei ausgedehnten Tumoren, die sich insbesondere zur Fossa iliaca und ggf. auch auf der Außenseite des Os ilium vorwölben, verbleiben sowohl der M. iliacus, als auch die gesamten Abduktoren am Präparat. Es wird dorsal lediglich die Crista iliaca posterior freigelegt und von dort aus zur Incisura ischiadica majus vorgegangen. Vom M. glutaeus maximus sollte, sofern es die Tumorausdehnung zuläßt, möglichst viel erhalten werden (Abb. 11.10 c), um später eine ausreichende Wunddeckung zu ermöglichen. Die dorsale Resektion erfolgt durch Durchtrennung der sakroiliakalen Bänder (Arthrodesenspreizer einsetzen) oder ggf. sogar durch Osteotomie durch die Pars lateralis des Os sacrum von ventral (Richtungskontrolle durch Palpation). Es muß zügig gearbeitet werden, da teilweise ausgedehnte Blutungen aus dem präsakralen Venenplexus auftreten, die erst nach »Aufklappen« der Beckenhälfte zugänglich sind.

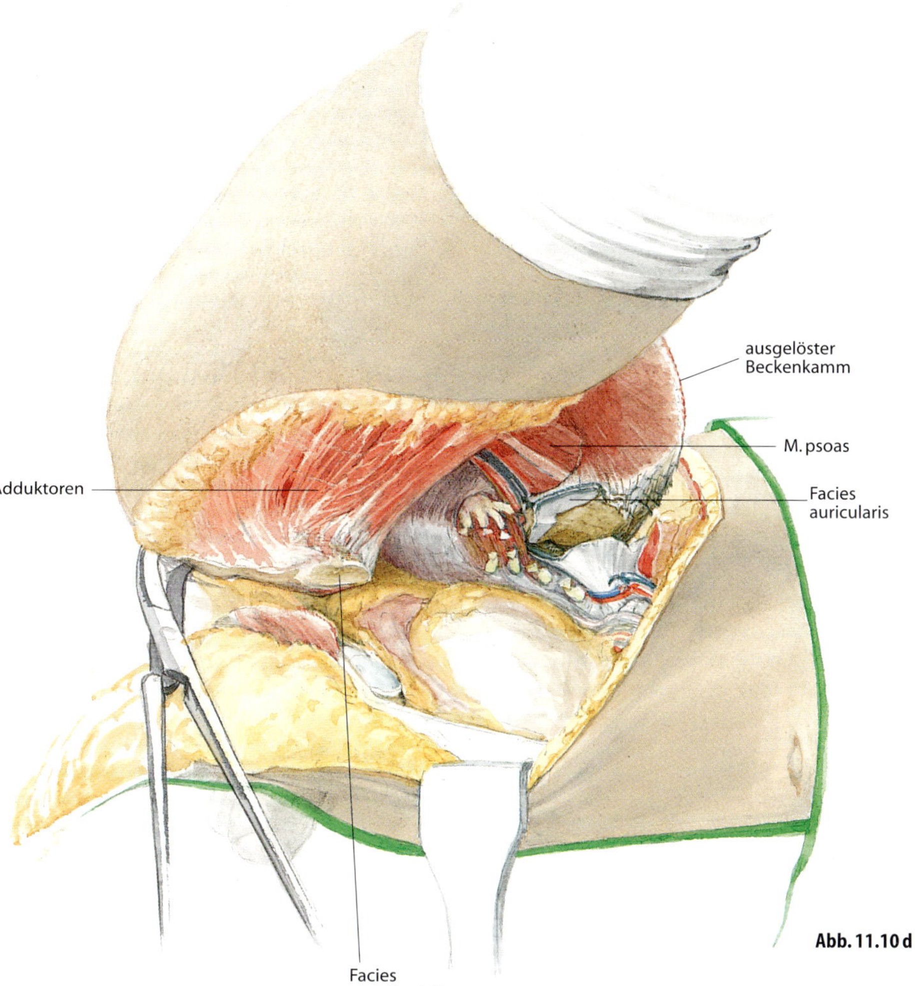


**Abb. 11.10 d**

**3. Präparationsschritt.** Schrittweises Durchtrennen von M. psoas major und M. piriformis, Absetzen von A. und N. obturatoria und N. obturatorius. Ablösen des Lig. sacrospinale und des Lig. sacrotuberale.

Ablösen der Beckenbodenmuskulatur, wobei der N. pudendus geschont werden sollte.

Absetzen des M. glutaeus maximus soweit distal wie möglich.

Damit ist das Präparat frei (Abb. 11.10 d).

## ■ Abschluß

Sorgfältige Blutstillung nach Tamponade mit Tüchern. Kontrolle der Gefäßstümpfe.

Die Glutäalmuskulatur wird mit der Bauchwandmuskulatur (Leistenband) vernäht.

Hautverschluß und Anlage eine Kompressionsverbandes.

## ■ Nachbehandlung

Phantomschmerzen treten nach Hemipelvektomien sehr häufig auf und sind bei etwa 10 % aller Patienten ein andauerndes Problem. Nach einer äußeren Hemipelvektomie benutzen weniger als 50 % aller Patienten regelmäßig eine Prothese. In der Regel werden Gehstützen gebraucht, und nur ältere oder erheblich adipöse Patienten sind auf einen Rollstuhl angewiesen. Da das Sitzbein fehlt, kann eine Sitzschale hilfreich sein.

### Palliativeingriffe zur Erhaltung der Mobilität (Abb. 11.11)

Die Indikation zur Durchführung von Palliativeingriffen zur Erhaltung der Mobilität oder zur Schmerzreduktion ergibt sich in der Regel in den Fällen, in denen aufgrund eines fortgeschrittenen Tumorleidens kein kurativer Therapieansatz mehr möglich ist und sich aufgrund des Allgemeinzustandes oder einer begrenzten Lebenserwartung ausgedehnte Resektionen oder Amputationen verbieten.

Indikationen zur prophylaktischen Stabilisierung am Beckenring ergeben sich im Vergleich zu anderen Körperregionen (lange Röhrenknochen) aufgrund der großen Knochenausdehnung extrem selten. Läsionen des vorderen Beckenrings sind bei erhaltenen hinteren Abschnitten des Beckens auch bei ausgedehnten Osteolysen nicht instabil. Häufiger ist ein Metastaseneinbruch in das Hüftgelenk, mit schmerzbedingter Immobilisation des Patienten. Das Prinzip der chirurgischen Therapie beruht auf der Tumorreduktion und Überbrückung des entstandenen Defektes durch individuell angepaßte Verbundosteosynthesen ggf. unter Einbeziehung eines totalendoprothetischen Hüftgelenkersatzes [13, 25, 27]. Die Therapieplanung muß interdisziplinär erfolgen. Präoperativ kann eine Embolisation sinnvoll sein, postoperativ ist in der Regel eine Bestrahlung oder Chemotherapie indiziert.

**■ Operationsziel bei palliativen Operationen im Beckenbereich**

- Tumorreduktion
- Wiederherstellung der Stabilität durch Verbundosteosynthesen
- Bei Einbruch in die Hüfte: Erhaltung der Hüftgelenkbeweglichkeit durch Endoprothese

**■ Operationstechnik**

Die Operation wird individuell nach Ausdehnung des Tumors geplant.

- Tumor liegt im Os ilium extraartikulär:
  - Ausräumung des Tumors über einen der angegebenen Standardzugänge
  - Verbundosteotomie mit Plattenosteosynthesen
- Tumor ist in das Hüftgelenk eingebrochen:
  - Zugang von lateral und Resektion von Hüftkopf und Schenkelhals
  - Ausräumung des Tumors so weit wie möglich durch die azetabuläre Gelenkfläche
  - Ausreichende Pfannenabstützung durch Verbundosteosynthese mit Pfannendachschale und langen, in das Os ilium reichenden Schrauben (Pfahlschrauben)
  - Bei ausgedehnten Defekten ggf. zusätzliche Stabilisierung durch weitere Implantate (Platten)

Ist eine Verankerung der Pfanne nicht möglich, erfolgt ggf. nur Durchführung einer Resektionsarthroplastik oder ggf. Implantation einer Sattelprothese [2, 58].

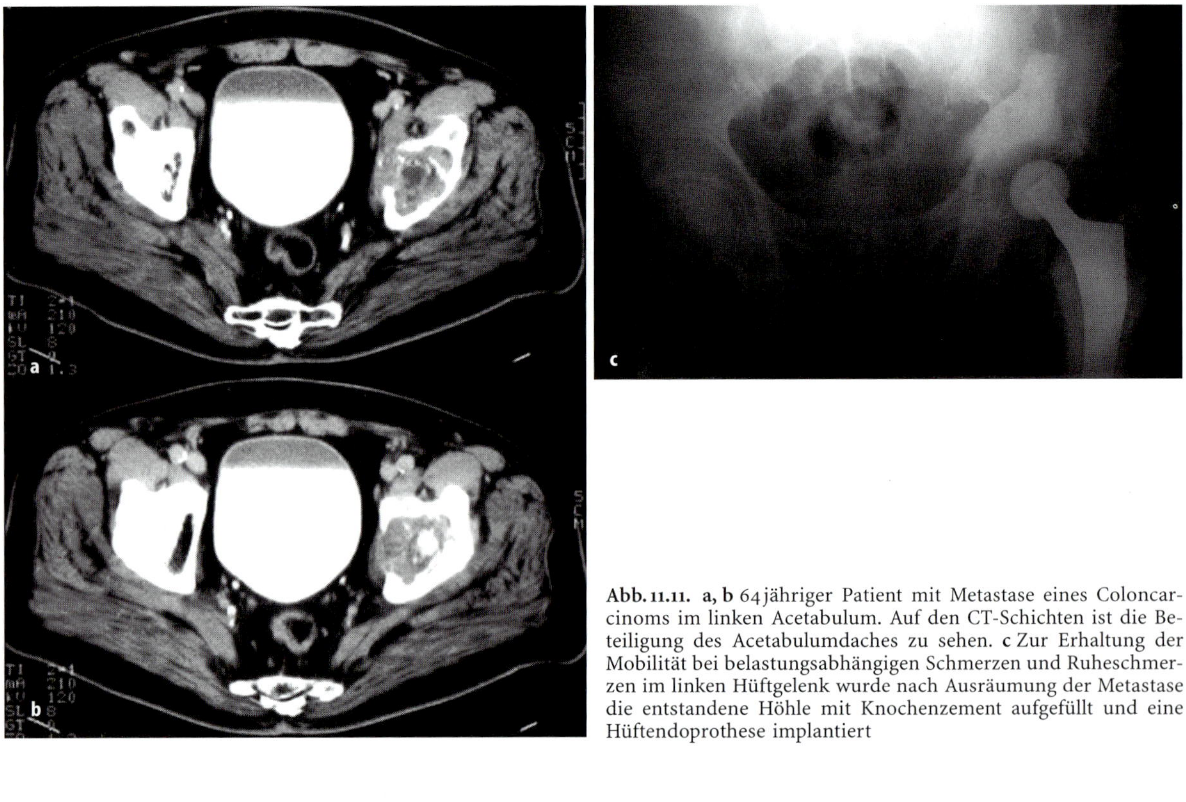

**Abb. 11.11.** **a, b** 64jähriger Patient mit Metastase eines Coloncarcinoms im linken Acetabulum. Auf den CT-Schichten ist die Beteiligung des Acetabulumdaches zu sehen. **c** Zur Erhaltung der Mobilität bei belastungsabhängigen Schmerzen und Ruheschmerzen im linken Hüftgelenk wurde nach Ausräumung der Metastase die entstandene Höhle mit Knochenzement aufgefüllt und eine Hüftendoprothese implantiert

## 11.5 Infekte am Becken

T. Pohlemann

**Bei unfallchirurgischen Patienten werden septische Zustände am Becken meist im Rahmen von komplexen Beckenverletzungen oder nach Osteosynthesen beobachtet. Senkungsabszesse tuberkulösen Ursprungs sind selten geworden, müssen aber aufgrund der verstärkten Reisetätigkeit der Bevölkerung immer noch in differentialdiagnostische Überlegungen einbezogen werden. Begleitend zur chirurgischen Therapie ist immer eine hochdosierte Antibiotikatherapie entsprechend der mikrobiologischen Austestung der Abstriche durchzuführen.**

**Der folgende Abschnitt gliedert sich in eine Darstellung von Ausbreitungswegen und möglichen Zugangswegen bei primären, eitrigen Beckeninfekten. Im Anschluß daran werden die Grundprinzipien der Infektverhütung und Therapie im Rahmen von Beckenosteosynthesen dargestellt.**

### Eitrige Weichteilinfekte am Becken

#### ■ Ätiologie und Diagnostik

Infekte im Beckenbereich haben häufig ihren Ausgangspunkt in höher gelegenen Regionen (Retroperitonealraum, Niere) und breiten sich als Senkungsabszeß in die Beckenregion aus. Sie können aber auch im Hüftgelenk entstehen (hämatogen, nach Trauma und Operationen).

Infektiöse Organerkrankungen der Beckenetage greifen in seltenen Fällen auch auf das Stützgewebe über, sollen an dieser Stelle aber nicht systematisch dargestellt werden.

Die klinische Diagnostik bei pelvinen Infekten ist eingeschränkt, da die häufig tief liegenden Prozesse nur selten palpabel sind und da spezifische Symptome fehlen. Laborchemisch ist häufig nur eine unspezifische Erhöhung der Infektparameter nachzuweisen. Bei Verdacht auf einen Beckeninfekt wird zunächst eine sonographische Darstellung versucht. Gelingt die Darstellung nicht ausreichend und ist eine differentialdiagnostische Abgrenzung notwendig wird eine CT und ggf. auch eine MRT durchgeführt. Die Größe und die exakte Lokalisation des Prozesses ist damit exakt zu bestimmen.

#### ■ Therapie

Die Therapie eines pelvinen Abszesses besteht in der Inzision, Ausräumung und v.a. in der ausreichenden Drainage. Aufgrund der verschiedenen Spatien in der Beckenregion müssen die Zugangswege entsprechend der Lokalisation des Prozesses sorgfältig geplant werden (Abb. 11.12).

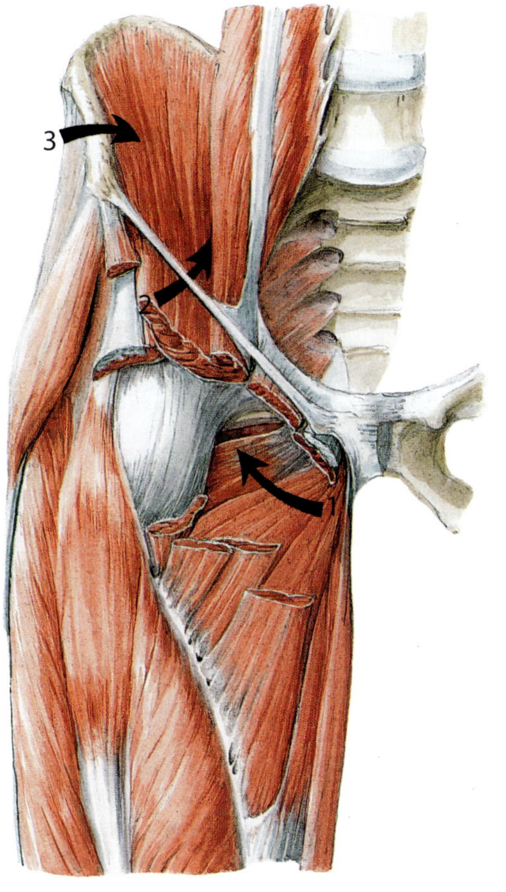


**Abb. 11.12.** Pelvine Infekte. Typische Ausbreitungswege von pelvinen Infekten und die zur Ausräumung bevorzugten Zugangswege: *1* Zugang im Bereich der Adduktorengruppe, *2* Zugang unterhalb des Leistenbandes in die Lacuna musculorum, *3* Zugang über das Leistenband in die Psoasloge

*Ventrale Beckeneiterungen* breiten sich am häufigsten entlang der Lacuna musculorum aus. Der Zugang besteht in einer Längsinzision unterhalb des Leistenbandes über der Lacuna musculorum, sicher lateral der Gefäße; ggf. kann eine zusätzliche Gegeninzision am Beckenkamm erfolgen, um Prozesse im M. iliacus sicher zu erreichen.

Sehr tief in der Leiste gelegene Abszesse werden günstigerweise vom medialen Rand der Adduktorengruppe her eröffnet. Zugangswege nach kranial liegen entweder zwischen dem M. adductor magnus und dem M. pectineus (Zugang nach Ludloff) oder zwischen M. adductor longus und brevis (Abszesse im Bereich des M. pectineus).

Septische Prozesse können auch in der *dorsalen Beckenregion* auftreten, sie sind allerdings seltener. Der Ausgangspunkt ist häufig das Os ilium, aber auch der Retroperitonealraum (z.B. Niere). Die septischen Prozesse breiten sich über die tiefe Glutäalfaszie und in die Regio subglutaea aus. Sie können am Unterrand des M. glutaeus maximus erscheinen und sich auch entlang des N. ischiadicus weiter nach distal ausbreiten. Die Inzision erfolgt über dem Punctum maximum, bei tiefer gelegenen Prozessen werden Teilabschnitte des Kocher-Langenbeck Zugangs verwendet (s. Kap. 19). Ursächlich paranephritische Abszesse müssen über einen Flankenschnitt debridiert werden.

### Osteomyelitis am Becken

Im Rahmen der Abszedierung, seltener als primärer Prozeß, können verschiedene Anteile des pelvinen Knochens entzündlich verändert sein. Da in der Regel Anteile des vorderen Beckenrings, seltener der Beckenschaufel oder der tiefen Sakrumabschnitte, befallen sind, können Resektionen ohne eine besondere Gefahr des Stabilitätsverlustes durchgeführt werden. Es wird ausgedehnt reseziert, bis gut durchblutete spongiöse Resektionsränder vorliegen.

**Infekt des Os ilium.** Resektion der betroffenen Anteile über eine Beckenkamminzision.

**Infekt des Os pubis.** Darstellung von der Außenseite des Beckens über einen Schnitt in der Inguinalfalte nach maximaler Abduktion des Beines. Eine streng subperiostale Präparation der betroffenen Schambeinäste oder des Sitzbeinastes verhindert eine Verletzung der Leitungsbahnen (A. und V. obturatoria und N. obturatorius). Die Osteotomie wird nach Unterfahren des Knochens mit stumpfen Hohmann-Hebeln durchgeführt. Gelegentlich müssen ausgedehnte Knochenanteile einschließlich der Symphyse reseziert werden.

**Symphyseninfekt.** Selten als primär bakterielle Infekte oder als Komplikation gynäkologischer, ggf. auch urologischer Eingriffe. Ein Symphyseninfekt tritt auch in Verbindung mit einer Osteomyelitis des Os pubis auf und beginnt häufig einseitig. Der Zugang erfolgt über den Pfannenstielschnitt (s. Kap. 9.2). Die Symphyse wird zusammen mit knöchernen Anteilen der Schambeinäste bevorzugt keilförmig (in 2 Ebenen) reseziert, um den Ansatz des M. rectus abdominis und die Bandverbindungen des Arcus pubicus zu erhalten (Abb. 11.13).

Davon abzugrenzen sind die häufigeren, unspezifischen entzündlichen Veränderungen der Symphyse (Osteitis des Os pubis) nach Traumen (Geburt), lokalen Überlastungen (Sportler), in Verbindung mit Erkrankungen des rheumatischen Formenkreises oder aber auch ohne erkennbare Ursache. Diese Erkrankung zeigt typischerweise eine symmetrische Ausbreitung in beide Schambeine und sistiert im Gegensatz zur Osteomyelitis spontan. Eine operative Therapie ist nur nach langanhaltenden Beschwerden anzuraten. Eine Symphysenresektion, bevorzugt keilförmig, führt in der Regel zu einer raschen Beschwerdebesserung [38]. Gleichzeitig oder später können entzündliche Veränderungen in einem oder beiden SI-Gelenken mit chronischen Schmerzen auftreten.

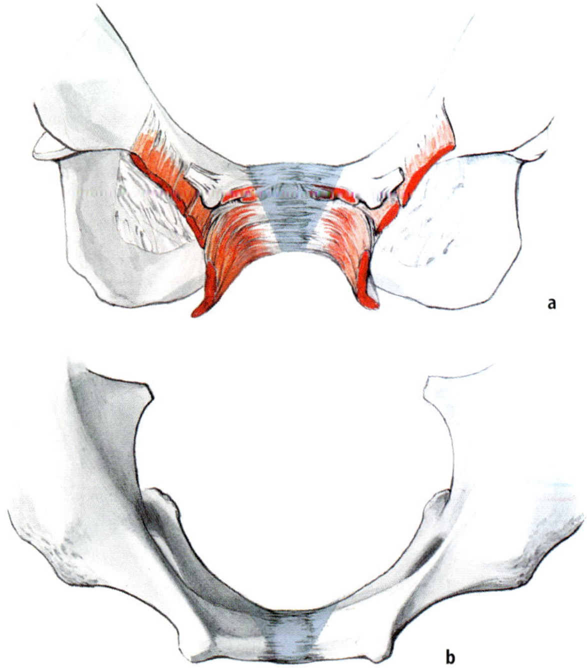


**Abb. 11.13 a, b.** Symphysenresektion bei Symphysitis. Ist bei Entzündung der Symphyse eine Symphysenresektion notwendig, sollte versucht werden, durch eine doppelkeilförmige Osteotomie zwar den kompletten Discus interpubicus mit dem betroffenen Schambeinästen zu resezieren und die Muskelansätze insbesondere im Bereich des Tuberculum pubicum weitestgehend zu erhalten

**Os sacrum, Os coccygeum.** Häufig im Rahmen von ausgedehnten Dekubitalgeschwüren. Nach Ausschneidung des nekrotischen Weichteilgewebes in Bauch- oder Seitenlage wird ein »schichtweises« tangentiales Knochendébridement durchgeführt, bis gesunde spongiöse Flächen erscheinen. Aufgrund der Defektgröße ist häufig eine plastische Deckung notwendig (z. B. Schwenklappen). Bei ausgedehnten Prozessen ist daher frühzeitig eine interdisziplinäre gemeinsame Operationsplanung mit plastische Chirurgen anzuraten.

### Fulminante Beckeninfekte

Nur noch sehr selten kommen fulminante Infekte vor, die sich spontan, per continuitatem oder nach Beckeneingriffen in die Beckenregion ausbreiten können [7, 9, 26, 64, 70, 71, 81]. Bei ihrem Auftreten muß aber auch heute noch mit einer über 50 %igen Letalität gerechnet werden (z. B. Gasbrand, Clostridium perfringens, oder nekrotisierende Fasziitis, u. a. Streptococcus pyogenes). Hier ist nur durch ein radikales chirurgisches Vorgehen das Leben zu erhalten [4, 26, 118]. Bei entsprechender Keimlage und Ausbreitung des Infektes über den Oberschenkel muß gelegentlich auch eine Hüftgelenkexartikulation oder sogar eine Hemipelvektomie durchgeführt werden, um den Infekt zu beherrschen. Allerdings sollte ein frühzeitiger Therapiebeginn mit unmittelbarer chirurgischer Intervention derartige Eingriffe heute entbehrlich machen!

Die Entscheidung dazu wird von der individuellen Situation und dem Allgemeinzustand des Patienten abhängig gemacht. Von größter Wichtigkeit ist der schnelle Entschluß zum radikalen Débridement. In diesen fulminanten Infektsituationen ist die Infektsanierung häufig nur durch eine Amputation erreichbar. Die weitere Behandlung erfolgt offen mit häufigen, geplanten chirurgischen Revisionen (»second look« alle 24 h).

### Infekte im Rahmen von Beckenosteosynthesen

Wie nach allen Osteosynthesen können auch am Becken postoperativ Infekte auftreten. Besonders die Nähe zu den Ausscheidungsorganen und die in der Regel zur Erzeugung der Beckenfraktur notwendige hohe Gewalteinwirkung und der damit verbundene Weichteilschaden führen am Becken zu einem insgesamt erhöhten Infektionsrisiko (s. auch Kap. 10). Im folgenden sollen die im eigenen Vorgehen bewährten Grundregeln zur Infektvermeidung und die Therapie eines manifesten Infektes dargestellt werden.

#### ▪ Infektprophylaxe

Eine erhöhte Infektgefahr besteht bei allen Beckenverletzungen, die mit einem ausgedehnten Weichteilschaden und ggf. zusätzlichen Verletzungen der Hohlorgane einhergehen. Die Prophylaxe eines Infektes stützt sich auf folgende Prinzipien:

- Radikales chirurgisches Débridement allen nekrotischen Gewebes.
- Débridement und Spülung bei Kontaminationen (Jetlavage).
- Beckenringstabilität (eine offene oder auch kontaminierte Beckenverletzung ist keine Kontraindikation für eine Osteosynthese! In der eigenen Erfahrung fördert eine verbliebene Beckenringinstabilität die Infektentstehung und deren Ausbreitung.)
- Perioperative Antibiotikaprophylaxe.
- Spannungsfreier Wundverschluß, ggf. mit Kunsthaut oder feuchten Tüchern.
- Geplante Revisionsoperationen bei allen kontaminierten Komplextraumen mit ggf. dann weitergehendem Débridement. Entsprechend wird auch nach großen Elektiveingriffen vorgegangen, wie z. B. bei einer inneren Hemipelvektomie.
- Falls erforderlich erfolgt die frühzeitige Planung und Durchführung einer plastischen Defektdekkung.

#### ▪ Infektbehandlung

Der Infekt manifestiert sich nach Beckenosteosynthesen oft relativ spät durch lokale Schmerzen und eine Erhöhung der laborchemischen Entzündungsparameter. Eine frühzeitige sonographische Wundkontrolle läßt verdächtige Flüssigkeitsansammlungen in der Tiefe der Wunde schon früh erkennen. Entwickelt sich ein Serom im Wundbereich, wird die Indikation zur operativen Wundrevision großzügig gestellt. Die Wunde wird nach Débridement und Spülung zunächst erneut über eine Drainage verschlossen.

Bei frisch aufgetretenen Infekten, kurz nach der primären Osteosynthese, wird das Implantat in der Regel belassen, um eine ausreichende Stabilität im Wundbereich zu erhalten. Platten werden vorübergehend entfernt, und nach entsprechendem Débridement des Plattenlagers wird eine neue Platte, am besten aus Titan, eingebracht. Im Knochen versenkte Schrauben werden belassen. Unterstützend wird beim eitrigen Infekt eine lokale Antibiotikaapplikation durchgeführt (resorbierbare Antibiotikaschwämme, Ketten). Es ist auf eine ausreichende Drainage zu achten, ggf. eingebrachte Ketten werden durch den Wundrand ausgeleitet und kontinuierlich gezogen (»1–2 Kugeln pro Tag«). Je nach Lokalbefund werden schon bei der primären Infektsanierung weitere Revisionen geplant. Eine weitere Indikation ergibt sich ggf. nach Erhalt der Ergebnisse des Abstrichs.

Ist eine Infektion auch durch mehrere Revisionen nicht zu beherrschen, werden die Implantate entfernt und alternative Stabilisierungen eingesetzt (z. B. Fixateur). Da der Fixateur externe bei Typ-C-Verletzungen keine ausreichende biomechanische Stabilität bietet, muß durch zusätzliche Maßnahmen (Bettruhe, ggf. Extension) dafür Sorge getragen werden, daß das Risiko der sekundären Dislokation minimiert wird.

Hat sich die Infektion in den Knochen ausgebreitet, muß entsprechend der Behandlung der Osteomyelitis ein radikales Knochendébridement erfolgen (s. oben).

Eine besondere Situation ergibt sich bei schwerverletzten Patienten nach komplexen Beckentraumen, bei denen nach Abschluß einer Tamponadenbehandlung und Zustand nach Abdomen apertum ein anderweitig nicht erklärbares Ansteigen der Entzündungsparameter beobachtet wird. Möglicherweise ist dann ein intrapelviner Abszeß die Ursache. In diesen Fällen ist der Lokal- und auch der Sonographiebefund meist nicht zu verwerten. Die Diagnostik wird durch eine CT und/oder ggf. auch eine transanale Sonographie erweitert. Finden sich Abszesse, werden diese durch erneute Eröffnung der in der Regel durch frisches Granulationsgewebe verschlossenen Narbe (Zustand nach Abdomen apertum) drainiert und gespült. Ansonsten ist der Abszeß extraperitoneal über die vorausgegangene Unterbauchinzision retrosymphysär nahezu immer zu erreichen und zu drainieren.

In seltenen Fällen kann auch eine CT- oder sonographiegesteuerte Kathetereinlage und Spülung erwogen werden (schlechter Allgemeinzustand). Wenn möglich ist allerdings eine chirurgische Sanierung vorzuziehen.

## 11.6 Verletzungen im Rahmen der Geburt

T. Pohlemann

Während der Schwangerschaft und bei der Geburt erlauben hormonelle Veränderungen die »Erweiterung« der Beckenfugen, als physiologische Anpassung des Körpers an den Geburtsvorgang [5, 39, 82]. Mit der zwischenzeitlich verfügbaren bildgebenden Diagnostik kann auch eine Reihe von typischen radiologischen Veränderungen nachgewiesen werden, die auch sonst im Rahmen von Verletzungen vorliegen, wie z.B. die Erweiterungen des SI-Gelenkes und der Symphyse, aber auch Gaseinlagerungen in diesen Gelenken.

Garagiola et al. führten bei 14 Patientinnen innerhalb von 24 h nach einem unauffälligen Geburtsverlauf CT-Untersuchungen durch und verglichen diese Befunde anhand von Paarbildung mit Untersuchungen an nichtschwangeren Frauen [35]. In 6 Fällen (42%) war die Symphyse nach der Geburt erweitert, wobei bei 4 Frauen zusätzlich Gaseinlagerungen nachzuweisen waren. Dagegen war nur in einem Fall (7%) ein SI-Gelenk erweitert, aber 6 Frauen wiesen Gaseinlagerungen im SI-Gelenk auf, in 2 Fällen sogar bilateral.

Dagegen sind symptomatische »Sprengungen« der Symphysenfuge seltene Veränderungen, deren Inzidenz mit etwa 0,1–0,8% der Geburten angenommen wird [77]. Sie betreffen v.a. ältere Erstgebärende [62, 83], sehr selten auch jüngere Frauen [14]. Das Auftreten einer symptomatischen SI-Sprengung ist nur in Einzelfällen beschrieben [111]. Insgesamt scheint die Inzidenz geburtsbedingter symptomatischer Sprengungen der Beckenfugen in skandinavischen Ländern erhöht zu sein [20].

Die Verletzung selbst tritt in der Regel während des Geburtsvorgangs auf, wird wenige Stunden später symptomatisch und führt vielfach zu einer schmerzbedingten Gehunfähigkeit [23, 78].

In seltenen Fällen wurden auch transpubische Verletzungen bei der Geburt im Sinne von Streßfrakturen beobachtet [72].

Aber auch Minimaltraumen können aufgrund der insgesamt gelockerten Bindegewebe während der Schwangerschaft zur Symphysensprengung führen, die z.B. bei einer 37jährigen Frau nach einem leichtem Sturz im fortgeschrittenen Stadium der Schwangerschaft beschrieben wurde [59].

### Diagnostik

Die Diagnose läßt sich aus der Anamnese und einem schmerzhaften Palpationsbefund über der Symphyse, ggf. sogar durch Tasten eine Lücke, schon klinisch recht zuverlässig stellen. Die Bestätigung erfolgt durch die Beckenübersichtsaufnahme. Ist die Symphyse erheblich erweitert (etwa über 2 cm), oder ist eine Verbreiterung eines oder beider SI-Gelenke festzustellen, wird die Diagnostik durch Schrägaufnahmen (Inlet- und Outletaufnahme) und/oder CT ergänzt.

### Therapie

Die Therapie kann in der Regel konservativ/funktionell bleiben, in den meisten Fällen kommt es zum spontanen Rückgang der Beschwerden [108]. Unterstützend können elastische Beckengürtel oder aber ein Liegen in Seitenlage verordnet werden [23]. Die Bettruhe wird bis zum Rückgang der Beschwerden eingehalten, die Mobilisation erfolgt an Unterarmgehstützen, bis auch das freie Gehen wieder schmerzfrei möglich ist.

Bei einer weiten Diastase im Bereich der Symphyse (etwa >4 cm) oder zusätzlichen Rotationsfehlstellungen sollte bei entsprechender klinischer Symptomatik eine operative Stabilisierung durchgeführt werden [78]. Aufgrund der erhöhten Infektgefahr wird allgemein eine geschlossene Einrichtung und Stabilisierung mit dem Fixateur externe empfohlen [77, 78]. In seltenen Fällen, in denen unter der Geburt ausgedehnte Kombinationsverletzungen des Geburtskanals entstanden sind, die einer interdisziplinären Versorgung bedürfen, können auch interne Osteosynthesen angezeigt sein [43].

### Langzeitfolgen

Nach geburtsbedingten Symphysensprengungen kann es in seltenen Fällen zu chronischen Symphysenschmerzen, bei Beteiligung des SI-Gelenkes auch zu dorsalen Beckenschmerzen kommen. Über die Inzidenz einer derartigen »chronischen Instabilität« lassen sich aufgrund der insgesamt nur geringen Fallzahlen keine sicheren Angaben machen. Die Diagnose stützt sich im wesentlichen auf die genaue Anamnese, auf den klinischen Befund (Provokation von Symphysen- und SI-Schmerzen durch Belastung, Druck und Bewegung) und auf wechselseitige Standaufnahmen (Symphysenverschiebung). Die CT-Untersuchung ergibt häufig keine eindeutigen Zeichen degenerativer Veränderungen, die mit dem Schmerzbild in Einklang zu bringen sind.

Chirurgische Optionen sind die Symphysen- und/oder die SI-Arthrodese. Die Indikation dazu muß sehr streng gestellt werden, da bei unkritischer Durchführung in einem hohen Prozentsatz mit persistierenden Schmerzen gerechnet werden muß.

Bei nachgewiesenen arthrotischen Veränderungen, unabhängig von einer Schwangerschaftsverletzung, gibt Waisbrod in einer größeren Serie von SI-Arthrodesen an, daß auch bei sorgfältiger Patientenauswahl nur in 70% der Fälle mit befriedigenden Ergebnissen gerechnet werden kann [112].

Vor Durchführung einer Arthrodese des SI-Gelenkes muß daher in jedem Fall eine anderweitige Ursache der Schmerzen präoperativ sicher ausgeschlossen werden (radikuläre Symptomatik, Bandscheibenprolaps, »tiefer Rückenschmerz«, psychogene Überlagerung). Slätis empfiehlt vor Durchführung einer Arthrodese sogar die probatorische Anlage eines Fixateur externe am Becken [100]. Zur Technik der SI-Arthrodese s. auch Kap. 11.8.

## 11.7 Komplikationen nach Knochenentnahmen

T. Pohlemann und T. Hüfner

Knochenentnahmen am Os ilium sind eine unfallchirurgisch etablierte Methode, um Knochendefekte an anderen Körperregionen zu behandeln. Im Zuge der erweiterten Indikationen zur operativen Stabilisierung von Wirbelsäulenverletzungen mit einer zunehmenden Anzahl von kombiniert dorsoventral durchgeführten Eingriffen, werden große trikortikale Transplantate benötigt, um die vorhandenen Defektstrecken überbrükken zu können. Trotz des chirurgisch gesehen »relativ einfachen Eingriffes« der Knochenentnahme, wird immer wieder über eine Reihe von Komplikationen berichtet, die sich als Nervenschäden, als Frakturen im Bereich des vorderen und hinteren Beckenkamms, sowie als chronische Schmerzen und Hernienbildungen äußern können [16, 54, 92, 103].

Hu u. Bohlman untersuchten 1994 die Entnahmestellen bei 200 Patienten nach zervikalen Wirbelfusionen und 200 Patienten nach lumbalen Wirbelfusionen. Sie fanden 14 Patienten mit Frakturen am Becken nach Knochenentnahme. Das durchschnittliche Alter lag bei 61 Jahren. 13 der 14 Patienten waren Frauen. Es traten 10 Abrißfrakturen der Spina iliaca anterior superior (nach anteriorer Knochenentnahme) und 3 dorsale Beckenkammfrakturen auf (posteriore Transplantatentnahme). Die Therapie war in allen Fällen konservativ, nach durchschnittlich 21 Monaten hatten 3 Patienten noch leichte, nicht behindernde Beschwerden, die restlichen waren asymptomatisch [46].

Neben endogenen Risikofaktoren, wie z. B. der Osteoporose, hat die Technik der Knochenentnahme eine große Bedeutung für das Auftreten von Frakturen. Ein hohes Risiko haben trikortikale Späne, die zur druckaufnehmenden Überbrückung benötigt werden. Es kommt hier in Abhängigkeit von der Transplantatgröße zu einer großflächigen Schädigung der pelvinen Knochenstruktur. Wird die Osteotomie senkrecht zur Crista iliaca ausgeführt, kann es aufgrund des »geschwungenen Verlaufs« des vorderen Beckenkamms zu einer nicht mehr kompensierbaren Schwächung des Os ilium kommen, bedingt durch den Muskelzug muß sekundär mit Abrißfrakturen gerechnet werden (Abb. 11.14a).

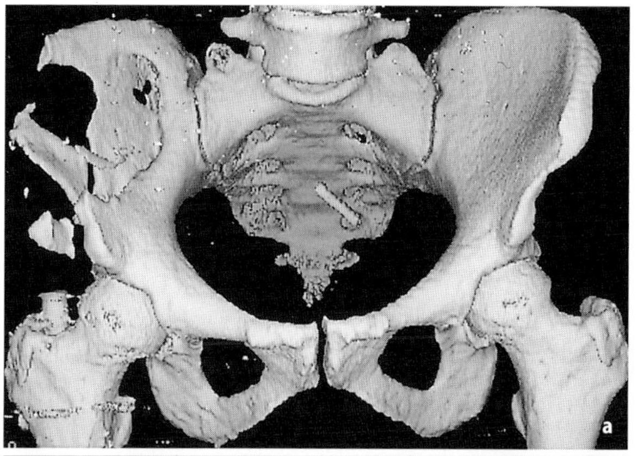

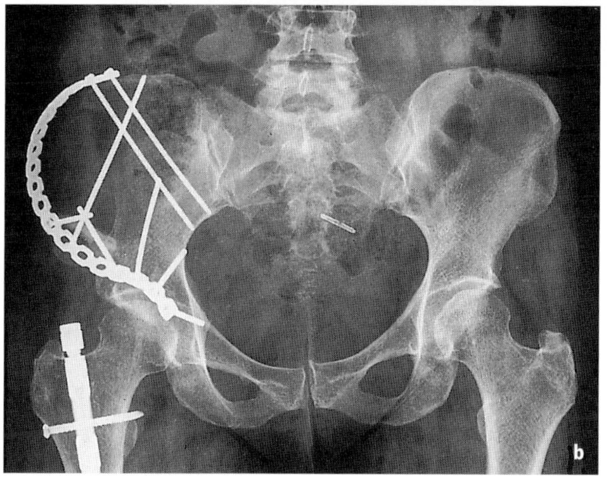

**Abb. 11.14 a, b.** Komplikationen nach Transplantatentnahme am Beckenkamm. Nach Entnahme großer kortikospongiöser Transplantate aus dem Os ilium kann durch den Muskelzug des M. Sartorius und des M. rectus femoris ein Abriß des vorderen Pfeilers verursacht werden. Bei geringer Dislokation ist eine funktionelle Therapie angezeigt, bei erheblichen Dislokationen kann gelegentlich auch eine ausgedehnte operative Fixation notwendig sein, um die Mobilisationsfähigkeit des Patienten nicht langfristig zu behindern

Hu et al. fanden bei biomechanischen Untersuchungen zur Knochenentnahme, daß bei einer Knochenentnahme 30 mm posterior der Spina iliaca anterior superior im Schnitt $1.917 \pm 735$ N nötig waren, um eine Fraktur zu erzeugen [45, 46]. Bei einer weiteren Annäherung der Osteotomie bis auf 15 mm an die Spina iliaca anterior superior verringerten sich die zur Fraktur der vorderen Beckenschaufel benötigten Kräfte auf $783 \pm 333$ N. Allerdings wurde die »Tiefe« der Entnahmestelle in der Untersuchung nicht angegeben, aus anatomischen Überlegungen wird sie sicherlich ebenfalls eine wichtige Rolle spielen.

Auch die Verwendung von Meißeln zu Knochenentnahme kann das Risiko einer späteren Fraktur erhöhen, da okkulte Frakturlinien durch Sprengwirkung entstehen können. Die oszillierende Säge reduziert dieses Risiko [49].

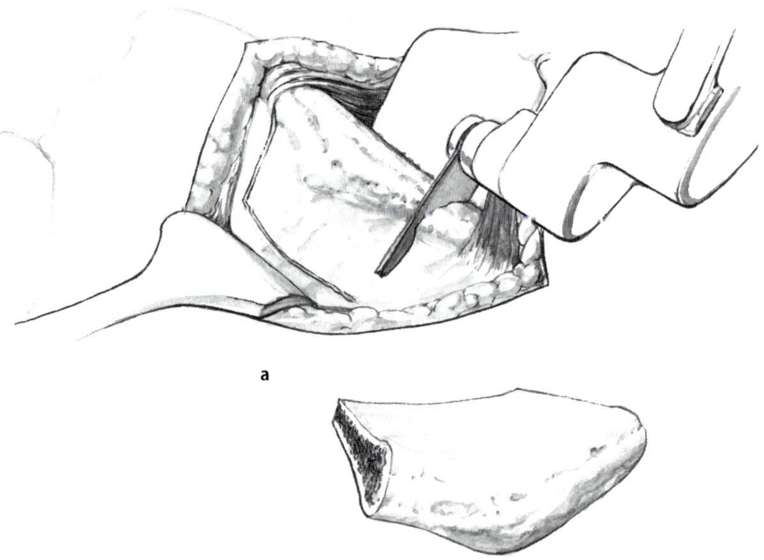

a

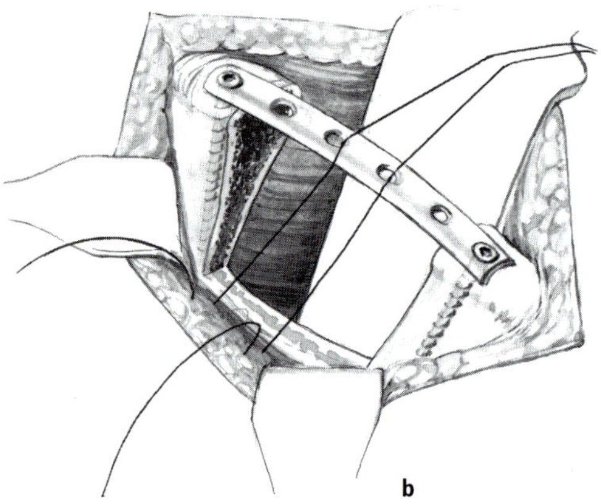

b

**Abb. 11.15 a, b.** Prophylaktische Verplattung nach Spanentnahme. Um solchen Frakturen vorzubeugen, wird insbesondere bei der Entnahme von ausgedehnten Transplantaten für die Wirbelsäulenchirurgie eine prophylaktische Verplattung des Defektes mit Titandrittelrohrplatte durchgeführt. Sie verbessert auch das kosmetische Ergebnis, da der Beckenkamm in seiner Kontinuität erhalten bleibt. (Aus Tscherne u. Blauth [110 a])

## Entnahmetechnik

Muß ein großes trikortikales Transplantat gewonnen werden, sollte dies schon präoperativ geplant werden. Bei sehr ausgedehnten Entnahmen kann ein präoperatives Becken-CT nötig sein, um zu sichern, daß genügend Knochensubstanz zur Gewinnung des Transplantates zur Verfügung steht, ohne die Stabilität des Beckens zu gefährden.

Einige Grundregeln erleichtern die komplikationsfreie Spanentnahme:

- Die Entnahme von »tiefen Knochenspänen« mit Startpunkt der Osteotomie weiter ventral als 3 cm dorsal der Spina iliaca anterior superior sollte vermieden werden.
- Eine weitere Annäherung ist nur möglich, wenn die Spanhöhe 2 cm nicht überschreitet. Allerdings ist bei einer Annäherung bis auf weniger als 2 cm an die Spina iliaca anterior superior zusätzlich der N. cutaneus femoris lateralis in Gefahr.
- Bei ausgedehnten Knochenentnahmen wird der Beckenkamm mit einer Kleinfragmentdrittelrohrplatte (bevorzugt Titan) überbrückt, um die Zugkräfte aufzufangen und die Beckenkontur wiederherzustellen (Abb. 11.15 a, b). Eine weitere Möglichkeit besteht im Aufbau des Defektes durch Knochenersatzstoffe, die mit eigenem Knochenmark getränkt wurden, in seltenen Fällen ist auch ein Aufbau mit allogenen Transplantaten in Erwägung zu ziehen.
- Wenn möglich »bikortikale« Spanentnahme unter Erhaltung des Beckenkamms (Abb. 11.16).
- Posteriore Knochenentnahmen werden auf der Außenseite des Os ilium durchgeführt, eine Verletzung des SI-Gelenkes muß vermieden werden (zur Anatomie s. Kap. 2, Orientierung in Bauchlage teilweise schwierig!).

Abb. 11.16. Entnahme eines bikortikalen Spans unter Erhaltung des Beckenkamms

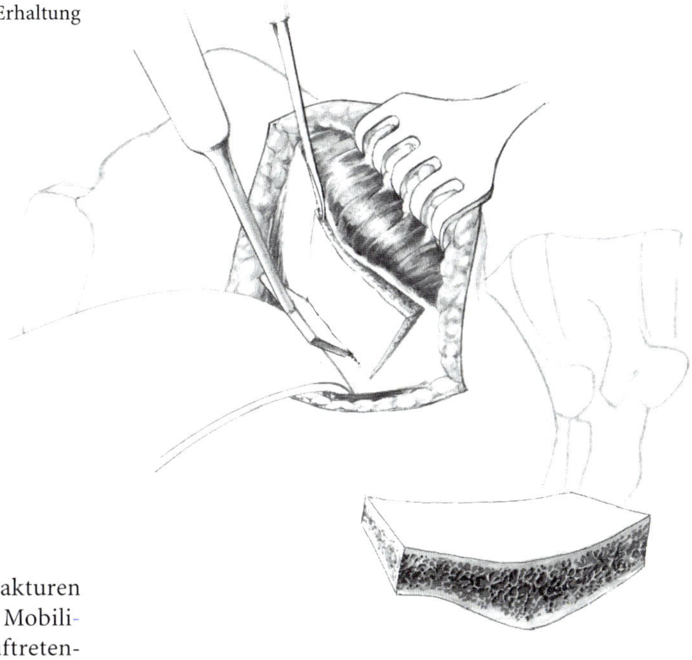

### Entnahmebedingte Frakturen

In der Regel treten entnahmebedingte Abrißfrakturen durch eine Muskelanspannung im Rahmen der Mobilisation auf. Die Symptomatik mit plötzlich auftretenden, lokalen Schmerzen macht die Diagnose bei entsprechender Anamnese einer Knochenentnahme ausreichender Größe recht einfach. Die Beckenübersichtsaufnahme, in seltenen Fällen ergänzt durch eine Ala-Aufnahme, sichert die Diagnose. In der Regel ist das Fragment nur wenig bis mäßig disloziert.

Die Therapie der nur mäßig verschobenen Frakturen ist prinzipiell konservativ. Die Mobilisationsbehandlung wird kurzfristig ausgesetzt oder entsprechend der Schmerzausprägung reduziert [45].

Bestehen allerdings zusätzliche Frakturlinien im Sinne einer kompletten Iliumfraktur oder ausgeprägte und lang anhaltende Schmerzen, die eine weitere Mobilisation wesentlich verzögern würden, werden im eigenen Vorgehen Osteosynthesen durchgeführt.

Die Freilegung erfolgt über eine Beckenkamminzision zur Fossa iliaca unter Verwendung der primären Inzision zur Transplantatentnahme. Die Osteosynthesetechnik entspricht der Versorgung einer Beckenrandfraktur oder der einer transiliakalen Instabilität. Wir verwenden als Implantate Zugschraubenosteosynthesen im Bereich des Beckenkamms, einschließlich der Spina iliaca anterior superior (3,5-mm-Beckenschrauben oder Kleinfragmentschrauben). Verläuft eine Frakturlinie »transiliakal« bis zur Linea terminalis, wird sie mit 3,5-mm-DC-Platten entlang der Linea terminalis überbrückt. In seltenen Fällen müssen bei sehr instabilen Situationen auch ausgedehnte Plattenosteosynthesen durchgeführt werden (Abb. 11.15b).

Die Patienten sind postoperativ normalerweise sofort schmerzarm, die Mobilisation kann weitergeführt werden, wobei entsprechend der Schmerzsymptomatik eine Teilbelastung an Unterarmgehstützen für 3–6 Wochen verordnet wird.

## 11.8 Chronische Schmerzzustände an Symphyse und SI-Gelenk

T. Pohlemann

Nach Verletzungen, Infekten und Geburtstraumen, gelegentlich auch ohne erkennbare Ursache, können chronische Schmerzzustände an der Symphyse und im Bereich des SI-Gelenkes auftreten. Häufig sind diese mit einer Instabilität der Symphyse verbunden. Im Bereich des SI-Gelenkes können Arthrosen, aber auch Instabilitäten schmerzauslösend sein. Die Beschwerden können chronisch werden, und sie sind durch eine konservative Therapie oft nur ungenügend zu beeinflussen. Als chirurgische Therapieoption besteht die Möglichkeit einer Resektionsarthroplastik der Symphyse oder einer Versteifung mit einem Knochentransplantat. Im Bereich des SI-Gelenkes kommt die Arthrodese des Gelenkes in Frage. Die Technik der Symphysenresektion wurde bereits im Rahmen der Infektbehandlung dargestellt (s. Abschn. 11.5, Abb. 11.12), so daß an dieser Stelle insbesondere auf die Diagnostik, Indikationen und operativen Techniken der Gelenkversteifungen eingegangen wird.

Die Indikation zu einer Gelenkversteifung sollte sehr zurückhaltend und nur nach ausführlichster Diagnostik gestellt werden, da insbesondere nach Versteifungen des SI-Gelenkes auch bei sorgfältiger Patientenauswahl maximal 70 % der Patienten beschwer-

**defrei werden [113]. Eine Reihe von diagnostischen Maßnahmen bis hin zu vorübergehenden Versteifungen der Beckengelenke durch eine externe Fixation und mehrere Techniken der SI-Arthrodese (dorsal, ventral, mit und ohne Osteosynthese) wurden zwischenzeitlich angegeben [67, 84, 100, 101, 112]. Die Diskussion über die Verfahrenswahl ist noch nicht endgültig abgeschlossen, so daß an dieser Stelle lediglich die im eigenen Vorgehen bevorzugten Methoden dargestellt werden.**

### Symphyse

#### ▪ Diagnostik

Bei der klinischen Untersuchung imponieren lokale Druck- und Bewegungsschmerzen im Bereich der Symphyse. Ein Provokation des Beckenrings durch a.-p.-Kompression, laterale Kompression oder maximale Außenrotation der Hüftgelenke löst Schmerzen aus. Eine Instabilität der Symphyse wird durch Belastungsaufnahmen gesichert, die unter Zentrierung auf die Symphyse im Stand unter wechselseitiger Belastung der Beine angefertigt werden. Verschiebungen über 5 mm können als pathologisch angesehen werden (s. auch Abb. 8.4)

#### ▪ Operative Technik (Abb. 11.17)

Das Operationsprinzip beruht auf der Resektion des Discus interpubicus mit Anfrischung der Schambeine und Überbrückung des Defektes durch einen trikortikalen Knochenblock aus dem Beckenkamm.

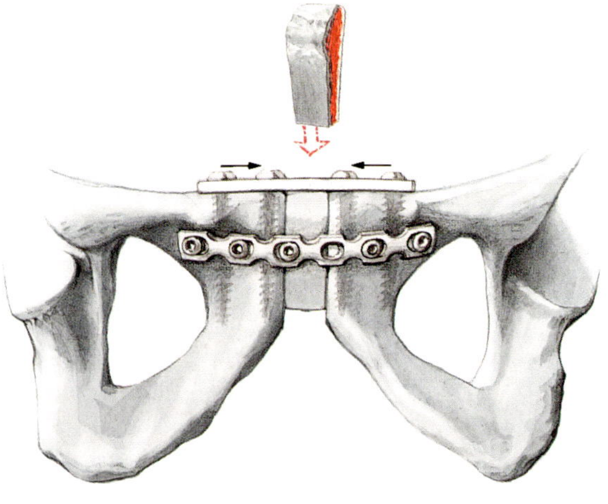

**Abb. 11.17.** Arthrodese der Symphyse. Bei der Arthrodese der Symphyse wird nach Resektion des Discus interpubicus und der begrenzenden Knochenfläche bis zur blutenden Spongiosa ein trikortikaler Beckenkamm eingesetzt und durch eine Plattenosteosynthese, ggf. auch Doppelplattenosteosynthese, stabil fixiert

**Zugang**
- Rückenlage und Durchführung einer Pfannenstielinzision.
- Anterolateraler Zugang zum Beckenkamm.

**Stabilisierung**
- Es muß ein ausreichend großes Transplantat möglichst fest »eingebolzt« werden.
- Plattenosteosynthese mit Plattenlage auf den kranialen Schambeinästen und DC-Wirkung.
- Gegebenenfalls zusätzliche ventrale Platte (»Stoßstangenplatte«).

**Nachbehandlung**
Teilbelastung für 12 Wochen an Unterarmgehstützen.
Implantatentfernung ist nicht notwendig.

### SI-Gelenk

#### ▪ Diagnostik

Die Diagnostik umfaßt zunächst eine äußerst sorgfältiger *Anamnese*, bei der mögliche Ursachen für eine schmerzhaftes SI-Gelenk erfragt werden (Verletzungen, entzündliche Veränderungen, Schwangerschaft etc.). Sicher auszuschließen sind auch Schmerzen anderer Ursache (Bandscheibenvorfall, Rückenschmerz, neurologische Erkrankungen, Koxarthrose etc.). Es muß klar werden, inwieweit die Schmerzangaben verläßlich sind und tatsächliche Behinderungen bestehen oder ggf. psychische Überlagerungen vorliegen; ggf. werden Konsiliaruntersuchungen veranlaßt (Neurologie, Psychiatrie).

Die *klinische Untersuchung* stützt sich insbesondere auf die Schmerzauslösung bei Kompression des Bekkens, bei tiefer Palpation und in den Endstellungen der Hüftgelenkbeweglichkeit (s. auch Provokationstests in Kap. 12.1).

Die *konventionelle Röntgendiagnostik* (a.-p.-, Inlet- und Outletaufnahme) läßt Fehlstellungen im Beckenring und Unregelmäßigkeiten in der Kontur des SI-Gelenkes erkennen. Die CT stellt Veränderungen der Gelenkstruktur dar. Im eigenen Vorgehen wird zur Sicherung der Indikation v. a. der Nachweis von Arthrosezeichen gefordert (Gelenkspaltverschmälerung, Randanbauten, Spangenbildungen, Verwerfungen der Gelenkfläche).

Wesentliches Kriterium vor einer Operation ist ein positiver *Provokationstest* des SI-Gelenkes. Durch die Injektion von hyperbarer Kochsalzlösung in den Gelenkspalt werden die typischen Schmerzen ausgelöst, die folgende Injektion eines Lokalanästhetikums führt zur vollständigen Schmerzfreiheit oder zumindest zu einer erheblichen Schmerzreduktion.

■ **Technik des Provokationstests**
In Bauchlage wird der SI-Gelenkspalt mit dem Bildwandler tangential eingestellt. Von distal medial her wird unter sterilen Kautelen eine lange Injektionsnadel in das SI-Gelenk eingeführt. Distal ist die Gelenkhöhle auch von dorsal her relativ gut zu erreichen. Die Lage der Nadel wird mit dem Bildwandler überprüft und dokumentiert. Bei sicher intraartikulärer Nadelposition erfolgt zunächst die Injektion einer kleinen Menge NaCl 0,9 % zur Überprüfung. Läßt sich die Injektion ohne wesentlichen Widerstand durchführen, ist der Gelenkspalt erreicht, ansonsten wird die Nadelposition nochmals korrigiert. Danach erfolgt die Injektion von etwa 1 ml NaCl 10 %. Ist der Test positiv, gibt der Patient spontan sofort die bekannten Schmerzen an. Direkt im Anschluß wird eine Lokalanästhetikum (ca. 5–10 ml) intraartikulär injiziert. Die Schmerzen sollten sofort sistieren, der Patient kann häufig nach der Injektion kurzfristig völlig schmerzfrei gehen.

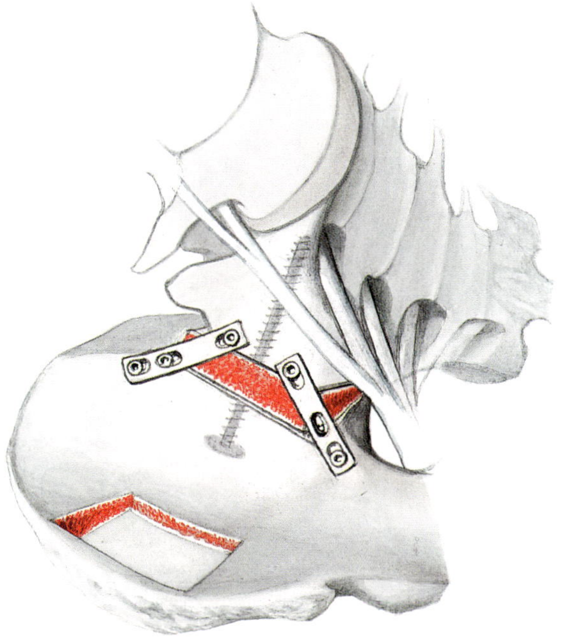

**Abb. 11.18.** Die Arthrodese des SI-Gelenkes wird im eigenen Vorgehen von ventral her durchgeführt. Das Gelenk wird unter direkter Einsicht sparsam mit dem Meißel reseziert, dann wird ein kortikospongiöser Span eingebolzt. Die Stabilisierung erfolgt durch ventrale Plattenosteosynthese (Cave: Truncus lumbosacralis), ggf. zusätzlich durch transiliosakrale Verschraubung, wobei die Schraubenlage durch die direkte Einsicht in das Gelenk gut überprüft werden kann

Der Patient wird sehr ausführlich aufgeklärt, insbesondere ist ihm zu erläutern, daß in maximal 70 % der Fälle mit einer befriedigenden Schmerzreduktion zu rechnen ist und daß ggf. Schmerzen im gegenseitigen SI-Gelenk beginnen können.

■ **Operative Technik** (Abb. 11.18 und 11.19)
Es wird die Versteifung über den anterolateralen Zugang bevorzugt, da das SI-Gelenk von ventral her sehr gut eingesehen werden kann, die Resektion der Gelenkflächen problemlos gelingt und weil mit der Plattenosteosynthese eine sehr stabile Fixationsmethode zur Verfügung steht.

**Nachteile.** Da im Vergleich zur operativen Stabilisierung einer traumatischen SI-Luxation auf dem Os sacrum weiter nach medial präpariert werden muß, besteht eine erhöhte Gefahr der Verletzung des Truncus lumbosacralis. Diese Nervenwurzel muß daher immer sicher abgehoben und geschont werden.

**Zugang.** Anterolateraler Zugang zur Fossa iliaca (s. Kap. 9).

**Technik.** Zunächst Identifikation des SI-Gelenkes (ggf. »Palpation« mit einem Spickdraht). Sicher subperiostale Präparation auf der Pars lateralis des Os sacrum (**Cave:** Truncus lumbosacralis!). Eröffnen des SI-Gelenkes, Einsetzen des Arthrodesenspreizers und Inspektion der arthrotisch veränderten Gelenkflächen. Mit dem Meißel wird der Knorpel mit wenig subchondralem Knochen sparsam reseziert (2–3 mm). Zunächst Durchführen der Bohrung im Os sacrum zur Plattenosteosynthese (gleiche Technik wie zur Versorgung der Luxation des SI-Gelenkes). Entnahme eines passenden kortikospongiösen Knochenblocks vom Beckenkamm und Einbolzen mit dem breiten Stößel. Aufbringen der Platten (2 × 3-Loch-4,5-mm-Platten) unter DC-Wirkung.

*Anmerkung.* Wird eine noch stärkere Kompressionswirkung gewünscht, wird zusätzlich eine transiliosakrale Zugschraubenosteosynthese durchgeführt (Bildwandlerkontrolle s. Kap. 9.2). Die Bohrung wird günstigerweise vor Einbringen des Knochenblocks durchgeführt, der Verlauf des Bohrers läßt sich so im ehemaligen Gelenkspalt direkt beobachten! Der Bohrer wird teilweise zurückgezogen, das Transplantat eingebracht und nun erneut im alten Kanal gebohrt.

■ **Nachbehandlung**
Teilbelastung für 12 Wochen.
Implantatentfernung ist nicht notwendig.

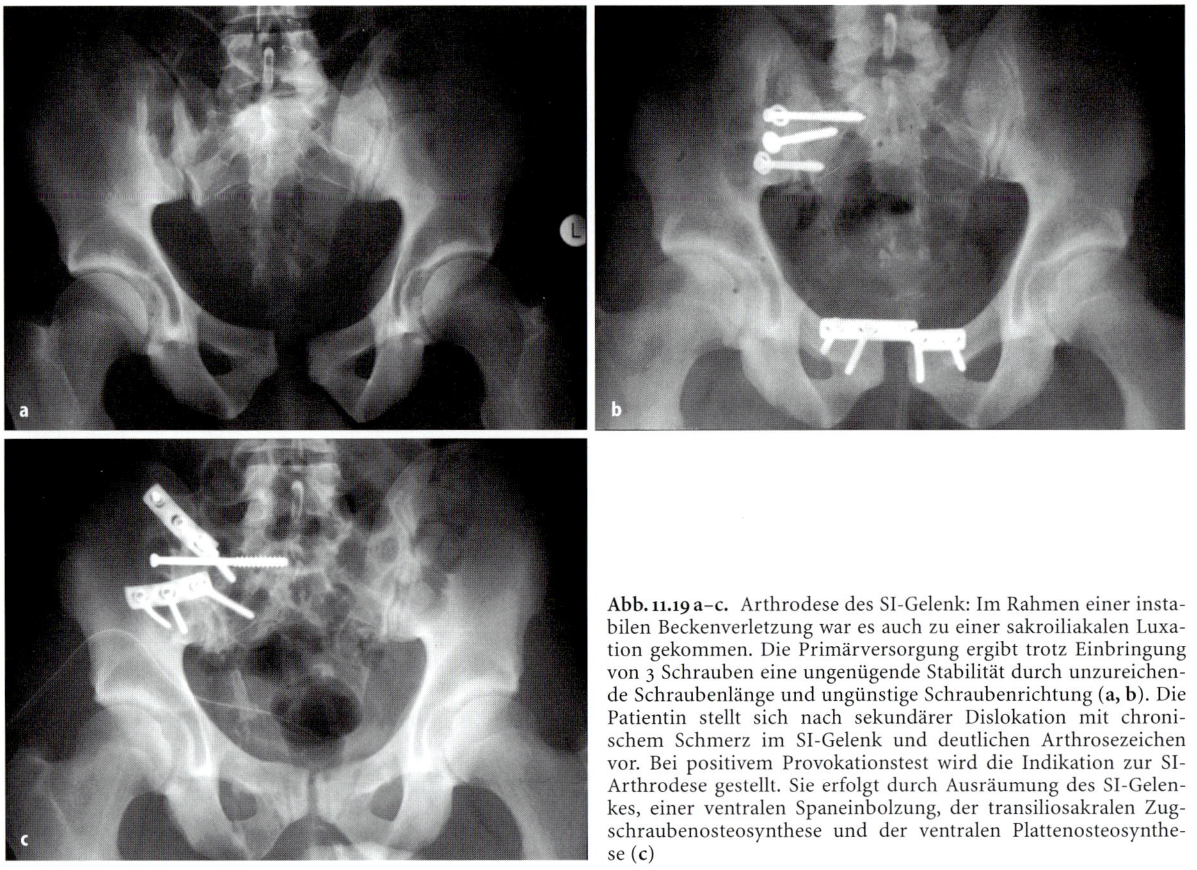

**Abb. 11.19 a–c.** Arthrodese des SI-Gelenk: Im Rahmen einer instabilen Beckenverletzung war es auch zu einer sakroiliakalen Luxation gekommen. Die Primärversorgung ergibt trotz Einbringung von 3 Schrauben eine ungenügende Stabilität durch unzureichende Schraubenlänge und ungünstige Schraubenrichtung (**a**, **b**). Die Patientin stellt sich nach sekundärer Dislokation mit chronischem Schmerz im SI-Gelenk und deutlichen Arthrosezeichen vor. Bei positivem Provokationstest wird die Indikation zur SI-Arthrodese gestellt. Sie erfolgt durch Ausräumung des SI-Gelenkes, einer ventralen Spaneinbolzung, der transiliosakralen Zugschraubenosteosynthese und der ventralen Plattenosteosynthese (**c**)

## 11.9 Steißbeinfrakturen und Sakrumquerfrakturen

T. POHLEMANN

Steißbeinfrakturen und -luxationen sowie die tiefen Sakrumquerfrakturen sind seltene Verletzungen [12, 15, 29, 32, 91]. Sie treten in der Regel im Rahmen eines direkten Sturzes auf das Gesäß auf. Im eigenen Krankengut waren unter 377 Sakrumfrakturen nur in 3% der Fälle Sakrumquerfrakturen zu finden [79]. Die besondere Problematik liegt dabei in den nicht selten vorkommenden neurologischen Ausfällen. Diese werden aufgrund der Lokalisation häufig primär übersehen. Sie können zu stark beeinträchtigenden Beschwerden führen (Sphinkterlähmungen, Sensibilitätsverluste im Anal- und Genitalbereich). Eine frühzeitige Nervendekompression kann in vielen Fällen zu einer kompletten Erholung der Nervenschäden führen [28, 31, 37, 91, 115].

### Diagnostik

In der Regel geben die Anamnese und die Schmerzangaben des Patienten schon typische Hinweise auf eine derartige Verletzung. Die klinische Untersuchung muß eine rektale Untersuchung einschließen, um evtl. bestehende Perforationen des Rektums zu diagnostizieren und eine klinisch bedeutsame »Abknickung« der Fraktur zu tasten. Bei der neurologischen Untersuchung sind insbesondere die perianale Sensibilität und der Sphinktertonus zu prüfen.

Die Röntgendiagnostik besteht in einer Beckenübersichtsaufnahme sowie einer seitlichen Sakrumaufnahme. Anhand der Beckenübersichtsaufnahme werden insbesondere zusätzliche Frakturen im Beckenring oder Os sacrum (z.B. »Ausbruchverletzung«) ausgeschlossen.

Die seitliche Sakrumaufnahme stellt die »Höhe« und das Ausmaß der Knickbildung dar. Bei einer erheblichen Fehlstellung und/oder neurologischen Ausfällen oder bei Verdacht auf weitere Frakturen, besonders im hinteren Beckenring, wird eine CT angeschlossen (sagittale Rekonstruktionen).

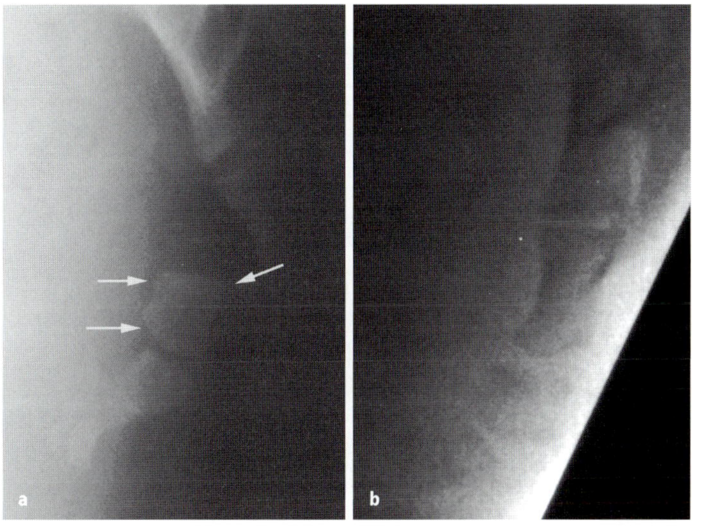

**Abb. 11.20 a, b.** Steißbeinluxationen oder Luxationsfrakturen werden eingerichtet, um chronischen Schmerzen vorzubeugen (**a**). Läßt sich eine geschlossene Einrichtung unter Lokalanästhesie nicht durchführen, erfolgt die offene Einrichtung (**b**) in Allgemeinanästhesie (Repositionszange mit Spitzen). Eine Stabilisierung ist in der Regel nicht erforderlich

## Therapie

### ■ Steißbeinfraktur oder -luxation

- Wenig verschobene Frakturen oder Luxationen werden ohne Einrichtung symptomatisch behandelt. Es kann ein Sitzring verordnet werden. Analgetische Therapie und die Verordnung leichter Laxanzien reduzieren die Beschwerden.
- Stark verschobene Frakturen oder Luxationen werden geschlossen transanal eingerichtet. Aufgrund starker Schmerzen wird zumindest eine Bruchspaltanästhesie durchgeführt. Nach gelungener Einrichtung erfolgt wiederum eine symptomatische Therapie.
- Stark verschobene Frakturen oder Luxationen die nicht geschlossen eingerichtet werden können, werden in Abhängigkeit von den Beschwerden offen eingerichtet (Abb. 11.20).

### ■ Technik

*Längsinzision über dem Steißbein in Bauchlage des Patienten. Das Os coccygeum wird von dorsal mit einer kleinen Repositionszange mit Spitzen gefaßt und reponiert. Eine Fixation erfolgt nicht. Die weitere Therapie ist symptomatisch.*

### ■ Sakrumquerfraktur

- Wenig angeknickte Frakturen ohne Stufenbildung (rektale Untersuchung) und ohne Neurologie werden wie die Steißbeinfraktur symptomatisch behandelt.
- Stark abgeknickte Frakturen sind mit einer Einengung des Zentralkanals verbunden und haben häufig Nervenausfälle zur Folge (Sphinkterstörungen). Es wird zunächst eine geschlossene transanale Einrichtung in Bruchspalt oder Allgemeinanästhesie durchgeführt.

**Praktischer Hinweis zur Technik**

Der Patient liegt in Seitenlage mit gebeugten Hüften. Das distale Fragment wird mit dem Zeigefinger, ggf. auch mit Mittelfinger und Daumen umfaßt und nach dorsal rotiert. Der Repositionserfolg läßt sich durch »Aufrichtung« der transanal tastbaren Stufe und im Bildwandler (Einstellung: Os sacrum seitlich) überprüfen. Die Fraktur kann sehr fest eingestaucht sein.

**CAVE**

Von brüsken Repositionsmanövern ist Abstand zu nehmen, um die rektale Schleimhaut nicht zu verletzen!

- Gelingt die Einrichtung nicht, redisloziert das distale Fragment oder zeigt die bei Nervenstörungen nach der Einrichtung durchzuführende CT weiterhin eine Einengung des Zentralkanals, muß offen chirurgisch vorgegangen werden. Das Hauptziel ist dabei die Reposition und Dekompression des Plexus sacralis. Bei Nervenschäden wird sofort eine offene Dekompression als Notfalloperation durchgeführt.

**Praktischer Hinweis zur Technik**

In Bauchlage wird von dorsal über der Läsion eine mediane Inzision entsprechend dem Zugang zum Sakrum angelegt (s. Kap. 9.2). Die dorsale Sakrumkortikalis wird nach Reposition (bessere Angriffsmöglichkeiten durch Einsetzen der Repositionszange mit Spitzen!) von der Fraktur her zunächst sparsam laminektomiert und die spannungsfreie Lage der Nervenwurzeln gesichert. Bei unvollständigen Repositionen wird die Laminektomie erweitert und ggf. der konvexe »Scheitel« der Abknickung abgetragen, um einen absolut spannungsfreien Nervenverlauf zu sichern. Osteosynthesen sind nur bei sehr instabilen Situationen nötig. Wegen der biomechanisch ungünstigen Lage zur Fraktur und dem in diesem Bereich nur sehr »dünnem« Os sacrum bei schlechter Weichteildeckung ist eine stabile Osteosynthese schwierig. Im eigenen Vorgehen wird nach entsprechender Aufrichtung des distalen Fragmentes im Sinne einer »intramedullären Schienung« jeweils eine Schraube (3,5 oder 4,5 mm) von distal her, frakturüberbrückend in die Pars lateralis des Kreuzbeins eingebracht (Abb. 11.21). In dieser Technik sind die Implantate weitestgehend im Knochen versenkt und stören später nicht.

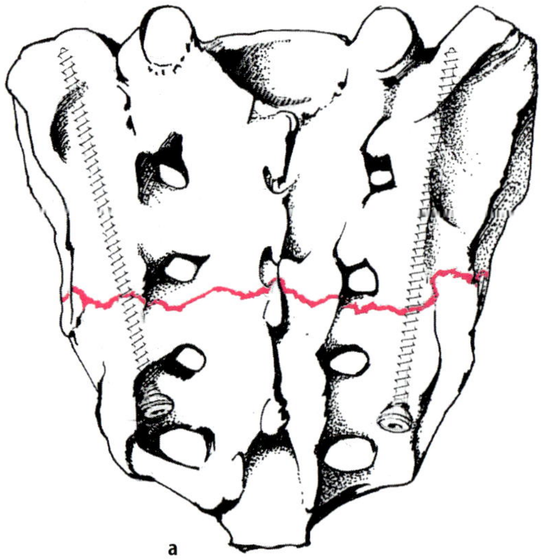

a

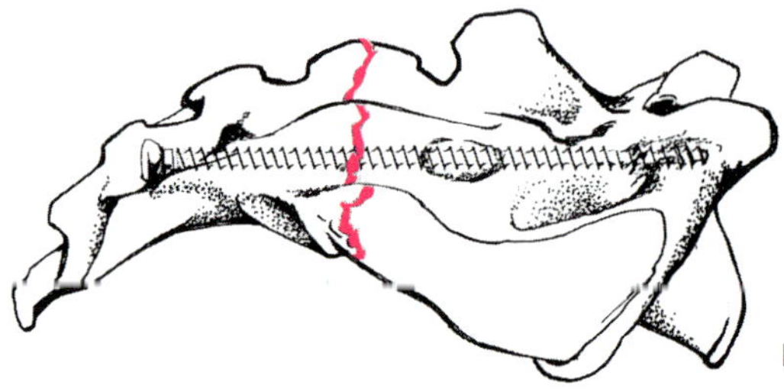

b

**Abb. 11.21 a, b.** Dislozierte Sakrumquerfrakturen können außer neurologische Ausfälle auch langfristige Schmerzen hervorrufen. Sie werden daher zumindest geschlossen eingerichtet, bei starker Redislokationstendenz auch operativ stabilisiert. Aufgrund der anatomischen Besonderheiten ist die Wahl eines geeigneten Osteosyntheseverfahrens schwierig. Im eigenen Vorgehen wird eine Schienung der Pars lateralis beider Sakrumhälften durch von distal her eingebrachte 3,5-mm-Kortikalisschrauben bevorzugt

Die Nachbehandlung erfolgt symptomatisch, wobei für 3–4 Wochen auf ein Sitzen verzichtet werden sollte (Liegen oder Stehen). Eine exakte neurologische Befunddokumentation und Verlaufskontrolle muß erfolgen.

## Komplikationen

Neben den neurologischen Folgen können in sehr seltenen Fällen nach Verletzungen des Os coccygeum langfristige Schmerzzustände bestehen.

Das Krankheitsbild der Kokzygodynie ist recht häufig durch eine psychische Überlagerung und Aggravationstendenz geprägt [94]. Bevor ein operativer Eingriff erwogen wird, sollte eine sehr sorgfältige Diagnostik, ggf. mit psychiatrischer Konsiliaruntersuchung, sowie ein konsequenter konservativer Behandlungsversuch erfolgen. Häufig lassen sich mit intensiver physikalischer Therapie und Steißbeinmassagen die Beschwerden wesentlich bessern und ein operativer Eingriff kann evtl. sogar vermieden werden.

### Praktischer Hinweis zur Technik

In Bauchlage wird eine Längsinzision über dem Os coccygeum bis kurz vor den Anus angelegt. Das Os coccygeum wird subperiostal ausgelöst, wobei analwärts das Lig. anococcygeum durchtrennt wird.

## Literatur


1. Aboulafia A, Malawer M (1993) Surgical management of pelvic and extremity osteosarcoma. Cancer 71 (Suppl 10): 3358–3366
2. Aboulafia A, Buch R, Mathews J, Li W, Malawer M (1995) Reconstruction using the saddle protheses following excision of primary and metastatic periacatebular tumors. Clin Orthop 314: 203–213
3. Ahmadi A, Kreusch-Brinker R, Mellerowicz H, Wolff R (1987) Apophysenausriß am Becken und der unteren Extremität durch Sport. Sportverletz Sportschaden 1(3): 113–117
4. Allen C (1994) Streptococcal myonecrosis: survival by aggressive surgical management. Aust N Z J Surg 64(3): 194–196
5. Balandic (1871) Über die Beweglichkeit in den Gelenken des schwangeren Beckens. Tageblatt der 44. Vers. dtsch. Naturforscher und Ärzte, Rostock
6. Barber H (1973) Horse-play: survey of accidents with horses. Br Med J 3: 532–534
7. Beck W, Weckbach A (1993) Nekrotisierende Fasziitis nach geschlossener Beckenringfraktur. Unfallchirurgie 19(4): 234–239
8. Bond S, Gotschall C, Eichelberger M (1991) Predictors of abdominal injury in children with pelvic fracture. J Trauma 31(8): 1169–1173
9. Bosch U (1991) Das Kompartmentsyndrom am Becken. Unfallchirurg 94: 244–248
10. Browner W, Pressman A, Nevitt M, Cummings S (1996) Mortality following fractures in older women. The study of osteoporotic fractures. Arch Intern Med 156(14): 1521–1525
11. Canale S, King R (1991) Pelvic and hip fractures. In: Rockwood C Jr, Wilkings K, King R (eds) Fractures in children. Lippincott, Philadelphia, pp 991–1046
12. Carl A, Delman A, Engler G (1985) Displaced transverse sacral fractures. A case report, review of the literature, and the CT-scan as an aid in management. Clin Orthop 194: 195–198
13. Carnesale P (1992) Tumors. In: Campell's operative orthopedics. Mosby, St. Louis, pp 195–368
14. Chakravarty B (1984) Injuries to birth canal during childbirth. J Indian Med Assoc 82: 359–363
15. Chiaruttini M (1987) Transverse sacral fracture with transient neurologic complication. Ann Emerg Med 16(1): 111–113

16. Coventry M, Tapper M (1972) Pelvic instability, a consequence of removing iliac bone for grafting. J Bone Joint Surg Am 54: 83–101
17. Currey J, Butler G (1975) The mechanical properties of bone tissue in children. J Bone Joint Surg Am 57(6): 810–814
18. Daffner RH, Martinesz S, Gehweiler J (1982) A stress fractures in runners. JAMA 247:1039–1041
19. D'Ambrosia R (1987) The role of non-steroidal anti-inflammatory drugs in sports injuries. Eur J Rheumatol Inflamm 8(1): 54–59
20. Davidson M (1996) Examining seperated symphyses pubis. J Nurse Midwifery 41(3): 259–262
21. De Loes M (1995) Epidemiology of sports injuries in the Swiss organization »Youth and Sports« 1987–1989. Injuries, exposure and risks of main diagnosis. Int J Sports Med 16(2): 134–138
22. Dederich R (1983) Die schnappende Hüfte, Erweiterung des Tractus iliotibialis durch Z-Plastik. Z Orthop 121: 168–170
23. Dhar S, Anderzon J (1992) Rupture of the symphysis pubis during labor. Clin Orthop 283: 252–257
24. Ehalt W (Hrsg) (1961) Verletzungen bei Kindern und Jugendlichen. Enke, Stuttgart, S 275–279
25. Enneking P (1983) Musculoskeletal tumor surgery, Vols 1, 2. Livingston, Edinburgh
26. Erttmann M, Havemann D (1992) Behandlung des Gasödems. Ergebnisse einer retrospektiven Analyse des unfallchirurgischen Krankengutes aus 20 Jahren. Unfallchirurg 95(10): 471–476
27. Fahey M, Spanier S, Vander Griend R (1992) Osteosarcoma of the pelvis. A clinical and histopathological study of twenty-five patients. J Bone Joint Surg Am 74(3): 321–330
28. Fardon D (1979) Displaced transverse fracture of the sacrum with nerve root injury: report of a case with successful operative management. J Trauma 192: 119–220
29. Fardon D (1980) Intrasacral meningocele complicated by transverse fracture. J Bone Joint Surg Am 62(5): 839–841
30. Fernbach S, Wilkinson R (1981) Avulsion injuries of the pelvis and proximal femur. Am J Roentgenol 137: 581–584
31. Fisher R (1988) Sacral fracture with compression of cauda equina: surgical treatment. J Trauma 28(12): 1678–1680
32. Fountain S, Hamilton R, Jameson R (1977) Transverse fractures of the sacrum. J Bone Joint Surg Am 59(4): 486–489
33. Franke J, Fischer W, Rahn G (1983) Über Abrißfrakturen (Teil 2) – Becken und untere Extremität (1). Z Arztl Fortbild 77(8): 356–359
34. Franke J, Fischer W, Rahn G (1983) Über Abrißfrakturen (Teil 2) – Becken und untere Extremität (2). Z Arztl Fortbild 77(9): 387–390
35. Garagiola D, Tarver R, Gibson L, Rogers R, Wass J (1989) Anatomic changes in the pelvis after uncomplicated vaginal delivery: a CT study on 14 women. Am J Roentgenol 153(6): 1239–1241
36. Gertzbein S, Chenoweth D (1977) Occult injuries of the pelvic ring. Clin Orthop 128: 202–207
37. Gibbons K, Soloniuk D, Razack N (1990) Neurological injury and patterns of sacral fractures. J Neurosurg 72: 889–893
38. Grace J, Sim F, Shives T, Coventry M (1989) Wedge resection of the symphyses pubis for treatment of osteitis pubis. J Bone Joint Surg Am 71(3): 358–364
39. Haslhofer L (1931) Die Untersuchungen über die Gelenke des Beckenrings mit besonderer Berücksichtigung ihrer Veränderungen durch Schwangerschaft und Geburt. Arch Gynäkol 147: 169–303
40. Heiss W, Daum R, Fischer H (1974) Beckenfrakturen bei Kindern und Jugendlichen. Hefte Unfallheilkd 124: 283–286
41. Henry JH (1984) The hip, part 2: Recognition and treatment of injuries. In: Scott WN, Nisonson B, Nicholas JA (eds) Principles of sports medicine. Williams & Wilkins, Baltimore, p 248
42. Heuck F (1983) Röntgen-Morphologie von Sportverletzungen der Apophysen des Beckenskelettes. Radiologe 23(9): 404–413
43. Holzmüller W, Huber P, Helling H (1994) Ausgedehnte Verletzung des Geburtskanals als Komplikation einer »normalen« Geburt. Gynäkologe 27: 271–272
44. Hosli P, Laer L v (1995) Traumatische Apophysenlösungen im Bereich des Beckens und des koxalen Femurendes. Orthopade 24(5): 429–435
45. Hu R, Bohlman H (1994) Fracture at the iliac bone graft harvest site after fusion of the spine. Clin Orthop 309: 208–213
46. Hu R, Hearn T, Yang J (1995) Bone graft harvest site as a determinant of iliaic crest strength. Clin Orthop 310: 252–256
47. John H, Burckhardt A, Gächter A (1994) Die Ermüdungsfraktur: eine häufig verpaßte Verletzung? Helv Chir Acta 60(4): 551–555
48. Johnson R, Ettlinger C, Campbell R, Pope M (1980) Trends in skiing injuries. Analysis of a 6-year study (1972 to 1978). Am J Sports Med 8(2): 106–113
49. Jones A, Dougerty P, Sharkey N, Benson D (1993) Iliac crest bone graft. Spine 18: 2048–2052
50. Kellett J (1986) Acute soft tissue injuries: A review of the literature. Med Sci Sports Exerc 18: 489–500
51. Klose H, Schuchardt E (1980) Die beckennahen Apophysenabrisse. Orthopade 9(3): 229–236
52. Koval K, Aharonoff G, Schwartz M, Alpert S, Cohen G, McShinawy A (1997) Pubic rami fracture: a benign pelvic injury? J Orthop Trauma 11(1): 7–9
53. Kujala U, Taimela S, Antti-Poika I, Orava S, Tuominen R, Myllynen P (1995) Acute injuries in soccer, ice hockey, volleyball, basketball, judo and karate: analysis of national registry data. Br Med J 311: 1465–1468
54. Kurz L, Garfin S, Booth R (1989) Harvesting autogenous iliac bone grafts. Spine 14: 1324–1330
55. Laer L v (Hrsg) (1986) Frakturen und Luxationen im Wachstumsalter. In: Anhang: Beckenfrakturen. Thieme, Stuttgart New York, S 256–264
56. Laer L v (1991) Die Beckenfraktur im Kindesalter. Zentralbl Chir 116(3): 215
57. Laer L v (1996) Frakturen und Luxationen im Wachstumsalter. Thieme, Stuttgart New York
58. Lei B van der, Hoekstra H, Veth R, Ham S, Oldhoff J, Schraffordt Koops H (1992) The use of the saddle protheses for reconstruction of the hip joint after tumor resection of the pelvis. J Surg Oncol 50(4): 216–219
59. Luger E, Arbel R, Dekel S (1995) Traumatic seperation of the symphyses pubis during pregnancy: a case report. J Trauma 38(2): 255–256
60. Magid D, Fishman E, Ney D, Kuhlman J, Frantz K, Sponseller P (1992) Acetabular and pelvic fractures in the pediatric patient: value of two- and three-dimensional imaging. J Pediatr Orthop 12: 621–625
61. Martens MA, Hansen L, Mulier JC (1987) Adductor tendinitis and musculus rectus abdominis tendopathy. Am J Sports Med 15: 353–356
62. Marynowski A, Chmielewski J (1972) A case of fatigue fracture of the pubic bone during physiological birth. Zentralbl Gynäkol 94: 360–362
63. McDonald G (1980) Pelvic disruptions in children. Clin Orthop 151: 130–134
64. McHenry C, Piotrowski J, Petrinic D, Malangoni M (1995) Determinants of mortality for necrotizing soft-tissue infections. Ann Surg 221(5): 558–563
65. McMaster PE (1933) Tendon and muscle ruptures. J Bone Joint Surg Am 15: 705–722
66. Melton L, Sampson J, Morrey B, Ilstrup D (1981) Epidemiologic features of pelvic fractures. Clin Orthop 155: 43–47
67. Metz B (1970) Arthrose des Iliosakralgelenks und Indikation für seine Arthrodese (eigene operative Technik). Z Orthop 107: 315–334
68. Metzmaker J, Pappas A (1985) Avulsion fractures of the pelvis. Am J Sports Med 13(5): 349–358
69. Meyer Junghänel L, Gänsslen A, Pohlemann T, Tscherne H (1997) Behandlungsergebnisse nach komplexem Beckentrauma bei Kindern. Unfallchirurg 100(3): 225–233

70. Miller S, Moed B, Chess J (1993) Clostridium perfringens infection of an anterior iliac crest bone graft donor site. A case report. Clin Orthop 293: 265–268
71. Mills W, Swiontkowski M (1996) Fatal group A streptococcal infection with toxic shock syndrome: complication minor orthopedic trauma. J Orthop Trauma 10(3): 149–155
72. Moran J (1988) Stress fractures in pregnancy. Am J Obstet Gynecol 158(6): 1274–1277
73. Nauts F (1984) Pelvic fractures in children: a long-term follow-up; meeting highlights AAOS. J Pediatr Orthop 4(5): 648
74. O'Brian T, Wilcox N, Kersch T (1995) Refractory pelvic stress fracture in a female long distance runner. Am J Orthop 24(9): 710–713
75. Ogden J (ed)(1982) Skeletal injury in the child, chapt 15: Pelvis. Lea & Febiger, Philadelphia, pp 423–446
76. Parkkari J, Kannus P, Niemi S, Pasanen M, Jarvinen M, Luthje P (1996) Secular trends in osteoporotic pelvic fractures in Finland: number and incidence of fractures in 1970–1991 and prediction for the future. Calcif Tissue Int 59(2): 79–83
77. Penning D, Gladbach B, Majchrowski W (1997) Disruption of the pelvic ring during spontaneous childbirth. J Bone Joint Surg Br 79(3): 438–440
78. Petersen A, Rasmussen K (1992) External skeletal fixation as treatment for total puerpal rupture of the pubic symphyses. Acta Obstet Gynecol Scand 71(4): 308–310
79. Pohlemann T, Gänsslen A, Tscherne H (1992) Die Problematik der Sakrumfraktur, klinische Analyse von 377 Fällen. Orthopade 21: 400–412
80. Pohlemann T, Gänsslen A, Hartung S, Arbeitsgruppe Becken (1977) Ergebnisse einer multizentrischen Studie. Springer, Berlin Heidelberg New York Tokyo
81. Present D, Meislin R, Shaffer B (1990) Gas gangrene. A review. Orthop Rev 19(4): 333–341
82. Putschar W (1931) Entwicklung, Wachstum und Pathologie der Beckenverbindungen des Menschen mit besonderer Berücksichtigung von Schwangerschaft, Geburt und ihren Folgen. Fischer, Jena
83. Radivojevic K, Rudelstrorfer R (1988) The older primapara: labour induction and rigidity of the soft tissues. Geburtshilfe Frauenheilkd 48: 246–248
84. Rand J (1985) Anterior sacro-iliac arthrodesis for post-traumatic sacro-iliac arthritis. J Bone Joint Surg Am 67(1): 157–159
85. Rang M (ed) (1983) Children's fractures, 2nd edn, chapt 15: Pelvis. Lippincott, Philadelphia Toronto, pp 233–241
86. Reed M (1976) Pelvic fractures in children. J Can Assoc Radiol 27: 255–261
87. Reichard S, Helikson M, Shorter N, White RJ, Shemeta D, Haller JJ (1980) Pelvic fractures in children. J Pediatr Surg 15: 727–734
88. Rieger H (1996) Das instabile Becken, Diagnostik, Therapie und Prognose der Beckenringfraktur. Zuckschwerdt, München Bern Wien New York
89. Rosen PR, Micheli LJ, Treves S (1982) Early scintigraphic diagnosis of bone stress and fractures in athletic adolescents. Pediatrics 70: 11–15
90. Roy S, Irvine R (1983) Sports medicine: Prevention, evaluation, management and rehabilitation. Englewood Cliffs, Prentice-Hall, pp 303–304
91. Roy-Camille R, Saillant G, Gagana G, Mazel C (1985) Transverse fracture of the upper sacrum suicidal jumper's fracture. Spine 10(9): 838–845
92. Rush L, Rush H (1939) Avulsion of the anterior superior spine of the ilium. J Bone Joint Surg 21: 206–207
93. Sandelin J (1986) Acute sports injuries requiering hospital care. Br J Sports Med 20(3): 99–102
94. Schmelzeisen H, Weller S (1980) Becken. In: Baumgartl F, Kremer K, Schreiber H (Hrsg) Spezielle Chirurgie für die Praxis. Thieme, Stuttgart, S 165–226
95. Schmidt H, Hofmann S (1974) Die Problematik schwerer Beckenfrakturen im Wachstumsalter. Hefte Unfallheilkd 124: 286–288
96. Schwarz N, Mayr J, Fischmeister F, Schwarz A, Posch E, Öhner T (1994) 2-Jahres-Ergebnisse der konservativen Therapie instabiler Beckenringfrakturen bei Kindern. Unfallchirurg 97(9): 439–444
97. Sennerich T, Kurock W (1987) Apophysenverletzungen an Becken und Tibia beim jugendlichen Sportler. Z Kinderchir 42(3): 184–186
98. Sennerich T, Kurock W (1987) Knöcherne Sehnenausrisse an Becken und Bein beim Jugendlichen. Schweiz Z Sportmed 35(2): 53–58
99. Shin K, Rougraff B, Simon M (1994) Oncologic outcomes of primary bone sarcomas of the pelvis. Clin Orthop 304: 207–217
100. Slätis P, Eskola A (1989) External fixation of the pelvic girdle as a test for assessing instability of the sacro-iliac joint. Ann Med 21: 369–372
101. Smith-Petersen M, Rogers W (1926) End-result study of arthrodesis of the sacro-iliac joint for arthritis – traumatic and nontraumatic. J Bone Joint Surg 8(1): 118–136
102. Steinbrück K (1987) Epidemiologie von Sportverletzungen. 15-Jahres Analyse einer sportorthopädischen Ambulanz. Sportverletz Sportschaden 1(1): 2–12
103. Stoll P, Schilli W (1981) Long-term follow-up of donor and recipient sites after autologous bone grafts for reconstruction of the facial skeleton. J Oral Surg 39: 676–677
104. Stuhler T, Stankovic P, Krause P, Koch A (1977) Kindliche Beckenfrakturen: Klinik, Spätergebnisse, Biomechanik. Arch Orthop Unfallchir 90: 187–198
105. Sugarbaker P (1992) Musculosceletalal surgery for cancer: principles and management. In: Sugarbaker P, Malawer M (eds). Thieme, New York, pp 121–149
106. Thorne D, Datz F (1986) Pelvic stress fracture in female runners. Clin Nucl Med 11(12): 828–829
107. Tile M (1984) Fractures of the pelvis and acetabulum. Williams & Wilkins, Baltimore
108. Tile M (1995) Fractures of the pelvis and acetabulum, 2nd edn. Williams & Wilkins, Baltimore
109. Torode I, Zieg D (1985) Pelvic fractures in children. J Pediatr Orthop 5(1): 76–84
110. Trousdale R, Ganz R (1994) Posttraumatic acetabular dysplasia. Clin Orthop 305: 124–132
110 a. Tscherne H, Blauth M (1998) Wirbelsäule, Springer, Berlin Heidelberg New York Tokyo (Tscherne Unfallchirurgie)
111. Virtanen H, Kaukonen J, Ranta T (1992) Seperation of symphysis pubis and sacroiliac joint during labour. Duodecim 108(21): 1877–1881
112. Waisbrod H, Krainick J, Gerbershagen H (1987) Sacroiliac joint arthrodesis for chronic lower back pain. Arch Orthop Trauma Surg 106: 238–240
113. Waters PM, Millis MB (1988) Hip and pelvic injuries in the young athlete. Clin Sports Med 7(3): 513–526
114. Watts H (1976) Fractures of the pelvis in children. Orthop Clin North Am 7(3): 615–624
115. Weaver E, England G, Richardson D (1981) Sacral fracture: case presentation and review. Neurosurgery 9(6): 725–728
116. Winkelmann W (1995) Knochen und Weichteiltumoren. In: Bauer R, Kerschbaumer F, Poisel S (Hrsg) Orthopädische Operationslehre. Thieme, Stuttgart New York, S 251–350
117. Wirth C, Kessler M (1983) Sinnvoller Einsatz der radiologischen Diagnostik bei Sportverletzungen und Sportschäden. Radiologe 23(9): 389–403
118. Wood T, Potter M, Jonasson O (1993) Streptococcal shock like syndrome. The importance of surgical intervention. Ann Surg 217(2): 109–114

# Kapitel 12

# Langzeitergebnis nach Beckenfrakturen

12

A. Gänsslen, H. Müller-Vahl, T. Pohlemann und Ch. Stief



**Das Langzeitergebnis nach Beckenfrakturen ist aufgrund der hohen Anzahl von Begleitverletzungen und der Vielzahl von Parametern, die einen Einfluß nehmen können, nur schwer zu beurteilen und zu vergleichen. Während bis in jüngste Zeit das Überleben einer schweren Beckenverletzung als wesentlicher Behandlungserfolg angesehen wurde, konzentrieren sich die neueren Untersuchungen auf die komplette Restitutio des Patienten auch nach komplexen Beckenverletzungen. Da besonders die Diskussion um die Beurteilung des Spätergebnisses noch nicht endgültig abgeschlossen ist, sollen an dieser Stelle beispielhaft einige Untersuchungsergebnisse genannt werden, die erkennen lassen, mit welchen Langzeitfolgen zu rechnen ist. Da ein Großteil der Behinderungen auf neurologischem und urologischem Gebiet liegt und bei einer unsorgfältigen Untersuchung nicht offensichtlich werden, kommt dem Erkennen dieser Läsionen eine ganz besondere Bedeutung zu. Die Patienten müssen gezielt befragt und untersucht werden, um Behinderungen festzustellen, die einerseits für den Patienten erhebliche Einschränkungen bedeuten können (z. B. erektile Dysfunktion bei jungen Patienten), andererseits versicherungsrechtliche Konsequenzen haben können.**

**Es empfiehlt sich, nach Abschluß der Primärbehandlung den Patienten auf langfristige Nachuntersuchungstermine 1–2 Jahre nach dem Unfall hinzuweisen, um die Prognose von neurologischen und urologischen Störungen feststellen zu können. Im eigenen Vorgehen hat sich die Etablierung von gemeinsamen neurologischen und urologischen Nachsorgeprogrammen bewährt.**

## 12.1 Nachuntersuchung nach Beckenfrakturen

A. Gänsslen und T. Pohlemann

**Die komplette unfallchirurgische Untersuchung wird nach Beckenfrakturen um einige spezielle Untersuchungstechniken erweitert (s. unten). Da insbesondere zur Ergebniskontrolle eine »Quantifizierung« der erhobenen Befunde wünschenswert ist, werden auch entsprechende Einteilungen und Klassifikationssysteme angeführt, die eine Auswahl wichtiger Beurteilungskriterien darstellen und sich im Rahmen der multizentrischen Studie der Arbeitsgruppe Becken bewährt haben [44, 74].**

### Schmerzen

Der Schmerz ist die häufigste Behinderung nach Bekkenfrakturen; seine Intensität, Lokalisation und Charakteristik muß sehr genau erfragt, untersucht und dokumentiert werden. Zur Ermittlung der Schmerzintensität hat sich die sog. Visual-Analog-Skala bewährt.

- **Visual-Analog-Skala:**
  *Der Patient markiert auf einer nicht unterteilten Strecke die von »keine Schmerzen« bis zu »stärksten Schmerzen« reicht, die seiner Meinung nach dem bestehenden Schmerz am besten entsprechende Stelle. Die Linie wird sekundär »graduiert« und ergibt eine zuverlässigen Meßwert.*

Zusätzlich werden die Schmerzangaben vom Untersucher analysiert, der Schweregrad abgeschätzt und lokalisationsbezogen dokumentiert (Tabelle 12.1).

**Tabelle 12.1.** Beurteilung der Schmerzintensität nach Beckenfrakturen, beurteilt durch die Untersucher [44]

| | |
|---|---|
| 0 = keine | Keinerlei Schmerzen im Becken- und Acetabulumbereich |
| 1 = leicht | Nur nach längerer Belastung auftretend, wechselnd, keine Medikation erforderlich, keine Aktivitätseinschränkungen |
| 2 = mittel | Regelmäßige Belastungsschmerzen, selten Analgetika, Aktivitätsgrad leicht eingeschränkt |
| 3 = stark | Ständige Ruheschmerzen, Nachtruhe durch Schmerz gestört, regelmäßige Analgetikaeinnahme |

| | | |
|---|---|---|
| Schmerzen | Sehr starke Schmerzen, Dauerschmerzen | 0 |
| | Starke Schmerzen, Nachtschmerzen | 1 |
| | Starke Schmerzen beim Gehen, Schmerzen verhindern jegliche Aktivität | 2 |
| | Erträgliche, aber starke Schmerzen, eingeschränkte Aktivität | 3 |
| | Geringe Schmerzen beim Gehen, verschwinden in Ruhe | 4 |
| | Leichte Schmerzen, inkonstant, normale Aktivität | 5 |
| | Keine Schmerzen | 6 |
| Beweglichkeit | Ankylose in schlechter Hüftstellung | 0 |
| | Ankylose, Schmerzen oder nur leichte Fehlstellung | 1 |
| | Flexion <40° | 2 |
| | Flexion 40–60° | 3 |
| | Flexion 60–80°, Schuhanziehen möglich | 4 |
| | Flexion 80–90°, Abduktion bis 15° | 5 |
| | Flexion >90°, Abduktion >25° | 6 |
| Gehfähigkeit | Unmöglich | 0 |
| | Nur mit Unterarmgehstützen | 1 |
| | Nur mit 2 Stöcken | 2 |
| | Mit 1 Stock <1 h, starke Schwierigkeiten ohne Gehhilfe | 3 |
| | Kurze Strecken ohne Gehhilfe, lange Strecken mit Gehhilfe | 4 |
| | Ohne Stock, aber mit leichtem Hinken | 5 |
| | Normal | 6 |

**Tabelle 12.2.** Funktionelle Beurteilung des Hüftgelenkes nach Merle d'Aubigne [32a]

## Körperliche Untersuchung

Die körperliche Untersuchung umfaßt die *Inspektion* mit der Beurteilung des Gangbildes, des Hinkens sowie von Fehlstellungen (Beckenstand, Rotationsbeurteilung, Trendelenburg-Zeichen).

Bei der Beurteilung einer beckenbedingten Veränderung des *Gangbildes* (z.B. Duchenne-Hinken, Bekkenschiefstand) müssen Zusatzverletzungen berücksichtigt und dokumentiert werden (Amputation, Funktionsdefizite nach Frakturen der unteren Extremität etc.).

Es wird gezielt nach Narbenhernien im Bereich der Bauchwand gefahndet. Werden sie diagnostiziert, erfolgt eine weitere Abklärung. Sie können ggf. im Rahmen einer notwendigen Implantatentfernung versorgt werden, evtl. sind auch plastische Deckungen zu planen.

Die *Hüftbeweglichkeit* wird mittels der Neutral-Null-Methode dokumentiert. Die Gesamtbeurteilung der *Hüftgelenkfunktion* erfolgt nach dem Schema von Merle d'Aubigne (Tabelle 12.2). Eine exaktere Einschätzung ergibt sich, wenn die Hüftgelenkbeweglichkeit im Seitenvergleich vorgenommen wird, wobei der Prozentwert der Gesamtbewegungsumfanges der »gesunden« Gegenseite verwendet wird (Tabelle 12.3).

Die Einzelbereiche des Scores nach Merle d'Aubigne werden getrennt dokumentiert (z.B. 6/6/6 für ein ausgezeichnetes Ergebnis). Nach beidseitigen Acetabulumfrakturen wird der Teilbereich »Mobilität« zusätzlich seitengetrennt angegeben.

| | |
|---|---|
| 100–95% | 6 |
| 80–94% | 5 |
| 70–79% | 4 |
| 60–69% | 3 |
| 50–59% | 2 |
| <50% | 1 |

**Tabelle 12.3.** Modifikation der Beurteilung der Hüftgelenkbeweglichkeit im Merle-d'Aubigne-Score nach Matta [32a]. Der erreichte Bewegungsumfang wird als Prozentwert der Gegenseite ausgedrückt

Die *Beinlängendifferenz* wird zunächst klinisch mit der Brettchenmethode bestimmt (Referenzlinie: Zenith der Crista iliaca), wobei auf beckenunabhängige Beinlängendifferenzen zu achten ist.

Mit *Provokationstests* können spezifische Schmerzen im Beckenring ausgelöst werden. Häufig verwendet werden die Außenrotations- und die Innenrotationsprovokation und das Mennel-Zeichen (Tabelle 12.4). Gleichzeitig werden beobachtete Instabilitäten der Ringstruktur dokumentiert (s. auch Kap. 6).

Spezifische Untersuchungen zur Analyse von Funktionsstörungen des SI-Gelenkes sind das »Viererzeichen« und das »Vorlaufphänomen« (Tabelle 12.4).

Weitere funktionelle Untersuchungen, wie z.B. Hüpfen auf einem Bein, Anziehen von Schuhen und Strümpfen, Treppensteigen oder Einnahme des Schneidersitzes, ergänzen die klinische Beurteilung. Die Überprüfung der Durchblutung, Motorik und Sensibilität schließt die klinische Untersuchung ab.

## Orientierende neurologische Untersuchung

Im Rahmen einer orientierenden neurologischen Untersuchung müssen Anhaltspunkte für evtl. vorhandene, beckenbedingte neurologische Störungen gewonnen werden. Im Verdachtsfall ist immer eine genaue fachneurologische Zusatzuntersuchung zu empfehlen. Diese entspricht dem in Kap. 6 angegebenen Untersuchungsgang.

Zur einheitlichen Dokumentation wird die »Beurteilungsskala Motorik« des British Medical Research Council (Tabelle 12.5) empfohlen, während zur Graduierung einer sensiblen Läsion die Beurteilungsskala Sensibilität nach Seddon (Tabelle 12.6) eingesetzt wird [12].

**Tabelle 12.4.** Durchführung verschiedener Provokations- und Funktionstests am Becken

- **Provokation durch Außenrotation.** Der Patient liegt in Rückenlage. Mit beiden Händen (überkreuzt) wird mit gestreckten Armen gleichmäßig Druck nach dorsolateral auf beide Spinae iliacae anteriores superiores ausgeübt und eine Außenrotationsbewegung provoziert. Der Test ist positiv, wenn Schmerzen auftreten.
- **Provokation durch Innenrotation (»laterale Kompression«).** Der Patient liegt in Seitenlage mit ca. 45° flektiertem Hüft- und Kniegelenk. Der Untersucher übt mit beiden Handflächen bei gestreckten Armen gleichmäßig Druck auf den vordersten Punkt der Crista iliaca nach ventromedial aus und provoziert damit eine Kompression des vorderen Beckenringes sowie der ventralen SI-Fuge. Der Test ist positiv, wenn Schmerzen auftreten.
- **Mennel-Zeichen.** Beim Mennel-Zeichen liegt der Patient in Seitenlage. Das unten liegende Bein wird mit beiden Händen in maximaler Hüft- und Knieflexion vor dem Bauch fixiert. Das obere gestreckte, in der Hüfte extendierte Bein wird am Oberschenkel von ventral nach hinten geführt, während Druck auf das Sakrum nach ventral ausgeübt wird. Bei typischem Schmerz ist das Zeichen positiv.
- **Das »Viererzeichen«.** Das Viererzeichen wird in Rückenlage bei fixiertem Becken geprüft. Ein Bein ist gestreckt, das andere wird bei gebeugtem Kniegelenk in der Hüfte maximal abduziert, der Fuß stützt sich dabei an der Knieinnenseite des gestreckten Beines ab. Das Zeichen ist positiv bei Schmerzen im SI-Gelenkbereich oder wenn Seitendifferenzen bestehen.
- **Das Vorlaufphänomen.** Beim Vorlaufphänomen werden beidseits die Spinae iliacae posteriores superiores getastet, während der Patient sich nach vorne beugt. Ein Mitwandern des Darmbeinstachels nach kranial gibt Hinweise auf eine Bewegungseinschränkung des SI-Gelenkes (Nutation).

**Tabelle 12.5.** Beurteilungsskala der Motorik des British Medical Research Council [33a]

| | |
|---|---|
| M0 | Keine Muskelaktivität |
| M1 | Sichtbare Kontraktion ohne Bewegungseffekt |
| M2 | Bewegungsmöglichkeit unter Ausschaltung der Schwerkraft des abhängigen Gliedabschnittes |
| M3 | Bewegungsmöglichkeit gegen die Schwerkraft (leichter Widerstand) |
| M4 | Bewegungsmöglichkeit gegen mäßigen Widerstand |
| M5 | Normale Kraft |

**Tabelle 12.6.** Beurteilungsskala der Sensibilität nach Seddon [33a]

| | |
|---|---|
| S0 | Keinerlei Sensibilität |
| S1 | Tiefe kutane Sensibilität (Schmerzempfindung) in der autonomen Zone |
| S2 | Eine gewisse oberflächliche kutane Schmerzempfindung und taktile Sensibilität in der autonomen Zone |
| S3 | Oberflächliche kutane Schmerzempfindung sowie Berührungsempfindung in der ganzen autonomen Zone. Verschwinden der beim Regenerationsvorgang vorher vorhandenen Überempfindlichkeit |
| S3+ | Wie S3, dazu eine gewisse Zweipunktdiskrimination in der autonomen Zone |
| S4 | Normale Sensibilität |

### Orientierende urologische Untersuchung

Das urologische Screening umfaßt primär ausschließlich eine Befragung des Patienten. Es werden Störungen der Erektion und Ejakulation, des Orgasmus, Miktionsstörungen, Miktionsverhalten, anale Sphinkterstörungen, Harnwegsinfekte und zwischenzeitliche urologische Behandlungen erfragt. Im Verdachtsfall ist dringend eine fachurologische Diagnostik zu empfehlen, im eigenen Vorgehen hat sich die Einrichtung eines speziellen interdisziplinären Nachsorgeprogramms bewährt.

### Radiologische Untersuchung

Die radiologische Beurteilung stützt sich auf die Standardbeckenaufnahmen. Im Rahmen von Verlaufskontrollen reicht in der Regel eine Beckenübersichtsaufnahme aus. Bei Erstvorstellungen bzw. zur Quantifizierung von Fehlstellungen werden zusätzlich die Inlet- und Outletprojektionen angefertigt, nach Acetabulumfrakturen auch Ala- und Obturatorprojektionen. Zunächst wird die Anatomie des Beckenringes analysiert. Bei vorhandenen Fehlstellungen wird die vertikale Dislokation, die a.-p.-Dislokation sowie die Fehlstellung der Symphyse beurteilt (s. Kap. 8). Weiterhin wird auf Rotationsfehlstellungen, Hypoplasien, heterotope Ossifikationen und Strukturstörungen des Knochens (hyperdense Zonen, Osteoporose) geachtet. Wichtig ist auch die Beurteilung der Weite des Symphysenspaltes und des SI-Gelenkes. Zeigen sich insbesondere im Bereich des SI-Gelenkes Strukturunregelmäßigkeiten, wird bei entsprechender klinischer Symptomatik eine CT-Untersuchung des SI-Gelenkes angeschlossen.

Die radiologische Beurteilung des Hüftgelenkes und des Acetabulums wird in Kap. 23 detailliert besprochen.

## 12.2 Häufigkeit von dauerhaften Behinderungen

A. Gänsslen und T. Pohlemann

**Es besteht ein fließender Übergang von unfallbedingten Begleitverletzungen, Komplikationen, ggf. iatrogenen Schäden und Langzeitbehinderungen nach Beckenfrakturen. In diesem Abschnitt ist eine Übersicht über das zu erwartende »Langzeitergebnis« nach den verschiedenen Formen der Beckenverletzungen zusammengefaßt worden. Trotz der Vielzahl von Ergebnismitteilungen in der Literatur können aufgrund von sehr unterschiedlichen Patientenkollektiven, variierenden Beurteilungskriterien und Beobachtungen aus sehr verschiedenen Zeitabschnitten allgemeingültige Ergebnisse nur sehr eingeschränkt angegeben werden. Ein Großteil der dargestellten Ergebnisse stützt sich daher auf die im Rahmen der multizentrischen Studie der Arbeitsgruppe Becken erhobenen Daten; sie erlauben eine recht exakte Einschätzung der trotz der verfügbaren Therapie noch bestehenden Langzeitfolgen nach Beckenfrakturen [44].**

### Schmerzen

Der Schmerz ist die am häufigsten angegebene Behinderung nach instabilen Beckenfrakturen [46]. Seine Häufigkeit und Ausprägung ist im wesentlichen abhängig vom Instabilitätsgrad des Beckenringes sowie von extrapelvinen und pelvinen Begleitverletzungen, und zwar hier v.a. von urogenitalen und neurologischen Langzeitschäden. Die höchste Rate langfristiger Schmerzen wird nach instabilen Beckenringverletzungen im Rahmen eines Komplextraumas beobachtet (Abb. 12.1).

Die Angaben über die Häufigkeit und Intensität der Schmerzen schwanken, in der Literatur werden Schmerzen in 12–70% nach Beckenfrakturen angegeben. Problematisch sind dabei u.a. die jeweils unterschiedliche Wertigkeit des Schmerzes, die nur ungenügende Differenzierung bzw. Schmerzskalierung, unterschiedliche Therapieverfahren und Klassifikationsunterschiede. Es wird dadurch fast unmöglich, verschiedene Arbeiten miteinander zu vergleichen.

Roder beurteilte die Schmerzen bei 45 operativ stabilisierten Patienten mittels des Merle-d'Aubigné-Scores. Eine genaue Aufschlüsselung der Beckenklassifikation wurde nicht beschrieben. Er fand 18% mittelgradige bis starke Schmerzen nach durchschnittlich 2 Jahren. Nur 36% der Patienten waren schmerzfrei [48].

Rommens graduiert in einem Kollektiv von 35 operativ versorgten Patienten mit instabilen Beckenringverletzungen (Typ B und C) Schmerzen anhand eine 5-Punkte-Skala. Es lagen 44,4% Schmerzen nach Typ-B-Verletzungen und 64,7% nach Typ-C-Verletzungen vor. Mittlere bis starke Schmerzen fanden sich bei 22,2% nach Typ-B- und 58,8% nach Typ-C-Verletzungen [49].

Tornetta fand bei 29 operativ stabilisierten Typ-B-Verletzungen nur in 3,5% mittelgradige bis starke Schmerzen (72,4% schmerzfrei), nach Typ-C-Verletzungen in 37% [69, 70].

Im eigenen Krankengut von 1985 bis 1990 wurden 28 Typ-B-Verletzungen und 30 Typ-C-Verletzungen nach operativer Versorgung mindestens nach 2 Jahren nachuntersucht [42]. Nach Typ-B-Verletzungen lagen 4%, nach Typ-C-Verletzungen 40% mittelgradige bis starke Schmerzen vor. Schmerzfrei waren 89% der Patienten mit Typ-B- und 33% mit Typ-C-Verletzungen. Zur Beurteilung wurde der Becken-Outcome-Score verwendet [44].

Im Kollektiv der Arbeitsgruppe Becken erfolgte eine differenzierte Schmerzanalyse anhand des Becken-Outcome-Scores [44]. Unabhängig von der Therapie lagen nach Typ-A-Verletzungen Schmerzen in 43,3%, nach Typ-B-Verletzungen in 55,2%, nach Typ-C-Verletzungen in 71,7% und nach Komplextraumen in 71,8% vor. Mittelgradige bis starke Schmerzen fanden sich bei 13,3%, 20,7%, 30,2% bzw. 64,1%.

Derzeit wird noch kontrovers diskutiert, welchen Einfluß die primäre Beckenringdislokation auf das Langzeitergebnis hat [11, 34, 47, 50, 51, 72].

Einen sicheren Einfluß auf die Schmerzen hat die nach Ausheilung verbliebene Fehlstellung besonders im dorsalen Beckenring.

Henderson fand nach konservativer Therapie der Beckenfrakturen, daß bei einer verbliebenen posterioren Fehlstellung von mehr als 1 cm in allen Fällen erhebliche Schmerzen im hinteren Beckenring angegeben wurden, während in Fällen in denen die Fehlstellung weniger als 1 cm betrug, lediglich 56% der Patienten Schmerzen angaben [18].

Die Ergebnisse der Arbeitsgruppe Becken zeigten, daß bei klinisch sehr gutem Ergebnis nur in 3,5% posteriore Fehlstellungen >5 mm bestanden, während diese Rate bei den Patienten mit schlechtem klinischem Ergebnis bei 20% lag [44].

Möglicherweise hat auch die Art der posterioren Beckenverletzung einen Einfluß auf die Schmerzhäufigkeit [22, 69].

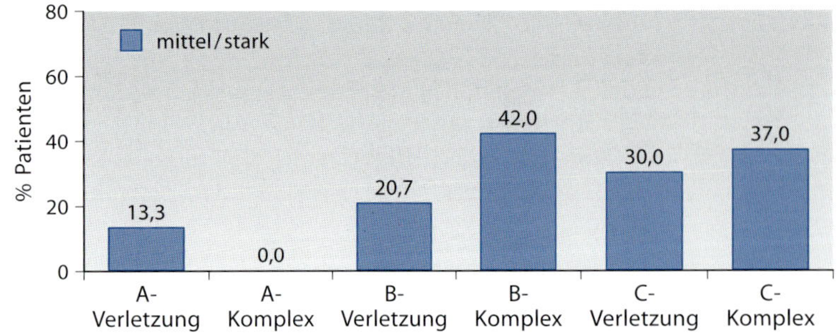


**Abb. 12.1.** Schmerzen in Abhängigkeit von der Klassifikation (nur mittelgradige und starke Schmerzen). (Daten aus der multizentrischen Studie der Arbeitsgruppe Becken der Deutschen Sektion der AO International und DGU) [44]

Holdsworth fand nach konservativer Behandlung häufiger Schmerzen nach SI-Sprengungen im Vergleich zu Sakrum- oder Iliumfrakturen [22].

Tornetta konnte ähnliche Unterschiede an einem Kollektiv operativ versorgter Verletzungen des hinteren Beckenrings feststellen [69].

## Neurologische Defizite

Von besonderer Bedeutung unter den vielfältigen möglichen Komplikationen nach Beckenfrakturen sind Nervenschäden, da sie das funktionelle Langzeitergebnis wesentlich beeinflussen [32, 75]. Nervenläsionen, die sich nicht zurückbilden, haben einen erheblichen Anteil an den verbleibenden Behinderungen nach Beckenfrakturen [8, 63]. Die Schwere des persistierenden Nervenschadens hängt dabei von der Beckenringinstabilität, den pelvinen Begleitverletzungen und der Art der posterioren Beckenringverletzung (v.a. SI-Gelenkverletzungen) ab (Abb. 12.2). Insgesamt werden motorische Fasern stärker als sensible Fasern verletzt [23, 32, 58]. Der N. ischiadicus wird bei Beckenverletzungen am häufigsten geschädigt [24, 63].

Reilly gibt eine Rate von 21% neurologischen Spätschäden nach instabilen Beckenringverletzungen an. 37% der Patienten hatten nur sensible, die übrigen 63% sowohl motorische als auch sensible Ausfälle. Bei allen Patienten waren Remissionen nach durchschnittlich 2 Jahren erkennbar. 53% der Patienten zeigten dabei eine vollständige Remission [46].

Im eigenen Krankengut kam es nach Beckenringverletzungen vom Typ C zu einem Anstieg von Nervenschäden von 40% nach Sakrumfrakturen auf 57% nach SI-Gelenkverletzungen gegenüber 5% bzw. 14% nach Verletzungen vom Typ B [43].

Die Ergebnisse der Arbeitsgruppe Becken zeigten in 10,8% subjektiv beeinträchtigende neurologische Störungen [44]. Auch hier bestand eine Korrelation zur Beckenringinstabilität bzw. dem gleichzeitigen Vorhandensein eines komplexen Beckentraumas (Abb. 12.2). Patienten mit schweren verbliebenen Nervenschäden wiesen in 70% SI-Gelenkverletzungen auf gegenüber 24% bei Patienten ohne Nervenschäden. Auch die verbliebene Beckendislokation hatte einen Einfluß: 30% der Patienten mit schweren Nervenschäden hatten verbliebene Dislokationen >5 mm gegenüber 5,7% ohne Nervenschäden.

Zur Beurteilung des neurologischen Langzeitergebnisses ist es notwendig, daß zumindest ein Zeitraum von 2 Jahren nach dem Trauma abgewartet wird, da bis zu diesem Zeitpunkt, ausgesprochen selten auch später, noch Remissionen auftreten können [12].

In welchem Ausmaß Nervenstörungen zurückgehen können, ist derzeit noch nicht abschließend zu beurteilen.

Patterson und Morton geben eine Remissionsrate von 70% an [38].

Schumm fand eine Rate von 85% mit guter bis mittelgradiger Reinnervation v.a. der proximalen Muskelgruppen der unteren Extremitäten [58].

Huittinen untersuchte Patienten mit schweren Nervenschäden und fand bei diesem Kollektiv keine Remissionen [24].

Die eigenen Untersuchungen ergaben eine Beziehung der Reinnervation in Abhängigkeit von der Schwere der Primärläsion [43]. 52,4% der motorischen Defizite und 40% der sensiblen Defizite zeigten eine Remission. Nach schweren Schäden war keine komplette Remission zu beobachten, während leichte bis mittelgradige Schäden eine bessere Prognose aufwiesen. Schwere, dauerhafte Läsionen, d.h. subjektive behindernde Nervenausfälle, waren nach 2 Jahren lediglich noch nach Verletzungen vom Typ C zu beobachten.

## Urologische Defizite

Die Auswirkung urogenitaler Spätschäden ist bisher nur ungenügend analysiert worden und wird prognosebestimmend häufig unterschätzt. Art und Schwere urogenitaler Langzeitschäden hängen im wesentlichen vom Vorhandensein eines komplexen Beckentraumas mit Verletzung der Urogenitalregion und vom Vorhandensein einer Symphysensprengung ab (Abb. 12.3). Wichtig ist, daß auch ohne Vorliegen einer primären Urogenitalverletzung Spätfolgen im Sinne einer erektilen Dysfunktion auftreten können. Durch die Verlet-

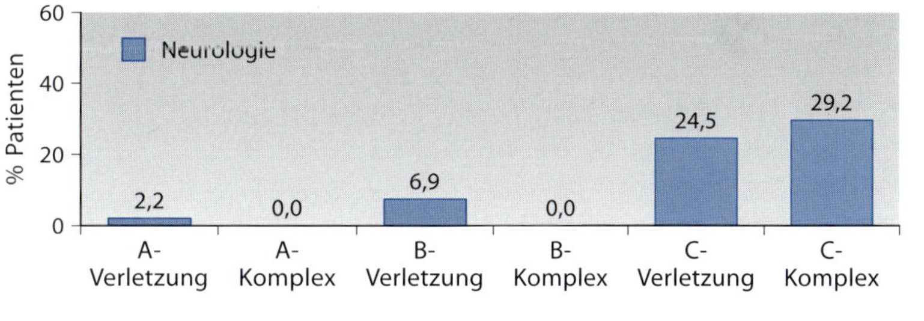


**Abb. 12.2.** Neurologische Defizite in Abhängigkeit von der Klassifikation. (Daten aus der multizentrischen Studie der Arbeitsgruppe Becken der Deutschen Sektion der AO International und DGU) [44]

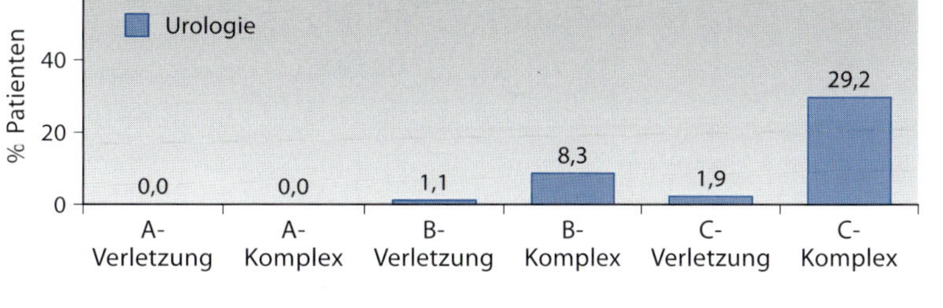


**Abb. 12.3.** Urologische Defizite in Abhängigkeit von der Klassifikation. (Daten aus der multizentrischen Studie der Arbeitsgruppe Becken der Deutschen Sektion der AO International und DGU) [44]

zung verursachte, primär unerkannte Verletzungen der genitalen Nerven und/oder der Gefäßversorgung können eine Ursache für derartige Störungen darstellen.

Huitinnen gibt eine Rate von 8,8% Miktionsstörungen und 13% sexuellen Einschränkungen nach instabilen Beckenfrakturen an [23].

Die Häufigkeit analer Sphinkterstörungen wird von Semba mit 6,6% angegeben [11].

Die Analyse der Arbeitsgruppe Becken zeigt, daß 42,1% der Patienten mit urogenitalen Störungen eine Symphysensprengung aufwiesen, gegenüber 26,6% ohne urogenitale Spätschäden [44]. Die Beckenringklassifikation hatte dagegen keinen Einfluß auf die Häufigkeit urogenitaler Störungen. Nach isolierten Typ-A-Verletzungen fanden sich Miktionsstörungen in 12%, eine erektile Dysfunktion in 13,2% und eine Dyspareunie in 2%, nach Typ-B-Verletzungen in jeweils 5,7%, 10,4% bzw. 2,6%, nach Typ-C-Verletzungen in jeweils 3,2%, 12,9% bzw. 0%. Anale Sphinkterstörungen wurden in jeweils 1,1%, 3,5% bzw. 1,9% beobachtet [44].

## Pseudarthrosen

Die Rate von Pseudarthrosen nach Beckenringfrakturen wird mit 0–3% angegeben [6, 16, 66].

Tamm et al. geben 8 posteriore Pseudarthrosen im Rahmen der Behandlung von 400 Patienten an [66].

Im Rahmen der Arbeitsgruppe Becken wurde bei 486 nachuntersuchten Patienten in keinem Fall eine Pseudarthrose des hinteren Beckenrings dokumentiert [44].

## Gesamtbeurteilung (»Outcome«)

Die anatomische Reposition und Stabilisierung war lange Zeit ein wesentliches Problem in der Behandlung von instabilen Beckenringfrakturen. Sowohl die konservative Behandlung [18], als auch die Behandlung mit dem Fixateur externe [9, 57, 61] zeigte eine hohe Rate von sekundären Fehlstellungen und Ausheilungen in Fehlstellung. Wie in vielfältigen biomechanischen Studien nachgewiesen wurde, konnte durch die Anwendung von internen Fixationstechniken die Stabilität im Beckenring nach Versorgung signifikant erhöht werden [2, 39, 51, 60, 67]. Auch klinische Studien zeigten, daß die Anwendung standardisierter Osteosynthesetechniken am Beckenring in einem hohen Prozentsatz zu anatomischen Ausheilungen führt und eine Ausheilung mit einer posterioren Fehlstellung über 5 mm nach Typ-C-Verletzungen nur noch dann beobachtet wird, wenn entweder die gewählte Osteosynthesetechnik inadäquat war oder wenn die Implantate versagten [42]. Die anatomische Wiederherstellung des Beckenringes ist mit den vorhandenen Techniken somit in nahezu allen Fällen erreichbar. Unklar ist aber weiterhin, ob die anatomische Ausheilung instabiler Beckenfrakturen eine entsprechende Verbesserung des klinischen Langzeitresultates gewährleistet.

### ■ Beurteilungskriterien für Beckenfrakturen (»outcome«)

Für diese Beurteilung ist eine standardisierte Beurteilung des klinischen Ergebnisses nach Beckenfraktur notwendig. Während das radiologische Ergebnis relativ einfach durch direkte Messungen der verbliebenen Fehlstellung im vorderen und hinteren Beckenring auf den Röntgenaufnahmen festgestellt werden kann, bestehen für die Beurteilung des Gesamtergebnisses nach Beckenfrakturen nur wenige Schemen, die weiterhin in der Diskussion stehen.

Frühere Arbeiten schätzten das Langzeitergebnis im wesentlichen durch die Relation von Schmerz und/oder Einschränkungen der Gehfähigkeit ein [57, 66].

Völkel et al. führten eine 3-Stufen-Einteilung ein, die auch eine grobe radiologische Einschätzung beinhaltete [63].

Mehrere Autoren evaluierten das radiologische Ergebnis unabhängig von klinischen Ergebnissen und/oder sie faßten das klinische Ergebnis im Merle-d'Aubigne-Score [54] oder dem Harris-Hip-Score [55] zusammen [4, 21, 28, 40, 77].

1978 schlugen Müller-Färber et al. ein umfassenderes Beurteilungssystem vor, welches Beurteilungen in den Parametern subjektive Einschränkungen, Funktion und radiologisches Resultat beinhalteten [37].

Berner et al. modifizierten 1982 dieses System und führten eine kritische Grenze der verbliebenen Fehlstellungen im hinteren Beckenring von 10 mm ein [2].

1989 schlug Majeed ein 100-Punkte-System zur Beurteilung des funktionellen Ergebnisses nach Beckenfrakturen vor, das die Parameter Schmerzen, Arbeitsfähigkeit, Probleme beim Sitzen, sexuelle Probleme und das Gangbild berücksichtigte. Der Parameter Gangbild wurde weiter in die Untergruppe Gehhilfe, Gang ohne Gehhilfen und Gehstrecke unterteilt. [63].

In einer weiteren Studie führte *Majeed* eine zusätzliche radiologische Beurteilung durch [47]. Bei der Beurteilung machte der Autor allerdings keinen Unterschied zwischen beckenbedingten und durch andere Verletzungen hervorgerufene Einschränkungen. Da nach instabilen Beckenverletzungen über 80% der Patienten in mindestens einer weiteren Körperregion verletzt sind [39], erscheint die Spezifität dieses Scores zur Beckenbeurteilung ungenügend. Die Einteilung in einer 100-Punkte-Skala täuscht eine Genauigkeit vor, die durch die mangelnde Trennschärfe der einzelnen Parameter nicht erreicht werden kann. So wurde z.B. nach Beckeninstabilitäten des Typs C oder einer nicht klassifizierbaren Verletzung die anatomische Rekonstruktion des Beckenringes in 36% als schlecht und in weiteren 36% als lediglich ausreichend angegeben, das funktionelle Ergebnis aber in allen Fällen als ausgezeichnet und gut beurteilt.

Die Beurteilung des Gesamtergebnisses nach Beckenfrakturen sollte einerseits subjektiv empfundene Einschränkungen, funktionelle Einschränkungen, neurologische, urologische und allgemeine Einschränkungen berücksichtigen und radiologische Kriterien einschließen, auf der anderen Seite aber übersichtlich und einfach nachvollziehbar sein. Unserer Meinung nach kann der Zustand des Patienten sicher eingeschätzt werden, wenn Angaben zu 3 getrennt zu beurteilenden Bereiche vorliegen:

**Die Qualität von Reposition und Stabilisierung.** Die residualen Fehlstellungen im hinteren und vorderen Beckenring sind durch Messungen einfach zu ermitteln. In Ergänzung zu älteren Untersuchungen wird eine kritische posteriore Fehlstellung von 5 mm als

**Tabelle 12.7.** Beurteilungskriterien des Ergebnisses nach Beckenringverletzungen der Arbeitsgruppe Becken der DGU und AO International [44]

| Punkte | Radiologisches Resultat (maximal 3 Punkte) |
|---|---|
| 3 | • Posterior anatomische Heilung<br>• Fehlstellung vorderer Beckenring und Symphyse < 5 mm und/oder<br>• Maximale Fehlstellung Scham-/Sitzbein < 10 mm |
| 2 | • Maximale posteriore Fehlstellung 5 mm und/oder<br>• Maximale Fehlstellung vorderer Beckenring und Symphyse 6–10 mm und/oder<br>• Maximale Fehlstellung Scham-/Sitzbein 10–15 mm |
| 1 | • Posteriore Fehlstellung > 5 mm und/oder<br>• Fehlstellung vorderer Beckenring und Symphyse > 10 mm und/oder<br>• Maximale Fehlstellung Scham-/Sitzbein > 15 mm |
| | **Klinisches Resultat (maximal 4 Punkte)** |
| 4 | • Keine Schmerzen<br>• Kein neurologisches Defizit<br>• Kein urologisches Defizit<br>• Keine funktionellen Einschränkungen |
| 3 | • Schmerzen nach intensiver Belastung, keine Analgetika<br>• Leichte funktionelle Einschränkungen (gelegentliches Hinken)<br>• Leichte sensible Nervenstörungen, subjektiv nicht störend |
| 2 | • Nach Belastung immer Schmerzen, gelegentlich Analgetika<br>• Deutliche Funktionsbehinderung (Hinken, Gehstock)<br>• Motorische Nervenstörungen nicht behindernd und/oder ausgedehntere Sensibilitätsstörungen ohne Verlust der Schutzsensibilität<br>• Miktionsstörungen ohne Restharnbildung und/oder erektile Dysfunktion oder andere Sexualstörungen, die subjektiv nicht behindernd empfunden werden |
| 1 | • Dauerschmerzen, Ruheschmerzen, häufig Analgetika<br>• Dauerhafte beckenbedingte Benutzung von Gehstützen oder Rollstuhl<br>• Behindernde motorische Nervenstörungen und/oder sensible Störungen mit Verlust der Schutzsensibilität<br>• Miktionsstörungen mit Restharnbildung und/oder subjektiv behindernder erektiler Dysfunktion oder anderen Sexualstörungen<br>• Blasen- oder Mastdarminkontinenz |
| | **Soziale Reintegration (maximal 3 Punkte)** |
| 3 | • Unveränderte Berufstätigkeit wie vor Unfall<br>• Freizeit- und Sportverhalten unverändert<br>• Unveränderte soziale Situation |
| 2 | • Eingeschränkte Tätigkeit im alten Beruf<br>• Umschulung im Gange oder abgeschlossen<br>• Verminderter sportlicher Aktivitätsgrad<br>• Leichte Einschränkungen in sozialen Kontakten<br>• Gelegentliche externe Hilfe erforderlich |
| 1 | • Unfallbedingt berufsunfähig oder Behindertentätigkeit<br>• Deutlich eingeschränkte Freizeitaktivitäten, kein Sport<br>• Sozial deutlich eingeschränkt oder desintegriert<br>• Häufig fremde Hilfe erforderlich |

Grenze zwischen guten und ausreichenden radiologischen Ergebnissen angenommen.

**Klinische Folgen der Beckenverletzung.** Die Beurteilung in diesem Fragenkomplex ist durch vielfältige, oft subjektive Parameter beeinflußt. Die Beurteilung muß deswegen neben Schmerzen und Funktion auch neurologische, urologische und sexuelle Defizite umfassen. Die Einteilung sollte einerseits komplett, andererseits aber einfach und nachvollziehbar sein, so daß eine Differenzierung zwischen den einzelnen Gruppen »offensichtlich« ist. Die vorgeschlagene Einteilung orientiert sich im wesentlichen daran, inwieweit der Patient subjektiv durch die Einschränkungen behindert ist (z.B. eine subjektiv als störend oder nicht störend empfundene erektile Dysfunktion), sowie an »meßbaren, objektiven« Parametern, wie z.B. motorischen Nervenausfällen oder einer Inkontinenz. Um eine möglichst genaue Graduierung zu erreichen, wird empfohlen, eine fachneurologische oder fachurologische Untersuchung anzuschließen, falls die Befunde nicht sicher beurteilt werden können.

**Allgemeine Einschränkungen nach dem Unfall.** In diesem Fragenkomplex werden die unfallbedingten Veränderungen der Lebenssituation des Patienten einge-

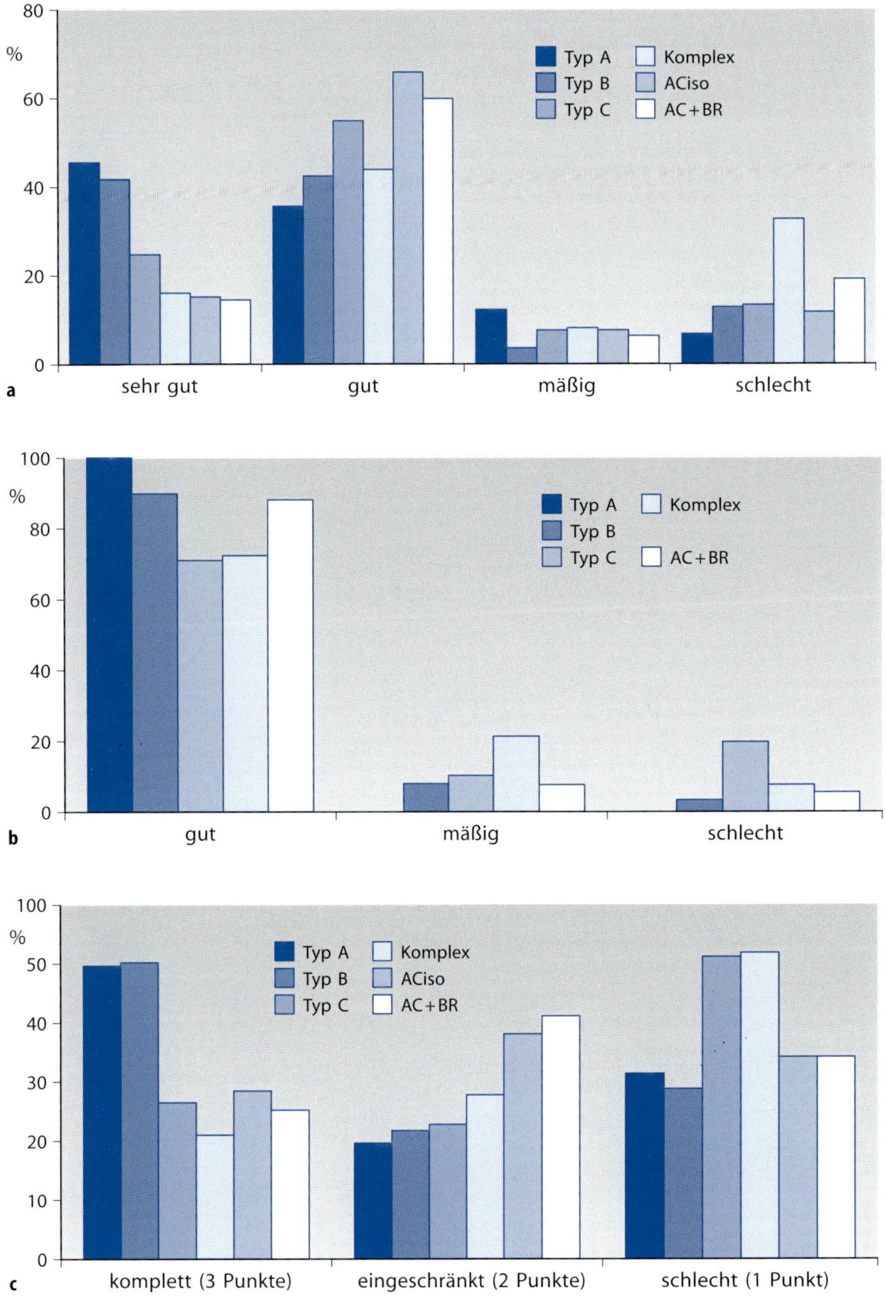


**Abb. 12.4 a–c.** Ergebnis nach Beckenfrakturen (Daten aus der multizentrischen Studie der Arbeitsgruppe Becken der Deutschen Sektion der AO International und DGU [44]), unterteilt in Typ-A-, -B- und -C-Verletzungen, Komplextraumen, isolierte Acetabulumfrakturen sowie kombinierte Acetabulum- und Beckenringfrakturen. **a** Klinisches Ergebnis, **b** radiologisches Ergebnis, **c** soziale Reintegration

schätzt. Da diese Einschränkungen nicht immer beckenbedingt sind, muß die soziale Reintegration oder »Restitutio« unabhängig von der Beurteilung des Beckens betrachtet werden.

Auf diesen Forderungen aufbauend wurde im Rahmen der Arbeitsgruppe Becken ein einheitliches Bewertungsschema entwickelt (Tabelle 12.7), das sich zwischenzeitlich bei der Beurteilung großer Patientenkollektive bewährt hat [41, 44].

Ein derartiges Schema erlaubt eine schnelle Übersicht über das Gesamtergebnis, durch Analyse der Teilbereiche ist aber auch sofort erkennbar, in welchem Teilbereich die Hauptdefizite liegen.

Durch die Addition der Punkte aus dem Bereich I und II kann zusätzlich ein »Gesamtergebnis« nach Beckenfrakturen angegeben werden. Da dem klinischen Resultat im Maximum 4, dem radiologischen aber nur 3 Punkte zugeordnet werden, erfolgt eine höhere Wertung des subjektiven Befindens des Patienten gegenüber dem radiologischen Ergebnis.

In Abb. 12.4 ist das »Gesamtergebnis« in den Einzelbereichen, unterteilt nach der Klassifikation der Bek-

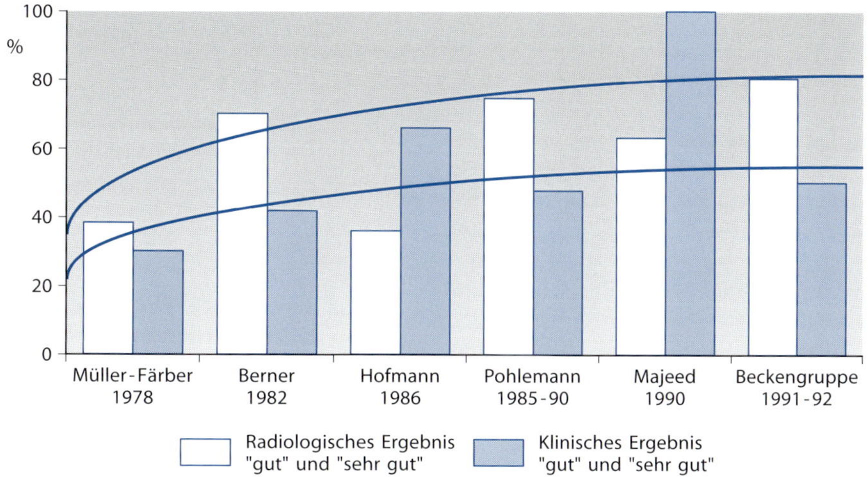


**Abb. 12.5.** Verdeutlichung der Entwicklung der radiologischen und klinischen Ergebnisse im Verlauf der letzten 20 Jahre. Sowohl das radiologische als auch das klinische Ergebnis bessert sich, trotz einer hohen Rate von anatomischen Ausheilungen bleibt aber auch derzeit das klinische Ergebnis noch deutlich hinter dem radiologischen zurück

kenverletzung, dargestellt (aus: [44]). Es wird offensichtlich, daß trotz des radiologisch sehr guten Ausheilungsergebnisses noch mit einer hohen Rate von klinisch relevanten Langzeitfolgen zu rechnen ist und daß die Gesamtverletzungsschwere nach Beckentraumen einen erheblichen Einfluß auf die allgemeine, langfristige Lebenssituation des Patienten hat.

In Abb. 12.5 wurde versucht, verschiedene, in etwa vergleichbare Ergebnisanalysen aus der Literatur zusammenzustellen. Es zeigt sich, daß das Langzeitergebnis nach Beckenverletzungen sich langsam verbessert, wobei eine deutliche Diskrepanz zwischen klinischem und radiologischem Ergebnis verbleibt. Erst weitergehende Untersuchungen werden zeigen, ob die dafür verantwortlichen Schäden, wie z. B. neurologische Ausfälle und chronische Schmerzen, therapeutisch beeinflußbar sind.

## 12.3 Diagnostik und Therapie von Spätfolgen

**Der folgende Abschnitt ist der Darstellung fachübergreifender Diagnostik und möglicher Therapieoptionen bei neurologischen, urologischen und gynäkologischen Behinderungen gewidmet. Er soll v. a. dazu dienen, eine entsprechende Beratung des Patienten durchführen zu können. Es wird nochmals darauf hingewiesen, daß es sinnvoll ist, bei der Behandlung von Beckenverletzungen gemeinsame interdisziplinäre Nachsorgeprogramme einzurichten.**

### Neurologisches Screening und Behandlungsmöglichkeiten

T. Pohlemann und H. Müller-Vahl

Wie in Abschn. 12.1 ausgeführt, ist ein Großteil der dauerhaften Behinderungen nach Beckenringverletzungen auf Nervenschäden und deren Folgen zurückzuführen. Da nur ein Teil der Störungen sofort erkannt werden, sollte zumindest im Rahmen des späten stationären Verlaufes oder aber im Rahmen der ambulanten Weiterbetreuung bei allen instabilen Beckenringverletzungen eine neurologische Kontrolluntersuchung durchgeführt werden.

Die klinisch-neurologischen und die neurophysiologischen Untersuchungen entsprechen jeweils den Untersuchungen im Rahmen der Primärdiagnostik (s. Kap. 6).

Wurden Nervenschäden festgestellt, werden diese in längeren Abständen (etwa 3 Monate) neurologisch beurteilt, um frühzeitig Anhaltspunkte für eine evtl. eintretende Regeneration des Nervs zu erhalten. Im Rahmen der unfallchirurgischen Untersuchungen erfolgt jeweils eine orientierende Prüfung der Kraftentwicklung und der Sensibilität. Insbesondere ist auf Zeichen der Regeneration zu achten.

■ **Therapie**

Die therapeutischen Optionen nach beckenbedingten Nervenstörungen sind stark begrenzt und operative Eingriffe nur in seltenen Fällen erfolgversprechend.

- Bei Lähmungen muß auf eine umfassende Physiotherapie geachtet werden, um die Trophik und Beweglichkeit der unteren Extremitäten zu erhalten. Problematisch ist die lange Distanz vom Schädigungsort bis zu den motorischen Endplatten der Nerven; auch wenn eine Regeneration eintritt und entlang des gesamten Nervs erfolgt, kann die Endplatte degeneriert sein, die Lähmung bleibt bestehen.
- Nervenschäden im Rahmen von Beckenfrakturen treten häufig als sog. Ausrißverletzungen im Mark auf [23, 24], therapeutisch ist bei einer derartigen Schädigung derzeit keine Option verfügbar.
- Nerven- oder Wurzelkompressionen können auch im Rahmen von Fehlstellungen, Kompressionen des sakralen Zentralkanals, Vernarbungen und heterotopen Ossifikationen neu entstehen. Diese Veränderungen müssen genauestens abgeklärt werden (CT mit multiplanaren Rekonstruktionen, MRT zur direkten Beurteilung), da sich ggf. Indikationen zur Dekompression des Nervs bzw. der Nervenwurzel ergeben (Laminektomie nach fehlverheilten Sakrumfrakturen, Dekompression des Truncus lumbosacralis nach Einmauerung durch Kallus bzw. heterotope Ossifikationen, oder Einklemmung bei Fehlstellungen etc.).
- Bestehen aufgrund der Nervenstörung ausgeprägte funktionelle Defizite, müssen Hilfsmittel wie Orthesen oder Schienen eingesetzt werden. Chirurgische Möglichkeiten, die Gesamtfunktion zu verbessern, bieten Arthrodesen, Muskelersatzplastiken oder Sehnenumleitungen.
- Bei kompletten einseitigen Schädigungen des Plexus lumbosacralis wurde in Einzelfällen eine mikrochirurgische Neurolyse angegeben, teilweise wurden auch erfolgreich Nerventransplantate eingesetzt [1, 33]. Derartige Eingriffe können allerdings noch nicht als Standardverfahren bezeichnet werden.

Für den Unfallchirurgen ergibt sich, daß nach Bekkenfrakturen posttraumatisch und iatrogen immer mit der Möglichkeit einer Nervenschädigung gerechnet werden muß. Während der Primärtherapie, aber gerade auch in der Nachbehandlung, während der sich die »Untersuchbarkeit« derartiger Schäden erheblich verbessert, muß der Status jeweils überprüft und frühzeitig eine neurologische Mitbetreuung veranlaßt werden. Sind Ausfälle objektivierbar, muß frühzeitig die exakte Ursache festgestellt werden, um entscheiden zu können, ob die Veränderung als »schicksalshaft« hinzunehmen ist oder ob es trotz der derzeit noch limitierten therapeutischen Optionen evtl. doch eine interdisziplinäre chirurgische Option zu Entlastung der Nervenstrukturen gibt (ggf. frühzeitige Vorstellungen in der plastischen Chirurgie und Neurochirurgie).

## Urologisches Screening und therapeutische Optionen

Ch. Stief

Die enge anatomische Lagebeziehung der knöchernen, vaskulären und nervalen Strukturen sowie der pelvinen Organe im Bereich des Beckens prädisponiert für strukturelle oder funktionelle Störungen des Urogenitalsystems nach Beckentraumata, insbesondere nach komplexen Beckenfrakturen [5, 13, 53]. Aufgrund ihres spezifischen Charakters werden die resultierenden Miktions- oder Sexualfunktionsstörungen von dem betroffenen Patienten jedoch oft entweder nicht bemerkt und entsprechend bewertet (v.a. Miktionsstörungen) oder sie werden dem Arzt aus althergebrachten Tabuvorstellungen nicht berichtet. Da diese möglichen Langzeitkomplikationen aber erhebliche medizinische (z.B. chronisches Nierenversagen) oder psychische (z.B. Partnerkonflikte) Bedeutung für den Patienten haben können, ist bei einer routinemäßigen unfallchirurgischen Nachsorgeuntersuchung gezielt nach Miktions- und Sexualfunktionsstörungen zu fragen.

Die von den Patienten beklagten Symptome sind bei einer Persistenz über 12 Monate nach dem Trauma aufgrund ihrer Ätiologie mit einer sehr hohen Wahrscheinlichkeit als permanent anzusehen [65]. Im Rahmen von Begutachtungen sollte berücksichtigt werden, daß sich eine zum Begutachtungszeitpunkt geringfügige oder kaum meßbare Störung der urologischen Funktionen in der Folgezeit progredient entwickeln kann. Deswegen sollten eine erneute urologische Begutachtung nach 3–5 Jahren sowie eine regelmäßige urologische Kontrolle bei diesen Patienten gefordert werden.

Zur Behandlung der Miktions- und der Sexualfunktionsstörungen (weibliche wie männliche Patienten) steht heute eine Vielzahl von Therapieoptionen [30, 71]. zur Verfügung, deren Anwendung jedoch von den diagnostischen Befunden des Patienten, seinen Fähigkeiten und Neigungen abhängig ist. Aus diesem Grund sollten sich Patienten nach komplexen Beckenfrakturen im Rahmen der Routinenachsorge bei Vorliegen von urologischen Symptomen sofort zu spezifischen Untersuchungen vorstellen; bei Fehlen von Symptomen sollten sie nach 12 Monaten zur orientierenden Diagnostik in einem entsprechenden Zentrum erscheinen.

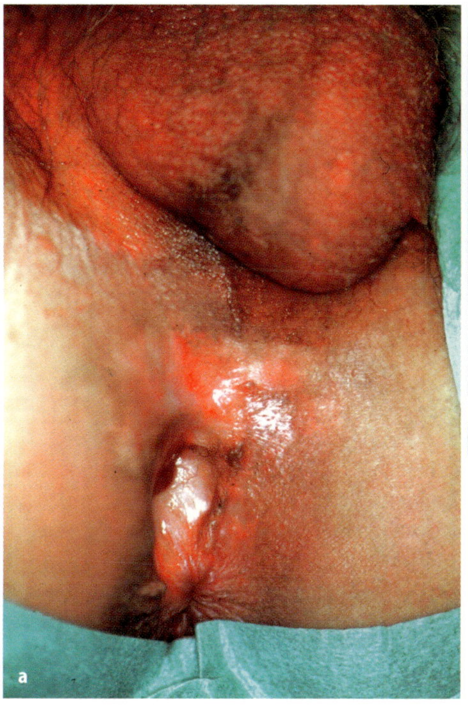

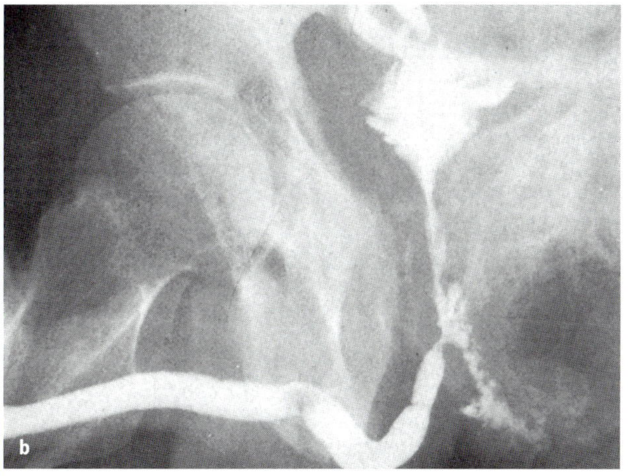

**Abb. 12.6.** **a** Perineale Harnröhrenfistel 3 Monate nach komplexem Beckentrauma. **b** Das retrograde Urethrogramm zeigt die Beziehungen der Fistel zur bulbären und prostatischen Urethra

■ **Miktionsstörungen**

Häufigste Ursache anatomischer Miktionsstörungen nach Beckentraumata sind Urethrastrikturen bei männlichen Patienten. Wesentlich seltener sind Harnröhrenfisteln (Abb. 12.6), ausgeprägte Blasenverziehungen und -herniationen oder Urethradivertikel zu finden. Je nach Beeinträchtigung der Innervation der Harnblase treten funktionelle Störungen als Detrusorhyperreflexie, atonische Blase, verminderte oder aufgehobene Blasensensibilität, Detrusor-Sphinkter-Dyskoordination oder als Mischformen auf. Diese verschiedenen Ätiologien bedingen ein unterschiedliches Spektrum von Symptomen. So wird über eine verzögerte Miktion, einen abgeschwächten Harnstrahl, Restharngefühl, verschiedene Ausprägungen der Drang- oder Streßinkontinenz, zweizeitige Miktion oder ständiges Harnträufeln berichtet. Aufgrund der spezifischen Problematik als Tabuthema einerseits, aber auch der großen Kompensationsfähigkeit der an der Miktion beteiligten Strukturen andererseits, werden diese Veränderungen von vielen Patienten nicht als solche wahrgenommen oder dem Arzt berichtet.

**Diagnostik.** Als erste orientierende Untersuchungen zur Diagnostik möglicher Miktionsschwierigkeiten sollte ein Urinsediment, eine Uroflowmetrie (»Harnstrahlmessung«) und eine sonographische Restharnbestimmung durchgeführt werden. Diese diagnostischen Maßnahmen sollten bei begründetem Verdacht sofort, bei unauffälliger Anamnese nach etwa 12 Monaten routinemäßig erfolgen.

Zeigen sich signifikante Unregelmäßigkeiten oder ergibt bzw. erhärtet sich die Annahme einer Miktionsstörung, folgen nun:

- eine *retrograde Urethrographie* (Abb. 12.6 b; männliche Patienten; s. auch Kap. 6.3),
- ein *Miktionszystogramm* (Auffüllen der Blase über einen englumigen Einmalkatheter mit Kontrastmittel, Dokumentation der Blasenkonfiguration bei maximaler Füllung, a.-p. und seitlich, und anschließende Miktion unter Röntgendurchleuchtung); in Abhängigkeit von den bislang erhobenen Befunden,
- eine *Urethrozystoskopie*,
- eine *urodynamische Untersuchung* (objektive Registrierung der intravesikalen Drücke bzw. der Drükke im Bereich des Blasenhalses sowie der Aktivität des Beckenbodens bei passiver Blasenfüllung und bei aktiver Miktion).

**Therapie.** In Abhängigkeit von den erhobenen urologischen Befunden und vom Gesamtbild des Patienten wird nach Rücksprache mit dem betreuenden Unfallchirurgen die Therapiestrategie festgelegt [13, 27, 65]. Bei *funktionellen Störungen* wird meist sofort mit der medikamentösen Therapie begonnen: Hyperaktive Blasenentleerungsstörungen können z. B. mittels anticholinerger Substanzen behandelt werden. Bei einer hypotonen Blase kann ein Therapieversuch mit Cholinergika unternommen werden. Wurden Restharnmengen über 100 ml wiederholt bestimmt, ist in den meisten Fällen eine (zusätzliche) Ableitung über eine suprapubische Zystostomie (»Cystofix«) notwendig. Greifen

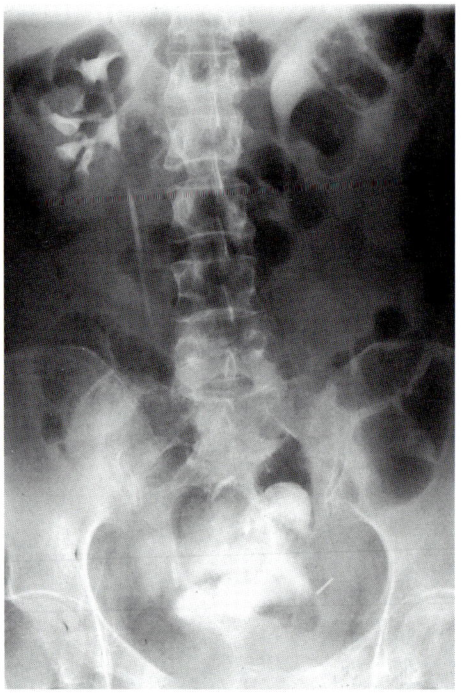

**Abb. 12.7.** Nach komplexem Beckentrauma mit kompletter Urethrazerreißung fand sich 12 Monate nach primärer Rekonstruktion nur noch eine sehr kurze, weite afunktionelle Urethra. Da hier die Implantation eines Sphinkters nicht erfolgversprechend erschien, wurde eine kontinente Harnableitung mittels Mainz-II-Pouch (Sigma – Rektum – Blase) angelegt

die medikamentösen Alternativen nicht, sollten bei Persistenz dieser Störungen dem Patienten auch invasivere Methoden wie der intermittierende saubere Einmalkatheterismus (»sauberer EK«) oder operative Verfahren wie die Implantation eines Blasenschrittmachers angeboten werden. In ausgewählten Fällen ist eine suprapubische Harnableitung, möglichst mittels kontinentem Reservoire, notwendig.

Insbesondere bei *anatomischen Ursachen* einer Miktionsstörung wie Urethrastrikturen oder Urethrafisteln (s. Abb. 12.6 a) dürfen die Patienten nur unter Berücksichtigung ihres Gesamtzustandes einer Therapie zugeführt werden. Operative Eingriffe an der Harnröhre sollten frühestens nach 3 Monaten und nach definitiver Therapie von Harnwegsinfekten erfolgen. Oft ist eine Revision ausgedehnter Harnröhrenstrikturen erst wesentlich später, z. B. im Rahmen einer Entfernung von osteosynthetischem Material, angezeigt. Bei einer Streßinkontinenz aufgrund einer irreversiblen Zerstörung der Kontinenzmechanismen kann je nach anatomischen Gegebenheiten die Implantation eines künstlichen Sphinkters oder die Anlage einer supravesikalen Harnableitung erwogen werden (Abb. 12.7).

### Erektionsstörungen

Im Rahmen der prospektiven Studie der Arbeitsgruppe Becken wurde bei 11,6 % aller männlichen Patienten eine erektile Dysfunktion angegeben [44]. Aufgeschlüsselt nach Frakturtyp fand sich eine chronische Erektionsstörung bei Typ-A-Frakturen in 11,4 %, bei Typ-B-Frakturen in 8,1 % und bei Typ-C-Frakturen in 20,5 % der befragten Patienten.

Aufgrund der erheblichen Belastung des Patienten kommen der Diagnostik und Therapie der erektilen Dysfunktion eine große Bedeutung zu. Durch den Verlust der erektilen Potenz wird das körperliche, seelische und soziale Selbstverständnis insbesondere des jungen Mannes im Kern erschüttert. Patienten mit chronischer erektiler Dysfunktion sind in ihrem gesamten Verhalten stark verunsichert. Versagens- und Erwartungsängsten kommt eine mitbedingende und aufrechterhaltende Rolle zu. Grundlagenforschung und klinische Studien insbesondere des letzten Jahrzehntes haben zur wesentlichen Erweiterung unseres Wissens über Physiologie und Pathophysiologie des Erektionsvorganges geführt. Das vertiefte Verständnis des normalen und gestörten Erektionsablaufes, die wesentlich verfeinerten und erweiterten diagnostischen Möglichkeiten, sowie die multidisziplinäre Abklärung des Patienten ergeben heute ein völlig neues Bild der ursächlichen Entstehung von Erektionsstörungen. Die Komplexität des Erektionsvorganges und die oft multifaktorielle Genese der manifesten Störung erfordern ein fein abgestimmtes Zusammenspiel der verschiedenen Fachdisziplinen. Auch in Gutachtenfragen ist die interdisziplinäre Kooperation unerläßlich.

**Diagnostik der erektilen Dysfunktion.** Ziel der Diagnostik der erektilen Dysfunktion ist eine rationelle, aber individuell adaptierte Therapiezuordnung des Patienten. Da Patienten mit posttraumatischer erektiler Dysfunktion meist in jüngeren Altersgruppen mit einer langdauernden Vita sexualis zu finden sind, ist eine entsprechend subtile Diagnostik zur Ausschöpfung aller therapeutisch sinnvollen Optionen unerläßlich.

Basisuntersuchungen sind spezifische Anamnese, psychologische Evaluierung, körperliche Untersuchung und Labordiagnostik (incl. Testosteron; [59]). Dann folgt das andrologische, nicht- bzw. gering invasive diagnostische Programm; Ziel dieser nicht bzw. wenig invasiven diagnostischen Stufe ist die Beurteilung der kavernösen Kompetenz, d. h. des Zustandes und der funktionellen Kapazität der kavernösen Muskulatur:

Die *SKAT-Testung* (Schwellkörper-Auto-Injektionstestung oder -therapie) ist eine wenig aufwendige Methode zur globalen Beurteilung der kavernösen Funktionsfähigkeit. Die Erektionsantwort auf die wiederholte, standardisierte intrakavernöse Injektion erlaubt Rückschlüsse auf die penile arterielle Versorgung und

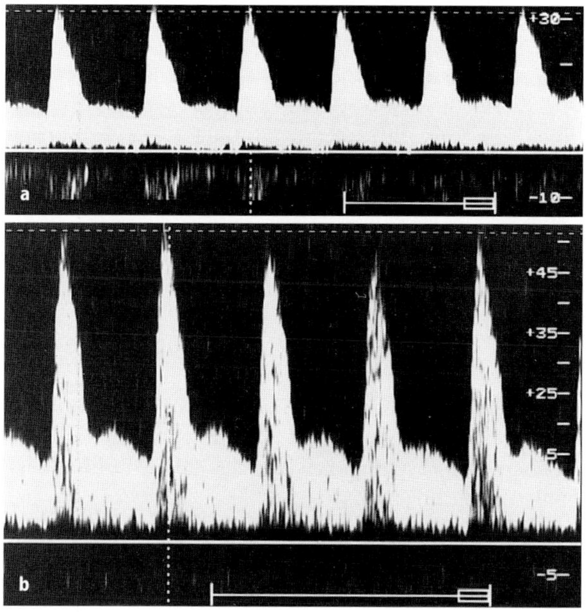


**Abb. 12.8 a, b.** Die Duplexsonographie der A. cavernosa. **a** Proband mit normaler erektiler Funktion. Nach intrakavernöser Injektion von 5 μg PGE1 zeigt sich eine maximale systolische Flußgeschwindigkeit von 31 cm/s bei einen normalen Kurvenverlauf. **b** Bei einem Patienten mit posttraumatischer erektiler Dysfunktion zeigt sich nach intrakavernöser Injektion von 5 μg PGE1 eine maximale systolische Flußgeschwindigkeit von 51,2 cm/s bei einem glockenförmigen, abgeflachten Kurvenverlauf

den Zustand der glatten kavernösen Muskulatur und der kavernös-venösen Verschlußmechanismen.

Die *Doppler-/Duplex*sonographie dient der Beurteilung der funktionellen Kapazität der penilen Arterien. Im flakziden Zustand wird ein großer Teil des arteriellen Blutes an den Schwellkörperkavernen vorbeigeleitet. Nur nach kavernöser Relaxation (Stadium der Tumeszenz) kommt es zu einem maximalen Einstrom in die kavernösen Sinus. Aus diesem Grunde ist die Doppleruntersuchung der penilen Gefäße erst nach intrakavernöser Injektion von vasoaktiven Substanzen und subsequenter kavernöser Relaxation aussagekräftig. Üblicherweise findet sich bei Patienten mit posttraumatischer erektiler Dysfunktion eine signifikant höhere maximale systolische Flußgeschwindigkeit als bei Normalpersonen (Abb. 12.8).

Die Ableitung des *Corpus-cavernosum-(CC-)EMG* [14] erlaubt eine Beurteilung der glatten cavernösen Muskulatur und der autonomen Innervation (Abb. 12.9). Die Ergebnisse des CC-EMG können von entscheidender Bedeutung für die Wahl der Therapie sein; diese Methode wird aufgrund ihrer Komplexität z. Z. fast nur in spezialisierten Zentren durchgeführt.

Nach Abschluß dieser Untersuchungen ist eine therapierelevante Zuordnung des überwiegenden Teils (ungefähr 60–80 %) der Patienten möglich. Die weitere (invasive) Diagnostik besteht aus der selektiven Pharmakophalloarteriographie (radiologische Darstellung des penilen Einstroms) sowie der Pharmakokavernosometrie und -kavernosographie (Quantifizierung und Darstellung des kavernösen Abstroms). Diese Untersuchungsverfahren dienen der Vorbereitung operativ rekonstruktiver Maßnahmen (penile Revaskularisation, venöse Sperroperationen) und/oder der Beantwortung gutachterlicher Fragestellungen.

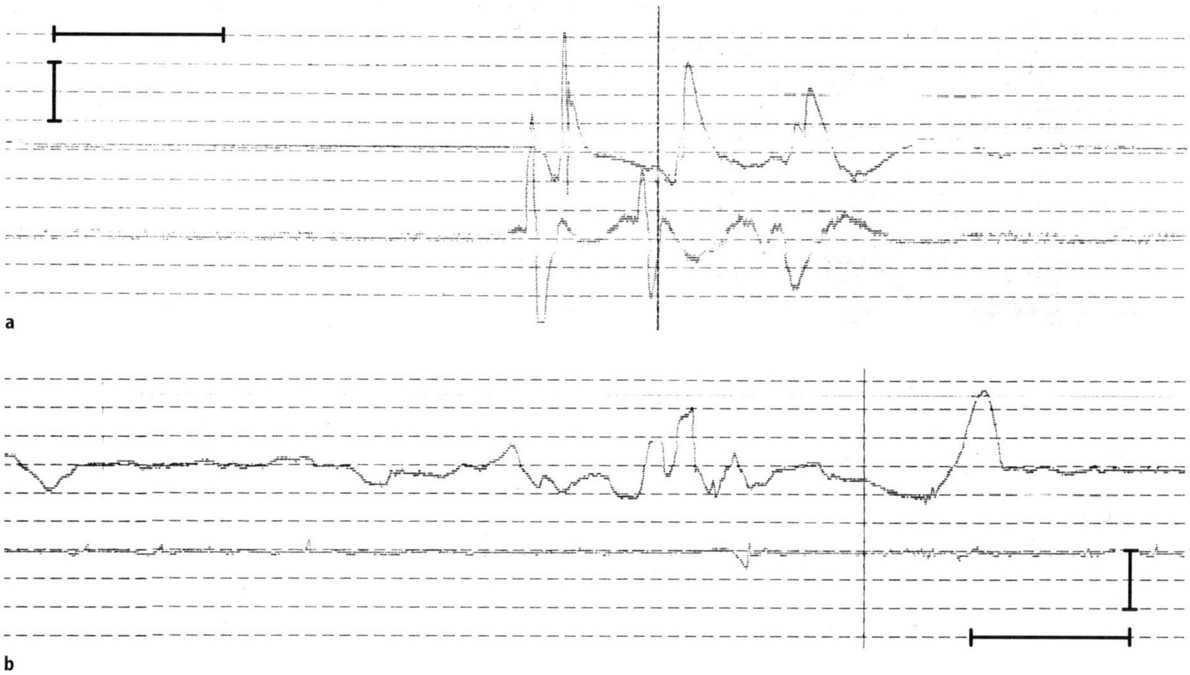


**Abb. 12.9 a, b.** CC-EMG. **a** Bei einem Probanden mit normaler erektiler Funktion zeigen sich zeitlich variable Phasen elektrischer Ruhe, die von Phasen signifikanter elektrischer Aktivität, den sog. Potentialen, unterbrochen werden. *Horizontale Markierung* 5 s, *vertikale Markierung* 100 mikroV. **b** Bei einem Patienten mit posttraumatischer erektiler Dysfunktion zeigt sich eine elektrische Aktivität von irregulärem Auftreten mit signifikant pathologischen Formen. *Horizontale Markierung* 5 s, *vertikale Markierung* 100 mikroV

**Therapie der erektilen Dysfunktion.** Bei Patienten mit rein oder überwiegend *psychogener* Verursachung sollte die Therapie von einem geeigneten Psychologen oder Psychiater geleitet und überwacht werden. Standardtherapie bei Patienten mit *organogener* erektiler Dysfunktion, bei denen eine rekonstruktive Operation nicht aussichtsreich erscheint oder nicht gewünscht wird, ist die *Schwellkörperautoinjektionstherapie (SKAT)*. Hierbei wird mit einer »Insulinnadel« der Schwellkörper einseitig von lateral punktiert und das Substanzgemisch, ohne vorherige Aspiration, appliziert. Als Alternative steht die intraurethrale Applikation (MUSE) zur Verfügung, die bei einem hohen Prozentsatz der Patienten mit posttraumatischer Genese zufriedenstellende Ergebnisse erzielt. Da aber nur Erfahrungen über kurze Anwendungszeiträume bestehen und Urethrastrikturen bei längerfristiger Applikation denkbar sind, sollte diese Methode zunächst nur sehr zurückhaltend eingesetzt werden [71].

Jüngeren Patienten mit rein arterieller Genese der erektilen Dysfunktion (evtl. mit gering ausgeprägtem venösem Leck) kann eine *arterielle Revaskularisation* angeboten werden; diese Befundkonstellation findet sich eher selten bei Patienten mit posttraumatischer Ätiologie. Hierbei wird mit mikrochirurgischen Techniken eine Anastomose zwischen A. epigastrica inferior und A. dorsalis penis (evtl. mit gleichzeitigem Shunt zur V. dorsalis penis) angelegt.

Die Anwendung von *Vakuumerektionshilfen* ist nicht sehr aufwendig und nur von wenigen lokalen Nebenwirkungen (Hämatom, Schmerz) begleitet. Apparative Verbesserungen der jüngsten Zeit haben zu einer deutlich höheren Akzeptanz dieser Behandlungsform bei Ärzten und Patienten geführt, wobei diese Möglichkeit überwiegend von älteren Patienten gewählt wird [30].

Das älteste therapeutische Verfahren bei organischen Erektionsstörungen, die *prothetische Versorgung*, steht heute am Ende des therapeutischen Spektrums. Grundsätzlich gibt es eine Vielzahl von semirigiden und aufblasbaren Prothesen, wobei das bessere kosmetische Ergebnis der aufblasbaren Modelle im Vergleich zu den semirigiden, auch nach wesentlichen Verbesserungen der letzten Jahre, durch eine erhebliche Reparaturanfälligkeit erkauft wird.

## Gynäkologische Folgezustände

T. Pohlemann

Die Folgen einer Beckenverletzung auf den weiblichen Organismus und die spezifisch weiblichen Körperfunktionen wurden bisher in der Regel vernachlässigt. Häufig werden nur frühe Probleme im Rahmen der sehr seltenen Organverletzungen (Vaginalruptur, Uterusverletzung) angesprochen bzw. die Folgen für bestehende oder nachfolgende Schwangerschaften untersucht.

Eine Dyspareunie, also eine vorwiegend schmerzhafte Anorgasmie, wird gelegentlich nach Trauma angegeben. Ursachen können mechanische Hindernisse durch fehlverheilte Verletzungen des vorderen Beckenrings sein [68, 76], oder es können störende narbige Veränderungen nach Vaginalverletzungen auftreten [17, 26, 35].

In der Studie der Arbeitsgruppe Becken wurde eine Dyspareunie bei 2% der Patientinnen angegeben, wobei diese unabhängig vom Frakturtyp auftrat und in keinem Fall eine primäre urogenitale Begleitverletzung vorlag [44].

Häufiger wird über Schwierigkeiten im Verlauf einer nach Ausheilung des Beckentraumas begonnenen Schwangerschaft berichtet. Die Rate der Kaiserschnittentbindungen ist insgesamt erhöht, wobei sich dies allerdings nur in wenigen Fällen aus einer verbliebenen Fehlstellung im Beckenring erklären läßt.

Madsen et al. berichten über 34 schwangere Frauen mit einem vorausgegangenen Beckentrauma, das in 17 Fällen als »verschoben« klassifiziert wurde, und nur in einem Fall von einer notwendigen Kaiserschnittentbindung aufgrund eines Mißverhältnisses zwischen Kindskopfgröße und Beckeneingangsebene [31].

Degegen geben Seer u. Peltier eine Rate von 36% Kaiserschnittentbindungen bei 30 Patientinnen nach Beckenringverletzung an [64].

Zhou berichtet über einer Gruppe von 105 Frauen mit teilweise schwersten Beckenverletzungen, die in 14,5% mit begleitenden Urogenitalverletzungen einhergingen [78]. Von 75 Frauen, die später schwanger wurden, benötigten 30 (45%) eine Kaiserschnittentbindung, 15 (14,5%) wurden unfruchtbar und 45 (60%) Patientinnen hatten eine Geburtsstörung während einer folgenden Entbindung.

Prädisponierende Faktoren für die Notwendigkeit einer Kaiserschnittentbindung lassen sich aus diesen Untersuchungen nicht ableiten, eine geburtshilfliche Entscheidung muß im Einzelfall getroffen werden. Insbesondere bei Ankylosen der Beckengelenke muß mit Geburtsstörungen gerechnet werden. Es ist notwendig, daß die Patientin schon im Rahmen der unfallchirurgischen Behandlung über eine ggf. verbleibende Fehlstellung des gesamten Beckenrings oder eine Einengung des Geburtskanals durch in die Beckeneingangsebene ragende Fragmente aufgeklärt wird. Günstigerweise ist auch der betreuende Gynäkologe über bestehende Fehlstellungen zu informieren (Röntgenbilder übermitteln!).

Untersuchungen über die weitergehenden Folgen eines Beckentraumas auf den weiblichen Organismus wurden erst in allerjüngster Zeit durchgeführt:

Copeland et al. führten Befragungen von Patienten mit und ohne Beckenfrakturen durch und konnten in der Gruppe der Beckenverletzten eine signifikant höhere Rate an Problemen beim Wasserlassen und Schmerzen im Unterbauch sowie eine höhere Rate an Kaiserschnitten bei den folgenden Geburten feststellen [7].

Zusammenfassend ergibt sich, daß nach instabilen Verletzungen zwar selten, aber mit teilweise deutlichen Behinderungen im gynäkologischen Bereich gerechnet werden muß. Neben Schmerzen sind v.a. die Folgen für spätere Schwangerschaften zu berücksichtigen. Eine frühzeitige gynäkologische Mitbetreuung und Beratung ist gerade nach Fehlstellungen im Beckenbereich dringend anzuraten.

## 12.4 Begutachtung

T. Pohlemann

**Die Begutachtung führt im Idealfall zu einer Quantifizierung der im Rahmen einer kontinuierlichen Nachbehandlung und Nachkontrolle erkannten und ggf. noch in Behandlung befindlichen Folgeschäden. Häufig ist aber die gutachterlichen Untersuchung die erste Vorstellung des Patienten. Dann ergeben sich für den Gutachter besondere Anforderungen, da er im Rahmen der Anamnese und Befunderhebung einen kompletten Überblick über ein teilweise sehr komplexes Verletzungsmuster und dessen Folgen gewinnen muß. Ein Endzustand nach Beckenfrakturen ist in der Regel nach 2 Jahren erreicht [41]. Dies ist der Zeitpunkt an dem die Regeneration der Nervenschäden nahezu immer abgeschlossen ist, lediglich in seltenen Ausnahmefällen wurden Erholungen noch im 3. Jahr nach dem Unfall beobachtet [29]. Auch wird zu diesem Zeitpunkt eine weitergehende Erholung von den allgemeinen Verletzungsfolgen immer unwahrscheinlicher.**

**Die folgende Darstellung konzentriert sich auf wichtige Punkte, die zur Beurteilung nach Beckenringfrakturen benötigt werden. Sie sind im Bedarfsfall zu ergänzen. Die Besonderheiten zur Beurteilung der Folgen nach Acetabulumfrakturen werden in Kap. 24 dargestellt.**

### Befunderhebung

Die Begutachtung von Beckenfrakturen muß sich aufgrund der häufig vorliegenden peripelvinen und extrapelvinen Begleitverletzungen immer sehr sorgfältig an dem individuell vorliegenden Befund orientieren.

Eine besondere Bedeutung hat dabei der ärztliche Gutachter, da bestehende, teilweise erhebliche Behinderungen, wie z.B. Inkontinenzen oder Sexualstörungen, erst auf gezieltes Nachfragen angegeben werden und entsprechende Diagnosen in den Krankenunterlagen oft vollständig fehlen.

Zur Erstellung des Gutachtens wird daher die folgende Vorgehensweise empfohlen:

- Ausführliche Anamnese mit genauer Darstellung des Unfallhergangs (Unfallmechanismus) und des weiteren Verlaufs (Beschwerden, offene Verletzungen, Urogenitalverletzungen, Grad der Beckeninstabilität, Art der Behandlung, Osteosynthesen, Komplikationen, Dauer der Immobilisation, Teilbelastungen, Krankenhausaufenthalte, Implantatentfernungen)
- Berufliche (besondere körperliche Belastungen) und soziale Anamnese
- Erfragen der derzeitigen Beschwerden, im Anschluß gezielte Befragung nach:
  - neurologische Störungen (Lähmungen, Sensibilitätsausfälle, Hyperästhesien)
  - Miktionsstörungen
  - Störungen der Analsphinkterkontinenz
  - Sexualstörungen unter Aufklärung über mögliche Zusammenhänge (bei den Patienten vielfach unbekannt)
- Komplette klinische Untersuchung unter Berücksichtigung der in Kap. 10.1 genannten Parameter, u.a. mit Inspektion im Stand (Hernienbildung? Beinlängendifferenzen? Beckenschiefstand? Wirbelsäulenverkrümmungen? etc.) und Untersuchung des Gangbildes und der Standfähigkeit, Untersuchung auf Druck- oder Kompressionsschmerzen am Beckenring, Bewegungsprüfung der Hüftgelenke, Muskelkraft der Hüftmuskulatur
- Röntgenuntersuchung
  - Typ-A-Verletzungen: Beckenübersicht
  - Typ-B- und -C-Verletzungen: zusätzlich Inlet- und Outletaufnahmen (Beurteilungen entsprechen den in Kap. 8 genannten Kriterien: Fehlstellung, Asymmetrie zusätzlich Arthrosezeichen? Implantatlockerungen oder -brüche? heterotope Ossifikationen?)

Zusatzbegutachtungen werden durchgeführt bei:

- jedem Verdacht oder Vorliegen von neurologischen Störungen: neurologische Zusatzbegutachtung (einschließlich elektrophysiologischer Untersuchungen)
- Hinweisen auf urologische Störungen und Sexualstörungen des Mannes (immer nach primärer Urogenitalverletzung): urologische Zusatzbegutachtung
- Bei Frauen ggf. zusätzliche oder ausschließliche gynäkologische Begutachtung

*Anmerkung.* Da die Patienten oftmals im Rahmen von Erstvorstellungen begutachtet werden, sollte nach Abschluß des »Gutachtens« eine umfassende Aufklärung erfolgen, um dem Patienten die ihm häufig unbekannten möglichen, auch interdisziplinären Therapieoptionen zu erläutern und ggf. zugänglich zu machen (Therapie der erektilen Dysfunktionen, Schmerztherapie, Korrekturoperationen etc.).

## Beurteilung

Die hier angegebenen Empfehlungen zur MdE können nur als allgemeine Richtlinien gelten und müssen unter Berücksichtigung des Gesamtbefundes entsprechend den allgemeinen gutachterlichen Grundsätzen abgeändert werden. Besonders im Hinblick auf die Einschätzung funktioneller Behinderungen am Becken, der urologischen Behinderungen und der Einschränkungen der Sexualfunktion haben sich zwischenzeitlich neue Gesichtspunkte ergeben [10, 15, 25, 45, 73].

**Osteoligamentäre Beckenverletzung**

- Anatomisch ausgeheilter Beckenring mit allenfalls minimalen Schmerzen: 0–10 %
- Anatomisch ausgeheilter Beckenring mit regelmäßigen mittelgradigen Schmerzen: 20 %
- Ausheilung mit Dislokation (>1 cm dorsal) mit mäßigen bis starken Schmerzen: 10–40 %
- Falschgelenkbildungen mit ständigen Belastungs- und Ruheschmerzen: 40–50 %
- Zusätzliche Behinderungen erhöhen die Einschätzung

**Neurologische Folgen**

Trophische Störungen erhöhen die Einschätzung, Teillähmungen vermindern die Einschätzungen entsprechend der Ausprägung, genannt sind jeweils komplette Ausfälle

- N. ischiadicus, Hauptstamm: 40–50 %
- Lähmung des peronäalen Anteils: 25 %
- Lähmung des tibialen Anteils: 25 %
- N. glutaeus: 15–25 %
- N. femoralis: 30–40 %
- N. obturatorius: <10 %
- N. cutaneus femoris lateralis: 10 %

**Allgemeine Folgen**

- Narbenbruch der Bauchwand: 10–30 %
- Kunstafter, Dickdarm: 20–50 %
- Verlust des Analsphinkters oder völliger Ausfall: 30 %
- Verlust des Analsphinkters mit erheblichem Darmvorfall: 40–70 %

**Urologische Folgen**

- Blasenschwäche je nach Ausmaß: 10–40 %
- Blaseninkontinenz mit nächtlichen Einnässen: 10–30 %
- Völlige Blaseninkontinenz: 60–100 %
- Blasenfistel: 20 %
- Urethrastruktur, gelegentlich Bougierung notwendig: 10–20 %
- Urethrastruktur, regelmäßige Bougierung notwendig: 20–30 %

**Männliche Geschlechtsorgane**

- Hodenverlust einseitig, bei Gesundheit des anderen: 10 %
- Hodenverlust beidseits vor Abschluß der körperlichen Reife: 50 %
- Hodenverlust beidseits nach Abschluß der körperlichen Reife und vor dem 60. Lebensjahr: 30 %
- Hodenverlust beidseits nach dem 60. Lebensjahr: 10 %
- Priapismus: 10–20 %
- Beischlafunfähigkeit (je nach Alter und persönlicher Situation): 10–20 %
- Libidoverlust: 20 %
- Erektile Dysfunktion: 10–20 %
- Störung der Gliedeinführung: 10–20 %

**Weibliche Geschlechtsorgane**

- Vaginalfistel: 30 %
- Vaginalsenkung: 20–30 %
- Völliger Scheiden- und Gebärmuttervorfall: 60 %
- Dyspareunie; 10–20 %

Die genannten Einzelschäden, besonders auf urologischem, gynäkologischem und neurologischem Gebiet, müssen unbedingt im Einzelfall bezüglich ihrer Relevanz für die Arbeitsfähigkeit überprüft werden. Ihre sekundären psychischen Auswirkungen auf die Arbeitsfähigkeit müssen über eine psychiatrische Zusatzbegutachtung gesichert werden [20]! !

Die zusammenfassende Beurteilung stützt sich zwar auf die durch die Zusatzbegutachtungen objektivierten Befunde, muß aber immer die Gesamtsituation des Patienten berücksichtigen. Entsprechende Überschneidungen sind unbedingt zu beachten.

*Anmerkung.* Im eigenen Vorgehen hat sich eine orientierende Beurteilung nach den Kriterien der Arbeitsgruppe Becken bewährt, um zumindest eine »Grobabschätzung« vornehmen zu können, in die die entsprechenden Einzelbefunde integriert werden können (s. auch Abschn. 12.1).

## Literatur


1. Alexandre A, Stevanato G, Di Toma F, Di Paola F, Spigariol F (1993) Traumatic lesions of the lumbosacral plexus: microsurgical treatment. Adv Neurosurg 21: 229–231
2. Berner W, Oestern H-J, Sorge J (1982) Ligamentäre Beckenringverletzungen: Behandlung und Spätergebnisse. Unfallheilkunde 85: 377–387
3. Bonnel F (1975) Biomechanische Betrachtungen über Beckenverletzungen und die Anwendung des Fixateur externe bei Zerreißungen der Symphyse und des Sakro-Iliakalgelenkes. Hefte Unfallheilkd 124: 161–163
4. Bosse M, Zwally H, Russell J, Copeland C, Poka A, Brumback R (1994) Heterotopic bone formation following operative reduction of acetabular fractures using a standard posterior approach. Surgery of the Pelvis and Acetabulum: The Second International Consensus. Pittsburgh, October 21–27, 1994
5. Carr L, Webster G (1996) Genitourinary trauma. Curr Opin Urol 6: 140–143
6. Cole J, Blum D, Ansel L (1996) Outcome after fixation of unstable posterior pelvic ring injuries. Clin Orthop 329: 160–179
7. Copeland C, Bosse M, McCarthy M, MacKenzie E, Guzinski G, Hash C (1997) Effect of trauma and pelvic fracture on female genitourinary, sexual and reproductive function. J Orthop Trauma 11(2): 73–81
8. Dowling T, Epstein JA, Epstein NE (1985) S1–S2 sacral fracture involving neural elements of the cauda equina. A case report and review of the literature. Spine 10(9): 851–853
9. Ebraheim N, Savolaine E, Skie M, Baril J (1994) Longitudinal fracture of the sacrum: case report. J Trauma 36(3): 447–450
10. Echtermeyer V, Sangmeister M, Lange K (1995) Begutachtung nach Beckenverletzungen aus chirurgischer Sicht. In: Hierholzer G, Kunze G, Peters D (Hrsg) 10. Gutachtenkolloqium. Springer, Berlin Heidelberg New York Tokyo, S 127–134
11. Egbers H, Havemann D (1986) Äußere Fixation des instabilen Beckenringes? Hefte Unfallheilkd 181: 610–611
12. Ghanayem A, Stover M, Goldstein J, Bellon E, Wilber J (1995) Emergent treatment of pelvic fractures. Clin Orthop 318: 75–80
13. Goldmann S, Sandler C, Corriere J, McGuire E (1997) Blunt urethral trauma. J Urol 157: 85–89
14. Gorek M, Stief C, Hartung C, Jonas U (1997) Computer assisted interpretation of electromyograms of corpora cavernosa using fuzzy logic. World J Urol 15: 65–70
15. Günther E, Hymmen R, Izbicki WJ, Neumann N, Spohr H (1991) Unfallbegutachtung, 9. Aufl. de Gruyter, Berlin
16. Havemann D, Schroeder L (1982) Behandlung von Beckenringfrakturen mit Fixateur externe. Akt Traumatol 12: 83–85
17. Heinrich SD, Sharps CH, Cardea JA, Gervin AS (1988) Open pelvic fracture with vaginal laceration and diaphragmatic rupture in a child. J Orthop Trauma 2(3): 257–261
18. Henderson R (1989) The long-term result of nonoperatively treated major pelvic disruption. J Orthop Trauma 3(1): 41–47
19. Henderson R, Nepola J (1986) Anterior-posterior traumatic pelvic disruption: an evaluation of the long-term orthopedic complications. Orthop Trans 10: 440
20. Hierholzer G, Hax P, Hierholzer S, Scheele H (1995) Gutachtenkolloquium. In: Hierholzer G, Kunze G, Peters D (Hrsg) 10. Gutachtenkolloqium. Springer, Berlin Heidelberg New York Tokyo, S 127–134
21. Hirvensalo E (1994) Current methods of internal fixation of pelvic fractures. Surgery of the Pelvis and Acetabulum: The Second International Consensus. Pittsburgh, October 21–27, 1994
22. Holdsworth F (1948) Dislocation and fracture-dislocation of the pelvis. J Bone Joint Surg Br 30(3): 461–466
23. Huittinen V (1972) Lumbosacral nerve injury in fracture of the pelvis. Acta Chir Scand Suppl 429: 1–43
24. Huittinen V, Slätis P (1972) Nerve injury in double vertical pelvic fractures. Acta Chir Scand 138: 571–575
25. Hutschenreiter G, Fahle H (1995) Begutachtung nach Beckenverletzungen aus urologischer Sicht. In: Hierholzer G, Kunze G, Peters D (Hrsg) 10. Gutachtenkolloqium. Springer, Berlin Heidelberg New York Tokyo, S 135–139
26. Ikpeme J, Morison C (1970) Vaginal avulsion complicating pelvic fracture. Br J Surg 57(4): 317–318
27. Koratim M, Marzouk M, Atta M, Orabi S (1996) Risk factors and mechanism of urethral injury in pelvic fractures. Br J Urol 77: 876–880
28. Letournel E (1990) Diagnosis and treatment of nonunions and malunions of acetabular fractures. Orthop Clin North Am 21(4): 769–788
29. Letournel E, Judet R (1993) Fractures of the acetabulum, 2nd edn. Springer, Berlin Heidelberg New York Tokyo
30. Lewis R, Witherington R (1997) External vacuum therapy for erectile dysfunction. World J Urol 15: 78–82
31. Madsen L, Jensen J, Christensen S (1983) Parturition and pelvic fracture. Follow-up of 34 obstetric patients with a history of pelvic fracture. Acta Obstet Gynecol Scand 62(6): 617–620
32. Majeed S (1992) Neurologic deficits in pelvic injuries. Clin Orthop 282: 222–228

32a. Matta J, Mehne D, Roffi R (1986) Fractures of the acetabulum: early results of a prospective study. Clin Orthop 186: 241–250

32b. Merle d'Aubigne M (1948) Traitement chirurgical de la coxarthrie. Soc Intern de Chirurgie Orthopaedique, 240–247

33. Millesi H (1981) Internal neurolyses. In: Gorio A, Millesi H, Mingrino S (eds) Posttraumatic peripheral nerve regeneration. Raven, New York, pp 197–208

33a. Mumenthaler M, Schliack H (1987) Läsionen peripherer Nerven, Georg Thieme, Stuttgart New York

34. Neugebauer R, Ulrich C (1986) Die Behandlung von Beckenringverletzungen unter funktionellen Gesichtspunkten. Hefte Unfallheilkd 181: 599–604
35. Niemi TA, Norton LW (1985) Vaginal injuries in patients with pelvic fractures. J Trauma 25(6): 547–551
36. Oberneder R, Zink R, Müller-Mattheis V, Hofstetter A (1990) Spätfolgen nach Urogenitaltrauma. Urologe 29: 251–255
37. Patel K, Chapman S (1993) Normal symphysis width in children. Clin Radiol 47: 56–57
38. Patterson F, Morton K (1961) Neurologic complications of fractures and dislocations of the pelvis. Surg Gynecol Obstet 112: 702
39. Pohlemann T, Gänsslen A, Kiessling B, Bosch U, Haas N, Tscherne H (1992) Indikationsstellung und Osteosynthesetechniken am Beckenring. Unfallchirurg 95: 197–209
40. Pohlemann T, Gänsslen A, Tscherne H (1992) Die Problematik der Sakrumfraktur, klinische Analyse von 377 Fällen. Orthopade 21: 400–412
41. Pohlemann T, Gänsslen A, Schellwald O, Culemann U, Tscherne H (1996) Outcome after pelvic ring injuries. Injury 27(Suppl 2): S-B31 – S-B38
42. Pohlemann T, Gänsslen A, Schellwald O, Culemann U, Tscherne H (1996) Ergebnisbeurteilung nach instabilen Verletzungen des Beckenrings. Unfallchirurg 99(4): 249–259
43. Pohlemann T, Gänsslen A, Weber U, Müller-Vahl H, Paul C (1996) Neurologisches Langzeitergebnis nach instabilen Bekkenring- und Acetabulumfrakturen: eine prospektive 2-Jahres Untersuchung. Hefte Z Unfallchir (Abstr) 262: 70
44. Pohlemann T, Gänsslen A, Hartung S, Arbeitsgruppe Becken (1997) Ergebnisse einer multizentrischen Studie. Springer, Berlin Heidelberg New York Tokyo
45. Probst J (1979) Beckenfrakturen – Spätfolgen und Begutachtung. Unfallheilkunde 82: 340–348
46. Reilly M, Zinar D, Matta J (1996) Neurologic injuries in pelvic ring fractures. Clin Orthop 329: 28–36
47. Rieger H, Neumann H, Klein W, Winde G (1996) Bauchtrauma und Beckenverletzung im Wachstumsalter. Chirurg 67: 261–267
48. Roder JD, Stubinger B, Gmeinwieser J, Muller E, Claudi BF (1988) Ergebnisse der operativen Behandlung von Beckenfrakturen bei polytraumatisierten Patienten. Akt Traumatol 18(3): 129–133

49. Rommens P, Vanderschot P, De Boodt P, Broos P (1992) Surgical management of pelvic ring disruptions: indications, techniques and functional results. Unfallchirurg 95: 455–462
50. Routt M, Simonian P, Ballmer F (1995) A rational approach to pelvic trauma – resuscitation and early definitive stabilization. Clin Orthop 318: 61–74
51. Rubash H, Brown T, Nelson D, Mears D (1983) Comperative mechanical performance of some new devices for fixation of unstable pelvic ring fractures. Med Biol Eng Comput 21: 657–663
52. Rüter A, Braun W (1986) Die Verwendung des Fixateur externe bei Beckenringverletzungen. Hefte Unfallheilkd 181: 582–589
53. Sandler CM, Hall JT, Rodriguez MB, Corriere JJ (1986) Bladder injury in blunt pelvic trauma. Radiology 158(3): 633–638
54. Saterbak A, Marsh J, Brandser E, Nepola J, Turbett T (1996) Outcome of surgically treated posterior wall acetabular fractures. 12th Annual Meeting, OTA, Boston
55. Schildhauer T, Josten C, Muhr G (1996) Komplikationen im Rahmen der triangulären Osteosynthese instabiler Sakrumfrakturen bei Typ C Beckenringbrüchen. Hefte Z Unfallchir (Abstr) 262: 189
56. Schmidt A (1974) Diagnostik, Therapie und Spätfolgen bei Beckenfrakturen. Monatsschr Unfallheilkd 77: 73–82
57. Scholten P, Schultz A, Luchies C, Miller J (1988) Motions and loads within the human pelvis: a biomechanical model study. J Orthop Res 6: 840–850
58. Schumm F, Stöhr M, Eisemann W (1977) Nerven- und Plexuslähmungen nach Beckentraumen. Akt Traumatol 295–302
59. Shabsigh R (1997) The effects of testosterone on the cavernous tissue and erectilefunction. World J Urol 15: 21–26
60. Shaw J, Eng M, Mino D, Werner F, Murray D (1985) Posterior stabilisation of pelvic fractures by use of threated compression rods. Clin Orthop 192: 240–254
61. Smekala R, Hahn M, Henkel M, Muhr G (1995) Chirurgisches Management der Komplikationen offener Beckenverletzungen. Zentralbl Chir 120: 893–898
62. Smidt G, McQuade K, Wei S, Barakatt E (1995) Sacroiliac kinematics for reciprocal straddle positions. Spine 20(9): 1047–1054
63. Soloniuk D, Gibbons K (1994) Neurologic complications of fractures of the sacrum and pelvis. In: Doty JR, Rengachary SS (eds) Surgical disorders of the sacrum. Thieme, Stuttgart New York, pp 143–150
64. Speer D, Peltier L (1972) Pelvic fractures and pregnancy. J Trauma 12(6): 474–480
65. Stief C, Schlote N, Thon W, Jonas U, Pohlemann T, Gänsslen A (1995) Beckenfrakturen und begleitende urologische Verletzungen: Diagnostik und Therapie. Hefte Z Unfallchir 249: 427–431
66. Tamm J (1984) Pseudarthrosen nach Beckenringfrakturen. Hefte Unfallheilkd 164: 248–250
67. Tile M (1984) Fractures of the pelvis and acetabulum. Williams & Wilkins, Baltimore
68. Tile M (1995) Fractures of the pelvis and acetabulum. 2nd edn. Williams & Wilkins, Baltimore
69. Tornetta P, Matta J (1996) Outcome of operatively treated unstable posterior pelvic ring disruptions. Clin Orthop 329: 186–193
70. Tornetta P, Dickson K, Matta J (1996) Outcome of rotationally unstable pelvic ring injuries treated operatively. Clin Orthop 329: 147–151
71. Truss M, Becker A, Schultheiss D, Jonas U (1997) Intracavernous pharmacotherapy. World J Urol 15: 71–77
72. Veen I v, Leeuwen A v, Popta T v, Luyt P v, Bode P, Vugt A v (1995) Unstable pelvic fractures: a retrospective analysis. Injury 26(2): 81–85
73. Weber M (1992) Die Begutachtung von Frakturen und Rupturen des Beckens. Z Orthop 130: 157–162
74. Weinberg A, Reilmann H (1992) Die Arbeitsgruppe Becken in der DGU und der Deutschen Sektion der AO-International. Orthopade 21: 449–452
75. Weis E (1984) Subtle neurological injuries in pelvic fractures. J Trauma 24(11): 983–985
76. Wilkes R, Seymour N (1993) Dysparneuria due to exostosis formation after pelvic fracture. Br J Obstet Gynecol 100(11): 1050–1051
77. Witschger P, Heini P, Ganz R (1992) Beckenzwinge zur Schockbekämpfung bei hinteren Beckenringverletzungen. Orthopade 21: 393–399
78. Zhou SR (1989) Fracture-dislocation of pelvis in the adult female: clinical analysis of 105 cases. Chung Hua Wai Ko Tsa Chih 27(8): 479–481

# Korrektureingriffe

13

K. DICKSON und J. MATTA[1]



**Obwohl durch eine optimierte Primärversorgung die Ausbildung von Beckenpseudarthrosen und Ausheilungen in Fehlstellung weitestgehend vermieden werden kann, werden sich dennoch vereinzelt immer wieder Patienten mit solchen schwerwiegenden Problemen vorstellen [8, 10]. Tile schätzte, daß nach instabilen Beckenfrakturen in etwa 5% der Fälle mit erheblichen Fehlstellungen zu rechnen ist [14]. Nach konservativer Therapie der Beckenringverletzungen vom Typ C wurden bei 55%–75% der Fälle Pseudarthrosen und Fehlstellungen angegeben [4, 5, 8]. Das bedeutet, daß v.a. der Prävention dieser Fehlheilungen die größte Bedeutung zukommt.**

**Ist es im Beckenring zu einer Pseudarthrose oder Fehlstellung gekommen, muß eine umfangreiche Diagnostik und Analyse durchgeführt werden, um die Ursache der Schmerzen sowie die »Charakteristik« der Fehlstellung klar erkennen zu können; weiterhin sollte man eine genaue Vorstellung von der Erwartungshaltung des Patienten bekommen. Danach wird ein detaillierter Behandlungsplan erstellt.**

**In der Literatur finden sich nur wenige Arbeiten zu Beckenfehlstellungen, praktische Hinweise fehlen nahezu vollständig.**

**In der folgenden Übersicht soll versucht werden, anhand von eigenen Erfahrungen die Grundlagen zur Untersuchung (klinische Untersuchungen, radiologische Untersuchungen, Definition der Fehlstellungen) darzustellen und die Basis des chirurgischen Managements dieses schwierigen Problems aufzuzeigen.**

[1] Aus dem Englischen übersetzt von T. Pohlemann.

## 13.1 Diagnostik bei Fehlstellungen und Pseudarthrosen

Das häufigste Leitsymptom, das zur Vorstellung des Patienten führt, ist der Schmerz, obwohl nicht alle Fehlstellungen notwendigerweise schmerzhaft sein müssen. Die Ausprägung des Schmerzes ist abhängig vom Grad der Instabilität oder Fehlstellung und wird meistens in der hinteren SI-Region angegeben [12].

Nach Korrektur einer knöchern festen, aber in Fehlstellung verheilten Beckenfraktur bessert sich der Schmerz im hinteren Beckenring häufig, obwohl die Gründe dafür bei weitem nicht so offensichtlich sind, wie der Rückgang des Schmerzes nach Stabilisierung einer instabilen Pseudarthrose [1, 9].

Während bei frischen Beckenringverletzungen schon die klinische Untersuchung mit recht hoher Sicherheit eine »Instabilität« erkennen läßt, ist bei den chronischen Fällen die Differenzierung zwischen einer Pseudarthrose (»instabil«) und einer knöchernen Heilung in Fehlstellung (»stabil«) wesentlich schwieriger.

Die klinische Untersuchung stützt sich auch hier im wesentlichen auf die Kompression des Beckenrings in a.-p.-Richtung oder auf wechselseitigen Belastungen der einzelnen Beckenhälften, also Untersuchungen, bei denen gelegentlich »Mikrobewegungen« nachweisbar sind. Besser lassen sich diese minimalen Bewegungen durch Belastungsaufnahmen im Stehen mit wechselseitiger Belastung beider Beine nachweisen.

Die Schmerzintensität nimmt in der Regel unter Belastung zu und bessert sich in Ruhe. Da die Lastübertragung im Becken im wesentlichen über die dorsalen Strukturen erfolgt, wird der Schmerz im »hinteren Beckenring« am häufigsten bei Fehlstellungen oder Pseudarthrosen in der anatomischen Umgebung des SI-Gelenkes gefunden. Fehlstellungen und Pseudarthrosen des vorderen Beckenringes werden sehr viel seltener als schmerzhaft angegeben, da nur etwa 10% des Körpergewichtes durch den vorderen Beckenring geleitet werden.

Gelegentlich werden auch Schmerzen im Bereich der distalen Wirbelsäule angegeben, die sich ursächlich auf eine Beckenfehlstellung beziehen lassen. Andere Patienten wiederum geben radiäre Nervenschmerzen an, die gelegentlich bis zum Knöchel ausstrahlen können. Ursächlich sind hierbei Kompressions- oder Distraktionsverletzungen des Plexus lumbosacralis anzunehmen.

Auch beim Sitzen kann es zu Schmerzen kommen. Gründe können Beckenfehlstellungen sein, die zu einer »Imbalance« der Sitzbeinhöcker geführt haben, oder schmerzhafte Pseudarthrosen im Bereich des Tuber ischiadicum. Höhendifferenzen der Sitzbeinhöcker werden am besten auf einer a.-p.-Aufnahme des Beckens erkannt.

## Diagnostik bei fehlverheilten Beckenringfrakturen

### ■ Klinische Untersuchung

Die fehlstellungsbedingten Behinderungen betreffen teilweise unterschiedliche Organsysteme und Funktionen: Schmerzen, Gangabnormität, Urogenitalsystem etc. Die am häufigsten beobachteten Fehlstellungen sind vertikale und posteriore Verschiebungen, sowie Innenrotationsfehlstellungen der Beckenhälften [1, 9]. Diese Fehlstellung kann häufig schon im Rahmen der klinischen Untersuchung diagnostiziert werden. Besteht eine deutliche Kranialverschiebung der Beckenhälften, kann die äußere Kontur des Körpers deformiert sein. Die Inspektion des stehenden Patienten von hinten oder vorne zeigt die Kontur der verkürzten Seite abgeflacht sowie eine Medialisierung der Trochanterregion. Auf der Gegenseite erscheint die Hüfte überbetont prominent. Diese Fehlstellung wird typischerweise von schlanken weiblichen Patienten als sehr störend empfunden. Zusätzliche Deformitäten entstehen durch Translation, sowie durch Adduktion und Innenrotation des Os ilium.

Andere Patienten klagen über dorsale »Vorsprünge« am Becken. Dieses Phänomen ist insbesondere störend, wenn die Patienten auf dem Rücken liegen oder auf harten Stühlen sitzen müssen. Diese Deformität wird bei der Inspektion erkannt, wenn die Lage der Spina iliaca posterior superior in Bauchlage genau beobachtet wird. Eine weitere Möglichkeit besteht in der Palpation des hinteren Beckenkamms in Rückenlage. Die Ursache dieser Prominenz liegt darin, daß die Innenrotationsfehlstellung der Beckenhälfte gleichzeitig zu einer Außenrotation der Spina iliaca posterior superior führt, die dadurch weiter nach »dorsal vorsteht«. Eine weitere Ursache kann auch eine posteriore Translation einer Beckenhälfte sein. Ist die Beckenhälfte mehr nach kranial verschoben, werden Os sacrum und Os coccygeum sehr prominent und können Schmerzen verursachen. Diese Fehlstellungen behindern insbesondere beim Sitzen und in Rückenlage. Ganz besonders störend wird ein vorspringendes Os sacrum bei beidseitigen Fehlstellungen empfunden. In extremen Fällen kann eine derartige Fehlstellung auch zu druckbedingten Hautnekrosen über dem Os sacrum führen.

Gangabnormitäten werden i. allg. bei Heilungen in Fehlstellung beobachtet. Kranialverschiebungen der Beckenhälfte führen zu einer funktionellen Beinverkürzung der betroffenen Seite. Nach instabilen Frakturen vom Typ C wurden durchschnittliche Beinlängendifferenzen von mehr als 3–6 cm gemessen [1, 9]. Aber auch eine Innen- oder Außenrotationsfehlstellung des Beckens führt über die veränderte Stellung und Beweglichkeit der Hüftgelenke zu Gangbildveränderungen.

Die Kranialverschiebung der Beckenhälfte verursacht zusätzliche Probleme beim Sitzen. Gelegentlich ist zu beobachten, daß der Patient sich beim Sitzen auf eine Seite überbeugt.

Allerdings ist die Richtung des Überbeugens nicht ganz konsistent:

- Der Patient wird sich zur verkürzten Seite neigen, wenn er versucht, beide Gesäßhälften gleichmäßig zu belasten.
- Einige Patienten mit ausgeprägten Fehlstellungen sitzen nur einseitig auf der unverschobenen Seite und beugen sich von der Fehlstellung weg.
- Andere Patienten versuchen, den Beschwerden mit häufigen Positionswechseln zu begegnen, oder sie legen sogar ihre Hand unter das verkürzte Tuber ischiadicum, um ein Sitzen möglich zu machen.

### ■ Diagnostik Urogenitalsystem

Bei einer ausgeprägten Innenrotation der Beckenhälfte kann es zu einer Kompression der Blase kommen. Diese kann aber auch durch in Fehlstellung verheilte Fragmente des oberen Schambeinastes hervorgerufen werden. Symptome sind eine erhöhte Miktionsfrequenz, ein vermehrter Harndrang und eine verlängerte Miktion. Häufiger steht der obere Schambeinast in die Blase vor. Die Diagnostik umfaßt ein retrogrades Urogramm und die Zystometrie.

In seltenen Fällen kann auch das Os ischii so weit nach medial verschoben sein, daß die Vaginalwand eingeengt wird und Schmerzen beim Geschlechtsverkehr angegeben werden. Tile berichtet von einer Patientin, bei der es bei einer bestehenden Symphyseninstabilität unter Belastung zu Klitorisstimulierung kam [15]. Auch kann die Blase durch eine erweiterte Symphyse vorfallen, oder es können auch direkte Rektushernien mit Darmvorfall auftreten.

### ■ Neurologische Diagnostik

Der dauerhafte Nervenschaden ist eine häufige Ursache von Behinderungen nach Beckenfrakturen. Huittinen beschreibt eine Rate von 46% Nervenschäden nach instabilen Vertikalfrakturen des Beckens [2]. In der eigenen Serie von pelvinen Fehlheilungen und Pseudarthrosen war bei 57% der Patienten ein präoperativer Nervenschaden nachweisbar, nur in 60% trat postoperativ eine Besserung ein [1, 9].

Die am häufigsten beteiligten Nervenwurzeln sind L5 und S1, prinzipiell kann aber jede Wurzel von L2 bis S4 betroffen sein. In der Studie von Huittinen, bei der 40 Nervenverletzungen beobachtet wurden, waren 21 auf Traktionsschäden zurückzuführen, 15 waren komplette Nervenunterbrechungen und 4 waren als Kompressionsverletzung eingestuft worden [3]. Interessanterweise waren die Traktionsschäden im Bereich des Truncus lumbosacralis und des N. glutaeus superior zu beobachten, während die meisten Nervenunterbrechungen Wurzelausrisse der Cauda equina waren. Die Kompressionsverletzungen traten als Folge von Nerveneinklemmungen im Bereich der ventralen Sakralforamina 1–3 auf. Traktionsschäden und Nervenausrisse waren v. a. mit Translationsinstabilitäten zu korrelieren, während die Nervenquetschungen insbesondere nach lateralen Kompressionsfrakturen vorkamen. Die laterale Kompression impaktiert häufig sakrale Knochenfragmente im Bereich der Foramina. Diese Knochenimpaktion kann zu einer Nerveneinklemmung führen, die nur durch chirurgische Dekompression zu behandeln ist.

Eine sorgfältige neurologische Untersuchung ist notwendig, um evtl. bestehende Nervenausfälle präoperativ zu erkennen. Ein intraoperatives und postoperatives Neuromonitoring wird empfohlen. Eine Verletzung von peripheren Nerven sollte durch Messungen der Nervenleitgeschwindigkeit und EMG näher untersucht werden. Bei peripheren Nervendurchtrennungen kann evtl. durch Nervennaht ein Teil der Funktion wiedergewonnen werden. Myelogramme und kernspintomographische Untersuchungen werden eingesetzt, um spinale Nervenausrisse darzustellen.

Im eigenen Krankengut gab nur ein Patient an, daß er sich dem Eingriff nicht mehr unterziehen würde [1, 9]. Die Ursache dafür war eine perioperative neurogene Komplikation. Der Patient hatte schon 2 Operationen bei schmerzhafter, extrem mobiler Pseudarthrose des hinteren Beckenrings hinter sich. Im Rahmen der posterioren Beckenfixation kam es zu einer Verletzung der Nervenwurzel L5. Da die Pseudarthrose nicht verheilte, war eine Reoperation notwendig. Zum Zeitpunkt der 2. Operation wurde auch eine posteriore Reosteosynthese durchgeführt, was aber zu keiner Änderung des Nervenschadens führte. Die Beschwerden, die die Pseudarthrose hervorgerufen hatte, verschwanden nach stabiler Ausheilung des Beckenrings komplett, allerdings leidet der Patient noch weiterhin an den durch die Verletzung des Truncus lumbosacralis ausgelösten Schmerzen.

## ■ Begleitverletzungen

Eine komplette Untersuchung dieser Patienten ist notwendig, da in der Regel Verletzungsfolgen in mehreren Körperregionen vorliegen. 95% der eigenen Patienten gaben Begleitverletzungen an, eine Tatsache, die der Beobachtung entspricht, daß Beckenfehlstellungen und Pseudarthrosen als Folge einer instabilen Beckenverletzung immer Hinweis für ein Traum mit höchster Energieeinwirkung sind [1, 9]. Die dadurch entstehenden Behinderungen können Folge begleitender Frakturen sein, aber natürlich in allen anderen Körperregionen bestehen (Schädel-Hirn-Verletzungen, Thorax- und Abdominalverletzungen, Herzkontusion, urogenitale Verletzungen, offene Beckentraumen etc.).

## ■ Erwartungshaltung des Patienten

Ein wichtiger Aspekt bei der Einschätzung der Gesamtsituation ist ein ausführliches Gespräch mit dem Patienten. Es muß einerseits erkannt werden, welche Ansprüche und Hoffnungen von seiten des Patienten bestehen, andererseits müssen dem Patienten die Risiken, Folgeprobleme und Chancen eines Korrektureingriffes deutlich gemacht werden. Der Patient selbst trifft die letzte Entscheidung nach umfassender Aufklärung unter voller Kenntnis der Behandlungsziele und Behandlungsrisiken. Symptome, die durch einen Korrektureingriff gebessert werden können, sind Beinverkürzungen, Imbalancen beim Sitzen, ein vaginales Impingement und die Korrektur von kosmetisch störenden Fehlstellungen der Beckenkontur. Der Patient muß allerdings wissen, daß zwar die Mehrheit der Deformitäten in gewissem Maße korrigiert, ein völlig anatomisches Ergebnis aber nicht immer erreicht werden kann. Im eigenen Krankengut war in 76% der Fälle eine Reposition auf unter 1 cm Fehlstellung möglich.

Schmerzen im hinteren Beckenring ohne Fehlstellung oder Pseudarthrose sind oftmals nur schwer erklärbar. Eine Korrekturoperation kann derartige Beschwerden in der Regel nicht oder nur unvollständig verbessern.

Im eigenen Krankengut berichteten 59% der Patienten von einer Beschwerdebesserung, nur 21% wurden im Bereich der hinteren Beckenregion komplett schmerzfrei [1, 9]. Der radiologische Nachweis einer Arthrose im SI-Gelenk kann nicht immer verläßlich als Ursache für das Auftreten eines hinteren Beckenschmerzes herangezogen werden.

In den Fällen, in denen eine Pseudarthrose besteht, die unverschoben ist oder nur minimal disloziert steht, so daß keine oder nur eine minimale intraoperative Korrektur notwendig ist, ist das Operationsrisiko nicht wesentlich höher einzuschätzen als bei der Versorgung einer akuten Beckenfraktur. Das Operationsrisiko erhöht sich jedoch erheblich, wenn Fehlstellungen korrigiert werden müssen. Dann können die notwendigen Osteotomien, die Mobilisation der Beckenhälfte und die Reposition zu Schäden an benachbarten Nervenstrukturen und/oder Gefäßen führen. Der Patient muß auch realisieren, daß evtl. Reoperationen notwendig werden, falls es zur erneuten sekundären Dislokation kommt oder die Pseudarthrose nicht ausheilt.

## Radiologische Untersuchung

Die radiologische Untersuchung basiert auf den 5 konventionellen Standardaufnahmen (a.-p.-Beckenaufnahme, Inlet- und Outletprojektion und die Ala- und Obturatoraufnahmen), der CT und der 3D-CT. In Einzelfällen wird der Datensatz des CT dazu genutzt, ein dreidimensionales Beckenmodell anzufertigen. Damit kann die Fehlstellung besser verstanden und die präoperative Planung erleichtert werden.

Die Obturatoraufnahme erlaubt eine gute Beurteilung des gleichseitigen SI-Gelenkes. Mit Hilfe von Belastungsaufnahmen im Einbeinstand wird das Ausmaß der Instabilität einer Pseudarthrose nachgewiesen. Mit Hilfe der Szintigraphie ist es möglich, die Aktivität einer Pseudarthrose festzustellen (atrophe oder hypertrophe Pseudarthrose).

Alle verfügbaren Röntgenaufnahmen und CT-Untersuchungen werden zur Analyse verwendet, da oft sehr komplexe Fehlstellungen mit Rotationen um alle 3 Beckenachsen vorliegen können.

Eine Translationsfehlstellung entspricht Verschiebungen der Beckenhälfte in der a.-p.- und in der kraniokaudalen Ebene, wie auf der a.-p. Aufnahme zu sehen ist. Eine Kranialverschiebung läßt sich direkt in der a.-p.-Aufnahme messen. Die posteriore Verschiebung wird normalerweise in der Inletaufnahme gemessen. Allerdings kann eine in der a.-p.-Aufnahme sichtbare Kranialverschiebung zusätzlich zu einer in der Inletaufnahme erkennbaren Dorsalverschiebung geführt haben. Die genaue Vermessung der posterioren Verschiebung ist deshalb am genauesten anhand der CT-Aufnahmen durchzuführen. Eine Kranialverschiebung kann allerdings auf der a.-p.-Aufnahme gemessen werden, wobei als Referenzlinie eine Linie in der Ebene des Os sacrum angelegt wird. Die senkrecht dazu stehenden Hilfslinien zum Ende des Os ischii und des Pfannendaches zeigen den Grad der vertikalen Verschiebung an. Die gemessenen Distanzen werden mit den Werten der gegenseitigen Beckenhälfte verglichen.

Differenzen zur Basis des Os ischii verdeutlichen den Grad der Imbalance beim Sitzen.

Unterschiede der Entfernung der Basislinie zum Pfannendach des Acetabulums lassen den Beinlängenunterschied erkennen.

Die Symptome »Imbalance beim Sitzen« und »Beinlängenunterschied« sind typische Fehlstellungsbeschwerden, die durch Heilung des Beckens in erheblicher Fehlstellung oder durch Pseudarthrosen verursacht werden.

Die Flexions- und Extensionsfehlstellungen des Hemipelvis werden als Rotation um eine Achse definiert, die in der supraazetabulären Region von medial nach lateral durch die Beckenschaufel läuft. Die folgenden geometrischen Beziehungen werden benutzt, um diese Fehlstellung genauer zu definieren:

- die Beziehung der obturatorazetabulären Linie zur Köhler-Tränenfigur (je weiter kranial diese Linie die Tränenfigur kreuzt, um so ausgeprägter ist die Flexionsfehlstellung der Beckenhälfte),
- die Kontur des Foramen obturatum auf der Outlet- oder a.-p.-Beckenaufnahme (der Umriß des Foramen obturatum wird mit zunehmender Flexion länglicher),
- die Lage der Linea ilioischiadica in Beziehung zum Foramen obturatum auf der Outletaufnahme (je kaudaler die Linea ilioischiadica in Relation zum Foramen steht, um so größer ist die Flexionsfehlstellung).

Die besten Messungen der Flexionsfehlstellung lassen sich aus dem 3D-CT ableiten. Dabei werden die nicht betroffene Beckenhälfte und das Os sacrum aus ihrer anatomischen Position rechnerisch aus dem Datensatz entfernt (»herausgerechnet«). Die Fehlstellungswinkel werden dann relativ zu der Spina-Symphysen-Ebene gemessen (s. auch Kap. 2).

Innen- und Außenrotationsbewegungen des Hemipelvis finden um eine Achse statt, die senkrecht zum Boden steht und in der quadrilateralen Fläche verläuft. Der Grad der Innenrotation wird auf Nativaufnahmen wie folgt definiert:

- Weite des Os ischii (ein »breiteres« Os ischii zeigt eine Innenrotation an),
- die Ausdehnung der Darmbeinschaufel (sie wird größer bei Außenrotation),
- die Beziehung der Linea ilioischiadica zur Köhler-Tränenfigur (je weiter lateral die Linie liegt, um so ausgeprägter ist die Innenrotation).

In der CT-Untersuchung kann der Grad der Rotationsfehlstellung präzise definiert werden. Dazu wird eine Linie parallel zu der immer vorhandenen quadrilateralen Fläche gezogen (etwa 2–5 mm oberhalb des Pfannendachs) und der Winkel zu einer horizontalen Linie in der Sakrumebene gemessen (»Rotationswinkel«).

Sponseller et al. messen die Fehlstellung bei kindlichen kongenitalen Beckenfehlbildungen als Distanz von der Spina iliaca anterior superior zur Spina iliaca posterior superior [13]. Allerdings umfaßt diese Messung eine Kombination von Innenrotations-/Außenrotations- sowie Abduktions-/Adduktionskomponenten.

Die Abduktions- und Adduktionsfehlstellungen werden definiert als Rotation der Beckenhälften um eine Achse, die senkrecht zur Achse der Innen- und Außenrotation steht. Diese Achse verläuft von ventral nach dorsal durch das Acetabulum. Daher wird eine reine Abduktions- oder Adduktionsfehlstellung eine Messung der Innen- und Außenrotationsfehlstellung nicht beeinflussen. Reine Abduktions-/Adduktionsfehlstellungen sind allerdings selten und treten in der Regel zusammen mit Rotationsdeformitäten auf.

Wenn keine zusätzliche Rotationsfehlstellung besteht, kann die Abduktions-/Adduktionsfehlstellung auch in der Inletaufnahme direkt an der Rotation der Beckenhälften abgelesen werden. Der Grad der Abduktions-/Adduktionsfehlstellung wird dabei durch den Winkel bestimmt, der zwischen einer Linie von der Spina iliaca posterior superior zur Symphyse und einer Linie in der Sakrumebene gebildet wird.

In der CT kann diese Fehlstellung durch den Seitenvergleich des Abstandes vom Zentrum der quadrilateralen Fläche zur Mittellinie gemessen werden. Allerdings gibt diese Messung keinen eigentlichen Rotationswinkel an.

### Therapie

Wie schon eingangs erwähnt, bedeutet die Prävention die beste Prophylaxe dieser komplexen Probleme am Beckenring [4, 7, 8, 12]. Das Problem der Heilung in Fehlstellung und einer Pseudarthrose am Becken resultiert meist aus einer primär inadäquaten Behandlung dislozierter und instabiler Beckenringfrakturen. Vom chirurgisch-technischen Aspekt her sind Spätkorrekturen am Becken sehr schwierig, da die Anatomie verändert, die Orientierung erschwert ist und weil die Rate der potentiellen Komplikationsmöglichkeiten ansteigt. So können z. B. durch Osteotomien sehr leicht Strukturen verletzt werden, die der gegenseitigen Kortikalis anliegen.

Die Indikation für einen derartigen Eingriff sind Schmerzen, Instabilität im Beckenring und klinische Probleme, die von der Beckenfehlstellung herrühren (Probleme beim Sitzen, Beinlängendifferenz, Impingement der Vaginalwand etc.). Eine detaillierte Kenntnis der Beckenanatomie ist notwendig, um den dreidimensionalen Charakter der Fehlstellung zu verstehen. Eine ausgedehnte präoperative Planung legt die günstigste Reihenfolge der Zugänge für Mobilisation, Reposition und Fixation fest. Da die Situation bei jedem Patienten unterschiedlich ist, muß auch der Behandlungsplan jeweils individuell aufgestellt werden.

Die vorliegende Literatur konzentriert sich bisher auf Pseudarthrosen. Bei diesen Patienten ist eine umfangreiche chirurgische Lösung des vorderen und hinteren Beckenringes nicht nötig, um eine Reposition zu erreichen, im wesentlichen wird eine Fixation in situ benötigt. Pennal u. Massiah konnten zeigen, daß durch die operative Therapie einer Beckenpseudarthrose das Ergebnis gegenüber einer konservativen Therapie signifikant verbessert werden konnte [10]. Von 18 Patienten kehrten 11 nach der Operation zu der gleichen Beschäftigung wie vor dem Unfall zurück, während dies nur bei 5 von 24 konservativ behandelten Patienten möglich war. Besteht allerdings zusätzlich zu der Pseudarthrose eine Fehlstellung im Beckenring, verspricht eine Fusion unter Belassen der Fehlstellung keinen Erfolg, da der Patient neben den Fehlstellungsbeschwerden auch weiterhin Schmerzen behalten wird.

Der operative Eingriff selbst muß oft sequentiell durchgeführt werden. Die von Letournel angegebene, in 3 Sequenzen durchgeführte Beckenringkorrektur erlaubt neben maximalen Korrekturmöglichkeiten der Fehlstellung eine sichere Fixation [6]. Die Sequenzen der 3 Operationsabschnitte sind die Rückenlage, gefolgt von Bauchlage und wieder Rückenlage, oder aber in der Reihenfolge Bauchlage – Rückenlage – Bauchlage. Vor der Umlagerung müssen die Wunden jeweils verschlossen werden.

- Im ersten Schritt wird der vordere oder aber der hintere Beckenring durch eine Osteotomie in der alten Frakturzone gelöst oder die Pseudarthrose ausgeräumt.
- Der zweite Teil umfaßt als wichtigsten Schritt die Mobilisation der Beckenhälfte und die Reposition der Fehlstellung. Dabei muß oft die korrespondierende Läsionsstelle im Beckenring zusätzlich oder gleichzeitig mobilisiert werden. Bei ausreichender Reposition wird dieser Teil der Operation durch Fixation des gerade exponierten Anteils des Beckenringes abgeschlossen.
- Im dritten Abschnitt wird die Reposition komplettiert und der nun exponierte Teil des Beckenringes stabilisiert.

Um eine Kranialverschiebung der Beckenhälfte auszugleichen, ist es notwendig, die Ligg. sacrotuberale und sacrospinale an ihrem Ursprung am Os sacrum zu lösen.

Die notwendigen Osteotomien werden bevorzugt im Bereich der alten Verletzung durchgeführt.

Der Patient sollte auf einem Operationstisch gelagert werden, der die uneingeschränkte Verwendung des Bildwandlers erlaubt. Ein Extensionstisch (z. B. nach Judet) kann dabei nützlich sein. Müssen erhebliche Korrekturen durchgeführt werden, wird die intraoperative Ableitung von somatosensorisch evozierten Potentialen (»SSEP«) empfohlen.

#### ■ Pseudarthrosenschmerzen

Die Behandlung von Beckenpseudarthrosen kann durch Stabilisation allein, durch Knochentransplantate oder durch eine Kombinationen beider Verfahren behandelt werden. Eine Knochenszintigraphie erlaubt es, die »Aktivität« der Pseudarthrose zu bestimmen (atrophe Pseudarthrose mit der Notwendigkeit der Knochentransplantation oder hypertrophe Pseudarthrosen, bei denen eine Stabilisation allein ausreicht).

#### ■ Vorderer Beckenring

Pseudarthrosen im Bereich der Schambein- oder Sitzbeinäste sind selten und häufig ganz medial oder in der Symphysenregion lokalisiert. Da über 90% der

Lastübertragung über den hinteren Beckenring abgeleitet werden, bleiben viele Pseudarthrosen des vorderen Beckenringes asymptomatisch.

Präoperativ wird ein transurethraler Urinkatheter eingelegt. Der Zugang besteht in einer Pfannenstielinzision, die etwa 2 cm kranial der Symphyse angelegt wird. Die Kreuzung der Fasern der Faszie des M. rectus abdominis zeigt die Mittellinie an. Die beiden Rektusbäuche werden lediglich auseinandergedrängt, wobei durch sorgfältige Präparation eine Verletzung der Blase unbedingt vermieden werden muß. Nach der Präparation wird die Blase nochmals inspiziert, um Perforationen sicher auszuschließen. Der Verlauf des Blasenkatheters sollte palpiert werden, um sicherzustellen, daß auch die Urethra unverletzt ist. Ein biegsamer Spatel wird eingesetzt, um die Blase ausreichend nach dorsal zu retrahieren. 2 Hohmann-Hebel werden im Bereich des Tuberculum pubicum eingesetzt, um die Rektusbäuche auseinander zu halten. Mit der großen Repositionszange mit Spitzen oder einer Beckenrepositionszange (Jungbluth-Zange) kann die Symphyse reponiert werden. Die Autoren bevorzugen die Stabilisierung mit der 3,5-mm-Beckenrekonstruktionsplatte (6-Loch). Nach klinischen Untersuchungen wird die Verwendung dieses Implantates [9] empfohlen.

Wenn eine knöcherne Überbrückung der Symphyse notwendig ist, wird von ventral her zusätzlich eine 4-Loch-Platte angelegt und von dorsal her ein kortikospongiöser Knochenspan eingebolzt. In diesen Fällen wird kranial ein längeres Implantat (8- oder 10-Loch-Beckenrekonstruktionsplatte) eingesetzt.

Muß eine Arthrodese des SI-Gelenkes durchgeführt werden, wird das erste Fenster des ilioinguinalen Zugangs eröffnet. Der Truncus lumbosacralis verläuft etwa 2 cm medial der Grenze des SI-Gelenkes, und er muß unbedingt geschützt werden. Das Gelenk wird von ventral her ausgeräumt und eine »Rinne« geschaffen. Zur Stabilisierung werden 2 2-Loch-Platten in einem Winkel von etwa 70° zueinander plaziert. Die erste Platte wird so distal wie möglich zunächst mit einer Schraube im Sakrum verankert, danach mit 2 Schrauben im Os ilium. In dieser Position können die längstmöglichen Schrauben im Sakrum verwendet werden. Der Schraubenwinkel im Os sacrum wird leicht medial bis parallel zum SI-Gelenk gewählt. Die Autoren bevorzugen im eigenen Vorgehen die Verwendung von Kleinfragmentkortikalisschrauben. Die Verwendung eines langen oszillierenden Bohrers wird aufgrund der höheren Flexibilität und Sicherheit beim Bohrvorgang empfohlen.

### ■ Posteriorer Beckenring

Als Zugang wird eine Längsinzision etwa 3 cm lateral der Spina iliaca posterior superior gewählt. Nun wird der M. glutaeus maximus an seinem Ursprung am Beckenkamm abgelöst, und zur Darstellung des hinteren SI-Gelenkes und der Ligamente zusätzlich die Fascia lumbosacralis und die paraspinale Muskulatur. Narbengewebe und Knorpelfragmente werden entfernt und ein kortikospongiöser Knochenspan aus dem hinteren Beckenkamm wird in den Gelenkspalt eingebolzt. Die von den Autoren am häufigsten verwendete Fixation ist eine transiliosakrale Zugschraubenosteosynthese mit 2 Spongiosazugschrauben (6,5 mm) mit 16 mm Gewindelänge. Der Einsatz eines oszillierenden Bohrers wird empfohlen. Zusätzliche Stabilität wird erreicht, wenn 1 oder 2 Rekonstruktionsplatten ilioiliakal über dem hinteren Beckenring fixiert werden. Diese Platten wirken als Zuggurtung. Eine weitere Möglichkeit besteht darin, Gewindestangen einzusetzen, obwohl diese in der eigenen Serie nur selten benutzt wurden [1, 9].

### ■ Nachbehandlung

Im postoperativen Verlauf wird ein Teilbelastung mit Abrollen des Fußes für 8–12 Wochen durchgeführt. In Abhängigkeit von radiologischen Zeichen der Knochenheilung wird die Belastung und die Physiotherapie individuell gesteigert.

### ■ Heilung in Fehlstellung und verschobene Pseudarthrosen

Um die Beschwerden der Patienten bei Fehlstellungen im Beckenring zu bessern, ist eine Reposition des Beckens notwendig, da von einer alleinigen Fusion keine wesentliche Besserung erwartet werden kann. Das chirurgische Vorgehen wird sequentiell in einer dreiteiligen Operation durchgeführt.

- Der erste Schritt umfaßt die chirurgische Lösung einer Läsionsstelle im Beckenring (z. B. Osteotomie durch die alte Verletzung im Bereich der Darmbeinschaufel oder des SI-Gelenkes).
- Im zweiten Schritt wird die gegenseitige Läsion im Beckenring gelöst (z. B. bilaterale Osteotomie der oberen und unteren Scham- und Sitzbeinäste). Im gleichen Schritt erfolgt die Reposition des Beckens und die Stabilisation der gerade freigelegten Region (z. B. 10-Loch-Rekonstruktionsplatte über die Symphyse).
- Im dritten Schritt wird die Reposition noch weiter optimiert und die Fixation der nun exponierten Region im Beckenring durchgeführt (z. B. durch transiliosakrale Zugschrauben).

Die Reihenfolge dieser Operationsschritte ist von der Beckenfehlstellung abhängig und davon, ob sich im zweiten Schritt die besten Repositionsmöglichkeiten von vorne oder von hinten ergeben (s. auch die Fallbeispiele in Abb. 13.1–13.3).

Die Repositionstechniken werden in Abhängigkeit von der Deformität ausgewählt.

Für den hinteren Beckenring kann eine Extension über den Extensionstisch (Judet-Tisch), der Einsatz der Repositionszangen mit Spitzen, der Einsatz von

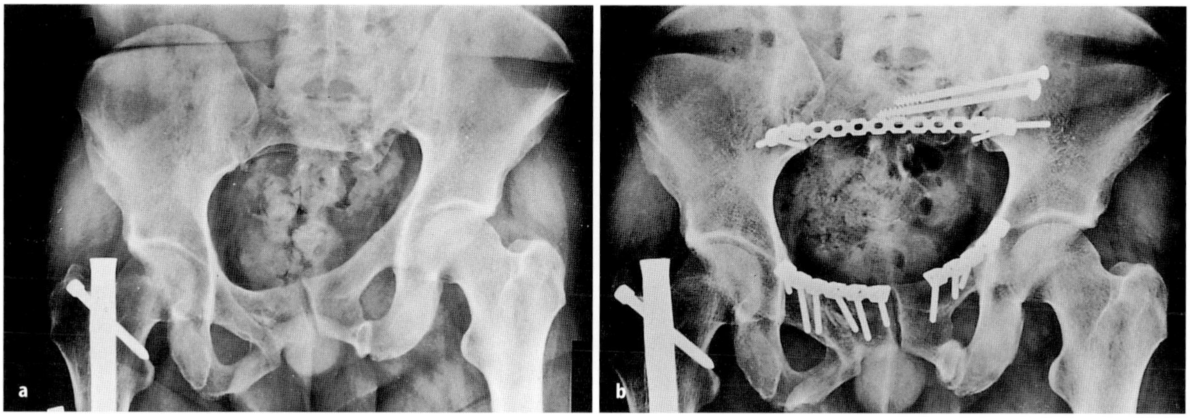


**Abb. 13.1.** **a** 39 Jahre alter männlicher Patient, der 4 Jahre vor dem Eingriff mehrfach verletzt wurde. Neben einer rechtsseitigen Femurfraktur lag eine Beckenringverletzung vor, bestehend aus einer instabilen transforaminalen linksseitigen Sakrumfraktur und einer bilateralen transpubischen Instabilität. Die definitive Primärbehandlung erfolgte durch Anlage eines Fixateur externe. Vor der Übernahme des Patienten wurde eine rechtsseitige Verkürzungsosteotomie des Oberschenkels durchgeführt, um die Beinlänge auszugleichen. Der Patient hatte aber weiterhin Beschwerden, besonders beim Sitzen. Präoperative Analyse: Die Beckenfraktur war in Fehlstellung verheilt, und die dislozierte linksseitige Pars lateralis des Sakrums war knöchern mit den Wirbelkörpern L4 und L5 ankylosiert. Die Kranialverschiebung des linken Hemipelvis betrug 60 mm. **b** Die Korrektur der Fehlstellung erfolgte in einer dreistufigen Operation in der Folge Rückenlage – Bauchlage – Rückenlage. In Rückenlage wurde über eine Pfannenstielinzision zunächst der vordere Beckenring beidseits sehr nahe an der alten Frakturlinie osteotomiert. Die Wunde wurde verschlossen und der Patient in die Bauchlage gedreht. Über einen posterioren Zugang wurde eine Osteotomie durch die alte, fehlverheilte Sakrumfraktur lateral zu den Sakralforamina durchgeführt. Die bestehende knöcherne Verbindung zwischen L4 und L5 und dem Sakrum wurde nicht entfernt, die Lösung der Beckenhälfte erfolgte durch die Osteotomie lateral der Foramina. Die Ursprünge des Lig. sacrospinosum und sacrotuberale am Sakrum wurden abgelöst. Danach ließ sich die Kranialverschiebung durch den Einsatz verschiedener Repositionszangen und Beckenzangen ausgleichen. Um eine erneute Kranialverschiebung zu vermeiden, wurde zunächst unter Bildwandlerkontrolle ein transiliosakrale Verschraubung mit 2 Zugschrauben durchgeführt [8]. Zur Positionierung einer quer von Beckenkamm zu Beckenkamm angelegten Platte folgte zusätzlich noch eine zweite kleine Gegeninzision. Die Wunden wurden verschlossen und der Patient erneut in die Rückenlage gebracht. Die vordere Inzision wurde wieder eröffnet und die beiden Osteotomien der oberen Schambeinäste wurden mit 6-Loch-Platten und Schrauben fixiert. Der Bildwandler wurde eingesetzt, um sowohl die Reposition als auch die Fixation zu kontrollieren. Intraoperatives Neuromonitoring. Es wurden 40 mm Korrektur erreicht mit einer verbliebenen Beinverkürzung von 20 mm. 1 1/2 Jahre nach dem Korrektureingriff war der Patient mit dem Resultat zufrieden, er kann nun ohne Schwierigkeiten sitzen. Der Patient möchte nun das zuvor verkürzte gegenseitige Femur verlängern lassen

Pedikelschrauben im Bereich der Crista iliaca posterior zur Durchführung einer Distraktion, oder der Einsatz des großen AO-Distraktors zwischen den hinteren Darmbeinkämmen erwogen werden. Im eigenen Vorgehen wird teilweise ein spezielles Repositionsgerät eingesetzt (Prototyp J. Matta).

Repositionsmanöver am vorderen Beckenring werden durch Einsatz der Repositionszangen mit Spitze, der großen Beckenrepositionszange im Bereich der Symphyse (Jungbluth-Zange) oder sogar den Einsatz der Beckenzwinge umfassen. Zusätzliche Möglichkeiten bieten individuell angefertigte Fixateur-externe-Konstruktionen und die Extension mittels Extensionstisch.

Der Schlüssel zur erfolgreichen Reposition ist die Kenntnis des Charakters der Fehlstellung und der Möglichkeit, mit dem Repositionsmanöver einen Kraftvektor zu erzeugen, der der Fehlstellung exakt entgegenwirkt.

Auch die Auswahl der Zugänge hängt von der spezifischen Fehlstellung im Beckenring ab. Die anterioren Zugänge schließen auch einen bilateralen ilioinguinalen Zugang ein, neben den einseitigen ilioinguinalen Zugang, der Pfannenstielinzision oder der anterolateralen Inzision am Beckenkamm.

Dorsale Zugänge können die einseitige Längsinzision [14], die gelegentlich auch bilateral angelegt wird, der erweiterte iliofemorale Zugang (insbesondere wenn zusätzlich eine Acetabulumpseudarthrose vorliegt) oder ein lateraler Zugang von der Spina iliaca anterior superior bis zur Spina iliaca posterior superior sein.

Die spezifische Stabilisationstechnik am Becken hängt ebenfalls von dem Charakter der Fehlstellung und dem zur Erreichung einer ausreichenden Reposition notwendigen Grad der Knochen- und Weichteilablösung ab. Fixationstechniken umfassen auch Standardimplantate, wie die gebogene 3,5-mm-Beckenrekonstruktionsplatte in verschiedenen Längen. Gelegentlich muß am vorderen Beckenring zusätzliche Stabilität durch eine zweite, anterior angebrachte 4-Loch-Platte erreicht werden (s. oben).

Am hinteren Beckenring werden 6,5-mm-Spongiosazugschrauben mit 16 mm Gewindelänge eingesetzt, zusätzlich aber auch Kleinfragment- und Standardzugschrauben zur Überbrückung des Osteotomiespaltes, Sakralstäbe und große, ilioiliakal eingesetzte Rekonstruktionsplatten. Über die exakte Lage der Implantate wird allerdings erst nach Erreichen der Reposition endgültig individuell entschieden.

Da die Reposition von Beckenfehlstellungen nahezu immer mit ausgedehnten Weichteilablösungen verbunden ist, wird postoperativ eine Teilbelastung der betroffenen Extremität mit 10–5 kg für 2–5 Monate eingehalten. Über den genauen Zeitraum wird individuell entsprechend dem weiteren Verlauf entschieden.

## ■ Ergebnisse

In der Serie der eigenen Beckenringrekonstruktionen kamen die Patienten im Durchschnitt 42 Monate nach dem Unfall zur Korrekturoperation (4 Monate bis 14 Jahre) [1, 9]. Die Operationszeit betrug durchschnittlich 7 h (1,5–10,4 h). Der durchschnittliche Blutverlust betrug 1.977 ml (200–7.200 ml).

In der Nachuntersuchung (durchschnittliche Nachuntersuchungszeit 3 Jahre 11 Monate, Minimum 9 Monate, Maximum 11 Jahre postoperativ) wiesen bis auf einen alle Patienten einen stabil verheilten Beckenring auf. 95 % der Patienten waren mit dem Operationsresultat, und alle Patienten mit dem Grad der Korrektur der Fehlstellung zufrieden.

Beobachtete Komplikationen waren sekundäre Dislokationen, Nervenverletzungen und Gefäßverletzungen (Vasa iliaca externa). Postoperative Infektionen wurden nicht beobachtet. Obwohl bei fast allen Patienten präoperativ ein tiefer Rückenschmerz bestand, gaben 95 % der Patienten weniger Schmerzen nach dem Eingriff an.

## Schlußfolgerung

Pennal u. Massiah konnten schon 1980 zeigen, daß durch die Stabilisation von Beckenpseudarthrosen, insbesondere von posterioren Pseudarthrosen der Zustand der Patienten bis hin zu einer kompletten Restitutio verbessert werden kann [10]. Eine in 3 Operationsschritten durchgeführte Beckenrekonstruktion konnte ebenfalls bei den meisten Patienten nach einer Heilung in Fehlstellung oder einer zusätzlichen Pseudarthrose zumindest eine Besserung der Situation erreicht werden [1, 9]. Die Resultate derartiger Eingriffe sind allerdings typischerweise nicht so gut wie die der Behandlung von frischen Beckenringfrakturen. In dem Moment, in dem sich eine Fehlstellung entwikkelt und chronische Symptome beginnen, verringern sich die Möglichkeiten einer chirurgischen Rekonstruktion und die Chancen einer kompletten Restitutio des Patienten. Die Rate der Komplikationen ist bei sekundären Korrektureingriffen deutlich erhöht. Die beste Therapie für Beckenfehlheilungen und Pseudarthrosen muß deswegen in der Prävention liegen, die bei instabilen Frakturen nur durch offene Reposition und stabile interne Fixation erreicht werden kann.

**Abb. 13.2 a–h.** 28jährige Patientin, die vor 13 Jahren eine Beckenfraktur erlitten hatte. **a–c** Linksseitige transalare Sakrumfraktur und beidseitige transpubische Instabilitäten. Primär wurde eine konservative Behandlung durchgeführt, der Beckenring heilte mit 30 mm Kranialverschiebung aus. Die Patientin studierte Medizin und strebte eine Ausbildung als Pathologin an, konnte aber aufgrund der Beckenfehlstellung nur unter großen Beschwerden sitzen. 11 Jahre nach der Verletzung wurde auswärts noch ein Korrektureingriff mit Distalisierung des linken Hemipelvis durchgeführt. Dabei wurde die Symphyse gelöst und zusätzlich eine posteriore Osteotomie angelegt. Die Stabilisierung erfolgte über eine posteriore Verplattung. Die Fixation versagte und es kam zu einer Redislokation mit Entwicklung einer kombinierten Flexions-, Adduktions- und Innenrotationsfehlstellung der linken Beckenhälfte. **d** Die Operationsplanung sah den Ausgleich aller Fehlstellungen vor. Der dreistufige Eingriff wurde in der Folge Bauchlage – Rückenlage – Bauchlage geplant. Durch den posterioren Zugang wurde zunächst eine Osteotomie durch die Pars lateralis des Sakrums nahe zum arthrodetisierten SI-Gelenk angelegt. Nach Wundschluß wurde die Patientin in die Bauchlage gebracht. Es wurde ein bilateraler ilioinguinaler Zugang durchgeführt und beidseitige transpubische Osteotomien angelegt. Die Distraktion erfolgte über einen Fixateur externe mit 5-mm-Schanz-Schrauben, die 1. Schraube wurde im Bereich der rechten Linea terminalis nahe zum SI-Gelenk eingesetzt, die 2. Schraube in der linken Beckenhälfte verankert und im hinteren Pfeiler des Acetabulums bis zum Tuber ischiadicum vorgebracht wurde. Durch die dadurch erreichte schräge Richtung des Repositionsvektors wurde das linke Acetabulum nach distal und lateral geschoben und gleichzeitig eine Außenrotationsbewegung und Extension der Beckenhälfte erreicht. Ein 2. Fixateur externe, der zwischen der rechten und linken Fossa iliaca angelegt wurde, verhinderte dabei eine Distraktion der linken Sakrumosteotomie. Nach dieser Reposition wurde eine lange gebogene Platte über die beiden vorderen Osteotomien angelegt. Die vordere Wunde wurde verschlossen und die Patientin in Bauchlage gebracht. **e–g** Eine abschließende posteriore Reposition wurde mit der Repositionszange durchgeführt und dann die Schraube endgültig fixiert. **h** Bei der Nachkontrolle hatte sich der Zustand der Patientin deutlich gebessert, sie konnte ihrem Wunsch entsprechend ihre Ausbildung zur Pathologin fortsetzen ▷

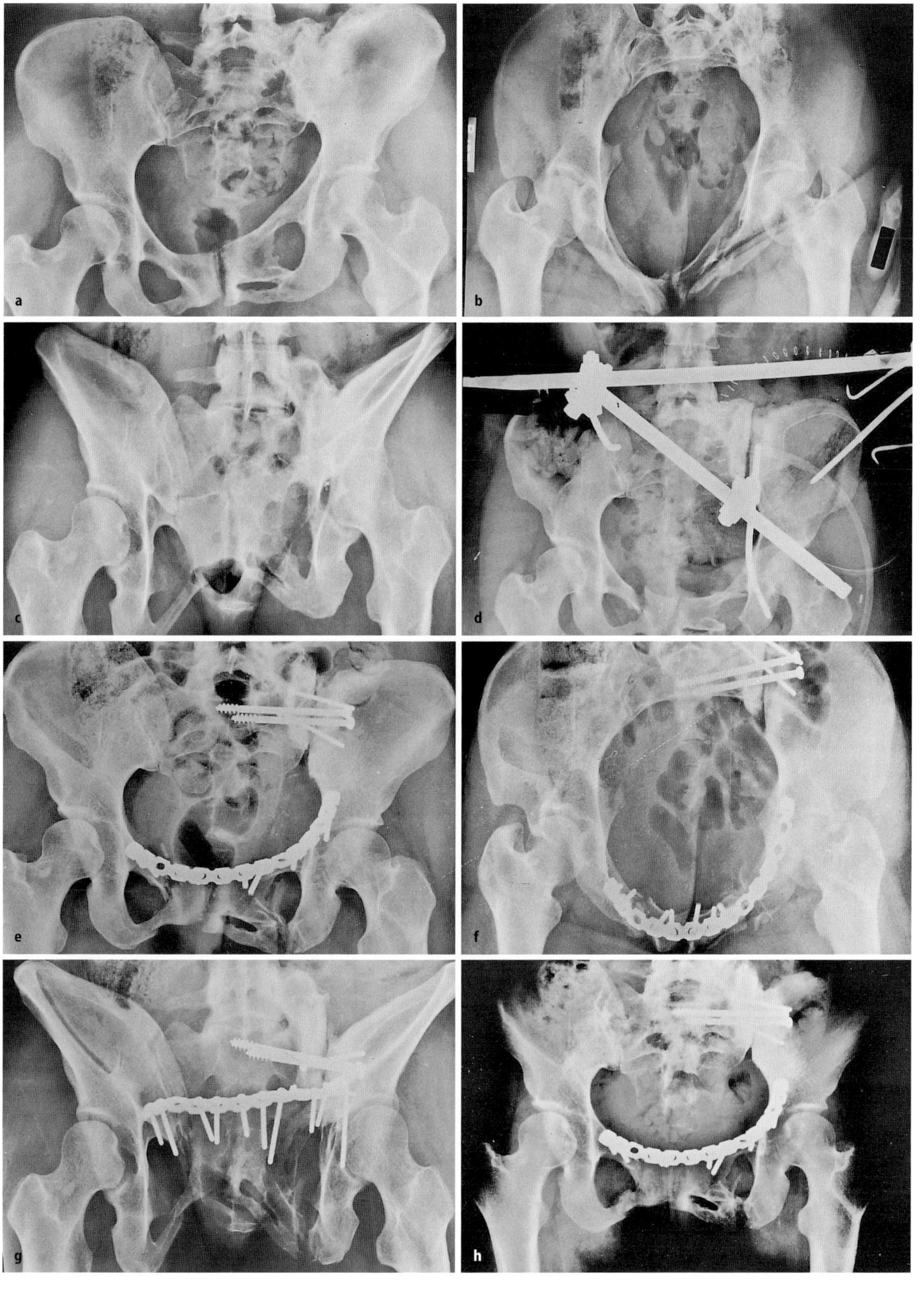
a
b
c
d
e
f
g
h

## 13.2
## Planung und Operationsbeispiel: Beckenkorrektur

T. Pohlemann, H. Tscherne und A. Gänsslen

**Anhand eines praktischen Beispiels werden die Überlegungen, die Planungsschritte und die praktische Durchführung einer Beckenringkorrektur dargestellt.**

### Ausgangslage

Eine zum Zeitpunkt des Unfalls 24 Jahre alte Patientin stellte sich 8 Monate nach einer auswärts behandelten Beckenverletzung erstmalig vor. Der Schwerpunkt der Verletzungen betraf das Becken und den linken Oberschenkel. Eine operativ versorgte Oberschenkelfraktur ist knöchern fest ausgeheilt, das Implantat liegt noch. Am Becken bestand ursprünglich eine Verletzung vom Typ C1, die jetzt in Fehlstellung ausgeheilt ist und der Patientin erhebliche Beschwerden bereitet:

- Gehfähigkeit nur mit 2 Gehstützen unter Schmerzen.
- Das Sitzen ist nur eingeschränkt möglich, da eine Dysbalance der Tubera ischiadica besteht.
- Liegen auf harter Unterlage ist nicht möglich, da die Crista iliaca links prominent ist.
- Es bestehen neurologische Defizite im Bereich des Plexus lumbosacralis links:
  - ausgeprägtes L5-Nervenkompressionssyndrom links (mittelgradige Kraftabschwächung, M3),
  - weniger betroffen sind die Wurzeln L2–L4 links (sensibel), sowie S2, keine Miktionsstörungen, keine Sexualstörungen.

Ansonsten ist die Patientin gesund. Die Beschwerden sind erheblich, und die Patientin wünscht eine Korrektur zur Verbesserung ihrer Beschwerden und ihrer Mobilität, insbesondere aber zur Wiedererlangung der Arbeitsfähigkeit (Buchhalterin).

### Analyse der Fehlstellung

#### Klinischer Aspekt

Klinisch besteht eine Translations-/Rotationsfehlstellung links mit effektiver Beinverkürzung von 4 cm im Stehen (1 cm Oberschenkel, 3 cm Becken). Im Sitzen »Hochstand« des linken Tuber ischiadicum von 2 cm (Brettchen).

#### Ursprüngliche Verletzung

Ehemals Beckenringverletzung vom Typ C1, bestehend aus einer transpubischen Instabilität rechts und einer transforaminalen Sakrumfraktur links (Typ IIa [11], Fraktur läuft zwischen II. und III. Sakralforamen nach lateral aus).

#### Derzeitige Situation

Beckenring in Fehlstellung fest ausgeheilt, durch Verschiebung und Ossifikationen Nervenwurzeln L4 und 5 links »eingemauert«. Im Bereich der Sakralforamina keine Nervenkompression darstellbar.

Die Fehlstellung stellt sich anhand der Nativaufnahmen (Beckenübersicht, Inlet und Outletprojektion) folgendermaßen dar (Abb. 13.3 a–c):

- Translation der linken Beckenhälfte nach kranial,
- Translation der links Beckenhälfte nach dorsal,
- Innenrotation der linken Beckenhälfte.

#### Erweiterte Diagnostik

Durchführung einer CT mit multiplanaren Rekonstruktionen und 3D-Darstellungen (Abb. 13.3 d–g).

**Fehlstellung.** Anhand dieser Schnitte wird die Fehlstellung exakt bestimmt (jeweils Stellung der linken Beckenhälfte):

- Translation: 18 mm kranial, 12 mm dorsal,
- Rotation: 12° Innenrotation, 6° Rotation nach kranial.

#### Zusätzliche Befunde

Der Truncus lumbosacralis links ist in Knochen und Narbengewebe eingemauert, eine weitere Abklärung erfolgt durch ein MRT (s. auch Abb. 6.16). Hier zeigt sich eine erhaltene Kontinuität der Nervenwurzel, was auch dem neurologischen Befund entspricht.

### Operationsentscheidung

Nach ausführlicher Aufklärung und Beratung der Patientin fällt der Entschluß zur Operation.

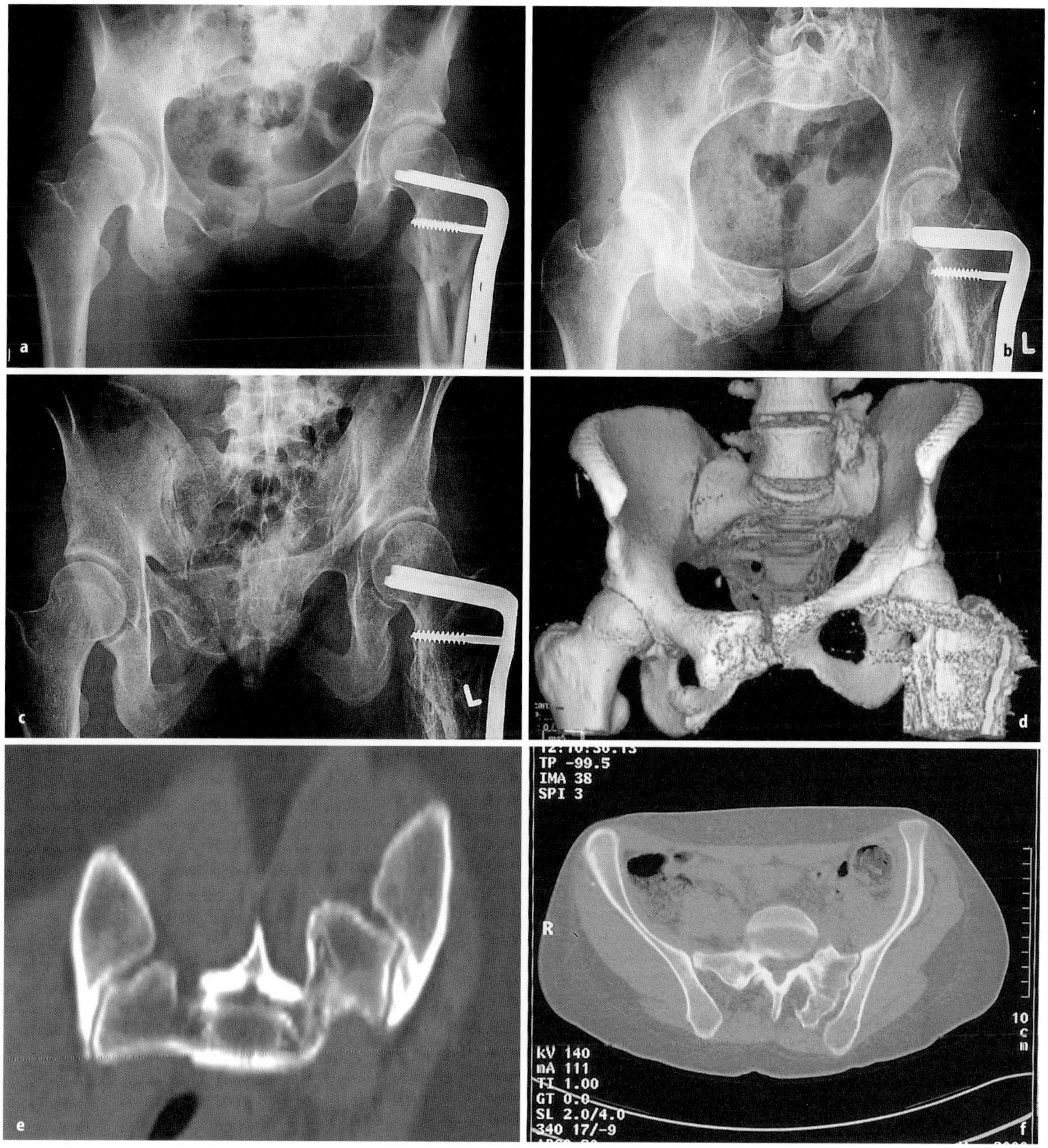


**Abb. 13.3 a–k.** Praktisches Beispiel einer Beckenkorrektur. **a–c** Beckenübersichtsaufnahme und Schrägaufnahmen einer Patientin mit einer knöchern fest in Fehlstellung verheilten Beckenringverletzung vom Typ C1 (transpubisch rechts, transforaminal links) mit inkompletter Läsion des Plexus lumbosacralis). Fehlstellung im Sinne einer Translation der linken Beckenhälfte nach kranial-dorsal, mit Rotationsfehlstellung nach innen und kranial. **d–g** CT-Schichten und 3D-Ansicht zur exakten Operationsplanung, dabei Berechnung der Fehlstellung mit 18 mm Kranialverschiebung, 12 mm Dorsalverschiebung, 12° Innenrotation und 6° Rotation nach kranial. Weiterhin sichtbar die »Einmauerung« des Truncus lumbosacralis. Zur MRT-Beurteilung s. auch Abb. 6.16. **h** Intraoperatives Röntgenbild nach Osteotomie, Reposition und Fixation des hinteren Beckenrings, erkennbar ist die Diastase im vorderen Beckenring als Zeichen der Derotation. **i** Abschlußbild nach 6 Monaten vor partieller Implantatentfernung (prominente Implantate dorsal (Sakrumplatte). **j, k** Klinisches Bild nach 6 Monaten mit Beckengeradstand und guter Funktion

**g–k** s. S. 273

## Operationsplanung

■ **Operationstaktik**

- Neurolyse L5 (L4) links
- Mobilisation vorderer und hinterer Beckenring (ventral in der ehemaligen Fraktur, dorsal durch das SI Gelenk, da eine transforaminale Osteotomie zu riskant erscheint)
- Durchtrennung der Beckenbodenbänder (sie fixieren die Fehlstellung!)
- Reposition, dabei muß eine Diastase im vorderen Beckenring entstehen (Effekt der Derotation)
- Ausreichende Stabilisierung
- Autogene Knochentransplantation in den resultierenden Defekt im vorderen Beckenring

■ **Planungsvorbereitung**

An einem Standardkunststoffbeckenmodell werden die ursprünglichen Frakturen eingezeichnet, danach das Modell durchtrennt und so die Fehlstellung erzeugt (Fixation mit Spickdrähten). Die Korrekturrichtungen lassen sich damit recht anschaulich dreidimensional nachvollziehen, und es können Alternativen »erprobt« werden.

Danach wird ein detaillierter Operationsplan mit Festlegung der Operationssequenzen und Auswahl der Zugänge erstellt.

■ **Operationsplan**

**Neurolyse des Truncus lumbosacralis (L5).** Die Neurolyse des Truncus lumbosacralis (L5) und ggf. auch L4 über einen modifizierten Flankenschnitt mit extraperitonealer Darstellung der Pars lateralis ossis sacri und des SI-Gelenkes (der anterolaterale Zugang zur Fossa iliaca ergibt durch seine »schräge Arbeitsrichtung« eine zur Neurolyse nur ungenügende Darstellung des Wurzelverlaufes).

**Lösung des hinteren Beckenrings durch Ausräumung des SI-Gelenk von ventral her.** (»Osteotomie« von der Innenseite her ist weniger riskant als von außen. Nach distal hin müssen die Strukturen der Incisura ischiadica major beachtet werden!)

**Pfannenstielschnitt.** Pfannenstielschnitt mit ggf. Erweiterung nach lateral rechts durch Ablösung des Ansatzes des M. rectus abdominis (»Stoppa-Zugang«, s. Kap. 19) und *transpubische Schrägosteotomie* (oberer und unterer Schambeinast, Schrägosteotomie, um die spätere Defektstrecke klein zu halten).

**Nach provisorischem Wundverschluß Umlagerung und Darstellung des Os sacrum links** (Längsinzision mit Abhebung des M. erector trunci, s. Kap. 9). Ablösung des Ursprungs des Lig. sacrospinale und Lig. sacrotuberale vom lateralen, distalen Sakrumrand. *Endgültige Mobilisation der Beckenhälfte* durch Komplettierung der Ausräumung des SI-Gelenkes. Eventuell nötige Mobilisationshilfen:

- Schanz-Schrauben mit T-Griff,
- Distraktor,
- große Beckenrepositionszangen.

**Reposition und Fixation von dorsal.** Reposition und Fixation von dorsal (Sakrumplatte, ggf. transiliosakrale Zugschraubenosteosynthese in Pedikel S1; Möglichkeiten der Bildwandlereinstellung präoperativ prüfen!).

Definitiver Wundverschluß. Umlagerung. Danach erfolgt die *Röntgenkontrolle* (Abb. 13.3 h).

**Eröffnen der ventralen Wunden und Stabilisierung des hinteren Beckenrings von ventral.** Eröffnen der ventralen Wunden und Stabilisierung des hinteren Beckenrings von ventral (Plattenosteosynthese) nach Knochentransplantation in den Spalt des SI-Gelenkes (Arthrodese).

**Ausmessen des resultierenden Defektes am vorderen Beckenring** und **Entnahme eines Beckenkammspans,** Einbringen und **Plattenosteosynthese** (Rekonstruktionsplatte).

■ **Operationsdurchführung**

Die Operation wurde entsprechend des aufgestellten Plans (Abb. 13.3 i) durchgeführt:

Abweichend war keine transiliosakrale Verschraubung nötig, durch eine von dorsal durch die Pars lateralis des Sakrums her in das Ilium eingebrachte 6,5-mm-Spongiosazugschraube war in Verbindung mit der Sakrumplatte eine ausgezeichnete Stabilität zu erreichen. Diese Zugschraube liegt genau entlang der Hauptdislokationsrichtung und hat dadurch eine ausgezeichnete »biomechanische Wirkung«.

Die Gesamtoperationszeit betrug 6 h inklusive des zweimaligen Umlagerns.

Der Blutverlust betrug etwa 2000 ml, an Blutersatz wurden 4 Konserven Eigenblut gegeben und 800 ml über den Cell-saver retransfundiert.

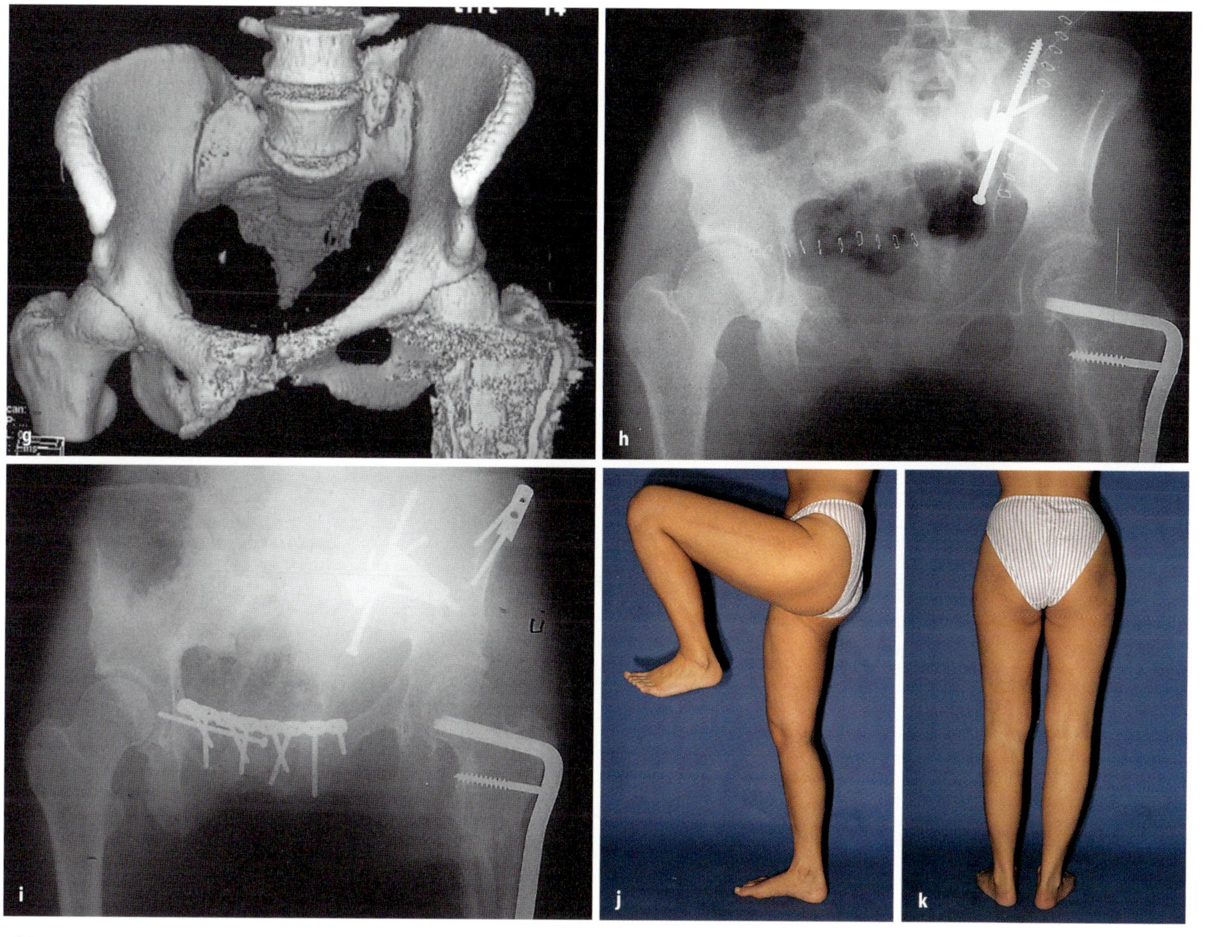

Abb. 13.3 g–j. Legende s. S. 271

## ■ Postoperativer Verlauf

Die Patientin bemerkte sofort eine deutliche Besserung der »Beckenstellung«, das Liegen auf dem Rücken war erstmalig beschwerdefrei möglich.

Ein sonographisch nachgewiesenes Serom im Bereich des anterolateralen Zugangs links mußte am 6. postoperativen Tag ausgeräumt werden, ein Anhaltspunkt für einen Infekt ergab sich nicht. Im weiteren Verlauf war die Wundheilung unauffällig.

Die Mobilisation erfolgte nach 10 Tagen, die Entlassung aus der stationären Behandlung nach 27 Tagen.

Die Vollbelastung wurde nach 16 Wochen gestattet

### Neurologischer Verlauf

Die Symptomatik L5 war deutlich rückläufig. Allerdings ist eine inkomplette Läsion des N. obturatorius mit Adduktorenschwäche neu hinzugetreten. Im weiteren Verlauf ist diese Störung leicht rückläufig.

## ■ Klinisches Bild nach 7 Monaten

Die dorsale Sakrumplatte wurde nach 6 Monaten entfernt, da sie bei der sehr schlanken Patientin prominent wurde und störte. In gleicher Narkose wurde die Platte bei fest verheilter Oberschenkelfraktur entfernt. Klinisch steht das Becken gerade bei freier Funktion der Hüfte und Abduktorenmuskulatur links (Abb. 13.3 j, k). Die Beinlänge ist bis auf 0,5 cm ausgeglichen.

Die Patientin geht stockfrei, auch auf längeren Strecken. Sie kann beschwerdefrei sitzen und liegen. Sie hat die Berufstätigkeit wieder aufgenommen.

## Literatur


1. Dickson K, Matta J (1996) Surgical reduction and stabilization of pelvic nonunion and malunions. American Acadamy of Orthopedic Surgeons, 63rd Annual Meeting. Atlanta
2. Huittinen V (1972) Lumbosacral nerve injury in fracture of the pelvis. Acta Chir Scand Suppl 429: 1–43
3. Huittinen V, Slätis P (1972) Nerve injury in double vertical pelvic fractures. Acta Chir Scand 138: 571–575
4. Hundley J (1966) Ununited unstable fractures of the pelvis. J Bone Joint Surg Am 48(5): 1025
5. Kellam J (1989) The role of external fixation in pelvic disruptions. Clin Orthop 241: 66–82
6. Letournel E (1993) Fractures of the pelvis and acetabulum. Ninth AFOR Course and Workshop, Paris
7. Letournel E, Judet R (1993) Fractures of the acetabulum, 2nd edn. Springer, Berlin Heidelberg New York Tokyo
8. Matta J, Saucedo T (1989) Internal fixation of pelvic ring fractures. Clin Orthop 242: 83–97
9. Matta J, Dickson K, Markovich G (1996) Surgical treatment of pelvic nonunions and malunions. Clin Orthop 329: 199–206
10. Pennal G, Massiah K (1980) Nonunion and delayed union of fractures of the pelvis. Clin Orthop 151: 124–129
11. Pohlemann T, Tscherne H (1992) Indikationen zur chirurgischen Therapie von Sacrumfrakturen. Chirurg 63(11): 884–896
12. Semba R, Yasukawa K, Gustillo R (1983) Critical analysis of the results of 53 Malgaigne fractures of the pelvis. J Trauma 23(6): 535–537
13. Sponseller P, Bisson L, Gearhart J, Jeffs R, Magid D, Fishman E (1995) The anatomy of the pelvis in the extrophy complex. J Bone Joint Surg Am 77: 177–189
14. Tile M (1984) Fractures of the pelvis and acetabulum. Williams & Wilkins, Baltimore
15. Tile M (1995) Fractures of the pelvis and acetabulum, 2nd edn. Williams & Wilkins, Baltimore

# Teil II Acetabulumfrakturen

# Kapitel 14

# Einführung



T. Pohlemann und H. Tscherne

Im Rahmen der Beckenverletzungen nehmen die Acetabulumfrakturen eine Sonderstellung ein. Als Gelenkfrakturen sind sie in der Diagnostik, Klassifikation und in den Behandlungsgrundsätzen anderen Regeln unterworfen als die alleinigen Beckenringinstabilitäten. War bis zum Ende der 60er Jahre die Therapie der Acetabulumfrakturen nahezu ausschließlich konservativ, so wurden, aufbauend auf die grundlegenden Arbeiten von Judet und Letournel, inzwischen eine systematisierte Röntgenanalyse, verschiedene Klassifikationssysteme und klare Indikationen und Techniken der operativen Therapie etabliert. Die Entwicklung von immer ausgedehnteren Zugängen ermöglichte es, nahezu alle Frakturtypen, unabhängig vom »Grad der Zertrümmerung« der Gelenkfläche, wieder weitestgehend anatomisch aufzubauen. Dem aufkommenden Enthusiasmus Ende der 80er Jahre, daß alle Frakturtypen rekonstruierbar seien, folgte Anfang der 90er Jahre eine gewisse Ernüchterung, als sich im Rahmen der Nachkontrollen herausstellte, daß neben einer hohen perioperativen Morbidität nach erweiterten Zugängen auch die Spätergebnisse spezifischer Frakturtypen weiterhin unbefriedigend blieben. Auch in Händen von »Spezialisten«, die sich zeitlebens nahezu ausschließlich mit der operativen Rekonstruktion von Becken- und Acetabulumfrakturen beschäftigten, war die Rate der guten und ausgezeichneten Ergebnisse in einigen Gruppen nicht über 60% zu steigern. Die Rate der guten und sehr guten Ergebnisse blieb in Untersuchungsserien, in denen nur wenige Acetabulumfrakturen versorgt wurden und einzelne Operateure eine nur geringe individuelle Erfahrung sammeln konnten, noch darunter zurück.

Diese realistischen Ergebnisse führten teilweise zu dem »Fatalismus«, daß die operative Rekonstruktion das Ergebnis nach Acetabulumfraktur nicht zu verbessern vermag und den Patienten zusätzlich einem hohen perioperativen Risiko aussetzt. Dieser Auffassung muß allerdings auch nach kritischer Wertung vorliegender Ergebnisse energisch widersprochen werden. Bei der Aufgliederung der in der Literatur angegebenen Ergebnisse ist eine detaillierte Analyse des vorgestellten Krankengutes, der Klassifikation der Verletzung einschließlich der azetabulären Zusatzverletzungen sowie der durchgeführten Therapie notwendig, um vergleichbare Daten zu erhalten. Es ist weiterhin unbestritten, daß der Verlauf nach einer dislozierten Acetabulumfraktur mit Stufenbildung in der Gelenkfläche und fehlender Kongruenz ohne Therapie nahezu sicher zu einer kurzfristigen Zerstörung des Hüftgelenkes führt. Auch durch geschlossene Repositionen und eine Extensionsbehandlung läßt sich die Gelenkstellung nur in Einzelfällen verbessern und im weiteren Verlauf kaum in ausreichendem Maße retinieren.

Diese unbefriedigenden Ergebnisse der konservativen Therapie dislozierter Frakturen waren der Anlaß zur Entwicklung der operativen Behandlungstechniken; die damals angegebenen Beobachtungen haben auch heutzutage noch uneingeschränkte Gültigkeit.

Anders verhält es sich bei Frakturtypen, die nur minimal disloziert sind, bei denen eine Kongruenz des Gelenkes besteht oder bei denen es sekundär zu einer Gelenkkongruenz gekommen ist. Bei diesen Frakturtypen ist auch unter konservativer Therapie die Chance einer Gelenkausheilung gut, so daß hier die Indikation zur operativen Therapie sehr viel kritischer geprüft werden muß. Neueste Untersuchungen, z.B. die Ergebnisse der multizentrischen Studie der Deutschen Sektion der AO International sowie die der DGU, belegen, daß unter Würdigung dieser Voraussetzungen auch heute noch über 50% der Acetabulumfrakturen mit gutem Ergebnis konservativ behandelt werden können.

Eine weitere Gruppe umfaßt Patienten, bei denen es aufgrund des Unfallgeschehens zu einer irreparablen Schädigung der Gelenkfläche gekommen ist, die auch nach einer anatomischen Rekonstruktion der Gelenkkontur zu einem frühzeitigen Verschleiß führt. Diese Frakturtypen sind derzeit noch nicht ganz sicher einzugrenzen und Ziel wissenschaftlicher Untersuchungen. Die Inzidenz der frühzeitigen, posttraumatischen Arthrose ist zwar nach einzelnen Frakturtypen erhöht, aber nahezu immer lassen sich zusätzliche, oftmals richtungsweisende Ursachen für den Untergang des Hüftgelenkes finden. Als wesentliche Faktoren sind Knorpelschädigungen, Impressionszonen der Gelenkfläche, Durchblutungsstörungen des Hüftkopfes, aber auch freie intraartikuläre Knochenfragmente in der

Diskussion. Ebenfalls unklar für die Beurteilung derartiger Verläufe ist die Abgrenzung zwischen rein unfallbedingten Einflüssen und erst mittelbar entstehenden, oft unvermeidbaren Läsionen im Rahmen des chirurgischen Eingriffs (Vernarbungen, Durchblutungsstörungen von Gelenkfragmenten etc.).

Derzeit ist die Gruppe der Patienten mit »nichtrekonstruierbaren Gelenken« noch nicht sicher präoperativ zu identifizieren. Die in dieser Gruppe bestehende Indikation zu einer rein konservativen Behandlung oder dem Einsatz eines reduziert invasiven Verfahrens zur »Verbesserung« der Situation vor einer später notwendigen Hüftendoprothese oder sogar Arthrodese läßt sich daher derzeit nur im Einzelfall und mit erheblichen Einschränkungen stellen.

Etwas anders ist die Situation bei der ständig zunehmenden Zahl von geriatrischen Patienten. Bei vorbestehenden degenerativen Veränderungen der Hüftgelenke hat sicherlich inzwischen die zwar technisch nicht immer einfache, aber definitive primäre oder früh sekundäre Versorgung mit einer Totalendoprothese ihre Berechtigung.

Den derzeit entscheidenden Einfluß auf die Weiterentwicklungen in der Acetabulumchirurgie haben die Fortschritte der bildgebenden Diagnostik. Die weit verbreitete Verfügbarkeit der Computertomographie mit den Zusatzmöglichkeiten der multiplanaren Rekonstruktion und den 3D-Darstellungen erhöht die »Treffsicherheit« bei der Klassifikation der Acetabulumfrakturen erheblich. Die früher gelegentlich beobachteten intraoperativen »Überraschungsdiagnosen« sollten heutzutage nicht mehr vorkommen. Die exaktere Bildgebung erlaubt auch dem Unerfahrenen, die Frakturform exakt zu beurteilen und dadurch die Operationsentscheidung sehr viel realistischer an seinen persönlichen operativen Fähigkeiten auszurichten.

Ist die Entscheidung zur operativen Therapie einer Acetabulumfraktur gefallen, gilt weiterhin nahezu ausnahmslos der Grundsatz, daß das Ziel der Operation nur in der absolut anatomischen Rekonstruktion des Hüftgelenkes bestehen kann. Es ist zwischenzeitlich unbestritten, daß die Langzeitprognose direkt von der Qualität dieser Rekonstruktion abhängt. Unter diesen Voraussetzungen ist der Trend zu unterstützen, daß zur Versorgung der komplizierten Acetabulumfrakturen Kooperationen angestrebt werden, die eine frühzeitige, zentralisierte Versorgung der komplexeren Frakturtypen in Schwerpunktzentren ermöglichen. In der folgenden Darstellung wird deswegen neben der Diagnostik und operativen Technik auch immer wieder die Problematik der »Entscheidungsfindung« behandelt.

# Kapitel 15

# Anatomie und Pathomechanik

15

T. Pohlemann und A. Gänsslen



## 15.1 Knöcherne und ligamentäre Anatomie

»Die Hüftpfanne, Acetabulum (= Essignäpfchen), ist in die dickste Stelle des Hüftbeins als halbkugelige Vertiefung mit etwas überhöhtem Rand eingelassen. Dieser Knochenrand ist am unteren Umfang unterbrochen durch die Incisura acetabuli. Wenn man ein isoliertes Becken in die natürliche Stellung bringen will, muß die Incisura acetabuli nach abwärts schauen. Der Boden der Pfanne, Fossa acetabuli, ist dünnwandig, nur der obere Umfang ist in einem halbmondförmigen Streifen als drucküberträgende Gelenkfläche überknorpelt, Facies lunata, und überträgt die Rumpflast auf den Oberschenkelknochen« [26].

Diese rein morphologische Beschreibung des Acetabulums ist für anatomische Betrachtungen ausreichend, für das Verständnis der komplexen Zusammenhänge nach Unfallverletzungen jedoch nicht ausreichend (z. B. Unfallmechanismus, Frakturentstehung, Dislokationsrichtungen, Repositionsrichtungen und Anforderungen an die Stabilisierung).

### Pfeilerstruktur des Os coxae

Zur Ergänzung der chirurgischen Anatomie wurde diese rein deskriptive Betrachtungsweise durch Arbeiten von Rouvière ergänzt, der den Aufbau des Os coxae aus 2 sog. »Pfeilern« angibt. Die Orientierung der beiden Pfeiler entspricht einem auf dem Kopf stehenden Buchstaben »Y«, bei dem im Punkt des Zusammentreffens der beiden Schenkel die Hüftpfanne eingefügt ist (Abb. 15.1).

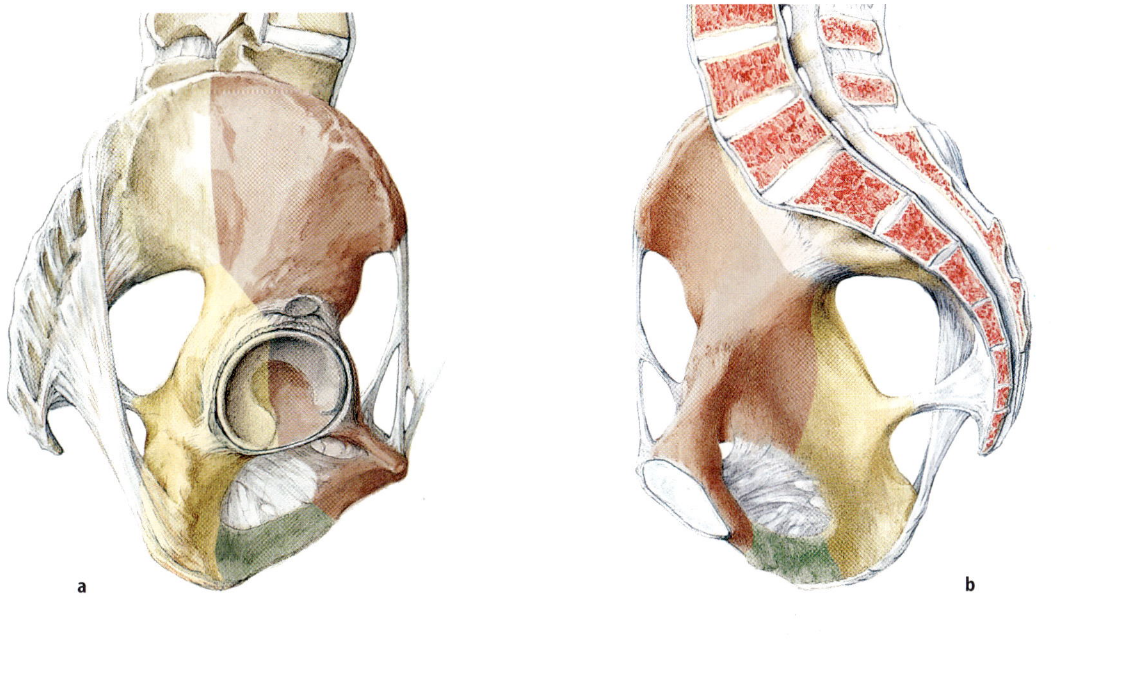

**Abb. 15.1 a, b.** Pfeilerstruktur. Darstellung der Pfeilerstruktur des Acetabulums von außen (**a**) sowie von innen (**b**) gesehen

■ **Hinterer Pfeiler**

Der hintere Pfeiler ist im Vergleich zum vorderen Pfeiler kürzer und setzt sich aus Anteilen des Os ilium und des Os ischii zusammen. Der hintere Pfeiler wird aus dichter, sehr kräftiger Knochensubstanz gebildet und trägt wesentlich zur Lastübertragung vom Acetabulum zum SI-Gelenk bei. Der gelenkbildende Anteil des hinteren Pfeilers ist die sog. »hintere Wand«. Sie ist prominent und stellt im aufrechten Stand einen wesentlichen Anteil der lastübertragenden Gelenkfläche dar.

■ **Vorderer Pfeiler**

Der vordere Pfeiler umfaßt die größeren Anteile des Os ilium. Die kraniale Begrenzung des vorderen Pfeilers reicht von der Spina iliaca anterior superior entlang des Beckenkamms bis zum Scheitelpunkt der Konvexität, die distale Begrenzung bildet der obere Schambeinast in seiner Ausdehnung bis zur Symphyse. In Einzelfällen können Frakturen des vorderen Pfeilers auch noch dorsal des Beckenkammscheitelpunktes auslaufen.

■ **Knochendichte im Os coxae**

Die Verteilung der Knochenstrukturen für den gesamten Beckenring wurde bereits in Kap. 2 betrachtet. Um das Hüftgelenk herum entspricht die Verteilung der Knochendichte im wesentlichen den Trajektorien, die sich vom proximalen Femur bis zum SI-Gelenk fortsetzen (Abb. 15.2). Besonders im Bereich des hinteren Pfeilers bilden sie mit einer sehr dichten Knochenstruktur das Os innominatum. Die sog. »Drucktrajektorien« des proximalen Femurs setzen sich ebenfalls in den aufwärts gerichteten Strukturen des vorderen Pfeilers bis zum Beckenkamm fort.

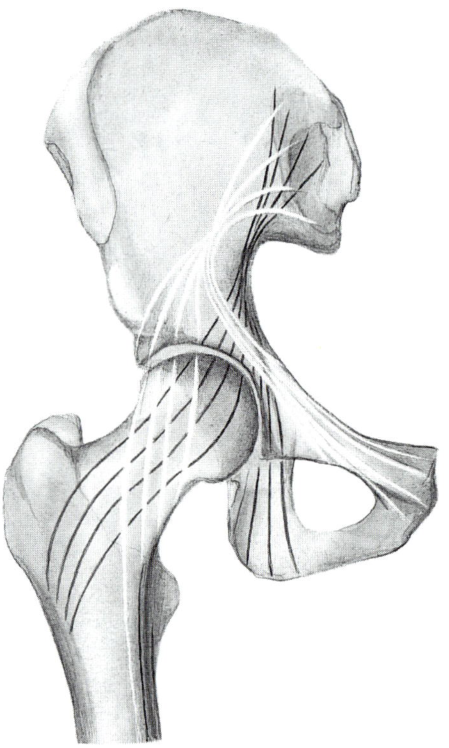

**Abb. 15.2.** Dichteverteilung im Os coxae. Darstellung der Dichteverteilung im Os coxi entsprechend der Trabekelstruktur

## Entwicklung des Acetabulums

Scham-, Sitz- und Darmbein stoßen im Acetabulum mit Knorpelapophysen als sog. Y-Fuge zusammen. Schon zwischen dem 4. und 6. Lebensjahr beginnt der knöcherne Schluß der Synostosis ischiopubica und ist in der Regel im 10. bis 12. Lebensjahr abgeschlossen. Im Acetabulum selbst sind die knöchernen Elemente bei Mädchen im 13. bis 14. Lebensjahr knöchern geschlossen, bei Knaben im 14. bis 15. Lebensjahr, wobei größere individuelle Schwankungen auftreten können und der Fugenschluß sich bis zum 20. Lebensjahr verzögern kann (s. auch Abb. 15.3).

Zur Beurteilung von kindlichen Acetabulumverletzungen ist insbesondere die Beurteilung von isoliert liegenden und sehr variablen Knochenkernen schwierig. Die Wachstumsfuge des kindlichen Acetabulums setzt sich aus einem lateralen, hüftkopfnahen hufeisenförmigen Anteil mit Öffnung nach anterokaudal und einem medialen, intrapelvinen, dreiarmigen Anteil (»triradiate cartilage«) zusammen. Während Ilium und Ischium direkt miteinander in Verbindung stehen, ist das Schambein durch eine dicke Knorpelschicht von beiden Knochen getrennt. In dieser Knorpelschicht entwickelt sich im 8. bis 12. Lebensjahr als sekundäres Ossifikationszentrum das Os centrale acetabuli als Anteil der vorderen Wand und verknöchert um das 18. Lebensjahr herum mit dem Schambein [23, 25]. Proximal und dorsal steht somit der »triradiate cartilage« mit dem Pfannenknorpel in Verbindung. Histologisch zeigt sich, daß der ilioischiale Wachstumsfugenanteil eine höhere Wachstumsrate aufweist als der iliopubische und der ischiopubische Anteil [22]. Interstitielle Knorpel-/Knochenneubildung, apositionelles Wachstum am lateralen Epiphysenanteil und periostale Knochenneubildung sorgen für das Höhen- und Breitenwachstum der Hüftpfanne [22]. Das Tiefen- und sphärische Wachstum ist an die anatomisch exakte Position des Hüftkopfes gebunden [23, 30].

## Anatomie des Acetabulums

Bei der Aufsicht von der Seite hat die Hüftpfanne eine nahezu halbkugelige Gestalt mit einem in Abhängigkeit von der Körpergröße variierenden Durchmesser von 47 mm. Die knorpelige Gelenkfläche hat die Form

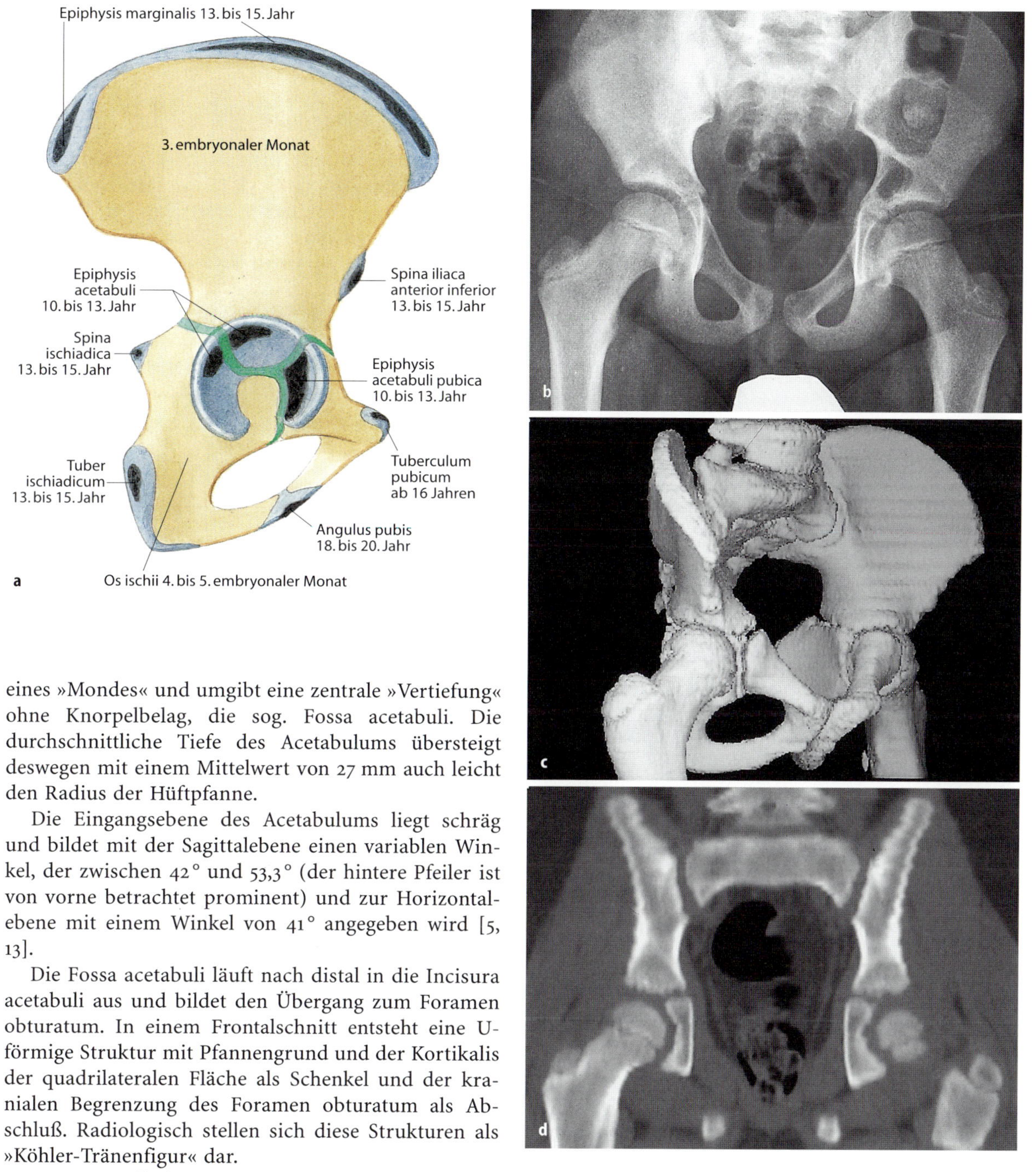


**Abb. 15.3 a–d.** Azetabuläre Morphologie in der Kindheit. **a** Schematische Übersicht nach Lanz u. Wachsmuth [13]. **b–d** Radiologisches Beispiel eines 10 jährigen Jungen ohne nachgewiesene Verletzung: **b** Beckenübersicht, **c** 3D-Ansicht, **d** frontale Rekonstruktion

eines »Mondes« und umgibt eine zentrale »Vertiefung« ohne Knorpelbelag, die sog. Fossa acetabuli. Die durchschnittliche Tiefe des Acetabulums übersteigt deswegen mit einem Mittelwert von 27 mm auch leicht den Radius der Hüftpfanne.

Die Eingangsebene des Acetabulums liegt schräg und bildet mit der Sagittalebene einen variablen Winkel, der zwischen 42° und 53,3° (der hintere Pfeiler ist von vorne betrachtet prominent) und zur Horizontalebene mit einem Winkel von 41° angegeben wird [5, 13].

Die Fossa acetabuli läuft nach distal in die Incisura acetabuli aus und bildet den Übergang zum Foramen obturatum. In einem Frontalschnitt entsteht eine U-förmige Struktur mit Pfannengrund und der Kortikalis der quadrilateralen Fläche als Schenkel und der kranialen Begrenzung des Foramen obturatum als Abschluß. Radiologisch stellen sich diese Strukturen als »Köhler-Tränenfigur« dar.

Der Knorpelbelag der Gelenkfläche ist nicht gleichmäßig, was auf eine unterschiedliche Lastverteilung über die Gelenkfläche hinweist. Die größten Knorpeldicken mit ≥2,5 mm werden im Bereich der kranial-posterioren Gelenkfläche gemessen, wobei die Knorpeldicke zum Rand hin zunimmt (s. Abb. 15.4) [12]. Die Belastung der Gelenkfläche ist zum Rand hin größer als in den zentralen Anteilen.

Eine Vielzahl von morphologischen Arbeiten beschäftigt sich mit dem Problem des Aufbaus der Hüftpfanne, der Kongruenz zwischen Acetabulum und Hüftkopf und den daraus resultierenden Konsequenzen für die Lastübertragung in verschiedenen statischen und dynamischen Lastsituationen, deren Ergebnisse hier nur kurz zusammengefaßt dargestellt werden können [1, 2, 9–11, 18, 19, 27, 28].

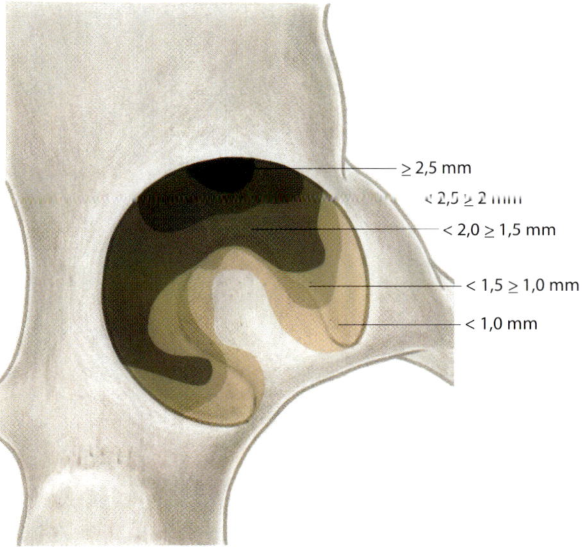


**Abb. 15.4.** Knorpeldicke der acetabulären Gelenkfläche. Verteilung der Knorpeldicke im Acetabulum. (Aus Lanz u. Wachsmuth [13])

Während der Hüftkopf eine runde Kugelform hat, ist das Acetabulum von elliptischer Form, bei der die längere Achse vertikal liegt und die kürzere horizontal. Der Durchmesser des Hüftkopfes entspricht dem kleineren Durchmesser. Durch diese »Vorspannung« kommt es unter Belastung zu einem »gebremsten« Einsinken des Hüftkopfes in die sich elastisch verformende Gelenkfläche. Durch diese »Vorspannung« entfernt sich der »Domanteil« des Gelenkes während erheblicher Perioden des »Gangzyklus« aus der Belastungsregion.

Dieses Phänomen wurde gerade in letzter Zeit erneut intensiv untersucht, um die Auswirkungen einer Acetabulumfraktur und der Osteosynthese einer derartigen Verletzung aufzuklären [20, 21]. Es ließ sich zeigen, daß die »Vorspannung« weitestgehend verlorengeht, wobei die unmittelbare Konsequenz dieser Veränderung für die Prognose des Gelenkes noch ungeklärt ist.

Dem gesamten knöchernen Rand des Acetabulums ist ein derber Faserring, das Labrum glenoidale, aufgelagert, das den Hüftkopf über dessen Äquatorebene hinaus umfaßt. Im Bereich der Incisura acetabuli ergänzt das Lig. transversum acetabuli die »Lücke« zwischen Vorderhorn und Hinterhorn, und ergänzt die Gelenkfläche.

Die Hüftgelenkkapsel wird spiralförmig von kräftigen Bandstrukturen verstärkt, die im wesentlichen die Extension im Hüftgelenk hemmen. Einzeln bezeichnet sind die Ligg. ilio-, ischio-, und pubofemorale. Eine ringförmige Verstärkung, die Zona orbicularis, ergänzt das Labrum glenoidale.

Im Hüftgelenk selbst ist die Fossa acetabuli von einem Fettpolster ausgefüllt, durch das Gefäße den Pfannengrund erreichen. Das Lig. capitis femoris ist immer als Bandverbindung zwischen der Fossa acetabuli und dem Hüftkopf nachweisbar. In der Kindheit tragen darin verlaufende Gefäßverbindungen zur Blutversorgung des Hüftkopfes bei. Im Erwachsenenalter hat diese Gefäßverbindung keine Bedeutung mehr und ist in den meisten Fällen obliteriert.

## 15.2 Gefäßversorgung

### Os coxae und Acetabulum

Das Os coxae hat eine ausgezeichnet kollateralisierte Gefäßversorgung [3, 7, 14, 15]. Die wesentlichen arteriellen Ursprünge auf der »Innenseite des Beckens« sind die von kranial kommende Lumbalarterie, die ersten Abgänge der A. iliaca interna sowie Abgänge aus der A. iliaca externa (Abb. 15.5 a). Von der Außenseite her tragen abgehende Äste aus der A. glutaea communis zur Versorgung des Knochens bei (Abb. 15.5 b). Die Gefäße treten über Foramina nutritia in die Knochenstruktur ein, wobei die größeren Foramina relativ konstant auftreten [16]:

#### Innen

- Ein großes, aus der A. iliolumbalis gespeistes Foramen findet sich in der Fossa iliaca etwa 1 cm ventral der Facies auricularis des SI-Gelenkes und ebenfalls 1 cm lateral der Linea terminalis.
- Weitere Gefäßpforten finden sich kaudal der Linea terminalis auf Höhe der Incisura ischiadica major.
- Weitere Foramina finden sich im knöchernen »Dach« des Canalis obturatorius, durch die die Äste der A. obturatoria in den Knochen eintreten.
- Äste der A. pudenda treten auf der Innenseite des Os ischii in den Knochen ein.
- Oberhalb der Spina iliaca anterior inferior und entlang des Darmbeinkammes treten Äste der A. iliaca externa in das Os ilium ein und bilden mit der 4. Lumbalarterie ein Anastomosennetz entlang des Darmbeinkammes.

#### Dorsal

- Dorsalseitig am Becken treten Äste der A. iliolumbalis im Bereich der rauhen Ursprungsfläche der Ligg. sacroiliaca dorsalia in das Os ilium ein.
- Im Bereich des dorsalen Beckenkammes treten Äste der A. glutaea superior in die Darmbeinschaufel ein.

#### Lateral

Außenseitig am Os coxae läßt sich regelmäßig ein größeres Foramen nutritium im Zentrum der Darmbeinschaufel am Ende der Linea glutaea anterior nachweisen. Hier tritt ein Ast der A. glutaea superior in den Knochen ein.

#### Acetabulum

- Mehrere kleinere Foramina nutritia liegen um den Rand des Acetabulums. Die arterielle Versorgung des Acetabulums wird hier durch ein dichtes Anastomosennetz zwischen der A. obturatoria, der A. glutaea inferior und weiteren lokalen Anastomosenkaskaden sichergestellt.
- Weitere kleinere Äste der A. obturatoria treten im Bereich der Fossa acetabuli von innen in die quadrolaterale Fläche ein.
- Im Bereich des Corpus ossis pubis treten zusätzliche Äste der A. obturatoria in den Knochen ein.

Eine neue Technik zur Untersuchung der arteriellen Gefäßversorgung des Acetabulum geben v. Bachmann et al. 1993 an [3]:

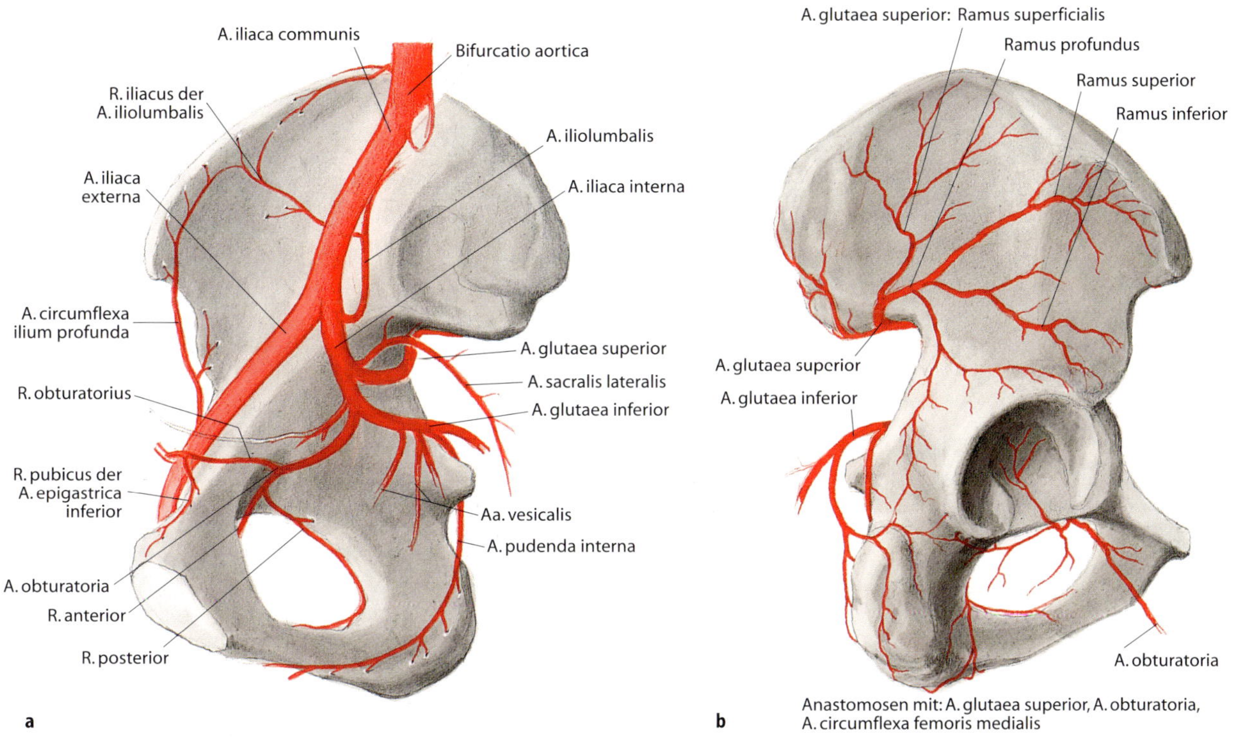


**Abb. 15.5 a, b.** Arterielle Gefäßversorgung des Os coxae **a** von innen gesehen, **b** von außen gesehen

Durch konventionelle Angiographie und computertomographische Untersuchungen, ergänzt durch 3D-Darstellungen an 27 röntgendicht markierten Ausgußpräparaten, konnte nachgewiesen werden, daß sich die A. obturatoria, die Aa. glutaeae superior et inferior und Einzeläste der A. circumflexa femoris medialis an der Acetabulumversorgung beteiligen. Die 3D-Darstellung ließ folgende Versorgungsgebiete erkennen:

- Äste der A. obturatoria versorgen v. a. den vorderen und oberen Rand und die zentralen Anteile des Acetabulums.
- Äste der A. glutaea superior versorgen den oberen hinteren Pfeiler und die Region kranial der Gelenkfläche.
- Äste der A. glutaea inferior versorgen die unteren Anteile des hinteren Pfeilers.
- Die A. circumflexa femoris medialis beteiligt sich an der Versorgung der Fossa acetabuli.

Diese ausgedehnte Anastomosierung erklärt die während der operativen Versorgung von Acetabulumfrakturen vor der anatomischen Reposition der Hauptfragmente oftmals recht starken Blutungen aus den Frakturflächen, aber auch die relativ geringe Rate der beobachteten Heilungsstörungen. Es darf allerdings nicht vergessen werden, daß es insbesondere bei der Präparation von erweiterten Zugängen zu einer ausgedehnten Freilegung von Innen- und Außenseite des Os coxae kommt und durchaus einzelne Fragmente von der Blutversorgung abgetrennt werden können. In Gefahr ist besonders das Pfannendachfragment, wenn bei erweiterten Zugängen der Ursprung des M. rectus femoris zusammen mit der Pars reflecta von der Spina iliaca anterior inferior und der Hüftgelenkkapsel abgelöst wird [24]. Durchblutungsstörungen können einen Teil der nach operativer Versorgung beobachteten Früharthrosen und Pseudarthrosen erklären.

### Hüftkopf

Der Durchblutung des Hüftkopfes kommt insbesondere nach Luxationsfrakturen eine besondere Bedeutung zu. Zwar läßt sich nach derzeitigen Erkenntnissen nur ein geringer Anteil der nach operativer Versorgung von Acetabulumfrakturen beobachteten Hüftgelenkarthrosen auf eine durchblutungsbedingte »Hüftkopfnekrose« zurückführen, aber anatomische Überlegungen und neue Studien zeigen, daß insbesondere bei der Durchführung von hinteren Zugängen versorgende Gefäße verletzt werden können (Abb. 15.6). Es ist deswegen notwendig, den genauen Verlauf der versorgenden Arterien zu kennen, um die Sicherheit bei den Zugängen zu erhöhen.

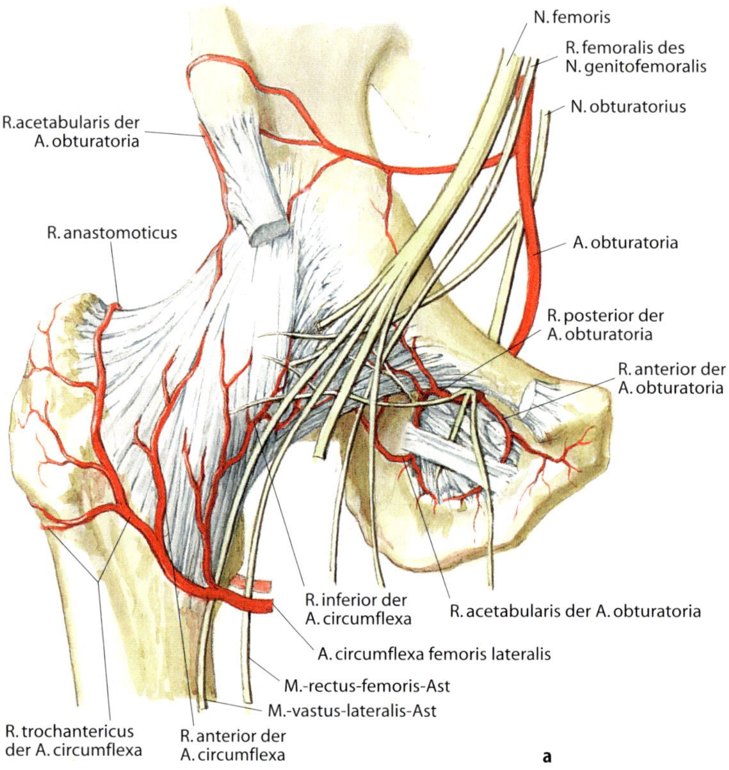


**a**

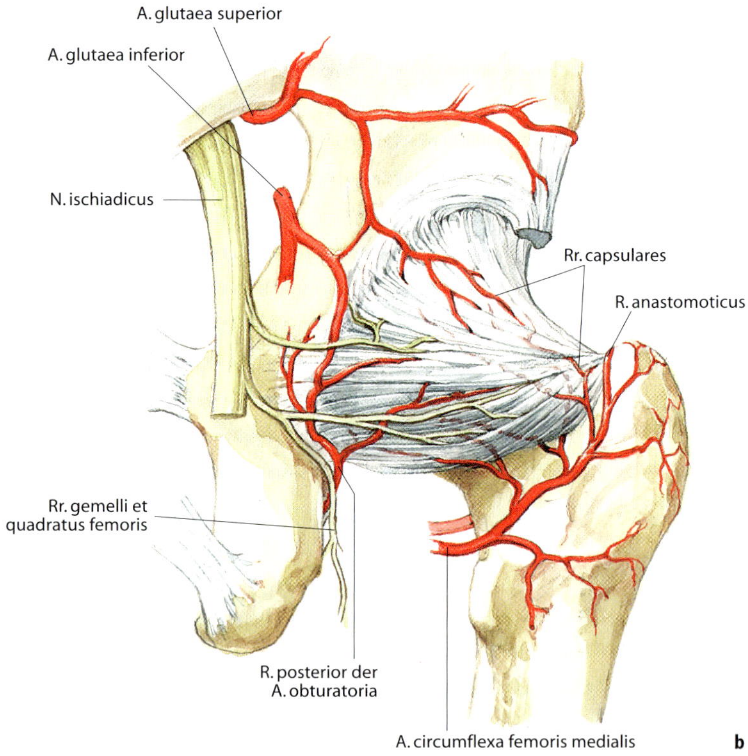


**b**

**Abb. 15.6 a, b.** Arterielle Gefäßversorgung des Hüftkopfes. Gefäßversorgung des proximalen Femurs und des Femurkopfes: **a** von ventral gesehen, **b** von dorsal gesehen

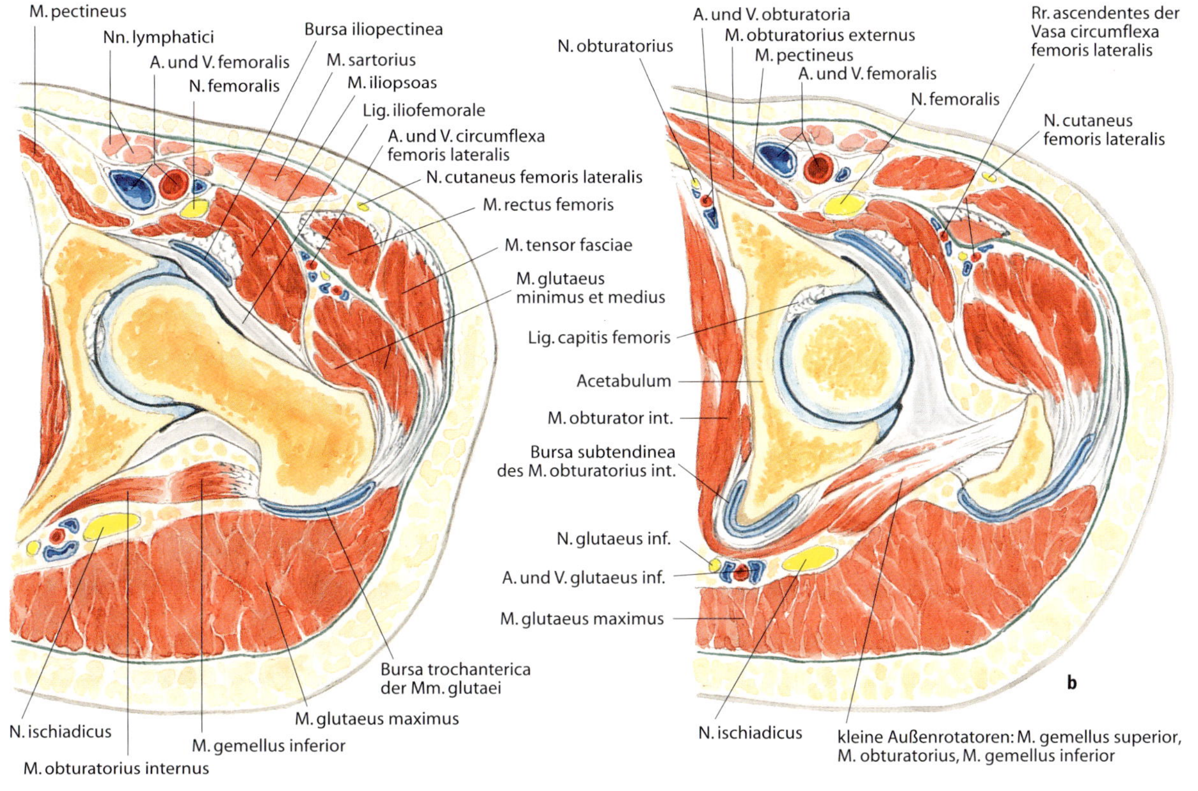


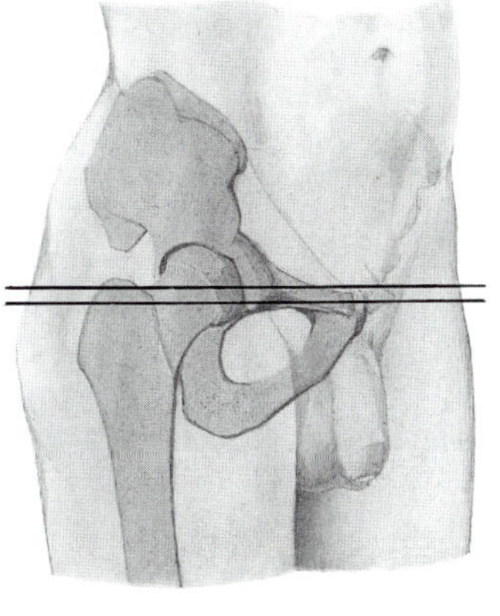

**Abb. 15.7 a, b.** Topographische Beziehung im Hüftgelenk anhand von Schnittbildern: **a** im juxtatektalen Bereich, **b** im infratektalen Bereich

## 15.3 Topographische Beziehungen

**Die topographischen Beziehungen um das Acetabulum sind gerade bei der operativen Stabilisierung von großer Bedeutung, da im Rahmen der Zugänge oft nur kleinere Knochenflächen einer »Seite« dargestellt werden können und das Hüftgelenk besonders beim ilioinguinalen Zugang überhaupt nicht eingesehen werden kann (Abb. 15.7). Detailliertere, operationstechnische Hinweise zur Implantatlage und den spezifischen Plazierungsmöglichkeiten für Schrauben werden in Abschn. 20.2 ausgeführt. Im folgenden sollen einige grundlegende topographische Beziehungen dargestellt werden, die die Orientierung am Acetabulum erleichtern und Gefahrenpunkte erkennen lassen.**

**Vorderer Pfeiler** (Abb. 15.8)

- Das »Vorderhorn« der Gelenkfläche endet etwa 1 cm über der Ebene der kranialen Begrenzung des Foramen obturatum.
- Die »innere Oberfläche« des vorderen Pfeilers umfaßt große Anteile der quadrilateralen Fläche und stellt im ventralen Anteil die knöcherne Begrenzung des Canalis obturatorius dar.
- Die kranioventrale Fläche des vorderen Pfeilers entspricht einer »Rinne« zur Aufnahme der Iliopsoasanteile. Eine wichtige Orientierung ist die Eminentia iliopectinea, ein knöcherner Vorsprung, der mit Ansatz des Lig. iliopubicum anatomisch die Trennung zwischen der Lacuna vasorum und musculorum kennzeichnet. Chirurgisch bedeutsamer ist die Beziehung zum Acetabulum: Die Eminentia iliopectinea bildet die äußere Kortikalis der Vorderwand des Acetabulums, und ihre distale Begrenzung entspricht in etwa der distalen Begrenzung des Vorderhorns der Gelenkfläche.

Aufgrund der direkten Nähe zum Hüftgelenk und der teilweise sehr dünnen Knochenstruktur beinhalten Schraubenlagen in dieser Region immer das Risiko der Gelenkperforation.

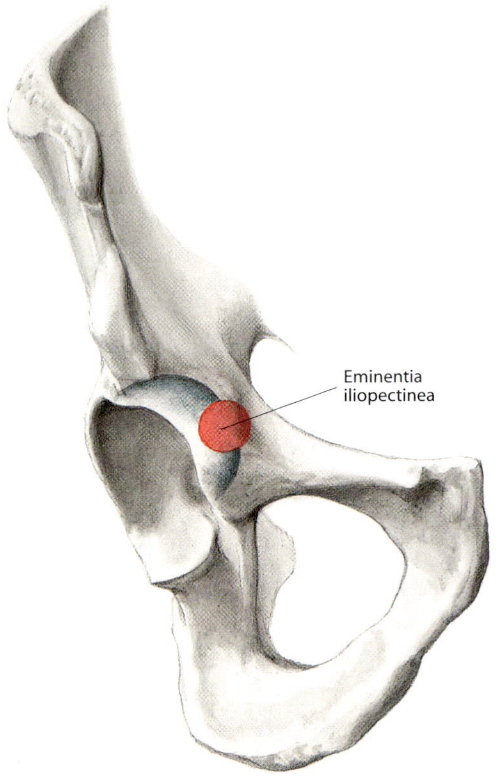


**Abb. 15.8.** Orientierungspunkte und topographische Beziehungen im Bereich des vorderen Pfeilers

### ■ Leitungsbahnen (Abb. 15.9)

Von 3 Seiten her treten Leitungsbahnen in direkten oder mittelbaren Kontakt mit dem Acetabulum und sind bei der Durchführung von chirurgischen Zugängen oder im Rahmen der Verletzung in Gefahr.

**Ventral.** Von ventral her liegen die A. und die V. femoralis in der Lacuna vasorum in mittelbarer Nähe zum distalen Anteil der vorderen Wand der Hüftpfanne. Der. N. femoralis liegt dagegen relativ gut geschützt vom M. iliopsoas in der Lacuna musculorum.

**Dorsal.** Der N. ischiadicus (L 4–S 3) tritt durch das Foramen infrapiriforme in die Regio glutaeae ein und kommt damit in die Nähe des Hüftgelenkes. Die Aufteilung in den N. tibialis (L 4,5, S 1–3) und den N. peronaeus communis (L 4,5, S 1,2) erfolgt gelegentlich schon innerhalb des kleinen Beckens. In diesen Fällen verläuft der peroneale Nervenanteil direkt durch das Muskelgewebe des M. piriformis [29].

In der Regio glutaeae kommt der N. ischiadicus in direkten Kontakt zur Hinterwand des Acetabulums. Dabei liegt der peroneale Nervenanteil dem Knochen unmittelbar an. Diese topographische Beziehung erklärt die bei dorsalen Hüftluxationen und Luxationsfrakturen häufig zu beobachtenden Nervenfunktionsstörungen, die vorwiegend als »peroneal betonte« Nervenschäden beobachtet werden. Distal des Hüftgelenks verläuft der N. ischiadicus um das Tuber ischiadicum und kann hier intraoperativ durch Hakenzug gefährdet werden.

**Medial.** A. und V. obturatoria sowie N. obturatorius treten im Canalis obturatorius in direkte Beziehung zur quadrilateralen Fläche, der medialen Knochengrenze des Acetabulums. Durch den Verlauf des Gefäß-Nerven-Bündels im kranial-lateralen Anteil des Foramen obturatum besteht eine direkte Beziehung zur Incisura acetabuli; einzelne Seitenäste der Obturatorgefäße treten an dieser Stelle in das Hüftgelenk ein und versorgen die unteren Anteile des Acetabulums.

### ■ Muskelzüge

Das Hüftgelenk ist auf allen Seiten von mächtigen, das Gelenk übergreifenden Muskelzügen umgeben; die Gelenkkontur läßt sich weder sehen noch palpieren.

- Kranial und dorsal überqueren die Abduktoren (M. glutaeus medius und minimus) und der M. glutaeus maximus als wesentlicher Extensor das Gelenk. Direkt kranial der Gelenkkapsel entspringt der M. rectus femoris einerseits knöchern an der Spina iliaca anterior inferior (»Pars directa«) und gibt gleichzeitig sehnige Faserzüge in die Hüftgelenkkapsel ab (»Pars reflecta«), denen eine hüftgelenkanspannende Bedeutung zugeschrieben wird.

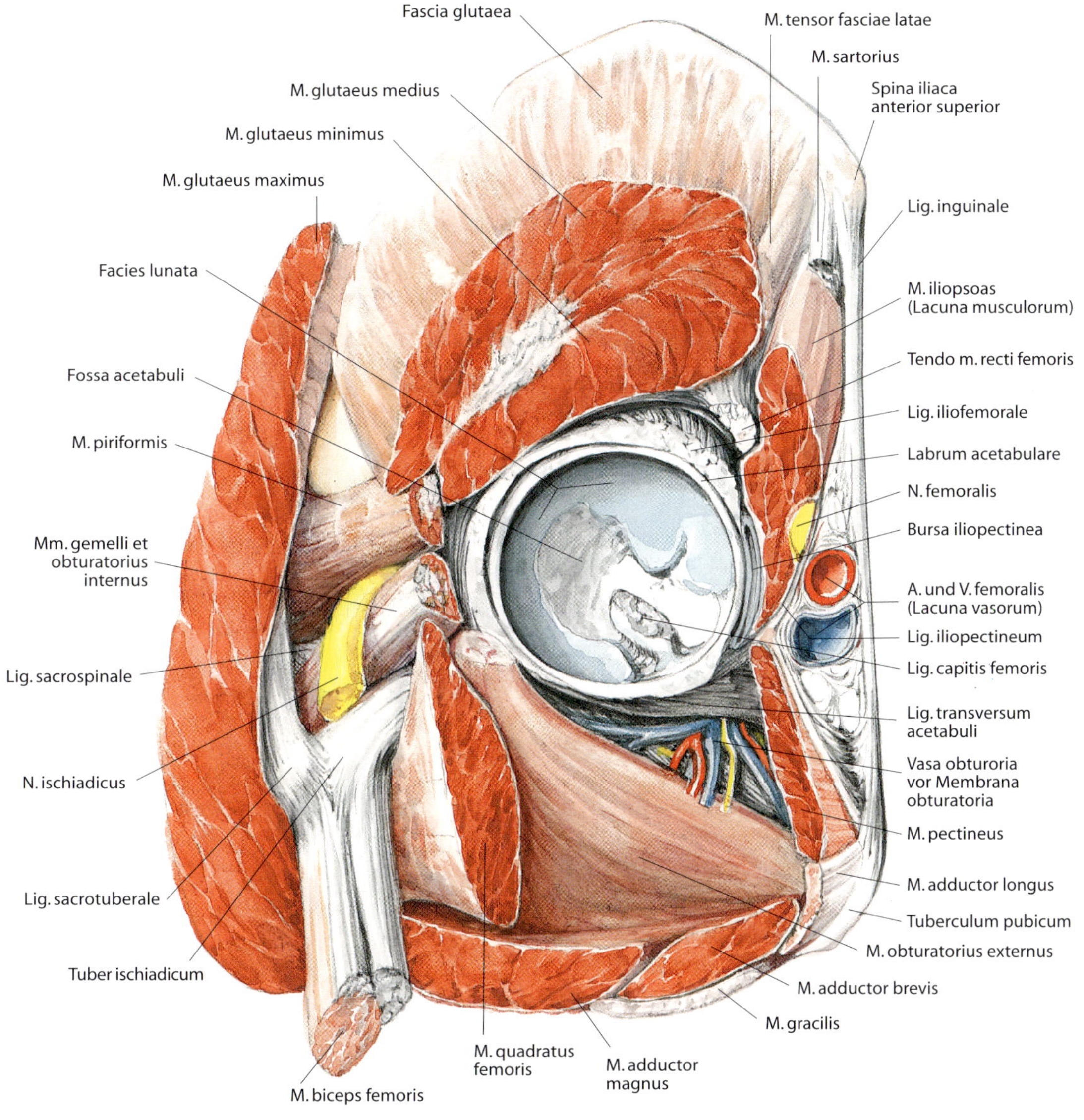


**Abb. 15.9.** Leitungsbahnen um das Acetabulum. Muskelmantel und Leitungsbahnen um das Acetabulum in der Ansicht von der Seite

- Medial liegen der Muskelbauch des M. iliacus und die Sehne des M. psoas major in einer knöchern begrenzten Rinne dem vorderen Pfeiler direkt an. Medial-distal überspannt der Muskelbauch und später die Sehne des M. obturatorius internus die quadrilaterale Fläche des Acetabulums.
- Distal verlaufen der Muskelbauch und die Sehne des M. obturatorius externus in direkter Beziehung zum Hüftgelenk.

## 15.4 Verletzungsmechanismen und Frakturformen

Die Entstehung von Acetabulumfrakturen wird in der Regel durch ein »Hochenergietrauma« verursacht. Die zur Frakturentstehung benötigten Kräfte sind sehr variabel und lassen sich experimentell nur annäherungsweise bestimmen.

- In Untersuchungen an isolierten Beckenpräparaten waren Kräfte zwischen 850 N und 4850 N nötig, um neben Beckenringverletzungen auch Verletzungen der Hinterwand des Acetabulums zu erzeugen [6].
- Martinek gibt an, daß schon bei Geschwindigkeiten von 35 km/h Hüftpfannenbrüche entstehen können, wenn nur 40 % der kinetischen Energie übergeleitet werden [17].

Für die Entstehung der Acetabulumfraktur als typischem Beispiel einer »Hochenergieverletzung« hat der Straßenverkehrsunfall eine besondere Bedeutung. Veränderte äußere Bedingungen wie Gesetzgebung, Unfallprävention sowie passive und aktive Sicherheitsmaßnahmen nehmen daher einen direkten Einfluß auf Entstehungsmechanismen und die Inzidenz.

Blum et al. zeigten, daß, bedingt durch die Einführung der gesetzlichen Anschnallpflicht in Deutschland, im Jahre 1984 im eigenen Krankengut nicht nur die Inzidenz der Acetabulumfrakturen bei einem gleichbleibenden Anteil der Verkehrsunfallverletzten (42 %) um 36 % zurückging, sondern auch der Schweregrad der beobachteten Frakturen sank [4].

Aufgrund der ausgezeichneten Weichteildeckung der Hüftgelenkpfanne entstehen Acetabulumfrakturen meist durch indirekte Frakturmechanismen mit Kraftüberleitung durch das Femur. Nicht selten entstehen dabei sog. »Kettenfrakturen« mit begleitenden Verletzungen der unteren Extremität.

Dieser Mechanismus wurde schon zu Beginn der Motorisierung beobachtet, und es wurde sehr früh der Begriff der »Armaturenbrettfraktur oder -luxation« geprägt (aus [8]).

Ausnahmen bilden seltene direkte Traumen, die immer mit erheblichen Weichteilschäden und offenen Fraktursituationen verbunden sind (z. B. Pfählung durch Gabelstapler, Stürze etc.).

Die indirekte Krafteinleitung kann prinzipiell über 4 verschiedene Angriffspunkte erfolgen [14]:
- Trochanter major,
- Knie, bei gebeugtem Unterschenkel,
- Fuß, bei gestrecktem Knie,
- dorsales Becken.

Die eingeleitete Kraft läßt sich in verschiedene Kraftvektoren zerlegen, wobei demjenigen, der parallel zur Achse des Schenkelhalses verläuft, die entscheidende Bedeutung für das Auftreten der Acetabulumfraktur zukommt. Nach Letournel sind die weiteren Kraftvektoren, die im wesentlichen ein Drehmoment auf das Hüftgelenk ausüben, beim Vorliegen einer Acetabulumfraktur vernachlässigbar klein [14].

Die »punktförmige« Kraftübertragung von der »Kugel« des Hüftgelenkes auf das Acetabulum geschieht an einer spezifischen Stelle, die von der Stellung des Hüftgelenkes im Moment des Anpralls abhängt. Durch die unendlich großen Kombinationsmöglichkeiten zwischen Größe des Kraftvektors und Stellung des Hüftgelenkes beim Anprall wird die hohe Variabilität der Frakturverläufe erklärbar.

In seiner Analyse von 940 Acetabulumfrakturen konnte Letournel in 530 Fällen den wesentlichen Unfallmechanismus rekonstruieren [14]. Hierbei ließen sich immer wiederkehrende Frakturtypen je nach Stellung des Hüftgelenkes identifizieren. Aus der Übersicht wird deutlich, daß die »Hüftgelenkstellungen« beliebig kombiniert werden können, so daß natürlich auch eine Reihe von Übergangsformen entstehen kann:

**Krafteinwirkung auf den Trochanter major entlang der Schenkelhalsachse (Hüftbeugung unerheblich):**

- Neutralstellung für Abduktion/Adduktion (Abb. 15.10 a)
  - Neutralrotation: Frakturen des vorderen Pfeilers mit hinterer Hemitransversfraktur
  - leichte Außenrotation: Frakturen des vorderen Pfeilers
  - maximale Außenrotation: Frakturen der vorderen Wand
  - Innenrotation: Querfrakturen, T-Frakturen, selten Zweipfeilerfrakturen
  - maximale Innenrotation: Fraktur des hinteren Pfeilers, nahezu immer mit Querkomponente
- 20°-Innenrotationsstellung der Hüfte
  - Neutralstellung Abduktion/Adduktion: Querfraktur, T-Fraktur, Zweipfeilerfraktur
  - Adduktionsstellung: transtektale Querfrakturen
  - Abduktionsstellung: juxta- und infratektale Querfrakturen

**Krafteinwirkung entlang der Femurschaftachse (Hüftrotation wenig erheblich)** (Abb. 15.10 b):

- Hüfte 90° gebeugt:
  - Neutralstellung Abduktion/Adduktion: Frakturen der hinteren Wand
  - leichte Abduktion: Frakturen des hinteren Pfeilers
  - maximale Abduktion: Frakturen des hinteren Pfeilers, oft mit Querfrakturen
  - Adduktion: kleine Pfannenrandabsprengungen bis zu reinen hinteren Hüftluxationen
- verschiedene Hüftbeugungen (Abb. 15.10 c):
  - Hüftbeugung $>90°$: distale Anteile des »Hinterhorns« bis zum Tuber ischiadicum
  - Hüftbeugung $<90°$: dorsokraniale Pfannenrandfragmente

**Krafteinwirkung über den Fuß bei gestrecktem Kniegelenk:**

- Gebeugte Hüfte, neutrale Abduktion/Adduktion: dorsokraniale Fragmente ggf. mit Querfraktur
- Gestreckte Hüfte, minimale Abduktion: transtektale T-Frakturen

**Krafteinwirkung auf die lumbosakrale Region:**

- Typischerweise bei gebeugter Hüfte (Bergwerkunfall, herabfallendes Gestein): Fraktur der Hinterwand

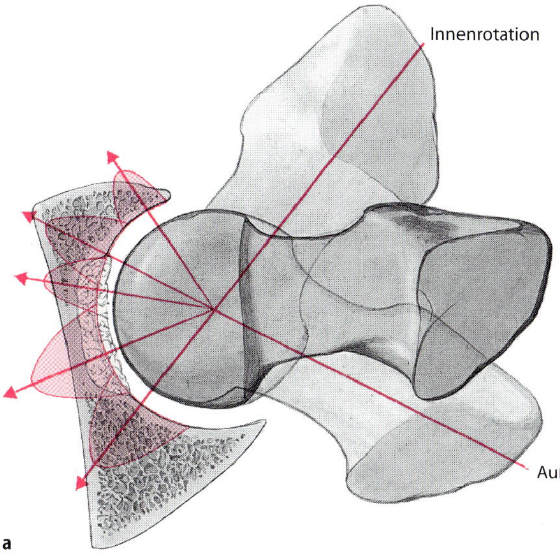


a

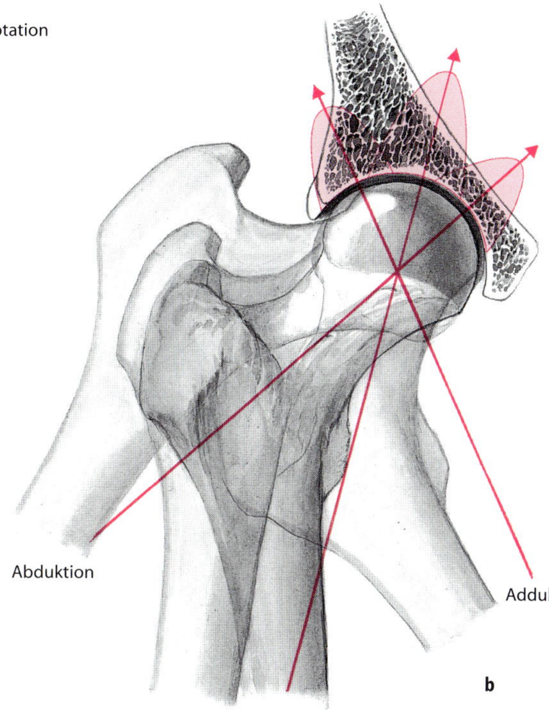


b

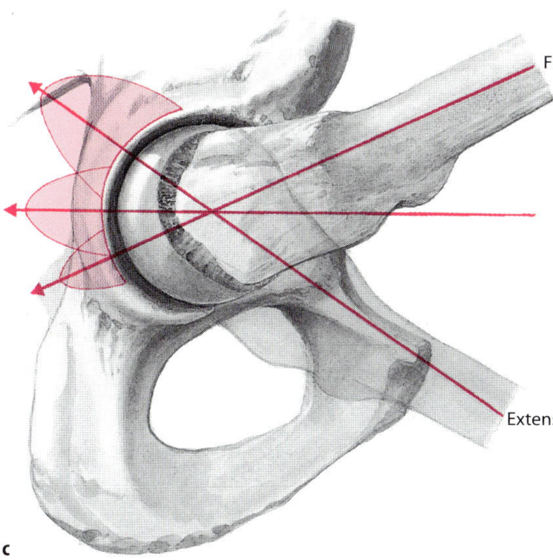


c

**Abb. 15.10 a–c.** Entstehung von Acetabulumfrakturen. Pathobiomechanische Acetabulumfrakturen (nach Letournel). **a** Frakturtyp in Abhängigkeit von der Innen- und Außenrotationsstellung des Hüftgelenkes; **b** Frakturtypen in Abhängigkeit der Adduktions- und Abduktionsstellung des Hüftgelenkes bei gebeugtem und gestrecktem Hüftgelenk; **c** Frakturtypen in Abhängigkeit der Beugung des Hüftgelenkes bei Krafteinleitung durch den Oberschenkel

**Klinischer Hinweis**

Die Kenntnis und Analyse dieser typischen Unfallmechanismen erleichtert die Interpretation und Klassifikation von Acetabulumverletzungen. Wenn die Dislokationsrichtung klar ist, kann die operative Einrichtung von Acetabulumfrakturen erheblich einfacher werden, da zur Reposition der Fraktur der verursachende Kraftvektor prinzipiell »umgekehrt« werden muß. Vielfach läßt sich damit durch geschickten intraoperativen Einsatz von manueller Extension und günstiger Plazierung der Repositionszangen schon in wenigen Schritten eine weitestgehend anatomische Situation wiederherstellen.

## Literatur


1. Athanasiou K, Agarwal A, Dzida F (1994) Comparative study of the intrinsic mechanical properties of the human acetabular and femoral head cartilage. J Orthop Res 12: 340–349
2. Athanasiou K, Agarwal A, Muffoletto A, Dzida F, Constantinides G, Clem M (1995) Biomechanical properties of hip cartilage in experimental animal models. Clin Orthop 316: 254–266
3. Bachmann G, Pfeifer T, Spies H, Katthagen B (1993) 3D-CT und Angiographie an Ausgußpräparaten von Beckengefäßen: Darstellung der arteriellen Durchblutung der Hüftgelenkspfanne. Rofo Fortschr Geb Rontgenstr Neuen Bildgeb Verfahr 158(3): 214–220
4. Blum J, Beyermann K, Ritter G (1991) Häufigkeit der Hüftpfannenfrakturen vor und nach Einführung der Gurtanschnallpflicht. Unfallchirurgie 17(5): 274–279
5. Ertel W, Lüdinghausen M von, Trentz O (1997) Becken. In: Platzer W, Trentz O (Hrsg) Posttraumatische Defekt- und Weichteilsanierung. Schädel, Wirbelsäule, Becken. Thieme, Stuttgart New York, S 414–557
6. Fleischer G, Kallieris D, Käppner R, Schmidt G (1995) Zur quantitativen Traumatomechanik der Beckenfraktur. Unfallchirurg 98(7): 398–405
7. Ganz R, Klaue K, Vinh T, Mast J (1988) A New Periacetabular Osteotomy for the Treatment of Hip Dysplasias Technique and Preliminary Results. Clin Orthop 232: 26–36
8. Gördes W, Viernstein K (1974) Die Kettenfrakturen der unteren Extremitäten. Hefte Unfallheilkd 124: 53–55
9. Greenwald A, O,Connor J (1971) The transmission of load through the human hip joint. J Biomech 4: 507–528
10. Greenwald A, Haynes D (1972) Weight-bearing areas in the human hip joint. J Bone Joint Surg Br 54(1): 157–163
11. Gregorczyk A, Pospula W, Golda W (1990) Radiological and computed tomographic studies of the width of the normal hip joint in men aged 30–60 years. Röntgenblätter 43: 141–143
12. Kurrat H, Oberländer W (1978) The thickness of the cartilage in the hip joint. J Anat 126(1): 145–155
13. Lanz J, Wachsmuth W (Hrsg) (1984) Praktische Anatomie, Bd. II 8A: Becken. Springer, Berlin Heidelberg New York, S. 1–96
14. Letournel E (1993) Fractures of the pelvis and acetabulum. Ninth AFOR Course and Workshop. Paris
15. Letournel E, Judet R (1981) Fractures of the acetabulum. Springer, Berlin Heidelberg New York
16. Letournel E, Judet R (1993) Fractures of the acetabulum, 2nd edn. Springer, Berlin Heidelberg New York Tokyo
17. Martinek H (1974) Brüche der hinteren Pfannenwand. Hefte Unfallheilkd 124: 76–79
18. Oberländer W (1973) Die Beanspruchung des menschlichen Hüftgelenks, V. Die Verteilung der Knochendichte im Acetabulum. Z Anat Entwickl Gesch 140: 367–384
19. Oberländer W (1977) Die Beanspruchung des menschlichen Hüftgelenks, VII. Die Verteilung der Knorpeldicke im Acetabulum und ihre funktionelle Deutung. Anat Embryol 150: 141–153
20. Olson S, Bay B, Sharkey N, Chapman M (1993) Hip joint loading parameters: the effect of posterior wall acetabulum fractures. 1st International Symposium on surgical treatment of acetabular fractures. Paris, May 10–11, 1993
21. Olson S, Bay B, Chapman M, Sharkey N (1995) Biomechanical consequences of fracture and repair of the posterior wall of the acetabulum. J Bone Joint Surg Am 77(8): 1184–1192
22. Oransky M, Franceschi F (1993) Fresh acetabular fractures. Results of 76 cases. 1st International Symposium on surgical treatment of acetabular fractures. Paris, May 10–11, 1993
23. Ponseti I (1978) Growth and development of the acetabulum in the normal child. J Bone Joint Surg Am 60(5): 575–585
24. Reinert C, Bosse M, Poka A, Schacherer T, Brumback R, Burgess A (1988) A modified extensile exposure for the treatment of complex or malunited acetabular fractures. J Bone Joint Surg Am 70(3): 329–337
25. Scuderi G, Bronson M (1987) Triradiate cartilage injury: report of two cases and review of the literature. Clin Orthop 217: 179–189
26. Staubesand J (1975) Allgemeine Anatomie, Cytologie und Bewegungsapparat In: Ferner H, Staubesand J (Hrsg) Benninghoff/Goerttler: Lehrbuch der Anatomie des Menschen. Urban & Schwarzenberg, München Berlin Wien
27. Tillmann B (1969) Die Beanspruchung des menschlichen Hüftgelenks, III. Die Form der Facies lunata. Z Anat Entwickl Gesch 128: 329–349
28. Tillmann B, Schleicher A (1985) Funktionelle Anatomie des menschlichen Hüftgelenkes. Hefte Unfallheilkd 174: 423–433
29. Töndury G (1981) Angewandte und topographische Therapie, 5. Aufl. Thieme, Stuttgart
30. Watts H (1976) Fractures of the pelvis in children. Orthop Clin North Am 7(3): 615–624

# Radiologische Anatomie



T. Pohlemann



Die radiologische Analyse ist der Schlüssel zur Beurteilung einer Acetabulumfraktur. Die radiologische Beurteilung der Hüftpfanne wird durch die unregelmäßige Gestalt des Os coxae und einer Reihe von Überlagerungen erschwert. Erst durch eine genaue Kenntnis der Röntgenanatomie lassen sich die zur sicheren Klassifikation der Fraktur notwendigen Strukturen sicher erkennen und interpretieren. Letournel und Judet gebührt der Verdienst, durch systematische, experimentell ergänzte Untersuchungen der radiologischen Darstellbarkeit des Acetabulums die Grundlage für die auch heute noch geltende »Technik« der Frakturanalyse gelegt zu haben [16, 17, 22–24]. Auch im Zeitalter der Computertomographie hat die Beurteilung der konventionellen Röntgenaufnahmen ihren hohen Stellenwert behalten, da durch ihre Interpretation ein umfassenderes Verständnis der Charakteristik der einzelnen Frakturtypen ermöglicht wird. Die Arbeiten von Judet und Letournel bilden damit die Grundlage für die Analyse der Acetabulumfrakturen anhand des konventionellen Röntgenbildes.

Die Computertomographie erlaubt in zunehmendem Maße bisher ungeahnte Darstellungsmöglichkeiten des Skelettsystems. Eine große Anzahl neuer Untersuchungen versucht die Wertigkeit dieser vielfach noch als »Spielerei« eingeschätzten Methodik zu beurteilen. Die Möglichkeit, in kürzester Zeit auch nach Abschluß der Untersuchung noch Schnittebenen frei definieren zu können, die dreidimensionalen Darstellungsweisen und die sich abzeichnenden Möglichkeiten, Operationen dreidimensional vorplanen und simulieren zu können, machen die Computertomographie zu einem unverzichtbaren Bestandteil der aktuellen Acetabulumchirurgie. Auch der »Nicht-Spezialist« kann sich anhand der sehr anschaulichen Bilder rasch einen Überblick über die Art der Verletzung machen und kommt dadurch wesentlich schneller und zuverlässiger zu der für den Patienten besten Therapieentscheidung (konservativ, operativ, operativ durch Spezialisten).

Im folgenden wird neben der Technik radiologischer Standardaufnahmen v.a. die systematisierte Betrachtung der einzelnen Projektionen mit Identifikation der typischen Leitstrukturen in Anlehnung an die Untersuchungen von Judet und Letournel dargestellt. (Die Umsetzung dieser Befunde in die »Klassifikation« erfolgt in Kap. 17.)

Mit einer Übersicht der Indikationen und Möglichkeiten der erweiterten radiologischen Diagnostik endet dieses Kapitel.

## 16.1 Standardaufnahmen

### Einstellung der Standardaufnahmen

Zur Beurteilung des Hüftgelenkes mit Acetabulum, besonders nach Verletzungen, ist die Beckenübersichtsaufnahme als Standardaufnahme zu betrachten (Abb. 16.1). Wie auch bei der Darstellung des Beckenrings können senkrecht aufeinander stehende Projektionsebenen nur durch einen »Kunstgriff« realisiert werden, da auch bei der Darstellung des Acetabulums eine »seitliche« Einstellung keine verwertbaren Ergebnisse bringen würde. Während am Beckenring senkrecht aufeinander stehende Projektionsebenen durch Kippung der Röhre nach kranial und kaudal erreicht werden (Inlet- und Outletaufnahmen), werden zur Darstellung des Acetabulums Schrägaufnahmen durch »Kippung« des Patienten um die Körperlängsachse angefertigt.

Diese sog. Judet-Aufnahmen werden durch Anheben der unverletzten Beckenseite (Ala-Aufnahme, Abb. 16.2) bzw. der verletzten Beckenseite (Obturatoraufnahme, Abb. 16.3) um jeweils 45° zur Filmebene erstellt [16]. Die Zentrierung erfolgt auf das Hüftgelenk. Diese Projektionen sind einfacher verständlich, wenn man sich vor Augen führt, daß die Ebenen der Darm-

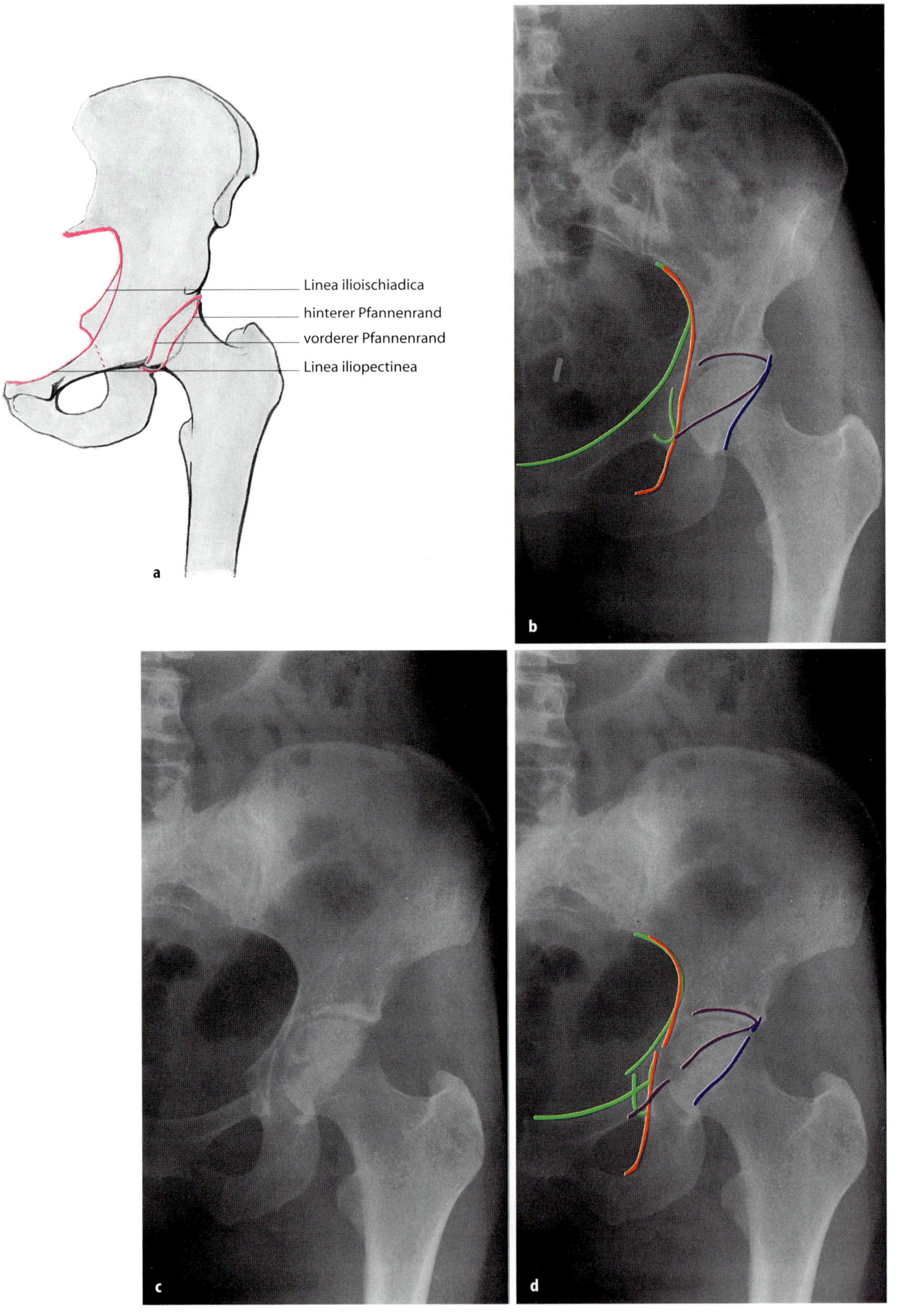


**Abb. 16.1 a–d.** Einstellung (**a**) und Leitstrukturen (**b**) in der a.-p.-Aufnahme. **c, d** Verdeutlichung am konkreten Beispiel (Frakturtyp: 62-B3.2, s. auch Abb. 16.2 c, d sowie 16.3 c, d)

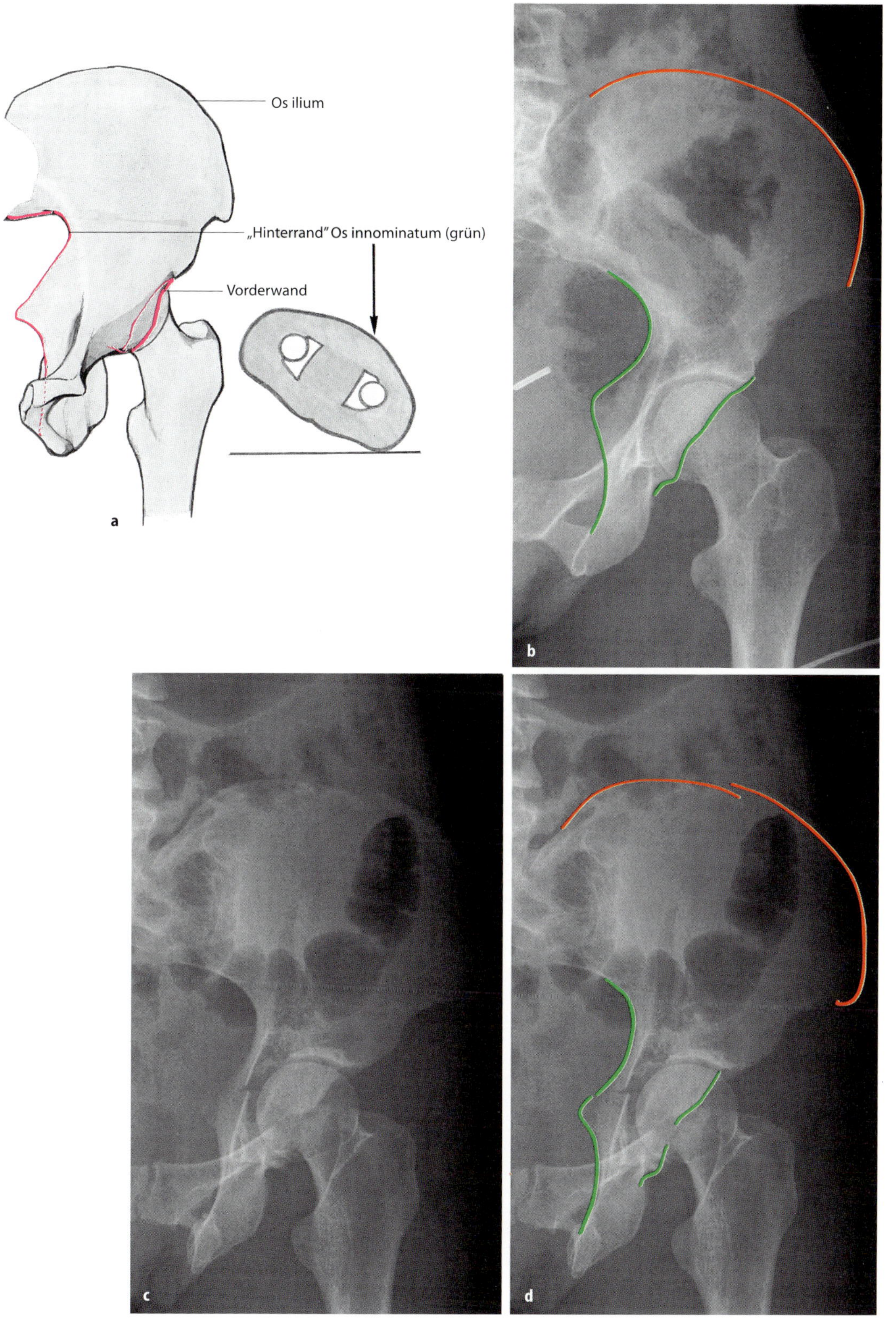


**Abb. 16.2 a–d.** Darstellung der Röntgeneinstellung (**a**) der Alaprojektion des Hüftgelenks mit resultierender Röntgenaufnahme und »Linien« (**b**). **c, d** Beispiel (s. auch Abb. 16.1 c sowie 16.3 c, d)

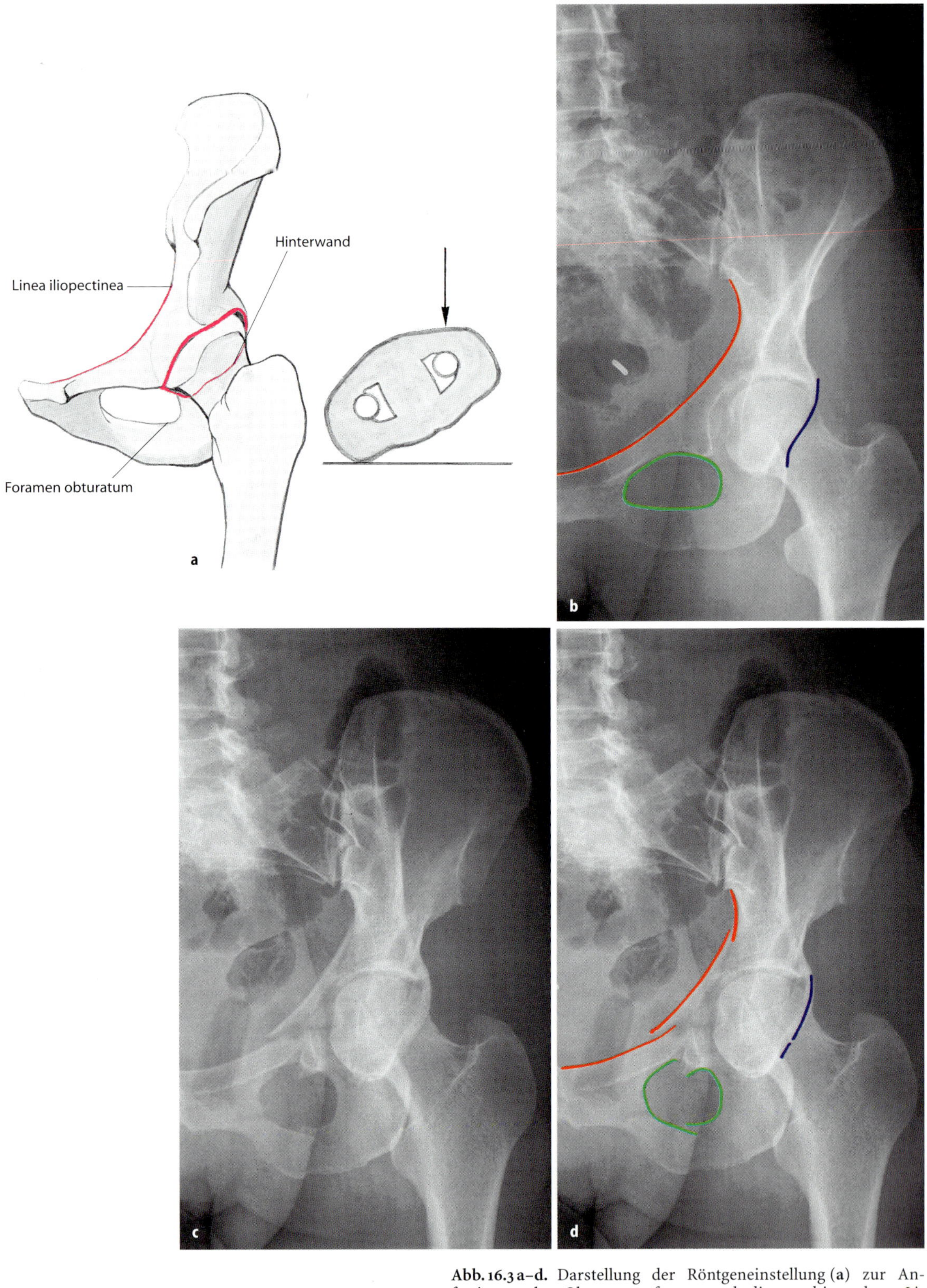


**Abb. 16.3 a–d.** Darstellung der Röntgeneinstellung (**a**) zur Anfertigung der Obturatoraufname und die resultierenden »Linien« (**b**). **c, d** Konkretes Beispiel. S. auch Abb. 16.1 c, d sowie 16.2 c, d

beinschaufel und die Ebenen des Foramen obturatum in etwa einen Winkel von 90° zueinander bilden (s. Kap. 2).

Die korrekte Einstellung der Aufnahmen läßt sich somit im Falle der Ala-Aufnahme durch das komplette Verschwinden des Foramen obturatum, bei der Obturatoraufnahme durch die nahezu kreisrunde Darstellung des Foramen obturatum mit einer eher »tangentialen« Darstellung der Darmbeinschaufel sichern. Günstigerweise wird bei der Anfertigung der Schrägaufnahmen jeweils die gegenseitige Beckenhälfte gleichzeitig mit eingeblendet. Dabei entstehen komplementäre Projektionen, d.h. aus der Ala-Einstellung wird gegenseitig eine Obturatoraufnahme und umgekehrt. Somit stehen jeweils Normalbefunde der Gegenseite zum Vergleich zur Verfügung.

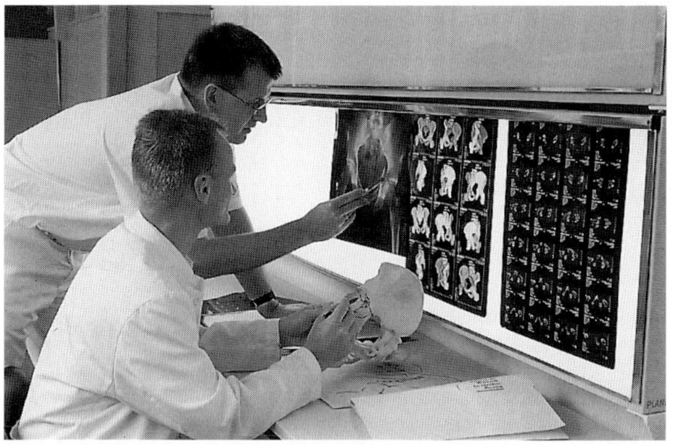

**Abb. 16.4.** Präoperative Planung. Nur durch eine sorgfältige präoperative Planung ist es möglich, sich eine dreidimensionale Vorstellung vom Frakturverlauf und in Besonderheit von Zusatzverletzungen der individuellen Verletzung zu machen. Vorteilhaft werden alle verfügbaren Informationen der bildgebenden Diagnostik präoperativ auf ein Kunststoffmodell übertragen. Danach wird die Operationstaktik festgelegt

## Leitstrukturen der konventionellen Diagnostik

Bei der radiologischen Analyse von Aufnahmen des Beckens und des Acetabulums ist zu beachten, daß die Darstellung von »Linien« im Bild dadurch entsteht, daß orthograd getroffene Knochenflächen – und hier insbesondere die Kortikalis – zu einer stärkeren Abschwächung des Röntgenstrahls und damit zur Darstellung von Linien führt, wohingegen sich spongiöse Bereiche transparent darstellen. Speziellen anatomischen Strukturen können somit in den einzelnen Ansichten spezifische Linien zugeordnet werden, wobei unbedingt beachtet werden muß, daß es aufgrund von Überprojektionen zu Unterschieden zwischen der Morphologie des knöchernen Beckens und dessen radiologischer Darstellung kommen kann. Durch eine systematisierte Analyse der einzelnen »Leitlinien« des Acetabulums in den 3 Ebenen (a.-p.-, Ala- und Obturatoraufnahme) ist es möglich, sich eine exakte »dreidimensionale« Vorstellung von Frakturtyp und Frakturverlauf zu generieren. Da erfahrungsgemäß besonders zu Beginn die Umsetzung aller Einzelbefunde in ein »geistiges« Bild Schwierigkeiten bereitet, wird empfohlen, bei der Röntgenbildanalyse immer ein Kunststoffmodell des Beckens zur Hand zu haben, anhand dessen man sich die einzelnen Projektionen nochmals genau verdeutlichen kann und in das die aus den Einzelansichten gewonnenen Befunde eingetragen werden können (Abb. 16.4).

### ■ Beckenübersichtsaufnahme a.-p.

Auf der Beckenübersichtsaufnahme werden 6 wichtige »Linien« oder »Leitstrukturen« identifiziert:

**1. Linea iliopectinea.** Sie ist die Kennlinie des vorderen Pfeilers und stellt zur Orientierung den Verlauf der Linea terminalis vom SI-Gelenk bis zur Symphyse dar. Allerdings entspricht die radiologische Projektion nicht komplett der morphologischen Position der Linea arcuata. Insbesondere im hinteren Viertel erscheint die Kontur der Linie durch die radiologische Darstellung einer knöchernen Fläche, die bis etwa 1–2 cm distal der Linea terminalis reicht. Der radiologisch dargestellte Anteil reicht somit viel näher an die Incisura ischiadica major heran, als dies morphologisch zu vermuten wäre. Am Beckenmodell betrachtet, beginnt die Linea iliopectinea etwa in der Ebenen des 2. Sakralforamens.

**2. Linea ilioischiadica.** Sie ist die Kennlinie des hinteren Pfeilers und entspricht keiner einzelnen anatomischen Struktur, sondern ist im wesentlichen Resultat der Abschwächung des Röntgenstrahles durch die tangential getroffene quadrilaterale Fläche. Sie beginnt proximal in Überlagerung mit der Linea iliopectinea und setzt sich nach distal hin bis etwa 1 cm distal der Spina ischiadica fort, um danach am Außenrand des Foramen obturatum auszulaufen. Besonders eine proximal zu beobachtende Separation der Linea ilioischiadica von der Linea iliopectinea (»keine Überprojektion«) ist immer ein wichtiger Indikator für den Frakturverlauf.

**3. Die Hinterwand des Acetabulums.** Die Kontur der hinteren Wand des Acetabulums ist bei technisch guten Beckenübersichtsaufnahmen klar zu erkennen und stellt sich als die am weitesten lateral gelegene Begrenzung des Pfannenrandes als nahezu gerade Linie dar.

**4. Die Vorderwand des Acetabulums.** Diese Linie ist auf der a.-p.-Aufnahme oftmals relativ schwierig abzugrenzen, da sie sowohl durch den Hüftkopf als auch durch die Struktur der Hinterwand überlagert ist. Typisch ist ein S-förmig geschwungener Verlauf, bei dem der distale Anteil des ventralen Pfannenrandes nahezu parallel zum hinteren Pfannenrand verläuft. In der Mitte des Acetabulums verläuft der Rand der Vorderwand S-förmig nach medial und danach läuft er in einem spitzen Winkel lateral mit der Kontur der Hinterwand zusammen.

Eine seltener benutzte Hilfslinie zur Beurteilung der Vorderwand auf der a.-p.-Aufnahme stellt die sog. Acetabulum-Obturator-Linie dar. Sie schließt die Vorderwand des Acetabulums ein und verläuft geschwungen entlang der kranialen Begrenzung des Foramen obturatum. Die distale Begrenzung der anterioren Gelenkfläche befindet sich im Zenit der mittleren Konvexität der Linie. Diese Betrachtungsweise ist nützlich, um den intra- oder extraartikulären Verlauf einer Frakturlinie zu begrenzen.

**5. Das Pfannendach.** Die Linie des Pfannendaches ist eine sich kräftig abzeichnende Struktur und wird im wesentlichen von der Dichte der subchondralen Sklerose bestimmt. Die anatomische Ausdehnung der radiologisch dargestellten Pfannendachanteile wird häufig überschätzt. Entsprechend der tangentialen Projektion eines Kugelsegmentes kann nur ein schmales, tangential betroffenes Band der Gelenkfläche schattengebend sein. Aufgrund der Integrität dieser Linie, beurteilt in lediglich einer Projektion, läßt sich daher nichts über das Ausmaß der verbliebenen »Überdachung« des Hüftkopfes aussagen.

**6. Die »Tränenfigur« (Köhler).** Die radiographische Darstellung der Tränenfigur entspricht keiner eigenen morphologischen Struktur am Becken. Sie wird durch die tangential getroffene, sehr feste Kortikalis im Bereich der Fossa acetabuli gebildet. Da der laterale (»äußere«) und der mediale (»innere«) Rand der Tränenfigur nicht in einer Ebene liegen, sondern der schrägen Projektion des Buchstabens »U« entsprechen, wird klar, daß es in Abhängigkeit von der genauen Projektionsrichtung zu einer »oben offenen« Darstellung der Tränenfigur kommen kann, oder daß sich die Schenkel des »U« bei weiterer Drehung sogar kreuzen können.

### Weitere radiologisch wichtige Strukturen

Neben den genannten Basisstrukturen, die immer im Detail aufgesucht und analysiert werden sollten, gibt es weitere Strukturen auf der a.-p.-Aufnahme, die zusätzliche Informationen über den detaillierten Frakturverlauf geben können:

- Hinterrand des Os ilium,
- azetabuläre Gelenkfläche,
- Tuberculum pubicum,
- Eminentia iliopectinea,
- Unterrand der Scham- und Sitzbeinäste,
- Beckenschaufel.

#### ■ Schrägaufnahme in der Alaprojektion

In der Alaprojektion ist das Becken 45° zur verletzten Seite gedreht. Drei spezifische Linien und »Leitstrukturen« sollten immer analysiert werden:

**1. Hinterrand des Hüftbeins (Os innominatum).** In der Außenrotationsstellung des Beckens wird die knöcherne Kontur der Incisura ischiadica major, der Spina ischiadica und der Incisura ischiadica minor (Os innominatum) vollständig freiprojiziert und ist damit gut zu untersuchen.

**2. Vordere Wand des Acetabulums.** In der Außenrotationsstellung der Alaprojektion ist auch die Vorderwand des Acetabulums besonders in den unteren Anteilen freiprojiziert und konturgebend. Allerdings können sich besonders im distalen Bereich auch Anteile des oberen Schambeinastes über das Acetabulum projizieren.

**3. Die Darmbeinschaufel.** In idealer Projektion ist nun die Fläche der Darmbeinschaufel genau senkrecht getroffen. Die gesamte äußere Kontur des Os ilium ist gut zu untersuchen, einschließlich der Spinae iliacae anteriores superiores und inferiores.

#### ■ Schrägaufnahme in der Obturatorprojektion

Letournel gibt an, daß bei der idealen Einstellung einer Obturatoraufnahme nicht nur der Aspekt der Beckenschaufel nahezu verschwindet, sondern daß zusätzlich das distale Ende des Steißbeins etwa in der Mitte der Fossa acetabuli abgebildet sein sollte [25].

Folgende 5 Linien oder »Leitstrukturen« sollten immer analysiert werden:

**1. Linea iliopectinea.** Aufgrund der Schrägprojektion im Winkel von 45° Innenrotation ist die Darstellung der Linea iliopectinea nicht so klar wie auf der a.-p.-Projektion. Der distale Anteil ab der Ebene des Acetabulums ist relativ klar erkennbar, weiter kranial ist die Identifikation der Linie aufgrund der Überlagerungen in der Regel schwierig.

**2. Hinterwand des Acetabulums.** Die Projektion in Innenrotationsstellung des Beckens führt dazu, daß die Hinterwand des Acetabulums noch weiter konturgebend wird als auf der a.-p.-Aufnahme und vollkommen freiprojiziert untersucht werden kann.

**3. Das Foramen obturatum.** Das Foramen obturatum stellt sich nun nahezu kreisrund dar. Der gesamte knöcherne Ring ist komplett dargestellt und kann auf Frakturen untersucht werden.

**4. Die Beckenschaufel.** Die Beckenschaufel wird in der Obturatorprojektion tangential getroffen, so daß die

Darstellung von vielen Überlagerungen gestört ist. Eine Beurteilung der Beckenschaufel ist nur bei guter Aufnahmequalität möglich.

**5. Vordere Wand des Acetabulums.** Auch die Vorderwand ist in der Obturatorprojektion weitgehend überlagert und nur unsicher zu beurteilen.

**■ Praktisches Vorgehen**

Die Analyse einer Acetabulumfraktur wird günstigerweise damit begonnen, zunächst auf den a.-p.-Projektionen, dann auf den Schrägprojektionen alle »Linien« und »Leitstrukturen« aufzusuchen und auf Unterbrechungen und Verschiebungen zu achten. In Zweifelsfällen wird die Identifikation der Linien auf der frakturierten Seite einfacher, wenn die korrespondierende Linie zunächst auf der unverletzten Gegenseite aufgesucht und verfolgt wird. Durch Vergleich mit dem Plastikbecken läßt sich die Ansicht in den einzelnen Projektionen weiter vereinfachen. Die Unterbrechungen in den genannten Leitstrukturen werden mit einem Stift auf das Plastikbecken übertragen. Durch die Verbindung dieser »Eckpunkte« läßt sich ein dreidimensionales Abbild der Fraktur stellen. Die Unterbrechungen einzelner Leitstrukturen sind in ihren Summen pathognomonisch für die einzelnen Frakturtypen der Klassifikation. Anhand dieser Angaben kann die Fraktur nun klassifiziert werden. Diese »Arbeitsdiagnose« ist die Basis für alle weiteren Untersuchungen.

Die erweiterte Diagnostik (CT-Untersuchung) hilft, Einzelheiten der Diagnose zu ergänzen oder zu korrigieren bzw. einzelne, auf den Nativaufnahmen nur schlecht darstellbare Veränderungen, wie z.B. Knochenimpressionen oder freie Gelenkfragmente, aufzudecken.

## 16.2 Erweiterte Diagnostik (Tomogramme, CT, MRT, Arthroskopie)

### Computertomographie

Die Computertomographie hat ihre entscheidende Bedeutung in der Feindiagnostik der Acetabulumverletzungen. Gerade kleine Fragmente, Impressionszonen, freie intraartikuläre Fragmente und die exakten Frakturverläufe lassen sich anhand der Nativaufnahmen nicht oder nur unvollständig erkennen. Die Indikation zu dieser Untersuchung bei allen Acetabulumfrakturen ist zwischenzeitlich unbestritten [1, 6, 9, 11, 14, 18, 21, 24, 26, 30, 34].

Die CT-Untersuchung bei Acetabulumfrakturen sollte immer das gesamte Becken umfassen, so daß der gesamte Bereich von der kranialen Begrenzung des SI-Gelenkes bis nach distal zum Tuber ischiadicum untersucht werden kann. Allerdings muß unter Berücksichtigung des Strahlenschutzes die Schichtdicke nicht überall gleich eng sein, lediglich im Bereich des Acetabulums müssen Schichtabstände von 2–3 mm vorliegen.

Durch den Einsatz der Spiral-CT läßt sich die Abbildungsgenauigkeit nochmals erhöhen (s. auch Kap. 6).

*Anmerkung.* Bei der Planung einer CT-Untersuchung nach Acetabulumfrakturen ist unbedingt darauf zu achten, daß alle später zu einer evtl. notwendigen Operation benötigten Informationen gewonnen werden. Nur partiell durchgeführte Untersuchungen führen in der Regel dazu, daß Zweit- und Drittuntersuchungen, die die Strahlenbelastung unnötigerweise erhöhen und Kosten steigern, angeschlossen werden. Wenn Operationen nicht selbst vorgenommen werden können, sollte im Zweifelsfall vor der CT-Untersuchung in der ggf. übernehmenden Klinik nachgefragt werden.

**■ Axiale Computertomographie**

Die Analyse der CT-Aufnahmen verlangt eine ganz andere Sichtweise als die von der Analyse von Nativbildern her gewohnte. Typischerweise liegen zunächst axiale Schichten des Beckens vor, wobei berücksichtigt werden muß, daß die Lage des Beckens schräg zur Achse des Computertomographen und damit zur Bildachse liegt. Trotz dieser »gewöhnungsbedürftigen« Darstellungsweise ist eine komplette, überlagerungsfreie Darstellung auch kleinster Fragmente möglich. Die detaillierte Kenntnis der Häufigkeit begleitender freier Fragmente, von Impressionszonen, Hüftkopfschäden etc., ist erst durch die computertomographische Untersuchung der Patienten mit Acetabulumfrakturen möglich geworden [27, 35].

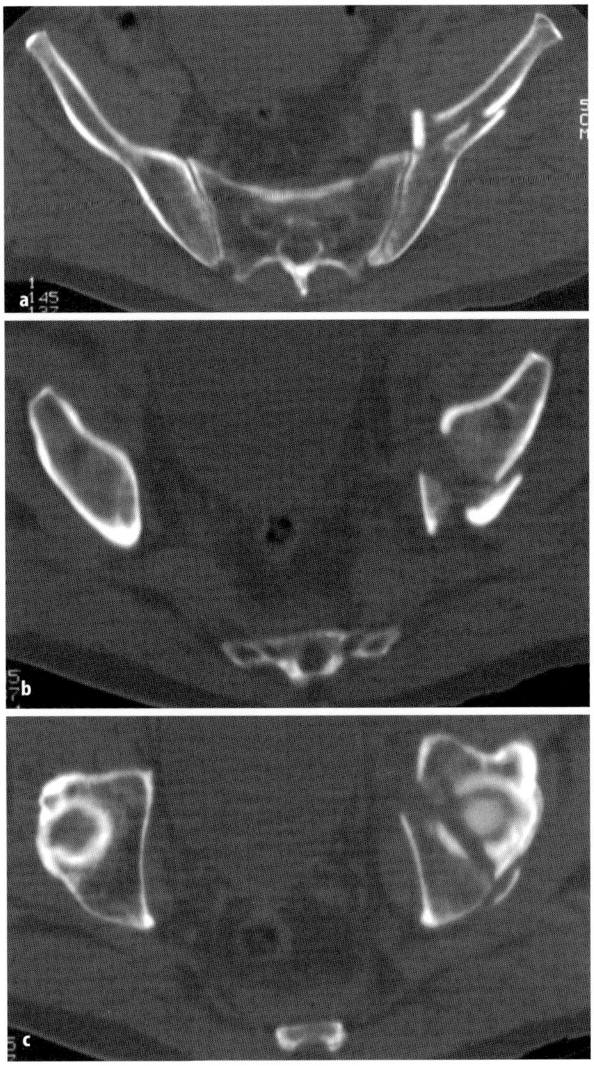


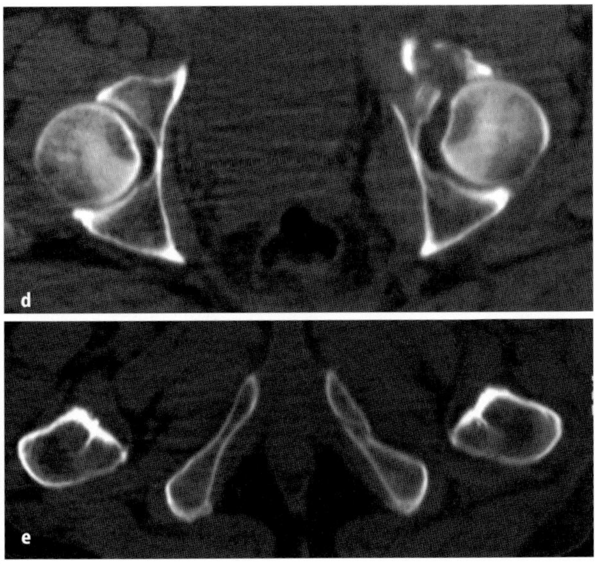


**Abb. 16.5 a–e.** Die axiale Computertomographie erlaubte, mit einem hohen Auflösungsgrad Verletzungsdetails wie Impressionszonen, Trümmerzonen, intraartikuläre Fragmente und Kopfverletzungen zu erkennen. Typische Befunde: **a** in »Höhe« des SI-Gelenkes; **b** kranial der Gelenkfläche; **c** im Bereich des »Pfannendachs«; **d** in Höhe der Fossa acetabuli; **e** am »Unterrand« der Hüftpfanne im Übergang zum Foramen obturatum

Die typischen Strukturen der »axialen« CT von Becken und Acetabulum sind in Abb. 16.5 dargestellt.

Vom chirurgischen Standpunkt aus erscheinen die Frakturen in der CT generell etwas »komplizierter«, da die Fragmente in den einzelnen Schichten mit jeweils mehreren Frakturlinien zur Darstellung kommen können und eine räumliche Zuordnung nur durch die »Verfolgung« der Einzelfragmente über alle »Schichten« möglich ist. Stehen ausschließlich axiale Schichten zur Verfügung, ist auch hier zur Analyse die Übertragung wichtiger Einzelbefunde in ein Plastikbecken eine große Hilfe.

## ■ Erweiterte Computertomographie

Durch Umrechnung des Bilddatensatzes können mit Geräten der neueren Generation sekundäre Schnittebenen frei festgelegt werden (Abb. 16.6). Diese Darstellungsweise erlaubt es, frontale und sagittale Schnittebenen, aber auch schräge Schnittebenen in beliebiger Anzahl zu erstellen und damit nahezu jede topographische Beziehung zu verdeutlichen [19, 26] (s. auch Kap. 6).

Die dreidimensionale Darstellung, idealerweise sogar als sog. »Femursubtraktions-CT« mit rechnerisch aus dem Bilddatensatz entferntem Hüftkopf dient als bildliche »Zusammenfassung« aller bisher gewonnenen Informationen (Abb. 16.7 und 16.8). Die genaue topographische Orientierung der Frakturlinien ist direkt sichtbar und läßt sich von allen Seiten her räumlich analysieren. Diese Darstellungen dienen v. a. der Operationsplanung (Zugangswahl, Implantatlage, Reihenfolge der Repositions- und Stabilisierungsschritte) und der schnellen intraoperativen Orientierung [4, 13, 20, 31, 32, 36].

Bei der Betrachtung der sehr eindrucksvollen, realitätsnahen Bilder darf aber nicht übersehen werden,

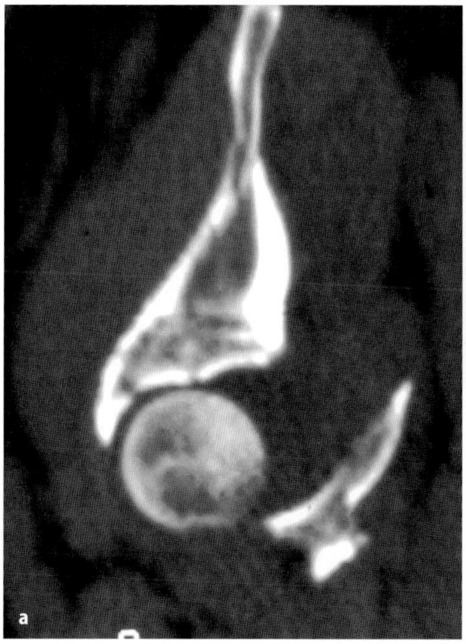


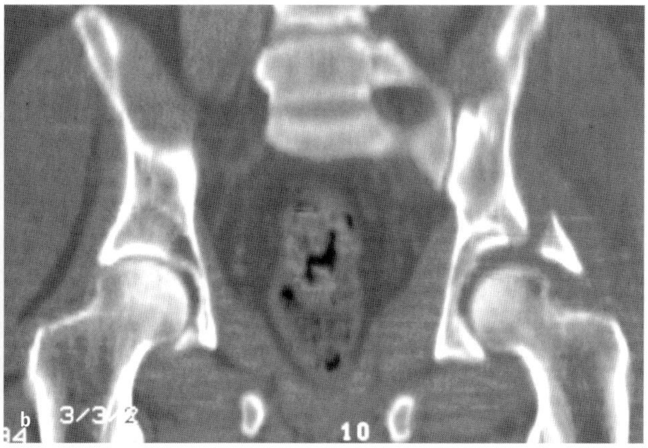


**Abb. 16.6 a, b.** Mit Hilfe der multiplanaren Reformation können beliebige Schnittebenen durch das Hüftgelenk gelegt werden; insbesondere Lagebeziehungen lassen sich damit gut darstellen

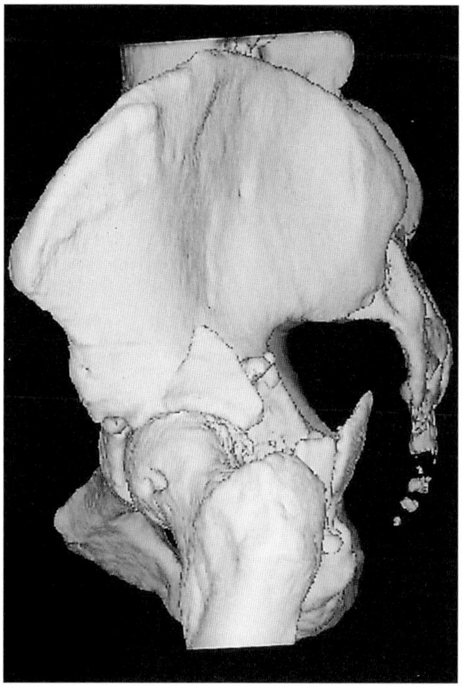

**Abb. 16.7.** Die dreidimensionale Computertomographie ergibt ein wirklichkeitsnahes Abbild des Frakturverlaufs. Zur Detailbeobachtung sollte aber auf die axiale Computertomographie zurückgegriffen werden

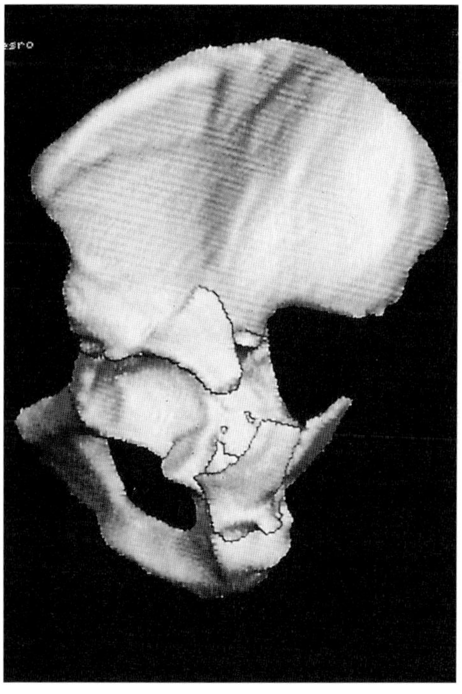

**Abb. 16.8.** Mit der Femursubtraktions-CT lassen sich durch Herausrechnen störender Knochenanteile auch intraoperativ nicht zu realisierende, dreidimensionale Ansichten generieren

daß bei der dreidimensionalen Darstellung immer Bildinformationen verloren gehen oder aber auch irrtümlich entstehen können (z. B. Oberflächendarstellung über Trümmerzonen), so daß für die Detailinterpretation nicht auf die native, axiale computertomographische Darstellung verzichtet werden kann.

Im Bereich der bildgebenden Diagnostik sind gerade in den nächsten Jahren noch erhebliche Fortschritte zu erwarten, welche sicherlich auch einen weitreichenden Einfluß auf die Operationsplanung und Operationsdurchführung haben werden. Schon derzeit bestehen Möglichkeiten, z. B. die Größe und Oberfläche von Pfannendachfragmenten zu bestimmen [13, 15], die Stabilität reponierter Luxationsfrakturen durch Berechnung der Hinterwandfragmentgröße vorherzusagen [5], dreidimensionale Simulationen der geplanten Operation vorzunehmen [10], oder aber sogar dreidimensionale stereographische Ansichten im Sinne einer »virtuellen Realität« zu erstellen [7, 8].

#### Konventionelle Tomographie

Die früher zur Diagnostik von intraartikulären Fragmenten eingesetzte konventionelle Tomographie wurde zur Analyse von Acetabulumfrakturen zwischenzeitlich vollständig durch die Computertomographie abgelöst.

#### Kernspintomographie

Die Wertigkeit der MRT-Untersuchung zur Analyse von frischen Acetabulumfrakturen läßt sich derzeit noch nicht abschließend beurteilen. Zur Zeit ist die Interpretation der Befunde noch nicht ausreichend vorangeschritten, um eine sichere Klassifikation der Fraktur zu erreichen. Auf der anderen Seite ist es heute schon möglich, Weichteilschäden, wie z. B. periartikuläre Einblutungen, aber auch Funktionsänderungen des Knochengewebes, wie z. B. Osteonekrosen und Durchblutungsstörungen, sicherer als in der CT nachzuweisen [2, 28, 29, 33]. Zur Diagnostik von freien, intraartikulär gelegenen osteochondralen Fragmenten ist die Kernspintomographie allerdings der CT unterlegen [28].

Besonders bei der Untersuchung von kindlichen Verletzungen des Acetabulums läßt die MRT-Untersuchung neue Erkenntnisse erwarten (Abb. 16.9) [3].

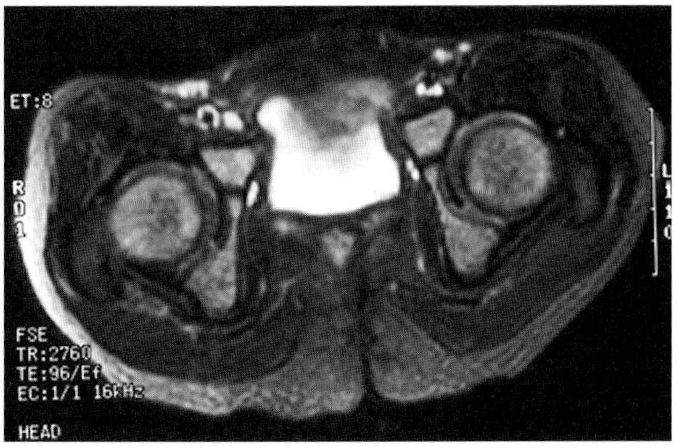


**Abb. 16.9.** Die Kernspintomographie spielt in der Akutdiagnostik der Acetabulumfraktur derzeit noch keine Rolle. Mögliche Entwicklungen sind insbesondere zur Beurteilung von kindlichen Epiphysenfugenverletzungen zu erwarten. Kernspintomographischer Normalbefund der Hüftgelenke eines $5\,^1/_2$ jährigen Jungen

## 16.3 Invasive Diagnostik

Die Arthroskopie als invasives Verfahren erlangt eine ständig zunehmende Bedeutung in der Diagnostik von kongenitalen oder degenerativ verursachten Läsionen des Hüftgelenkes [12]. Zur reinen Diagnostik von Acetabulumverletzungen hat sie derzeit keine Bedeutung. In seltenen Fällen ist die Arthroskopie als Hilfsmittel bei transkutanen Verschraubungen minimal verschobener Frakturen, oder aber auch zur intraoperativen Beurteilung der Gelenkfläche bei Operationen über den ilioinguinalen Zugang einsetzbar (Abb. 16.10).

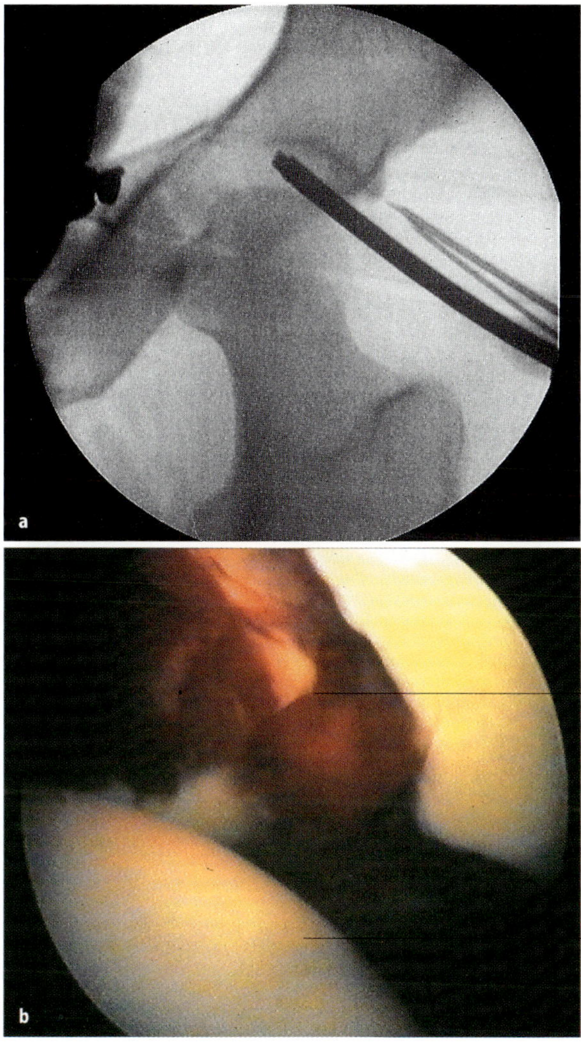


**Abb. 16.10 a, b.** Arthroskopie des Hüftgelenks. In Einzelfällen lassen sich bei nur wenig verschobenen Frakturen unter arthroskopischer Kontrolle perkutane Verschraubungen von Acetabulumfrakturen durchführen. Dabei ist die Kombination von Durchleuchtung (**a**) und Arthroskopie (**b**) nötig

## Literatur


1. Baumgärtel F (1992) Diagnostik, Klassifikation und Indikationsstellung bei Acetabulumfrakturen. Orthopade 21: 427–441
2. Berger P, Ofstein R, Jackson D, Morrisin D, Silvino N, Amador R (1989) MRI demonstration of radiologically occult fractures: what have we been missing? Radiographics 9(3): 407–436
3. Bungaro P, Gigli F, Pavone S, Specchia L (1993) The role of magnetic resonance in necrosis of the femoral epiphysis as the sequelae of acetabular fracture. Chir Organi Mov 78(4): 227–232
4. Burk D, Mears D, Kennedy W, Cooperstein, LA, Herbert D (1985) Three-dimensional computed tomography of acetabular fractures. Radiology 155(1): 183–186
5. Calkins M, Zych G, Latta L, Borja F, Mnaymneh W (1988) Computed tomography evaluation of stability in posterior fracture dislocation of the hip. Clin Orthop 227: 152–163
6. Canale S, King R (1991) Pelvic and hip fractures. In: Rockwood C Jr, Wilkings K, King R (eds) Fractures in Children. Lippincott, Philadelphia, pp 991–1046
7. Gautsch Z, Johnson E (1993) Higher level three dimensional imaging from CT data: a method for the true 3D display of pelvic and acetabular fractures. 1st International Symposium on surgical treatment of acetabular fractures. Paris, May 10–11, 1993
8. Gautsch T, Johnson E, Seeger L (1994) True three dimensional stereographic display of 3D reconstructed CT scans of the pelvis and acetabulum. Clin Orthop 305: 133–151
9. Gay B, Schindler G, Hörl M (1985) CT-Diagnostik bei Acetabulumfrakturen. Hefte Unfallheilkd 174: 399–403
10. Gerber J, Ney D, Magid D, Fishman E (1991) Simulated femoral repositioning with three-dimensional CT. J Comput Assist Tomogr 15(1): 121–125
11. Gill K, Buchholz R (1984) The role of computerized tomographic scanning in the evaluation of major pelvic fractures. J Bone Joint Surg Am 66(1): 34–39
12. Gondolph-Zink B (1992) Aktueller Stand der diagnostischen und operativen Hüftarthroskopie. Orthopade 21: 249–256
13. Guy R, Butler-Manuel P, Holder P, Brueton R (1992) The role of 3D CT in the assessment of acetabular fractures. Br J Radiol 65: 384–389
14. Heller M, Bücheler E (1985) Röntgendiagnostik der Acetabulumfraktur: Konventionelles Röntgen – Computertomographie. Hefte Unfallheilkd 174: 441–445

15. Hughes S, Brueton R (1994) Technical note: a technique for measuring the surface area of articular cartilage in acetabular fractures. Br J Radiol 67: 584–588
16. Judet R, Letournel E (1973) Surgical management of fractures of the acetabulum. In: Tronzo R (ed) Surgery of the hip joint. Lea & Febiger, Philadelphia, pp 472–505
17. Judet R, Judet J, Letournel E (1964) Fractures of the acetabulum: classification and surgical approaches for open reduction. J Bone Joint Surg Am 46(8): 1615–1646
18. Kellam J (1996) Fractures of the pelvis and acetabulum: an overview. Orthopaedic knowledge update Trauma. Published by AAOS, pp 213–215
19. Kellam J, Messer A (1994) Evaluation of the role of coronal and sagittal axial CT scan reconstructions for the imaging of acetabular fractures. Clin Orthop 305: 152–159
20. Kinast C, Wallin A, Perren S, Isler B (1987) Dreidimensionale Darstellung von Acetabulumfrakturen. Hefte Unfallheilkd 189: 87–90
21. Krueger P, Hartge S, Euler E, Schweiberer L (1989) Wandel und Fortschritte in der operativen Behandlung von Frakturen des Beckenringes und des Acetabulums. Orthopade 18: 171–179
22. Letournel E (1961) Les fractures du cotyle. Etude d'une serie de 75 cas. J Chir 82: 47
23. Letournel E (1990) Diagnosis and treatment of nonunions and malunions of acetabular fractures. Orthop Clin North Am 21(4): 769–788
24. Letournel E (1993) Fractures of the pelvis and acetabulum. Ninth AFOR Course and Workshop. Paris
25. Letournel E, Judet R (1993) Fractures of the acetabulum, 2nd edn. Springer, Berlin Heidelberg New York Tokyo
26. Martinez C, DiPasquale T, Helfet D, Graham A, Sanders R, Ray L (1992) Evaluation of acetabular fractures with two- and three-dimensional CT. Radiographics 12: 227–242
27. O'Sullivan G, Goodman S, Jones H (1992) Computerized tomographic evaluation of acetabular anatomy. Clin Orthop 277: 175–181
28. Potter H, Montgomery K, Heise C, Helfet D (1994) MR Imaging of acetabular fractures: Value in detecting femoral head injury, intraarticular fragments and sciatic nerve injury. AJR 163: 881–886
29. Potter H, Montgomery K, Padgett D, Salvati E, Helfet D (1995) Magnetic resonance imaging of the pelvis. Clin Orthop 319: 223–231
30. Rommens P, Broos P (1996) Zweijahresergebnisse nach operativer Versorgung von 175 Acetabulumfrakturen. Hefte Z Unfallchir (Abstr) 262: 191
31. Scott W, Magid D, Fishman E, Riley L, Brooker A, Johnson C (1987) Three-dimensional imaging of acetabular trauma. J Orthop Trauma 1(3): 227–232
32. Stroszczynski C, Schedel H, Stöckle U, Wellmann A, Beier J, Wicht L (1996) Klinischer Einsatz multiplanarer und 3D-Rekonstruktionen der Spiral-CT in der Diagnostik der Azetabulumfrakturen. Akt Radiol 6: 91–95
33. Tehranzadeh J, Kerr R, Amster J (1994) MRI of trauma and sports-related injuries of tendons and ligaments. Part II: Pelvis and lower extremities. Crit Rev Diagn Imaging 35(2): 131–200
34. Tile M (1995) Fractures of the pelvis and acetabulum, 2nd edn. Williams & Wilkins, Baltimore
35. Vas W, Wolverson M, Sundaram M, Heiberg E, Pilla T, Shields J (1982) The role of computed tomography in pelvic fractures. J Comput Assist Tomogr 6(4): 796–801
36. White M (1991) Three-dimensional computed tomography in the assessment of fractures of the acetabulum. Injury 22(1): 13–19

# Klassifikation

17

T. Pohlemann und A. Gänsslen



Bis in die 70er Jahre hinein wurde im wesentlichen zwischen posterioren und zentralen Hüftluxationsfrakturen des Acetabulums unterschieden. Diese einfache Einteilung entsprach den damals hauptsächlich verfügbaren Therapiemöglichkeiten, die in geschlossener Einrichtung und Extensionsbehandlung, ggf. unterstützt durch einen Seitzug, bestanden.

Die Anfang der 60er Jahre durch Judet angeregten und von Letournel durchgeführten umfangreichen Untersuchungen legten die Grundlage für unser heutiges Verständnis der Röntgenanatomie der Hüftpfanne und damit für die weltweit am weitesten verbreitete Klassifikation der Acetabulumfrakturen. Dieses auf der Anatomie basierende System von 10 Frakturtypen ist durch seine prägnante Terminologie ein wesentliches Hilfsmittel in der Interpretation und Indikationsstellung der Acetabulumfrakturen. Zwischenzeitlich entwickelte, erweiterte Klassifikationen, wie z. B. die AO-Klassifikation, beziehen sich in der Grundlage ebenfalls auf die von Letournel angegebenen Frakturtypen, lediglich die weitere Einteilung in Gruppen und die integrierte Berücksichtigung von Zusatzverletzungen des Hüftgelenkes (z. B. Knochen-Knorpel-Impressionen, Hüftkopffrakturen etc.) erweitern die Unterteilungsmöglichkeiten.

Die immer noch anhaltende Diskussion über die Klassifikation der Acetabulumfrakturen läßt sich sicherlich dahingehend abkürzen, daß die gedankliche Vorstellung der Fraktur durch den Chirurgen auch weiterhin dem deskriptiven System von Letournel folgen wird, während zur detaillierten wissenschaftlichen Auswertung eine alphanumerische, erweiterte Klassifikation überlegen ist.

Die Schwerpunkte der folgenden Darstellung sind deshalb die anatomischen und radiologischen Besonderheiten der einzelnen Frakturtypen nach Letournel, während zur AO-Klassifikation besonders die Einteilungsmöglichkeiten und die Zuordnung berücksichtigt wurden.

Die nachfolgende Darstellung folgt daher zunächst im wesentlichen den klassischen Untersuchungen von Judet und Letournel [12, 15–17]. Darauf aufbauend werden dann die Unterschiede und Besonderheiten des erweiterten Klassifikationssystems der AO (»CCF«) abgehandelt.

## 17.1 Klassifikation nach Judet und Letournel

Die Klassifikation unterscheidet 10 Frakturtypen, die in 5 »einfache« oder elementare und 5 »komplexe« oder zusammengesetzte Frakturtypen zusammengefaßt werden (Abb. 17.1) [12, 14–16]. Die Gruppe der »einfachen« Frakturtypen beinhaltet alle Frakturen, bei denen lediglich eine einzelne, durch das Acetabulum verlaufende Hauptfrakturlinie vorliegt. Diese Frakturlinie kann allerdings auch gleichzeitig den vorderen und hinteren Pfeiler betreffen (»Querfraktur«) und erlaubt keine Aussage über die Prognose der Fraktur.

Bei den kombinierten Frakturtypen treten Kombinationen der einzelnen Frakturlinien und -typen auf, es bestehen mehrere, charakteristische Hauptfragmente. Aufgrund der großen Anzahl von Variationsmöglichkeiten ist es in einigen Einzelfällen schwierig, eine sichere Differenzierung zwischen »benachbarten« Frakturtypen zu treffen; es entstehen sog. »Übergangstypen« (»transitioned types«).

Die einzelnen Frakturtypen treten nicht in regelmäßiger Häufigkeit auf. Eine Übersicht über die in einigen großen Serien beobachtete Verteilung gibt die Abb. 17.1. Auch im zeitlichen Verlauf muß mit Änderungen in der Verteilung gerechnet werden. So kommt es, wohl bedingt durch verbesserte Sicherungssysteme im Straßenverkehr, zu einem Rückgang der Frakturen der hinteren Wand [2], insgesamt scheinen aber die komplizierteren, zusammengesetzten Frakturtypen zuzunehmen.

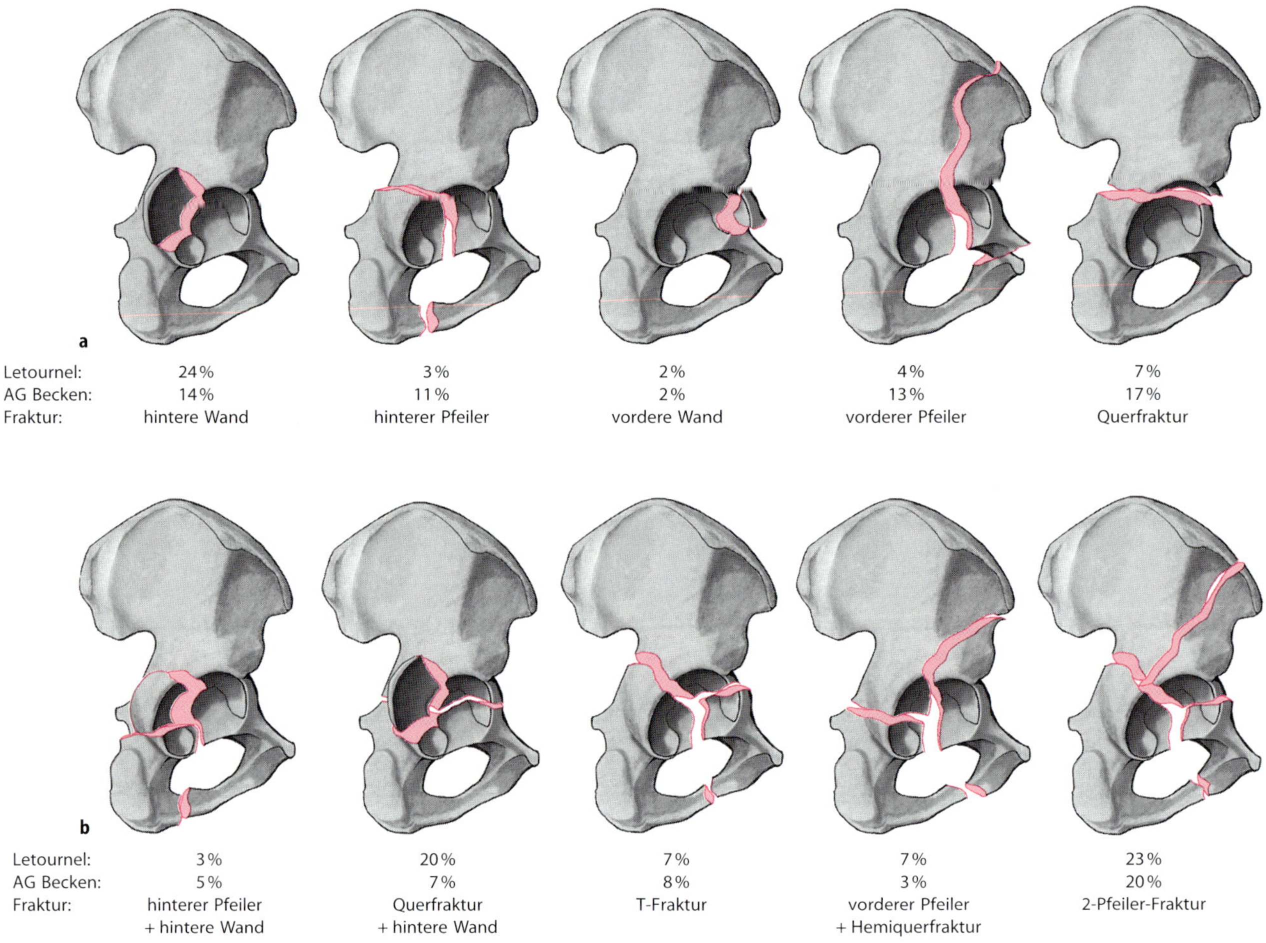


**Abb. 17.1 a, b.** Frakturtypen nach Letournel mit ihrer prozentualen Häufigkeit in verschiedenen Kollektiven. **a** einfacher Frakturtyp; **b** zusammengesetzter Frakturtyp. Häufigkeit der einzelnen Frakturtypen: Letournel [18] n = 940, Arbeitsgruppe Becken [22a] n = 503

## Einfache Frakturtypen

**Die einfachen Frakturen beinhalten 5 Frakturtypen, die entweder den hinteren Pfeiler (Fraktur der hinteren Wand, Fraktur des hinteren Pfeilers), den vorderen Pfeiler (Frakturen der vorderen Wand, Frakturen des vorderen Pfeilers) oder als Querfraktur beide Pfeiler betreffen.**

■ **Frakturen der hinteren Wand** (Abb. 17.2)
Die Fraktur der hinteren Wand ist eine häufige Verletzung. Ihr typischer Unfallmechanismus im Straßenverkehr ist die sog. »Dash-board-injury«, bei der eine frontal eintreffende Kraft über das im Hüftgelenk flektierte Femur in das Becken eingeleitet wird. Aufgrund erweiterter Schutzmaßnahmen im Fahrzeugbau nimmt die Inzidenz dieses spezifischen Frakturtyps ab. Frakturen der hinteren Wand sind aufgrund ihres Entstehungsmechanismus häufig mit Hüftkopfluxationen vergesellschaftet, die aufgrund der anatomischen Beziehung häufig zur Schädigung des direkt der Hinterwand anliegenden N. ischiadicus führen können. Bei Repositionshindernissen kann in diesen Fällen auch eine Indikation zur notfallmäßigen offenen Reposition und Stabilisierung entstehen!

Die Frakturform selbst kann variieren. Es lassen sich 3 typische Frakturverläufe nachweisen:

- Am häufigsten besteht ein isolierter Ausbruch eines mehr oder weniger ausgedehnten Fragmentes der hinteren Wand. Die kraniale Ausdehnung der Fraktur bleibt unterhalb des Zenits des Acetabulums.
- Seltener zu beobachten sind posterior-superiore Fragmente. Hier umfaßt ein über dem Zenit des Acetabulums gelegenes Fragment teilweise auch größere Teile des Acetabulumdoms. Diese Frakturtypen gelten als besonders »instabil«.
- Häufiger treten dagegen posterior-inferiore Fragmente auf. Das Fragment umfaßt das Hinterhorn der Gelenkfläche, Teile der Fossa acetabuli und gelegentlich auch die kranialen Anteile des Os ischii.

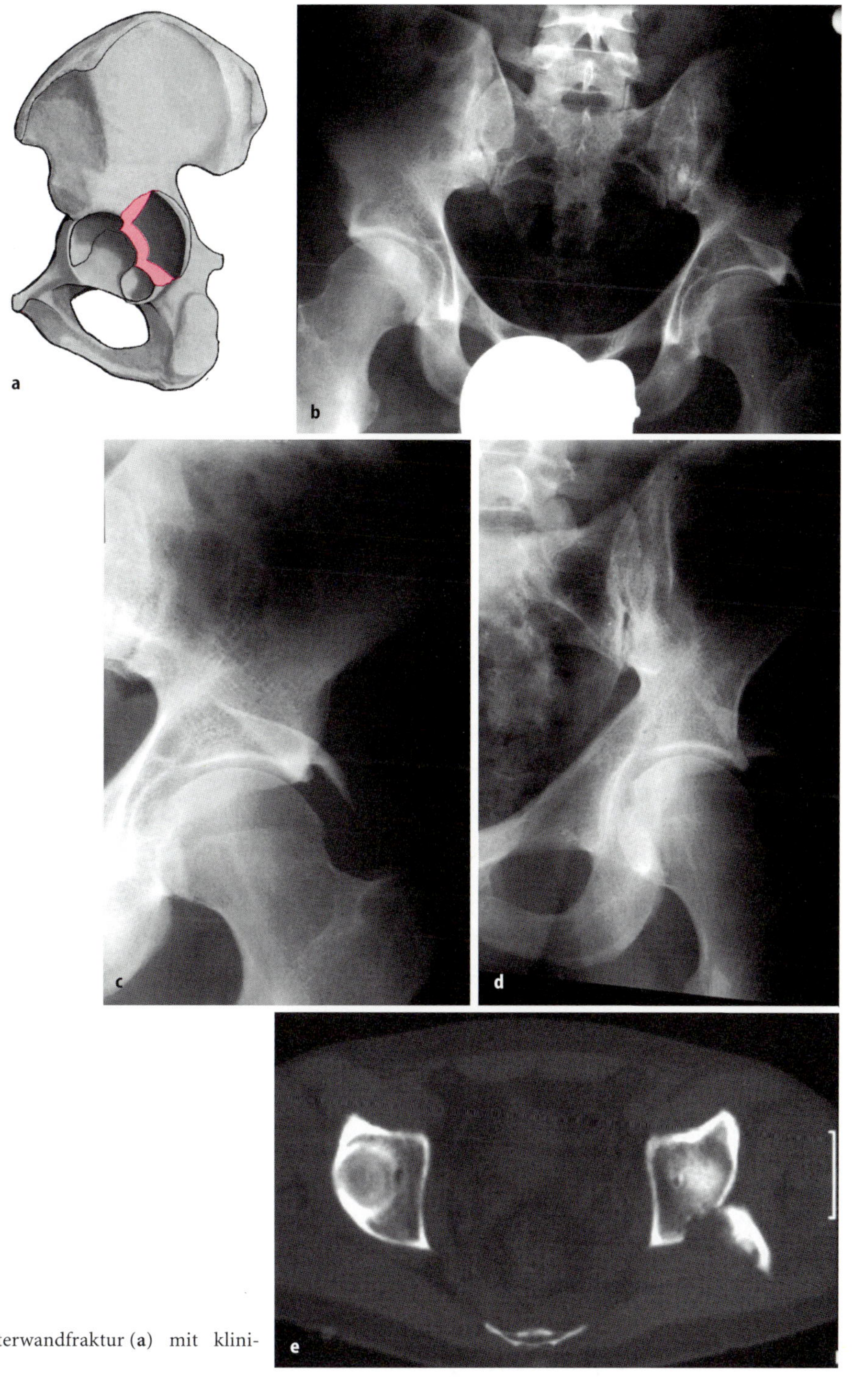


**Abb. 17.2 a–e.** Schema einer Hinterwandfraktur (**a**) mit klinischem Beispiel (**b–e**)

Neben diesen typischen Formen treten auch Übergangsformen auf. Es können zusätzlich inkomplette Frakturlinien in den hinteren Pfeiler verlaufen oder inkomplette, querverlaufende Frakturlinien bestehen, die einen Übergang zur Quer- mit Hinterwandfraktur darstellen.

Die Hüftgelenkkapsel kann bei der Fraktur eingerissen sein (häufig) oder aber weiterhin fest an dem oder den Fragmenten haften. Bei eingerissener Hüftgelenkkapsel sind die einzelnen Fragmente in sich meist unversehrt, d.h. die operative Reposition und Rekonstruktion gelingt problemlos. Bleibt dagegen die Hüftgelenkkapsel intakt, kommt es während des Luxationsmechanismus zu einer Impression der am Ilium verbleibenden posterioren Gelenkfläche, bevor das Randfragment mit anhängender Kapsel dislozieren kann. In diesen Fällen ist mit prognostisch äußerst ungünstigen Impressionszonen zu rechnen.

Die Hinterwand selbst kann einzeln oder in mehrere Fragmente zerbrochen sein.

**Röntgendiagnostik**

Die radiologischen Zeichen der Hinterwandfraktur in den Nativaufnahmen sind typisch. Häufig besteht eine hintere Luxation der Hüfte. In der Röntgenprojektion stellt sich neben der Luxationsstellung ein Hinterwandfragment dar, das sich typischerweise wie ein Hut über den Hüftkopf projiziert.

**Klinischer Hinweis**

Wird im Rahmen der Primärdiagnostik auf der ersten a.-p.-Aufnahme eine Luxation erkannt, werden keine weiteren Röntgenaufnahmen angefertigt, sondern es wird eine sofortige Reposition der Hüfte durchgeführt, bevor die Diagnostik komplettiert wird!

Nach der Reposition der Hüfte kann das Hinterwandfragment oder zumindest ein Teil davon vom Hüftkopf verdeckt sein. Es wird dadurch radiologisch schlechter erkennbar.

Das nach der Einrichtung angefertigte Bild dient insbesondere dazu, die Repositionsqualität zu beurteilen. Die Weite des Gelenkspaltes, aber auch die Zentrierung der Hüfte wird – im Seitenvergleich beurteilt – als Abstand des Hüftkopfes zur Köhler-Tränenfigur erkennbar. Differenzen können durch eine verbliebene Luxations- oder Subluxationsstellung bedingt sein oder aber auf intraartikulär inkarzerierte Fragmente hinweisen. Diese müssen frühzeitig entfernt werden, da es zu erheblichen sekundären Knorpelschäden kommen kann, oder – beim längerfristigen Belassen dieses Zustandes – nahezu zwangsläufig mit einer Früharthrose zu rechnen ist.

**Radiologische Kennzeichen**

**a.-p.-Aufnahme**
- Ausschließlich die Kennlinie der Hinterwand ist unterbrochen.
- Die Hüfte steht häufig luxiert, v.a. dorsokranial.
- Die Linea ilioischiadica, die Linea iliopubica, die Linie der vorderen Wand und die des Pfannendaches sowie die Köhler-Tränenfigur sind unverletzt.

**Ala-Aufnahme**
- Die Unversehrtheit der Kennlinien des hinteren Pfeilers und der vorderen Wand wird bestätigt.

**Obturatoraufnahme**
- Die Größe des Fragmentes läßt sich recht genau abschätzen (typischer »Hut«).
- Die Unversehrtheit der Kennlinien der hinteren Wand und des vorderen Pfeilers wird bestätigt.

**CT**
- Die exakte Größe des Hinterwandfragmentes wird bestimmt.
- Es wird insbesondere nach intraartikulären Fragmenten gesucht.
- Es wird nach Impressionszonen (Hüftkopf und Acetabulum!) gesucht.

**Indikationstellung**
- Eine *Notfallindikation* zur operativen Therapie besteht in folgenden Fällen:
  - Ein instabiles Hüftgelenk läßt sich auch unter Extension nicht reponiert halten.
  - Es bestehen Repositionshindernisse; eine geschlossene Einrichtung mißlingt.
  - Unter oder nach der Reposition werden zunehmende neurologische Ausfälle beobachtet (N. ischiadicus).
  - Es besteht eine begleitende operationspflichtige Hüftkopffraktur (disloziert, großes Fragment).
- Indikationen zur *elektiven* Operation bestehen bei allen dislozierten Frakturen der Hinterwand, bei Subluxationsstellungen der Hüfte und bei imprimierten Hinterwandfragmenten.
- Eine *konservative* Therapie kann durchgeführt werden, wenn lediglich ein kleiner knöcherner Kapselausriß vorliegt, der sich in der Regel schalenförmig der Außenseite der Hinterwand anlegt, und wenn das Gelenk nach der Reposition »stabil« ist. Neben der manuellen Stabilitätsprüfung in 60°–90° Beugung kann auch die bei der Computertomographie erkannte Größe des Hinterwandfragmentes einen Anhaltspunkt über die Gelenkstabilität geben.

Calkins et al. identifizierten die axiale CT-Schicht, auf der die größte Ausdehnung des Hinterwandfragmentes zu erkennen war, und bestimmten die »Länge« des verbliebenen Gelenkanteils im Vergleich zur Gegenseite [5]. Es bestand eine zuverlässige Abhängigkeit zwischen der Größe der verbliebenen Gelenkfläche und der Hüftstabilität: Bei unter 34% verbliebenem Gelenkanteil waren die Hüften in allen Fällen instabil, über 55% immer stabil. Bei dazwischenliegenden Messungen war die Differenzierung nicht sicher zu treffen.

Vailas et al. geben eine Größe der verbliebenen Hinterwand von 25% als instabil, von 50% als stabil an [24]. Bei dazwischenliegenden Fragmentgrößen hing die Stabilität vom Anteil der noch anhängenden Kapsel ab.

Keith et al. konnten experimentell ähnliche Werte bestätigen (20% vs. 40% Gelenkfläche) [13].

Auch sehr weit distal gelegene Fragmente, besonders ohne Gelenkflächenbeteiligung, eignen sich ebenfalls für die nichtoperative Therapie.

CAVE

Hüftkopffrakturen können in der konventionellen Diagnostik leicht übersehen werden. Neben einer detaillierten Analyse der Hüftkopfform ist deswegen immer eine CT-Untersuchung angezeigt, die neben der Beurteilung des Hüftkopfes auch einen Ausschluß von intraartikulären Fragmenten erlaubt.

### Sonderformen

*Posterior-superiore Frakturen* dehnen sich nach kranial und ventral aus und sind aufgrund von Überlagerungen auf den Nativaufnahmen oft nur schwer zu identifizieren. Sie stellen eine Übergangsform zu den Frakturen der vorderen Wand bzw. zur Fraktur des vorderen Pfeilers dar.

Bei *Posterior-inferioren Frakturen* ist bedingt durch die Verteilung der Knochendichte in diesem Bereich das Hinterhorn der Gelenkfläche ausgebrochen. Die Frakturlinie läuft nach distal in variabler Höhe im Tuber ossis ischii aus, ohne das Foramen obturatum zu erreichen. Nach kranial hin kann die dorsale Kortikalis bis hinauf zur Incisura ischiadica major ausgebrochen sein.

Posterior-inferiore Frakturtypen sind erwähnenswert, da bei geschlossenen Repositionen eine hohe Tendenz zur Interposition von Fragmenten besteht und die Reposition deswegen sehr schwierig sein kann.

Eine Reihe von *Zusatzverletzungen* kann die Komplexizität der Fraktur erhöhen:

- Trümmerzonen der Hinterwand, häufig kombiniert mit Knorpelimpressionen, verschlechtern die Prognose erheblich (CT!) [1, 6, 23].
- Zusätzliche unverschobene, horizontal verlaufende Frakturlinien (inkomplette Querfraktur) oder nach kranial (inkomplette Fraktur des hinteren Pfeilers) haben bei einer anatomischen Rekonstruktion der Gelenkfläche keine Konsequenz.
- Hüftkopffrakturen sind zwar insgesamt selten, treten aber gehäuft nach hinteren Luxationen des Hüftgelenkes auf.

## ■ Frakturen des hinteren Pfeilers

Die Fraktur des hinteren Pfeilers (Abb. 17.3) wurde 1959 von Letournel u. Judet als eigene Entität identifiziert [18]. Sie ist zwar selten, hebt sich aber von den Hinterwandfrakturen durch die komplette Separation des hinteren Pfeilers vom vorderen Pfeiler ab. Von der morphologischen Beschreibung her beginnt die Frakturlinie typischerweise in oder nahe der Incisura ischiadica major und verläuft dann schräg nach distal, um die Hinterwand und Teile des Domfragmentes abzutrennen und entlang des Hinterrands der Fossa acetabuli in das Foramen obturatum auszulaufen. Die gegenseitige Begrenzung des Foramen obturatum kann nun an beliebiger Stelle des unteren Scham- oder Sitzbeinastes gebrochen sein.

Neben dieser Hauptfrakturlinie können insbesondere im kranialen Anteil Trümmerzonen auftreten, wobei diese Fragmente die Gelenkfläche nicht betreffen.

Die Hauptdislokationsrichtung des hinteren Pfeilers ist nach posterior in Kombination mit einer Innenrotation. In der Regel erscheint damit der Hüftkopf in der a.-p.-Aufnahme »zentral« luxiert.

### Röntgendiagnostik

Die radiologischen Zeichen der Fraktur des hinteren Pfeilers sind typisch, so daß sich die Diagnose überwiegend schon anhand der Beckenübersichtsaufnahme stellen läßt.

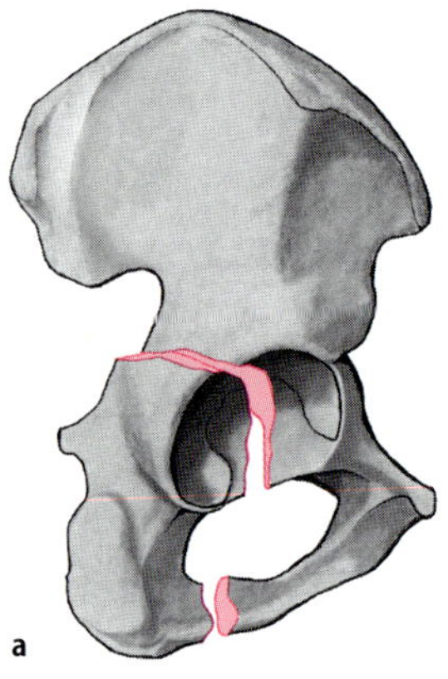


**Abb. 17.3 a–e.** Schema einer hinteren Pfeilerfraktur (**a**) mit klinischem Beispiel (**b–e**)

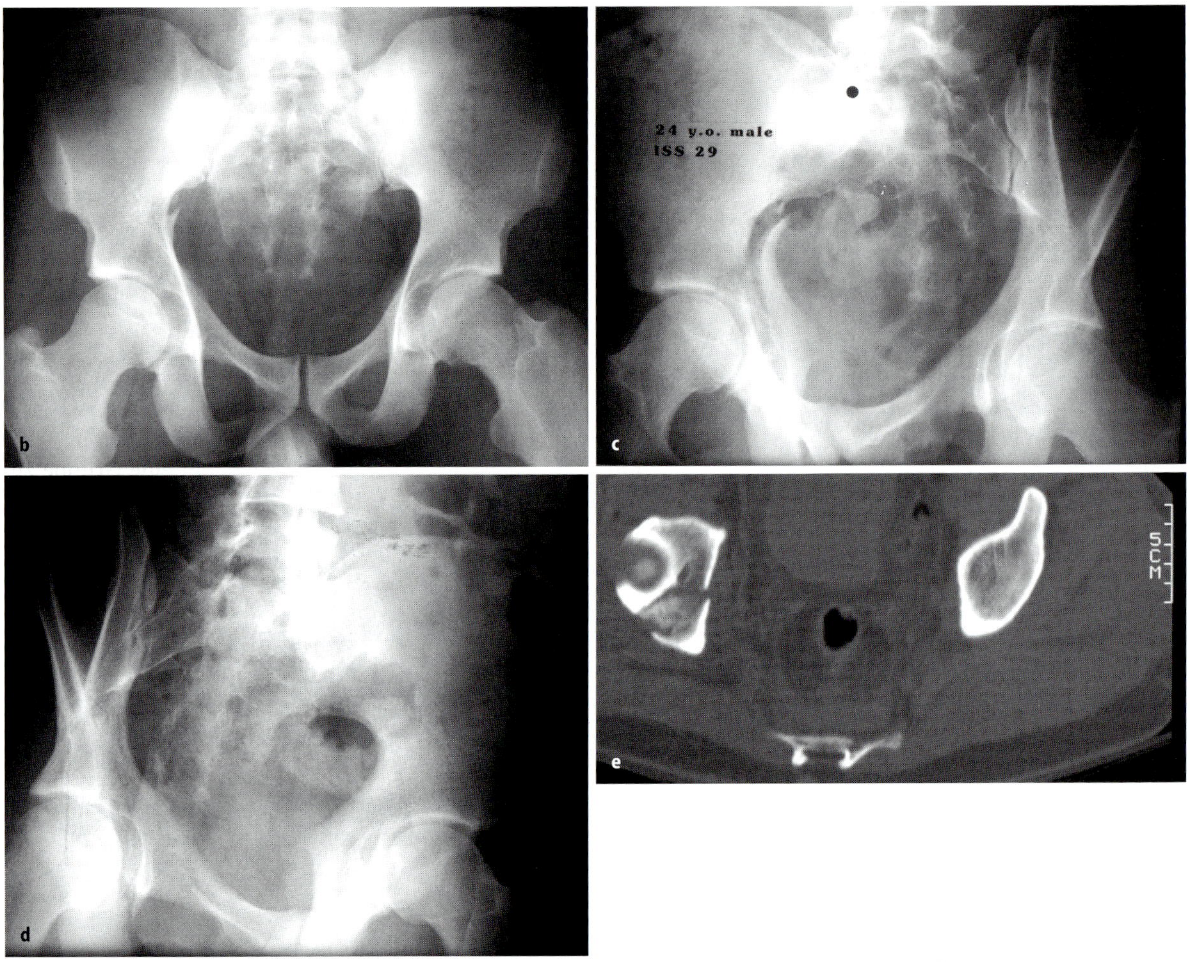

## Radiologische Kennzeichen

**a.-p.-Aufnahme**

- Der Hüftkopf erscheint nach zentral verschoben und kann die Linea iliopectinea medial überragen.
- Die Linea ischiadica ist im Verhältnis zur Köhler-Tränenfigur nach zentral verschoben.
- Die Position der hinteren Wand ist verändert.
- Die Linea iliopectinea ist vom SI-Gelenk bis zum Os pubis klar erkennbar und nicht unterbrochen.
- Das Pfannendach hat seine normale Röntgendichte und Position.
- Die Vorderwand ist ebenfalls unverletzt und erscheint aufgrund der fehlenden Überprojektion oft klarer als sonst projiziert.
- Die Köhler-Tränenfigur ist unverletzt, liegt in normaler Position mit unveränderter Beziehung zur Linea iliopectinea (Vergleich mit der Gegenseite).

**Ala-Aufnahme**

- Untersuchung der medialen und kranialen Begrenzung des hinteren Pfeilerfragmentes (in der Regel gut zu sehen);
- Überprüfung der Integrität der restlichen Strukturen;
- Frakturverlauf häufig bis in die Incisura ischiadica major.

**Obturatoraufnahme**

- Überprüfung der Integrität der Linea iliopectinea und der Vorderwand.

**Computertomographie**

- Zusatzverletzungen;
- Ausdehnung der Fraktur nach kranial.

**Indikationsstellung**

- Alle dislozierten Frakturen sollten operativ behandelt werden.
- Auch minimal verschobene Frakturen sind potentiell instabil und sollten stabilisiert werden. Bei konservativer Therapie müssen kurzfristige Kontrollen erfolgen.
- Vollständig unverschobene Frakturen werden konservativ behandelt.

**Sonderformen**

- In seltenen Fällen verbleibt der gesamte Grund der Fossa acetabuli am Fragment des hinteren Pfeilers. In diesen Fällen ist die radiologische Diagnostik erschwert, da die Köhler-Tränenfigur verschoben ist und in Beziehung zum hinteren Pfeilerfragment bleibt. Diese Frakturtypen erstrecken sich zusätzlich weit nach kranial, so daß die gesamte knöcherne Begrenzung der Incisura ischiadica major bogenförmig herausgebrochen sein kann.
- Eine atypische Sonderform der Fraktur des hinteren Pfeilers sind die traumatischen Epiphysenlösungen von 12- bis 14jährigen Jugendlichen.

**Übergangsformen**

Eine sich nach kranial erstreckende Frakturlinie kann zur Trennung der Kortikalisblätter in der Incisura ischiadica major führen. Die resultierende Dislokation ist radiologisch oftmals nicht klar erkennbar, auffällig ist im wesentlichen eine »doppelte Linea ilioischiadica«. Durch die Parallelverschiebung des hinteren Anteils des Iliums mit anhängender Gelenkfläche kommt es zu einer typischen, an Möwenflügel erinnernden Kontur des Pfannendaches (»gull sign«). Diese Fraktur ist als Übergang zur Hinterwandfraktur zu verstehen. Differentialdiagnostisch kommt eine derartige Veränderung auch bei Knochen-Knorpel-Impressionen der Gelenkfläche vor.

**Zusatzverletzung**

Sämtliche bisher angeführten Zusatzverletzungen sind prinzipiell möglich. Eine Bestätigung oder ein Ausschluß der Zusatzverletzungen erfolgt am sichersten mit der Computertomographie.

### ■ Frakturen der vorderen Wand

Frakturen der vorderen Wand (Abb. 17.4) des Acetabulums sind selten und werden daher mit dem an sich kombinierten Frakturtyp »Fraktur der vorderen Wand mit Fraktur des vorderen Pfeilers« in eine Gruppe zusammengefaßt. Im Gegensatz dazu werden die häufigeren Frakturkombinationen des hinteren Pfeilers in einer eigenen Gruppe der kombinierten Frakturen zugeordnet.

In der Ansicht von der Innenseite des Beckens ist ein trapezförmiges Fragment ausgesprengt. Die Frakturlinie beginnt unterhalb des Spina iliaca anterior inferior, zieht dann schräg ein Stück nach kranial medial und erreicht im Bereich der Linea terminalis etwa 3–4 cm lateral der Incisura ischiadica major ihre kraniale Begrenzung. Von dieser Stelle aus zieht die Fraktur leicht absteigend unterhalb der Linea terminalis in Richtung Foramen obturatum. Ein variabler Anteil des vorderen Schambeinastes kann mitbeteiligt sein. Nach lateral hin ist immer das Vorderhorn des Acetabulums zusammen mit einem variablen Anteil des Pfannendaches eingeschlossen. In der Mehrzahl der Fälle ist zusätzlich der Pfannengrund mit einem variablen Anteil der quadrilateralen Fläche zumindest angebrochen, gelegentlich auch ausgebrochen. Dieses zentrale Fragment trägt oft einen kleinen Anteil der Gelenkfläche des hinteren Pfeilers. Anhand dieser Beschreibung wird deutlich, daß es bei einer isolierten Fraktur der vorderen Wandseiten zu einer zentralen Subluxation kommen kann; zu dieser muß zwingend zumindest eine inkomplette Fraktur der quadrilateralen Fläche vorliegen.

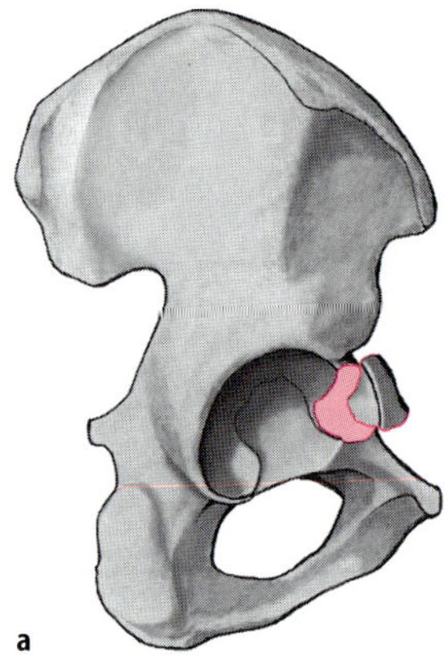

**Abb. 17.4 a–d.** Schema einer Fraktur der vorderen Wand (**a**) mit klinischem Beispiel (**b–d**)

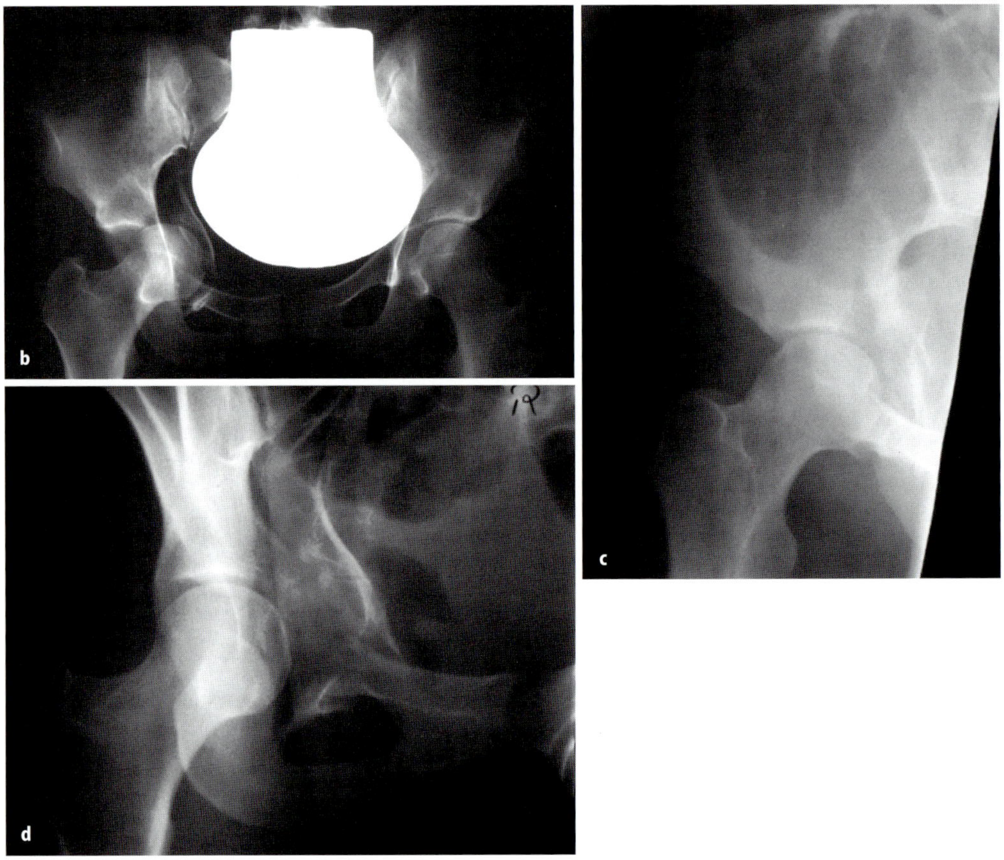

**Röntgendiagnostik**

Frakturen der vorderen Wand sind auf der Beckenübersichtsaufnahme leicht zu übersehen. Erst die genaue Analyse von qualitativ guten Nativaufnahmen, häufig erst die Ergänzung durch die Computertomographie, läßt den Frakturverlauf genau erkennen.

**Radiologische Kennzeichen**

**a.-p.-Aufnahme**

- Die Unterbrechung der Kennlinie der vorderen Wand liegt üblicherweise im oberen Drittel dieser Struktur.
- Die Linea iliopectinea ist an 2 Stellen unterbrochen.
- Häufig ist im kranialen Anteil der Fraktur eine typische »Ecke« als Kennzeichen der Trapezform des Vorderwandfragmentes zu erkennen.
- Die Köhler-Tränenfigur verschwindet gelegentlich. Dieses Phänomen charakterisiert die Beteiligung der quadrilateralen Fläche, die gedreht ist, und daher anders abgebildet wird.
- Zeichen für eine Verletzung des hinteren Pfeilers bestehen nicht:
  - Die Linea ilioischiadica ist unverletzt.
  - Die Hinterwand ist unverletzt.
  - Die knöcherne Begrenzung der Incisura ischiadica major (Os innominatum) ist unverletzt.

Der Hüftkopf kann in 2 typischen Positionen stehen:

- Nach medial (»zentral«) disloziert, wenn große Teile der quadrilateralen Fläche beteiligt sind.
- Ausschließlich nach ventral disloziert. Dabei rotiert das Fragment der vorderen Wand auf dem Hüftkopf, wobei das Fragment im Weichteilverbund bleibt und Periost und das »Cooper-Ligament« des oberen Schambeinastes als »Scharnier« wirken.

**Ala-Aufnahme**

- Die knöcherne Begrenzung der Incisura ischiadica major ist unverletzt.
- Eine Absprengung der quadrilateralen Fläche wird erkennbar.
- Die Position der kranialen Frakturbegrenzung wird erkennbar.
- Die Integrität des Beckenkamms und des Os ilium zwischen der Spina iliaca anterior superior und der Spina iliaca anterior inferior läßt sich nachweisen.

**Obturatoraufnahme**

- Die typische Trapezform wird noch deutlicher dargestellt.
- Die Strukturen des hinteren Pfeilers sind unverletzt.

**CT**

- Lediglich der mittlere Anteil des vorderen Pfeilers ist beteiligt.
- Nach distal hin zum oberen Schambeinast läuft die Fraktur häufig in einer Trümmerzone aus.
- Die genaue Position des Fragmentes der quadrilateralen Fläche wird erkennbar.
- Die Ausdehnung des Fragmentes der quadrilateralen Fläche nach dorsal wird dargestellt (Anteile der posterioren Gelenkfläche betroffen?).
- Knochen-Knorpel-Impressionen der Vorderwand werden dargestellt oder ausgeschlossen.

**Sonderformen**

Aufgrund der Seltenheit dieses Typs werden keine weiteren Sonderformen unterschieden.

**Indikationen**

Alle dislozierten Frakturen, die zu einer Subluxation des Hüftgelenkes führen bzw. sogar mit einer Instabilität des Hüftgelenkes einhergehen, werden stabilisiert.

Sehr tief gelegene oder unverschobene Frakturen werden konservativ behandelt.

■ **Frakturen des vorderen Pfeilers**

Die Frakturen des vorderen Pfeilers (Abb. 17.5) sind als Frakturlinie definiert, die aus den mittleren Anteilen des oberen Schambeinastes heraus durch das Acetabulum hindurch nach kranial verläuft und sich bis zum Zenit des Beckenkamms erstrecken kann. Aus diesem, anatomisch gesehen, recht ausgedehnten Bereich, lassen sich prinzipiell 4 verschiedene Untergruppen identifizieren. Sie sind im wesentlichen durch die am weitesten kranial verlaufende Begrenzung der Frakturlinie definiert:

■ **Sehr tiefe Frakturen.** Nur der unterste Anteil des Acetabulumvorderhorns ist betroffen. Dieser Frakturtyp ist häufig mit einer vorderen Luxation der Hüfte verbunden. Nach Reposition durch Zug und Innenrotation verbleibt das Hüftgelenk in der Regel stabil.

■ **Tiefe Frakturen.** Die Fraktur endet unterhalb der Spina iliaca anterior inferior (»Psoasrinne«). Nach medial hin verläuft die Frakturlinie von der Linea terminalis aus schräg nach distal in das Foramen obturatum hinein. Ein Teil der quadrilateralen Fläche verbleibt am Fragment. Gelegentlich bricht ein weiteres, posterior gelegenes Fragment aus der quadrilateralen Fläche inkomplett oder komplett aus. Hierdurch können schwierig einzuordnende Übergangstypen zu dem zusammengesetzten Frakturtyp »vorderer Pfeiler mit hinterer Hemitransversfraktur« entstehen.

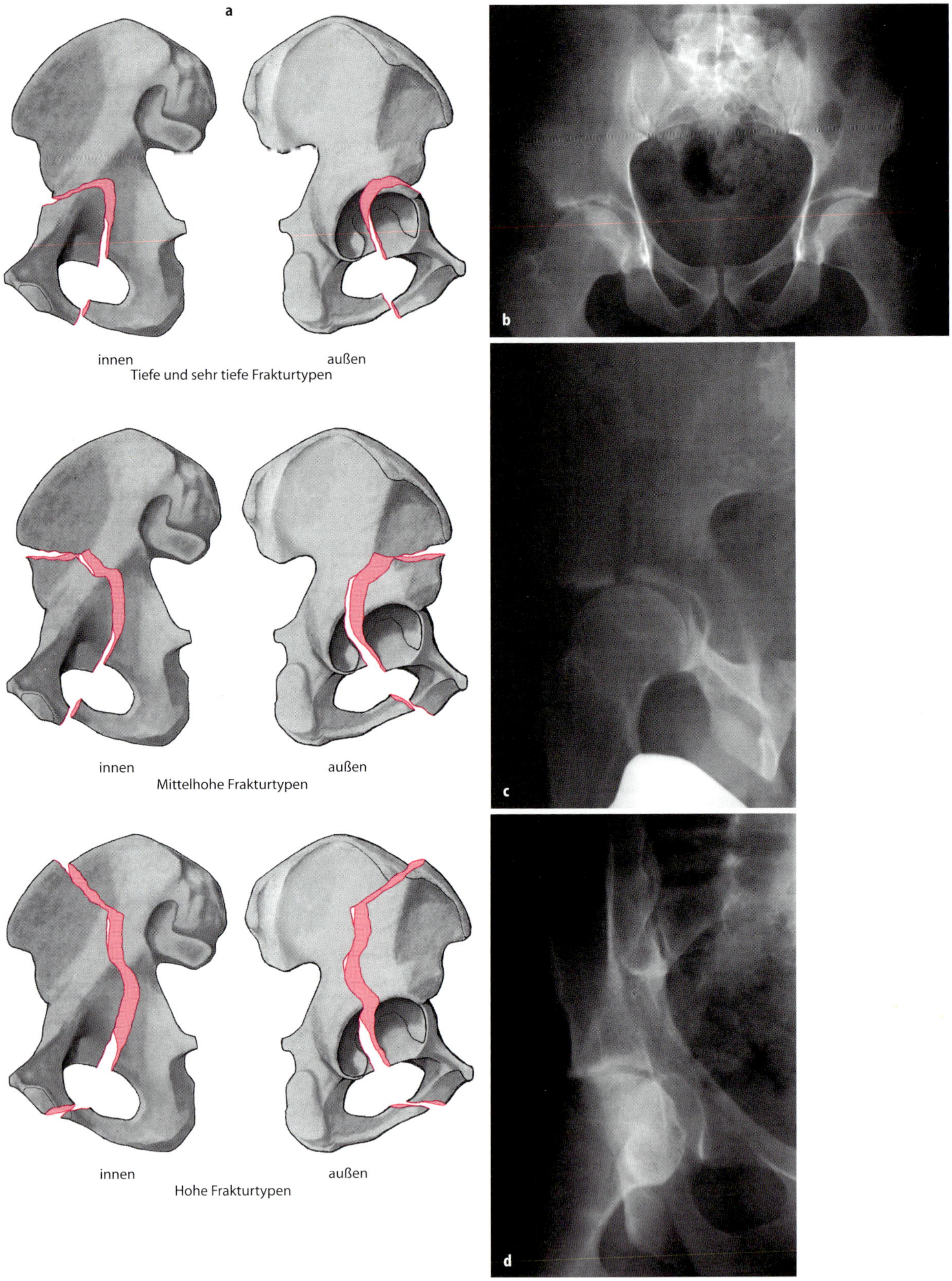


**Abb. 17.5 a–d. a** Schematische Darstellung von Frakturen des vorderen Pfeilers mit ihren Varianten: tiefe und sehr tiefe Frakturtypen, mittelhohe Frakturtypen, hohe Frakturtypen. **b–d** Klinisches Beispiel einer hohen vorderen Pfeilerfraktur

■ **Mittelhohe Frakturen.** Bei diesem Frakturtyp endet die Fraktur kranial in der Zone zwischen Spina iliaca anterior superior und inferior. Nach medial hin kreuzt die Frakturlinie die Linea terminalis sehr viel weiter kranial, in der Regel nur wenige Zentimeter distal des SI-Gelenkes. Unter Mitnahme eines großen Anteils der quadrilateralen Fläche verläuft die Fraktur nach distal in das Foramen obturatum. In seltenen Fällen läuft die Fraktur distal in Höhe der vorderen Wand aus.

■ **Hohe Frakturen.** Die Fraktur läuft an einem variablen Punkt entlang des Beckenkamms aus. Medial wird die Linea terminalis ebenfalls nahe dem SI-Gelenk erreicht. Die Fraktur läuft dann nach distal durch die quadrilaterale Fläche hindurch in das Foramen obturatum, seltener durch die vordere Wand aus. Zu dieser Hauptfrakturlinie können gelegentlich in allen Bereichen zusätzliche Frakturlinien entstehen. Desgleichen kommt auch bei diesem Frakturtyp ein Ausbruch von Teilen der posterioren Anteile der quadrilateralen Fläche vor. Knochen-Knorpel-Impressionen sind bei diesem Typ relativ häufig und auf den Nativaufnahmen nur schwer zu erkennen.

### Röntgenuntersuchung

Für die Diagnose einer Fraktur des vorderen Pfeilers wird zunächst die Beteiligung des hinteren Pfeilers ausgeschlossen. Schwierigkeiten bestehen, wenn ausreichend große Fragmente im Bereich der quadrilateralen Fläche zu einer Unterbrechung der Linea ilioischiadica geführt haben. Eine CT-Untersuchung hilft, diese Zusammenhänge darzustellen.

### Radiologische Kennzeichen

**a.-p.-Aufnahme**

- Die Linea iliopectinea ist je nach Frakturtyp in unterschiedlicher Höhe unterbrochen (sehr tiefe Frakturen unterhalb des Pfannendachs, tiefe Frakturen in Höhe des Dachs, mittelhohe Fraktur und hohe Fraktur im Bereich der Überprojektion zur Linea ilioischiadica).
- Tiefe Frakturen lassen analog zu den Frakturen der vorderen Wand gelegentlich eine trapezförmige Fragmentform erkennen.
- Bei den mittelhohen und hohen Frakturen, weniger bei den tiefen, sind Teile des Pfannendachs disloziert.
- Die Köhler-Tränenfigur ist je nach Ausmaß der Beteiligung der quadrilateralen Fläche disloziert, bei sehr tiefen Frakturen gelegentlich auch gedoppelt.
- Die Kennlinien des hinteren Pfeilers und der hinteren Wand sind unverletzt.

**Ala-Aufnahme**

- Eine Verschiebung der quadrilateralen Fläche läßt sich häufig gut darstellen.
- Die Kennlinien des hinteren Pfeilers sind unverletzt.
- Die »Höhe« der Fraktur wird deutlicher erkennbar.

**Obturatoraufnahme**

- Die Dislokation des vorderen Wandanteils der Fraktur wird deutlich (besonders bei tiefen Frakturtypen).
- Die mittelhohen und hohen Frakturen zeigen eine deutliche Dislokation im Bereich des Pfannendaches, wobei bei großen Gelenkanteilen der Hüftkopf kongruent zum dislozierten Fragment verbleibt.
- Gelegentlich stellt sich eine zusätzliche Frakturlinie oberhalb des Acetabulums dar, die mit dem »Sporenzeichen« der Zweipfeilerfrakturen (s. dort) verwechselt werden kann.
- Die Kennlinien des hinteren Pfeilers und der hinteren Wand sind unverletzt.

**CT-Untersuchung**

- Die Integrität des hinteren Pfeilers wird gesichert. Dazu ist es sinnvoll, auf den axialen Schichten den hinteren Pfeiler vom SI-Gelenk bis zum Tuber ischiadicum Schicht für Schicht zu identifizieren und auf Frakturlinien zu untersuchen.
- Die Höhe der Fraktur des vorderen Pfeilers wird durch schichtweise Interpretation der axialen Schnitte, einfacher durch die Beurteilung der 3D-Darstellung, erkannt.
- Das Ausmaß der Verletzung der quadrilateralen Fläche ist feststellbar. Teilweise können, wie auch bei den Frakturen der vorderen Wand, Anteile der Gelenkfläche des Hinterhorns betroffen sein.
- Gelenkimpressionen, die bei Frakturen des vorderen Pfeilers häufig im Dach auftreten, sind prognostisch ungünstig.

### Sonderformen

Die wesentlichen Variationen sind durch die verschiedenen »Typen« (tiefe bis hohe Frakturtypen) beschrieben.

### Indikationen

Alle verschobenen Frakturen werden operativ behandelt. Der spezifische Frakturverlauf umfaßt einen großen Anteil der Gelenkfläche des Pfannendachs, daher sollte auch bei unverschobenen oder minimal dislozierten Frakturen die Indikation zur »prophylaktischen« Stabilisierung großzügig gestellt werden.

### Querfrakturen

Querfrakturen (Abb. 17.6) betreffen beide Pfeiler und trennen mit einer einzelnen Frakturlinie durch das Acetabulum das Os ilium vom Os ischii und Os pubis. Anatomisch gesehen können auch kleinere Anteile des Iliums am distalen Fragment verbleiben. Lediglich das Vorliegen einer einzelnen Hauptfrakturlinie bestimmt die Zugehörigkeit zu den »einfachen Frakturen«.

Die Frakturebene kann äußerst variabel liegen und trifft das Acetabulum in unterschiedlichsten Neigungswinkeln. Die frühere Theorie, daß Querfrakturen v. a. eine »Schwachstelle« betreffen, ließ sich aus der detaillierten Frakturanalyse nicht bestätigen [18].

Die Querfrakturen werden nach der Beziehung der Frakturlinie zum Pfannendach weiter unterteilt:

- *Transtektale Frakturen:* Die Frakturlinie läuft durch das Pfannendach. Lediglich ein kleiner Teil der Gelenkfläche des Pfannendachs verbleibt im Kontakt zur Darmbeinschaufel.
- *Juxtatektale Fraktur:* Diese Fraktur läuft durch den Übergang der Fossa acetabuli zur kranialen Gelenkfläche.
- *Infratektale Frakturen:* Die distalen Anteile der vorderen und hinteren Wand des Acetabulums sind betroffen, die Fossa acetabuli ist quer gesprengt.

Von der Innenseite des Os coxae gesehen verläuft nur die infratektale Fraktur im klassischen Sinne »quer«. Alle anderen Frakturtypen verlaufen mehr oder weniger schräg, wobei prinzipiell bei den höhergelegenen Frakturtypen die Inklination dieser Linie zunimmt. Sehr hoch verlaufende Frakturen können die knöcherne Begrenzung der Incisura ischiadica major zusätzlich mit einschließen. Bei der Interpretation der bestehenden Dislokation ist zu beachten, daß das Os ilium in situ verbleibt. Nur in Ausnahmefällen ist diese Verletzung mit einer Außenrotationsverletzung der betreffenden Beckenhälfte (ISG-Sprengung) und damit mit einer Lageänderung des Os ilium kombiniert. Das distale Fragment der Querfraktur führt im Rahmen der Verletzung eine Rotationsbewegung aus, die im wesentlichen durch 2 Drehachsen bestimmt wird. Um eine vertikal durch die Symphyse verlaufende Achse dreht das distale Fragment nach zentral, und um eine längs des oberen Schambeinastes verlaufende Drehachse rotiert das Tuber ischiadicum nach lateral.

Je nach Größe des verbleibenden Domfragmentes reponiert sich der Kopf spontan unter das verbliebene Domfragment oder folgt dem großen distalen Fragment im Sinne einer zentralen Dislokation.

#### Radiologische Diagnostik

Der Frakturverlauf ist charakteristisch, so daß die Diagnose häufig schon anhand der a.-p.-Aufnahme gelingt. Schwierigkeiten bestehen in der Abgrenzung zu T-Frakturen, bei denen die vertikale Frakturkomponente nicht oder nur wenig verschoben ist.

**Radiologische Kennzeichen**

**a.-p.-Aufnahme**

- Alle Kennlinien des vorderen *und* des hinteren Pfeilers sind unterbrochen (Linea iliopectinea, Linea ilioischiadica, Vorder- und Hinterwand).
- Die Höhe der Linienunterbrechung hängt von der Inklination der Querfraktur ab.
- Besonders beim hohen Frakturtyp (transtektal) läßt sich die Beziehung zum Pfannendach oftmals nicht sicher feststellen.
- Es besteht keine Fraktur in der knöchernen Begrenzung des Foramen obturatum.

**Ala-Aufnahme**

- Die Fehlstellung der quadrilateralen Fläche und die Ausdehnung der Fraktur im Os innominatum (»Höhe der Beteiligung des hinteren Pfeilers«) werden deutlich.

**Obturatoraufnahme**

- Die Orientierung der Frakturfläche wird klarer.
- Das Ausmaß einer zentralen Dislokation wird deutlich.
- Die »Höhe« des Frakturverlaufs im vorderen Pfeiler wird dargestellt.
- Eine Verletzung der knöchernen Begrenzung des Foramen obturatum läßt sich auf dieser Aufnahme am besten ausschließen.

**CT**

- Die Querfraktur erscheint in der axialen CT-Schicht typischerweise als »sagittale Frakturlinie«. Aufgrund der anatomischen Gegebenheit gilt diese Faustregel unabhängig vom Ausmaß der Schräge des Frakturverlaufs.
- Das Os ilium ist mit einem zumindest kleinen azetabulären Gelenkfragment mit dem Stammskelett verbunden (s. Zweipfeilerfrakturen).
- Keine Frakturlinie läuft in das Foramen obturatum.
- Die Analyse der Fehlstellung des distalen Fragmentes ist in axialen CT-Schichten oftmals erschwert, da mehrere Rotationsachsen auftreten können. Diese Analyse wird durch die Anfertigung von multiplanaren Rekonstruktionen, besser noch durch ein 3D-CT, erleichtert.
- Zusatzverletzungen werden dargestellt oder ausgeschlossen.

#### Sonderformen

- Die Frakturlinien können unverschoben stehen und dadurch schwierig zu diagnostizieren sein.
- Schrägfrakturen, die hauptsächlich in der Sagittalebene verlaufen, sind ebenfalls schwierig zu diagnostizieren.

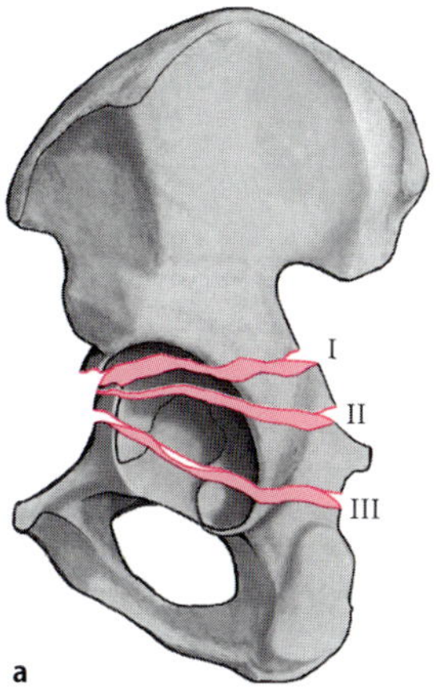


**Abb. 17.6 a–e.** **a** Schematische Darstellung einer Querfraktur. Es wird unterschieden zwischen transtektalen *(I)*, juxtatektalen *(II)* und infratektalen *(III)* Frakturtypen. **b–e** Klinisches Beispiel einer infratektalen Querfraktur

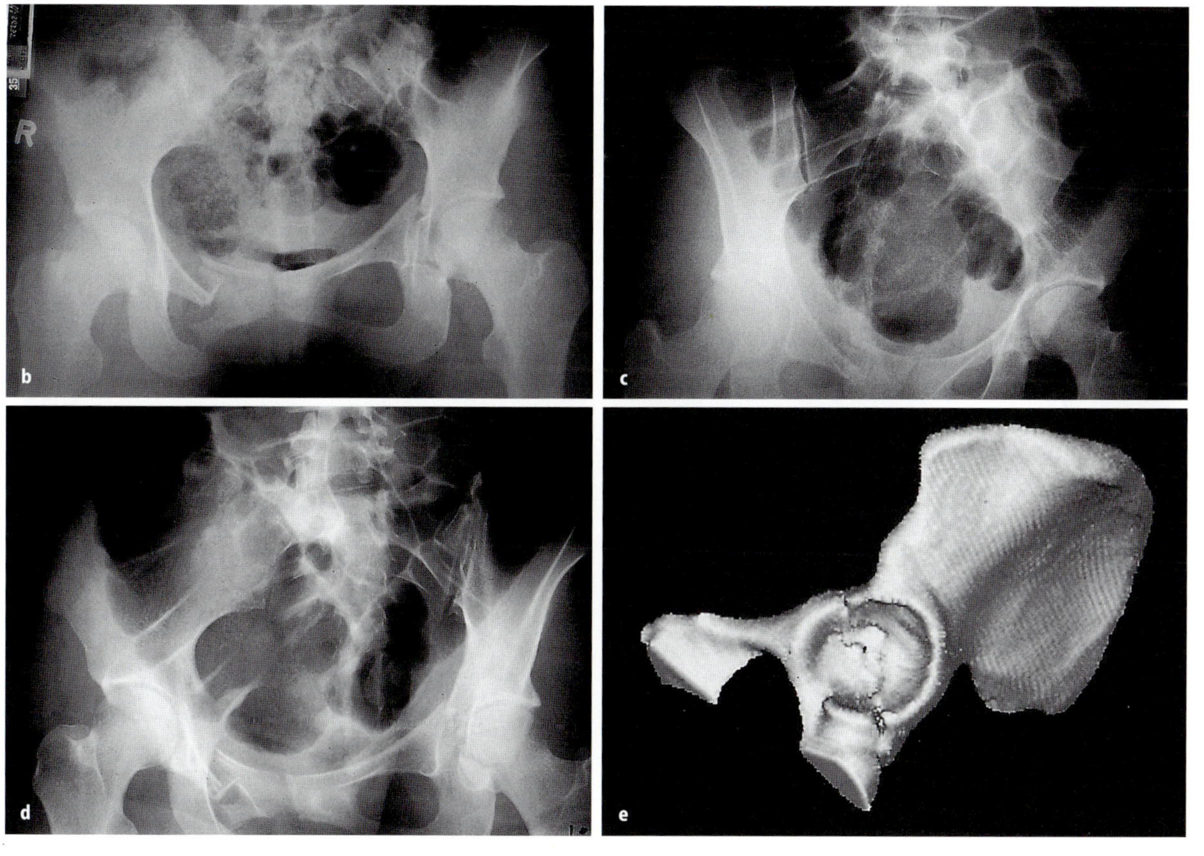

- Hohe Querfrakturen können mit einer zusätzlichen Fraktur im vorderen Beckenring kombiniert sein. Sie werden zu den Querfrakturen gezählt, da die unteren Anteile des Acetabulums intakt sind und es somit nicht zu einer Separation der Pfeiler gekommen ist. Übergangsformen bestehen zu den T-Frakturen, wenn der senkrechte Frakturabschnitt sehr weit ventral (im Schambeinast) ausläuft.
- Die Querfraktur kann in Verbindung mit einer anterioren Hüftluxation auftreten.

**Indikationen**

Die Indikation zur operativen Therapie besteht im wesentlichen bei allen dislozierten Frakturtypen, insbesondere wenn der Frakturverlauf transtektal oder juxtatektal ist. Bei den infratektalen Frakturverläufen ist neben dem Dislokationsgrad der Fraktur insbesondere die Messung des Pfannendachwinkels zur Entscheidung heranzuziehen (s. auch Kap. 18).

### Kombinierte Frakturtypen

Die sog. »kombinierten Frakturtypen« setzen sich aus Kombinationen der vorgenannten »einfachen Frakturlinien« zusammen und umfassen ebenfalls 5 Frakturtypen. Einige Untergruppen (T-Frakturen, Zweipfeilerfrakturen) werden durch zusätzliche, teilweise extraartikulär verlaufende Frakturlinien spezifiziert. Die daraus resultierenden Versorgungsrichtlinien können durchaus von den bei der Darstellung der »einfachen« Frakturtypen angegebenen Überlegungen abweichen.

Bei der Darstellung der zusammengesetzten Frakturtypen werden die schon bei der Abhandlung der »einfachen« Frakturtypen angegebenen Besonderheiten nur noch stichpunktartig wiederholt.

#### ■ Frakturen des hinteren Pfeilers mit Fraktur der hinteren Wand

Die Frakturmorphologie kombiniert die Frakturlinien einer Fraktur des hinteren Pfeilers mit der einer Fraktur der hinteren Wand (Abb. 17.7). Die Fraktur der hinteren Wand ist bei diesem Frakturtyp allerdings oftmals zertrümmert, häufig bestehen auch Gelenkimpressionen.

**Röntgen**

Eine Beteiligung des vorderen Pfeilers muß sicher ausgeschlossen werden. Sind die Hauptfragmente disloziert, gelingt die Darstellung der Fraktur des hinteren Pfeilers und ihrer zusätzlichen Fragmente häufig schon anhand der a.-p.-Aufnahme. Der genaue Frakturverlauf, insbesondere von minimal verschobenen oder unverschobenen Frakturen, ist erst anhand der Schrägaufnahmen, endgültig häufig erst anhand der CT-Untersuchung, festzustellen.

**Radiologische Kennzeichen**

**a.-p.-Aufnahme**

- Der Hüftkopf ist nach posterior disloziert, häufig besteht auch eine posteriore Hüftluxation.
- Das Ausmaß der Dislokation des hinteren Pfeilers ist sehr variabel, häufig bestehen zusätzliche, unverschobene Frakturlinien, die auf der a.-p.-Aufnahme nicht immer klar zur Darstellung kommen.
- Die Linea iliopectinea und die Linie der vorderen Wand des Acetabulums sind intakt.

**Ala-Aufnahme**

- Das Ausmaß der Dislokation des hinteren Pfeilers wird erkennbar.
- Der proximale Endpunkt der Frakturlinie der hinteren Pfeilerfraktur in Beziehung zur Incisura ischiadica major wird erkennbar.

**Obturatoraufnahme**

- Fragmentgröße und Frakturverlauf im Bereich des hinteren Pfeilers werden sichtbar.
- Die Linea iliopectinea muß intakt sein.

**CT-Untersuchung**

- Eine Verletzung des vorderen Pfeilers wird ausgeschlossen.
- Zusatzverletzungen sind häufig (intraartikuläre Fragmente, Gelenkimpressionen, Trümmerzonen).
- Das Ausmaß der Dislokation und der genaue Frakturverlauf des hinteren Pfeilers sind anhand der axialen Schichten nur mühsam zu bestimmen: Diese Untersuchung wird durch multiplanare Rekonstruktionen bzw. 3D-Rekonstruktionen deutlich erleichtert.

**Sonderformen**

Die Größe der Fragmente und das Ausmaß von Trümmerzonen können sehr variabel sein.

**Indikationen**

Die Indikation zur operativen Therapie ist abhängig vom Dislokationsgrad und der Stabilität der Hüfte (Größe des Hinterwandfragmentes). Da große Anteile der lasttragenden dorsalen Gelenkfläche betroffen sind, sollte auch bei minimal dislozierten Frakturen die Indikation zur Stabilisierung großzügig gestellt werden.

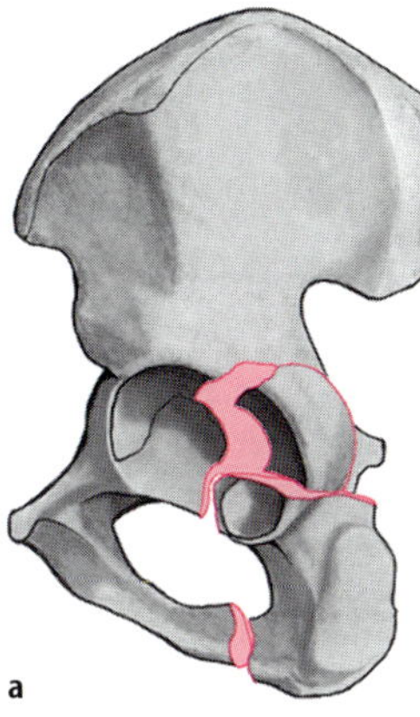


**Abb. 17.7 a–e.** Schematische Darstellung der Fraktur des hinteren Pfeilers mit Ausbruch der hinteren Wand (**a**) sowie klinisches Beispiel eines derartigen Frakturtyps (**b–e**)

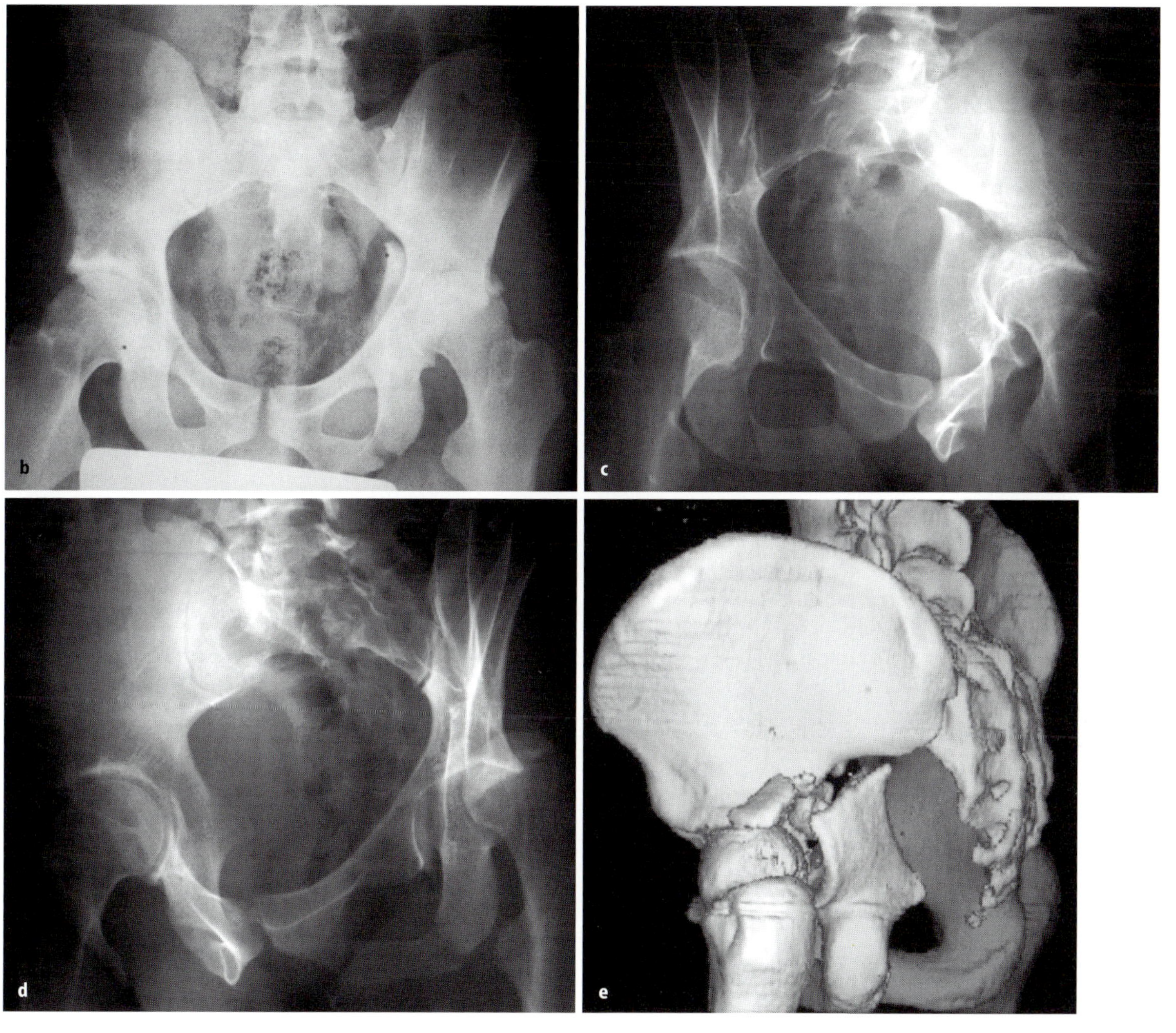

### ■ Querfraktur mit Fraktur der hinteren Wand

Die Querfraktur mit Fraktur der hinteren Wand (Abb. 17.8) ist eine häufige Kombination. Der Frakturverlauf ist sehr variabel, da sich entsprechend der Theorie der Frakturentstehung bei diesem Frakturtyp der Hüftkopf nach dorsal, in Abhängigkeit vom Verlauf der Querkomponente aber auch nach zentral verschieben kann.

Die Querkomponente kann infratektal, juxtatektal und transtektal verlaufen (s. Querfraktur). Das Hinterwandfragment kann sowohl an typischer Stelle ausgebrochen sein oder aber auch als posterior-superiores oder als posterior-inferiores Fragment mit einer Reihe von Zusatzverletzungen (z. B. Impressionszonen) vorliegen.

#### Röntgendiagnostik

Aufgrund der hohen Variabilität der Frakturverläufe läßt sich anhand der Nativaufnahmen gelegentlich die Frakturcharakteristik nicht endgültig aufklären. Deswegen sollte auf alle Fälle auf eine ergänzende CT-Untersuchung zurückgegriffen werden (bevorzugt mit sekundären Rekonstruktionen und 3D-Darstellung).

#### Radiologische Kennzeichen

**a.-p.-Aufnahme**

- Es besteht eine Querkomponente; alle vertikalen Kennlinien sind unterbrochen (Linea iliopectinea, Linea ilioischiadica, vordere Wand, hintere Wand, s. Querfraktur).
- Es bestehen Zeichen einer Fraktur der hinteren Wand (s. Hinterwandfraktur).
- Die Größe des Hinterwandfragmentes und die Lage der Querfraktur bestimmen die Luxationsrichtung des Hüftkopfes:
  - Große Hinterwandfragmente führen zu einer posterioren Dislokation.
  - Sehr hoch verlaufende Querfrakturen führen zur zentralen Dislokation.
- Die geschlossene Einrichtung einer hinteren Luxation kann den Hüftkopf in eine zentrale Luxationsstellung überführen.

**Ala-Aufnahmen**

- Der Frakturverlauf im Bereich der Incisura ischiadica major wird deutlich.
- Die Integrität der Darmbeinschaufel und des Pfannendachs wird bestätigt.
- Die Analyse des Frakturverlaufes im Bereich der Vorderwand ist durch Überlagerung des Kopfes in der Regel schwierig.

**Obturatoraufnahme**

- Das Ausmaß der posterioren Dislokation wird dargestellt.
- Die Größe des Hinterwandfragmentes wird bestimmt.
- Das Ausmaß einer zentralen Dislokation des Hüftkopfes ist in dieser Projektion gut zu beurteilen (liegt eine zentrale Dislokation vor, ist das Fragment der hinteren Wand kleiner als bei posterioren Dislokationen).
- Die knöcherne Begrenzung des Foramen obturatum ist unverletzt.

**CT-Untersuchung**

- Die Kopfposition wird gesichert (posteriore oder zentrale Dislokation).
- Das Os ilium muß mit einem zumindest kleinen azetabulären Gelenkfragment mit dem Stammskelett verbunden bleiben (s. Zweipfeilerfrakturen).
- Die häufig bestehenden Zusatzverletzungen werden dargestellt (Impressionen, Trümmerzonen, intraartikuläre Fragmente etc.).

#### Sonderformen

- Gelegentlich kommen Kombinationen von Frakturen der hinteren Wand mit T-förmigen Frakturen vor (s. T-Frakturen).
- Die Querfraktur kann sehr vertikal verlaufen und mit zusätzlichen Frakturen der Darmbeinschaufel kombiniert sein.
- Das Hinterwandfragment kann in die Frakturlinie inkarzeriert stehen.

#### Indikationen

Die Indikation zur operativen Therapie ist im wesentlichen vom Dislokationsgrad, dem Verlauf der Querkomponente in Beziehung zum Domfragment und der Stabilität der Hüfte (Größe des Hinterwandfragmentes) abhängig. Zusätzlich beeinflussen natürlich Zusatzverletzungen, wie z. B. Impressionszonen, die Indikationsstellung.

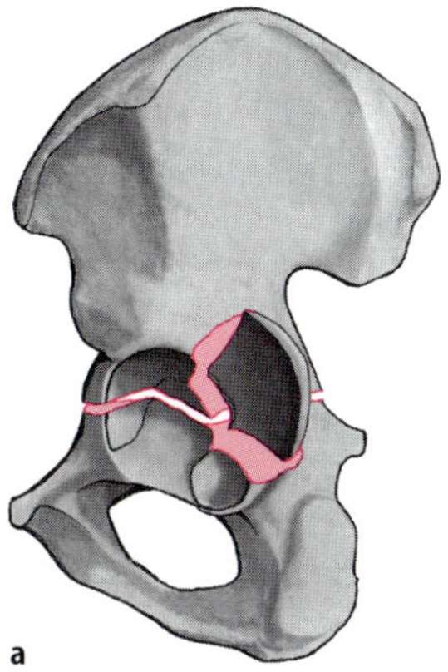
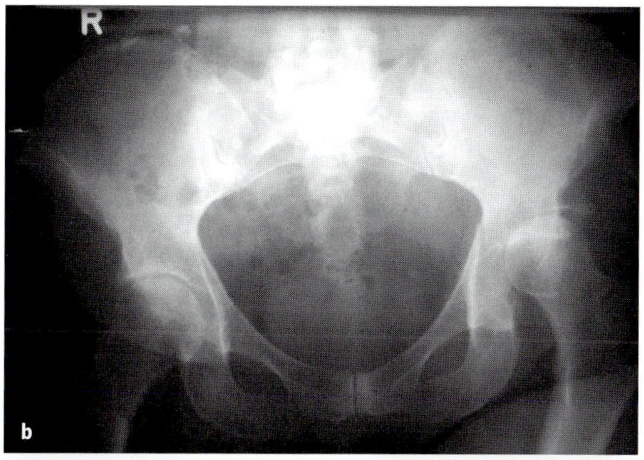
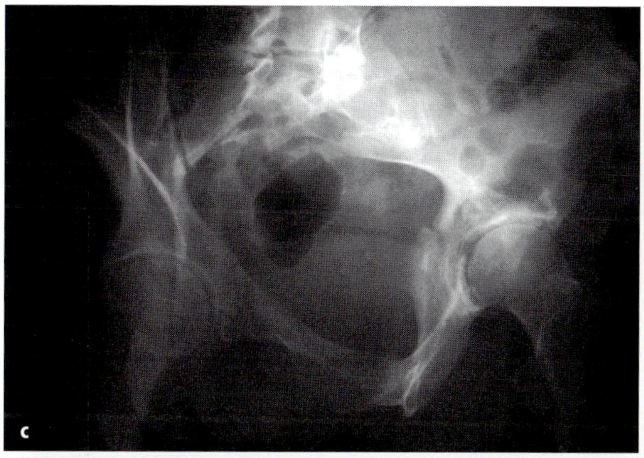
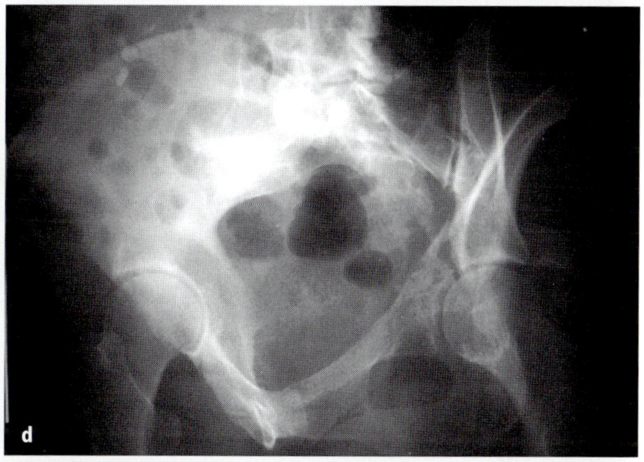
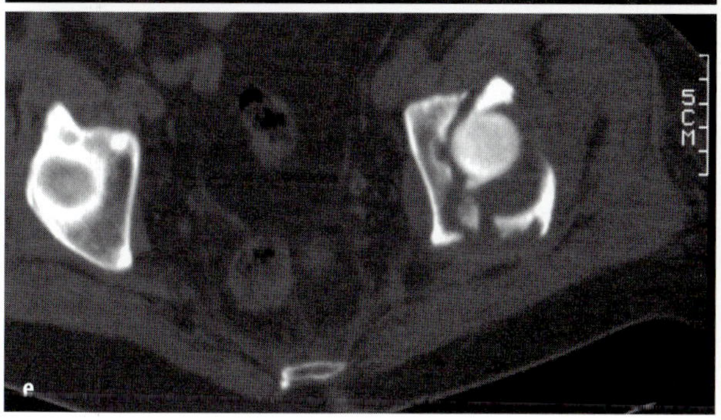
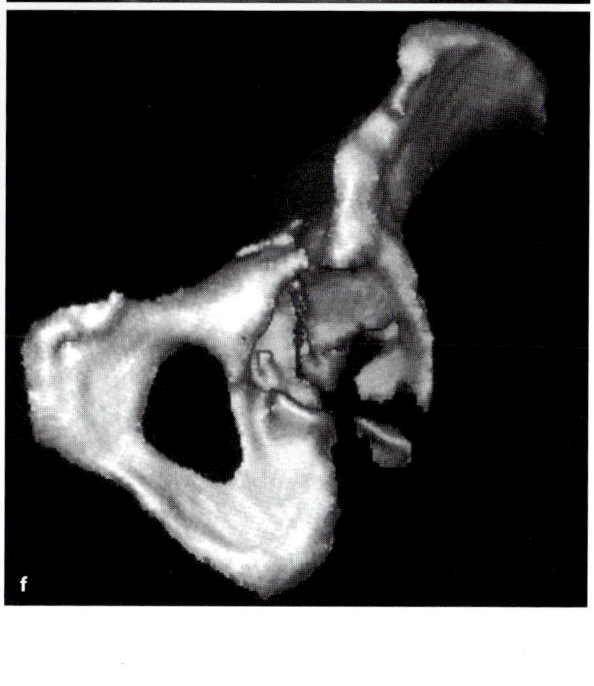

**Abb. 17.8 a–f.** Schematische Darstellung einer Querfraktur mit Fraktur der hinteren Wand (**a**) sowie Darstellung eines klinischen Beispiels (**b–f**)

■ **T-Fraktur**

T-Frakturen (Abb. 17.9) sind relativ seltene Frakturen, beinhalten aber aufgrund ihrer Besonderheiten spezielle Probleme in der operativen Behandlung. Sie sind dadurch gekennzeichnet, daß eine Querfraktur, die in verschiedenen Höhen durch das Acetabulum verlaufen kann (s. Querfrakturen), mit einer vertikalen Frakturlinie kombiniert ist. Dadurch besteht eine komplette Trennung des vorderen Pfeilers vom hinteren Pfeiler. Diese Trennungslinie verläuft sehr variabel und kann dadurch die Diagnostik erschweren (»Übergangsformen« zu anderen Frakturtypen). Für die operative Behandlung bedeutet dies, daß von einer Seite her nahezu keine Kontrolle über den gegenseitigen Pfeiler erlangt werden kann. Die in der ursprünglichen Klassifikation von Letournel u. Judet angegebene Gruppe der »Hinterwandfrakturen mit anteriorer Hemitransversfraktur« wurde zwischenzeitlich aufgrund der großen Ähnlichkeit zu den T-Frakturen und gleichartigen Problemen in der Therapie in die Gruppe der T-Frakturen subsumiert [16].

Von der Morphologie her kann die Querkomponente wiederum transtektal, juxtatektal oder infratektal verlaufen. Die vertikale Komponente verläuft typischerweise an beliebiger Stelle durch das Foramen obturatum. Nach Einschluß der angeführten Frakturgruppe »hintere Pfeiler anteriore Hemitransversfraktur« kann die vertikale Komponente auch innerhalb des Os ischii auslaufen.

Besonders in den Fällen, in denen das Foramen obturatum nicht beteiligt ist, bestehen in der Klassifikation fließende Übergänge zu der Gruppe der »Querfrakturen mit Frakturen der hinteren Wand«.

Normalerweise ist der Hüftkopf bei T-Frakturen nach zentral disloziert. In Situationen, in denen das am Ilium verbliebene Gelenkfragment klein ist, können sehr instabile Situationen bestehen.

**Röntgendiagnostik**

Zur Klassifikation werden in der Regel alle 3 Nativaufnahmen benötigt. Aufgrund der vielfältigen Möglichkeiten für Zusatzverletzungen erfolgt die endgültige Diagnose erst anhand der CT-Untersuchung.

**Radiologische Kennzeichen**

**a.-p.-Aufnahme**
- Entsprechend den Kennzeichen der Querfraktur sind alle vertikalen Kennlinien unterbrochen (Linea iliopectinea, Linea ilioischiadica, vordere Wand, hintere Wand).
- Je nach Lage der Querkomponente besteht eine mehr oder weniger große Beteiligung des Pfannendachfragmentes.
- Läuft die vertikale Komponente durch das Foramen obturatum aus, läßt sich die Diagnose häufig schon anhand der a.-p.-Aufnahmen stellen.
- Verläuft die vertikale Frakturlinie sehr weit ventral oder innerhalb des Os ischii, ist die Diagnose erschwert.

**Ala-Aufnahme**
- Das Ausmaß der Rotation des hinteren Pfeilers wird deutlich.
- Die proximale Begrenzung der Querkomponente in Beziehung zur Incisura ischiadica major ist dargestellt.

**Obturatoraufnahme**
- Der vertikale Frakturverlauf wird verdeutlicht.
- Das Ausmaß der zentralen Dislokation ist zu erkennen.

**CT**
- Die Darmbeinschaufel muß intakt sein, und mindestens ein Teil der azetabulären Gelenkfläche (teilweise ein nur sehr kleiner Gelenkanteil) muß in anatomischer Beziehung zum Stammskelett stehen (s. auch Zweipfeilerfrakturen).
- Aufgrund der Variabilität der Querfraktur bestehen verschiedenste Erscheinungsformen (s. Querfrakturen).
- Insbesondere der exakte Frakturverlauf der vertikalen Komponente durch das Foramen obturatum bzw. Os ischii muß gesichert werden, um Verwechslungen auszuschließen (z. B. Kombination einer Querfraktur mit einer extraartikulären Fraktur des Obturatorrings).
- Alle Zusatzverletzungen müssen erkannt werden (erhebliche Bedeutung für die Prognose!).
- Zur exakten Bestimmung des Frakturverlaufes sind insbesondere die multiplanaren Reformationen und die 3D-Ansicht – hier insbesondere in der Ansicht als Femursubtraktions-CT – sehr hilfreich.

**Sonderfälle**
- Die Richtung der vertikal verlaufenden Frakturkomponente kann sehr variabel sein. Neben der häufigsten Form, bei der die Frakturlinie das Foramen obturatum kreuzt, kann im Extremfall ventral nur eine »Spaltung« des oberen Schambeinastes auftreten, dorsal kann die Frakturlinie ggf. innerhalb des Tuber ischiadicum auslaufen.
- Als weitere Sonderform wird die »Querfraktur mit Fraktur der Vorderwand« den T-Frakturen zugerechnet.

**Indikationen**

Die Indikation zur operativen Therapie ist im wesentlichen vom Dislokationsgrad und dem Verlauf der Querkomponente in Beziehung zum Domfragment abhängig.

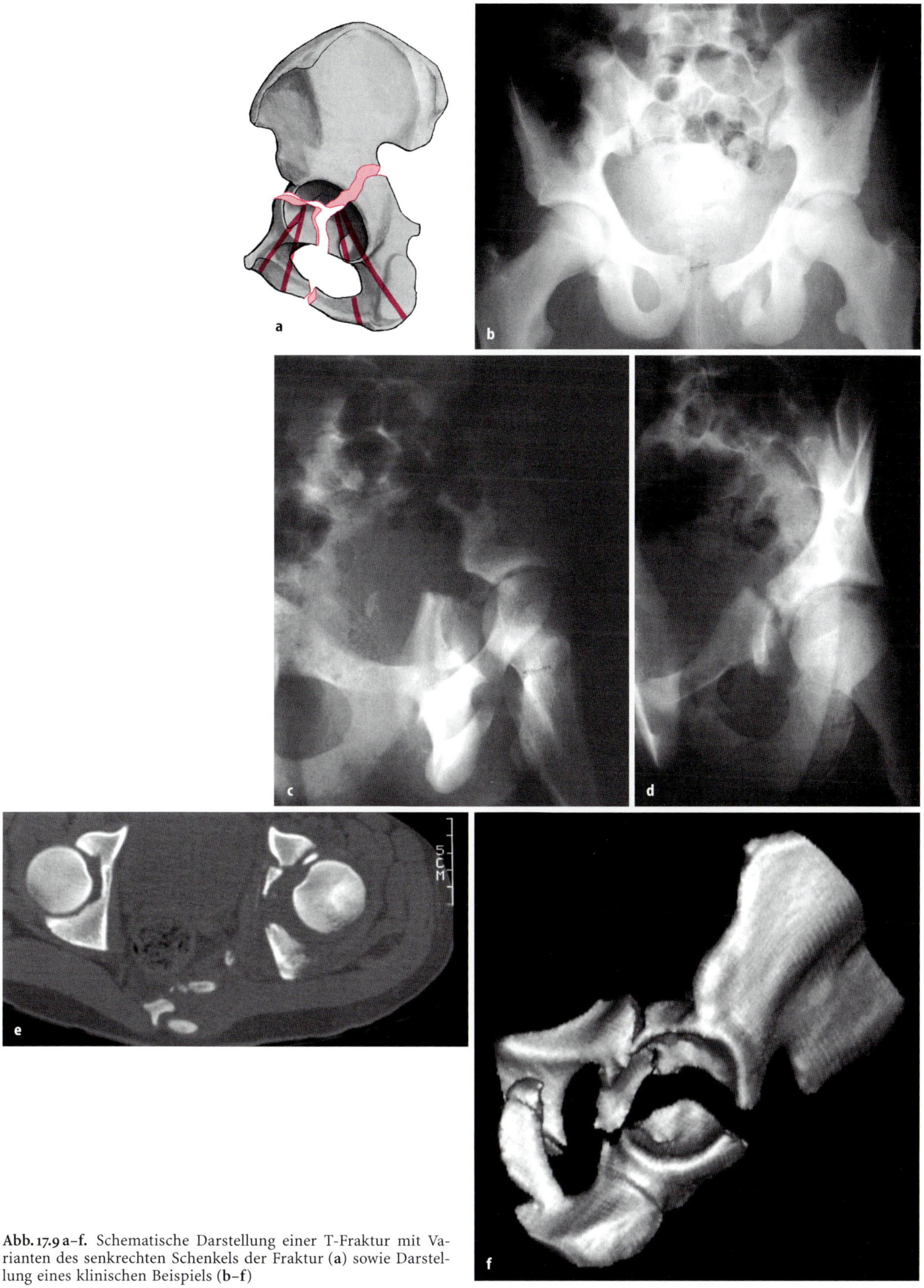


**Abb. 17.9 a–f.** Schematische Darstellung einer T-Fraktur mit Varianten des senkrechten Schenkels der Fraktur (**a**) sowie Darstellung eines klinischen Beispiels (**b–f**)

■ **Fraktur des vorderen Pfeilers mit hinterer Hemitransversfraktur**

Dieser Frakturtyp ist dadurch gekennzeichnet, daß eine typische Fraktur der vorderen Wand oder des vorderen Pfeilers besteht, die dorsal mit einer Frakturlinie kombiniert ist, die vom morphologischen Aspekt her exakt dem hinteren Anteil einer Querfraktur entspricht (daher die Bezeichnung »Hemiquerfraktur«; Abb. 17.10).

Dieser Frakturtyp ist erfahrungsgemäß schwierig zu erfassen und wird häufig mit anderen Frakturtypen verwechselt. Einige prinzipielle Betrachtungen helfen, die Besonderheiten dieser Fraktur zu verstehen:

- Die primäre Frakturlinie betrifft die vordere Wand oder den vorderen Pfeiler. Diese Frakturkomponente ist daher bestimmend für die Dislokationsrichtung.
- Die Querfraktur trennt einen Teil der hinteren Wand ab, wobei aber grundsätzlich ein Teil der Gelenkfläche des Pfannendachs – und hierbei häufig auch größere Anteile der Gelenkfläche der hinteren Wand – mit dem Darmbein verbunden bleibt. Dieses Merkmal ist entscheidend zur Abgrenzung von den Zweipfeilerfrakturen.
- Von der Innenseite des Beckens her betrachtet besteht ein typischer Frakturverlauf. Die Frakturlinie läuft immer vertikal nach oben aus. Zwar ist die »Höhe«, in der die Fraktur endet, variabel, es fehlt aber immer eine vertikal nach unten verlaufende Frakturlinie. Dadurch gelingt die vom Verständnis her schwierige Differenzierung zu den T-Frakturen, bei denen die querverlaufende Frakturlinie immer mit einer nach distal auslaufenden, beide Pfeiler trennenden Frakturlinie kombiniert ist. Diese Analyse wird in der 3D-CT erheblich erleichtert.

**Röntgendiagnostik**

Auch bei diesem Frakturtyp werden zur Klassifikation in der Regel alle 3 Nativaufnahmen benötigt. Aufgrund der vielfältigen Möglichkeiten für Zusatzverletzungen erfolgt die endgültige Diagnose erst anhand der CT-Untersuchung.

**Radiologische Kennzeichen**

**a.-p.-Aufnahmen**

- Die Kennlinien der vorderen Wand und/oder des vorderen Pfeilers sind unterbrochen (s. dort).
- Die Linea ilioischiadica ist als Zeichen der Querfraktur unterbrochen. Besonders bei unverschobenen oder minimal verschobenen Frakturen kann diese Fraktur leicht übersehen werden.

**Ala-Aufnahme**

- Der Verlauf der Querkomponente wird deutlich; sie verläuft im wesentlichen gerade.
- Die Querfraktur endet in variabler Höhe am Rand des Os innominatum.
- Die Darstellung des Iliumrandes verdeutlicht den Frakturverlauf im vorderen Pfeiler.

**Obturatoraufnahme**

- Die typischen Zeichen einer Fraktur der vorderen Wand oder des vorderen Pfeilers sind erkennbar (s. dort).
- Die Stelle, an der die Querfraktur die Hinterwand verläßt, läßt sich gut erkennen, ebenso die Neigungsebene der queren Frakturfläche.
- Verläuft die Frakturlinie des vorderen Pfeilers sehr weit nach dorsal, kann ein sog. »Sporenzeichen« auftreten, das Schwierigkeiten bei der Differenzierung zur »Zweipfeilerfraktur« beinhaltet.

**CT-Untersuchung**

- Die posterioren Gelenkflächenanteile sind auf den konventionellen Aufnahmen teilweise sehr schwer zu beurteilen. Die Computertomographie sichert, daß zumindest ein kleiner Teil der azetabulären Gelenkfläche, insbesondere im Bereich des Pfannendachs und der hinteren Wand, in Kontinuität zum Iliumfragment verblieben ist.
- Insbesondere die Darstellung in der Femursubtraktions-CT erleichtert diese Analyse.

Die axialen Schichten zeigen spezifische Veränderungen:

- Die vordere Wand oder der vordere Pfeiler ist durch eine koronar verlaufende Frakturlinie vom Rest des Acetabulums abgetrennt.
- Das Fragment des vorderen Pfeilers oder der vorderen Wand ist mit dem Hüftkopf nach zentral und ventral disloziert. Dabei rotieren die Fragmente derart, daß die Gelenkfläche nach dorsal zeigt.
- Die Fraktur des vorderen Pfeilers oder der vorderen Wand kann aus einem einzelnen oder aber aus mehreren Fragmenten bestehen. In der Region des Obturatorkanals besteht häufig eine Trümmerzone.
- Der Aspekt der Hemitransversfraktur entspricht dem sagittalen Verlauf einer Querfraktur.
- Bei der schichtweisen Durchsicht von kranial nach distal beginnt die »quere Frakturlinie« in Höhe des Übergangs vom Pfannendach zur Fossa acetabuli. Das Fragment wird nach distal rasch größer und kreuzt in variabler Höhe dann die hintere Wand (s. auch Abb. 17.10 e–g).
- Der distale Anteil des hinteren Pfeilers rotiert um die noch anhängenden Kapselanteile unter dem Druck des Femurkopfes nach innen.

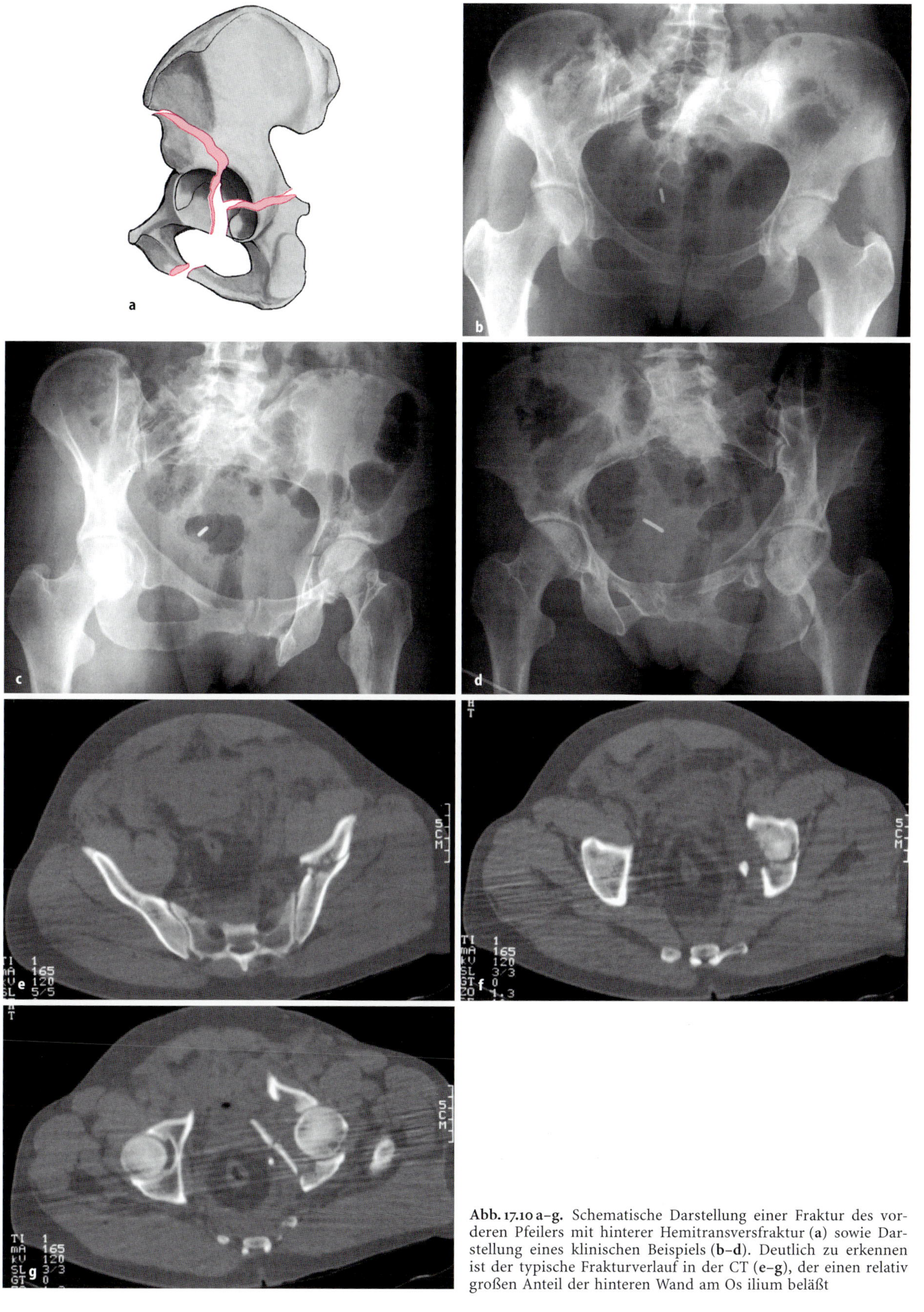

**Abb. 17.10 a–g.** Schematische Darstellung einer Fraktur des vorderen Pfeilers mit hinterer Hemitransversfraktur (**a**) sowie Darstellung eines klinischen Beispiels (**b–d**). Deutlich zu erkennen ist der typische Frakturverlauf in der CT (**e–g**), der einen relativ großen Anteil der hinteren Wand am Os ilium beläßt

### Atypische Sonderformen

- Die anteriore Frakturkomponente in die Darmbeinschaufel kann inkomplett sein (Übergang zur T-Fraktur).
- Die Hemitransversfraktur kann ebenfalls als inkomplette Fraktur bestehen (Übergang zur Fraktur des vorderen Pfeilers).
- Bei der Fraktur des vorderen Pfeilers kann es zusätzlich zu einer Fraktur der vorderen Wand kommen.
- Bei Jugendlichen und Kindern wurde die Kombination der vorderen Pfeilerfraktur mit einer Separation der noch nicht verknöcherten Anteile der posterioren Y-Fuge beobachtet.

### Indikationen

Die Indikation zur operativen Therapie ist im wesentlichen vom Dislokationsgrad abhängig.

## ■ Zweipfeilerfraktur (»komplette Fraktur beider Pfeiler)

Der Begriff »Zweipfeilerfraktur« wurde schon 1961 von Letournel geprägt. Mit dieser Definition wurde die damalige Subsumierung vieler Frakturtypen unter dem Begriff der »zentralen Hüftluxation« weiter präzisiert. Die Fraktur ist dadurch gekennzeichnet, daß beide Pfeiler voneinander getrennt sind und kein Anteil der azetabulären Gelenkfläche eine Verbindung zum Stammskelett hat (Abb. 17.11). Das bedeutet, daß auf der betroffenen Beckenseite lediglich ein mehr oder weniger großes Stück des Os ilium (ohne Gelenkfläche) in anatomischer Position verblieben ist.

Im ersten Überblick erscheint die Morphologie dieser Fraktur zunächst sehr kompliziert, so daß dieser Frakturtyp häufig auch als »Trümmerfraktur« klassifiziert wird. Im idealisierten Fall, bei dem ausschließlich primäre Frakturlinien bestehen, sind der vordere und der hintere Pfeiler als jeweils einzelnes Hauptfragment voneinander getrennt. Das Pfannendachfragment verbleibt dabei in der Regel am vorderen Pfeiler (s. Abb. 17.11 a). Diese primären Frakturlinien werden häufig durch sekundäre Frakturlinien und Zusatzverletzungen verkompliziert.

### Besonderheiten der Zweipfeilerfraktur

- Die Frakturlinie des hinteren Pfeilers beginnt im Bereich der Incisura ischiadica major, durchbricht an einem variablen Punkt die Gelenkfläche der hinteren Wand und erreicht am Vorderrand der Fossa acetabuli das Foramen obturatum. Auf der gegenüberliegenden Seite des Foramen obturatum kann sowohl der Schambein- als auch der Sitzbeinast betroffen sein.
- Distal können mehrere akzessorische Frakturlinien auftreten.
- Der proximale Frakturbeginn ist variabel, er kann tiefer liegen, aber auch das SI-Gelenk betreffen.
- Als Zusatzverletzung kann der hintere Pfeiler separat frakturiert sein.
- Eine zusätzliche Fraktur der hinteren Wand kann bestehen.
- Sehr weit nach medial reichende Frakturlinien können dazu führen, daß Anteile der Linea terminalis mit den dorsalen Fragmenten verbunden sind.
- Die anteriore Frakturkomponente beginnt an einem variablen Punkt an der retroazetabulären Oberfläche und trifft die primäre Frakturlinie des hinteren Pfeilers *oberhalb* des Acetabulums.
- Typischerweise beginnt die Frakturlinie des vorderen Pfeilers am Beckenkamm. Hier können zusätzliche, in der Regel dreieckige Fragmente ausgesprengt sein.
- Seltener beginnt die vordere Frakturkomponente tief, d. h. zwischen der Spina iliaca anterior superior und inferior. Liegt diese quere Frakturkomponente sehr tief, treten Übergangsformen zu den »T-Frakturen« auf, falls noch kleine Teile der Gelenkfläche am unverletzten Ilium verbleiben.

Das wesentliche Merkmal dieses Frakturtyps liegt darin, daß kein Teil der Gelenkfläche mehr in Kontakt zum Stammskelett steht. Dieser Umstand führt dazu, daß die Gelenkfragmente dem Hüftkopf bei der – aufgrund des Mechanismus immer zentral gelegenen – Dislokationsrichtung folgen. Die gelenktragenden Einzelfragmente können sich sekundär kongruent um den Hüftkopf anordnen und auch in dieser Stellung ausheilen. Diese sog. »sekundäre Kongruenz« verbessert die Gesamtprognose dieses Frakturtyps erheblich. Obwohl die Heilung des Hüftgelenkes in einer extraanatomischen, zentral verschobenen Position erfolgt, kann das Hüftgelenk »überleben«, das klinische Gesamtergebnis ist häufig sehr gut.

### Radiologische Diagnostik

Obwohl die Fraktur auf den ersten Blick sehr komplex aussieht, gelingt die Diagnose auch anhand der Nativaufnahmen in der Regel recht einfach.

**Abb. 17.11 a–g.** Schematische Darstellung von Varianten der Zweipfeilerfrakturen (**a–c**). Allen Frakturtypen gemeinsam ist die komplette Abtrennung des Gelenkes vom Stammskelett. Darstellung eines klinischen Beispiels (**d–g**). Pfeil in **f**: Sporenzeichen ▷

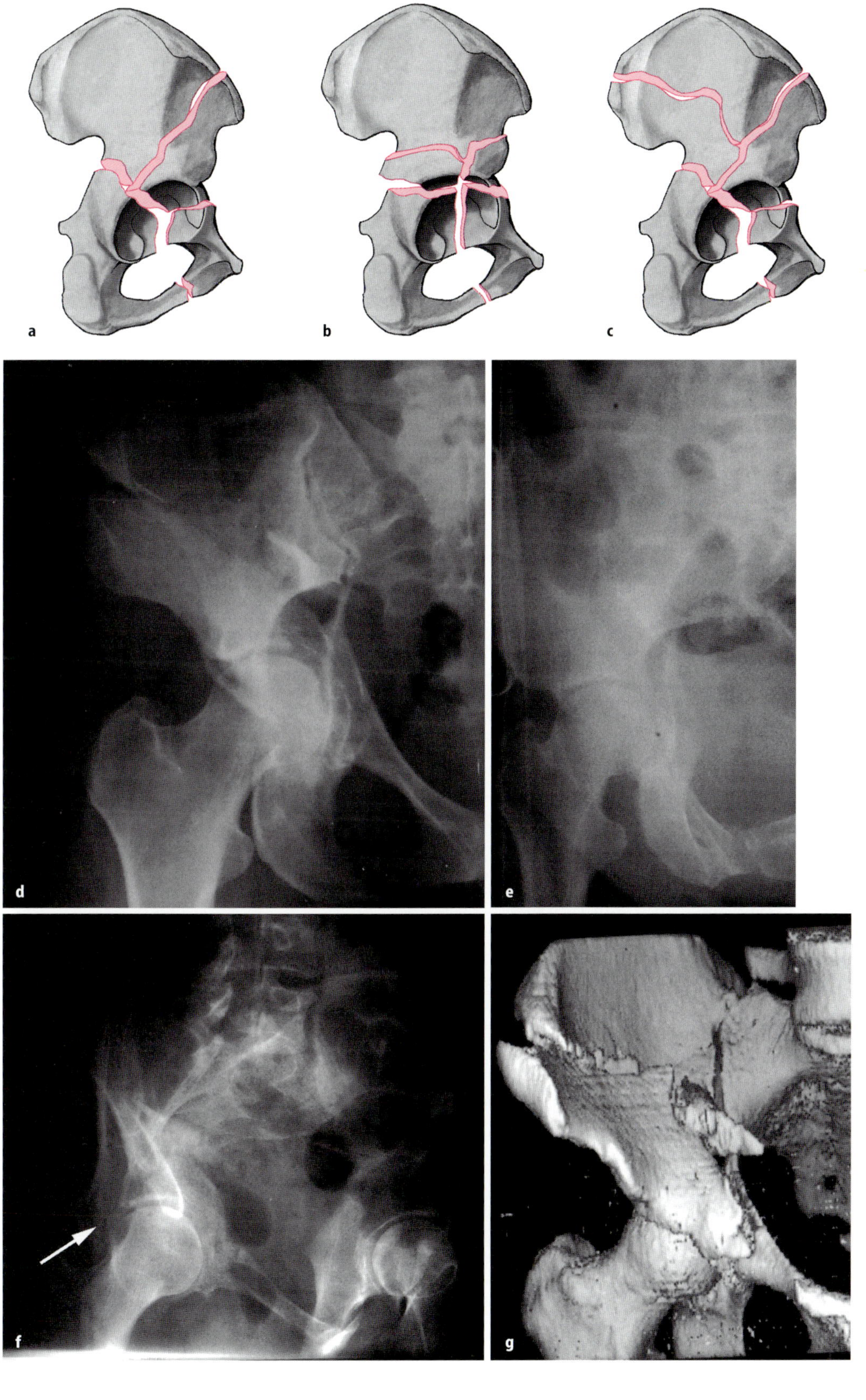
a
b
c
d
e
f
g

## Radiologische Kennzeichen

**a.-p.-Aufnahme**

- Alle longitudinalen Kennlinien der a.-p.-Aufnahme sind unterbrochen oder in die Fraktur einbezogen!
- Der Hüftkopf ist in der Regel nach zentral disloziert.
- Der hintere Pfeiler ist ebenfalls nach zentral verschoben.
- Die Linea iliopectinea ist in der Regel weit kranial unterbrochen, die exakte Position ist auf der a.-p.-Aufnahme schwierig zu lokalisieren.
- Das Pfannendach ist komplett verschoben und nach innen rotiert (Vergleich mit der Ausrichtung des Pfannendachs der Gegenseite!).
- Die Darmbeinschaufel ist gebrochen.
- Die knöcherne Begrenzung des Foramen obturatum ist im distalen Anteil gebrochen.
- Ausgehend von der ventralen Begrenzung des SI-Gelenkes, besteht nach distal hin häufig eine bogenförmige Linie. Sie entsteht dadurch, daß der vordere und hintere Pfeiler disloziert stehen und sich die vertikalen Kennlinien (Linea iliopectinea und Linea ilioischiadica) in der Projektion verändern.
- Gelegentlich zeigt sich schon auf a.-p.-Projektion das sog. »Sporenzeichen« (s. Obturatoraufnahme).
- Häufig bestehen zusätzliche Läsionen im Beckenring (Symphysenruptur, SI-Verletzungen oder Frakturen der gegenseitigen Schambeinäste).

**Ala-Aufnahme**

- Die Verschiebung des hinteren Pfeilers wird klarer erkennbar.
- Der Verlauf der Frakturlinien im Ilium läßt sich klar nachvollziehen. Gleiches gilt für zusätzliche Fragmente im Ilium.
- Es besteht eine Unterbrechung der Linea ilioischiadica im Bereich der Incisura ischiadica major (Abtrennung des hinteren Pfeilers).
- Eine Frakturlinie durch die quadrilaterale Fläche separiert beide Pfeiler.
- Im Bereich des vorderen Pfeilers kann eine Unterbrechung des Acetabulumvorderhorns bestehen.

**Obturatoraufnahme**

Die Obturatoraufnahme ergänzt die bisher gewonnenen Informationen:

- Das Ausmaß der zentralen Dislokation des Femurkopfes wird deutlicher.
- Die Separation des Dachfragmentes zum Stammskelett wird klar. Dieses Fragment steht häufig kongruent zum Hüftkopf.
- Der Verlauf der Fraktur entlang der Linea terminalis wird deutlicher.
- Der genaue Frakturverlauf in der knöchernen Begrenzung des Foramen obturatum ist beurteilbar.
- Das für die Zweipfeilerfraktur pathognomonische »Sporenzeichen« wird sichtbar: Bei allen Zweipfeilerfrakturen trennt die Frakturlinie in der Darmbeinschaufel in der supraazetabulären Region die externe Kortikalis ab, während die distalen Fragmente mit dem Hüftgelenk nach medial disloziert stehen. Dadurch entsteht in der Obturatorprojektion ein charakteristischer, vorstehender »Knochensporn«. Er ist nicht sichtbar, wenn das Becken zur Aufnahme nicht ausreichend nach innen rotiert wird (der Sporn wird dann durch Überlagerungen verdeckt), oder wenn die Frakturlinie ausnahmsweise sehr weit distal in der Psoasrinne ausläuft.

Zusätzliche Veränderungen am vorderen Pfeiler:

- Häufig besteht ein Fragment im Übergang zum SI-Gelenk.
- Das SI-Gelenk kann beteiligt sein.
- Frakturlinien können im oberen Schambeinast bis zum Vorderhorn der Gelenkfläche des vorderen Pfeilers reichen.
- Die vordere Wand des Acetabulums kann gebrochen sein.
- Das Pfannendachfragment kann verkippt stehen.
- Die Beziehung zwischen dem vorderen Pfeiler und der Linea terminalis kann an mehreren Stellen unterbrochen sein.

Zusätzliche Veränderungen am hinteren Pfeiler:

- Die hintere Wand des Acetabulums kann gebrochen sein.
- Die unteren Schambein- und Sitzbeinäste können an einer oder mehreren Stellen unterbrochen sein.

**CT-Untersuchung**

- Die schrittweise Analyse der axialen Schichten lassen die Abtrennung der Gelenkflächen vom Stammskelett erkennen.
- Die genaue Ausdehnung und Position der einzelnen Fragmente wird deutlich.
- Inkomplette auslaufende Frakturlinien können bei jungen Patienten oder aber bei Frakturen im Alter auftreten. Sie erschweren die Reposition und müssen präoperativ identifiziert werden.
- Zusatzverletzungen sind selten, müssen aber ausgeschlossen werden.
- Die räumliche Zuordnung dieser Detailinformation anhand der axialen Schichten ist häufig schwierig und bedarf eines sehr guten räumlichen Vorstellungsvermögens, insbesondere wenn viele Fragmente vorliegen. Multiplanare Rekonstruktionen und 3D-Darstellungen erleichtern die Gesamteinschätzung der Zweipfeilerfraktur erheblich.

### Sonderformen

Zweipfeilerformen haben sehr variable Frakturverläufe. Eine hohe Anzahl von zusätzlichen Fragmenten des Os ilium können vorkommen. Im Gelenkbereich können Zusatzverletzungen, wie z. B. Hinterwandfrakturen, bestehen. Begleitend kann eine SI-Sprengung vorliegen.

### Indikation

Die Indikation zur operativen Therapie ist im wesentlichen vom Dislokationsgrad und von der Kongruenz im Bereich der Gelenkfläche abhängig. Auf die Möglichkeit der Heilung in sekundärer Kongruenz muß unbedingt geachtet werden, um unnötige Operationen zu vermeiden.

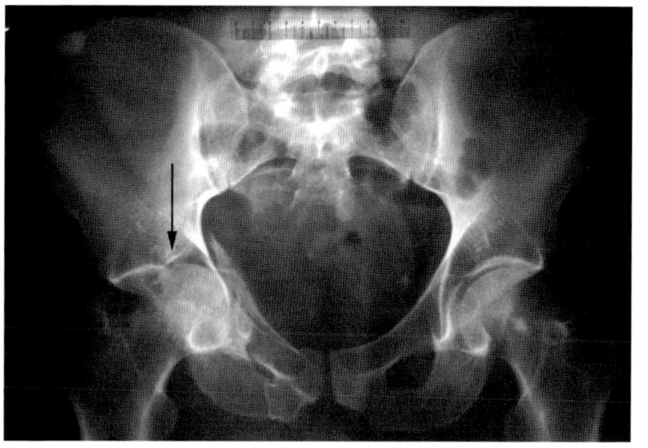

**Abb. 17.12.** Begleitverletzung einer azetabulären Gelenkflächenimpression. Nach Gelenkflächenimpressionen muß schon in den Nativaufnahmen gefahndet werden. Genauer zu erkennen sind sie in der axialen Computertomographie

## 17.2 Zusatzverletzungen

Zum Entstehen einer Acetabulumfraktur sind erhebliche Kräfte notwendig. Neben den im Rahmen der Klassifikation beschriebenen Frakturlinien kann eine Reihe von Zusatzverletzungen im Bereich des Hüftgelenkes auftreten.

Die Zusatzverletzungen können einen großen Einfluß auf die Prognose der Acetabulumfraktur haben. Spezifische Zusatzverletzungen, wie z. B. eine Impressionszone von Knochen und Knorpel oder aber eine Hüftkopffraktur, können bei normalerweise »gutartigen« Frakturtypen die Prognose erheblich verschlechtern. Da sie auf den Nativaufnahmen oft nur schwer zu erkennen sind, muß insbesondere bei der Analyse der CT-Aufnahmen gezielt nach entsprechenden Veränderungen gesucht werden.

Die diagnostizierten Zusatzverletzungen fließen in die Entscheidungsfindung und Indikationsstellung ein. Auch sie müssen im Rahmen der operativen Therapie, soweit es möglich ist, anatomisch rekonstruiert werden.

### Impressionen der azetabulären Gelenkfläche

Imprimierte Knorpel-Knochen-Fragmente können prinzipiell bei allen Frakturtypen auftreten (Abb. 17.12). Sie entstehen dadurch, daß der kraftübertragende Hüftkopf Teile der Gelenkfläche am Rand von Frakturlinien herausbricht und impaktiert [4, 10, 20, 25]. Besonders häufig werden diese Veränderungen bei Frakturtypen, die mit Verletzungen der hinteren Wand einhergehen, und insbesondere bei insuffizienter Knochenstruktur (Osteoporose) angetroffen.

Die Diagnose gelingt am besten durch die CT, da auch hier kleine, ansonsten überlagerte Zonen beurteilt werden können. Typische Zeichen sind Fragmente, die vom Hüftkopf nicht »weggedrückt«, sondern von der Gelenkoberfläche »wegrotiert« erscheinen. Im Bereich des Pfannendaches erscheinen diese Fragmente als gekrümmte Gelenkanteile, die ihre normale Orientierung verloren haben. Zusätzlich ist häufig eine subchondrale Knorpelverdichtung im Bereich der Spongiosaimpaktion zu erkennen.

Die genaue Ausdehnung und Orientierung von Gelenkimpressionen ist anhand der axialen CT oftmals nur mit Schwierigkeiten nachzuvollziehen. Die Anfertigung von multiplanaren Rekonstruktionen erleichtert die Interpretation. Die Schnittebenen werden so gewählt, daß die genaue Ausdehnung der Impression optimal dargestellt ist.

Wenn es im Rahmen der Impressionsfrakturen zu großflächigen Knorpelablösungen kommt, verschlechtert sich die Prognose weiter, es ist mit einer erhöhten Rate von frühzeitigen Arthrosen zu rechnen.

### Hüftkopfimpressionen und Knorpelschäden

Insbesondere im Rahmen von hinteren Luxationen der Hüfte können Verletzungen des Hüftkopfes vorkommen [3, 7, 11, 22, 26] (Abb. 17.13). Diese können von kleineren Knorpelschäden über großflächige Knorpelablösungen und Hüftkopfdepressionen bis hin zu Hüftkopffrakturen führen und einen erheblichen Einfluß auf die Prognose der Verletzung nehmen.

Während Knorpelscharten in der Regel in der bildgebenden Diagnostik nicht zu erkennen sind, können größere abgelöste Knorpelfragmente mit anhängenden Teilen der subchondralen Knochenschicht im CT erkannt werden. Ihre präoperative Identifikation ist wichtig, da intraoperativ die Einsicht in das Gelenk selbst erschwert sein kann und von daher schon präoperativ klar sein muß, in welchem Ausmaß intraartikuläre Fragmente zu entfernen sind.

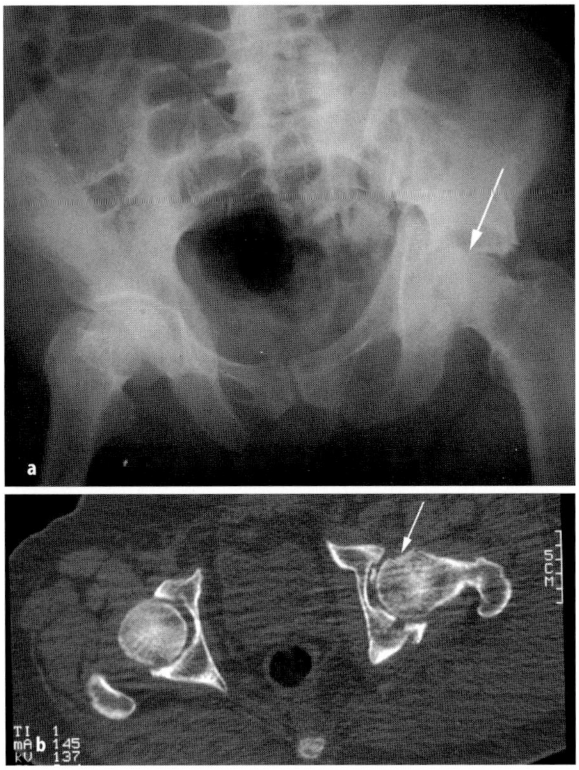

Abb. 17.13 a, b. Begleitverletzungen bei Hüftkopfimpressionen. Auch Hüftkopfimpressionen können gelegentlich schon in der nativen Diagnostik erkannt werden (**a**). Deutlich erkennbar sind sie allerdings in der axialen Computertomographie (**b**)

Eine belastungsstabile Refixation reiner Knorpelfragmente sowie kleiner Knochen-Knorpel-Fragmente ist derzeit noch nicht möglich.

Eine besondere Form der Hüftkopfverletzungen stellt die »Hüftkopfverformung« dar, auf die Böhler 1953 hinwies [3]. Als Mechanismus wird eine elastische Kompression der Hüftkopfspongiosa im Moment des Unfalles angegeben, wobei der Knorpel nach Nachlassen der Verformungskraft mit subchondraler Schicht »tischtennisballartig« wieder nach außen springt. Diese Veränderungen sind in der Röntgendiagnostik nicht erkennbar, werden aber insbesondere nach reinen Hüftluxationen für einen Teil der Hüftkopfnekrosen verantwortlich gemacht.

In der Serie von Letournel wurde in 2,1 % der Fälle eine lokalisierte Depression des Femurkopfes im oberen lateralen Quadranten gefunden [18]. Hüftkopfverletzungen, die in der präoperativen Diagnostik nicht zu erkennen waren, wie Knorpelabrasionen und Knorpelabscherungen unter Mitnahme von subchondralen Knochenfragmenten, wurden in 5,1 % aller Fälle beobachtet. Diese Rate wird sicherlich auch z. Z. noch unterschätzt.

Im eigenen Krankengut fanden sich unter 805 Acetabulumfrakturen der Jahre 1971–1996 in 10 % der Fälle begleitende Hüftkopfimpressionen oder Knorpelabscherungen, wobei aufgrund der in den Anfangsjahren nicht routinemäßig verfügbaren Computertomographie mit einer noch höheren Rate zu rechnen ist.

## Hüftkopffrakturen

Eine ausgedehntere Verletzung des Hüftkopfes stellt die Hüftkopffraktur dar, bei der ein oder mehrere Fragmente des Hüftkopfes schalenförmig ausbrechen können (Abb. 17.14). Diese Verletzungen sind selten und treten im Rahmen von Hüftgelenkluxationen, seltener auch in Verbindung mit Acetabulumfrakturen, auf. Hüftkopffrakturen fallen in der Regel schon bei der Analyse der nativen Röntgenbilder auf, sind auf alle Fälle aber in der Computertomographie zu diagnostizieren (Abb. 17.14 c).

Entsprechend der Einteilung nach Pipkin werden Hüftkopffrakturen unterschieden in Frakturen mit Fragmenten, die distal der Fovea capitis femoris enden (Typ I), in solche, die kranial darüber hinausreichen (Typ II), oder in solche, die mit Schenkelhalsfrakturen (Typ III) oder Acetabulumfrakturen (Typ IV) zusammen auftreten [21].

Prognostisch relevant sind insbesondere große Fragmente, die über die Fovea capitis femoris nach kranial reichen (Pipkin-Typ II). In diesen Fällen muß eine Fixation erfolgen (s. Kap. 20.2). Kleinere Fragmente, die

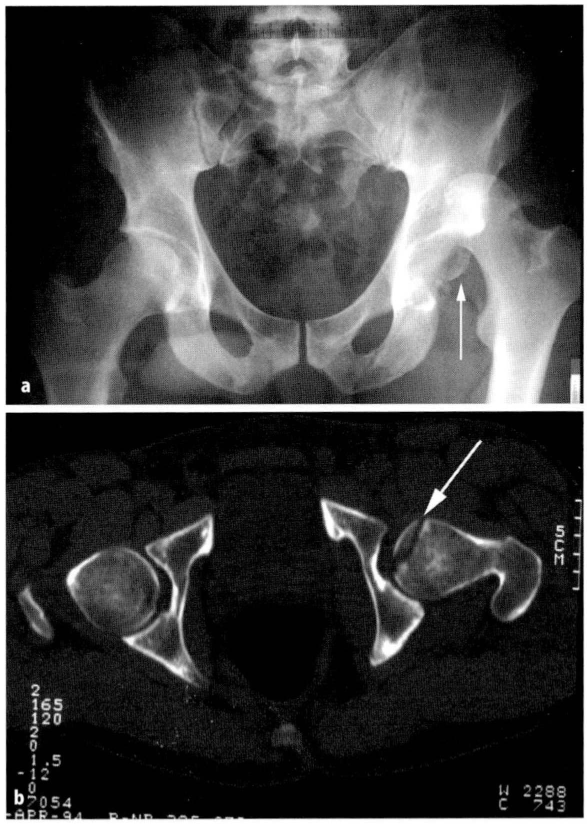

Abb. 17.14 a, b. Begleitverletzung einer Hüftkopffraktur. Bei Hüftkopffrakturen ist das freie Fragment in der Nativdiagnostik häufig in der luxierten Stellung am besten zu erkennen (**a**). Die axiale Computertomographie erlaubt die genaue Beurteilung der Größe und Lage des Fragmentes (**b**)

Kongruenz und Zentrierung des Hüftgelenkes nicht beeinträchtigen, werden entfernt.

In der Serie von Letournel wurden in 1,9 % der Fälle Hüftkopffrakturen beobachtet, die im wesentlichen das kaudal-mediale Hüftkopfsegment betrafen.

Im eigenen Krankengut wurden zwischen 1974 und 1989 32 Patienten mit Hüftkopffrakturen behandelt, wobei 17 als Folge einer reinen Hüftluxation, 11 in Verbindung mit einer Acetabulumfraktur und 4 mit einer Schenkelhalsfraktur auftraten [8]. Im eigenen Krankengut mit einem hohen Anteil von Schwerverletzten haben wir, bezogen auf die Gesamtzahl der Acetabulumfrakturen, in 3,7 % eine begleitende Hüftkopffraktur gefunden.

### Kapselverletzungen

Ausgedehnte Verletzungen der Hüftkapsel sind häufig Folge einer hinteren Luxation des Hüftkopfes. Bestehen große Hinterwandfragmente, verbleiben diese in der Regel an der Kapsel, so daß nur mit kleineren, von den Frakturlinien ausgehenden radiären Rissen zu rechnen ist. Bei Trümmerfrakturen der hinteren Wand kann es zu erheblichen Ablösungen der Hüftgelenkkapsel entlang des Pfannenrandes kommen.

Insbesondere bei großen Fragmenten, die noch fest an der Kapsel haften, muß nach zusätzlichen Knochen-Knorpel-Impressionen der Hinterwand gesucht werden, da der Hüftkopf in diesen speziellen Fällen das Gelenk zum Zeitpunkt des Unfalles nur verlassen kann, wenn die Frakturkanten imprimiert werden.

Kapselverletzungen können derzeit in der bildgebenden Diagnostik noch nicht sicher nachgewiesen werden. Sie sind auch für die weitere Therapieentscheidung nicht relevant. Klinisch bedeutsam können sie werden, wenn an der Hüftgelenkkapsel verbliebene Teile der Hinterwand bei der Reposition einer hinteren Luxation in das Gelenk gezogen und dort inkarzeriert werden. In dieser Situation wird eine notfallmäßige offene Reposition notwendig.

### Trümmerzonen

Trümmerzonen sind besonders bedeutsam, wenn sie tragende Gelenkanteile betreffen. Ihre Identifikation ist häufig nur mit der Computertomographie möglich. Zur Beurteilung des Ausmaßes sollte auf die axialen Schichten zurückgegriffen werden, da in rekonstruierten Schichten und besonders in der 3D-Ansicht Trümmerzonen durch die Oberflächendarstellung verdeckt sein können. Ausgedehnte Trümmerzonen in den gelenktragenden Anteilen verschlechtern die Prognose erheblich.

### Intraartikuläre Fragmente

Intraartikuläre Fragmente können prinzipiell von allen Frakturflächen herrühren. Die Diagnostik anhand der Nativaufnahmen ist schwierig. Die Computertomographie hat entscheidende Bedeutung beim Erkennen freier intraartikulärer Fragmente.

Die große Bedeutung der intraartikulären Fragmente liegt darin, daß es bei Übersehen entsprechender Fragmente schon in kurzer Zeit zu einer mechanischen Zerstörung der Gelenkfläche kommen kann. Sie müssen deswegen mit höchster Sorgfalt schon in der präoperativen Diagnostik ausgeschlossen oder lokalisiert werden, da die intraoperative Übersicht, insbesondere in die Fossa acetabuli hinein, nicht immer gut ist.

Als Rarität kann ein kalzifiziertes Lig. capitis femoris ein derartiges Fragment vortäuschen [9].

Im Rahmen von hinteren Luxationsfrakturen können Fragmente der hinteren Wand, die noch an der Kapsel anhängen, seltener auch freie Fragmente, zu Repositionshindernissen werden.

### Weitere Zusatzverletzungen

Eine Reihe von zusätzlichen Verletzungen des Beckenraumes, aber auch extrapelvine Begleitverletzungen können eine Acetabulumfraktur komplizieren (Blutungskomplikationen, Nervenschäden, Organverletzungen etc.).

Sie werden in der Klassifikation der Acetabulumfraktur nicht berücksichtigt, können aber einen erheblichen Einfluß auf die Indikationsstellung und auch auf die Prognose haben. Die Häufigkeit und mögliche therapeutische Konsequenzen derartiger Veränderungen werden deshalb in den folgenden Kapiteln ausführlicher besprochen (s. auch Kap. 18 und 21).

## 17.3 AO-Klassifikation (CCF-Classification)

Nach längeren Vorbereitungen wurde 1996 das bestehende AO-Klassifikationssystem für Becken- und Acetabulumfrakturen deutlich erweitert (Tabelle 17.1) [19]. Eine besondere Schwierigkeit bestand in der logischen Übertragung der beiden Frakturtypen nach Judet u. Letournel (»einfache« und »zusammengesetzte« Frakturen) in ein System mit 3 Frakturtypen (A, B und C).

Die Frakturtypen wurden entsprechend der Beteiligung der »Pfeiler« definiert:

- Die A-Typen umfassen die isolierten Frakturen eines einzelnen Pfeilers oder seiner Anteile.
- Die B-Typen beinhalten die Frakturen mit Querkomponenten und die T-Frakturen.
- Die C-Typen schließen alle Zweipfeilerfrakturen ein.

Diese ansonsten im Rahmen der AO-Klassifikation konsistent durchgehaltene prognostische Wertigkeit der einzelnen Frakturtypen (A = gut bis zu C = schlecht) konnte bei den Acetabulumfrakturen nicht komplett eingehalten werden. So kann z. B. die Prognose einer Hinterwandfraktur, besonders aber einer T-Frak-

**Tabelle 17.1.** CCF-Klassifikation: Acetabulumfrakturen

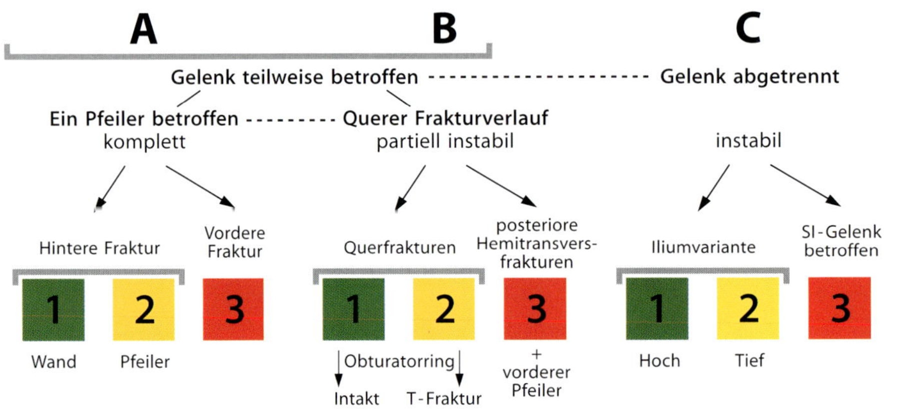


## Vollständige Diagnose

| A | B | C |
|---|---|---|
| **A1 Gelenk partiell betroffen, Fraktur eines einzelnen Pfeilers,** "hintere Wand" | **B1 Gelenk partiell betroffen, Frakturlinie quer orientiert,** "Querfraktur" | **C1 "Gelenkabtrennung"** hohe Variante |
| .1: reine Luxationsfraktur, ein einzelnes Fragment + a) | .1: infratektal + a) | .1: beide Pfeiler jeweils "einfach" frakturiert |
| .2: reine Luxationsfraktur, mehrere Fragmente + a) | .2: juxtatektal + a) | .2: hinterer Pfeiler "einfach" frakturiert, vorderer Pfeiler mit mehreren Fragmenten (2 und mehr) |
| .3: Luxationsfraktur mit Impressionsfraktur + a) | .3: transtektal + a) | .3: hinterer Pfeiler + hintere Wand + a) |
| **A2 Gelenk partiell betroffen, Fraktur eines einzelnen Pfeilers** "hinterer Pfeiler" | **B2 Gelenk partiell betroffen, Frakturlinie quer orientiert,** "T-Fraktur" | **C2 "Gelenkabtrennung" Zweipfeilerfraktur,** tiefe Variante |
| .1: durch Os ischii | .1: infratektal + a) + b) | .1: beide Pfeiler jeweils "einfach" frakturiert |
| .2: durch den Obturatorring + a) | .2: juxtatektal + a) + b) | .2: hinterer Pfeiler "einfach" frakturiert, vorderer Pfeiler mit mehreren Fragmenten (2 und mehr) |
| .3: in Kombination mit einer Hinterwandfraktur + a) | .3: transtektal + a) + b) | .3: hinterer Pfeiler + hintere Wand + a) + b) |
| **A3 Gelenk partiell betroffen, Fraktur eines einzelnen Pfeilers,** anterior | **B3 Gelenk partiell betroffen, Fraktulinie quer orientiert,** "Fraktur des vorderen Pfeilers/ der vorderen Wand mit hinterer Hemitransversfraktur | **C3 "Gelenkabtrennung" Zweipfeilerfraktur,** SI-Gelenk betroffen |
| .1: vordere Wand +a) | .1: vordere Wand | .1: hinterer Pfeiler einfach + a) |
| .2: vorderer Pfeiler, hohe Variante (erreicht die Crista iliaca) + a) | .2: vorderer Pfeiler, hohe Variante + a) | .2: mehrere Fragmente, hinterer Pfeiler, vorderer Pfeiler, hohe Variante + a) + b) |
| .3: vorderer Pfeiler, tiefe Variante (unterhalb der Crista iliaca) + a) | .3: vorderer Pfeiler, tiefe Variante + a) | .3: mehrere Fragmente, hinterer Pfeiler, vorderer Pfeiler, tiefe Variante + a) + b) |

## 62 – Qualifikatoren für die Untergruppen

Die meisten dieser Qualifikatoren können erst während der operativen Behandlung festgelegt werden. Sie sind wichtig für die Prognose der Fraktur.

a) beschreibt die Hauptläsion näher
b) Zusatzinformationen zu der Hauptläsion

Einzuschließen für alle intraoperativ erhobenen Befunde:
c) Läsion der azetabulären Gelenkfläche
d) Anzahl der azetabulären Gelenkfragmente
e) intraartikuläre Fragmentdislokation
f) Läsionen am Femurkopf
g) intraartikuläre Fragmente, die operativ entfernt werden müssen

**Typ-A-Qualifikatoren a)**

**A1.1, A1.2, A1.3:**
a1) posterior
a2) posterior superior
a3) posterior inferior

**A2.2** a1) typisch, Tränenfigur erhalten
a2) ausgedehnt, Tränenfigur betroffen

**A2.3** a1) posterior
a2) posterior superior
a3) posterior inferior

**A3.1, A3.2, A3.3:**
a1) 1 Fragment
a2) 2 Fragmente
a3) mehr als 2 Fragmente

**Typ-C-Qualifikatoren a) und b)**

**C1.3, C2.3:**
a1) vorderer Pfeiler einzelnes Fragment
a2) vorderer Pfeiler in 2 Fragmente
a3) vorderer Pfeiler in mehr als 2 Fragmente

**C3.1** a1) vorderer Pfeiler einfach, hohe Variante
a2) vorderer Pfeiler einfach, tiefe Variante
a3) mehrere Fragmente vorderer Pfeiler, hohe Variante
a4) mehrere Fragmente vorderer Pfeiler, tiefe Variante

**C3.2, C3.3:**
a1) vorderer Pfeiler einfach
a2) mehrere Fragmente vorderer Pfeiler
b1) reine Abtrennung
b2) zusätzlich hintere Wand

**Typ-B-Qualifikatioren a) und b)**

**B1.1, B1.2, B1.3:**
a1) reine Querfraktur
a2) zusätzlich Fraktur der Hinterwand

**B2.1** a1) reine "T-Fraktur"
a2) zusätzlich Fraktur der Hinterwand
b1) distale Frakturlinie posterior
b2) distale Frakturlinie durch Foramen obturatum
b3) distale Frakturlinie anterior

**B2.2, B2.3:**
a1) reine Querfraktur
a2) zusätzlich Fraktur der Hinterwand
b1) distale Frakturlinie posterior
b2) distale Frakturlinie durch Foramen obturatum
b3) distale Frakturlinie anterior

**B3.1, B3.2, B3.3:**
a1) in 1 Fragment
a2) in 2 Fragmente
a3) in mehr als 2 Fragmente

**Zusätzliche Qulifikatoren für alle operativ behandelten Azetabulumfrakturen:**

**c) Läsionen der azetabulären Gelenkfläche**
c1) Knorpelabrieb
c2) stückweise Knorpelabscherung
c3) Impression, auch leichte Knochen-Knorpel-Impression

**d) Anzahl der azetabulären Gelenkfragmente (einschließlich der Wände)**
d1) 1 Fragment
d2) 2 Fragmente
d3) mehr als 2 Fragmente

**e) Verschiebung der azetabulären Gelenkfläche**
e1) unverschoben (unter 1 mm)
e2) 1-5 mm
e3) 6-10 mm
e4) >10 mm

**f) Läsionen des Femurkopfes**
f1) Knorpelabrieb
f2) stückweise Knorpelabscherung
f3) Knorpelimpression
f4) osteochondrale Kopffraktur

**g) intraartikuläre Fragmente, die chirurgisch entfernt werden müssen**

tur, deutlich schlechter sein als die einer Zweipfeilerfraktur. Auch kann die operative Versorgung einer T-Fraktur sich operationstechnisch wesentlich anspruchsvoller gestalten als die Versorgung einer Zweipfeilerfraktur (s. auch Kap. 20.2).

Auf der anderen Seite wird durch die Einführung der sog. »Modifikatoren« erstmals eine umfassende, alphanumerisch zu kodierende Beschreibung nahezu aller denkbaren Frakturtypen einschließlich ihrer »Zusatzverletzungen« möglich. Dieses System ist somit speziell für die wissenschaftliche Auswertung von großer Bedeutung, da im Vergleich zur anatomischen Klassifikation nach Judet und Letournel eine detaillierte Auswertung mit Computerunterstützung erleichtert wird.

Im Folgenden werden die Grundzüge der einzelnen Frakturtypen und Gruppen dargestellt. Eine Neuerung stellen die sog. »Modifikatoren« dar, die obligat oder bei Bedarf den einzelnen Typen und Gruppen zugeordnet werden und die eine sehr detaillierte Beschreibung der Fraktursituation erlauben. Für eine klinische Anwendung ist die Bereithaltung der Klassifikationsbeschreibung mit entsprechenden Abbildungen und ggf. mit Beispielen unbedingt zu empfehlen, um eine konsistente Einteilung zu sichern (z. B. [19]).

### Typ-A-Frakturen

Die Typ-A-Frakturen betreffen nur einen einzelnen »Pfeiler« oder Anteile dieses Pfeilers (z. B. »Wand«). Der Frakturtyp wird weiter unterteilt in die Gruppe der Frakturen der hinteren Wand (A 1), Frakturen des hinteren Pfeilers (A 2) sowie Frakturen der vorderen Wand oder des vorderen Pfeilers (A 3).

Die jeweils zuzuordnenden »Modifikatoren« definieren im wesentlichen die Lage, Größe und ggf. zusätzliche Fragmente des Hinterwandfragmentes.

### Typ-B-Frakturen

Unter dem Typ B sind Frakturen subsumiert, bei denen ein Gelenkflächenanteil in anatomischer Position zum Stammskelett besteht und eine quere Frakturkomponente beide Pfeiler betrifft. Einzelne Frakturtypen aus der Klassifikation nach Letournel entstehen dabei durch die Kombination mit den entsprechenden Modifikatoren (z. B. Querfraktur mit Fraktur der hinteren Wand).

Es wird unterteilt in die Gruppe der reinen Querfrakturen (B 1), die T-Frakturen (B 2) sowie in die Fraktur des vorderen Pfeilers mit posteriorer Hemitransversfraktur (B 3).

Die dem Typ B zugeordneten »Modifikatoren« definieren zusätzliche Hinterwandfragmente, die Lage einer ggf. vorliegenden vertikalen Frakturkomponente und die Anzahl der Fragmente der vorderen Wand bzw. des vorderen Pfeilers.

### Typ-C-Frakturen

Alle Typ-C-Frakturen werden als »komplett artikulär« bezeichnet und schließen alle Zweipfeilerfrakturen ein.

Die Gruppeneinteilung umfaßt die Zweipfeilerfrakturen mit »hochauslaufenden Frakturlinien« (C 1), die Zweipfeilerfrakturen mit »tiefauslaufenden Frakturlinien« (C 2) sowie Zweipfeilerfrakturen, bei denen eine Frakturlinie bis zum SI-Gelenk verläuft (C 3).

Die dem Typ C zugeordneten Modifikatoren definieren die Anzahl der bestehenden Fragmente sowie den Frakturverlauf der vorderen Pfeilerfraktur, und sie bieten die Möglichkeit, eine zusätzliche Fraktur der Hinterwand zu klassifizieren.

Unabhängig vom Frakturtyp können über zusätzliche »Qualifikatoren« weitere Zusatzverletzungen verschlüsselt werden. Dazu gehören Knorpelschäden, die Anzahl der gelenktragenden Fragmente, der Grad der Dislokation der Gelenkfragmente, Femurkopfläsionen und intraartikuläre Fragmente, die chirurgisch entfernt werden müssen.

## Literatur


1. Aho A, Isberg U, Katevuo V (1986) Acetabular posterior wall fracture – 38 cases followed for 5 years. Acta Orthop Scand 57: 101–105
2. Blum J, Beyermann K, Ritter G (1991) Häufigkeit der Hüftpfannenfrakturen vor und nach Einführung der Gurtanschnallpflicht. Unfallchirurgie 17(5): 274–279
3. Böhler J (1953) Experimentelle Untersuchungen über die Ursache der sog. Kopfnekrose nach Verrenkungen und Verrenkungsbrüchen des Hüftgelenkes. Chirurg 24: 344–349
4. Brumback R, Holt E, McBride M, Poka A, Bathon G, Burgess A (1990) Acetabular depression fracture accompanying posterior fracture dislocation of the hip. J Orthop Trauma 4(1): 42–48
5. Calkins M, Zych G, Latta L, Borja F, Mnaymneh W (1988) Computed tomography evaluation of stability in posterior fracture dislocation of the hip. Clin Orthop 227: 152–163
6. Chiu F, Lo W, Chen T, Chen C, Huang C, Ma H (1996) Fractures of posterior wall of acetabulum. Arch Orthop Trauma Surg 115: 273–275
7. Collier B, Carrera G, Johnson R, Isitman A, Hellmann R, Knobel J (1985) Detection of femoral head avascular necrosis in adults by SPECT. J Nucl Med 26(9): 979–987
8. Dreinhöfer K, Schwarzkop S, Haas N, Tscherne H (1996) Femurkopfluxationsfrakturen. Langzeitergebnisse der konservativen und operativen Therapie. Unfallchirurg 99(6): 400–409
9. Ebrahaim N, Savaolaine E, Fenton P, Jackson W (1991) A calcified ligamentum teres mimicking intraarticular bony fragments in a patient with acetabular fracture. J Orthop Trauma 5(3): 376–378
10. Ender H (1974) Die Formen der Hüftpfannenbrüche. Hefte Unfallheilkd 124: 9–33
11. Gruen G, Mears D, Tauxe W (1988) Distinguishing avascular necrosis from segmental impaction of the femoral head following an acetabular fracture: preliminary report. J Orthop Trauma 2(1): 5–9
12. Judet R, Judet J, Letournel E (1964) Fractures of the acetabulum: classification and surgical approaches for open reduction. J Bone Joint Surg Am 46(8): 1615–1646
13. Keith J, Brashear H, Guilford W (1988) Stability of posterior fracture-dislocations of the hip. J Bone Joint Surg Am 70(5): 711–714

14. Letournel E (1961) Les fractures du cotyle. Etude d'une serie de 75 cas. J Chir 82: 47
15. Letournel E (1980) Acetabulum fractures: classification and management. Clin Orthop 151: 81–106
16. Letournel E (1993) Fractures of the pelvis and acetabulum. Ninth AFOR Course and Workshop, Paris
17. Letournel E, Judet R (1981) Fractures of the acetabulum. Springer, Berlin Heidelberg New York
18. Letournel E, Judet R (1993) Fractures of the acetabulum, 2nd edn. Springer, Berlin Heidelberg New York Tokyo
19. Müller M (1996) The comprehensive classification of fractures, part 2: Pelvis and acetabulum. Springer, Berlin Heidelberg New York Tokyo (CD-ROM)
20. Pantazopoulos T, Nicolopoulos C, Babis G, Theodoropoulos T (1993) Surgical treatment of acetabular posterior wall fractures. Injury 24(5): 319–323
21. Pipkin G (1957) Treatment of grade IV fracture dislocation of the hip. J Bone Joint Surg Am 39: 1027–1047
22. Pohlemann T, Haas N (1991) Hüftkopfnekrose nach Acetabulumfraktur. In: Stuhler T (Hrsg) Hüftkopfnekrose. Springer, Berlin Heidelberg New York Tokyo
22a. Pohlemann T, Gänsslen A, Hartung S (1998) Beckenverletzungen/Pelvic Injuries, Results of the German Multicenter Study Group. Hefte zu der Unfallchirurg, ed. Arbeitsgruppe Becken der Deutschen Sektion der AO International und der Deutschen Gesellschaft für Unfallchirurgie. (H. Tscherne). Springer, Berlin Heidelberg New York Tokyo, S. 1–402
23. Saterbak A, Marsh J, Brandser E, Nepola J, Turbett T (1996) Outcome of surgically treated posterior wall acetabular fractures. 12th Annual Meeting OTA, Boston
24. Vailas J, Hurwitz S, Wiesel S (1989) Posterior acetabular fracture-dislocations: fragment size, joint capsule, and stability. J Trauma 29(11): 1494–1496
25. Wolinsky P, Davison B, Shyr Y, Talwalkar V, Johnson K (1996) Predictors of total hip arthroplasty in patients following open reduction and internal fixation of acetabular fractures. 12th Annual Meeting OTA, Boston
26. Yue J, Sontich J, Miron S, Wilber J, Patterson B (1996) Acute blood flow changes to the femoral head follwing acetabular fracture/dislocations: a prospective study. 12th Annual Meeting OTA, Boston

# Kapitel 18

# Primärversorgung und Entscheidungsfindung

18

T. Pohlemann und F. Baumgaertel



**Acetabulumfrakturen führen in der Regel nicht zu einer akuten Lebensbedrohung des Patienten. Die primäre Evaluation ist deswegen nicht im gleichen Maße vom Faktor »Zeit« bestimmt, wie es z.B. nach einer schweren Beckenringverletzung der Fall ist. Auf der anderen Seite erfordern die anatomischen Besonderheiten einer Gelenkfraktur und insbesondere die eines derart »verdeckt« liegenden Gelenkes sehr detaillierte Informationen, um eine sichere Indikationsstellung und die erfolgversprechende Verfahrenswahl einer evtl. notwendigen Operation zu gewährleisten. Das folgende Kapitel gibt im 1. Teil einen Überblick über den Ablauf und die Methoden der Diagnostik und Ersttherapie nach Acetabulumfrakturen. Der 2. Teil ist im wesentlichen der Entscheidungsfindung und der Darstellung der zwar seltenen, für den Patienten prognostisch aber um so bedeutenderen Notfallindikationen zur sofortigen operativen Intervention gewidmet.**

## 18.1 Primärversorgung frischer Verletzungen

Die primäre Versorgung von Acetabulumfrakturen unterscheidet sich von der Primärversorgung der Bekkenringverletzungen im wesentlichen dadurch, daß lebensbedrohliche pelvine Blutungen nur selten vorliegen. Die vitale Bedrohung des Patienten entsteht hier v.a. im Rahmen einer schweren Mehrfachverletzung.

Im eigenen Krankengut wiesen von 805 Patienten mit Acetabulumfrakturen 45% einen Wert des Polytraumaschlüssels (PTS) von ≤20 Punkten auf. Während die Gesamtletalität bei Vorliegen einer Acetabulumfraktur bei 11,4% lag, betrug sie in der Gruppe der Patienten mit einem PTS ≤20 Punkten lediglich 1,3%.

Für den Patienten nach isolierter Acetabulumfraktur bedeutet dies, daß lebensrettende Sofortmaßnahmen in der Regel nicht erforderlich sind und die Behandlung der Hüftpfannenfraktur nicht unter dem Zeitdruck einer instabilen Kreislaufsituation steht. Notfallsituationen ergeben sich bei Luxationsfrakturen mit noch bestehender Luxation, bei offenen Frakturen und bei Subluxationen aufgrund von intraartikulären Fragmenten oder bei speziellen Typen der Hüftkopffraktur.

Im eigenen Vorgehen hat es sich bewährt, auch zur Evaluation der Acetabulumfrakturen ein festes Ablaufschema einzuhalten, um klare Richtlinien für den Untersuchungsgang zu haben und die vollständige Befunderhebung zu erleichtern (s. Tabelle 18.1).

### Klinische Untersuchung

Aufgrund der spezifischen Lage des Hüftgelenkes fehlen sichere klinische Zeichen einer Acetabulumfraktur. Verdachtsmomente entstehen durch typische Unfallmechanismen, wie z.B. beim Anprall an das Knie bei gebeugter Hüfte (»dash-board«-Verletzung) oder bei Absturztraumen mit Aufprall auf die gestreckte, seltener bei gebeugter Hüfte. Wie auch bei der Beckenfraktur sind zur Entstehung einer Acetabulumfraktur, eine regelrechte Knochenstruktur vorausgesetzt, erhebliche Energieeinwirkungen nötig (s. auch Kap. 15).

Das klinische Leitsymptom ist die schmerzhafte Bewegungseinschränkung in der Hüfte. Bei begleitender Luxation des Hüftkopfes ist häufig die federnde Fixation in Verkürzung, Adduktion und Innenrotation zu beobachten, seltener in Verkürzung und Außenrotation.

Begleitende Beckenringverletzungen – im eigenen Krankengut 36% der Fälle – können das Verletzungsbild durch beckenbedingte Blutungskomplikationen verkomplizieren. Bestehen Wunden im Beckenbereich, muß immer von der Möglichkeit einer offenen Acetabulumfraktur ausgegangen werden. Der primäre Untersuchungsgang entspricht dann dem einer komplexen Beckenringverletzung (s. Kap. 7).

Die primär klinische Untersuchung des wachen Patienten konzentriert sich deswegen auf das Erkennen

**Tabelle 18.1.** Primärevaluation bei Acetabulumfrakturen. Untersuchungsgang und Entscheidungen bei der Versorgung von Acetabulumfrakturen

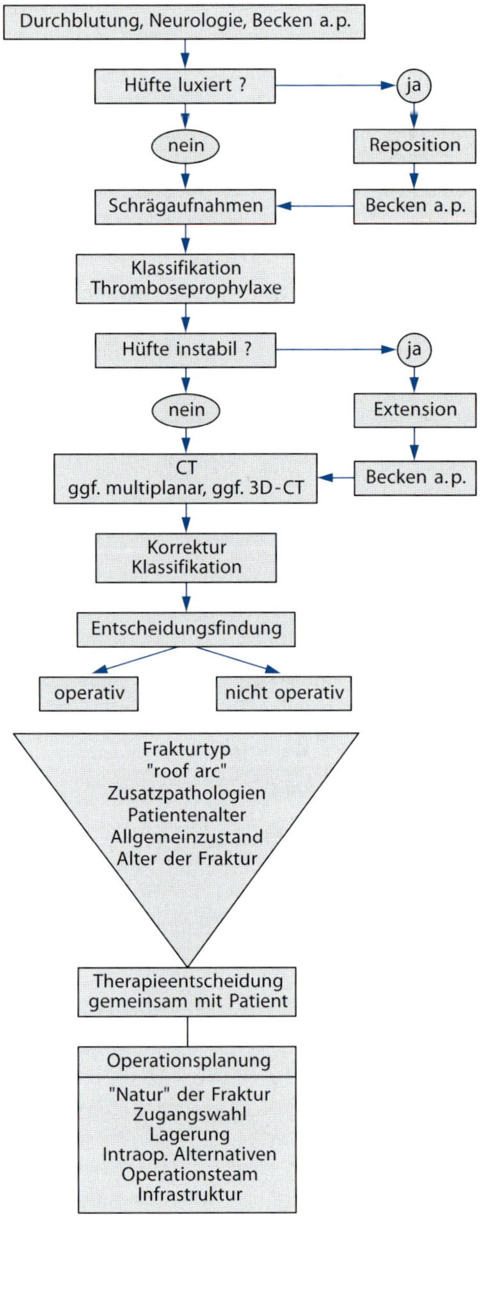


von Verdachtsmomenten für das Vorliegen einer Acetabulumfraktur und auf die Diagnose bzw. den Ausschluß von neurovaskulären Begleitverletzungen.

Die Details der neurologischen Screeninguntersuchungen wurden in Kap. 6 dargestellt. Nach Acetabulumfrakturen ist am häufigsten der peroneale Anteil des N. ischiadicus verletzt, da er der hinteren Wand des Acetabulums direkt aufliegt und insbesondere bei den posterioren Frakturtypen geschädigt werden kann.

Gefäßverletzungen sind selten, müssen aber durch Palpation des Leistenpulses und der Fußpulse ausgeschlossen werden.

## Radiologische Untersuchung

Da äußere Verletzungszeichen weitgehend fehlen, ist die Beckenübersichtsaufnahme die entscheidende diagnostische Maßnahme, um eine Acetabulumfraktur zu bestätigen oder auszuschließen. Sie wird ergänzt durch die Schrägaufnahmen der Ala- und Obturatorprojektion. Die zur detaillierten Interpretation von Acetabulumfrakturen notwendigen, speziellen Kenntnisse wurden bereits in Kap. 3 dargestellt.

Besonders wichtig ist es, hintere Luxationsstellungen des Hüftkopfes zu erkennen. Aufgrund der in Abhängigkeit von der Luxationsdauer signifikant zunehmenden Rate von Hüftkopfnekrosen ergibt sich immer die Indikation zur notfallmäßigen Reposition. Das Erkennen einer hinteren Luxation kann insbesondere beim Vorliegen von Acetabulumfrakturen anhand der Übersichtsaufnahme schwierig sein.

Soreff gibt eine zunächst übersehene hintere Luxation der Hüfte an mit einer »Einkeilung« des Hüftkopfes in die Hinterwand [17]. Roffi u. Matta beschreiben 5 auswärts übersehene hintere Luxationen im Rahmen von verschobenen Acetabulum-T-Frakturen oder Querfrakturen [15]. In der a.-p.-Aufnahme dominierte v. a. eine »zentrale« Dislokation. Simmert gibt eine verhakte hintere Luxation an, bei der das Femur in regelrechter Stellung ohne Verkürzung verblieb und das a.-p.-Röntgenbild lediglich eine »leichte Subluxationsstellung« zeigte [16].

## Erweiterte Diagnostik

Wenn es der Allgemeinzustand des Patienten zuläßt und die Infrastruktur vorhanden ist, wird möglichst sofort eine CT-Untersuchung des Acetabulums angeschlossen. Sie dient dazu, die Klassifikation zu bestätigen und zu überprüfen sowie wichtige Zusatzinformationen, wie z. B. Gelenkimpression und freie intraartikuläre Fragmente, zu erkennen, die in die Entscheidungsfindung mit einbezogen werden.

Bei allen Patienten, die sekundär zuverlegt werden und bei denen eine lückenlose Thromboembolieprophylaxe nach dem Hochrisikoschema nicht gesichert ist, wird ein erweitertes Screening durchgeführt. Im eigenen Vorgehen hat dabei die MRT-Untersuchung die Dopplersonographie und Phlebographie nahezu vollständig ersetzt, da sie besonders zum Nachweis der relevanten Beckenventhrombosen eine deutlich verbesserte Sensitivität aufweist [12] (s. auch Kap. 8).

■ **Primäre Untersuchung und Behandlung nach Acetabulumfrakturen**

**Primäruntersuchung**
- Klinische Untersuchung
  - Schmerzhafte Bewegungseinschränkung Hüfte?
  - Federnde Fixation? (z.B. Innenrotation und Verkürzung)
  - Durchblutung des Beines?
  - Neurologischer Status (Fußhebung, Sensibilität, Hüftbeugung)
  - Offene Fraktur? Begleitverletzungen (pelvin und extrapelvin)
- Beckenübersichtsaufnahme a.-p.
  - Hüfte luxiert: Reposition (Narkose, zumindest Narkosebereitschaft, Technik nach Böhler [s. Abb. 18.1] und Röntgenkontrolle)
  - Hüfte stabil: Schrägaufnahmen (Ala und Obturator)
  - Hüfte instabil: Extension, Schrägaufnahmen, a.-p.-Kontrolle im Bett
  - Hüfte nicht luxiert: Schrägaufnahmen (Ala und Obturator)
- Klassifikation

Entscheidung:
- Notfallindikationen (sehr selten):
  - Offene Fraktur?
  - Zunehmende Neurologie?
  - Instabile Hüfte?
  - HK-Fraktur?
  - Gegebenenfalls Diagnostik erweitern (Notfall-CT, Operationsvorbereitung)
  - Notfalloperation durchführen
- Keine Notfallindikation (sehr häufig):
  - Thromboseprophylaxe (eigenes Protokoll: Heparin i.v. Perfusor 150 I.E. /kg KG in 24-h)
  - Geplante erweiterte Diagnostik und danach Therapieentscheidung

**Erweiterte Diagnostik**
- Computertomographie (axiale und rekonstruierte Schichten sowie 3D-Darstellung)
- Neurologisches Konzil
- Gegebenenfalls Thrombosescreening (NMR)
- Überprüfung der Klassifikation und Indikationsstellung

Entscheidung:
- Frakturbedingte konservative Therapie (Fraktur unverschoben, stabil, Hüfte zentriert): Patient aufklären, funktionelle Therapie einleiten
- Durch Allgemeinzustand bedingte konservative Therapie (Polytrauma etc.): Angehörige (Patient) aufklären, ggf. Extension, Zustand kontinuierlich überprüfen (Operationsfähigkeit?)
- Operative Therapie (Frakturtyp, Pfannendachwinkel klein, Hüfte nur unter Extension stabil): Patientenaufklärung, eigene Fähigkeiten und Ressourcen kritisch überprüfen (Verlegung notwendig?); ansonsten Versorgungsstrategie festlegen und Operationsplanung beginnen

## 18.2 Entscheidungsfindung und Indikationsstellung

Die Therapie einer Acetabulumfraktur hängt von einer Vielzahl von Faktoren ab. Neben den eher technischen Parametern, wie chirurgische Durchführbarkeit und Rekonstruierbarkeit des Gelenkes, sollte nie vergessen werden, daß es sich bei Acetabulumrekonstruktionen grundsätzlich um große und riskante Eingriffe handelt, so daß die Entscheidung, wie an sich überall in der Chirurgie üblich, gemeinsam mit dem Patienten zu fällen ist. Wichtige Parameter, die bei dieser Entscheidungsfindung miteingehen müssen, sind der Frakturtyp, das Ausmaß der verbliebenen Kopfüberdachung, das Vorliegen von sog. Zusatzpathologien, wie z.B. Hüftkopfverletzungen oder Knorpelimpressionen, das Alter und der Aktivitätszustand des Patienten, sein Allgemeinzustand und evtl. vorliegende Begleitverletzungen sowie das »Alter« der Fraktur, da sich schon 10–

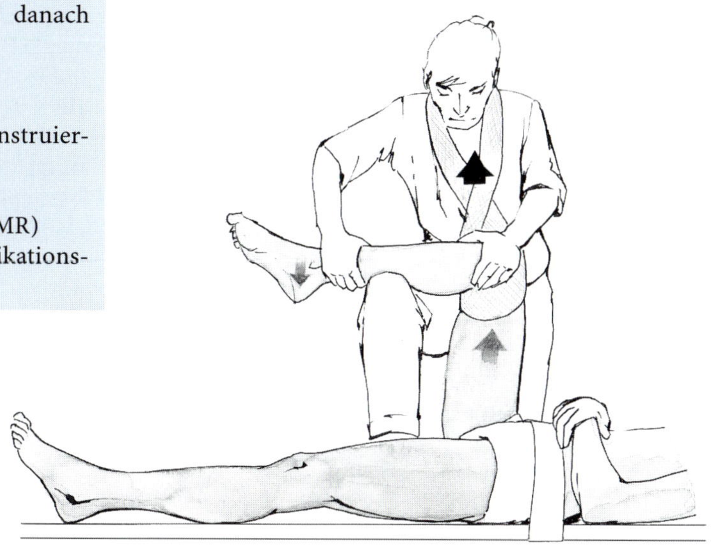

**Abb. 18.1.** Repositionstechnik bei Hüftluxationen. Schematische Darstellung der Repositionstechnik der Hüfte nach Böhler

14 Tage nach einer Verletzung aufgrund der schnell einsetzenden Knochenheilung erhebliche technische Schwierigkeiten in der Rekonstruktion einer Acetabulumfraktur ergeben können.

Die Entscheidungsfindung zur Therapie einer Acetabulumfraktur läßt sich grob in *frakturbestimmte Parameter* und *allgemeine Parameter* unterteilen. Aufgrund der frakturbestimmten Parameter läßt sich entscheiden, inwieweit überhaupt eine Indikation zur operativen Therapie besteht und ob ein Rekonstruktionsversuch erfolgversprechend ist. Besteht die prinzipielle Indikation zur operativen Rekonstruktion, muß abgewogen werden, ob die allgemeinen Parameter, d.h. der Allgemeinzustand des Patienten, die Begleitverletzungen, der Wunsch des Patienten sowie das Alter der Fraktur, eine operative Rekonstruktion erfolgversprechend erscheinen lassen.

Im folgenden werden diese Entscheidungskriterien dargestellt. Es können im wesentlichen 3 Konstellationen unterschieden werden:

- Frakturen, die erfolgversprechend konservativ behandelt werden können;
- Frakturen, die vorteilhafter operativ versorgt werden und bei denen die operative Versorgung möglich ist;
- Frakturen, die vorteilhafter operativ versorgt werden sollten, bei denen allgemeine Umstände jedoch keine oder allenfalls eine limitierte chirurgische Therapie ermöglichen.

## Frakturbedingte Indikation zur konservativen Therapie

Die Indikation zur konservativen Therapie wird im wesentlichen durch den Dislokationsgrad der Fragmente sowie durch die Zentrierung des Hüftgelenkes bestimmt. Klare Indikationen zur konservativen Therapie bestehen immer dann, wenn

- undislozierte Frakturen bestehen,
- das Hüftgelenk gut zentriert ist,
- die Hüfte stabil ist, d.h. keinerlei Luxationstendenz besteht,
- das Dislokationsrisiko der Fragmente gering ist,
- eine ausreichende Überdachung des Hüftkopfes gewährleistet ist.

Die Stabilität der Hüfte läßt sich gut klinisch prüfen, und der Dislokationsgrad der Fragmente kann anhand der Nativaufnahmen und CT-Aufnahmen idealerweise zusammen mit multiplanaren Rekonstruktionen bestimmt werden. Die Einschätzung des Grades der nach der Verletzung verbliebenen »Überdachung des Hüftkopfes« ist derzeit nur indirekt möglich. Als wichtiges Hilfsmittel haben sich dabei die Messungen des sog. »Pfannendachwinkels« (»Roof-arc-Messungen« nach Matta) bewährt [11].

**■ Durchführung der Pfannendachmessungen**
Da das auf einer einzelnen Projektionsebene dargestellte Pfannendach nur einen sehr schmalen Streifen darstellt, werden alle 3 Standardprojektionen ausgewertet, um einen größeren Bereich des Pfannendaches analysieren zu können. Nach Bestimmung des Acetabulumzentrums wird zunächst eine Senkrechte durch diesen Punkt gelegt und dann der Winkel bis zum Beginn der 1. Frakturlinie ausgemessen. Diese Messungen werden in allen 3 Standardprojektionen durchgeführt. Liegt der Winkel unter 40–45°, sollte in Abhängigkeit vom Frakturtyp eher eine operative Therapie gewählt werden (Abb. 18.2). Beträgt der Winkel in allen Ansichten über 45°, so läßt sich mit hoher Sicherheit mit einer konservativen Therapie ein gutes Behandlungsergebnis erzielen (Abb. 18.3).

Diese Informationen können durch eine detaillierte Analyse der CT-Schnitte, und hier insbesondere der multiplanaren Reformation, noch gesichert werden. Zur Zeit ist eine quantitative Bestimmung der Überdachungsfläche nur experimentell möglich, sollte aber bei der derzeitigen Entwicklung für bildgebende Diagnostik in kurzer Zeit allgemein verfügbar sein.

Neuere Studien mit einem unselektionierten Krankengut zeigen, daß in etwa der Hälfte der Acetabulumfrakturen wenig verschobene Frakturen oder eine ausreichende Überdachung vorliegen, so daß eine konservative Therapie indiziert ist [14].

## Frakturbedingte Indikation zur operativen Therapie

Im Umkehrschluß besteht eine prinzipielle Indikation zur operativen Rekonstruktion immer dann, wenn das Hüftgelenk inkongruent ist, die Hüfte instabil ist oder eine erhebliche Diastase oder Stufenbildung im Hüftgelenk und hier insbesondere im Bereich des dachbildenden Anteils vorliegt. Ausnahmen bestehen bei speziellen Formen der Zweipfeilerfrakturen, wo es aufgrund der kompletten Mobilität aller gelenktragenden Fragmente dazu kommen kann, daß sich die Acetabulumfragmente sekundär konzentrisch um den zentral stehenden Hüftkopf anordnen. Man spricht von einer sekundären Kongruenz. Ist dieser Zustand stabil, so kann auch hier durch eine konservative Therapie mit hoher Wahrscheinlichkeit ein gutes Endergebnis erzielt werden.

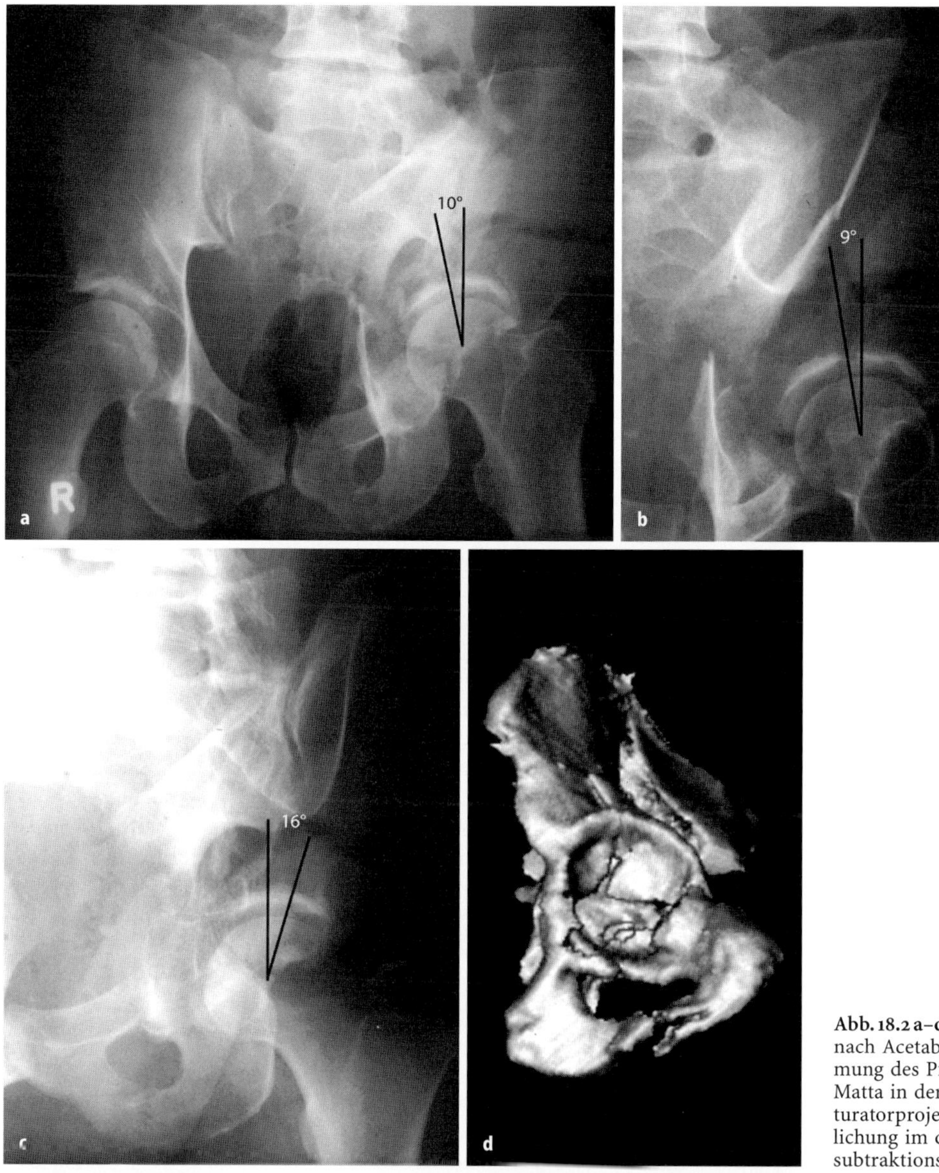


**Abb. 18.2 a–d.** »Roof-arc«-Messungen nach Acetabulumfrakturen. Bestimmung des Pfannendachwinkels nach Matta in der a.-p.- (**a**), Ala- (**b**) und Obturatorprojektion (**c**) sowie die Verdeutlichung im dreidimensionalen Femursubtraktions-CT (**d**)

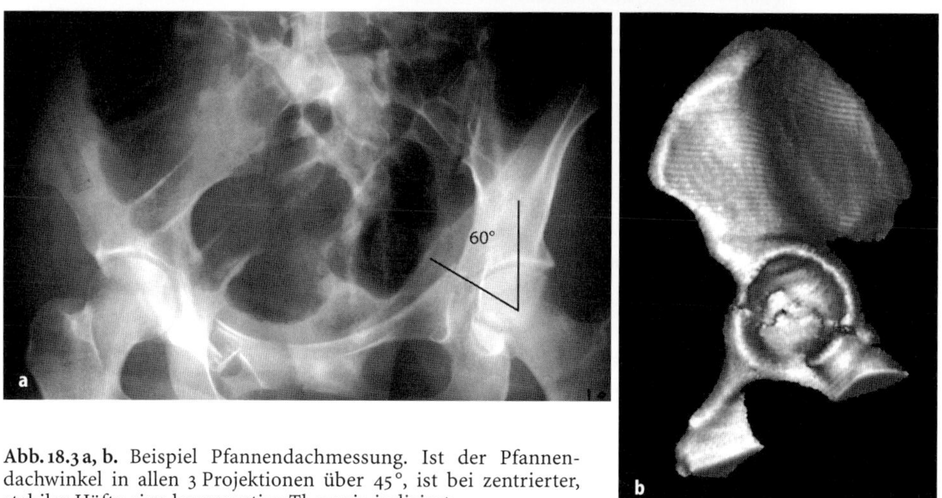


**Abb. 18.3 a, b.** Beispiel Pfannendachmessung. Ist der Pfannendachwinkel in allen 3 Projektionen über 45°, ist bei zentrierter, stabiler Hüfte eine konservative Therapie indiziert

### Frakturbedingte Indikation zur Operation mit allgemeinen Kontraindikationen

Der reduzierte Allgemeinzustand des Patienten, eine Begleitverletzung, aber auch eine ausgeprägte Osteoporose können Kontraindikationen zur operativen Rekonstruktion sein. Allerdings darf dabei nicht vergessen werden, daß auch die Alternative der konservativen Therapie einer instabilen Acetabulumfraktur durch die notwendigen langen Immobilisationszeiten zu erheblichen therapiebegleitenden Komplikationen führen kann (s. auch Kap. 22).

#### ■ Begleitverletzungen

Begleitverletzungen im Sinne eines Polytraumas können die unmittelbare Operationsfähigkeit des Patienten verhindern. Durch eine sofortige Einleitung von konservativen Therapiemaßnahmen muß bei instabilen Frakturen versucht werden, die Situation zu verbessern, wobei hier im wesentlichen die Durchführung einer suprakondylären Extension, ggf. kombiniert mit der Behandlung auf der Bewegungsschiene, in Frage kommt. Von einem Seitzug ist in jedem Fall abzuraten, da die Effektivität bei zentralen Dislokationen minimal ist. Sollte sich der Zustand des Patienten bessern, ist oftmals zu diesem Zeitpunkt die Eintrittsstelle des Seilzuges infiziert, so daß aufgrund dieser lokalen Komplikation eine operative Rekonstruktion unmöglich wird.

#### ■ Vorbestehende Arthrose

Eine vorbestehende ausgeprägte Arthrose ist eine relative Kontraindikation zur operativen Rekonstruktion, insbesondere wenn das Gelenk schon vor dem Unfall symptomatisch war. Es muß aber darauf geachtet werden, daß es auch unter einer nichtoperativen Therapie zu einer zumindest annäherungsweise kongruenten Ausheilung der Hüftpfanne ohne wesentliche Defekte kommt. Anderenfalls ist die spätere Implantation einer Hüftendoprothese erheblich erschwert bzw. die Prognose der Totalendoprothese deutlich schlechter.

Bei starker Dislokationsstellung ist deswegen zu erwägen, ob nicht durch eine operative Rekonstruktion, ggf. im Sinne eines limitierten Eingriffes, zumindest eine Verbesserung der Acetabulumform erreicht werden kann (s. auch Kap. 22.2). Von ausgedehnten Eingriffen ist allerdings abzuraten, um durch zugangsbedingte große Weichteilablösungen keine Durchblutungsstörungen der azetabulären Fragmente zu verursachen, da diese die spätere Verankerung einer Hüftpfanne behindern könnten (s. auch Kap. 25).

Alternativ muß auch der primäre Einsatz einer Totalendoprothese erwogen werden. Die Indikationen und die operative Technik sind ebenfalls in Kap. 22 dargestellt.

#### ■ Osteoporose

Dieser Zustand ist auch auf Röntgenbildern nicht immer sicher nachzuweisen und ebenfalls nicht zwingend altersabhängig. Das Vorliegen einer ausgeprägten Osteoporose kann allerdings die operative Reposition und insbesondere die Retention einer Acetabulumfraktur entscheidend behindern. Liegen solche Fälle vor, ist zu prüfen, inwieweit durch alternative Methoden (s. Kap. 22.2) zumindest eine Verbesserung der Situation erreicht werden kann.

#### ■ Lokale Infektion

Insbesondere bei mehrfach verletzten Patienten können lokale Infektionen im Bereich von Kathetern (z. B. suprapubischer Urinkatheter) oder Eintrittsstellen externer Fixateure (ventraler Beckenringfixateur, Beckenzwinge) auftreten und die Zugangsmöglichkeit einschränken. Im eigenen Vorgehen hat ein liegender suprapubischer Katheter noch nicht zu Nachteilen geführt, durch gute Katheterpflege läßt sich ein Infekt weitestgehend verhindern. Im Falle einer Operation verbleibt er unter der Abdeckung.

Wird die Primärbehandlung des Patienten selbst durchgeführt, sollte allerdings schon bei der Auswahl der Methoden, z. B. der Beckenstabilisierung, auf diese Problematik Rücksicht genommen und ggf. auf die Anlage eines ventralen Fixateur externe verzichtet werden; dieses um so mehr, da z. B. beim Vorliegen der Kombination von Zweipfeilerfrakturen und einer Beckenringfraktur ein anteriorer Fixateur externe auf der verletzten Seite keine Verbindung zum hinteren Beckenring hat und daher wirkungslos bleiben muß.

## 18.3 Voraussetzungen, Vorbereitung und Prophylaxen

Ist gemeinsam mit dem Patienten die Indikation zur operativen Therapie gestellt worden, so wird eine detaillierte Operationsplanung für den Einzelfall durchgeführt. Diese Operationsplanung beinhaltet neben operationstaktischen Erwägungen natürlich auch die Bereitstellung von allgemeinen Voraussetzungen zur Operation. Im einzelnen sind dies:

### Operationszeitpunkt und -personal

Es muß davon ausgegangen werden, daß die Rekonstruktion einer Acetabulumfraktur ein großer und ggf. langwieriger Eingriff ist. Daher ist von der notfallmäßigen Durchführung einer Acetabulumrekonstruktion bis auf seltene Ausnahmefälle abzusehen und die Operation im Rahmen des Elektivprogrammes zu planen, wenn ausreichende Operationskapazitäten zur Verfügung stehen. Hier ist auch die persönliche Erfahrung des Operateurs und die ggf. notwendige Unterstützung mit zu berücksichtigen.

Die Versorgung sollte innerhalb der ersten 14 Tage nach dem Unfall erfolgen, da die rasch einsetzende Kallusbildung danach die Reposition stark erschwert und der Umfang des Eingriffs erheblich erweitert wird.

## Instrumente

Neben den AO-Grundinstrumenten müssen zur Rekonstruktion einer Acetabulumfraktur auch Spezialinstrumente vorgehalten werden. Unbedingt notwendig sind spezielle Repositionszangen (nach Matta) in kleiner und großer Ausführung, spezielle Pfrieme (Kugelpfriem lang) sowie Repositionszangen, die mit Schrauben an Knochenfragmenten fixiert werden können (Jungbluth-Zange, Faraboeuf-Zange). An Implantaten werden bevorzugt Kleinfragmentimplantate verwendet. Im wesentlichen kommen Rekonstruktionsplatten zum Einsatz, wobei besonders für die Stabilisierung im ilioinguinalen Zugang schon vorgebogene Beckenrekonstruktionsplatten die Anformung erleichtern können.

Als Standardschraube wird die 3,5-mm-Kortikalisschraube verwendet. Die notwendigen Schraubenlängen übersteigen das normale Maß, es sollten daher zumindest extralange Schrauben bis 110 mm, besser aber bis 130 mm, ggf. bis 150 mm, vorgehalten werden. Da bei diesen Schraubenlängen gelegentlich Probleme mit der Standfestigkeit des Inbuskonus auftreten, werden vorteilhaft die speziellen Beckenschrauben mit vergrößertem Kopf verwendet.

Alle diese Instrumente und Implantate sind zwischenzeitlich auch im Set (z.B. das AO-Becken-Set) erhältlich (Abb. 18.4).

## Perioperative Betreuung

Wie bei allen großen Operationen muß dafür Sorge getragen werden, daß die intraoperative anästhesiologische Betreuung diesen Erfordernissen entspricht, ein ausreichendes Monitoring durchgeführt wird und auch die postoperative Überwachung auf einer Intensivstation gewährleistet ist.

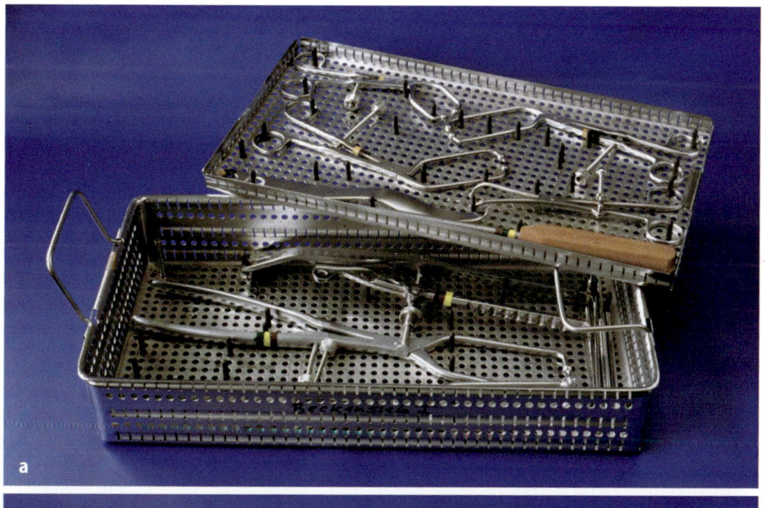


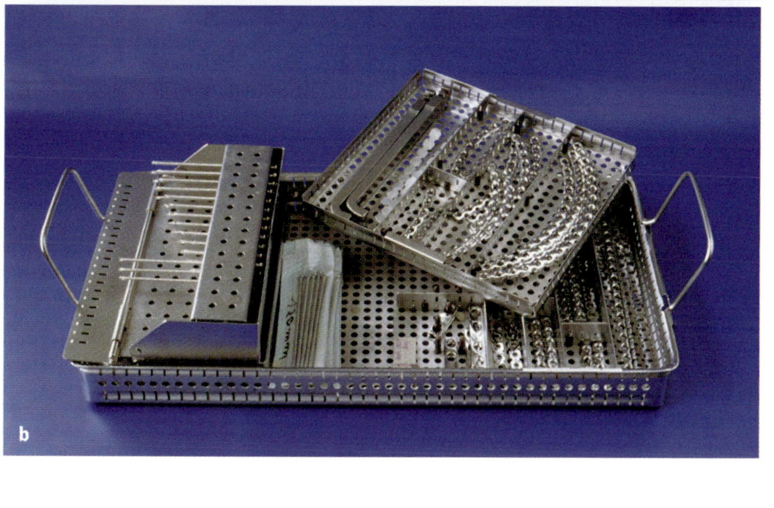


**Abb. 18.4 a, b.** Instrumente und Implantate zur Beckenchirurgie. Zur Beckenchirurgie ist eine Vielzahl von speziellen Instrumenten und Implantaten nötig. Vorteilhaft werden derartige Spezialinstrumente und Implantate komplett in Sieben zusammengestellt; diese sind auch komplett erhältlich (z.B. Fa. Synthes Bochum). **a** Repositionsinstrumente, **b** Beckenimplantate

## Blutersatz

Je nach gewähltem Zugang und Erfahrung muß mit erheblichen intraoperativen Blutverlusten, die durchaus 2–3 l betragen können, gerechnet werden. Eine Übersicht über zu erwartende Operationszeiten und die bei den Zugängen durchschnittlich beobachteten Blutverluste geben die Tabellen 18.2 und 18.3.

Es ist unbedingt dafür zu sorgen, daß ausreichend Blutkonserven zur Verfügung stehen; es muß berücksichtigt werden, daß die Operation ggf. länger dauert oder daß intraoperativ stärkere Blutungen auftreten können.

In Abhängigkeit vom geplanten Zugang werden Blutkonserven bereitgestellt:
- Kocher-Langenbeck-Zugang: 3 Konserven,
- ilioinguinaler Zugang: 4 Konserven,
- erweiterte Zugänge: 6 Konserven,
- iliofemoraler Zugang: 3 Konserven,
- erweiterter Pfannenstielschnitt (»Stoppa-Zugang«): 3 Konserven.

Der intraoperative Einsatz des »Zellsavers« hat sich bewährt, er wird im eigenen Vorgehen zwischenzeitlich routinemäßig eingesetzt.

Für kleinere Eingriffe (z.B. hintere Wand, hinterer Pfeiler) wird auch zunächst nur ein Reservoir eingesetzt, und die Rückgewinnung wird nur gestartet, wenn entsprechende Blutverluste vorliegen.

## Aufklärung

Der Patient muß ausführlich über die Risiken der Operation aufgeklärt werden, wobei die Risiken zugangsspezifisch variieren können (s. auch Kap. 19). Der Patient muß in verständlicher Weise darüber informiert werden, daß die anatomische Rekonstruktion nicht in jedem Fall gelingt und daß auch bei anatomischer Rekonstruktion der Gelenkfläche die unfallbedingte Traumatisierung (Knorpelschäden), ggf. aber auch die operationsbedingte Traumatisierung (heterotope Ossifikationen, Fragmentdurchblutung), die Gesamtprognose beeinträchtigen können. Der Patient ist ebenfalls auf die Höhe des intraoperativen Blutverlustes und das damit verbundene Transfusionsrisiko hinzuweisen. An allgemeinen Komplikationen ist bei Becken- und Acetabulumfrakturen das erhöhte thromboembolische Risiko zu nennen. Besonders bei erweiterten Zugängen ist auf das erhöhte Risiko von postoperativer Hämatom- und Serombildung hinzuweisen. Neben unfallbedingten Gefäß- und Nervenverletzungen ist auch die Rate der iatrogenen Nerven- und Gefäßschäden nicht zu vernachlässigen. Eine ausführliche Darstellung der beobachteten Begleitverletzungen und der Frühkomplikationen gibt das Kap. 21.

**Tabelle 18.2.** Zu erwartende Operationszeiten bei den verschiedenen Zugängen zum Acetabulum [11]

| Zugang | OP-Dauer |
|---|---|
| Kocher-Langenbeck | 150 min |
| Ilioinguinal | 230 min |
| Erw. iliofemoral | 315 min |
| Maryland-Modifikation | 340 min |
| Stoppa-Zugang (Cole, 1994) | 4 h (1,3–8 h) |

**Tabelle 18.3.** Durchschnittlicher Blutverlust bei den verschiedenen Zugängen zum Acetabulum [11]

| Zugang | Blutverlust |
|---|---|
| Kocher-Langenbeck | 700 ml |
| Ilioinguinal | 1630 ml |
| Erw. iliofemoral | 2250 ml |
| Maryland-Modifikation | 1930 ml |
| Stoppa-Zugang (Cole, 1994) | 770 ml (0,2–2,4 l) |

### Klinischer Hinweis

Folgende Punkte sollten bei der Aufklärung zu einer Acetabulumrekonstruktion unbedingt angesprochen werden (s. auch Kap. 21 für detaillierte Angaben):

**Thrombosegefahr.** Die Angaben schwanken je nach Nachweismethode zwischen 3 und 33%. Von einer wesentlich höheren Zahl an klinisch stummen Thrombosen muß ausgegangen werden.

**Emboliegefahr.** Bei der Versorgung frischer Frakturen bis zu 1,7%, bei verzögerten Versorgungen (> 20 Tage) 3%, tödliche Lungenembolien etwa 1%.

**Blutungen.** Sehr selten, in der Regel durch direkte Gefäßläsionen bedingt (Frakturtyp beachten!).

**Infektrisiko.** Zwischen 1% und 12% in Abhängigkeit von der Zugangswahl, der persönlichen Erfahrung und der Verwendung einer perioperativen Antibiose.

**Gefäßschäden.** Selten, am ehesten beim ilioinguinalen Zugang oder bei erweiterten Zugängen. Möglich sind direkte Gefäßläsionen durch fehlliegende Implantate oder durch Knochenfragmente bei der Reposition (A. und V. femoralis) oder als sekundäre Thrombose (arteriell oder venös) nach Traktionsschäden der Femoralgefäße.

**Nervenschäden.** Relativ hohes Risiko von unfallbedingten Nervenschäden (7%–73%), daher unbedingt präoperativen Neurostatus erstellen! Iatrogene

Nervenschäden bei Versorgung frischer Frakturen zwischen 2% und 18%. Besonders gefährdet ist der N. cutaneus femoris lateralis bei anterioren Zugängen (12%–18%), einzelne Anteile des N. ischiadicus (2%–12%, meist peronealer Anteil, Remissionstendenz von bis zu mittelgradigen Verletzungen 62%–100%) und Äste des N. glutaeus superior (bis zu 64% EMG-Veränderungen, schwere Funktionsstörungen sehr selten). Einzelläsionen des N. femoralis und des N. obturatorius sind beschrieben worden; bei Verwendung des Extensionstisches kann der N. pudendus geschädigt werden.

**Ungenügende Gelenkreposition.** Abhängig von Frakturtyp, Zugangswahl und v.a. persönlicher Erfahrung zwischen 0 und 40% (s. Kap. 23).

**Heterotope Ossifikationen.** Zwischen 1% und 69% der Fälle, wobei eine Funktionsbeeinträchtigung insgesamt in bis zu 9% der Fälle beschrieben wurde. Die Inzidenz ist abhängig vom Zugang (dorsale und erweiterte Zugänge vermehrt), von Begleitverletzungen (SHT), von der perioperativen Prophylaxe (nichtsteriodale Antiphlogistika) und von der persönlichen Erfahrung.

**Spätarthrosen.** In Abhängigkeit vom Frakturtyp (Beteiligung der hinteren Wand) und von Zusatzverletzungen (Knorpelschäden, Impressionen, Hüftkopffrakturen etc.) kann trotz anatomischer Rekonstruktion eine Früharthrose auftreten. Kontrollen sind bis zu 24 Monate lang nötig, in über 90% der Fälle läßt sich die Prognose innerhalb diese Zeitraumes erkennen. Spätarthrosen werden bis zu 30 Jahre nach der Versorgung beschrieben (Unfallfolge?).

Die Implantate werden in der Regel lebenslang belassen.

### Prophylaxen (Tabelle 18.4)

#### ■ Thromboembolieprophylaxe

Während der ganzen Zeit der konservativen Therapie ist, solange der Patient immobilisiert ist, auf die konsequente Anwendung der Thromboseprophylaxe zu achten. Im eigenen Vorgehen hat sich die intravenöse kontinuierliche Gabe von Heparin 150 E/kg KG in 24 h für die ersten 3 Tage, dann gesteigert auf 300 E/kg KG in 24 h, bewährt. Sobald der Patient mobilisiert ist, aber noch weitgehend im Bett liegt, wird auf die subkutane Gabe von niedermolekularem Heparin gewechselt; sobald sich der Patient überwiegend außerhalb des Bettes bewegt, wird die Thromboseprophylaxe eingestellt.

#### ■ Prophylaxe heterotoper Ossifikationen

Im eigenen Vorgehen wird lediglich eine präoperativ begonnene und für 4 Wochen postoperativ weitergeführte Prophylaxe mit nichtsteroidalen Antiphlogistika durchgeführt (z. B. Indometazin 2 × 50 mg ab 1. präoperativem Tag).

Eine Prophylaxe mit Bestrahlung wird aufgrund der bisher noch nicht sicher zu beantwortenden Frage von genetischen Schäden bei den in der Regel jungen Patienten nicht eingesetzt.

### Präoperative Patientenvorbereitung

Spezifische pflegerische Vorbereitungen sind in der Regel nicht notwendig; allenfalls bei ausgedehnten, verspätet durchgeführten Acetabulumrekonstruktionen kann es sinnvoll sein, eine beschränkte Darmreinigung vorzunehmen.

Nach Narkoseeinleitung wird die Rasur des Operationsgebietes vorgenommen und im Vorbereitungsraum eine ausgedehnte Waschung des Operationsgebietes und des Perineums durchgeführt. Im Anschluß daran erfolgt eine Vordesinfektion mit Alkohol, die Umlagerung des Patienten sowie die Abklebung des Operationsgebietes, um spätere Verbrennungen durch das aufgetragene alkoholische Desinfektionsmittel zu vermeiden.

**Tabelle 18.4.** Übersicht über die im eigenen Vorgehen angewandten Prophylaxen bei Acetabulumfrakturen

| | |
|---|---|
| Thromboembolieprophylaxe | • physikalische Maßnahmen (Kompressionsstrümpfe), isometrische Übungen, aktive Fußbewegung<br>• Heparin-Perfusor<br>– ab Aufnahme bis 12 h präoperativ: 150 IE/kg KG/24 h i. v.<br>– 2 h präoperativ: 1 × 5000 IE s. c.<br>– postoperativ:<br>Tag 0–2: 150 IE/kg KG/24 h i. v., (PTT 37–52")<br>Tag 0–2: 300 IE/kg KG/24 h i. v., (PTT 37–42")<br>ab Tag 8–10 (je nach Mobilisationsgrad): niedermolekulares Heparin s. c. |
| Infektprophylaxe | • atraumatische Operationstechnik<br>• perioperative Antibiotikaprophylaxe (24 h)<br>Cephalosporin (z. B. Elzogram®) 3 × 2 g<br>Erste Gabe 30 min vor Operation |
| Heterotope Ossifikationen | • atraumatische Operationstechnik<br>• Indomethazin 2 × 50 mg<br>Beginn am Abend vor der Operation<br>Dauer 4 Wochen |

## 18.4 Notfallindikationen nach Acetabulumfrakturen

**In seltenen Fällen ergibt sich die Indikation zur sofortigen operativen Versorgung einer Acetabulumfraktur. Alle Prinzipien der Planung, der Zugangswahl und der Stabilisationstechniken haben natürlich auch in dieser Situation ihre Gültigkeit. Da die Zeit zur Planung und Vorbereitung sehr limitiert ist, sollte auf alle Fälle der erfahrenste verfügbare Operateur einen derartigen Notfalleingriff durchführen.**

### Offene Acetabulumfrakturen

Offene Acetabulumfrakturen (Abb. 18.5) sind sehr seltene Verletzungen. Sie entstehen meist durch direkte Gewalteinwirkung, wie z. B. eine Pfählungsverletzung. In der Regel steht das komplexe Beckentrauma mit einer ggf. bestehenden beckenbedingten Kreislaufinstabilität im Vordergrund. In dieser Situation wird nach den in Kap. 7 angegebenen Richtlinien der Notfallversorgung vorgegangen.

Im eigenen Krankengut fanden sich unter 805 Acetabulumfrakturen lediglich 4 offene, isolierte Acetabulumfrakturen (0,5 %, 1 Patient verstorben). In 2 Fällen wurde eine Primärversorgung durchgeführt; in einem Fall bei sekundär verlegtem Polytrauma und Infekt war konservativ vorgegangen worden, und der später verstorbene Patient war aufgrund der Begleitverletzungen nicht operationsfähig.

In weiteren 14 Fällen lagen schwerste Komplexverletzungen des Beckenrings mit Acetabulumbeteiligung vor (1,7 %, 6 Patienten verstorben).

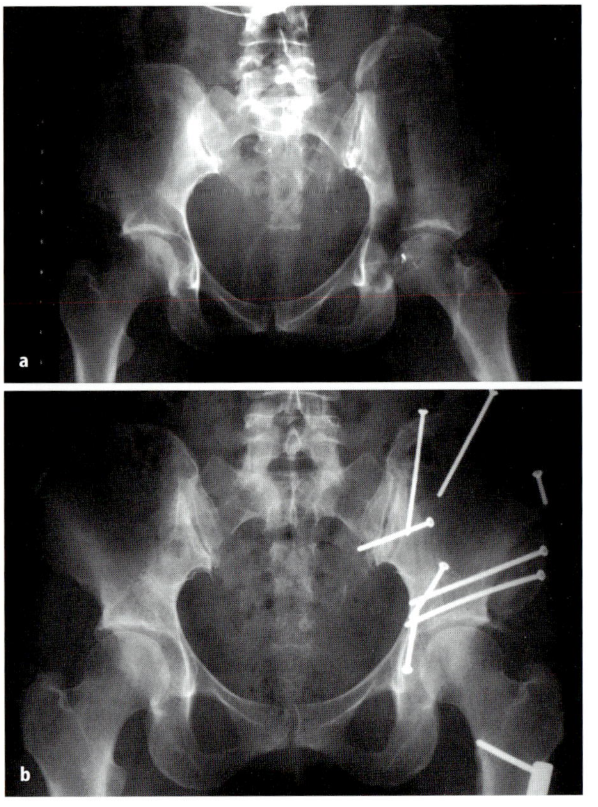


**Abb. 18.5 a, b.** Notfallindikation »offene Acetabulumfraktur«. Eine offene Acetabulumfraktur, wie hier nach einem Gabelstaplerunfall (**a**), stellt eine Indikation zu einer sofortigen Versorgung dar. Im vorliegenden Fall konnte über eine ausgedehnte, ventral bis zur Leiste ziehende Wunde mit Erweiterung zum ilioinguinalen Zugang eine anatomische Rekonstruktion erreicht werden (**b**)

Die Versorgungstaktik bei offenen Acetabulumfrakturen entscheidet sich anhand der Stabilität des Kreislaufs und der Allgemeinsituation des Patienten, der lokalen Weichteilsituation und der bestehenden Operationskapazitäten (Infrastruktur, eigene Erfahrung).

#### ■ Offene Acetabulumfrakturen mit instabilem Kreislauf

Das primäre Therapieziel ist die Blutstillung. Sie wird, falls keine Verletzungen der großen Gefäßbahnen vorliegen (Pfählung in der Leistenregion!), in der Regel durch Tamponaden erreicht. Bei instabilen Iliumfragmenten, wie sie z. B. bei Zweipfeilerfrakturen vorkommen, fehlt häufig das zur effektiven Tamponade erforderliche knöcherne Widerlager. In diesen Situationen, in denen instabile Kreislaufverhältnisse keine ausgedehnte Rekonstruktion erlauben, wird das Os ilium durch einfache Schrauben- und/oder Plattenosteosynthesen im Bereich des Beckenkamms und an der Linea terminalis provisorisch stabilisiert. Durch die Reposition der Frakturflächen wird die teilweise sehr starke Blutung aus dem spongiösen Knochen deutlich eingeschränkt bzw. ganz gestillt.

Eine anatomische Einrichtung der Hauptfragmente ist zwar anzustreben und sie gelingt zu diesem sehr frühen Zeitpunkt oftmals erstaunlich leicht, sie sollte aber im Hinblick auf den Zeitbedarf nicht erzwungen werden.

Die definitive Versorgung erfolgt sekundär nach Stabilisierung des Allgemeinzustandes des Patienten. Sie ist gelegentlich schon im Rahmen der Tamponadenentfernung (48 h) möglich.

Die Komplikationswunde wird in die Zugangsplanung einbezogen und ermöglicht nicht selten mit nur geringen Erweiterungen eine für die anatomische Rekonstruktion ausreichende Darstellung.

#### ■ Offene Acetabulumfrakturen mit stabilem Kreislauf

Bestehen bei einer offenen Acetabulumfraktur stabile Kreislaufverhältnisse, wird die Diagnostik unmittelbar komplettiert, um ein möglichst umfassendes Bild über die Fraktur zu erhalten. Eine operative Versorgung sollte, wie bei allen offenen Frakturen, möglichst bald, d. h. innerhalb der 6-h-Frist erfolgen. Da insbesondere bei komplexen Frakturtypen mit erheblichen intraoperativen Schwierigkeiten zu rechnen ist, sollte die operative Versorgung derartiger Fälle nur dann begonnen werden, wenn eine ausreichende Infrastruktur zur Verfügung steht und wenn sowohl die persönliche Erfahrung als auch die Operationskapazität eine ggf. längerfristige Versorgung zuläßt. In Zweifelsfällen ist eine direkte Weiterverlegung in ein Traumazentrum vorzuziehen. In diesen Fällen wird unter entsprechender Schockprophylaxe, ggf. Transfusion, ein Transport möglichst auf dem Luftweg organisiert. Die Wunden selbst werden steril abgedeckt, bei kleineren aktiven Blutungen wird unter sterilen Bedingungen die Wunde mit Rollen oder Bauchtüchern tamponiert.

Bei der operativen Versorgung gelten folgende Grundregeln:

- ausreichende Diagnostik, um Frakturtyp und Zusatzverletzungen komplett erfassen zu können,
- Einbeziehung der Komplikationswunde in die Zugangswahl,
- ausreichendes Débridement und komplette Wundinspektion, da teilweise sehr tiefe und unübersichtliche Wundhöhlen mit ggf. erheblichen Fremdkörpereinsprengungen bestehen können,
- Ziel muß die anatomische Rekonstruktion und stabile Fixation der Gelenkflächen sein,
- ggf. Revisionsoperationen einplanen (»second look«),
- sofortige Prophylaxe heterotoper Ossifikationen (Inzidenz bei offenen Frakturen erhöht!).

### Instabile Hüfte, zunehmender Nervenschaden

Begleitende Nervenschäden sind nach Acetabulumfrakturen nicht selten (s. auch Kap. 21). Während sich der primäre Nervenschaden im Augenblick des Unfalls manifestiert, muß die Zunahme von neurologischen Ausfällen als Notfallsituation betrachtet werden. Unmittelbares Ziel der Behandlung ist eine »Dekompression« der beteiligten Nerven, eine Maßnahme, die meist nur durch eine sofortige operative Freilegung zu erreichen ist.

**Repositionsmanöver.** Kommt es im Rahmen des Repositionsmanövers (hintere Luxationsfraktur) zu erstmalig auftretenden oder sich verstärkenden Nervenschäden, muß davon ausgegangen werden, daß der N. ischiadicus durch Fragmentdruck geschädigt wird. In diesen Fällen wird das Repositionsmanöver abgebrochen, die Hüfte in eine für den Patienten komfortable Lage gebracht, und es wird eine sofortige operative Reposition und Nervendekompression veranlaßt.

Entsprechend wird vorgegangen, wenn bei primär unauffälligem neurologischem Befund und bei Reposition in Narkose der Patient mit neurologischen Ausfällen erwacht und ein Frakturtyp vorliegt, der den Nerv gefährden kann (z. B. verkippte Hinterwandfragmente).

**Extensionsbehandlung.** Kommt es unter einer Extensionsbehandlung eines instabilen Hüftgelenkes zu Nervenschäden, wird sofort klinisch und durch Röntgen im Bett die Stellung des Hüftgelenkes gesichert. Ist die Hüfte reluxiert, wird eine sofortige geschlossene Einrichtung vorgenommen. Da der Zustand auch unter Extension als »instabil« zu bezeichnen ist, wird eine baldige, günstigstenfalls sofortige, operative Versorgung durchgeführt.

### Gefäßverletzungen

In seltensten Fällen kann es durch Fragmente des vorderen Pfeilers zu versorgungspflichtigen Verletzungen der Femoralgefäße kommen. In diesen Fällen ist, je nach Allgemeinsituation, eine Primärversorgung der Acetabulumfraktur im Rahmen der operativen Gefäßversorgung in Erwägung zu ziehen (s. auch Kap. 21).

### Repositionshindernisse

In seltenen Fällen können Fragmente mit anhängenden Kapselanteilen die Reposition einer hinteren Luxation verhindern (Abb. 18.6). In den meisten Fällen ist unter erneuter Analyse des Unfallmechanismus und Herstellung einer ausreichenden Relaxation des Patienten eine geschlossene Reposition möglich. Es muß darauf geachtet werden, daß unter Berücksichtigung des Luxationsmechanismus in leichter Abweichung der Technik nach Böhler ggf. auch ein Repositionsversuch mit über 90° gebeugter Hüfte vorteilhaft sein kann.

Ist eine Reposition durch die ungünstige Verlagerung der Hinterwandfragmente nicht zu erreichen, erfolgt die offene Einrichtung. Vor der Durchführung der Operation sollte versucht werden, die Diagnostik soweit wie möglich zu erweitern (Schrägaufnahmen, ggf. auch CT), um das Repositionshindernis klar zu erkennen und damit gezielt vorgehen zu können.

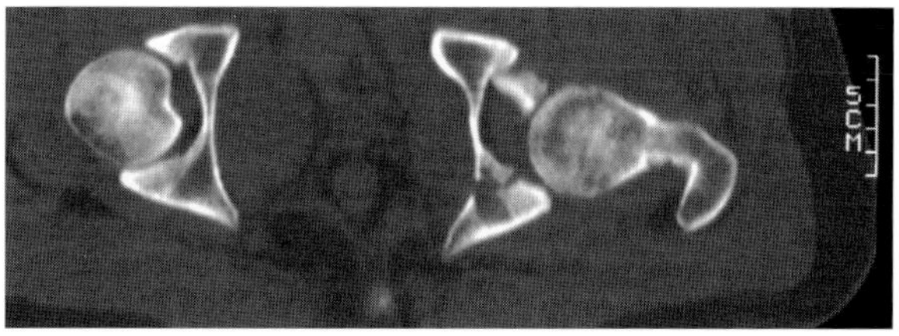

**Abb. 18.6.** Notfallindikation »Fragmentinterposition«. Interponierte intraartikuläre Fragmente führen zur schnellen Gelenkzerstörung. Sie stellen eine Indikation zur Notfallversorgung, zumindest zur Fragmentextraktion dar

In der Regel gelingt die offene Einrichtung über den dorsalen Zugang mit anschließender Rekonstruktion der Acetabulumhinterwand.

## Hüftkopffrakturen

Hüftkopffrakturen (Abb. 18.7) sind immer mit der Gefahr einer avaskulären Nekrose des Hüftkopfes, zumindest aber des Fragmentes, verbunden. Das unmittelbare Ziel ist daher die sofortige Reposition der Hüfte.

Im Anschluß daran wird die Diagnostik erweitert, um die Größe und Lage des Hüftkopffragmentes feststellen zu können.

- Liegt das Fragment distal der Fovea capitis femoris (Pipkin-Typ I) und ist es nicht oder nur minimal disloziert, kann konservativ behandelt werden (Fragmentlage und Mobilität im Bildwandler prüfen!).
- Liegt das Fragment distal der Fovea capitis femoris (Pipkin-Typ I), aber disloziert und/oder instabil, wird es entfernt. Die Operation erfolgt geplant, sekundär.
- Ist das Fragment groß und reicht es bis kranial der Fovea capitis femoris (Pipkin-Typ II), muß es refixiert werden, da erhebliche Anteile des Hüftkopfes betroffen sind und eine »Stabilität« des stark verkleinerten Hüftkopfes nicht mehr gegeben ist. In diesen Fällen wird in Abhängigkeit vom Allgemeinzustand des Patienten eine sofortige Refixation angestrebt, um evtl. eine Regeneration der Blutversorgung zu erreichen.

**Abb. 18.7 a, b.** Notfallindikation »dislozierte Hüftkopffrakturen«. Stark dislozierte Hüftkopffrakturen sollten, einen entsprechenden Allgemeinzustand des Patienten vorausgesetzt, ebenfalls sofort versorgt werden, um die Blutversorgung des abgesprengten Fragmentes möglichst frühzeitig wiederherzustellen

### Operationstaktik

Die Refixation großer Fragmente geschieht technisch am einfachsten über den anterioren Zugang. In Verbindung mit einer Acetabulumfraktur, die eine Versorgung von dorsal benötigt, muß im Einzelfall geprüft werden, ob der vorliegende Frakturtyp sowohl die Kopfversorgung als auch die Verschraubung der Hüftkopffraktur erlaubt (von dorsal technisch schwieriger; s. auch Kap. 20).

## Inkarzerierte Fragmente

Ist die Hüfte nach der Reposition nicht kongruent und zentriert, besteht der hochgradige Verdacht auf inkarzerierte, intraartikuläre Fragmente (s. auch Abb. 18.6). Die Häufigkeit inkarzerierter Fragmente nach Acetabulumfrakturen wird mit etwa 3%–8% angegeben [2, 3, 5, 9].

In seltenen Fällen können auch noch »verhakte und reitende« Luxationsstellungen bestehen, die nicht zu einer sichtbaren Fehlstellung des Beines führen [16, 17].

In der Computertomographie werden die Größe und die Lage sowie die Herkunft des eingeklemmten Fragmentes bestimmt. Insbesondere muß geprüft werden, ob das Fragment noch durch Kapselanteile mit der hinteren Wand verbunden ist (Zugangswahl!).

Dieser Zustand muß als »relative« Notfallindikation betrachtet werden, die Notwendigkeit richtet sich im wesentlichen nach dem Allgemeinzustand des Patienten:

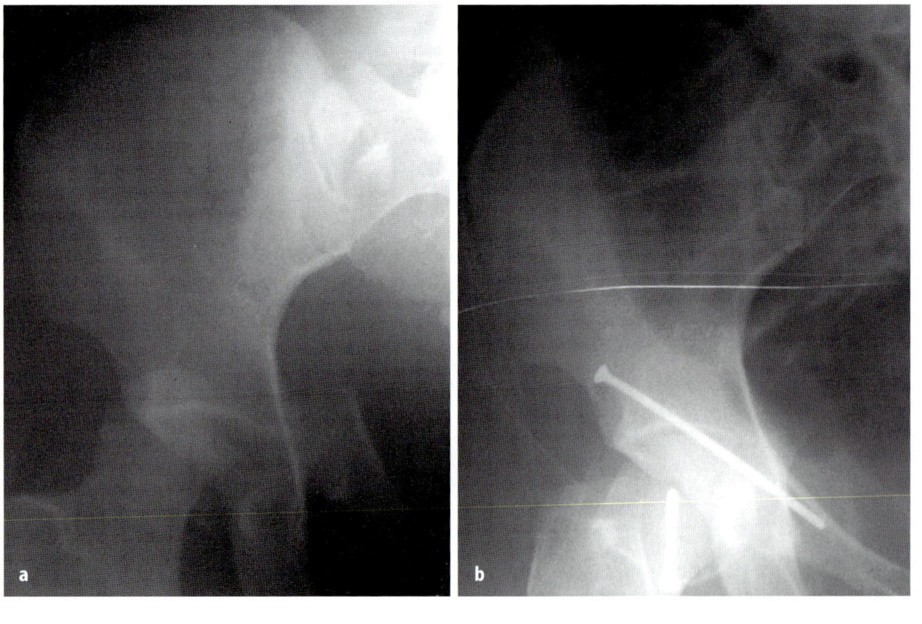

- Beim polytraumatisierten Patienten erfolgt die Extraktion nach Besserung des Allgemeinzustandes. Zwischenzeitlich wird extendiert. Kleine isolierte Fragmente werden über den anterioren Zugang entfernt. Ansonsten wird das Fragment im Rahmen der Acetabulumversorgung von dorsal her entfernt (Hinterwandfragmente).
- Bei isolierten Verletzungen und Schmerzen wird eine notfallmäßige oder dringliche Versorgung angestrebt (nächster Tag).
  - Isolierte Fragmente werden über einen anterioren Zugang extrahiert.
  - Besteht eine Acetabulumfraktur, die von dorsal her zu versorgen ist, oder ist das Fragment noch durch Kapselanteile mit der hinteren Wand verbunden, erfolgt eine Extraktion über den hinteren Zugang. Zur Entfernung des Fragmentes Längszug einsetzen!

*Anmerkung.* Freie intraartikuläre Fragmente müssen nicht immer mit dem Verletzungsmuster einer Hüftgelenkluxation einhergehen. In seltenen Fällen kommt es zur Spontanreposition, oder eine Luxation kann nicht mehr sicher nachgewiesen werden [3, 13].

Für kleine intraartikuläre Fragmente wird im eigenen Vorgehen zwischenzeitlich die Hüftgelenkarthroskopie eingesetzt, die sicherlich in naher Zukunft zunehmend an Bedeutung gewinnen wird [6].

## Begleitende Femurfrakturen (»floating hip«)

Begleitende Femurfrakturen komplizieren die Situation. Insgesamt ist die Kombination von Beckenfrakturen mit Oberschenkelfrakturen mit einer deutlich erhöhten Letalität verbunden. Schwierigkeiten ergeben sich im Management der Gesamtverletzung und in der Indikationsstellung, aber auch in der Technik der Frakturversorgung. Das Verletzungsmuster einer Beckenfraktur in Kombination mit einer Oberschenkelfraktur wird insgesamt unter dem Begriff »floating hip« zusammengefaßt [1, 10].

Im eigenen Krankengut fanden sich 112 Fälle, die unter die Definition einer »Floating-hip-Verletzung« fielen. Die Letalität betrug insgesamt 33%, in der Frühphase immer durch Verblutung bedingt. In 36 Fällen war eine Acetabulumfraktur (in 21 Fällen zusammen mit einer Beckenringfraktur) mit der Oberschenkelfraktur kombiniert [4].

Für die unmittelbare Entscheidungsfindung relevant sind allerdings lediglich die Kombinationen von Acetabulumfrakturen, und hier v.a. die kombinierten Frakturtypen, mit proximalen Oberschenkelfrakturen. Der eigenen Erfahrung nach haben der Zugang und die Operationstechnik nur einen sekundären Einfluß auf das Ergebnis, die Operationstaktik muß sich im wesentlichen am Allgemeinzustand des Patienten orientieren:

- Bei gutem Allgemeinzustand wird zunächst die Oberschenkelfraktur versorgt, und bei Vorliegen einer von dorsal zu versorgenden Acetabulumfraktur wird die Stabilisierung direkt angeschlossen. Zur Versorgung der Oberschenkelfraktur werden reduziert invasive Verfahren bevorzugt (unaufgebohrte Marknägel, durchgeschobene Platten) [7, 8].
- Bei schlechtem Allgemeinzustand wird zunächst die Oberschenkelfraktur stabilisiert, notfalls mit Fixateur externe, ansonsten mit einem reduziert-invasiven Verfahren, und sekundär die Acetabulumfraktur stabilisiert.

## Literatur


1. Alonso J (1993) The floating hip: a management protocol and classification. 1st International Symposium on surgical treatment of acetabular fractures. Paris May 10–11, 1993
2. Duquennoy A, Senegas J (1982) Fractures du cotyle. Rev Chir Orthop Reparatrice Appar Mot 68 (Suppl II): 45
3. Guiral J, Gracia A, Curto J (1995) Incarcerated fragment of posterior acetabular wall fracture without hip dislocation. Injury 26(9): 647–648
4. Guy P, Paul Ch, Gänsslen A, Krettek Chr, Pohlemann T (1996) The »Floating Hip« Report on 228 cases. Orthop Trans 20(1), pp 127–128
5. Judet R, Judet J, Letournel E, Vacher D (1968) L'incarcération fragmentaire au cours des fractures du cotyle. Presse Med 76: 411
6. Keene G, Villar R (1994) Arthroscopic loose body retrieval following traumatic hip dislocation. Injury 25(8): 507–510
7. Krettek C, Rudolf J, Schandelmaier P, Guy P, Könemann B, Tscherne H (1996) Unreamed intramedullary nailing of femoral shaft fractures: operative technique and early clinical experience with the standard locking option. Injury 27(4): 233–254
8. Krettek C, Schandelmaier P, Tscherne H (1996) Percutaneous plate osreosynthesis using the DCS in distal and proximal femur fractures. Injury 28 (Suppl 1): 14–24
9. Letournel E (1993) Fractures of the pelvis and acetabulum. Ninth AFOR Course and Workshop, Paris
10. Liebergall M, Whitelaw G, Wetzler M, Segal D (1992) The floating hip: ipsilateral pelvic and femoral fractures. J Bone Joint Surg Br 74(1): 93–100
11. Matta J, Letournel E, Browner B (1986) Surgical management of acetabular fractures. AAOS Instr Course Lect 35: 382–397
12. Montgomery K, Potter H, Helfet D (1995) Magnetic resonance venography to evaluate the deep venous system of the pelvis in patients who have an acetabular fracture. J Bone Joint Surg Am 77(11): 1639–1650
13. Olson O, Landin L, Johansson A (1994) Traumatic hip dislocation with spontaneous reduction and capsular interposition. Acta Orthop Scand 65: 467
14. Pohlemann T, Tscherne H, Baumgärtel F, Egbers H, Euler E, Maurer F (1996) Beckenverletzungen: Epidemiologie, Therapie und Langzeitverlauf. Übersicht über die multizentrische Studie der Arbeitsgruppe Becken. Unfallchirurg 99(3): 160–167
15. Roffi R, Matta J (1993) Unrecognized posterior dislocation of the hip associated with transverse and T-type fractures of the acetabulum. J Orthop Trauma 7(1): 23–27
16. Simmert J, Nagle T, Ray S (1993) An unusual posterior fracture-dislocation of the hip. J Orthop Trauma 7(6): 567–568
17. Soreff J (1976) Fracture-disilocation of the hip with entrapment of the femoral head by impaction against the acetabular rim. Injury 8: 127–128

# Kapitel 19

# Zugänge zum Acetabulum



T. Pohlemann und H. Tscherne



**Eine Vielzahl von Zugängen zum Acetabulum sind angegeben und wurden für die verschiedenen Stabilisationsverfahren eingesetzt. Alle »einfachen« Zugänge haben den Nachteil, daß lediglich »eine Seite« (Außenseite oder Innenseite) des Acetabulums gut darstellbar ist, während die »Gegenseite« nur indirekt erreichbar ist und dort keine direkten chirurgischen Maßnahmen durchgeführt werden können. Lediglich die »erweiterten Zugänge« erlauben eine gleichzeitige Exposition von Außenseite, Fossa iliaca und kleinem Becken, allerdings unter Inkaufnahme eines wesentlich erhöhten Operationstraumas mit allen Konsequenzen in der perioperativen Morbidität. Nachdem besonders in den 60er und 70er Jahren verschiedenste Zugangswege und Modifikationen verwendet wurden, werden derzeit zur »standardisierten Versorgung« im wesentlichen 3 Zugänge bevorzugt, mit denen alle Frakturtypen mit hoher Sicherheit erreicht werden können (Kocher-Langenbeck Zugang, ilioinguinaler Zugang, erweiterter Zugang als klassischer erweiterter iliofemoraler Zugang oder in der »Maryland«-Modifikation). Diese Zugänge werden im Detail beschrieben, da sie derzeit die Basis für die Versorgung der Acetabulumfrakturen bilden. Zur Betrachtung weiterer Zugänge wird auf die umfassenden Darstellungen in der Literatur verwiesen [2, 5, 9, 11, 17, 18, 26].**

**Insbesondere für spezielle Indikationen, wie z. B. die Frakturen im Alter oder Acetabulumfrakturen im Rahmen eines Polytraumas, werden z. Z. Wege gesucht, das Operationstrauma zu verringern. Die sich schnell entwickelnde bildgebende Diagnostik erlaubt es für bestimmte Frakturtypen auch unter Einsatz »reduziert invasiver Techniken« eine stabile Fixation nach anatomischer Reposition zu erreichen. Inwieweit sich die Indikationen für diese Sonderzugänge erweitern lassen, ist derzeit noch nicht endgültig abzuschätzen.**

## 19.1 Hintere Zugänge

Der hintere Zugang ist der am häufigsten zur Versorgung von Acetabulumfrakturen eingesetzte Zugangsweg. Er hat eine lange Tradition und wurde in seinen ersten Beschreibungen für die Versorgung von Schußverletzungen und zur Resektionsarthroplastik des Hüftgelenkes angegeben.

v. Langenbeck beschreibt 1874 einen transglutäalen Zugang, bei dem nach schräger Inzision zwischen der Spina iliaca posterior superior und der Trochanterspitze durch Spaltung der Fasern des M. glutaeus maximus und wohl auch medius das Hüftgelenk erreicht wird [14]. Kocher erweiterte den Zugang zur Hüftresektion und gibt neben der derzeit gebräuchlichen, nach distal verlängerten Schnittführung auch eine Präparation in der nervalen Versorgungsgrenze zwischen N. glutaeus inferior (M. glutaeus maximus) und N. glutaeus superior (M. glutaeus medius, minimus, M. tensor fasciae latae) an [4, 13]. Gibson greift 1950 den in den USA wenig bekannten posterioren Zugang erneut auf und verhilft ihm mit einer detaillierten Beschreibung zur weiten Verbreitung [6].

Insbesondere zum endoprothetischen Ersatz der Hüfte wurden zwischenzeitlich noch eine Reihe von Modifikationen angegeben. Zur Versorgung der Acetabulumfrakturen hat sich allerdings zwischenzeitlich eine als »Kocher-Langenbeck-Zugang« bezeichnete Kombination einzelner Operationsschritte als Standardzugang durchgesetzt. Er bietet in vollständiger Präparation die derzeit beste Übersicht über die Außenseite des Os innominatum und erlaubt durch Palpation zur Innenseite des Beckens hin eine ausreichende Kontrolle der Reposition einfacher Frakturlinien des vorderen Pfeilers.

Von den gebräuchlichen Erweiterungsmöglichkeiten wird der erst in letzter Zeit zunehmende verwendete »Trochanter-flip« nach Mercati dargestellt, der eine bigastrische Osteotomie des Trochanter major beinhaltet und dadurch die Muskelkette der Abduktoren und des M. vastus lateralis intakt läßt. Er bietet eine erweiterte Übersicht auf die vordere Wand des Acetabulums und erlaubt nach Subluxation des Gelenkes einen kompletten Einblick in das Hüftgelenk [20].

Eine 2. Erweiterungsmöglichkeit zum sog. »Triradiate«-Zugang nach Mears ist von der Ausdehnung der Exposition her den erweiterten Zugängen zuzuordnen und wird an dieser Stelle (s. S. 388) dargestellt. Er wird im eigenen Vorgehen nicht mehr routinemäßig eingesetzt [19] und bleibt Ausnahmesituationen vorbehalten, bei denen bei fehlerhafter Operationsplanung intraoperativ eine erweiterte Exposition der Beckeninnenseite notwendig wird.

**Kocher-Lang**

Der Kocher
sicht über d
Tuber ischi
der Incisura
tral hin läßt
darstellen, k
Abduktion d
Os coxae ist
jor sichtbar,
durch Palpat

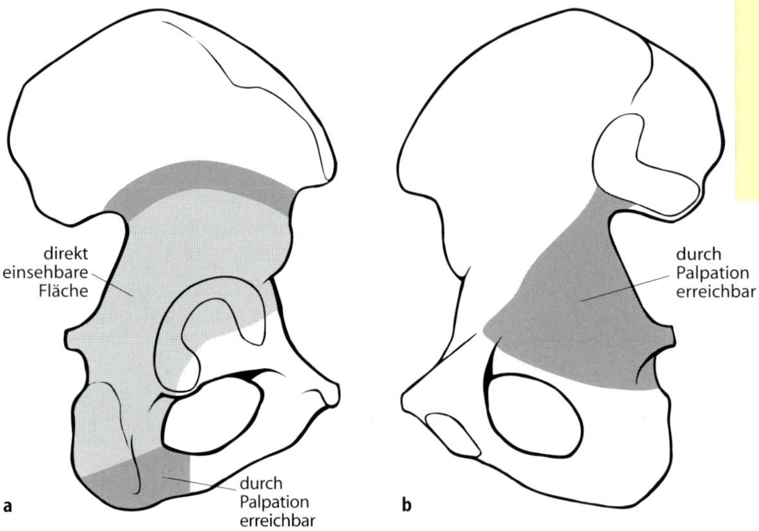


a b

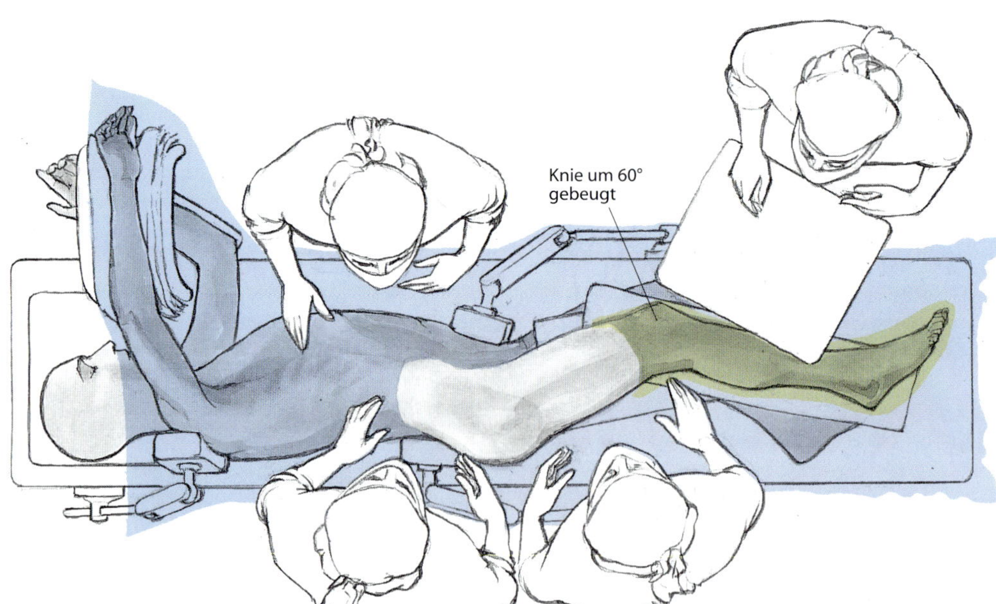


c

… fach angestellt werden kann. c Wird der Zugang in Bauchlage auf dem Extensionstisch durchgeführt, muß auf eine Fixation des Unterschenkels in Beugestellung des Kniegelenkes geachtet werden, um Traktionsschäden des N. ischiadicus zu vermeiden

■ **Indikationen**

- Frakturen der hinteren Wand oder des hinteren Pfeilers des Acetabulums
- Transtektale oder juxtatektale Querfrakturen bis etwa 14–20 Tage nach Verletzung
- Querfrakturen mit Frakturen der hinteren Wand bis etwa 14–20 Tage nach dem Unfall

> *Anmerkung.* Die Einschätzung, ob aufgrund einer schon eingesetzten Kallusbildung ein erweiterter Zugang bevorzugt werden sollte, wird anhand der präoperativ gefertigten CT gestellt.

- Entfernung von intraartikulären Knochenfragmenten nach Hüftluxationen mit Ausbrüchen des hinteren Pfannenrandes, insbesondere wenn diese Pfannenrandfragmente noch an der hinteren Kapsel anhängend sind

> *Anmerkung.* Im Gegensatz dazu werden dislozierte Hüftkopffragmente im Rahmen von Hüftkopffrakturen besser über einen anterioren Zugang (s. dort) entfernt.

- Totalendoprothetischer Ersatz bei posttraumatischer Arthrose nach Versorgung einer Acetabulumfraktur über den hinteren Zugang

> *Anmerkung.* Insbesondere wenn eine Implantatentfernung nötig ist und ausgedehnte Vernarbungen bestehen, empfiehlt es sich, eine komplette Exposition über den Kocher-Langenbeck-Zugang durchzuführen, um den N. ischiadicus sicher darstellen und schonen zu können.

■ **Vorbereitung**

- Allgemeine Vorbereitung (perioperative Antibiose, heterotope Ossifikationen)
- Bereitstellung von 2–4 Blutkonserven
- Transurethraler Blasenkatheter bei komplizierten Frakturen (Operationsdauer)
- Gegebenenfalls Intensivplatz bei komplizierten Frakturen vorhalten

■ **Lagerung**

Die Lagerung kann prinzipiell in Bauchlage auf dem Extensionstisch oder Standardtisch, aber auch in der Seitenlage erfolgen. Im eigenen Vorgehen wird die Seitenlage bevorzugt, da das frei bewegliche, abgedeckte Bein bessere Repositionsmöglichkeiten erlaubt und die manuelle, nur kurzfristige Extension eine einfachere Schonung des N. ischiadicus erlaubt.

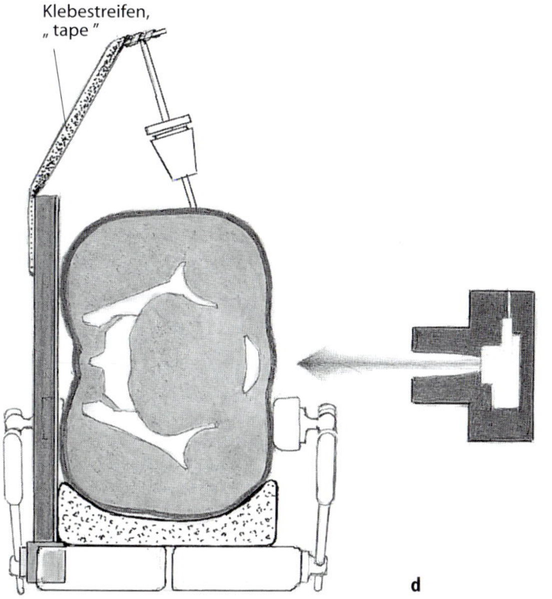


d

Abb. 19.1 d, e

e

**Seitenlage**
Der Patient wird auf der Vakuummatratze streng seitlich gelagert. Die Abstützung erfolgt mit 3–4 Stützen. Diese werden soweit proximal und distal wie möglich am Tisch befestigt, um den Operateur und die Assistenz nicht zu behindern (Abb. 19.1c). Die distalen Stützen stabilisieren den Patienten in Höhe des Os sacrum sowie an der Symphyse und schließen die Vakuummatratze ein. Die proximalen Stützen werden locker großflächig im Bereich der Schulterblätter und des Sternums angelegt. Sie haben lediglich die Funktion, beim Kippen des Tisches den Patienten abzustützen und ein Abgleiten zu verhindern.

Dorsalseitig wird darauf geachtet, daß zwischen Vakuummatratze und Tisch ein »Sims« entsteht, auf den später eine steril eingepackte Röntgenkassette zur intraoperativen Repositionskontrolle aufgestellt werden kann (Abb. 19.1d). Das Tragen von Röntgenschürzen kann damit für das Operationsteam vermieden werden.

Die Abdeckung erfolgt mit frei beweglichem Bein. Nach dorsal muß die Spina iliaca posterior superior zugänglich bleiben. Das Bein wird entweder durch eine Assistenz gehalten oder durch sterile Unterpolsterung (Tuchrollen) so gelagert, daß eine Flexion im Kniegelenk von 40–80° permanent aufrecht gehalten wird, um den N. ischiadicus zu entspannen.

**Bauchlagerung**
Die Bauchlagerung kann auf dem Standardtisch (eigenes Vorgehen) oder aber auf dem Extensionstisch durchgeführt werden (Abb. 19.1e). Dabei wird mittels suprakondylärem Extensionsbügel extendiert und das Kniegelenk in 45° Beugung gelagert, um die Gefahr des Traktionsschadens des N. ischiadicus zu minimieren. Eine weitergehende Beugung des Kniegelenkes sollte bei der Verwendung des Extensionstisches vermieden werden, um eine Zugschädigung des M. rectus femoris zu vermeiden.

In der Bauchlage ist der Zugang zur Incisura ischiadica major und damit zur Innenseite des Beckens etwas erleichtert. Die Fixation des Beines kann aber die Repositionsmöglichkeiten einschränken.

### ■ Orientierungspunkte und Hautinzision
(Abb. 19.2a)
Folgende Orientierungspunkte werden identifiziert und eingezeichnet:

- Spitze des Trochanter major,
- Spina iliaca posterior superior,
- Achse des Oberschenkels.

Die Inzision beginnt auf der Verbindungslinie zwischen Spina iliaca posterior superior und Trochanterspitze ca. 6 cm distal der Spina und biegt im Bereich der Trochanterspitze bogenförmig in den Verlauf der Oberschenkel ein.

### ■ Faszieninzision
Nach Durchtrennung des Subkutangewebes wird die Fascia lata in ihrem dorsalen Anteil längs gespalten. Von distal her werden die im Bereich des Trochanter major gekreuzt verlaufenden Fasern durch die Bursa trochanterica hindurch eröffnet. Die Fasern des M. glutaeus maximus werden im Übergang vom ventralen Drittel zu den dorsalen 2/3 innerhalb des Faserverlaufes mit der Schere vorsichtig, vorwiegend stumpf, auseinandergedrängt (Abb. 19.2b). Nach dorsal hin wird diese Präparation so weit fortgeführt, bis die ersten Äste des glutäalen Gefäß-Nerven-Bündels erscheinen. Dieser Teil der Präparation muß vorsichtig erfolgen, da bei Durchtrennung der glutäalen Nerven funktionell bedeutsame Abduktionsschwächen vorkommen können.

> *Anmerkung.* Die arterielle Versorgung des M. glutaeus maximus erfolgt im ventralen Anteil durch die A. glutaea superior, während die dorsalen 2/3 zwei von der A. glutaea inferior versorgt werden. Dagegen erfolgt die nervale Versorgung ausschließlich über den N. glutaeus inferior. Eine zu proximale Präparation mit Durchtrennung der nervalen Endäste kann zu funktionell bedeutenden Lähmungen des ventralen Anteil des M. glutaeus maximus kommen. Muß zusätzlich eine chirurgische Stabilisierung im Bereich der Crista iliaca posterior erfolgen, sollte daher auf keinen Fall die Inzision bis dorthin verlängert werden, sondern eine weitere Inzision, bevorzugt am Beckenkamm, angelegt werden.

### ■ Darstellung des N. ischiadicus und Ablösung der Außenrotatoren
Das subfasziale Gewebe ist in der Regel hochgradig eingeblutet, so daß die Übersicht zunächst behindert ist. Die hämatomveränderte Bursa trochanterica wird exzidiert und die Spaltung des Tractus iliotibialis so weit nach distal fortgesetzt, bis der Ansatz des M. glutaeus maximus im Bereich der Linea aspera des Os femur erkennbar wird. Durch Einkerben eines etwa 1–2 cm langen Ansatzstückes der Sehne kann die Übersicht verbessert werden, eine vollständige Ablösung ist in der Regel nicht nötig.

Ist der N. ischiadicus nicht sofort erkennbar, wird er am günstigsten »auf« dem M. quadratus femoris aufgesucht, da dieser Bereich auch nach ausgedehnten Verletzungen noch weitestgehend »normale« anatomische Verhältnisse bietet. Der Muskel ist durch den streng parallelen Faserverlauf senkrecht zur Achse des Femurs sicher zu identifizieren. Durch vorsichtige Palpation und Präparation nach dorsal wird der N. ischiadicus in seiner Lage auf dem dorsalen Anteil des Muskels identifiziert und sein weiterer Verlauf festgestellt. Der Nerv selbst muß nicht angeschlungen und sollte auf keinen Fall skelettiert werden. Allerdings sollte zu jedem Zeitpunkt der Operation Klarheit über seine exakte Lage herrschen, und es muß darauf geachtet werden, daß er nicht durch Manipulation des Beines und Streckung im Kniegelenk unter Spannung gerät.

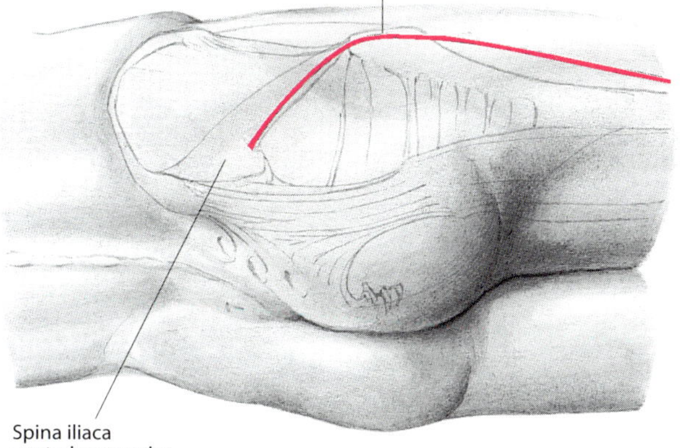


a

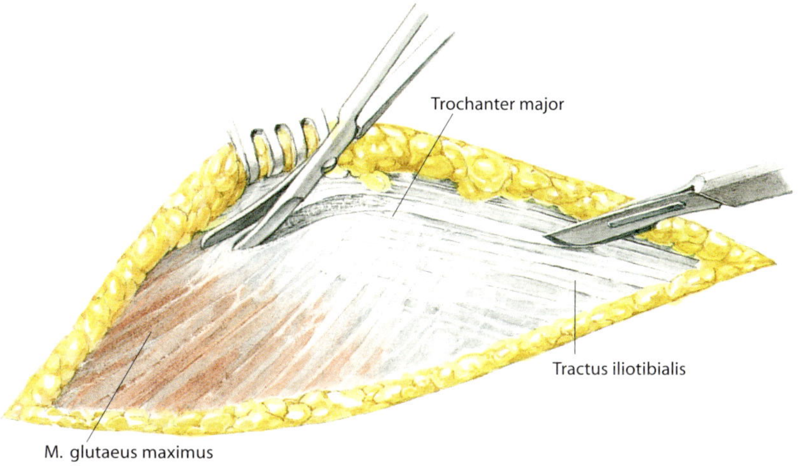


b

**Abb. 19.2 a–g.** Kocher-Langenbeck-Zugang. **a** Orientierungspunkte und Hautinzisionen; **b** Spaltung des Tractus iliotibialis und der Fasern des M. glutaeus maximus
**c–g** s. S. 354–356

> *Anmerkung.* Wird der Eingriff mit unerfahrener Assistenz durchgeführt, ist es günstig zu diesem Zeitpunkt die Wirkung der Kniegelenkstreckung auf die Nervenspannung zu demonstrieren. Das Verständnis für eine andauernd korrekte Beinhaltung wird dadurch wesentlich erleichtert!

Als nächster Schritt erfolgt die Ablösung der kleinen Außenrotatoren der Hüfte.

Dazu wird zunächst die in der Regel gut identifizierbare kraniale Begrenzung des M. quadratus femoris aufgesucht und mit der Schere das Intervall zum M. gemellus inferior parallel zum Muskel vorsichtig bis auf die Hüftgelenkkapsel und das Os ischii präpariert (Abb. 19.2 c). Es ist darauf zu achten, die an der kranialen Begrenzung des M. quadratus femoris laufenden Äste der A. circumflexa femoris medialis zu schonen, da diese eine wesentliche Bedeutung für die Blutversorgung des Hüftkopfes haben (s. Kap. 15).

Der Ansatz des M. triceps coxae (Mm. gemelli und die Sehne des M. obturatorius internus) werden mit einer Holzrinne unterfahren und mit dem elektrischen Messer etwa 1–1,5 cm medial ihres Ansatzes abgelöst. Eine weiter lateral gelegene Ablösung sollte vermieden werden, um die Äste der A. circumflexa femoris medialis nicht zu gefährden, die in diesem Bereich in Beziehung zur Hüftgelenkkapsel treten. Alle 3 Strukturen werden einzeln im Sinne einer Sehnennaht mit kräftigem Nahtmaterial (z. B. PDS, Stärke 0) durchstochen und angeschlungen. Diese Nähte werden später zur Refixation verwendet.

Mit dem breiten Raspatorium wird dieses Muskelpaket im Block vorsichtig von der Hüftgelenkkapsel nach dorsal abgelöst (Abb. 19.2 d). Es ist günstig, sich am Verlauf der gut erkennbaren Sehne des M. obturatorius internus zu orientieren und ihr bis zu ihrem »Umschlagspunkt« in der Incisura ischiadica minoris zu folgen. Im Bereich der Bursa obturatoria hat der Knochen häufig einen gut tastbaren, vielfach auch sichtbaren Knorpelüberzug. Diese Stelle läßt sich sehr gut identifizieren, da man hier mit dem Finger ohne Widerstand entlang der Sehne zur Innenseite des Beckens gelangt. In die Bursa obturatoria wird ein stumpfer Hohmann-Hebel eingesetzt. Die angeschlungenen Außenrotatoren werden zusammen mit dem Haken derart retrahiert, daß zur Abpolsterung immer Muskelgewebe zwischen N. ischiadicus und dem Instrument zu liegen kommt (Abb. 19.2 e).

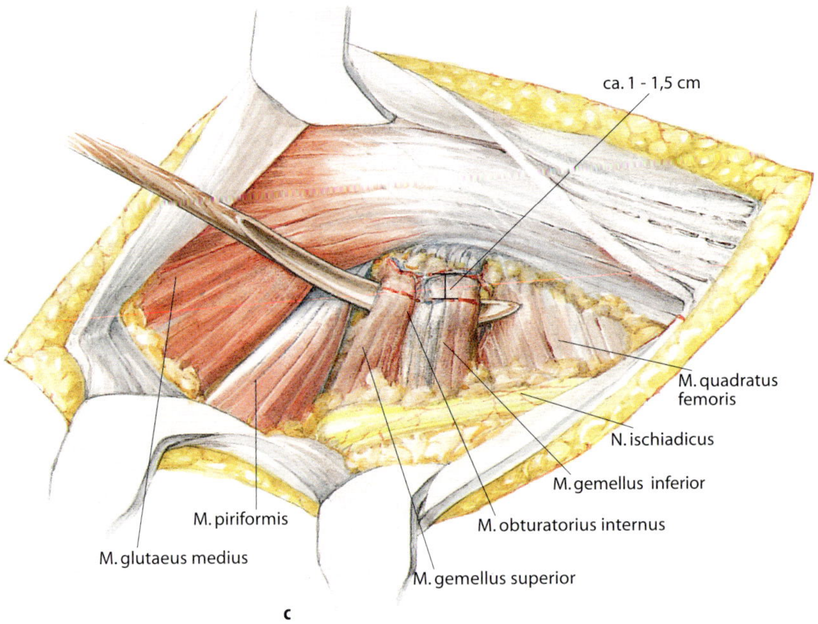


c

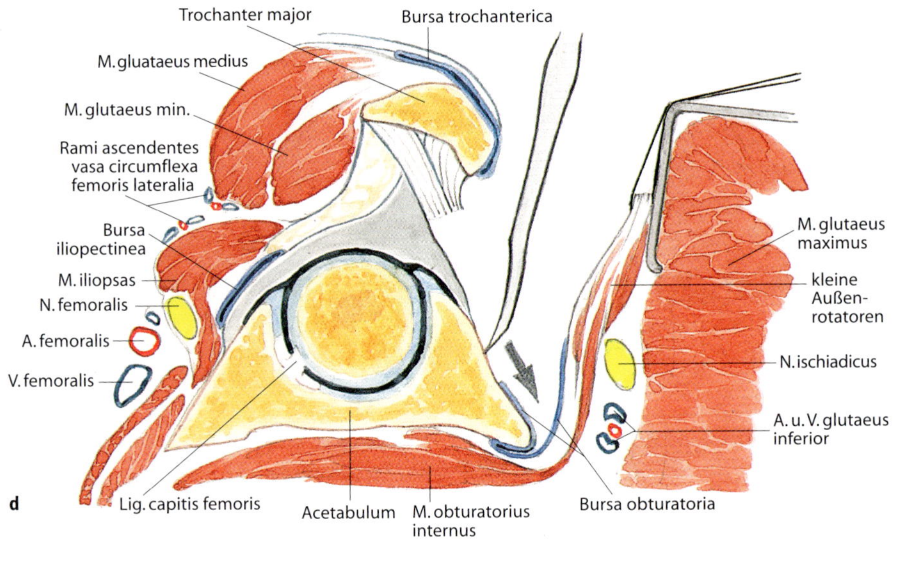


d

Der M. piriformis wird aufgesucht und etwa 1–1,5 cm proximal seines Ansatzes in der Fossa piriformis abgelöst und ebenfalls angeschlungen. Der M. piriformis verläuft in direkter Beziehung zum dorsalen Rand des M. glutaeus medius und kann häufig erst durch digitales Umfahren seiner Sehne sicher identifiziert werden. Die Beziehung des N. ischiadicus zum Muskelbauch des M. piriformis ist zu beachten, da gelegentlich Variationen auftreten, bei denen im Rahmen einer hohen Aufteilung des Nervs Nervenanteile direkt durch den Muskelbauch treten (s. Kap. 15).

**Abb. 19.2** (Forts.) **c** Darstellung des N. ischiadicus und Ablösen der kleinen Außenrotatoren; **d** topographische Beziehung zwischen der Bursa obturatoria, den kleinen Außenrotatoren und des N. ischiadicus bei zur Retraktion eingesetztem Hohmann-Hebel

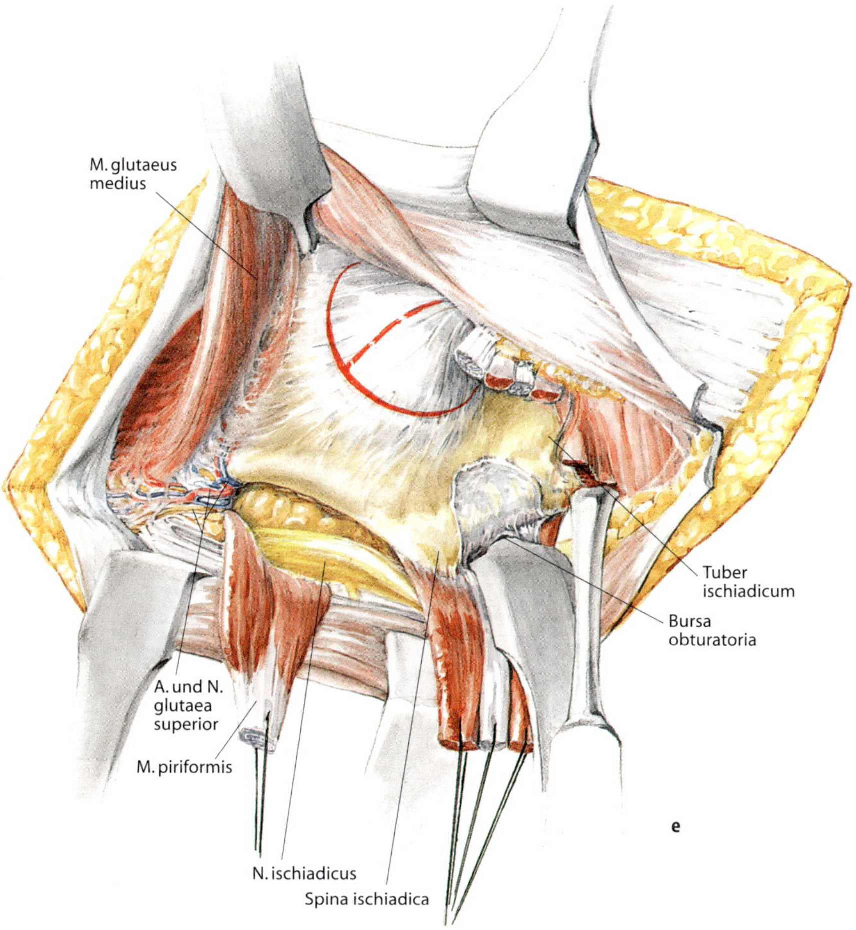


**Abb. 19.2** (Forts.) **e** erreichbare vollständige Exposition durch den Kocher-Langenbeck-Zugang

■ **Komplette Exposition**

Das Os innominatum ist nun dargestellt, die Hinterwand des Acetabulums zu erkennen. Unter leichter Abduktion des Beines werden die Abduktoren soweit wie möglich von der Außenseite des Os ilium abgehoben und durch einen eingeschlagenen schmalen Hohmann-Hebel retrahiert. Die Hakenspannung ist der Operationssituation anzupassen, um nicht durch übermäßigen Hakenzug Nerven- oder Muskelgewebeschäden zu provozieren (Abb. 19.2 e).

Liegen Trümmerbrüche vor, kann es in dieser Phase schwierig sein, die vollständige Orientierung zu gewinnen. Im eigenen Vorgehen hatte sich bewährt, dann zunächst von distal her die Grenze zwischen Hüftgelenkkapsel und Os ilium freizulegen und schrittweise, beginnend an der Spina ischiadica, entlang der knöchernen Begrenzung der Incisura ischiadica major nach proximal zu präparieren. Unter leichter Abduktion des Beines (Assistenz, Unterlage einer großen Tuchrolle) werden die Abduktoren proximal der Fragmente sicher angehoben, und der Hohmann-Hebel wird eingesetzt. Die Beziehung der Fragmente zum Gelenk wird damit in der Regel schnell klar.

Besteht eine Fraktur des hinteren Pfeilers oder eine Querfraktur, deren Frakturlinien bis hoch in die Inzisur auslaufen, muß die Incisura ischiadica major freigelegt werden. Dabei ist darauf zu achten, daß das proximal aus der Tiefe des Beckens kommende glutäale Gefäß-Nerven-Bündel geschont wird. Bei sehr hohen Frakturverläufen sind Gefäße und Nerv gelegentlich in der Frakturlinie eingeschlagen und müssen unter größter Vorsicht reponiert werden. Kommt es zu Blutungen, wird eine Blutstillung mit einer vorübergehenden Tamponade durchgeführt. Eine direkte Blutstillung ist nur dann erlaubt, wenn ein Gefäßstumpf sicher isoliert werden kann. Blinde Umstechungen und das Einbringen von großen Clips führen nahezu immer zu Nervenschäden mit stark behindernden Abduktionsschwächen!

Bestehen quere Frakturkomponenten, muß die Incisura ischiadica major subperiostal »ausgeschält« werden, um eine digitale Repositionskontrolle auf der In-

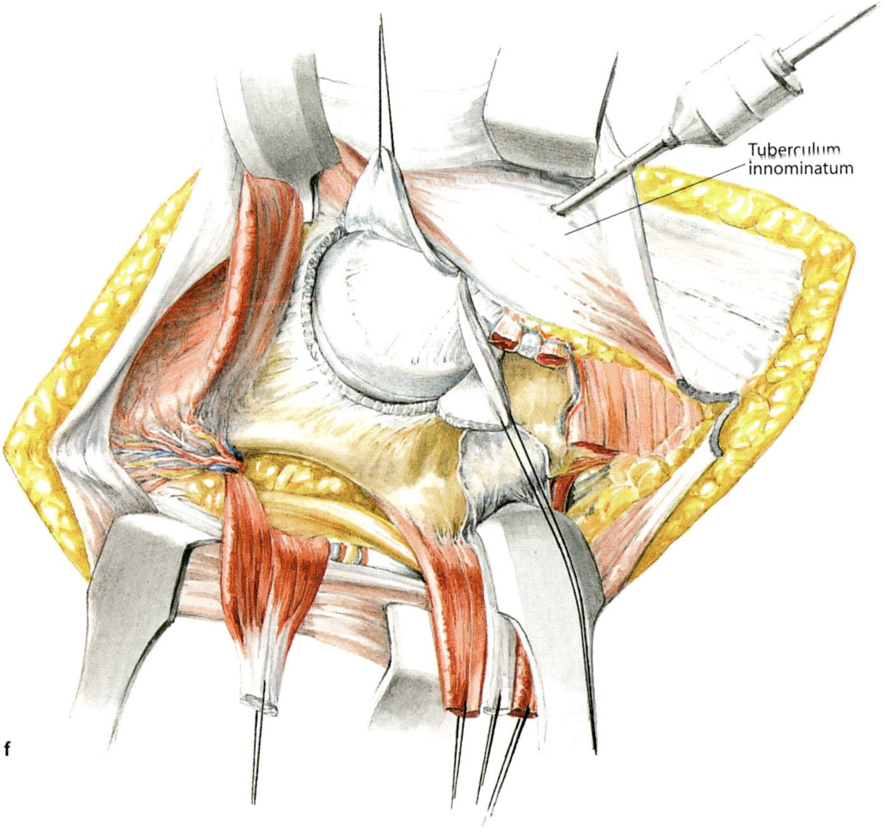


f

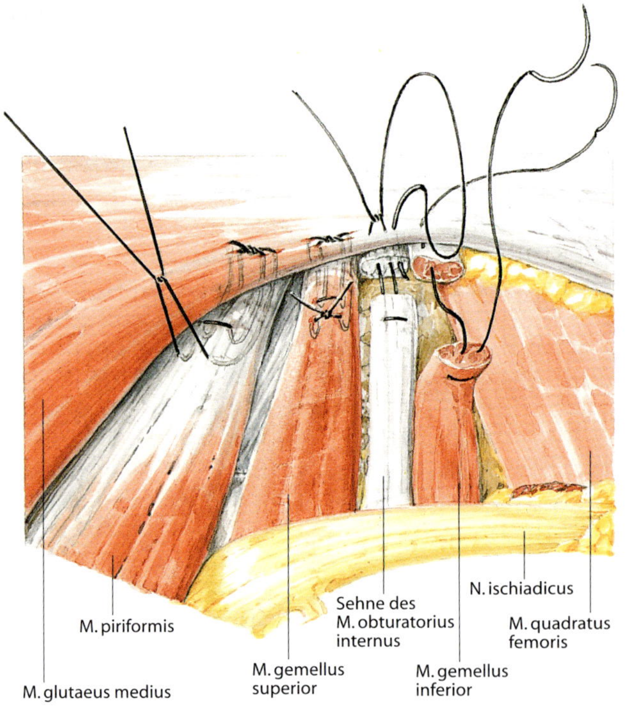


g

**Abb. 19.2** (Forts.) **f** erweiterte Darstellung des Hüftgelenkes nach Durchführung einer Kapsulotomie und Subluxation der Hüfte. Die Innenseite des Beckens (quadrilaterale Fläche) läßt sich nur durch Palpation durch die Incisura ischiadica major erreichen. **g** Beim Wundverschluß ist auf eine gute Refixation der Außenrotatoren zu achten. Sie werden im eigenen Vorgehen im Sinne einer Sehnennaht vernäht nenseite des Beckens entlang der quadrilateralen Fläche durchführen zu können (Abb. 19.2 f; s. auch Abb. 20.7). Nachdem das Periost mit einem gebogenen Raspatorium von der knöchernen »Kante« abgelöst wurde, gelingt die weitere Präparation in der Regel leicht mit dem Finger.

Nach distal hin wird die Präparation bis zum Tuber ischiadicum komplettiert, um einerseits Repositionshilfen (Schanz-Schraube) positionieren zu können und andererseits die Implantate sicher distal des Hüftgelenkes zu verankern. An dieser Stelle ist die Präparation meist mühsam, es muß aber eine sorgfältige, limitierte und direkt subperiostal ausgeführte Muskelablösung erfolgen, um den teilweise mit dem Tuber ischiadicum bindegewebig verbundenen N. ischiadicus nicht zu gefährden.

■ **Erweiterungen**

- In den angeführten Indikationen sind Erweiterungen in der Regel nicht notwendig.
- Muß die Exposition zur Innenseite des Beckens verbessert werden, kann das Lig. sacrospinale nahe des Ansatzes der Spina ischiadica abgelöst oder osteotomiert werden. Die Zugangsmöglichkeiten zur quadrilateralen Fläche werden damit etwas verbessert, wobei zu beachten ist, daß die direkte Einsicht weiterhin äußerst limitiert ist.
- Muß eine weitergehende Darstellung des Tuber ischiadicum erfolgen (sehr selten), sollte der M. quadratus femoris ursprungsnah subperiostal ausgelöst werden. Eine Durchtrennung des Muskels gefährdet die hüftkopfversorgenden Äste der A. circumflexa femoris medialis.
- Bestehen Hinterwandfragmente, so ist eine Einsicht in die Gelenkfläche in der Regel durch diese Frakturen möglich. Die Übersicht kann durch leichte Extraktion des Kopfes über eine vom Tuberculum innominatum in den Schenkelhals eingebrachte Schanz-Schraube noch verbessert werden.
- Bestehen Querfrakturen, muß in der Regel zur Beurteilung der Gelenkfläche eine Kapsulotomie durchgeführt werden. Hierzu wird unter Ausnutzung der verletzungsbedingten Kapseleinrisse eine acetabulumnahe, semizirkuläre Inzision durchgeführt.
- Muß eine Darstellung der Crista iliaca erfolgen so wird, wie oben aufgeführt, die Inzision *nicht* nach proximal verlängert, um das glutäale Gefäß-Nerven-Bündel nicht zu gefährden. In diesen Fällen wird eine zusätzliche Inzision am Beckenkamm durchgeführt.
- Eine Erweiterung nach ventral ist problematisch. Die teilweise angegebene sehnige Abtrennung der Abduktoren wird wegen erheblicher funktioneller Einbußen und aufgrund des steigenden Risikos von heterotopen Ossifikationen im eigenen Vorgehen nicht angewendet. Sollte es sich intraoperativ überraschenderweise zeigen, daß der vordere Pfeiler dargestellt werden muß, wird der Zugang durch eine Trochanterosteotomie entweder im Sinne eines bigastrischen »Trochanter-Flip« nach Mercati (s. S. 358) oder durch Erweiterung zum »Triradiate«-Zugang nach Mears (s. S. 388) erweitert.

■ **Wundverschluß**

Eingerissene oder abgelöste Kapselanteile werden sorgfältig mit resorbierbarer Naht der Stärke 1 refixiert. Häufig ist es notwendig, die Kapsel durch die Platte zu refixieren, um einen guten Halt zu bekommen.

Zum Schutz des N. ischiadicus ist es notwendig, die Außenrotatoren anatomisch exakt und stabil zu refixieren, um eine gute muskuläre Abpolsterung zum hinteren Pfeiler zu erreichen. Die zuvor angeschlungenen Sehnen des M. piriformis und des M. obturatorius internus sowie der Muskelbäuche der Mm. gemelli werden zunächst U-förmig gefaßt und ansatznah an die Hinterkante des M. glutaeus medius fixiert. Eine bessere Fixation wird erreicht, wenn die freien Fadenenden erneut rückgestochen werden und im Sinne einer Sehnennaht nochmals über der Sehne oder Muskulatur verknotet werden (Abb. 19.2 f). Bei diesem Refixationsmanöver wird die Hüfte durch den Assistenten in Außenrotation gehalten.

Nach Einlage einer tiefen Redon-Drainage werden der Tractus iliotibialis sowie die Muskelfaszie des M. glutaeus maximus mit einer fortlaufenden Naht der Stärke 0 vernäht. Die Einlage einer subkutanen Redon-Drainage und der Hautverschluß mit Rückstichnähten schließen die Operation ab.

Steriles Abdecken der Wunde und Anlegen eines Wattehüftkompressionsverbandes für 24–48 h.

■ **Gefahren und Komplikationen**

- Verletzung des N. ischiadicus (Präparation, Hakenzug, Spannung durch Kniestreckung)
- Verletzung des N. glutaeus inferior (partielle bis komplette Abduktorenlähmung)
- Verletzung der A. und V. glutaea superior (Blutung nur schwer zu stillen, Gefahr der Nervenschädigung bei ungezielten Blutstillungsversuchen)
- Heterotope Ossifikationen bei Belassen von Muskelnekrosen, brüsker Präparation und übermäßigem Hakenzug
- Außenrotationsschwäche bei mangelhafter Refixation der Außenrotatoren

### Erweiterung mit bigastrischer Trochanterosteotomie (Mercati)

Eine bessere Einsicht zu den kranialen Anteilen des Pfannendachs, limitiert auch zur vorderen Wand und v.a. in das Hüftgelenk selbst, erhält man, wenn die Muskelkette, bestehend aus Abduktoren und dem M. vastus lateralis, nach medial abgeschoben wird. Anstelle der funktionell ungünstigeren Trochanterosteotomie wird die biomechanische bessere, bigastrische Trochanterverschiebeosteotomie gewählt [20, 23]. Eine alternative Bezeichnung besteht in dem Ausdruck der »Trochanter-flip«-Osteotomie.

Durch Abheben eines Knochenmedaillons wird der Ansatz der Abduktoren im knöchernen Verbund mit dem Ursprung des M. vastus lateralis belassen. Bei ausreichender Mobilisation der Weichteile ist bei Beugung der Hüfte der gesamte laterale Aspekt des Hüftgelenkes darstellbar. Wird eine zirkuläre acetabulumnahe Kapsulotomie durchgeführt, sind sogar sog. »therapeutische« Luxationen des Hüftgelenkes (n. Ganz) durchführbar.

#### ■ Indikationen

- Frakturen mit »Querkomponenten«, die von dorsal angegangen werden und bei denen die Reposition des vorderen Pfeilers nicht von dorsal gesichert werden kann
- Ausgedehnte Frakturen des hinteren Pfeilers zur Sicherung der anatomischen Gelenkflächenreposition.

#### ■ Technik

Als Grundlage wird ein Kocher-Langenbeck-Zugang durchgeführt (s. S. 350).

Unter leichter Abduktion der Hüfte wird der Ursprung des M. vastus lateralis im Bereich des Tuberculum innominatum mit dem Raspatorium dargestellt und unterfahren. Darstellen des sehnigen Ansatzes der Abduktoren am Trochanter major. Nach Einsatz von rundem Hohmann-Hebel wird eine flache, medaillonartige, sagittale Osteotomie des Trochanter major durchgeführt (Abb. 19.3a). Es ist sorgfältig darauf zu achten, daß sowohl Ansatz als auch Ursprung der Muskulatur im Verbund mit dem Knochenfragment verbleiben. Unter weiterer Abduktion des Beines wird dieser Muskelzug nach distal und proximal mobilisiert. Durch Beugung des Hüftgelenkes läßt sich die gesamte Muskelkette nach ventral retrahieren, im Bereich des oberen Schambeinastes, nahe der Eminentia iliopectinea, kann dann ein Hohmann-Hebel eingesetzt werden.

Wird eine komplette Exposition der Hüftpfanne gewünscht, wird unter Einbeziehung der traumatischen Kapseleinrisse eine zirkuläre Kapsulotomie nahe des Acetabulumrandes durchgeführt (Abb. 19.3b). Mit Hilfe einer vom Tuberculum innominatum aus in den Schenkelhals eingebrachten Schanz-Schraube wird die Hüfte vorsichtig nach lateral extrahiert und unter digitaler Kontrolle evtl. noch anhaftender Kapselfasern acetabulumnah abgelöst. Es ist sorgfältig darauf zu achten, daß die im Bereich des Ansatzes des M. obturatorius externus in die Hüftgelenkkapsel einstrahlenden Gefäßäste nicht verletzt werden, um die Hüftkopfdurchblutung nicht zu gefährden. Mit diesem Manöver gelingt eine zumindest teilweise Extraktion des Hüftkopfes, so daß die gesamte Gelenkfläche direkt inspizierbar ist; die Repositionskontrolle wird erleichtert.

#### ■ Erweiterungsmöglichkeiten

- In den angegebenen Indikationen keine Erweiterungen notwendig
- Eine Umwandlung in den »Triradiate«-Zugang nach Mears würde die funktionell günstige Intaktheit der Muskelkette auflösen, erlaubt aber eine noch weitergehende Darstellung des vorderen Pfeilers und der Innenseite des Beckens.

#### ■ Wundverschluß

- Sorgfältige Refixation der Hüftgelenkkapsel mit fortlaufender, resorbierbarer Naht
- Refixation des Trochantermedaillons mit 2 Kleinfragment-Kortikalis-Zugschrauben. Diese sind ausreichend, da die gesamte Muskelkette erhalten geblieben ist.
- Abschließender Wundverschluß entsprechend des Kocher-Langenbeck-Zuganges

**Abb. 19.3 a, b.** Bigastrische Trochanterosteotomie. Eine biomechanisch günstige Erweiterungsmöglichkeit des Kocher-Langenbeck-Zugangs bietet der Trochanterflip nach Mercati. Hierzu wird eine bigastrische Osteotomie des Trochanter major durchgeführt, bei der sowohl der Ansatz der Abduktoren als auch der des Ursprungs des M. vastus lateralis am »Knochenmedaillon« verbleiben (**a**). Unter leichter Beugung der Hüfte läßt sich die gesamte Muskulatur nach ventral verschieben und damit auch Einsicht auf die ventrale Hüftgelenkkapsel und Teile der vorderen Wand erreichen (**b**) ▷

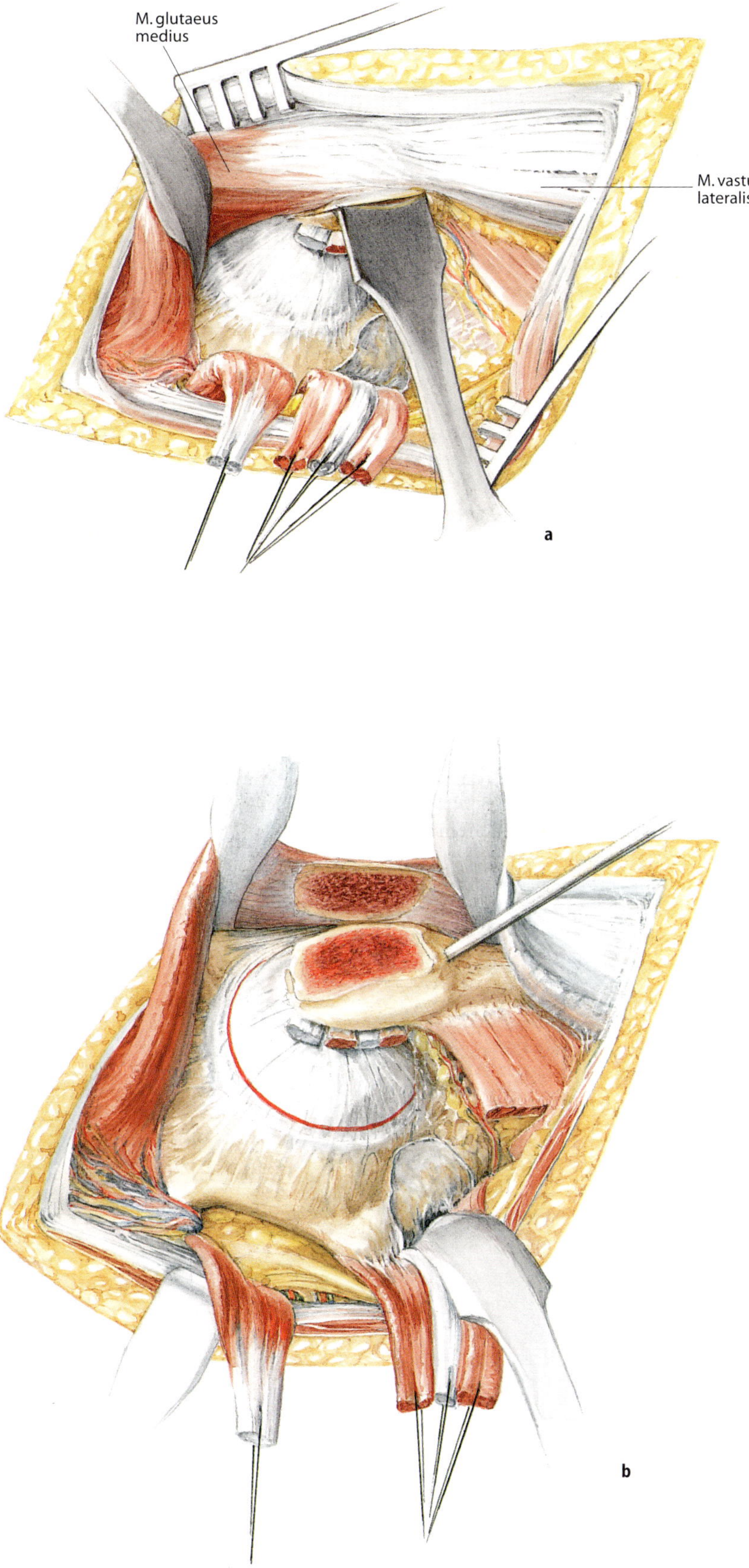


**Abb. 19.3 a, b**

## 19.2 Vordere Zugänge

Verschiedene »anteriore« Zugänge zum Hüftgelenk und zum Acetabulum wurden angegeben. Während sich die klassischen Zugänge in der Regel nur zur Darstellung des Hüftgelenkes eignen und für die Versorgung von Acetabulumfrakturen unbefriedigend bleiben, wurde mit dem ilioinguinalen Zugang nach Letournel ein zunehmend eingesetzter, schonender Zugang für Acetabulumosteosynthesen geschaffen. Er wird deswegen als anteriorer Standardzugang dargestellt.

Aus einer Reihe von anterioren Zugängen und Modifikationen wird zusätzlich der nur selten benötigte, aber zur Versorgung sehr kranial gelegener Pfannenrandfragmente und tiefer vorderer Pfeilerfrakturen einsetzbare erweiterte anteriore Zugang nach Smith-Petersen sowie die erweiterte Pfannenstielinzision nach Stoppa dargestellt. Letztere bietet insbesondere Vorteile bei der Versorgung von »Altersfrakturen«. Zur Versorgung von Hüftkopffrakturen ist der anteriore Zugang nach Hueter einsetzbar, wobei bei muskelkräftigen Personen oftmals eine zumindest teilweise Erweiterung zum erweiterten anterioren Zugang (Smith-Petersen) nötig ist.

Neben der Gefahr der Verletzung des N. cutaneus femoris lateralis, die bei allen anterioren Zugängen besteht, sind insbesondere beim ilioinguinalen Zugang einige anatomische Besonderheiten unbedingt zu berücksichtigen, da die Präparation in direkter Nähe von großen Gefäß- und Nervenbahnen erfolgt und bei ungenauer Präparation im kleinen Becken akute Blutungskomplikationen auftreten können. Vor dem ersten Einsatz sind deswegen mindestens eigene anatomische Studien zu empfehlen, besser ist jedoch die Hospitation bei einem erfahrenen Operateur.

### Ilioinguinaler Zugang

Der ilioinguinale Zugang wurde 1960 von Letournel speziell für die Versorgung von Acetabulumfrakturen eingeführt [15]. Er erlaubt die Darstellung des gesamten vorderen Pfeilers vom SI-Gelenk bis zur Symphyse. Eine Besonderheit bei der Versorgung von Acetabulumfrakturen über den ilioinguinalen Zugang besteht darin, daß das Hüftgelenk im Normalfall nicht eingesehen werden kann und sich die Gelenkreposition an der absolut anatomischen Reposition aller einsehbaren und tastbaren Frakturlinien orientiert.

#### ■ Indikationen

Über den ilioinguinalen Zugang werden die Fossa iliaca bis zum SI-Gelenk, der gesamte vordere Pfeiler und die quadrilaterale Fläche bis zur Spina ischiadica

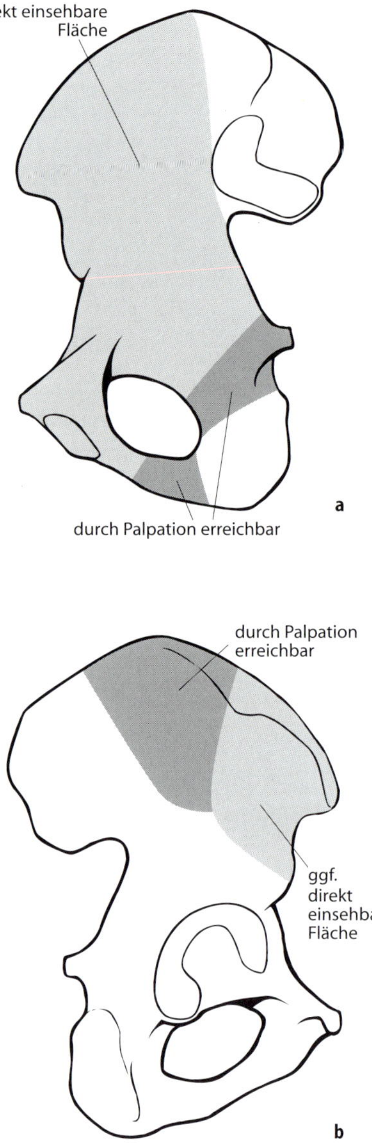


**Abb. 19.4 a–d.** Vorbereitung zum ilioinguinalen Zugang. Darstellung der erreichbaren Knochenregionen von innen (**a**), von außen (**b**)

erreicht. Der hintere Pfeiler läßt sich nur im Bereich der Incisura ischiadica major palpieren. Das Hüftgelenk kann nicht eingesehen werden (Abb. 19.4 a, b).

Daraus ergeben sich folgende Indikationen:

- Frakturen der vorderen Wand und des vorderen Pfeilers;
- Querfrakturen mit Verschiebung nach ventral;
- kombinierte Frakturtypen mit unverschobenen oder minimal dislozierten Frakturkomponenten des hinteren Pfeilers;
- Zweipfeilerfrakturen, bei denen eine Reposition von ventral möglich ist.

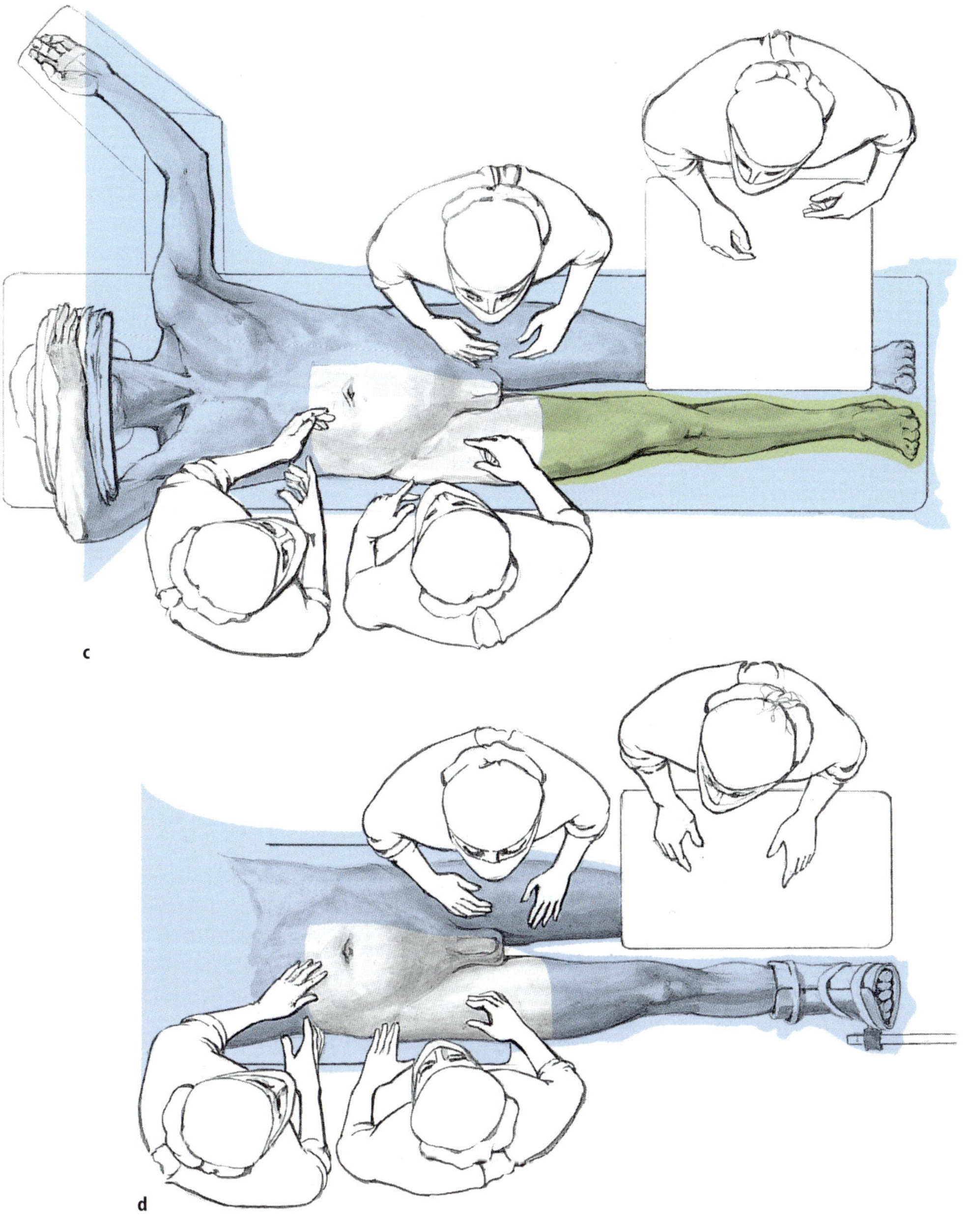

c

d

**Abb. 19.4** (Forts.) **c** Lagerung in Rückenlage auf dem Normaltisch (Bildwandlereinstellungen mit Ala- und Obturatorprojektion, besser auch Inlet- und Outletprojektionen müssen möglich sein); **d** Lagerung in Rückenlage auf dem Extensionstisch

## Vorbereitung

- Allgemeine Vorbereitungen (perioperative Antibiose; Antiphlogistika zur Prophylaxe heterotoper Ossifikationen – nicht obligat)
- Bereitstellung von 4–6 Blutkonserven
- Transurethraler Blasenkatheter
- Gegebenenfalls Intensivplatz vorhalten

## Lagerung und Orientierungspunkte

Die Standardlage ist die Rückenlage. Sie erlaubt die maximale Ausnützung der Expositionsmöglichkeiten des ilioinguinalen Zugangs, die in der Seitenlage deutlich eingeschränkt sind. Insbesondere ist der »Arbeitswinkel« zum Erreichen des hinteren Pfeilers in der Rückenlage gegenüber der Seitenlage deutlich besser.

Potentiell wäre auch eine simultane Exposition über den ilioinguinalen und den dorsalen Zugang in Seitenlage denkbar. Da aber insbesondere die Exposition über den ilioinguinalen Zugang in diesen Fällen zu nachteiligen »Kompromissen« in der Darstellung und Repositionsmöglichkeit geführt hat, wurde im eigenen Vorgehen die Seitenlage bei Verwendung des ilioinguinalen Zugangs weitestgehend verlassen.

Die Lagerung kann sowohl auf dem Standardtisch (Abb. 19.4c) als auch auf dem Extensionstisch erfolgen (Abb. 19.4d).

Bei der Lagerung auf dem Standardtisch ist darauf zu achten, daß zum Abschluß der Operation eine Röntgenkontrolle mit dem Bildwandler möglich ist (einschließlich der Ala- und Obturatorprojektion). Das betroffene Bein wird frei beweglich abgedeckt.

Bei Lagerung auf dem Extensionstisch wird eine Extension über den Extensionsschuh durchgeführt. Ist ein Seitzug der Hüfte über ein Zusatzgerät am Extensionstisch vorgesehen, muß eine entsprechende Abstützung des Patienten in der betroffenen Flanke erfolgen.

CAVE

Bei zusätzlichen Frakturen im Beckenring, insbesondere bei Frakturen im vorderen Beckenring (z.B. beidseitige transpubische Instabilitäten), kann es durch Extension und direkte Druckwirkung des »Polers« zu iatrogenen Verschiebungen kommen. In diesen Fällen sollte auf die Verwendung des Extensionstisches verzichtet werden.

Im eigenen Vorgehen wird ein Standardtisch bevorzugt, und das betroffene Bein wird frei beweglich abgedeckt. Die größere Bewegungsfreiheit des Beines erleichtert die Repositionsmanöver, da sowohl Längszug als auch der Seitzug (über eine Schanz-Schraube im Schenkelhals) gezielt und in optimaler Zugrichtung angewendet werden können. Durch die nur kurzfristige und gezielte Extension ist das Risiko von iatrogenen Nervenschäden minimiert. Nachteilig ist die dabei notwendige zusätzliche Assistenz.

Auf dem Extensionstisch lassen sich bei entsprechender Ausrüstung sowohl ein Längszug durch suprakondyläre Oberschenkelextension als auch – mit Zusatzgeräten – ein Seitzug realisieren. Da die Zugrichtung aber nicht in gleicher Weise wie bei der frei beweglichen Lagerung dem »Repositionsvektor« optimal angepaßt werden kann, sind potentiell längerdauernde und höhere Extensionskräfte notwendig. Andererseits kann aber die Operation mit weniger Assistenten durchgeführt werden.

■ **Orientierungspunkte und Hautinzision** (Abb. 19.5)

Folgende Orientierungspunkte werden aufgesucht und markiert:

- Beckenkamm, zumindest bis zum Übergang vom mittleren zum hinteren Drittel,
- Spina iliaca anterior superior,
- Symphyse.

Der Unterbauch sollte in die Abdeckung mit einbezogen werden, falls bei einer Gefäßverletzung eine Gefäßfreilegung notwendig wird.

Die Schamgegend wird mit Klebetüchern oder fixierten Stofftüchern sicher ausgegrenzt.

Die Hautinzision beginnt am Übergang vom hinteren zum mittleren Drittel des Beckenkamms und folgt der Crista iliaca bis zur Spina iliaca anterior superior. Der 2. Teil der Inzision folgt dem Leistenband, um an einem Punkt etwa 2 Querfinger kranial der Symphyse zu enden.

Es ist unbedingt notwendig, den 1. Teil der Inzision weit genug dorsal zu beginnen, damit die Bauchwandmuskulatur und Weichteile ausreichend nach medial retrahiert werden können, um einen besseren Einblickwinkel in das kleine Becken zu gewinnen (s. Abschn. 9.2: Antolateraler Zugang zum SI-Gelenk).

■ **Prinzip**

Durch den Zugang werden 3 »Fenster« gebildet, die durch wechselseitige Retraktion der Weichteile unterschiedliche Expositionen aller Bereiche des vorderen Pfeilers und über das 2. Fenster auch der quadrilateralen Fläche erlaubt. Während das 1. und 2. Fenster obligat eröffnet werden müssen, ist es in der Regel ausreichend, das 3. Fenster allenfalls »knapp« zu eröffnen, um eine Platte nahe der Symphyse zu fixieren. Eine Reposition unter Sicht ist in diesem Bereich meist nicht nötig.

Günstigerweise werden zunächst das »1. Fenster« eröffnet und die Fossa iliaca dargestellt. Die immer auftretenden Blutungen aus den Frakturflächen werden danach zunächst mit Rollen tamponiert, und die Präparation des »2. Fensters« wird angeschlossen. Die entscheidenden Schritte dabei sind die saubere Präparation des Arcus iliopectineus und die Inzision der »Rückwand« der Faszie des M. iliopsoas, um einen kompletten Einblick in das kleine Becken zu erhalten und gleichzeitig die Gefäßloge ausreichend zu schützen. Eine »chirurgische Präparation« der Gefäße mit Skelettierung sollte unterbleiben, um spätere Lymphabflußstörungen zu vermeiden!

Das »3. Fenster« wird nach Palpation der Eröffnungsstelle durch das 2. Fenster nur limitiert durch Gewebespaltung am lateralen Rand des M. rectus abdominis eröffnet. Falls erforderlich, kann eine weitere Exposition nach medial durch Spaltung zwischen den Rektusbäuchen erfolgen. Der M. rectus abdominis wird im eigenen Vorgehen nicht abgelöst.

Die Strukturen, die angeschlungen und wechselseitig retrahiert werden, sind:

- M. iliopsoas mit N. femoralis,
- A. und V. femoralis mit Lymphbahnen,
- Samenstrang beim Mann.

■ **Eröffnung des »1. Fensters«**

Zunächst wird der sehnige Ansatz der Bauchwandmuskulatur am Beckenkamm scharf mit dem Skalpell abgelöst (Abb. 19.5b). Es ist darauf zu achten, daß der M. obliquus externus die Crista iliaca an der Außenseite leicht »überragt« und daher nur von distal her der sehnige Ansatz erreicht werden kann. Auf der Innenseite der Beckenschaufel wird die Präparation subperiostal mit dem Raspatorium in die Fossa iliaca fortgesetzt. Die Präparation erfolgt bis zur Linea terminalis; in der Regel sind jetzt schon die ersten Frakturlinien zu identifizieren. Größere Blutungen aus den Foramina nutricia werden durch Knochenwachs gestillt, und die Wunde wird vorübergehend mit Rollen oder Bauchtüchern tamponiert.

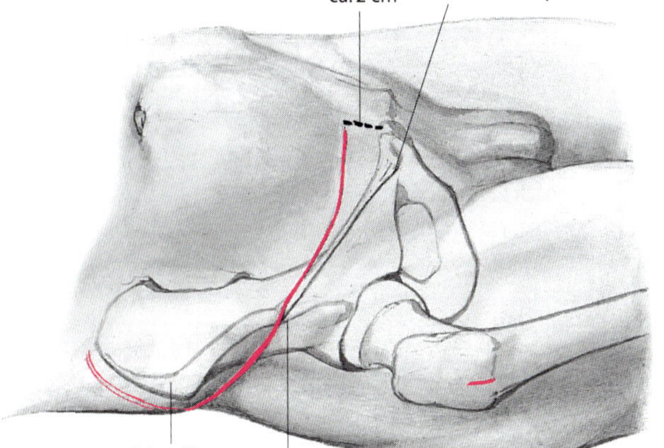


a

### ■ Eröffnung des »2. Fensters«

Beginnend von der Spina iliaca anterior superior wird nach der Durchtrennung des Subkutangewebes zunächst die Aponeurose des M. obliquus externus im Verlauf des Hautschnittes eröffnet (Abb. 19.5 c). Der Schnitt sollte medial etwa 1 cm proximal des äußeren Leistenrings verbleiben, um diese Struktur anatomisch zu erhalten. Eine Eröffnung des äußeren Blattes der Rektusscheide ist in der Regel nicht erforderlich.

Die Ränder der Aponeurose werden mit scharfen Klemmen gefaßt, und der Leistenkanal wird eröffnet. Mit einem Tupfer wird das Bindegewebe vom Leistenband abgeschoben und der Samenstrang bzw. das Lig. teres uteri mobilisiert. Diese Strukturen werden inklusive des N. inguinalis mit dem Finger unterfahren und mit einem weichen Zügel angeschlungen. Durch Palpation ist sicherzustellen, daß beim Mann der Ductus deferens sicher gefaßt wurde.

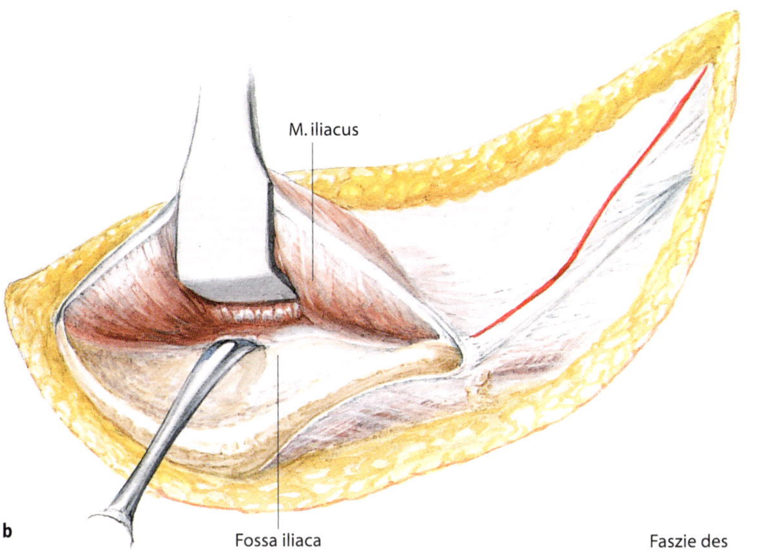


b

**Abb. 19.5 a–h.** Ilioinguinaler Zugang. **a** Orientierungspunkte und Hautinzisionen; **b** Ablösung des M. iliacus; **c** Eröffnung der Faszie des M. obliquus externus und Präparation in die Lacuna musculorum durch Inzision im Leistenband
**d–h** s. S. 365, 366

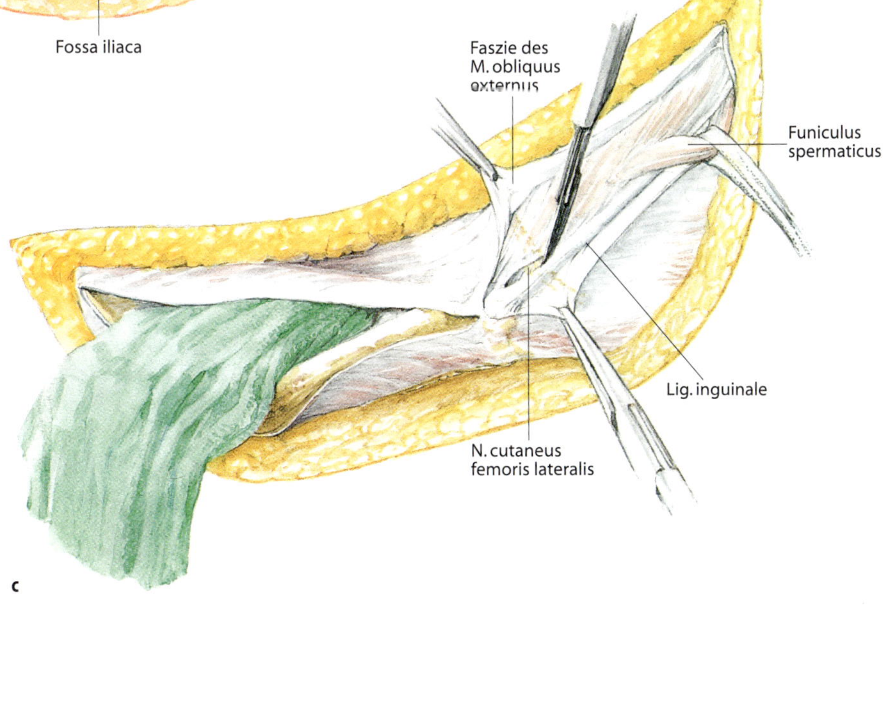


c

Im nächsten Schritt wird die Rückwand des Leistenkanals eröffnet und dabei der gemeinsame Ursprung des M. obliquus internus abdominis, des M. transversus abdominis und der Fascia transversalis vom Leistenband abgelöst. Günstigerweise wird dabei scharf mit dem Skalpell im Leistenband präpariert, so daß etwa 1 mm des Leistenbandes zur späteren Refixation am Muskel verbleibt.

Im eigenen Vorgehen wird bevorzugt zunächst die Lacuna musculorum etwa 4–5 cm medial der Spina iliaca anterior superior eröffnet. Durch schrittweise Präparation nach lateral wird der N. cutaneus femoris lateralis aufgesucht. Er hat einen sehr variablen Verlauf und kann bis etwa 4 cm medial der Spina iliaca anterior superior gefunden werden. Ist er identifiziert, wird er zur ausreichenden Mobilisation nach proximal freipräpariert und angeschlungen.

Die Präparation nach medial in Richtung der Lacuna vasorum muß sehr vorsichtig erfolgen. Anatomisch ist die Lacuna vasorum durch den schräg nach medialdorsal verlaufenden Arcus iliopectineus von der Lacuna musculorum getrennt. Nachdem von lateral her der Arcus iliopectineus getastet wurde und damit die Lage der Gefäße gesichert ist, wird zunächst das Leistenband bis zur Umschlagsfalte des Arcus scharf eröffnet. Weitergehend wird eine kleine Inzision über der Lacuna vasorum durchgeführt. Mit einem kleinen Präpariertupfer lassen sich nun die Gefäße stumpf vom Arcus iliopectineus nach medial abschieben, bis der Kontakt zum Knochen (Eminentia iliopectinea) gewonnen wird. Die Gefäße werden durch einen stumpfen Haken leicht nach medial retrahiert und geschützt, der M. iliopsoas und der N. femoralis werden durch einen Langenbeck-Haken nach lateral gehalten. Das Segel des Arcus iliopectineus spannt sich nun gut sichtbar auf und wird mit der Schere zunächst bis zu seinem Ansatz im Bereich der Eminentia iliopectinea gespalten (Abb. 19.5 d). Ein Zugang zum kleinen Becken ergibt sich dadurch noch nicht, da das hintere Blatt der Faszie des M. iliopsoas noch am Pecten Ossis pubis adhärent ist. Dieser Ansatz wird nun mit Schere oder Raspatorium knapp am oberen Schambeinast nach lateral hin abgelöst (Abb. 19.5 e). In vielen Fällen ist der Faszienansatz schon traumatisch abgerissen, so daß lediglich der M. iliopsoas angehoben werden muß und allenfalls kleinere Faserreste zu durchtrennen sind.

Unter leichter Beugung im Hüftgelenk (Unterlage einer großen Tuchrolle unter das Knie) kann nun der M. iliopsoas von lateral und medial her unterfahren werden. Er wird mit einem kräftigen Zügel (»Rolle«) angeschlungen und durch weiteres Lösen der Faszie nach proximal mobilisiert. Damit ist nun die Präparation des 1. Fensters (anterolateral) (Abb. 19.5 f) und des 2. Fenster (zwischen M. iliopsoas und A. vena femoralis; Abb. 19.5 g) abgeschlossen.

**■ Präparation des »3. Fensters«**

Ist eine weitergehende Exposition nach medial notwendig, wird auch noch das 3. Fenster des ilioinguinalen Zugangs eröffnet. Durch Unterfahren der Gefäßloge mit dem Finger wird der Zwischenraum zwischen Gefäßen und dem lateralen Rand des M. rectus abdominis getastet. Es wird möglichst viel Weichteilgewebe an den Gefäßen belassen, um den Lymphabfluß nicht zu gefährden, und hart am lateralen Rand des M. rectus abdominis auf die Fingerspitze zu präpariert. Die Gefäße werden angeschlungen, aber möglichst sparsam mobilisiert (Abb. 19.5 h).

CAVE

Bei der Präparation entlang der Innenseite des oberen Schambeinastes muß immer zunächst durch Palpation gesichert werden, ob bestehende anastomotische Verbindungen zwischen der A. iliaca externa und den Ästen der A. obturatoria nicht im Sinne einer Corona mortis erweitert sind (s. Kap. 2). In diesem Fall muß vor der Präparation zunächst eine Ligatur der Gefäße erfolgen!

Auf eine weitergehende Präparation durch Ablösung des Ansatzes des M. rectus abdominis wird im eigenen Vorgehen möglichst verzichtet.

Ist lediglich die *symphysennahe Fixation* der Platte notwendig, reicht es in der Regel aus, den M. rectus abdominis von lateral her zu retrahieren (Hohmann-Hebel). Ist im Bereich des vorderen Beckenringes aber eine *offene Reposition* notwendig (z. B. begleitende Symphysenruptur) wird lediglich der Hautschnitt nach medial erweitert, und der Zugang zur Symphyse durch Spaltung in der Linea alba erreicht (s. Kap. 9).

**■ Einstellungsmöglichkeit**

Der gesamte vordere Pfeiler ist nun dargestellt. Die weitere Präparation erfolgt durch das 2. Fenster nach Ausspülung des Frakturhämatoms durch vorsichtiges Abschieben der Weichteile von der quadrilateralen Fläche. Damit läßt sich die gesamte »Wand« des kleinen Beckens von der Incisura ischiadica major bis zur Spina ischiadica bzw. bis nach ventral zum Foramen obturatum darstellen. Auf den Verlauf von A./V. obturatoria und N. obturatorius im Operationsgebiet ist zu achten.

Eine gleichzeitige Exposition aller 3 Fenster ist nur sehr eingeschränkt möglich, so daß in der Regel sequentiell innerhalb der einzelnen Fenster gearbeitet wird:

- Durch Retraktion des M. iliopsoas nach medial sind die gesamte Fossa iliaca, das SI-Gelenk sowie die Linea terminalis bis zum kranialen Anteil der Eminentia iliopectinea einsehbar.
- Die laterale Retraktion des M. iliopsoas und des N. femoralis sowie die mediale Retraktion der Femoralgefäße erlauben eine weitergehende Einsicht entlang der Linea terminalis bis zur Mitte des Foramen obturatum.

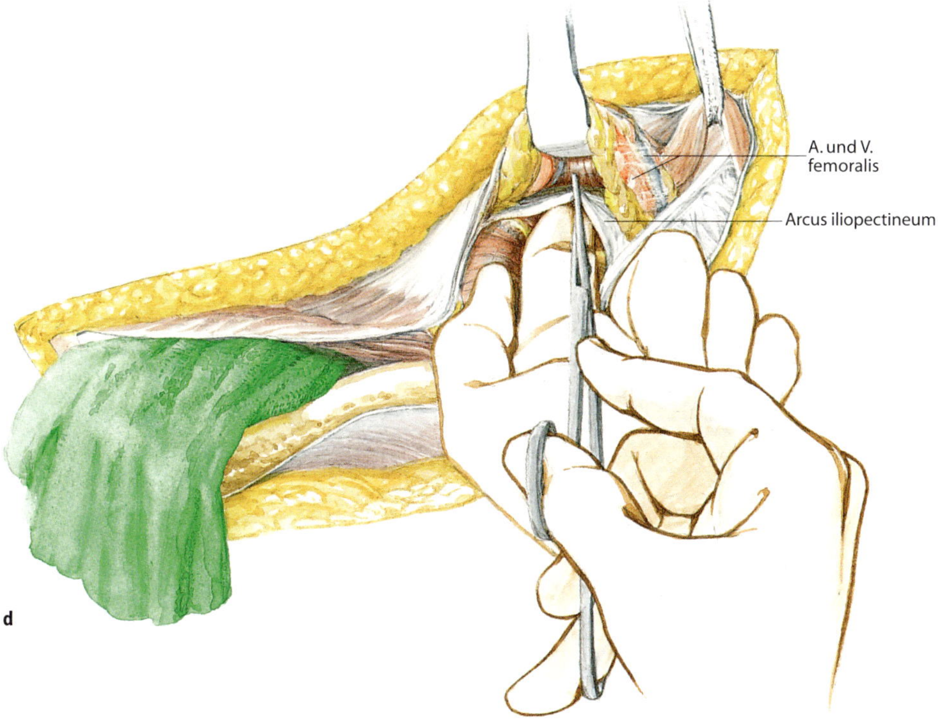


d

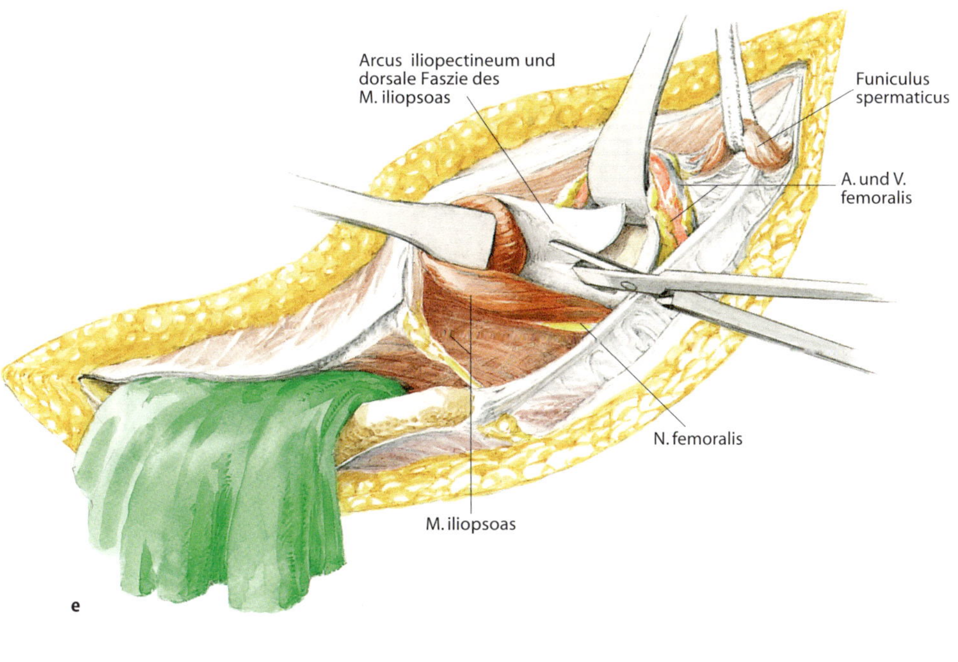


e

**Abb. 19.5** (Forts.) **d** Spaltung des Arcus iliopectineum; **e** Mobilisation des M. iliopsoas durch Ablösen seiner dorsalen Faszie am Pecten ossis pubis

**Abb. 19.5** (Forts.) **f–h** Darstellung der Expositionsmöglichkeit im 1., 2. u. 3. Fenster

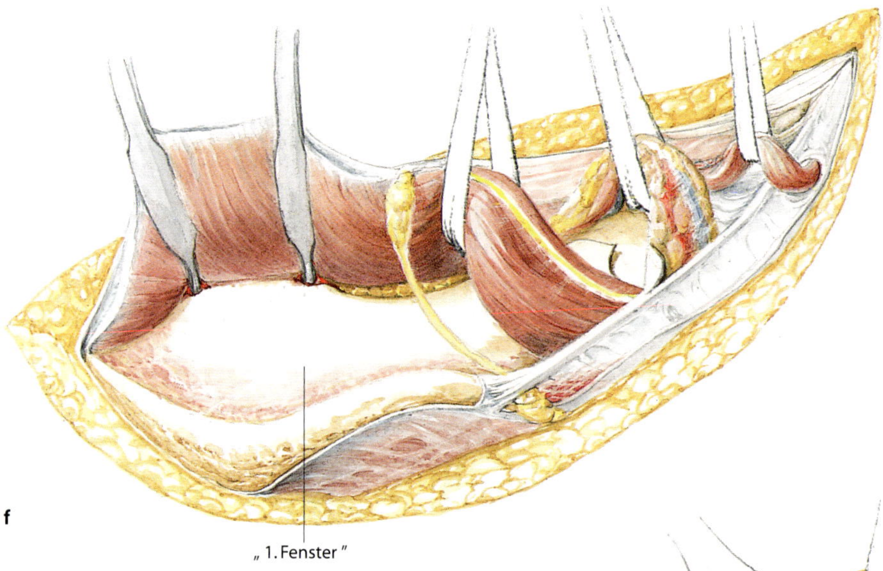


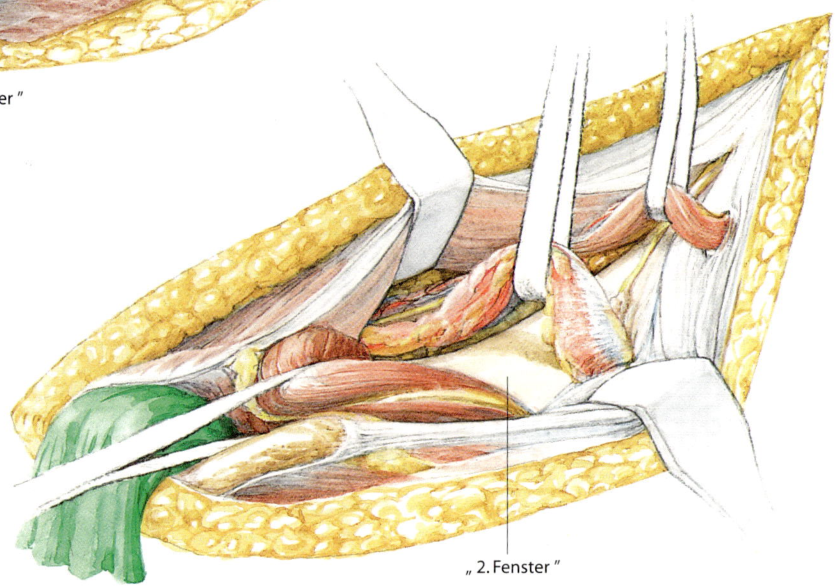


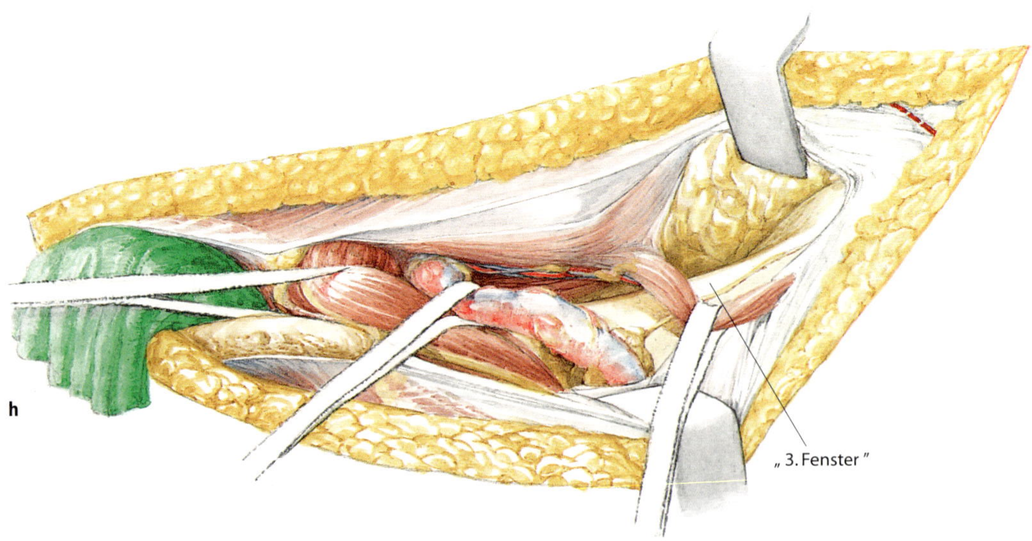

- Durch Abhebung von Anteilen des M. obturatorius internus nach medial sind die gesamte quadrilaterale Fläche, die Spina ischiadica sowie die Incisura ischiadica major einsehbar. Das 2. Fenster des ilioinguinalen Zugangs steht somit in direkter anatomischer Beziehung zum Acetabulum.
- Die laterale Retraktion der Femoralgefäße und die mediale Retraktion des Samenstranges und des M. rectus abdominis ergeben einen Zugang zum oberen Schambeinast sowie zu A./V. obturatoria und N. obturatorius.
- Die laterale Retraktion des Samenstranges mit Einkerben bzw. die Retraktion des M. rectus abdominis ergeben einen Zugang zur Symphyse.

### Erweiterungsmöglichkeiten

Einer der Hauptvorteile des ilioinguinalen Zuganges ist die Exposition allein auf der Innenseite des Beckens. Die Gefahr der heterotopen Ossifikationen wird dadurch erheblich verringert. Auf der anderen Seite ist es für spezielle Frakturtypen notwendig, einen zumindest limitierten Zugang zur Außenseite des Beckens zu erhalten. Während begrenzte Ablösungen der Abduktoren zum Einsatz von Repositionszangen in vielen Fällen nötig werden, spricht man erst bei der Ablösung des Ursprungs von Leistenband und M. sartorius mit mindestens teilweiser Abschiebung der Abduktoren von der Außenseite des Iliums von sog. »erweiterten ilioinguinalen Zugängen« [7].

#### Erweiterung zum Einsatz von Repositionszangen, Cerclagenpositionierung

Hierzu kann der Ansatz der Abduktoren auf etwa 1–2 cm entweder im Bereich der Christa iliaca oder zwischen Spina iliaca anterior/superior und inferior subperiostal eingekerbt werden. Durch Einsatz eines schmalen Raspatoriums wird der Muskelansatz sparsam kanalförmig abgelöst, bis der Einsatz einer einzelnen Branche der Repositionszange möglich ist. Die Instrumente sollten möglichst knochennah geführt werden, um Muskelzerstörungen oder Verletzungen der glutäalen Nerven zu vermeiden und das Risiko der Ausbildung von behindernden ektopen Ossifikationen zu verringern.

#### Erweiterter ilioinguinaler Zugang

In Ausnahmefällen läßt sich durch Ablösung der Spina iliaca anterior/superior ggf. durch die Sehne des M. rectus femoris ein erweiterter Zugang zur Außenseite des Iliums gewinnen. Diese Präparation, die im wesentlichen der des Smith-Petersen-Zugangs entspricht (s. S. 368), läßt aber keine ausreichende Exposition der hinteren Wand oder des Pfeilers zu und ist mit einem hohen Risiko an später auftretenden Muskelschwächen oder heterotopen Ossifikationen verbunden.

Einzelne Autoren geben auch weitreichende Ablösungen der Abduktoren von der Außenseite des Iliums an, insbesondere, um das Os ilium durch die Incisura ischiadica major »umfahren« und Repositionszangen und Cerclagen einbringen zu können [7].

Weber u. Mast geben die Kombination des ilioinguinalen Zugangs mit einem dorsolateralen Zugang zum SI-Gelenk an, um besonders im Bereich des SI-Gelenkes und der Incisura ischiadica major verbesserte Repositionsmöglichkeiten zu haben. Der Ursprung der Abduktoren und des M. glutaeus maximus werden von dorsal her komplett abgelöst. Mit einer durchschnittlichen OP-Dauer von 10 h und einem durchschnittlichen Blutverlust von 2.450 ml ergibt diese Erweiterung in der eigenen Auffassung keine Vorteile gegenüber den erweiterten lateralen Zugängen [27].

In den Fällen, in den die Reposition des hinteren Pfeilers nur unzureichend gelingt, wird im eigenen Vorgehen die sequentielle Durchführung eines hinteren Zuganges vorgezogen.

### Wundverschluß

Nach Einlage von Redon-Drainagen im Bereich der Fossa iliaca sowie im kleinen Becken werden zunächst die Zügel entfernt, und durch Palpation wird die Durchgängigkeit von A. und V. femoralis gesichert. Der Wundverschluß muß sorgfältig und anatomisch erfolgen, um das Risiko der Hernienbildung zu minimieren.

- Die Bauchwandmuskulatur und ggf. auch der M. rectus abdominis werden durch kräftige Einzelnähte, bevorzugt als U-Naht, am Beckenkamm bzw. am Tuberculum pubicum refixiert.
- Nach Retraktion des Samenstrangs wird zunächst die Hinterwand des Leistenkanals rekonstruiert. Dies erfolgt durch fortlaufende Naht der Ursprünge des M. obliquus internus und des M. transversus abdominis an das Leistenband. Bevorzugt wird monofiles, resorbierbares Nahtmaterial verwendet (z. B. PDS Stärke 0). Die Naht ist so zu beginnen, daß beim Mann die Durchgängigkeit des inneren Leistenringes gewährleistet bleibt. Die direkte Nähe zu den Femoralgefäßen muß beachtet werden. Der Arcus iliopectineus wird nicht rekonstruiert.
- Abschließend wird die Aponeurose des M. obliquus externus verschlossen. Es ist darauf zu achten, daß weder der N. inguinalis, der entlang des Samenstranges verläuft, noch der N. cutaneus femoris lateralis in die Naht einbezogen werden (Gefahr von erheblich störenden Dysästhesien!).
- Einlage einer subkutanen Redon-Drainage und Hautverschluß.

Da keinerlei Präparationen im Bereich der Abduktoren stattgefunden haben, werden die Patienten erfahrungsgemäß sehr schnell beschwerdefrei und haben eine erleichterte muskuläre Rehabilitation.

■ **Gefahren**

- Iatrogene Verletzung der Vasa femoralis oder von Seitenästen (Hakenzug)
  - Intraoperativ auftretende Blutungen sind in der Regel leicht darzustellen
  - **Cave:** intra- oder postoperativ auftretende Venenthrombose!
- Lymphödem des betroffenen Beines nach Gefäßskelettierung
- Infekte (unter Antibiose unter 2 %)
- Hernienbildung durch nichtanatomische Rekonstruktion des Leistenkanals oder durch ungenügende Refixation eines abgelösten Rektusansatzes
- Verletzung des N. cutaneus femoris lateralis (23 % in der Serie von Letournel [17])

! Der Patient sollte unbedingt präoperativ auf diese Gefahr aufmerksam gemacht werden. Während der Operation ist darauf zu achten, daß insbesondere während der Repositionsmanöver der Nerv nicht durch Hakenzug geschädigt wird bzw. frühzeitig eine weitere Mobilisation des Nervs erfolgt.

- Evakuationsbedürftige Hämatome besonders in der Fossa iliaca nach unzureichender Blutstillung (etwa 5 % in der Serie von Letournel [17].

## Iliofemoraler Zugang

**Der iliofemorale Zugang und der Zugang nach Smith-Petersen [24] unterscheiden sich lediglich durch die »Seite« der Exposition der Darmbeinschaufel. Beide Bezeichnungen werden daher vielfach synonym für eine erweiterte, anteriore Darstellung der Hüfte verwendet.**

**Im Gegensatz zu Smith-Petersens klassischer Beschreibung von 1917 [24] wird beim iliofemoralen Zugang nicht die Außenseite des Os ilium durch Ablösung der Abduktoren dargestellt, sondern durch scharfes Abtrennen der Bauchwandmuskulatur vom Beckenkamm eine Darstellung der Innenseite der Fossa iliaca erreicht.**

**Beide Varianten werden derzeit aufgrund der limitierten Expositionsmöglichkeiten und einer erhöhten Rate an heterotopen Ossifikationen nicht mehr zu den Standardzugängen zum Acetabulum gerechnet. Die Exposition erschöpft sich in einer limierten Übersicht auf den Beckenkamm, zum kranialen Anteil des vorderen Pfeilers und zum Dach der Eminentia iliopectinea.**

**Der Smith-Petersen-Zugang eignet sich insbesondere als Erweiterung des anterioren Zugangs (s. S. 371) zur operativen Versorgung von Hüftkopffrakturen. Der iliofemorale Zugang kann eher zur Versorgung von isolierten Frakturen des vorderen Pfeilers oder der vorderen Acetabulumwand eingesetzt werden.**

■ **Indikation**

- Isolierte Frakturen des vorderen Pfeilers oder der vorderen Wand
- Fehlverheilte oder pseudarthrotische Frakturen des vorderen Pfeilers oder der vorderen Wand
- Selten in Kombination mit dem hinteren Zugang (kombinierte Frakturtypen)

■ **Vorbereitung**

- Allgemeine Vorbereitungen (perioperative Antibiose, heterotope Ossifikationen)
- Bereitstellung von 2–4 Blutkonserven
- Transurethraler Blasenkatheter (Operationsdauer)
- Gegebenenfalls Intensivplatz vorhalten

■ **Lagerung**

Die Präparation erfolgt in Rückenlage auf dem Standardtisch mit frei beweglich abgedecktem Bein. Eine zum Abschluß der Operation notwendige Bildwandlerkontrolle der Reposition (mit Ala- und Obturatorprojektion) muß möglich sein.

■ **Orientierungspunkte und Hautinzision** (Abb. 19.6 a)

Orientierungspunkte sind

- der Beckenkamm,
- die Spina iliaca anterior superior,
- die Grenze zwischen M. sartorius und M. tensor fasciae latae

Die Inzision erfolgt von der lateralsten Stelle des Beckenkamms entlang der Crista iliaca zur Spina iliaca anterior superior und folgt danach der Grenze zwischen M. sartorius und M. tensor fasciae latae bis zu einem Punkt etwa 15 cm distal der Spina iliaca anterior superior.

■ **Tiefe Präparation**

Die Bauchwandmuskulatur wird von der Crista iliaca abgelöst. Es ist darauf zu achten, daß der M. obliquus externus die Crista iliaca an der Außenseite leicht »überragt« und daher nur von lateral distal her der sehnige Ansatz erreicht werden kann. Auf der Innenseite der Beckenschaufel wird die Präparation subperiostal mit dem Raspartorium in die Fossa iliaca fortgesetzt (Abb. 19.6 b).

Die distale Präparation erfolgt an der Grenze zwischen M. sartorius (proximal) bzw. M. rectus femoris (weiter distal) und dem M. tensor fasciae latae (Abb. 19.6 b).

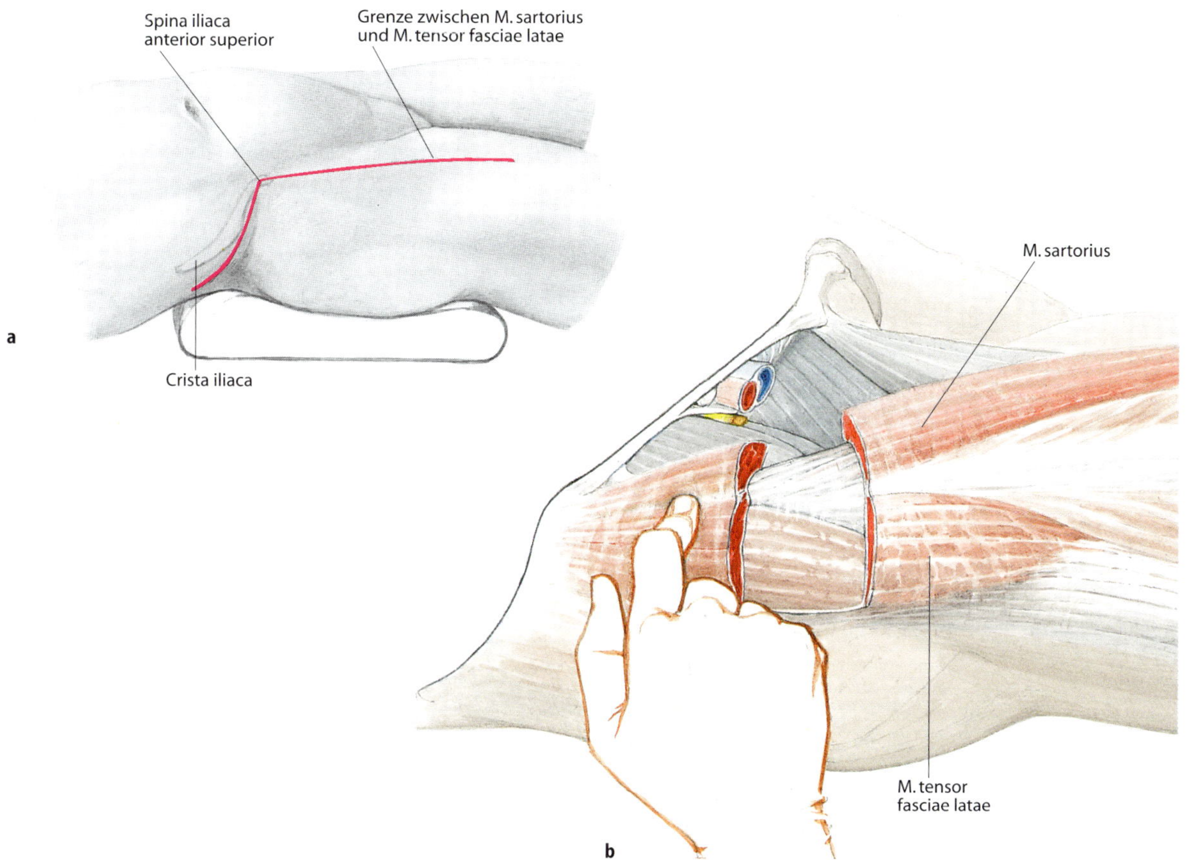


**Abb. 19.6 a–e.** Iliofemoraler Zugang. **a** Orientierungspunkte und Hautinzision. **b** Präparation in der Grenze zwischen M. tensor fasciae latae und M. sartorius innerhalb der Faszie des M. tensor fasciae latae. **c–e** s. S. 370

**Hinweis**

Da die Äste des N. cutaneus femoris lateralis in der Faszienscheide des M. sartorius verlaufen, ist es günstiger, die Faszie des M. tensor fasiciae latae nahe der Grenze zum M. sartorius zu eröffnen und den Muskel scharf von seiner medialen Faszie auszulösen. Ist in der Tiefe der sehnige Ursprung des M. rectus femoris identifiziert, wird die Faszie nochmals scharf inzidiert und der M. tensor fasciae latae nach lateral retrahiert.

Das Leistenband und der Ursprung des M. sartorius werden an der Spina iliaca anterior superior unterfahren und scharf abgetrennt, besser jedoch osteotomiert (Bohrung zur Schraubenrefixation vor der Osteotomie setzen, rechtwinklige Osteotomie zur Rotationssicherung! Siehe auch »Maryland-Modifikation«, S. 383).

Das Leistenband und der M. sartorius werden nach medial weggehalten (Abb. 16.6 c, d). Durch den M. iliopsoas ist die Exposition nach medial behindert, so daß die Darstellung maximal bis zur Eminentia iliopectinea gelingt.

Ist eine Inspektion des Hüftgelenkes vorgesehen, muß der distale Anteil des Zugangs entsprechend des anterioren Zuganges zur Hüfte erweitert werden. Dazu werden die A./V. circumflexa femoris lateralis aufgesucht, unterfahren und ligiert. Die Pars reflecta des M. rectus femoris wird abgelöst und die Fasern des M. psoas von der Hüftgelenkkapsel abgeschoben, um eine Arthrotomie durchzuführen (Abb. 19.6 e).

### Erweiterungsmöglichkeiten

Durch Ablösung des Abduktorenursprungs (ursprüngliche Form des Smith-Petersen-Zugangs) läßt sich die Außenseite der Darmbeinschaufel bedarfsweise weit darstellen. Eine ausreichende Übersicht über die hintere Wand und den hinteren Pfeiler des Acetabulums zur Reposition und Fixation gelingt damit aber nicht!

### Wundverschluß

Nach Einlage von Redon-Drainagen wird der Ursprung der Pars directa des M. rectus femoris durch eine Bohrung in der Spina iliaca anterior inferior transossär mit einer Naht refixiert und die Pars reflecta mit dem Ursprungsstumpf an der Hüftgelenkkapsel vernäht.

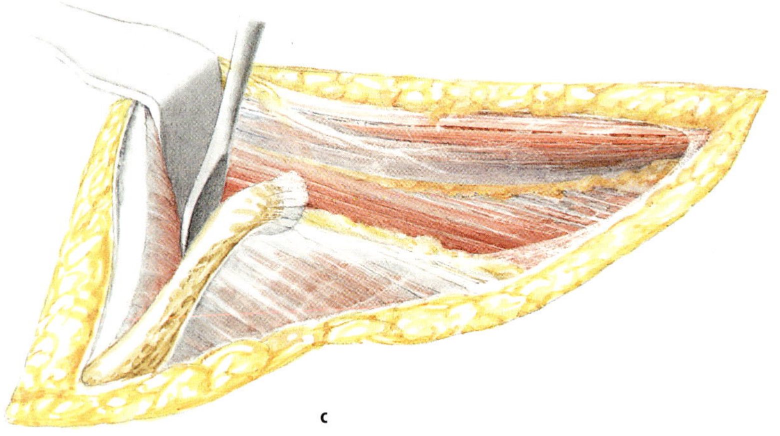

c

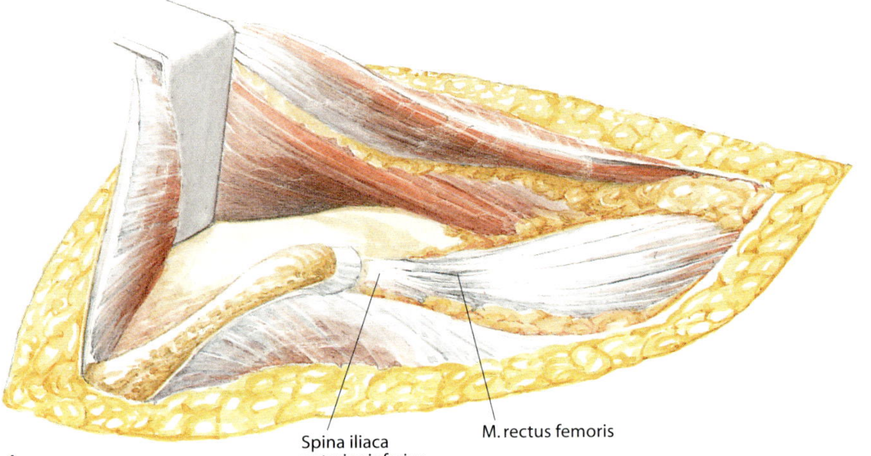


d

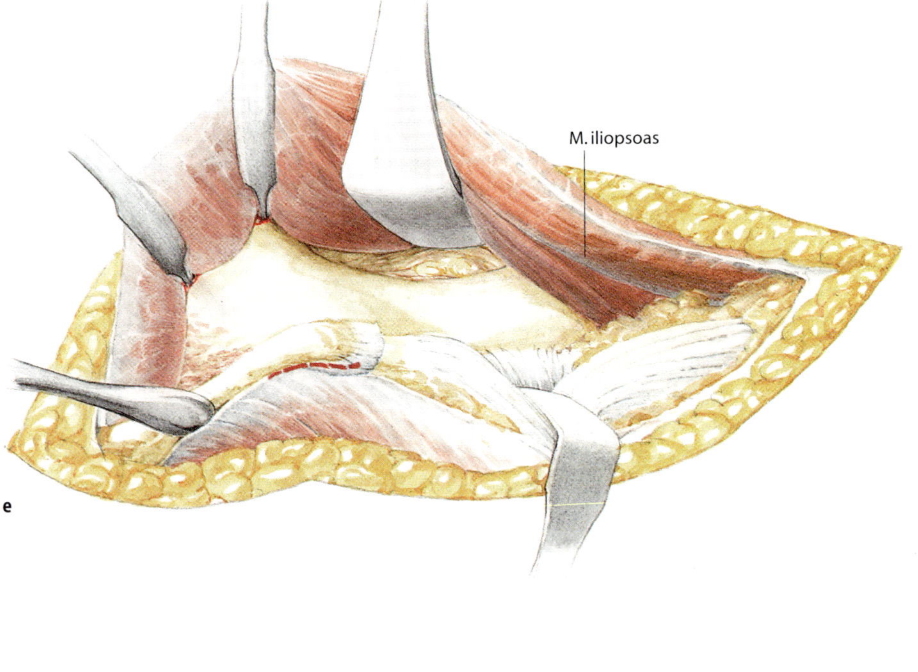


e

**Abb. 19.6** (Forts.) **c** Darstellung der Spina iliaca anterior inferior und Abheben des M. iliacus. **d** Die Präparation kann im Bedarfsfall bis zum SI-Gelenk weitergeführt werden. **e** Vollständige Exposition. Eine Erweiterung auf die Außenseite des Os ilium ist ggf. durch Ablösen des Ursprungs der Hüftabduktoren möglich

Eine osteotomierte Spina iliaca anterior superior wird in der vorbereiteten Bohrung mit einer Kleinfragmentkortikalisschraube refixiert. Andernfalls erfolgt die Refixation durch eine kräftige transossäre Naht durch ein Bohrloch.

Die Bauchwandmuskulatur wird ebenfalls mit kräftigen, resorbierbaren Einzelnähten, bevorzugt als U-Naht, am Becken refixiert.

Im Bereich des Oberschenkels erfolgt ein Faszienverschluß mit fortlaufender Naht und nach Einlage einer subkutanen Redon-Drainage der Hautverschluß mit Rückstichnähten.

### ■ Gefahren

- Der N. cutaneus femoris lateralis ist potentiell immer gefährdet (Patient sollte präoperativ auf einen möglichen Sensibilitätsverlust aufmerksam gemacht werden!).
- Potentiell gefährdet ist der N. femoralis, wenn durch zu starken Hakenzug eine Retraktion des M. iliopsoas erzwungen wird, um die Region medial der Eminentia iliopectinea darzustellen.
- Das Risiko der heterotopen Ossifikationen steigt mit dem Ausmaß der Abduktorenablösung.

## Anteriorer Zugang zur Hüfte

Ist lediglich eine Arthrotomie des Hüftgelenkes erforderlich, z. B. zur alleinigen Extraktion von kleineren, intraartikulär liegenden, freien Fragmenten, ist in vielen Fällen ein vorderer Zugang zur Hüfte ausreichend. Müssen Hüftkopffrakturen versorgt werden, gelingt dieses nur bei sehr muskelschwachen, schlanken Patienten über den rein anterioren Zugang. Ansonsten wird der Zugang je nach Bedarf durch Ablösung der Abduktoren von der Crista iliaca zu dem Zugang nach Smith-Petersen erweitert.

### ■ Indikationen

- Extraktion intraartikulärer Fragmente
- Eventuell Osteosynthese von Hüftkopffrakturen

### ■ Lagerung

Die Präparation erfolgt in Rückenlage auf dem Standardtisch mit frei beweglich abgedecktem Bein. Eine zum Abschluß der Operation notwendige Bildwandlerkontrolle der Reposition muß möglich sein.

### ■ Orientierungspunkte und Hautinzision

(Abb. 19.7 a)

Orientierungspunkte sind

- Spina iliaca anterior superior und
- Grenze zwischen M. sartorius und M. tensor fascia latae.

Die Inzision erfolgt von der Spina iliaca anterior superior in der tastbaren Grenze zwischen M. sartorius und M. tensor fascia latae etwa 15 cm nach distal (Abb. 19.7 b).

### ■ Tiefe Präparation

Die Präparation erfolgt in der Grenze zwischen dem M. sartorius (proximal) bzw. dem M. rectus femoris (weiter distal) und dem M. tensor fascia latae (Abb. 19.7 c).

Da die Äste des N. cutaneus femoris lateralis in der Faszienscheide des M. sartorius verlaufen, ist es günstiger, die Faszie des M. tensor fascia latae nahe der Grenze zum M. sartorius zu eröffnen und den Muskel scharf von seiner medialen Faszie auszulösen. Ist in der Tiefe der sehnige Ursprung des M. rectus femoris identifiziert, wird hier die Faszie nochmals scharf durchtrennt und der M. tensor fascia latae nach lateral retrahiert. Man stößt nun auf ein querverlaufendes Gefäßbündel, der A./V. circumflexa femoris lateralis (Abb. 19.7 d). Es wird unterfahren und ligiert. Die in die Hüftgelenkkapsel einstrahlende Pars reflecta des Ursprungs des M. rectus femoris wird abgelöst, und die nun sichtbare dünne Faserschicht des M. psoas wird mit dem Raspatorium von der Hüftgelenkkapsel abgeschoben.

Die Exposition wird durch vorsichtiges Einsetzen von Hohmann-Hebeln um die Hüftgelenkkapsel gesi-

**Abb. 19.7 a–e.** Anteriorer Zugang zur Hüfte. **a** Orientierungspunkte und Hautinzisionen des anterioren Zuganges. **b** Präparation des M. tensor fasciae latae. **c** Topographische Beziehung beim anterioren Zugang im Schnittbild. **d** Ligatur der A. circumflexa femoris lateralis; ggf. wird die Pars reflecta des Ursprungs des M. rectus femoris abgelöst. **e** Exposition der Hüftgelenkkapsel; Inzisionsmöglichkeit zur Arthrotomie

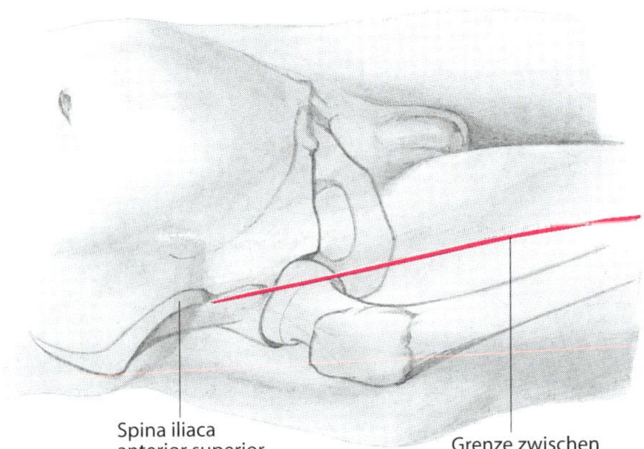


a

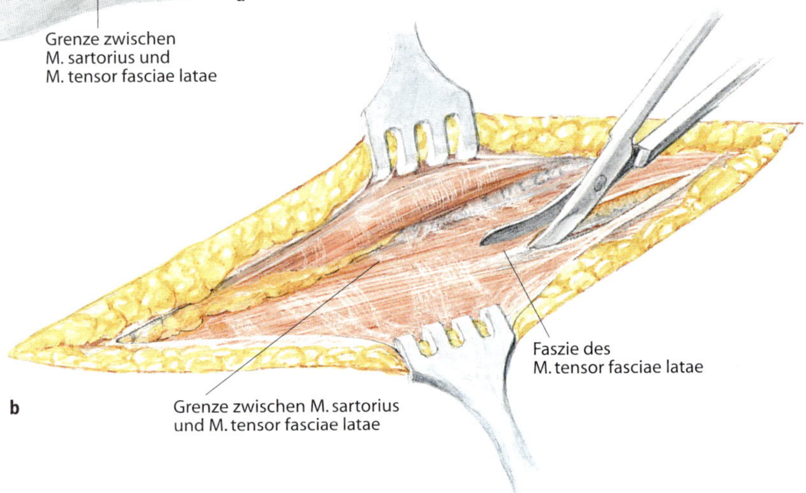


b

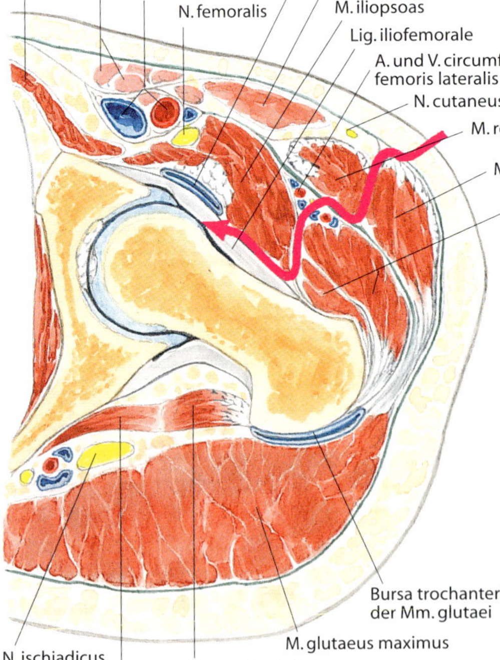


c

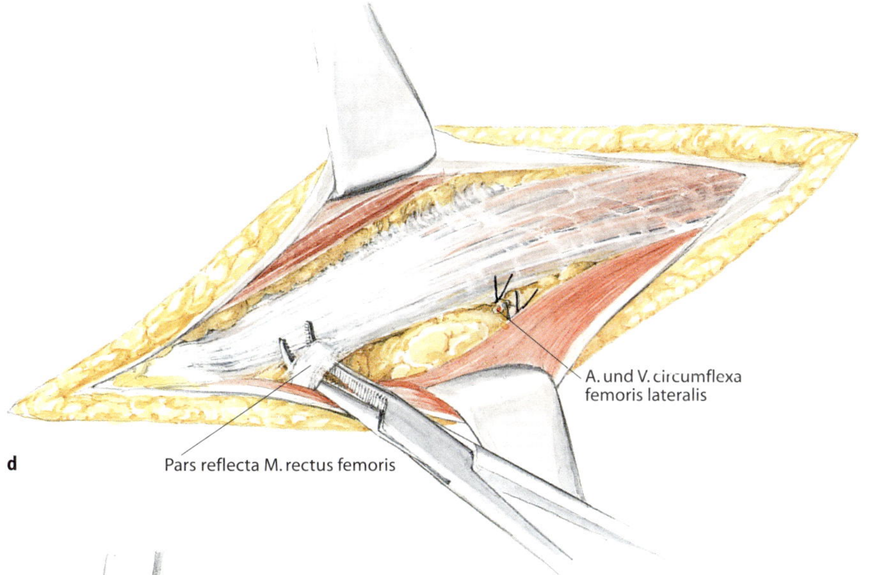


d

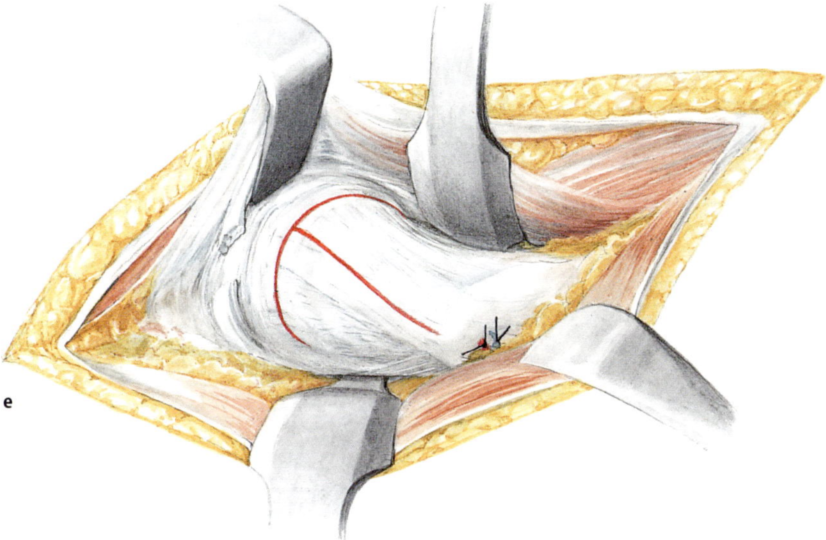

e

chert, und eine T-förmige Kapsulotomie durchgeführt. Acetabulumnah verbleiben etwa 2–3 mm Kapselrand zur späteren Refixation, der »senkrechte Schenkel« der T-Inzision wird in Achse des Schenkelhalses auf dem ventralen Aspekt des Schenkelhalses durchgeführt (Abb. 19.7 e). Zur besseren Übersicht werden die Kapselränder mit Haltenähten gefaßt.

■ **Erweiterungsmöglichkeiten**

Gerade bei muskelkräftigen Individuen kann der Überblick in das Hüftgelenk über den anterioren Zugang zum Hüftgelenk ungenügend sein. In diesen Fällen wird zunächst der M. tensor fascia latae schrittweise scharf von seinem Ursprung abgelöst. Im Bedarfsfall kann auch eine weitergehende Ablösung des Abduktorenursprungs erfolgen, was allerdings das Risiko der späteren heterotopen Ossifikationen erhöht.

■ **Wundverschluß**

Die Hüftgelenkkapsel wird mit resorbierbarer Naht verschlossen.

Wurden der Tensor fascia latae und die Abduktoren abgelöst, werden diese mit kräftiger, resorbierbarer Naht am Beckenkamm refixiert. Der übrige Wundverschluß ist einfach, da die Strukturen sich durch ihre Eigenspannung selbständig aneinander legen.

■ **Gefahren**

- Verletzung des N. cutaneus femoris lateralis (präoperativ über Sensibilitätsverluste aufklären).
- Heterotope Ossifikationen bei weitergehender Ablösung der Abduktoren.

## Erweiterter Pfannenstiel-Zugang (»Stoppa-Zugang«)

Eine Erweiterung der Pfannenstiel-Inzision mit Ablösung des Ansatzes des M. rectus abdominis ist seit längerem zur chirurgischen Therapie von komplizierten Leistenhernien, aber auch in der Tumorchirurgie bekannt [25]. Über einen derartigen Zugang ist ein ausgezeichneter Einblick in das kleine Becken bis hin zum SI-Gelenk zu erreichen. Da insbesondere bei Acetabulumfrakturen im Alter die durch einen ilioinguinalen Zugang »erzwungene« Plattenlage »auf« der Linea terminalis eine biomechanisch nur unzureichende Abstützung gegen die Medialisierungstendez des Hüftkopfes bietet, wurde dieser Zugang zunächst zur Versorgung von ausgewählten »Altersfrakturen« eingesetzt [3]. Aber auch die Versorgung von Beckenringinstabilitäten wurde über einen auch beidseitig ausgeführten erweiterten Pfannenstiel-Schnitt angegeben [10].

Im Zuge der Minimierung von Zugängen zur Versorgung von Acetabulumfrakturen wird der erweitere Pfannenstiel-Schnitt in Einzelfällen auch in Kombination mit dem anterolateralen Zugang zur Fossa iliaca eingesetzt. Die unabdingbare Voraussetzung für die Anwendung derartiger Modifikationen ist allerdings, daß im Rahmen einer intensiven präoperativen Analyse klar wurde, daß die Reposition und Fixation der Acetabulumfraktur auch sicher über die genannten limierten Zugänge möglich ist!

### ■ Indikationen

- Frakturen des vorderen Pfeilers mit hinterer Hemitransversfraktur mit ausgeprägter zentraler Dislokation im Alter
- Seltener: Zweipfeilerfrakturen im Alter mit zentraler Luxation in Kombination mit der anterolateralen Inzision zur Fossa acetabuli (meist in Kombination mit Cerclagen)

### ■ Vorbereitung

- Allgemeine Vorbereitungen (perioperative Antibiose; nichtsteriodale Antiphlogistika zur Prophylaxe heterotoper Ossifikationen nicht obligat)
- Bereitstellung von 2–4 Blutkonserven
- Transurethraler Blasenkatheter
- Gegebenenfalls Intensivplatz vorhalten (Altersfrakturen!)

### ■ Lagerung

Die Präparation erfolgt in Rückenlage auf dem Standardtisch mit frei beweglich abgedecktem Bein. Eine zum Abschluß der Operation notwendige Bildwandlerkontrolle der Reposition (mit Ala- und Obturatorprojektion) muß möglich sein.

### ■ Orientierungspunkte und Hautinzision (Abb. 19.8 a)

Orientierungspunkte sind:

- Spina iliaca anterior superior,
- Symphyse.

Es erfolgt eine quere Hautinzision etwa 2 Querfinger proximal der Symphyse von etwa 7–10 cm Länge. Die Inzision ist etwas zur verletzten Seite hin versetzt.

### ■ Tiefe Präparation

Die Präparation erfolgt grundsätzlich analog des Zugangs zur Symphyse (s. Kap. 9), erweitert durch Ablösung des Ansatzes des M. rectus abdominis auf der verletzten Seite.

Nach Präparation durch das Subkutangewebe wird die Linea alba aufgesucht und zunächst die Faszie zwischen den Bäuchen des M. rectus abdominis gespalten. Nach Eingehen auf die Symphyse wird die Blase im Spatium retzii vorsichtig nach dorsal abgedrängt, und der M. rectus abdominis wird auf der betroffenen Seite etwa 1 cm proximal seines Ansatzes scharf durchtrennt (Abb. 19.8 b). Durch Retraktion der Femoralgefäße nach lateral ist der obere Schambeinast nahezu vollständig exponiert, und man gewinnt in der leicht zu öffnenden Schicht zwischen dem präperitonealen Fettgewebe und dem M. obturatorius internus Eingang in das kleine Becken.

Bevor eine weitere knochennahe Präparation bis in den Bereich der quadrilateralen Fläche durchgeführt wird, sollte man sich vergewissern, daß die Anastomosen zwischen dem Stromgebiet der A. obturatoria und A. iliaca externa nicht im Sinne einer Corona mortis erweitert sind. In diesem Fall müssen die Gefäße unterbunden werden.

Durch vorsichtige Präparation mit dem Raspatorium läßt sich die gesamte quadrilaterale Fläche freilegen, bis der Bereich zwischen dem SI-Gelenk, der knöchernen Begrenzung der Incisura ischiadica major und der Spina ischiadica bis zum Foramen obturatum freiliegt (Abb. 19.8 c).

> *Anmerkung.* Die Übersicht ist im Vergleich zum ilioinguinalen Zugang »gewöhnungsbedürftig«, aber als durchaus »umfassend« zu bezeichnen. Besonders die Darstellung und der Arbeitswinkel im Bereich der quadrilateralen Fläche, der Spina ischiadica und der Incisura ischiadica major ist deutlich verbessert. Nicht darstellbar dagegen ist die Fossa iliaca (s. Erweiterung). Die Darstellung der Eminentia iliopectinea ist dagegen allenfalls ansatzweise durch subperiostales Abheben der Gefäßloge darstellbar. Medial ist der obere Schambeinast allerdings wieder komplett exponierbar.

### ■ Erweiterungsmöglichkeit

Der Zugang selbst bietet keine Erweiterungsmöglichkeit. Er kann ggf. mit einem anterolateralen Zugang zur Fossa iliaca entsprechend des 1. Fensters des ilioinguinalen Zugangs kombiniert werden. Damit werden die Repositionsmöglichkeiten am Os ilium erweitert und z. B. der Einsatz von Cerclagen möglich.

## ■ Wundverschluß

Der Wundverschluß ist einfach, nach Einlage einer tiefen Redon-Drainage erfolgt die Refixation des M. rectus abdominis mit kräftigen, vorzugsweise transossären Nähten. Die Faszie wird in der Linea alba verschlossen und die Haut über eine Redon-Drainage verschlossen.

## ■ Gefahren

- Blasenverletzung bei unvorsichtiger Präparation (Blasenkatheter einlegen, Präparation der Symphyse von distal her!)
- Verletzung oder Thrombose aus den Femoralgefäßen bei unvorsichtiger Präparation oder brüskem Hakenzug
- Blutung aus einer Corona mortis (Palpationskontrolle!)
- Verletzung von A. und V. obturatoria und N. obturatorius (liegen direkt im Operationsgebiet, muß entsprechend der Repositions- und Stabilisierungsmanöver retrahiert werden!)
- Bauchwandhernie bei unzureichender Refixation des M. rectus abdominis

**Abb. 19.8 a–c.** Erweiterte Pfannenstielinzision. **a** Orientierungspunkte und Hautinzision beim erweiterten Pfannenstielschnitt (Stoppa-Zugang); **b** Ablösung des M. rectus abdominis; **c** vollständige Exposition mit Einblick ins kleine Becken

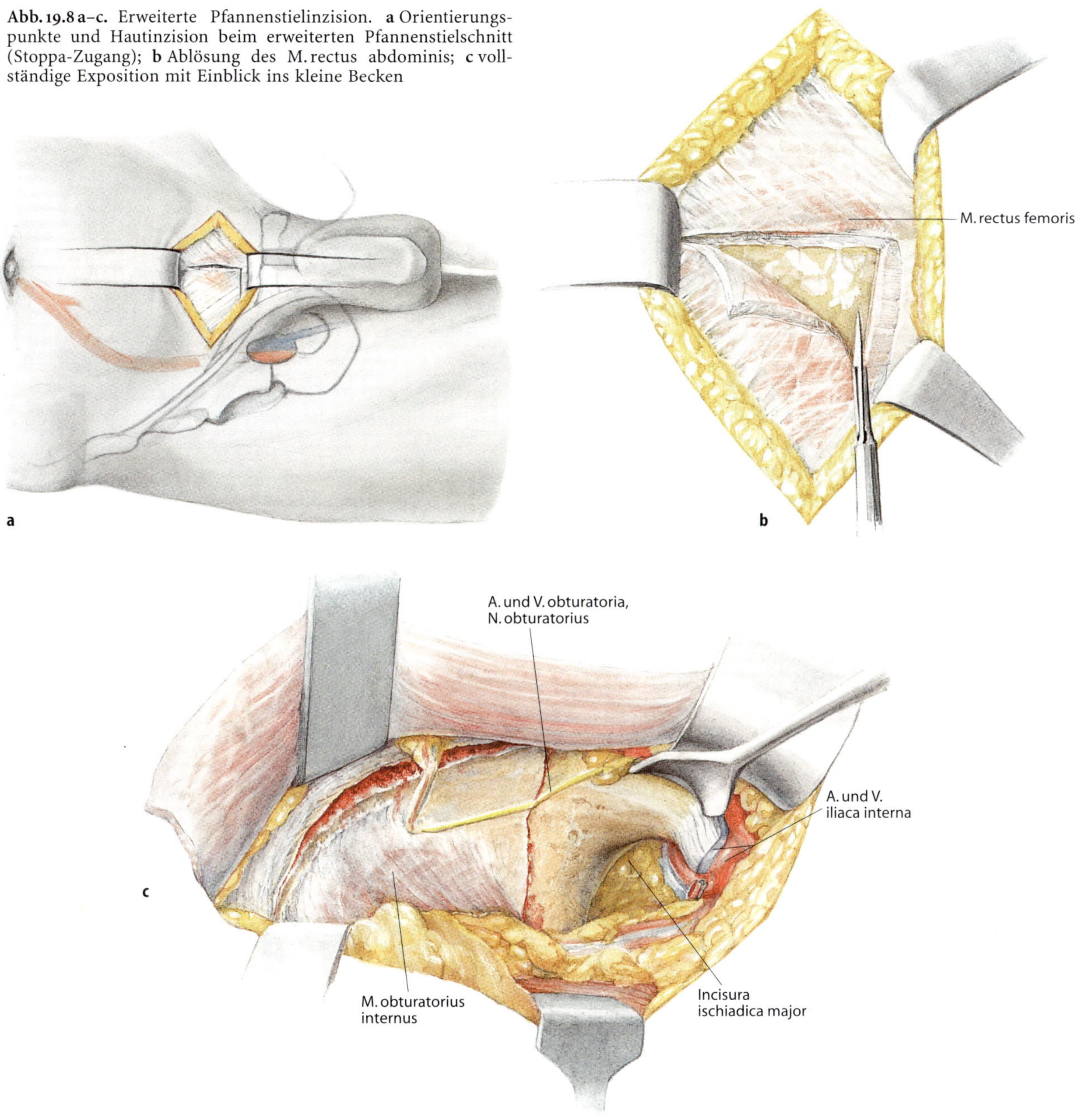

## 19.3 Erweiterte Zugänge

Eine wesentliche Problematik bei der Versorgung von Acetabulumfrakturen besteht darin, daß mit den bisher beschriebenen Zugängen lediglich ein »Pfeiler« des Gelenkes ausreichend darstellbar ist, um eine direkte chirurgische Manipulation durchführen zu können. Die potentiell mögliche Kombination von Einzelzugängen (»Doppelzugang«) hat bei der simultanen Exposition den Nachteil, daß sich die Darstellungsmöglichkeit in zumindest einem Zugang verringert. Bei einer sequentiellen Ausführung mit Umlagerung sind naturgemäß die Repositionsmöglichkeiten eingeschränkt, und durch zuvor eingebrachte Implantate können leicht Repositionshindernisse entstehen.

Diese Nachteile wurden durch Entwicklung der sog. »erweiterten lateralen Zugänge« umgangen. Sie basieren auf der anatomischen Besonderheit, daß die gesamte Glutäalmuskulatur zusammen mit dem M. tensor fasciae latae von den Nn. glutaeis superiores und ausreichend von der A. glutaea superior, beide aus der Incisura ischiadica major kommend, versorgt werden. Es ist somit möglich, die gesamte Glutäalmuskulatur im Sinne eines »gestielten Muskellappens« nach dorsal kranial abzuheben und damit einen nahezu kompletten Einblick auf das Os coxae zu erreichen.

Der klassische erweiterte iliofemorale Zugang wurde 1973 von Judet und Letournel erstmalig eingesetzt [12]. 1988 wurde von der Arbeitsgruppe aus Baltimore eine Modifikation angegeben, die eine veränderte Hautinzision beinhaltet und die bisherige scharfe Ablösung der Muskelursprünge und -ansätze durch besser refixierbare Osteotomien ersetzte (sog. »Maryland-Modifikation«) [21].

Ebenfalls den erweiterten Zugängen zuzurechnen ist der sog. »Triradiate«-Zugang (oder auch »Mercedesstern-Zugang«) nach Mears und Rubash [19]. Er erlaubt nach primär dorsaler Präparation eine Erweiterung nach ventral, ist aber mit einer hohen Komplikationsrate verbunden.

Weitere »klassische« Zugänge (Lexer, Ollier) oder deren Modifikationen (Senegas) werden nicht im Detail beschrieben, da sie aufgrund unzureichender Darstellung und hoher Komplikationsraten zwischenzeitlich nahezu vollständig verlassen wurden.

Gegenüber den Doppelzugängen haben die erweiterten lateralen Zugänge den Vorteil einer ausgezeichneten Exposition des hinteren Pfeilers, des größten Teils des vorderen Pfeilers (etwa bis zur Eminentia iliopectinea) und der Innenseite des Beckens. Gerade bei »komplizierten« kombinierten Frakturtypen sind die Repositionsergebnisse gegenüber den Doppelzugängen besser. Auf der anderen Seite darf aber nicht die ausgedehnte Weichteilexposition mit hoher perioperativer Morbidität vergessen werden, ein Umstand, der auch in großen Serien die Rate der erweiterten Zugänge nicht über 10 % anstiegen ließ. Im eigenen Vorgehen werden erweiterte Zugänge im Rahmen der sich schnell entwickelnden Bildgebung und damit optimierten Operationsplanung für Primärversorgungen nur noch in ausgewählten Einzelfällen eingesetzt. Anders verhält es sich bei der Spätrekonstruktion von fehlverheilten und pseudarthrotisch verheilten Acetabulumfrakturen aus. Hier sind die erweiterten Zugänge als Standardzugang zur Rekonstruktion der kombinierten Frakturtypen anzusehen (s. Kap. 24).

### ■ Vor- und Nachteile der erweiterten Zugänge

Der Vorteil der erweiterten lateralen Zugänge liegt eindeutig in der ausgezeichneten Darstellung des hinteren Pfeilers und großer Teile des vorderen Pfeilers auf der Innenseite des Beckens. Sie ist bei der Maryland-Modifikation im Bereich des vorderen Pfeilers noch etwas verbessert (Abb. 19.9 a, b).

Nachteile liegen in der ausgedehnten Weichteilexposition. Für die reine Präparation ist in der Maryland-Modifikation ein Zeitbedarf von etwa 90–120 min anzusetzen [28].

Im Zuge der ausgedehnten Weichteilexposition ist mit einem erheblichen Risiko für heterotope Ossifikationen zu rechnen. Letournel gibt in einer Serie von 39 erweiterten iliofemoralen Zugängen eine Rate von 25 % Ossifikationen Brooker II und III sowie 8 % Brooker IV an [16].

In einer Serie von 20 Maryland-Modifikationen werden von Reinert et al. 25 % Ossifikationen Brocker III und IV angegeben [21].

Besonders der erweiterte iliofemorale Zugang beinhaltet ein erhöhtes Risiko für eine dauerhafte Abduktorenschwäche. In der eigenen Erfahrung ist dieses Risiko nach der Maryland-Modifikation weniger ausgeprägt (bessere Refixationsmöglichkeit) [28].

Der Triradiate-Zugang nach Mears hat im Vergleich zu den vorgenannten erweiterten Zugängen eine begrenzte Darstellungsmöglichkeit insbesondere im Bereich des dorsalen Iliums, da sich das superiore glutäale Gefäß-Nerven-Bündel unter der Präparation anspannt [19]. Die Schnittführung schränkt die Möglichkeit der Abhebung des M. iliacus ein, die Darstellung der Innenseite des Iliums, besonders dorsal zum SI-Gelenk hin, ist ebenfalls limitiert. Im Bereich der spitzwinklig zulaufenden Hautinzisionen wurden Wundrandnekrosen beobachtet. Im direkten Vergleich wurde in einer größeren Serie eine vergleichbare Komplikationsrate zum erweiterten iliofemoralen Zugang angegeben [1].

Im eigenen Vorgehen wird dieser Zugang allerdings nicht mehr geplant eingesetzt. Besteht die Indikation zum Einsatz eines erweiterten Zugangs, wird im eigenen Vorgehen die Maryland-Modifikation bevorzugt.

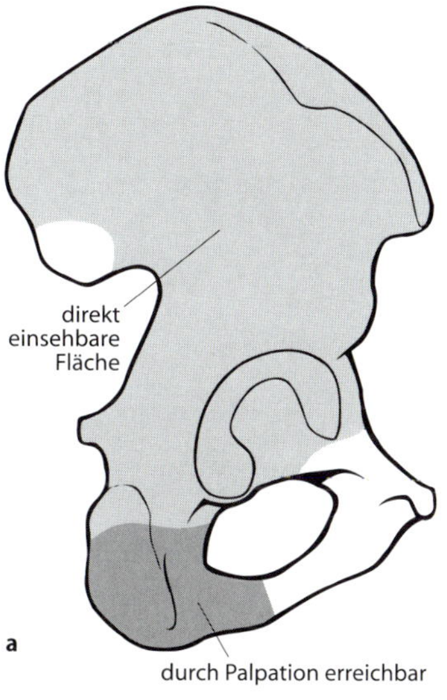


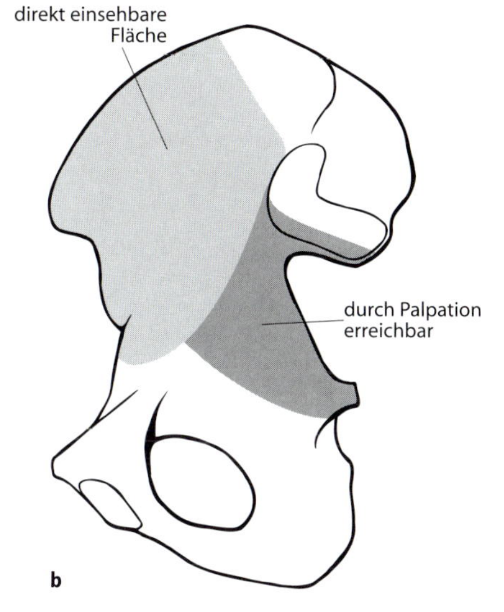


**Abb. 19.9 a–e.** Erweiterte Zugänge. Darstellung der Expositionsmöglichkeiten der erweiterten Zugänge **a** von lateral, **b** von medial; **c–e** s. S. 378

! Die erweiterten Zugänge sollten aus den angeführten Gründen deswegen ausschließlich den »komplexen« kombinierten Frakturformen und den veralteten Frakturformen bei Patienten ohne zusätzliche Risikofaktoren vorbehalten bleiben!

Da sich Indikationen, Patientenvorbereitung, Lagerung und Gefahren bei allen 3 vorgestellten Zugängen im wesentlichen gleichen, werden diese Punkte zunächst gemeinsam dargestellt.

### ■ Indikation

Die erweiterten lateralen Zugänge eignen sich in der Primärversorgung besonders für Frakturtypen mit einer Frakturpathologie im Bereich beider Pfeiler, die direkt chirurgisch reponiert und stabilisiert werden müssen (Frakturen mit Gelenkdepressionen und Trümmerzonen), insbesondere im Rahmen von

- ausgewählten Querfrakturen mit Frakturen der hinteren Wand,
- T- Frakturen, besonders den transtektalen,
- Frakturen beider Pfeiler, insbesondere mit zusätzlichen Frakturen und Trümmerzonen der hinteren Wand,
- späte Rekonstruktion fehlverheilter Acetabulumfrakturen (immer wenn beide Pfeiler erreicht werden müssen; s. auch Kap. 24).

### ■ Patientenvorbereitung

In allen Fällen handelt es sich ausgedehnte Zugangswege, die eine sorgfältige Vorbereitung und detaillierte Aufklärung des Patienten nötig machen. Der präoperative neurologische Status sollte unbedingt abgeklärt sein. Verletzung und Eingriff beinhalten ein hohes Thromboserisiko, der Patient muß eine erweiterte prä-, peri- und postoperative Thromboseprophylaxe erhalten. Zur Patientenvorbereitung gehören:

- erweiterte Patientenaufklärung:
  - Schädigung des N. ischiadicus,
  - Schädigung des N. cutaneus femoris lateralis,
  - Schädigung des Bündels A./N. glutaea superior mit Gefahr der Abduktorennekrose,
  - Blutungsgefahr aus Corona mortis und präsakralem Venenplexus,
  - periartikuläre Verkalkungen mit Bewegungseinschränkungen,
  - postoperative Arthrose und Hüftkopfnekrose.
- transurethraler Blasenkatheter;
- Bereitstellung von 6–10 Blutkonserven;
- perioperative Prophylaxe heterotoper Ossifikationen (z. B. Indomethazin 2 × 50 mg ab prae OP-Tag);
- postoperative Intensivüberwachung obligat.

### ■ Lagerung

Die streng laterale Seitenlage auf der Vakuummatratze auf dem Standardtisch hat sich im eigenen Vorgehen bewährt. Vorteile sind die Möglichkeit, über eine weite Kippung des Tisches (bis 40°) die Übersicht zu verbessern und durch das frei beweglich abgedeckte Bein die Repositionsrichtungen individuell optimal anpassen zu können. Nachteilig ist die zusätzlich benötigte Assistenz.

Alternativ kann die Seitenlage auf dem Extensionstisch mit suprakondylärer Oberschenkelextension und Kniebeugung durchgeführt werden.

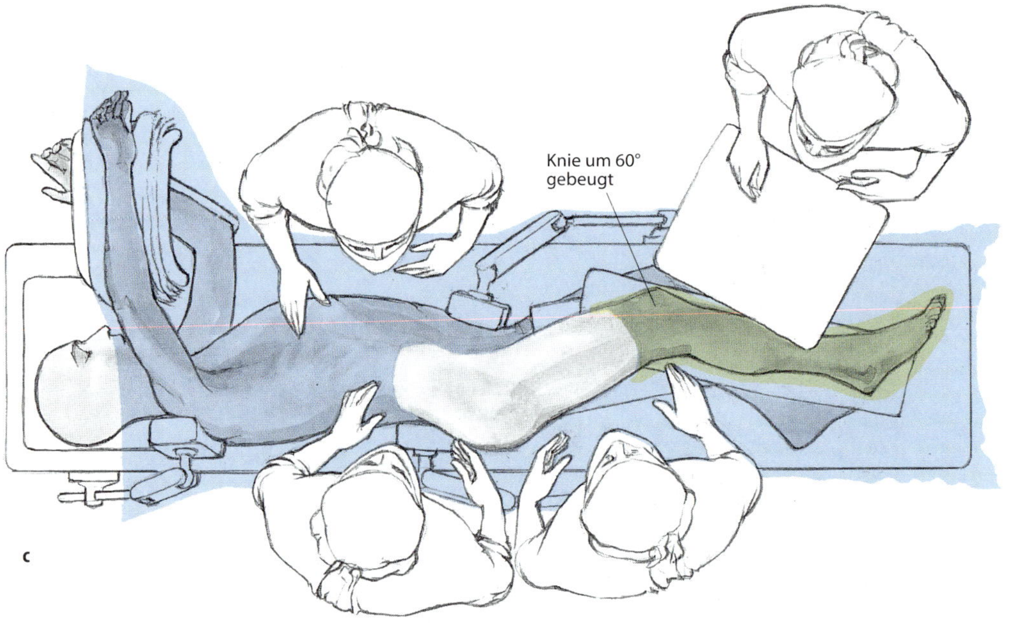


c

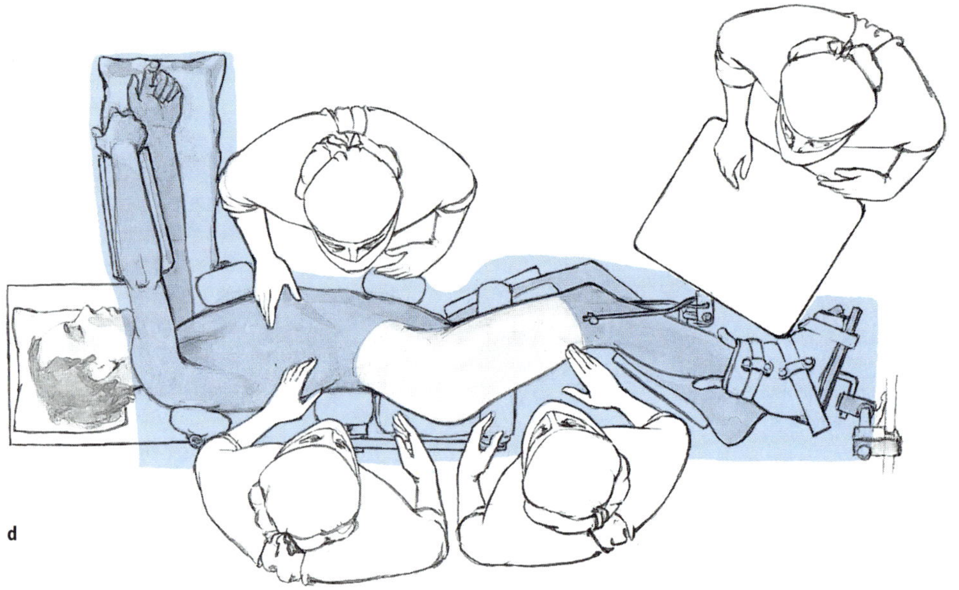

d

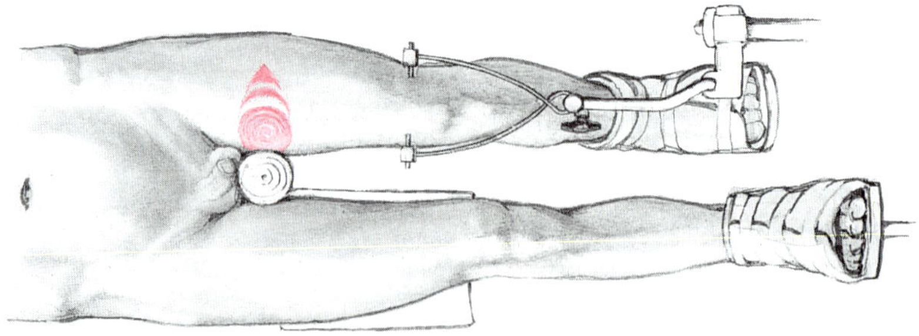

e

**Abb. 19.9 c–e**

**Standardtisch** (Abb. 19.9 c)
Nach Seitenlage wird die Vakuummatratze angeformt, aber noch nicht evakuiert. Es werden 4 Seitenstützen verwendet:

- Zwei kleine Stützen sichern die Symphyse und das Os sacrum (mit Vakuummatratze).
- Zwei längere Stützen mit guter Polsterung werden lose im Bereich des Sternums und des Rückens angebracht, um im Bedarfsfall den Körper bei maximaler Tischkippung abzustützen.

Nach guter Positionierung und Polsterung andrücken und evakuieren der Vakuummatratze. Testung der Tischkippung (Patienten zunächst manuell sichern!).

Zur Entspannung des N. ischiadicus verbleibt das Kniegelenk nach der Abdeckung immer in 40°-60° Beugestellung.

Nach endgültiger Lagerung wird eine 2. Vorreinigung, besonders der Analfalte, mit Alkohol durchgeführt, und nach Trocknung wird das Operationsgebiet wasserfest abgeklebt. Insbesondere die Genitale müssen sicher abgeklebt sein, um eine spätere Ablösung der Abdeckung zu vermeiden.

**Extensionstisch** (Abb. 19.9 d)
Abgestützte Seitenlage mit Pollerpfosten im Schritt; suprakondyläre Oberschenkelextension und Lagerung des Unterschenkels mit Beugung des Knies auf 45° mittels Stütze und Schuh. (Eine weitergehende Beugung sollte vermieden werden, da es bei Dauerzug zu einer Schädigung des M. rectus femoris kommen kann). Die Zusatzeinrichtung einer intraoperativ verstellbaren Pollerstütze, die zwischen den Beinen angebracht wird, erlaubt es, eine Lateralisierung der Hüfte zu realisieren (Abb. 19.9 e).

Bei zusätzlichen Frakturen im Beckenring, insbesondere bei beidseitigen transpubischen Instabilitäten oder Symphysenrupturen, kann es durch Extension und die Pollerabstützung zu unerwünschten, iatrogenen Verschiebungen kommen.

◁ **Abb. 19.9** (Forts.) **c** Lagerung in Seitenlage auf dem Normaltisch mit Vakuummatratze; **d** Darstellung der Seitenlage auf dem Extensionstisch. Auf eine Beugung im Knie von ca. 60° ist zu achten. **e** Durch die Anwendung eines Pollers läßt sich auch auf dem Extensionstisch ein Lateralzug erzeugen

## Erweiterter iliofemoraler Zugang

Dieser 1973 von Judet und Letournel inaugurierter Zugang ist durch eine »umgekehrt-J-förmige« Hautinzision gekennzeichnet. Die Abduktoren werden an der Crista iliaca und am Trochanter major im sehnigen Ursprung bzw. Ansatz scharf abgelöst und zusammen mit dem Tensor fasciae latae abgehoben.

### ■ Orientierungspunkte und Hautinzision (Abb. 19.10 a)

Markierungspunkte sind:
- Spina iliaca posterior superior,
- Crista iliaca,
- Spina iliaca anterior superior,
- lateraler Patellarand.

Der Hautschnitt beginnt an der Spina iliaca posterior superior, verläuft entlang der gesamten Ausdehnung des Beckenkamms bis zur Spina iliaca anterior superior. Von diesem Punkt aus wird der Schnitt auf der Ventralseite des Femurs nach distal hin in Richtung auf den lateralen Patellarand bis etwa zur Mitte des Oberschenkels verlängert.

**1. Präparationsschritt.** Zunächst wird das Periost entlang der Crista iliaca inzidiert, und die Glutealfaszie zusammen mit den Ansätzen der Abduktoren subperiostal von der Außenseite des Os ilium abgelöst (Abb. 19.10 b). Die Grenze zwischen M. sartorius und M. tensor fasciae latae wird palpiert und die Faszie des M. tensor fasciae latae nahe dieser Grenze eröffnet. Auslösen des M. tensor fasciae latae nach lateral. In dieser Muskelloge querverlaufende Äste des N. cutaneus femoris lateralis müssen durchtrennt werden.

Schrittweise wird nun die Freilegung der Außenseite des Os ilium mit der Ablösung der Ursprünge des M. tensor fasciae latae und der restlichen Ursprünge des M. glutaeus minimus und medius komplettiert (Abb. 19.10 c). In Nähe des Foramen ischiadicus majus werden auch Teile des Ursprungs des M. glutaeus maximus abgelöst. In diesem Bereich ist unbedingt darauf zu achten, das superiore gluteale Gefäß-Nerven-Bündel nicht zu verletzen (einzige Blutversorgung nach Durchtrennung der A. circumflexa femoris lateralis, Abduktorenlähmung!). Diese Strukturen sind zusätzlich durch entsprechende Frakturverläufe und Repositionsmanöver gefährdet!

Die weitere Präparation erfolgt distal. Nach Aufsuchen des M. rectus femoris wird dessen Faszie längs inzidiert und der Muskel nach medial retrahiert. Die darunterliegende Aponeurose wird ebenfalls vorsichtig längs inzidiert und die querverlaufenden Vasa circumflexa femoris lateralis werden aufgesucht, unterbunden und durchtrennt. Die Aponeurose und die Faszie des M. iliopsoas werden weiter nach distal gespalten und die Hüftgelenkkapsel wird durch Abschieben von Fa-

**Abb. 19.10 a–e.** Erweiterter iliofemoraler Zugang. **a** Orientierungspunkte und Hautinzision **b** Subkutane Präparation und Ablösung des Ursprungs der Adduktoren vom Bekkenkamm; weitere Präparation nach distal in der Grenze zwischen M. sartorius und M. tensor fasciae latae innerhalb der Faszie des M. tensor fasciae latae. **c** Weitere Ablösung der Abduktoren vom Os ilium, Ligatur der A. circumflexa lateralis und Ablösung des sehnigen Ansatzes der Hüftabduktoren am Trochanter major

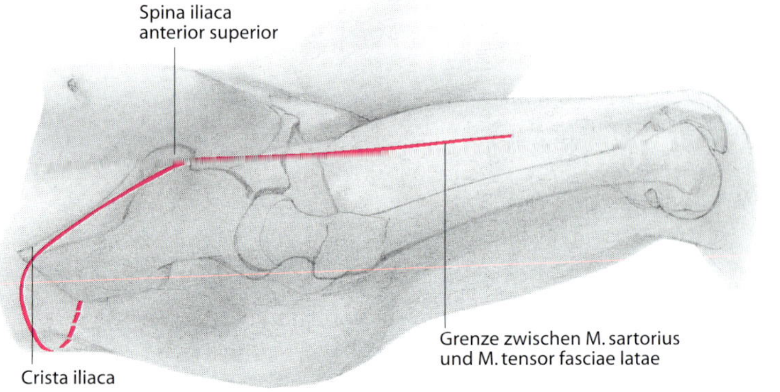


**a**

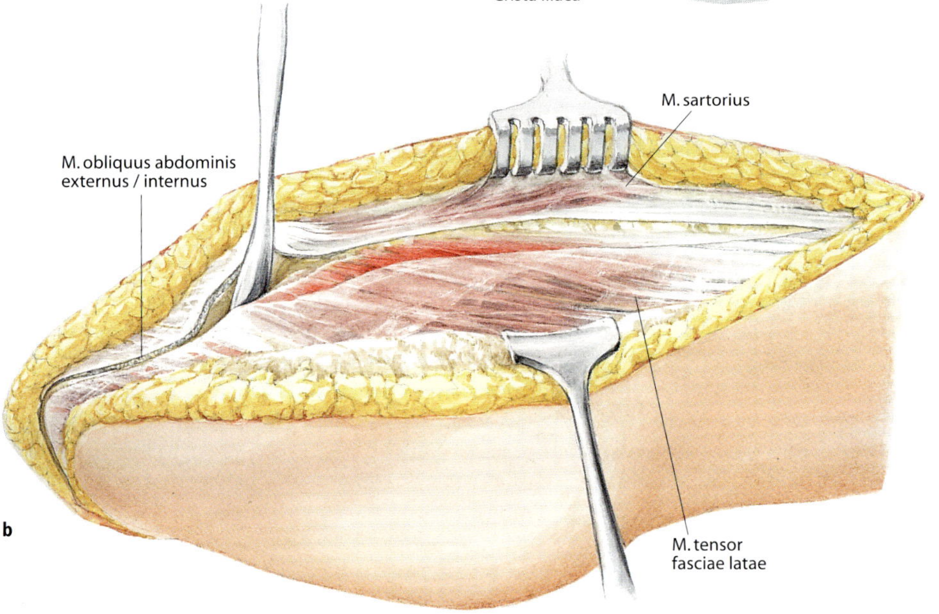


**b**

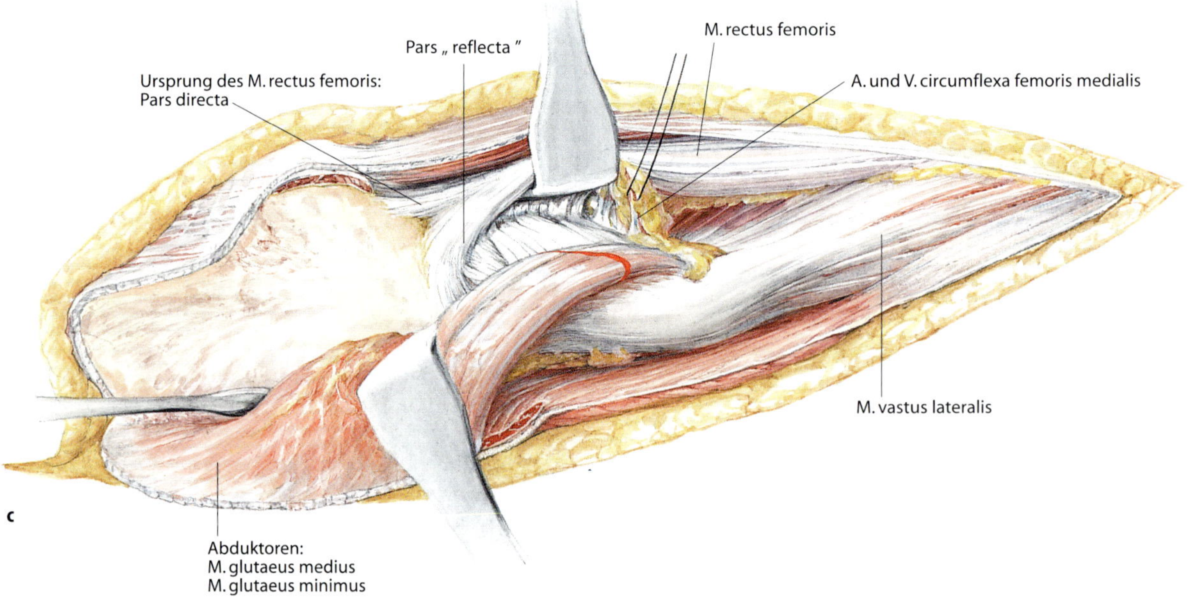


**c**

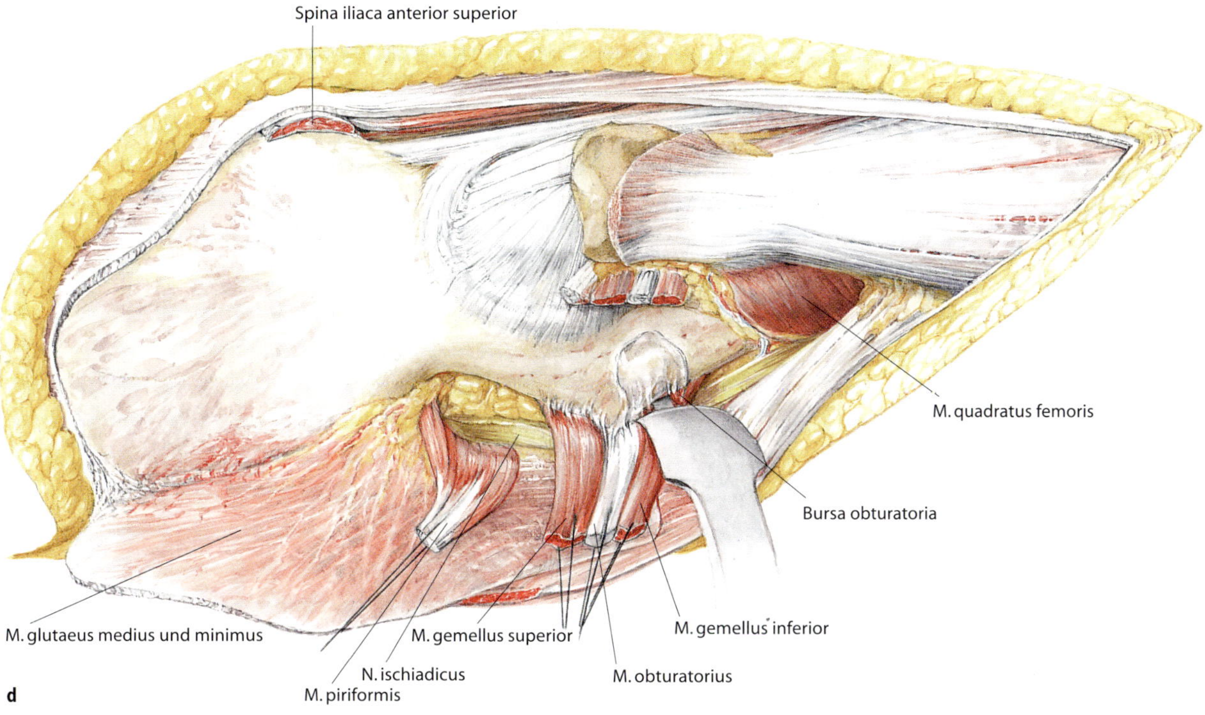


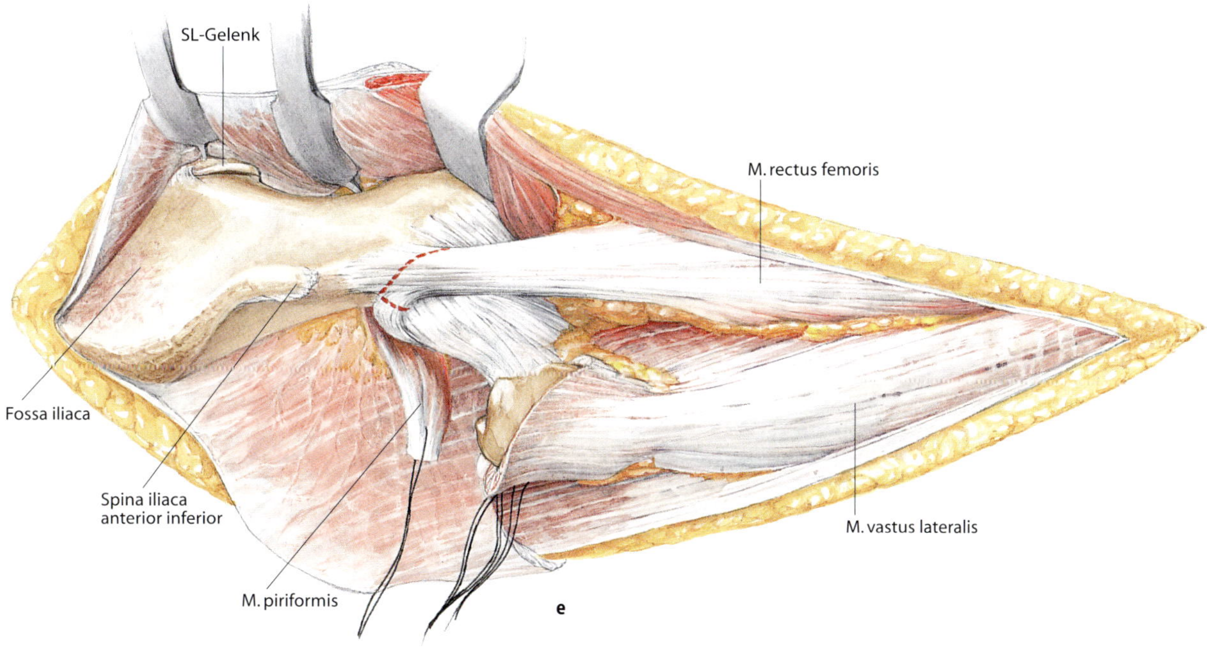


**Abb. 19.10** (Forts.) **d** Darstellung des hinteren Pfeilers durch Ablösung der kleinen Außenrotatoren nahe an ihrem Ansatz (s. auch Kocher-Langenbeck-Zugang). **e** Erweiterung der Exposition nach medial durch Abheben des M. iliacus und Ablösen des Ursprungs von Leistenband und M. sartorius von der Spina iliaca anterior superior. Im Bedarfsfall kann auch der Ursprung des M. rectus femoris abgelöst werden

sern des M. iliopsoas nach medial freigelegt. Die Pars reflecta des Ursprungs des M. rectus femoris wird durchtrennt.

Die Hüftgelenkkapsel wird nun vollständig freipräpariert, und die sehnigen Ansätze des M. glutaeus minimus (dorsal) und des M. glutaeus medius (kranial und ventral) am Trochanter major werden dargestellt. Die Sehnen werden etwa 3–5 mm kranial ihres Ansatzes durchtrennt und mit Haltefäden beidseits gesichert.

Der komplette Muskellappen der Abduktoren ist nun freipräpariert und wird nach dorsal lateral retrahiert. Damit ist die gesamte Außenseite des Os ilium dargestellt. Die Wundflächen werden zunächst mit feuchten Tüchern bedeckt.

**2. Präparationsschritt.** Unter Innenrotation des Beines erfolgt jetzt die Ablösung der kurzen Außenrotatoren der Hüfte (Abb. 19.10 d). Es wird analog der detaillierten Beschreibung im Rahmen des Kocher-Langenbeck-Zugangs (s. S. 353) vorgegangen. Nachdem der N. ischiadicus identifiziert wurde, werden die Ansätze der Mm. gemelli und die dazwischenliegende Sehne des M. obturatorius internus sowie die Sehne des M. piriformis angeschlungen und nach dorsal retrahiert. Die Exposition des distalen Anteils des hinteren Pfeilers und der hinteren Wand erfolgt durch einen runden, in die Bursa obturatoria eingesetzten Hohmann-Hebel. Es ist immer darauf zu achten, daß der N. ischiadicus durch zwischenliegendes Muskelgewebe vor Hakenzug geschützt ist.

**3. Präparationsschritt.** Ist eine weitere Exposition auf der Innenseite des Beckens notwendig, wird der Zugang durch Ablösung der Bauchwandmuskulatur, des M. iliacus sowie von Leistenband und M. sartorius erweitert (Abb. 19.10 e).

Zunächst wird die Bauchwandmuskulatur subperiostal von ihrem Ursprung an der Crista iliaca ausgelöst. Der Ursprung des M. iliacus wird mit dem Raspatorium scharf aus der Fossa iliaca abgelöst und die Darstellung bis zur Linea terminalis fortgeführt. Die Spina iliaca anterior superior kann nun umfahren werden. Der gemeinsame Ursprung des Leistenbandes und des M. sartorius wird abgetrennt, und beide Strukturen werden nach medial gehalten. Ist damit die Übersicht noch nicht ausreichend, kann auch die Pars directa des Ursprungs des M. rectus femoris scharf von der Spina iliaca anterior inferior abgetrennt werden.

> *Anmerkung.* Diese Ablösung wird im eigenen Vorgehen möglichst vermieden, da bei speziellen Frakturtypen, bei denen ein »Domfragment« isoliert war, eine posttraumatische Osteonekrose in Zusammenhang mit der Muskelabtrennung gebracht wurde.

Der vordere Pfeiler ist nun weitgehend dargestellt. Mit dem Raspartorium kann noch die quadrilaterale Fläche freigelegt werden. Dadurch gewinnt man im Bereich der Incisura ischiadica major Anschluß an die laterale Präparation; das gesamte Ilium kann mit der Hand umfahren werden. Auf den Verlauf des superioren glutäalen Gefäß-Nerven-Bündels ist dabei unbedingt zu achten. Insbesondere bei hoch in der Inzisur auslaufenden Frakturlinien kann schon die Manipulation der Fragmente zu Verletzungen führen!

## ■ Erweiterungen

Die ausgedehnte Exposition ist nahezu immer ausreichend, so daß sich die Notwendigkeit einer Erweiterung nur bei zusätzlichen, repositionsbedürftigen Frakturen im vorderen Beckenring ergibt. Hier ist es prinzipiell möglich, die Inzision im Sinne des 2., ggf. auch des 3. Fensters des ilioinguinalen Zugangs zu erweitern.

> *Anmerkung.* Im eigenen Vorgehen wird von dieser Erweiterung abgeraten, da sie eine erhebliche Vergrößerung des Weichteiltraumas beinhaltet, und die Erweiterung in Seitenlage schwierig ist. Eine begleitende Symphysenruptur wird vorteilhafter über eine zusätzliche, bevorzugt sequentiell durchgeführte mediane Längsinzision versorgt. Auf eine zusätzliche Osteosynthese von transpubischen Frakturen kann in der Regel verzichtet werden (s. Kap. 9).

## ■ Wundverschluß

Einlage von tiefen Redon-Drainagen. Naht der Sehnen der kleinen Außenrotatoren. Naht der übrigen Muskelursprünge und Ansätze mit kräftigem Nahtmaterial:

- Refixation des M. rectus femoris, falls abgelöst, mit transossärer Naht;
- Refixation des Leistenbandes und des M. sartorius (transossär);
- Refixation von M. glutaeus medius und minimus am Trochanter major;
- unter Abduktion Refixation des Abduktorenursprungs an der Crista iliaca in Verbindung mit der Refixation der Bauchwandmuskulatur.

Danach Verschluß der Oberschenkelfaszie und Hautverschluß über Redon-Drainagen.

### Maryland-Modifikation des erweiterten iliofemoralen Zugangs

**Die Maryland-Modifikation wurde 1988 von der Arbeitsgruppe in Baltimore veröffentlicht [21]. Vorteile sind die erweiterte Übersicht im Bereich des hinteren Pfeilers und die Darstellung der kompletten Gelenkkapsel. Die T-förmige Hautinzision mit zunächst weiter epifaszialer Präparation erlaubt den Beginn der Operation über eine »hinteren Zugang« und die bedarfsweise Erweiterung nach ventral.**

**Aufgrund der weiten Ablösung der Abduktoren wird bei Frakturformen, die bis in die Incisura ischiadica reichen, eine präoperative Angiographie zur Kontrolle der Durchgängigkeit der A. glutaea superior von den Autoren empfohlen.**

*Anmerkung.* Die schrittweise Erweiterungsmöglichkeit dieses Zugangs darf allerdings nicht darüber hinwegtäuschen, daß allein die epifasziale Präparation des 1. Schrittes ein erhebliches Risiko zur Ausbildung von postoperativen Seromen beinhaltet. Der Einsatz als »Standardzugang« für nahezu alle Frakturtypen wird im eigenen Vorgehen abgelehnt, da die derzeitige Qualität der bildgebenden Diagnostik eine detaillierte Operationsplanung erlaubt, die in nahezu allen Fällen einen adäquaten Standardzugang auswählen läßt. Der Einsatz des erweiterten Zugangs ist deswegen nur in den Fällen indiziert, in denen an beiden Pfeilern direkt chirurgisch vorgegangen werden muß. Die Sequenz der dargestellten Einzelschritte des Zugangs wird deswegen auch in der Reihenfolge dargestellt, in der im eigenen Vorgehen die höchste Sicherheit für die einzelnen Schritte erreicht wurde. Für partielle Freilegungen müssen diese Schritte ggf. variiert werden.

#### ■ Orientierungspunkte und Hautinzision (Abb. 19.11 a)

Orientierungspunkte sind:

- Spina iliaca posterior superior,
- Crista iliaca,
- Spina iliaca anterior superior,
- Trochanterspitze,
- Femurachse.

Zunächst wird mit einem Stift eine Linie parallel und 1 cm distal zum Darmbeinkamm angezeichnet. Mit der Hüfte in Neutralposition wird eine Linie über dem proximalen Drittel des Femurschaftes bis zur Trochanterspitze angezeichnet, und diese Linie wird so nach proximal ventral verlängert, daß sie die erste Linie rechtwinklig trifft.

Die Inzision beginnt 2 cm posterior der Spina iliaca anterior superior und führt 8–12 cm entlang der angezeichneten Linie parallel zum Darmbeinkamm nach dorsal. Die Längsinzision wird bis etwa 15 cm distal der Trochanterspitze weitergeführt. Sie sollte unterhalb des tastbaren Muskelbauches des M. tensor fasciae latae enden.

**1. Präparationsschritt.** Nach ventral und dorsal wird nun je ein zusammenhängender Hautfettgewebelappen präpariert, wobei eine Faszienöffnung sorgfältig vermieden wird. Es muß darauf geachtet werden, diese »Gewebelappen« in einem Stück zu präparieren und sie im Verlauf der Operation durch aufgelegte Tücher immer ausreichend feucht zu halten (Abb. 19.11 b).

Nach medial wird bis zur Spina iliaca anterior superior, nach distal bis zum Intervall zwischen M. tensor fasciae latae und M. sartorius präpariert. Der N. cutaneus femoris lateralis wird dargestellt und geschont. Nach dorsal wird die Präparation soweit fortgeführt, bis ein hinterer Standardzugang ausführbar ist.

Die Hüfte wird nun auf etwa 45° gebeugt und durch Unterlage einer Tuchrolle leicht abduziert. Von der Trochanterspitze nach distal wird die Fascia latae bis zu einem Punkt etwa 2 cm distal der distalen Begrenzung des Muskelbauches des M. tensor fasciae latae gespalten. Diese Stelle ist durch Palpation des Muskels in seiner Faszienhülle leicht zu identifizieren (Abb. 19.11 c).

Nach proximal wird die Glutealfaszie entlang des Faserverlaufes des M. glutaeus maximus in Richtung auf die Spina iliaca posterior superior eröffnet, und die Muskelfasern werden stumpf gespalten. Die Dissektion wird bis zu den ersten Ästen des superioren glutäalen Gefäß-Nerven-Bündels fortgeführt, diese müssen geschont werden.

Der femorale Ansatz des M. glutaeus maximus wird eingekerbt, um die posteriore Übersicht zu verbessern.

*Anmerkung.* Abweichend von der ursprünglichen Beschreibung des Zugangs ist die weitreichende dorsale Spaltung des Tractus iliotibialis, v. a. aber die Spaltung der Fasern des M. glutaeus maximus nicht in allen Fällen nötig. Oft ist es ausreichend, den Tractus iliotibialis dorsal lediglich sparsam einzukerben und das »Muskelpaket« der Abduktoren entsprechend des erweiterten iliofemoralen Zugangs nur nach dorsal zu retrahieren. Verletzungen der glutäalen Nervenfasern werden reduziert, und das Risiko heterotoper Ossifikationen wird ggf. gesenkt.

**2. Präparationsschritt.** Wahlweise kann jetzt zunächst die posteriore Präparation mit Identifikation des N. ischiadicus und Ablösung und Anschlingen der kurzen Außenrotatoren und des M. piriformis komplettiert werden (s. auch Kocher-Langenbeck-Zugang), oder die Präparation des Abduktorenlappens von ventral her wird vervollständigt. Dazu wird die distale Grenze zwischen M. sartorius und M. tensor fasiciae latae identifiziert und die Fascia latae von dorsal her bis zu diesem Punkt quer durchtrennt. In der Grenze zwischen M. tensor fasciae latae und dem M. sartorius bzw. weiter proximal dem M. rectus femoris wird nach proximal präpariert, und der M. tensor fascia latae und später der M. glutaeus minimus werden angehoben. Die von ventral her einstrahlende Vasa circumflexa femoris la-

**Abb. 19.11 a–i.** »Maryland-Modifikation« des erweiterten iliofemoralen Zugangs. **a** Orientierungspunkte und Hautinzisionen. **b** Epifasziale Präparation eines Haut-Fettgewebe-Lappens. Spaltung des Tractus iliotibialis am dorsalen Band des Trochanter major bis über das distale Ende des Muskelbandes des M. tensor fasciae latae. **c** Inzision des Tractus iliotibialis und Präparation nach proximal in der Grenze zwischen M. tensor fasciae latae und M. sartorius. Die Vasa circumflexa lateralia werden durchtrennt. **d** Osteotomie der Spina iliaca anterior superior. Zuvor Setzen der Bohrung mit späterer Schraubenrefixation. **e** Osteotomie des Ursprungs der Abduktoren. Zur Erleichterung wird der Muskelbauch mit dem Raspatorium zunächst bis zum Ursprung angehoben. **f** Die Osteotomie kann quer oder schräg erfolgen, je nachdem, ob die Crista iliaca zur exakten Repositionskontrolle benötigt wird. **g–i** s. S. 386, 387

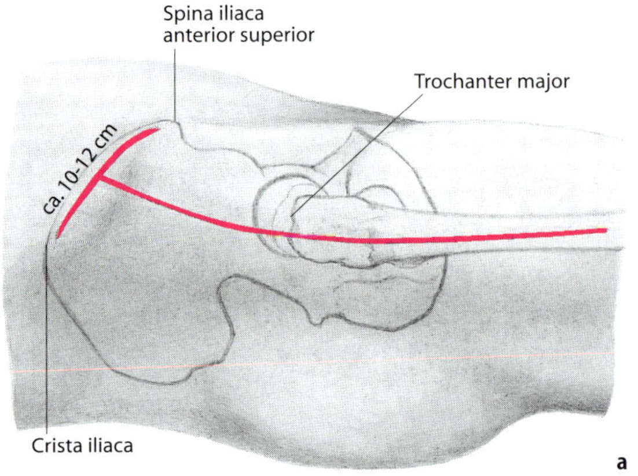


a

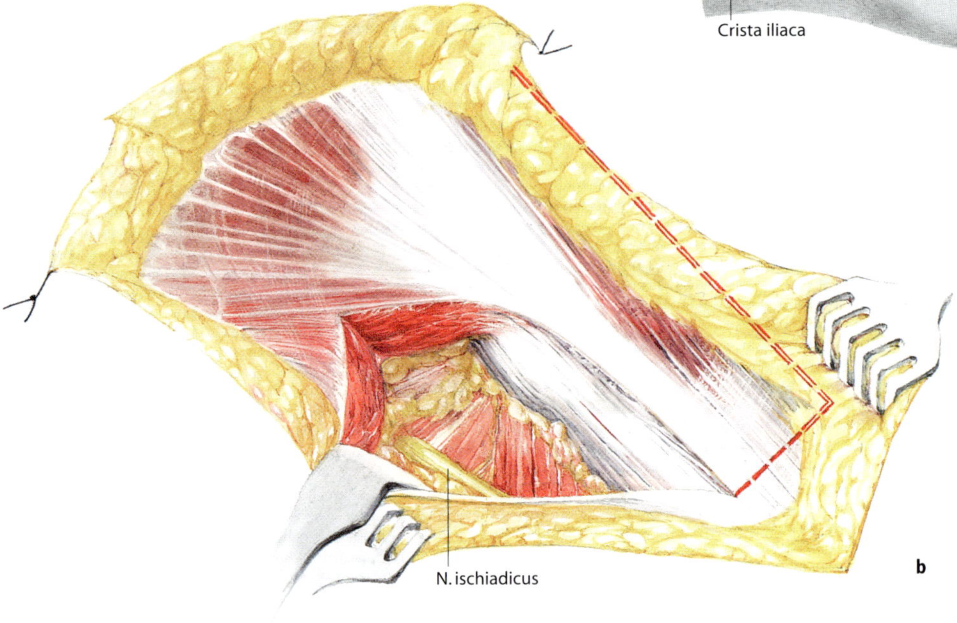


b

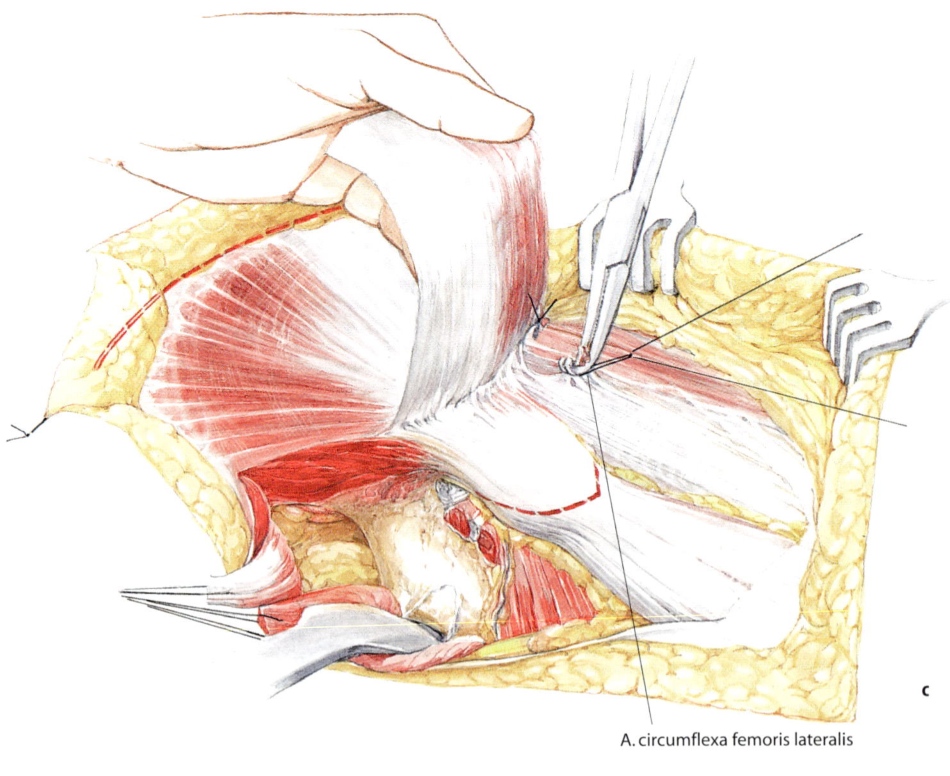


c

teralis werden identifiziert und ligiert. Von den erstbeschreibenden Autoren dieses Zugangs wird eine Reanastomosierungsmöglichkeit dieses Gefäßes im Falle einer Verletzung der A. glutaea superior zum Erhalt der Durchblutung des Abduktorenlappens angegeben [21].

Die Wundflächen werden mit feuchten Tüchern ausgelegt und die Präparation von proximal her weitergeführt.

In der queren superioren Inzision wird jetzt zunächst die Bauchwandmuskulatur subperiostal von ihrem Ursprung an der Crista iliaca abgehoben und die Fossa iliaca durch Abheben des M. iliacus freigelegt. In der Grenze zwischen M. tensor fasciae latae und dem Ansatz des M. sartorius wird die Spina iliaca anterior superior vorsichtig mit einem Raspatorium umfahren, und ein Hohmann-Hebel wird zum Schutz bei der Osteotomie eingesetzt. Es wird eine rechtwinkelige Osteotomie mit etwa 15 mm Kantenlänge geplant. Zu Erleichterung der Refixation wird eine Bohrung von 2,5 mm vorbereitet und die Osteotomie so vorgenommen, daß die Sägeschnitte sich im Bohrloch treffen (Abb. 19.11 d) Damit wird eine rotationssichere Refixation gewährleistet. Leistenband und M. sartorius können so nach medial übergeklappt werden; der Weg zur Spina iliaca anterior inferior und damit zum Ansatz des M. rectus femoris ist frei.

Die Präparation an der Innenseite des Beckens kann nun bis zur Incisura ischiadica weitergeführt werden, falls nötig, ist auch das Sakroiliakalgelenk darstellbar.

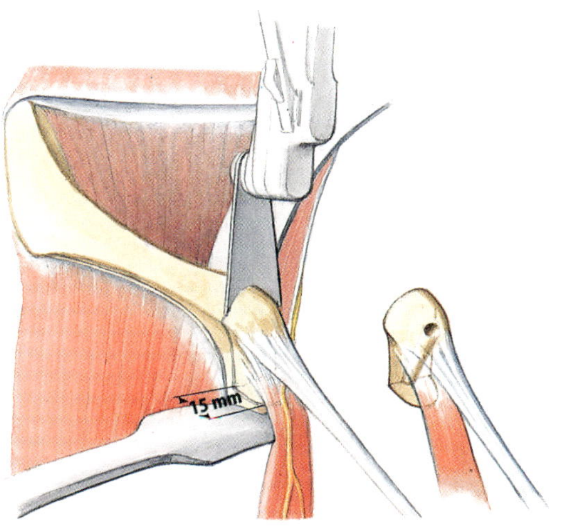


d

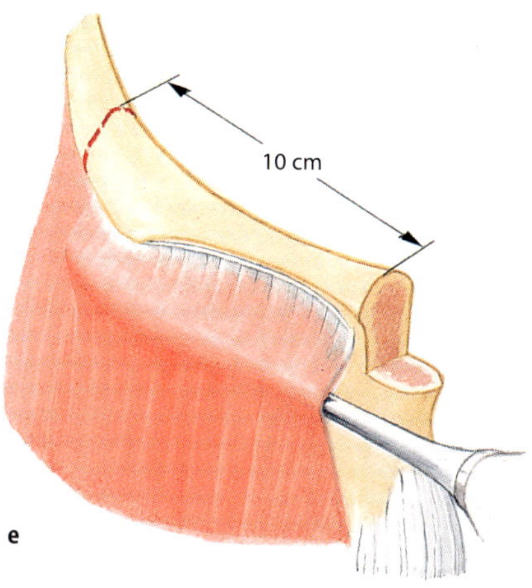


e

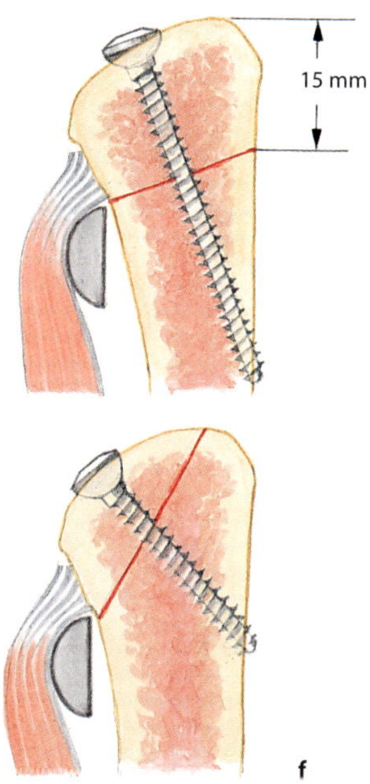


f

**3. Präparationsschritt.** Im letzten Präparationsschritt wird die Ablösung des Abduktorenlappens vorgenommen und damit die Präparation vervollständigt.

Zunächst erfolgt die Osteotomie des Ursprungs der Abduktoren von der Crista iliaca (Abb. 19.11 e u. f). Zunächst wird eine Strecke von 10–12 cm dorsal der Spina iliaca anterior superior markiert. Im eigenen Vorgehen hat es sich bewährt, den betroffenen Anteil des M. glutaeus medius und minimus zunächst auf der Außenseite des Iliums mit einem Raspartorium zu unterfahren und durch leichtes Anheben des Instrumentes die Region der straffen Ursprungsfasern an der Crista iliaca zu identifizieren.

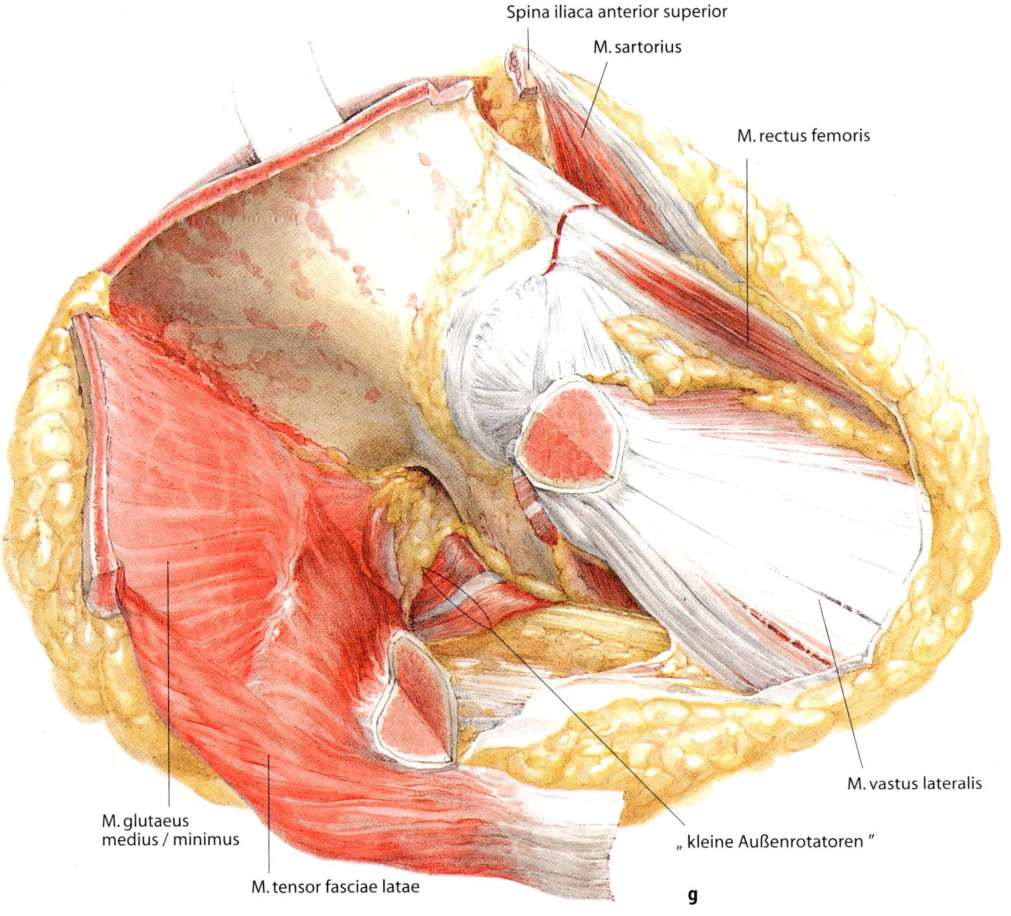
Spina iliaca anterior superior
M. sartorius
M. rectus femoris
M. vastus lateralis
M. glutaeus medius / minimus
„kleine Außenrotatoren"
M. tensor fasciae latae
g

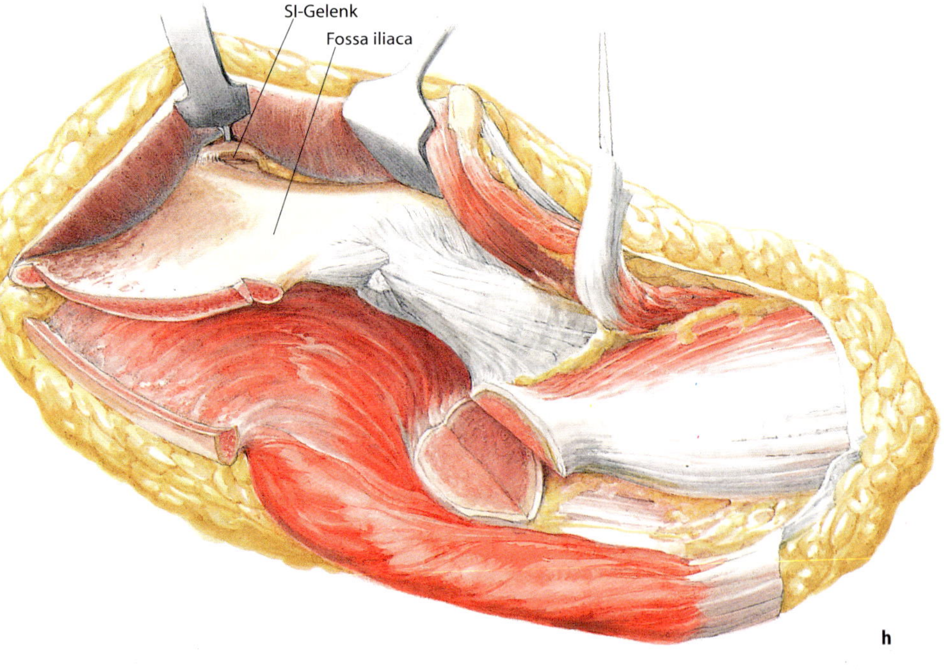
SI-Gelenk
Fossa iliaca
h

**Abb. 19.11 g, h**

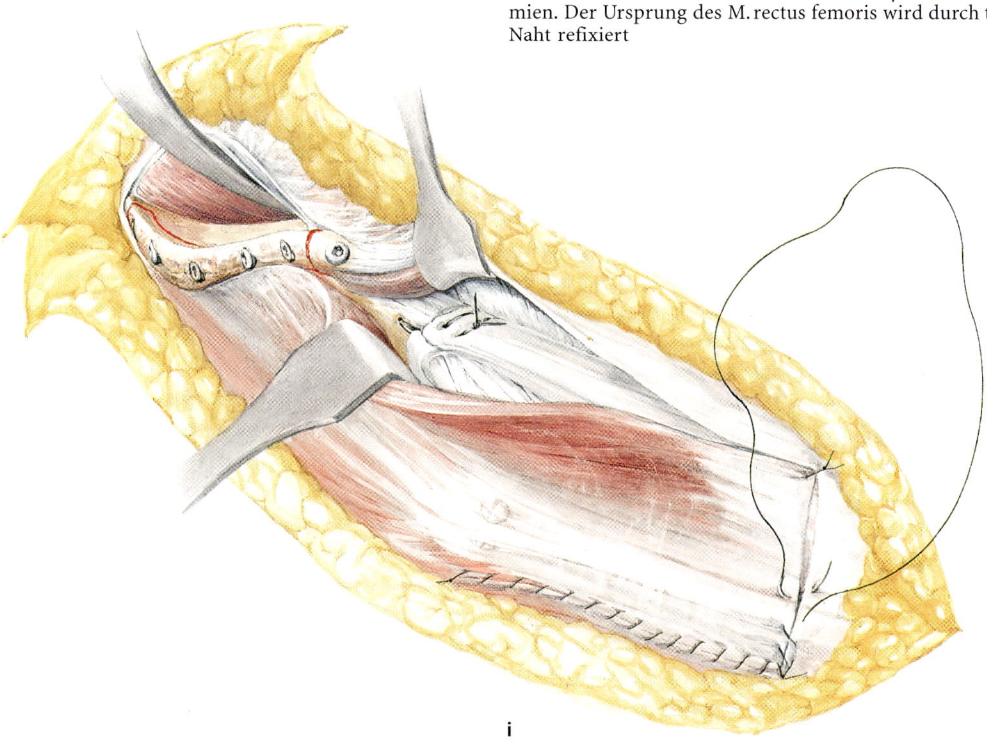
i

**Abb. 19.11** (Forts.) **g** Komplette Expositionsmöglichkeit von dorsal. **h** Erweiterung nach medial mit Darstellung des SI-Gelenkes. **i** Sichere Refixation durch Schraubenosteosynthesen der Osteotomien. Der Ursprung des M. rectus femoris wird durch transossäre Naht refixiert

Die Osteotomie erfolgt in der ursprünglichen Beschreibung als Querosteotomie des Beckenkamms etwa 1,5 cm distal der kranialen Begrenzung.

Da mit diesem Vorgehen bei hoch auslaufenden Frakturlinien des vorderen Pfeilers die Reposition erschwert ist, kann auch eine Schrägosteotomie durchgeführt werden, die den medialen Anteil der Crista iliaca beläßt und auf der Außenseite des Iliums unterhalb der Abduktorenursprungsfaser endet.

Die Abduktoren werden mit dem Raspatorium nun vollständig von der Außenseite des Iliums abgehoben. Blutungen aus den Foramen nutritia werden mit Knochenwachs gestillt. Durch Anheben der Abduktoren von der Hüftgelenkkapsel kann nun der Ansatz am Trochanter major einfach dargestellt werden. Eine bevorzugt dachförmig ausgeführte Trochanterosteotomie wird durch diese komplette Darstellung erheblich erleichtert. Wenn gewünscht, können die Bohrungen für die spätere Refixation vor der Osteotomie angelegt werden.

Der gesamte Muskellappen der Abduktoren und des M. tensor fasciae latae ist nun abgelöst und lediglich im Bereich der Incisura ischiadica majus neurovaskulär gestielt (Abb. 19.11 g). Der Muskellappen wird in feuchte Tücher eingeschlagen, die Durchblutungssituation wird regelmäßig überprüft.

Die Hüftgelenkkapsel ist nun dorsal und kranial frei zugänglich.

Das gesamte Os ilium ist auf der Außen- und Innenseite für Repositionsmanöver und das Einbringen von Implantaten frei zugänglich (Abb. 19.11 h). Sollte eine weitere anteriore Exposition nötig sein, wird zunächst die in die Kapsel einstrahlende Pars reflecta des M. rectus femoris abgelöst bzw. im Bedarfsfall der Ursprung des M. rectus femoris scharf an der Spina iliaca anterior inferior abgelöst.

*Anmerkung.* Diese Ablösung wird im eigenen Vorgehen möglichst vermieden, da bei speziellen Frakturtypen, bei denen ein »Domfragment« isoliert war, eine posttraumatische Osteonekrose in Zusammenhang mit der Muskelabtrennung gebracht wurde.

### Erweiterungen

Die ausgedehnte Exposition ist nahezu immer ausreichend, so daß sich die Notwendigkeit einer Erweiterung nur bei zusätzlichen, repositionsbedürftigen Frakturen im vorderen Beckenring ergibt. Hier ist es prinzipiell möglich, die Inzision im Sinne des 2., ggf. auch 3. Fensters des ilioinguinalen Zugangs zu erweitern.

*Anmerkung.* Im eigenen Vorgehen wird von dieser Erweiterung abgeraten, da sie eine zusätzliche erhebliche Erweiterung des Weichteiltraumas beinhaltet und die Erweiterung in Seitenlage schwierig ist. Eine begleitende Symphysenruptur wird vorteilhafter über eine zusätzliche, bevorzugt sequentiell durchgeführte Längsinzision versorgt. Auf eine zusätzliche Osteosynthese von transpubischen Frakturen kann in der Regel verzichtet werden (s. Kap. 9).

■ **Wundverschluß** (Abb. 19.11 i)
Nach Einlage tiefer Drainagen werden zunächst die kurzen Außenrotatoren refixiert. Wurde der M. rectus femoris abgelöst, erfolgt die Refixation mit transossärer Naht an die Spina iliaca anterior inferior (2,0-mm-Bohrloch).

Danach erfolgt die Refixation des Darmbeinkamms mit 3–5 Kleinfragmentkortikaliszugschrauben und des Trochanter major mit 2 Malleolarschrauben.

Die osteotomierte Spina iliaca anterior superior wird mit der schon vorbereiteten schräg eingebrachten Zugschraube (3,5 mm) rotationsstabil fixiert. Unter leichter Abduktion der Hüfte wird der Tractus iliotibialis fortlaufend verschlossen. Die Bauchwandmuskulatur wird mit kräftigen Nähten an der Crista iliaca und der Glutäalfaszie refixiert (U-Nähte).

Eine sorgfältige subkutane Refixation des epifaszialen Haut-Fettgewebe-Lappens und eine ausreichende Drainage sind notwendig, um eine Serombildung bei den ausgedehnten Wundflächen zu vermeiden.

### »Triradiate«-Zugang (Mears)

**Der von Mears angegebene »Triradiate«-Zugang (oder »Mercedesstern-Zugang«) wird im eigenen Vorgehen nicht mehr eingesetzt, da er – im Gegensatz zu den »klassischen« erweiterten Zugängen – im posterioren Anteil des Os ilium nur eine eingeschränkte limitierte Exposition erlaubt, und die Darstellung der Fossa iliaca limitiert ist.**

**Seine Indikation beschränkt sich daher auf eine intraoperative Zugangserweiterung bei »Überraschungsbefunden« oder bei Schwierigkeiten, Querfrakturen im Bereich des vorderen Pfeilers zu reponieren.**

■ **Indikationen**
- Im eigenen Vorgehen nicht als Standardzugang
- Querfrakturen und von dorsal angegangene Frakturen mit Querkomponenten, bei denen intraoperativ eine suffiziente Reposition des vorderen Pfeilers unmöglich ist

*Anmerkung.* Im eigenen Vorgehen wird in diesen Fällen der weniger traumatische »Trochanter-Flip« nach Mercati bevorzugt (s. S. 358).

■ **Vorbereitung**
- Allgemeine Vorbereitung (perioperative Antibiose, heterotope Ossifikationen)
- Bereitstellung von 2–4 Blutkonserven
- Transurethraler Blasenkatheter bei komplizierten Frakturen (Operationsdauer)
- Gegebenenfalls Intensivplatz bei komplizierten Frakturen vorhalten

■ **Lagerung**
Die Lagerung erfolgt in Seitenlage mit oder ohne Extensionstisch. Im eigenen Vorgehen wird die Seitenlage auf dem Normaltisch mit frei beweglich abgedeckten Bein bevorzugt (s. oben).

■ **Orientierungspunkte und Schnittführung** (Abb. 19.12 a)
Der hintere Teil der Inzision entspricht der des Kocher-Langenbeck-Zuganges. Orientierungspunkte sind deswegen:

- Spitze des Trochanter major,
- Spina iliaca posterior superior,
- Achse des Oberschenkels.

Zusätzlich für die Erweiterung zum »Triradiate«-Zugang: Spina iliaca anterior superior.

Die Inzision beginnt als Inzison zum Kocher-Langenbeck-Zugang von einem Punkt etwa 6 cm distal der Spina iliaca posterior superior und verläuft zur Trochanterspitze, um dort bogenförmig in die Achse

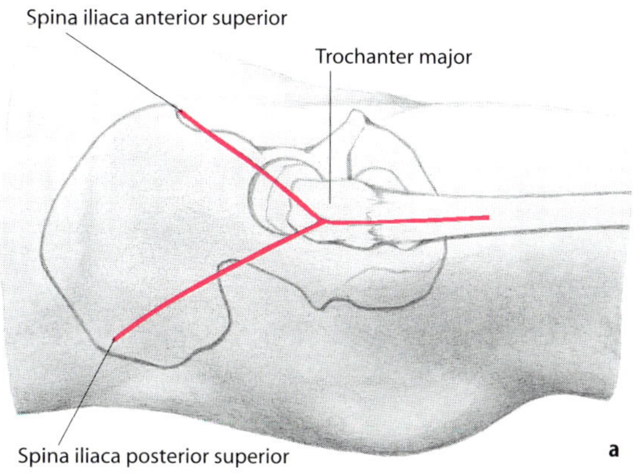


**Abb. 19.12 a–d.** »Triradiate«-Zugang (nach Mears). **a** Orientierungspunkte und Hautinzisionen beim »Triradiate«-Zugang nach Mears. **b** Subkutane Präparation; **c, d** s. S. 390

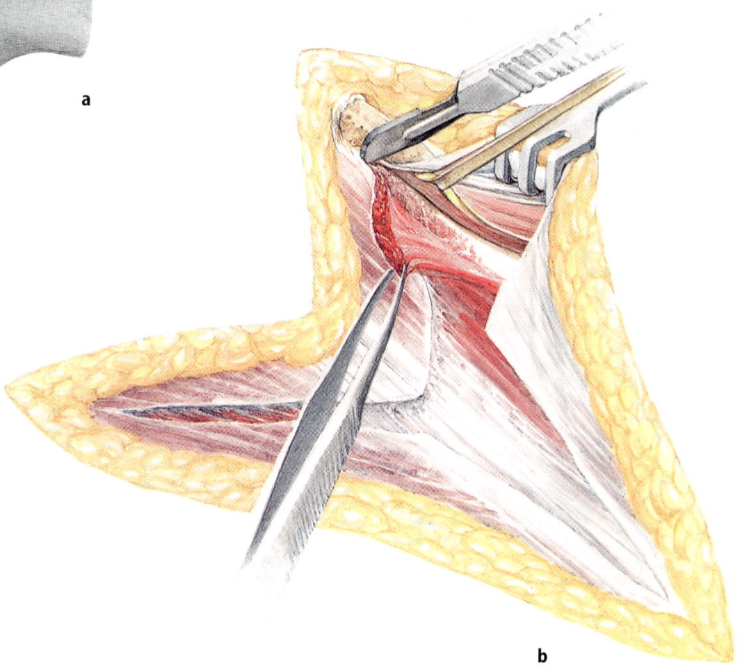


des Oberschenkels einzubiegen. Eine weitere gerade Inzision von der Spina iliaca anterior superior bis zur Trochanterspitze erweitert die ursprüngliche Inzision »sternförmig« (Abb. 19.12 b).

**1. Präparationsschritt.** Zunächst wird die komplette Präparation entsprechend des Kocher-Langenbeck-Zugangs durchgeführt (s. S. 350).

**2. Präparationsschritt.** Die Grenze zwischen dem M. tensor fasciae latae und dem M. sartorius bzw. M. rectus femoris wird identifiziert. Die Faszie des M. tensor fasciae latae wird nahe dieser Grenze inzidiert und der Muskel scharf von der Faszie gelöst und nach proximal posterior weggehalten. Im Bereich des Trochanter major können nun die gesamten Abduktoren stumpf unterfahren werden, um eine Trochanterosteotomie vorzubereiten. Diese wird im eigenen Vorgehen bevorzugt sattelförmig angelegt (»Chevron-Osteotomie«), um die spätere Refixation zu erleichtern (Abb. 19.12 c). Nach Durchführung der Osteotomie werden die Abduktoren scharf von der Hüftgelenkkapsel und weiter mit dem Raspatorium vom Os ilium abgehoben.

**3. Präparationsschritt.** Ist eine weitere Exposition nach ventral erforderlich, wird der M. rectus femoris ursprungsnah in seiner Pars direkt von der Spina iliaca anterior inferior abgelöst (Abb. 19.12 d). Falls notwendig, wird auch die Pars reflecta von der Hüftgelenkkapsel abgelöst. Dadurch wird unter leichter Beugung der Hüfte und Retraktion des M. iliopsoas eine limitierte Exposition des oberen Schambeinastes möglich.

### ■ Erweiterungsmöglichkeiten

Eine weitere, allerdings limitierte Einsicht in die Fossa iliaca gewinnt man, wenn zusätzlich der M. sartorius und das Leistenband von der Spina iliaca anterior superior abgelöst werden. Dazu wird der vordere Schenkel der Inzision um etwa 6–8 cm von der Spina iliaca anterior superior aus nach medial verlängert. Der Ansatz des M. sartorius und des Leistenbandes werden entweder scharf abgelöst oder zur Verbesserung der

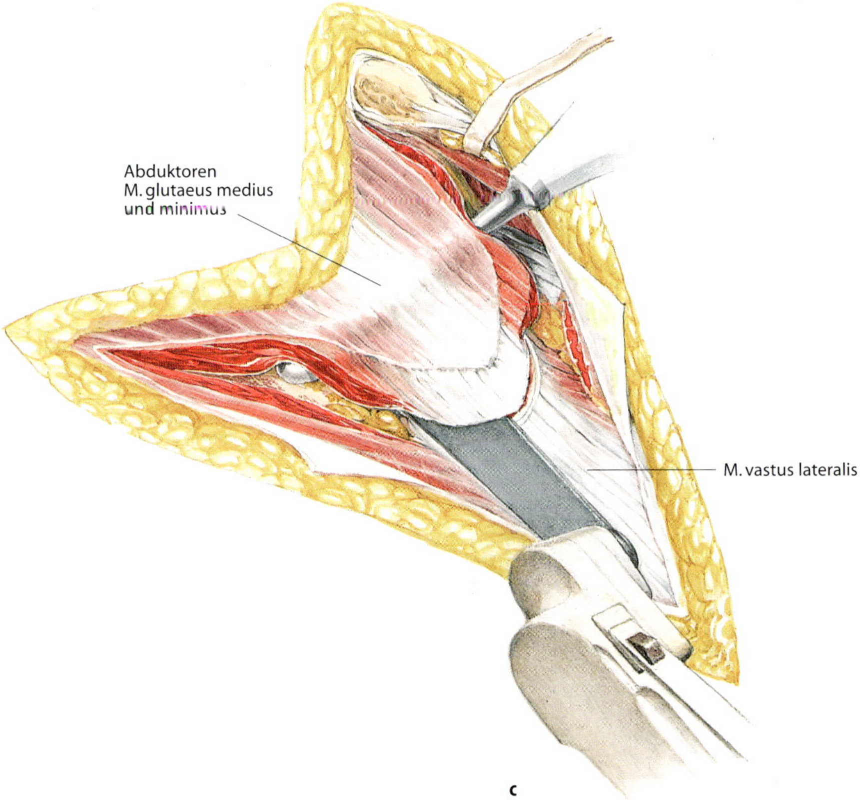


c

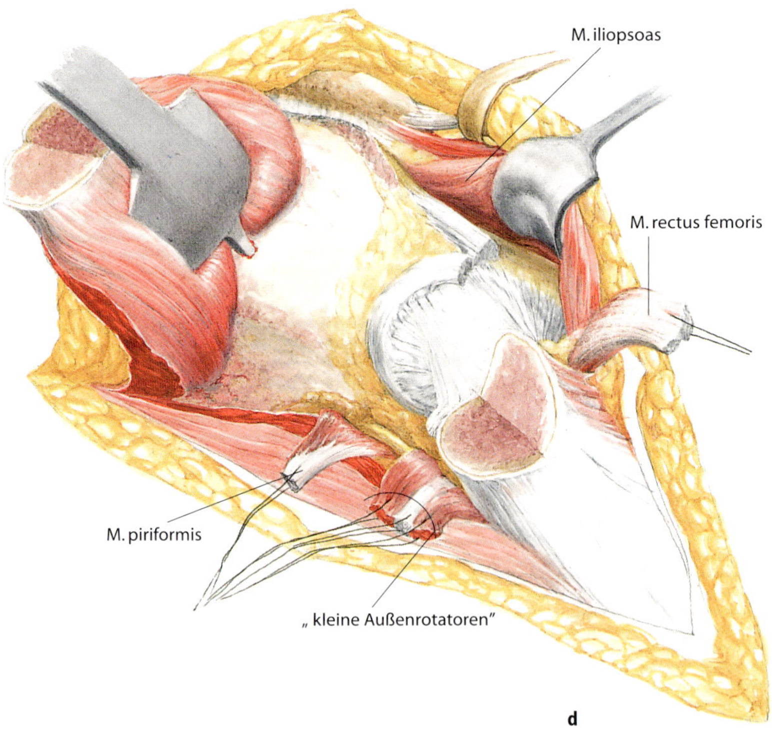


d

**Abb. 19.12** (Forts.) **c** Trochanterosteotomie und Hochklappen der Abduktoren; **d** vollständige Exposition nach Ablösung der Außenrotatoren

Refixationsmöglichkeit winkelförmig osteotomiert. Über diese Eintrittspforte läßt sich dann der M. iliacus teilweise von der Innenseite der Darmbeinschaufel abheben.

Weitere Erweiterungsmöglichkeiten ergeben sich, wenn die anteriore Inzision bis zur Symphyse verlängert wird und eine Präparation entsprechend des 2. und 3. Fensters des ilioinguinalen Zuganges durchgeführt wird (s. S. 363).

■ **Wundverschluß**

- Der M. rectus femoris wird in seiner Pars directa durch transossäre Nähte an die Spina iliaca anterior inferior refixiert, und die Pars reflecta wird mit der Hüftgelenkkapsel vernäht.
- Wurde die Spina iliaca anterior superior osteotomiert, erfolgt die Refixation mit einer 3,5-mm-Zugschraube, wobei die Bohrung idealerweise schon vor der Osteotomie gesetzt wurde.
- Die Trochanterosteotomie wird im eigenen Vorgehen mit 2 Malleolarschrauben refixiert.
- Der Tractus iliotibialis wird mit fortlaufender resorbierbarer Naht der Stärke 1 verschlossen.
- Der Hautverschluß erfolgt mit feiner atraumatischer Naht, um besonders im Vereinigungspunkt der Schnitte die Durchblutungsverhältnisse der Haut nicht zu gefährden.

## 19.4 Kombinierte Zugänge

Für die Versorgung komplexer Fraktursituationen besteht potentiell die Möglichkeit, anteriore und posteriore Zugangswege zu kombinieren. Dieses Vorgehen wurde seit langer Zeit eingesetzt, wenn im Rahmen einer begonnenen Frakturversorgung klar wurde, daß der gegenseitige Pfeiler nur unzureichend reponierbar war. Die daher vielfach ungeplant notwendige Erweiterung der Operation führte dazu, daß »Doppelzugänge« mit einem hohen Blutverlust, einer erhöhten Infektrate und einer erhöhten Rate an heterotopen Ossifikationen verbunden waren und trotzdem aufgrund der limitierten Darstellbarkeit und Repositionsmöglichkeiten im Vergleich zu den erweiterten Zugängen seltener zu anatomischen Repositionen führten.

Die zunehmend verbesserte bildgebende Diagnostik erlaubt aber nun eine weitaus detailliertere Planung der Operationstaktik, so daß unter der Zielsetzung der Reduktion der Eingriffsgröße für spezielle Fraktursituationen durchaus auch geplant eingesetzte »Doppelzugänge« indiziert sein können [8, 22]. Ist ein derartiges Vorgehen vorgesehen, sollten die einzelnen Schritte und Erweiterungsmöglichkeiten allerdings detailliert präoperativ geplant werden. Zur Reduktion der Operationszeit und Eingriffsmorbidität sollten unbedingt die im folgenden genannten Grundregeln beachtet werden:

■ **Indikationen**

- Fraktursituationen, bei denen eine Verschiebung der »Querkomponente« besteht, die von der Gegenseite ungenügend reponierbar ist, aber keine aufwendigen chirurgischen Manöver erfordert
  - T-Frakturen
  - Querfrakturen mit Frakturen der hinteren Wand
  - Frakturen des vorderen Pfeilers mit hohen posterioren Hemitransversfrakturen
- Ältere Querfrakturen

> *Anmerkung.* Bei der Planung muß berücksichtigt werden, daß mit den derzeit verfügbaren Repositionszangen (»King-Tong«) eine übergreifende Reposition durch Einsatz der Branchen über beide Inzisionen nicht möglich ist (»Zange zu klein«)!

■ **Kombinierbare Zugänge**

- Zwischen den Inzisionen sollte zumindest eine Hautbrücke von 8 cm verbleiben.
- Zunehmende Ablösungen der Abduktoren erhöhen das Risiko heterotoper Ossifikationen.
- Zugangswahl:
  - posterior: Kocher-Langenbeck
  - anterior: Frakturlinie vorderer Pfeiler kranial der Eminentia iliopectinea: iliofemoraler Zugang
    Frakturlinie vorderer Pfeiler distal der Eminentia iliopectinea: ilioinguinaler Zugang; ggf. Stoppa-Zugang

■ **Reihenfolge**

Beginn auf der Seite, auf der die stärkere Dislokation besteht, der größere chirurgische Aufwand zur Reposition betrieben werden muß und die Möglichkeit besteht, die Fraktur doch komplett über den Einzelzugang zu reponieren.

Idealerweise wird die Operation in einer Narkose geplant, nur in Ausnahmefällen (z. B. schlechter Allgemeinzustand des Patienten) wird sequentiell in 2 Einzeloperationen vorgegangen.

> *Anmerkung.* Bei reduziertem Allgemeinzustand (Alter, Polytrauma) können ggf. reduziert invasive Techniken akzeptable Repositionen bei deutlich verringerter Eingriffsgröße ermöglichen (s. auch Kap. 21).

**Lagerung**

Im eigenen Vorgehen wird in diesen Fällen die abgestützte Seitenlage auf dem Standardtisch mit frei beweglich abgedeckter Extremität bevorzugt. Die Abstützung erlaubt eine Tischkippung von 40° auf beide Seiten (s. Lagerung Kocher-Langenbeck-Zugang).

Alternativ ist eine »instabile Seitenlage« möglich, bei der der Patient intraoperativ gedreht werden kann. Diese Lagerung kann durch die Verwendung einer Vakuummatratze unterstützt werden. Die »Instabilität« der Lagerung kann zu Schwierigkeiten bei Repositionsmanövern durch Zug am Bein führen.

## Literatur


1. Alonso J, Davila R, Bradley E (1994) Extended iliofemoral versus triradiate approaches in management of associated acetabular fractures. Clin Orthop 305: 81–87
2. Bauer R, Kerschbaumer F, Poisel S (1990) Operative Zugangswege in Orthopädie und Traumatologie. Thieme, Stuttgart New York
3. Cole J, Bolhofner B (1994) Acetabular fracture fixation via a modified stoppa limited intrapelvic approach – description of operative treatment and preliminary treatment results. Clin Orthop 305: 112–123
4. Dumont F (1887) Die Resektion des Hüftgelenkes nach Kocher. Correspondenz-Blatt für Schweizer Aerzte 17: 225
5. Ertel W, Lüdinghausen M von, Trentz O (1997) Becken. In: Platzer W, Trentz O (Hrsg) Posttraumatische Defekt- und Weichteilsanierung. Schädel, Wirbelsäule, Becken. Thieme, Stuttgart New York, S 414–557
6. Gibson A (1950) Posterior exposure of the hip joint. J Bone Joint Surg Br 32(2): 183–186
7. Gorczyca J, Powell J, Tile M (1995) Lateral extension of the ilioinguinal incision in the operative treatment of acetabulum fractures. Injury 26(3): 207–212
8. Helfet D, Schmeling G (1994) Management of complex acetabular fractures through single nonextensile exposures. Clin Orthop 305: 58–68
9. Hernry A (1973) Extensile exposures, 2nd edn. Livingstone, Edinburgh London New York
10. Hirvensalo E, Lindahl J, Böstman O (1993) A new approach to the internal fixation of unstable pelvic fractures. Clin Orthop 297: 28–32
11. Hoppenfield (1995)
12. Judet R, Letournel E (1973) Surgical management of fractures of the acetabulum. In: Tronzo R (ed) Surgery of the hip joint. Lea & Febiger, Philadelphia, pp 472–505
13. Kocher T (Hrsg) (1907) Chirurgische Operationslehre, Bd 7. Fischer, Jena, S 447
14. Langenbeck B v (1874) Ueber die Schussverletzungen des Hüftgelenkes. Arch Klin Chir 16: 263
15. Letournel E (1961) Les fractures du cotyle. Etude d'une serie de 75 cas. J Chir 82: 47
16. Letournel E (1993) Fractures of the pelvis and acetabulum. Ninth AFOR Course and Workshop. Paris
17. Letournel E, Judet R (1993) Fractures of the acetabulum, 2nd edn. Springer, Berlin Heidelberg New York Tokyo
18. Masquelet A, McCullough C, Tubiana R (1997) Atlas der operativen Zugangswege Becken und untere Extremität. Deutscher Ärzte Verlag, Köln
19. Mears D, Rubash H (1983) Extensile exposure of the pelvis. Contemp Orthop 6(2): 21–31
20. Mercati E, Guary A, Myquel C, Bourgeon A (1972) Une voie d'abord postéro-externe de la hanche. J Chir 103(5–6): 499–504
21. Reinert C, Bosse M, Poka A, Schacherer T, Brumback R, Burgess A (1988) A modified extensile exposure for the treatmant of complex or malunited acetabular fractures. J. Bone Joint Surg Am 70(3): 329–337
22. Routt M, Swiontkowski M (1990) Operative treatment of complex acetabular fractures: Combined anterior and posterior exposures during the same procedure. J Bone Joint Surg Am 72(6): 897–904
23. Schneeberger A, Murphy S, Ganz R (1997) Die digastrische Trochanterosteotomie. Operative Orthop Traumatol 9(1): 1–15
24. Smith-Petersen M (1917) A new supra-articular subperiostal approach to the hip joint. Am J Orthop Surg 15: 592–595
25. Stoppa R, Rives J, Warlaumont C, Palot J, Verhaege P (1984) The use of dacron in the repair of hernias of the groin. Surg Clin North Am 64: 269
26. Tile M (1995) Fractures of the pelvis and acetabulum, 2nd edn. Williams & Wilkins, Baltimore
27. Weber T, Mast J (1994) The extended ilioinguinal approach for specific both column fractures. Clin Orthop 305: 106–111
28. Zeichen J, Pohlemann T, Gänsslen A, Lobenhoffer P, Tscherne H (1995) Nachuntersuchungsergebnisse nach operativer Versorgung von komplizierten Acetabulumfrakturen über erweiterte Zugänge. Unfallchirurg 98(7): 361–368

# Therapie



T. Pohlemann und H. Tscherne



Das folgende Kapitel beschäftigt sich im wesentlichen mit den Techniken und der praktischen Durchführung der Therapie der Acetabulumfrakturen. Im ersten Teil werden die Einzelmaßnahmen zur Durchführung einer konservativen Therapie dargestellt. Deren Kenntnis hat auch heutzutage noch eine große Bedeutung, da neueste Untersuchungen zeigen, daß bei etwa der Hälfte aller Acetabulumfrakturen eine frakturbedingte Indikation zur nichtoperativen Vorgehensweise besteht [25].

Der Hauptteil diese Kapitels ist allerdings der operativen Therapie gewidmet. Zur Durchführung derartiger Operationen ist neben einer fundierten Kenntnis der Anatomie und der frakturbedingten Besonderheiten eine klare Vorstellung aller Details des Eingriffs wie Zugang, Repositionstechnik und Stabilisierungen sowie der evtl. notwendigen Alternativen erforderlich. Da mit individuell sehr unterschiedlichen Frakturverläufen und Problemen gerechnet werden muß, sollte der Operateur zur Operation ein möglichst umfangreiches »Repertoire« an Repositions- und Osteosynthesetechniken beherrschen, um die vorgefundenen Probleme sicher lösen zu können.

Die Übersicht über die Technik der operativen Behandlung beginnt deswegen mit der Darstellung der Instrumente und den damit durchführbaren Repositionstechniken. Diese Grundlagen sollen dazu dienen, sie individuell in den Operationsplan einbeziehen zu können.

In einem speziellen Teil wird ein Überblick über die für den Erfolg einer Versorgung oftmals entscheidende Zugangswahl gegeben. Typische Versorgungsbeispiele und Besonderheiten der einzelnen Frakturtypen werden außerdem erläutert. Sie sind vielfach erprobt und erlauben bei korrektem Einsatz zuverlässige Stabilisierungen [17, 20, 21, 24, 33]. Allerdings ist immer im Auge zu behalten, daß die angegebenen Techniken nicht »schablonenhaft« reproduziert werden können; sie dienen vielmehr als Hilfsmittel, um das operative Ziel einer absolut anatomischen Rekonstruktion des Hüftgelenkes zu erreichen.

## 20.1 Konservative Therapie

Zur Definition und Entscheidungsfindung wird auf Kap. 18 verwiesen.

### Frakturbedingte Indikation zur konservativen Therapie

- Unverschobene Acetabulumfrakturen
- Minimal verschobene Frakturen mit Gelenkkongruenz
- »Tiefe« Acetabulumfrakturen mit Pfannendachwinkel $>45°$ in allen 3 Standardprojektionen und Gelenkkongruenz

Eine frühfunktionelle Therapie wird angestrebt. Unter antiphlogistischer Therapie und einer Thromboseprophylaxe nach dem Hochrisikoschema (s. Abschn. 18.1) wird der Patient zu eigenständigen Bewegungsübungen angehalten. Ein gestrecktes Anheben des Beines sollte vermieden werden [2, 7]. Unterstützend wird die Hüftbewegungsschiene zur passiven, kontinuierlichen Bewegung eingesetzt.

Nach Rückgang der Frakturschmerzen, in der Regel schon nach wenigen Tagen, wird der Patient an Unterarmgehstützen mobilisiert. Die betroffene Extremität wird unter Abrollen des Fußes teilbelastet (15–30 kg). Nach erfolgter Mobilisation wird eine Kontrollaufnahme a.-p. durchgeführt.

- **Dauer der Teilbelastung**
- 6 Wochen:
  - unverschobene Frakturen,
  - minimal verschobene Frakturen der vorderen Wand,
  - tiefe Querfrakturen.

- 8–10 Wochen:
  - alle anderen zur konservativen Therapie geeigneten Frakturtypen.

#### Durch den Allgemeinzustand erzwungene konservative Therapie

- Instabile Frakturen
- Dislozierte Frakturen (hintere Luxationen sofort reponieren!)
- Inkongruenzen im Hüftgelenk
- Operative Therapie wird durch Patienten abgelehnt

CAVE

Die Operationsfähigkeit wird beständig überprüft, um derartige Frakturtypen ggf. später, nach Stabilisierung des Allgemeinzustandes, einer operativen Therapie (ggf. unter Einsatz von »reduziert invasiven« Techniken; s. Kap. 22) zuführen zu können.

Prinzipiell wird mit Zug und Gegenzug mittels suprakondylärer Oberschenkelextension und Kopftieflage des Bettes extendiert (1/10 des Körpergewichtes). Je nach Repositionserfolg (Röntgenkontrollen) wird das Extensionsgewicht variiert. Röntgenkontrollen erfolgen nach der Reposition in wöchentlichen Abständen.

Eine Seitextension (über eine Trochanterschraube) wird im eigenen Vorgehen nicht eingesetzt und auch nicht mehr empfohlen, da durch sekundäre Wundinfektionen an der Eintrittsstelle eine evtl. spätere operative Therapie unmöglich oder limitiert wird. Erfahrungsgemäß läßt sich nach einer geschlossenen Reposition einer »zentralen Luxation« zwar der Hüftkopf reponieren, die Fragmente des Acetabulums folgen dem Hüftkopf aber nicht in ausreichendem Maße, das Gelenk kann nicht kongruent verheilen, und der Kopf reluxiert.

Möglichst frühzeitig sollte eine kontinuierliche Bewegung der Hüfte unter Beibehaltung des Zuges durchgeführt werden (Hüftgelenksbewegungsschiene).

#### ■ Extensionsdauer

Besteht eine geringe Dislokation und ist die Fraktur weitgehend stabil, wird die Extension für 3 Wochen beibehalten und danach der Patient unter Teilbelastung an Unterarmgehstützen mobilisiert. Ansonsten wird die Extension für höchstens 6 Wochen beibehalten, wobei ab der 4. Woche das Extensionsgewicht auf 5 kg reduziert wird.

Die Teilbelastung nach Mobilisation wird für insgesamt 12 Wochen nach dem Unfall eingehalten.

Während der Extensionsbehandlung wird begleitend eine krankengymnastische Übungstherapie durchgeführt, und der Patient wird zu intensiven Eigenübungen aller unverletzten Extremitäten angehalten (Thromboseprophylaxe, Pneumonieprophylaxe).

## 20.2 Operative Therapie

Das Ziel der operativen Therapie einer Acetabulumfraktur ist die absolut anatomische Rekonstruktion des Hüftgelenkes. Vielfältige Untersuchungen belegen, daß das erreichte Repositionsergebnis einen wesentlichen Faktor für die Langzeitprognose des Hüftgelenkes darstellt. Da intraoperativ häufig die komplette Ausdehnung der Frakturflächen nicht oder nur aus jeweils verschiedenen Blickwinkeln zu übersehen ist, ist eine präzise Operationsplanung unverzichtbar. Schon mit der Auswahl des Zugangs fällt die Entscheidung, ob die Fraktur ausreichend darstellbar ist. In diese Überlegungen müssen daher von vornherein alle geplanten Repositions- und Stabilisationstechniken einbezogen werden.

Werden Repositionsrichtungen und -techniken während der präoperativen Planung nicht klar, muß davon ausgegangen werden, daß sich die Fraktur intraoperativ eher »komplizierter« darstellt oder die fehlende Übersicht über alle Frakturlinien nur vordergründig eine exakte Reposition vermuten läßt, während nichterkannte Frakturanteile in erheblicher Dislokation verbleiben!

### Zugangswahl und Operationsplanung

Nach erfolgter Indikationsstellung zur operativen Therapie wird im Rahmen der Operationsplanung der Zugang ausgewählt und die günstigste Operationstaktik für die Reposition und Stabilisierung festgelegt. Die allgemeinen und strukturellen Voraussetzungen wurden bereits in Kap. 18 dargestellt. Im folgenden Abschnitt werden allgemeine Grundregeln dargelegt, die jeweils anhand des individuellen Falles modifiziert oder ergänzt werden müssen. Auch die im nächsten Abschnitt dargestellten Repositions- und Stabilisierungstechniken müssen in die Operationsplanung einfließen, um für den individuellen Fall das optimale Vorgehen auswählen zu können.

#### ■ Zugangswahl

**Allgemeine Grundsätze**

Der Zugangswahl kommt bei der operativen Versorgung von Acetabulumfrakturen eine entscheidende Bedeutung zu. Ein falscher Zugang kann dazu führen, daß entweder wichtige Anteile der Verletzung nicht einsehbar oder nicht reponierbar bleiben und dadurch das Operationsziel der anatomischen Rekonstruktion nicht erreicht werden kann. Andererseits erhöht der unkritische Einsatz erweiterter Zugänge das Operationstrauma mit einem für den Patienten ebenfalls nachteiligen erheblichen Anstieg der perioperativen Morbidität (Serome, Hämatome, Infektgefahr, heterotope Ossifikationen).

Folgende Grundsätze sollten berücksichtigt werden:

- Das Operationsziel ist die absolut anatomische Rekonstruktion der Gelenkfläche!
- Isolierte Verletzungen eines einzelnen »Pfeilers« oder einer »Wand« werden über einzelne Zugänge versorgt (dorsal oder ventral).
- Frakturen, die beide Pfeiler betreffen, können über einen isolierten dorsalen oder ventralen Zugang versorgt werden, wenn von der Zugangsseite eine ausreichende Kontrolle des Repositionsergebnisses des »gegenüberliegenden« Pfeilers erfolgen kann.
- Werden Frakturen, die beide Pfeiler betreffen über einen Einzelzugang versorgt, wird prinzipiell von der Seite der größten Fehlstellung bzw. von der Seite, auf der direkt chirurgisch manipuliert werden muß, zugegangen.
- Erweiterte Zugänge werden dann benötigt, wenn im Bereich beider Pfeiler direkte chirurgische Maßnahmen vorgenommen werden müssen und das Gelenk insgesamt »rekonstruierbar« erscheint. Weitere Kriterien sind, daß das Repositionsziel über limitierte oder Doppelzugänge nicht erreichbar erscheint und insgesamt die Größe des Eingriffs dem Patienten zugemutet werden kann (Risikofaktoren und Kontraindikationen beachten!).
- Limitierte Zugänge und Modifikationen sollten nur dann eingesetzt werden, wenn eine ausreichend große persönliche Erfahrung in den Standardverfahren besteht!

Tabelle 20.1 gibt eine allgemeine Übersicht der einsetzbaren Zugänge bei den verschiedenen Frakturtypen wieder, Details der Zugangswahl werden im folgenden Abschnitt dargestellt.

**Zugangswahl bei einzelnen Frakturtypen**

Standardzugänge und Frakturtypen, die darüber sicher versorgt werden können:

- Kocher-Langenbeck-Zugang
  - Frakturen der hinteren Wand,
  - Frakturen des hinteren Pfeilers,
  - Frakturen des hinteren Pfeilers mit hinterer Wand.
- Ilioinguinaler Zugang
  - Fraktur der vorderen Wand,
  - kombinierte Frakturen des vorderen Pfeilers und der vorderen Wand,
  - Frakturen des vorderen Pfeilers.

*Anmerkung.* Frakturen des vorderen Pfeilers vom hohen Typ mit lediglich 2 Hauptfragmenten können gelegentlich auch über den technisch einfacheren iliofemoralen Zugang versorgt werden.

Frakturtypen, bei denen verschiedenen Zugangsmöglichkeiten bestehen, sind:

- *Querfrakturen, T-Frakturen und Querfrakturen mit Frakturen der hinteren Wand.*
  Das gemeinsame Problem dieser Frakturtypen ist die Repositionskontrolle der »Querkomponente«. Ihre Beziehung zur Gelenkfläche des Pfannendachs entscheidet über die Ausdehnung des Zugangs:

**Tabelle 20.1.** Zugangswahl. Empfohlene Zugänge für die einzelnen Frakturtypen. (Modifiziert nach Mayo [22])

| Zugangsmöglichkeiten | 1. Wahl | Alternativen |
|---|---|---|
| **Hintere Wand** | KL | – |
| **Hinterer Pfeiler** | KL | – |
| **Vordere Wand** | II | – |
| **Vorderer Pfeiler** | II | IF |
| **Querfraktur** | KL | II<br>KL + Erweiterung |
| **Hintere Wand und hinterer Pfeiler** | KL | – |
| **Quer und hintere Wand** | KL | KL + Erweiterung<br>Erweiterter IF |
| **Vorderer Pfeiler und hintere Hemitransfraktur** | II | KL + II<br>Kl + Erweiterung<br>Stoppa + II (1. Fenster) |
| **T-Fraktur** | KL<br>II<br>(Erweitert IF) | KL + Erweiterung<br>Erweitert iliofemoral |
| **Zweipfeilerfraktur** | II | Erweiterter IF<br>II und KL<br>Stoppa + II (1. Fenster) |

KL = Kocher-Langenbeck-Zugang
II = Ilioinguinaler Zugang
IF = Iliofemoraler Zugang
Erw. IF = Erweiterter Zugang (Erweitert iliofemoral oder Maryland-Modifikation)

- Juxta- und infratektale Frakturtypen können über einen Einzelzugang, bevorzugt über den Kocher-Langenbeck-Zugang versorgt werden. Es muß sichergestellt sein, daß eine ausreichende Kontrolle der Reposition des gegenseitigen Pfeilers erfolgt ist (z.B. Palpation durch die Incisura ischiadica major).
  Bei transtektalen Frakturtypen ist die anatomische Reposition der Gelenkfläche nur durch die direkte Einsicht in das Gelenk und die absolut anatomische Reposition aller extraartikulären Frakturflächen zu sichern. Dies kann in der Regel nur über einen erweiterten lateralen Zugang erreicht werden.

Während bei Querfrakturen oder Querfrakturen mit Frakturen der hinteren Wand die Entscheidung meist zwischen dem Kocher-Langenbeck-Zugang oder dem erweiterten Zugang fällt, besteht bei den T-Frakturen in Einzelfällen die Möglichkeit, die Versorgung über einen ilioinguinalen Zugang durchzuführen.

> *Anmerkung.* Die wesentliche Problematik bei der Versorgung der T-Frakturen besteht darin, daß unterhalb der quer verlaufenden Frakturkomponente eine komplette Trennung des vorderen vom hinteren Pfeiler besteht, d.h., bei der Exposition von einer einzelnen Seite her besteht keinerlei Möglichkeit, eine Fehlstellung der »Gegenseite« indirekt zu beeinflussen. Die Auswahl eines Einzelzugangs ist daher immer davon abhängig, ob die »Gegenseite« nicht oder allenfalls minimal, d.h. nicht behandlungsbedürftig disloziert steht.

Ein ilioinguinaler Zugang kann bei T-Frakturen eingesetzt werden, bei denen der dorsale Anteil der Querkomponente und der hintere Pfeiler im wesentlichen unverschoben stehen und es lediglich zu einer Rotation des frakturierten vorderen Pfeilers gekommen ist.

- *Frakturen des vorderen Pfeilers mit hinterer Hemitransversfraktur.* Prinzipiell ist hier der ilioinguinale Zugang geeignet. Ob ein erweiterter Zugang gewählt werden muß, hängt wesentlich vom Zeitpunkt der Versorgung (<14 Tage: ilioinguinal) und dem Grad der Dislokation des hinteren Pfeilers ab. Frakturen, bei denen minimale, nicht behandlungsbedürftige Verschiebungen des hinteren Pfeilers bestehen, können auch nach diesem Zeitraum über den ilioinguinalen Zugang versorgt werden.
- *Zweipfeilerfrakturen.* Prinzipiell kann die Versorgung, je nach Frakturverlauf, über den Kocher-Langenbeck-Zugang (schwierig), den ilioinguinalen Zugang (geringe perioperative Morbidität, Reposition und Fixation ist allerdings technisch anspruchsvoll) oder über erweiterte Zugänge (hohe perioperative Morbidität, gute Repositions- und Fixationsmöglichkeiten) erfolgen. Insgesamt ist mit steigender Erfahrung ein deutlicher Trend zur Versorgung über den ilioinguinalen Zugang zu beobachten, da dieser Zugang zu den geringsten Beeinträchtigungen des Patienten führt.
  Der ilioinguinale Zugang ist möglich, wenn
  - das Fragment des hinteren Pfeilers nicht nochmals in sich frakturiert ist,

> *Anmerkung.* Ausnahmen können hier aber auch bei unverschoben, nicht behandlungsbedürftigen Fragmenten bestehen. In Einzelfällen kann es vorteilhaft sein, isolierte Fragmente, z.B. solche der hinteren Wand, in einem 2. Schritt über einen Kocher-Langenbeck-Zugang zu versorgen (sequentielles Vorgehen, um alle Repositionsmöglichkeiten über den ilioinguinalen Zugang zu erhalten!).

  - die Fraktur des vorderen Pfeilers bis zur Crista iliaca verläuft,
  - seltener, wenn die Frakturlinie des vorderen Pfeilers tief, d.h. distal der Spina iliaca anterior superior ausläuft. Hier kann eine Versorgung mit dem Kocher-Langenbeck-Zugang erfolgen. Bei Schwierigkeiten muß ggf. die Exposition nach ventral erweitert werden (Trochanterflip nach Mercati, bzw. bei erheblichen Problemen auch Erweiterung in den »Triradiate«-Zugang nach Mears).

> *Anmerkung.* Die Entscheidung, ob eine Versorgung von ventral her möglich ist, muß unter Berücksichtigung aller Einzelbefunde individuell gefällt werden. Es ist absolut notwendig, alle Fragmente anhand der CT- Diagnostik zu identifizieren und dabei zu analysieren, ob eine Mobilisation nötig ist, ob diese von ventral her möglich ist, oder ob an sich »unwesentliche« Fragmente durch eine ungünstige, intraoperativ nicht erreichbare Lage die Reposition von Hauptfragmenten behindern. Des weiteren muß berücksichtigt werden, daß über den ilioinguinalen Zugang das Hüftgelenk in keiner Phase suffizient eingesehen werden kann. Das bedeutet, daß alle direkten Repositionsmanöver im Gelenkbereich einen erweiterten Zugang benötigen bzw. in Einzelfällen über einen 2. Zugang angegangen werden müssen (z.B. evtl. bei begleitenden Frakturen der hinteren Wand mit Impressionen). Die potentiell mögliche Versorgung über in Seitenlage durchzuführende Doppelzugänge wird allenfalls in Ausnahmen empfohlen, da die Repositionsmöglichkeiten, besonders über den ilioinguinalen Zugang erheblich eingeschränkt werden und in eigener Erfahrung das Repositionsergebnis komplizierter Frakturen in der Regel schlechter war als bei der Anwendung von erweiterten Zugängen!

Der Einsatz eines erweiterten Zugangs wird empfohlen, wenn

- der hintere Pfeiler aus mehreren Fragmenten besteht,
- Trümmerzonen bestehen,
- dorsal und ventral direkt chirurgisch vorgegangen werden muß (s. auch Anmerkung zu Doppelzugängen),
- die Frakturversorgung später als 14 Tage nach Unfall vorgenommen werden muß.

#### Zusätzliche Überlegungen zur Zugangswahl

Neben dem Frakturtyp und den Zusatzverletzungen spielen natürlich auch das Alter und der Allgemeinzustand des Patienten eine wichtige Rolle bei der Operationsplanung. Wie schon in Kap. 18 dargestellt, ist die Entscheidung zur operativen Therapie von einer Vielzahl von Faktoren abhängig. Wichtig ist, im konkreten Fall die durchschnittliche Operationsdauer bei den entsprechenden Zugängen (Tabelle 18.2, S. 342) und den beobachteten durchschnittlichen Blutverlust (Tabelle 18.3, S. 342) in die Überlegungen einzubeziehen. Bei der Interpretation der Werte ist zu beachten, daß es sich um Durchschnittswerte handelt und die Angaben aus Zentren stammen, die langjährige spezielle Erfahrungen in der Behandlung von Acetabulumfrakturen aufweisen.

### Allgemeine Repositionstechniken

Dieser Abschnitt stellt einige grundlegende Repositionstechniken dar, die generell bei der Versorgung von Frakturen und besonders bei Acetabulumfrakturen eingesetzt werden können. Eine Vielzahl von Instrumenten wurde speziell für die Becken- und Acetabulumchirurgie entwickelt; nur die im eigenen Vorgehen am häufigsten verwendeten sollen in ihrer Anwendung beschrieben werden. Da gerade bei Acetabulumfrakturen oft sehr ausgedehnte Frakturflächen vorliegen, die nicht in jedem Fall komplett »chirurgisch gesäubert« werden können, ist eine rein manuelle Reposition vor der präliminären Fixation mittels Zangen oftmals nicht möglich. Es hat sich bewährt, durch den überlegten Einsatz von 1–2, in Einzelfällen auch mehreren Repositionszangen die Repositionsqualität vorsichtig, schrittweise zu verbessern um schließlich ein absolut anatomisches »Einrasten« der Fraktur zu erreichen. Vielfach sind hierbei Geduld und »Probieren« das Mittel der Wahl!

#### ■ Frakturdarstellung

Neben den üblichen Wundhaken wurden insbesondere »Knochenhebel« modifiziert, um beim Einsatz am Becken eine bessere Darstellung zu ermöglichen (s. auch Abb. 20.5).

- Der Beckenhebel nach Ganz gleicht im wesentlichen einem »runden Hohmann-Hebel«. Im distalen Anteil wurde die Krümmung umgekehrt, so daß die konkave Seite zum Knochen gerichtet ist und dadurch insbesondere in der »Tiefe des 2. Fensters« des ilioinguinalen Zugangs eine bessere Übersicht erreicht werden kann.
- Ein spezieller Haken erlaubt eine großflächige Anhebung der Außenrotatoren der Hüfte, des N. ischiadicus und Teilen des M. glutaeus maximus in Bauchlage (»ischiadic nerve retractor«). Eine Druckbelastung des Nervs wird durch die spezielle Form minimiert.

#### ■ Beckenrepositionszangen

Eine Reihe von Repositionszangen stehen zur Verfügung, um, angepaßt an die spezifischen »Raumverhältnisse« am Acetabulum, eine Reposition und präliminäre Fixation zu erreichen (Abb. 20.1). Die von der allgemeinen Frakturversorgung her bekannten Repositionszangen mit Spitzen (groß und klein) werden insbesondere durch die Repositionszangen nach Matta ergänzt. Diese in 2 Größen verfügbaren Instrumente sind gekröpft und erlauben dadurch den Einsatz in der »Tiefe« der Incisura ischiadica major oder an der Linea terminalis über den ilioinguinalen Zugang. Die Ausführung mit »Kugelspitzen« hilft, ein zu tiefes Einsinken in spongiösem Knochen zu vermeiden.

Zur einer das Os coxae »umgreifenden« Reposition entwickelt wurden die großen Repositionszangen nach Matta (»King-Tong«). Mit ihnen ist es z. B. möglich,

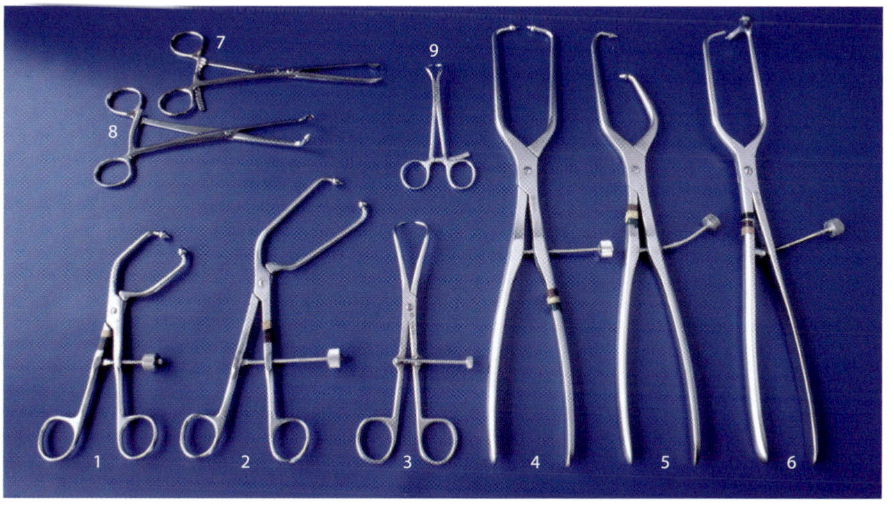


**Abb. 20.1.** Repositionszangen für die Becken- und Acetabulumchirurgie (ohne Hilfsschrauben): *1* kleine Repositionszange nach Matta; *2* große Repositionszange nach Matta; *3* große Repositionszange mit Spitzen; *4* große Beckenrepositionszange (»King-Tong«); *5* exzentrische große Repositionszange; *6* verbreiterte große Beckenrepositionszange; *7* Weber-Zange gerade; *8* Weber-Zange abgewinkelt; *9* kleine Repositionszange mit Spitzen

auf der Innenseite des kleinen Beckens den hinteren Pfeiler zu fassen und gegen die Außenseite des Os ilium zu reponieren. Als Sonderform hat die Repositionszange nach Mayo exzentrische Spitzen. Damit ist es möglich, über den ilioinguinalen Zugang eine Rotationsfehlstellung des hinteren Pfeilers zu korrigieren. Da die Spitzen dieser Zange sich nicht gegenüberstehen, kann die Zange in Repositionsstellung nicht arretiert werden, sie muß manuell gehalten werden.

Alle Repositionszangen mit Kugelspitze können durch einen aufsteckbaren »Teller« gegen Einsinken in weichem Knochen geschützt werden. Dieser »Teller« kann auch dazu benützt werden, mehrere Fragmente oder Trümmerzonen großflächig zu fassen und zu verschieben.

Besonders zur Reposition von Frakturlinien im Bereich der Linea terminalis über den ilioinguinalen Zugang können die Repositionszangen für Malleolarfrakturen nach Weber (speziell in der abgewinkelten Ausführung) hilfreich sein. Über das 2. Fenster des Zugangs läßt sich eine Branche scharf im Bereich der quadrilateralen Fläche einsetzen oder aber an der Grenze zum Foramen obturatum verankern (*cave* A./V. obturatoria und N. obturatorius). Die 2. Branche wird auf der kranialen Fläche der Linea terminalis aufgesetzt.

*Anmerkung.* Die erfolgreiche Reposition von Acetabulumfrakturen hängt wesentlich davon ab, den »Dislokationsvektor« möglichst direkt »umzukehren«. Die Repositionszangen erlauben es, gezielt und ohne größere Anstrengung teilweise hohe Repositionskräfte auf spezifische Regionen der Fragmente aufzubringen. Da eine manuelle Einrichtung vor dem Ansatz der Klemmen meist nicht möglich ist, werden im eigenen Vorgehen nach Säuberung der Frakturebenen zunächst die optimalen Positionen für die Repositionszangen ausgesucht und 1–2 Klemmen möglichst entsprechend des Hauptdislokationsvektors angesetzt. In der Regel müssen alle »Freiheitsgrade« der Klemme ausgenützt werden (s. Abb. 20.2), um die Fraktur absolut anatomisch »einrasten« zu lassen. Nach einer kurzen Wartezeit zur Kompression des restlichen Frakturhämatoms wird die Reposition ggf. noch »feinjustiert«, oder der Anpreßdruck der Repositionszange wird erhöht.

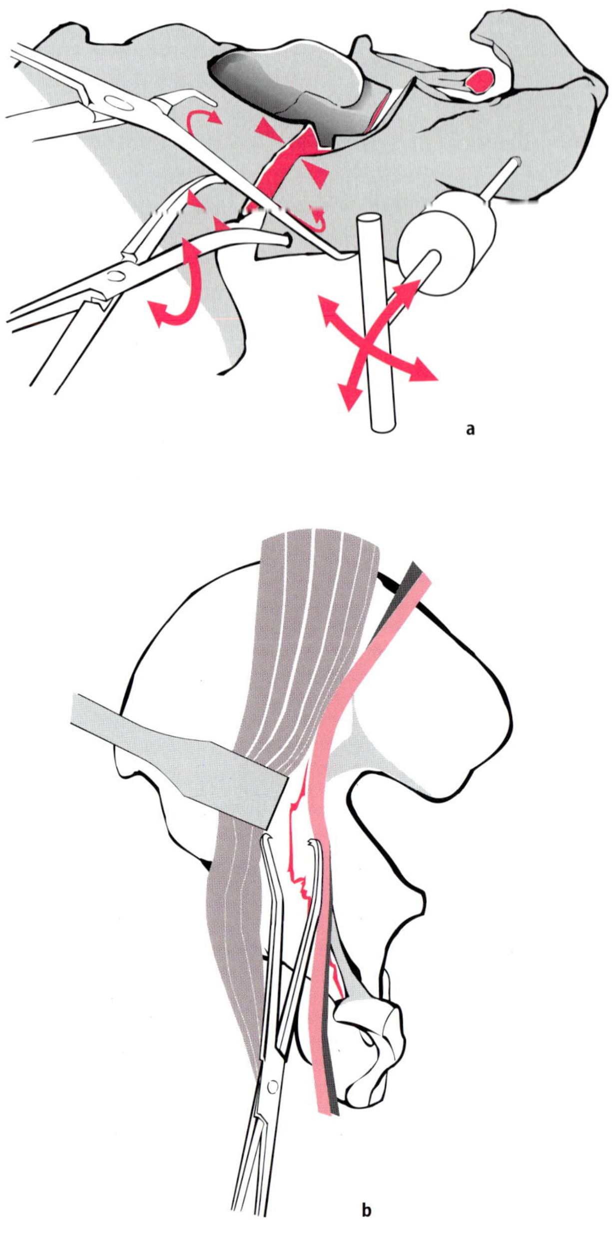


**Abb. 20.2 a, b.** Repositionstechnik 1. Schematische Darstellung von Repositionsmöglichkeiten unter Einsatz der Repositionszangen (**a**). Die Schanz-Schraube mit dem T-Griff erleichtert die Kontrolle und Korrektur von Rotationsfehlstellungen der Fragmente. Einsatz der »Weber-Zange« über den ilioinguinalen Zugang (**b**)

### ■ Beckenrepositionszangen mit Schraubeneinsatz

Am hinteren Pfeiler und entlang der Linea terminalis ist es vielfach nicht möglich, die Repositionszangen an der glatten, festen Kortikalis anzusetzen. Insbesondere wenn hohe Repositionskräfte aufgebracht werden müssen (z. B. Querfrakturen), erleichtert der Einsatz von Repositionszangen, die über Hilfsschrauben an den Knochen ansetzen, die Reposition (s. auch Abb. 20.3).

- Die Beckenrepositionszangen nach Jungbluth wird mit 4,5-mm-Kortikalisschrauben mit den Hauptfragmenten verbunden und erlaubt durch die großen Hebelarme eine gute Fragmentkontrolle in allen Freiheitsgraden. Die Größe des Instrumentes kann

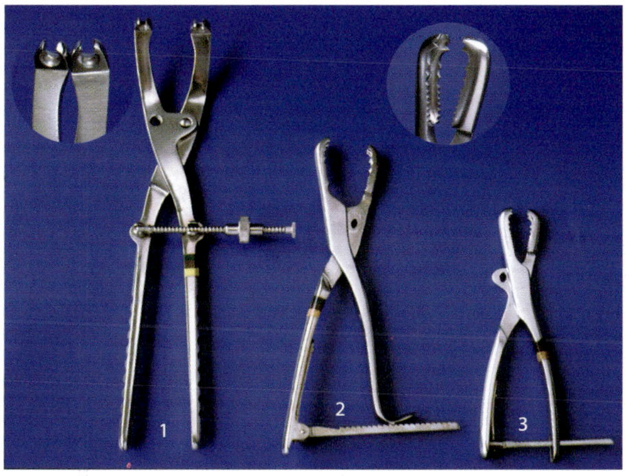


**Abb. 20.3.** Repositionszangen mit Hilfsschrauben. Repositionszangen, die über Hilfsschrauben mit den Fragmenten verbunden werden. *1* Jungbluth-Zange; *2* Faraboeuf-Zange groß; *3* Faraboeuf-Zange klein

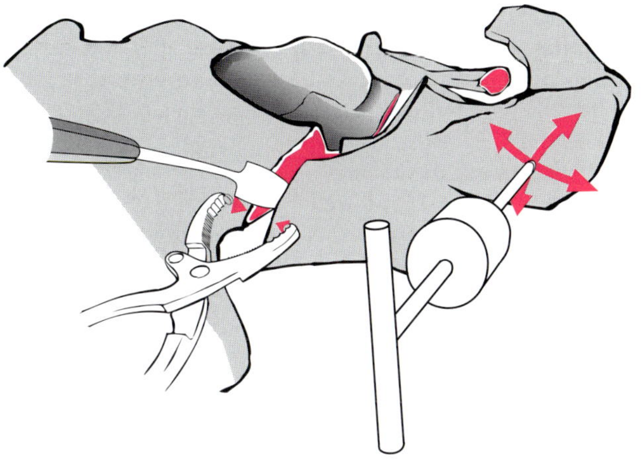

**Abb. 20.4.** Repositionstechnik 2. Erweiterte Repositionsmöglichkeiten durch den Einsatz der Repositionszangen mit Hilfsschrauben, hier unter zusätzlichem Einsatz eines Raspatoriums als »Hebel«

gelegentlich nachteilig sein und die Positionierung der Implantate behindern.

- Alternativ können die Repositionszangen nach Farabeuf (modifizierte Lambotte-Zangen) eingesetzt werden. Es stehen eine kleine und eine größere Ausführung zur Verfügung. Beide können sowohl mit Kleinfragment- als auch mit Standardschrauben eingesetzt werden; die »Spannweite« der Branchen ist anpaßbar.

Die Handhabung dieser Instrumente erlaubt gegenüber den konventionellen Zangen zusätzliche Repositionsmöglichkeiten. Der Ansatz am Knochen ist besser, es können auch »Zugkräfte« in erheblichem Ausmaß appliziert werden (s. auch Abb. 20.4).

### Zusätzliche Repositionshilfen

Eine Reihe von Repositionshilfen und Spezialinstrumenten sind verfügbar oder werden in der Acetabu-

**Abb. 20.5.** Allgemeine Hilfsinstrumente zur Becken- und Acetabulumchirurgie. Übersicht über allgemeine Expositions- und Repositionshilfen für das Becken und das Acetabulum. *1* großer Arthrodesenspreizer; *2* Pfriem mit Kugelspitze und Andrucktellern; *3* Schanz-Schraube mit T-Griff; *4* Einzinkerhaken, freie Haken und verschraubbare Kunststoffringe zum Klemmenansatz; *5* scharfer Löffel, klein; *6* scharfer Löffel, biegbar; *7* Raspatorium, breit; *8* Raspatorium, schmal; *9* Hohmann-Hebel nach Ganz, abgerundet; *10* Hohmann-Hebel nach Ganz, Standard; *11* Gluteal- und N.-ischiadicus-Retraktor für Kocher-Langenbeck-Zugang in Bauchlage

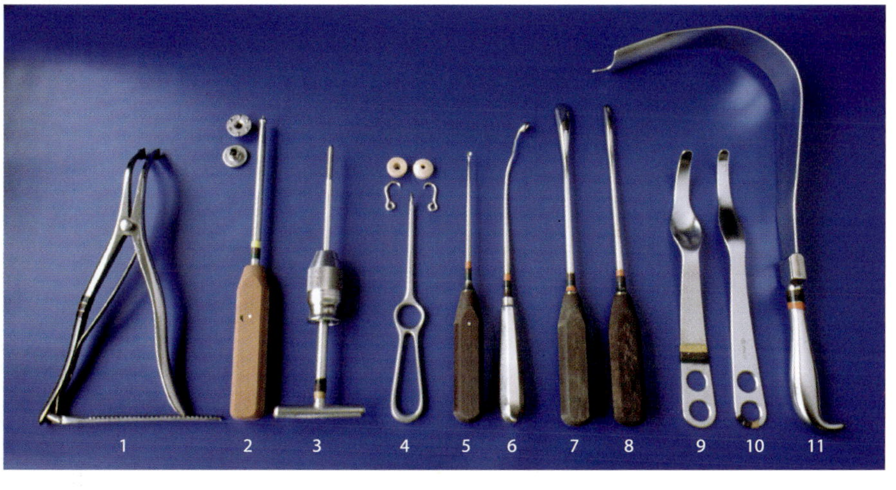

lumchirurgie individuell nach den persönlichen Präferenzen des Operateurs eingesetzt. An dieser Stelle sollen nur einige, häufig verwendete und überall verfügbare Hilfsmittel dargestellt werden (s. auch Abb. 20.5).

### Débridement der Fraktur

Die zur Reposition notwendige komplette Ausräumung der gewinkelten Frakturflächen ist gelegentlich schwierig, da der gewählte Zugang und die Frakturebene nicht immer in einer Ebene liegen. Verschiedene Hilfsmittel erleichtern das Débridement:

- Mit Raspatorium und Arthrodesenspreizer kann die Fraktur vorsichtig gespreizt werden.
- Gebogene scharfe Löffel verschiedener Länge und Größe erleichtern das Débridement in schwer erreichbaren Regionen.
- Besonders bei Verwendung des ilioinguinalen Zugangs läßt sich eine bessere Mobilisation der Fragmente durch Einsatz der Jetlavage und gleichzeitig durchgeführte »Rüttelbewegungen« über die zum Seitzug in den Schenkelhals eingebrachte Schanz-Schraube erreichen.

### Schanz-Schrauben

Zur besseren Kontrolle der distalen Hauptfragmente ist es günstig, Schanz-Schrauben einzubringen, die über die relativ großen Hebelkräfte eine kraftvolle, aber gleichzeitig gut steuerbare Repositionskontrolle erlauben. Zur Verbesserung der Manipulierbarkeit und zur Applikation von Zug wird der zur Applikation benutzte T-Handgriff während des gesamten Repositionsmanövers belassen.

- Bei der Verwendung des Standardtisches wird der »Seitzug« zur Reposition und zur Extraktion des Hüftkopfes über eine in den Schenkelhals eingebrachte Schanz-Schraube ausgeübt. Bei Verwendung des hinteren oder des erweiterten Zugangs wird die Schanz-Schraube unter Sicht eingebracht, bei Verwendung des ilioinguinalen Zugangs erfolgt die Applikation transkutan über eine Stichinzision nach Palpation des Tuberculum innominatum.
- Bei der Versorgung von Acetabulumfrakturen über den hinteren oder erweiterten Zugang kann eine Schanz-Schraube in das Tuber ischiadicum eingesetzt werden. Repositionsziel ist die Derotation des distalen Hauptfragmentes bei Querfrakturen oder der Querkomponenten zusammengesetzter Frakturtypen.
- Seltener werden Schanz-Schrauben im Beckenkamm benötigt. Hier kann ersatzweise kurzfristig eine Faraboeuf-Zange direkt an die Crista iliaca angesetzt werden.

### Einzinkerhaken

Der Einzinkerhaken wird selten benötigt, da der Einsatz nicht ohne Risiko ist. Mögliche Anwendungen sind die Reposition des hinteren Pfeilers über den ilioinguinalen Zugang (Heranziehen des hinteren Pfeilers). Dabei muß besonders darauf geachtet werden, daß der im Bereich der Spina ischiadica oder der distalen knöchernen Begrenzung der Incisura ischiadica major eingesetzte Haken nicht abrutscht oder beim zurückziehen Weichteilstrukturen verletzt. Alternativ können zur Lösung dieses Problems passager eingebrachte Cerclagen, gelegentlich auch die Beckenrepositionszangen eingesetzt werden.

### Kunststoffringe

Zur Verbesserung der Ansatzmöglichkeiten von Repositionszangen an glatten Knochenoberflächen können passager Kunststoffringe an den Knochen angeschraubt werden (s. auch Abb. 20.5). Sie finden dann Anwendung, wenn die Ansatzrichtung der Zange zu schräg für die Verankerung über ein »Hilfsloch« ist (3,5-mm-Bohrung, nur durch die Kortikalis) und keine direkt an Schrauben zu verankernde Repositionszangen (Faraboeuf, Jungbluth) eingesetzt werden können.

### Tuchrollen zwischen die Beine

Besonders bei der Verwendung des Standardoperationstisches müssen Veränderungen der Beinposition jeweils manuell durch einen Assistenten fixiert werden. Dieses aufwendige Verfahren kann durch den Einsatz einfacher Hilfsmittel erheblich erleichtert werden (s. auch Abb. 20.6). Im eigenen Vorgehen wird aus 2 großen Abdecklaken aus Tuch eine »Rolle« von etwa 30 cm Durchmesser gewickelt und mit Klebestreifen stabilisiert.

- In *Seitenlage* kann diese Tuchrolle zwischen die Oberschenkel gelegt werden und führt je nach Lage zu einer Lateralisation der Hüfte (Rolle sehr proximal, das Gewicht der distal der Rolle gelegenen Anteile des Beines wirken als Hebel) oder unterstützt eine Abduktion des Beines (Rolle zwischen den Kniegelenken).
- In *Rückenlage* läßt sich durch Unterlegen der Rolle eine Hüftbeugung mit Entspannung des M. iliopsoas erreichen (verbesserte Exposition beim ilioinguinalen Zugang).

### Cerclagen

Cerclagen können – außer zur definitiven Fixation – auch passager als Repositionshilfe eingesetzt werden. Insbesondere bei Verwendung des ilioinguinalen Zugangs ist ein »Hochziehen« des hinteren Pfeilers gelegentlich nur nach Umschlingung mit 1 oder 2 Cerclagendrähten möglich (Applikation s. unten).

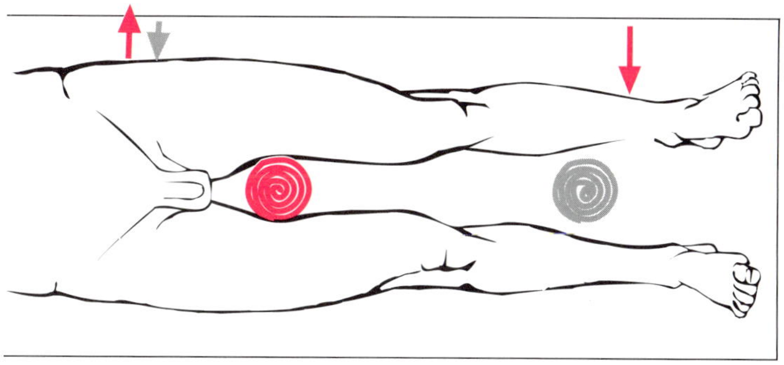

**Abb. 20.6.** Einfache Repositionshilfen. Einsatz einer Tuchrolle zur Erzeugung einer nach lateral oder medial wirkenden Kraft am Acetabulum

**Distraktor**

In seltenen Fällen ist es auch durch gezielten Zug am Oberschenkel (Schanzschraube, Hüftbeugung und Hüftrotation) nicht möglich, eine ausreichende Distraktion herzustellen. In diesen Fällen kann der Einsatz des großen Distraktors an Ilium und Oberschenkel gelegentlich die Exposition noch verbessern. Im eigenen Vorgehen wird er nur äußerst selten eingesetzt, da auch er häufig dazu führt, daß große Kräfte längerfristiger als notwendig appliziert bleiben.

### ■ Intraoperative Repositionskontrollen

Da insbesondere bei Operationen, die über einen einzelnen dorsalen oder ventralen Zugang ausgeführt werden, intraoperativ die Frakturlinien nicht immer komplett eingesehen werden können, kommt der Kontrolle des Repositionsergebnisses eine besondere Bedeutung zu.

Prinzipiell ist die Repositionsgüte natürlich am besten durch die direkte Inspektion des Gelenkes mit Bestätigung einer glatten, stufenfreien Knorpeloberfläche und der kongruenten »Paßform« zum Hüftkopf zu sichern. Da nach kompletter Reposition aller Fragmente die Einsicht in das Hüftgelenk nicht immer in ausreichendem Maße möglich ist, muß vielfach auf indirekte Methoden und Hilfsmittel zurückgegriffen werden.

**Palpation**

Die Palpation hilft, das Repositionsergebnis in den Bereichen zu überprüfen, die nicht direkt eingesehen werden können.

- Bei der Reposition von Querfrakturen und zusammengesetzten Frakturtypen mit »Querkomponenten« über einen dorsalen Zugang ist die Repositionsgüte durch Inspektion der dem Operateur zugewandten Kortikalis nicht sicher abzuschätzen. Erst die Palpation der quadrilateralen Fläche nach Freilegung der Incisura ischiadica major bestätigt, daß nicht unerkannterweise noch Spaltbildungen im Bereich des vorderen Pfeilers bestehen (Abb. 20.7).

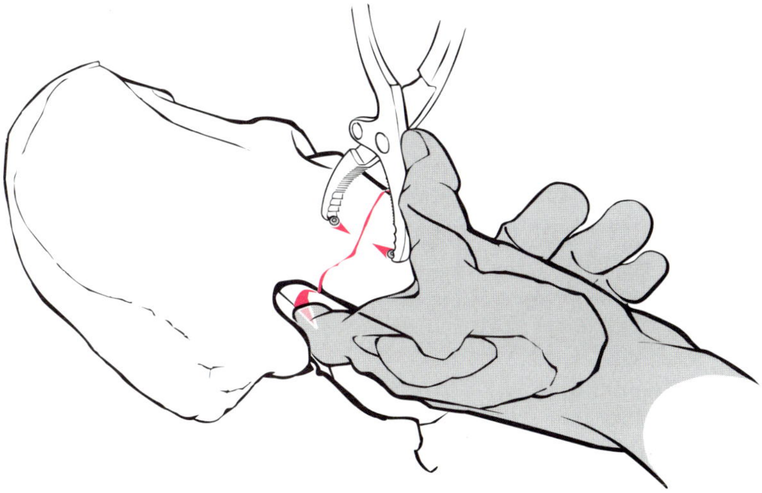

**Abb. 20.7.** Repositionskontrolle ohne direkte Einsicht auf die Fraktur. Manuelle Repositionskontrolle des »gegenüberliegenden vorderen Pfeilers« bei einer Versorgung von dorsal. Unterbleibt diese Kontrolle, können erhebliche Fehlstellungen des vorderen Pfeilers trotz offensichtlich »anatomischer« dorsaler Reposition übersehen werden

- Bei der Versorgung von Frakturtypen mit einer Beteiligung des hinteren Pfeilers über einen ilioinguinalen Zugang ist gelegentlich die »Rotation« des hinteren Pfeilers nicht sicher abzuschätzen. In diesen Fällen läßt sich die Fehlstellung bzw. die Reposition durch Palpation der »Kante« der knöchernen Begrenzung der Incisura ischiadica major bis hin zur Spina ischiadica überprüfen. Durch Palpation der Frakturkanten läßt sich das Repositionsmanöver kontrollieren (gleichzeitiger Einsatz der großen Repositionszange [»King-Tong«] mit einer Branche auf der Außenseite, der anderen auf der Innenseite des Beckens).
- Es wird immer überprüft, ob alle Frakturbereiche nach der Reposition eine »glatte«, stufenfreie Oberfläche ergeben. Insbesondere bei Trümmerzonen kann nach Abschluß der Reposition der Hauptfragmente durch das Auflegen von freien »Kortikalisschuppen«, die häufig noch durch Periostanteile verbunden sind, überprüft werden, ob sich eine defekt- und verwerfungsfreie Oberfläche ergibt.

**Intraoperative Röntgenkontrollen**

Nach erfolgter Reposition wird eine intraoperative Röntgenaufnahme zur Sicherung der Reposition durchgeführt. In »einfachen Fällen« kann diese Aufnahme nach Abschluß der Osteosynthese durchgeführt werden, um gleichzeitig die sicher extraartikuläre Implantatlage zu bestätigen. Bei Unsicherheiten muß die Aufnahme wiederholt und ggf. durch Schrägprojektionen ergänzt werden (Ala und Obturator).

- In Seitenlage gelingt die a.-p.-Aufnahme leicht durch einfaches Anstellen der Röntgenplatte an den Patienten (s. Abb. 19.1d). Durch entsprechende Kippung von Tisch und Platte lassen sich auch Schrägaufnahmen realisieren.
- In Rückenlage können Röntgenaufnahmen durchgeführt werden, wenn spezielle Einrichtungen zum »Unterschieben« der Platte unter den Tisch vorhanden sind. Im eigenen Vorgehen wird eine Bildwandlerkontrolle bevorzugt. Die eingeschränkte Abbildungsschärfe (Beurteilung der »Linien«) wird durch die exakteren Projektionsebenen ausgeglichen.

Folgende Strukturen müssen auf den intraoperativen Röntgenaufnahmen identifiziert und überprüft werden (bei mangelhafter Abbildungsqualität oder fehlerhafter Einstellung der Projektionsebene muß die Aufnahme noch intraoperativ wiederholt werden!):

- a.-p.-Aufnahmen und Schrägaufnahmen:
  - Linea ilioinguinalis,
  - Linea ilioischiadica,
  - Kontur der hinteren und vorderen Wand,
  - Pfannendach,
  - Köhler-Tränenfigur (Medialisierung, Lateralisierung des Gelenkes),
  - Kongruenz des Hüftgelenkes,
  - übersehene intraartikuläre Fragmente,
  - noch erkennbare Frakturlinien,
  - sicher extraartikuläre Implantatlage.
- Bildwandlerkontrolle: Prinzipiell werden die gleichen Strukturen, die auch in den Röntgenaufnahmen überprüft werden, aufgesucht. Vorteile bietet die Bildwandlerkontrolle insbesondere beim Ausschluß einer intraartikulären Implantatelage (s. S. 411).

## Allgemeine Osteosynthesetechniken

Grundsätzlich sind die Implantate und Stabilisierungstechniken anhand des individuellen Frakturverlaufes auszuwählen. Gleichwohl gibt es einige Grundregeln und »Standardrichtungen« bei der Implantatverankerung am Acetabulum. Sie erleichtern das Erkennen von Zonen, in denen eine hohe Knochendichte für einen sicheren Schraubenhalt besteht und lassen Regionen besser erkennen, in denen Implantate in gefährliche Nähe zum Hüftgelenk kommen könnten. Weitergehend werden im folgenden einige grundlegende Stabilisierungstechniken und »Schraubenrichtungen« im Detail beschrieben. Diese »Basistechniken« können dann – adaptiert an den Einzelfall – individuell kombiniert werden. Bei der folgenden Darstellung der Versorgung der einzelnen Frakturtypen wird daher nur kurz auf diese »Techniken« verwiesen.

### ■ Schraubenosteosynthesen

Prinzipiell werden derzeit in der Acetabulumchirurgie bevorzugt Kleinfragmentimplantate eingesetzt (Abb. 20.8). Nur in Einzelfällen (z. B. »hoher Typ« der Fraktur des vorderen Pfeilers bzw. zusammengesetzte Frakturtypen mit dieser Besonderheit) werden 6,5-mm-Spongiosazugschrauben eingesetzt.

Als *Standardschraube* wird die 3,5-mm-Kortikalisschraube eingesetzt. In der Regel wird sie ohne zusätzliche Gewindeschneidung am Becken eingebracht. Für längere Schraubenlängen sind selbstschneidende »Beckenschrauben« verfügbar (30–150 mm). Sie besitzen einen größeren Schraubenkopf mit tieferer Imbuseinsenkung und gewährleisten damit einen verbesserten Kontakt zum Schraubendreher. Auch sehr lange Schrauben lassen sich so ohne Zerstörung der Imbuseinsenkung im Bedarfsfall mehrfach ein- und wieder ausdrehen.

Die *Bohrungen* werden vorteilhaft mit dem oszillierenden Bohraufsatz durchgeführt, da in diesen Fällen auf den Einsatz einer Bohrhülse verzichtet werden kann. Dadurch wird es bei »langen Schrauben« (z. B. vorderer Pfeiler, hinterer Pfeiler) möglich, durch Palpation des »Zielgebietes« mit der anderen Hand eine sichere Bohrerführung zu erreichen.

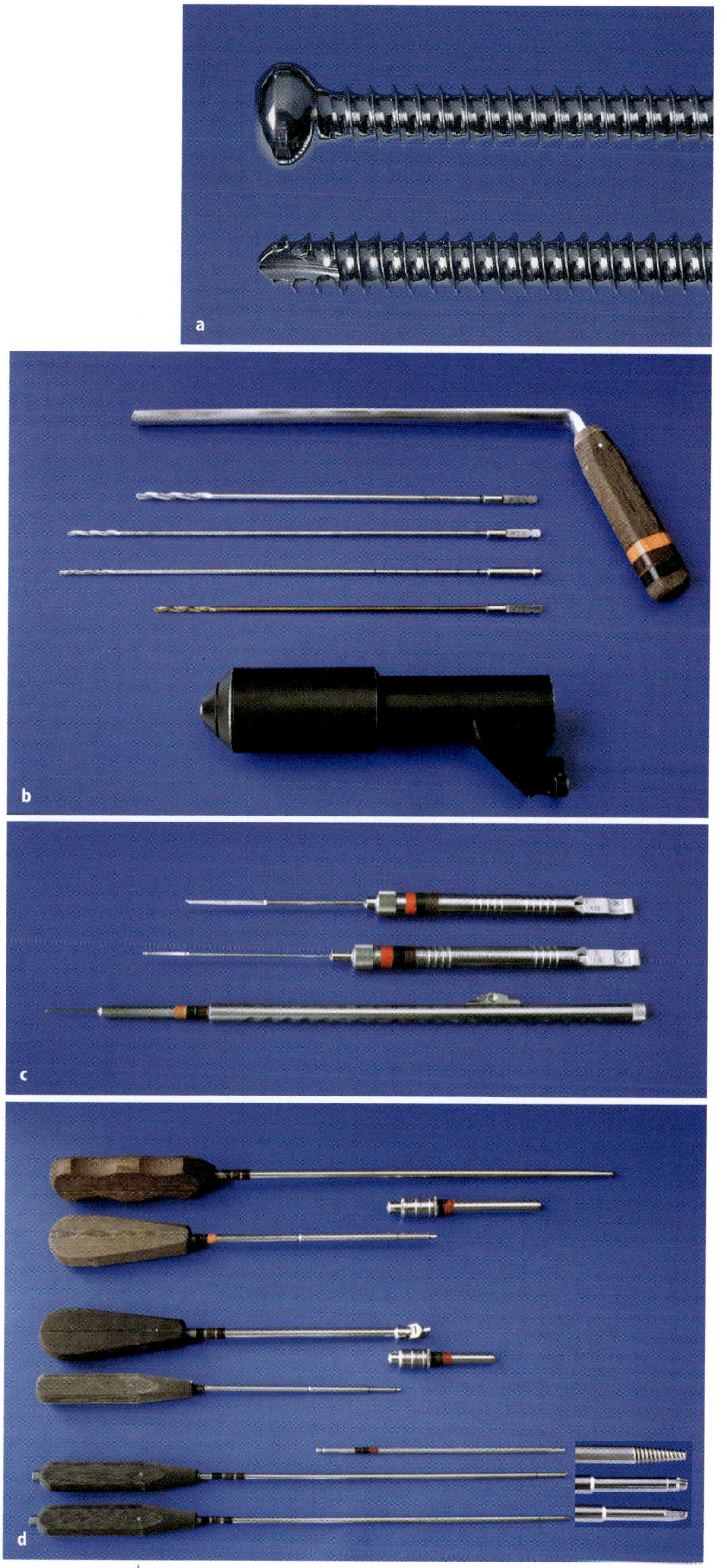

**Abb. 20.8 a–d.** Schraubenverankerung. **a** Als Standardschrauben werden 3,5-mm-Kortikalisschrauben verwendet; sie sind ab 30 mm Länge als »Beckenschrauben« mit vergrößertem Kopf in selbstschneidender Ausführung erhältlich. **b** Zur Bohrung wird als Standard der oszillierende Bohraufsatz und Dreilippenbohrer eingesetzt. Lange Bohrer sind günstigerweise graduiert, um auf eine zusätzliche Längenmessung verzichten zu können. Extralange Bohrer werden für die transkutan eingebrachten Schrauben benötigt. Hierzu sind spezielle offene Führungshülsen günstig, um eine ausreichende Kontrolle über die Bohrerführung und -plazierung zu haben. **c** Neben konventionellen Längenmessern ist ein extralanger, zur »Einhandbedienung« eingerichteter Längenmesser sehr hilfreich. **d** Auf die Standardschraubendreher für Normal- und Kleinfragmentschrauben können Hülsen zur Schraubenfixation in der Tiefe aufgesetzt werden. Spezielle Instrumente erleichtern die Entfernung von Schrauben, bei denen der Inbus ausgeschlagen ist

Standardbohrungen, z. B. zum Besetzen von Plattenschrauben, werden mit möglichst frischen Dreilippenbohrern ausgeführt. Müssen sehr lange Zugschrauben in den vorderen oder hinteren Pfeiler realisiert werden, ist es günstig, den Startpunkt zunächst mit einer 3,5-mm-Bohrung festzulegen. Der Verlauf der Bohrung wird durch die sog. »Schlagbohrtechnik« überprüft, d. h. während der Bohrung werden mit der Bohrerspitze leicht »klopfende Bewegungen« ausgeführt, um den Knochenkontakt zu sichern.

Insbesondere bei *sehr langen Bohrungen,* d. h. bei Frakturen, bei denen die Frakturfläche sehr weit vom Eintrittspunkt der Schraube entfernt liegt, kann es günstig sein, lange, graduierte und schon etwas »stumpfe« Dreilippenbohrer zu verwenden. Sie folgen in begrenztem Maße den inneren Krümmungen der Kortikalis. Der bei langen Schrauben oftmals schwierige Meßvorgang kann unterbleiben, da die Schraubenlänge am Bohrer direkt abgelesen werden kann.

Wird bei diesen *extralangen Schrauben* eine Zugschraubenwirkung gewünscht, erfolgt die Überbohrung des proximalen Hauptfragmentes günstigerweise als letzter Schritt.

Die *Schrauben größerer Länge* werden bevorzugt mit der Maschine eingedreht, da durch die gleichmäßige Rotation ein »Ausschlagen« des Schraubenkopfes besser vermieden werden kann. Eine Überhitzung durch zu hohe Drehzahl muß aber unbedingt vermieden werden. Das endgültige Anziehen der Schraube erfolgt mit der Hand, um den Konus durch »Überdrehen« der Maschine nicht zu gefährden.

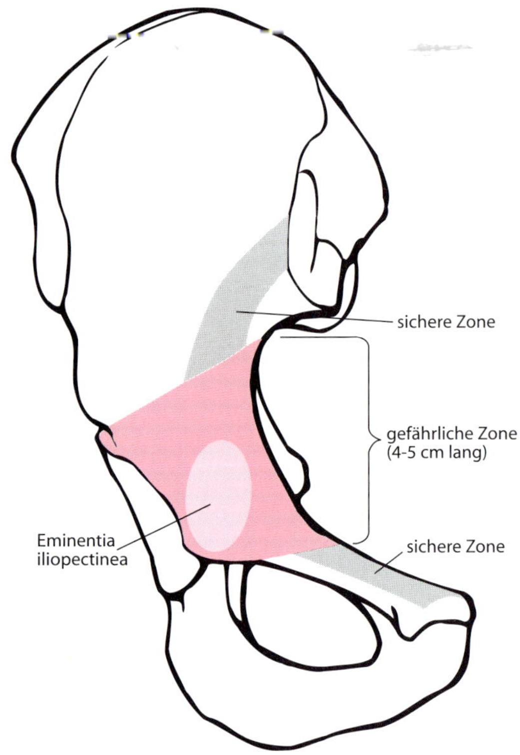


**Abb. 20.9.** Regionen zur Schraubenplazierung um das Acetabulum von ventral. Übersicht über Regionen am Os coxae, in dem gefahrlos Schrauben plaziert werden können, und Regionen, in denen potentiell die Gefahr einer Gelenkperforation besteht

*Anmerkung.* Biomechanische Untersuchungen am Becken konnten belegen, das der ansonsten bedeutsame Unterschied in der Haltekraft zwischen »Spongiosaschrauben« und »Kortikalisschrauben« in den Hintergrund tritt. Trotz der »spongiösen« Grundstruktur wurden gleiche, teilweise sogar bessere Auszugswerte für Kortikalisschrauben bestimmt [6, 26, 27]. Auch die Verwendung von Kleinfragmentimplantaten für die Acetabulumchirurgie (Platten, Rekonstruktionsplatten und v. a. Schrauben) ist vom biomechanischem Standpunkt aus als gleichwertig anzusehen [26] und erleichtert insbesondere die absolut kongruente Anformung von Platten erheblich.

### Regionen zur Schraubenplazierung

Die prinzipielle Struktur der Knochendichte im Os coxae wurde bereits in Kap. 2 und 15 dargestellt. Bei der Positionierung von Implantaten ist es wesentlich, von welchen »Startpositionen« aus die feste Knochensubstanz erreicht werden kann. Die Verteilung zwischen spongiösem Knochen ausreichender »Tiefe« und Bereichen, in denen die dichte Kortikalis einen zusätzlichen Schraubenhalt bewirkt, sind in Abb. 15.2 verdeutlicht. Bei der Betrachtung dieser Startregionen ist zusätzlich zu beachten, daß schon mäßige Veränderungen der Schraubenrichtung die erreichbare Länge im Knochen erheblich beeinflussen können. Grundsätzlich sollte immer versucht werden, die längste erreichbare Schraubenlänge anzustreben, um das Risiko eines sekundären Schraubenausrisses zu minimieren.

Weiterhin ist zu beachten, daß von bestimmten Regionen aus eine erhebliche Gefahr der Gelenkperforation besteht (s. Abb. 20.9). Müssen in diesen Regionen Schrauben plaziert werden, muß eine Gelenkperforation im Einzelfall sicher ausgeschlossen werden (s. S. 410).

### ■ Schraubenrichtungen

Im Bereich des Acetabulums können einige »Standardschrauben« zur Fixation angegeben werden [22]. Sie sind als »Grundlage« der Osteosynthese anzusehen, und die genaue Kenntnis ihres Verlaufs erleichtert das intraoperative Vorgehen erheblich. Zumindest 1 oder 2 dieser Standardschrauben sind sicherlich bei jeder Osteosynthese einsetzbar. Im folgenden Abschnitt werden die Besonderheiten bei der Plazierung ausgewählter Schrauben im Detail dargestellt, weitere Schraubenrichtungen sind der Abb. 20.10 zu entnehmen. Es wird empfohlen, in der Vorbereitung zur Acetabulumchirurgie möglichst alle Schraubenrichtungen als Bohrungen am Knochenmodell vorzubereiten und dieses Mo-

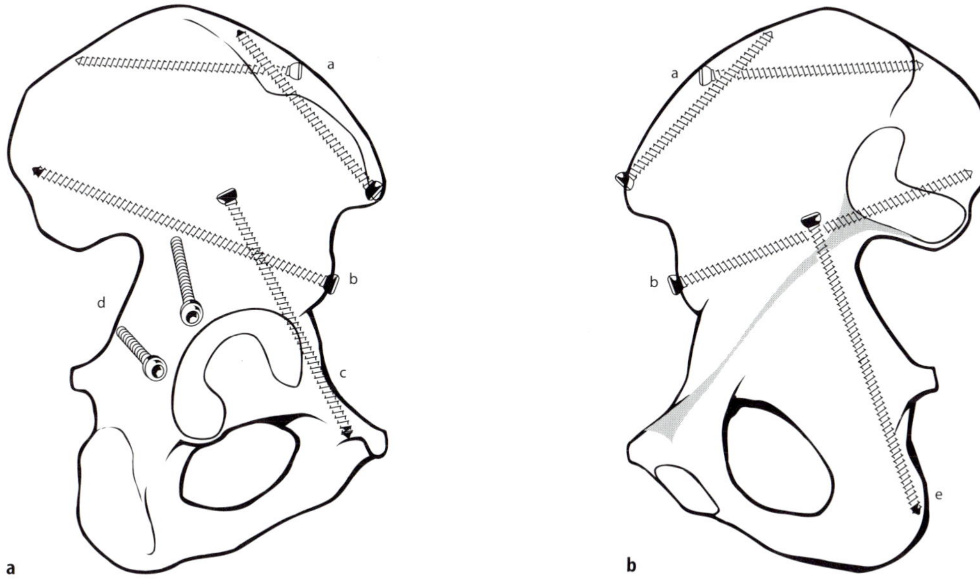


△
**Abb. 20.10 a, b.** Schraubenrichtungen um das Acetabulum. Übersicht über die Richtung von Schrauben am Acetabulum. Es ist günstig, sich an einem derartig präparierten Modell präoperativ die Richtung von »Standardschrauben« zu verdeutlichen, um die intraoperative Orientierung zu erleichtern. *a* Schrauben Bekkenkamm; *b* Schraube spina iliaca anterior inferior in Richtung zur Spina iliaca posterior superior; *c* Schraube »vorderer Pfeiler«; *d* Schrauben »hintere Wand«; *e* Schrauben »hinterer Pfeiler«

dell während der Operation parat zu haben. Durch einfaches Einschieben einer langen Stricknadel oder eines Drahtes in die vorbereiteten Bohrungen läßt sich die Schraubenrichtung gut darstellen. Die intraoperative Orientierung wird anhand eines derartigen Modells erheblich erleichtert.

### Schrauben im Bereich der hinteren Wand

Die Problematik bei der Schraubenplazierung an der hinteren Wand des Acetabulums liegt in dem spezifischen, sich zum Gelenk hin stark verjüngenden Querschnitt des Pfannenrandes und der Tatsache, daß nach Reposition des Fragmentes die Einsicht in das Hüftgelenk stark limitiert ist (Abb. 20.11 a, b). Der Bereich der Hinterwand des Acetabulums wird deswegen als »Gefahrenzone« bezeichnet [21, 33].

**Abb. 20.11 a, b. a** Schraubenplazierung bei Frakturen der hinteren Wand. In Abhängigkeit von der gewählten Schraubeneintrittsstelle zum Pfannenrand und von der gewählten Schraubenrichtung besteht eine mehr oder weniger große Gefahr der Gelenkperforation. Vor der endgültigen Reposition der Hinterwand sollte daher die »sichere« Schraubenrichtung genau identifiziert und ggf. mit einem Spickdraht markiert werden. **b** Günstig ist es auch, die Bohrungen in das Hinterwandfragment retrograd, d. h. durch die Frakturflächen bei abgeklapptem Fragment vorzunehmen und erst danach die Reposition und die Bohrung in das Hauptfragment durchzuführen
▽

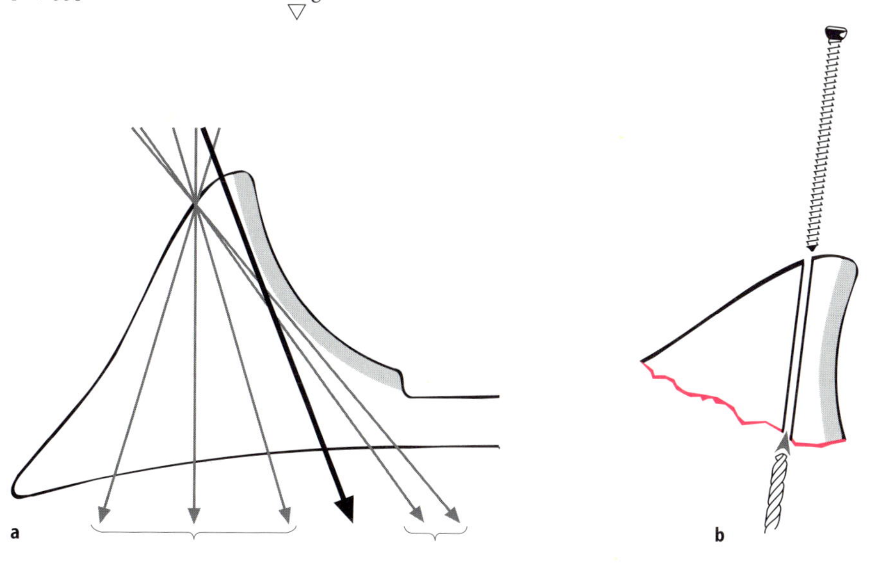

Zwei Techniken helfen, eine Gelenkperforation zu vermeiden:

- Bei großen Hinterwandfragmenten wird die Bohrung retrograd vorgenommen, d.h. von der Frakturfläche her werden in sicherer Entfernung vom Gelenk zunächst die Zugschraubenlöcher durch das »umgeklappte« Hinterwandfragment gebohrt. Nach exakter Reposition wird die Bohrung von außen her unter Einsatz der Steckbohrhülse komplettiert.
- Die Gelenkebene wird – ausgehend vom Pfannenrand – mit einem passager eingebrachten Spickdraht markiert. Eine Richtung des Bohrers parallel oder divergierend zum Draht muß extraartikulär liegen. Die Neigung in der 2. Ebene muß ggf. beachtet werden.

**Schrauben im »vorderen Pfeiler«**

In den vorderen Pfeiler werden lange Schrauben von der Außenseite des Os ilium her eingebracht, da nur von dieser Position aus der vordere Pfeiler weitgehend axial getroffen werden kann (Abb. 20.12a, b). Problematisch sind insbesondere Fixationen von juxta- und infratektalen Frakturverläufen, da die Frakturebene erst sehr weit distal von der Bohrung erreicht wird. Im Bereich der vorderen Wand ist der verfügbare Knochenquerschnitt sehr klein, so daß insbesondere bei der Schraubenplazierung über einen alleinigen dorsalen Zugang eine intraoperative Bildwandlerkontrolle des Bohrvorganges unbedingt zu empfehlen ist.

Erweiterte Zugänge erlauben durch direkte Palpation der Eminentia iliopectinea eine manuelle Kontrolle der Schraubenplazierung.

Der Startpunkt der Schraube liegt auf der Außenseite des Os ilium 3–4 cm kranial des Hüftgelenkes in Verlängerung der Acetabulumlängsachse (»der Fossa acetabuli gegenüber«). Dieser Startpunkt ist über den Kocher-Langenbeck-Zugang darstellbar, zur Plazierung einer langen Schraube »durch« den vorderen Pfeiler muß zur Einhaltung der korrekten Bohrerrich-

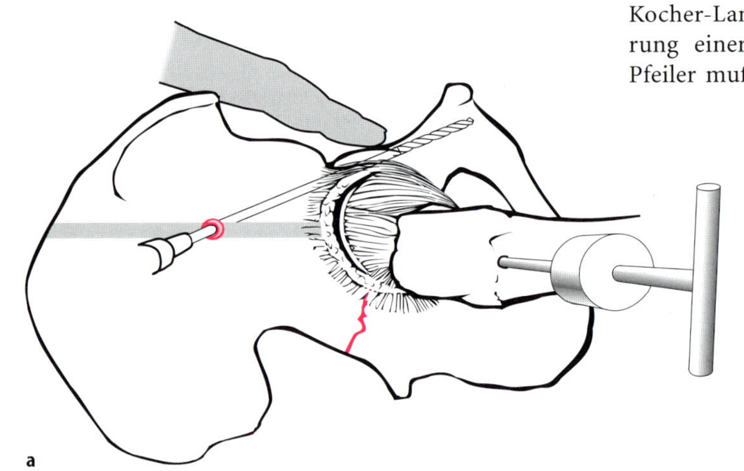

a

**Abb. 20.12a, b.** Plazierung einer Schraube in den vorderen Pfeiler. Bei der Applikation einer langen Zugschraube in den vorderen Pfeiler über einen hinteren Zugang kann die Orientierung schwierig sein. Man ist im wesentlichen auf die Wahl des geeigneten Eintrittspunktes, die Palpation des vorderen Pfannenrandes, sowie auf die Einsicht in das leicht distrahierte Gelenk angewiesen, um sowohl die Gelenkperforation als auch eine Gefäßläsion sicher zu vermeiden. Eine intraoperative Bildwandlerkontrolle ist zu empfehlen (Ala-, a.-p.- und Obturatorprojektionen)

*Anmerkung.* Mehrere Autoren untersuchten die »Systematik« der »sicheren« Zonen und der »Gefahrenzonen« an der hinteren Wand. Bei Anwendung dieser Techniken (standardisierte Patientenlagerung, Messungen) darf nicht vergessen werden, daß durch Abweichungen auch mit diesen Methoden Fehllagen vorkommen können. In allen Fällen, in denen eine Schraubenlage »unsicher« ist, muß eine Überprüfung erfolgen, am günstigsten durch Gelenkinspektion. Andere Techniken werden später noch ausgeführt. Besonders kritisch ist die Zone bis etwa 2 cm zum Pfannenrand. Bei kleinen Fragmenten sollte eine Schraubenfixation nicht »erzwungen« werden, sondern es sollte besser auf andere Fixationstechniken, z.B. mit »Federplatten« (»spring-plates«, s. unten), zurückgegriffen werden.

Ebrahaim et al. geben an, daß Schrauben im Bereich der Hinterwand »sicher« sind, wenn sie im Abstand von 1 cm vom Pfannenrand um 45°, bei einem Abstand von 2 cm um 15° nach medial geneigt werden [12].

Bosse empfiehlt eine standardisierte Seitenlage des Patienten und gibt »sichere« Schraubenrichtungen als genau in der Koronarebene senkrecht zur Körperlängsachse verlaufend an [3].

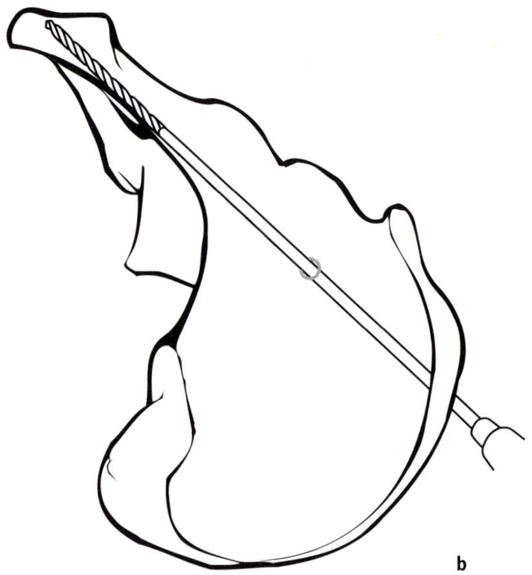

b

tung aber meist transkutan gebohrt werden. Nach annäherungsweiser Richtungsbestimmung wird nach Stichinzision und Spreizung der Muskulatur der lange, graduierte Bohrer mit oszillierendem Bohraufsatz an den Startpunkt manövriert.

- Bei der Versorgung über einen erweiterten Zugang erfolgt die Richtungsbestimmung durch Inspektion sowie durch Palpation der Linea terminalis und der Eminentia iliopectinea. Auf eine ausreichende Neigung der Bohrerspitze nach dorsal muß geachtet werden, um die Femoralgefäße nicht zu gefährden
- Bei der Versorgung über den Kocher-Langenbeck-Zugang ist eine direkte Richtungskontrolle nahezu unmöglich. Besonders zur Verschraubung von juxta- und infratektalen Frakturtypen muß die Bohrerrichtung unter Durchleuchtung bestimmt werden (*cave:* gefährliche Schraube!).

**Schrauben im »hinteren Pfeiler«**

Zugschrauben zu Fixation des hinteren Pfeilers müssen von der Fossa iliaca aus gebohrt werden. Von der Außenseite des Os coxae her ist es nicht möglich, den hinteren Pfeiler in der ganzem Länge zu erreichen, da der »überhängende« Beckenkamm eine entsprechende Bohrerrichtung verhindert!

Der Startpunkt der Schrauben, die insbesondere bei Frakturversorgungen über den ilioinguinalen Zugang und die erweiterten Zugänge eingesetzt werden, liegt etwa 20 mm lateral der Linea terminalis und ca. 10 mm »ventral« der Koronarebene des SI-Gelenkes (s. Abb. 20.13).

Die Bohrerrichtung sollte zum Tuber ischiadicum zielen. Da diese Struktur nicht direkt einsehbar ist, müssen Hilfslinien zur Orientierung herangezogen werden.

Im eigenen Vorgehen wird die Orientierung des kranialen Anteils der scharfen knöchernen Begrenzung der Incisura ischiadica major getastet, und es wird weitestgehend parallel mit eher etwas nach distal geneigter Bohrerspitze unter Schlagbohrtechnik gebohrt.

Wenn darstellbar, wird der Mittelpunkt einer Linie zwischen der Spina ischiadica und der lateralen Begrenzung des Foramen obturatum als Zielpunkt gewählt.

Schlagbohrtechnik und Palpation der Frakturlinie sichern das Überqueren der Frakturlinie. In Zweifelsfällen wird zunächst die Distanz bis zur Fraktur gemessen und mit der Länge des Bohrlochs verglichen. Schraubenlängen zwischen 90 und 130 mm bedeuten in der Regel eine gute Fixation, kürzere Schrauben sind nur bei sehr »hohen« Frakturen des hinteren Pfeilers ausreichend. Gegebenenfalls kann parallel oder in optimierter Richtung zur 1. Schraube (Bildwandlerkontrolle) eine weitere Schraube eingebracht werden.

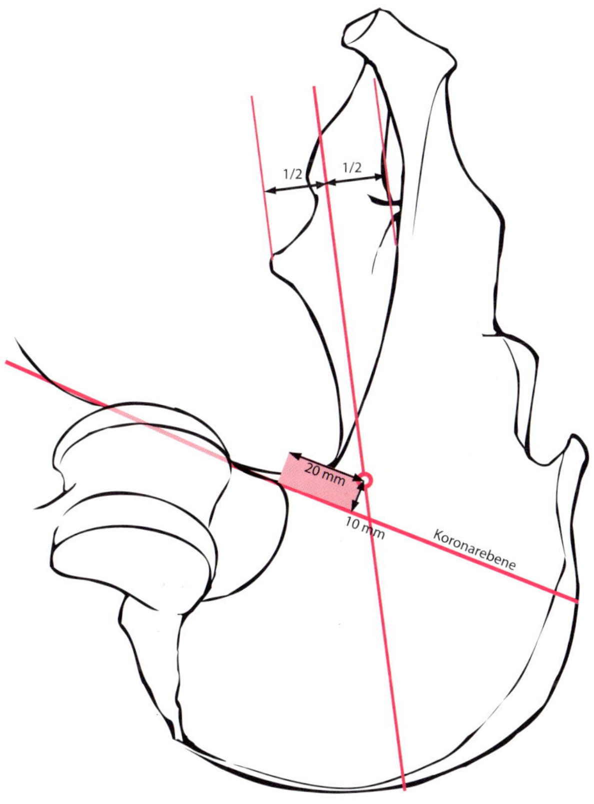


**Abb. 20.13.** Plazierung einer Zugschraube in den hinteren Pfeiler, ilioinguinaler Zugang. Auch bei der Plazierung einer langen Zugschraube in den hinteren Pfeiler durch das »1. Fenster« des ilioinguinalen Zugangs ist eine direkte Orientierung nicht möglich. Nach Wahl des geeigneten Eintrittspunktes wird die Bohrerrichtung im wesentlichen an der knöchernen Begrenzung des Os innominatum mit Zielrichtung zum Tuberculum pubicum ausgerichtet. Diese »scharfe« knöcherne Begrenzung ist gut zu tasten. Gefahren sind die Gelenkperforation und zu kurze Schrauben, die die Frakturlinie nicht überqueren

**Zugschrauben am Beckenkamm**

Am Beckenkamm werden Zugschrauben möglichst parallel zur Crista iliaca eingebracht, um die in diesem Bereich relativ dichte Spongiosa mit ausreichendem Querschnitt auszunützen (Abb. 20.14). Die Schraubenplazierung gelingt in der Regel einfach, da die Orientierung des Beckenkamms gut erkennbar ist.

Prinzipiell sollte die Fixation von mehreren Fragmenten des Beckenkamms der Reihe nach von dorsal nach ventral mit Zugschrauben erfolgen. Die Orientierung der Bohrung ist vereinfacht, wenn der Bohrer zunächst auf den Beckenkamm aufgelegt wird, um den optimalen Kompromiß zwischen Bohrerrichtung (gerade) und Verlauf des Beckenkamms (gebogen) zu erhalten.

Gelegentlich ist es ausreichend, die Frakturlinie nur wenig mit dem Bohrer zu überqueren. Wenn die Schraubenlänge feststeht, »sucht« sich die Schraube zwischen den Kortikalisblättern »alleine den Weg«.

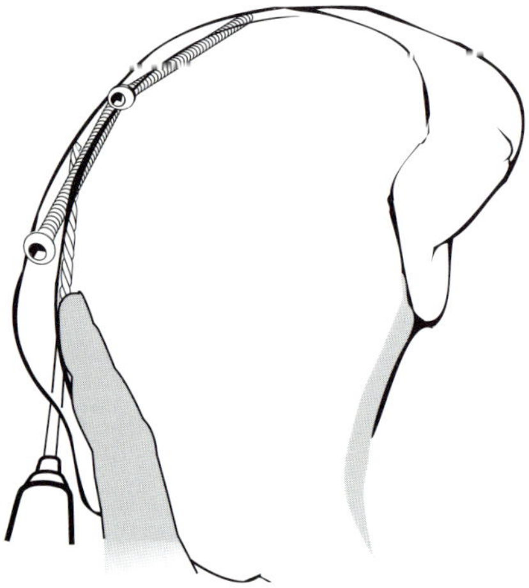

**Abb. 20.14.** Schraubenplazierung in den Beckenkamm. Manuelle Orientierung bei der Plazierung von Schrauben in den Beckenkamm

> *Anmerkung.* Gerade die Reposition dieser an sich für die Gelenkkongruenz »unwesentlichen« Fragmente muß absolut anatomisch erfolgen. Fehler in der Reposition setzen sich andernfalls nach distal hin fort und können die anatomische Reposition der Gelenkfläche erheblich behindern bzw. unmöglich machen!

### Schrauben parallel zur quadrilateralen Fläche

Obwohl der Bereich der Eminentia iliopectinea als »gefährliche Zone« für die Applikation von Schrauben gilt, kann durch eine Zugschraubenverbindung zwischen vorderem und hinterem Pfeiler in Höhe des Acetabulums oder direkt distal davon die Stabilität der Osteosynthese erheblich erhöht werden. Dieses ist besonders dann vorteilhaft, wenn hinterer und vorderer Pfeiler separiert sind. Vielfach läßt sich erst durch diese »distale Schraube« der hintere Pfeiler in seine anatomische Position »heranziehen«.

Die Schraube verläuft direkt lateral und parallel zur Kortikalis der quadrilateralen Fläche (Abb. 20.15 a–c). In dieser Position kann insbesondere bei kleinen Menschen gelegentlich die Fossa acetabuli perforiert werden, so daß die Schraube intraartikulär liegt. In dieser Lage wird allerdings die Gelenkfläche selbst in keiner Weise beeinflußt.

- Zur Applikation über den ilioinguinalen Zugang wird der Startpunkt am medialen Fußpunkt der Eminentia iliopectinea gewählt. Die Bohrerrichtung ist parallel zur quadrilateralen Fläche. Zur Kontrolle der 2. Ebene wird mit der Fingerspitze die laterale Begrenzung des Foramen obturatum getastet und

**Abb. 20.15 a–c.** Schraubenplazierung parallel zur quadrilateralen Fläche. »Distal« des Acetabulums lassen sich Zugschrauben einsetzen, die vom biomechanischen Aspekt her eine ausgezeichnete Wirkung haben, wenn beide Pfeiler »getrennt« sind (z. B. T-Frakturen, Frakturen des vorderen Pfeilers etc.). **a** Bei der Applikation muß allerdings genauestens auf die räumliche Beziehung zum Gelenk geachtet werden. **b** Eine Gelenkperforation im Bereich der Incisura acetabuli bleibt folgenlos und kann akzeptiert werden. **c** Die intraoperative Orientierung wird im wesentlichen durch Palpation der kranialen lateralen Begrenzung des Foramen obturatum erreicht

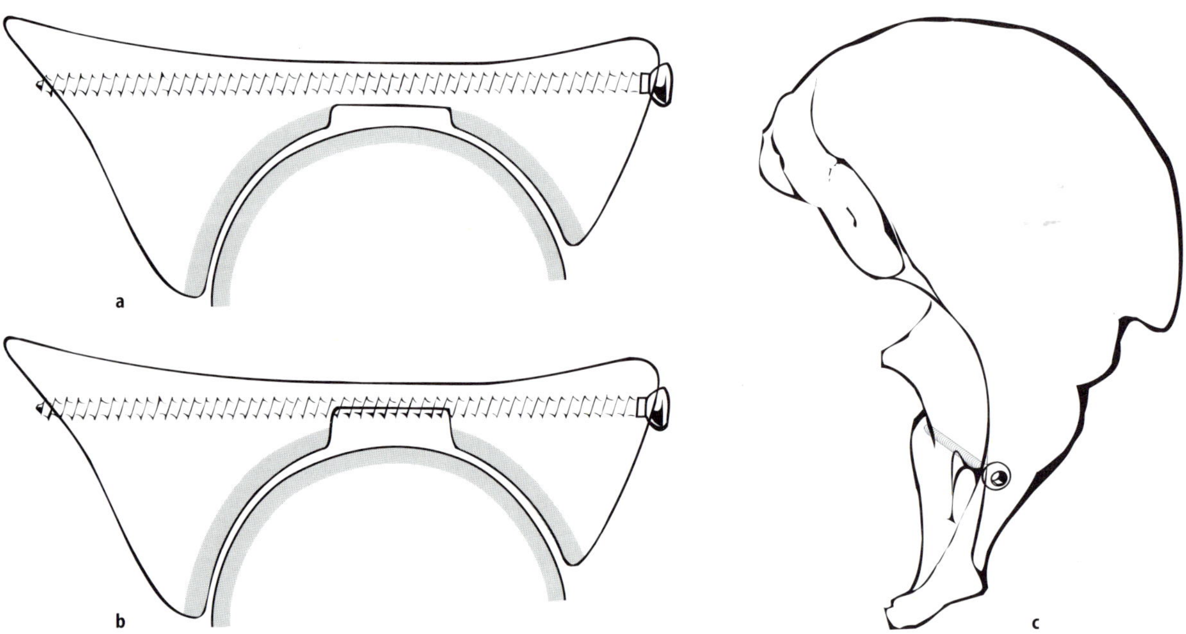

versucht, noch »knapp im Knochen« das Hüftgelenk distal zu passieren.

- Es ist unbedingt darauf zu achten, daß die Bohrerrichtung nicht nach außen geneigt wird. Beim Passieren des Hüftgelenks ist es günstig, mit vorsichtigen Innen- und Außenrotationsbewegungen der Hüfte eine Perforation der Gelenkfläche sofort zu bemerken.

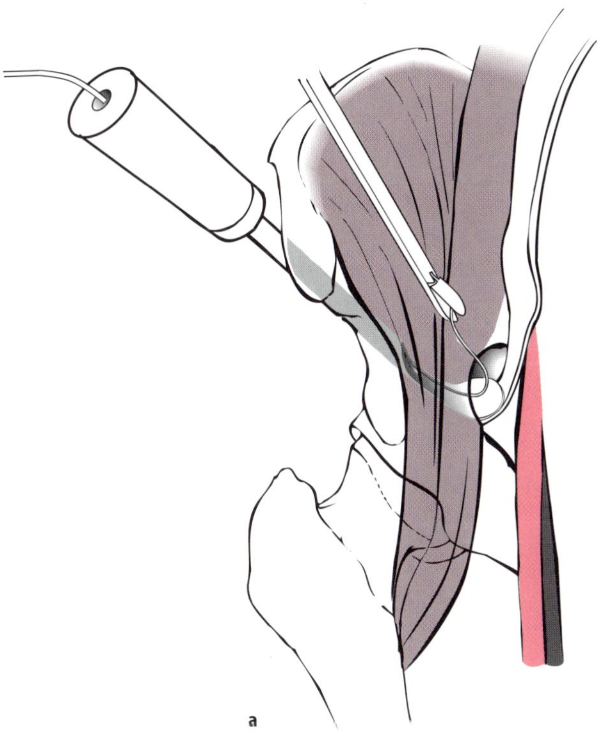

### ■ Einsatz und Applikation von Cerclagen

Cerclagen wurden zur Stabilisierung von Acetabulumfrakturen 1987 von Kang angegeben [15], und ihr Einsatz wurde seither mehrfach insbesondere zur Stabilisierung von Problemfrakturen beschrieben [4, 5, 8, 28]. Gute Indikationen bestehen bei Frakturen des hinteren Pfeilers, die »hoch« bis in die Incisura ischiadica major verlaufen. Über den ilioinguinalen Zugang lassen sich somit oftmals mit nur limitiertem Weichteiltrauma Reposition und Stabilisierung in einem Schritt durchführen. Die nachfolgend beschriebene Technik hat sich im eigenen Vorgehen bewährt (Abb. 20.16 a–c). Anstelle des bisher nur als Prototyp verfügbaren kanülierten Spezialraspartoriums kann aushilfsweise auch eine große gebogene Klemme eingesetzt werden (z. B. Gefäßklemme nach Satinski).

- Nach Exposition des 1. und 2. Fensters des ilioinguinalen Zugangs wird in das 2. Fenster ein Beckenhebel nach Ganz eingesetzt. Die Spitze wird distal in der Incisura ischiadica auf die Außenseite des Os coxae vorgeschoben.
- Etwa 2 cm dorsal der Spina iliaca anterior superior wird die Abduktorenmuskulatur auf etwa 2 cm Länge abgelöst und das Raspatorium wird mit ständigem Knochenkontakt auf den Hohmann-Hebel zu vorgeschoben.

**Abb. 20.16 a–c.** Applikation von Cerclagen. Cerclagen können bei Verwendung eines ilioinguinalen Zugangs über Stichinzisionen gedeckt »um das Ilium« gezogen werden. **a** Im eigenen Vorgehen wird dazu die Cerclage mit einem speziellen Raspatorium von lateral her durch die Incisura ischiadica major plaziert und durch das 2. Fenster des ilioinguinalen Zugangs mit einer Zange gefaßt. **b, c** Danach werden der M. iliopsoas und das Leistenband unterfahren und die Cerclage so an die korrekte Position gezogen

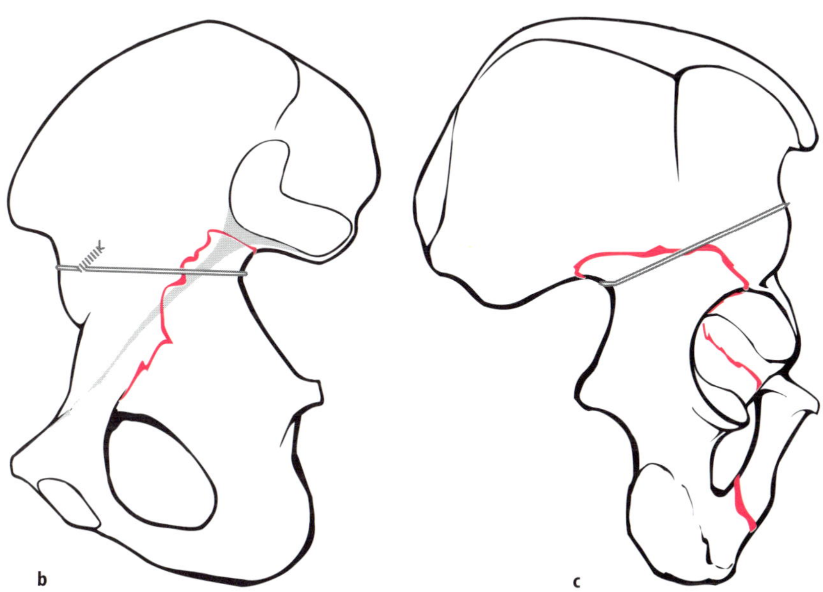

- Auf dem »Blatt« des Hohmann-Hebels wird die Spitze des Raspatorium auf die Innenseite des Beckens geleitet und dargestellt.
- Einführen eines Cerclagendrahtes der Stärke 1,5 oder 1,2 mm und vorsichtiges Vorschieben, bis die Spitze des Drahtes in der Tiefe des 2. Fensters auf dem Raspatorium erkennbar ist. Die Spitze wird mit einer Klemme, besser noch mit einem speziellen Rangeur gefaßt und herausgezogen.

> *Anmerkung.* Es ist darauf zu achten, daß ein überstehendes Cerclagenende nicht zu Gefäßperforationen führt (V. femoralis). Der Einsatz des Rangeurs hat den Vorteil, daß das spitze Ende des Drahtes vollständig vom Instrument umschlossen wird und damit das Verletzungsrisiko minimiert.

In dieser Position können durch Zug am Draht Repositionsmanöver durchgeführt werden.

- Soll eine Fixation erfolgen, wird das laterale Drahtende unter der Spina ischiadica anterior superior bis direkt kranial der Spina iliaca anterior inferior durchgeschoben. Durch Anziehen der Drahtenden rutscht die Cerclage in ihre endgültige Position. Der Quirl wird im Bereich der Spina iliaca anterior inferior auf der Innenseite des Beckens angelegt und umgebogen.
- In Verbindung mit einer auf der Linea terminalis verankerten Platte kann die Position der Cerclage weiter optimiert werden, indem der Draht durch ein günstig gelegenes Plattenloch geführt und umgelenkt wird.
- Bei der Verwendung von Cerclagendraht sollten günstigerweise Doppelschlingen verwendet werden [5]. Alternativ können auch Seilsysteme (Stahl, Titan) eingesetzt werden. Seile sind »weicher« und passen sich der Knochenoberfläche besser an [23].
- Die Verwendung eines sog. »Haarnadelknotens« erhöht die Haltekraft der Cerclage [5].

### ■ Intraoperative Prüfung auf intraartikuläre Implantate

Eine intraartikuläre Implantatlage, Schrauben in der Fossa acetabuli ausgenommen, führt in kurzer Zeit zu einer Gelenkzerstörung. Eine intraartikuläre Schraubenlage muß deswegen schon intraoperativ sicher ausgeschlossen werden. Läßt sich intraoperativ keine Klärung herbeiführen, müssen »verdächtige« Schrauben ausgewechselt werden. Ist das aus Stabilitätsgründen nicht möglich, wird eine kurzfristig durchzuführende postoperative CT-Kontrolle geplant. Nachfolgend dargestellte Maßnahmen werden intraoperativ angewendet, um eine Implantatfehllage zu vermeiden.

#### Hüftbewegung beim Bohren und bei der Längenmessung

Werden Schrauben in potentiell gefährliche Zonen plaziert, empfiehlt es sich, in den Momenten, in denen sich die Bohrerspitze nahe des Gelenkes befindet, vorsichtige Innen- und Außenrotationsbewegungen am Oberschenkel durchzuführen. Eine Gelenkperforation der Bohrerspitze läßt sich in vielen Fällen direkt »fühlen« bzw. durch die rasch abnehmende Gelenkbeweglichkeit erkennen.

Bei schnellem Bohrervorschub und brüsken Bewegungen kann im ungünstigen Fall die Bohrerspitze im Gelenk abgebrochen werden! CAVE

#### Palpation beim Messen

In ähnlicher Weise können Rotationsbewegungen des Hüftgelenkes beim Messen der Schraubenlänge Hinweise auf eine Gelenkperforationen geben. Das im Vergleich zum Bohrer sehr viel »feinere« Meßinstrument erlaubt es ebenfalls, den Bohrkanal schrittweise zu palpieren und Unterbrechungen der spongiösen Wandung des Bohrkanals zu erkennen. Kommt es unter Rotationsbewegungen der Hüfte bei eingesetztem Längenmeßgerät zu Bewegungen des Meßgerätes, ist eine Gelenkperforation wahrscheinlich.

#### Reibgeräusche, direkte Schalleitung

Nach Einbringen der Schraube wird die Hüfte in allen Bewegungsrichtungen geprüft. Intraartikuläre Implantate lassen sich vielfach durch Reibgeräusche hören bzw. als Krepitationen bei der direkten Palpation von Knochenoberflächen (Trochanterregion, Os ilium) fühlen.

Es empfiehlt sich, diese Prüfung nach jeder einzelnen Schraube in »gefährlichen Regionen« durchzuführen, da es oftmals schwierig ist, unter mehreren »verdächtigen Schrauben« die intraartikulär Liegende zu identifizieren. Kommt es zu einer solchen Situation, müssen alle in Frage kommenden Schrauben einzeln zurückgedreht werden, um die Prüfung zu wiederholen.

> *Anmerkung.* Einzelne Arbeitsgruppen empfehlen die Anwendung der intraoperativen Auskultationen mit sterilen Stethoskopen [1]. Im eigenen Vorgehen war es mit den genannten, weniger aufwendigen Methoden immer möglich, verdächtige Schrauben zu identifizieren und zu korrigieren.

#### Anatomische Orientierung (Schraubenrichtungen)

Nach erfolgter Fixation wird nochmals die Richtung der eingebrachten Schrauben überprüft (Einstecken des Schraubenziehers). Entsprechend der oben genannten »sicheren« und »unsicheren« Zonen können »verdächtige Schrauben« erkannt und ggf. nochmals genauer überprüft werden.

### Bildwandlerkontrolle

Im Rahmen der Repositionskontrolle durch Röntgenaufnahmen oder durch die Bildwandlerkontrolle muß auch die Implantatlage überprüft werden. Ist eine Schraubenlage in ihrer Beziehung zum Hüftgelenk nicht sicher zu beurteilen, wird versucht, eine Einstellung zu finden, in der die Schraube sicher außerhalb des Gelenkes liegt. Diese Projektionsebene liegt in der Regel weitgehend parallel zur Schraubenachse (Abb. 20.17a, b). Läßt sich eine Einstellung finden, in der die fragliche Schraube sich sicher außerhalb des Gelenkes projiziert, kann sie aus geometrischen Überlegungen nicht im Gelenk liegen! Diese Einstellung sollte auf alle Fälle, nicht zuletzt aus forensischen Gründen dokumentiert werden.

*Anmerkung.* Die von Ebraheim angegebene intraoperative seitliche Röntgenaufnahme (»cross-table lateral view«) basiert ebenfalls auf dem Prinzip, daß die Lagebeziehung der Schraube zum Gelenk nur sicher beurteilt werden kann, wenn sie möglichst axial dargestellt wird [11]. Der Einsatz des Bildwandlers erleichtert in der eigenen Auffassung das Auffinden dieser »idealen« Projektion.

### Arthrotomie

Ist auch mit den angegebenen Maßnahmen keine ausreichende Sicherheit zu bekommen, wird, falls von der anatomischen Lage her möglich, durch eine Arthrotomie die Gelenkfläche überprüft. Dabei ist zu beachten, daß knapp subchondral liegende Schrauben nicht gesehen werden und sich allenfalls durch eine mit dem Tasthaken palpable »Knorpelaufwulstung« erkennen lassen.

Im Zweifelsfall ist immer zu prüfen, ob nicht durch eine leicht veränderte Schraubenrichtung alle Zweifel ausgeräumt werden können.

### Postoperative CT

Falls eine postoperative Computertomographie nicht sowieso zur Repositionskontrolle geplant wird, sollte sie aber in allen Fällen durchgeführt werden, in denen intraartikuläre Schraubenlagen nicht mit letzter Sicherheit ausgeschlossen werden konnten. Aufgrund der vorhandenen Streuungsartefakte ist es vorteilhaft, den genauen Schraubenverlauf in günstig gelegten Schnitten während der multiplanaren Rekonstruktion schrittweise zu verfolgen und zu analysieren.

- Findet sich eine intraartikuläre Schraube, wird sie unverzüglich im Rahmen einer Revisionsoperation entfernt.
- Liegt die Schraube subchondral in der Belastungszone und ist sie für die Stabilität der Osteosynthese von Bedeutung, kann in Ausnahmefällen die Heilung der Fraktur abgewartet werden. Die Schraube wird dann nach ggf. erneuter CT-Kontrolle vor Beginn der Vollbelastung entfernt, um sicherzustellen, daß es nicht durch lokale Knorpelnekrosen zu einem sekundären »Eintauchen« der Schraube in das Gelenk kommt.

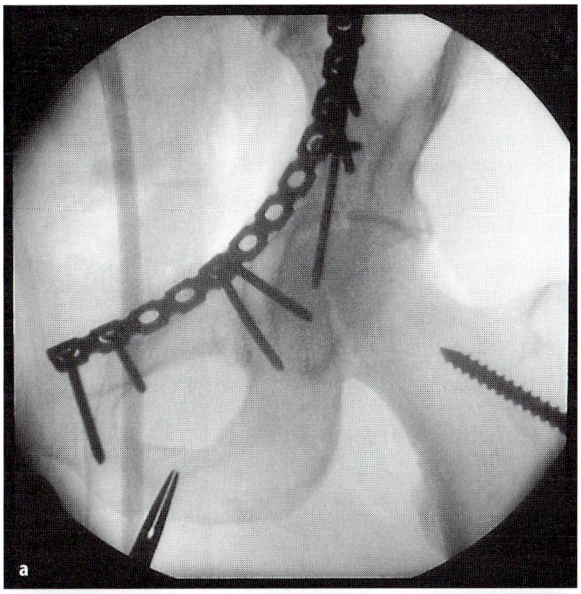
a

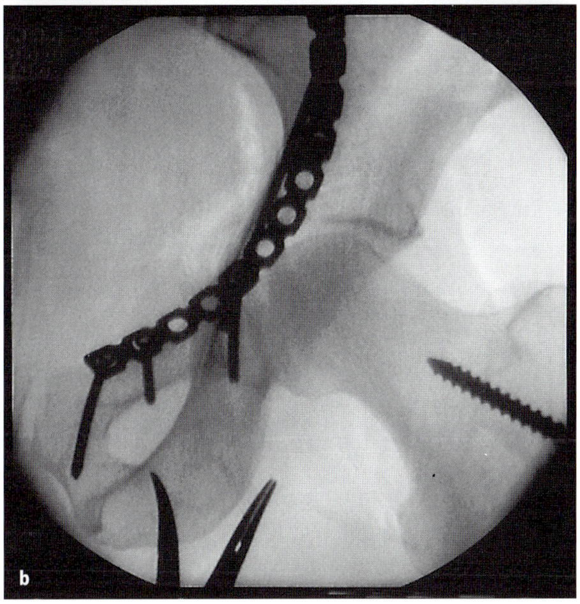
b

**Abb. 20.17 a, b.** Bildwandlerprüfung auf intraartikuläre Implantate (**a**). Es muß versucht werden, die fragliche Schraube möglichst axial zu treffen. Ist dabei das Gelenk frei projiziert, liegt die Schraube sicher extraartikulär (**b**)

### Osteosynthesetechnik bei speziellen Frakturtypen

Der folgende Abschnitt widmet sich den spezifischen Problemen bei der Versorgung der einzelnen Frakturtypen. Um Wiederholungen zu vermeiden, werden Zugangswahl und Lagerung nur stichwortartig angegeben. Zur näheren Erläuterung wird auf die entsprechenden Kapitel verwiesen. Es werden die im eigenen Vorgehen bewährten Stabilisierungstechniken angegeben, wobei prinzipiell natürlich auch alternative Methoden einsetzbar sind. Die Darstellung soll insbesondere dazu dienen, das Verständnis für die spezifischen Probleme und Komplikationsmöglichkeiten der einzelnen Frakturtypen zu vertiefen. Darauf aufbauend sollte die für den individuellen Fall am besten geeignete Osteosynthesetechnik ausgewählt werden.

## ■ Frakturen der hinteren Wand

Frakturen der hinteren Wand des Acetabulums sind häufig und gelten allgemein als »unkomplizierte« Frakturtypen. Allerdings zeigen die Nachkontrollen, daß gerade nach Hinterwandfrakturen eine Reihe von Komplikationen zu beobachten waren, und daß dieser Frakturtyp mit einer relativ hohen Rate von posttraumatischen Arthrosen vergesellschaftet ist. Problematisch sind insbesondere Begleitverletzungen, wie z. B. Knochen- oder Knorpelimpressionen, die nicht erkannt oder ungenügend behandelt werden bzw. bei ausgedehnten Knorpelzerstörungen generell eine schlechte Prognose aufweisen. Nur die sorgfältige Gelenkinspektion und die genaue Prüfung des absolut kongruenten Gelenkflächenverlaufes zwischen Hüftkopf und acetabulärer Gelenkfläche lassen die oftmals äußerst schwer erkennbaren Impressionszonen erkennen.

### Zugang

Kocher-Langenbeck-Zugang in Seitenlage, sehr gut auch in Bauchlage möglich.

### Hilfsmittel

- Schanzschraube mit T-Griff zum manuellen Seitzug.

  Bei ausreichender Größe des Hinterwandfragmentes ist durch partielle Extraktion des Hüftkopfes nahezu immer eine komplette Gelenkinspektion möglich. Gegebenenfalls kann zur besseren Übersicht das Ligamentum capitis femoris exzidiert werden, welches nach vorausgegangenen Luxationen sowieso abgerissen ist. Diese Übersicht ist wichtig, um vor der endgültigen Reposition etwaige freie Fragmente entfernen (präoperative CT-Untersuchung!) und Knorpelschäden des Hüftkopfes diagnostizieren zu können.

- Kugelpfriem.

### Reposition

In der Regel wurde die Reposition schon notfallmäßig bei der Aufnahme des Patienten durchgeführt. Probleme ergeben sich, wenn an der Hüftgelenkkapsel anhängende Fragmente in das Gelenk eingeschlagen sind. In dieser Situation ist die anatomische Übersicht erschwert, und eine genaue Exploration ist nötig, um mit Sicherheit alle Hinterwandfragmente aus dem Gelenk zu extrahieren.

### Mögliche Probleme bei der Reposition

Da in der Regel die Fragmente mit der Hüftgelenkkapsel verbunden bleiben, läßt sich nach der Reposition die Gelenkfläche nur noch schlecht kontrollieren. Eine Ablösung der Kapsel sollte unterbleiben, um die eingeschränkte Durchblutung der teilweise kleinen Fragmente nicht weiter zu stören. Es ist deswegen nötig, eine absolut exakte Reposition im Bereich der externen Kortikalis zu sichern. Entlang der Frakturlinie wird deswegen beidseits ein etwa 2–4 mm langer Saum vollkommen kapsel- bzw. periostfrei präpariert, um die exakte Interdigitation der Frakturflächen bestätigen zu können

Frakturen der hinteren Wand sind häufig mit Knochen- und Knorpelimpressionen vergesellschaftet. Da die Knorpeloberfläche kontinuierlich »aufgebogen« ist, wird diese Verletzung leicht übersehen, die resultierende Gelenkinkongruenz führt zur frühzeitigen Arthrose.

Nach Inspektion und Gelenkdébridement wird daher der Hüftkopf zunächst gegen die unverletzten anterioren Gelenkanteile reponiert, und die Kongruenz der dorsalen Gelenkabschnitte wird gegen den Hüftkopf überprüft. Gegebenenfalls vorliegende freie Fragmente und das Hinterwandfragment werden nacheinander aufgelegt und in die Kongruenzprüfung einbezogen.

Liegt eine Impaktion vor, ist die Impressionszone in der Spongiosa oft erst nach ausgiebiger Spülung, häufig aber auch nicht zu erkennen. Die Anhebung der Impression erfolgt mit einem Meißel (10–15 mm, ggf. gebogen), der vorsichtig in die Impressionszone oder aber in einem Abstand von etwa 10 mm von der Gelenkfläche eingesetzt wird. Das imprimierte Fragment wird vorsichtig angehoben und möglichst im Verbund gegen den Hüftkopf reponiert. Durch leichte Extraktion des Kopfes läßt sich eine gewisse »Überkorrektur« erreichen, beim Zurückgleiten des Kopfes entsteht dadurch ein völlig kongruenter Knorpelkontakt. Die Fixation erfolgt je nach Ausmaß des entstandenen Defektes (Abb. 20.18 a–c):

- Besteht nur ein schmaler Defekt und ist das Hinterwandfragment von ausreichender Größe, wird die Fixation des angehobenen Fragmentes im Verbund mit der Osteosynthese der Hinterwand erreicht. Um etwaige sekundäre Verschiebungen bei der Reposition der Hinterwand zu vermeiden, wird das angehobene Fragment zunächst mit resorbierbaren Stiften (z. B. Ethipin, Biofix) fixiert, und die Stifte werden in der Frakturebene abgeschnitten.
- Bestehen größere Defektzonen, muß eine mechanisch ausreichende Abstützung der Gelenkfläche erfolgen. Auch in dieser Situation wird das Gelenkflächenfragment zunächst mit resorbierbaren Stiften anatomisch fixiert und mit Spongiosa oder kleinen kortikospongiösen Knochenstücken »ziegelsteinar-

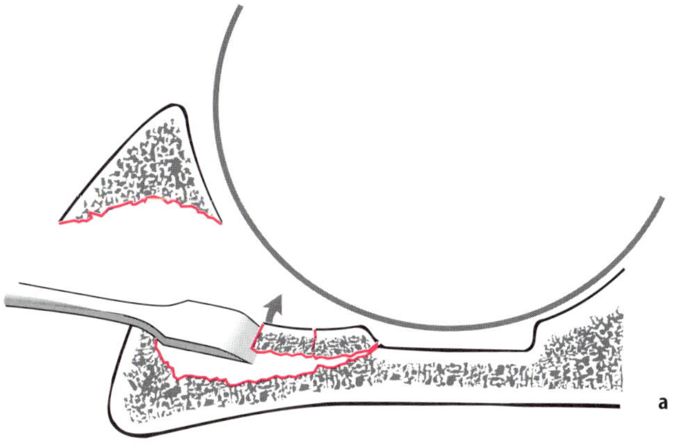


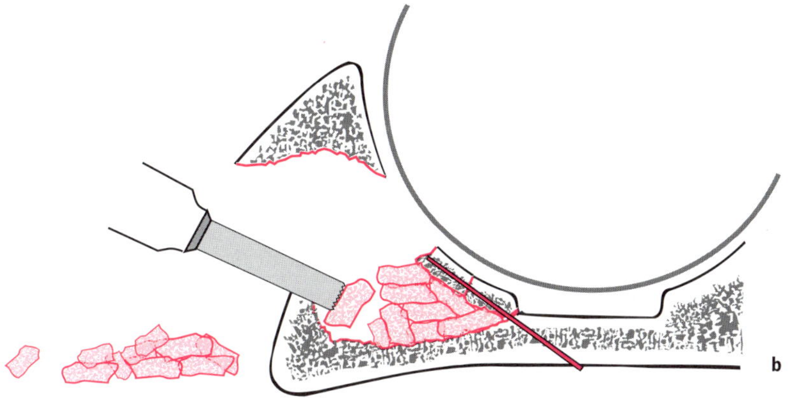


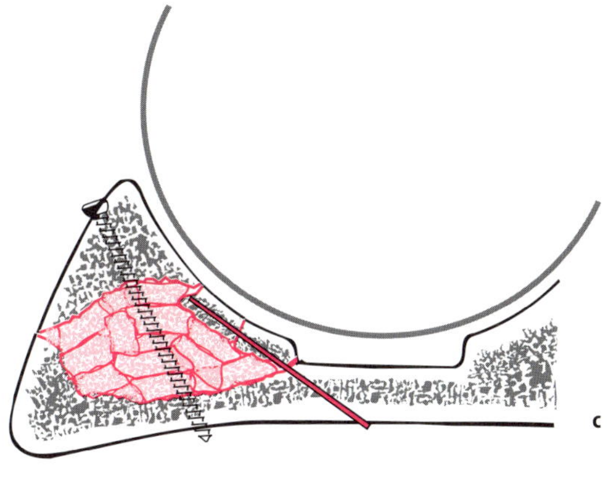


**Abb. 20.18 a–c.** Anhebung, Unterfütterung und Fixation von Impressionszonen. Impressionszonen werden mit Raspatorium oder Meißel vorsichtig angehoben und gegen den Hüftkopf reponiert (**a**). Die Gelenkfläche wird zunächst präliminär mit 1 oder 2 resorbierbaren Stiften fixiert, um eine sekundäre Dislokation zu vermeiden (**b**). Der entstandene Defekt wird je nach Größe mit zerkleinerten Spongiosa- oder Knochenblöckchen stabil aufgefüllt (**c**)

tig« abgestützt. Diese Transplantate werden aus dem Tuber ischiadicum oder aus dem Ilium entnommen. Mittelgroße Defekte lassen sich auch mit Knochenersatzstoffen (z. B. Endobone® abstützen). Durch den Einsatz von Knochenphosphatzementen (z. B. Norian®) sind in diesen Situationen verbesserte Rekonstruktionstechniken zu erwarten.

Freie gelenktragende Fragmente werden ebenfalls in der beschriebenen Weise eingepaßt und jeweils zunächst mit resorbierbaren Stiften angeheftet. Die Einpassung einzelner Fragmente kann teilweise sehr schwierig sein; gelegentlich finden sich Gelenkfragmente auch noch tief in die gluteale Muskulatur eingesprengt! Es sollten keine Fragmente verworfen werden, um eine möglichst großflächige Abstützung des Hüftkopfes zu erreichen.

Zum Abschluß der Reposition wird durch leichte Subluxation des Hüftkopfes die Gelenkfläche inspiziert oder zumindest mit dem Tasthaken auf die stufen- und spaltenfreie Rekonstruktion überprüft.

**Fixation**
Die Fixation erfolgt durch Zugschrauben (s. oben) und wird immer durch eine zusätzliche Platte gesichert. Aufgrund der Gefahr der sekundären Dislokation wird eine reine Zugschraubenosteosynthese nicht mehr durchgeführt!

Nach Zugschraubenosteosynthese des Fragmentes (*cave:* intraartikuläre Schraubenlage!) wird die Hinterwand durch eine nahe am Pfannenrand angebrachte Rekonstruktionsplatte (6–8 Loch, ca. 5 mm dorsal des Pfannenrandes) abgestützt (Abb. 20.19 a). Die Platte wird so ausgewählt, daß die distale Fixation mit 2 Schrauben im Tuber ischiadicum und mit mindestens 2 Schrauben proximal des Gelenkes erfolgen kann. Die Anformung erfolgt proximal und distal exakt, im Verlauf der Hinterwand wird der Krümmungsradius etwas größer als der der Wand gewählt. Beim Anziehen der Schrauben kommt es so zu einer Kompression des Pfannenrandes. Eine zusätzliche Fixation der Fragmente durch die Platten ist nur sehr weit distal bzw. proximal zu empfehlen, da im Bereich des Pfannenrandes das Risiko der intraartikulären Schraubenlage steigt (s. S. 406). Bei sehr großen Hinterwandfragmenten, in sich gebrochenen Fragmenten und Frakturlinien, die dorsal bis zur Spina ischiadica reichen, wird zusätzlich eine 2. Platte weiter dorsal angelegt.

Reicht das Hinterwandfragment sehr weit nach kranial, ist die Erreichbarkeit über den Kocher-Langenbeck-Zugang erschwert. In diesen Fällen sollte während der Präparation und der Schraubenapplikation auf eine ausreichende Abduktion im Hüftgelenk geachtet werden. Ein unnötig starker Hakenzug mit nachfolgenden Muskelschäden der Abduktoren und der Gefahr späterer heterotoper Ossifikation kann damit vermieden werden.

Abb. 20.19 a, b

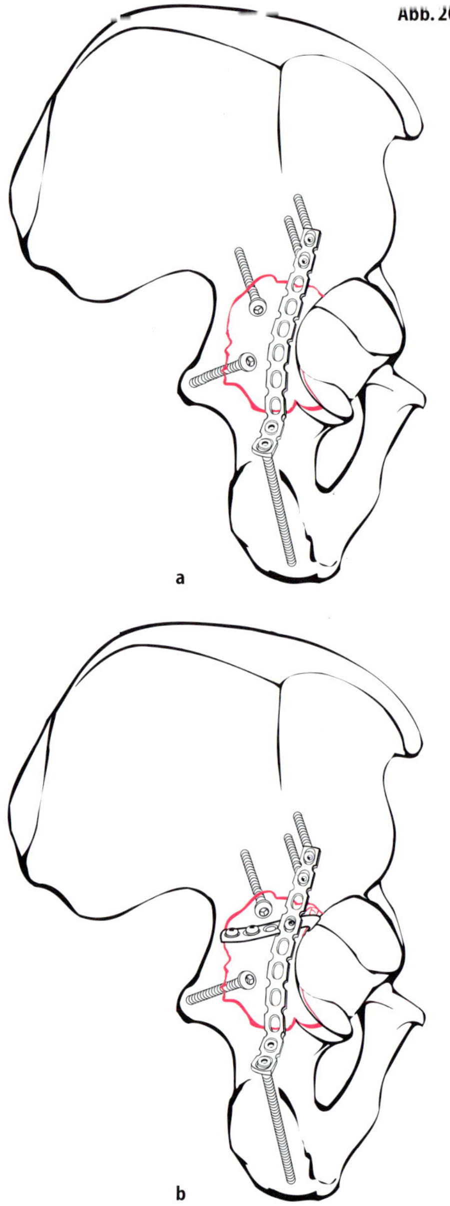


Liegt ein sehr kleines, aber gelenktragendes Pfannenrandfragment vor, kann dessen Fixation nicht mit Zugschrauben erfolgen. Diese Fragmente können durch sog. »Federplatten« (»spring-plates«) gehalten werden. Dazu wird aus einer 3- oder 4-Loch-1/3-Rohrplatte eine Hakenplatte geschnitten und leicht vorgebogen. Die Krallen fixieren das Fragment am Kapsel-Knochen-Rand, die Platte selbst wird gelenkfern mit einer Schraube fixiert. Die Vorbiegung ergibt die nötige Vorspannung. Die Stabilität wird zusätzlich erhöht, wenn die Rekonstruktionsplatte über die »Federplatte« gelegt wird und diese zusätzlich andrückt (Abb. 20.19 b).

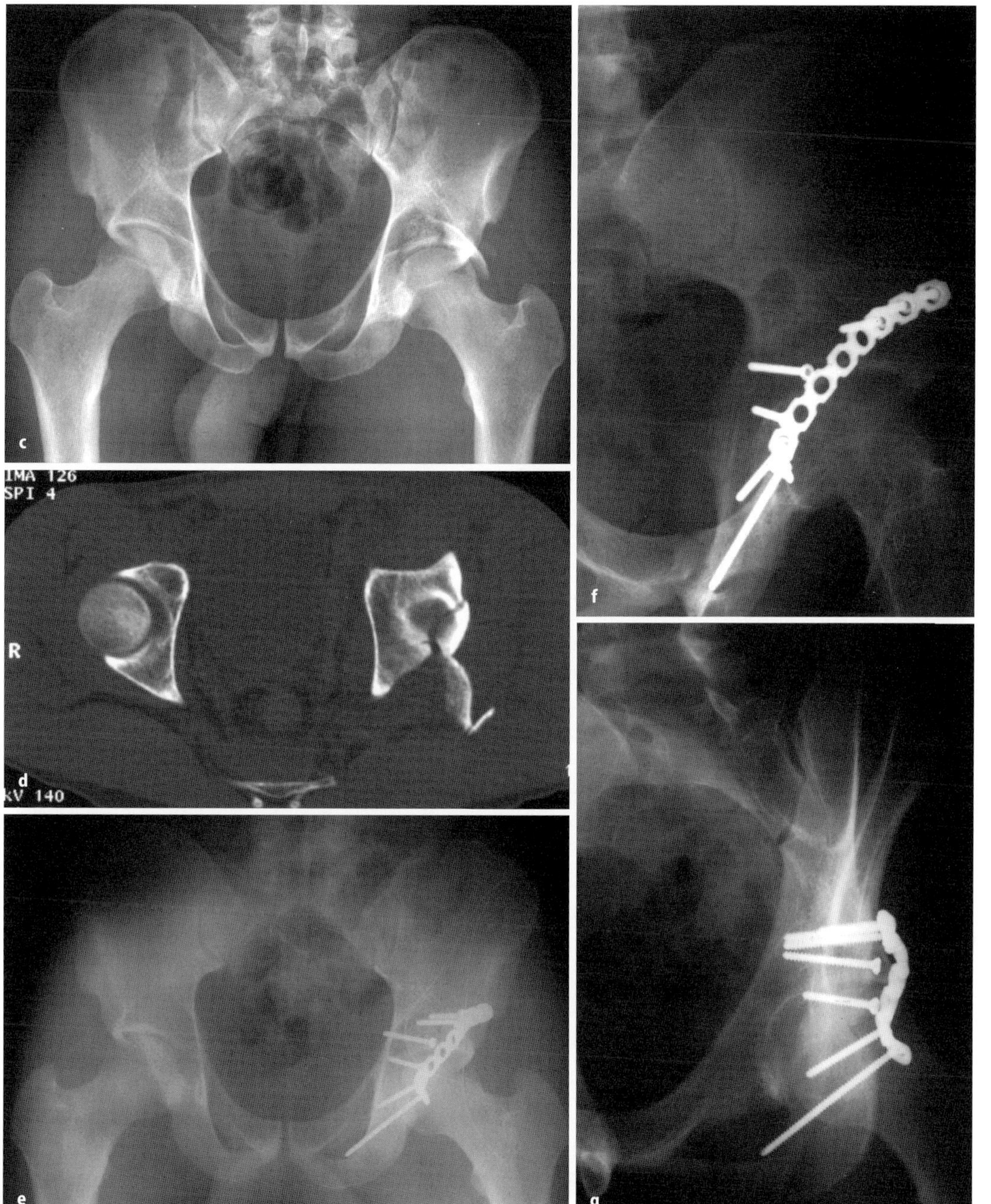


**Abb. 20.19 a–g.** Beispiel der Implantatlage bei Versorgung einer Hinterwandfraktur. **a** Standardplattenlage; **b** Verwendung einer »Federplatte« bei Trümmerzonen oder sehr kleinen Fragmenten. **c–g** Fallbeispiel Versorgung einer Hinterwandfraktur (**c, d**: a.-p.-, Ala- und Obturatoraufnahme; **e–g**: postoperative Ansicht in a.-p.-, Ala- und Obturatoraufnahme)

## Frakturen des hinteren Pfeilers

### Zugang
Kocher-Langenbeck-Zugang in Seitenlage, auch Bauchlage möglich. Die Präparation der Incisura ischiadica major bis zur Innenseite des Beckens ist obligat, um eine ausreichende digitale Kontrolle der Reposition zu ermöglichen.

### Hilfsmittel
- Schanz-Schraube mit T-Griff zum manuellen Seitzug.
- Schanz-Schraube mit T-Griff zur Plazierung in das Tuber ischiadicum
- Beckenrepositionszangen.

### Reposition
Vor der Reposition ist eine ausreichende Inspektion des Hüftgelenkes erforderlich, um Zusatzverletzungen zu erkennen und ggf. zu behandeln. Die Reposition erfolgt mit einer Repositionszange im Bereich des Os innominatum, wobei eine Branche durch die Incisura ischiadica major hindurch auf die Innenseite des Beckens gesetzt wird. Die Rotationskontrolle erfolgt durch die Schanz-Schraube im Tuber ischiadicum. Rutscht die Zange ab, wird eine Hilfsschraube verwendet, ggf. ist auch der Einsatz der Faraboeuf-Zange notwendig.

Die Repositionskontrolle erfolgt durch die Inspektion der Gelenkfläche (ggf. Kapsel sparsam eröffnen) und durch die Palpation der nicht sichtbaren Frakturlinien im Bereich der quadrilateralen Fläche.

### Fixation
Zunächst erfolgt kranial des Gelenkes eine Zugschraubenfixation des hinteren Pfeilers in das Ilium. In Einzelfällen läßt sich zusätzlich eine distale Zugschraubenfixation in das Tuber ischiadicum hinein erreichen (Abb. 20.20). In allen Fällen wird die Stellung durch eine Plattenosteosynthese von unverletzten Anteilen des Os ilium bis zum Tuber ischiadicum gesichert. Wurde eine verläßliche Zugschraubenfixation im Bereich der Incisura ischiadica major erreicht, wird eine eher proximale Plattenlage in Nähe des Pfannenrandes gewählt. Ansonsten wird die Platte dorsal, parallel zur knöchernen Begrenzung der Incisura ischiadica major angelegt und ggf. durch eine 2. Platte ergänzt.

Da die Platte in der Regel weit proximal beginnen muß, kann das gluteale Gefäß-Nerven-Bündel in Gefahr sein. Die Lage des Gefäß-Nerven-Bündels muß daher vor Anlegen der Platte klar identifiziert werden, und zusätzlich muß durch ausreichende Abduktion im Hüftgelenk die Spannung in den Abduktoren reduziert werden.

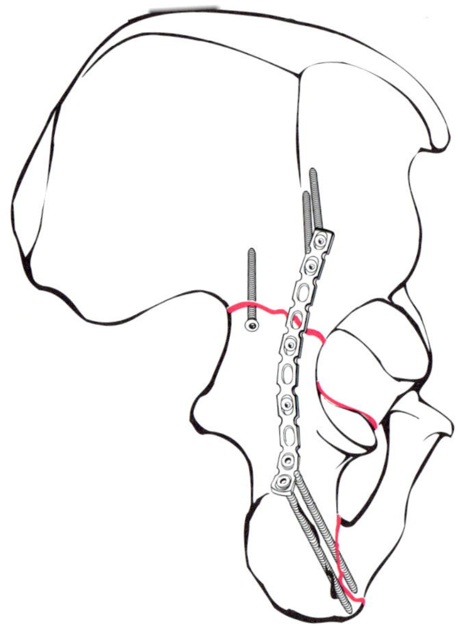

**Abb. 20.20.** Beispiel der Implantatlage bei Versorgung einer Fraktur des hinteren Pfeilers

### Besonderheiten
In seltenen Fällen verläuft die distale Frakturlinie sehr weit anterior, d.h. große Teile der quadrilateralen Fläche sind mit dem Fragment des hinteren Pfeilers verbunden. Die distale Fixation ist schwierig, zur Erhöhung der Stabilität sollte versucht werden, eine Zugschraube parallel zur quadrilateralen Fläche zu positionieren. Sie verläuft direkt an der distalen Gelenkbegrenzung durch die Fossa acetabuli bis zur Linea terminalis (s. S. 408).

## Frakturen der vorderen Wand

### Zugang
Der ilioinguinale Zugang wird bevorzugt.

### Hilfsmittel
- Kugelpfriem
- Beckenrepositionszangen

### Reposition
Bestehende vordere Hüftluxationen wurden in der Regel schon notfallmäßig bei der Aufnahme des Patienten durch Extension und Innenrotation reponiert.

Die Reposition des Vorderwandfragmentes muß absolut anatomisch erfolgen, da über den ilioinguinalen Zugang eine Inspektion der Gelenkfläche nicht möglich ist. Es ist zu bedenken, daß schon kleinste Stufen im Bereich der äußeren Kortikalis der vorderen Wand zu erheblichen Gelenkinkongruenzen führen können.

**Fixation**

Bei ausreichender Größe wird das Fragment zunächst mit 1 oder 2 Zugschrauben fixiert. Auf eine sicher extraartikuläre Schraubenlage ist dabei zu achten (ggf. retrograde Bohrung). Eine sehr genau angeformte Rekonstruktionsplatte entlang der Linea terminalis stützt die vordere Wand ab. Es sollten dabei mindestens 2 Schrauben im unverletzten Schambeinast und 2 Schrauben im Bereich des unverletzten Iliums verankert werden (Abb. 20.21).

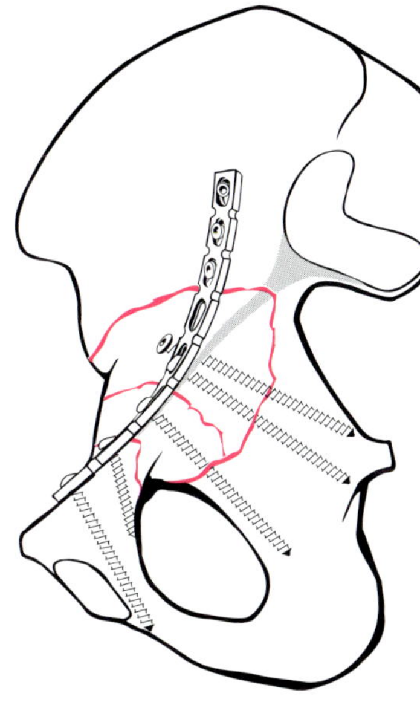

**Abb. 20.21.** Darstellung der Implantatlage bei der Versorgung einer Fraktur der vorderen Wand

## ■ Frakturen des vorderen Pfeilers

**Zugang**

- Tiefe und mittelhohe Frakturen werden bevorzugt über einen ilioinguinalen Zugang versorgt.
- Hohe Frakturformen mit einfachen Frakturlinien, bei denen eine proximale Fixation ausreichend ist, können in Ausnahmefällen über einen iliofemoralen Zugang (Smith-Peterson-Zugang) versorgt werden. Bestehen mehrere Fragmente oder Trümmerzonen, ist auch bei diesen Frakturformen der ilioinguinale Zugang vorzuziehen.

**Hilfsmittel**

- Kugelpfriem
- Beckenrepositionszangen
- Eventuell Schanzschraube mit T-Griff (bei hohen Frakturverläufen)

**Reposition**

Nach manueller Reposition des vorderen Pfeilerfragmentes wird dieses zunächst mit 1 oder 2 Zugschrauben gehalten (***Cave:*** intraartikuläre Schraubenlage!).

Schwieriger ist die Reposition bei hohen Frakturtypen, da sich hier große Teile des Pfannendaches am freien Fragment befinden. Es ist darauf zu achten, daß der Hüftkopf bei der Reposition dem nur noch kleinen dorsalen Gelenkanteil fest anliegt und so als »Repositionsschablone« dient. Die Repositionskontrolle wird nur durch die absolut anatomische Einpassung des freien Fragmentes gesichert. Die präliminäre Fixation erfolgt durch Repositionszangen im Bereich des Beckenkamms und der Linea terminalis.

**Fixation** (Abb. 20.22 a–c)

Tiefliegende und mittelhohe Frakturen des vorderen Pfeilers werden – wie auch die Frakturen der vorderen Wand – mit Zugschrauben sowie einer Platte entlang der Linea terminalis stabilisiert.

Hohe Frakturen des vorderen Pfeilers werden bevorzugt zunächst mit langen, in der Regel 6,5 mm Zugschrauben von der Spina iliaca anterior inferior gegen das Ilium fixiert. Im Bereich des oberen Schambeinastes werden Zugschrauben eingebracht, im Bereich des Beckenkamms wird die Fraktur durch 3,5-mm-Zugschrauben überbrückt. Bei sehr instabilen Frakturtypen kann, sofern ein ilioinguinaler Zugang gewählt wurde, die Anformung einer gebogenen Beckenrekonstruktionsplatte entlang der Linea terminalis, die Stabilität weiter erhöht werden.

## ■ Querfrakturen

**Zugang**

Die Versorgung von Querfrakturen kann über den Kocher-Langenbeck-Zugang und den ilioinguinalen Zugang erfolgen. In Einzelfällen ist auch die Anwendung eines erweiterten Zugangs nötig. Parameter, die die Zugangswahl beeinflussen, sind die Frakturmorphologie (transtektaler, juxtatektaler oder infratektaler Frakturverlauf), der Zeitraum seit dem Unfallereignis und der Grad der Dislokation:

- Frische Frakturen mit einem juxta- oder infratektal gelegenen Frakturverlauf werden von der Seite der größeren Dislokation her angegangen. Häufig wird aufgrund der besseren Fixationsmöglichkeiten der hintere Zugang bevorzugt.
- Frakturen, die älter als 3 Wochen sind, sowie transtektale Frakturen sollten über einen erweiterten Zugang versorgt werden. Das dafür notwendige komplette Débridement der Frakturebene ist in der Regel nur durch eine kombinierte Einsicht von dorsal und ventral möglich. Dieser Überblick ist ebenfalls nötig, um die Reposition kontrollieren zu können. In seltenen Ausnahmen ist ggf. auch eine Versorgung über einen Doppelzugang denkbar.

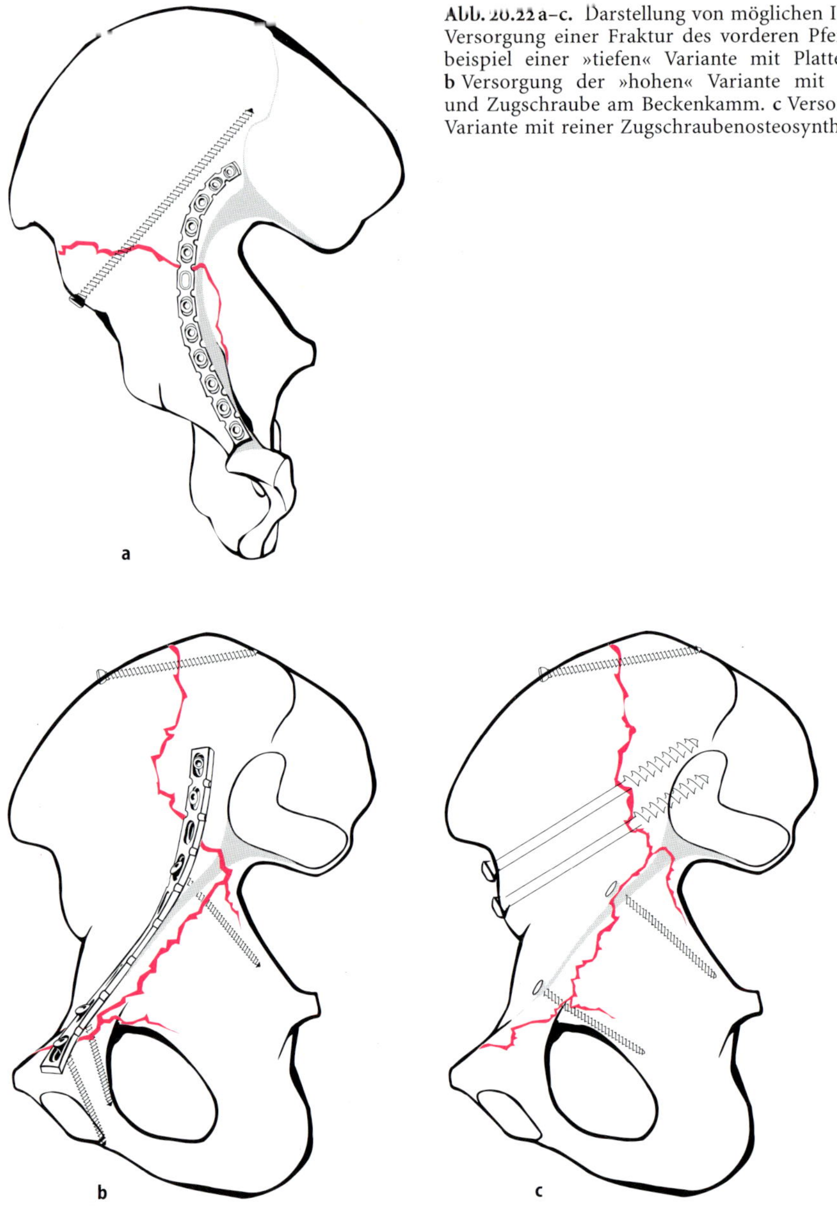


**Abb. 20.22 a–c.** Darstellung von möglichen Implantateinlagen bei Versorgung einer Fraktur des vorderen Pfeilers. **a** Versorgungsbeispiel einer »tiefen« Variante mit Platte und Zugschraube. **b** Versorgung der »hohen« Variante mit Plattenosteosynthese und Zugschraube am Beckenkamm. **c** Versorgung einer »hohen« Variante mit reiner Zugschraubenosteosynthese

**Hilfsmittel**

- Schanz-Schraube mit T-Griff zum manuellen Seitzug.
- Schanz-Schraube mit T-Griff zur Plazierung in das Tuber ischiadicum.
- Beckenrepositionszangen.

**Reposition**

Da die Frakturcharakteristik der Querfrakturen eine Translation und in der Regel auch Rotation der Hauptfragmente beinhaltet, ist auch nach kompletter Ausräumung der Fraktur die Reposition und Repositionskontrolle von einer Seite her oft schwierig. Aufgrund der »Länge« der Frakturfläche können schon minimale Verschiebungen einer Seite, z. B. dorsal, mit erheblichen Dislokationen der Gegenseite, in diesem Beispiel also der ventralen Gelenkfläche, verbunden sein (s. oben).

Bei der Versorgung über den hinteren Zugang muß deswegen die Incisura ischiadica major freigelegt werden, um den Frakturverlauf entlang der quadrilateralen Fläche palpieren zu können. Die Reposition des distalen Fragmentes erfolgt durch Kompression mit einer Beckenrepositionszange (z. B. Faraboeuf), die Rotationskontrolle mit einer Schanzschraube im Tuber ischiadicum.

Bei Versorgung über den ilioinguinalen Zugang muß das distale Hauptfragment in der Regel nach lateral und dorsal reponiert werden. Zur Repositionskontrolle wird ebenfalls die gesamte quadrilaterale Fläche palpiert.

Die präliminäre Fixation erfolgt von dorsal her mit Hilfe der Jungbluth- oder Faraboeuf-Zange, von ventral in der Regel durch direkte Kompression mit einer der Beckenrepositionszangen nach Matta.

Zur Kontrolle der intraartikulären Kongruenz wird nach sparsamer, pfannenrandnaher Kapsulotomie und Subluxation des Hüftkopfes die Gelenkfläche möglichst direkt inspiziert.

**Fixation** (Abb. 20.23 a–g)
Von dorsal her erfolgt nach präliminärer Fixation zunächst das Einbringen einer Zugschraube in den vorderen Pfeiler (s. Fixationstechnik »vordere Pfeilerschraube«). Gelegentlich ist es günstiger, das Gleitloch im proximalen Fragment vor der Reposition anzulegen.

Besonders bei den juxta- und infratektalen Frakturtypen und bei adipösen Patienten muß die Zugschraube in den vorderen Pfeiler in transkutaner Technik eingebracht werden. Der Eintrittspunkt selbst ist über den dorsalen Zugang gut darstellbar, die exakte Bohrerrichtung sollte durch Bildwandlerkontrolle gesichert werden.

Die Fixation des hinteren Pfeilers erfolgt in typischer Weise mit einer gelenknah angebrachten Rekonstruktionsplatte.

Bei Versorgung über den ilioinguinalen Zugang wird der hintere Pfeiler durch eine Zugschraube stabilisiert (s. S. 406, Operationstechnik »hintere Pfeilerschraube«), der vordere Pfeiler durch eine auf der Linea terminalis angebrachten Rekonstruktionsplatte.

### ■ Frakturen des hinteren Pfeilers mit hinteren Wandabbrüchen

**Zugang**
Nur über einen dorsalen Zugang möglich.

**Hilfsmittel**

- Schanz-Schraube mit T-Griff zum manuellen Seitzug.
- Schanz-Schraube mit T-Griff zur Plazierung in das Tuber ischiadicum.
- Beckenrepositionszangen.

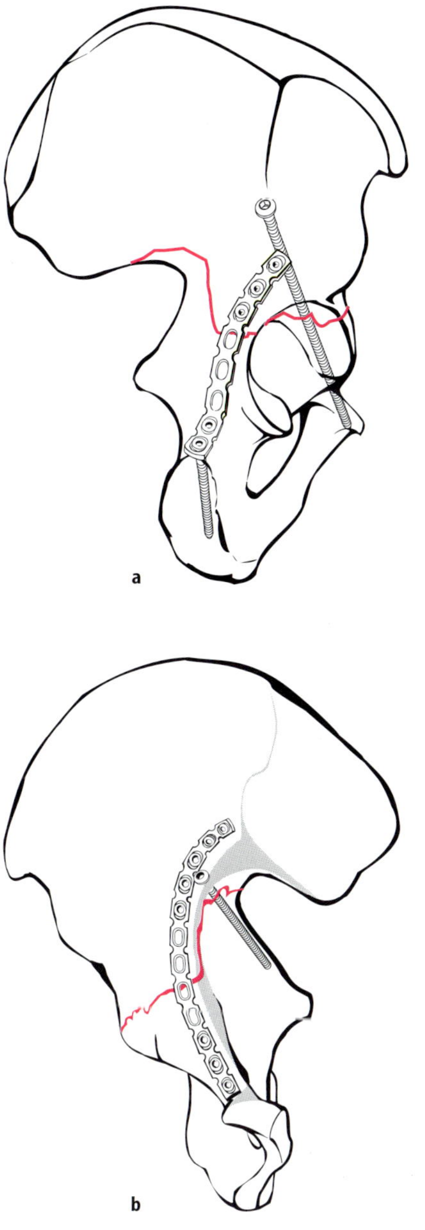


**Abb. 20.23 a–g.** Darstellung von möglichen Implantateinlagen bei Versorgung einer Querfraktur. **a** Versorgung der Querfraktur von dorsal her mit dorsaler Plattenosteosynthese und Zugschraube in den vorderen Pfeiler. **b** Stabilisierung von ventral her mit Plattenosteosynthese entlang der Linea terminalis und Zugschraube in den hinteren Pfeiler
**c–g** s. S. 420

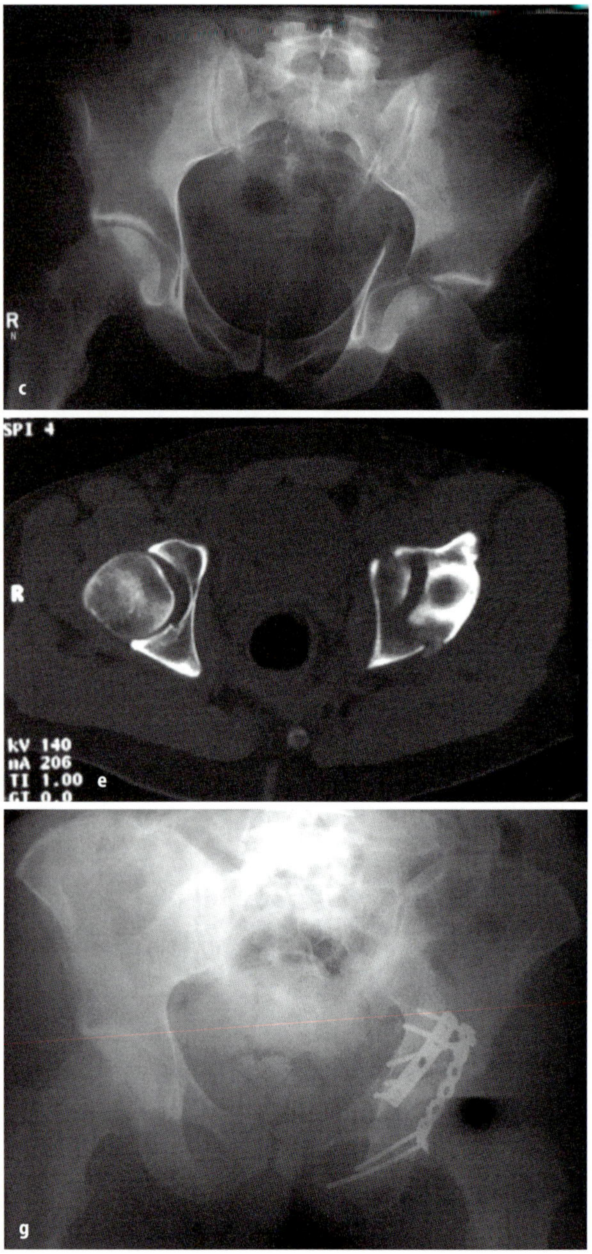


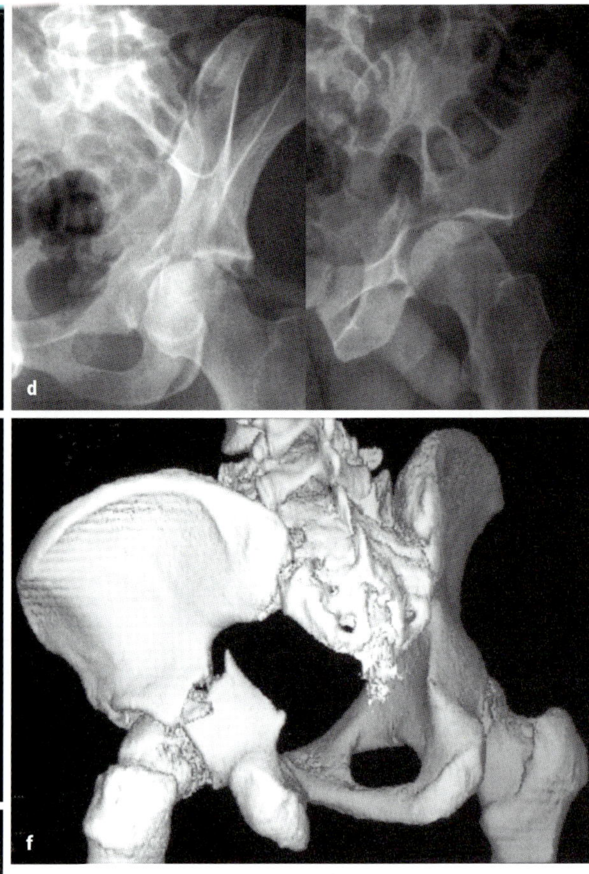


**Abb. 20.23** (Forts.) **c–g** Fallbeispiel Versorgung einer Querfraktur. [**c, d**: a.-p.-, Ala- und Obturaturaufnahme. Ansicht in der axialen Computertomographie (**e**), in der 3-D-Computertomographie (**f**) sowie postoperative Ansicht (**g**)]

**Reposition und Fixation** (Abb. 20.24)
Hier gelten die gleichen Prinzipien, die schon bei isolierten Hinterwandfrakturen bzw. hinteren Pfeilerfrakturen angegeben wurden. Es ist unbedingt darauf zu achten, daß Knochen- und Knorpelimpressionen nicht übersehen werden.

Prinzipiell ist es einfacher, zunächst den hinteren Pfeiler zu reponieren und mit Zugschrauben zu fixieren und danach die hintere Wand einzupassen und zu stabilisieren.

In einzelnen Fällen ist es möglich, die hintere Wand und den hinteren Pfeiler mit einer einzelnen Platte ausreichend zu stabilisieren.

## ■ Querfrakturen mit Fraktur der hinteren Wand

**Zugang**
Die Zugangswahl richtet sich nach dem Dislokationsgrad des Hinterwandfragmentes und der Lage der Querfraktur (s. S. 417). Im allgemeinen wird bei juxta- und infratektalen Querkomponenten ein Kocher-Langenbeck-Zugang eingesetzt, bei transtektalen Querkomponenten ist der erweiterte Zugang zu bevorzugen. Ein ilioinguinaler Zugang kann aufgrund der fehlenden Erreichbarkeit des Hinterwandfragmentes nicht eingesetzt werden!

### Hilfsmittel

- Schanz-Schraube mit T-Griff zum manuellen Seitzug.
- Schanzschraube mit T-Griff zur Plazierung in das Tuber ischiadicum.
- Beckenrepositionzangen.

### Reposition

Im 1. Schritt wird die quere Frakturkomponente reponiert und mit einer Zugschraube in den vorderen Pfeiler stabilisiert. Durch Abklappen des Hinterwandfragmentes ist, je nach Größe des Hinterwandfragmentes, die Übersicht auf die Gelenkfläche in der Regel gut. Nachdem die anatomische Fixation im Bereich des vorderen Pfeilers gesichert ist, wird die Hinterwand reponiert. Auf evtl. vorhandene Impressionszonen muß unbedingt geachtet werden!

### Fixation (Abb. 20.25)

Die Fixation setzt sich aus einer Zugschraubenosteosynthese im vorderen Pfeiler und einer Zugschrauben- und Plattenosteosynthese der hinteren Wand und des hinteren Pfeilers zusammen.

Die Richtungskontrolle der Schraube in den vorderen Pfeiler ist durch die in der Regel gute Einsicht in das Gelenk (nach leichter Hüftkopfextraktion oft bis zum Vorderhorn der Gelenkfläche!) erleichtert.

In den Fällen, in denen eine inkomplette Querfraktur besteht, bei der der vordere Pfeiler nur unwesentlich oder überhaupt nicht disloziert ist, wird auf die Zugschraubenfixation des vorderen Pfeilers verzichtet.

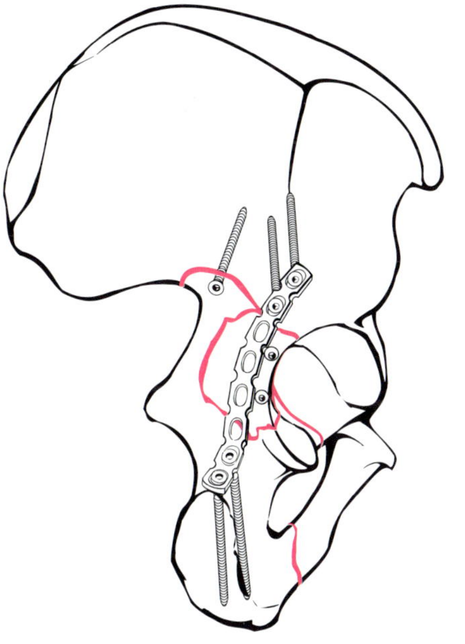

**Abb. 20.24.** Darstellung von möglichen Implantateinlagen bei Versorgung einer Fraktur des hinteren Pfeilers und der hinteren Wand

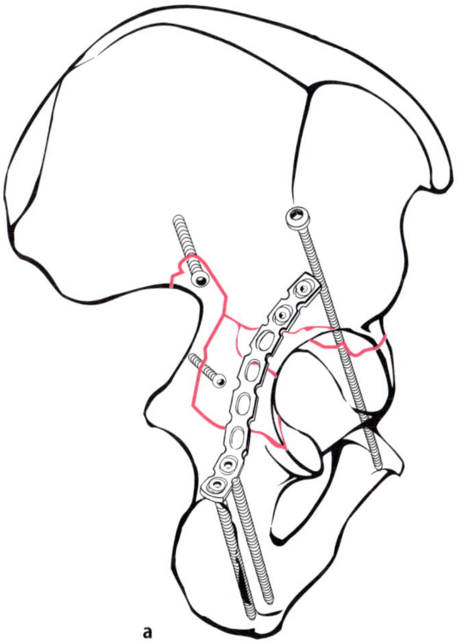

a

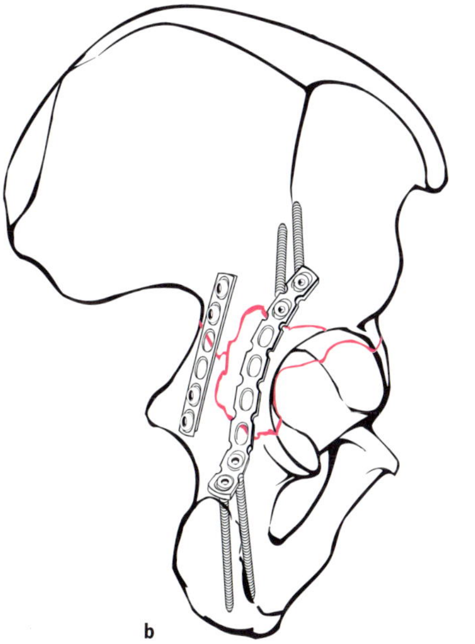

b

**Abb. 20.25 a, b.** Mögliche Implantateinlage bei Versorgung einer Querfraktur mit Fraktur der hinteren Wand. **a** Versorgungsbeispiel über einen dorsalen Zugang mit Zugschrauben- und Plattenosteosynthese der hinteren Wand und des hinteren Pfeilers sowie zusätzlicher Zugschraubenosteosynthese des vorderen Pfeilers. **b** Versorgung von dorsal mit Zugschrauben und Plattenosteosynthese ohne Zugschraube in den vorderen Pfeiler. Zur Erhöhung der Stabilität wird eine 2. »Neutralisationsplatte«, bevorzugt eine 3,5-mm-DC-Platte, dorsal der Rekonstruktionsplatte angebracht

## Frakturen des vorderen Pfeilers mit hinterer Hemitransversfraktur

### Zugang

In der Regel lassen sich diese Frakturen gut über einen ilioinguinalen Zugang versorgen. Über diesen Zugang lassen sich auch gewisse Fehlstellungen des hinteren Pfeilers reponieren.

Bestehen zusätzlich behandlungsbedürftige Verletzungen des hinteren Pfeilers, wie z.B. zusätzliche, dislozierte Frakturen der hinteren Wand, ist ein erweiterter Zugang zu bevorzugen. In Ausnahmefällen kann auch die sequentielle Ausführung eines Doppelzugangs erwogen werden. Dabei sollte zunächst der ilioinguinale Zugang in Rückenlage durchgeführt werden, um so die Expositionsmöglichkeiten optimal nutzen zu können.

### Hilfsmittel

- Schanz-Schraube mit T-Griff zum manuellen Seitzug.
- Schanz-Schraube mit T-Griff zur Plazierung in das Tuber ischiadicum.
- Beckenrepositionszangen.

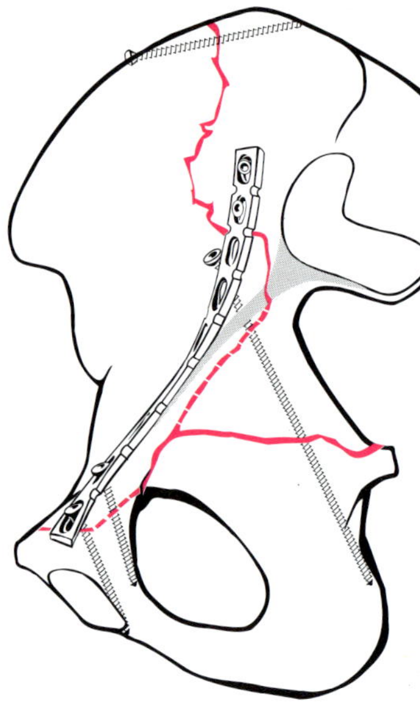

**Abb. 20.26.** Darstellung der Implantateinlage bei der Versorgung einer Fraktur des vorderen Pfeilers und einer hinteren Hemitransversfraktur

### Reposition

Zunächst wird der vordere Pfeiler reponiert, wobei darauf zu achten ist, daß es bei schrägen Frakturflächen durch das Anziehen der Zugschraube nicht zu einem sekundären Abrutschen mit konsekutiver Gelenkflächenverwerfung kommt.

Die Reposition der Querkomponente richtet sich nach ihrer Lage:

- Liegt die Querkomponente sehr tief, so ist sie in der Regel nicht oder nur minimal verschoben. Eine Reposition und Fixation erübrigt sich in diesen Fällen. Diese Besonderheit läßt sich mit ausreichender Sicherheit nur in einer sorgfältigen präoperativen Diagnostik bestätigen.
- Querfrakturen, die weit proximal auslaufen, d.h., die bis in die Incisura ischiadica major reichen, betreffen die Gelenkfläche in einem größeren Umfang. Bei diesen Frakturtypen muß auf eine absolut anatomische Einrichtung des Fragmentes geachtet werden, da schon minimale Fehlstellungen im Bereich der Incisura ischiadica major mit erheblichen Fehlstellungen in der Gelenkebene einhergehen können.

Die Reposition des hinteren Pfeilers gelingt in der Regel durch Einsatz der Beckenrepositionszangen nach Matta über das 2. Fenster des ilioinguinalen Zugangs. Die digitale Kontrolle der Fraktur im Bereich der Incisura ischiadica major sichert die Rotation. Bei erheblichen Rotationsfehlstellungen wird die Derotation mit der großen Beckenzange (»King-Tong«) vorgenommen, die mit einer Branche auf der Außenseite des Os ilium angesetzt wird.

### Stabilisation (Abb. 20.26)

Die Stabilisation erfolgt im Bereich des vorderen Pfeilers durch Zugschrauben und eine lange, entlang der Linea terminalis aufgelegte Rekonstruktionsplatte. Diese wird nach Reposition des vorderen Pfeilers und dessen Zugschraubenfixation eingebracht. Muß der hintere Pfeiler reponiert werden, ist darauf zu achten, daß die zunächst eingebrachten Schrauben kein Repositionshindernis darstellen. Nach Reposition des hinteren Pfeilers wird dieser durch lange Zugschrauben (s. auch »Osteosynthesetechnik Zugschrauben hinterer Pfeiler«) entweder als Plattenschraube oder als freie Zugschraube fixiert.

Zusätzliche Stabilität ist durch Einbringen einer weiteren Zugschraube direkt distal des Gelenkes, parallel zur quadrilateralen Fläche zu erreichen (s. oben).

## T-Frakturen

Die Reposition und Retention von T-Frakturen ist im Vergleich zu den Querfrakturen und den übrigen Frakturen mit Querkomponenten erheblich erschwert, da der vordere und hintere Pfeiler voneinander getrennt sind. Das bedeutet, daß über einen einzelnen Zugang keinerlei Kontrollmöglichkeiten über den gegenseitigen Pfeiler bestehen.

**Zugang**
Die Zugangswahl richtet sich im wesentlichen nach der Lage der Querfraktur und dem Dislokationsgrad der einzelnen Pfeiler.

- Für verschobene transtektale T-Frakturen wird aufgrund der extrem schweren Reposition und den erheblichen Folgen bei verbleibenden Fehlstellungen ein erweiterter Zugang empfohlen.
- Liegt die Querkomponente juxta- oder infratektal, wird der Zugang durch den Pfeiler mit der größten Dislokation bestimmt, wobei am häufigsten der hintere Pfeiler die größere Dislokation aufweist.

Bei der OP-Planung ist zu berücksichtigen, ob die bestehende Fehlstellung der »Gegenseite« vernachlässigt werden kann und ob Möglichkeiten bestehen, den gegenüberliegenden Pfeiler zumindest eingeschränkt zu manipulieren. Im Zweifelsfall ist bei erheblichen Fehlstellungen ein erweiterter Zugang zu bevorzugen, sehr isolierte Verletzungen können in Ausnahmefällen auch über einen sequentiell durchgeführten Doppelzugang versorgt werden.

**Hilfsmittel**
- Schanz-Schraube mit T-Griff zum manuellen Seitzug.
- Schanz-Schraube mit T-Griff zur Plazierung in das Tuber ischiadicum.
- Beckenrepositionszangen.

**Reposition**
Eine prinzipielle Schwierigkeit bei der Reposition der T-Frakturen besteht darin, daß das am Stammskelett verbliebene Gelenkfragment häufig nur sehr klein ist, so daß der Kopf zur Reposition zunächst keine stabile Position einnehmen kann. Das bedeutet, daß bei hoch gelegenen und stark dislozierten Frakturtypen über den erweiterten Zugang zunächst einer der beiden Pfeiler, bevorzugt der hintere, anatomisch reponiert und stabilisiert wird. Gegen dieses nun anatomisch stehende Widerlager kann der Hüftkopf reponiert werden, um danach zu einer anatomischen Einrichtung des gegenseitigen Pfeilers zu kommen.

Bei Versorgung über den Kocher-Langenbeck-Zugang wird davon ausgegangen, daß der vordere Pfeiler allenfalls minimal disloziert steht. In diesen Fällen wird zunächst die Reposition des vorderen Pfeilers verbessert, und eine Schraubenfixation wird durchgeführt (s. »Schraube vorderer Pfeiler«). Danach erfolgen die Reposition des Kopfes und die Reposition und Fixation des hinteren Pfeilers.

Die Versorgung der T-Fraktur über einen Einzelzugang erfolgt am häufigsten über den Kocher-Langenbeck-Zugang, der ilioinguinale Zugang bleibt einzelnen Sonderfällen vorbehalten.

Die intraartikuläre Reposition sollte immer durch eine direkte Gelenkeinsicht (pfannenrandnahe Kapsulotomie) und Palpation der quadrilateralen Fläche überprüft werden.

Als Repositionshilfen kommen neben Schanz-Schrauben zur Rotationskontrolle je nach individuellem Frakturverlauf alle Beckenrepositionszangen in Frage.

**Stabilisierung** (Abb. 20.27 a–c)
Prinzipiell müssen bei der Versorgung über einen erweiterten Zugang zunächst sowohl der hintere als auch der vordere Pfeiler über Zugschrauben gegen das Os ilium fixiert werden. Insbesondere wenn zusätzlich eine Zugschraube parallel zur quadrilateralen Fläche direkt unterhalb des Gelenkes eingebracht wurde, kann bei großen Hauptfragmenten diese Fixation schon ausreichend sein.

In Zweifelsfällen bzw. bei Versorgung über den dorsalen Zugang werden zusätzliche Plattenosteosynthesen durchgeführt (entlang des hinteren Pfeilers und entlang der Linea terminalis).

### ■ Zweipfeilerfrakturen
Die Problematik bei der Versorgung der Zweipfeilerfrakturen besteht darin, daß kein Gelenkanteil mehr in Kontakt zum Stammskelett steht, d.h., es fehlt eine Gelenkfläche, die die Position des Hüftkopfes definiert. Dieser Nachteil bei der operativen Versorgung kann allerdings, bedingt durch die komplette Mobilität der Gelenkfragmente, zu einer »sekundären Kongruenz« führen, die eine operative Versorgung ggf. überflüssig macht (s. Kap. 18).

Das Prinzip der operativen Versorgung besteht darin, durch eine exakt durchgeführte Reposition aller Fragmente von kranial nach kaudal eine anatomische Rekonstruktion der Gelenkfläche in anatomischer Position des Hüftgelenkes zu erreichen.

**Zugang**
Da bei den Zweipfeilerfrakturen der Frakturverlauf sehr variabel ist, kommen zur Versorgung der ilioinguinale, der dorsale und ein erweiterter Zugang in Frage. Aufgrund der geringeren Rate von perioperativen Komplikationen wird im zunehmenden Maße der ilioinguinale Zugang eingesetzt.

Ein erweiterter Zugang wird nur dann gewählt, wenn sowohl im Bereich des vorderen als auch im Bereich des hinteren Pfeilers direkte chirurgische Maßnahmen durchgeführt werden müssen (z.B. die Reposition und Stabilisierung einer disloziert stehenden Fraktur der hinteren Wand bzw. die chirurgische Aufrichtung von Impressionszonen).

Alternativ wäre in diesen Fällen auch ein sequentielles Vorgehen mit Doppelzugang möglich. Bei der Entscheidung ist allerdings zu berücksichtigen, daß auf-

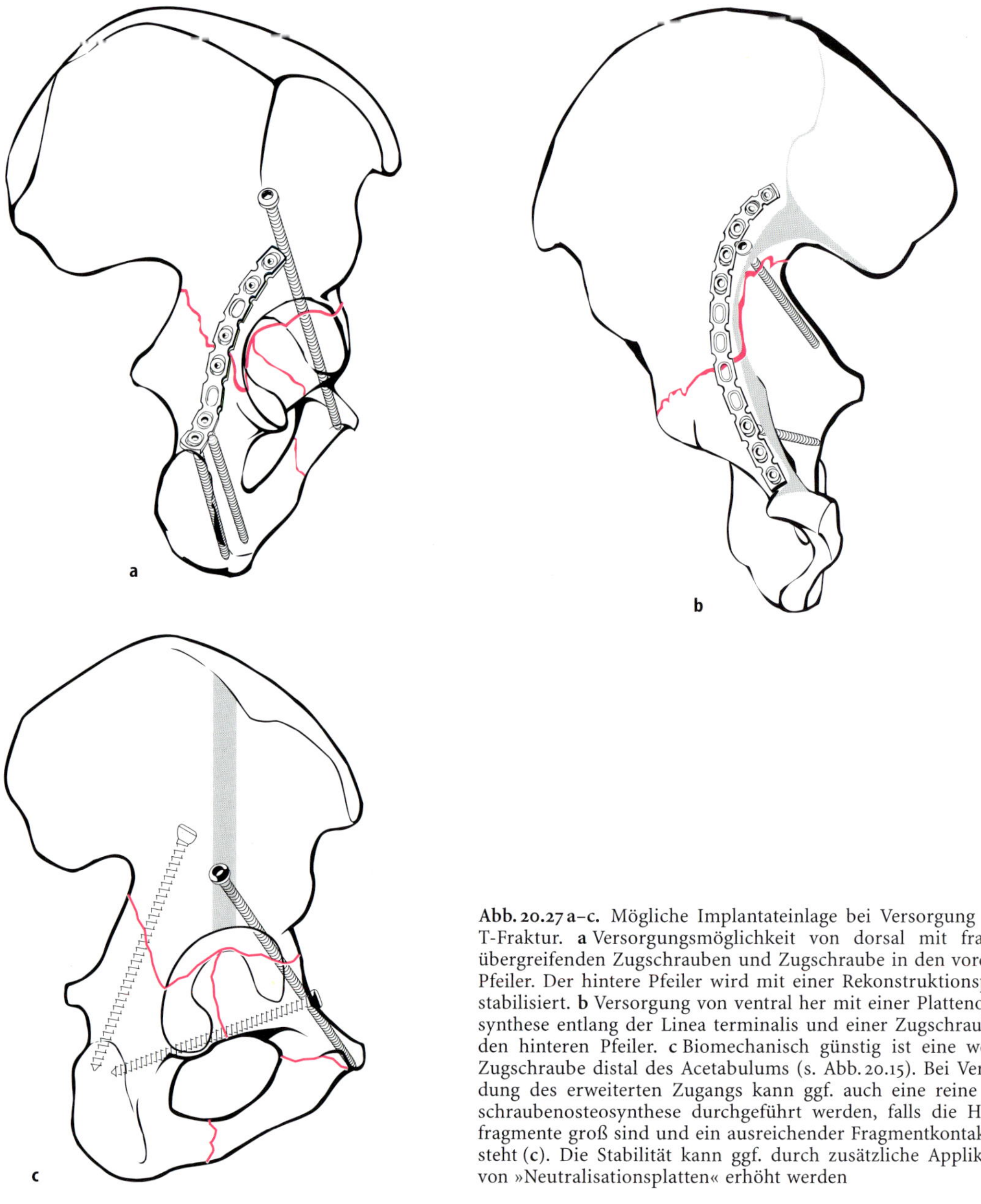


**Abb. 20.27 a–c.** Mögliche Implantateinlage bei Versorgung einer T-Fraktur. **a** Versorgungsmöglichkeit von dorsal mit frakturübergreifenden Zugschrauben und Zugschraube in den vorderen Pfeiler. Der hintere Pfeiler wird mit einer Rekonstruktionsplatte stabilisiert. **b** Versorgung von ventral her mit einer Plattenosteosynthese entlang der Linea terminalis und einer Zugschraube in den hinteren Pfeiler. **c** Biomechanisch günstig ist eine weitere Zugschraube distal des Acetabulums (s. Abb. 20.15). Bei Verwendung des erweiterten Zugangs kann ggf. auch eine reine Zugschraubenosteosynthese durchgeführt werden, falls die Hauptfragmente groß sind und ein ausreichender Fragmentkontakt besteht (**c**). Die Stabilität kann ggf. durch zusätzliche Applikation von »Neutralisationsplatten« erhöht werden

grund der limitierten Darstellungsmöglichkeiten ggf. die Gesamtoperationszeit verlängert und evtl. schlechtere Repositionsergebnisse in Kauf genommen werden müssen!

**Hilfsmittel**

- Schanz-Schraube mit T-Griff zum manuellen Seitzug.
- Schanz-Schraube mit T-Griff zur Plazierung in das Tuber ischiadicum.
- Beckenrepositionszangen.

**Reposition**

**Ilioinguinaler Zugang.** Das Prinzip der Reposition über den ilioinguinalen Zugang beinhaltet eine schrittweise Reposition und Fixation aller Iliumfragmente von kranial nach kaudal. Im Anschluß daran werden zunächst die Reposition und Fixation des gesamten vorderen Pfeilers abgeschlossen. An diese, nun anatomisch stehende »Brücke« wird der hintere Pfeiler reponiert und durch Zugschrauben fixiert. Da über den ilioinguinalen Zugang das Hüftgelenk nicht direkt eingesehen werden kann, läßt sich die Rekonstruktion des Hüftgelenkes nur durch eine jeweils absolut anatomische Refixation aller Einzelfragmente erreichen.

Die Reposition wird insgesamt durch einen manuellen Seitzug entlang der Achse des Schenkelhalses erleichtert (Umkehrung des Dislokationsvektors). Die Reposition des hinteren Pfeilers wird durch Einsatz der Repositionszangen durch das 2. Fenster erreicht, zur Verbesserung der Ansatzmöglichkeiten müssen ggf. Bohrungen vorgenommen oder Schrauben eingesetzt werden. Eine gelegentlich vorteilhafte Variante ist der Einsatz der gekröpften Repositionszange nach Weber (Malleolarinstrumente).

**Erweiterte Zugänge.** Bei Einsatz eines erweiterten Zugangs folgt die Operationstaktik im wesentlichen den gleichen Schritten. Vom Operationsablauf her kann es günstiger sein, nach Rekonstruktion der Beckenschaufel zunächst die Reposition und Fixation von Zusatzverletzungen des hinteren Pfeilers vorzunehmen. Nach endgültiger Reposition des hinteren Pfeilers und stabiler Fixation erfolgt die Rekonstruktion des vorderen Pfeilers.

**Fixation** (Abb. 20.28 a–i)

Im Bereich des Os ilium werden bevorzugt Zugschrauben entlang des Beckenkamms eingesetzt. Wenn möglich, werden auch distal gelegene Fragmente des vorderen Pfeilers zunächst mit Zugschrauben gefäßt (***cave:*** Gelenknähe, Behinderung der Reposition des hinteren Pfeilers!). Eine lange Platte entlang der Linea terminalis überbrückt alle Fragmente (gebogene Beckenrepositionsplatte, etwa 10–14 Loch). Diese Platte muß sehr genau vorgeformt werden, um sekundäre Fragmentdislokationen zu vermeiden. Auch bei der Besetzung der Plattenschrauben muß die noch zu erfolgende Reposition des hinteren Pfeilers berücksichtigt werden.

Der hintere Pfeiler selbst wird durch Zugschrauben fixiert (s. oben »Schraube hinterer Pfeiler«). Durch eine weitere Zugschraube direkt distal des Acetabulums, parallel zur quadrilateralen Fläche, läßt sich die Stabilität der Osteosynthese noch weiter erhöhen.

Die Zusatzverletzungen im Bereich des hinteren Pfeilers, zumeist Frakturen der hinteren Wand, werden in oben dargestellter Weise zusätzlich stabilisiert.

Bestehen nur wenige große Hauptfragmente, kann eine alleinige Zugschraubenosteosynthese ausreichend sein. In Zweifelsfällen sollte immer eine zusätzliche Plattenosteosynthese durchgeführt werden.

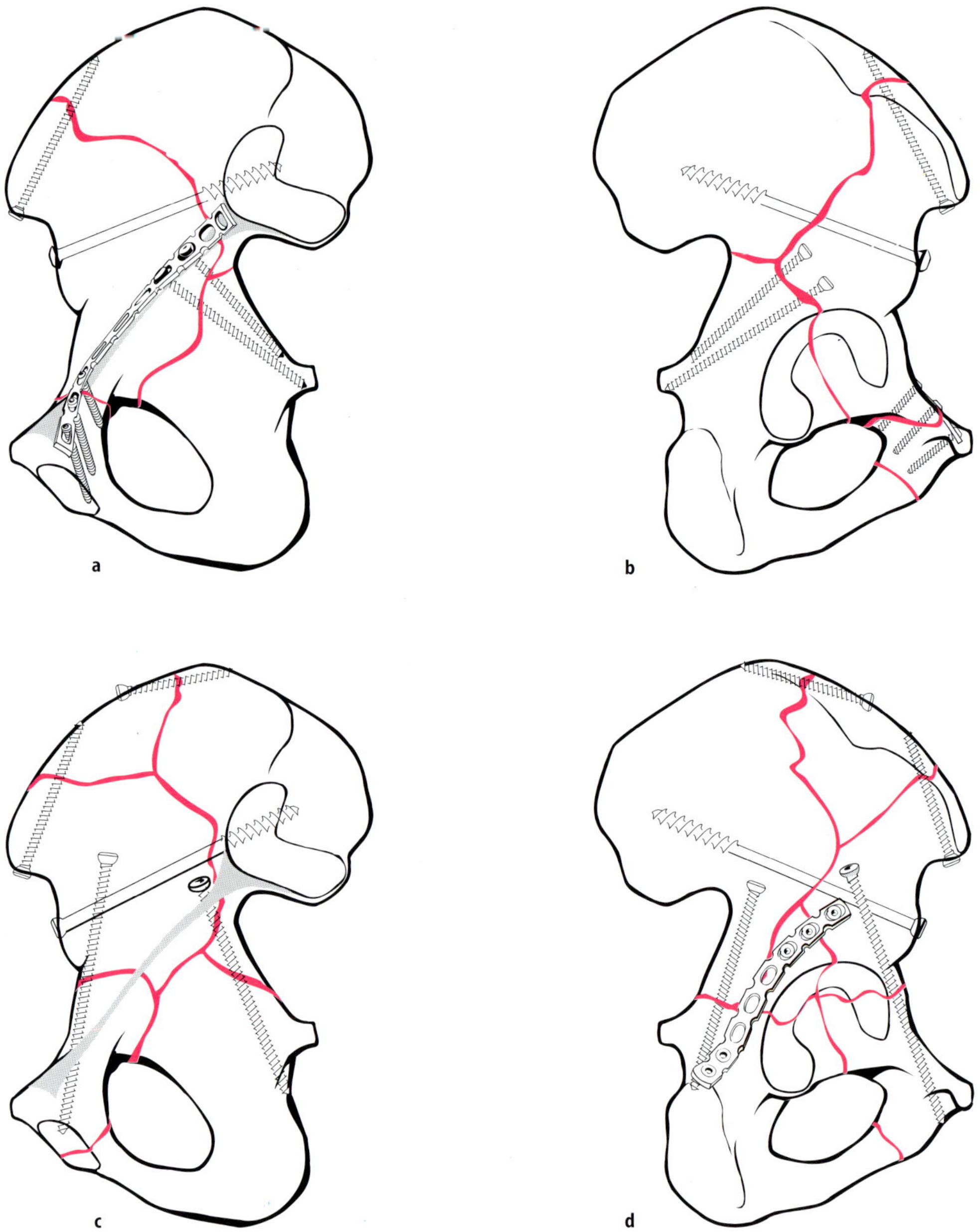


**Abb. 20.28 a–i.** Mögliche Implantateinlage bei Versorgung einer Zweipfeilerfraktur. **a, b** Die Implantatlage wird im wesentlichen durch den gewählten Zugang bestimmt. Aufgrund der geringeren perioperativen Morbidität ist möglichst der ilioinguinale Zugang zu bevorzugen. Von der operativen Taktik her erfolgt prinzipiell zunächst die absolut anatomische Rekonstruktion des vorderen Pfeilers von kranial nach distal. Alle Fragmente werden zunächst mit Zugschrauben stabilisiert; eine lange Rekonstruktionsplatte im Bereich der Linea terminalis erhöht die Stabilität. Der im Zuge der Versorgung schon weitgehend reponierte hintere Pfeiler wird durch Haken oder Zangen endgültig reponiert und mit Zugschrauben an den vorderen Pfeiler »herangezogen« (s. auch Abb. 20.13). **c, d** Bei Versorgung über einen erweiterten Zugang werden beide Pfeiler zunächst mit Zugschrauben fixiert und je nach Bedarf zusätzliche Neutralisationsplatten appliziert

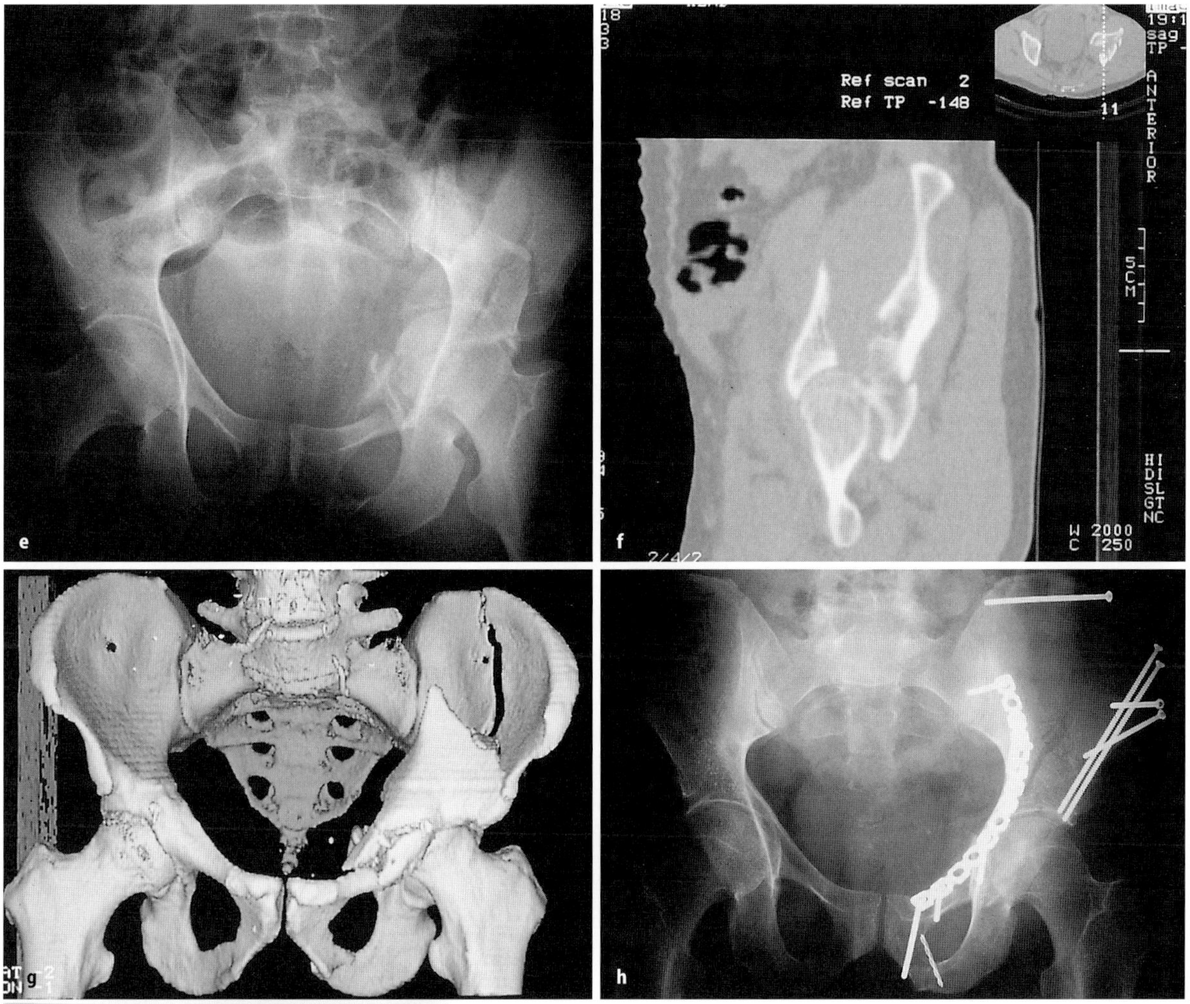


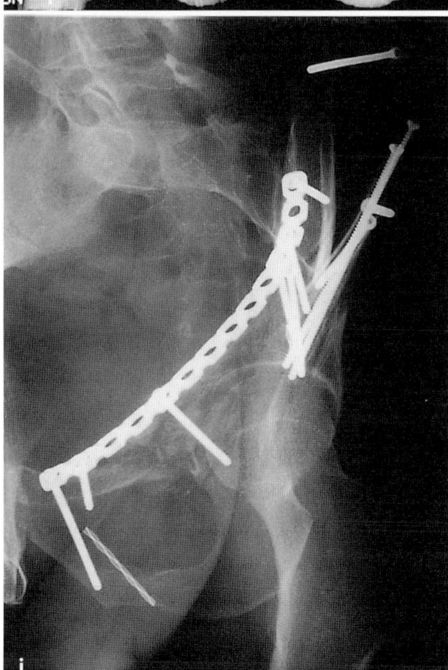


**Abb. 20.28** (Forts.) **e–g** Beispiel einer Zweipfeilerfraktur, die über einen ilioinguinalen Zugang versorgt wurde (**h, i**)

## Postoperative Behandlung

Die postoperative Therapie der Acetabulumfrakturen ist der Therapie der Beckenringfrakturen weitgehend ähnlich. Es sollen deswegen im folgenden nur stichwortartig die wichtigsten Maßnahmen bzw. auch zusätzlich erforderliche Maßnahmen genannt werden.

### ■ Allgemeine Pflege

Je nach Operationsdauer und Blutverlust wird eine postoperative Intensivtherapie vorgesehen. Insbesondere nach Durchführung des ilioinguinalen Zugangs ist auf Zeichen einer Gefäßschädigung mit sekundären Durchblutungsstörungen des Beines bzw. Zeichen der venösen Stauung (Beckenvenenthrombose) zu achten.

Möglichst früh wird der neurologische Status zum Ausschluß eines iatrogenen Nervenschadens überprüft.

### ■ Infektionsprophylaxe

Bei kleineren und mittelgroßen Eingriffen, (Kocher-Langenbeck-, ilioinguinaler Zugang) wird lediglich eine einzelne Antibiotikadosis zur perioperativen Prophylaxe verabreicht.

Bei Durchführung des erweiterten Zugangs bzw. Operationszeiten über 4 h wird intraoperativ eine 2. Antibiotikadosis nach 4 h verabreicht, und die Prophylaxe wird für 24 h fortgeführt (alle 6 h).

Es erfolgen eine sorgfältige Drainagenpflege und ein Verbandswechsel nach 48 h. Danach werden die Drainagen entfernt, und die Wunde wird verbandfrei gelassen. Bei Unsicherheiten in der klinischen Beurteilung werden großzügig sonographische Wundkontrollen angeschlossen, insbesondere nach den erweiterten Zugängen.

### ■ Thromboseprophylaxe

Das im eigenen Vorgehen bewährte Schema der »Hochrisikoprophylaxe« sieht postoperativ die Weiterführung der i. v.-Heparingabe über Perfusor vor (150 I. E./kg KG und 24 h). Bei regelrechtem Verlauf (keine Nachblutung) wird die Dosis nach 3 Tagen verdoppelt und so lange beibehalten, bis der Patient derart mobilisierbar ist, daß er den Großteil des Tages außerhalb des Bettes verbringt. Zu diesem Zeitpunkt wird die Prophylaxe auf Mono-Embolex-s.c.-Injektionen umgestellt, die bei freier Mobilisation des Patienten nach 3 Wochen abgesetzt wird, ansonsten in Abhängigkeit vom Aktivitätsgrad des Patienten auch länger verabreicht wird.

| | |
|---|---|
| Kontinuierlich | • Thromboseprophylaxe nach dem Hochrisikoschema (s. Kap. 8, S. 131)<br>• Phrophylaxe heterotoper Ossifikationen (Indomethazin 2 × 25 mg) für 4 Wochen |
| 1. postoperativer Tag | • Regelmäßige DMS-Kontrolle<br>• Drainagenpflege,<br>• Isometrie im Bett, ggf. Aufsitzen am Bettrand<br>• Hüftbewegungsschiene, möglichst ab Operation, kontinuierlich bei Knorpelschäden |
| 2. postoperativer Tag | • Drainagenentfernung,<br>• Aufsitzen am Bettrand, ggf. Stehen vor dem Bett, ggf. schon Mobilisation im Gehwagen oder an Stützen (15 kg Teilbelastung)<br>• Hüftbewegungsschiene |
| Ab 3. Tag bis Entlassung | • Mobilisation an Unterarmgehstützen, ggf. Gehwagen (Teilbelastung mit 15 kg)<br>• Postoperative Röntgenkontrolle (Beckenübersicht, Ala- und Obturatorprojektion) |
| Bis Ende 6. Woche | • ggf. Rehabilitationsklinik<br>• Teilbelastung an Unterarmgehstützen, ambulante Physiotherapie |
| Ab 7. Woche | • Röntgenkontrolle nach 6 Wochen (Beckenübersicht, Ala- und Obturatorprojektion)<br>• Bei »einfachen« Frakturtypen zunehmende Vollbelastung innerhalb von 2 Wochen |
| Ab 10. bis 12. Woche | • Zunehmende Vollbelastung bei Frakturen mit Impressionen, Hüftkopffrakturen und nach Knochentransplantationen |
| Arbeitsfähigkeit | • Arbeitsfähigkeit nach ca. 8–16 Wochen in Abhängigkeit von Frakturtyp, Allgemeinzustand und Anforderungsprofil |
| 1 Jahr | • Klinische und radiologische Nachkontrolle (Beckenübersicht, ggf. Ala- und Obturatorprojektion) (HK-Nekrose? Arthrose? Verlauf von Nervenschäden?) |
| 2. Jahr | • Klinische und radiologische Nachkontrolle bei Beschwerden oder Verdachtsmomenten (Beckenübersicht, ggf. Ala- und Obturatorprojektion) (HK-Nekrose? Arthrose? Verlauf von Nervenschäden?) |

**Tabelle 20.2.** Zusammenfassung der postoperativen Nachbehandlung und von Kontrollen nach Acetabulumfrakturen. Es können nur Anhaltspunkte gegeben werden, die insbesondere in der späten Nachkontrolle entsprechend des klinischen Verlaufs (z. B. langfristige Kontrolle und Behandlung von Nervenschäden) variiert werden müssen

## ■ Mobilisation

Besonders bei Frakturen mit ausgedehnteren Knorpelschädigungen ist eine möglichst sofort postoperativ zu beginnende, kontinuierliche, passive Gelenkmobilisation zu empfehlen (Abb. 20.29). Der sofort postoperative Beginn, möglichst noch vor dem kompletten Abklingen der Analgesie, erleichtert nach eigener Erfahrung die spätere Mobilisation und scheint auch einen günstigen Einfluß auf die Wunddrainage zu haben (Reduktion der postoperativen Serome/Hämatome).

*Anmerkung.* Es sollten unbedingt spezielle Hüftbewegungsschienen eingesetzt werden. Mit den weit verbreiteten Kniemobilisationsschienen kann zwar ebenfalls eine gewisse Bewegung in der Hüfte erreicht werden, aber auf diesen Geräten ist die Hüftbeugung mit einer Druckbelastung des Hüftgelenkes und hier insbesondere der Hinterwand verbunden. Spezielle Hüftbewegungsschienen unterstützen das gesamte Bein und ermöglichen je nach Modell eine Führung des Hüftgelenkes in allen Freiheitsgraden.

Prinzipiell wird eine Frühmobilisation angestrebt, d.h. bei entsprechendem Allgemeinzustand des Patienten erfolgt am 1. postoperativen Tag ein kurzes Aufsetzen an der Bettkante, am 2. Tag die Mobilisation an Unterarmgehstützen, aushilfsweise unter kurzfristiger Inanspruchnahme des Gehwagens. Es wird immer eine Teilbelastung mit Abrollen des Fußes durchgeführt (Belastung mit Eigengewicht des Beines, etwa 15–20 kg).

Ist das nicht möglich, wird neben der Therapie mit der Motorschiene eine Physiotherapie im Bett durchgeführt, und der Patient wird zu Eigenübungen (Thromboseprophylaxe) angehalten.

Besonders nach Durchführung der erweiterten Zugänge ist die Mobilisation häufig erschwert. In diesen Fällen kann eine 1- bis 2wöchige Bettruhe bis zur vollständigen Wundheilung nötig sein. Auf eine ausreichende Physiotherapie im Bett und die lückenlose Thromboseprophylaxe ist unbedingt zu achten.

Bei Frakturtypen, die eine hohe Stabilität aufweisen (tiefe Querfrakturen, tiefe Frakturen der vorderen Wand), wird die Teilbelastung des Beines für 6 Wochen, in den anderen Fällen für 10–12 Wochen beibehalten.

### Kontrollen

*Röntgenkontrollen* werden nach der Mobilisation des Patienten anhand einer Beckenübersichtsaufnahme und den Ala- und Obturatorprojektionen zur Befunddokumentation durchgeführt. Bestehen Unklarheiten über die Qualität der Reposition oder aber über die Lagebeziehung der Implantate zum Gelenk (intraartikuläre Schraube?) muß unverzüglich eine CT-Kontrolle angeschlossen werden und ggf. eine frühzeitige Revision erfolgen.

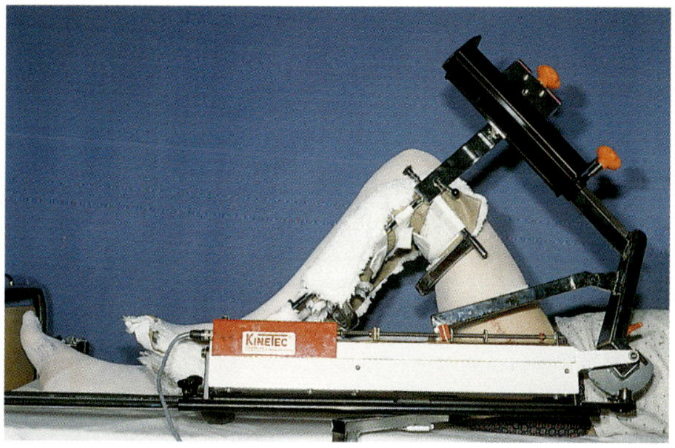


**Abb. 20.29.** Postoperative Nachbehandlung auf der Hüftbewegungsschiene

*Anmerkung.* Die hohe Wertigkeit einer postoperativen computertomographischen Untersuchung für den Nachweis intraartikulärer Implantate, aber auch für die Kontrolle des Repositionsergebnisses ist schon länger bekannt [18]. Nur in der Computertomographie lassen sich intraartikuläre Stufen und Spalten mit ausreichender Präzision für eine prognostische Einschätzung beurteilen. Sie wird deswegen im eigenen Vorgehen zunehmend eingesetzt, um die Repositionsgüte und Implantatlage nach schwierigen Versorgungen zu überprüfen.

Weitere Kontrollen erfolgen 6 Wochen postoperativ mit einer Beckenübersichtsaufnahme sowie nach 12 Wochen mit Beckenübersichtsaufnahme und Schrägaufnahmen als Abschlußkontrolle. Wegen der Gefahr des Auftretens einer Hüftkopfnekrose erfolgen im eigenen Vorgehen auch bei Beschwerdefreiheit des Patienten Spätkontrollen (jeweils mit Beckenübersichtsaufnahmen) nach 12 und 24 Monaten. Werden pathologische Befunde erhoben, wird die Untersuchung jeweils durch Schrägaufnahmen und ggf. durch eine Computertomographie ergänzt.

Zum Abschluß der stationären Behandlung erfolgt eine genaue *Dokumentation des neurologischen Status*, bevorzugt durch eine fachneurologische Konsiliaruntersuchung. Werden pathologische Befunde erhoben, werden diese langfristig kontrolliert, und auf eine spezifische krankengymnastische Therapie wird geachtet.

Eine *Implantatentfernung* wird am Acetabulum nicht durchgeführt. Ausnahmen bestehen bei störenden, prominenten Implantaten (z.B. Beckenkamm) und in den Fällen, in denen bei Auftreten einer posttraumatischen Arthrose die Implantate die Implantation einer Hüftendoprothese behindern (s. auch Kap. 25).

## Versorgung von Hüftkopffrakturen

Hüftkopffrakturen in der Verbindung mit Acetabulumfrakturen (Pipkin Typ IV) sind seltene Verletzungen, die im Vergleich zu den isolierten Hüftkopffrakturen (Pipkin Typ I und II) eine deutlich schlechtere Prognose aufweisen (Abb. 20.30).

Marchetti et al. geben in einer aktuellen Untersuchung von insgesamt 33 Patienten nach 14-Pipkin-IV-Verletzungen in 33% schlechte Ergebnisse an, während die Typen Pipkin I und II in 75% und 78% mit guten Ergebnissen ausheilten, ohne daß schlechte Ergebnisse beobachtet wurden [19].

Im eigenen Krankengut wurden während eines Zeitraumes von 15 Jahren 32 Hüftkopffrakturen behandelt (7% der Hüftluxationen und Luxationsfrakturen), 15 Patienten wurden sekundär zuverlegt [9]. In 11 Fällen lag der Pipkin Typ IV vor, von 7 nachuntersuchten Patienten dieses Typs hatten nach den Kriterien von Thomson u. Epstein [32] 2 Patienten ein gutes und 5 ein mäßiges Ergebnis.

Für die schlechten Langzeitresultate scheinen im wesentlichen direkte Schädigungen des Hüftkopfes verantwortlich zu sein, die bisher als wesentliche Ursache angenommene durchblutungsbedingte Hüftkopfnekrose läßt sich, nicht zuletzt anhand der nun zunehmenden Anzahl von kernspintomographischen Nachkontrollen, immer häufiger ausschließen [9, 30].

Obwohl einzelne Kliniken selbst über einen größeren Zeitraum in der Regel nur kleinere Patientengruppen überblicken [10, 13, 14, 16, 19, 29–31], lassen sich aus den verschiedenen Versorgungsstrategien zwischenzeitlich relativ klare Therapieempfehlungen ableiten. Im folgenden wird das in der eigenen Klinik angewendete Konzept dargestellt, wobei der Vollständigkeit halber, neben den Kombinationsverletzungen (Pipkin Typ III und IV) auch die Versorgung der isolierten Hüftkopffraktur (Pipkin Typ I und II) eingegangen wird [9].

### ■ Versorgung der Hüftkopffraktur Typ Pipkin I

**Indikation**

Die Indikation zur operativen Therapie hängt von der Größe, Lage und Stabilität des Fragmentes ab.

- Ist das Fragment undisloziert oder minimal disloziert (CT) und unter Bildwandlerkontrolle stabil, wird funktionell behandelt (Teilbelastung für 6 Wochen).
- Ist das Fragment klein und disloziert oder unter Bildwandlerkontrolle instabil, wird es entfernt.
- Besteht ein kleines, nicht ideal reponiertes Fragment außerhalb der Belastungszone (Fossa acetabuli), kann es belassen werden, wenn keine Bewegungseinschränkung resultiert.
- Ist das Fragment groß (Übergang zu Pipkin II), wird es refixiert (Technik s. unten).

**Zugang**

- Anteriorer Zugang.

### ■ Versorgung der Hüftkopffraktur Typ Pipkin II

**Indikation**

Die Indikation zur Osteosynthese ist gegeben, da aufgrund der Fragmentgröße eine Instabilität der Hüfte resultiert und nur mit einer Osteosynthese eine sichere frühfunktionelle Behandlung durchgeführt werden kann.

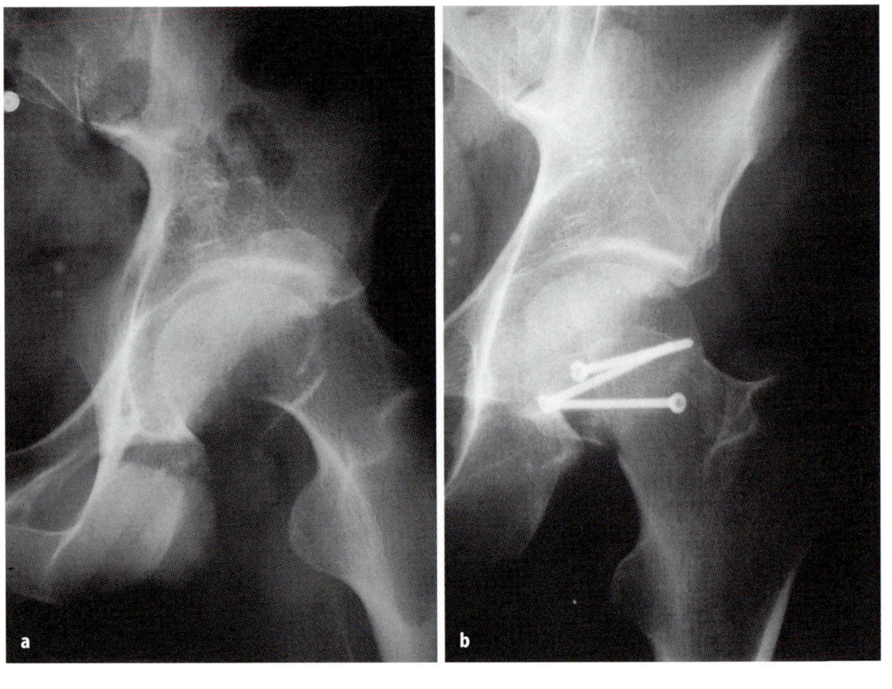


**Abb. 20.30 a, b.** Fallbeispiel Hüftkopffraktur. **a** Hüftkopffraktur vom Typ Pipkin II. **b** Versorgung durch offene Reposition über einen anterioren Zugang und Zugschraubenosteosynthese

Aufgrund der Größe des Fragmentes und den zu erwartenden Scherkräften besteht die Operationsindikation auch bei unverschobenen oder minimal dislozierten Fragmenten.

**Zugang**

Über die Zugangswahl wird individuell entschieden:

- Nach gelungener Reposition einer dorsalen Hüftluxation und dem im Gelenk liegenden Fragment wird von anterior zugegangen (Anteriorer Zugang, bei Bedarf Erweiterung zum Zugang nach Smith-Peterson).
- Bei Hüftkopffrakturen nach einer anterioren Luxation (selten) wird eine operative Versorgung ebenfalls von ventral vorgenommen.
- Bei Repositionshindernissen wird nach einer dorsalen Luxation über den dorsalen Zugang (Kocher-Langenbeck) vorgegangen.

> *Anmerkung.* Die Zugangswahl bei einer posterioren Verrenkung (anterior oder posterior) wurde lange Zeit kontrovers diskutiert. Gegen den anterioren Zugang wurde v.a. die Möglichkeit einer zusätzlichen Schädigung der arteriellen Hüftkopfversorgung angeführt [13], für den anterioren Zugang sprach v.a. die erheblich erleichterte Osteosynthesetechnik.
>
> Neuere Untersuchungen zeigen, daß der Zugangswahl nur eine sekundäre Bedeutung für das Endergebnis zukommt [19, 31]. Allerdings ist bei Verwendung eines anterioren Zugangs die Operationszeit kürzer, der Blutverlust geringer und die technische Durchführung der Refixation erheblich einfacher [31].

**Osteosynthese**

Die Reposition gelingt über den anterioren Zugang in der Regel leicht, da das Fragment »oben« liegt und nach Rotationskontrolle des Oberschenkels häufig direkt reponiert werden kann.

Die Osteosynthese wird als Zugschraubenosteosynthese mit komplett versenkten Implantaten, möglichst rechtwinklig zum Frakturspalt ausgeführt.

Mögliche Implantate sind:

- Kompressionsschrauben nach Herberts, möglichst in Titanausführung, um eine spätere NMR-Untersuchung weniger zu beeinflussen;
- 3,5-mm-Kleinfragmentzugschrauben, ebenfalls bevorzugt Titan mit versenktem Kopf;
- bei sehr flachen Fragmenten ggf. 2,7-mm-Schrauben (überprüfen, ob nicht ggf. eine Fragmententfernung indiziert ist!).

Es werden möglichst 3 Schrauben gleichmäßig über das Fragment verteilt, und die Schraubenrichtung wird soweit wie möglich senkrecht zur Frakturebene ausgerichtet.

CAVE Zu lange Schrauben, die auf der Gegenseite in den Gelenkspalt reichen! Intraoperative Rotationskontrollen und ggf. Durchleuchtung.

## ■ Versorgung der Hüftkopffraktur Typ Pipkin III

**Indikation**

Die Prognose wird als ausgesprochen schlecht angesehen, in nur wenigen Fällen »überlebte« das Hüftgelenk. Die Indikation wird daher im wesentlichen vom Patientenalter und dem Zustand der Hüfte abhängig gemacht: Nur bei *sehr jungen Patienten* kann ein Erhaltungsversuch indiziert sein, wenn sich nicht auch hier aufgrund einer Trümmerfraktur eine Osteosynthese verbietet. Ansonsten wird die Indikation zur primären Totalendoprothese gestellt.

**Zugang und Osteosynthese bei Erhaltungsversuch**

- Zunächst Verschraubung der Schenkelhalsfraktur von lateral, dann anteriorer Zugang zur Hüftkopfverschraubung.
- Verschraubung des Schenkelhalses mit 6,5-mm-Zugschrauben.
- Hüftkopfosteosynthese wie bei der Versorgung von Pipkin I und II Verletzungen beschrieben.

## ■ Versorgung der Hüftkopffraktur Typ Pipkin IV

**Indikation**

- Die Indikation zur Refixation des Kalottenfragmentes entspricht denen der im Rahmen der reinen Hüftluxation erlittenen Verletzungen (Pipkin I und II).
- Die Indikation zur operativen Versorgung der Acetabulumfraktur richtet sich nach dem Typ der Acetabulumfraktur (in der Regel dorsal, als Fraktur der hinteren Wand).

**Zugang**

- Ist die Acetabulumfraktur versorgungspflichtig, wird von dorsal zugegangen. Bei kleineren Hinterwandfragmenten kann eine Refixation von dorsal unmöglich sein, in diesen Fällen wird sequentiell oder in Seitenlage simultan ein anteriorer Zugang angeschlossen. Ansonsten wird das Hüftgelenk distrahiert und rotiert, bis die Frakturfläche zugänglich ist.
- Bestehen minimale, nicht versorgungspflichtige Abscherungen der Hinterwand; wird vorteilhafter von ventral zugegangen.

**Osteosynthese**

- Die Hüftkopfversorgung erfolgt entsprechend der Osteosynthese der Pipkin-II-Verletzungen.
- Die Acetabulumversorgung erfolgt entsprechend des Frakturtyps.
- Beim dorsalen Zugang werden, aufgrund der besseren Darstellbarkeit, zunächst die Hüftkopffraktur versorgt und im Anschluß die Reposition des Hüftgelenkes und die Reposition und Stabilisation des Hinterwandfragmentes vorgenommen.

- **Nachbehandlung**
- Funktionell mit kontinuierlicher Hüftbewegungsschiene.
- Teilbelastung an Gehstützen für 6 Wochen.
- Thromboembolieprophylaxe und Prophylaxe heterotoper Ossifikationen!

## Literatur


1. Anglen J, DiPasquale T (1994) The reliability of detecting screw penetration of the acetabulum by intraoperative auscultation. J Orthop Trauma 8(5): 404–408
2. Bergmann G, Graichen F, Rohlmann A (1993) Hip joint forces during walking and running, measured in two patients. J Biomech 26: 969–990
3. Bosse M (1991) Posterior acetabular wall fractures: a technique for screw placement. J Orthop Trauma 5(2): 167–172
4. Chang-Soo K (1992) Wire fixation methods of acetabular fractures. Abstractband, OTA, 7th Annual Meeting, Minneapolis
5. Cheng S, Smith T, Davey J (1993) A comparison of the strength and stability of six techniques of cerclage wire fixation for fractures. J Orthop Trauma 7(3): 221–225
6. Daum W, Tencer A, Cartwright T, Simmons D, Woodard P, Koulisis C (1988) Pull-out strength of bone screws at various sites about the pelvis- a preliminary study. J Orthop Trauma 2(3): 229–233
7. Debrunner H (1975) Studien zur Biomechanik des Hüftgelenkes, Teil I. Z Orthop 113: 377–388
8. Dickson K, Contreras D, Gosselin R, Delgado E, Paiement G (1993) A limited anterior approach with cerclage wiring for reduction of complex acetabular fractures. 1st International Symposium on surgical treatment of acetabular fractures. Paris, May 10–11, 1993
9. Dreinhöfer K, Schwarzkop S, Haas N, Tscherne H (1996) Femurkopfluxationsfrakturen. Langzeitergebnisse der konservativen und operativen Therapie. Unfallchirurg 99(6): 400–409
10. Duquennoy A, Decoulx J, Capron J, Torabi D (1975) Les luxations traumatiques de la hanche avec la tete femorale. Rev Chir Orthop Reparatrice Appar Mot 61: 209–219
11. Ebraheim N, Savolaine E, Hoeflinger M, Jackson W (1989) Radiological diagnosis of screw penetration of the hip joint in acetabular fracture reconstruction. J Orthop Trauma 3(3): 196–201
12. Ebraheim N, Waldrop J, Yeasting R, Jackson W (1992) Danger zone of the acetabulum. J Orthop Trauma 6(2): 146–151
13. Epstein H (1974) Posterior fracture-dislocations of the hip. J Bone Joint Surg Am 56(6): 1103–1127
14. Haag C, Schlickewei W (1993) Femurkopffrakturen bei vorderen und hinteren Hüftgelenksluxationsfrakturen. Hefte Unfallheilkd 228: 76–90
15. Kang C (1987) A new fixation method of the acetabular fracture.
16. Kelly R, Yarbrough S (1971) Posterior fracture dislocation of the femoral head with retained medial head fragment. J Trauma 11: 97–108
17. Letournel E, Judet R (1993) Fractures of the acetabulum, 2nd edn. Springer, Berlin Heidelberg New York Tokyo
18. Mack L, Duesdiecker G, Harley J, Bach A, Winquist R (1983) CT of acetabular fractures: postoperative appearances. AJR 141: 891–894
19. Marchetti M, Steinberg G, Coumas J (1996) Intermediate-term experience of Pipkin fracture-dislocations of the hip. J Orthop Trauma 10(7): 455–461
20. Matta J (1992) Surgical treatment of acetabulum fractures, chapt 32. In: Brown B, Jupiter J, Levine A, Trafton P (eds) Skeletal trauma. Saunders, Philadelphia, pp 899–922
21. Matta J, Letournel E, Browner B (1986) Surgical management of acetabular fractures. AAOS Instr Course Lect 35: 382–397
22. Mayo K (1987) Fractures of the acetabulum. Orthop Clin North Am 18(1): 43–57
23. Mears D (1992) The application of braided cables for posterior pelvic fixation. Annual meeting OTA. Mineapolis/MN, October 1–3, 1992
24. Mears D, Rubash H (1986) Pelvic and acetabular fractures. Slack Thorofare, New Jersey:
25. Pohlemann T, Gänsslen A, Hartung S (1997) Beckenverletzungen. In: Schweiberer L, Tscherne H (Hrsg) Ergebnisse der multizentrischen Studie der Arbeitsgruppe Becken der AO und DGU. Springer, Berlin Heidelberg New York Tokyo
26. Sawaguchi T, Brown T, Rubash H, Mears D (1984) Stability of acetabular fractures after internal fixation – a cadaveric study. Acta Orthop Scand 55: 601–605
27. Schatzker J, Sanderson R, Murnaghan J (1975) The holding power of orthopedic screws in vivo. Clin Orthop 108: 115–126
28. Schopfer A, Willett K, Powell J, Tile M (1993) Cerclage wiring in internal fixation of acetabular fractures. J Orthop Trauma 7(3): 236–241
29. Schweikert C, Weigand H (1979) Hüftkalottenfrakturen. Hefte Unfallheilkd 140: 113–199
30. Stockenhuber N, Schweighofer F, Seibert F (1994) Diagnostik, Therapie und Prognose der Pipkin-Frakturen (Femurkopf-Verrenkungsbrüche). Chirurg 65(11): 976–981
31. Swiontkowski M, Thorpe M, Seiler J, Hansen S (1992) Operative management of displaced femoral head fractures: case matched comparison of anterior versus posterior approaches for Pipkin I and Pipkin II fractures. J Orthop Trauma 6: 437–442
32. Thomson V, Epstein H (1951) Traumatic dislocation of the hip. J Bone Joint Surg Am 33: 746–778
33. Tile M (1995) Fractures of the pelvis and acetabulum, 2nd edn. Williams & Wilkins, Baltimore

# KAPITEL 21

# Komplikationen



T. POHLEMANN, T. HÜFNER und A. GÄNSSLEN



**Da die Acetabulumfraktur als Folge einer erheblichen Gewalteinwirkung auf den Körper entsteht, muß per se schon mit einer relativ hohen Komplikationsrate gerechnet werden. Becken- und Acetabulumfrakturen sind hierbei nicht unbedingt zu trennen, so daß zur Betrachtung der allgemeinen Komplikationsmöglichkeiten auch auf Kap. 10 verwiesen wird.**

**Da die operative Therapie der Acetabulumfrakturen ausgedehnte Zugangswege in einem anatomisch anspruchsvollen Gebiet und daraus resultierend teilweise langdauernde Operationszeiten einschließt, ist es verständlich, daß die Komplikationsraten oft über denen unfallchirurgischer Operationen in anderen Körperregionen liegen. Die Darstellungen in der Literatur sind dazu nicht immer einheitlich und schwanken je nach der Größe der Stichprobe, der Patientenauswahl, sowie der Anzahl und dem Erfahrungsstand der beteiligten Operateure teilweise erheblich. Der folgende Abschnitt soll dazu dienen einen Überblick über wesentliche Frühkomplikationen während und nach der Therapie und hier v.a. der operativen Therapie von Acetabulumfrakturen zu geben. Wenn möglich werden auch die im eigenen Vorgehen bewährten Strategien der Komplikationsvermeidung angeführt.**

**Zur Darstellung des Spätergebnisses, das ja wesentlich durch das Auftreten einer posttraumatischen Arthrose beeinflußt wird, s. Kap. 23.**

## 21.1 Perioperative Komplikationen

**Unter den perioperativen Komplikationen sind frühe Komplikationen zusammengefaßt, die in direkter Beziehung zum operativen Eingriff stehen und häufig eine unmittelbare chirurgische Therapie benötigen.**

### Thromboembolische Komplikationen

Die Angaben über thromboembolische Komplikationen nach Acetabulumfrakturen variieren in der Literatur erheblich, da sie klinisch oft einen stummen Verlauf nehmen. Je nach durchgeführter Diagnostik werden unfallbedingt Raten zwischen 3 und 33% angegeben [16, 20, 42]. Postoperativ nachgewiesene Thrombosen werden in 3–7% beschrieben [16, 20]. Die Rate der nachgewiesenen Lungenembolien bei kurzfristig nach dem Unfall durchgeführten Versorgungen schwankt zwischen 0–2,2% [18, 42, 51]. Nach späten Rekonstruktionen (über 20 Tage) gibt Johnson eine Rate von 3% an. Mit tödlichen Lungenembolien muß in unter 1% der Fälle gerechnet werden.

- Letournel gibt tödliche Lungenembolien in 4 Fällen (0,7%) von 569 früh operierten Patienten an.
- De Ridder berichtet über eine tödliche Lungenembolie bei 75 operativ versorgten Acetabulumfrakturen (1,3%) [13].
- Im eigenen Krankengut wurden im Rahmen der operativen Therapie von 295 isolierten Acetabulumfrakturen insgesamt 6 Lungenembolien (2%) diagnostiziert. Davon traten 2 (0,7%) als intraoperative, fulminante Lungenembolien auf (beides bei sekundär zuverlegten Patienten) Überlebt wurden 4 Lungenembolien, 3 davon im postoperativen Verlauf aufgetreten und eine schon vor der geplanten und dann später durchgeführten Frakturversorgung diagnostiziert.

Thromboembolische Komplikationen sind sowohl nach Becken- als auch nach Acetabulumfrakturen eine immer ernst zu nehmende Bedrohung. Auch nach isolierten Acetabulumfrakturen gelten alle risikoerhöhenden Faktoren, die schon in Kap. 10 angeführt wurden. Auf eine lückenlose Prophylaxe und ggf. erweiterte präoperative Diagnostik (Dopplersonographie, Phlebographie, MRT) muß unbedingt geachtet werden.

### Blutung

Lebensbedrohliche Blutungen im Rahmen von Acetabulumfrakturen sind selten und werden nahezu immer in Verbindung mit instabilen Beckenringfrakturen oder bei offenen Acetabulumfrakturen beobachtet. In Einzelfällen wurde über letale Blutungen durch direkte Läsionen der A. und V. femoralis auch bei geschlossenen Acetabulumfrakturen berichtet [8, 17, 61].

In seltenen Fällen, in denen weit verschobene Fragmente die Incisura ischiadica major betreffen, konnten Verletzungen der A. glutaea superior nachgewiesen werden, die in der Regel aber nicht kreislaufwirksam waren [3, 34].

> *Anmerkung.* Kommt es intraoperativ zu erneuten Blutungen im Bereich der Incisura ischiadica major, muß darauf geachtet werden, daß im Rahmen der Blutstillung nicht der N. glutaeus superior verletzt wird. Bis eine ausreichende Übersicht erreicht wird, muß die Blutungsstelle tamponiert werden. Ist der Gefäßstumpf über einen Kocher-Langenbeck Zugang nicht zu erreichen und führt die Tamponade nicht zur definitiven Blutstillung, muß nach Erneuerung der Tamponade und Wundverschluß die A iliaca interna von ventral aus freigelegt werden [34].

### Iatrogene Gefäßläsionen

Iatrogene Gefäßläsionen im Rahmen von Acetabulumversorgungen sind selten und treten am ehesten im Rahmen des ilioinguinalen Zugangs auf.

Verletzungen der V. femoralis können durch Fragmentperforation im Rahmen der Reposition [22], aber auch durch Implantatperforationen hervorgerufen werden [29].

Die Versorgung der Verletzung erfolgt sofort nach gefäßchirurgischen Grundsätzen.

Weitergehende Probleme können durch intra- oder postoperativ auftretende Thrombosen der Femoralgefäße entstehen. Arterielle Thrombosen können Folge eines Traktionsschadens auf dem Extensionstisch sein [47], oder aber auch von brüskem Hakenzug und langdauernder Kompression der Gefäße.

! Zu Prävention von vaskulären Komplikationen ist bei der Verwendung des ilioinguinalen Zugangs neben einer adäquaten Präparations- und Repositionstechnik die Überprüfung der vaskulären Situation bei jedem Operationsschritt notwendig. Insbesondere zum Ende der Operation muß sichergestellt werden, daß sowohl der arterielle Zufluß als auch der venöse Rückfluß ausreicht. Postoperativ wird regelmäßig der Puls des Beines kontrolliert und die Extremität auf Stauungszeichen untersucht.

### Infekte

Infekte im Rahmen der operativen Versorgung von Acetabulumfrakturen sind von verschiedenen Faktoren abhängig.

- Die persönliche Erfahrung spielt eine große Rolle. In großen Serien wurden zu Beginn der Acetabulumchirurgie deutlich erhöhte Infektraten gefunden. In der Serie von Judet und Letournel [34] lag die Infektrate nach Einführung des ilioinguinalen Zugangs bei 13,2% und sank, allerdings unter gleichzeitigem Beginn einer perioperativen Antibiose, auf 5%. Matta berichtete in der ersten Serie von 43 Patienten in 9% über Infekte, eine Rate, die in der Analyse der nächsten 98 Patienten auf 3% sank [38].
- Die perioperative Antibiose reduziert die Infektrate weiter. Bei der Versorgung der letzten 400 Patienten aus der Serie von Letournel traten unter Antibiotikaprophylaxe Infekte nur noch in 1% der Fälle auf [34].
- Dem Einsatz erweiterter Zugänge wird allgemein eine erhöhte Infektrate zugeschrieben. Dies läßt sich allerdings nicht zuverlässig bestätigen. Reinert gibt bei der Einführung der »Maryland-Modifikation« eine Infektrate von 5% an [49]. In einer eigenen Untersuchung einer Serie von 35 erweiterten Zugängen trat ein tiefer Infekt (2,9%) auf [62]. Mears gibt bei der Verwendung des Triradiate-Zugangs eine Infektrate von 4% an [41]. Insgesamt muß beim Einsatz der erweiterten Zugänge mit einem Infektrisiko von etwa 3% gerechnet werden [56].

! Infektionen nach Acetabulumfrakturen sind schwere Komplikationen, die häufig durch einen Gelenkinfekt zur schnellen Gelenkdestruktion führen. Neben einer atraumatischen Operationstechnik und gut geplanten Repositionsmanövern über adäquate Zugänge und der perioperativen Antibiotikaprophylaxe kommt der postoperativen Wundkontrolle eine besondere Bedeutung zu. Tiefe Serome und Hämatome müssen frühzeitig erkannt und ggf. ausgeräumt werden (Sonographiekontrollen). Im Verdachtsfall ist die Indikation zur operativen Wundrevision großzügig zu stellen.

### Nervenschäden

In nahezu allen Analysen der Acetabulumfrakturen werden begleitende Nervenschäden angegeben. Vom anatomischen Standpunkt aus können prinzipiell Läsionen des N. ischiadicus, des N. femoralis und des N. obturatorius entstehen. Bei entsprechenden Dislokationen oder Frakturlinien, die bis weit kranial zu Incisura ischiadica major reichen, kann es auch zur Läsion des N. glutaeus superior kommen. Zusätzliche Läsionsmöglichkeiten bestehen für den N. pudendus und den N. cutaneus femoris lateralis.

Die Gesamtinzidenz von Nervenschäden nach Acetabulumfrakturen wird in älteren Arbeiten zwischen 7 und 33% angegeben, wobei immer wieder auf die besondere Beziehung zu hinteren Luxations- und Trümmerfrakturen hingewiesen wird (aus [45]).

Waller wies in experimentellen Untersuchungen nach, daß bei der Erzeugung von Frakturen mit großen Hinterwandfragmenten in 10 von 46 Fällen eine direkte Schädigung des N. ischiadicus durch Fragmenteinwirkung resultierte [59]. Bei 50 Versuchen mit Erzeugung einer Trümmerfraktur der Hinterwand kam es in 2 Fällen zu Fragmenteinsprengungen in den Nerv, in 12 Fällen wurden Fragmente in Positionen gesprengt, in denen eine Nervenschädigung wahrscheinlich war. Eine eigentliche Nervenzerreißung oder Durchtrennung ließ sich nicht nachweisen.

Decoulx konnte diesen Mechanismus klinisch nicht immer nachvollziehen; in 4 von 12 Fällen, in denen nach Nervenschäden revidiert wurde, fand sich lediglich ein diffuses Hämatom in Nervennähe [14]. Er nimmt dagegen an, daß es im Rahmen der »Dash-board-Verletzung« zu einer Plexusdehnung durch den bei diesem Unfallmechanismus nach distal verlaufenden Kraftvektor (parallel zu den Nervenfasern) kommt.

Die von mehreren Autoren beobachtete Prävalenz der Schädigung des peronealen Anteils des N. ischiadicus im Verhältnis 22:7 wird mit dem spezifischen anatomischen Verlauf des der Hinterwand des Acetabulums direkt anliegenden peronealen Nervenanteils erklärt [44, 54, 57, 59].

Auch in neueren Untersuchungen hat sich die Rate der im Rahmen von Acetabulumfrakturen beobachteten Nervenschäden kaum geändert, sie werden weiterhin mit zwischen 3 und 31% angegeben [19, 23, 34, 38, 49, 52].

Häufig ist allerdings der Schweregrad der Schädigung nicht immer festzustellen. Zwischen unfallbedingten und versorgungsbedingten Schädigungen kann nicht immer unterschieden werden.

Im eigenen Krankengut wurde eine prospektive Studie zur Inzidenz und Prognose von Nervenschäden durchgeführt (prä- und postoperative neurologische Kontrollen, neurologische Kontrollen mit EMG-Untersuchungen nach 24 Monaten) [46]. Bei den 28 untersuchten Patienten mit Acetabulumfrakturen wurden in insgesamt 73% primäre Veränderungen des Neurostatus gefunden (in 64% Schäden des N. glutaeus superior). Nach 2 Jahren waren bei insgesamt 55% der Patienten Remissionen zu beobachten, in 34% war diese Erholung komplett. Somit lagen permanente Nervenschäden bei 36% der Patienten vor (in 21% Anteile des N. ischiadicus, in 14% des N. glutaeus superior). Kein Nervenschaden wurde als »schwer« (funktionell behindernd) eingestuft. 20% der Schäden wurden als »leicht« (subjektiv nicht bemerkt) und 16% als »mäßig« (subjektiv nicht störende motorische Läsion) eingeordnet. Zusätzlich bestanden in 14% iatrogene Läsionen, alle als sensible Ausfälle nach Verletzungen des N. cutaneus femoris lateralis.

## ■ Häufigkeit der Schädigungen von Einzelnerven

### N. ischiadicus

Angaben über traumabedingte Schädigungen schwanken zwischen 12 und 21% [22, 24, 34]. Die Rate der iatrogen bedingten Nervenstörungen wird mit zwischen 2 und 12% angegeben [1, 9, 11, 12, 23, 27, 33, 38, 39, 52]. Im Rahmen von verzögerten Versorgungen gibt Johnson eine Rate von 11% an [31].

Die Prognose der posttraumatischen und der iatrogenen Nervenschäden wird günstig beurteilt. Während Tile, Helfet et al. und Letournel [24, 34, 56] zwischen 62% und 100% komplette Remissionen angeben, konnten Fassler et al. zeigen, daß lediglich bei leichten und mäßigen Primärschäden nach 3 Jahren eine komplette Remission eingetreten war, während nach schweren Läsionen des peronealen Anteils lediglich 1/3 der Patienten eine befriedigende Besserung aufwies [15].

*Anmerkung.* Zu Prävention und frühzeitigen Erkennung von iatrogenen Nervenschäden wird insbesondere in amerikanischen Publikationen die intraoperative Ableitung von somatosensorisch evozierten Potentialen empfohlen [24, 25, 58]. Auf eine große Anzahl von »falsch positiven« intraoperativen Anzeigen wird hingewiesen [7]. Da die Alarmierung erst nach einer Latenzzeit stattfindet, wird von den sich derzeit in Erprobung befindlichen intraoperativen EMG-Ableitungen eine höhere Sicherheit erwartet [26].

Im eigenen Vorgehen wurden diese sehr aufwendigen und nur bedingt zuverlässigen Methoden nicht angewendet. Da kein Extensionstisch verwendet wird, der N. ischiadicus während der gesamten Operationszeit bei dorsalen Zugängen unter Sicht und Kontrolle bleibt, und sehr sorgfältig auf eine ausreichende Kniebeugung geachtet wird, wurde im eigenen Krankengut der letzten 5 Jahre kein iatrogener Schaden des N. ischiadicus mehr festgestellt.

### N. femoralis

Verletzungen des N. femoralis werden im Rahmen von Acetabulumfrakturen nur sehr selten beobachtet, beispielsweise etwa durch Fragmenteinwirkung eines dislozierten Schambeinastes [55] oder bei einer beidseitigen Acetabulumfraktur mit Querfraktur und Ausbruch der Hinterwand auf der betroffenen Seite [21].

Postoperative, druckbedingte Schäden werden nur in Einzelfällen angegeben und haben in der Regel eine sehr gute Prognose [23, 34].

### N. cutaneus femoris lateralis

Dieser sensible Hautast ist insbesondere bei der Versorgung über den ilioinguinalen Zugang oder erweiterte Zugänge in Gefahr. Dabei wird das Risiko der iatrogenen Verletzungen mit 12–18% angegeben [23, 34]. In den eigenen Untersuchungen wurde nach Acetabulumversorgung in 14% eine Schädigung des N. cutaneus femoris lateralis nachgewiesen [46].

*Anmerkung.* Aufgrund des erhöhten Risikos muß der Patient unbedingt über diese Komplikationsmöglichkeit aufgeklärt werden, auch wenn die resultierende Sensibilitätsstörung in der Regel nur wenig behindernd ist.

### N. glutaeus superior

Nur in seltenen Fällen kommt es zu einer Verletzung des Haupstamms des Nervs im Bereich des Foramen suprapiriforme. Hier liegt der Nerv dem Knochen direkt an. Eine iatrogene Nervenverletzung wird häufiger nach Blutungskomplikationen der Glutäalgefäße beobachtet und v. a. mit einer nicht ausreichend selektiven Blutstillung in Verbindung gebracht.

In der Serie von Letournel kam es im Rahmen von 461 Operationen über den Kocher-Langenbeck-Zugang zu 12 Blutungskomplikationen des glutäalen Gefäßbündels, in 4 Fällen waren später Schäden des N. glutaeus superior zu beobachten [33].

Bei Untersuchungen im eigenen Krankengut wurden nach Acetabulumfrakturen wesentlich höhere Raten an Verletzungen der Endäste glutäaler Nerven diagnostiziert [46]. In 64% der Fälle lagen postoperativ EMG-Veränderungen vor, die zumindest Schäden der glutäalen Nervenäste vermuten lassen. Diese Defizite waren in der Regel von »leichtem« bis »mäßigem« Schweregrad und nach 2 Jahren für den Patienten nicht mehr behindernd.

> *Anmerkung.* Blutstillungen in diesem Bereich sollten primär durch Tamponaden durchgeführt werden. Venöse Blutungen sind dadurch in der Regel zu stillen. Eine direkte Blutstillung sollte nur dann durchgeführt werden, wenn eine selektive Darstellung gelingt (bipolare Koagulation!).

**N. pudendus**

Eine Verletzung des N. pudendus ist in der Regel als Druckschaden bei Verwendung des Extensionstisches aufzufassen. In Untersuchungen, bei denen Acetabulumoperationen auf dem Extensionstisch ausgeführt wurden, wird die Rate von Pudendusläsionen mit 6% angegeben [23]. Eine Abhängigkeit des Auftretens der Nervenstörung vom Extensionsgewicht wird beschrieben. Die Prognose ist aber insgesamt gut, die Remissionsraten liegen zwischen 90 und 100% [5, 22].

**N. obturatorius**

Eine Verletzung des N. obturatorius ist insbesondere im Rahmen der ventralen Zugänge (ilioinguinaler Zugang oder »Stoppa-Zugang«) möglich.

Rommens findet nach der Versorgung von 225 Acetabulumfrakturen 3 (1,3%) Lähmungen des N. obturatorius [51].

Cole beschreibt 2 Läsionen (3,6%) des N. obturatorius nach 55 Versorgungen von Acetabulumfrakturen über den Stoppa-Zugang [9a]. Beide Läsionen verschwanden spontan.

! Nervenstörungen treten nach Acetabulumfrakturen häufig auf, zeigen aber insgesamt eine recht gute Remissionstendenz. Zur Differenzierung von Traumafolgen und iatrogenen Schäden sollte unbedingt präoperativ eine detaillierte neurologische Untersuchung erfolgen. Alle intraoperativen Darstellungen, Repositionsmanöver und Stabilisierungen müssen sich an der Lage und »Spannung« der gefährdeten Nerven orientieren. Langfristige postoperative Nachkontrollen sind zur Dokumentation der Remissionen anzuraten.

## Seltene Komplikationen

**Organverletzungen**

In einzelnen Fällen wurde die Einklemmung von Organen oder Gefäßen in den Frakturspalt beschrieben. Dies geschieht entweder im Rahmen des Unfallgeschehens oder aber bei der operativen Versorgung. Angegeben wurde die unfallbedingte Einklemmung der Blasenwand in eine dislozierte Fraktur des vorderen Pfeilers vom hohen Typ [40], die unfallbedingte Einklemmung des Dünndarms mit sekundärer Perforation [6, 32, 35], aber auch im Rahmen der operativen Versorgung [50].

In Kombination mit komplexen Beckentraumen und insbesondere nach Urogenitalverletzungen wurden im Rahmen von Infekten sekundäre bakteriell Koxitiden beobachtet, die in der Regel zu schnellen Zerstörung des Hüftgelenkes führen [10, 43].

**Nekrose des M. rectus abdominis**

Eine seltene Komplikation ist die Nekrose des M. rectus abdominis [28]. Sie kann auftreten, wenn nach einer vorausgegangenen Laparotomie durch einen Pararektalschnitt eine Acetabulumversorgung über einen ilioinguinalen Zugang angeschlossen wird.

## Komplikationen in Beziehung zu Osteosynthesen

### ■ Implantatfehllagen

Intraartikuläre Implantatlagen werden selten angegeben, führen aber nahezu sicher in kürzester Zeit zur Gelenkdestruktion. Ausnahmen bestehen, wenn die Schrauben lediglich in der Fossa acetabuli das Gelenk perforieren und die eigentliche Gelenkfläche unberührt bleibt.

Letournel berichtet, daß in 5 Fällen eine intraartikuläre Implantatlage die unmittelbare Ursache für die Entwicklung einer Arthrose war [33].

Routt gibt an, daß in einer Serie von 24 Acetabulumversorgungen über kombinierte Zugänge in einem Fall eine postoperativ entdeckte Schraubenlage zur Reoperation führte [52].

Neben der Gefahr der Gelenkperforation durch Schrauben können in seltenen Fällen auch vaskuläre Komplikationen entstehen.

Johnson et al. beschreiben eine implantatbedingte Gefäßläsion der Art. femoralis im Rahmen der Versorgung einer Acetabulumfraktur [29].

Im eigenen Krankengut wurde postoperativ nach operativer Versorgung einer Acetabulumfraktur (T-Fraktur) eine Oberschenkelvenenthrombose festgestellt, die sekundär auf eine fehlplazierte Schraube im vorderen Pfeiler zurückzuführen war.

! Schraubenfehllagen müssen unbedingt vermieden werden. Neben einer guten, präoperativen Planung der Implantatlage müssen auch intraoperativ alle Maßnahmen ergriffen werden, um eine Gelenkperforation zu vermeiden (zu den entsprechenden Techniken s. Kap. 20).

### ■ Osteosyntheseversagen

Aufgrund der in den meisten Fällen sehr guten Knochenstruktur und den ausgedehnten, gut verzahnten Frakturflächen ist eine Implantatlockerung mit sekundärer Fragmentdislokation selten. Sie wird v. a. bei biomechanisch ungünstiger Schraubenplazierung (z. B. reine Schrauben- oder Plattenfixation in ungünstiger Position am Fragment) oder bei Veränderungen der Knochenstruktur beobachtet (Osteoporose, Altersfrakturen).

In der Serie von Letournel wird eine sekundäre Dislokation in 6 Fällen (1%) angegeben [33].

Helfet gibt in einer Serie von 84 Acetabulumfrakturen, die über Einzelzugänge versorgt wurden, in 2 Fällen einen Repositionsverlust an [23]. In beiden Fällen waren es ältere Patienten mit radiologisch erkennbarer Osteoporose, die eine vorzeitige Vollbelastung durchführten.

! Die Vermeidung von sekundären Repositionsverlusten basiert auf einer guten präoperativen Planung (Schrauben- und Plattenlage) und in der Auswahl von adäquaten, der vorliegenden Knochenstruktur angepaßten Osteosynthesetechniken (s. auch Kap. 20).

## 21.2 Späte Komplikationen

**Heterotope Ossifikationen und Pseudarthrosen am Acetabulum sind »Spätkomplikationen« die zur Betrachtung des Langzeitergebnisses nach Hüftpfannenbrüchen überleiten. Ihr Einfluß auf das »Gesamtergebnis« wird daher nochmals in Kap. 23 dargestellt.**

### Heterotope Ossifikationen

Heterotope Ossifikationen im Rahmen der operativen Versorgung von Acetabulumfrakturen sind eine häufige Komplikation, deren Inzidenz mit zwischen 1 und 69% der Fälle angegeben wird [19, 23, 34, 37, 41, 48, 49, 51, 56].

Eine genaue Beurteilung der klinischen Bedeutung dieser Angaben ist nur lückenhaft möglich, da keine einheitlichen funktionellen Beurteilungen vorgenommen werden. Die im wesentlichen verwendete Einteilung nach Brooker [4] erlaubt keine erschöpfende Beurteilung, da die alleinige Analyse der zugrundegelegten a.-p.-Röntgenaufnahme dem dreidimensionalen Problem der heterotopen Ossifikationen nur ungenügend gerecht wird.

Als Risikofaktoren für die Ausbildung von heterotopen Ossifikationen gelten:

- die Art des Zugangs (das Risiko ist bei dorsalen und erweiterten Zugängen erhöht),
- das Geschlecht (häufiger bei Männern),
- begleitende Schädel-Hirn-Verletzungen,
- der Frakturtyp (häufiger bei rein dorsalen Frakturen oder Frakturen mit dorsaler Beteiligung).

Eine Übersicht über diese Zusammenhänge gibt Tabelle 21.1.

Zur Prophylaxe heterotoper Ossifikationen wurde eine Vielzahl von Untersuchungen durchgeführt, wobei die Literatur aufgrund teilweise kleiner Fallzahlen und der zwangsläufig sehr hohen Anzahl von ggf. einflußnehmenden Variablen nicht sicher vergleichbar ist.

Eine positive Korrelation zur Entwicklung heterotoper Ossifikationen sahen Ghalambor et al. (1994) bei iliofemoralen Zugang, T-Frakturen und Begleitverletzungen im Thorax und Abdomen [18].

Daum sah eine Korrelation zum Zeitintervall zwischen Unfall und Operation, jedoch nicht zu Alter, Geschlecht, Operationsdauer, intraoperativem Blutverlust und Trochanterosteotomie. Generell sah Daum keine Ossifikation, wenn die Indomethacingaben 48 h vor der Operation einsetzten [11].

Webb et al. (1990) fanden eine hohe Rate von 61% heterotopen Ossifikationen mit schlechter Hüftfunktion bei Patienten mit einem SHT trotz guter Reposition, und zwar insbesondere bei über 40jährigen. Interessanterweise fand sich keine heterotope Ossifikation bei den 4 Patienten mit ilioinguinalem Zugang [60].

Allgemein anerkannt ist die Tatsache, daß die Prophylaxe mit nichtsteroidalen Antiphlogistika (z.B. Indometazin 2 × 50 mg/Tag), die präoperativ begonnen und bis zu etwa 4–6 Wochen postoperativ durchgeführt wird, die Rate der beobachteten Ossifikationen verringern kann.

Eine gesicherte Reduktion der Rate der heterotopen Ossifikationen ist durch die postoperative Bestrahlung zu erreichen. In der Literatur werden zwischen 7–20 Gy in bis zu 3 Sitzungen angegeben [2, 30, 34, 36, 53]. Trotz der gesicherten Wirksamkeit wird die Bestrahlung besonders bei den zumeist betroffenen jungen Patienten auch kritisch beurteilt.

Im eigenen Vorgehen wird die Bestrahlung nach Acetabulumfrakturen aufgrund des nicht abschätzbaren genetischen Risikos und der Gefahr der Induktion von Weichteilsarkomen nicht eingesetzt.

Insgesamt ist sowohl im eigenen Krankengut, als auch in der Literatur ein leichter Rückgang der angegebenen Raten von heterotopen Ossifikationen nach Acetabulumfrakturen zu bemerken. Es ist daher anzunehmen, daß die differenziertere Zugangswahl, die präzisere Durchführung der Operation und eine schonendere Osteosynthesetechnik ebenfalls wesentlich zur Prävention der heterotopen Ossifikationen beitragen.

**Tabelle 21.1.** Häufigkeit heterotoper Ossifikationen nach Acetabulumrekonstruktionen (Brooker 3 und 4) in Beziehung zur Zugangswahl und Prophylaxe. Es wurden neuere Studien mit eindeutigem Protokoll eingeschlossen

| Autor | n | Ohne Prophylaxe (%) | Brooker 3/4 (%) mit Prophylaxe | Zugang |
|---|---|---|---|---|
| Matta 1994 | 119 | 1 | –[a] | Ilioinguinal |
| Ragnarsson 1992 | 23 | 33 | 0[a] | Triradiate |
| Alonso 1994 | 38 | – | 13[a] | Triradiate |
| de Ridder 1994 | 22 | – | 4,5[a] | Kocher-Langenbeck |
| Johnson 1994 | 13 | 8 | – | Kocher-Langenbeck |
| Alonso 1994 | 21 | – | 14[a] | Iliofemoral |
| Johnson 1994 | 21 | 62 | 13[a] | Iliofemoral |
| Moed 1994 | 54 | – | 0[b] | Iliofemoral |

[a] Indomethacin-Prophylaxe allein
[b] Indomethacin und Radiatio mit 1200 cGy in 3 Dosen oder 700 cGy 1. Tag postoperativ.

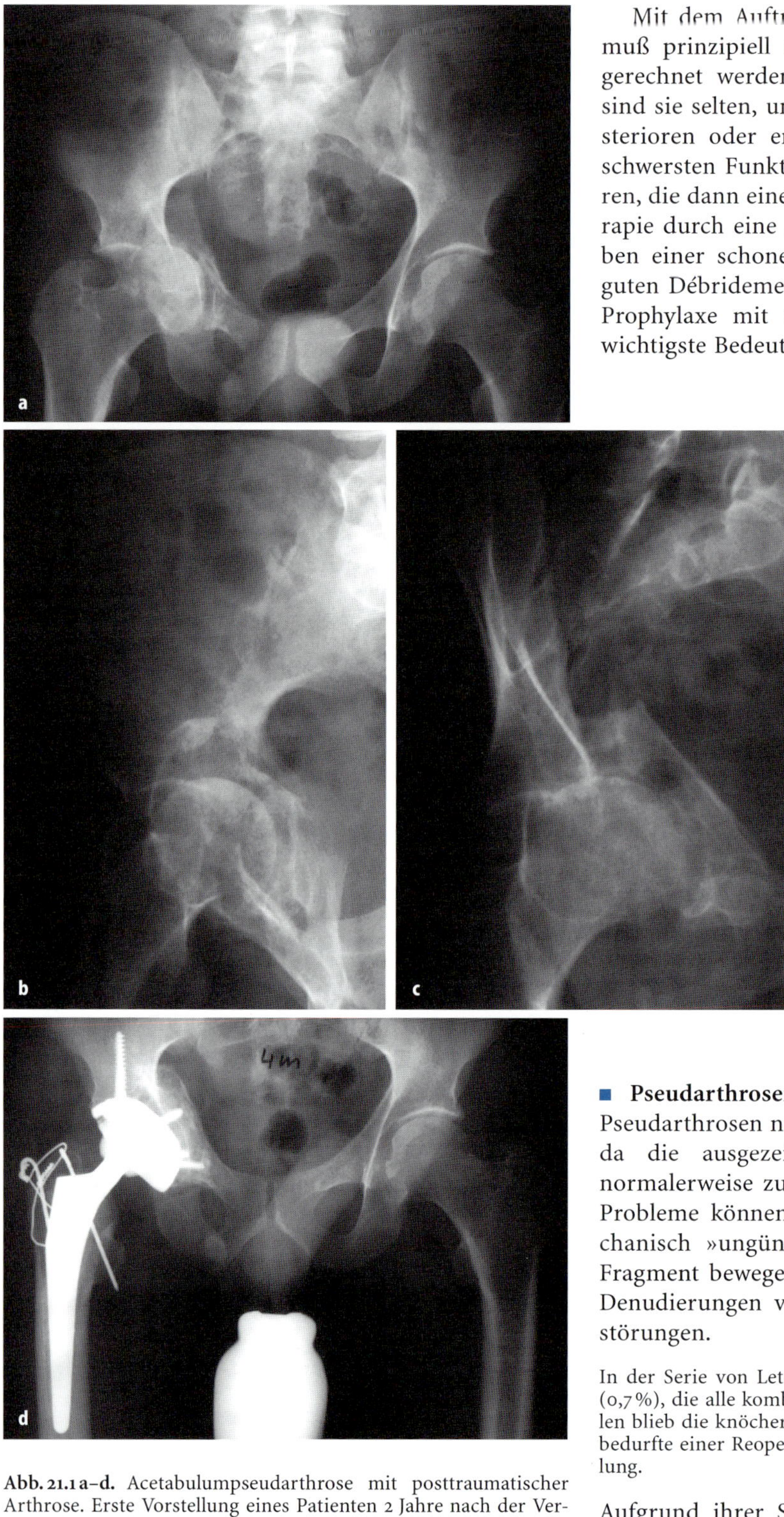

Abb. 21.1 a–d. Acetabulumpseudarthrose mit posttraumatischer Arthrose. Erste Vorstellung eines Patienten 2 Jahre nach der Verletzung. Eine nicht behandelte Acetabulumfraktur, wahrscheinlich vorderer Pfeiler mit hinterer Hemitransversfraktur (**a–c**), war pseudarthrotisch ausgeheilt und hatte neben dauerhaften Schmerzen zu einer erheblichen Bewegungseinschränkung geführt. Totalendoprothetischer Hüftgelenkersatz über einen lateralen Zugang mit Versorgung der Acetabulumpseudarthrose durch eine längsovale Revisionspfanne (**d**)

Mit dem Auftreten von heterotopen Ossifikationen muß prinzipiell nach allen Acetabulumversorgungen gerechnet werden. Nach dem ilioinguinalen Zugang sind sie selten, und stören funktionell nicht. Nach posterioren oder erweiterten Zugängen können sie zu schwersten Funktionsstörungen des Hüftgelenkes führen, die dann einer weitergehenden chirurgischen Therapie durch eine Arthrolyse bedürfen (s. Kap. 25). Neben einer schonenden Operationstechnik und einem guten Débridement nekrotischen Gewebes kommt der Prophylaxe mit nichtsteroidalen Antiphlogistika die wichtigste Bedeutung zu. **!**

■ **Pseudarthrosen** (Abb. 21.1)

Pseudarthrosen nach Acetabulumfrakturen sind selten, da die ausgezeichneten Durchblutungsverhältnisse normalerweise zu einer zuverlässigen Heilung führen. Probleme können auftreten, wenn Fragmente biomechanisch »ungünstig« gefaßt sind, so daß sich das Fragment bewegen kann, oder bei durch ausgedehnte Denudierungen verursachten lokalen Durchblutungsstörungen.

In der Serie von Letournel werden 4 Pseudarthrosen angegeben (0,7%), die alle kombinierte Frakturtypen betrafen [33]. In 3 Fällen blieb die knöcherne Heilung der »Querkomponente« aus und bedurfte einer Reoperation, im 4. Fall kam es zur spontanen Heilung.

Aufgrund ihrer Seltenheit ist es schwierig, generelle Richtlinien zur Vermeidung von Pseudarthrosen aufzustellen. Neben einer adäquaten Fixationstechnik ist sicher auch die genaue Auswahl und die Planung von Zugängen, insbesondere erweiterter Zugänge, zu nennen, um nicht größere Iliumabschnitte zu devaskulari- **!**

sieren. Die operative Therapie von Acetabulumpseudarthrosen sollte nur bei ausreichender persönlicher Erfahrung durchgeführt werden (zur detaillierten Darstellung dieses Problems s. Kap. 23).

## Literatur


1. Alonso J, Davila R, Bradley E (1994) Extended iliofemoral versus triradiate approaches in management of associated acetabular fractures. Clin Orthop 305: 81–87
2. Anglen J, Moore K (1996) Prevention of heterotopic bone formation after acetabular fracture fixation by single-dose radiation therapy: a preliminary report. J Orthop Trauma 10(4): 258–263
3. Bosse M, Poka A, Reinert C, Brumback R, Bathon H, Burgess A (1988) Preoperative angiographic assessment of the superior gluteal artery in acetabular fractures requiring extensile surgical exposures. J Orthop Trauma 2(4): 303–307
4. Brooker A, Bowerman JW, Robinson RA, Riley LH jr (1973) Ectopic ossification following total hip replacement: incidence and a method of classification. J Bone Joint Surg Am 55: 1629–1632
5. Brumback R, Ellison T, Molligan H, Molligan D, Mahaffey S, Schmidhause C (1992) Pudendal nerve palsy complicating in intramedullary nailing of the femur. J Bone Joint Surg Am 74: 1450–1455
6. Buchanan (1980) Bowel entrapment by pelvic fracture fragments: a case report and review of the literature. Clin Orthop 147: 164–166
7. Calder H, Mast J, Johnstone C (1994) Intraoperative evoked potential monitoring in acetabular surgery. Clin Orthop 305: 160–167
8. Cheng S, Rosati C, Waddell J (1995) Fatal hemorrhage caused by vascular injury associated with an acetabular fracture. J Trauma 38(2): 208–209
9. Chiu F, Lo W, Chen T, Chen C, Huang C, Ma H (1996) Fractures of posterior wall of acetabulum. Arch Orthop Trauma Surg 115: 273–275

9a. Cole J, Bolhofner B (1994) Acetabular fracture fixation via a modified stoppa limited intrapelvic approach – description of operative treatment and preliminary treatment results. Clin Orthop 305: 112–123

10. Cooke C, Levinsohn E, Baker B (1980) Septic hip in pelvic fractures with urologic injury. Clin Orthop 147: 253–257
11. Daum W, Scarborough M, Gordon W Jr, Uchida T (1992) Heterotopic ossification and other perioperative complications of acetabular fractures. J Orthop Trauma 6(4): 427–432
12. De Peretti F, Schlaterrer B, Cambas P, Argenson C (1993) The wide ilio-crural way of Letournel – prospective study on 25 cases. 1st International Symposium on surgical treatment of acetabular fractures, Paris, May 10–11, 1993
13. De Ridder V, de Lange S, Kingma L, Hogervorst M (1994) Results of 75 consecutive patients with an acetabular fracture. Clin Orthop 305: 53–57
14. Decoulx P (1959) Fractures-luxations de la hanche et leur traitement précore. Rev Chir Orthop Reparat Appar Mot 45: 496
15. Fassler P, Swiontkowski M, Kilroy A, Routt M (1993) Injury of the sciatic nerve associated with acetabular fracture. J Bone Joint Surg Am 75(8): 1157–1166
16. Fishmann A, Greeno R, Brooks L, Matta J (1994) Prevention of deep vein thrombosis and pulmonary embolism in acetabular and pelvic fracture surgery. Clin Orthop 305: 133–137
17. Frank JL, Reimer BL, Raves JJ (1989) Traumatic iliofemoral arterial injury: an association with high anterior acetabular fractures. J Vasc Surg 10(2): 198–201
18. Ghalambor N, Matta J, Bernstein L (1994) Heterotopic ossifiaction following operative treatment of acetabular fracture – an analysis of risk factors. Clin Orthop 305: 96–105
19. Goulet J, Bray T (1989) Complex acetabular fractures. Clin Orthop 240: 9–20
20. Gruen G, McClain E, Gruen R (1995) The diagnosis of deep vain thrombosis in the multiply injured patients with pelvic ring or acetabular fractures. Orthopedics 18: 253–257
21. Hardy S (1997) Femoral nerve palsy associated with an associated posterior wall transverse acetabular fracture. J Orthop Trauma 11: 40–42
22. Helfet D, Schmeling G (1993) The management of acute, displaced acetabular fractures using indirect reduction techniques and limited approaches. 1st International Symposium on surgical treatment of acetabular fractures, Paris, May 10–11, 1993
23. Helfet D, Schmeling G (1994) Management of complex acetabular fractures through single nonextensile exposures. Clin Orthop 305: 58–68
24. Helfet D, Schmeling G (1994) Somatosensory evoked potential monitoring in the surgical treatment of acute displaced acetabular fractures: results of a prospective study. Clin Orthop 301: 213–220
25. Helfet D, Hissa E, Sergay S, Mast J (1991) Somatosensory evoked potential monitoring in the surgical management of acute acetabular fractures. J Orthop Trauma 5(2): 161–166
26. Helfet D, Malkani A, Burga S, Heise C, Quinn T, Green D (1993) Intraoperative monitoring of motor pathways during operative fixation of acetabular fractures: A prospective study. 1st International Symposium on surgical treatment of acetabular fractures. Paris, May 10–11, 1993
27. Helfet D, Koval K, Hissa E, Patterson S, DiPasquale T, Sanders R (1995) Intraoperative somatosensory evoked potential monitoring during acute pelvic fracture surgery. J Orthop Trauma 9(1): 28–34
28. Heppert V, Holz F, Winkler H, Wentzensen A (1995) Musculus-rectus-abdominis-Nekrose. Komplikation nach ilioinguinalem Zugang. Unfallchirurg 98(2): 98–101
29. Johnson E, Eckhard J, Letournel E (1987) Extrinsic femoral artery occlusion following internal fixation of an acetabular fracture: A case report. Clin Orthop 217: 209
30. Johnson E, Kay R, Dorey F (1994) Heterotopic ossifiaction prophylaxis following operative treatment of acetabular fracture. Clin Orthop 305: 88–95
31. Johnson E, Matta J, Mast J, Letournel E (1994) Delayed reconstruction of acetabular fractures 21–120 days following injury. Clin Orthop 305: 20–30
32. Lautel J, Sejourne P, Schwingt E, Cinqualbre J, Schlitz E (1976) A rare complication of the acetabulum: incarceration of a small intestine loop in the fracture area. J Chir Paris 11(2): 185–192
33. Letournel E (1993) Fractures of the pelvis and acetabulum. Ninth AFOR Course and Workshop. Paris
34. Letournel E, Judet R (1993) Fractures of the acetabulum, 2nd edn. Springer, Berlin Heidelberg New York Tokyo
35. Lin P, Cavarocchi N, Comerota A, Resnick E (1987) Acute bowel entrapment following operative reduction of pelvic fracture. J Trauma 27(6): 684–686
36. Lo T, Healy W, Covall D, Dotter W, Pfeifer B, Torgersen W (1988) Heterotopic bone formation after hip surgery: prevention with single dose postoperative hip irridation. Radiology 168: 851–854
37. Matta J (1996) Fractures of the acetabulum: reduction accuracy and clinical results of fractures operated within three weeks of injury. J Bone Joint Surg Am 78: 1632–1645
38. Matta J, Anderson L, Epstein H, Hendricks P (1986) Fractures of the acetabulum: a retrospective analysis. Clin Orthop 205: 230–240
39. Mayo K (1994) Late results of surgically managed acetabular fractures. Surgery of the Pelvis and Acetabulum: The Second International Consensus, Pittsburgh, October 21–27, 1994
40. McKee M, Waddel J (1997) Entrapment of the bladder in an acetabular fracture. A case report. J Bone Joint Surg Am 79(1): 113–117
41. Mears D, Rubash H (1983) Extensile exposure of the pelvis. Contemp Orthop 6(2): 21–31
42. Montgomery K, Geerts W, Potter H, Helfet D (1996) Thromboembolic complications in patients with pelvic trauma. Clin Orthop 329: 68–87

43. Morganstern S, Seery W, Borshuk S, Coole A (1976) Septic arthritis secondary to vesico-acetabular fistula: a case report. J Urol 116: 116–117
44. Mosiman R (1955) A propos de la luxation de la hanche avec fracture des cotyles. Helv Chir Act 22: 462
45. Nigst H (1964) Spezielle Frakturen- und Luxationslehre, Bd III: Hüftgelenk und proximaler Oberschenkel. Thieme, Stuttgart
46. Pohlemann T, Gänsslen A, Weber U, Müller-Vahl H, Paul C (1996) Neurologisches Langzeitergebnis nach instabilen Bekkenring- und Acetabulumfrakturen: eine prospektive 2-Jahres Untersuchung. Hefte Z Unfallchir (Abstr) 262: 70
47. Probe R, Reeve R, Lindsey R (1992) Femoral artery thrombosis after open reduction of an acetabular fracture. Clin Orthop 283: 258–260
48. Ragnarsson B, Mjöberg B (1992) Arthrosis after surgically treated acetabular fractures, a retrospective study of 60 cases. Acta Orthop Scand 63(5): 511–514
49. Reinert C, Bosse M, Poka A, Schacherer T, Brumback R, Burgess A (1988) A modified extensile exposure for the treatmant of complex or malunited acetabular fractures. J. Bone Joint Surg Am 70(3): 329–337
50. Robein J (1984) Late and unexspected detection of a urinary complication of an intrapelvic fracture of the acetabulum. Ann Urol Paris 18(3): 208
51. Rommens P, Broos P, Vanderschot P (1997) Vorbereitung und Technik der operativen Behandlung von 225 Acetabulumfrakturen. Zweijahresergebnisse in 175 Fällen. Unfallchirurg 100: 338–348
52. Routt M, Swiontkowski M (1990) Operative treatment of complex acetabular fractures: Combined anterior and posterior exposures during the same procedure. J Bone Joint Surg Am 72(6): 897–904
53. Slawson R, Poka A, Bathon H, Salazar O, Brumback R, Burgess A (1989) The role of post-operative radiation in the prevention of heterotopic ossification in patients with post-traumatic acetabulur fracture. Int J Radiat Oncol Biol Phys 17(3): 669–672
54. Steward M, Milford L (1954) Fracture dislocations of the hip: an end result study. J Bone Joint Surg Am 36: 315
55. Tile M (1980) Fractures of the acetabulum. Orthop Clin North Am 11(3): 481–506
56. Tile M (1995) Fractures of the pelvis and acetabulum, 2nd edn. Williams & Wilkins, Baltimore
57. Trojan E, Perschl A (1956) Die Behandlungsergebnisse von 79 frischen, traumatischen Hüftgelenksverrenkungen und Hüftgelenksverrenkungsbrüchen. Ergeb Chir Orthop 40: 90–164
58. Vrahas M, Gordon R, Mears D, Krieger D, Sclabassi R (1992) Intraoperative somatosensory evoked potential monitoring of pelvic and acetabular fractures. J Orthop Trauma 6(1): 50–58
59. Waller A (1955) Dorsal acetabular fractures of the hip (Dashboard fractures). Acta Chir Scand Suppl 205
60. Webb L, Bosse M, Mayo K, Lange R, Miller M, Swiontkowski M (1990) Results in patients with craniocerebral trauma and an operatively managed acetabular fracture. J Orthop Trauma 4(4): 376–382
61. Wolinsky P, Johnson K (1995) Delayed catastrophic rupture of the external iliac artery after an acetabular fracture. J Bone Joint Surg Am 77(8): 1241–1244
62. Zeichen J, Pohlemann T, Gänsslen A, Lobenhoffer P, Tscherne H (1995) Nachuntersuchungsergebnisse nach operativer Versorgung von komplizierten Acetabulumfrakturen über erweiterte Zugänge. Unfallchirurg 98(7): 361–368

# Kapitel 22

# Besondere Fraktursituationen

22

F. Baumgaertel, A. Gänsslen, T. Hüfner, G. Regel und T. Pohlemann



## 22.1 Kindliche Acetabulumfrakturen

A. Gänsslen und T. Pohlemann

**Kindliche Acetabulumverletzungen sind äußerst selten und entgehen oftmals der ersten Diagnostik. Die Angaben in der Literatur schwanken dementsprechend. Je nach Auswahl des Kollektivs und den Altersgrenzen wurden bei 5–20% der Beckenringverletzungen Acetabulumverletzungen diagnostiziert [1, 5, 11, 112, 18, 19, 34, 55, 56]. Im eigenen Krankengut von 124 Kindern bis einschließlich des 14. Lebensjahrs mit Beckenfrakturen fanden sich in insgesamt 12% Beteiligungen des Acetabulums, wobei 7% der Kinder zusätzliche Beckenringverletzungen aufwiesen, bei 5% war die Acetabulumfraktur die einzige Beckenverletzung.**

**Die Problematik dieser Verletzung liegt darin, daß insbesondere bei noch geöffneten Wachstumsfugen die Diagnosestellung zunächst erheblich erschwert sein kann und häufig vom klinischen Bild her Begleitverletzungen im Vordergrund stehen. Der folgende Abschnitt stellt daher zunächst die anatomischen und pathobiomechanischen Besonderheiten dar, die dabei helfen können, eine Verletzung eher zu »vermuten« und damit eine zielgerichtete Diagnostik einzuleiten. Die Abschnitte »Therapie« und »Langzeitprognose« geben einen Überblick über die von uns bevorzugte Behandlung und die weltweit nur in wenigen Fällen dokumentierten Langzeitfolgen.**

### Pathobiomechanik

Auch beim kindlichen Beckenring bestimmen das Ausmaß der einwirkenden Energie und der Vektor der Krafteinleitung im wesentlichen die entstehende Bekkenverletzung. Aufgrund der höheren Elastizität der Knochenstruktur und der noch geöffneten Wachstumsfugen werden allerdings andere Verletzungsmuster als beim ausgewachsenen Skelett beobachtet. Während es beim Erwachsenen z. B. nach einer lateralen Kompression des Beckenrings in der Regel zu einer Innenrotationsinstabilität der Beckenhälfte kommt, führt der gleiche Mechanismus beim Kind eher zu einer Verletzung der Hüftpfanne [20]. Anteroposteriore Kompressionen und axiale Scherbewegungen verursachen dagegen in beiden Altersgruppen zu gleichartigen Frakturformen. Die zur Verletzung benötigte kinetische Energie wird beim Kind allgemein als sehr hoch angenommen [68].

Wie beim Erwachsenen wird die Frakturform selbst im wesentlichen von der Position des Hüftkopfes im Moment des Traumas bestimmt [1]. Besonders bei kleineren Kindern resultieren daraus komplette oder partielle Sprengungen der Wachstumsfugen [19, 23, 34].

### Diagnostik

Auf die hohe Rate an pelvinen Begleitverletzungen im Sinne von komplexen Beckenverletzungen wurde bereits in Kap. 11 eingegangen. Die primäre Diagnostik muß sich deswegen zunächst auf die bei diesen Verletzungen notwendigen lebensnotwendigen Erstmaßnahmen konzentrieren. In seltenen Fällen, z. B. bei isolierten Acetabulumverletzungen, können Schmerzangaben des Kindes und vorliegende Bewegungsschmerzen im Hüftgelenk anamnestisch verwertet werden. Häufiger muß sich die Diagnose einer Verletzung des Acetabulums zunächst auf den Unfallmechanismus und radiologische Zeichen in der immer zu fertigenden Beckenübersichtsaufnahme stützen.

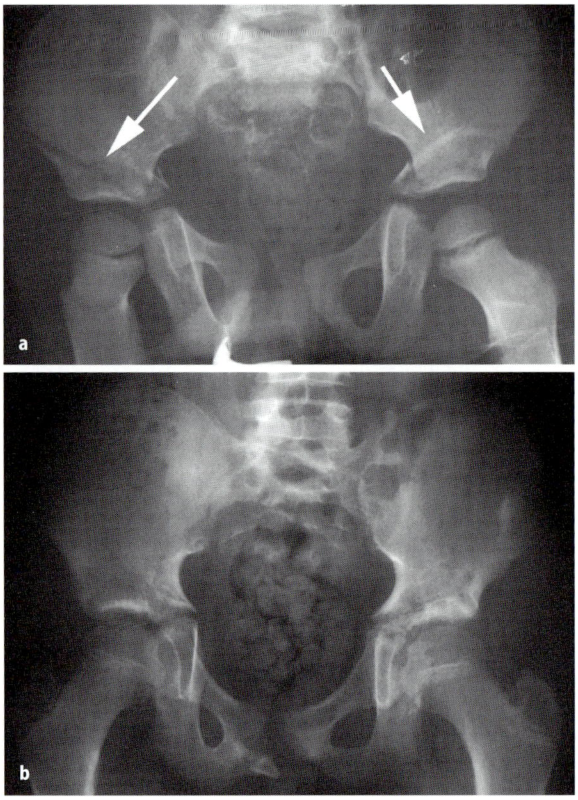

Abb. 22.1 a, b. Kindliche Acetabulumverletzungen. Radiologische Hinweise auf eine Y-Fugenverletzung im primären Bild (**a**) und Kontrollbild nach 14 Monaten (**b**)

Hinweisend für eine Acetabulumverletzung sind (Abb. 22.1):

- Verschiebungen im Bereich der Wachstumsfugen (Seitenvergleich, **cave** »rotierte Aufnahmen«!)
- Unterbrechung der Linea iliopectinea oder ilioischiadica
- Zeichen eines intraartikulären Ergusses mit abgehobenen Kapselschatten
- Asymmetrie der Tränenfigur im Seitenvergleich

Aufgrund der Komplexizität der kindlichen Röntgenanatomie muß bei Verletzungsverdacht unbedingt eine komplette Abklärung durch Schrägaufnahmen (Ala- und Obturatoraufnahme) und ggf. der CT erfolgen [1, 28, 31, 39, 51, 70]. Die CT dient dabei in erster Linie dem Nachweis osteochondraler Fragmente, die auf den konventionellen Aufnahmen nicht zu erkennen sind [28].

Die Wertigkeit der MRT ist derzeit noch nicht endgültig abzuschätzen. Es ist aber davon auszugehen, daß diese Untersuchung insbesondere zum Nachweis von Quetschungsverletzungen der Wachstumsfugen und von periartikulären Weichteilveränderungen (z. B. Hämatome im Bereich des M. obturatorius internus) eine zunehmende Bedeutung erlangen wird.

Zur Differentialdiagnose bei unsicheren Befunden kommt bei kindlichen Acetabulumverletzungen hauptsächlich die Fehlinterpretation eines Os acetabuli in Frage [7, 18, 51].

Da kindliche Acetabulumfrakturen der Primärdiagnostik häufig entgehen, sollten bei begründetem Verdacht Kontrollaufnahmen des Beckens nach 2–4 Wochen erfolgen. Dadurch können ggf. sekundäre Verletzungszeichen, wie z. B. Periostreaktionen, nachgewiesen werden [47].

## Klassifikation

Die beim Erwachsenen verwendete Klassifikation nach Letournel läßt sich nur begrenzt auf die kindlichen Verletzungen übertragen.

Heeg untersuchte 23, bis zum 17. Lebensjahr aufgetretene »kindliche« Acetabulumfrakturen. 17 Frakturen waren in die Frakturtypen nach Letournel einzuteilen, die restlichen 6 waren keiner Gruppe zuzuordnen.

Die kindliche Acetabulumverletzung stellt sich meist als Epiphysenlösung mit oder ohne metaphysäre Beteiligung dar [19, 23, 34]. Nach Bucholz werden in Abhängigkeit von der Art der Fugenverletzung 2 grundlegende »Verletzungsmuster« unterschieden [12]:

- Scherkräfte nach Krafteinwirkung auf das Os ischii, das Os pubis oder das proximale Femur führen zu Fugenlösungen mit oder ohne metaphysäres Fragment des Iliums (entsprechend dem Typ 1 und 2 nach Salter) [12, 58]. Diese Verletzungen haben eine relativ gute Prognose und heilen normalerweise ohne Behinderung des weiteren Wachstums.
- Andere Mechanismen führen zur Quetschverletzung der Epiphysenfuge (entsprechend Typ 5 nach Salter). Diese Verletzungen haben eine schlechte Prognose, da sich möglicherweise eine mediale ossäre Brücke ausbildet und ein sog. »Mikroacetabulum« entstehen kann.

Andere Klassifikationen unterscheiden 4 Frakturtypen:

Alpar gibt Acetabulumrandfrakturen, stabile, nicht dislozierte Frakturen, instabile, dislozierte Frakturen und zentrale Luxationsfrakturen an [68].

Heiss unterscheidet Pfannendach-, Pfannengrund- und Pfannenrandfrakturen sowie zentrale Luxationsfrakturen [32].

Watts ergänzt die Einteilung von Alpar durch die Angabe von 2 unterschiedlichen Typen der zentralen Luxationsfraktur [70].

## Therapie

Die Behandlung der kindlichen Acetabulumverletzung orientiert sich an der Stabilität des Hüftgelenkes und dem Dislokationsgrad der Fragmente.

### ■ Stabile, minimal dislozierte Verletzungen

Bei unverschobenen und allenfalls minimal dislozierten Fragmenten erfolgt eine konservative Therapie. Dabei handelt es sich um den Hauptteil der Verletzungen [11, 32, 40].

In der Literatur werden teilweise sehr unterschiedliche konservative Behandlungskonzepte angegeben. Sie reichen von einer rein funktionellen Therapie bis zu 6wöchigen Extensionsbehandlungen mit nachfolgenden 6wöchigen Entlastungen oder Behandlungen im Becken-Bein-Gips [1, 5, 6, 19].

Im eigenen Vorgehen wird bei unverschobenen und minimal verschobenen Verletzungen eine funktionelle Therapie bevorzugt (Abb. 22.2):

- Kleinere Kinder bis etwa zum 6. Lebensjahr halten Bettruhe bis zur Schmerzfreiheit der Hüfte ein und werden ab der 2. bis 3. Woche nach Maßgabe der Beschwerden mobilisiert.
- Kinder zwischen dem 7. und 12. Lebensjahr werden nach Abklingen der Schmerzen an Unterarmgehstützen unter Teilbelastung des Beines mobilisiert. Die Dauer der Teilbelastung beträgt 4 Wochen.
- Bei Kindern ab dem 13. Lebensjahr wird eine Teilbelastung für 6 Wochen durchgeführt.

Röntgenkontrollen erfolgen in allen Fällen nach 14 Tagen (Periostreaktionen, Sicherung der Diagnose), nach 6 Wochen (Bestätigung der Heilung), und nach 12 Monaten (Spätfolgen).

### ■ Instabile, dislozierte Verletzungen

Ist die Fraktur dagegen instabil, handelt es sich um dislozierte Fragmente oder aber interponierte Fragmente (z. B. nach Reposition einer Luxationsfraktur), wird allgemein die operative Therapie empfohlen [1, 5, 6, 17, 19, 23, 30, 34, 40, 70].

Die operative Technik ist derzeit noch nicht standardisiert und muß dem Einzelfall individuell angepaßt werden. Insbesondere für die Versorgung von kleinen Kindern sind keine spezifischen Techniken zur operativen Stabilisierung angegeben. Bei dislozierten Verletzungen muß je Einzelfall entschieden und geplant werden.

Einige Grundsätze helfen, eine dem kindlichen Skelett entsprechende Osteosynthese durchzuführen:

- Die Zugangswahl orientiert sich wie beim Erwachsenen am Frakturtyp, wobei nahezu ausschließlich der hintere oder ventrale Zugang verwendet wird.
- Bei älteren Kindern etwa ab dem 13. bis 14. Lebensjahr werden die gleichen Stabilisierungstechniken eingesetzt wie bei erwachsenen Verletzten (Abb. 22.3). Die Fragmentfixation bei kleineren Kindern muß eine möglichst umfassende Schonung der Wachstumsfugen berücksichtigen. Zur Osteosynthese werden deshalb v. a. Schrauben oder Spickdrähte eingesetzt, ggf. auch Platten [1, 5, 6, 10, 19, 23, 32, 34]. In Einzelfällen wurden auch transossäre Nähte mit resorbierbarem Nahtmaterial durchgeführt [5].

  Prinzipiell sollten möglichst wenige und insbesondere nur wenige die Epihysenfugen übergreifende Implantate eingesetzt werden, um das weitere Pfannenwachstum nicht zu behindern.

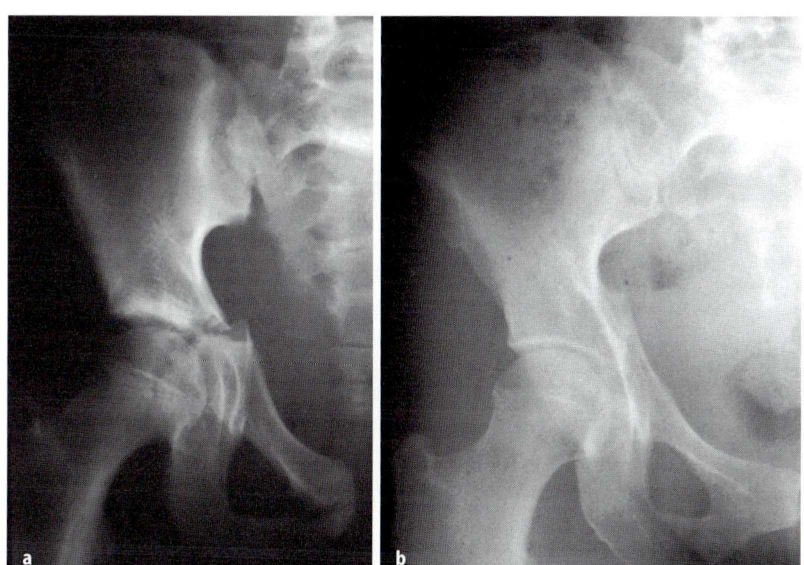


**Abb. 22.2 a, b.** Konservative Therapie wenig verschobener Fugenlösungen. Leicht verschobene Y-Fugenverletzung (**a**), die nach konservativer Behandlung zu einem guten Spätresultat geführt hat (**b**)

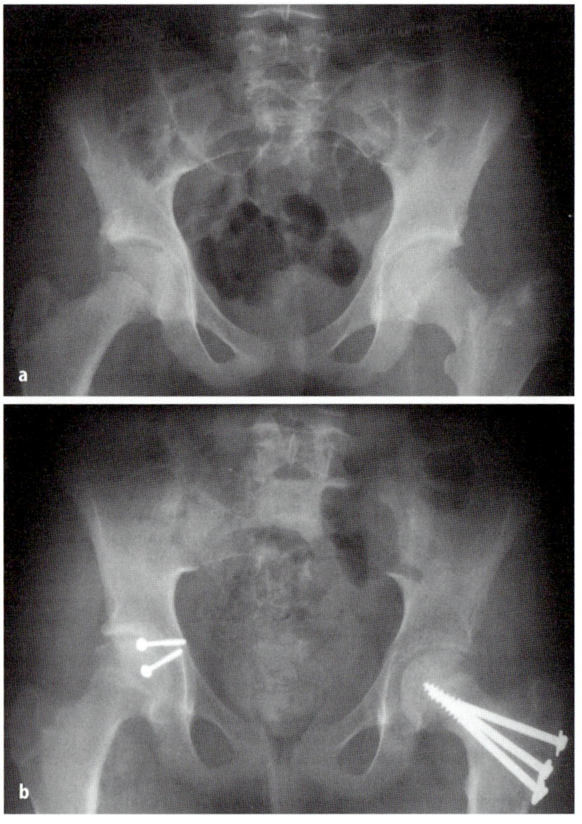

**Abb. 22.3 a, b.** Operative Therapie dislozierter Verletzungen. Dislozierte Y-Fugenverletzung eines älteren Kindes (**a**), bei der eine operative Therapie mit Verschraubung der hinteren Wand durchgeführt wurde (**b**)

Die postoperative Behandlung wird derzeit noch kontrovers diskutiert [19, 30, 34]. Sie orientiert sich am Instabilitätsgrad der Hüfte, an der Stabilität der Fixation und am Alter des Kindes.

Prinzipiell werden die gleichen Schonungszeiten wie bei einer konservativen Therapie eingehalten. Lediglich bei sehr instabilen Frakturformen und »labiler« Fixation ist eine 2- bis 4 wöchige Bettruhe anzuraten. Bei kleinen Kindern (bis 6 Jahre) kann alternativ nach 2–3 Wochen eine Mobilisation im Becken-Bein-Gips (bis zur 4. Woche) durchgeführt werden.

Häufig sind die Kinder aufgrund schwerer Begleitverletzungen ohnehin längerfristig immobilisiert.

### Langzeitprognose

Die Hauptgefahr nach kindlichen Acetabulumfrakturen ist die Ausbildung einer posttraumatischen Dysplasie [1, 4–6, 11, 12, 18, 19, 21, 23, 24, 29, 30, 36, 57, 62, 63, 66]. Aber auch posttraumatische Hüftkopfnekrosen [1, 21, 24], Beinlängendifferenzen [11] und Koxarthrosen [18, 24] werden als späte Folge der Verletzung beobachtet.

Die Entwicklung einer posttraumatischen Acetabulumdysplasie wurde zwischenzeitlich vielfach experimentell und klinisch untersucht.

Gepstein untersuchte komplette und partielle Epiphyseodesen im Tierexperiment [21 a]. Zwischen der Fusion der kompletten Wachstumsfuge oder einer isolierten Fusion zwischen Os ilium und Os ischii bestanden keine Unterschiede, alle Tiere entwickelten eine Pfannendysplasie, die in 50–66 % zu einer Hüftdislokation führte. Isolierte Fusionen zwischen Os ilium und Os pubis hatten dagegen nur geringe Folgen für das Acetabulum, eine Subluxation der Hüfte entstand nicht.

Hallel et al. führten an Kaninchen intrapelvine Epiphyseodesen des Acetabulums durch. Das Auftreten der Dysplasie war dabei altersabhängig: je jünger die Tiere, um so stärker war die Deformität [15, 26, 59].

Klinische Beobachtungen unterstützen die experimentellen Ergebnisse [21, 57, 66].

Eine Vielzahl von Faktoren wird für die Ausbildung einer Dysplasie verantwortlich gemacht. Die Verknöcherungen sollen von abgesprengten Knorpelstückchen, einer Vernarbung der Fuge oder Zerstörung der Germinalzellschicht [4], Gefäßverletzungen des Knorpels [12], einer knöchernen Überbrückung des Acetabulumknorpels nach Ossifikation eines Hämatoms [57] oder von fugenkreuzenden Kallusbrücken [62] ausgehen.

Da klinische Zeichen einer frühen Dysplasie vielfach fehlen, wird die Acetabulumverletzung teilweise erst diagnostiziert, nachdem eine Subluxation der Hüfte auffällt. Bei Verletzungsverdacht (Unfallmechanismus, begleitende Beckenringverletzung) sollte neben der frühen Kontrollaufnahme 14 Tage nach dem Unfall eine späte Röntgenkontrolle nach 12 Monaten durchgeführt werden. Dabei muß sorgfältig auf die Zeichen einer posttraumatischen Dysplasie geachtet werden (Abb. 22.4 und 22.5):

- Beckenasymmetrie, Hypoplasie einer Beckenhälfte,
- Coxa parva oder magna,
- laterale Subluxation des Femurkopfes,
- Verbreiterung der Tränenfigur (Verdickung des Pfannengrundes),
- Gelenkinkongruenz,
- verkleinerter CE-Winkel (Centrum-Ecken-Winkel nach Wiberg),
- Wachstumsstörungen am proximalen Femur.

Bei Verdachtsmomenten werden weitere, in der Regel jährliche Röntgenkontrollen bis zum Abschluß des Wachstums durchgeführt.

Die therapeutischen Optionen bei posttraumatischen Pfannendysplasien orientieren sich an der Therapie der kongenitalen Hüftpfannendysplasien. Mögliche chirurgische Optionen sind Pfannendachplastiken, Beckenosteotomien und/oder varisierende intertrochantäre Osteotomien [5, 21, 63, 66].

Peterson u. Robertson [54] berichten über die erfolgreiche Resektion einer posttraumatisch aufgetretenen knöchernen Fugenüberbrückung bei einem 5 jährigen Jungen. Anhand einer über 14 Jahre dauernden Nachbeobachtung konnte gezeigt werden, daß nach

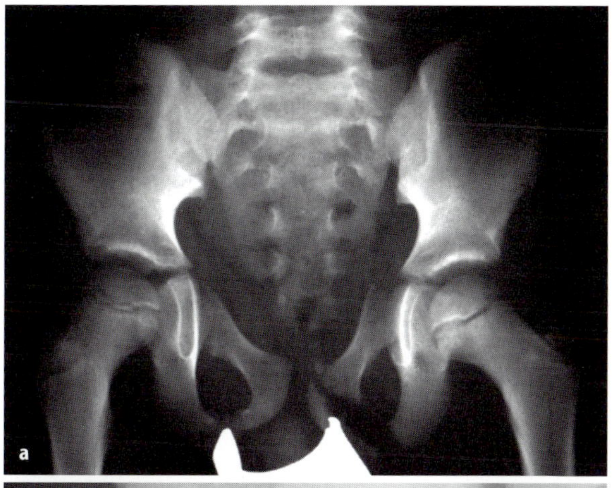


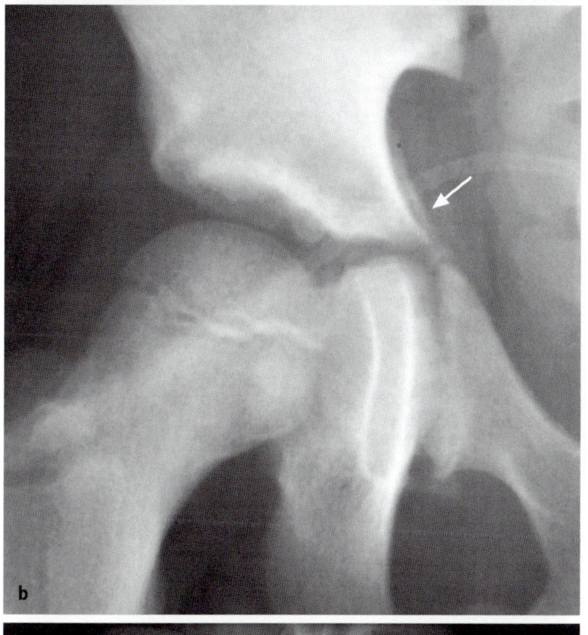


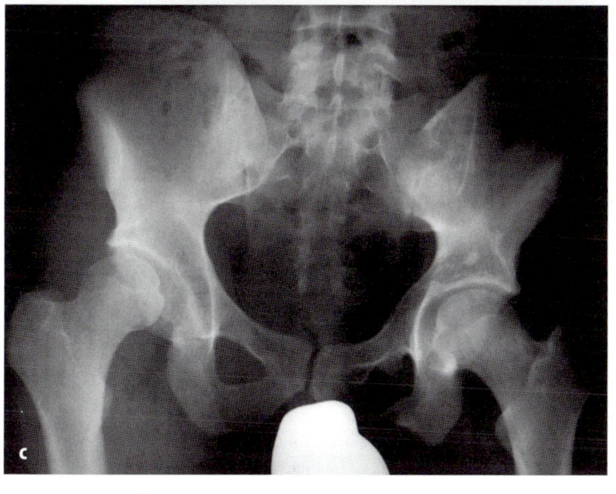


**Abb. 22.4 a–c.** Übersehene Y-Fugenverletzungen. Primär übersehene Y-Fugenverletzung (**a**) eines Kindes, die erst anhand eines sekundären Periostzeichens *(Pfeil)* (**b**) auffiel. Späte Ausbildung einer posttraumatischen Hüftgelenkdysplasie (**c**)

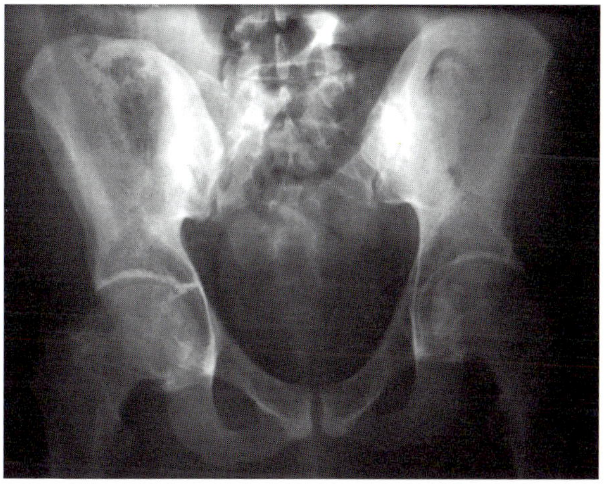

**Abb. 22.5.** Veränderungen am Hüftkopf nach kindlicher Acetabulumfraktur. Im Seitenvergleich fällt rechtsseitig eine leichte Verplumpung des Hüftkopfes auf

posttraumatisch primär dysplastischer Entwicklung das weitere Wachstum nach der Spangenentfernung zu einem weitestgehend normalen Hüftgelenk führte.

Über die Spätergebnisse nach kindlichen Acetabulumfrakturen liegen nur wenige Angaben vor. Insgesamt ist die Prognose als günstig zu bezeichnen; sie hängt wesentlich von Grad der verbliebenen Fehlstellung (>2 mm) und dem Auftreten eines vorzeitigen Fugenschlusses (Salter-V-Verletzungen) ab.

Heeg führte mehrfach langfristige Nachuntersuchungen nach Acetabulumverletzungen mit Beteiligung der Wachstumsfuge durch [30, 31]:

- Die Salter-Harris-Typ-I- und -II-Verletzungen heilten ohne Wachstumsstörungen mit ausgezeichnetem funktionellem Ergebnis aus.
- Salter-Harris-Typ-V-Verletzungen führten zum vorzeitigen Fugenverschluß, mit korrekturbedürftiger Subluxation der Hüfte.

## 22.2 Acetabulumfrakturen im Alter

T. Pohlemann und F. Baumgaertel

**Frakturen im Alter nehmen insgesamt an Bedeutung zu. Während Acetabulumfrakturen bisher vorwiegend im Rahmen von »Hochenergietraumen« während der »aktivsten« Lebensabschnitte beobachtet wurden, treten im Zuge der erhöhten Lebenserwartung und durch den gleichzeitig steigenden Aktivitätsgrad dieser Altersgruppe Hüftpfannenbrüche immer häufiger auf. Der folgende Abschnitt widmet sich der Darstellung der Besonderheiten von Altersfrakturen im Alter, aber insbesondere auch den vorhandenen operativen Optionen zur Rekonstruktion der Hüftpfanne oder eines primär endoprothetischen Gelenkersatzes.**

### Häufigkeit und altersspezifische Frakturtypen

Im eigenen Krankengut liegt der Anteil der über 65jährigen nach Acetabulumfrakturen bei 6,5 %, steigt aber im Verlauf der letzten 25 Jahren an.

Während von 1971–1980 im eigenen Krankengut lediglich 14 Acetabulumfrakturen in dieser Altersgruppe beobachtet wurden, wurden zwischen 1986 und 1995 28 Hüftpfannenbrüche behandelt. Im Fünfjahreszeitraum 1971–1975 wurden alle 4 beobachteten Frakturen konservativ behandelt, im Zeitraum 1991–1995 wurden von 22 beobachteten Frakturen 7 operativ rekonstruiert.

Altersspezifische Frakturtypen an sich gibt es nicht, auch die im Alter auftretenden Frakturen können den 10 Frakturtypen nach Letournel zugeordnet werden. Besonderheiten ergeben sich jedoch aus dem Unfallmechanismus und aus der reduzierten Stabilität der Knochenstruktur (Abb. 22.6).

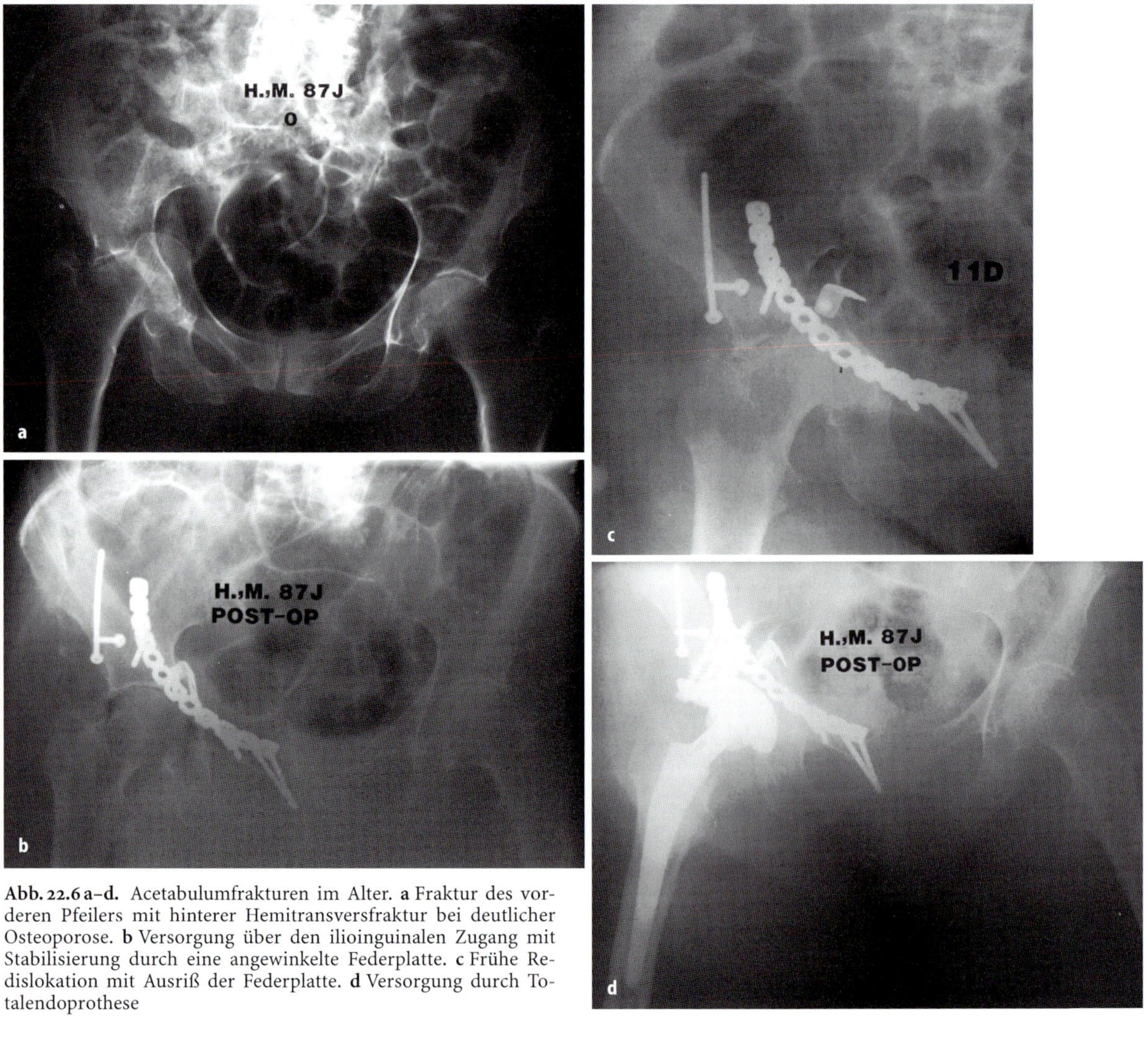


**Abb. 22.6 a–d.** Acetabulumfrakturen im Alter. **a** Fraktur des vorderen Pfeilers mit hinterer Hemitransversfraktur bei deutlicher Osteoporose. **b** Versorgung über den ilioinguinalen Zugang mit Stabilisierung durch eine angewinkelte Federplatte. **c** Frühe Redislokation mit Ausriß der Federplatte. **d** Versorgung durch Totalendoprothese

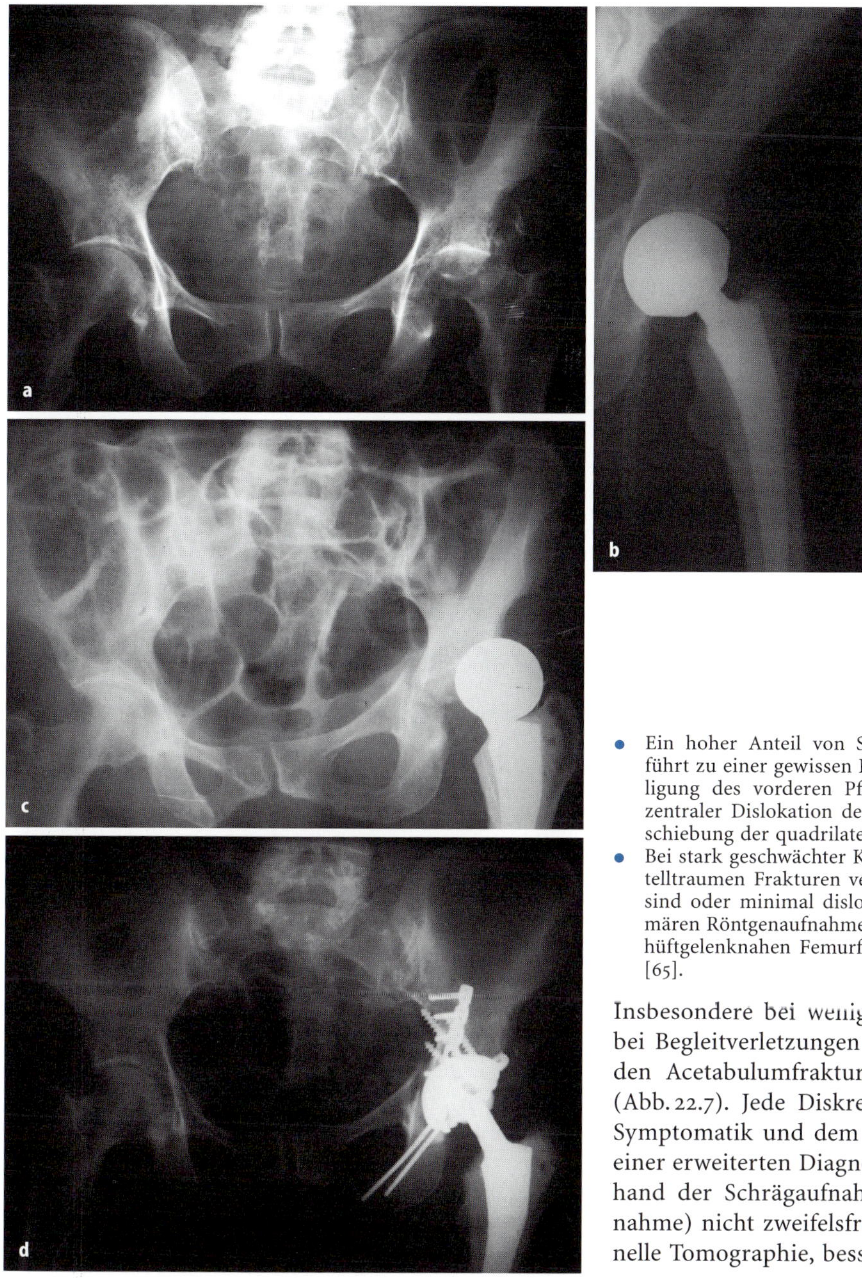

Abb. 22.7 a–d. Übersehene Acetabulumfraktur im Alter. Kombinationsverletzung nach Sturz mit Schenkelhalsfraktur und Fraktur der hinteren Wand des Acetabulums (**a**). Die Acetabulumfraktur bleibt primär unerkannt, es wird eine Versorgung der Schenkelhalsfraktur mit einer Duokopfprothese durchgeführt (**b**). Es kommt zur sekundären Dislokation (**c**). Nach Verlegung erfolgt die sekundäre Versorgung mit einer verschraubten zementfreien Hüftgelenkpfanne (**d**)

- Ein hoher Anteil von Stürzen und Abstürzen (Leitersturz) führt zu einer gewissen Häufung von Frakturtypen mit Beteiligung des vorderen Pfeilers und Zweipfeilerfrakturen mit zentraler Dislokation des Hüftkopfes und starker Medialverschiebung der quadrilateralen Fläche.
- Bei stark geschwächter Knochenstruktur können schon Bagatelltraumen Frakturen verursachen, die häufig unverschoben sind oder minimal disloziert bleiben. Auf ungeeigneten primären Röntgenaufnahmen (Röntgenbild zum Ausschluß einer hüftgelenknahen Femurfraktur!) werden sie leicht übersehen [65].

Insbesondere bei wenig verschobenen Frakturen und bei Begleitverletzungen des koxalen Femurendes werden Acetabulumfrakturen im Alter leicht übersehen (Abb. 22.7). Jede Diskrepanz zwischen der klinischen Symptomatik und dem Röntgenbefund muß daher zu einer erweiterten Diagnostik führen. Läßt sich dies anhand der Schrägaufnahmen (Ala- und Obturatoraufnahme) nicht zweifelsfrei klären, wird eine konventionelle Tomographie, besser noch eine CT durchgeführt.

## Altersspezifische Probleme und Entscheidungsfindung

Aufgrund der in dieser Altersgruppe allgemein erhöhten Risiken wird vielfach auf eine operative Rekonstruktion einer Acetabulumfraktur verzichtet [61]. Letournel führt die Osteoporose als eine wesentliche Kontraindikation gegen eine operative Acetabulumrekonstruktion an [37].

Auf der anderen Seite ist die konservative Therapie ebenfalls mit erheblichen Risiken verbunden, eine Tatsache, die bei der Behandlung der Frakturen des koxalen Femurendes schon lange akzeptiert ist:

- Eine Extensionsbehandlung mit langer Bettlägrigkeit verbietet sich in der Regel aufgrund des Allgemeinzustandes, und eine zuverlässige, dauerhafte Reposition ist meist nicht zu erreichen.
- Eine rein funktionelle Therapie mit Ausheilung in Fehlstellung und dem Ziel der frühsekundären Implantation einer Hüftendoprothese bedeutet eine verlängerte Behandlungs- und Rehabilitationszeit. Die sekundäre Pfannenimplantation ist durch die Fehlstellung und evtl. durch teilweise erhebliche Knochendefekte erschwert.
- Die Gesamtergebnisse nach konservativer Therapie sind ungenügend.

In einer retrospektiven Untersuchung an 25 über 65jährigen Patienten mit Acetabulumfrakturen fand Spencer in 30% ein unakzeptables Spätresultat mit dauerhaften, erheblichen Schmerzen [61]. In dieser Studie waren auch 17 Patienten mit unverschobenen Frakturen eingeschlossen!

Alternativen der operativen Therapie sind die chirurgische Rekonstruktion der Fraktur (ggf. mit anderen Fixationstechniken, wie z.B. Cerclagen) oder der primär endoprothetische Hüftgelenkersatz.

Helfet führte bei 18 über 60jährigen Patienten Acetabulumrekonstruktionen über den Kocher-Langenbeck- oder ilioinguinalen Zugang durch [33]. Bis auf 2, nicht letal verlaufende Lungenembolien wurden keine spezifischen Komplikationen beobachtet. Alle Frakturen heilten innerhalb von 6 Wochen aus, es kam in keinem Fall zu einer sekundären Dislokation der Osteosynthese. Das funktionelle Zweijahresresultat war in 94% der Fälle gut. Allerdings betrug der durchschnittliche Blutverlust bei Operationen über den Kocher-Langenbeck-Zugang 1.380 ml, bei Einsatz des ilioinguinalen Zugangs 1.870 ml

Der primär endoprothetische Hüftgelenkersatz kann mit erheblichen technischen Problemen bei der stabilen Pfannenverankerung verbunden sein, die den Operationsumfang wesentlich erweitern. Nicht selten sind sogar begleitend zusätzliche Osteosynthesen notwendig, um eine stabile Pfannenverankerung zu erreichen.

Auch im eigenen Vorgehen wird individuell über die Therapie entschieden. Dafür wird neben allgemeinen medizinischen Risikofaktoren insbesondere der Dislokationsgrad der Fraktur, der Mobilitäts- und Aktivitätsgrad des Patienten, der Grad der Osteoporose und der radiologische Status des Hüftgelenkes beurteilt. Die folgenden allgemeinen Richtlinien werden angewendet:

- Bei unverschobenen oder nur leicht verschobenen Frakturen wird eine funktionelle Therapie mit kurzfristiger Bettruhe und Teilbelastung des Beines für 6 Wochen durchgeführt.
- Bei dislozierten Frakturen und noch gutem Aktivitätsgrad des Patienten wird eine operative Rekonstruktion angestrebt.
  - Bei reduziertem Allgemeinzustand werden reduziert invasive Techniken eingesetzt, um die Eingriffsgröße, ggf. unter Inkaufnahme einer nicht absolut anatomischen Rekonstruktion, zu vermindern (s. unten).

  Bei einer ausgeprägten Osteoporose werden alternative Stabilisierungsmaßnahmen wie z.B. Cerclagen oder Cerclagen mit Platten eingesetzt.
- Besteht bei ausreichendem Aktivitätsgrad eine radiologisch und klinisch manifeste Hüftgelenkarthrose, wird – wenn ohne wesentliche Erweiterung des Eingriffs möglich – ein primär endoprothetischer Hüftgelenkersatz angestrebt (s. unten).

### Technik der Acetabulumrekonstruktion im Alter

Welche Operationstechnik zur Rekonstruktion einer Acetabulumfraktur im Alter gewählt wird, hängt wesentlich vom Allgemeinzustand des Patienten und v.a. von der Qualität der Knochenstruktur ab.

#### ■ Fehlende Osteoporose, guter Allgemeinzustand

Bei ausgezeichnetem Allgemeinzustand und fehlenden Osteoporosezeichen werden die operativen Standardtechniken angewendet. Als Zugänge kommen v.a. der Kocher-Langenbeck-Zugang oder, wenn vom Frakturtyp her technisch möglich, der ilioinguinale Zugang in Frage. Auch bei erheblich dislozierten Frakturen verbietet sich in dieser Altersgruppe die Anwendung eines erweiterten Zugangs aufgrund des erheblich gesteigerten perioperativen Risikos (Operationsdauer, Blutverlust, thromboembolische Komplikationen etc.).

#### ■ Reduzierter Allgemeinzustand

Bei reduziertem Allgemeinzustand kommt es v.a. darauf an, das Operationstrauma, die Operationsdauer und den perioperativen Blutverlust zu minimieren.

- Falls vom Frakturtyp her möglich, wird die Rückenlage bevorzugt. Es wird der ilioinguinale Zugang eingesetzt, wobei bei den in dieser Patientengruppe häufigen Frakturtypen (Zweipfeilerfrakturen, Frakturen des vorderen Pfeilers, ggf. in Verbindung mit einer hinteren Hemitransversfraktur) die Operation häufig durch die alleinige Eröffnung des »I. und II. Fensters« des Zugangs durchführbar ist. Erfolgt dieser Eingriff früh, d.h. innerhalb der ersten 8 Tage, kann durch den Einsatz von Cerclagen (s. Kap. 20) gleichzeitig reponiert und stabilisiert werden.
- Frakturen der hinteren Wand, des hinteren Pfeilers und Querfrakturen mit Beteiligungen der hinteren Wand werden in üblicher Technik von dorsal her versorgt (Kocher-Langenbeck-Zugang).
  Zu Verringerung von Operationszeit und Blutverlust sollten diese Operationen nur von erfahrenen Chirurgen durchgeführt werden!

#### ■ Osteoporose

Bei reduzierter Knochenstruktur kommt der ausreichenden Fixation der Fragmente besondere Bedeutung zu. Zugschrauben und/oder Plattenosteosynthesen allein reichen aufgrund des mangelhaften Haltes der Schrauben im Knochen oft nicht aus. Vielfach ist es notwendig, durch die Verwendung von längeren Platten oder Doppelplatten zusätzliche Stabilität zu gewinnen.

Ein besonderes Problem in dieser Altersgruppe sind die »zentralen Dislokationen« des Hüftkopfes. Über den ilioinguinalen Zugang läßt sich zwar häufig eine gute Reposition erreichen, die klassische Plattenlage »auf« der Linea terminalis ist in diesen Fällen aber oft unzureichend. Die zu kompensierenden Kräfte verlaufen nahezu senkrecht zur Achse der Schrauben, deren Haltekraft in der weichen, osteoporotischen Knochenstruktur ohnehin vermindert ist.

Der Einsatz einiger spezieller Fixationstechniken hilft in vielen Fällen, angepaßt an die Einzelsituation, eine ausreichende Stabilisierung zu erreichen:

**Federplatten (»spring-plates«)**

- Isoliert abgehobene Fragmente der quadrilateralen Fläche werden durch eine rechtwinklige angebogene Platte nach lateral gedrückt [44] (Abb. 22.8). Die Platte wird unter die auf der Linea terminalis liegende Rekonstruktionsplatte geschoben, und beide Platten werden gemeinsam verschraubt (***cave:*** Gelenkperforation). Die Technik hat nur eine beschränkte mechanische Stabilität und kann nicht zur Fixation von belasteten Fragmenten eingesetzt werden (s. auch Abb. 22.6).
- Eine höhere Stabilität und breitere Abstützung wird erreicht, wenn anstelle von 1/2-Rohrplatten eine lange »H-Platte« eingesetzt wird. Sie läßt sich proximal in 2 Löchern verschrauben und wird zusätzlich im Bereich der Spina ischiadica von innen her gegen das Os ischii verschraubt (Abb. 22.9). Ein Aufbiegen des so entstandenen »Käfigs« wird auf diese Weise vermieden.
- Cerclagen: Cerclagen oder Stahlseilsysteme umfassen den Knochen konzentrisch und haben so auch an osteoporotischen Knochen eine erhebliche Stabilisationswirkung (Abb. 2.10). Die Technik der halbgeschlossenen Applikation wurde bereits in Kap. 20 beschrieben. Auch nach Durchführung einer Plattenosteosynthese, die aufgrund der Osteoporose keine ausreichende Stabilität ergibt, kann durch zusätzlich angebrachte Cerclagen die Stabilität weiter erhöht werden.
- Osteosynthesen über den erweiterten Pfannenstielzugang. Da die Dislokationsrichtung im wesentlichen »zentral« ist, läßt sich durch Anlage einer Platte von der »Innenseite« des kleinen Beckens her eine biomechanisch günstigere Plattenlage erhalten. Durch das Anziehen der Schrauben wird die quadrilaterale Fläche nach außen gedrückt und die Osteosynthese in der Richtung ihrer höchsten Stabilität belastet (Abb. 22.11).

Diese Osteosynthesen lassen sich über den ilioinguinalen Zugang nicht ausführen. Cole u. Bolhofner geben eine Versorgung über den erweiterten Pfannenstielzugang an [13] (s. Kap. 19). Dieser für den Patienten sehr schonende Zugang erlaubt eine komplette Übersicht über die knöcherne Begrenzung des kleinen Beckens, bis hin zum SI-Gelenk. Durch Kombination mit dem anterolateralen Zugang zur Fossa iliaca (»I. Fenster des ilioinguinalen Zugangs«) lassen sich auch limitierte Stabilisierungen im Bereich des Os ilium durchführen.

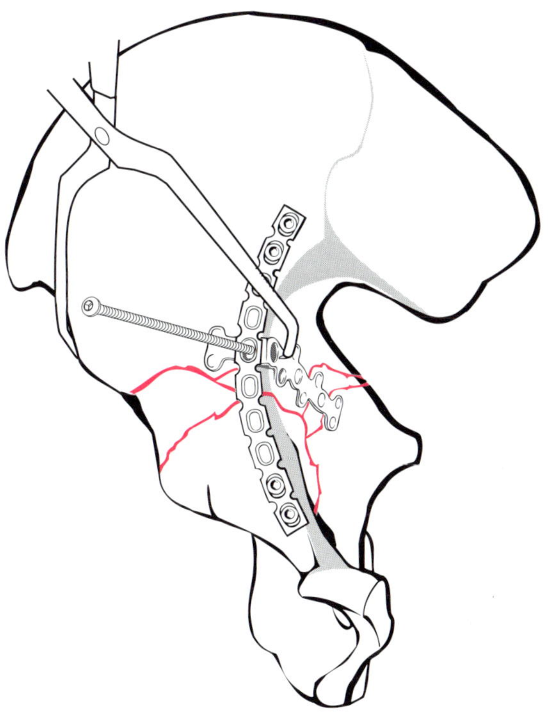

**Abb. 22.8.** Abstützmöglichkeiten durch die »Federplatte«. Eine unter die Platte geschobene, mäßig vorgebogene sog. »Federplatte« (»spring-plate«) drückt relativ großflächig Fragmente oder auch Trümmerzonen in die Repositionsstellung. Hierbei Hinterwandfraktur

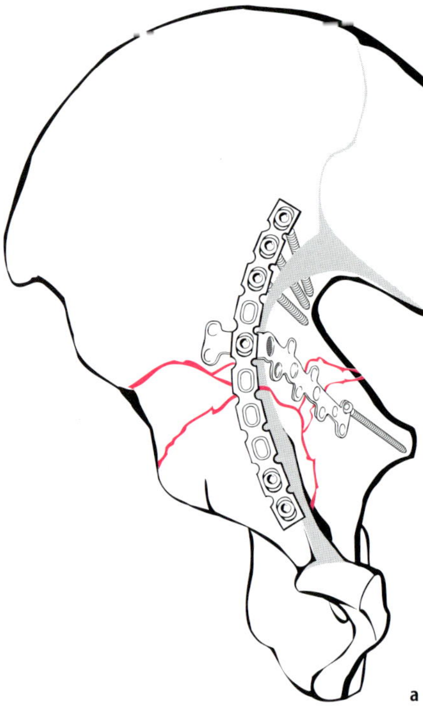

a

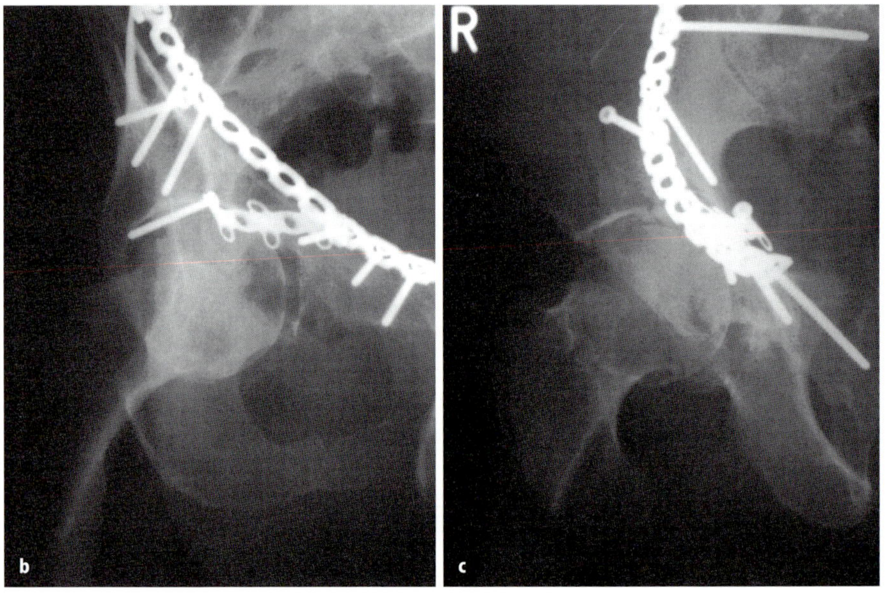

**Abb. 22.9 a–c.** Verschraubte »Federplatte« über den ilioinguinalen Zugang. Durch die Verschraubung von H-Platten im Bereich der Spina ischiadica läßt sich die Stabilität dieser Konstruktion nochmals erhöhen (**a**). **b** u. **c** Röntgenansicht

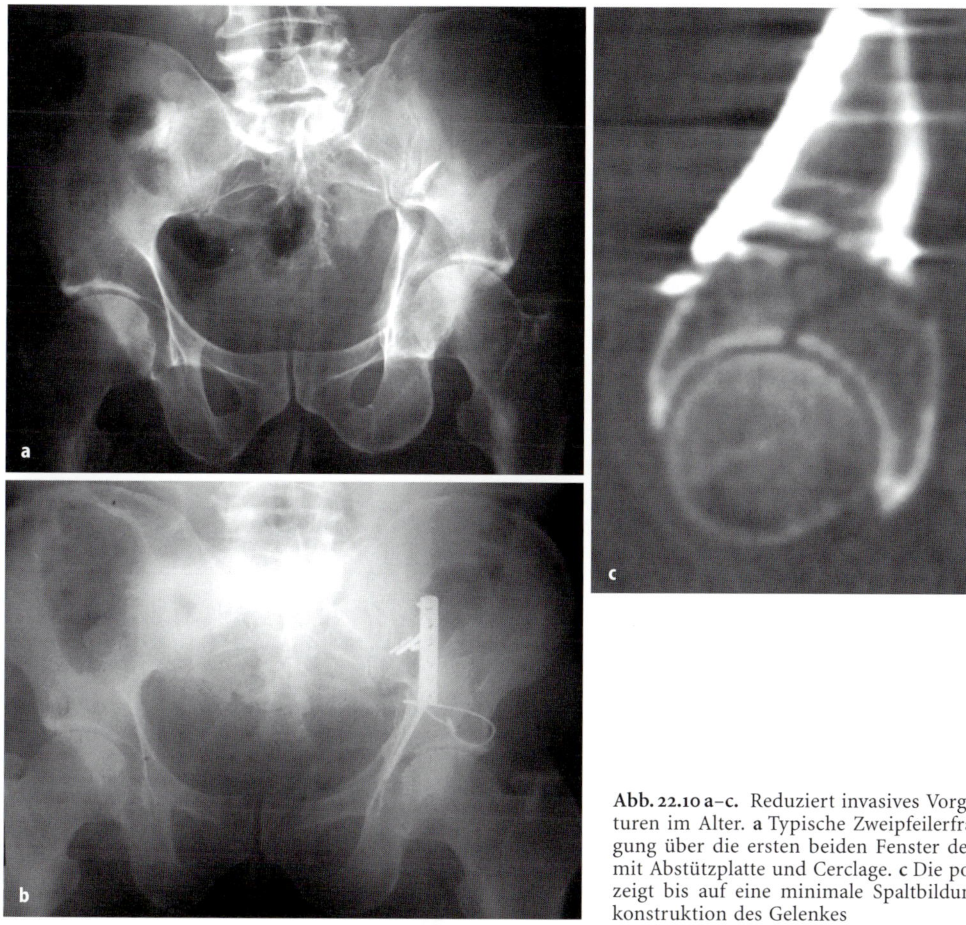

**Abb. 22.10 a–c.** Reduziert invasives Vorgehen bei Zweipfeilerfrakturen im Alter. **a** Typische Zweipfeilerfraktur im Alter. **b** Versorgung über die ersten beiden Fenster des ilioinguinalen Zugangs mit Abstützplatte und Cerclage. **c** Die postoperative CT-Kontrolle zeigt bis auf eine minimale Spaltbildung eine anatomische Rekonstruktion des Gelenkes

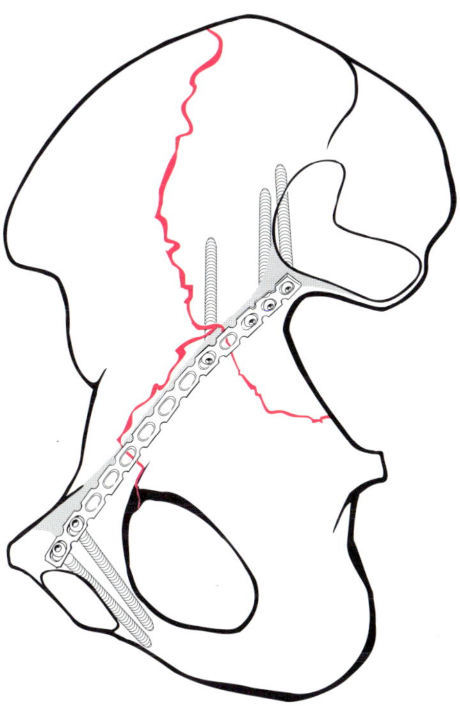

**Abb. 22.11.** Plattenlage bei Verwendung des erweiterten Pfannenstielzugangs, schematische Darstellung

## Primär prothetischer Gelenkersatz

F. Baumgaertel

**Während bei jüngeren Patienten ohne vorbestehende Schädigung des Hüftgelenkes die anatomische Rekonstruktion des frakturierten Acetabulums im Vordergrund steht und Begleiterkrankungen bei der Betrachtung der Frakturmorphologie und ihrer Bedeutung für den Patienten eher eine untergeordnete Rolle spielen, stehen die Begleitumstände einer Acetabulumfraktur im höheren Lebensalter im Vordergrund [2]. Die Frakturmorphologie nimmt eine sekundäre Rolle ein. Während bei jüngeren Patienten die Erhaltung eines funktionstüchtigen natürlichen Hüftgelenkes angestrebt wird, ist beim betagten Patienten nur die Forderung der Wiederherstellung der Funktion eines Hüftgelenkes zu stellen. Gleichzeitig müssen Behandlungsrisiken und Sekundärkomplikationen vermieden werden. Die Behandlung der Acetabulumfraktur des alten Patienten unterliegt also dem Prinzip der Risikovermeidung (s. oben). Ist eine Gelenkrekonstruktion nur über ausgedehnte Eingriffe erreichbar oder liegen lokale Gelenk- oder Knochenerkrankungen vor, ist eine primäre Alloarthroplastik anzustreben [67].**

### ■ Indikationen

Unter zusätzlicher Abwägung aller allgemeinen Risiken wird die Indikation zur primären Alloarthroplastik des Hüftgelenkes nach Acetabulumfraktur beim älteren Menschen gestellt:

- bei einer vorbestehenden Arthrose,
- wenn durch die bildgebende Diagnostik ein Knorpelschaden im Belastungsbereich von Hüftkopf und/oder Acetabulum bestätigt wird,
- bei zusätzlichen Frakturen im Hüftkopf- oder Schenkelhalsbereich,
- bei Defekten in der Belastungszone des Acetabulums.

### ■ Zugangswahl

Die alleinige endoprothetische Versorgung der Acetabulumfraktur kann in Abhängigkeit vom Frakturtyp über verschiedene Zugänge durchgeführt werden. Das entscheidende Kriterium ist das Vorliegen einer Frakturlinie, die den vorderen Pfeiler vom Os ilium trennt:

- Ist die Verbindung zwischen vorderem Pfeiler und Os ilium intakt ist, d.h. ist eine supraazetabuläre Verankerung der Prothese möglich, kann der laterale Standardzugang verwendet werden (transglutäal nach Bauer).
- Ist das Pfannendach instabil, muß der Hüftgelenkersatz mit einer Osteosynthese kombiniert werden, wobei dieser Eingriff entsprechend dem Allgemeinzustand des Patienten ein- oder zweizeitig geplant wird. Die Zugangswahl richtet sich nach dem Frakturtyp:
  - Frakturen der hinteren Wand und/oder des hinteren Pfeilers sowie ggf. Querfrakturen werden über den dorsalen Zugang nach Kocher-Langenbeck stabilisiert und gleichzeitig endoprothetisch versorgt.
  - Frakturen des vorderen Pfeilers mit ausgedehnter Dislokation des Pfannendachfragmentes und Zweipfeilerfrakturen werden zunächst durch eine Plattenosteosynthese und Zugschrauben über den ilioinguinalen Zugang versorgt. Der ilioinguinale Zugang muß ggf. nicht komplett eröffnet werden (nur Fenster I, ggf. auch II).

> *Anmerkung.* Eine Alternative ist auch die Osteosynthese über den erweiterten Pfannenstielschnitt (»Stoppa« Zugang).

Ein Pfannendachaufbau nach Erweiterung des lateralen Zugangs ist prinzipiell möglich, sollte aber aufgrund des erhöhten Weichteiltraumas vermieden werden (Abduktoren, Schädigung des glutäalen Nervenbündels).

### ■ Operative Technik

Die primär stabile Pfannenverankerung ist das Hauptproblem bei der primär alloarthroplastischen Versorgung einer Acetabulumfraktur, aber auch bei einer chronischen Luxationsstellung nach Fraktur [14, 27, 43, 72]. Da eine radiäre Verspannung des Pfannenimplantates im Acetabulum frakturbedingt in der Regel nicht möglich ist, muß auf Pfannenmodelle zurückgegriffen werden, die mit dem Knochen stabil verschraubt werden können. Aus der Vielzahl der verfügbaren Modelle bieten sich im wesentlichen 3 Prinzipien an:

- die zementfreie sphärische Pfannendachschale, die primär verschraubbar ist und das Inlay direkt aufnimmt,
- die zementfreie ovale Pfannendachschale, die durch ihre Größe und Form den Ausgleich auch größerer Defektstrecken erlaubt, stabil nach kranial und distal verschraubbar ist und durch verschiedene, direkt einsetzbare Inlays eine Optimierung des Drehzentrums erlaubt,
- Pfannendachschalen oder Ringe, die ein »Bett« für eine zementierte Pfanne bieten.

Die Osteosynthese »durch die Pfannenschale« muß geplant werden, damit durch geschickte Auswahl der Schraubenrichtungen auch alle Fragmente sicher gefaßt und an die Schale herangezogen werden.

Eine alleinige Zementverankerung einer Pfanne ist in der Regel nicht mehr indiziert, da auf diese Weise

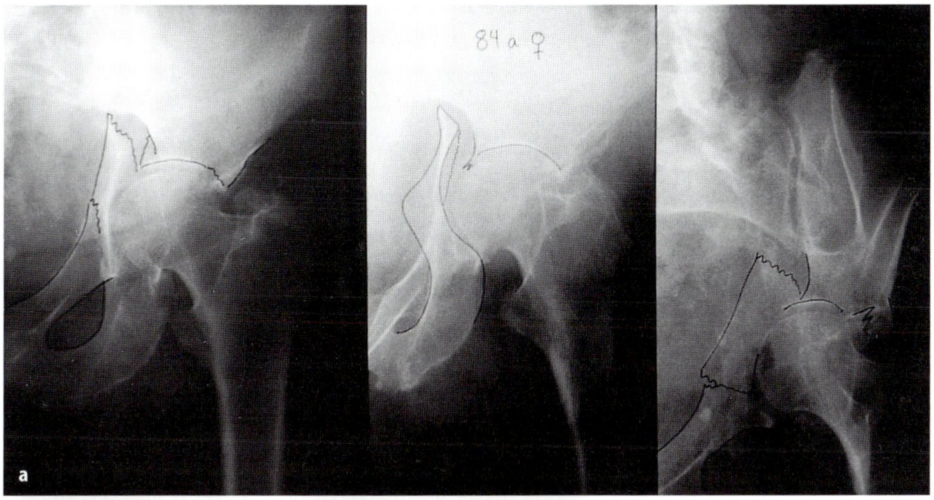


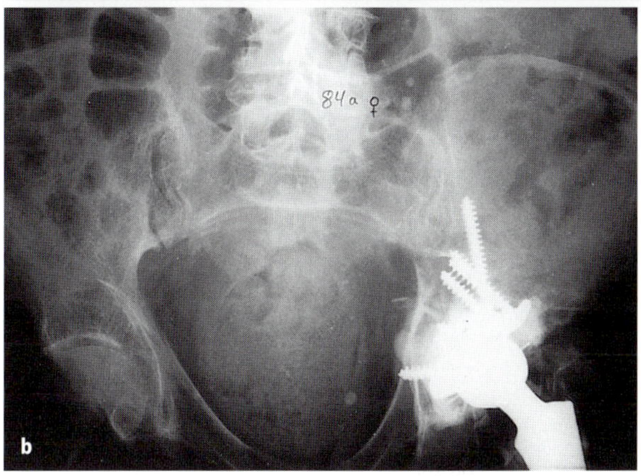


**Abb. 22.13 a, b.** Primäre Versorgung einer Altersfraktur mit TEP. **a** Acetabulumfraktur bei vorbestehender Koxarthrose bei einer 71 jährigen Frau. Aufgrund einer erheblichen Verschmälerung des Gelenkspaltes und vorbestehender Knochenerkrankung Indikation zur Totalendoprothese des linken Hüftgelenks. **b** Postoperativer Zustand nach Endoprothese unter Verwendung einer Stützschale, die durch lange, kranial gelegene Schrauben verankert wird

▷
**Abb. 22.12.** Schema der primären Versorgung einer Acetabulumfraktur mit einer verschraubten Pfanne. Es ist darauf zu achten, daß alle Fragmente gut gefaßt sind und an die Schale herangezogen werden. Bestehende Defekte müssen mit Spongiosa oder Knochenblöcken aus dem Hüftkopf aufgefüllt werden

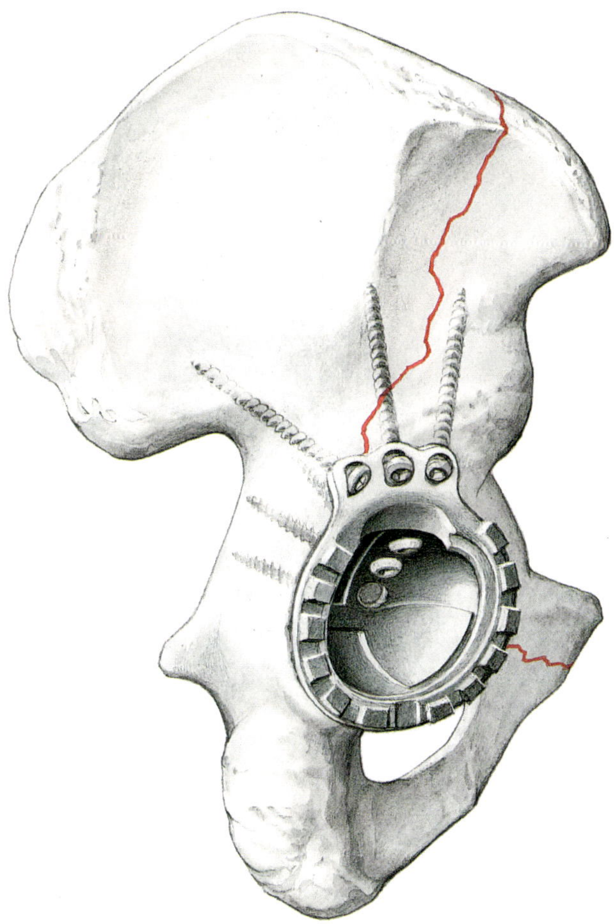

keinerlei stabilisierende Wirkung auf die Fragmente erreicht wird.

Knöcherne Gelenkdefekte werden primär mit Spongiosa ggf. auch mit Spongiosablöcken komplett ausgefüllt, damit ein defektfreies knöchernes Pfannenlager geschaffen werden kann (Abb. 22.12). Beträgt die abstützende Fläche im Pfannendach weniger als etwa 50 % der Pfanne, müssen mechanisch belastbare, kortikospongiöse Transplantate verschraubt oder ggf. auch durch eine Platte abgestützt werden.

Die Primärstabilität der Pfanne muß im Rahmen der Operation erreicht werden (s. auch das Beispiel in Abb. 22.13 und 22.14).

Die Schaftimplantation erfolgt nach den allgemeinen Kriterien der Endoprothetik; wir selbst ziehen die Verwendung eines zementierten Schaftes vor.

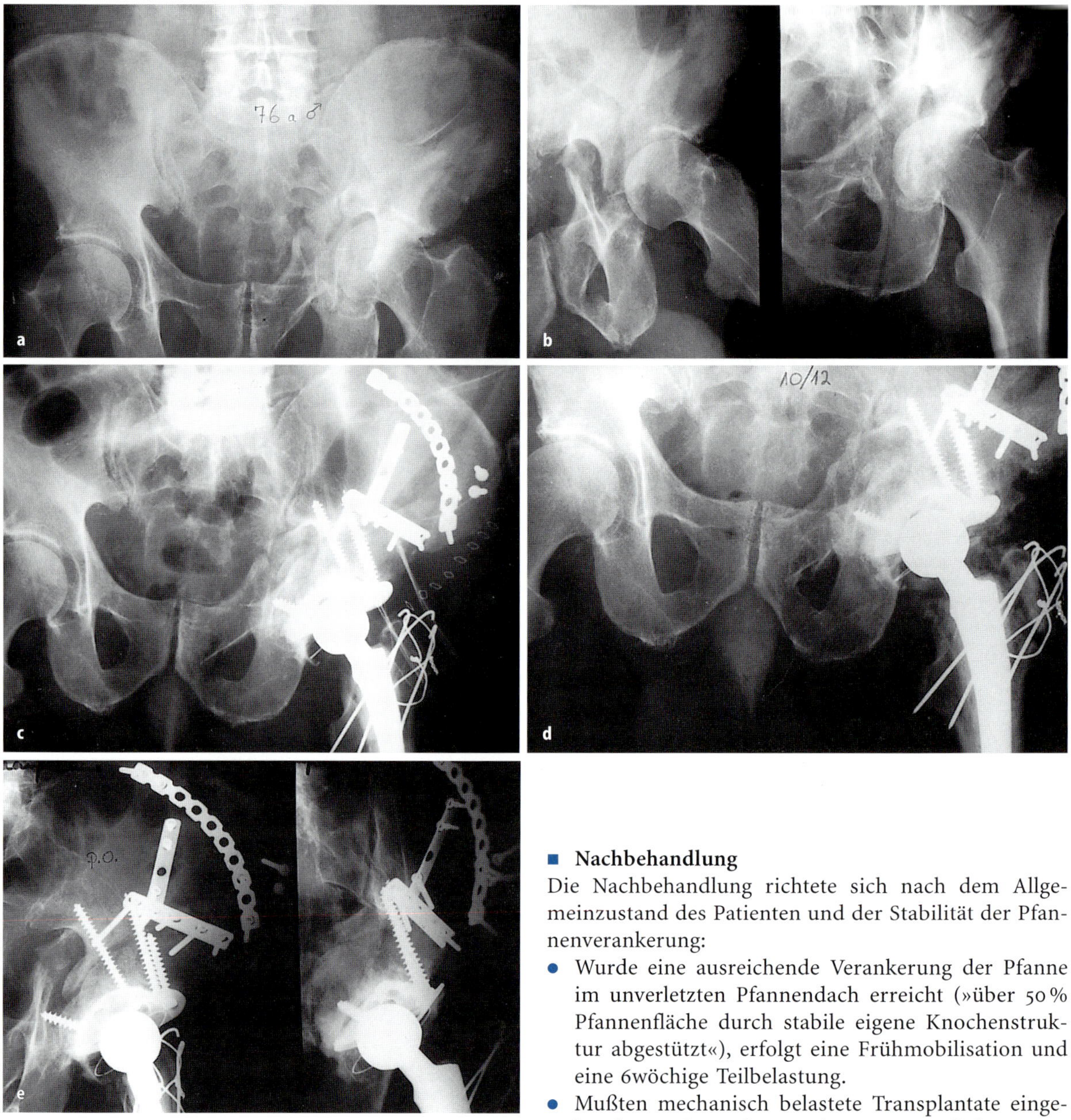


**Abb. 22.14 a–e.** Altersfraktur und Versorgung mit primärer Hüftprothese. **a** Instabile und stark dislozierte Zweipfeilerfraktur des linken Acetabulums bei einem 76jährigen Mann. **b** Die Ala- und Obturatoraufnahmen zeigen ein komplette Zerstörung des Acetabulums mit deutlicher zentraler Luxation des Femurkopfes. **c** Postoperative Aufnahme des Beckens a.-p. In einer Sitzung wurde der vordere Pfeiler der Zweipfeilerfraktur über einen ilioinguinalen Zugang osteosynthetisch stabilisiert. Über einen lateralen Zugang wurde der Hüftkopf entfernt, das Acetabulum mit Spongiosascheiben aus dem entnommenen Hüftkopf aufgebaut und eine Stützschale zur Stabilisierung des Pfannendaches eingebracht. **d** Spätaufnahme des Beckens nach endoprothetischem Ersatz plus Osteosynthese. Die Fraktur ist verheilt und die Aufbaurekonstruktion des Pfannendaches konsolidiert, die Endoprothese hat einen korrekten Sitz, und der Beinlängenunterschied ist als geringfügig einzuschätzen. **e** Ala- und Obturatoraufnahmen: das Spätergebnis nach Osteosynthese und endoprothetischem Gelenkersatz einer Zweipfeilerfraktur

### ■ Nachbehandlung

Die Nachbehandlung richtete sich nach dem Allgemeinzustand des Patienten und der Stabilität der Pfannenverankerung:

- Wurde eine ausreichende Verankerung der Pfanne im unverletzten Pfannendach erreicht (»über 50% Pfannenfläche durch stabile eigene Knochenstruktur abgestützt«), erfolgt eine Frühmobilisation und eine 6wöchige Teilbelastung.
- Mußten mechanisch belastete Transplantate eingebracht werden, oder wurde eine zusätzliche Osteosynthese der Acetabulumfraktur durchgeführt, wird die Teilbelastung für 8–10 Wochen in Abhängigkeit von der Transplantatgröße durchgeführt.

### ■ Ergebnisse

Die mittel- und langfristigen Ergebnisse sind wesentlich vom Allgemeinzustand des Patienten mitgeprägt. Im Rahmen einer an der Philipps Universität Marburg durchgeführten retrospektiven Studie wurden Patienten nach Altersfrakturen des Acetabulums nachuntersucht [3]. Die Ergebnisse korrelierten eng mit dem Operationsaufwand, der zur Wiedererlangung einer Hüftgelenkfunktion notwendig war. Die besten Ergebnisse wurden nach Acetabulumrekonstruktionen über den ilioinguinalen Zugang beobachtet, gefolgt von primären Versorgungen mit Hüftendoprothesen bei einfachen Frakturtypen.

In einer retrospektiven Studie wurden 34 Patienten mit einem Altersdurchschnitt von 74,2 Jahren nach Acetabulumfraktur behandelt. Die häufigsten Frakturtypen waren 16 kombinierte Frakturen (T-Frakturen, Frakturen der vorderen Wand mit hinterer Hemitransversfraktur) sowie 9 Querfrakturen. Reine Frakturen einer »Wand« waren in diesem Kollektiv mit 5 Fällen selten, ebenso wie die Zweipfeilerfrakturen (3).

Die Therapie erfolgte bei 9 von 34 Patienten konservativ funktionell, 6 Patienten erhielten eine Osteosynthese, 16 eine Totalendoprothese und 3 eine Kombination aus Osteosynthese und Gelenkersatz. An Komplikationen bei den 25 operierten Patienten fielen v.a. periartikuläre Verkalkungen (7), Beinverkürzungen über 2 cm (4), Weichteilinfekte (2) und eine infizierte Totalendoprothese auf. In einem Fall, bei dem eine kombinierte Osteosynthese mit Gelenkersatz durchgeführt wurde, überlebte der Patient eine schwere thromboembolische Komplikation.

13 der 25 operierten Patienten wurden nach durchschnittlich 17 Monaten nachuntersucht und die Hüftfunktion wurde im Score nach Merle d'Aubigne beurteilt: Die Hüftfunktion wurde bei 2 Patienten als sehr gut, bei 6 als gut, bei 3 als mäßig und bei 2 als schlecht beurteilt (beste Funktion nach Rekonstruktion über den ilioinguinalen Zugang und nach Totalendoprothesen).

**■ Schlußfolgerungen**

Auch im Alter folgt die Indikation zur konservativ-funktionellen Therapie von Acetabulumfrakturen den schon in Kap. 18 genannten Kriterien (Pfannendachwinkel >45°, ggf. auch sekundäre Kongruenz). Die operative Rekonstruktion ist indiziert, wenn die Gelenkverhältnisse ansonsten normal sind, eine spätere Mobilisation und Rehabilitation wahrscheinlich ist, und die Operation über einen schonenden Zugang zu realisieren ist (ilioinguinal, verkleinerter ilioinguinaler Zugang, erweiterter Pfannenstielschnitt). Die Indikation zur primären Totalprothese ergibt sich bei einer vorbestehenden Koxarthrose, bei Läsionen des Femurkopfes oder bei pathologischen Frakturen. Die Totalendoprothese ist im Alter ebenfalls eine gute Alternative zu einer Rekonstruktion, die über ausgedehnte oder erweiterte Zugänge durchgeführt werden müßte. Entscheidend ist eine ausreichende dorsokraniale Verankerung, die bevorzugt mit Hilfe von Stützschalen oder verschraubbaren Pfannen erreicht wird. Bei instabilem Pfannendach (häufig bei dislozierten Zweipfeilerfrakturen und Frakturen des vorderen Pfeilers) wird die Prothese nach Stabilisierung der Hauptfragmente durch eine Osteosynthese implantiert.

## 22.3 Acetabulumfrakturen bei Polytraumatisierten

T. Pohlemann und G. Regel

**Da Acetabulumfrakturen als Resultat eines Traumas hoher Energie auftreten, muß häufig mit erheblichen Begleitverletzungen gerechnet werden, die die weitere Therapie beeinflussen. Da die Behandlungsgrundsätze für die Acetabulumfraktur auch beim Polytrauma gelten, soll an dieser Stelle nur auf diejenigen Fälle eingegangen werden, bei denen aufgrund der Allgemeinsituation oder spezifischer Zusatzverletzungen von der üblichen Therapie abgewichen werden muß. Prinzipiell muß die Operationsfähigkeit wiederholt überprüft werden, um ggf. doch noch die operative Therapie einer dislozierten Acetabulumfraktur durchführen zu können.**

Ein nicht unerheblicher Anteil der Acetabulumfrakturen wird im Rahmen einer Mehrfachverletzung erlitten.

Merle d'Aubigne findet schon 1968 unter 165 Mehrfachverletzten 41 Patienten mit Acetabulumfrakturen bzw. einen Anteil von 33% Mehrfachverletzten unter allen Acetabulumfrakturen [46].

Im eigenen Krankengut wiesen 53% der Patienten mit Acetabulumfrakturen einen PTS-Wert über 20 Punkte auf. Diese Tatsache habt auch einen deutlichen Einfluß auf die Indikation zur operativen Therapie. Während in der Gruppe der isolierten Acetabulumverletzungen mit einer primären Fehlstellung über 3 mm die Rate der operativen Stabilisierungen bei 72% liegt, beträgt sie bei gleicher Fehlstellung in der Gruppe der Patienten mit einem PTS von über 20 Punkten lediglich 49%.

Die Indikationsstellung richtet sich nach den in Kap. 18 angeführten Grundsätzen. Aufgrund der Größe des Eingriffs wird insbesondere im Rahmen des Polytraumas von einer Primärversorgung der Acetabulumverletzung abgesehen und eine Stabilisierung des Allgemeinzustandes abgewartet. Die Operation erfolgt in der »Sekundärperiode«. Zur Beurteilung der Operationsfähigkeit des Mehrfachverletzten wird auf die detaillierten Ausführungen in Tscherne u. Regel [66a] verwiesen (Tabelle 22.1). Normalerweise wird die operative Versorgung der Hüftpfanne zwischen dem 8. und dem 14. Tag nach Unfall angestrebt. Eine Frühversorgung im Rahmen des Polytraumas wird derzeit nur bei akut interventionsbedürftigen Blutungen, offenen Frakturen und Repositionshindernissen vorgenommen. Die Elektivversorgung der Acetabulumfraktur nach Abwarten einer ausreichenden Stabilisierung des Allgemeinzustandes verbessert die Gesamtprognose des Patienten [50].

Bis die Operationsfähigkeit erreicht ist, wird die Verletzung so behandelt, als ob eine spätere operative Rekonstruktion nicht mehr möglich ist (s. Kap. 20 »Konservative Therapie«). In den Fällen, in denen eine geschlossene Reposition unbefriedigend bleibt

| | |
|---|---|
| **Thoraxröntgenbild** | Kein Anhaltspunkt für zunehmende Infiltration des Lungenparenchyms in den letzten 48 h vor der Operation |
| **Bilanz** | Ausgeglichene oder negative Flüssigkeitsbilanz 48 h vor der Operation |
| **$paO_2/FIO_2$** | > 250 während der letzten 24 h |
| **$P_{pulmoart}$** | < 24 mmHg (im Mittel) |
| **$P_{max.\,inspir.\,Druck}$** | < 35 cm $H_2O$ |
| **Thrombozyten** | > 95 000 oder 80 000 und ansteigend |
| **Leukozyten** | > 2 000 und < 12 000 (ohne Anzeichen einer Knochenmarkdepression; kein Anhalt für Sepsis) |
| **Hirndruck** | ICP < 15 cm $H_2O$ |
| **Kranielles CT** | Keine zunehmende Hygrombildung |

**Tabelle 22.1.** Kriterien für die Operationsfähigkeit bei Polytraumatisierten

und der Allgemeinzustand eine aufwendige Rekonstruktion des Acetabulums nicht zuläßt, wird geprüft, ob ggf. durch einen reduziert invasiven Eingriff die Reposition verbessert werden kann oder sogar die Hüftgelenkkongruenz wiederherzustellen ist.

Als derzeit mögliches Verfahren bietet sich die Versorgung über einen limitierten ilioinguinalen Zugang mit Cerclagenstabilisierung bzw. über einen erweiterten Pfannenstielzugang mit Anlage einer Platte auf der Innenseite des kleinen Beckens an [13]. Ausreichende Erfahrung vorausgesetzt, lassen sich derartige Eingriffe in 1–2 h durchführen, wobei der Blutverlust in der Regel auf deutlich unter 1.000 ml begrenzt werden kann. In seltenen Fällen können einfache Frakturtypen auch unter Bildwandlerkontrolle im Rahmen der Primärversorgung transkutan mit Zugschraubenosteosynthesen »geschlossen« werden (Abb. 22.15).

Gesteuerte transkutane Verfahren, wie die Verschraubung unter CT oder arthroskopischer Kontrolle, scheitern derzeit an den noch nicht verfügbaren Repositionsmöglichkeiten und dem auch bei unverschobenen Frakturen noch deutlich erhöhtem Aufwand, der sich beim Mehrfachverletzten in der Regel verbietet.

Eine besondere Situation wird durch ein begleitendes SHT geschaffen. Neben einer stark verzögerten Rehabilitation behindert insbesondere die hohe Rate von heterotopen Ossifikationen die Hüftgelenkfunktion.

Webb et al. untersuchten 23 Patienten nach Acetabulumfraktur mit einem begleitendem SHT (Glasgow Coma Scale ≤10). Trotz anatomischer Rekonstruktion des Acetabulums bei 22 Patienten lag der durchschnittliche Harris Hip Score bei der Nachkontrolle nach durchschnittlich 23 Monaten lediglich bei 59 Punkten. Die Ergebnisse der über 40jährigen Patienten lagen durchschnittlich um 15 Punkte unter denen der jüngeren Patienten. 61% der Patienten wiesen symptomatische heterotope Ossifikationen auf [71].

Eine operative Therapie der Acetabulumfraktur sollte deswegen, wenn immer möglich, über einen ilioinguinalen Zugang durchgeführt werden. In diesem Bereich auftretende heterotope Ossifikationen behindern die Funktion in der Regel nicht.

Die operative Behandlung einer Acetabulumfraktur nach Polytrauma stellt vielfach ein erhebliches Managementproblem dar. Die Gesamtprognose und deren zeitliche Entwicklung muß genau abgeschätzt werden, um den günstigsten Zeitpunkt für einen operativen

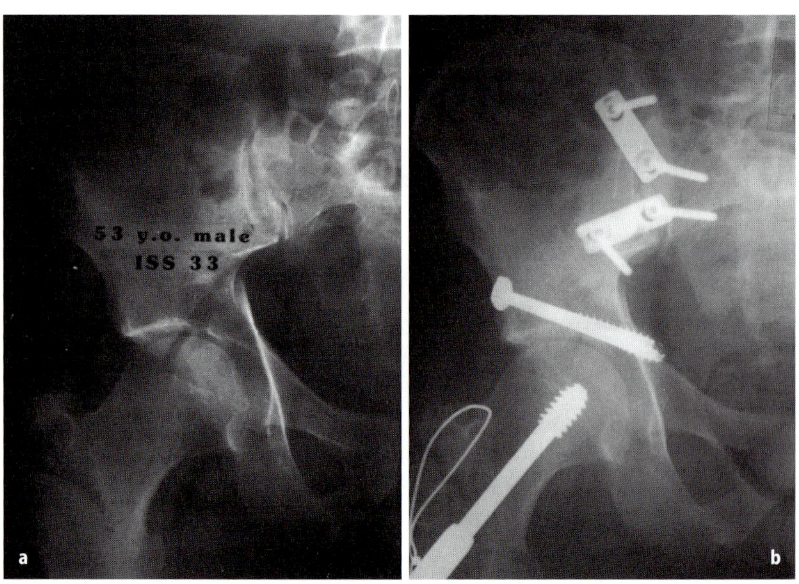


**Abb. 22.15 a, b.** Perkutanes Vorgehen bei einfachen Frakturformen. **a** Querfraktur des Acetabulums bei einem 53jährigen polytraumatisierten Patienten in Verbindung mit einer Schenkelhalsfraktur und SI-Sprengung. **b** Es erfolgt eine primäre Versorgung mit SI-Verplattung, transkutaner Verschraubung des Acetabulums und DHS-Implantation

Eingriff zu bestimmen. Werden reduziert invasive Verfahren geplant, sollte der Eingriff möglichst früh erfolgen, da die Repositionsmöglichkeiten leichter sind – allerdings darf der Eingriff die geplante Dauer und Größe nicht überschreiten (Vitalgefährdung). Eine konventionelle Rekonstruktion sollte erst nach vollständiger Stabilisation des Allgemeinzustandes vorgenommen werden (vielfach über 14 Tage). Dabei muß allerdings berücksichtigt werden, daß die Repositionsmöglichkeiten schlechter sind und ggf. dadurch das Operationstrauma erheblich ansteigt.

## 22.4 Weitere besondere Situationen

T. Pohlemann und T. Hüfner

### Schwangerschaft

Schon Malgaigne wies 1847 auf die letalen Folgen einer Beckenfraktur nach Schwangerschaft hin [41]. Glücklicherweise können Beckenfrakturen und an dieser Stelle besonders Acetabulumfrakturen während der Schwangerschaft als Rarität bezeichnet werden.

Im eigenen Krankengut von über 2.224 Becken- und Acetabulumfrakturen bestand lediglich in 6 Fällen eine Schwangerschaft. Lediglich eine Patientin hatte eine Acetabulumquerfraktur erlitten, die aufgrund der schweren Allgemeinverletzung nicht operativ behandelt wurde.

In der Literatur vorliegende Untersuchungen beschäftigen sich v.a. mit dem Akutmanagement nach Beckenverletzungen [8, 9, 16, 49] oder gehen auf die Folgen einer Beckenfehlstellung für eine spätere Schwangerschaft ein [38, 49].

Die Therapieempfehlungen blieben bisher im wesentlichen konservativ [60].

In wenigen Einzelfällen wurde eine operative Therapie während der Schwangerschaft angegeben:

Yosipowitch et al. publizieren 1992 die operative Versorgung einer Zweipfeilerfraktur einer 24jährigen Gravida I, Para 0 in der 20. Schwangerschaftswoche über einen erweiterten iliofemoralen Zugang mit nachfolgender unauffälliger Geburt und gutem Vierjahresergebnis des Hüftgelenkes. Ein spezielles intraoperatives Monitoring wird nicht angegeben, der Blutverlust betrug 3.500 ml.

Pals et al. [53] geben 1992 die operative Versorgung einer dislozierten Querfraktur in der 18. Schwangerschaftswoche über einen modifizierten Smith-Peterson-Zugang an. Die Operation selbst wurde in Halbseitenlage mit Monitoring der kindlichen Herztöne durchgeführt, die Fraktur wurde durch Plattenosteosynthese auf der Linea terminalis und in der Fossa iliaca versorgt.

### Periprothetische Acetabulumfrakturen

In seltenen Fällen wurden auch Acetabulumfrakturen nach vorausgegangenem totalendoprothetischem Hüftgelenkersatz beobachtet [64]. Die Inzidenz ist zwar sehr gering, im Zuge der weitergehenden Verbreitung von Hüftgelenkprothesen und einer zunehmenden Lebenserwartung muß aber auch mit einem Anstieg derartiger Verletzungen gerechnet werden (Abb. 22.16).

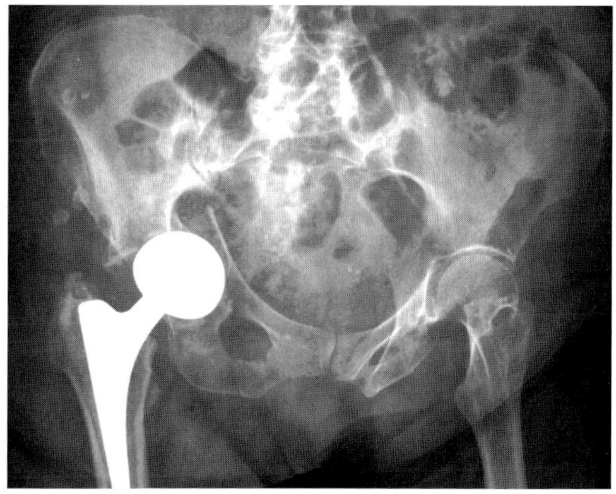

**Abb. 22.16.** Periprothetische Acetabulumfrakturen. Nach Implantation einer Duokopfprothese kam es zu einer sekundären Fraktur der vorderen Wand. Bei geringen Beschwerden einer im wesentlichen bettlägerigen Patientin war keine weitere operative Therapie nötig

Als Ursache für die Fraktur ist nahezu immer die reduzierte Stabilität der Knochenstruktur verantwortlich, nur in seltenen Einzelfällen treten diese Frakturen nach adäquaten traumatischen Ereignissen auf. Diese »Streßfrakturen« betreffen v.a. den Bereich der Scham- oder Sitzbeinäste, allenfalls die distalen Anteile des Acetabulums (»Vorderhorn«) [25, 35, 52]. Im Zuge eines Unfallgeschehens sind aber auch andere Frakturtypen, wie z.B. Hinterwand- und Querfrakturen, möglich.

Miller beschreibt 9 Fälle, bei denen Frakturen in der »ischiopubischen« Region des Acetabulums zwischen 14 und 48 Monate nach einer Hüftprothesenimplantation aufgetreten waren [48]. Nur in einem Fall war ein Unfall als Ursache anzunehmen.

McElfresh u. Coventry [45] konnten innerhalb eine Zeitraumes von 40 Monaten, in denen an ihrer Einrichtung insgesamt 5400 Hüftendoprothesen operiert wurden, lediglich 10 periprothetische Frakturen, davon 9 aus dem eigenen Krankengut, beobachten. Nur 4 Fälle betrafen das Becken (in 3 Fällen das Schambein, in einem Fall waren Oberschenkel und Acetabulum frakturiert), die restlichen Fälle ausschließlich den Oberschenkel. Auch hier konnte nur in einem Fall ein Sturz als Ursache der Beckenfraktur angenommen werden.

Woolson beschreibt einen Fall, bei dem es im Rahmen eines PKW-Unfalls bei einem 40jährigen Mann zu einer hinteren Luxationsfraktur einer bestehenden Totalprothese der Hüfte gekommen war. Die Hüftpfanne war mit einem großen Hinterwandfragment des Acetabulums ausgerissen worden. Die Pfannenschale war zusammen mit dem Inlay und anhängendem Zement bis zum distalen medialen Aspekt des Oberschenkels knapp oberhalb des Kniegelenkes disloziert worden [73].

■ **Therapie**

Die Therapie orientiert sich an der Ursache der Fraktur und dem Dislokationsgrad.

- Streßfrakturen: Kurzfristige Immobilisation und frühfunktionelle Behandlung mit Teilbelastung bis zur Schmerzfreiheit
- Dislozierte Frakturen: Reoperationen mit Osteosynthese des Acetabulums in Abhängigkeit von der Stabilität der verbliebenen Pfannenanteile
  - Verschraubung und Plattenosteosynthese (z. B. ausgedehnte Hinterwandfraktur)
  - Osteosynthese durch Dachschalen (mindestens 50 % des »Dachanteils« erhalten)

Zu den Details der operativen Therapie s. auch den Abschn. *»Primär endoprothetischer Hüftgelenkersatz«*, S. 452 und Kap. 25.

## Literatur


1. Alpar E, Owen R (eds) (1988) Injuries of the pelvis and hip. In: Paediatric trauma. Castle House, Tunbridge Wells, Kent, pp 198–206
2. Baumgärtel F (1992) Diagnostik, Klassifikation und Indikationsstellung bei Acetabulumfrakturen. Orthopade 21: 427–441
3. Baumgärtel F, Feld C, Bohnen L, Gotzen L (1994) Acetabulumfrakturen im höheren Lebensalter. In: Ramanzadeh R (Hrsg) Unfall- und Wiederherstellungschirurgie des proximalen Femurs und des Beckengürtels. Einhorn, Schwäbisch Gmünd, S 98–100
4. Blair W, Hanson C (1979) Traumatic closure of the triradiate cartilage. J Bone Joint Surg Am 61(1): 144–145
5. Blatter R (1978) Frakturen des Beckens und Acetabulums. In: Weber B, Brunner C, Freuler F (Hrsg) Die Frakturenbehandlung bei Kindern und Jugendlichen. Springer, Berlin Heidelberg New York, S 248–257
6. Blatter R (1979) Beckenfrakturen beim Kind. Hefte Unfallheilkd 140: 39–43
7. Blount W (Hrsg) (1957) Verletzungen des Beckens. In: Knochenbrüche bei Kindern. Thieme, Stuttgart, S 186–188
8. Bocka J, Courtney J, Pearlman M (1988) Trauma in pregnancy. Ann Emerg Med 17: 829–834
9. Bowdler N, Faix R, Elkins T (1987) Fetal skull fracture and brain injury after a maternal automobile accident: a case report. J Reprod Med 32: 375–378
10. Brooks E, Rosman M (1988) Central fracture dislocation of the hip in a child. J Trauma 28(11): 1590–1592
11. Bryan W, Tullos H (1979) Pediatric pelvic fractures: review of 52 patients. J Trauma 19(11): 799–805
12. Bucholz R, Ezaki M, Ogden J (1982) Injury of the acetabular triradiate physeal cartilage. J Bone Joint Surg Am 64(4): 600–609
13. Cole J, Bolhofner B (1993) Extended Pfannenstil approach for intrapelvic fixation of acetabular fractures. 1st International Symposium on surgical treatment of acetabular fractures. Paris, May 10–11, 1993
14. Coventry M (1974) The treatment of fracture dislocation of the hip by total hip arthroplasty. J Bone Joint Surg Am 56(6): 1128–1134
15. Delgado-Baeza E, Sanz-Laguna A, Miralles-Flores C (1991) Experimental trauma of the triradiate epiphysis of the acetabulum and hip dysplasia. Int Orthop (SICOT) 15: pp 335–339
16. Doman AN, Hoekstra DV (1988) Pelvic fracture associated with severe intra-abdominal gynecologic injury. J Trauma 28(1): 118–120
17. Ducloyer P, Filipe G (1988) Les fractures du bassin de l'enfant à l'exclusion des fractures isolées du cotyle et du sacrum. Chir Pediatr 29(2–3): 72–90
18. Ehalt W (Hrsg) (1961) Verletzungen bei Kindern und Jugendlichen. In: Verletzungen bei Kindern und Jugendlichen. Enke, Stuttgart, S 275–279
19. Feil J, Wörsdörfer O (1991) Verletzungen des Beckens und der Wirbelsäule bei Kindern und Jugendlichen. Chirurg BDC Akademie 2: 7–10
20. Friedmann LW, Marin EL, Park YS (1981) Hemicorporectomy for functional rehabilitation. Arch Phys Med Rehabil 62(2): 83–86
21. Ganz R, Gerber C (1991) Fehlverheilte kindliche Frakturen im Becken- und Hüftbereich. Orthopäde 20: 346–352

21a. Gepstein R, Weiss R, Hellel T (1984) Acetabular dysplasia and hip dislocation after selective pemature fusion of the triradiate Cartilage. An experimental study in rabbits. J Bone Joint Surg Br 66(3): 334–6

22. Gilliland M, Ward R, Barton R, Miller P, Duke J (1982) Factors affecting mortality in pelvic fractures. J Trauma 22(8): 691–693
23. Gottorf T, Egbers H (1991) Behandlungsergebnisse kindlicher Beckenfrakturen. Zentralbl Chir 116(3): 215–216
24. Guingand O, Rigault P, Padovani J, Finidori G, Touzet P, Depotter J (1985) Traumatic hip dislocations and acetabular fractures in children. Rev Chir Orthop Reparatrice Appar Mot 71(8): 575–585
25. Hallel T, Malkin C (1982) Fatigue fracture of the pubic ramus following total hip arthroplasty with unusual delayed healing. Clin Orthop 166: 162–164
26. Hallel T, Salvati E (1977) Premature closure of the triradiate cartilage. Clin Orthop 124: 278–281
27. Hamer A, Stockley I (1994) Acetabular fracture treated by primary hip arthroplasty. Injury 25: 399–400
28. Harder J, Bobechko W, Sullivan R et al. (1981) Computerized axial tomography to demonstrate occult fracture of the acetabulum in children. Can J Surg 24: 409–411
29. Heeg M, Visser J (1988) Acetabular fractures involving the growth plate. Acta Orthop Scand 59(6): 755
30. Heeg M, Klasen H, Visser J (1989) Acetabular fractures in children and adolescents. J Bone Joint Surg Br 71(3): 418–421
31. Heeg M, Visser JD, Oostvogel HJ (1988) Injuries of the acetabular triradiate cartilage and sacroiliac joint. J Bone Joint Surg Br 70(1): 34–37
32. Heiss W, Daum R, Fischer H (1974) Beckenfrakturen bei Kindern und Jugendlichen. Hefte Unfallheilkd 124: 283–286
33. Helfet D, Borelli J, DiPasquale T, Sanders R (1992) Stabilization of acetabular fractures in elderly patients. J Bone Joint Surg Am 74(5): 753–765
34. Laer L v (Hrsg) (1986) Frakturen und Luxationen im Wachstumsalter. In: Beckenfrakturen. Thieme, Stuttgart New York, S 256–264
35. Launder W, Hungerford D (1981) Stress fracture of the pubis after total hip arthroplasty. Clin Orthop 159: 183–185
36. Lechevallier J, Durand C, Fall I (1988) Fractures du cotyle. Chir Pediatr 29: 93–100
37. Letournel E, Judet R (1993) Fractures of the acetabulum, 2nd edn. Springer, Berlin Heidelberg New York Tokyo
38. Madsen L, Jensen J, Christensen S (1983) Parturition and pelvic fracture. Follow-up of 34 obstetric patients with a history of pelvic fracture. Acta Obstet Gynecol Scand 62(6): 617–620
39. Magid D, Fishman E, Ney D, Kuhlman J, Frantz K, Sponseller P (1992) Acetabular and pelvic fractures in the pediatric patient: value of two- and three-dimensional imaging. J Pediatr Orthop 12: 621–625
40. Maier W (1987) Operationsindikationen bei Beckenfrakturen. In: Hoffmann-von Kap-herr S (Hrsg) Operationsindikationen bei Frakturen im Kindesalter. Fischer, Stuttgart New York, S 120–125
41. Malgaigne J (1847) Traites des fractures et des luxations. Ballière, Paris
42. Malin J, Schliak H (1994) Neurogene Blasenfunktionsstörungen. Dtsch Ärztebl 30(B): 1528–1532

43. Malkin C, Tauber C (1985) Total hip arthroplasty amd acetabular bone grafting for unreduced fracture-dislocation of the hip. Clin Orthop 201: 57–59
44. Mast, J., Jacob R, Ganz R. (1989) Pharming and reduction technique in tracture surgery. Springer, Berlin Heidelberg New York Tokyo
45. McElfresh E, Coventry M (1974) Femoral and pelvic fractures after total hip arthroplasty. J Bonc Joint Surg Am 56: 483–492
46. Merle d'Aubigné R (1968) Management of acetabular fractures in multiple trauma. J Trauma 8(3): 333–349
47. Meyer Junghänel L, Gänsslen A, Pohlemann T, Tscherne H (1997), Kindliches Komplextrauma. Unfallchirurg 100(3): 225–233
48. Miller A (1972) Late fracture of the acetabulum after total hip replacement. J Bone Joint Surg Br 54(4): 600–606
49. Mulla N, Albuquerque N (1957) Fractures of the pelvis in pregnancy. Am J Obstet Gynecol 74(2): 246–250
50. Nast-Kolb D, Waydas C, Euler E, Schweiberer L (1993) Dringlichkeit bei der operativen Versorgung von Beckenverletzungen beim Polytrauma. In: Szyszkowitz R, Seggl W (Hrsg) Verrenkungsbrüche der Hüftpfanne und Beckenverletzungen. Huber, Bern Göttingen Toronto Seattle, S 127/128
51. Ogden J (ed) (1982) Skeletal injury in the child, chap 15: Pelvis. Lea & Febiger, Philadelphia, pp 423–446
52. Oh I, Hardacre J (1980) Fatigue fracture of the inferior pubic ramus following total hip replacement for congenital hip dislocation. Clin Orthop 147: 154–156
53. Pals S, Brown C, Friermood T (1992) Open reduction and internal fixation of an acetabular fracture during pregnancy. J Orthop Trauma 6(3): 379–381
54. Peterson H, Robertson R (1997) Premature partial closure of the triradiate cartilage treated with excision of a physeal osseous bar, case report with a fourteen year follow up. J Bone Joint Surg Am 79 (5): 767–770
55. Reed M (1976) Pelvic fractures in children. J Can Assoc Radiol 27: 255–261
56. Reichard S, Helikson M, Shorter N, White RJ, Shemeta D, Haller JJ (1980) Pelvic fractures in children. J Pediatr Surg 15: 727–734
57. Rodrigues K (1973) Injury of the acetabular epiphysis. Injury 4(3): 258–260
58. Salter R, Harris W (1963) Injuries involving the epiphyseal plate. J Bone Joint Surg Am 45(3): 587–622
59. Soini J, Ritsila V (1984) Experimentally produced growth disturbance of the acetabulum in young rabbits. Acta Orthop Scand 55: 14–17
60. Speer D, Peltier L (1972) Pelvic fractures and pregnancy. J Trauma 12(6): 474–480
61. Spencer R (1989) Acetabular fractures in older patients. J Bone Joint Surg Br 71(5): 774–776
62. Stäubli H (1987) Schädigung der Y-Wachstumsfuge des Acetabulums. In: Pförringer W, Rosemeyer B (Hrsg) Die Epiphysenfugen. perimed, Erlangen München, S 195–205
63. Stäubli H, Ganz R, Fornaro E, Weber B, Magerl F (1990) Die posttraumatische Hüftdysplasie – Langzeitergebnisse nach Y-Fugenverletzungen im Kleinkindesalter. In: Debrunner AM (Hrsg) Langzeitresultate in der Orthopädie. Enke, Stuttgart, S 140–141
64. Stohr C (1983) Seltene Indikationen, Frakturen bei Endoprothesen, Komplikationen. Problemfälle der Hüftendoprothetik. Akt Traumatol 13(1): 42–45
65. Törnkvist H, Schatzker J (1993) Acetabular fractures in the elderly: an easily missed diagnosis. J Orthop Trauma 7(3): 233–235
66. Trousdale R, Ganz R (1994) Posttraumatic acetabular dysplasia. Clin Orthop 305: 124–132
66 a. Tscherne H, Regel G (1997) Trauma-Management. Springer, Berlin Heidelberg New York Tokyo (Tscherne Unfallchirurgie)
67. Ulrich C, Burri C, Neugebauer R (1986) Primäre Alloarthroplastik bei Acetabulumfrakturen. Unfallchirurg 89: 49–56
68. Vas W, Wolverson M, Sundaram M, Heiberg E, Pilla T, Shields J (1982) The role of computed tomography in pelvic fractures. J Comput Assist Tomogr 6(4): 796–801
69. Vecsei V (1974) Behandlung der Hüftgelenksverrenkungsbrüche bei Polytraumatisierten. Hefte Unfallheilkd 124: 103–106
70. Watts H (1976) Fractures of the pelvis in children. Orthop Clin North Am 7(3): 615–624
71. Webb L, Bosse M, Mayo K, Lange R, Miller M, Swiontkowski M (1990) Results in patients with craniocerebral trauma and an operatively managed acetabular fracture. J Orthop Trauma 4(4): 376–382
72. Weigand H, Schweikert C (1979) Frakturtypen des Acetabulums. Hefte Unfallheilkd 140: 13–26
73. Woolson S (1984) Acetabular component migration following traumatic total hip dislocation. A case report. Clin Orthop Jun (186): 42–44

# Kapitel 23

# Ergebnisse und Langzeitprognose

23

A. Gänsslen und T. Pohlemann



**Das Ziel der operativen Behandlung einer Acetabulumfraktur ist die Wiederherstellung der schmerzlosen, freien Beweglichkeit des Hüftgelenkes mit voller Belastbarkeit. Eine Reihe von Faktoren können dieses Ziel beeinflussen, wie z. B. die Qualität der Gelenkflächenrekonstruktion, das Auftreten von heterotopen Ossifikationen, das Auftreten einer Hüftkopfnekrose, aber auch bisher ungeklärte »Einflüsse«, die nach 20–30 beschwerdefreien Jahren zur Ausbildung einer posttraumatischen Arthrose führen. Für die chirurgische Beurteilung ist deshalb neben dem funktionellen Status v. a. das Auftreten der posttraumatischen Arthrose und hierbei insbesondere der symptomatischen Arthrose, der Moment, in dem sich das »Ergebnis« verschlechtert. Welche Faktoren dazu geführt haben, läßt sich nur durch eine ausführliche Analyse aller Begleitumstände erkennen bzw. in einigen Fällen auch nicht mehr sicher identifizieren.**

**Nur die exakte Beschreibung aller Begleitparameter erlaubt einen Vergleich der Ergebnisse und damit auch eine Beurteilung einzelner Therapiekonzepte. Keinesfalls dürfen bei der Beurteilung von Ergebnissen »Äpfel mit Birnen« verglichen und beispielsweise die Ergebnisse einer konservativen Therapie minimal verschobener Frakturen denen der operativen Therapie dislozierter Frakturen mit Impressionszonen gegenübergestellt werden. Nur eindeutige Kriterien für die Klassifikation, aber auch die Nachuntersuchung bieten ausreichende Informationen für eine prognostische Beurteilung der einzelnen Verletzungen.**

**Das folgende Kapitel gibt daher zunächst einen Überblick über Befunde und Beurteilungstechniken, die eine umfassende Dokumentation der Verletzungsfolgen ermöglichen. Das vorgestellte Konzept hat sich auch im wesentlichen im Rahmen der multizentrischen Studie der Arbeitsgruppe Becken bewährt. Zusätzlich wird auf »Einzelergebnisse« eingegangen, wobei zu bedenken ist, daß gerade die in großen Serien erreichten Repositionserfolge häufig auf einer jahrelang spezialisierten Tätigkeit basieren und daher an anderer Stelle oft nur andeutungsweise reproduziert werden können. Besonderer Wert wird auf die Darstellung von »Risikofaktoren« für das »Resultat« gelegt, also Einflußgrößen, die ggf. noch während der Primärtherapie chirurgisch beeinflußbar sind. Die Darstellung einiger Richtlinien zur Begutachtung oder Acetabulumverletzungen schließt das Kapitel ab.**

## 23.1 Nachuntersuchung

Acetabulumfrakturen sind schwere Gelenkverletzungen, die langfristig zu Folgeerscheinungen führen können. Eine spätere Nachkontrolle sollte daher von vornherein mit dem Patienten vereinbart werden. Ein Großteil der posttraumatischen Arthrosen werden innerhalb der ersten beiden Jahre nach dem Unfall manifest [23] und die Wahrscheinlichkeit der Besserung von Nervenschäden nimmt nach 2 Jahren stark ab. Im eigenen Vorgehen werden daher Nachkontrollen nach 1 und 2 Jahren vorgesehen. Besteht zu diesem Zeitpunkt ein beschwerdefreies, kongruentes Hüftgelenk ohne Arthrosezeichen, wird auf weitere Untersuchungen verzichtet und eine Wiedervorstellung erst beim eventuellen Auftreten von Beschwerden vereinbart.

### Klinische Untersuchung

Der in Kap. 12 beschriebene Ablauf einschließlich der orientierenden neurologischen und urologischen Untersuchung stellt auch nach Acetabulumfrakturen die Grundlage der klinischen Untersuchung dar.

Anamnestisch wird nach Schmerzen gefragt, wobei die genaue Lokalisation (Leiste, Trochanterregion), der Zeitpunkt des Auftretens (Anlauf, Belastung, Ruhe) und die Intensität (Analgetika ?) dokumentiert werden. Bei der Prüfung der Hüftgelenkbeweglichkeit wird auf Schmerzen, Reibegeräusche, ein Schnappen und Subluxationen geachtet. Zusätzlich werden das Gangbild (Verkürzungshinken, Duchenne-Hinken, Schmerzhinken) beurteilt und ggf. weitere Funktionstests der Hüftgelenke durchgeführt.

### Radiologische Beurteilung Acetabulum

Die radiologische Beurteilung nach Acetabulumfraktur stützt sich auf die Beckenübersichtsaufnahme und auf die Schrägaufnahmen (Ala- und Obturatoraufnahme). Beurteilt werden vor allem:

- die Weite des Gelenkspaltes im Seitenvergleich,
- die Zentrierung und Kongruenz des Hüftgelenkes (Beziehung zur Köhler-Tränenfigur),
- Stufen oder Spaltbildungen im Gelenk,
- die Qualität der Rekonstruktion durch Analyse der »Linien« (s. Kap. 16),
- die Struktur des Hüftkopfes (segmentale oder generalisierte Femurkopfnekrose?),
- die Lage der Implantate (Implantatbrüche als Hinweis für Pseudarthrosen, intraartikuläre Schrauben?),
- Sklerosierungen als Zeichen einer beginnenden Arthrose,
- heterotope Ossifikationen.

Bei Verdacht auf eine intraartikuläre Implantatlage, wird zunächst die Verlaufsserie beurteilt, im Zweifelsfall aber eine CT-Untersuchung angeschlossen.

Die radiologischen Befunde können durch verschiedene Einteilungen quantifiziert werden:

- Der Grad der bestehenden Arthrose wird im eigenen Vorgehen in Anlehnung an Helfet klassifiziert (Tabelle 23.1).
- Vorliegende heterotope Ossifikationen werden nach Brooker eingeteilt (Tabelle 23.2).

> *Anmerkung.* Ein wesentlicher Nachteil dieser Einteilung besteht darin, daß keine Aussagen zur Lage der heterotopen Ossifikationen und wichtiger noch zur funktionellen Beeinträchtigung des Hüftgelenkes getroffen werden können. Im eigenen Vorgehen hat es sich daher bewährt, den Grad der heterotopen Ossifikationen jeweils mit dem Grad der Mobilität des Hüftgelenkes zu kombinieren. Sehr anschaulich kann dazu die Graduierung des Merle-d'Aubigné-Scores verwendet werden. Eine gute Funktion trotz ausgeprägter periartikulärer Verkalkungen läßt sich als »III, 5« dokumentieren, der gleiche Befund mit nahezu aufgehobener Beweglichkeit als »III, 2«.

- Hüftkopfnekrosen werden nach der Einteilung von Ficat u. Arlet graduiert (Tabelle 23.3).

**Tabelle 23.1.** Klassifikation der Arthrose nach Helfet

| | |
|---|---|
| 1 | Normales Hüftgelenk im Röntgenbild oder wie Gegenseite |
| 2 | Geringe Osteophytenbildung, Sklerosierung, Gelenkspaltverschmälerung und/oder geringe Inkongruenz |
| 3 | Mäßige Subluxation des Hüftkopfes, Sprenkelung des Hüftkopfes, Osteophytenbildung und/oder Gelenkspaltverschmälerung |
| 4 | Starke Hüftkopfdeformität, jede subchondrale Zystenbildung, starke Subluxation des Hüftkopfes oder Sprenkelung, zahlreiche Osteophyten, schwere subchondrale Sklerosierung oder Gelenkspaltverschmälerung |

**Tabelle 23.2.** Graduierung der periartikulären Ossifikationen nach Brooker et al. [2a]

| | |
|---|---|
| 0 | keine |
| 1 | Knocheninseln in paraartikulären Hüftweichteilen |
| 2 | Knochensporne vom Becken oder proximalen Femur, Abstand zwischen den Knochen > 1 cm |
| 3 | Knochensporne vom Becken oder proximalen Femur, Abstand zwischen den Knochen < 1 cm |
| 4 | Ankylose des Hüftgelenkes |

**Tabelle 23.3.** Klassifikation der Hüftkopfnekrosen nach Ficat u. Arlet

| | | |
|---|---|---|
| I | | Normalbefund, maximal geringe Veränderungen |
| II | A | Diffuse oder lokalisierte Osteoporose, Sklerose oder Zysten |
| II | B | Halbmondförmige subchondrale Linie, segmentale Abflachung |
| III | | Sequestrierung, Hüftkopfeinbruch, normaler oder erweiterter Gelenkspalt |
| IV | | Verminderter Gelenkspalt, Kollaps Hüftkopf, azetabuläre Arthrosezeichen |

## 23.2 Langzeitergebnisse

Das Langzeitergebnis nach Acetabulumfrakturen wird im wesentlichen vom Auftreten einer Hüftkopfnekrose oder einer posttraumatischen Arthrose bestimmt. Heterotope Ossifikationen beeinflussen das funktionelle Gesamtergebnis, führen in der Regel aber nicht zur Zerstörung der Gelenkfläche des Hüftgelenkes. In der nachfolgenden Darstellung wird versucht, einen kurzen Überblick über das derzeit erreichbare Langzeitergebnis nach Acetabulumfrakturen zu geben. Um eine gewisse Einheitlichkeit der Beurteilungskriterien zu erreichen, werden im wesentlichen nur große, kontrollierte Studien analysiert [9, 14, 15, 17, 18]. Bei der Interpretation muß beachtet werden, daß insbesondere das erreichte Repositionsergebnis nicht nur vom vorliegenden Frakturtyp, sondern auch wesentlich von der persönlichen Erfahrung des Operateurs abhängt. Es muß davon ausgegangen werden, daß in Einrichtungen, in denen nur eine geringe Anzahl von Acetabulumrekonstruktionen durchgeführt wird, die angegebenen Ergebnisse nicht immer erreichbar sind.

### Funktionelles Ergebnis

Das funktionelle Ergebnis läßt sich einfach und anschaulich in dem Schema von Merle d'Aubigné zusammenfassend beurteilen (Tabelle 23.4 und 23.5).

*Anmerkung.* Die in den 3 Teilbereichen Schmerzen, Beweglichkeit und Gehfähigkeit erreichbare Maximalpunktzahl von 6 wird addiert und die Summe graduiert bewertet. Die Einteilung in gute und schlechte Ergebnisse wird teilweise sehr unterschiedlich gehandhabt, im eigenen Vorgehen wird die strikte, von Letournel u. Matta angegebene Graduierung bevorzugt (18 Punkte: ausgezeichnet, 15–17 Punkte: gut, 13–14 Punkte: mäßig, und unter 13 Punkte: schlecht) [13, 17].

Insgesamt ist unabhängig vom Frakturtyp nach der operativen Versorgung von Acetabulumfrakturen in 75–80 % mit einem guten bis sehr guten Ergebnis zu rechnen [14, 15]. Einen Überblick über die Verteilung in den einzelnen Klassifikationsgruppen gibt die Tabelle 23.6.

Mit einem schlechten funktionellen Ergebnis muß dagegen in etwa 8–13 % gerechnet werden [3a, 14, 19].

**Tabelle 23.4.** Merle d'Aubigné Score

| | | |
|---|---|---|
| **Schmerzen** | Sehr starke Schmerzen, Dauerschmerzen | 0 |
| | Starke Schmerzen, Nachtschmerzen | 1 |
| | Starke Schmerzen beim Gehen, Schmerzen verhindern jegliche Aktivität | 2 |
| | Erträgliche, aber starke Schmerzen; eingeschränkte Aktivität | 3 |
| | Geringe Schmerzen beim Gehen, verschwinden in Ruhe | 4 |
| | Leichte Schmerzen, inkonstant, normale Aktivität | 5 |
| | Keine Schmerzen | 6 |
| **Mobilität** | Ankylose in schlechter Hüftstellung | 0 |
| | Ankylose, Schmerzen oder nur leichte Fehlstellung | 1 |
| | Flexion < 40° | 2 |
| | Flexion 40–60° | 3 |
| | Flexion 60–80°, Schuhanziehen möglich | 4 |
| | Flexion 80–90°, Abduktion bis 15° | 5 |
| | Flexion > 90°, Abduktion > 25° | 6 |
| **Gehfähigkeit** | Unmöglich | 0 |
| | Nur mit Unterarmgehstützen | 1 |
| | Nur mit 2 Stöcken | 2 |
| | Mit 1 Stock < 1 h, starke Schwierigkeiten ohne Gehhilfe | 3 |
| | Kurze Strecken ohne Gehhilfe, lange Strecken mit Gehhilfe | 4 |
| | Ohne Stock, aber mit leichtem Hinken | 5 |
| | Normal | 6 |

**Tabelle 23.5.** Graduierung der Mobilität der Hüfte nach Matta [17]

| | |
|---|---|
| 100–95 % | 6 |
| 80–94 % | 5 |
| 70–79 % | 4 |
| 60–69 % | 3 |
| 50–59 % | 2 |
| < 50 % | 1 |

**Tabelle 23.6.** Funktionelles Ergebnis vs. Frakturtyp Acetabulum (Merle-d'Aubigné-Score 15–18 Punkte, »sehr gut«–»gut«) (Angabe in %)

| | HW | HPf | VW | VPf | Q | Q+HW | HW/HPf | T | VW/hemi | ZPF |
|---|---|---|---|---|---|---|---|---|---|---|
| Letournel 1993 [14] | 82 | 91 | 78 | 88 | 95 | 74 | 47 | 89 | 85 | 82 |
| Matta 1996 [15] | 68 | 63 | 67 | 83 | 89 | 70 | 90 | 77 | 87 | 77 |
| Beckengruppe 1997 [21] | 84 | 84 | 50 | 92 | 77 | 44 | 64 | 50 | 0* | 88 |

* n = 1

Einflußfaktoren, die häufig mit einem schlechten Ergebnis zusammenhängen, sind:

- verspätete operative Versorgung (über 3 Wochen nach Trauma): nur 65% sehr gute und gute Ergebnisse und 26% schlechte Ergebnisse [9, 14, 15];
- der Frakturtyp: besonders T-Frakturen, Hinterwandfrakturen und Quer- mit Hinterwandfrakturen (s. auch Tabelle 23.7);
- das Patientenalter: älter als 40 [15];
- das Repositionsergebnis: nach anatomischer Reposition kommt es wesentlich häufiger zu guten bis sehr guten klinischen Langzeitergebnissen [14, 15] (s. auch Tabelle 23.6);
- frakturspezifische Begleitverletzungen: Hüftkopfläsionen [15].

## **Posttraumatische Hüftkopfnekrose** (Abb. 23.1)

### Häufigkeit

Die Häufigkeit der avaskulären Hüftkopfnekrose nach Acetabulumfraktur wird sehr unterschiedlich beurteilt; es werden Raten zwischen 3 und 42% angegeben [2, 5, 10, 13, 16]. Eine exakte Differentialdiagnose ist unbedingt notwendig, da ein Großteil der als »Hüftkopfnekrose« diagnostizierten Gelenkzerstörungen nach Acetabulumfraktur bei genauer Analyse auf eine intraartikuläre Implantatlage, Fehler in der Reposition oder aber auf Femurkopfverletzungen zurückgeführt werden kann. Unter Ausschluß aller Begleitverletzungen oder iatrogenen Schäden muß in etwa 3–5% aller Fälle mit dem Auftreten einer rein avaskulär bedingten Hüftkopfnekrose gerechnet werden.

### Risikofaktoren

Eine Reihe von Risikofaktoren werden mit dem Auftreten einer posttraumatischen Hüftkopfnekrose in Verbindung gebracht. Deutlich erhöhte Nekroseraten wurden nach Frakturen, die mit einer dorsalen Luxation einhergehen, und hier insbesondere nach verspäteten Repositionen beobachtet. Sekundär beeinflußt sind natürlich auch alle posterioren Frakturtypen (häufig mit posteriorer Verrenkung) und die hinteren Zugänge mit einer erhöhten Nekroserate verbunden. Allerdings sind Hüftkopfnekrosen nicht sicher vorhersehbar, auch nach deutlich verspäteter Reposition kann in Einzelfällen die Hüftkopfdurchblutung erhalten bleiben.

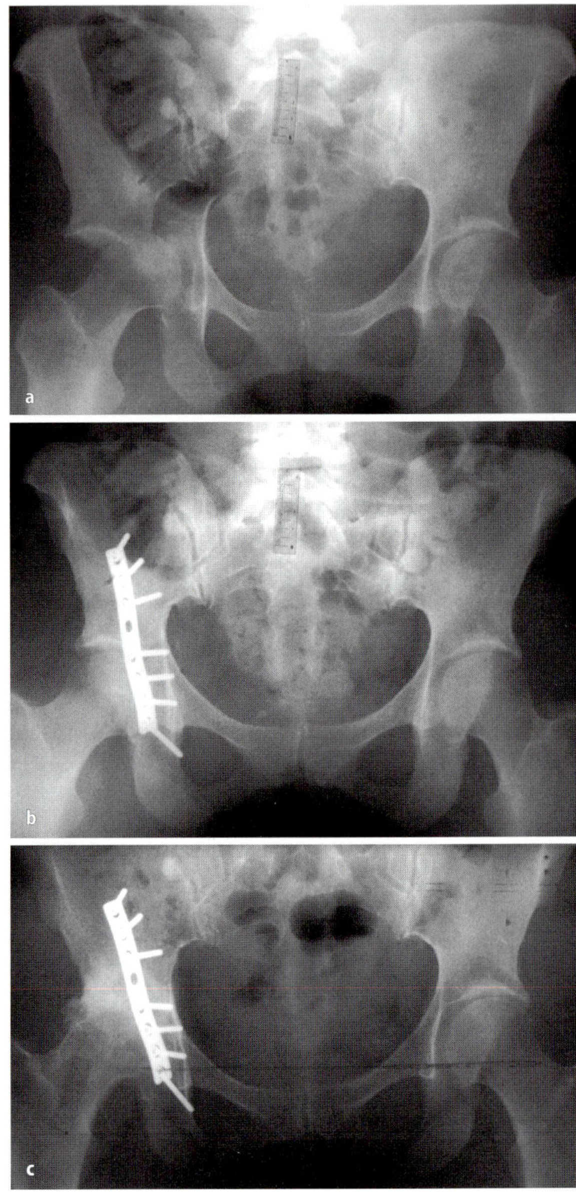


**Abb. 23.1 a–c.** Hüftkopfnekrose. Nach Versorgung einer Acetabulumquerfraktur über den hinteren Zugang (**a, b**) kommt es zur frühzeitigen Ausbildung einer Hüftkopfnekrose mit typischem segmentalem Einbruch des Kopfes und lokaler Sklerose (**c**). Es erfolgt später ein totalendoprothetischer Gelenkersatz

- Dorsale Hüftluxation. Letournel beobachtete 22 Hüftkopfnekrosen bei 569 Acetabulumfrakturen, die innerhalb von 3 Wochen nach dem Unfall versorgt wurden, 17 dieser Patienten wiesen dorsale Hüftluxationen auf [14]. Aber auch ohne begleitende dorsale Hüftluxation waren vereinzelt Hüftkopfnekrosen zu beobachten.
- Repositionszeitpunkt. Mit zunehmender Dauer zwischen Unfall und Reposition einer begleitenden Hüftluxation stieg die Rate der Hüftkopfnekrosen von 5% nach Reposition innerhalb von 6 h auf 16% nach 2–3 Tagen [14].
- Direkte Hüftkopftraumatisierung. Eine Hüftkopfverletzung zum Unfallzeitpunkt (Hüftkopffraktur, Hüftkopfkontusion) bzw. eine zusätzliche Verletzung der hüftkopfernährenden Blutgefäße kann ebenfalls eine Hüftkopfnekrose verursachen.
- Verspätete operative Versorgung (über 3 Wochen nach Trauma). Letournel gibt eine Rate der Hüftkopfnekrosen von 3,1% bei Patienten, die innerhalb von 3 Wochen nach dem Unfall versorgt worden sind, an, gegenüber 13% bei Versorgung >3 Wochen [14].

■ **Manifestation und Verlauf**

Posttraumatische Hüftkopfnekrosen manifestieren sich innerhalb der ersten beiden Jahre nach Trauma, in der Serie von Letournel traten 86% dieser Veränderungen innerhalb der ersten 18 Monate nach der Verletzung auf [13, 14].

Der Verlauf ist nicht einheitlich. Gelegentlich bleiben auch ausgedehnte Nekrosen klinisch weitgehend unauffällig, auch eine sich entwickelnde Arthrose kann lange Zeit klinisch stumm bleiben. Es muß aber davon ausgegangen werden, daß über die Hälfte der Patienten eine frühzeitige Reoperation mit Gelenkersatz oder Gelenkversteifung benötigen.

Die Therapie wird im wesentlichen vom klinischen Bild bestimmt:

- Asymptomatische oder leicht symptomatische Fälle mit guter Funktion: Beobachtung.
- Starke klinische Beschwerden, rasch zunehmende Bewegungseinschränkung bei radiologisch sicheren Arthrosezeichen: Totalendoprothese, ggf. Arthrodese (s. auch Kap. 25).

### Posttraumatische Arthrose

■ **Häufigkeit**

Für die Entwicklung einer posttraumatischen Hüftgelenkarthrose werden eine mangelhafte Reposition und Retention der Fraktur, intraartikuläre Implantate, osteochondrale Hüftkopfläsionen durch sekundäre Dislokation, primär traumatische Hüftkopfläsionen und vorbestehende Schäden verantwortlich gemacht.

Insgesamt muß derzeit je nach Frakturtyp mit einer Häufigkeit von 3–24% gerechnet werden (Tabelle 23.7).

■ **Risikofaktoren**

Der derzeit wichtigste, chirurgisch beeinflußbare Faktor für das Auftreten einer posttraumatischen Koxarthrose nach Acetabulumfraktur ist die Güte der erreichten Reposition der Gelenkfläche. Bestehende Zusatzverletzungen, wie Hüftkopfläsionen, azetabuläre Impressionen, intraartikuläre Fragmente und v.a. eine begleitende Fraktur der hinteren Wand, erhöhen das Risiko für die Entwicklung einer Arthrose zusätzlich. Die Wertigkeit dieser Zusatzverletzungen, insbesondere aber die Möglichkeit, sie chirurgisch zu beeinflussen, ist noch nicht abschließend geklärt.

- Repositionsqualität (Stufen, Spalten). Postoperativ verbleibende Stufen oder Gelenkspalten von mehr als 1 mm erhöhen das Risiko für das Entstehen einer posttraumatischen Arthrose [14, 17].

  Während die Arthroserate nach anatomischer Gelenkrekonstruktion bei 10,2% lag, stieg sie bei nicht-anatomischer Rekonstruktion auf 35,7% [14, 17]. Das erreichbare Repositionsergebnis wird wiederum wesentlich vom Frakturtyp, aber auch von der Zugangswahl und der persönlichen Erfahrung beeinflußt (Tabelle 23.8).

- Zusatzverletzungen

  Matta weist auf den Einfluß begleitender chondraler oder knöcherner Hüftkopfläsionen auf das klinische Langzeitergebnis hin [15]. Inwieweit gleichzeitig auch ein Einfluß auf die Arthroserate besteht, wird jedoch nicht angegeben.
  Wolinsky et al. fanden in ihrer Analyse von 30 Patienten mit Hüfttotalendoprothesen nach vorausgegangener Acetabulumfraktur, daß diese Patienten häufiger Impressionen, intraartikuläre Fragmente, Fragmente der hinteren Wand und ein höheres Alter aufwiesen, während Art oder Dauer einer Hüftluxation und das postoperative Repositionsergebnis keinen Einfluß auf die Prognose hatten [25].
  Im eigenen Krankenkollektiv konnte in einer retrospektiven Analyse von operativ und konservativ behandelten T-Frakturen gezeigt werden, daß das radiologische Langzeitergebnis neben der Repositionsqualität wesentlich von begleitenden Impressions- und Trümmerzonen am Acetabulum sowie vom Vorhandensein einer zusätzlichen Fraktur der Hinterwand abhängig war [4]. Bei Vorliegen dieser Frakturmodifikatoren waren gehäuft schwere Arthrosen und Hüftkopfnekrosen aufgetreten bzw. mußten Hüftendoprothesen implantiert werden.

- Der Einfluß der veränderten Gelenkmechanik ist noch nicht abschließend geklärt.

**Tabelle 23.7.** Häufigkeit der posttraumatischen Coxarthrose vs. Frakturtyp Acetabulum (Angabe in %)

| | HW | HPf | VW | VPf | Q | Q+HW | HW/HPf | T | VW/hemi | ZPF |
|---|---|---|---|---|---|---|---|---|---|---|
| Letournel 1993 [14] | 17 | 0 | 24 | 9 | 10 | 25 | 15 | 13 | 12 | 18 |
| Beckengruppe 1997 alle [21] | 32 | 31 | 0 | 27 | 29 | 25 | 40 | 50 | 100* | 48 |
| Beckengruppe 1997** [21] | 4 | 0 | 0 | 0 | 21 | 13 | 20 | 10 | 100* | 17 |

* n = 1
** nur »Helfet«, Grad III + IV, 2 Jahre

**Tabelle 23.8.** Repositionsqualität (Rate der anatomischen Repositionen <1 mm Restdislokation) vs. Frakturtyp Acetabulum (Angabe in %)

| | HW | HPf | VW | VPf | Q | Q+HW | HW/HPf | T | VW/hemi | ZPF |
|---|---|---|---|---|---|---|---|---|---|---|
| Letournel 1993 [14] | 94 | 77 | 78 | 86 | 71 | 68 | 90 | 70 | 68 | 61 |
| Matta 1996 [15] | 100 | 83 | 100 | 100 | 89 | 80 | 100 | 52 | 47 | 57 |
| Beckengruppe 1997 [21] | 89 | 75 | 100 | 77 | 64 | 82 | 76 | 69 | 100 | 68 |

Olson et al. konnten biomechanisch nachweisen, daß trotz anatomischer Gelenkrekonstruktion eine deutliche Veränderung der Lastübertragung im Acetabulum nach transtektalen und juxtatektalen Frakturen sowie Frakturen der hinteren Wand auftreten [6, 20]. Verbleibende Stufen führen dagegen zu einem signifikanten Anstieg der Spitzendrücke im Hüftgelenk.

### Operative vs. nichtoperative Therapie

Der Vergleich der operativen mit der konservativen Therapie ist anhand der vorliegenden Daten in der Literatur nahezu nicht möglich. Anhand einer Vielzahl von früheren Untersuchungen läßt sich nachweisen, daß das Ergebnis wesentlich von der Kongruenz der Hüfte, der Stufenbildung und der Größe eines intakten »Domfragmentes« abhängt [17, 22, 24]. Waren diese Kriterien nicht erfüllt, war ein schlechtes Ergebnis unter der konservativen Therapie nahezu sicher.

Alle neueren Untersuchungen schließen diese Kriterien der Indikationsstellung zwangsläufig schon in die Patientenauswahl ein. Daher ist es nicht erstaunlich, daß auch nach konservativer Therapie ebenfalls in 60–80% der Fälle über gute bis sehr gute Ergebnisse berichtet wird [1, 7, 11].

Bei der nach operativer Therapie angegebenen Rate von 60–90% guten Ergebnissen muß dagegen berücksichtigt werden, daß es sich in der Regel um dislozierte Frakturen mit Inkongruenzen, Gelenkstufen und einem nur kleinem Domfragment handelt, einer Patientengruppe also, bei denen man mit der konservativen Therapie nur in Ausnahmefällen ein akzeptables Ergebnis erreichen konnte [2, 3, 8, 12, 14, 15, 17, 18, 19].

> Vor der endgültigen Beurteilung eines Therapiekonzeptes oder Operationsverfahrens müssen die zusätzlich bestehenden, aber prognostisch oftmals entscheidenden Frakturparameter genau analysiert und berücksichtigt werden, um nicht in die Gefahr zur geraten durch den Vergleich von »Äpfel mit Birnen« unrealistische Schlußfolgerungen zu ziehen!

## 23.3 Begutachtung

Die gutachterliche Untersuchung nach Acetabulumfrakturen beurteilt insbesondere Schmerzen und den Grad der Funktion des betroffenen Hüftgelenkes. Zusätzlich sollten immer auch zumindest abschätzende prognostische Angaben gemacht werden, um evtl. zu erwartende Spätschäden anhand bestehender Veränderungen (Arthrosezeichen, Gelenkstufen, Inkongruenzen, ausgeprägte heterotope Ossifikationen etc.) schon frühzeitig festzulegen. In 90% der Fälle ist nach 2 Jahren ein Endzustand erreicht, eine sich entwickelnde posttraumatische Arthrose hat sich nach diesem Zeitraum manifestiert [23]. Problematischer ist die Einschätzung der von bis gelegentlich über 30 Jahre nach dem Unfall beobachteten Spätarthrosen [14]. Über einen Unfallzusammenhang kann hier nur im Einzelfall entschieden werden (Anamnese, Qualität der Reposition, Zustand des gegenseitigen unverletzten Hüftgelenkes).

Die gutachterliche Untersuchung beinhaltet neben einer allgemeinen körperlichen Untersuchung auch eine detaillierte Anamneseerhebung und klinische Untersuchung des gesamten Beckenrings. Der Untersuchungsgang gleicht somit im wesentlichen dem in Kap. 12 angegebenen Ablauf. Insbesondere auf bisher unerkannte Begleitverletzungen oder Schäden muß unbedingt geachtet werden, um ggf. entsprechende Zusatzbegutachtungen veranlassen zu können (neurologische Defizite, urologische Defizite).

### Befunderhebung

Die Befunderhebung stützt sich neben der detaillierten Unfall- und Verlaufsanamnese (s. Kap. 12) im wesentlichen auf die sorgfältige klinische Untersuchung und die Interpretation des radiologischen Status des Hüftgelenkes (s. Abschn. 23.1).

Wichtige, zu dokumentierende Punkte sind:

- Bewegungsumfang der Hüftgelenke im Seitenvergleich (Neutral-Null-Methode),
- Instabilitätszeichen der Hüfte,
- Beinlängendifferenzen,
- lokale Schmerzen,
- Muskelatrophien (Abduktoren, M. glutaeus maximus, Oberschenkelmuskulatur),
- Muskelkraft (Abduktoren!).

Zur radiologischen Untersuchung werden eine Beckenübersichtsaufnahme, sowie Ala- und Obturatorprojektionen angefertigt. Bei Verdacht auf intraartikulär liegende Implantate bzw. eine Fehlstellung im Bereich der Gelenkfläche, die anhand der Nativaufnahmen nicht sicher zu beurteilen sind, wird in Ausnahmefällen eine CT-Untersuchung angeschlossen.

Beurteilt und dokumentiert werden v. a.:

- die Kongruenz des Hüftgelenkspaltes,
- die Weite des Gelenkspaltes,
- Gelenkstufen oder -spalten,
- Subluxations- oder Luxationsstellungen, Medialisierung, Lateralisierung,
- Arthrosezeichen,
- Ausdehnung und Lage von heterotopen Ossifikationen.

Die radiologische Beurteilung erfolgt günstigerweise anhand des kompletten Verlaufs, beginnend mit den Unfallbildern (Klassifikation, azetabuläre Zusatzverletzungen).

## Beurteilung

Die hier angegebenen Empfehlungen können wiederum nur als allgemeine Richtlinien gelten und müssen unter Berücksichtigung der Schwere der Einzelveränderung und des Gesamtbefundes entsprechend der allgemeinen gutachterlichen Grundsätzen abgeändert werden. Die Beurteilung von neurologischen Ausfällen wurde bereits in Kap. 12 dargestellt.

### ■ Funktionsstörungen der Hüfte

Diese Vorschläge setzen eine freie Funktion der übrigen Gelenke des Beines voraus.

- Schmerzfreie Bewegungseinschränkung des Hüftgelenkes: 20–30 %
- Schmerzhafte Bewegungseinschränkung des Hüftgelenkes: 30–50 %
- Versteifung der Hüfte in günstiger Stellung: 30 %
- Versteifung der Hüfte in ungünstiger Stellung: 40–50 %
- Versteifung beider Hüftgelenke: 60–80 %
- Schnappende Hüfte mit Schwächung der Standfestigkeit: 25 %
- Verlust des Hüftgelenkes (»Girdlestone-Situation«): 40–60 %
- Nicht beseitigte Luxationsstellung der Hüfte: 60 %

### ■ Endoprothesen

Auf die grundsätzlich zeitlich begrenzte Haltbarkeit der Prothese ist hinzuweisen!

- Schmerzfrei, freie Beweglichkeit: 20 %
- Mit schmerzhafter Bewegungseinschränkung bis 30°: 30 %
- Mit schmerzhafter Bewegungseinschränkung bis 80°: 40–50 %
- Gelockerte Prothese mit schmerzhafter Bewegungseinschränkung: 40–60 %
- Infizierte Endoprothese: 60–80 %

Insbesondere bei Beurteilungen innerhalb der ersten beiden Jahre nach dem Unfall muß auf die Gefahr der sich ggf. noch ausbildenden Arthrose sowie auf die Möglichkeit einer sich bis zu 3 Jahre nach dem Unfall ergebenden Remission von Nervenschäden (neurologische Zusatzbegutachtung veranlassen!) hingewiesen werden.

## Literatur


1. Bader B, Egkher E, Martinek H (1985) Spätergebnisse nach Pfannenbrüchen des Hüftgelenks bei konservativer Therapie. Heft Unfallheilkd 174: 406–409
2. Ballmer P, Isler B, Ganz R (1988) Ergebnisse operativ behandelter Acetabulumfrakturen. Unfallchirurg 91: 149–153

2a. Brooker AF, Bowerman JW, Robinson RA, Riley LH (1973) Ectopic ossification following total hip replacement. Incidence and a method of classification. J Bone Joint Surg 55-A: 1629–1632

3. Brueton R (1993) A review of 40 acetabular fractures: the importance of early surgery . Injury 24(3): 171–174

3a. De Ridder V, de Lange S., Kingma L, Hogervorst M (1994) Results of 75 consecutive patients with an acetabular fracture. Clin Orthop 305: 53–57

4. Gänsslen A, Pohlemann T, Paul C, Tscherne H (1996) Welche prognostischen Faktoren beeinflussen das Langzeitergebnis nach Acetabulum-T-Frakturen? Hefte Z Unfallchir (Abstr) 262: 72
5. Gruen G, Mears D, Tauxe W (1988) Distinguishing avascular necrosis from segmental impaction of the femoral head following an acetabular fracture: preliminary report. J Orthop Trauma 2(1): 5–9
6. Hak D, Olson S, Hamel A, Bay B, Sharkey N (1996) Consequences of transverse acetabular fracture malreduction on load transmission across the hip joint. 12th Annual Meeting. OTA, Boston
7. Heeg M, Oostvogel H, Klasen H (1987) Conservative treatment of acetabular fractures: the role of the weight-bearing dome and anatomic reduction in the ultimate results. J Trauma 27(5): 555–559
8. Heeg M, Klasen H, Visser J (1990) Operative treatment for acetabular fractures. J Bone Joint Surg Br 72(3): 383–386
9. Johnson E, Matta J, Mast J, Letournel E (1994) Delayed reconstruction of acetabular fractures 21–120 days following injury. Clin Orthop 305: 20–30
10. Judet R, Judet J, Letournel E (1964) Fractures of the acetabulum: classification and surgical approaches for open reduction. J Bone Joint Surg Am 46(8): 1615–1646
11. König S, Mousavi M, Skrbensky G, Pajenda G (1996) Ergebnisse der konservativen Therapie der Acetabulumfrakturen. In: Szyszkowitz R, Seggl W (Hrsg) Verrenkungsbrüche der Hüftpfanne und Beckenverletzungen. 29. Jahrestagung der Österreichischen Gesellschaft für Unfallchirurgie, 23. -25. September 1993. Huber, Graz, S 47–49
12. Letournel E (1980) Acetabulum Fractures: Classification and Management. Clin Orthop 151: 81–106
13. Letournel E (1993) Fractures of the pelvis and acetabulum. Ninth AFOR Course and Workshop. Paris
14. Letournel E, Judet R (1993) Fractures of the acetabulum, 2nd edn. Springer, Berlin Heidelberg New York Tokyo
15. Matta J (1996) Fractures of the acetabulum: reduction accuracy and clinical results of fractures operated within three weeks of injury. J Bone Joint Surg Am 78: 1632–1645
16. Matta J, Merrit P (1988) Displaced acetabular fractures. Clin Orthop 230: 83–97
17. Matta J, Anderson L, Epstein H, Hendricks P (1986) Fractures of the acetabulum: a retrospective analysis. Clin Orthop 205: 230–240

18. Matta J, Mehne D, Roffi R (1986) Fractures of the acetabulum: early results of a prospective study. Clin Orthop 186: 241–250
19. Mayo K (1994) Open reduction and internal fixation of fractures of the acetabulum – results in 163 fractures. Clin Orthop 305: 31–37
20. Olson S, Bay B, Chapman M, Sharkey N (1995) Biomechanical consequences of fracture and repair of the posterior wall of the acetabulum. J Bone Joint Surg Am 77(8): 1184–1192
21. Pohlemann T, Gänsslen A, Hartung S Arbeitsgruppe Becken (1997) Ergebnisse einer multizentrischen Studie. Springer, Berlin Heidelberg New York Tokyo
22. Poigenfürst J (1979) Beckenringbrüche und ihre Behandlung. Unfallheilkunde 82: 309–319
23. Ragnarsson B, Mjöberg B (1992) Arthrosis after surgically treated acetabular fractures, a retrospective study of 60 cases. Acta Orthop Scand 63(5): 511–514
24. Trojan E (1974) Die operative Behandlung der Hüftverrenkungsbrüche. Hefte Unfallheilkd 124: 65–74
25. Wolinsky P, Davison B, Shyr Y, Talwalkar V, Johnson K (1996) Predictors of total hip arthroplasty in patients following open reduction and internal fixation of acetabular fractures. 12th Annual Meeting. OTA, Boston

# Kapitel 24

# Veraltete Fälle und Spätkorrekturen

24

M. Reilly und J. Matta



**Die operative Therapie wird für dislozierte Acetabulumfrakturen zwischenzeitlich als Behandlungsmethode der Wahl angesehen. Die anatomisch exakte Reposition und stabile Fixation zeigte nach diesen Verletzungen insgesamt die besten Langzeitergebnisse. Die Rekonstruktion einer frischen Acetabulumfraktur kann sich als technisch sehr anspruchsvoll herausstellen. Wenn aber der notwendige chirurgische Eingriff verzögert wurde, sei es durch Begleitverletzungen und -erkrankungen oder durch eine irrtümlich eingeleitete konservative Therapie, erhöht sich die Komplexizität des Problems erheblich. Deswegen sollte die verspätete Rekonstruktion von Acetabulumfrakturen ausschließlich von »Spezialisten« mit langjähriger Erfahrung in der Behandlung von frischen Acetabulumfrakturen operativ angegangen werden.**

Nach Letournel und Judet können 3 spezifische Zeitperioden zur Versorgung von Acetabulumfrakturen definiert werden: Vom Unfalltag bis 21 Tage, vom 21. Tag bis zum 120. Tag, und über 120 Tage nach der Verletzung [1, 2]. Jede Zeitperiode ist bei einer chirurgischen Rekonstruktion von spezifischen Überlegungen und Schwerpunkten geprägt:

- Frakturen die zwischen dem 21. und dem 120. Tag nach dem Trauma operiert werden, haben oft noch identifizierbare Frakturlinien und überbrückende Kallusformationen.
- Bei den Frakturen, die nach dem 120. Tag angegangen werden, fehlen häufig die primären Frakturlinien, sowie in vielen Fällen auch typische anatomische Orientierungspunkte. Die Kallusformationen haben sich umgebildet, zur Korrektur der Fehlstellung im Acetabulum wird eine Osteotomie notwendig.

Obwohl die Behandlung dieser Probleme technisch äußerst anspruchsvoll ist, können noch in vielen Fällen exzellente Spätresultate erzielt werden.

Übersetzung: T. Pohlemann

## 24.1 Präoperative Planung

Auch die präoperative Röntgenevaluation einer fehlverheilten Acetabulumfraktur stützt sich zunächst auf die konventionelle Diagnostik, bestehend aus der Beckenübersichtsaufnahme und den Schrägaufnahmen (Obturator- und Alaaufnahme). Eine CT Untersuchung erbringt zusätzliche Informationen über den exakten Frakturverlauf und die Lokalisation von überbrückenden Kallusformationen. 3D-Rekonstruktionen sind insbesondere bei der Planung der Korrekturoperation sehr hilfreich.

Die Operationsplanung muß neben der Acetabulumfraktur an sich immer auch evtl. begleitende Beckenringverletzungen einbeziehen. In Verkürzung ausgeheilte Schambein- oder Sitzbeinäste, Verletzungen des SI-Gelenkes oder Pseudarthrosen im Bereich des Os ilium können eine exakte Reposition des Acetabulums verhindern. Es sollte deswegen immer überprüft werden, inwieweit diese Fehlstellungen nicht ebenfalls und ggf. zuvor korrigiert werden müssen.

Der Faktor, der über die Rekonstruktionsfähigkeit einer veralteten Acetabulumfraktur entscheidet, ist der Zustand des Hüftkopfes selbst. Impressionen oder lokalisierte Knorpeldefekte sowohl am Hüftkopf als auch am Acetabulum schließen eine Rekonstruktion nicht von vornherein aus, da auch in diesen Fällen die Wiederherstellung einer glatten, sphärischen Gelenkkongruenz das Hüftgelenk für viele Jahre »funktionierend« erhalten kann. Andererseits ist es unmöglich, die Schäden zu korrigieren, die dadurch entstanden sind, daß ein Hüftkopf sich an einem in Fehlstellung stehenden Acetabulum regelrecht »aufgerieben« hat. Diese Form der Arthrose schreitet in der Regel schnell voran, so daß als Therapie nur die unverzügliche Implantation einer Hüftendoprothese bleibt. Bevor eine Rekonstruktion geplant wird, muß deswegen sorgfältig geprüft werden, ob eine Arthrose vorliegt und wie schwer sie ist. Nur dadurch kann eine realistische Prognose für das »Überleben« des Hüftgelenkes abgegeben und der Patient und seine Familie präoperativ zufriedenstellend beraten werden. Im Zweifelsfall muß der radiologische Befund anhand des intraoperativen Befundes überprüft werden.

## 24.2 Zugänge

Die Auswahl des operativen Zuganges hängt von der spezifischen Frakturform des Acetabulums ab [3]:

- Isolierte Fehlheilungen des vorderen Pfeilers oder der vorderen Wand können durch den ilioinguinalen Zugang allein operiert werden.
- Ebenfalls können fehlverheilte Frakturen der hinteren Wand oder des hinteren Pfeilers durch den Kocher-Langenbeck-Zugang allein versorgt werden.
- Alle anderen Frakturtypen müssen über einen erweiterten Zugang angegangen werden. Zur verzögerten Rekonstruktion von Acetabulumfrakturen wird der erweiterte iliofemorale Zugang zwischenzeitlich am häufigsten eingesetzt. Er erlaubt die Darstellung und Kontrolle des vorderen und hinteren Pfeilers gleichzeitig und läßt sowohl die Außen- und Innenseite des Beckens komplett einsehen. Insbesondere die gute Darstellung der Innenseite des Acetabulums ist bei den häufig notwendigen intraartikulären Osteotomien von erheblichem Vorteil.

Allerdings ist die Mobilisation und ggf. sogar Osteotomie des distalen Anteils einer T-Fraktur gelegentlich auch über einen erweiterten Zugang schwierig oder sogar unmöglich. In diesen Fällen sollte präoperativ geprüft werden, ob es nicht günstiger ist diese kritischen Osteotomien am Anfang der Operation durch einen separaten Medianschnitt durchzuführen (Erweiterter Pfannenstiel-Zugang, s. S. 374). Auch Frakturen der Schambeinäste, Verletzungen des SI-Gelenkes und Iliumfrakturen müssen teilweise durch separate Inzisionen osteotomiert werden, bevor mit der Mobilisation der Fehlstellung im Acetabulum begonnen werden kann.

## 24.3 Operative Technik

Bei Frakturen, die zwischen 21 und 120 Tage nach dem Unfall behandelt werden, sind die Frakturlinien oft noch erkennbar. Die Oberfläche der Fragmente wird vorsichtig debridiert und der Kallus und das Bindegewebe aus den Frakturspalten vollständig ausgeräumt. Gelingt das Frakturflächendébridement komplett, wird die Reposition und Stabilisierung der Fraktur in der gleichen Weise wie bei frischen Frakturen durchgeführt. Die anatomische Reposition ist allerdings wesentlich schwieriger, da im Gegensatz zu den frischen Frakturen die zur Repositionskontrolle hilfreichen »Verzahnungen« fehlen. Oftmals ist es daher notwendig, eine anatomische intraartikuläre Reposition nach Kapsulotomie durch die direkte Inspektion der Gelenkflächen zu überprüfen.

Nach 120 Tagen sind die Frakturlinien in der Regel komplett verheilt und extraartikuläre Kennlinien fehlen völlig. In etlichen Fällen sind einige Anteile der Fraktur komplett verheilt und remodelliert, während andere Segmente nur pseudarthrotisch verheilt sind. Die pseudarthrotischen Anteile werden erst debridiert, aber auch danach bleibt der genaue Frakturverlauf oftmals unklar. Insbesondere auf den kortikalen Oberflächen verschwinden die Frakturlinien häufig völlig. Von der Gelenkfläche her sind die Frakturlinien aber meist noch gut erkennbar. In diesen Fällen bietet sich die Durchführung der notwendigen Osteotomie von der Gelenkfläche her an. Die Korrektur der Fehlstellung erfordert die Resektion eines keil- oder trapezförmigen Knochensegmentes. Die Form und Größe dieses Keiles wird durch das Ausmaß der Fehlstellung der Pfeilerfragmente bestimmt. Die Keilosteotomie wird vom Gelenk aus durch die Darmbeinschaufel, die Linea terminalis und die quadrilaterale Fläche hindurch ausgeführt. Ist der »Korrekturwinkel« unklar, wird schrittweise nach zunächst sparsamer Resektion weiter Knochen entfernt, bis eine glatte, sphärische und zum Hüftkopf kongruente azetabuläre Gelenkfläche rekonstruiert ist.

## 24.4 Behandlung von spezifischen Frakturtypen

### Frakturen der vorderen Wand

Dieser Frakturtyp wird bevorzugt über einen ilioinguinalen Zugang rekonstruiert.

CAVE

In Fehlstellung verheilte Frakturen der vorderen Wand werden oft erst bei erheblichem Knorpelabrieb des Femurkopfes symptomatisch. In diesen Fällen ist ein primärer Hüftgelenkersatz indiziert.

Wenn eine Rekonstruktion erfolgversprechend scheint, muß dafür Sorge getragen werden, daß das Fragment der vorderen Wand während der Mobilisation und Reposition nicht devaskularisiert wird. Auch wenn ein Hüftgelenkersatz in Erwägung gezogen wird, läßt sich durch Osteotomie, Reposition und Fixation des Fragmentes der vorderen Wand die mechanische Unterstützung für die Hüftgelenkpfanne verbessern.

### Frakturen des vorderen Pfeilers

Eine fehlverheilte Fraktur des vorderen Pfeilers kann über einen ilioinguinalen oder über den erweiterten iliofemoralen Zugang korrigiert werden.

Beim ilioinguinalen Zugang muß die Osteotomie und Knochenresektion entlang der Linea terminalis ohne direkt Gelenkeinsicht durchgeführt werden.

!

In diesen Fällen ist intraoperativ der Bildwandler zur sorgfältigen Kontrolle einzusetzen.

Häufiger wird deswegen der erweiterte Zugang zur Korrektur des vorderen Pfeilers eingesetzt. Da in der Regel nur eine anteriore Freilegung notwendig ist, kann der erweiterte Zugang so modifiziert werden, daß die Ablösung der Abduktoren weitgehend vermieden werden kann. Der erweiterte Zugang erlaubt die Durchführung einer Kapsulotomie und damit die direkte Darstellung der intraartikulären Gelenkstufe. Damit wird die Osteotomie und das Débridement erheblich erleichtert.

### Frakturen der hinteren Wand

Häufig ist eine fehlverheilte hintere Wand des Acetabulums mit einer noch in Fehlstellung stehenden hinteren Hüftluxation verbunden. Das Behandlungskonzept ist nicht ganz einheitlich. Während Letournel den primären Hüftgelenkersatz bevorzugte, wurde im eigenen Vorgehen eher die Fehlstellung korrigiert. Dazu muß zunächst der Femurkopf aus dem Knochendefekt befreit werden. Dies muß sehr sorgfältig geschehen, damit nicht der Knorpel des Hüftkopfes zusätzlich geschädigt wird. Der Femurkopf wird dann in seine natürliche Position in die verbliebene Gelenkpfanne reponiert. Bei einer chronischen Luxation kann eine ausgedehnte Weichteillösung notwendig werden, bevor die Reposition gelingt. Dazu müssen sowohl die Ansätze der Glutäalmuskulatur, der Ansatz des M. iliopsoas und gelegentlich auch die Ansätze der Adduktoren gelöst werden. Danach wird die hintere Wand an den Femurkopf heran reponiert. Die definierbaren Fragmente der »alten hinteren Wand« werden mit Knochentransplantat oder auch lokal vorgefundenen heterotopen Ossifikationen unterfüttert und abgestützt. Fragmente, die noch in Verbindung zur Kapsel stehen, werden nicht abgelöst (Durchblutung). Die Fragmente werden bei entsprechender Größe durch Zugschrauben, ansonsten durch Abstützplatten gehalten. Bei ausgedehnten Defekten wird ein kortikospongiöses Knochentransplantat, bevorzugt aus dem Beckenkamm, eingesetzt, um die rekonstruierte Gelenkfläche ausreichend abzustützen.

### Frakturen der hinteren Wand und des hinteren Pfeilers

Die meisten fehlverheilten Frakturen des hinteren Pfeilers sowie die kombinierten Frakturen des hinteren Pfeilers und der hinteren Wand können über einen Kocher-Langenbeck-Zugang rekonstruiert werden. Ausnahmen sind fehlverheilte Frakturen des hinteren Pfeilers, bei denen sich die ehemaligen Frakturlinien bis hinauf zur Incisura ischiadica major erstrecken. Der Zug an den Weichteilen, der notwendig ist, um die kranialen Ausläufer der Fraktur darzustellen, würde das superiore, glutäale Nerven-Gefäß-Bündel gefährden. Diese spezielle Frakturform wird daher besser über einen erweiterten iliofemoralen Zugang angegangen.

Die ehemalige Frakturlinie des hinteren Pfeilers wird auf der retroazetabulären Oberfläche identifiziert und die Osteotomie in der alten Frakturlinie durch den hinteren Pfeiler und die Fossa acetabuli hindurch durchgeführt. Zur Reposition ist eine Kombination von Längszug am Bein und Seitzug entlang der Achse des Schenkelhalses notwendig (zur Lagerung s. auch Kap. 19). Der Sitzbeinast wird nahe des Tuber ischiadicum osteotomiert. Wenn eine begleitende Fraktur der hinteren Wand besteht, wird zunächst die Reposition und Fixation des hinteren Pfeilers durchgeführt und danach die hintere Wand rekonstruiert.

### Querfrakturen

Fehlverheilte Querfrakturen oder Querfrakturen mit Frakturen der hinteren Wand werden über einen erweiterten iliofemoralen Zugang korrigiert. Durch die Abhebung des M. iliacus von der Fossa iliaca und die gleichzeitige Darstellung der Incisura ischiadica major von der Außenseite des Beckens her, ist das Os innominatum komplett dargestellt. Diese ausgedehnte Exposition erleichtert die notwendige Osteotomie und Keilresektion. Die Osteotomielinie verläuft durch die Darmbeinschaufel, die Linea terminalis und die quadrilaterale Fläche. Zur Reposition wird eine Repositionszange von außen her durch die Incisura ischiadica major hindurch eingesetzt (s. Kap. 20). Die Reposition wird durch direkte Einsicht auf die Gelenkfläche überprüft. Die Fixation erfolgt, wie auch bei der Versorgung von frischen Frakturen, mit Zugschrauben und Platte.

Liegt neben der Querfraktur eine zusätzliche Hinterwandkomponente vor, wird zunächst die Hinterwand gelöst. Verbliebene Verbindungen zur Hüftgelenkkapsel werden zur Verbesserung der Durchblutungssituation belassen. Die extraartikulären Anteile dieses Fragmentes müssen allerdings teilweise erheblich angeformt werden, um eine kongruentere Reposition der Gelenkflächen zu ermöglichen.

### T-Frakturen

Fehlverheilte T-Frakturen werden bevorzugt über den erweiterten iliofemoralen Zugang angegangen. Die Querkomponente der T-Frakturen wird wie eine Querfraktur rekonstruiert.

Die vertikal verlaufende Frakturlinie durch die Fossa acetabuli wird osteotomiert und durch kombinierten Längs- und Seitzug reponiert. Zusätzlich wird der Sitzbeinast in der Nähe des Tuber ischiadicum osteotomiert, um die Mobilität des hinteren Pfeilers zu verbessern.

In einigen Fällen ist es schwierig, selbst über den erweiterten lateralen Zugang die senkrecht verlaufende ehemalige Frakturlinie zu erreichen. Dann muß diese Osteotomie von medial her über eine zusätzliche Unterbauchlängsinzision (s. auch Kap. 19 »Erweiterter Pfannenstielzugang«) durchgeführt werden.

### Zweipfeilerfrakturen

Fehlverheilte Zweipfeilerfrakturen sind häufig in »sekundärer Kongruenz« ausgeheilt. In diesen Fällen verbleiben die Fragmente selbst kongruent zum Femurkopf, sie stehen allerdings in einer gewissen »Rotationsstellung« um den nach zentral verschobenen Hüftkopf. Frakturen, die diese sekundäre Kongruenz aufweisen, haben i. allg. eine gute Prognose, wenn keine intraartikulären Stufen bestehen. Eine komplette Osteotomie aller Frakturflächen wäre chirurgisch sehr schwierig und aufgrund der »sekundären Kongruenz« auch nicht sinnvoll.

Bestehen Gelenkstufen, werden deswegen nur 1–2 Osteotomien geplant, um die nicht kongruenten Fragmente der azetabulären Gelenkfläche zu reponieren. Damit wird zur Verbesserung der Prognose des Hüftgelenkes eine sog. »sekundäre chirurgische Kongruenz« angestrebt, wobei die Fehlstellung im Bereich des Os innominatum bewußt belassen wird.

Diese Fälle stellen ein ausgesprochen komplexes chirurgisches Problem dar und benötigen neben einer ausgedehnten präoperativen Planung ein komplettes Verständnis des Frakturverlaufes und der räumlichen Beziehungen, um erfolgreich korrigieren zu können.

## 24.5 Behandlungsergebnisse (Abb. 24.1–24.3)

Die Ergebnisse nach verzögert durchgeführten Rekonstruktionen der Acetabulumfrakturen sind generell schlechter als die nach frischen Verletzungen. Nach früher Rekonstruktion von Acetabulumfrakturen werden je nach Autor bis zu 80 % und 85 % gute und ausgezeichnete Ergebnisse erreicht [4]. Bei Verzögerung der definitiven Behandlung verschlechtern sich die Resultate aus vielfältigen Gründen:

- Eine perfekte Rekonstruktion ist schwierig, da remodellierte Frakturlinien, komplexe Fehlstellungen und begleitende Weichteilkontrakturen die Reposition behindern.
- Trotz perfekter Reposition sind die klinischen Resultate schlechter, da Knorpelschäden im Rahmen des Unfalls oder aufgrund eines sekundären Abriebs, avaskulärer Hüftkopfnekrosen oder direkter Knochenerosionen zu Gelenkzerstörungen führen. Eine Analyse der eigenen Spätrekonstruktionen zeigte, daß auch nach einer anatomischen Rekonstruktion nur in 67 % gute und exzellente Resultate, erreicht wurden [5], im Gegensatz zu 85 % nach Frühversorgung [4].
- Die besten Ergebnisse weist die Spätrekonstruktion von isolierten Frakturen des vorderen oder hinteren Pfeilers auf. Diese Fälle kommen üblicherweise auch früher in die Behandlung. Die Rate der Hüftkopfnekrosen ist geringer, wahrscheinlich da der Hüftkopf in Beziehung zum vorderen oder hinteren Pfeiler verbleibt. Die schlechtesten Ergebnisse hat die Spätrekonstruktion der T-Frakturen und die der Querfrakturen mit Beteiligung der hinteren Wand. Bei diesen Frakturen kompliziert häufig eine lange bestehende Luxation und ein zusätzlicher Abrieb des Hüftkopfes die Situation.

Die Komplikationsraten der Spätrekonstruktionen sind ebenfalls erhöht:

- Die Rate der heterotopen Ossifikationen ist prinzipiell höher als bei gleichartigen Frakturtypen, die primär versorgt werden. Klinisch bedeutsame heterotope Ossifikationen werden sowohl nach dem Kocher-Langenbeck-Zugang als auch im Rahmen des

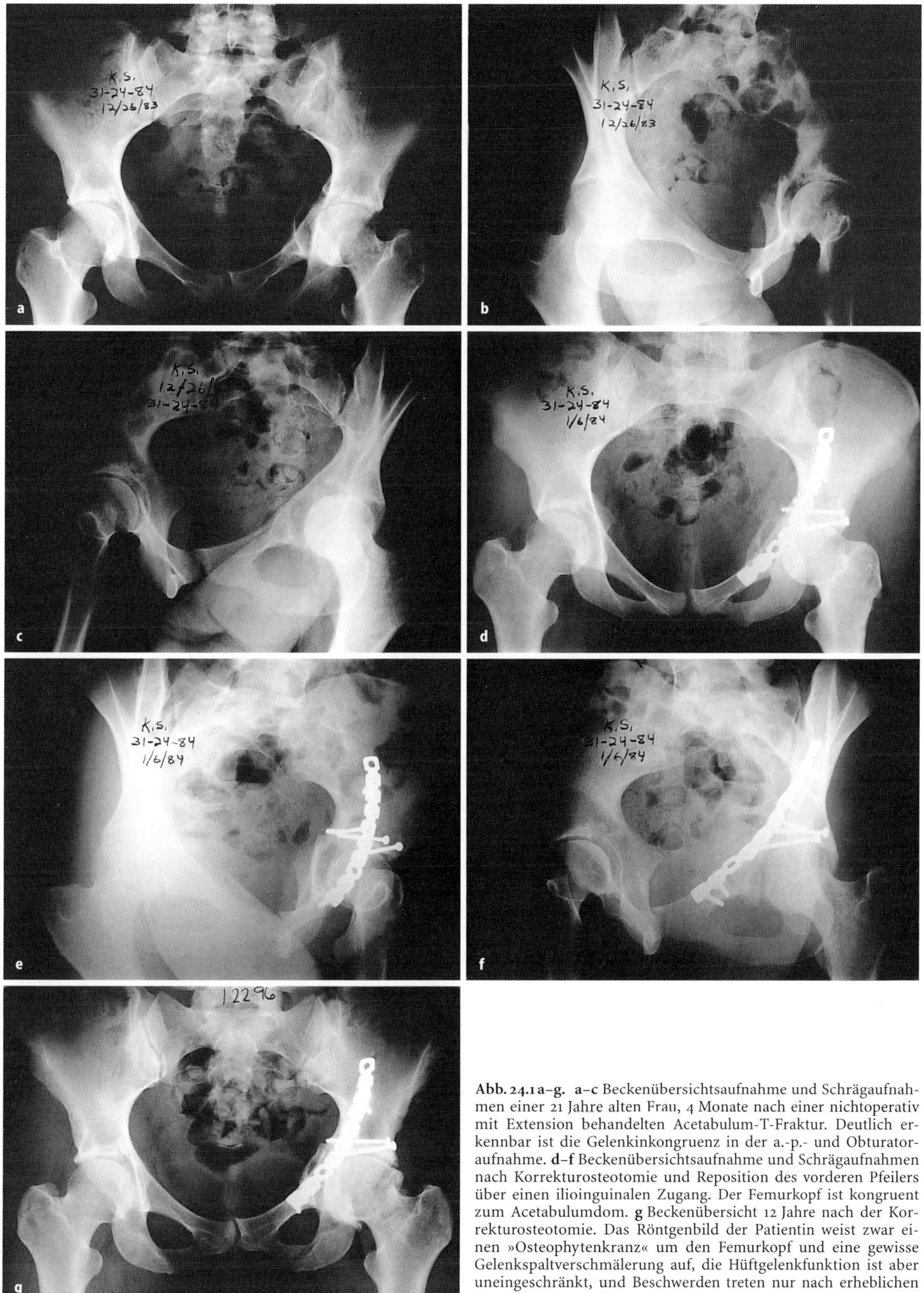


**Abb. 24.1 a–g. a–c** Beckenübersichtsaufnahme und Schrägaufnahmen einer 21 Jahre alten Frau, 4 Monate nach einer nichtoperativ mit Extension behandelten Acetabulum-T-Fraktur. Deutlich erkennbar ist die Gelenkinkongruenz in der a.-p.- und Obturatoraufnahme. **d–f** Beckenübersichtsaufnahme und Schrägaufnahmen nach Korrekturosteotomie und Reposition des vorderen Pfeilers über einen ilioinguinalen Zugang. Der Femurkopf ist kongruent zum Acetabulumdom. **g** Beckenübersicht 12 Jahre nach der Korrekturosteotomie. Das Röntgenbild der Patientin weist zwar einen »Osteophytenkranz« um den Femurkopf und eine gewisse Gelenkspaltverschmälerung auf, die Hüftgelenkfunktion ist aber uneingeschränkt, und Beschwerden treten nur nach erheblichen Anstrengungen auf

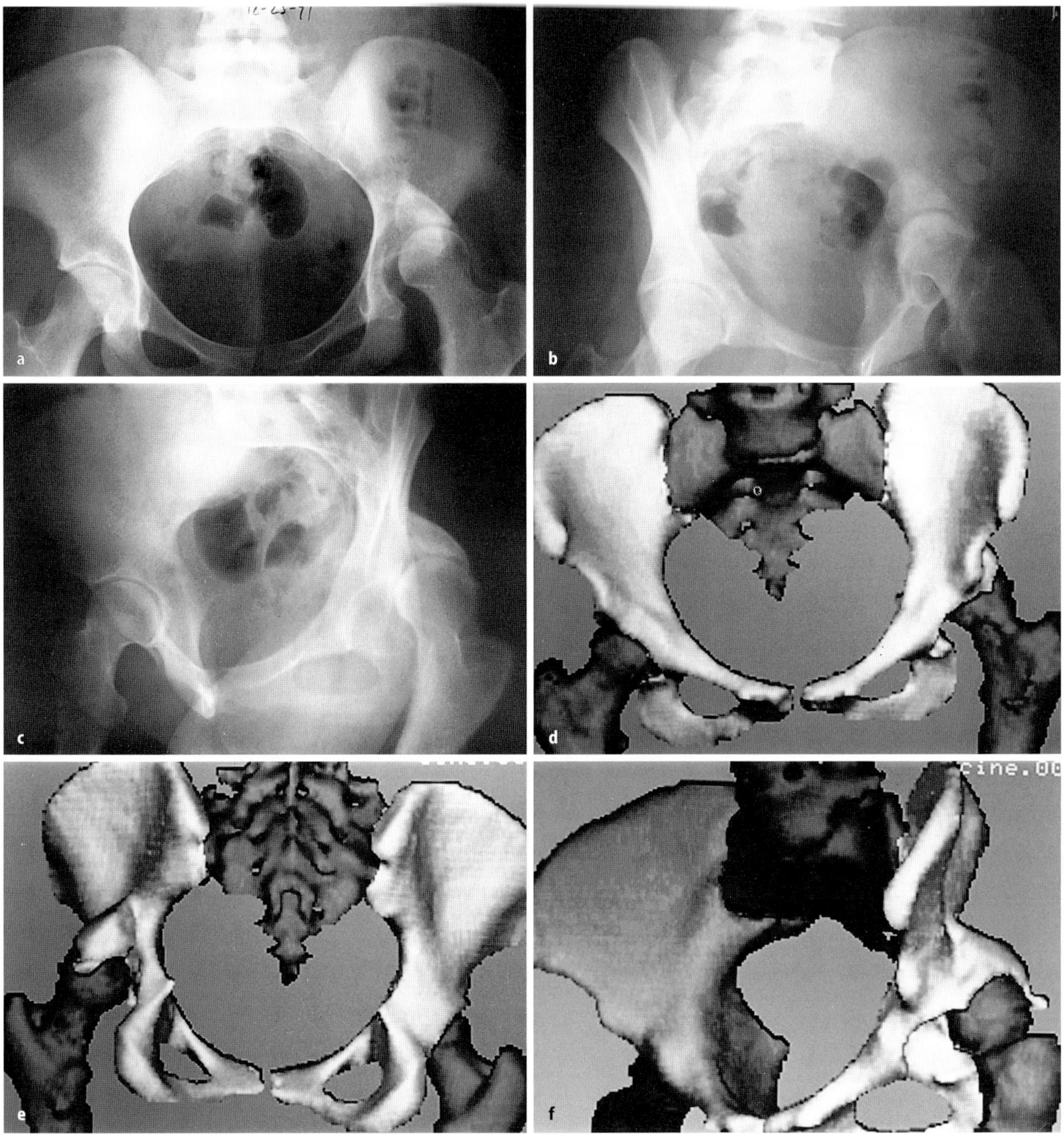


**Abb. 24.2 a–j. a–c** Beckenübersicht und Schrägaufnahmen eines 16 Jahre alten Mädchens 5 Monate nach einer übersehenen Fraktur der hinteren Wand des Acetabulums mit weiter bestehender Hüftluxation. In der Obturatoraufnahme ist erkennbar, daß das Hinterwandfragment am Ilium fehlverheilt ist. **d–f** Die Fehlstellung läßt sich anschaulich in den 3D-Rekonstruktionen nachvollziehen. Insbesondere die Perspektive entsprechend der Obturatoraufnahme (**f**) verdeutlicht die Fehlstellung. **g–i** Beckenübersichtsaufnahme und Schrägaufnahmen nach Korrekturosteotomie der pseudarthrotisch verheilten hinteren Wand und offener Reposition der Hüfte. Diese Korrektur wurde über einen Kocher-Langenbeck-Zugang, erweitert durch Trochanterosteotomie, durchgeführt. **j** Beckenübersichtsaufnahme 2 1/2 Jahre nach der Korrekturoperation. Die Implantate wurden entfernt, und zusätzlich wurde ein posterior-inferior gelegener Osteophyt exzidiert, der die vollständige Hüftstreckung verhinderte. Die Hüftgelenkfunktion ist derzeit recht gut, wobei die Langzeitprognose der Hüfte weiterhin fraglich bleibt

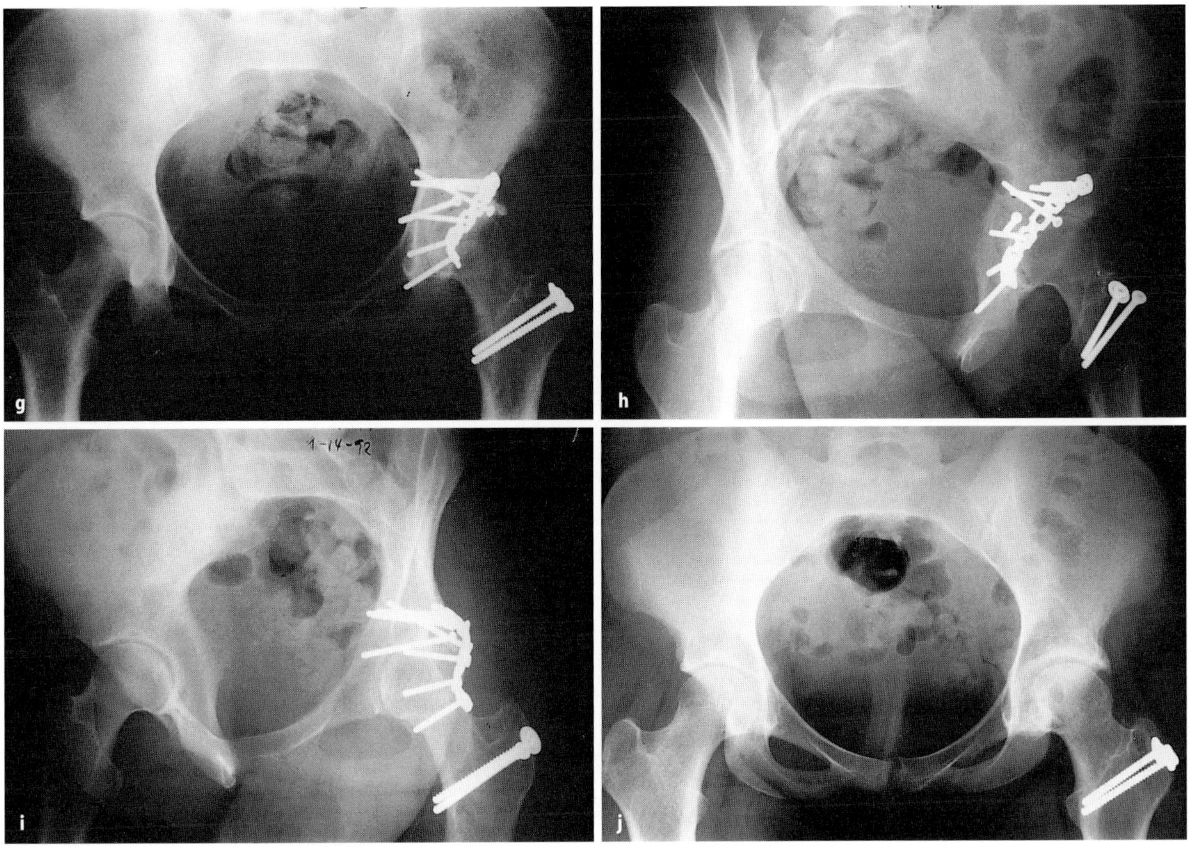


**Abb. 24.2 g–j**

erweiterten iliofemoralen Zugangs beobachtet. Es sollte immer eine Prophylaxe mit Indometacin, in Einzelfällen auch in Kombination mit Radiotherapie, in Erwägung gezogen werden. Die heterotopen Ossifikationen können auch im Rahmen des ilioinguinalen Zuganges auftreten, liegen aber dann normalerweise im Bereich der Fossa iliaca und sind dadurch für den Patienten klinisch nicht störend.

- Die Rate der avaskulären Hüftkopfnekrosen wurde bis zu 14% angegeben, verglichen mit etwa 3% nach Frühversorgungen.
- Zusätzlich wurde eine erhöhte Rate von Funktionsstörungen des N. ischiadicus beobachtet, die sich am ehesten auf Probleme im Rahmen der Reposition zurückführen lassen.

## Schlußfolgerung

Die Spätrekonstruktion von Acetabulumfrakturen (nach dem 21. Tag nach Unfall) ist ein technisch sehr anspruchsvoller Eingriff. Er sollte deswegen Chirurgen vorbehalten sein, die selbst langjährige Erfahrungen in der Behandlung frischer Acetabulumfrakturen haben. Die klinischen Langzeitresultate der Spätrekonstruktion sind generell schlechter als nach Frühversorgung. Auf der anderen Seite sind in einem relativ hohen Anteil der Fälle gute oder sogar ausgezeichnete Resultate erreichbar. Lokalisierte Knorpelschäden des Hüftkopfes oder eine beginnende Arthrose beeinflussen das Langzeitresultat negativ, schließen aber ein gutes Spätresultat nicht von vornherein aus.

Die sicherste Weise, ein befriedigendes Resultat nach Acetabulumfrakturen zu erreichen, ist daher, durch eine frühzeitige anatomische Reposition und Stabilisierung eine komplizierte Spätrekonstruktion nach Heilung in Fehlstellung zu vermeiden. !

## Literatur

1. Judet R, Judet J, Letournel E (1964) Fractures of the acetabulum: classification and surgical approaches for open reduction. J Bone Joint Surg Am 46(8): 1615–1646
2. Letournel E, Judet R (1993) Fractures of the acetabulum, 2nd edn. Springer, Berlin Heidelberg New York Tokyo
3. Matta J (1986) Operative indications and choice of surgical approach for fractures of the acetabulum. Tech Orthop 1(1): 13–22
4. Matta J (1994) Fractures of the acetabulum: reduction accuracy and clinical results of fractures operated within three weeks of injury. Clin Orthop 305: 20–30
5. Matta J, Dickson K, Markovich G (1996) Surgical treatment of pelvic nonunions and malunions. Clin Orthop 329: 199–206

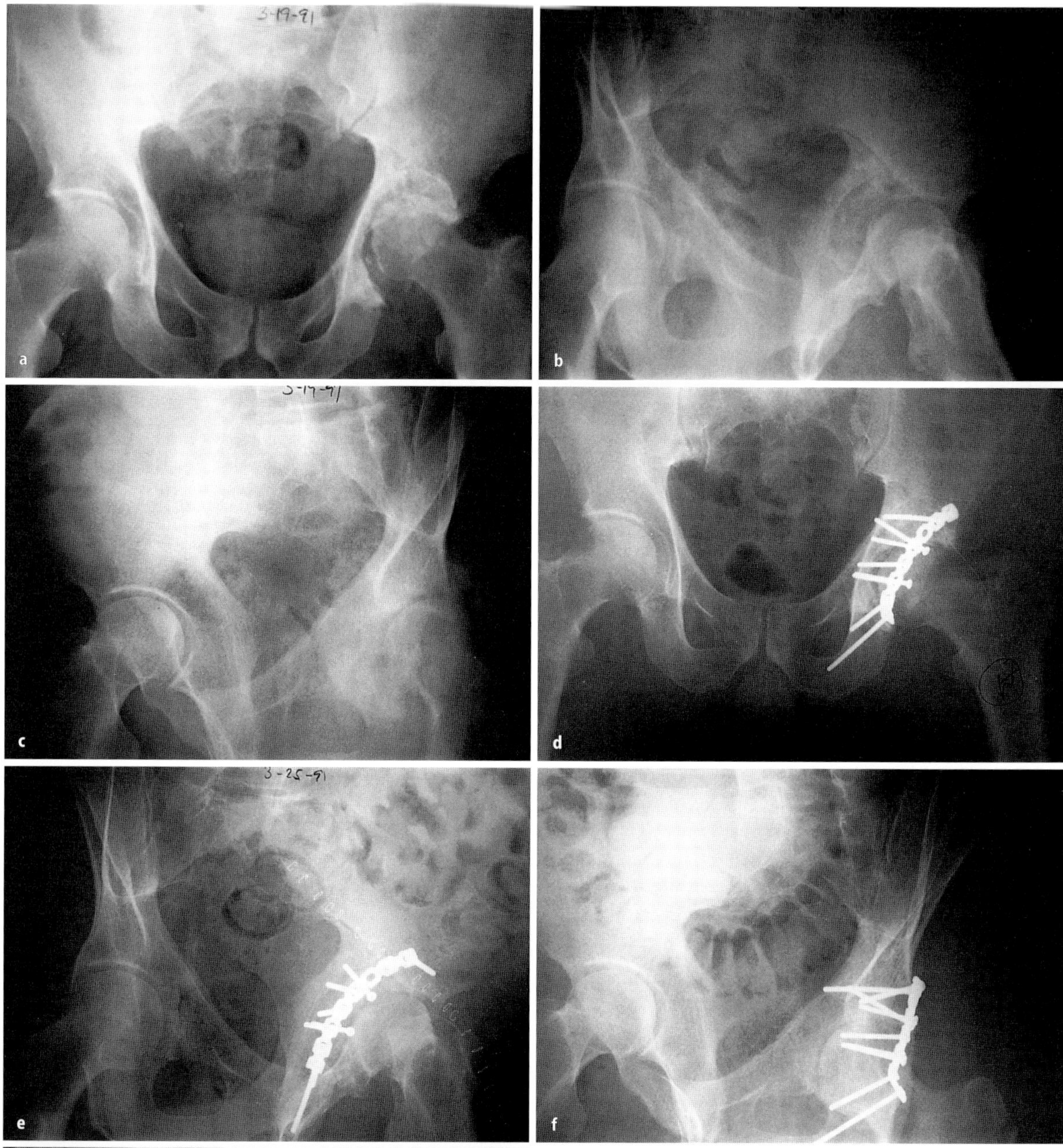


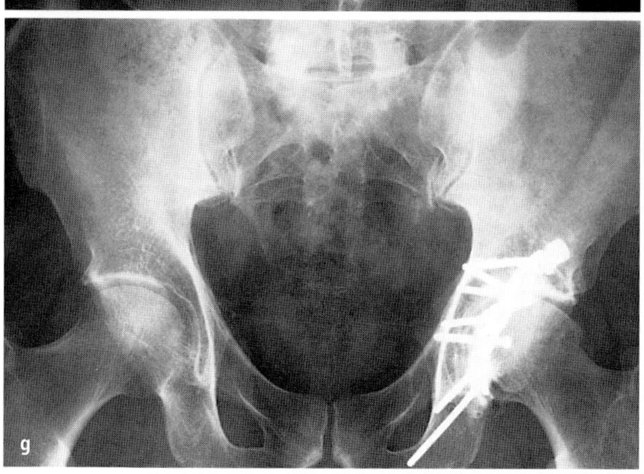


**Abb. 24.3 a–g. a–c** Beckenübersicht und Schrägaufnahmen eines 51jährigen Patienten, 2 1/2 Monate nach Acetabulumfraktur (Fraktur des hinteren Pfeilers mit Fraktur der hinteren Wand). **d–f** Beckenübersichts- und Schrägaufnahmen nach Korrekturosteotomie und Reposition des Hüftgelenkes über einen Kocher-Langenbeck-Zugang. Die Gelenkkongruenz konnte wiederhergestellt werden, zusätzlich lag aber eine Läsion des Hüftkopfes vor. **g** Beckenübersichtsaufnahme 4 1/2 Jahre nach der Korrekturosteotomie. Der Patient hat das volle Bewegungsausmaß des Hüftgelenkes bei guter Muskelkraft erreicht. Auch nach stärkeren Anstrengungen bestehen keine Schmerzen

# Kapitel 25

# Behandlung der posttraumatischen Spätfolgen

25

T. Pohlemann, W. Kasperczyk, T. Hüfner und A. Gänsslen



**Auch nach anatomischer Rekonstruktion von Acetabulumfrakturen, wie in Kap. 22 und 23 dargestellt, muß bei einer nicht unerheblichen Anzahl von Patienten mit Spätfolgen gerechnet werden. Bei nicht adäquat rekonstruierten Gelenken in Fehlstellung, jedoch guter Knorpelsubstanz kommt ggf. eine Spätrekonstruktion in Frage (Kap. 24).**

**Periartikuläre Ossifikationen mit bedeutsamer Funktionsbeeinträchtigung können eine Hüftgelenkarthrolyse notwendig machen, die im folgenden Abschnitt dargestellt wird.**

**Weiterhin werden einige Grundsätze der Behandlung einer posttraumatischer Arthrose erläutert. Dabei sind die Fälle zu unterscheiden, die ohne operative Behandlung in Fehlstellung verheilt sind oder bei denen eine anatomische Rekonstruktion nicht gelungen ist, von solchen, die zwar anatomisch rekonstruiert wurden, trotzdem aber eine Früh- oder Spätarthrose entwickelten.**

**Während in früheren Zeiten die Hüftgelenkarthrodese die einzige Möglichkeit war, ein zerstörtes Gelenk wieder schmerzfrei und belastbar zu machen, wird heute, auch bei jungen Patienten, in zunehmendem Maße der prothetische Gelenkersatz empfohlen. Leider ist die Erfolgsrate von Prothesen nach posttraumatischen Arthrosen nach Acetabulumfraktur deutlich geringer als nach primären Coxarthrosen. Der Verlauf ist häufig durch Pfannenlockerungen kompliziert. Allgemeingültige Richtlinien können nicht angegeben werden, da gerade hier der posttraumatische Zustand des Gelenkes und auch die Lebensumstände und Bedürfnisse der Patienten sehr unterschiedlich sind.**

**Das folgende Kapitel stellt in kurzer Form die Grundzüge der Indikationsstellung sowie der Operationsplanung und -technik dar. Spezielle Techniken, insbesondere der prothetischen Versorgung, müssen an anderer Stelle studiert werden.**

## 25.1 Arthrolysen des Hüftgelenkes

W. Kasperczyk und T. Pohlemann

**Die Arthrolyse des Hüftgelenkes (Abb. 25.1) ist die operative Mobilisation eines vollständig oder hochgradig bewegungsreduzierten Gelenkes. Die Gelenkfunktion behindernde periartikuläre Verknöcherungen werden reseziert und ggf. geschrumpfte Weichteile gekerbt oder durchtrennt. Diese Arthrolysen sind häufig technisch sehr schwierig und nicht vergleichbar mit den umschriebenen, paraartikulären Verknöcherungen nach Hüftprothesenimplantation. Es besteht ein hohes Komplikationsrisiko für Nerven- und Gefäßverletzungen. Auch die Verletzung von Gelenkanteilen, z. B. des Hüftkopfes, kann den Operationserfolg zunichte machen. Derartige Arthrolysen müssen sorgfältig geplant werden. In weichteilschonender Technik werden dann die mechanischen Behinderungen entfernt. Die Eingriffe sind individuell sehr unterschiedlich, die folgende Darstellung beschränkt sich deshalb auf die Indikationsstellung, präoperative Planung und allgemeine operative Techniken.**

### Klinisches Bild

Das Krankheitsbild ist unspezifisch. Im Frühstadium der paraartikulären Ossifikation sind die lokalen Symptome einer Entzündung zu erkennen: Schwellung, Überwärmung, Überempfindlichkeit und eine Gelenksteifigkeit. Radiologisch erkennt man noch keine Besonderheiten. Im Spätstadium nach 16–25 Wochen geht die Schmerzhaftigkeit deutlich zurück, es verbleiben eine Schwellung des Gelenkes und je nach Lokalisation tastbare Knochenmassen und eine erheblich eingeschränkte Gelenkbeweglichkeit bis hin zur vollständigen Ankylose [2, 6, 23]. Das bevorzugte Alter ist das 2. und 3. Lebensjahrzehnt. Die Inzidenz bei poste-

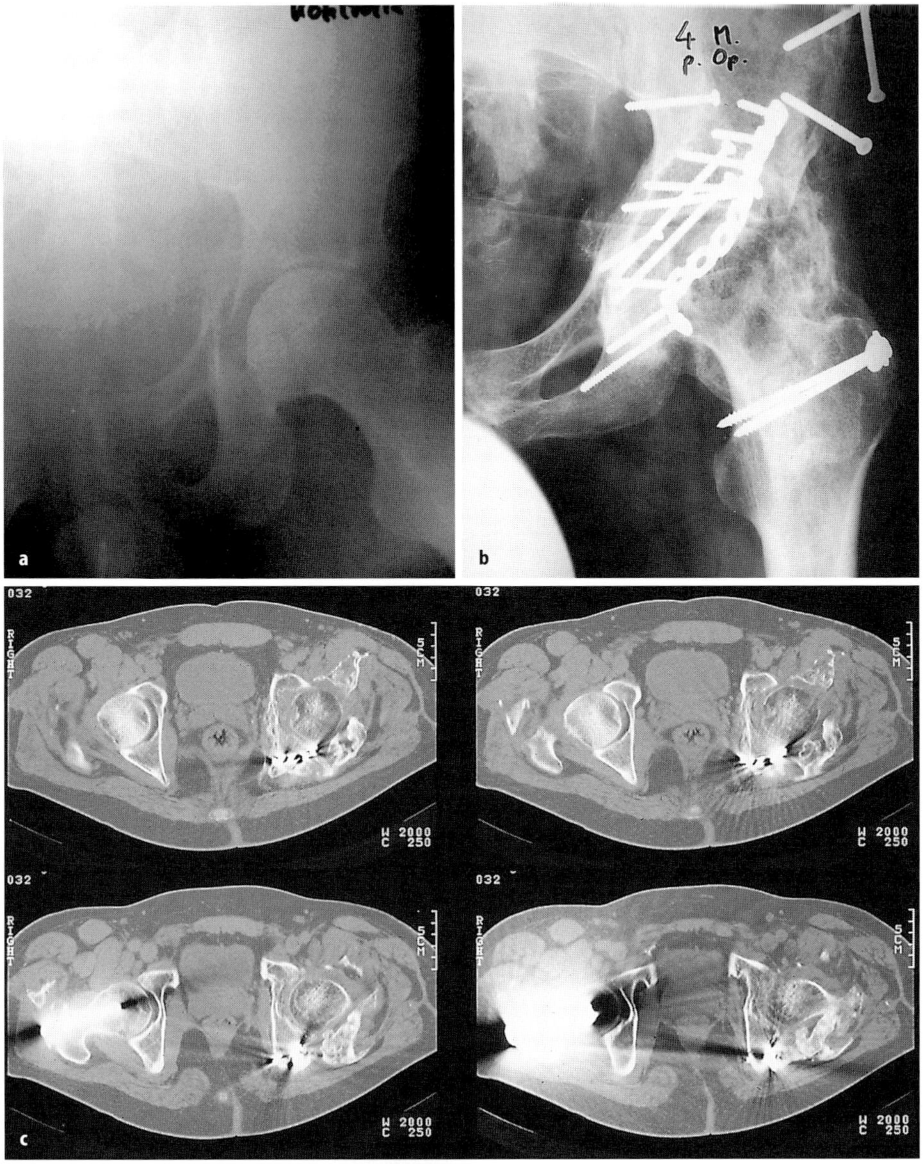


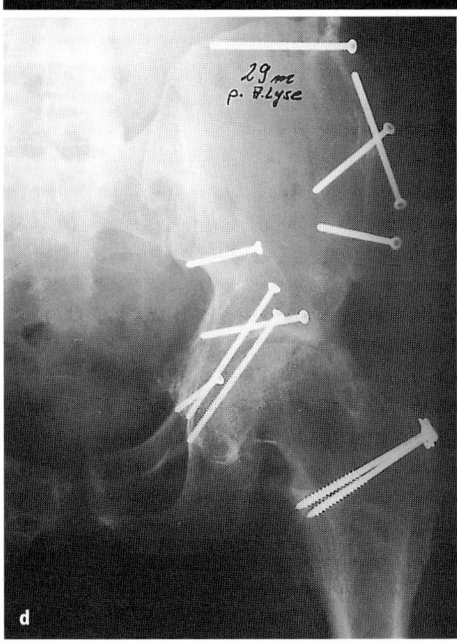


**Abb. 25.1 a–d.** Arthrolyse. **a, b** Zustand nach operativer Versorgung einer Acetabulumfraktur mit Ausbildung von ausgeprägten heterotopen Ossifikationen schon nach 4 Monaten. **c** Die CT-Darstellung erlaubt die genaue Lokalisation der heterotopen Ossifikationen. **d** Postoperative Röntgenaufnahme nach Arthrolyse

rioren Frakturtypen ist höher. Die wichtigste Differentialdiagnose ist das extraossäre Osteosarkom.

### ■ Klinische Diagnostik

Die klinische Diagnostik erfaßt die oben genannten Symptome. Der Bewegungsumfang wird dokumentiert. Neurologische Defizite (z. B. zunehmende Druckschäden des N. ischiadicus) müssen erkannt werden.

### ■ Radiologische Diagnostik

Erst nach 5–15 Wochen wird im Röntgenbild eine unorganisiert wirkende, wolkige Knochenstruktur paraartikulär sichtbar. Nach 16–25 Wochen sieht man eine normale Knochenstruktur mit Trabekelformationen an atypischer Stelle. Eine weitergehende bildgebende Diagnostik wird erst dann erforderlich, wenn die Indikation zur Arthrolyse gestellt und der Eingriff geplant wird.

## Indikation

Eine operative Arthrolyse ist indiziert, wenn

- der Patient durch die Bewegungseinschränkung stark behindert und das Hüftgelenk erhalten ist (normaler Gelenkspalt, Hüfte zentriert, keine Kopfnekrose),
- paraartikuläre Ossifikationen eine mechanische Behinderung der Gelenkfunktion darstellen,
- der Patient in der Lage ist, die anspruchsvolle Nachbehandlung durchzuführen.

### ■ Zeitpunkt der Arthrolyse

Da der Eingriff ein hohes Rezidivrisiko hat, gilt es als allgemein anerkannt, erst nach »Ausreifung« der Ossifikation die Arthrolyse durchzuführen. Es besteht jedoch keine Einigkeit darüber, zu welchem Zeitpunkt die Reife gegeben ist. Die Zeitangaben schwanken zwischen 5 Monaten [23] und 18 Monaten [5, 17].

Es gilt heute als gesichert, daß die Serumwerte für Calcium, Phosphor und die alkalische Phosphatase keine geeigneten Parameter der Reifebestimmung sind. Ebenso unspezifisch ist das Knochenszintigramm [9].

Ungeachtet der Ätiologie sind bei paraartikulären Verknöcherungen pathogenetisch 3 Bedingungen zu erkennen: ein induktives Signal, eine Population induzierbarer mesenchymaler Stammzellen (wahrscheinlich perivaskulärer Zellen) und eine heterotope Umgebung, die auf zellulärer, biochemischer und mikrovaskulärer Ebene alle Stadien einer normalen Osteogenese zeigt. Der exakte Pathomechanismus ist nicht bekannt, insbesondere nicht der induktive Faktor [9]. Die Parallele zur normalen Knochenheilung ist offensichtlich. Die normale Knochenheilung ist zumeist nach 16 Wochen abgeschlossen. Im eigenen Vorgehen wird der Operationszeitpunkt festgelegt, wenn

- im Röntgenbild eine normale Knochenstruktur der ektopen Ossifikation erkennbar ist (abgegrenzte Struktur mit Kortikalis und Spongiosa),
- die Entzündungssymptome (s. oben) abgeklungen sind und der Patient schmerzfrei ist,
- der Patient insgesamt so gut rehabilitiert ist, daß er ein umfangreiches, langwieriges physiotherapeutisches Nachbehandlungsprogramm durchführen kann.

Dieser Zeitpunkt wird heute i. allg. deutlich früher als in vergangenen Jahren angenommen. Die genannten Anforderungen sind in der Regel nach 4–6 Monaten erfüllt.

> *Anmerkung.* Auch im eigenen Vorgehen der letzten Jahre spiegelt sich die veränderte Einschätzung wider (s. Tabelle 25.1). Während in den 80er Jahren eine Arthrolyse durchschnittlich erst nach 19 Monaten »Wartezeit« durchgeführt wurde, erfolgte die Operation in den 90er Jahren schon nach durchschnittlich 8,5 Monaten. Heute wird dieser Zeitraum weiter reduziert.

**Tabelle 25.1.** Übersicht über Hüftgelenkarthrolysen im eigenen Krankengut

| Zeitraum | 1980–1989 | 1990–1993 |
|---|---|---|
| Anzahl Arthrolysen | 43 | 22 |
| Alter bei der Arthrolyse (Jahre) | 35 (13–75) | 37 (16–69) |
| Anteil der Männer | 68 % | 71 % |
| Bewegungsumfang präoperativ[a] | 24 % | 30 % |
| Zeitintervall[b] (Monate) | 19 (9–48) | 8,5 (3–16) |
| Nachuntersuchungszeitraum (Monate) | 38 (3–67) | 39 (17–65) |
| Ergebnis Bewegungsumfang[c] | 62 % | 73 % |
| Verbesserung Beweglichkeit | 38 % | 43 % |
| Neurovaskuläre Schäden | Keine | Keine |

[a] Gesamtbewegungsumfang des betroffenen Hüftgelenkes im Vergleich zur gesunden Gegenseite in Prozent.
[b] Zeitraum zwischen auslösendem Ereignis (z. B. Acetabulumfraktur, SHT) und Arthrolyse.
[c] Gesamtbewegungsumfang des betroffenen Hüftgelenkes im Vergleich zur gesunden Gegenseite in Prozent zum Zeitpunkt der Nachuntersuchung.

### Präoperative Planung

Die Arthrolyse muß sorgfältig geplant werden. Die Röntgennativaufnahmen (a.-p.-, Ala- und Obturatoraufnahme) werden durch eine CT-Darstellung ergänzt. Das betroffene Gebiet sollte in 2D- und 3D-Rekonstruktionen exakt dargestellt werden. Diese gestatten eine exzellente topographische Zuordnung der Verknöcherungen, was für die Überlegungen zum operativen Zugang essentiell ist.

Folgende Befunde müssen erhoben werden:

- Ist der Gelenkspalt normal weit, bestehen Gelenkstufen oder Arthrosezeichen?
- Ist der Hüftkopf regelrecht zentriert oder bestehen Subluxations- oder gar Luxationsstellungen?
- Ist der Hüftkopf regelrecht strukturiert oder bestehen Zeichen einer umschriebenen oder generalisierten Kopfnekrose?
- Wie ist die genaue Lage der Ossifikation? Dorsal, ventral, oder in beiden Regionen?
- An welchen Stellen ist die Ossifikation mit Becken oder Femur verwachsen?
- Wie ist die Lage des N. ischiadicus in Beziehung zu den Verknöcherungen?
- Welche Ossifikation behindert welche Bewegung?

## Operatives Vorgehen

Wie auch bei der Versorgung von Acetabulumfrakturen kommt dem operativen Zugang eine entscheidende Bedeutung zu. Da die Ossifikationen häufig dorsal liegen oder zumindest einen großen dorsalen Anteil haben, wird meist ein Kocher-Langenbeck-Zugang ausgewählt. Umschriebene ventrale Knochenspangen werden gezielt über einen zusätzlichen anterioren Zugang, ggf. in Erweiterung zum Smith-Peterson-Zugang, angegangen.

Ein erweiterter Zugang ist nicht indiziert, da die zur Arthrolyse erforderlichen Freilegungen sehr viel geringer sind als bei der Versorgung komplizierter Acetabulumfrakturen. Zudem führte der ausgedehnte Weichteilschaden zu einem erhöhten Rezidivrisiko.

### Operative Technik

Das Operationsziel ist die Entfernung der mechanisch behindernden Verknöcherungen. Es muß nicht zwangsläufig eine Totalentfernung der Ossifikation vorgenommen werden, auch eine Keilresektion kann die Gelenkfunktion wiederherstellen [24]. Typischerweise erreicht man direkt unterhalb der Ossifikation eine »normale«, allenfalls eine geschrumpfte Gelenkkapsel. Jetzt muß sich eine radikale Lösung der Arthrofibrose anschließen. Die Hüftgelenkkapsel darf jedoch nicht komplett reseziert werden, da andernfalls die Hüftkopfdurchblutung gefährdet wäre. Die Kapsel muß sehr acetabulumnah inzidiert werden. Narbenstränge und verkürzte Sehnen müssen durchtrennt oder gekerbt werden.

Die technischen Schwierigkeiten ergeben sich aus den veränderten anatomischen Verhältnissen. Erst nach sorgfältiger Orientierung über die Lage des Gelenkes sollte mit der Abtragung der Verknöcherungen begonnen werden. Schon im Rahmen der präoperativen Planung sollten die »Einstiegspunkte« festgelegt werden. Sind die Lagebeziehungen von Gelenk und Ossifikation klar, ebenso die Lage der Nerven und Gefäße, kann vorsichtig mit der Luer-Zange oder einem kleinen Meißel ein Einstieg präpariert werden, um dann mit großem Meißel und auch Säge die störende Verknöcherung schalen- oder keilförmig abzutragen.

### Gefahren

Gefahren sind insbesondere:

- die Verletzung von neurovaskulären Strukturen (*cave:* N. ischiadicus) sowohl bei der Präparation wie auch bei der Mobilisation,
- die Verletzung der Gelenkstrukturen selbst bei unzureichender Orientierung und Präparation.

## Postoperative Behandlung

Die konsequente Nachbehandlung ist ein wichtiges Element des Behandlungskonzeptes. Dazu sollte der Patient belastbar und kooperativ sein.

Die medikamentöse Prophylaxe wird am Tag vor der Operation mit Indometazin $2 \times 50$ mg begonnen und postoperativ für 4–6 Wochen fortgeführt, ggf. in Verbindung mit einem $H_2$-Blocker zur Verminderung der gastrointestinalen Nebenwirkungen. Wir selbst verzichten auf eine postoperative Bestrahlung [1, 20] bei den meist jungen Patienten wegen des nicht kalkulierbaren Risikos der Induktion von Weichteilsarkomen.

Unmittelbar postoperativ, d. h. noch am Operationstag, wird auf der Hüftgelenkbewegungsmaschine in dem Umfang mobilisiert, wie das Gelenk intraoperativ beweglich war. Gerade in der Anfangsphase ist eine Schmerzbehandlung mittels Periduralkatheter sehr wünschenswert, der schon bei der Narkosevorbereitung gelegt werden sollte.

Schon präoperativ muß zusammen mit den Physiotherapeuten ein Nachbehandlungsprogramm erstellt werden. Dieses beginnt am 1. postoperativen Tag. Nach gesicherter Wundheilung werden die Übungen intensiviert und der Erfolg überwacht und dokumentiert. 2 mal täglich wird der Patient professionell angeleitet, zwischendurch übt er selbständig, zunächst auf der Motorschiene, später auf der aktiven Bewegungsschiene (Frankfurter Schiene). Das Übungsprogramm richtet sich nach den spezifischen Problemen (z. B. in Bauchlage nach Beugekontrakturen, Sitzübungen nach Beugehemmungen etc.). Die Schwierigkeit in der

Nachbehandlung ist die Kunst der richtigen Dosierung von aktiver und passiver Physiotherapie, der Einsatz von Bewegungsschienen, die Antiphlogistikagabe und der Einsatz von sog. Schmerzkathetern. Die stationäre Nachbehandlung erstreckt sich mindestens über 4 Wochen. Erfahrungsgemäß kommt es wegen der Narbenbildung in der 3. postoperativen Woche häufig zur Abnahme der Beweglichkeit. In dieser Phase muß besonders sorgfältig vorgegangen werden. Der Bewegungsumfang sollte täglich dokumentiert, am besten durch den Patienten selbst, und sichtbar als Kurvenverlauf im Krankenzimmer aufgehängt werden.

### Ergebnisse

Die Hüftgelenkarthrolysen erfordern vom Chirurgen eine sorgfältige Planung und ein hohes Maß an Wissen und Erfahrung um alle Prinzipien der rekonstruktiven Chirurgie des Bewegungsapparates. Tabelle 25.1 stellt die erzielten Ergebnisse im eigenen Krankengut dar. Es wird deutlich, daß mit dem dargestellten Konzept die schweren Behinderungen der zumeist jüngeren Patienten nachhaltig beseitigt werden können.

## 25.2 Endoprothetischer Hüftgelenkersatz

T. Pohlemann und T. Hüfner

**Wenn es posttraumatisch zu einer Zerstörung des Hüftgelenkes gekommen ist und Schmerzen und zunehmende Bewegungseinschränkung durch konservative Maßnahmen nicht mehr zu beherrschen sind, sind chirurgische Eingriffe zum Gelenkerhalt nicht mehr möglich. Derartige posttraumatische Arthrosen können frühzeitig nach ungenügender Reposition oder zu starker Knorpelstörung auftreten, aber nach sehr langem symptomfreiem Intervall plötzlich beginnen (Abb. 25.2). An therapeutischen Optionen steht dann der totalendoprothetische Hüftgelenkersatz oder eine Hüftgelenkarthrodese zur Verfügung (s. auch Abschn. 25.3). Die Indikation zum einen oder anderen Verfahren orientiert sich weniger am Lokalbefund des Gelenkes, als vielmehr an allgemeinen Überlegungen zur Langzeitprognose und Patientenaktivität.**

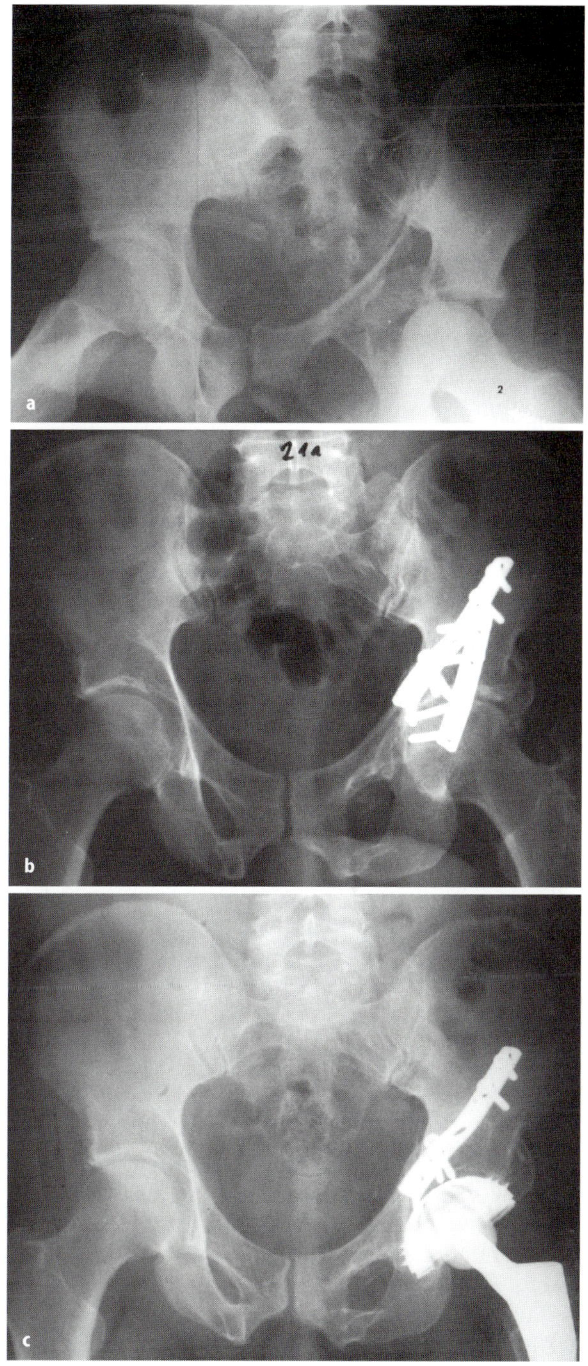

**Abb. 25.2 a–c.** Spätarthrose. **a** Versorgung einer transtektalen T-Fraktur über Doppelzugänge. **b** Nach 22 Jahren beschwerdefreier Belastungsfähigkeit tritt eine schnell zunehmende Koxarthrose auf. **c** Die Versorgung erfolgt durch eine Totalendoprothese. Intraoperativ lassen sich keine unfallspezifischen Veränderungen im Gelenk feststellen

### Indikation

Der Lokalbefund entscheidet eher über die generelle Indikation zu einer chirurgischen Intervention, während sich das auszuwählende Verfahren (Prothese oder Arthrodese) eher an der allgemeinen Situation des Patienten orientiert.

■ **Lokalbefund**

Allgemein ist die Indikation zu einem chirurgischen Vorgehen (sowohl Hüftendoprothese als auch Arthrodese) gegeben bei:

- symptomatischen, posttraumatischen Arthrosen mit und ohne Fehlstellung nach ausgeschöpfter konservativer Arthrosetherapie,
- mäßig symptomatischen Arthrosen mit schnell abnehmender Beweglichkeit (wenn TEP geplant),
- posttraumatischen Hüftkopfnekrosen.

■ **Allgemeine Indikationen**

Folgende Allgemeinveränderungen unterstützen die Indikationen zur Hüftendoprothese bei posttraumatischer Arthrose:

- höheres Patientenalter,
- eingeschränkter Aktivitätsgrad,
- begleitende Veränderungen der Wirbelsäule oder des ipsilateralen Knies,
- weibliches Geschlecht.

Folgende Allgemeinveränderungen sprechen eher gegen eine Indikation zur Hüftendoprothese bei posttraumatischer Arthrose:

- junge Patienten,
- hohe körperliche Belastung, hoher Aktivitätsgrad,
- männliches Geschlecht.

> *Anmerkung.* Im eigenen Vorgehen wird generell der hüftendoprothetische Gelenkersatz zur Erhaltung der Beweglichkeit und zur Realisierung einer ausgeglichenen Beinlänge bevorzugt. Da es sich vielfach um ehemals mehrfachverletzte Patienten handelt, ist häufig der allgemeine Aktivitätsgrad ohnehin eingeschränkt und die berufliche Tätigkeit zu einer vorwiegend sitzenden Tätigkeit umgestellt worden.
>
> Die Indikation zur Hüftgelenkarthrodese wird ausnahmsweise bei sehr jungen Patienten gesehen, die auf eine schwere körperliche Tätigkeit angewiesen und dabei durch eine fehlende Hüftgelenkbeweglichkeit nicht wesentlich beeinträchtigt sind.

Bei der Besprechung mit dem Patienten muß von vornherein i. allg. auf die beschränkte »Lebensdauer« von Hüftendoprothesen (derzeit im Durchschnitt 10–15 Jahre) und die Notwendigkeit der *lebenslangen* medizinischen Überwachung hingewiesen werden. Es ist besonders darauf hinzuweisen, daß die Haltbarkeit einer Prothese nach vorausgegangener Acetabulumfraktur und bei hohem Aktivitätsgrad deutlich verkürzt sein kann und daß die Lokalsituation gelegentlich die Implantation erheblich erschwert.

## Zugangswahl

Der zur endoprothetischen Versorgung gewählte Zugangsweg hängt vom vorausgegangenen Zugang, vom Zeitpunkt nach der Acetabulumfraktur, sowie von den persönlichen Präferenzen bei der Prothesenoperationen ab.

Im eigenen Vorgehen werden der direkt laterale (Bauer) und der dorsale Zugang eingesetzt.

**Direkt lateraler Zugang**

- Nach längerfristig zurückliegender Acetabulumfraktur (> 2 Jahre)
- Keine Indikation zur Implantatentfernung oder zur Osteosynthese am hinteren Pfeiler (Pfannenaufbau, Pseudarthrosen)

**Dorsaler Zugang**

- Erst kurze Zeit nach dorsalem Zugang vergangen (bis etwa 2 Jahre)
- Notwendigkeit einer dorsalen Implantatentfernung
- Erst kurze Zeit nach einem erweitertem Zugang vergangen (die ursprüngliche Schnittführung wird einbezogen)

Zur Operation wird die Seitenlage bevorzugt (zur Technik s. Kap. 19).

## Verfahrenswahl

Die Verfahrenswahl hängt im wesentlichen vom lokalen Zustand der Hüftgelenkpfanne ab. Insbesondere bei bestehenden Knochendefekten der Hüftgelenkpfanne oder nur pseudarthrotisch verheilten Pfannenanteilen ist die Verankerung erschwert.

Die zur Verankerung der Pfanne verwendeten Techniken ähneln denen der Revisionsendoprothetik. Während in der Anfangszeit der Endoprothetik Knochendefekte v. a. durch größere Mengen Knochenzement ausgeglichen wurden, besteht das derzeitige Ziel darin, eine knöcherne Heilung des Acetabulums zu erreichen und der künstlichen Pfanne dadurch ein stabiles, »natürliches« Widerlager zu schaffen. Bestehende Defekte werden dabei vorwiegend durch Knochentransplantate (Hüftkopf des Patienten) aufgefüllt, oder es werden zusätzlich mechanisch belastbare Transplantate verschraubt oder durch Plattenosteosynthesen fixiert.

Zu einer verbesserten Pfannenverankerung stehen dabei mehrere Pfannenmodelle zur Verfügung. Sie lassen sich mit dem Os coxae verschrauben, oder sie bieten als Pfannenschalen eine stabile Abstützung für die Zementverankerung einer Pfanne.

Wenn sehr ausgedehnte Defekte bestehen, kann zwischenzeitlich auch auf »Individualprothesen« zurückgegriffen werden, die nach einem CT-Datensatz gefertigt werden. Zur Versorgung steht insgesamt ein nahezu unübersehbares Angebot an Prothesensystemen zur Verfügung. Bei der Auswahl spielen zwangsläufig auch persönliche Erfahrungen und Präferenzen eine Rolle.

Die dargestellten Verfahren entsprechen daher allgemeinen, im eigenen Vorgehen bewährten Grundsätzen und geben keine Detailempfehlungen.

Die Auswahl der Pfanne orientiert sich am Lokalbefund des Acetabulums. Die Schaftimplantation wird entsprechend des Lebensalters des Patienten ausgewählt (zementierter Schaft im höheren Lebensalter, zementfrei bei jungen Patienten).

Folgende Komponenten werden für den Pfannenersatz ausgewählt:

- Acetabulumfraktur verheilt, konzentrische Arthrose, keine wesentliche Fehlstellung: Standardprimärprothese, z. B. zementfreie Pfanne (Expansionspfanne).
- Acetabulumfraktur verheilt, Pfannendefekte der hinteren oder vorderen Wand, Pfannendach vorhanden: Pfannenaufbau mit autogenen Transplantaten aus dem resezierten Hüftkopf. Verschraubte Hüftgelenkpfanne, bevorzugt in der zementfreien Ausführung. Wenn nicht verfügbar, auch Pfannendachschale mit zementierter Pfanne.
- Mittlere bis ausgedehnte Defekte, Pfannendach betroffen, Hüftgelenk ggf. noch in Luxationsstellung:
  - Rekonstruktion des Acetabulums durch autogene Knochenspäne mit Osteosynthese (z. B. Plattenosteosynthese des hinteren Pfeilers) und Einsatz einer verschraubten Hüftpfanne. Oft ist dazu der dorsaler Zugang nötig.
  - Mittelgroße Defekte, insbesondere von »ovaler« Form, lassen sich durch den Einsatz von speziellen Pfannen mit einem vergrößerten Längsdurchmesser überbrücken (»längsovale Pfannen«). Dieser Pfannentyp läßt sich ebenfalls zementfrei einbringen und durch Schrauben primär stabil verankern. Die Einbringung ist über den lateralen Zugang möglich.
  - Alternativ Anfertigung einer Individualprothese mit Unterfütterung durch Knochentransplantate. Auch diese Pfannen lassen sich über den lateralen Zugang verankern.

### Operative Technik

Ein Großteil der Probleme, die in Verbindung mit der Prothesenimplantation nach Acetabulumfrakturen auftreten, ist Pfannenlockerungen zuzuordnen. Es muß davon ausgegangen werden, daß es bei der Entstehung der Acetabulumfraktur und auch bei der nachfolgenden operativen Versorgung zu lokalen Durchblutungsstörungen im Bereich der Acetabulumfragmente kommt. Es muß deswegen auch bei der Protheseninplantation auf eine schonende Operationstechnik geachtet und der vorgefundene Knochen, besonders im Bereich des Pfannendachs, auf seine Vitalität überprüft werden (Anbohrung). Das wichtigste Operationsziel liegt in der belastungsstabilen Verankerung der Pfanne. Bestehende Defekte sollten möglichst durch Knochentransplantate aufgebaut werden, um die Situation langfristig zu verbessern.

Die operative Technik orientiert sich am Einzelfall und dem ausgewählten Versorgungsverfahren. Aufgrund der individuell sehr unterschiedlichen Situationen können nur einige, im eigenen Vorgehen bevorzugte Maßnahmen angesprochen werden.

#### ■ Implantatentfernung

Eine Implantatentfernung wird nur durchgeführt, wenn die Implantate die Pfannenverankerung stören und/oder die Implantate ohne wesentliche Zugangserweiterung erreichbar sind. Finden sich nur einzelne Schrauben im Gelenk, können diese in vielen Fällen retrograd entfernt bzw. gekürzt werden. Bei mehreren, die Implantation störenden und durch eine Platte eingebrachten Schrauben muß in der Regel eine Plattenentfernung erfolgen.

#### ■ Pseudarthrosen

Pseudarthrotisch verheilte Fragmente in den distalen Gelenkabschnitten behindern eine Pfannenimplantation in der Regel nicht wesentlich. Probleme treten v. a. auf, wenn einzelne Pfeiler, und hier insbesondere der hintere Pfeiler, mobil sind.

Bei mobilen Segmenten wird eine Ausräumung des Pseudarthrosenspaltes, eine Auffüllung mit Spongiosa und eine stabile Osteosynthese vor Implantation der Pfanne durchgeführt.

Bei einer straffen Pseudarthrose mit nur geringer Spaltbildung wird der Pseudarthrosenspalt von der Gelenkfläche her ausgeräumt, fest mit Spongiosa aufgefüllt und mit einer verschraubten Pfanne überbrückt.

#### ■ Knochendefekte

Liegen Knochendefekte besonders im Bereich der distalen hinteren oder vorderen Wand vor, ist aber ein ausreichendes »Domfragment« verblieben, wird durch Verschraubung von kortikospongiösen Transplantaten (Hüftkopf, in Ausnahmen auch allogen) gegen das Pfannendach und gegen die Pfannenschale eine stabile Verankerung erreicht.

**!** Es sollte eine mindestens 50 %ige Kontaktfläche zwischen Pfanne und ortsständigem Knochen realisiert werden, da bei Unterschreiten diese Wertes eine signifikant höhere Lockerungsrate bei zementlosen Pfannen (poröse Oberfläche) gefunden wurde [14].

Läßt sich durch ausgedehnte Pfannendachdefekte kein stabiler Kontakt zwischen der Pfannenschale und dem Os coxae mehr herstellen, muß je nach Ausmaß des Defektes eine verlängerte Pfanne (»längsovale Pfanne«) oder sogar ein Spezialimplantat verwendet werden. Um das Implantat herum werden zum »Knochenaufbau« Transplantate angelagert oder verschraubt.

Auf eine möglichst »korrekte« Pfannenlage ist unbedingt zu achten (Drehzentrum, ausreichende Medialisierung der Pfanne).

### Nachbehandlung

Es wird eine Frühmobilisation angestrebt. Die Dauer der Teilbelastung richtet sich nach dem Umfang des Knochenaufbaus.

- Bei konzentrischen Arthrosen, die durch Standardpfannen versorgt wurden (z. B. Expansionspfanne), erfolgt eine Teilbelastung für 6 Wochen.
- Bei verschraubten Pfannen ist die Teilbelastungszeit von der Größe der eingesetzten Transplantate abhängig und beträgt 8–16 Wochen.

### Prophylaxen

Die Thromboembolieprophylaxe wird bis zur Mobilisation nach dem Hochrisikoschema durchgeführt.

Beginnend am Tag vor der Operation wird ein Prophylaxe heterotoper Ossifikationen mit nichtsteroidalen Antiphlogistika für die Dauer von 4 Wochen durchgeführt (Indometazin 50 mg 2 mal täglich).

### Ergebnisse

Die Ergebnisse werden insbesondere durch die Stabilität der Pfanne beeinflußt. Im Gegensatz zur Primärimplantation nach idiopathischen Coxarthrosen, bei der die Rate der Pfannenlockerungen erst nach 6–8 Jahren merkbar, dann allerdings exponentiell, ansteigt [12], ist nach Acetabulumfrakturen schon nach kurzer Zeit mit Lockerungen zu rechnen.

Diese Probleme treten sowohl nach zementierter als auch nach zementloser Pfannenimplantation auf.

Romness u. Levallen untersuchten 53 Patienten nach durchschnittlich 7,5 Jahren nach, bei denen zwischen 1970 und 1984 nach Acetabulumfraktur (22% operative Therapie) eine Totalendoprothese der Hüfte mit zementierter Hüftpfanne implantiert wurde (Durchschnittsalter 48,7 Jahre, Zeitraum von Fraktur bis zur Prothese durchschnittlich 7,8 Jahre (von 2 Monaten bis zu 45 Jahren!) [16].

Während die Lockerungsrate der Schäfte mit einer anderen Serie von Patienten aus der gleichen Klinik vergleichbar war [22] (Indikation: primäre Coxarthrose, Revisionsrate 6,1% vs. 7,8%), bestanden im Bereich der Pfanne erhebliche Unterschiede: Während bei primären Arthrosen nach 10 Jahren in 11,3% radiologische Lockerungen, in 5,2% symptomatische Lockerungen und in 3,0% Revisionen beobachtet wurden, waren nach Acetabulumfrakturen nach 7,5 Jahren in 54,4% radiologische Pfannenlockerungen, in 31,6% symptomatische Lockerungen und in 15,7% Revisionen beobachtet worden.

Für den Einsatz zementfreier, verschraubter Pfannenschalen liegen noch keine ausreichenden Langzeitergebnisse vor. Die kurz bis mittelfristigen Ergebnisse variieren erheblich und reichen von exzellenten Gesamtresultaten bis zu einer 40%igen Lockerungsrate nach nur 2 Jahren [8, 10, 15, 25]. Nach einer Aufstellung von Levallen ist in der Überlebensanalyse davon auszugehen, daß nach 9 Jahren 50% der Pfannen locker sind oder sogar schon revidiert wurden [11].

Damit wird deutlich, daß die Behandlung der posttraumatischen Coxarthrose nicht unproblematisch ist. Insbesondere die Langzeitprognose bei den in der Regel noch jungen Patienten muß als durchaus kritisch bewertet werden. Es muß an dieser Stelle nochmals abschließend darauf hingewiesen werden, daß unter Kenntnis dieser Resultate, im Primärverlauf nach Acetabulumfraktur alles daran gesetzt werden sollte, durch eine anatomische Rekonstruktion des Gelenkes die Rate der »vermeidbaren« posttraumatischen Arthrosen möglichst klein zu halten.

## 25.3 Arthrodesen

T. Pohlemann und A. Gänsslen

**Die detaillierte Technik der Hüftgelenkarthrodesen wird bei Haas [6a] besprochen werden. Die folgende kurze Darstellung soll v. a. dazu dienen, die Entscheidungsfindung und damit die kompetente Beratung des Patienten zu erleichtern.**

### Indikation

Die Arthrodese war lange Zeit das wichtigste operative Verfahren, um nach traumatischer Hüftgelenkzerstörung eine belastungsfähige untere Extremität zu erhalten, die dem Patienten auch die langfristige Ausübung einer schweren körperlichen Tätigkeit ermöglichte (Abb. 25.3).

Im Zuge des veränderten Tätigkeitsprofils und des immer eindringlicher vorgebrachten Wunsches der Patienten nach Erhaltung der Beweglichkeit des Hüftgelenkes tritt dieses Operationsverfahren in den Hintergrund. Gleichwohl sollten dem Patienten immer auch die möglichen Langzeitfolgen einer Prothesenimplantation verdeutlicht werden, so daß für die Gruppe der körperlich schwer arbeitenden, jungen Patienten auch heutzutage in der Hüftgelenkarthrodese eine überlegenswerte Alternative besteht.

Gerade im Hinblick auf die weitverbreitete Darstellung der Erfolge der Hüftendoprothetik und die derzeitigen Anforderungen an die persönliche »Mobilität«, ist die primäre Akzeptanz des Patienten zum Vorschlag einer Hüftgelenkarthrodese in der Regel nicht gegeben. Die Entscheidung wird vielfach erleichtert, wenn der Kontakt zu einem Patienten mit bereits bestehender Arthrodese hergestellt wird, oder wenn der Patient mit einer angelegten Gipshose in Versteifungsstellung die Situation für einige Tage in häuslicher Umgebung »ausprobiert«.

Von einer Arthrodese ist abzuraten, wenn Einschränkungen der Beweglichkeit und degenerative Veränderungen an der Wirbelsäule, insbesondere der LWS, oder wenn im Bereich der unteren Extremitäten erhebliche Funktionseinschränkungen, und hier insbesondere eine homolaterale Kniegelenkarthrodese, be-

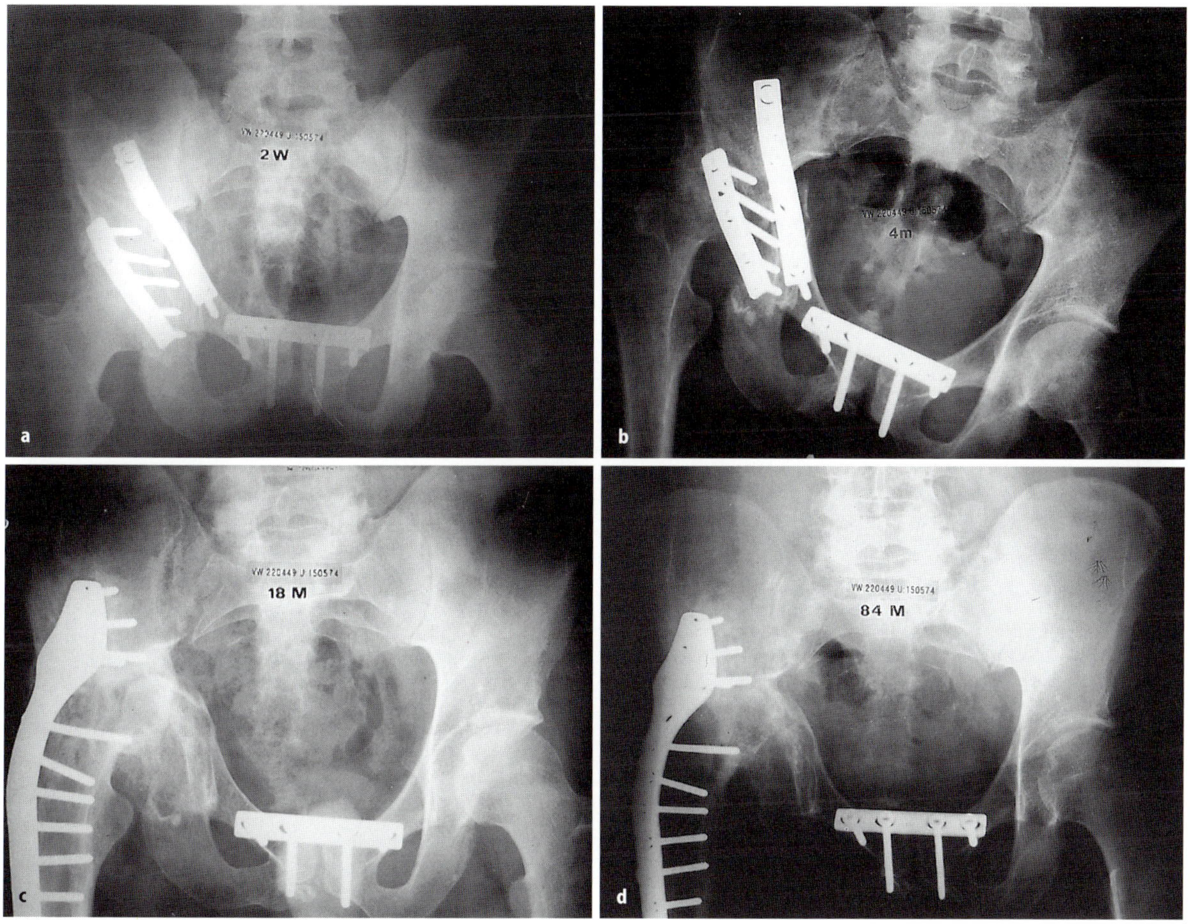


Abb. 25.3 a–d. Hüftgelenkarthrodese. **a** Operative Versorgung einer Acetabulumquerfraktur von dorsal mit 2 Platten. **b** Es kommt zur sekundären Luxation. Aufgrund des Allgemeinzustandes war eine erneute Reposition und Stabilisierung nicht möglich. **c** Hüftgelenkarthrodese in extraanatomischer Stellung. **d** Sehr gutes funktionelles und radiologisches Ergebnis 84 Monate nach der Verletzung

stehen. Weiterhin sollte die Indikation bei Patienten mit einer Körpergröße über 180 cm zurückhaltend gestellt werden, da ab dieser Größe die Schwierigkeiten beim Einsteigen oder Aussteigen aus Personenwagen erheblich zunehmen [26].

## Technik

Die vom Anfang dieses Jahrhunderts bis in die 60er Jahre eingesetzten Techniken der »Entknorpelungsarthrodesen« mit langfristiger Ruhigstellung oder auch der extraartikulären Arthrodesen mit angelagerten Knochenspänen sind zwischenzeitlich verlassen worden. Aus der Vielzahl der in den 60er und 70er Jahren angegebenen Osteosynthesetechniken hat sich die Arthrodese mit der Kreuzplatte oder »Cobra-plate« nach Schneider mit Beckenosteotomie [19] oder nach Wagner ohne Beckenosteotomie [26] aufgrund zuverlässiger Durchbauungsraten von weit über 90 % weitgehend durchgesetzt. Eine neue Methode ist die Operation über einen anterioren Zugang nach Smith-Peterson mit Zugschraubenosteosynthese und ventraler Plattenlage [21]. Vorteile liegen in der sicheren Schonung der Hüftkopfdurchblutung und der kompletten Schonung der Abduktorenmuskulatur mit ihrem Ansatz am Trochanter major. Eine Frühmobilisation ist in beiden Techniken möglich.

### ■ Hüftgelenkstellung

Die günstigste Hüftgelenkstellung zur Arthrodese wird nicht einheitlich beurteilt. Während für die Flexion mit 10–20° und einer Außenrotation von 5–15° weitgehend Übereinstimmung herrscht, wird insbesondere die Adduktions-/Abduktionsstellung kontrovers diskutiert. Nach neuesten Arbeiten wird im wesentlichen von einer Neutralstellung mit allenfalls 6° Adduktion [26] bis zu 5° Abduktion ausgegangen [21].

■ **Technik mit der Kreuzplatte** [19]

Die Operation erfolgt in Rückenlage des Patienten. Die zu erreichende Hüftbeugung wird vor dem Abdecken durch Unterlage von Tuchrollen unter das Knie festgelegt. Über einen verlängerten lateralen Zugang mit Trochanterosteotomie wird die Lateralseite des Femurs und die Außenseite des Os ilium freigelegt. Nach Resektion der Hüftgelenkkapsel erfolgt die Luxation des Hüftkopfes in Außenrotation und Adduktion sowie die Entknorpelung der Gelenkflächen. Da die Platte als Zuggurtung wirkt, muß eine gute mediale Abstützung bei kompletter Kongruenz geschaffen werden.

In der Technik nach Schneider wird dieses durch eine Osteotomie des Os innominatum (vom Tuberculum pubicum bis zur Incisura ischiadica major) und Medialisierung des distalen Anteils des Os coxae um etwa 1 cm unterstützt [19].

Nach Wagner läßt sich ohne Osteotomie durch eine »würfelförmige« Zubereitung der Arthrodesenflächen eine ausreichende Abstützung und ein ausreichender Formschluß erreichen [26].

Die Platte wird von lateral nach Kontrolle der Stellung der Arthrodese unter ausreichender Vorspannung angebracht. Die Verschraubung erfolgt in der supraazetabulären Region und im proximalen Drittel des Oberschenkels. Die Trochanterosteotomie sollte refixiert werden, um eine Funktionsfähigkeit der Abduktorenmuskulatur zu erhalten (für eine ggf. später gewünschte Umwandlung zur Hüftendoprothese).

■ **Technik mit der ventralen Platte** [21]

Für die Arthrodese über einen ventralen Zugang liegt der Patient auf dem Rücken. Die spätere Beugestellung in der Hüfte wird vor dem Abdecken durch die Unterlage einer Tuchrolle unter das Knie festgelegt. Es wird ein iliofemoraler Zugang angelegt und nach distal verlängert. Die Fossa iliaca wird durch Ablösen des M. iliacus freigelegt, den Einblick auf das Hüftgelenk erhält man durch Osteotomie der Spina iliaca anterior superior (M. sartorius und Leistenband nach medial) und durch Ablösen der Pars directa und reflecta des Ursprungs des M. rectus femoris von der Spina iliaca anterior inferior (M. rectus femoris und M. iliocapsularis nach medial retrahieren). Nach ventraler Kapselinzision wird das Gelenk debridiert und entknorpelt (ggf. Distraktor einsetzen). Nachdem die Arthrodesenstellung festgelegt ist, wird zunächst eine Zugschraubenfixation (6,5-mm-Zugschraube) von lateral her (Tuberculum innominatum) in die supraazetabuläre Region durchgeführt und die endgültige Fixation durch eine genau angeformte, ventral aufgelegte breite DC-Platte erreicht. Die Platte (12- bis 18-Loch) beginnt lateral des SI-Gelenkes, liegt der »Linea terminalis« auf und zieht über die Eminentia iliopectinea zur Ventralseite des Femurs.

Im Bereich des Übergangs zum Femur muß ggf. etwas Knochen von der Spina iliaca anterior inferior abgetragen werden.

### Nachbehandlung

Bei beiden Techniken ist eine frühfunktionelle Behandlung mit Mobilisation ab dem 2. Tag postoperativ möglich. Die Teilbelastung von 15–20 kg wird bis zum beginnenden radiologischen Durchbau durchgehalten und entsprechend gesteigert. Eine Beugebelastung der Hüfte ist zu vermeiden (Arthrodesensitz, Barhocker zum Sitzen verwenden!). Mit einer kompletten Durchbauung mit regelrechter Spongiosastruktur kann je nach Alter des Patienten und Vitalität der Knochenstruktur zwischen 6 und 26 Monaten gerechnet werden [26]. Im Durchschnitt ist die komplette Durchbauung nach 12 Monaten erreicht [13, 26].

### Ergebnisse

In beiden Techniken kann von einer primären, d. h. ohne Revisionsoperation erreichten Durchbauung in etwa 90 % der Fälle ausgegangen werden [13, 18, 21, 26].

Obwohl in nahezu allen Fällen eine deutliche Besserung der Beschwerden im Hinblick auf die präoperativ geäußerten Schmerzen, das Gangbild und den allgemeinen Aktivitätsgrad erreichbar ist [13], klagt ein nicht zu vernachlässigender Anteil der Patienten langfristig über funktionelle Einschränkungen (Hinken, Beschwerden in der LWS, Probleme beim Einsteigen in das Auto) [26].

Der Zeitraum, der beschwerdefrei überbrückt werden kann, liegt bei jungen Patienten bei etwa 15–20 Jahren, danach treten zunehmende Veränderungen in der LWS und im gleichseitigen Kniegelenk auf [3, 4, 7, 27].

Beim ventralen Vorgehen bleibt die gesamte Abduktorenmuskulatur intakt, es kann langfristig von einer besseren Umwandlungsmöglichkeit zu einer Totalendoprothese ausgegangen werden. Bei einer Arthrodese von lateral her ist immer von einer mehr oder weniger starken Schädigung der pelvitrochantären Muskulatur auszugehen [26].

## Literatur


1. Braun W (1989) Die Bestrahlung zur Prophylaxe heterotoper Ossifikationen nach Eingriffen am Hüft- und Ellenbogengelenk. Chirurg 60: 795–800
2. Brooker A, Bowerman JW, Robinson RA, Riley LH Jr (1973) Ectopic ossification following total hip replacement: incidence and a method of classification. J Bone Joint Surg Am 55: 1629–1632
3. Callaghan J, Brand R, Pedersen D (1990) Hip arthrodesis, a long term follow up. J Bone Joint Surg Am 67: 1328–1335
4. Carter P, Wickstrom J (1971) Arthrodesis of the hip: An assessment of results in one hundred patients. South Med J 63: 451–458
5. Garland D (1991) A clinical perspective on common forms of acquired heterotopic ossification. Clin Orthop 263: 13–29
6. Ghalambor N, Matta J, Bernstein L (1994) Heterotopic ossification following operative treatment of acetabular fracture – an analysis of risk factors. Clin Orthop 305: 96–105

6a. Haas N (in Vorbereitung) Hüfte und Oberschenkel. Springer, Berlin Heidelberg New York Tokyo (Tscherne Unfallchirurgie)

7. Hördegen K, Tönnis D (1970) Der Einfluß der Hüftgelenks-Arthrodese auf die Wirbelsäule. Arch Orthop Trauma Surg 69: 97–113
8. Joly J, Mears D, Skura D (1993) Total hip arthroplasty following failed acetabular fracture open reduction/internal fixation. Orthop Trans 17: 109
9. Kaplan F, Hahn GV, Zasloff M (1994) Heterotopic ossification: Two rare forms and what they can teach us. J Am Acad Orthop Surg 2: 288–296
10. Karpos P, Christie M, Chenger J (1993) Total hip arthroplasty following acetabular fracture: the effect of prior ORIF. Mid America Trans 52
11. Lewallen D (1996) Total hip arthroplasty after prior acetabular fracture. In: Morrey B (ed) Reconstructive surgery of the joints. Churchill Livingstone, Edingurgh, pp 1077ff
12. Morscher E, Schassmann A (1983) Failures of total hip arthroplasty and probable incidence of revision surgery in the future. Arch Orthop Trauma Surg 101: 137–143
13. Murrel G, Phil B, Fitch R (1994) Hip fusion in young adults. Clin Orthop 300: 147–154
14. Patch D, Lewallen D (1993) Reconstruction of deficit acetabulum using bone graft and fixed porous ingrowth cup: a 5 year roentgenographic survey. Orthop Trans 17: 151
15. Pritchett J, Botel D (1991) Total hip replacement after central fracture dislocation of the acetabulum. Orthop Rev 20: 607
16. Romness D, Lewallen D (1990) Total hip arthroplasty after fracture of the acetabulum. J Bone Joint Surg Br 72(5): 761–764
17. Rudicel S (1985) Paraartikuläre (ektopische oder heterotope) Ossifikationen nach Hüfttotalprothese. Orthopade 14: 54–57
18. Schneider H (1974) Funktionelles Ergebnis bei Beckeninstabilität. Hefte Unfallheilkd 124: 218
19. Schneider R (1974) Hip arthrodesis with the cobra head plate and pelvic osteotomy. Reconstr Surg Traumatol 14: 1–37
20. Seegenschmiedt M, Martus P, Goldmann A, Wölfel R, Keilholz L (1994) Prä- und postoperative Radiotherapie zur Prophylaxe von heterotopen Ossifikationen am Hüftgelenk. Strahlenther Onkol 70(5): 281–291
21. Siebenrock K, Gautier E, Matta J, Mehne D, Ganz R (1996) Neue Technik einer Hüftarthrodese mit einem anterioren Zugang und ventraler Platte. Orthopäde 25: 140–145
22. Stauffer R (1982) Ten year follow-up study of total hip replacement. J Bone Joint Surg Am 64: 983
23. Stockhammer G, Reindl H, Saltuari L, Spögler F, Benedetto K, Kadlez R (1992) Die periartikulären Verkalkungen bei Zustand nach Schädel-Hirn-Trauma – Der natürliche Verlauf und Behandlungskonzepte. Orthopade 21: 346–352
24. Südkamp N, Dreinhöfer K, Tscherne H, Haas N, Blauth M (1990) Die Arthrolyse des Hüftgelenkes bei paraartikulären Verkalkungen und Ankylosen. Orthopade 19: 369–377
25. Waddell J, Morton R (1994) Total hip arthroplasty following acetabular fracture. Orthop Trauma Assoc Trans 88: 88
26. Wagner M, Wagner H (1996) Die Arthrodese des Hüftgelenkes mit der Kreuzplatte. Indikation, Technik, Ergebnisse. Orthopade 25: 129–139
27. Weber B (1973) Arthrodesis of the hip. In: Tronzo G (ed) Surgery of the hip. Lea & Febiger, Philadelphia

# Sachverzeichnis

## B



## C

## N



## O

---

**S**

# Springer und Umwelt

Als internationaler wissenschaftlicher Verlag sind wir uns unserer besonderen Verpflichtung der Umwelt gegenüber bewußt und beziehen umweltorientierte Grundsätze in Unternehmensentscheidungen mit ein. Von unseren Geschäftspartnern (Druckereien, Papierfabriken, Verpackungsherstellern usw.) verlangen wir, daß sie sowohl beim Herstellungsprozess selbst als auch beim Einsatz der zur Verwendung kommenden Materialien ökologische Gesichtspunkte berücksichtigen.
Das für dieses Buch verwendete Papier ist aus chlorfrei bzw. chlorarm hergestelltem Zellstoff gefertigt und im pH-Wert neutral.

Springer